KUHMINSA

한 발 앞서나가는 출판사, 구민사
독자분들도 구민사와 함께 한 발 앞서나가길 바랍니다.

구민사 출간도서 中 수험서 분야

- 용접
- 자동차
- 조경/산림
- 품질경영
- 산업안전
- 전기
- 건축토목
- 실내건축

- 기술사
- 기계
- 금속
- 환경
- 보일러
- 가스
- 공조냉동
- 위험물

전문가를 위한 첫걸음, 구민사는 그 이상을 봅니다!

전국 도서판매처

• 일산남부서점 • 안산대동서적 • 대전계룡서점 • 대구북앤북스 • 대구하나도서
• 포항학원사 • 울산처용서림 • 창원그랜드문고 • 순천중앙서점 • 광주조은서림

www.kuhminsa.co.kr

자격증 시험 접수부터 자격증 수령까지!

1. 필기 원서 접수
큐넷(www.q-net.or.kr)
필기 시험은 회원 가입 후
인터넷 접수만 가능
(사진 파일, 접수비(인터넷 결제) 필요)
응시자격 요건 반드시 확인

2. 필기 시험
입실 시간 미준수 시 시험 응시 불가
준비물 : 수험표, 신분증, 필기구 지참

5. 실기시험
필답형과 작업형으로 분류
원서 접수 시 선택한 장소와
시간에 맞게 시험을 봅니다.
준비물 : 수험표, 신분증,
필기구 지참!

6. 최종합격 확인
큐넷(www.q-net.or.kr)
사이트에서 확인

전문가를 위한 첫걸음, 구민사는 그 이상을 봅니다!

상시시험 12종목
굴착기운전기능사, 지게차운전기능사, 미용사(일반), 미용사(피부), 미용사(네일), 미용사(메이크업), 조리기능사(양식, 일식, 중식, 한식), 제과·제빵기능사

필기 합격 확인
큐넷(www.q-net.or.kr) 사이트에서 확인

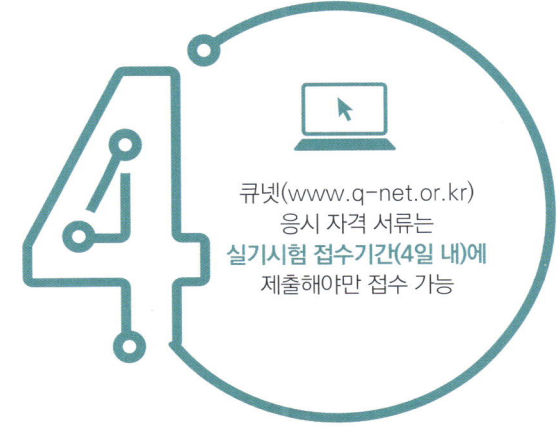

실기 원서 접수
큐넷(www.q-net.or.kr) 응시 자격 서류는 **실기시험 접수기간(4일 내)에** 제출해야만 접수 가능

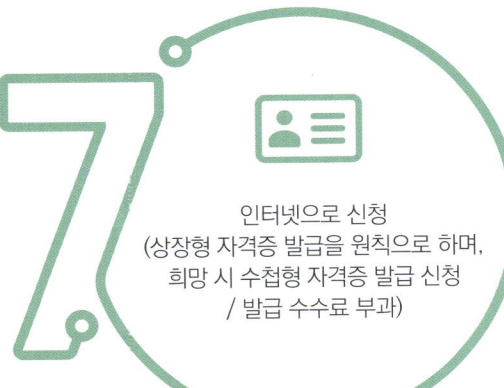

자격증 신청
인터넷으로 신청
(상장형 자격증 발급을 원칙으로 하며, 희망 시 수첩형 자격증 발급 신청 / 발급 수수료 부과)

자격증 수령
인터넷으로 발급(출력)
(수첩형 자격증 등기 수령 시 등기 비용 발생)

조경기능사 필기 D-60일 합격 플랜

(위의 플랜은 가장 이상적인 것이므로 참고하여 개인의 입장과 일정에 맞춰 준비하시기 바랍니다.)

월요일	화요일	수요일	목요일	금요일	토요일	일요일
D-60	D-59	D-58	D-57	D-56	D-55	D-54
PART 1~3편 이론 학습						
D-53	D-52	D-51	D-50	D-49	D-48	D-47
PART 4~6 이론 학습						
D-46	D-45	D-44	D-43	D-42	D-41	D-40
이론 복습 및 기출문제 풀이						
D-39	D-38	D-37	D-36	D-35	D-34	D-33
과년도기출문제 풀이 및 최신 CBT 기출복원 문제						
D-32	D-31	D-30	D-29	D-28	D-27	D-26
전체 복습						

놓친 부분 다시보기

월요일	화요일	수요일	목요일	금요일	토요일	일요일
D-25	D-24	D-23	D-22	D-21	D-20	D-19
		이론복습 (O/X)				문제풀이 (O/X)
D-18	D-17	D-16	D-15	D-14	D-13	D-12
		이론복습 (O/X)				문제풀이 (O/X)
D-11	D-10	D-9	D-8	D-7	D-6	D-5
		이론복습 (O/X)				문제풀이 (O/X)
D-4	D-3	D-2	D-1			
		이론복습 (O/X)				

머리말

조경이란 경관을 조성하는 일입니다. 현재 우리 사회는 급속한 산업화와 도시화에 따른 환경의 파괴로 인하여 환경 복원과 주거환경 문제에 대한 관심과 중요성이 부각되고 있습니다. 조경기능사는 이러한 문제를 해결하기 위하여 전문인력으로 하여금 생활공간을 아름답게 꾸미고 자연환경을 보호하고자 도입 시행되고 있습니다.

조경은 자연환경과 인문환경에 대한 현장조사를 수행하여 기본구상 및 기본계획을 거쳐 부분적 실시설계를 이해하고, 현장여건을 고려하여 시공을 통해 조경 결과물을 도출하고, 이를 관리하는 업무까지 수행해야 합니다. 이러한 이유로 조경은 여러 가지 방대한 분야에 대한 지식을 많이 필요로 하고 있습니다.

조경기능사는 1982년 조원기능사 2급이라는 명칭으로 처음 시행되었으며, 1998년 조경기능사로 명칭을 변경한 뒤 현재까지 시행되고 있으며, 매 회차 응시가 가능한 종목입니다.

본 도서는 한국산업인력공단에서 주관하고 시행하는 조경기능사의 1차 필기시험을 대비한 수험서로 발간되었습니다. 개정된 출제기준과 최근 출제된 문제를 분석하여 필요한 이론을 간추려 수록하였으며, 이해를 돕기 위한 다양한 삽화를 추가하였습니다. 최근 출제된 시험문제를 복원하여 수록해 최근 문제의 출제 경향도 확인해 볼 수 있습니다.

문지 위주의 책이 아니라 정확하게 이론을 알고 문제에 접근할 수 있도록 구성하였기 때문에 문제 위주의 책을 원하는 수험생에게는 다소 불편할 수 있습니다. 하지만 처음 조경을 접하는 수험생에게는 보다 정확한 공부를 함에 있어 기초를 튼튼히 하여 효과적으로 시험에 대비할 수 있다고 생각합니다.

조경기능사 1차 필기시험 준비에 도움이 될 수 있도록 책을 준비하면서 오타나 오류 등의 부족한 부분이 있을 것이라 생각됩니다. 앞으로 계속적인 보완을 약속드립니다.

끝으로 이 책이 출간되기까지 큰 도움을 주신 도서출판 구민사 조규백 대표님 이하 관계자 모두에게 감사드립니다.

저자 일동

CONTENTS

PART 1 조경양식

Chapter 01 정원의 양식 — 2
1. 조경이란 — 2
2. 근대적 조경 교육의 발달 — 3
3. 조경의 구분 — 3
4. 조경가의 자질과 역할 — 5
5. 정원 양식의 분류 — 6
6. 정원 양식별 특징 — 7

Chapter 02 정원 양식의 발생요인 — 9
1. 자연적 요인 — 9
2. 사회적 요인 — 10

Chapter 03 한국 조경사 — 13
1. 고조선시대 — 13
2. 삼국시대와 통일신라시대 — 13
3. 고려시대 — 15
4. 조선시대 — 16
5. 현대의 조경 — 21

Chapter 04 중국 조경사 — 27
1. 중국정원의 특징 — 27
2. 주(周) — 27
3. 진(秦) — 28
4. 한(漢) — 28
5. 삼국(위/촉/오) — 29
6. 진(晉) — 29
7. 수(隨) — 29
8. 당(唐) — 29
9. 송(宋) — 30
10. 금(金) — 31
11. 원(元) — 31
12. 명(明) — 31
13. 청(淸) — 32

Chapter 05 일본 조경사 — 34
1. 일본 조경의 특징 — 34
2. 정원의 양식 — 34
3. 비조〈아스카〉시대 — 35
4. 평안〈헤이안〉시대 전기 — 35
5. 평안〈헤이안〉시대 후기 — 36
6. 겸창〈가마쿠라〉시대 — 37
7. 실정〈무로마치〉시대 — 37
8. 도산〈모모야마〉시대 — 39
9. 강호〈에도〉시대 — 40
10. 명치〈메이지〉시대 이후 — 40

Chapter 06 서양 조경사 — 44
1. 이집트 — 44
2. 서아시아 — 46
3. 그리스 — 47
4. 고대 로마 — 48
5. 중세유럽 — 50
6. 이란 — 50
7. 스페인 정원 — 51
8. 인도 — 53
9. 이탈리아 — 54
10. 프랑스 — 55
11. 영국 — 57
12. 독일 — 58
13. 미국 — 59
14. 현대조경 — 60

PART 2 조경계획 및 설계

Chapter 01 조경미와 조경미 이론 — 68
1. 조경미 — 68
2. 조경미의 이론 — 69

Chapter 02 경관의 구성요소 — 70
1. 경관구성의 기본(우세)요소 — 70
2. 색채 — 72
3. 경관구성의 가변(피복)요소 — 77

Chapter 03 경관 구성의 원리 — 78
1. 경관의 유형 — 78
2. 경관구성의 기본 원칙 — 79

Chapter 04 경관 구성의 기법 — 81
1. 경관의 형성기법 — 81
2. 경관의 연결기법 — 81
3. 경관의 수식기법 — 82
4. 경관의 배식기법 — 83

Chapter 05 설계의 기초(제도) — 89
1. 제도 — 89
2. 제도 척도 — 90
3. 제도용구 — 91
4. 제도 용구의 사용법 — 92
5. 윤곽선 및 표제란 설정 — 92
6. 도면의 규격 — 93
7. 제도원칙 — 93
8. 설계도의 종류 — 98

Chapter 06 조경계획 — 106
1. 조경계획과정 — 106
2. 조경설계 방법과 세부과정 — 107

Chapter 07 조경계획 및 설계 단계별 세부 내용 — 109
1. 목표설정 — 109
2. 자연환경분석 — 110
3. 인문환경분석 — 116
4. 경관분석 — 118
5. 기본계획 — 120
6. 기본설계 — 123
7. 실시설계 — 123

Chapter 08 조경설계 — 132
1. 식재기능별 적용 수종 — 132
2. 식재기반조성 기준 — 134

Chapter 09 조경설계 기준 — 136
1. 구조물 기준 — 136
2. 포장 기준 — 137
3. 시설물 기준 — 138

Chapter 10 공간별 조경설계 — 144
1. 주택정원 — 144
2. 공동주택정원(주택단지) — 146
3. 공장정원 — 147
4. 학교정원 — 148
5. 옥상정원 — 150
6. 도시공원 — 153
7. 자연공원 — 159
8. 골프장 — 160
9. 사적지조경 — 162
10. 생태복원 — 163
11. 실내조경 — 165
12. 도로조경 — 167
13. 경사면(법면)식재 — 169

CONTENTS

PART 3 조경재료

Chapter 01 조경재료의 분류와 특성 ... 180
    1. 조경재료의 분류 ... 180
    2. 조경재료의 특성 ... 180

Chapter 02 조경수목의 분류 ... 181
    1. 식물재료 관련 용어 ... 181
    2. 번식방법 ... 181
    3. 식물의 성상에 따른 분류 ... 183
    4. 관상면으로 본 분류 ... 184
    5. 이용상으로 본 분류 ... 187

Chapter 03 조경수목의 특성 ... 190
    1. 수형의 분류 ... 190
    2. 계절적 현상 ... 193
    3. 수세 ... 194
    4. 조경수목의 규격 표시 ... 196

Chapter 04 조경수목과 환경 ... 198
    1. 기온 ... 198
    2. 광선 ... 199
    3. 수분 ... 199
    4. 토양 ... 200
    5. 대기오염(공해) ... 201
    6. 염해 ... 201

Chapter 05 지피식물과 초화류 ... 202
    1. 지피식물 ... 202
    2. 주요 지피식물 ... 203
    3. 초화류 ... 204

Chapter 06 목재 ... 215
    1. 목재의 용도와 장단점 ... 215
    2. 목재의 특징 ... 216
    3. 목재의 성질 ... 217
    4. 목재의 건조와 방부 ... 218
    5. 목재의 종류 ... 221
    6. 목재시설의 제작과 설치 ... 222

Chapter 07 석재 ... 224
    1. 석재의 특징 ... 224
    2. 석재의 분류 ... 225
    3. 석재의 가공 ... 228
    4. 자연석 ... 230

Chapter 08 점토제품 ... 231
    1. 벽돌 ... 231
    2. 도관과 토관 ... 232
    3. 도자기 제품 ... 233
    4. 타일 ... 234
    5. 점토제품 정리 ... 235

Chapter 09 시멘트 콘크리트 제품 ... 236
    1. 시멘트의 성질 ... 236
    2. 시멘트의 저장 ... 237
    3. 시멘트의 종류 ... 238
    4. 콘크리트의 구성 ... 239
    5. 콘크리트의 장단점 ... 239
    6. 혼화재와 혼화제 ... 240
    7. 보차도용 콘크리트 제품 ... 241
    8. 쌓기용 콘크리트 제품 ... 241

Chapter 10 합성수지 ... 242
    1. 합성수지의 정의와 장단점 ... 242
    2. 합성수지의 종류 ... 242
    3. 수지별 특성 ... 243

Chapter 11 금속제품	244
1. 금속재료의 구분과 특성	244
2. 강의 종류와 성질	244
3. 금속제품	245

Chapter 12 기타재료(도장재료, 미장재료, 역청재료)	247
1. 도장재료	247
2. 미장재료	249
3. 역청재료	250

PART 4 조경시공

Chapter 01 조경시공의 기초	260
1. 조경시공의 특성	260
2. 공사 방식 및 공사비 정산	262
3. 조경시공계획	265
4. 조경시공관리(공정관리)	266
5. 공정계획(공정표)	267

Chapter 02 토공	273
1. 토공일반	273
2. 흙깎기와 흙쌓기	276
3. 비탈면 조성과 보호	278

Chapter 03 콘크리트공사	286
1. 개요	286
2. 콘크리트 구성재료	286
3. 콘크리트의 특성	288
4. 배합	290
5. 치기와 양생	292
6. 기타	296

Chapter 04 석공사 및 벽돌쌓기	297
1. 석공사	297
2. 벽돌쌓기 공사	302

Chapter 05 기초공사 및 포장공사	313
1. 기초공사	313
2. 포장공사	314
3. 원로포장	315

Chapter 06 수경공사 및 관배수공사	320
1. 수경공사	320
2. 관수공사	322
3. 배수공사	324

Chapter 07 시설물공사	327
1. 조경시설물의 이해	327
2. 놀이시설 및 운동시설	328
3. 휴게 및 편익시설	329
4. 관리시설	331
5. 기타시설	332

Chapter 08 식재 및 잔디공사	339
1. 식재공사	339
2. 잔디공사	351
3. 초화류 식재	354

CONTENTS

PART 5　조경관리

Chapter 01　조경관리 일반　364
1. 조경관리의 뜻과 범위　364
2. 조경관리의 구분　364
3. 유지관리　365
4. 운영관리　370
5. 이용관리　371

Chapter 02　정지전정관리　372
1. 정지전정의 기초　372
2. 정지전정의 분류　373
3. 수형의 종류　374
4. 수목의 생장 및 전정원리　375
5. 전정방법　378

Chapter 03　거름주기　389
1. 비료와 환경조건　389
2. 뿌리의 기능과 역할　390
3. 식물에 필요한 양분과 역할　391
4. 비료의 분류　392
5. 시비 방법　393
6. 수간주사　395
7. 엽면시비　395

Chapter 04　잡초방제　396
1. 잡초의 정의　396
2. 잡초의 분류　397
3. 잡초의 방제　398

Chapter 05　조경수목의 보호　400
1. 저온의 해　400
2. 고온의 해(더위)　401
3. 수목의 외과수술　402
4. 뿌리의 보호　402
5. 관수　403
6. 멀칭　403

Chapter 06　병충해 방제　409
1. 병해　409
2. 충해　414
3. 약제의 분류와 사용　417

Chapter 07　잔디관리　428
1. 잔디의 종류　428
2. 대취(thatch)층　429
3. 잔디의 시비　430
4. 잔디 깎기　431
5. 잔디 깎는 기계　432
6. 잔디의 환경과 잡초　433
7. 잔디의 갱신　434
8. 배토작업(뗏밥주기)　436
9. 잔디의 병충해 방제　437

Chapter 08　화단과 실내조경관리　439
1. 화단관리　439
2. 실내 조경관리　440

Chapter 09　조경시설물관리　441
1. 시설물 유지관리　441
2. 시설물 보수 사이클과 내용 연수　443

PART 6　조경기능사 기출문제

2012년
- 제1회 • 과년도기출문제　450
- 제2회 • 과년도기출문제　461
- 제4회 • 과년도기출문제　473
- 제5회 • 과년도기출문제　484

2013년
- 제1회 • 과년도기출문제　496
- 제2회 • 과년도기출문제　508
- 제4회 • 과년도기출문제　520
- 제5회 • 과년도기출문제　532

2014년
- 제1회 • 과년도기출문제　545
- 제2회 • 과년도기출문제　558
- 제4회 • 과년도기출문제　571
- 제5회 • 과년도기출문제　583

2015년
- 제1회 • 과년도기출문제　595
- 제2회 • 과년도기출문제　607
- 제4회 • 과년도기출문제　619
- 제5회 • 과년도기출문제　631

2016년
- 제1회 • 과년도기출문제　644
- 제2회 • 과년도기출문제　656
- 제4회 • 과년도기출문제　669

PART 7　최신 CBT 기출복원 문제

- 제1회 • 최신 CBT 기출복원 문제　684
- 제2회 • 최신 CBT 기출복원 문제　696
- 제3회 • 최신 CBT 기출복원 문제　708
- 제4회 • 최신 CBT 기출복원 문제　720
- 제5회 • 최신 CBT 기출복원 문제　731
- 제6회 • 최신 CBT 기출복원 문제　744
- 제7회 • 최신 CBT 기출복원 문제　756
- 제8회 • 최신 CBT 기출복원 문제　768
- 제9회 • 최신 CBT 기출복원 문제　779
- 제10회 • 최신 CBT 기출복원 문제　791
- 제11회 • 최신 CBT 기출복원 문제　803

※ 기출복원 문제란?
2016년 5회부터 반영되는 CBT시행에 따라 저자께서 수검자들의 도움으로 최대한 유형에 가깝게 복원한 문제입니다.
앞으로도 높은 적중률을 위해 노력하겠습니다.

이 책의 구성과 특징

01 체계적인 핵심 요약

제 1편 조경양식, 제 2편 조경계획 및 설계, 제 3편 조경재료, 제 4편 조경시공, 제 5편 조경관리의 핵심 이론을 수록하였습니다.
또한 이론 중간중간 예상문제를 수록하여 다시 한 번 개념을 다질 수 있도록 하였습니다.
제 6편에는 조경기능사 기출문제로 실전 시험에 대비하였고,
제 7편에는 최신 CBT 기출복원 문제를 수록하였습니다.

※ 기출복원 문제란?
2016년 5회부터 반영되는 CBT시행에 따라 저자께서 수검자들의 도움으로 최대한 유형에 가깝게 복원한 문제입니다.
앞으로도 높은 적중률을 위해 노력하겠습니다.

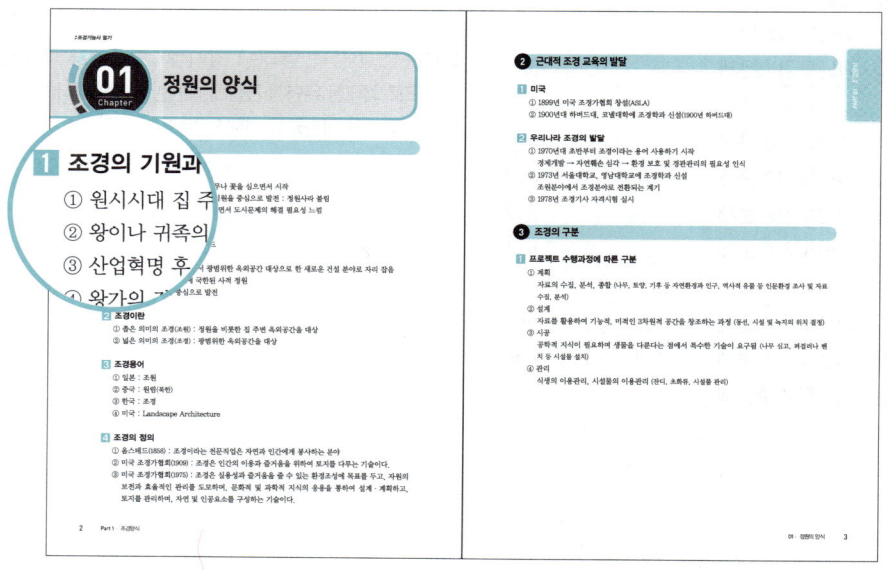

02 기출문제 수록

과년도 기출문제를 수록하여 실전 시험에 대비하였습니다.

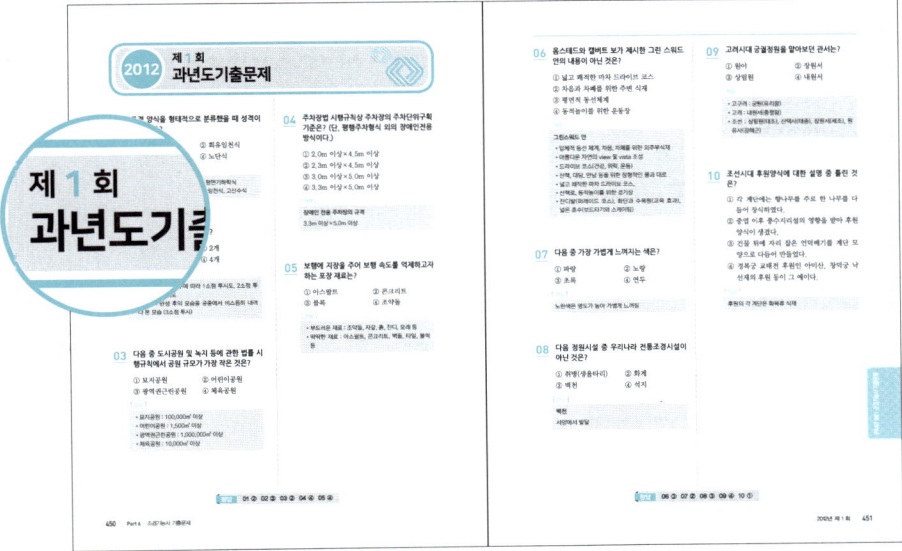

이 책의 구성과 특징

03 최신 CBT 기출복원 문제 수록

최신 CBT 기출복원 문제를 수록하여 실전 시험에 대비하였습니다.

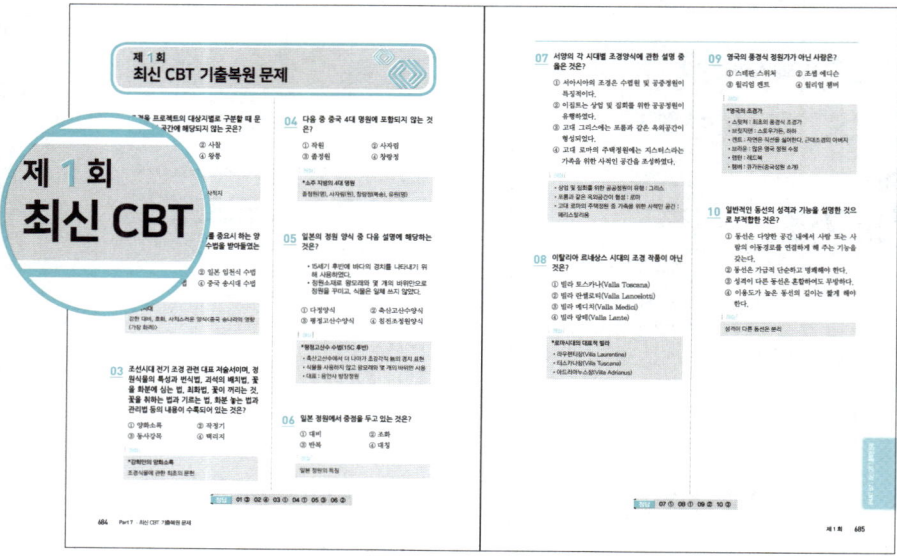

시험정보 - 조경기능사

자격명 : 조경기능사 | **영문명** : Craftsman Landscape Architecture
관련부처 : 국토교통부
시행기관 : 한국산업인력공단

- **개요**

급속한 산업화의 도시화에 따른 환경의 파괴로 인하여 환경 복원과 주거환경 문제에 대한 관심과 그 중요성이 급 부각됨으로써 공종별 전문인력으로 하여금 생활공간을 아름답게 꾸미고 자연환경을 보호하고자 도입 시행

- **수행직무**

자연환경과 인문환경에 대한 현장조사를 수행하여 기본구상 및 기본계획을 이해하고 부분적 실시설계를 이해하고, 현장여건을 고려하여 시공을 통해 조경 결과물을 도출하고 이를 관리하는 행위를 수행하는 직무

- **취득방법**

① 시행처 : 한국산업인력공단

② 관련학과 : 전문계 고등학교의 조경과, 원예과, 농학과

③ 시험과목
  - 필기 : 1. 조경일반 2. 조경재료 3. 조경시공 및 관리
  - 실기 : 1일차 - 동영상 접수(도면설계작업, 수목감별)
         2일차 - 조경시공 접수(조경실무작업 2개 과제)

④ 검정방법
  - 필기 : 객관식 4지 택일형 60문항(60분)
  - 실기 : 작업형(3시간 30분 내외) - 도면작업 + 수목감별 + 조경시공작업

⑤ 합격기준 : 100점 만점 60점 이상

- **시험수수료**
  - 필기 : 14,500원
  - 실기 : 30,400원

출제기준 - 조경기능사 필기

직무분야	건설	중직무분야	조경	자격종목	조경기능사	적용기간	2025.1.1~2027.12.31
직무내용	조경 실시설계도면을 이해하고 현장여건을 고려하여 시공을 통해 조경 결과물을 도출하여 이를 관리하는 직무이다.						
필기검정방법	객관식	문제수	60	시험시간	1시간		

필기과목명	문제수	주요항목	세부항목
조경설계, 조경시공, 조경관리	60	1. 조경양식의 이해	1. 조경일반
			2. 서양조경 양식
			3. 동양조경 양식
		2. 조경계획	1. 자연, 인문, 사회 환경 조사분석
			2. 조경 관련 법
			3. 기능분석
			4. 분석의 종합, 평가
			5. 기본구상
			6. 기본계획
		3. 조경기초설계	1. 조경디자인요소 표현
			2. 전산응용도면(CAD) 작성
			3. 적산
		4. 조경설계	1. 대상지 조사
			2. 관련분야 설계 검토
			3. 기본계획안 작성
			4. 조경기반 설계
			5. 조경식재 설계
			6. 조경시설 설계
			7. 조경설계도서 작성

필기과목명	문제수	주요항목	세부항목
조경설계, 조경시공, 조경관리	60	5. 조경식물	1. 조경식물 파악
		6. 기초 식재공사	1. 굴취
			2. 수목 운반
			3. 교목 식재
			4. 관목 식재
			5. 지피 초화류 식재
		7. 잔디식재공사	1. 잔디 시험시공
			2. 잔디 기반 조성
			3. 잔디 식재
			4. 잔디 파종
		8. 실내조경공사	1. 실내조경기반 조성
			2. 실내녹화기반 조성
			3. 실내조경시설·점경물 설치
			4. 실내식물 식재
		9. 조경인공재료	1. 조경인공재료 파악
		10. 조경시설물공사	1. 시설물 설치 전 작업
			2. 측량 및 토공
			3. 안내시설 설치
			4. 옥외시설 설치
			5. 놀이시설 설치
			6. 운동 및 체련단련시설 설치
			7. 경관조명시설 설치
			8. 환경조형물 설치
			9. 데크시설 설치
			10. 펜스 설치
			11. 수경시설

필기과목명	문제수	주요항목	세부항목
조경설계, 조경시공, 조경관리	60	10. 조경시설물공사	12. 조경석(인조암)설치
			13. 옹벽 등 구조물 설치
			14. 생태조경 설치(빗물처리시설, 생태못, 인공습지, 비탈면, 훼손지, 생태숲)
		11. 조경포장공사	1. 포장기반 조성
			2. 포장경계 공사
			3. 친환경흙포장 공사
			4. 탄성포장 공사
			5. 조립블록 포장 공사
			6. 투수포장 공사
			7. 콘크리트포장 공사
		12. 조경공사 준공 전 관리	1. 병해충 방제
			2. 관배수관리
			3. 토양관리
			4. 시비관리
			5. 제초관리
			6. 전정관리
			7. 수목보호조치
			8. 시설물 보수 관리
		13. 일반 정지전정관리	1. 연간 정지전정 관리계획 수립
			2. 굵은 가지치기
			3. 가지 길이 줄이기
			4. 가지 솎기
			5. 생울타리 다듬기
			6. 가로수 가지치기
			7. 상록교목 수관 다듬기
			8. 화목류 정지전정
			9. 소나무류 순 자르기

필기과목명	문제수	주요항목	세부항목
조경설계, 조경시공, 조경관리	60	14. 관수 및 기타 조경관리	1. 관수 관리
			2. 지주목 관리
			3. 멀칭 관리
			4. 월동 관리
			5. 장비 유지 관리
			6. 청결 유지 관리
			7. 실내 식물 관리
		15. 초화류관리	1. 계절별 초화류 조성 계획
			2. 시장 조사
			3. 초화류 시공 도면작성
			4. 초화류 구매
			5. 식재기반 조성
			6. 초화류 식재
			7. 초화류 관수 관리
			8. 초화류 월동 관리
			9. 초화류 병충해 관리
		16. 조경시설 관리	1. 급배수시설
			2. 포장시설
			3. 놀이시설
			4. 관리 및 편익시설
			5. 운동 및 체력단련시설
			6. 경관조명시설
			7. 안내시설
			8. 수경시설
			9. 생태조경 시설(빗물처리시설, 생태못, 인공습지, 비탈면, 훼손지, 생태숲)

· MEMO

PART 01

조경양식

- Chapter 01 정원의 양식
- Chapter 02 정원 양식의 발생요인
- Chapter 03 한국 조경사
- Chapter 04 중국 조경사
- Chapter 05 일본 조경사
- Chapter 06 서양 조경사

Chapter 01 정원의 양식

1 조경이란

1 조경의 기원과 발전
① 원시시대 집 주변의 공간에 나무나 꽃을 심으면서 시작
② 왕이나 귀족의 궁전과 저택의 정원을 중심으로 발전 : 정원사라 불림
③ 산업혁명 후 도시환경이 악화되면서 도시문제의 해결 필요성 느낌
④ 왕가의 정원을 시민에게 개방
⑤ 공원 조성
⑥ 뉴욕의 센트럴 파크 : 옴스테드
⑦ 정원사 대신 조경가 사용
⑧ 조경의 분야가 넓어지면서 광범위한 옥외공간 대상으로 한 새로운 건설 분야로 자리 잡음
⑨ 근대 이전 : 개인정원에 국한된 사적 정원
⑩ 현대 : 공적 조경 중심으로 발전

2 조경이란
① 좁은 의미의 조경(조원) : 정원을 비롯한 집 주변 옥외공간을 대상
② 넓은 의미의 조경(조경) : 광범위한 옥외공간을 대상

3 조경용어
① 일본 : 조원
② 중국 : 원림(북한)
③ 한국 : 조경
④ 미국 : Landscape Architecture

4 조경의 정의
① 옴스테드(1858) : 조경이라는 전문직업은 자연과 인간에게 봉사하는 분야
② 미국 조경가협회(1909) : 조경은 인간의 이용과 즐거움을 위하여 토지를 다루는 기술이다.
③ 미국 조경가협회(1975) : 조경은 실용성과 즐거움을 줄 수 있는 환경조성에 목표를 두고, 자원의 보전과 효율적인 관리를 도모하며, 문화적 및 과학적 지식의 응용을 통하여 설계·계획하고, 토지를 관리하며, 자연 및 인공요소를 구성하는 기술이다.

2 근대적 조경 교육의 발달

1 미국
① 1899년 미국 조경가협회 창설(ASLA)
② 1900년대 하버드대, 코넬대학에 조경학과 신설(1900년 하버드대)

2 우리나라 조경의 발달
① 1970년대 초반부터 조경이라는 용어 사용하기 시작
경제개발 → 자연훼손 심각 → 환경 보호 및 경관관리의 필요성 인식
② 1973년 서울대학교, 영남대학교에 조경학과 신설
조원분야에서 조경분야로 전환되는 계기
③ 1978년 조경기사 자격시험 실시

3 조경의 구분

1 프로젝트 수행과정에 따른 구분
① 계획
자료의 수집, 분석, 종합 (나무, 토양, 기후 등 자연환경과 인구, 역사적 유물 등 인문환경 조사 및 자료 수집, 분석)
② 설계
자료를 활용하여 기능적, 미적인 3차원적 공간을 창조하는 과정 (동선, 시설 및 녹지의 위치 결정)
③ 시공
공학적 지식이 필요하며 생물을 다룬다는 점에서 특수한 기술이 요구됨 (나무 심고, 퍼걸러나 벤치 등 시설물 설치)
④ 관리
식생의 이용관리, 시설물의 이용관리 (잔디, 초화류, 시설물 관리)

2 기능별 대상지에 따른 구분

구분		세부내용
정원	주거지	주택정원, 공동주거단지 정원
	주거지 외	학교정원, 오피스 빌딩정원, 옥상정원, 실내정원
도시공원과 녹지		생활권 공원, 주제공원, 기타녹지
자연공원		국립공원, 도립공원, 군립공원, 지질공원, 보호구역
문화재		전통민가, 궁궐, 왕릉, 사찰, 고분, 사적지
위락, 관광시설		유원지, 휴양지, 골프장, 자연휴양림, 해수욕장, 마리나
생태계 복원시설		법면녹화, 생태연못, 자연형하천, 비오톱, eco-bridge
기타		공업단지, 고속도로, 자전거도로, 보행자 전용도로 등

※ 비오톱(Biotop)
Bio(생물) + tope(장소)의 합성어로 생물의 서식을 위한 최소한의 단위공간을 뜻함. 식물과 동물로 구성된 3차원의 서식공간으로 자연의 생태계가 기능을 하는 공간
Ex) 연못, 습지, 실개천

3 조경산업 분야의 구별

구분	세부내용
재료 생산 분야	• 조경수목, 지피식물 등 조경식물 재료의 생산 및 유통 • 자연석, 포장재료, 인공토양재료, 생태복원재료의 생산 • 유희, 체육, 휴게시설 등의 조경시설 제품 생산
조경 설계 분야	• 조경 관련 개발 사업의 타당성 조사 및 기본계획 • 조경식재계획 및 설계 • 지반조성을 위한 부지 정지, 배수 등 단지계획 및 설계
조경 시공 분야	• 조경 식재공사 • 조경 시설물공사 • 법면 녹화와 생태복원 시공
조경 관리 분야	• 정원, 주거단지, 공원, 관공서 등의 수목 일반 관리 • 자연공원, 휴양지 등의 자연 자원 관리와 시설 관리 • 천연기념물, 보호수 등의 수목 보호 및 관리

4 조경기술자의 직무내용

구분	직무내용	진로분야
조경설계 기술자	• 도면제도, 전산응용설계(CAD) • 기본계획 수립, 디자인, 스케치 • 물량산출 및 시방서, 시공감리	• 종합 및 전문 엔지니어링 • 조경 설계 사무소 • 건축 설계 사무소
조경시공 기술자	• 공사업무, 식재공사, 시설물공사 • 시공, 설계변경, 적산 및 견적	• 조경 식재전문공사업체 • 조경 시설물 전문공사업체 • 건설회사
조경관리 기술자	• 수목 생산관리, 병충해 방제 • 피해수목 보호처리, 전정, 시비 • 공원 녹지관리 행정	• 수목 생산 농장 • 식물병원, 골프장 관리 • 공원 녹지 관련 공무원

4 조경가의 자질과 역할

1 조경가의 자질

자연과학적 지식	자연의 원리(수목, 토양, 지질, 기후 등) 이해
공학적 지식	건축, 토목에 대한 지식과 조성방법 이해
예술적 지식	아름다운 공간과 경관을 창조할 수 있는 창조력
인문사회학적 지식	문화인류학, 지리학, 사회학, 환경심리학 등의 지식

2 조경가의 역할(Michael Laurie)

① 조경 계획 및 평가
  ㉠ 조경가는 생태학과 자연과학에 기초적인 지식이 있어야 함
  ㉡ 대규모 토지의 체계적 평가, 용도상의 적합도, 토지이용 배분계획, 휴양시설 개발 등 광범위한 사업을 수행
② 단지계획
  ㉠ 대지 및 부지, 이용자를 분석하여 자연요소와 시설물을 기능적 특성에 맞게 배치
  ㉡ 가장 일반적인 업무 중의 하나가 단지계획
③ 조경설계
  ㉠ 식재, 포장, 계단, 분수 등과 같이 한정된 문제를 해결하기 위함
  ㉡ 구성요소, 재료, 수목들을 선정하여 시공을 위한 세부적인 설계로 발전

5 정원 양식의 분류

1 정형식 정원
① 인공적이며 질서를 중시 : 서아시아 유럽지역을 중심으로 발달
② 강력한 축을 사용하여 정형적인 공간 구성 : 대칭미
③ 인간의 힘에 의해 자연을 조절, 통제 : 의도적 질서
④ 직선과 규칙적 곡선을 사용한 기하학적인 설계
⑤ 중정식, 노단식, 평면 기하학식

2 자연식 정원
① 자연적이며 형태를 중시 : 주로 동아시아에서 발달(한, 중, 일)
② 자연 풍경의 지형, 지물을 그대로 이용 : 자연의 모방, 축소
③ 자연의 질서를 인위적으로 복원하고자 노력
④ 18세기 이후 영국에서도 발달
⑤ 전원풍경식, 회유임천식, 고산수식

3 절충식 정원
① 정형식과 자연식의 절충 형태
② 실용성과 자연성을 동시에 가지고 있는 형태

구분	종류	예
정형식 정원	• 중정식 • 노단식 • 평면기하학식	• 중세수도원, 스페인 정원 • 이탈리아 정원 • 프랑스 정원
자연식 정원	• 전원풍경식 • 회유임천식 • 고산수식	• 영국 정원 • 일본 정원, 중국 정원 • 일본 정원
절충식 정원	• 자연식 + 정형식	• 조선시대 : 경복궁(회유임천식, 정형식)

6 정원 양식별 특징

1 중정식 정원
① 건물로 둘러싸인 내부 안에 정원 조성
② 정원에 소규모 분수나 연못을 만듦
③ 물의 풍부한 사용을 통해 존귀성을 나타냄
④ 고대 그리스, 로마의 주택정원
⑤ 중세 수도원 정원
⑥ 이슬람 정원(스페인 정원)

2 노단식 정원
① 경사지에 계단 처리 : 몇 개의 단으로 구성
② 이집트 핫셉수트 여왕의 장제 신전
③ 이탈리아의 노단식 정원
④ 신바빌로니아의 공중정원
⑤ 우리나라의 후원

3 평면기하학식 정원
① 평면상에서의 대칭 또는 방사형으로 구성된 정원 양식
② 강한 축을 중심으로 구성
③ 평탄지역에 발달한 프랑스 정원이 대표적

4 전원풍경식 정원
① 동아시아, 유럽의 18세기 영국에서 발달
② 넓은 잔디밭을 이용하여 전원적이며 목가적인 자연풍경 관상
③ 영국에서 발달 후, 독일의 풍경식 정원으로 발달

5 회유임천식 정원
① 숲과 깊은 굴곡의 수변을 이용
② 연못과 호수를 중심으로 정원을 조성하였으며 다리를 가설
③ 정원을 돌아다니면서(회유) 관상할 수 있도록 조성
④ 회유임천식 정원은 중국과 일본에서 발달
⑤ 중국은 자연과의 대비를, 일본은 자연풍경의 섬세한 조화를 바탕

6 고산수식 정원

① 물을 전혀 사용하지 않음
② 불교의 영향을 받은 극도의 추상적 구성
③ 14C : 축산고산수식
  ㉠ 나무(산봉우리)
  ㉡ 바위(폭포)
  ㉢ 왕모래(냇물) 연상
④ 15C : 평정고산수식
  ㉠ 바위(섬)
  ㉡ 왕모래(바다) 연상
  ㉢ 수목 사용 안함

02 Chapter 정원 양식의 발생요인

1 자연적 요인

1 기후
① 비(강수량) : 식생 형성의 요인
② 바람
  ㉠ 바람의 강도와 방향은 조경수목에 막대한 영향을 줌
  ㉡ 식재 시 바람의 영향을 고려해 방풍, 산울타리식재 등의 방법 강구
③ 눈 : 하중에 의해 가지가 찢어질 수 있으므로 알맞은 수목 식재
④ 기온
  ㉠ 기온은 수목의 생장과 생육에 밀접한 관계
  ㉡ 아열대 지역은 수종이 많으나, 한랭 지역은 수종이 제한적

2 지형
① 지형은 기후와 함께 정원 형태에 가장 큰 영향을 미침
② 산악지형과 평탄지형으로 구분
③ 이탈리아는 경사지로 이루어진 지형을 이용한 노단식 정원 양식
④ 평탄지인 프랑스는 평면기하학식 정원 양식 발달

3 기타
① 기후나 지형 이외에 식물, 토질, 암석 등의 요인
② 식물은 정원에서 가장 중요한 요소

2 사회적 요인

1 종교와 사상
① 서양
  ㉠ 중세시대는 종교의 영향으로 폐쇄적인 수도원 정원이 발달
  ㉡ 이슬람은 종교의식을 위해 손을 씻거나 목욕을 하기 위한 물 도입
② 동양
  ㉠ 신선사상의 영향 : 중국, 일본, 한국정원의 신선사상은 불로장생하는 신선의 거처를 섬으로 조성(백제의 궁남지, 신라의 안압지 등)
  ㉡ 불교사상 : 일본의 고산수식 정원은 불교사상의 영향

2 역사성
① 고대
담으로 둘러싸인 주택정원은 폐쇄적인 시대상을 나타냄
② 중세 암흑시대
폐쇄적 중정과 해자로 둘러싸인 성곽은 외부로부터의 침입을 막고자 하는 의도가 정원에 반영
③ 르네상스시대
개방적 형태의 정원
④ 우리나라
  ㉠ 삼국시대와 고려시대는 중국정원의 모방
  ㉡ 조선시대에 방지원도(方池圓島)의 독특한 형태로 전환

3 민족성
① 자연풍경식
목가적인 전원생활을 좋아하고 전통을 고수하는 영국인의 민족성에 의해 발달
② 고산수식
축소 지향적인 일본인의 민족성이 반영

4 예술사조
① 고전주의
정형식조경은 절대왕정 아래 수직적 사회구조를 반영한 것으로 강력한 축과 대칭 기법으로 구성
② 낭만주의
  ㉠ 자연식 조경은 지나치게 인위적이고 권위적인 고전주의의 형태에 대한 반발에서 출발
  ㉡ 풍경화와 민주주의의 영향으로 곡선 위주의 전원풍경식으로 구성

5 기타
정치, 경제, 건축, 예술, 과학, 기술 등이 정원 양식에 영향을 줌

PART 01 예상문제

01 조경의 개념과 거리가 먼 것은?
① 건축, 토목의 일부이며, 이들과 조형미를 이루게 한다.
② 국토를 보존하고 정비하며, 그 이용에 관한 계획을 하는 것이다.
③ 과학적이고 미적인 공간을 창조하는 종합예술이다.
④ 아름답고 편리하며 생산적인 생활환경을 조성한다.

02 좁은 의미의 조경을 설명하고 있는 것은?
① 복잡, 다양한 근대에 들어 적용된다.
② 도시 내 녹지, 자연의 조성에 중점을 둔다.
③ 집 주위의 옥외공간이 주 대상이다.
④ 기술자를 조경가라고 부르기 시작한다.

03 다음에서 넓은 의미의 조경을 올바르게 설명한 것은?
① 궁전 또는 대규모 저택 중심
② 기술자를 정원사라 부르고 있음
③ 정원을 만드는 일에 중점을 둠
④ 주택, 공원 등 광범위한 옥외공간 건설에 적극적 참여

04 우리나라에서 조경이라는 용어가 처음 사용되기 시작한 때는?
① 1960년대 초반   ② 1970년대 초반
③ 1980년대 초반   ④ 1990년대 초반

05 조경분야 프로젝트 수행단계의 순서가 올바른 것은?
① 계획 – 시공 – 설계 – 관리
② 계획 – 관리 – 시공 – 설계
③ 계획 – 관리 – 설계 – 시공
④ 계획 – 설계 – 시공 – 관리

06 식재, 포장, 계단, 분수 등과 같은 한정된 문제를 해결하기 위해 구성요소, 재료, 수목들을 선정하여 기능적이고, 미적인 3차원적 공간을 구체적으로 창조하는데 초점을 두어 발전시키는 것은?
① 조경설계   ② 평가
③ 단지계획   ④ 조경계획

07 프로젝트의 수행단계 중 주로 자료의 수집, 분석 종합에 초점을 맞추는 단계는?
① 조경설계   ② 조경시공
③ 조경계획   ④ 조경관리

08 조경프로젝트의 수행단계 중 식생의 이용 및 시설물의 효율적 이용유지, 보수 등 전체적인 것을 다루는 단계는?
① 조경관리   ② 조경설계
③ 조경계획   ④ 조경시공

정답 01 ① 02 ③ 03 ④ 04 ② 05 ④ 06 ① 07 ③ 08 ①

09 생물을 직접 다루며, 전체적으로 공학적인 지식이 가장 많이 필요로 하는 수행단계는?

① 계획단계　　② 시공단계
③ 관리단계　　④ 설계단계

10 조경을 기능별 대상지로 구분할 때, 기능적으로 다른 분야에 해당하는 곳은?

① 전통민가　　② 휴양지
③ 유원지　　　④ 골프장

11 조경 실시설계 기술자의 주요 직무내용으로 가장 적합한 것은?

① 물량 산출 및 시방서 작성
② 조경 시설물 및 자재의 생산
③ 식재 공사 시공
④ 전정 및 시비

12 자유로운 선이나 재료를 써서 자연 그대로의 경관 또는 그것에 가까운 것이 생기도록 조성하는 정원 양식은?

① 건축식　　② 풍경식
③ 정형식　　④ 규칙식

13 다음 중 자연식 정원 양식이 아닌 것은?

① 전원풍경식　　② 회유임천식
③ 중정식　　　　④ 고산수식

14 다음 정원 양식의 발생요인 중 자연환경요인이 아닌 것은?

① 기후　　② 지형
③ 식물　　④ 종교

15 동양식 정원에서는 연못을 파고 그 한가운데 섬을 만드는 것이 공통된 수법인데 이러한 수법은 어떤 사상에 근거한 것인가?

① 신선사상　　② 유교사상
③ 불교사상　　④ 기독교사상

16 다른 나라의 조경양식을 받아들이는데 가장 장애가 되는 것은?

① 과학기술　　② 자연환경
③ 암석　　　　④ 예술

정답　09 ②　10 ①　11 ①　12 ②　13 ③　14 ④　15 ①　16 ②

한국 조경사

※ 한국조경의 특징
1. 직선이 디자인의 기본
   예) 경복궁, 예외) 임해전 지원(곡선+직선)
2. 신선사상을 배경으로 함
   예) 경회루 지원, 광한루, 궁남지, 임해전 지원
3. 정원은 수신 양성의 장
4. 계단상의 후원이나 화계를 만듦(아미산원)
5. 단조로운 공간구성
6. 원림 속의 풍류적인 멋
7. 낙엽활엽수 식재 : 계절변화를 즐김
8. 자연과의 일체감 : 정원이 자연의 일부
9. 단조로운 연못의 형태와 구성 : 직선적인 방지가 기본

1 고조선시대

① 대동사강 제1권 단씨조선기에 기록
② 노을왕이 유(囿) 조성 : 새와 짐승 사육

2 삼국시대와 통일신라시대

1 고구려

① 안학궁(427) : 신선사상(장수왕 15년)
   ㉠ 자연풍경식 정원, 자연곡선형의 연못과 인공적인 축산의 형태
   ㉡ 평양시 대성산 남쪽
② 장안성(평양성, 586)
   ㉠ 중국 수나라 도성제 본떠 조영
   ㉡ 4성(외성 : 민가, 중성 : 관청, 내성 : 왕궁, 북성 : 사원 및 군대)
   ㉢ 평양시 일원에 있는 고구려시대 후기의 도성(都城), 둘레 약 23km.
   ㉣ 현재 네 개의 성과 문지(門址)·건물지 등이 남아 있음

③ 대성산성(장수왕)
　　㉠ 무기와 식량을 비축한 군사기지로 유사시 왕궁의 역할
　　㉡ 우리나라의 성곽 중 가장 많은 170개의 연못
　　㉢ 이 중 장방형지의 형태가 가장 많음
④ 동명왕릉의 진주지
　　㉠ 한나라 무제 때 조성된 태액지원의 영향
　　㉡ 봉래, 방장, 영주, 호랑 등 4개의 섬을 축조(신선사상 영향)

2 백제

① 임류각(동성왕 22년, 500) : 웅진궁(공주)
　　㉠ 높은 누각(경관조망), 후원, 사냥이 주목적, 궁 동쪽에 조성
　　㉡ 강의 수경과 산야의 경치를 즐긴 위락기능
　　㉢ 삼국사기에 기록(전각, 임류각) : 희귀한 새, 짐승 사육한 연못
② 궁남지(무왕 35년, 634)
　　㉠ 현존, 부여
　　㉡ 최초의 신선사상을 배경으로 한 지원
　　㉢ 버드나무 식재, 누각
　　㉣ 방장(섬), 다리가 있음
③ 석연지 : 의자왕
　　㉠ 첨경물(화강암)
　　㉡ 궁남지를 볼 수 있는 위치
　　㉢ 세심석으로 발전(조선시대)
　　㉣ 건축 토목 기술 일본에 전함
　　　　※ 노자공 : 일본 정원에 대한 최초의 기록
　　㉤ 수미산과 오교로 이루어진 정원 축조(7세기 초)

3 신라

① 동사강목 : 최초의 조경 기록
② 정전법 : 시가지 가로망, 격자형
③ 목단도입(대동사강에 기록)

4 통일신라시대

① 임해전 지원(안압지, 월지)
　　㉠ 삼국사기 : 문무왕 674년
　　㉡ 연못, 산 조성 : 화초, 진귀한 새, 짐승 기름
　　㉢ 면적 : 40,000㎡ 연못 15,650㎡
　　㉣ 해안풍경묘사
　　㉤ 3개의 섬(신선사상) : 거북모양의 섬 포함

ⓑ 석가산은 무산 12봉 상징(신선사상의 영향)
ⓢ 궁원과 건물 주변에는 담장
ⓞ 북쪽 : 굴곡 있는 해안형, 동쪽 : 반도형
ⓩ 연못의 모양이 다양, 호안석, 바닷가 돌 사용 : 바다 경관 조성
ⓒ 바다로 표현한 정원, 직선 & 다양한 곡선
ⓚ 바닥처리 : 강회다짐, 전면에 바다 조약돌을 깜, 2m 내외의 정(井)자형 나무들에 연꽃 식재
ⓣ 기능 : 왕과 신하들의 정적 위락공간, 동적 선유공간(연회와 뱃놀이)
② 포석정 곡수거
㉠ 왕희지의 난정고사를 본 딴 왕의 공간
㉡ 연대 추측 불가
㉢ 유상곡수연
③ 사절유택 : 통일신라 말기
㉠ 계절에 따라 자리를 바꾸어가며 놀이 즐김(귀족들의 별장 역할)
㉡ 봄 : 동야택, 여름 : 곡양택, 가을 : 구지택, 겨울 : 가이택
㉢ 최치원의 은서생활로 별서풍습 시작

5 발해
① 고구려 유민에 의해 세워져 고구려적 문화 잔존
㉠ 상경, 중경, 동경, 남경, 북경의 5경 설치
㉡ 도성계획은 정전법에 의한 격자형 도로망
② 발해국지 : 고구려 유민 가운데 재력 있는 자들은 저택에 원지를 꾸미고 요양지방에 심어져 있던 모란을 가꾸었는데 그 수가 200 ~ 300주나 되었으며, 그 속에는 줄기가 수십 갈래로 갈라진 고목도 있었다고 기록되어 있음

3 고려시대

1 궁궐정원 : 만월대
① 동지(東池) : 귀령각 지원, 왕과 신하의 위락공간, 활 쏘는 것 구경(공적)
② 화원(화오) : 예종 때 2개의 화단, 송, 원에서 진기한 나무, 화초 수입 이국적 분위기
③ 석가산 정원 : 예종 11년, 중국의 석가산 처음 도입
④ 격구장 : 의종이 즐김, 말을 타고 공을 다루는 놀이

2 민간정원
① 청평사의 문수원 남지(영지) : 춘천
㉠ 고려 중기 이자현 조영
㉡ 못에 부용봉이라는 산이 투영
㉢ 북쪽이 넓고 남쪽은 좁은 사다리꼴의 영지, 연못 안에 몇 개의 자연석이 놓임

② 이소원 정원(이규보) : 사륜정은 6명이 탈 수 있는 이동식 수레형 정자
③ 퇴식재 정원
　㉠ 원림에 갖가지 화초와 애완동물 기름
　㉡ 연의지(곡지)에 연꽃 심음

3 조경식물
낙엽활엽수, 열매 꽃 감상용

4 고려시대 정원의 특징
① 강한 대비, 호화, 사치스러운 양식 : 중국 송나라의 영향(가장 화려)
② 관상 위주의 정원 조성
③ 석가산을 후원이나 별당에 배치
④ 정자가 정원 시설의 일부가 됨(휴식, 조망)
⑤ 내원서 : 충렬왕, 궁궐의 원림 관장

4 조선시대

1 조선시대 정원의 특징
① 한국적 색채가 짙어짐, 정원기법 확립(후원)
② 풍수지리설의 영향 : 후원식, 화계식
③ 자연 존중, 자연환경과의 조화 중요시(창덕궁)
④ 신선사상 : 삼신산과 십장생의 불로장생, 연못 내 중도 설치
⑤ 음양오행사상 : 연못 형태(방지원도)
⑥ 후원이 주가 되는 정원 기법 생겨남(창덕궁)
⑦ 은일사상 성행(별서정원)
⑧ 괴석, 굴뚝, 세심석(후원 장식용)
⑨ 궁궐침전 후정에서 볼 수 있는 대표적인 것 : 경사지를 이용해 만든 계단식 노단

2 궁궐정원
① 경복궁
　㉠ 경회루 방지(태종 12년)
　　• 113m(남북)×112m(동서)
　　• 방지방도, 3개의 섬
　　• 가장 큰 섬에 경회루 건립, 나머지 두 섬 : 소나무 식재
　　• 사신 영접, 연회, 유락 목적(연꽃 감상, 자연 공간 조망, 뱃놀이)

- ⓒ 교태전 후원(아미산원)
  - **교태전** : 왕비를 위한 사적인 공간
  - **아미산** : 중국의 선산을 상징화한 이름
  - **아미산원** : 평지 위에 인공적으로 축조된 4단의 화계(꽃계단) - 돌배, 말채, 쉬나무 등
  - **풍수지리설의 영향**
  - **첨경물** : 석지, 굴뚝(불가사리, 박쥐, 해태, 십장생, 사군자), 괴석, 화계
    ※ **십장생** : 해, 산, 구름, 바위, 소나무, 거북, 사슴, 학, 불로초, 물
- ⓒ 향원정 지원(조선 고종)
  - 원형에 가까운 부정형으로 연(蓮)식재 (주돈이 "애련설"〈향원익청〉"향기는 멀리 갈수록 맑음을 더함"에서 따옴.)
  - 모가 둥글게 처리된 방지 중앙에 원형의 섬(방지원도), 향원정(정육각 2층 건물)
  - 醉香橋(취향교) : 연못과 중도 연결
- ⓔ 자경전의 화문장과 십장생 굴뚝
  - **자경전** : 대비가 거처하는 침전(대비의 만수무강 기원)
  - **십장생 굴뚝** : 십장생과 포도, 연꽃, 대나무, 매화, 복숭아, 모란, 석류, 국화, 꽃과 나비 문양 등

② 창덕궁
  - ⓐ 태종 5년에 건립한 이궁, 동궐(경복궁 동쪽)
  - ⓑ 지세에 따른 자연스러운 건물 배치, 후원의 자연 지형을 적절히 이용, 궁궐 안의 원림 공간
  - ⓒ 낮은 곳 : 연못(부용지), 높은 곳 : 정자(관상, 휴식)
  - ⓓ 다래나무, 향나무(600년)
  - ⓔ 대조전 후원(왕비 거처)
    - 화계(살구, 앵도나무)
    - 가장 자연스럽고 아담하며 조용한 분위기(넓은 잔디밭)
  - ⓕ 낙선재 후원
    - 5단 화계(화강암 장대석)
    - 괴석, 굴뚝(첨경물 역할)
    - 단청하지 않음(원래는 창경궁에 속해 있었음.)
  - ⓖ 후원(금원, 비원, 북원)
    - 부용정역
      - 방지원도(음양오행설)
      - 후원 입구에서 가장 가까움
      - 주합루 : 2층의 누각
    - 애련정역
      - 연경당(민가 모방, 99칸, 단청 안함)
      - 주돈이의 애련설에서 유래, 방지무도
      - 계단식 화계(철쭉, 단풍, 소나무 식재)

- 관람정역
  - 자연 곡선지를 중심으로 한 원림(한반도)
  - 상지 : 존덕정(6각 겹지붕 정자)
  - 하지 : 관람정(부채꼴 모양)
- 옥류천역
  - 후원 가장 안쪽
  - 인공폭포와 C자형 곡수거 : 위락공간화
  - 계류 중심 5개의 정자(청의정, 소요정, 농산정, 취한정, 태극정)

③ 창경궁 : 성종 14년에 창건한 이궁
  통명전 : 후원과 석난지(서쪽, 중도형 장방지) → 괴석2, 받침대1
④ 덕수궁
  ㉠ 석조전(최초 서양식 건물), 영국인 하딩 설계
  ㉡ 침상원(최초 유럽식 정원, 분수와 연못을 중심으로 한 프랑스식 정원)

3 민간정원

① 주택정원
  ㉠ 강릉 선교장 : 이내번
  ㉡ 구례 운조루 : 유이주
  ㉢ 경북 봉화의 청암정(구암정)
  ㉣ 광주광역시 환벽당 정원
② 별서정원
  ㉠ 양산보의 소쇄원(16세기 초)
    - 전남 담양
    - 자연 계류 중심으로 한 사면 공간의 일부를 화계식으로 다듬어 정형적 요소 가미
    - 오곡문, 제월당, 광풍각
    - 유학적 분위기
  ㉡ 윤선도의 보길도 부용동 원림(1637)
    - 전남 완도군 보길도
    - 세연정역(원림 중 가장 정성들인 곳)
    - 낭음계역(조형면에서 강한 대비)
    - 동천석실역(더위 피할 수 있는 정자)
③ 별장정원
  ㉠ 정약용의 다산초당(1810)
    - 전남 강진
    - 방지원도
    - 섬 안에 석가산
  ㉡ 정영방의 서석지원(1605)
    - 경북 영양

- 중도없는 방지
- 수경이 정원의 대부분 차지
ⓒ 주재성의 하환정 국담원(18세기 초)
- 경남 함안
- 방지 방도
- 거북이 모양의 돌
② 성락원 : 서울시 성북구 위치, 조선 후기의 별궁
- 의친왕이 35년 동안 사용했던 별장
- 세 곳의 소정원 구역으로 구분
  - 쌍류동천(雙流洞天)과 용두가산(龍頭假山)이 있는 전원
  - 영벽지(影碧池)와 폭포가 있는 내원
  - 송석(松石)과 못이 있는 후원 등 자연 지형에 따라 조원된 구역
ⓜ 석파정 : 서울시 종로구 위치
- 경종 때 조정만이 한수운련암을 축조
- 철종 때 김흥근이 별서로 사용
- 후에 흥선대원군이 소유한 후 석파정으로 지칭
- 구역
  - 'ㅁ' 자형의 안채와 'ㄱ' 자형의 사랑채가 배치
  - 안채 뒤편 한 단 높은 곳에 'ㅡ'자형 별채 배치
  - 안채 후원의 화계에 느티나무 한 그루가 있는 단조로운 공간
  - 사랑마당 남쪽에 계류와 연못, 정자 배치
  ※ **별서의 종류**
  1. 별장(別莊) : 경제적 여유, 제2의 주택
  2. 별서(別墅) : 자연 속에서의 은둔 목적, 소박한 주거
  3. 별업(別業) : 관리목적, 제2의 주거

4 누정원림
주거를 멀리 떠나 자연과 벗하기 위해 마련한 곳, 간단한 정자
① 누(樓)
  ㉠ 고을 수령이 조영, 정치 행사, 연회 등 공적 이용
  ㉡ 2층(마루 높임) 방 없음(대부분)
  ㉢ 경회루, 주합루, 광한루 등
② 정(亭)
  ㉠ 다양한 계층, 유상(시 짓기, 관람) 사적 이용
  ㉡ 높은 곳에 지은 집, 방(50%)
  ㉢ 부용정, 향원정, 애련정 등

5 정자의 평면유형

① 유실형
  ㉠ 중심형 : 방이 가운데 한 칸 차지
  ㉡ 편심형 : 방이 좌, 우 중 한쪽에 몰려 있음
  ㉢ 분리형 : 방이 좌, 우 양쪽 마루가 중심에 자리
  ㉣ 배면형 : 방이 정자의 배면 전체

유실형	중심형	광풍각, 임대정, 명옥헌, 세연정
	편심형	남간정사, 옥류각, 암서재, 초간당, 제월당
	분리형	경정, 다산초당
	배면형	부암정, 거연정

② 무실형 : 만호정, 척서정, 영원정 등

※ 방지원도와 방지방도
  1. 방지원도
     • 창덕궁 부용정
     • 경복궁 향원정지원
     • 다산초당
     • 하엽정정원
  2. 방지방도
     • 강릉 활래정지원
     • 보길도 부용동 원림 세연정지원
     • 경남 하환정 국담원
     • 경복궁 경회루지원

※ 광한루(1434)
  • 삼신선도(봉래/방장/영주)
  • 오작교
  • 신선사상

※ 활래정 지원(1816)
  • 강릉 선교장 동남쪽
  • 방지방도

6 서원정원

① 역할
  ㉠ 유교사상을 바탕으로 조선시대 사림에 의해 설립된 학문기관
  ㉡ 선현 제향과 지방 도서관의 기능
② 입지 : 지방의 산수가 수려한 곳이나 주향자의 연고지
③ 서원조경
  ㉠ 강학공간은 정숙한 분위기를 강조하기 위해 장식하지 않음
  ㉡ 후면에 화계를 조성해 학자수인 느티나무, 은행나무, 향나무, 회화나무 식재

ⓒ 연못(방지)은 수심 양성을 도모하기 위해 조성
　④ 대표적인 서원
　　　㉠ 소수서원(경북 영주) : 우리나라 최초의 사액서원
　　　㉡ 옥산서원(경북 경주)
　　　㉢ 도산서원(경북 안동) : 절우사를 축조하여 매, 송, 국, 죽 사절우 식재
　　　㉣ 병산서원(경북 안동)

7 조경에 관한 문헌
① 강희안의 양화소록 : 조경식물에 관한 최초의 문헌
② 강희안의 화암소록 : 양화소록의 부록
③ 홍만선의 산림경제 : 농가에 필요한 백과사전
④ 서유거의 임원경제지 : 정원식물의 종류와 경승지 소개

8 조경관리부서(궁궐 정원 담당 관서)
① 고구려 : 궁원 − 유리왕
② 고려 : 내원서 − 충렬왕
③ 조선 : 상림원(태조) − 산택사(태종) − 장원서(세조) − 원유사(광해군)
④ 동산바치 : 조선시대 정원사

※ **식물의 옛 이름**
　1. 무궁화 : 목근화(木槿花)
　2. 배롱나무 : 자미화(紫微花)
　3. 연 : 부거(赴擧)
　4. 목련 : 목필화(木筆花)
　5. 동백 : 산다화(山茶花)
　6. 모란 : 목단(牧丹)
　7. 살구 : 행목(杏木)

※ **사군자와 사절우**
　1. 사군자 : 매화, 난, 국화, 대나무
　2. 사절우 : 매화, 소나무, 국화, 대나무

5 현대의 조경

① 1980년대 이후 한국적 분위기 창출하는 조경에 관심
② 원로 포장에 전통적 문양 사용
③ 수목의 정형적 전정 최소화
④ 소나무, 느티나무 도입
⑤ 파고다공원(탑골공원, 1897)
　　• 영국인 브라운이 설계
　　• 대중을 위한 최초공원

PART 01 예상문제

01 우리나라 정원의 특색이 아닌 것은?
① 후원　　② 화계
③ 방지　　④ 분수

02 다음 정원 시설 중 우리나라 전통 조경시설이 아닌 것은?
① 취병(생울타리)　　② 화계
③ 벽천　　④ 석지

03 다음 중 신선사상을 바탕으로 음양오행설이 가미되어 정원 양식에 반영된 것은?
① 한국정원　　② 일본정원
③ 중국정원　　④ 인도정원

04 우리나라 조경의 성격형성에 영향을 미친 주요 인자가 아닌 것은?
① 신선사상
② 급격한 경사를 지닌 구릉지형
③ 사계절이 분명한 기후
④ 순박한 민족성

05 백제와 신라의 정원에 영향을 주었던 사상으로 가장 적당한 것은?
① 음양오행사상　　② 풍수지리사상
③ 신선사상　　④ 유교사상

06 백제시대에 점경물로 만들어졌고, 물을 담아 연꽃을 심고 부들, 개구리밥, 마름 등의 부엽식물을 곁들이며 물고기도 넣어 키웠던 것은?
① 석연지　　② 석조전
③ 안압지　　④ 포석정

07 백제 무왕 35년(634년경)에 만들어진 조경 유적은?
① 안압지　　② 포석정
③ 궁남지　　④ 안학궁

08 한국조경사 중 백제시대의 조경에 해당하지 않는 것은?
① 임류각　　② 궁남지
③ 석연지　　④ 안학궁

09 다음 중 백제 시대의 유적이 아닌 것은?
① 몽촌토성　　② 임류각
③ 장안성　　④ 궁남지

10 물가에 세워진 임해전, 봉래산을 본따서 축소한 연못, 삼신산을 암시하는 3개의 섬 등과 관련있는 것은?
① 궁남지　　② 안압지
③ 부용지　　④ 부용동정원

정답 01 ④　02 ③　03 ①　04 ②　05 ③　06 ①　07 ③　08 ④　09 ③　10 ②

11 임해전이 주로 직선으로 된 연못의 서쪽에 남북 축선상에 배치되어 있고, 연못 내 돌을 쌓아 무산 12봉을 본 딴 석가산을 조성한 통일신라시대에 건립된 조경 유적은?

① 안압지　　② 부용지
③ 포석정　　④ 향원지

12 다음 우리나라 조경 가운데 가장 오래된 것은?

① 소쇄원　　② 순천관
③ 아미산정원　　④ 안압지

13 다음 중 신선사상의 영향을 받은 정원은?

① 고산수 정원　　② 안압지
③ 경복궁　　④ 경회루

14 연못의 모양(호안)이 다양하고 대(남쪽), 중(북쪽), 소(중앙) 3개의 섬이 타원형을 이루고 있는 정원은?

① 부여의 궁남지　　② 경주의 안압지
③ 비원의 옥류천　　④ 창덕궁의 부용지

15 통일신라 시대의 안압지에 관한 설명으로 틀린 것은?

① 연못의 남쪽과 서쪽은 직선이고 동안은 돌출하는 반도로 되어 있으며, 북쪽은 굴곡있는 해안형으로 되어 있다.
② 신선사상을 배경으로 한 해안풍경을 묘사하였다.
③ 연못 속에는 3개의 섬이 있는데 임해전의 동쪽에 가장 큰 섬과 가장 작은 섬이 위치한다.
④ 물이 유입되고 나가는 입구와 출구가 한군데 모여있다.

16 중국 송 시대의 수법을 모방한 화원과 석가산 및 누각 등이 많이 나타난 시기는?

① 백제시대　　② 신라시대
③ 고려시대　　④ 조선시대

17 다음의 설명은 어느 시대의 정원에 관한 것인가?

- 석가산과 원정, 화원 등이 특징이다.
- 대표적 정원 유적으로 동지, 만월대, 수창궁원, 청평사 문수원 정원 등이 있다.
- 휴식과 조망을 위한 정자를 설치하기 시작하였다.
- 송나라의 영향으로 화려한 관상 위주의 이국적 정원을 만들었다.

① 고구려　　② 백제
③ 고려　　④ 통일신라

18 고려시대 궁궐정원을 맡아보던 관서는?

① 원야　　② 장원서
③ 상림원　　④ 내원서

19 우리나라 정원 양식이 풍수설에 많은 영향을 받는 시기는?

① 신라　　② 백제
③ 고려　　④ 조선

20 우리나라의 독특한 정원수법인 후원양식이 가장 성행한 시기는?

① 고려시대 초엽　　② 고려시대 말엽
③ 조선시대　　④ 삼국시대

정답　11 ①　12 ④　13 ②　14 ②　15 ④　16 ③　17 ③　18 ④　19 ④　20 ③

21 한국적인 색채가 가장 짙은 정원 양식이 발생한 시대는?

① 조선시대　② 고려시대
③ 백제시대　④ 신라전성기

22 조선시대 후원양식에 대한 설명 중 틀린 것은?

① 중엽이후 풍수지리설의 영향을 받아 후원양식이 생겼다.
② 건물 뒤에 자리잡은 언덕빼기를 계단 모양으로 다듬어 만들었다.
③ 각 계단에는 향나무를 주로 한 나무를 다듬어 장식하였다.
④ 경복궁 교태전 후원인 아미산, 창덕궁 낙선재의 후원 등이 그 예이다.

23 우리나라 후원양식에 대한 설명 중 틀린 것은?

① 불교의 영향　② 음양오행설
③ 유교의 영향　④ 풍수지리설

24 조선시대 정원과 관계가 없는 것은?

① 자연을 존중
② 자연을 인공적으로 처리
③ 신선사상
④ 계단식으로 처리한 후원 양식

25 옛날 처사도를 근간으로 한 은일사상이 가장 성행하였던 시대는?

① 고구려시대　② 백제시대
③ 신라시대　④ 조선시대

26 경복궁의 경회루 원지의 형태는?

① 장방형　② 원지형
③ 반달형　④ 노단형

27 아미산 후원 교태전의 굴뚝에 장식된 문양이 아닌 것은?

① 반송　② 매화
③ 박쥐　④ 해태

28 창덕궁 후원에 나타나지 않은 것은?

① 부용지　② 향원지
③ 주합루　④ 옥류천

29 창덕궁 후원의 명칭이 아닌 것은?

① 비원　② 북원
③ 능원　④ 금원

30 우리나라 고유의 공원을 대표할만한 문화재적 가치를 지닌 정원은?

① 경복궁의 후원　② 덕수궁의 후원
③ 창경궁의 후원　④ 창덕궁의 후원

31 우리나라에서 최초의 유럽식 정원이 도입된 곳은?

① 덕수궁 석조전 앞 정원
② 파고다 공원
③ 장충단 공원
④ 구 중앙정부청사 주위 정원

정답　21 ①　22 ③　23 ①　24 ②　25 ④　26 ①　27 ①　28 ②　29 ③　30 ④　31 ①

32 영국인 Brown의 지도하에 덕수궁 석조전 앞뜰에 조성된 정원 양식과 관계되는 것은?

① 빌라 메디치
② 보르비콩트
③ 분구원
④ 센트럴파크

33 다음 중 사대부나 양반 계급에 속했던 사람이 자연 속에 묻혀 야인으로서의 생활을 즐기던 별서정원이 아닌 것은?

① 소쇄원
② 방화수류정
③ 부용동정원
④ 다산초당

34 다음 중 별서의 개념과 가장 거리가 먼 것은?

① 은둔생활을 하기 위한 것
② 효도하기 위한 것
③ 별장의 성격을 갖기 위한 것
④ 수목을 가꾸기 위한 것

35 조선시대 정원 중 연결이 올바른 것은?

① 양산보 – 다산초당
② 윤선도 – 부용동원림
③ 정약용 – 운조루정원
④ 유이주 – 소쇄원

36 부귀나 영화를 등지고 자연과 벗하며 농경하고 살기 위해 세운 주거를 별서 정원이라 한다. 우리나라의 현존하는 대표적인 것은?

① 윤선도의 부용동 원림
② 강릉의 선교장
③ 이덕유의 평천산장
④ 구례의 운조루

37 조선시대 사대부나 양반계급들이 꾸민 별서 정원으로 옳은 것은?

① 전주의 한벽루
② 수원의 방화수류정
③ 담양의 소쇄원
④ 의주의 통군정

38 조선시대 경승지에 세운 누각들 중 경기도 수원에 위치한 것은?

① 연광정
② 사허정
③ 방화수류정
④ 영호정

39 조선시대 사대부나 양반 계급에 속했던 사람들이 시골 별서에 꾸민 정원의 유적이 아닌 것은?

① 양산보의 소쇄원
② 윤선도의 부용동원림
③ 정약용의 다산초당
④ 퇴계 이황의 도산서원

40 다음 중 조성시기가 가장 빠른 것은?

① 서울 부암정
② 강진 다산초당
③ 대전 남간정사
④ 영양 서석지

41 조선시대 선비들이 즐겨 심고 가꾸었던 사절우에 해당하는 식물이 아닌 것은?

① 소나무
② 대나무
③ 매화나무
④ 난초

정답 32 ② 33 ② 34 ④ 35 ② 36 ① 37 ③ 38 ③ 39 ④ 40 ④ 41 ④

42 다음 중 사군자에 해당되지 않는 것은?

① 매화　　② 난초
③ 국화　　④ 소나무

43 조선시대 각 도의 관찰사나 부윤 목사들이 산자수명한 경승지에 많은 누각을 세워 자연을 감상하곤 하였는데 이는 오늘날 어느 공원의 유형과 같다고 볼 수 있는가?

① 근린공원　　② 체육공원
③ 자연공원　　④ 종합공원

44 조선시대 후원의 장식용이 아닌 것은?

① 괴석　　② 세심석
③ 굴뚝　　④ 석가산

45 우리나라 조경의 역사적인 조성 순서가 오래된 것부터 바르게 나열된 것은?

① 궁남지 - 안압지 - 소쇄원 - 안학궁
② 안학궁 - 궁남지 - 안압지 - 소쇄원
③ 안압지 - 소쇄원 - 안학궁 - 궁남지
④ 소쇄원 - 안학궁 - 궁남지 - 안압지

46 우리나라 최초의 대중적인 도시 공원은?

① 남산공원　　② 사직공원
③ 파고다공원　　④ 장충공원

47 조경식물에 대한 옛 용어와 현대 사용되는 식물명이 잘못 연결된 것은?

① 자미 - 장미　　② 산다 - 동백
③ 옥란 - 백목련　　④ 부거 - 연

48 우리나라 전통 조경의 설명으로 옳지 못한 것은?

① 신선사상에 근거를 두고 여기에 음양오행설이 가미되었다.
② 연못의 모양은 조롱박형, 목숨수자형, 마음심자형 등 여러 가지가 있다.
③ 네모진 연못은 땅, 즉 음을 상징하고 있다.
④ 둥근 섬은 하늘, 즉 양을 상징하고 있다.

49 다음 후원 양식에 대한 설명 중 틀린 것은?

① 한국의 독특한 정원 양식 중 하나이다.
② 괴석이나 세심석 또는 장식을 겸한 굴뚝을 세워 장식하였다.
③ 건물 뒤 경사지를 계단모양으로 만들어 장대석을 앉혀 평지를 만들었다.
④ 경주 동궁과 월지, 교태전 후원의 아미산원, 남원시 광한루 등에서 찾아볼 수 있다.

정답 42 ④　43 ③　44 ④　45 ②　46 ③　47 ①　48 ②　49 ④

중국 조경사

※ 정원의 기원 : 후한 "설문해자"에 기록
  1. 원(園) : 과수
  2. 포(圃) : 채소
  3. 유(囿) : 금수, 왕의 놀이터, 후세의 이궁

※ 중국 정원의 변천사
  주 → 진 → 한 → 삼국(위, 촉, 오) → 진 → 수 → 당 → 송 → 금 → 원 → 명 → 청
                                (삼국시대 / 고려시대 / 조선시대)

1 중국정원의 특징

① 규비에 중점(자연미와 인공미) : 이화원(곤명호/불향각)
② 석가산(태호석 : 괴석)
③ 사의주의, 회화풍경식, 자연풍경식
④ 자연경관이 수려한 곳에 임의적으로 암석과 수목 배치(심산유곡 느낌)
⑤ 직선 + 곡선의 사용
⑥ 하나의 정원에 부분적으로 여러 비율을 혼합하여 사용
⑦ 차경수법 도입

2 주(周)

1 영(靈)대(臺)
① 정원에 연못을 파고 그 흙으로 언덕을 쌓아 왕후의 위락지 조성
② 낮 : 조망, 밤 : 銀星明月을 즐김

2 영유(靈囿)
숲과 못을 갖춘 왕후의 놀이터

3 진(秦)

1 상림원에 아방궁 축조
170km에 걸쳐 조영됨

2 아방궁(阿房宮)
진나라 시황제 때, 소실

4 한(漢)

1 궁원(금원)
① 상림원
   ㉠ 가장 오래된 정원, 장안 위치
   ㉡ 곤명호 포함 6개의 호수
   ㉢ 원내 70채의 이궁과 3,000여종 화목 식재
   ㉣ 짐승 길러 황제의 사냥터 사용
   ㉤ 곤명호 동서 양안에 견우직녀 석상 세워 은하수 상징
   ㉥ 길이 7m 돌고래 상
② 태액지원(太液池苑, 연못에 딸린 정원)
   ㉠ 궁궐에서 가까운 궁원
   ㉡ 연못 안에 삼신섬(봉래, 방장, 영주) 축조
   ㉢ 신선사상, 조수와 용어조각 배치(청동이나 대리석)

2 건축적 특색
① 대(臺) : 상단을 작은 산 모양으로 쌓아 올려 그 위에 높이 지은 건물(주 : 영대, 진 : 홍대)
② 관(觀) : 높은 곳에서 경관 조망을 위해 지은 건물
③ 각(閣) : 궁이나 서원의 정자로 1층 바닥이 기단부로 되어 있음

3 서경잡기
중정을 전돌로 포장하는 수법 사용

4 원광한의 원림
최초의 민간정원, 자연 풍경을 묘사

5 삼국(위/촉/오)

위, 오나라의 화림원 〈연못 중심의 단순한 정원〉

6 진(晉)

1 왕희지의 난정기
곡수수법(신라 : 포석정) – 유상곡수연

2 도연명의 안빈낙도
한국인의 원림생활에 영향을 미침

3 고개지의 회화

7 수(隋)

1 현인궁 조영
각 지방의 진목, 기암, 금수 모아 놓음

2 수양재의 대서원(605년)
① 축산, 정자 건립
② 삼섬 : 봉래, 방장, 영주
③ 5호 4해 만듦

8 당(唐)

1 정원의 특징
① 인위적 정원 중시, 중국정원의 기본 양식 완성
② 불교 영향, 건물 사이 공간에 화훼류 식재
③ 대명궁 : 태액지를 중심으로 정원 조성

2 궁원과 이궁
① 장안의 삼원 : 서내원, 동내원, 대흥원
② 온천궁
- 당 태종이 건립, 현종 때 화청궁으로 이름을 바꿈(양귀비)
- 백거이의 "장한가", 두보의 시에서 예찬
- 대표적 이궁, 전각 누각이 줄지어 세워짐

3 민간정원
① 백거이(백낙천), 백목단, 동파종화 같은 시에서 당 시대의 정원 묘사
정원 축조에 많은 관심, 직접 설계, 조성, 최초의 조원가
② 이덕유의 평천산장 : 무산 십이봉과 동정호의 9파 상징, 신선사상, 자연풍경 묘사

9 송(宋)

1 정원의 특징
① 태호석 이용 : 산악, 호수의 경관과 유사하게 조성(중국정원의 대표적 특징 중 하나)
② 화석강 : 태호석을 운반하기 위한 배

2 궁원
① 사원(四園) : 경림원, 금명지, 의춘원, 옥진원
② 만세산
  ㉠ 휘종이 세자를 얻기 위해 만든 가산
  ㉡ 항주의 봉황산 모방, 후에 간산이라 개칭

3 관련문헌 및 민간정원
① 이격비 "낙양명원기" : 사대부정원 20여 곳 소개
② 구양수 "취옹정기" : 못 가운데 배를 띄워 놓은 듯한 풍경 조성, 산수화 수법
③ 사마광 "독락원기"
④ 주돈이 "애련설" : 연꽃을 공자에 비유하여 예찬한 글
⑤ 창랑정(소주)
  ㉠ 소순흠이 정원을 구입해 창랑정이라는 정자를 짓고 별장으로 사용
  ㉡ 가산과 동굴이 배치되어 있고 수경이 아름다움

4 남송과 북송의 비교
① 남송 : 자연경관 수려(태호, 심양호, 동정호 등 호수)
② 북송 : 남송과 다른 자연 조건, 명산, 호수를 모방한 조경양식 발달

10 금(金) : 금원 창시

① 태액지를 만들어 경화도를 축조
② 원, 명, 청 3대 왕조의 궁원

11 원(元)

1 궁원
① 금시대의 금원을 새롭게 조영
② 금원 근처에 석가산, 동굴 만듦
③ 명, 청대를 거쳐 현재의 북해공원 : 일반에 공개

2 민간정원
① 송부터 이어져 온 석가산 수법의 정원 축조
② 사자림(소주)
  ㉠ 한 스님을 추모하기 위해 사찰정원으로 건립
  ㉡ 유칙이 건립 후 주덕윤, 예운림 등 관여
  ㉢ 태호석으로 축조한 석가산이 정원의 반 이상
  ㉣ 부채꼴 모양의 선자정(사자정) 존재

12 명(明)

1 궁원
① 어화원
  ㉠ 자금성 내에 위치한 금원으로 석가산과 동굴을 조영
  ㉡ 정원과 건축물이 좌우 대칭으로 배치
② 경산
  ㉠ 자금성 밖에 위치하며 풍수설에 따라 인조산 조영(5개의 봉우리)
  ㉡ 원나라 때 '청산', 명나라 때 '만세산'이라 지칭

2 민간정원
① 작원
  ㉠ 미만종이 설계하여 북경에 조영
  ㉡ 태호석과 수목을 곁들여 치장
  ㉢ 연못에 백련, 물가에 버드나무 식재
  ㉣ 현재 남아있지 않음

② 졸정원(소주)
  ㉠ 왕헌신이 절을 사 개인정원으로 개조
  ㉡ 중국의 대표적 정원으로 불림(현재)
  ㉢ 반 이상이 수경, 3개의 섬과 이를 연결하는 곡교
  ㉣ 원향당은 주돈이의 애련설에서 유래
  ㉤ 부채꼴 모양의 정자 "여수동좌헌"
③ 유원(소주)
  ㉠ 동원 → 한벽장 → 유원으로 개칭
  ㉡ 소주의 전형적인 명원으로 못 안에 "소봉래"라는 섬을 축조

3 관련 서적

① 이계성의 "원야"
  ㉠ 중국정원의 작정서, 일본에서 탈천공이라는 제목으로 발간
  ㉡ 3권(1 : 흥조론, 2 : 난간, 3 : 문창[차경수법])
  ㉢ 차경수법 강조
② 문진향의 "장물지"
  ㉠ 조경 배식에 관한 유일한 책(12권)
  ㉡ 수경시설의 조성법 등을 자세히 기록

※ 소주 지방의 4대 명원
  1. 졸정원(명) : 중국을 대표하는 사가 정원
  2. 사자림(원) : 기암괴석으로 석가산을 만듦
  3. 창랑정(북송) : 소주에서 가장 오랜 역사를 지닌 정원
  4. 유원(명) : 못 안에 "소봉래"라는 섬을 축조

13 청(淸)

1 궁원

① 건륭화원(영수화원)
  ㉠ 자금성 내
  ㉡ 계단식 정원(5개의 계단)
  ㉢ 괴석으로 이루어진 석가산, 여러 개의 건축물로 이루어진 입체공간
  ㉣ 인공미(자연미 배제)

2 이궁(왕의 피서지, 피난처)

① 이화원(청의원, 만수산 이궁)
  ㉠ 건축물과 자연의 강한 대비, 불향각을 중심으로 한 수원(水苑)
  ㉡ 호수 중심에 만수산, ¾이 수면으로 구성, 신선사상

㉢ 청대의 예술적 성과 대표
㉣ 현존하는 세계 제일의 정원(규모면)
② 승덕(열하)피서산장
㉠ 남방의 명승과 건축 모방한 황제의 여름 별장
㉡ 궁전구, 호수구, 평원구, 산구의 네 구역으로 구분
③ 원명원
㉠ 강희제 때 축조하여 건륭제 때 확장(1709년 강희제가 아들 윤진에게 준 별장이었으나 윤진이 옹정제로 즉위한 후 1725년 황궁의 정원으로 조성)
㉡ 북경에 위치
㉢ 동양 최초의 서양식 정원
㉣ 전정에 대분천을 중심으로 한 프랑스식 정원을 꾸밈
㉤ 현존하지 않으며 선교사의 서간 속 기술로 추측

※ **건륭시대의 청나라 황실 원림 '3산 5원'**
- 만수산(萬壽山) 청의원(清漪園)
- 옥천산(玉泉山) 정명원(靜明園)
- 향산(香山) 정의원(靜宜園)
- 창춘원(暢春園)
- 원명원(圓明園)

일본 조경사

1 일본 조경의 특징

① 조화를 중요하게 생각
② 자연의 사실적인 취급보다 자연풍경을 이상화하여 독특한 축경법으로 상징화된 모습 표현(자연재현 → 추상화 → 축경화)
③ 세부적 수법 발달(기교와 관상적 가치에 치중) : 실용 기능적인 면 무시
④ 사의주의 자연풍경식 발달(중국 영향)
⑤ 차경수법이 가장 활발
⑥ 지피류 사용이 많음

2 정원의 양식

1 임천식
① 신선설에 기초
② 침전을 중심으로 연못과 섬을 조성

2 회유임천식
① 임천식의 변형
② 연못과 섬을 거닐며 정원을 즐기는 형식

3 축산고산수식
① 나무 : 산봉우리
② 바위 : 폭포수
③ 왕모래 : 냇물
④ 대덕사 대선원 : 정토세계의 신선사상

4 평정고산수식
① 왕모래와 몇 개의 바위만 사용, 식물 사용하지 않음
② 축석기교 최고로 발달
③ 용안사 방장정원

5 다정양식
① 다실 중심, 상록활엽수, 소박
② 곡선을 많이 사용

6 원주파 임천식(회유식, 지천임천식)
① 임천식 + 다정식
② 실용에 미 추가

7 축경식
① 자연경관을 축소
② 좁은 공간 내에 표현

※ 시대별 일본 조경사
임천식 → 회유임천식 → 축산고산수식 → 평정고산수식 → 다정양식 → 회유식 → 축경식

3 비조 <아스카>시대(593~709)

1 백제인 노자공
수미산과 오교(612)
① 일본서기에 기록(현존 최고)
② 불교사상 : 수미산 → 신선설의 영향, 돌에 조각한 석조물

2 곡수연의 시작

4 평안 <헤이안>시대 전기(793~966)

1 특징
① 비조, 내량시대까지의 조경기법 전수(신선설, 자연풍경 묘사)
② 임천식 또는 회유임천식

2 해안풍경 묘사정원
① 하원원
② 차아원
③ 육조원

3 신선정원
① 신천원
② 조우전 후원
③ 백량전

5 평안 <헤이안>시대 후기(967~1191)

1 특징
① 침전조, 정토정원
② 회유임천식(불교식 정토정원) : 숲과 깊은 굴곡의 수변 이용한 정원

2 침전조정원
① 주택건물 앞에 정원 배치(정형화된 정원)
② 대표 정원 : 동삼조전
③ 작정기(作庭記)
　㉠ 일본 최초의 조원지침서
　㉡ 일본 정원 축조에 관한 가장 오래된 비전서
　㉢ 침전조건물에 어울리는 조원법 서술
　㉣ 귤준강의 저서
　㉤ 내용 : 돌을 세울 때 마음가짐과 방법, 못과 섬의 형태, 폭포 만드는 법

3 정토정원
① 불교의 정토 사상을 바탕으로 함
② 기본배치 : 남대문 → 홍교 → 중도 → 평교 → 금당으로 이어지는 직선 배치
③ 대표정원
　㉠ 평등원 정원(사계절감상)
　㉡ 모월사 정원(해안풍경)

4 신선정원
① 평안조 후기에 유행
② 조우이궁 : 신선도를 본뜬 본격적 정원의 시초

6 겸창 <가마쿠라>시대(1191~1333)

1 특징
① 선종이 일반 사회로 전파되어 정원 양식에 영향
② 고급저택도 전시대의 침전조 정원 형식 답습

2 정토정원
① 정유리사 정원
② 칭명사 정원
③ 영보사 정원

3 선종정원
자연지형(心 자형) 이용한 입체적 요소
① 서천사정원
② 서방사정원
③ 남선원정원

4 몽창국사
① 겸창, 실정시대 대표 조경가
② 정토사상의 토대 위에 선종의 자연관 접목
③ 대표작 : 서방사정원, 서천사정원, 영보사정원

7 실정 <무로마치>시대(1334~1573)

1 특징
① 선종의 영향으로 고산수정원 형성, 정토정원도 유지
② 일본 조경의 황금기
③ 선(禪) 사상이 정원 축조에 영향

2 정토정원
① 금각사(녹원사)
  ㉠ 정토세계 구상
  ㉡ 황금각이 경호지 북안에 위치
  ㉢ 야박석 배치

② 은각사(자조사)
  ㉠ 고산수지천 회유식
  ㉡ 조석을 중요시, 정원면적이 축소된 경향
  ㉢ 금각사 모방

3 고산수정원

① 특징
  ㉠ 선사상의 영향으로 고도의 상징성과 추상성 구성
  ㉡ 축소 지향적인 일본의 민족성
  ㉢ 고도의 세련미 요구(대덕사 대선원, 용안사 방장정원)
  ㉣ 물 대신 모래나 돌 사용해서 바다 계류를 표현
  ㉤ 상록활엽수 사용하다가 후에는 식물 사용하지 않음

② 축산고산수 수법(14C)
  ㉠ 초기, 정토사상, 신선사상,
  ㉡ 바위(폭포), 왕모래(냇물), 다듬은 수목(산봉우리)
  ㉢ 강조의 중심 : 폭포와 바윗돌
  ㉣ 대표 : 대덕사 대선원 - 흰모래, 소나무 식재(고산수 초기작품)

③ 평정고산수 수법(15C 후반)
  ㉠ 축산고산수에서 더 나아가 초감각적 無의 경지 표현
  ㉡ 식물 사용 않고 왕모래와 몇 개의 바위만 사용
  ㉢ 대표 : 용안사 방장정원

  ※ 용안사 방장정원
    1. 서양에서 가장 유명한 동양정원
    2. 두꺼운 토담으로 둘러싸인 장방형의 방장 마당에 백사를 깔고 물결 모양으로 손질
    3. 15개의 암석을 자연스럽게 배치(5,2,3,2,3개를 동에서 서로) 추상적 고산수 수법

  ※ 축산고산수와 평정고산수 공통점 : 물을 사용하지 않음
    • 차이점
      - 축산 - 나무 모래 돌
      - 평정 - 모래 돌

8 도산 <모모야마>시대(1574~1603)

1 특징
① 자연순응적 정원 탈피, 호화정원 축조(일본인의 간소미와 대조적)
② 다정(茶庭)출현 : 선사상에서 출발

2 신선정원(서원조 정원)
① 삼보원 정원
　㉠ 풍신수길(토요토미 히데요시) 축조
　㉡ 호화로운 조석과 명목 과다 식재

3 다정원(노지형, 다정)
① 호화로운 정원과는 대조적 경향, 실정(무로마찌)시대부터 시작
② 다실과 다실에 이르는 길을 중심, 좁은 공간에 꾸며지는 자연식 정원
③ 다실 인접한 곳에 자연의 한 단편을 묘사
④ 특징
　㉠ 음지식물 사용, 화목(花木)류 일체 사용치 않음
　㉡ 물통 또는 돌그릇 : 샘
　㉢ 디딤돌, 포석 : 풍우에 씻긴 산길
　㉣ 탑 : 사찰 분위기
　㉤ 마른 소나무 잎 : 지피
　㉥ 좁은 공간 이용, 필요한 모든 시설 설치
　㉦ 곡선 사용이 많음
　㉧ 구조물 : 징검돌, 자갈, 쓰구바이(물통), 세수통, 석등, 이끼 낀 원로

4 조원가
① 소굴원주(조경전문가, 대담한 직선, 인공적 곡선과 곡면 도입)
　• 대표작 : 대덕사 고봉암정원
② 천리휴(숲속분위기)
　• 대표작 : 불심암

9 강호 <에도>시대(1603~1867), 도쿄로 수도 이전

1 특징
① 자연 축경식정원 탄생
② 후원은 건물과 독립된 정원으로 지천회유식
③ 원주파 임천식(임천양식과 다정양식의 혼합)
④ 다정양식의 완성

2 대표 정원
① 수학원이궁 : 초기
　㉠ 원주파 임천식정원
　㉡ 사의적 풍경식의 극치
　㉢ 3개의 독립적 다실(상중하)
② 계리궁(가쓰라이궁) : 초기
　㉠ 서원이나 다정 주위에 직선적 원호 배치
　㉡ 신선사상
③ 율림공원 : 중기
　㉠ 남정은 일본식
　㉡ 북정은 서양풍 정원
④ 일본의 3대 정원 : 중기
　㉠ 오카야마시의 고라쿠엔(강산 후락원)
　㉡ 가나자와시의 겐로쿠엔(금택 겸육원)
　㉢ 미토시의 가이라쿠엔(수호 해락원)

10 명치 <메이지>시대 이후(서양 문물의 적극적 도입)

1 특징
① 문호 개방, 서양풍 도입
② 서양식 화단과 암석원

2 축경식정원
① 자연 풍경을 그대로 축소시켜 묘사
② 작은 공간에 기암절벽, 폭포, 산, 연못, 절, 탑 등을 한눈에 감상
③ 대표정원 : 히비야공원(일본 최초 서양식 공원)

PART 01 예상문제

01 중국정원의 가장 중요한 특색이라 할 수 있는 것은?

① 조화 ② 대비
③ 반복 ④ 대칭

02 다음 중국식 정원의 설명으로 틀린 것은?

① 차경수법을 도입하였다.
② 사실주의보다는 상징적 축조가 주를 이루는 사의주의에 입각하였다.
③ 유럽의 정원과 같은 건축식 조경수법으로 발달하였다.
④ 대비에 중점을 두고 있으며, 이것이 중국정원의 특색을 이루고 있다.

03 다음과 같은 특징이 반영된 정원은?

- 지역마다 재료를 달리한 정원 양식이 생겼다.
- 건물과 정원이 한 덩어리가 되는 형태로 발달했다.
- 기하학적인 무늬가 그려져 있는 원로가 있다.
- 조경수법이 대비에 중점을 두고 있다.

① 중국정원 ② 인도정원
③ 영국정원 ④ 독일풍경식정원

04 태호석과 같은 구멍 뚫린 괴석을 세우는 정원 수법은 어느 나라에서 유래되었는가?

① 중국 ② 일본
③ 한국 ④ 영국

05 중국 조경에서 많이 이용되었던 중국의 태호석은 어떤 분류에 속하는가?

① 괴석 ② 환석
③ 각석 ④ 와석

06 다음 중 중국에서 가장 오래 전에 큰 규모의 정원으로 만들어졌으나 소실되어 남아 있지 않은 것은?

① 중앙공원 ② 북해공원
③ 아방궁 ④ 만수산이궁

07 중국 정원 중 가장 오래된 수렵원은?

① 상림원 ② 북해공원
③ 원유 ④ 승덕이궁

08 중국에서 자연식 정원의 대표적인 것 중 현존하지 않는 것은?

① 북해공원 ② 이화원
③ 상림원 ④ 만수산

09 중국 소주의 4대 명원에 해당되지 않는 것은?

① 졸정원 ② 창랑정
③ 사자림 ④ 원명원

정답 01 ② 02 ③ 03 ① 04 ① 05 ① 06 ③ 07 ① 08 ③ 09 ④

10 중국 청나라 때의 유적이 아닌 것은?

① 자금성 금원 ② 원명원 이궁
③ 이화원 ④ 졸정원

11 청나라의 건륭제가 조영하였으며, 만수산과 곤명호로 구성되어 있는 정원은?

① 서호 ② 졸정원
③ 원명호 ④ 이화원

12 다음 중 청나라 때의 대표적인 정원은?

① 원명원이궁 ② 온천궁
③ 사자림 ④ 상림원

13 중국의 시대별 정원 또는 특징이 바르게 연결된 것은?

① 한나라 – 아방궁 ② 당나라 – 온천궁
③ 진나라 – 이화원 ④ 청나라 – 상림원

14 동양 정원에서 연못을 파고 그 가운데 섬을 만드는 수법에 가장 큰 영향을 준 것은?

① 자연지형 ② 기상요인
③ 신선사상 ④ 생활양식

15 다음 중 중국의 신선사상에서 유래된 십장생 중의 하나가 아닌 것은?

① 구름 ② 돌
③ 학 ④ 용

16 일본정원의 효시라고 할 수 있는 수미산과 오교를 만든 사람은?

① 몽창국사 ② 소굴원주
③ 노자공 ④ 풍신수길

17 일본정원 문화의 시초와 관련된 설명으로 옳지 않은 것은?

① 오교 ② 노자공
③ 아미산 ④ 일본서기

18 자연경관을 인공으로 축경화하여 산을 쌓고, 연못, 계류, 수림을 조성한 정원은?

① 전원풍경식 ② 회유임천식
③ 고산수식 ④ 중정식

19 축소 지향적인 일본의 민족성과 극도의 상징성으로 조성된 정원 양식은?

① 중정식 정원
② 고산수식 정원
③ 전원풍경식 정원
④ 평면기하학식 정원

20 자연식 조경 중 물을 전혀 사용하지 않고 나무, 바위와 왕모래 등으로 상징적인 정원을 만드는 양식은?

① 전원풍경식 ② 회유임천식
③ 고산수식 ④ 중정식

정답 10 ④ 11 ④ 12 ① 13 ② 14 ③ 15 ④ 16 ③ 17 ③ 18 ② 19 ② 20 ③

21 14세기경 일본에서 나무를 다듬어 산봉우리를 나타내고 바위를 세워 폭포를 상징하며 왕모래를 깔아 냇물처럼 보이게 한 수법은?

① 침전식
② 임천식
③ 축산고산수식
④ 평정고산수식

22 다음 중 일본의 축산고산수 수법이 아닌 것은?

① 왕모래를 깔아 냇물을 상징하였다.
② 낮게 솟아 잔잔히 흐르는 분수를 만들었다.
③ 바위를 세워 폭포를 상징하였다.
④ 나무를 다듬어 산봉우리를 상징하였다.

23 다음 중 일본에서 가장 늦게 발달한 정원 양식은?

① 회유임천식
② 다정양식
③ 평정고산수식
④ 축산고산수식

24 일본의 모모야마 시대에 새롭게 만들어져 발달한 정원 양식은?

① 회유임천식
② 축산고산수식
③ 종교수법
④ 다정

25 일본정원과 관련이 적은 것은?

① 축소 지향적
② 인공적 기교
③ 대비의 미
④ 추상적 구성

정답 21 ③ 22 ② 23 ② 24 ④ 25 ③

06 Chapter 서양 조경사

1 이집트

1 개관
① 지형 : 폐쇄적 지형, 사막기후(무덥고 건조)
② 나일강의 정기적인 범람
  ㉠ 비옥한 농토로 농업, 목축업 발달
  ㉡ 경제적인 여유가 태양력, 기하학, 건축술, 천문학의 발달
③ 건축
  ㉠ 분묘건축(피라미드, 스핑크스)
  ㉡ 신전건축(예배신전, 장제신전)
  ㉢ 오벨리스크, 주택건축
④ 조경 : 수목 신성시(이집트, 서부아시아)
⑤ 서양 최초의 조경술을 가진 나라
⑥ 원예 발달(수목 생육 중시)

2 특징
① 녹음을 동경하고 수목을 신성시
② 수목원, 포도원, 채소원을 위한 관개시설 발달
③ 물은 이집트 정원의 주요소
④ 종교는 다신교
  ㉠ 영혼 불멸의 사후세계에 관심
  ㉡ 이집트 조경에 가장 큰 영향을 미친 요소로 이집트 정원이 특유한 형태로 발달하게 된 원인
⑤ 신전건축 및 분묘건축 발달
  ㉠ 피라미드
  ㉡ 스핑크스
  ㉢ 오벨리스크

3 오벨리스크(obelisk)
① 고대 이집트의 신전이나 능묘에 태양 숭배의 상징으로 세워진 기념비
② 하나의 거대한 석재로 만들며 단면은 사각형이고 위로 올라갈수록 가늘어져 끝은 피라미드 꼴

4 주택정원

① 현존하지 않으나 무덤 벽화로 추정
② 높은 울담의 정형적 사각공간
③ 정원요소 및 재료의 대칭적 배치
④ 정원의 주요부에 직사각형 형태의 연못 조성 및 키오스크 배치
⑤ 내부에 수목 열식 : 관개의 편의성
⑥ 침상지, 원로에 관목이나 화훼류 심어 배치
⑦ 식물 : 시커모어, 대추야자, 파피루스, 연꽃, 석류, 무화과, 포도
⑧ 유적 : 아메노피스 3세 한 중신(릴리프)의 분묘(테베), 아메노피스 4세 친구인 메리레의 정원

※ 키오스크
정자(亭子)를 일컬음. 고대 이집트의 정원에는 종종 정자가 설치되어 있었으며 페르시아, 터키, 시리아, 이집트 등 이슬람식 정원에도 정자는 중요한 건축물로 되어 있음

5 신전정원

핫셉수트 여왕의 장제신전
① 델 – 엘 – 바하리에 위치
② 태양신인 아몬드를 모신 장제신전으로 스핑크스 배치
③ 현존 최고의 정원 유적(약 3,500년 전)
④ 입구인 탑문과 각 노단에 구덩이를 파고 수목 열식(아카시나무)
⑤ 녹음수, 식재공간(식수공) 남아 있음
⑥ 3개의 경사로(테라스)로 계획

6 묘지정원

사자의 정원 또는 영원
① 이집트인들의 내세관에 기인하여 내세의 이상향을 추구
② 시누헤 이야기, 죽은 자를 위로하기 위한 무덤 앞 소정원
③ 대표적인 묘지정원은 테베에 있는 레크미라 무덤 벽화

2 서아시아

1 개관
① 개방형 지형(외적의 침입), 기후 차 극심, 적은 강우량 : 관개용 수로 설치
② 티그리스, 유프라테스강 배경 : 잦은 범람
③ 건축구조는 낮고 수평적, 지붕 평탄 : 옥상정원
④ 아치와 볼트 발달 : 공중정원 가능
⑤ 수목 신성시 : 정원수로 여러 종류의 과수 식재

2 지구라트
① 도시 중심, 지표물(랜드마크)
② 높이 축조, 신전, 천체관측소
③ 신성스런 나무숲

3 수렵원(hunting garden)
① 길가메시 이야기 : 사냥터 경관을 전하는 최고의 문헌
② 인공호수 인공언덕 조성 : 정상에 신전, 소나무, 사이프러스 규칙적 식재(오늘날 공원의 시초)

4 공중정원(hanging garden)
① 세계 7대 불가사의, 최초의 옥상정원
② "추장 알리"의 언덕으로 추정, 붉은 벽돌로 축조
③ 네부카드네자르 2세가 왕비 아미티스를 위해 조성
④ 유프라테스강에서 인공관수
⑤ 테라스마다 방수층 만들어 식물 식재

5 파라다이스 정원(paradise garden)
① 상수체계(카나드) : 정원에 물 공급
② 사분원(방형의 공간에 수로가 교차), 과수 재배
③ 중세 이슬람정원의 기본 양식으로 도입
④ 지상낙원을 재현

6 니푸르의 점토판
① 세계 최초의 도시계획 자료
② 운하(canal), 신전(temple), 도시공원 등을 기록

3 그리스

1 개관
① 기후 : 전형적인 지중해성 기후 – 옥외생활(여름 : 고온건조, 겨울 : 온난다습)
② 특징 : 개인 주택보다 공공조경 발달, 바다지향적
③ 국민성 : 도시생활 즐김 – 정원 중심이 아닌 건물 중심 → 아고라 생김
④ 신전문화, 계획적, 과학적(도시계획에 의해 도시발달) → 신전 + 계획도시

2 주택정원
① 중정(Court)을 중심으로 방 배치 : 정원 중심이 아닌 건물 중심
② 폐쇄적인 내향적 구성(밖에서 보면 건물만 보임)
③ 중정의 구성
　　㉠ 돌로 포장
　　㉡ 장식적 화분에 장미, 백합 등 향기 있는 식물 식재
　　㉢ 조각물과 대리석 분수로 장식
④ 아도니스원
　　㉠ 지붕에 아도니스 동상을 세우고 주위를 화분으로 장식
　　㉡ 화분에 밀, 보리, 상추 등을 분이나 포트에 심어 부인들에 의해 가꾸어짐
　　㉢ 아도니스 상 주위 장식
　　㉣ 후에 포트가든 또는 옥상정원으로 발달

3 공공조경
① 성림
　　㉠ 고대 그리스시대에 신전 주위에 꾸민 성스러운 정원
　　㉡ 신들에게 제사 지내는 장소
　　㉢ 시민들이 자유로이 사용
　　㉣ 유실수보다 녹음수 식재(올리브, 떡갈나무)
　　㉤ 델포이 성림, 올림피아 성림
② 짐나지움
　　㉠ 청소년들의 체육 훈련장소
　　㉡ 대중적인 정원으로 발달
③ 아카데미(Academy)
　　㉠ 아테네 근교 올리브나무 숲 아카데모스에서 유래
　　㉡ 플라타너스 열식, 벤치 등을 설치
　　㉢ 플라톤이 세운 최초의 대학

4 도시계획 및 도시조경

① 히포데이무스
  ㉠ 최초의 도시계획가
  ㉡ 처음으로 장방형 격자모양의 도시계획(밀레토스)
② 아고라(Agora) : 최초 광장의 개념
  ㉠ 물물교환, 시장의 기능, 집회의 장소(시민들이 토론, 선거)
  ㉡ 도시계획의 구심점, 플라타너스를 녹음수로 식재, 조각상, 분수시설

※ 그리스 건축(원주 양식에 따라)
  1. 도리아 양식
     • 기둥이 굵고 윗부분으로 갈수록 차차 가늘어지면서 엔타시스라는 불룩한 부분이 있음
     • 주신 위의 장식대에 부조로 된 메토프와 세줄 홈 무늬의 트리글리포스가 교대로 배치되어 있음(파르테논 신전)
  2. 이오니아 양식
     • 우아, 경쾌, 섬세, 유연한 느낌을 주며 여성적. 기둥머리 부분에 소용돌이 모양의 장식
     • 기둥이 높고 가늘다(아르테미스 신전, 에레크테이온 신전)
  3. 코린티안 양식
     • 화려하고 장식적. 불꽃이 타오르는 듯한 장식(나뭇잎)이 기둥머리를 감싸고 있음(제우스 신전)

도리아 양식   이오니아 양식   코란티안 양식

4 고대 로마

1 개관

① 기후 : 겨울 – 온화, 여름 – 몹시 더움 → 빌라(Villa)발달 계기(구릉지)
② 식물 : 감탕나무, 사이프러스 등 상록수 자생
③ 토목기술 발달 : 원형극장(콜로세움), 투기장, 목욕탕, 고가도로 등
④ 건축양식은 열주(列柱)의 형태

2 주택정원

① 내향적 구성
② 중정의 구성 : 2개의 중정과 1개의 후정

공간구성	아트리움	페리스틸리움	지스터스
	제1 중정	제2 중정(주정)	후정
	무열주(無列柱) 중정	주랑(柱廊)식 중정	
목적	공적장소(손님접대)	사적공간(가족공간)	
특징	• 천장(채광) • 임플루비움설치 • 바닥은 돌로 포장 • 화분장식	• 포장하지 않음(식재) • 정형적 식재 • 분수, 조각 배치	• 5점형식재 • 관목 군식 • 중앙수로를 중심으로 원로와 화단 배치

※ 호루투스 : 로마시대 정원의 총칭, 과일과 채소 재배하던 곳 (개인주택 및 공공건물 주변에도 만들어짐)

3 빌라 발달

① 자연환경(지형), 기후의 영향
② 대표적 빌라
    ㉠ 라우렌티장(Villa Laurentine) : 소필리니 소유, 전원풍 + 도시풍 별장
    ㉡ 터스카나장(Villa Tuscana) : 소필리니 도시풍의 여름용 별장, 토피아리 등장
    ㉢ 아드리아누스장(Villa Adrianus) : 아드리아누스 황제(티볼리), 120ha(전원도시규모), 궁전, 도서관, 게스트하우스, 목욕탕, 극장, 조각, 공원 등 로마시대 건축과 조경의 결정체

4 포럼(Forum)

① 그리스의 아고라와 같은 개념의 대화장소, 시장 기능이 아고라에 비해 약화
② 로마의 공공조경, 지배계급을 위한 상징적 공간으로 집회 및 휴식의 장소
   • 고대 로마의 공공건물과 주랑으로 둘러싸인 구역의 한복판에 있는 다목적의 열린 공간

※ 광장의 변천
  1. Agora : 그리스(시장, 물물교환, 토론/선거)
  2. Forum : 로마(공공집회, 미술품 진열)
  3. Piazza : 중세 이탈리아(교회나 시청 앞 중심, 단순한 형태로 식재되지 않음)
  4. Place : 프랑스(절대왕권을 표현하기 위한 광장)
  5. Square : 영국(도시주택 형성 시 일정 지역을 공간화하여 만들어짐, 근린 광장)

5 중세유럽

1 개관
① 종교 중심의 신학과 기독교 건축이 주종을 이룸
② 문화적 암흑기 : 신학과 종교 중시
  ㉠ 교회의 권위에 압도되어 사고의 폭이 위축
  ㉡ 정원은 내부 지향적

2 목적, 특성에 따른 정원 : 장미이야기에 기록
① 초본원(Herb Garden) : 채소, 약초원, 실용 위주의 식재
② 과수원, 유원 : 온갖 식물을 가꾸는 곳
③ 매듭화단(Knot Garden) : 중세에 시작, 영국에서 크게 발달, 주목과 회양목
  ㉠ Open Knot : 매듭 안쪽 공지에 다채로운 색채의 흙을 채워 넣는 방법
  ㉡ Closed Knot : 한 종류의 키 작은 화훼를 덩어리로 채워 넣는 방법
④ 미원(Maze) : 무늬 식재양식
⑤ 토피아리 : 주목과 회양목 이용, 사람과 동물 모양은 없음
⑥ 정원 요소 : 분수, 파고라, 수벽, 넝쿨의자
⑦ 파라다이소(Paradiso) : 수도원 정원 원로 교차점에 수목식재, 수반 등 설치

※ 중세정원의 2가지 형태
  1. 수도원 정원 : 이탈리아(회랑식 중정 : Cloister garden)
  2. 성관정원 : 프랑스/영국

6 이란

1 이란(페르시아) 사라센 양식
① 낙원에 대한 동경으로 지상의 낙원을 공원으로 재현
② 높은 울담 설치 : 사막의 먼지 바람, 프라이버시 확보
③ 정원의 핵심인 물이 필수 요소 : 종교 및 기후적 영향
④ 사각형태의 소정원 : 원로 또는 수로로 나누어진 사분원 – 차하르 바그(chahar bagh)

2 이스파한
① 왕의 광장 : 380m × 140m의 거대한 옥외공간
② 40 주궁 : 규칙적인 화단과 감귤류 가로수
③ 차하르 바그(chahar bagh) 거리
  ㉠ 차하르 바그는 이란어로 4개의 정원을 의미
  ㉡ 7km 정도 길게 뻗은 도로에 수로, 연못 등을 설치, 가로수 식재 : 도로 공원의 원형

7 스페인 정원

1 개관
① 기독교와 이슬람 양식의 절충
② 고대 로마의 별장 및 정원 유적의 영향을 받은 파티오(Patio : 중정)식 정원 발달
③ 파티오의 구성요소 : 물, 색채타일, 분수(내향적 정원)

2 조경
① 관개 기술 발달
② 강을 따라 세비야, 코르도바, 그라나다 등 도시 번성

3 세비야의 알 카자르
① 평지에 위치하며 벌집형 가로망으로 유명
② 3개의 부분으로 구획
③ 정원과 파티오에 무어인의 영향이 강하게 나타남

※ 무어인
  7C부터 이베리아반도를 정복한 아랍계 이슬람교도의 명칭

4 코르도바의 대모스크
① 2/3는 원주, 1/3은 오렌지 중정(오렌지 나무 식재)
② 기둥은 이슬람, 외부는 기독교 형식, 바닥 : 색자갈

5 그라나다의 알함브라(4개의 중정)
① 특징
  ㉠ 무어양식의 극치
  ㉡ 붉은 벽돌로 지어 홍궁이라 불림
  ㉢ 100여 년간 계속 증축됨
② 알베르카 중정
  ㉠ 입구의 중정이자 주정 : 공적
  ㉡ 중정 한 가운데 장방형의 연못
  ㉢ 연못 양쪽에 도금양(천인화) 열식(도금양의 중정, 천인화의 중정)
  ㉣ 종교적 욕지인 연못으로 투영미가 뛰어남
③ 사자의 중정
  ㉠ 바닥 : 자갈, 지붕 : 색채타일
  ㉡ 가장 화려한 정원, 주랑식 중정
  ㉢ 검은 대리석으로 된 수반(12마리 사자가 받치고 있음)과 네 개의 수로 연결 : 물의 존귀성

④ 다라하(린다라야) 중정
  ㉠ 여성적인 분위기(부인실에 접해있음)
  ㉡ 가장자리 회양목 열식
  ㉢ 원로는 맨 흙
  ㉣ 중정 중심의 분수시설
⑤ 창격자의 중정(사이프러스 중정, 레하의 중정)
  ㉠ 가장 작은 규모의 중정
  ㉡ 바닥은 둥근 색자갈로 무늬
  ㉢ 네 귀퉁이에 사이프러스 식재
  ㉣ 중앙에 분수 : 환상적이고 엄숙한 분위기

※ 알베르카, 사자의 중정 : 이슬람의 성격
　다라하, 창격자 중정 : 기독교적 색채

6 헤네랄리페이궁(건축가의 정원, 높이 솟은 정원) : 알함브라와 근거리
① 그라나다 왕들의 피서를 위한 은둔처로 전체가 정원
② 경사지에 계단식 처리와 기하학적 구성(노단건축식 시초)
③ 수로가 있는 중정
  ㉠ 연꽃 모양의 수반과 회양목으로 구성
  ㉡ 3면이 건물, 한쪽은 아케이드로 둘러싸임
  ㉢ 가늘고 긴 모양으로 가장 아름다움
  ㉣ 길 양쪽 분수가 아치, 좌우에 꽃 식물 식재

7 스페인 정원의 특징
① 이슬람 문화의 영향을 받은 독특한 양식, 물과 분수 이용
② 대리석과 벽돌을 이용한 기하학적 형태
③ 다채로운 색채 도입한 섬세한 장식

8 인도

1 특징
① 열대성 기후로 녹음을 동경
② 사생활의 보호와 안식 및 장엄미, 형식미를 위해 높은 울담을 만듦
③ 물이 가장 중요한 요소로 장식, 관개, 목욕과 종교적 행사에 이용
④ 녹음수를 중시하고 연못에는 연꽃을 식재
⑤ 연못가의 원정은 장식과 실용을 겸한 목적으로 조성
　㉠ 실용적 목적 : 피서 및 쾌적한 정원 생활의 안식처로 사용
　㉡ 장식적 목적 : 주인 사망 후 묘소나 기념관으로 사용

2 정원의 유형
① 캐시미르지방 : 경사지에 피서용 바그를 조성(노단식정원)
② 델리지방 : 정원과 묘지를 결합한 형태로 평탄지에 궁정이나 능묘를 왕의 생존시에 미리 건설

3 대표적 정원
① 람바그(Ram Bagh, 휴식의정원)
　㉠ 무굴시대 가장 광대한 정원
　㉡ 이궁 정원으로 물이 주된 구성요소
　㉢ 현재는 호텔
② 타지마할(tajmahal)
　㉠ 샤자한 왕이 왕비를 추념하기 위해 만든 영묘
　㉡ 대칭적 구조와 균형 잡힌 단순한 의장
　㉢ 중심의 대분천지는 반영미의 절정

9 이탈리아

1 일반적 특징
① 강한 축을 중심으로 한 정형적 대칭, 엄격한 비례를 준수하고 원근법 도입
② 지형 기후 영향 : 구릉과 경사지에 빌라 발달
③ 흰 대리석과 암록색의 상록활엽수의 강한 대조
④ 축을 따라 또는 축에 직교하여 분수, 연못 등을 설치 : 케스케이드(계단폭포) 사용
⑤ 계단폭포, 물무대, 분수, 정원극장, 동굴 등

2 빌라 메디치(피렌체) : 미켈로조
① 주변의 전원 풍경을 즐길 수 있는 차경수법 본격 이용
② 정형식, 경사지를 테라스로 이용(15세기 빌라)
③ 르네상스 최초 빌라
④ 설계가의 이름이 등장

3 벨베데레원 : 브라망테
① 16세기 초 대표 정원
② 교황의 여름 거주지
③ 노단건축식 정원의 시초로 대칭과 축의 개념을 처음 사용

4 빌라 파르네제 : 비놀라
① 2개의 테라스, 계단에 케스케이드 형성
② 울타리 없이 주변 경관과 일치 유도

5 빌라 에스테(티볼리) : 리고리오
① 전형적인 이탈리아 정원의 대표작
② 평탄한 노단 중앙의 중심 축선이 상부에 있고 이 축선상에 분수가 설치
③ 4개의 노단으로 구성, 물, 꽃, 수목이 풍부하게 사용
  ㉠ 제1노단 : 분수와 공지, 화단
  ㉡ 제2노단 : 감탕나무 총림, 용의 분수
  ㉢ 제3노단 : 100개의 분수
  ㉣ 제4노단 : 카지노(주건물)

6 빌라 랑테 : 비뇰라
① 이탈리아 정원의 3대 원칙인 총림, 테라스, 화단의 조화로운 배치
② 정원축과 수경축이 완전한 일치를 이루는 배치
③ 4개의 노단이 돌계단으로 연결
    ㉠ 제1노단 : 연못, 십자형 다리
    ㉡ 제2노단 : 분수, 플라타너스 군식
    ㉢ 제3노단 : 거인의 분수, 인공폭포
    ㉣ 제4노단 : 케스케이드, 돌고래 분수
④ 제1노단과 제2노단 사이 두 채의 카지노 설치

※ 르네상스 이탈리아 빌라
1. 15세기 : 메디치장(Villa medici), 카스텔로장(Villa castello)
2. 16세기 : 마다마장(Villa Madama), 에스테장(Villa d'Este), 랑테장(Villa Lante), 파르네제장(Villa Farnese)
3. 17세기 : 감베라이아장, 알도브란디니장, 란셀로티장, 가르조니장

※ 고대 로마 3대 빌라
터스카나장, 라우렌티장, 아드리아누스장

10 프랑스

1 특징
① 지중해와 대서양 사이에 위치, 지형이 넓고 평탄, 저습지가 많음
② 기후는 온난 습윤 : 낙엽활엽수 – 삼림 풍부
③ 앙드레 르노트르의 활약

2 보르비꽁트(남북 : 1,200m, 동서 : 600m)
① 최초의 평면 기하학식
② 건축은 루이 르 보, 장식은 샤를 르 브렁, 조경은 앙드레 르 노트르
③ 조경이 주, 건물은 2차적 요소
④ 특징
    ㉠ 산책로, 총림(우거진 숲), 자수화단
    ㉡ 비스타(Vista)
⑤ 의의 : 루이 14세 자극 – 베르사유 궁원 설계하는 계기

※ 비스타(Vista)
좌우 시선이 숲 등에 의해 제한되고 정면의 한 점으로 선이 보이도록 구성, 주축선이 두드러지게 하는 경관 구성 수법

3 베르사유 궁원

① 수렵지이던 소택지에 궁원과 정원 조성
② 300ha : 세계 최대 정형식정원
③ 바로크 양식
④ 건축은 루이르보, 장식은 샤를 르 브렁, 조경은 르 노트르
⑤ 모든 구성이 중심축과 명확한 균형을 이루며 축선은 방사상으로 전개해 태양왕 상징
⑥ 특징
  ㉠ 총림, 롱프윙(사냥의 중심지), 미원(Maze), 소로(allee), 연못, 야외 극장 등 배치
  ㉡ 아폴로 분수, 라토나 분수, 대운하(수로), 물극장
  ㉢ 강한 축과 총림(보스케)에 의한 비스타 형성

4 프랑스 정원의 특징

① 산림 내 소로(allee)를 이용한 장엄한 스케일
② 정원이 주가 됨
③ 산울타리로 총림과 기타공간을 명확하게 구분
④ 비스타(vista, 통경선) 형성
⑤ 화려하고 장식적인 정원 : 자수화단, 대칭화단, 영국화단, 구획화단, 물화단
⑥ 운하(canal) : 르 노트르식의 중요한 특징

5 이탈리아 조경과 프랑스 조경의 차이

① 이탈리아
  ㉠ 노단건축식, 구릉과 산악 중심 정원 발달
  ㉡ 높은 곳에서 바라보는 입체적 경관
  ㉢ 케스케이드, 분수, 물풍금 등의 다이나믹한 연출
  ㉣ 총림, 화단
② 프랑스
  ㉠ 평면기하학식, 평탄한 저습지에 정원 발달
  ㉡ 소로를 이용한 비스타로 웅대한 평면적 경관 전개
  ㉢ 수로, 해자 등 잔잔하고 넓은 수면 연출
  ㉣ 이탈리아 정원보다 화단과 총림을 중요시

  ※ **르 노트르화단**
  1. 자수화단 : 마치 수를 놓은 듯 회양목이나 로즈마리 등으로 화단을 당초 무늬의 모양으로 만든 것
  2. 대칭화단 : 대칭적인 4부분에 의해 나선 무늬, 매듭 무늬 등을 이루는 것
  3. 영국화단 : 가장 수수한 화단, 단순히 잔디밭만 또는 어떤 형태를 그려 넣은 잔디밭으로 이루어지는 화단으로 원로에 의해 둘러싸이고 원로 바깥으로는 꽃을 심어두는 화단
  4. 감귤화단 : 영국화단과 비슷, 잔디 대신 오렌지 나무를 심은 화단
  5. 물화단 : 잔디, 녹음수, 화단 등에 분천지 여러 개가 짝을 이루고 있는 화단
  6. 구획화단 : 회양목으로만 사용하여 무늬를 만든 화단으로 초지나 화훼류가 곁들여지지 않은 화단

  ※ **당초무늬** : 식물의 줄기나 덩굴 등을 문양으로 한 것으로, 꽃, 잎, 열매 등이 뒤얽힌 모양

11 영국

1 환경
① 자연환경
  ㉠ 완만한 기복을 이룬 구릉이 전개되고 강과 하천도 완만한 흐름
  ㉡ 다습하고 흐린 날이 많음 : 잔디밭과 보울링 그린 성행
② 인문환경 : 튜더조 후기 영국의 르네상스가 절정

2 영국의 정형식정원(17C 이전)
① 부유층을 위한 정원
② 4사람 정도가 걸을 수 있는 주도로인 곧은 길(Forthright)
③ 축산(Mound, 가산), 보울링 그린(Bowling green)
④ 매듭화단(Knot) : 튜더왕조에서 유행, 회양목으로 화단을 기하학적 문양으로 구획
⑤ 미원 : 수목 전정하여 정형적인 모양의 미로를 만듦, 약초원
⑥ 르네상스 시대의 특징적 정원 : 보울링 그린, 채소원, 포장된 산책로, 매듭무늬 화단, 토피어리, 문주

3 영국의 풍경식정원
① 스토우원(Stowe Garden)
  ㉠ 브릿지맨과 반브로프축조 → 켄트와 브라운 개조 → 브라운 개조
  ㉡ Ha-Ha 수법 도입
② 스투어헤드(Stourehead)
  ㉠ 헨리호어가 설계 → 켄트와 브릿지맨이 디자인
  ㉡ 18세기 자연풍경식 정원의 원형 보존
  ㉢ 호수따라 산책로 설치하여 주변 구릉과 연결

4 영국 풍경식정원가
① 스위처(Switzer)
  ㉠ 최초의 풍경식정원가
  ㉡ 울타리 없애고 주위의 전원으로 확장
② 브릿지맨(Bridgeman)
  ㉠ 스토우가든 설계(버킹검)
  ㉡ 스토우가든에 하하 개념 도입

※ Ha-Ha Wall
담 설치 시 능선을 피하고 도랑이나 계곡 속에 설치하여 조망 시 물리적 경계 없이 전원을 볼 수 있게 한 것

③ 켄트(Kent)
  ㉠ 근대조경의 아버지
  ㉡ "자연은 직선을 싫어한다"
  ㉢ 작품 : 켄싱턴가든, 치즈윅하우스, 스토우원수정
④ 브라운(Brown)
  ㉠ 풍경식정원의 거장
  ㉡ 스토우가든 등 많은 영국 정원 수정, 햄프턴코트 설계
⑤ 랩턴(Repton)
  ㉠ 사실주의 자연풍경식 정원의 완성
  ㉡ 자연미를 추구하는 동시에 실용적, 인공적인 특징을 조화
  ㉢ 레드북(Red book) : 개조 전후의 모습을 스케치로 비교하여 설명
⑥ 챔버(Chambers)
  ㉠ 큐가든 설계(중국식 건물과 탑) : 중국 정원 소개(동양정원론)
  ㉡ 브라운의 자연풍경식 비판

5 공공적 정원

① 리젠트파크 : 버큰헤드공원 조성에 영향
② 버큰헤드공원(1843) : 조셉팩스턴 설계 – 역사상 최초 시민의 힘으로 조성한 공원 → 미국 센트럴파크 설계에 영향

※ 영국의 조경가
  1. 스윗처 : 최초의 풍경식 조경가
  2. 브릿지맨 : 스토우가든, 하하
  3. 켄트 : 자연은 직선을 싫어한다. 근대조경의 아버지
  4. 브라운 : 많은 영국 정원 수정
  5. 랩턴 : 레드북
  6. 챔버 : 큐가든(중국정원 소개)

12 독일

1 무스코정원

① 무스코공작의 정원
② 자연스러운 강물 이용한 수경에 역점
③ 부드럽게 굽어진 도로와 산책로를 통해 시각적 아름다움 표현

2 분구원

① 단위가 200㎡ 정도 되는 소정원을 시민에게 대여 : 과수, 채소, 꽃 재배와 위락의 기능
② 현재까지 실용적인 측면에서 시행

3 시뵈베르원
1750년에 축조된 독일 최초의 풍경식정원

4 독일 정원의 특징
① 과학적 지식 이용한 자연 경관의 재생 목적
② 그 지방의 향토 수종 배식하여 자연스러운 경관 형성
③ 실용적 정원의 발달(분구원)

13 미국

1 센트럴파크(Central Park)
① 영국 최초 공공 공원인 버큰헤드의 영향을 받은 최초의 도시 공원
② 의의 : 도시 공원의 효시, 재정적 성공, 국립공원 운동 계기 – 옐로스톤공원(최초 국립공원, 1372)
③ 국립공원 운동의 영향으로 요세미티 국립공원(1890)이 지정됨
④ 음스테드설계, 원로와 넓은 잔디밭으로 구성
⑤ 브드러운 곡선의 수변
⑥ 브우와 옴스테드의 그린스워드 안이 당선
  ㉠ 입체적 동선 체계, 차음, 차폐를 위한 외주부식재
  ㉡ 아름다운 자연의 view 및 vista 조성
  ㉢ 드라이브 코스(건강, 위락, 운동)
  ㉣ 산책, 대담, 만남 등을 위한 정형적인 몰과 대로
  ㉤ 넓고 쾌적한 마차 드라이브 코스
  ㉥ 산책로, 동적놀이를 위한 경기장
  ㉦ 잔디밭(퍼레이드 코스), 화단과 수목원(교육 효과), 넓은 호수(보드타기와 스케이팅)

  ※ 미국 요세미티공원(1865)
  최초의 자연공원에서 국립공원으로 승격(1890)

2 레드번(RadBurn) 계획 : 소도시계획(전원/위성도시론)
① 슈퍼블럭 설정
② 차도와 보도의 분리
③ 쿨데삭(Cul-de-Sac)으로 근린성 높임
④ 학교, 쇼핑센터 등 주거지와 공원을 보도로 연결한 소규모의 전원도시 건설

3 1869 시카고 근교 리버사이드단지 계획
① 통근자를 위한 최고의 생활 조건
② 격자형 가로망을 탈피하려는 최초의 시도 : 예) 쿨데삭
③ 전원과 도시를 결합시키려는 이상주의 건설

4 1893년 시카고 박람회장(조경 : 옴스테드, 건축 : 번함과 루소)
① 도시계획의 관심 증대
② 도시계획의 발달 기틀
③ 도시미화 운동에 영향을 줌
④ 일반인의 조경 전문직에 대한 인식 고취
⑤ 단점 : 시카고 박람회의 건축들이 유럽 고전주의를 맹목적으로 답습

5 보스톤공원 계통
① 1895 홍수조절과 도시문제 해결 위해 공원위원회 설립
② 옴스테드 부자와 엘리오트가 보스톤 공원계통 수립

6 도시미화운동
① 시카고 박람회의 영향
② 아름다운 도시 창조함으로써 공공의 이익을 확보할 수 있다는 인식에서 일어난 시민운동

7 광역조경 계획(TVA)
① 후생시설을 완비하고 공공 위락 시설을 갖춘 노리스댐과 더글라스댐 건설
② 의의 : 수자원 개발의 효시, 계획과 설계과정에서 조경가 대거 참여

8 엘리오트
① 최초의 수도권 공원계획 수립
② 1910년 미국 5개 국립공원 지정

14 현대조경

19세기 뉴욕시에 센트럴파크 조성 – 사적 조경 중심에서 공적인 성격을 띤 공원을 주 대상으로 조경의 역할이 전환

① 내용 다양, 지역별로 특성, 형태를 고집하지 않음
② 건물 주변 : 정형식, 자연환경 속 : 자연식
③ 설계자의 의도 중요하게 반영 : 정원소재와 정원 양식 선택
④ 조각/운동/어린이공원 등 테마파크의 경향으로 전문화된 공원이 많아짐
⑤ 우리나라 공원법 제정(1967년) : 지리산 국립공원(1호)

PART 01 예상문제

01 다음 중 가장 오래된 정원은?
① 공중정원 ② 알함브라 궁원
③ 베르사유 궁원 ④ 보르비콩트

02 메소포타미아의 대표적인 정원은?
① 마야사원 ② 베르사유 궁전
③ 바빌론의 공중정원 ④ 타지마할 사원

03 다음 서아시아의 조경 중 오늘날 공원의 시초인 것은?
① 공중정원 ② 수렵원
③ 아고라 ④ 묘지정원

04 서아시아의 수렵원의 계획 기법으로 올바른 것은?
① 포도나무를 심어 그늘지게 하였다.
② 노단 위에 수목과 덩굴식물로 식재하였다.
③ 인공으로 언덕을 쌓고 인공호수를 조성하였다.
④ 성림을 조성하여 떡갈나무와 올리브를 심었다.

05 고대 그리스의 체육 훈련을 하던 자리로 만들어졌던 것은?
① 페리스틸리움 ② 지스터스
③ 짐나지움 ④ 보스코

06 고대 그리스에 만들어졌던 광장의 이름은?
① 아트리움 ② 길드
③ 무데시우스 ④ 아고라

07 고대 그리스에서 아고라는 무엇인가?
① 광장 ② 성지
③ 유원지 ④ 농경지

08 고대 그리스 조경에 관한 설명 중 틀린 것은?
① 구릉이 많은 지형에 영향을 받았다.
② 짐나지움과 같은 공공적인 정원이 발달하였다.
③ 히포데이무스에 의해 도시계획에서 격자형이 채택되었다.
④ 서민들의 정원은 발달을 보지 못했으나 왕이나 귀족의 저택은 대규모이며 사치스러운 정원을 가졌다.

09 다음 중 고대 로마의 폼페이 주택정원에서 볼 수 없는 것은?
① 아트리움 ② 페리스틸리움
③ 포럼 ④ 지스터스

정답 01 ① 02 ③ 03 ② 04 ③ 05 ③ 06 ④ 07 ① 08 ④ 09 ③

10 고대 로마의 정원배치는 3개의 중정으로 구성되어 있었다. 그중 사적인 기능을 가진 제2중정에 속하는 곳은?

① 아트리움 ② 지스터스
③ 페리스틸리움 ④ 아고라

11 서양의 각 시대별 조경양식에 관한 설명 중 옳은 것은?

① 서아시아의 조경은 수렵원 및 공중정원이 특징적이다.
② 이집트는 상업 및 집회를 위한 공공정원이 유행하였다.
③ 고대 그리스는 포럼과 같은 옥외 공간이 형성되었다.
④ 고대 로마의 주택정원에는 지스터스라는 가족을 위한 사적인 공간을 조성하였다.

12 중세 수도원 정원에서 사용하지 않은 것은?

① 약초원 ② 수반
③ 과수원 ④ 원색의 색상

13 중세 수도원의 전형적인 정원으로 예배실을 비롯한 교단의 공공건물에 의해 둘러싸인 네모난 공지를 가리키는 것은?

① 아트리움 ② 페리스틸리움
③ 클라우스트룸 ④ 파티오

14 회교문화의 영향을 받아 독특한 정원 양식을 보이는 곳은?

① 이탈리아정원 ② 프랑스정원
③ 영국정원 ④ 스페인정원

15 조경양식 중 이슬람 양식의 스페인 정원이 속하는 것은?

① 평면기하학식 ② 노단식
③ 중정식 ④ 전원풍경식

16 다음 중 스페인 정원과 관련이 적은 것은?

① 비스타 ② 색채타일
③ 분수 ④ 발코니

17 스페인에 현존하는 이슬람정원 형태로 유명한 곳은?

① 베르사유궁전 ② 보르비콩트
③ 알함브라성 ④ 에스테장

18 "수로의 중정", 캐널의 양끝에는 대리석으로 만든 연꽃모양의 분수반이 있고 물은 이곳을 통해 캐널로 흐르게 만든 파티오식 정원은?

① 알함브라 궁원 ② 헤네랄리페 궁원
③ 알카자르 궁원 ④ 나샤트바 궁원

19 다음 정원요소 중 인도정원에 가장 큰 영향을 미친 것은?

① 노단 ② 토피어리
③ 돌수반 ④ 물

20 16세기 무굴제국의 인도 정원과 가장 관련이 있는 것은?

① 타지마할 ② 지구라트
③ 지스터스 ④ 알함브라 궁원

정답 10 ② 11 ① 12 ④ 13 ③ 14 ④ 15 ③ 16 ① 17 ③ 18 ② 19 ④ 20 ①

21 서양에서 정원이 건축의 일부로 종속되던 시대에서 벗어나 건축물을 정원 양식의 일부로 다루려는 경향이 나타난 시대는?

① 중세 ② 르네상스
③ 고대 ④ 현대

22 이탈리아의 조경양식이 크게 발달한 시기는 어느 시대부터인가?

① 암흑시대
② 르네상스시대
③ 고대 이집트시대
④ 1차 세계대전이 끝난 후

23 다음 중 이탈리아 정원의 가장 큰 특징은?

① 평면기하학식 ② 노단건축식
③ 자연풍경식   ④ 중정식

24 이탈리아의 노단건축식정원 양식이 생긴 요인에 해당하는 것은?

① 과학기술이 발달했기 때문에
② 비가 적게 오기 때문에
③ 돌이 많이 나오기 때문에
④ 지형의 경사가 심하기 때문에

25 르네상스시대 이탈리아 정원의 설명으로 옳지 않은 것은?

① 높이가 다른 여러 개의 노단을 잘 조화시켜 좋은 전망을 살린다.
② 강한 축을 중심으로 정형적 대칭을 이루도록 꾸며진다.
③ 주축선 양쪽에 수림을 만들어 주축선을 강조하는 비스타 수법을 이용하였다.
④ 원로의 교차점이나 종점에는 조각, 분천, 연못, 캐스케이드, 벽천, 장식화분 등이 배치된다.

26 르네상스 문화와 더불어 최초로 노단건축식 정원이 발달한 곳은?

① 로마   ② 피렌체
③ 아테네 ④ 폼페이

27 이탈리아 정원의 구성요소와 관계가 먼 것은?

① 테라스 ② 중정
③ 계단폭포 ④ 화단

28 계단폭포 물 무대, 분수, 정원극장, 동굴 등의 조경 수법이 가장 많이 나타났던 정원은?

① 영국정원   ② 프랑스정원
③ 스페인정원 ④ 이탈리아정원

정답 21 ② 22 ② 23 ② 24 ④ 25 ③ 26 ② 27 ② 28 ④

29 다음 중 여러 단을 만들어 그곳에 물을 흘러 내리게 하는 이탈리아 정원에서 많이 사용되었던 조경 기법은?

① 캐스케이드　② 토피어리
③ 록가든　　　④ 캐널

30 테라스를 쌓아 만들어진 정원은?

① 일본정원　　② 프랑스정원
③ 이탈리아정원　④ 영국정원

31 16세기 이탈리아의 대표적인 정원인 빌라 에스테의 설명으로 바르지 못한 것은?

① 사이프러스의 열식　② 자수화단
③ 미로　　　　　　　④ 연못

32 이탈리아 르네상스 시대의 조경작품이 아닌 것은?

① 빌라 토스카나　② 빌라 란셀로티
③ 빌라 메디치　　④ 빌라 랑테

33 정형식 조경 중에서 르네상스 시대의 프랑스 정원이 속하는 형식은 무엇인가?

① 평면기하학식　② 노단식
③ 중정식　　　　④ 전원풍경식

34 르노트르가 이탈리아에서 수학한 뒤 귀국하여 만든 최초의 평면기하학식 정원은?

① 보르비콩트　② 베르사이유
③ 루브르궁　　④ 몽소공원

35 축선이 중심이 되어 조성되었던 정원은?

① 영국정원　② 스페인정원
③ 프랑스정원　④ 일본정원

36 다음 중 비스타에 대한 설명으로 가장 잘 표현된 것은?

① 서양식 분수의 일종이다.
② 차경을 말하는 것이다.
③ 정원을 한층 더 넓게 보이게 하는 효과가 있다.
④ 스페인 정원에서는 빼놓을 수 없는 장식물이다.

37 조경에서 비스타에 대한 설명으로 틀린 것은?

① 좌우로 시선을 제한하여 일정 지점으로 시선이 모이도록 구성된 경관이다.
② 정원이 실제 넓이보다 한층 더 넓어 보이는 효과가 있다.
③ 일명 통경선 강조 수법이라고 말한다.
④ 영국 자연풍경식 정원에 많이 사용된다.

정답　29 ①　30 ③　31 ①　32 ①　33 ①　34 ①　35 ③　36 ③　37 ④

38 네덜란드 정원에 관한 설명으로 거리가 먼 것은?

① 운하식이다.
② 튤립, 히아신스, 아네모네, 수선화 등의 구근류로 장식했다.
③ 프랑스와 이탈리아의 규모보다 보통 2배 이상 크다.
④ 테라스를 전개시킬 수 없었으므로 분수, 캐스케이드가 채택될 수 없었다.

39 영국 튜터 왕조에서 유행했던 화단으로 낮게 깎은 회양목 등으로 화단을 구획짓는 것은?

① 기식화단　② 매듭화단
③ 카펫화단　④ 경제화단

40 자연 그대로의 짜임새가 생겨나도록 하는 사실주의 자연풍경식 조경 수법이 발달한 나라는?

① 스페인　② 프랑스
③ 영국　④ 이탈리아

41 다음 중 대칭의 미를 사용하지 않은 것은?

① 영국의 자연풍경식
② 프랑스의 평면기하학식
③ 이탈리아의 노단건축식
④ 스페인의 중정식

42 영국의 18세기 낭만주의 사상과 관련이 있는 것은?

① 스토우 정원　② 분구원
③ 비큰히드 공원　④ 베르사유 궁원

43 버킹검의 [스토우 가든]을 설계하고, 담장 대신 정원 부지의 경계선에 도랑을 파서 외부로부터의 침입을 막은 ha-ha 수법을 실현하게 한 사람은?

① 에디슨　② 브릿지맨
③ 켄트　④ 브라운

44 "자연은 직선을 싫어한다." 라고 주장한 영국의 낭만주의 조경가는?

① 브릿지맨　② 켄트
③ 챔버　④ 렙턴

45 정원의 개조 전, 후의 모습을 보여주는 레드북의 창안자는?

① 험프리 랩턴　② 윌리엄 켄트
③ 란셀럿 브라운　④ 찰스 브릿지맨

46 18세기 랩턴에 의해 완성된 영국의 정원 수법으로 가장 적합한 것은?

① 노단건축식
② 평면기하학식
③ 사의주의 자연풍경식
④ 사실주의 자연풍경식

47 사적인 정원 중심에서 공적인 대중 공원의 성격을 띤 시대는?

① 14세기 후반 스페인
② 17세기 전반 프랑스
③ 19세기 전반 영국
④ 20세기 전반 미국

정답　38 ③　39 ②　40 ③　41 ①　42 ①　43 ②　44 ②　45 ①　46 ④　47 ③

48 19세기 유럽에서 정형식 정원의 의장을 탈피하고 자연 그대로의 경관을 표현하고자 한 조경 수법은?

① 노단식 ② 자연풍경식
③ 실용주의식 ④ 회교식

49 19세기 정원의 실용적인 측면이 강조되어 독일에서 만들어진 정원의 형태는?

① 벨베데레원 ② 분구원
③ 지구라트 ④ 약초원

50 근대 독일 구성식 조경에서 발달한 조경시설물의 하나로 실용과 미관을 겸비한 시설은?

① 연못 ② 벽천
③ 분수 ④ 캐스케이드

51 정원 양식 중 연대적으로 가장 늦게 발생한 정원 양식은?

① 영국의 풍경식
② 프랑스의 평면기하학식
③ 이탈리아의 노단건축식
④ 독일의 근대건축식

52 프레드릭 로 옴스테드가 도시 한복판에 현대공원의 면모를 갖추어 만든 최초의 공원은?

① 런던의 하이드파크
② 뉴욕의 센트럴파크
③ 파리의 테일리원
④ 런던의 세인트 제임스파크

53 센트럴파크에 대한 설명 중 틀린 것은?

① 르코르뷔지에가 설계하였다.
② 19세기 중엽 미국 뉴욕에 조성되었다.
③ 면적은 약 334헥타르의 장방형 슈퍼블럭으로 구성되었다.
④ 모든 시민을 위한 근대적이고 본격적인 공원이다.

54 옴스테드와 켈버트 보가 제시한 그린스워드 안의 내용이 아닌 것은?

① 평면적 동선체계
② 차음과 차폐를 위한 주변 식재
③ 넓고 쾌적한 마차 드라이브 코스
④ 동적놀이를 위한 운동장

55 국립공원 발달에 기여한 최초의 미국 국립공원은?

① 옐로우스톤 ② 요세미티
③ 센트럴파크 ④ 보스턴공원

정답 48 ② 49 ② 50 ② 51 ④ 52 ② 53 ① 54 ① 55 ①

PART 02

조경계획 및 설계

- Chapter 01 조경미와 조경미 이론
- Chapter 02 경관의 구성요소
- Chapter 03 경관 구성의 원리
- Chapter 04 경관 구성의 기법
- Chapter 05 설계의 기초(제도)
- Chapter 06 조경계획
- Chapter 07 조경계획 및 설계 단계별 세부 내용
- Chapter 08 조경설계
- Chapter 09 조경 설계 기준
- Chapter 10 공간별 조경설계

Craftsman Landscape Architecture

조경미와 조경미 이론

1 조경미

1 조경미의 창조
① 형태와 색채, 크기, 질감, 방향감, 길이 등을 안정감과 균형, 비례 등으로 서로 조화되도록 창조
② 인간의 두뇌는 한계가 있으므로 무한한 창조는 불가능하며 자연미에 제한을 두어야 함
③ 자연미는 완전하므로 조경은 자연미를 추구

2 자연미의 요소
① 자연미는 모든 조경미의 원리에 기초
② 형태미 : 점, 선, 면, 방향, 재질감, 크기 등에 의해 좌우
③ 경관미 : 형태미 + 색채

※ 조경미 = 내용미 + 형태미 + 표현미(색채미)

2 조경미의 이론

반복미	• 같은 모양의 재료를 거리 간격을 두고 반복해서 배열하는 수법 • 질서정연하고 차분하며 통일감과 안정감을 줌 • 웅장한 재료일 때 웅장미와 장엄미를 주지만 단조로울 수 있음
점층미 (점이)	• 형태나 선, 색깔, 음향 등이 점차적으로 증가하거나 감소하는 것 (대 → 소, 연한 녹색 → 진한 녹색, 작은 소리 → 큰 소리) • 좁은 부지에서 실제 면적보다 10% 더 크고 넓게 묘사할 수 있음
운율미	• 일정한 간격을 두고 들려오는 소리, 색채, 형태, 선 등 • 파도소리, 폭포소리, 시냇물 소리 등
복잡미	• 개체가 모여 복잡한 집단을 이루며 미를 창조하는 것
단순미	• 개체가 특징이 있는 것으로 균형과 조화 속에 단순한 자태 • 잔디밭, 일제림, 독립수
차폐미	• 아름답지 못한 경관의 한 부분이 너무 노출되어 미적인 가치가 없을 때 수목이나 자연석 등 아름다운 재료를 이용해 가려주는 것
차경	• 멀리 보이는 자연 풍경인 산이나 바다, 섬, 산림 등을 경관의 구성재료의 일부로 이용하는 방법

※ 점층과 점이의 사전적 의미
- 점이 : 점차적으로 바뀌어 감
- 점층 : 작고, 낮고, 약한 것으로부터 차차 크고 높고 강한 것으로 끌어올려 표현함

경관의 구성요소

1 경관구성의 기본(우세)요소

1 점
① 사물을 형성하는 기본 요소
② 공간에 한 점이 모일 때 시각적 주의력 집중
③ 한 점에 또 한 점이 가해지면 시선은 양쪽으로 분산, 점과 점은 인장력을 가짐
④ 2개의 조망점 있을 때 주의력은 자극이 큰 쪽에서 작은 쪽으로 이동
⑤ 3개의 점은 하나의 조망점을 이루고 거리 간격에 따라 분리되어 보이기도 하고 집단을 형성해 보이기도 함
⑥ 점이 같은 간격으로 연속되면 단조롭고 질서정연하여 통일감과 안정감을 주고 반복미를 나타냄
⑦ 점의 크기와 배치 방법에 따라 상승 또는 하강의 느낌

2 선
① 수직선 : 존엄, 상승력, 엄숙, 위엄, 권위, 동적(수평선에 비해)
② 수평선 : 평화, 친근, 안락, 평등, 정숙(편안한 느낌)
③ 사선 : 속도, 운동, 불안정, 위험, 긴장, 변화, 활동적
④ 곡선 : 부드러움, 우아함, 여성적, 섬세
⑤ 직선 : 굳건, 단순, 남성적, 일정한 방향 제시(두 점 사이를 가장 짧게 연결한 선)
⑥ 지그재그선 : 유동적이고 활동적, 호기심, 흥분, 여러 방향 제시

※ 스파늉(운동하려는 힘)
  1. 점선면 등의 요소에 내재하고 있는 창조적인 운동을 의미하는 힘
  2. 점선면 구성요소가 2개 이상 배치되면 상호 관련에 의해 발생되는 동세

3 형
① 형태
  ㉠ 경관구성의 가장 중요한 역할
  ㉡ 평야, 구릉지, 산악지 등의 지형은 경관의 골격을 형성
② 기하학적 형태 : 도시경관의 건물, 도로, 분수 등과 같이 직선적이며, 규칙적인 형태
③ 자연적 형태 : 자연경관의 바위, 산, 하천, 수목 등과 같이 곡선적이며 불규칙한 형태

4 질감

① 물체의 외형을 보거나 만졌을 때 느껴지는 거칠고 고운 감각
② 잎이나 꽃의 생김새, 잎의 착생 밀도, 수목의 수피, 지피식물의 잎, 잔디면 등은 질감을 좌우하는 요소들
③ 일반적으로 수목에서는 거침, 보통, 고움으로 구분
　㉠ 억새와 칡덩굴은 잔디밭보다 거침
　㉡ 질감이 거친 나무(벽오동, 칠엽수, 태산목, 팔손이, 양버즘나무)는 큰 건물이나 서양식 건물에 잘 어울림
　㉢ 질감이 고운 나무(철쭉, 소나무, 편백 등)는 한옥이나 좁은 정원에 어울림
　㉣ 질감은 식재에서 큰 부분을 차지하므로 관찰거리가 멀수록 전체의 질감을 고려

5 색채

별도 설명

6 기타 우세요소

① 크기와 위치
　㉠ 크고 높은 곳에 위치할수록 지각 강도는 높아짐
　㉡ 크기의 지각은 상대적
　㉢ 같은 크기라도 강가, 산기슭 등 위치에 따라 지각 강도가 달라짐
　㉣ Sky Line : 물체가 하늘을 배경으로 이루어지는 윤곽선. 지각강도 높음
② 농담
　㉠ 색깔이나 명암의 짙음과 옅음을 나타내는 정도
　㉡ 농담의 정도 및 변화는 경관의 분위기 형성에 기인
　㉢ 시냇물이 연못보다 더 투명하며 향나무가 은행나무보다 더 농도가 짙음

2 색채

1 색채의 정의
① 물체의 색. 사람들은 감각의 70 ~ 80%를 시각에 의존하기 때문에 지각 요소로서의 색은 매우 중요한 속성
② 기본색명 : 한국산업규격(KS)에 의해 규정된 색명은 기본 10색
　• 빨강, 주황, 노랑, 연두, 녹색, 청록, 파랑, 남색, 보라, 자주
③ 일반색명(계통색명) : 색을 감성적으로 이해하기 쉽고, 전달을 빨리하기 위해 형용사나 수식어를 붙여 사용하는 색명
　• 해맑은 빨강, 샛노랑, 밝은 회색 등
④ 관용색명 : 예부터 전해오는 습관적 이름이나 지명, 장소, 동식물의 이름을 고유한 이름으로 붙여 사용하는 색명. 이해는 빠르지만 정확한 구별에는 어려움이 있음
　• 가지색, 비둘기색, 진달래색 등

2 색의 3속성

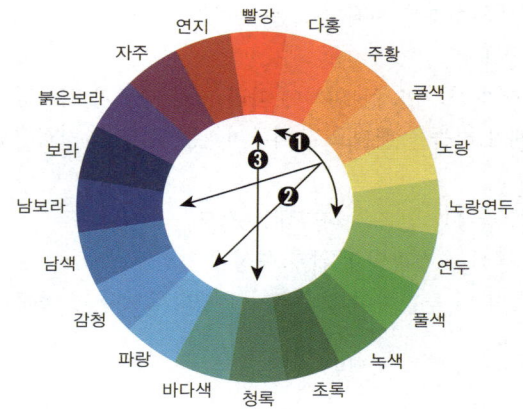

① 색상(Hue)
　㉠ 빨강, 노랑, 파랑 등과 같이 다른 색과 구별되는 색의 고유 명칭
　㉡ 색상은 H로 표시
　㉢ 유채색에만 있으며 무채색에는 없음
　㉣ 색상환에서 거리가 가까운 색은 유사색 또는 인근색(①)
　㉤ 거리가 비교적 먼 색은 색상차가 크다고 하며 반대색(②)
　㉥ 거리가 가장 먼 반대쪽 색은 보색(③)
　㉦ 보색끼리 배색시 선명한 인상을 줌
② 명도(Value)
　㉠ 색의 밝고 어두운 정도
　㉡ 명도는 V로 표시
　㉢ 흰색이 가장 밝고 검은색이 가장 어두움(흰색 : 10, 검정 : 0, 11단계)

- ② 무채색과 유채색에 모두 있음
- ③ 흰색과 검정의 혼합 정도에 따라 회색의 밝기가 달라짐
- ④ 흰색에 검정을 많이 섞으면 색이 어두워지며 명도가 낮아짐
③ 채도(Chroma)
- ① 색의 맑고 깨끗한 정도
- ② 채도는 C로 표시
- ③ 유채색에만 있으며, 한 색상에서 채도가 가장 높은 색은 원색(vivid)
- ④ 가장 탁한 단계를 1, 가장 맑은 단계를 14, 14단계로 나눔
- ⑤ 원색에 무채색이 혼합되면 색의 순도가 떨어져 채도가 낮아짐
④ 먼셀의 색상환
- ① 미국의 화가 먼셀이 고안한 체계로 3원색설에 근거하여 분류
- ② 색상이 순서대로 둥글게 원을 이루어 배열된 것으로 색상의 표시는 색깔명의 머릿글자 기호로 구성
- ③ R, Y, G, B, P의 다섯가지 색을 기본 5색으로 정함
- ④ 먼셀의 표색계는 H, V, C 기호를 사용하여 HV/C순으로 표기
- ⑤ 빨강 순색의 경우 "5R 4/14"로 적고 읽는 방법은 "5R 4의 14"로 읽음

3 색의 혼법

① 가법혼색
- ① 색광의 3원색인 Red, Green, Blue를 섞어 가법혼합 색을 만드는 것
- ② 빛의 강도와 양을 어떻게 조절하느냐에 따라 다양한 색을 얻음
- ③ 3원색을 동일한 비율로 혼합시 백색광
- ④ 빛은 혼합할수록 더 많은 빛이 가해져 명도가 높아짐
- ⑤ 이 원리로 빛을 이용한 모니터나 TV화면 등을 설명할 수 있음

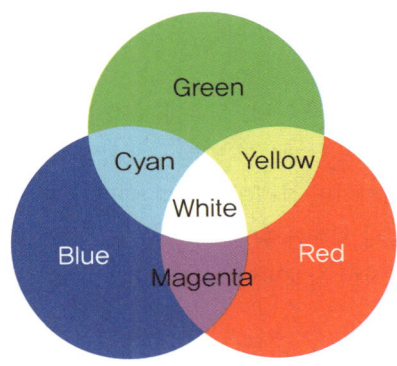

② 감법혼색
- ① 색료의 원재료인 Magenta, Cyan, Yellow를 섞는 것
- ② 색료는 혼합할수록 반사되는 빛의 파장이 줄어들어 명도가 낮아짐
- ③ 색료의 3원색을 동일한 비율로 섞으면 이론상 검정색이 됨
- ④ 실제로는 검정에 가까운 색이 됨

ⓜ 여기에 Black을 더해 CMYK의 모형이 됨
　　ⓗ 이 원리는 컬러사진과 인쇄에 사용

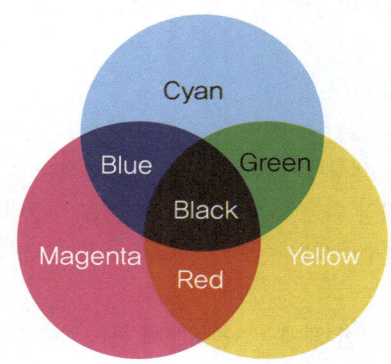

4 색의 대비

① 색상대비
　㉠ 2가지 이상의 색을 동시에 볼 때 각 색상의 차이가 크게 느껴지는 현상
　㉡ 두 색은 서로 영향을 받아 본래의 색보다 채도가 높아지고 선명해지며 서로 상대방의 색을 강하게 보이게 함
② 명도대비
　㉠ 명도가 다른 두 색이 서로의 영향에 의해서 명도차가 더 크게 일어나는 현상
　㉡ 주위 색의 명도가 높으면 본래의 명도보다 낮게 보이고, 주위의 명도가 낮으면 본래보다 높은 명도로 보임
③ 채도대비
　㉠ 다른 두 색의 영향으로 인해 서로 가지고 있는 본래의 채도에 변화가 일어나는 현상
　㉡ 옆에 있는 색의 채도가 높으면 해당 색은 채도가 낮아 보이고, 반대로 옆에 있는 색의 채도가 낮으면 해당 색의 채도가 높아 보인다는 것
④ 보색대비
　㉠ 보색이란 빨강과 녹색, 노랑과 파랑, 연두와 보라 등 색상환에서 서로 마주보는 두 색
　㉡ 같은 비율로 혼합하게 되면 무채색이 되는 구색의 관계
　㉢ 어떤 색을 보색과 대비시키면 본래의 색보다 채도가 서로 높아지고 선명해지면서 서로 상대방의 색을 강하게 드러나 보이게 함
　㉣ 이것은 각 색의 보색잔상이 상대방의 색과 일치하기 때문
⑤ 연변대비
　㉠ 어떤 어두운 두 색이 맞붙어 있을 때 그 경계 언저리에는 그곳에서 멀리 떨어져 있는 부분보다 색상, 명도, 채도대비의 현상이 더 강하게 일어나는 현상
　㉡ 4각형 사이의 흰 부분이 교차하는 지점에 약간 희미한 검은 점이 있어 보이는 착각을 일으킴
⑥ 면적대비
　㉠ 색이 차지하는 면적의 크고 작음, 많고 적음에 따라 색의 명도와 채도가 다르게 보이는 현상

ⓒ 면적이 큰 색은 명도와 채도가 높아져 실제보다 좀 더 밝고 맑게 보이며, 면적이 작은 색은 명도와 채도가 낮아져 실제보다 어둡고 탁하게 보임
　⑦ 한난대비
　　㉠ 차가운 색과 따뜻한 색이 대비되었을 경우 서로에게 영향을 주어 더 따뜻하거나 차갑게 느껴지는 현상
　　ⓒ 중성색의 경우(연두, 보라, 자주 계통) 한색과 대비되었을 경우 차갑게 느껴지며 난색과 대비되었을 경우에는 따뜻하게 느껴짐

5 색의 지각

① 색채지각의 3요소
　㉠ 빛(광원), 물체, 시각(눈)
　ⓒ 인간은 모든 반사광을 지각할 수 없고, 가시광선(약 380nm ~ 780nm)만 지각이 가능
② 색의 지각효과
　㉠ 항상성(항색성) : 빛의 강도나 조건이 변해도 본래의 색을 유지하는 특성
　ⓒ 연색성
　　• 물체를 비추었을 때 나타나는 빛의 성질
　　• 같은 색도의 물체라도 광원에 따라 그 색감이 달라지는 성질
　　• 물체의 색이 태양광선 밑에서 본 경우와 가까울수록 연색성이 좋음
　ⓒ 색순응 : 색에 순응되어 다른 환경에서 색의 지각이 약해지는 것
　ⓔ 명암순응 : 밝은 곳에서 어두운 곳(암순응) 또는 이와 반대(명순응)의 상황에서 처음에는 잘 보이지 않다가 점차 보이게 되는 현상
　ⓜ 조건등색(메타메리즘) : 두 가지 다른 색이 특정 광원에서 하나의 색으로 보이는 현상
　ⓗ 푸르키니에 현상 : 암순응될 때 파랑과 빨강의 명도 차이가 생기는 현상으로 어두운 곳에서는 빨강보다 파랑이 밝게 보이는 현상
　ⓢ 시인성 : 주위 색과 차이가 뚜렷해서 눈에 쉽게 띠는 현상으로 색의 명시성이라고도 함
　ⓞ 유목성 : 색이 우리의 눈을 끄는 힘이며 색의 주목성이라고도 함. 유목성은 색의 성질 중 특히 색상 대비와 깊은 연관. 일반적으로 유목성은 빨강, 주황, 노랑 등 따뜻한 색 계열이 높고, 초록, 파랑 등 차가운 색 계열은 낮음
③ 진출색과 후퇴색
　㉠ 같은 모양, 같은 크기의 색이라도 어떤 색은 앞으로 튀어나와 보이고 어떤 색은 뒤로 물러나 들어가 보이는 현상
　ⓒ 색에 따라 거리(깊이)가 변화해 보이는 것을 색의 진출성과 후퇴성이라 함
④ 팽창색과 수축색
　㉠ 같은 모양, 같은 크기의 색이라도 어떤 색의 면적은 실제의 면적보다 더 크게 보이고 어떤 색의 면적은 작게 보이는 현상
　ⓒ 색에 따라 크기가 변화해 보이는 현상을 색의 팽창성과 수축성이라 함

6 조경공간에서의 색 연출

① 색채는 감정을 불러 일으키는 직접적인 요소이므로 따뜻한 색(전진, 정열, 온화)과 차가운 색(후퇴, 지적, 냉정, 상쾌)을 적절하게 배치
② 색채는 질감과 함께 경관의 분위기 조성에 지배적인 역할
　㉠ 생동적, 정열적 느낌 : 봄철의 노란 개나리, 가을철 단풍
　㉡ 차분하고 엄숙한 느낌 : 침엽수림, 연못의 검푸른 수면
③ 수목에 의한 색연출은 일시적인 것보다 계절감과 아름다움을 느낄 수 있도록 배치

7 지역색과 풍토색

① 지역색
　㉠ 자연환경에 친숙하게 어울리고 지역주민이 선호하는 색채
　㉡ 그 지역의 특성을 전달하는 색채와 그 지역의 역사, 풍속, 지형, 기후 등의 지방색과 합쳐서 표현
　㉢ 특정 나라와 지역의 특색있는 색
② 풍토색
　㉠ 기후와 토지의 색, 지역의 태양 빛, 흙의 색 등을 의미
　㉡ 자연환경과 인간의 생활이 어울려 지방의 풍토를 두드러지게 하는 특징 색
　㉢ 더운 지방에 사는 사람들은 난색 선호 경향
　㉣ 추운 지방에 사는 사람들은 한색 선호 경향

8 오방색

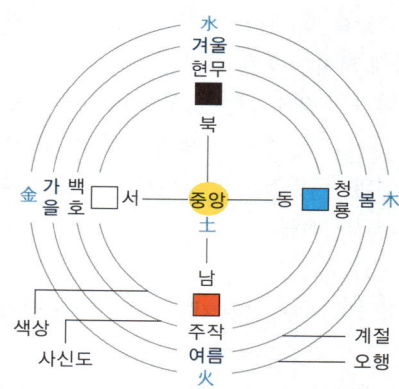

3 경관구성의 가변(피복)요소

항상성 없이 시간의 흐름에 따라 현시적인 경관요소

1 광선
① 그림자를 조성하여 형태의 지각이 가능하게 함
② 광선의 밝기와 광원의 위치에 따라 물체를 달리 보이게 하여 경관의 분위기를 조성
  ㉠ 강렬한 태양광선 : 밝고 명랑한 분위기
  ㉡ 조용한 달빛 : 음침하고 기괴스러운 분위기

2 기상조건
① 기상상태는 경관의 변화요인
② 비가 오거나 안개 낀 상태는 통상적인 경관이 새로운 경관으로 보임

3 계절
① 꽃의 형태와 색채는 계절에 따라 변화. 봄에 싹이 나서 꽃을 피우고 지는 과정은 계절적 현상
② 계절별 수목의 변화 : 봄(새싹), 여름(신록), 가을(낙엽), 겨울(설경)

4 시간
① 하루 중의 시간 변화에 따라 경관의 분위기가 시시각각 변화
② 아침 해가 뜰 때, 대낮의 활기, 석양의 분위기 등 시간에 따라 변화

경관 구성의 원리

1 경관의 유형

1 파노라마(Panorama)경관(전경관)
① 시야의 제한을 받지 않고 멀리까지 트인 경관, 자연의 웅장함과 아름다움을 느낄 수 있음
② 높은 곳에서 사방을 전망, 조망도적 성격

2 지형경관
① 지형의 특징을 나타내고 관찰자가 인상을 받는 강한 지표가 됨
② 지형지물이 경관에서 지배적인 위치를 지니는 경관
③ 산봉우리, 절벽 등 주변의 지표(landmark) 역할
④ 지형에 따라 신비함, 괴기함, 경외감 등 다양한 감정을 일으킴

3 위요경관
① 수목 등 주위 경관 요소들에 의해 울타리처럼 자연스럽게 둘러싸여 있는 경관
② 시선을 끌 수 있는 낮고 평탄한 중심공간
③ 중심공간에 주위를 둘러싸는 수직적 요소
④ 정적인 느낌, 아늑함(휴식공간)

4 초점경관
① 어느 한 점으로 시선이 유도되도록 구성된 경관
② 폭포, 암석, 수목, 분수, 조각, 기념탑 등이 초점의 역할
③ 비스타 경관 : 좌우로의 시선이 제한되고 중앙 한 점으로 시선이 모이도록 구성

5 관개경관
① 교목의 수관 아래에 형성되는 경관으로 수목이 터널을 이루는 경관
② 담양의 메타세콰이어길, 청주의 플라타너스길

6 세부경관
① 공간 구성 요소들의 세부적인 사항까지 지각될 수 있는 경관

7 일시적 경관
① 기상변화에 따른 경관의 분위기
② 동물의 일시적인 출현

2 경관구성의 기본 원칙

1 통일성
① 조화
　㉠ 색채나 형태가 유사한 시각적 요소들이 서로 잘 어울리는 것으로 전체적 질서를 잡아주는 역할
　㉡ 구릉지의 곡선과 초가지붕의 곡선은 부분적인 요소들 간의 동질성
② 균형과 대칭
　㉠ 균형 : 한쪽으로 치우침 없이 전체적으로 균등하게 분배된 구성을 말하며 균형의 가장 간단한 형태는 대칭
　㉡ 대칭 : 축을 중심으로 좌우 또는 상하 균등하게 배치하는 것

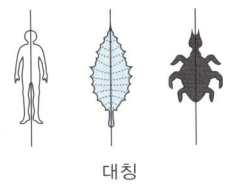
대칭

균형

대칭균형	• 같은 모양, 같은 크기의 물체가 시각축 지레 받침 양쪽에서 균형을 이룸 • 정형식 정원에서 많이 사용되는 수법	
비대칭균형	• 모양과 크기가 서로 다른 물체가 시각축 양쪽에서 균형을 이룸 • 자연식 정원에서 균형 잡을 때 사용	

③ 강조
　㉠ 비슷한 형태나 색채들 사이에 이와 상반되는 것을 넣어 시각적 산만함을 막고 통일감을 조성하기 위한 수법
　㉡ 상반된 것들이 수량적으로 너무 많으면 오히려 통일감을 잃게 되므로 주의가 필요함

2 다양성

① 비례
- ㉠ 길이, 면적 등 물리적 크기의 비례에 규칙적인 변화를 주면 부분과 전체의 관계를 풍부하게 할 수 있음
- ㉡ 정원석의 높이와 너비의 비례, 산울타리의 길이와 높이의 비례를 통해 다양성을 추구할 수 있음
- ㉢ 비례의 예
    - 황금분할(1 : 1.618)
    - 삼재미(천, 지, 인이 잘 조화될 때의 아름다움으로 동양에서 표현되는 미의 형태)

② 율동
- ㉠ 각 요소들의 강약, 장단의 주기성이나 규칙성을 가지면서 전체적으로 연속적인 운동감을 가지는 것
- ㉡ 시각적 율동(수목의 규칙적 배열)과 청각적 율동(폭포, 시냇물, 풀벌레), 색채의 변화를 통한 운율 등이 있다.

③ 대비
- ㉠ 상이한 질감, 형태 또는 색채를 서로 대조시킴으로써 변화를 주는 것
- ㉡ 반대, 대립, 변화를 느낄 수 있음
- ㉢ 특정 경관 요소를 더욱 부각시키고 단조로움을 없애고자 할 때 이용
- ㉣ 잘못 사용하면 산만하고 어색한 구성이 됨
- ㉤ 대비의 사례
    - 형태상의 대비 – 호수의 수평면에 접한 절벽
    - 색채상의 대비 – 녹색의 잔디밭에 군식된 빨간색의 샐비어

※ 다양성은 통일성과 상호 보완적으로 적절하게 유지해야 함. 다양성이 과도하게 강조되면 통일성이 낮아지고, 통일성이 지나치면 단조롭고 지루하게 됨

경관 구성의 기법

1 경관의 형성기법

지형의 변화	• 굴곡의 완화 또는 강조, 수목의 이용으로 변화를 도모
수목에 의한 구성	• 위요공간과 교목의 하부에 시선을 열어 주는 반투과적인 공간의 형성 방법
연못의 형태	• 연못의 형태에 변화를 주어 물과 접촉할 수 있는 부분이 많이 만들어지도록 함
구조물의 형태	• 자연경관에서 스카이라인을 해치지 않는 범위의 조화를 추구 • 기념성을 강조할 때는 대비의 효과를 사용

2 경관의 연결기법

① 내, 외부 공간 연결의 대표적인 사례는 테라스의 조성
② 높이가 다른 두 공간을 계단으로 연결할 경우 계단의 위치와 형태에 따라 두 공간의 형태가 달라짐
③ 연속적 공간의 구성은 개방공간 → 전이공간 → 폐쇄공간으로 구성

3 경관의 수식기법

패턴	• 패턴은 일정한 형태나 양식 또는 유형 • 1차적 패턴 : 가까이 느끼는 것, 물체의 부분적인 패턴 • 2차적 패턴 : 멀리 보는 것, 전체적, 집합적 패턴
인간적 척도	• 만지고 걷고 앉는 인간활동에 관련된 적절한 규모 또는 크기 • 르꼬르뷔제의 모듈러는 183cm 정도되는 성인이 기준 • 기념성 강조를 위해서는 비인간적인 척도를 도입 • 높은 건물과 구조물은 전면에 교목을 식재하여 인간적 척도의 공간으로 조성 • 편안함과 친근함을 주는 경관으로 위요경관, 관개경관, 세부경관
슈퍼그래픽	• 건물외벽의 거대한 벽화를 슈퍼그래픽이라고 함 • 도시의 경관 요소로 인지도가 높음 • 전체적 경관의 부분적 사용으로 공간의 특성을 부여
환경조각	• 환경과 조화를 이루고 공간의 흥미를 높이며, 분위기를 쾌적하게 만듦 • 분수, 조각, 상징탑, 놀이조각 등 경관요소로 존재하는 구조물이나 조각 등으로 관상에 중점
소리	• 도심의 폭포, 분수의 소리는 경관의 지각에 영향
표지판 및 옥외시설물	• 각종 시설물과 표지판은 장소의 분위기에 맞도록 통일성을 지녀야 함 • 통일된 색채, 소재, 형태로 공간의 개성을 살리며, 식별성을 높일 수 있음

4 경관의 배식기법

1 정형식 배식

단식(점식)	• 한 그루의 나무를 다른 나무와 연결시키지 않고 독립식재 • 수형이 좋은 대형목은 시각적 초점, 랜드마크 역할
대식(대칭식재)	• 시선 축의 좌우에 같은 형태, 같은 종류의 두 그루를 대칭으로 식재하는 수법
열식	• 같은 나무를 일정한 간격의 직선 상에 식재하는 방법
교호식재	• 두 줄의 열식을 서로 어긋나게 배치하여 식재하는 방법
군식	• 한 가지 수종을 모아심는 방법

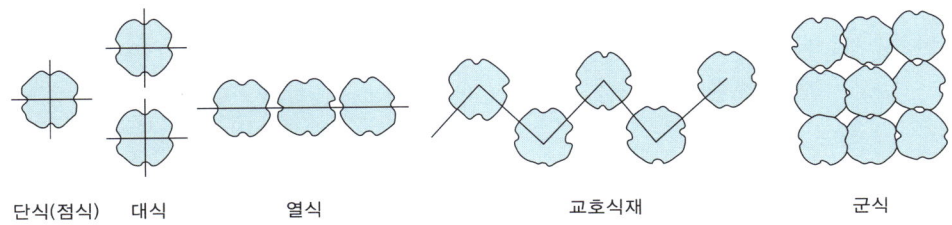

단식(점식)　　대식　　　　열식　　　　　　교호식재　　　　　　군식

2 자연식 배식

부등변 삼각형 식재	• 크고 작은 세 그루의 나무를 서로 간격을 달리 하고, 한 줄에 서지 않도록 부등변 삼각형을 가상하여 꼭지점에 해당하는 위치에 식재하는 방법
임의식재	• 부등변 삼각형 식재를 기본으로 그 삼각망을 순차적으로 확대하면서 연결시켜 나가는 방법으로 대규모 식재지에 사용하는 방법
군식(무리심기)	• 자연 상태의 식생구성을 모방하여 수종, 크기, 수형이 2종 이상의 수목을 모아 무더기로 한자리에 식재하는 방법
배경식재	• 의도하는 경관이 두드러지게 보이도록 하기 위해 그 경관의 후면에 식재군을 조성하여 배경 식재하는 방법 • 배식에 있어서 가까이 있는 수목을 강조하고, 멀리 있는 수목을 배경이 되게 하는 기법 • 입체적이고 변화 있는 경관구성에 도움이 됨

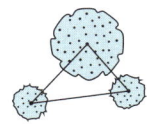 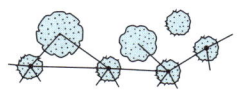 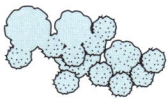

부등변 삼각형 식재　　　　　　임의식재　　　　　　　군식(무리심기)

3 자연식 배식의 구성단위

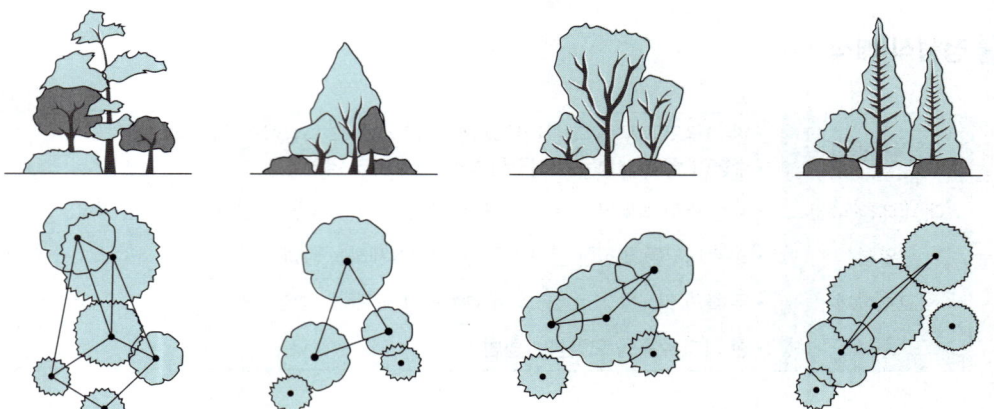

PART 02 예상문제

01 조경미의 요소가 아닌 것은?
① 재료미 ② 형식미
③ 내용미 ④ 복잡미

02 회화에 있어서의 농담법과 같은 수법으로 화단의 풀꽃을 엷은 빛깔에서 점점 짙은 빛깔로 맞추어 나갈 때 생기는 아름다움은?
① 단순미 ② 통일미
③ 반복미 ④ 점층미

03 잔디밭, 일제림, 독립수 등의 경관에 나타나는 아름다움은?
① 조화미 ② 단순미
③ 점층미 ④ 대비미

04 다음 중 운율미의 표현이 아닌 것은?
① 변화하는 색채
② 아름다운 숲과 바위
③ 일정하게 들려오는 파도소리
④ 폭포소리

05 다음 조경미의 설명으로 틀린 것은?
① 질감이란 물체의 표면을 보거나 만지므로 느껴지는 감각을 말한다.
② 통일미란 개체가 특징있는 것으로 단순한 자태를 균형과 조화 속에 나타내는 미이다.
③ 운율미란 연속적으로 변화되는 색채, 형태, 선 소리 등에서 찾아볼 수 있는 미이다.
④ 균형미란 가정한 중심선을 기준으로 양쪽의 크기나 무게가 보는 사람에게 안정감을 줄 때를 말한다.

06 다음 조경미의 요소 중 축(axis)에 대한 설명으로 거리가 먼 것은?
① 축을 사용한 전형적인 예는 프랑스 베르사유궁전이다.
② 축선은 1개일 때 그 효과가 커서 되도록 2개 이상은 쓰지 않는다.
③ 축선 위에는 원로, 캐널, 캐스케이드 등을 설치해서 강조한다.
④ 축의 교점에는 분수, 못, 조각상 등을 설치하는 것이 효과적이다.

07 경관구성의 우세요소가 아닌 것은?
① 선 ② 색채
③ 형태 ④ 시간

정답 01 ④ 02 ④ 03 ② 04 ② 05 ② 06 ② 07 ④

08 경관의 시각적 구성요소를 우세요소와 가변 요소로 구분할 때 가변요소에 해당되지 않는 것은?

① 광선　　　② 기상조건
③ 질감　　　④ 계절

09 선의 방향에 따른 분류 중 수평선이 주는 느낌은?

① 권위감　　② 평화감
③ 남성감　　④ 운동감

10 다음 중 색의 3속성에 관한 설명으로 옳은 것은?

① 감각에 따라 식별되는 색의 종명을 채도라고 한다.
② 두 색상 중에서 빛의 반사율이 높은 쪽이 밝은색이다.
③ 색의 포화상태, 즉 강약을 말하는 것은 명도이다.
④ 그레이 스케일은 채도의 기준 척도이다.

11 먼셀의 색상환에서 BG는 무슨색인가?

① 연두색　　② 남색
③ 청록색　　④ 보라색

12 색광의 3원색인 R, G, B를 모두 혼합하면 어떤 색이 되는가?

① 검은색　　② 회색
③ 흰색　　　④ 붉은색

13 도형의 색이 바탕색의 잔상으로 나타나는 심리보색의 방향으로 변화되어 지각되는 대비효과를 무엇이라고 하는가?

① 색상대비　② 명도대비
③ 채도대비　④ 동시대비

14 명암순응에 대한 설명으로 틀린 것은?

① 눈이 빛의 밝기에 순응해서 물체를 본다는 것을 명암순응이라 한다.
② 맑은 날 색을 본 것과 흐린 날 색을 본 것이 같이 느껴지는 것을 명순응이다.
③ 터널에 들어갈 때와 나갈 때의 밝기가 급격히 변하지 않도록 명암순응식재를 한다.
④ 명순응에 비해 암순응은 장시간을 필요로 한다.

15 따뜻한 색 계통이 주는 감정에 해당되지 않는 것은?

① 전진해 보인다.
② 정열적이거나 온화하다.
③ 상쾌한 느낌을 준다.
④ 친근한 느낌을 준다.

16 다음 중 가장 가볍게 느껴지는 색은?

① 파랑　　　② 노랑
③ 초록　　　④ 연두

17 오방색 중 황(黃)의 오행과 방위가 바르게 짝지어진 것은?

① 금(金) – 서쪽　② 목(木) – 동쪽
③ 토(土) – 중앙　④ 수(水) – 북쪽

정답　08 ③　09 ②　10 ②　11 ③　12 ③　13 ①　14 ②　15 ③　16 ②　17 ③

18 다음 중 좌우로 시선이 제한되어 전방의 일정 지점으로 시선이 모이도록 구성된 경관을 의미하는 것은?

① 질감(texture)
② 랜드마크(landmark)
③ 통경선(vista)
④ 결절점(node)

19 독도는 광활한 바다에 우뚝 솟은 바위섬이다. 독도의 전망대에서 바라보는 경관의 유형으로 가장 적합한 것은?

① 파노라마 경관   ② 지형 경관
③ 위요 경관   ④ 초점 경관

20 다음 중 위요 경관에 속하는 것은?

① 넓은 초원   ② 노출된 바위
③ 숲속의 호수   ④ 계곡 끝의 폭포

21 다음 중 무리지어 나는 철새, 설경 또는 수면에 투영된 영상 등에서 느껴지는 경관은?

① 초점 경관   ② 관개 경관
③ 세부 경관   ④ 일시 경관

22 경관의 유형 중 일시적 경관에 해당하지 않는 것은?

① 기상 변화에 따른 변화
② 물 위에 투영된 영상
③ 동물의 출현
④ 산 중의 호수

23 다음 중 관개경관으로 옳은 것은?

① 평원에 우뚝 솟은 산봉우리
② 주위 산에 의해 둘러싸인 산중 호수
③ 폭이 좁은 지역에서 가지와 잎이 도로를 덮은 지역
④ 바다 한가운데서 수평선상의 경관을 360도 각도로 조망할 때의 경관

24 다음 중 초점경관에 해당되는 설명은?

① 단일 요소의 세부적인 특징으로 미시경관이다.
② 강물이나 계곡 또는 길게 뻗은 도로 같은 것이다.
③ 수면에 투영된 구름의 모습이다.
④ 주위의 경관요소들이 울타리처럼 자연스럽게 싸고 있는 국소적 경관이다.

25 경관구성의 미적원리는 통일성과 다양성으로 구분할 수 있다. 다음 중 통일성과 관련이 적은 것은?

① 균형과 대칭   ② 강조
③ 조화   ④ 율동

26 경관구성의 미적 원리를 통일성과 다양성으로 구분할 때, 다음 중 다양성에 해당하는 것은?

① 조화   ② 균형
③ 강조   ④ 대비

정답 18 ③ 19 ① 20 ③ 21 ④ 22 ④ 23 ③ 24 ② 25 ④ 26 ④

27 다음 중 조화(Harmony)의 설명으로 가장 적합한 것은?

① 각 요소들이 강약, 장단의 주기성이나 규칙성을 가지면서 전체적으로 연속적인 운동감을 가지는 것
② 모양이나 색깔 등이 비슷비슷하면서도 실은 똑같지 않은 것끼리 모여 균형을 유지하는 것
③ 서로 다른 것끼리 모여 서로를 강조시켜 주는 것
④ 축선을 중심으로 하여 양쪽의 비중을 똑같이 만드는 것

28 관찰자 시선의 중심선을 기준으로 형태감이나 색채감에서 양쪽의 크기나 무게가 안정감을 줄 때 나타나는 아름다움은?

① 대비미 ② 강조미
③ 균형미 ④ 반복미

29 다음 중 비대칭이 주는 효과가 아닌 것은?

① 단순하기보다는 복잡성을 띠게 된다.
② 정돈성은 없으나 동적이다.
③ 무한한 양상을 가질 수 있다.
④ 규칙적이고 통일감이 있다.

30 다음은 강조에 대한 설명이다. 이 중 적합하지 않은 것은?

① 비슷한 형태나 색감들 사이에 이와 상반되는 것을 넣어 강조함으로서 시각적으로 산만함을 막고 통일감을 조성할 수 있다.
② 전체적인 모습을 꽉 조여 변화없는 단조로움이 나타나기 쉽다.
③ 강조를 위해서는 대상의 외관을 단순화시켜야 한다.
④ 자연경관에서는 구조물이 강조의 수단으로 사용되는 경우가 많다.

31 피아노의 리듬에 맞추어 움직이는 분수를 계획할 때 강조해서 적용할 경관구성 원리는?

① 율동 ② 조화
③ 균형 ④ 비례

32 다음 중 조경공간을 구성하는 재료를 질적, 양적으로 전혀 다른 것으로 배열함으로써 서로의 특성이 강조될 때, 보는 사람에게 강한 자극을 주는 조경미로 가장 적당한 것은?

① 운율미 ② 대비미
③ 조화미 ④ 균형미

33 대비의 미가 나타나는 것은?

① 아치를 가진 주랑
② 재료의 관계가 점차 감소되는 것
③ 소나무의 푸른 수관을 배경으로 한 분홍색의 벚꽃
④ 재료가 균등하게 배치된 상태

정답 27 ② 28 ③ 29 ④ 30 ② 31 ① 32 ② 33 ③

설계의 기초(제도)

1 제도

제도용구를 사용하여 설계자의 의도나 구상을 선, 기호, 문장 등으로 제도용지에 표시하는 일

1 목적
① 작성자의 의도를 도면 사용자에게 확실하고 쉽게 전달
② 정보의 확실한 보존, 검색, 이용

2 도면작성의 일반 원칙

통일성	도면에 표시하는 정보의 일관성, 국제성 확보
간결성	정보를 명확하고 이해하기 쉬운 방법으로 표현
청결성	복사 및 보존, 검색, 이용의 용이함 확보

※ 제도의 순서
1. 축척을 정한다.
2. 도면의 윤곽을 정한다.
3. 도면의 위치를 정한다.
4. 제도를 한다.

2 제도 척도(축척 : Scale)

1 척도
① "대상물의 실제 치수"에 대한 "도면에 표시한 대상물"의 비로써 도면의 치수를 실제의 치수로 나눈 값
② 도면에 사용하는 척도는 대상물의 크기, 대상물의 복잡성 등을 고려하여 명료성을 갖도록 선정

2 척도의 표시

축척	실물의 크기보다 작게 나타낸 척도 (1 : 100, 1 : 5,000 등)
실척	실물의 크기와 동일한 크기의 척도 (1 : 1)
배척	실물의 크기보다 크게 나타낸 척도 (2 : 1, 10 : 1 등)

3 척도의 기입
① 도면에는 반드시 척도를 기입
② 한 도면에 서로 다른 척도를 사용하였을 때에는 각 그림마다 또는 표제란 일부에 척도 기입
③ 그림의 형태가 치수에 비례하지 않을 때에는 'NS(No Scale)'로 표시
④ 축척이 작아 실감나지 않을 때 자의 눈금을 일부 기입 : 바 스케일
⑤ 단면도 등에서 대상물의 특징이나 변화를 명확하게 표시하고 싶은 경우 가로와 세로의 척도를 달리 할 수 있음

※ 상대적 척도
  단면도, 입면도, 투시도 등의 설계도면에서 물체의 상대적인 크기를 느끼기 위하여 넣는 것으로 수목, 자동차, 사람 등

※ 주택정원의 경우는 보통 1 : 100의 축척을 많이 사용

※ $(\dfrac{1}{축척})^2 = \dfrac{도상면적(m^2)}{실제면적(m^2)}$

3 제도용구

1 제도판
① 도면의 크기에 적합한 규격
② 표면의 평탄성과 T자의 안내면의 다듬질 정도가 좋아야 함
③ 제도대의 높이와 경사조절이 가능한 것을 사용

2 T자
① 고양이 T형태로 만들어진 자로 900mm 정도의 것이 가장 많이 쓰임
② 평행선을 긋거나 삼각자와 조합하여 수직선이나 사선 그을 때 사용
③ 제도판과 결합되어 있는 경우도 있음(I형자)

3 삼각자
① 보통 45°, 45°, 90°인 것과 30°, 60°, 90°인 것 2매가 1세트로 구성되어 있음
② 삼각자를 조합하여 15° ~ 90° 까지 15° 간격의 사선 제도 가능

4 기타 제도용구

삼각스케일자	축척에 맞는 눈금을 가진 자 : 1 : 100 ~ 1 : 600
연필	H와 B로 경도를 나타내며, 제도에는 HB를 많이 사용
지우개판	세밀하게 특정 부분을 지울 때 사용
템플릿	도형을 뚫어 놓아 기호나 시설물을 그릴 때 사용(수목 표시에 사용)
운형자	여러 곡률의 곡선을 그릴 수 있게 한 것
자유곡선자	손으로 구부려 임의의 형태의 곡선을 만들어 제도
기타	지우개, 브러시, 컴퍼스, 테이프 등

※ 연필 : 연필은 H의 수가 많을수록 굳으며, B의 수가 많을수록 무르고, 습기가 많은 날에는 상대적으로 흐리게 그려지기도 함. 트레싱지에 가는 선을 흐리게 그리는 연필로는 4H가 적당

4 제도 용구의 사용법

1 제도 용구의 배치
① 오른손에 잡는 것은 오른쪽에, 왼손에 잡는 것은 왼쪽에 가깝게 배치
② 오른손잡이 설계자의 경우 눈금자(스케일), 삼각자 등은 왼쪽에 배치하고, 컴퍼스, 디바이더 등은 오른쪽에 배치

2 연필의 사용법
① 선의 굵기가 일정하게 되도록 긋기
② 일정한 힘을 가하여 연필을 돌려가면서 긋기
③ 선의 용도와 굵기에 따라 구별하여 긋기
④ 선긋기의 방향은 왼쪽 → 오른쪽, 아래쪽 → 위쪽

5 윤곽선 및 표제란 설정

1 윤곽선
① 도면의 훼손방지, 짜임새와 조화의 역할
② 도면 가장자리에 10mm 정도의 여백을 두고 굵은 실선을 사용
③ 좌측을 철할 경우 15mm 더 띄어서 25mm

2 표제란
① 위치 : 도면 하단부에 좌우로 길게, 우측에 상하로 길게, 우측 하단부
② 기관정보(발주, 설계, 감리기관 등), 개정 관리정보(도면의 갱신 이력), 프로젝트 정보(개괄적 항목), 도면정보(설계 및 관련 책임자, 도면명, 축척, 작성일자, 방위 등), 도면 번호 등을 기입
③ 동일한 설계도면은 도면의 크기, 윤곽선의 설정, 표제란의 위치를 동일하게 설정

6 도면의 규격(단위 : mm)

제도지의 치수		A_0	A_1	A_2	A_3	A_4
b×a		1,189×841	841×594	594×420	420×297	297×210
C(최소)		10	10	10	5	5
D(최소)	묶지 않을 때	10	10	10	5	5
	묶을 때	25	25	25	25	25
비고		전지	2절지	4절지	8절지	16절지

7 제도원칙

1 선의 종류와 용도

명칭		굵기	용도에 의한 명칭	용도
실선	굵은선	전선 0.5 ~ 0.8mm	윤곽선 단면선	윤곽선이나 단면
	중간선	반선 0.3 ~ 0.5mm	입면선 외형선	입면이나 외형 표시
	가는선	가는선 0.2mm 이하	치수선, 치수보조선 지시선, 해칭선	설명, 보조, 지시 및 단면의 표시(인출선)
허선	파선 중간선	반선 0.3 ~ 0.5mm	숨은선	물체의 보이지 않는 부분 표시
	일점쇄선 가는선	가는선 0.2mm 이하	중심선	물체의 중심축, 대칭축 표시
	일점쇄선 중간선	반선 0.3 ~ 0.5mm	경계선 전단선	절단면의 위치나 부지경계선
	이점쇄선 중간선	반선 0.3 ~ 0.5mm	가상선 (경계선)	일점쇄선과 구분하거나 대신해 사용

2 선의 굵기

① 제도에는 가는 선, 중간 선, 굵은 선의 세 가지 선 사용
② 그림기호나 레터링은 가는 선과 중간 선 사이의 굵기 사용

※ 선의 상대적 굵기
  1. 가는 선 : 상대적 굵기 1
  2. 중간 선 : 상대적 굵기 2
  3. 굵은 선 : 상대적 굵기 4

3 치수선

① 치수선의 종류

치수선	치수를 기입하기 위하여, 길이와 각도를 측정하는 방향에 평행으로 그은 선
치수보조선	치수선을 기입하기 위해 도형에 그어낸 선

② 치수선의 표시방법
    ㉠ 가는 실선 사용, 원칙은 mm로 하며 이 경우 단위는 표시하지 않음
    ㉡ 치수선은 도면에 평행, 치수보조선은 수직으로 사용
    ㉢ 치수는 치수선 중앙 윗부분에 평행하게 기입
    ㉣ 치수 기입은 왼쪽에서 오른쪽, 아래에서 위로 기입
    ㉤ 치수선의 양 끝은 화살표 또는 점으로 표시 : 단말 기호
    ㉥ 기입할 간격이 협소할 경우 옆 치수의 위쪽이나 인출선 사용

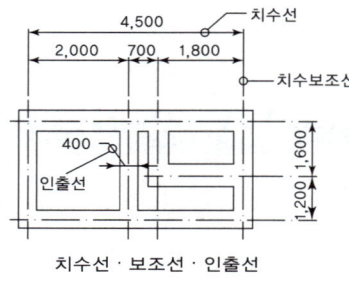
치수선 · 보조선 · 인출선

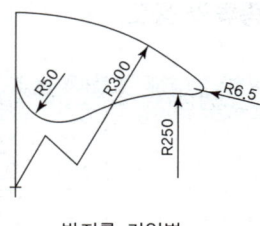
반지름 기입법

4 인출선

① 공간이 좁아 대상 자체에 기입할 수 없을 때 인출선을 사용
② 인출선 사용 시 주의 사항
    ㉠ 가는 선으로 명료하게 긋고 깨끗하게 마무리
    ㉡ 인출선의 수평 부분은 기입 사항과 맞춤
    ㉢ 인출선의 방향과 기울기는 되도록 통일
    ㉣ 인출선 간의 교차나 치수선과의 교차를 피함
    ㉤ 한 도면에서는 인출선의 굵기와 질은 동일하게 유지

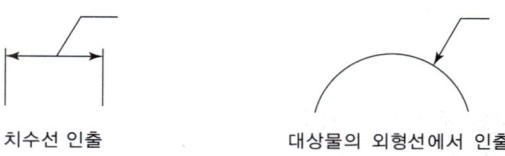 

③ 수목의 인출선 : 수량, 수종명, 수목의 규격을 기입

5 수목의 표시

① 교목 및 관목
- ㉠ 간단한 원으로 표현하는 방법
- ㉡ 원 내에 가지 또는 질감으로 표시하는 방법
- ㉢ 그림자를 넣어 표현하는 방법 등
- ㉣ 윤곽선의 크기는 수목이 성숙했을 때 퍼지는 수관의 크기
- ㉤ 수목의 윤곽선이 뚜렷하게 나타나도록 표현
- ㉥ 활엽수 : 부드러운 질감을 가지도록 가장자리를 곡선으로 표현
- ㉦ 침엽수 : 직선 또는 날카로운 톱날형 곡선을 사용하여 표현

② 덩굴식물 및 지피식물
- ㉠ 덩굴식물은 줄기와 잎을 자연스럽게 표현
- ㉡ 점이나 짧은 선을 이용하여 식재면적에 표시

6 방위 및 축척의 표시

① 방위
- ㉠ 설계자에 따라 개성 있게 표현
- ㉡ 되도록 북쪽을 위쪽으로 향하게 하고 도면상에 표시해 줌

② 축척
- ㉠ 분수로 표시하는 방법, 막대축척으로 표시하는 방법
- ㉡ 막대축척을 표시하는 방법은 도면의 확대 및 축소 시 편리

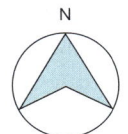 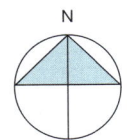 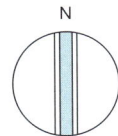 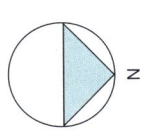 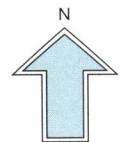

여러 가지 방위법

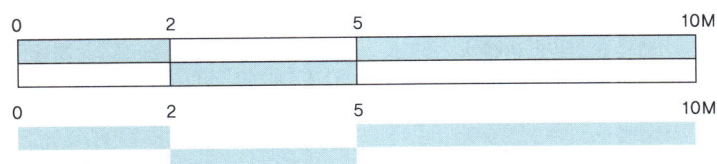

7 재료표시 기호

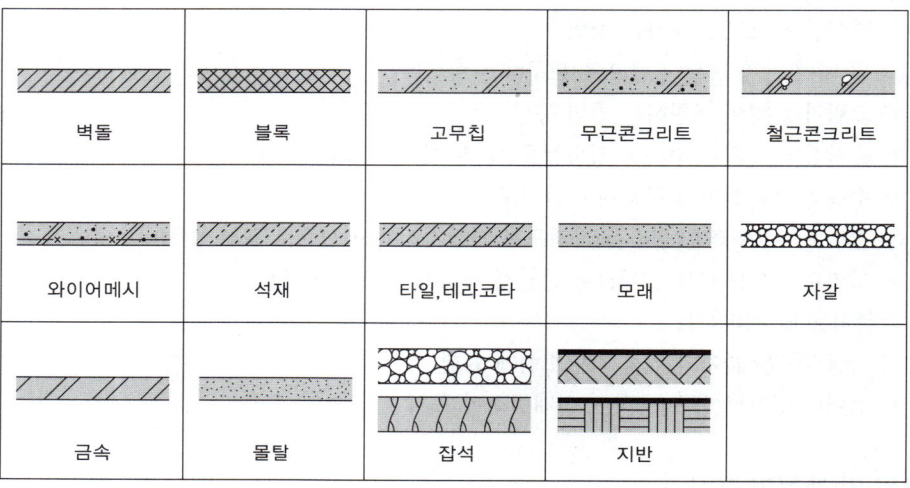

재료표시 기호

8 도면상 사용하는 약어

표기	내용	표기	내용
E.L.	표고(Elevation)	THK	재료 두께(Thickness)
G.L	지반고(Ground Level)	MH	맨홀
F.L	계획고(Finish Level)	DN	내려감(Down)
W.L	수면 높이(Water Level)	UP	올라감(Up)
F.H	마감 높이(Finish Height)	A	면적(Area)
B.M	표고 기준점(Bench Mark)	Wt	무게(Weight)
W	너비, 폭(Width)	V	용적(Volume)
H	높이(Height)	@	간격(at)
L	길이(Length)	D, Ø	지름(Diameter)
CONC.	콘크리트	STL.	철재(Steel), 강판(ST L, PL)

9 레터링(lettering) : 제도에 사용되는 문자

① 글자는 간단명료하게 기입 : 과다하게 많이 쓰지 말 것
② 문장은 왼쪽부터 가로쓰기
③ 글자체는 수직 또는 15° 경사의 고딕체로 쓰는 것이 원칙
④ 글자의 크기는 각 도면의 상황에 맞추어 알아보기 쉬운 크기
⑤ 4자리 이상의 수는 3자리마다 휴지부를 찍거나 간격을 둠

※ 문자의 표시
1. 한글 : 한글의 서체는 활자체에 준함
2. 영자 : 주로 로마자 대문자 사용
3. 숫자 : 아라비아 숫자 사용
4. 문자의 크기는 문자의 높이가 기준

※ 수목의 규격 표시
1. 수고(H) : 지표면에서 수관의 맨 위 끝부분까지의 수직높이. 수관선 밖에 있는 웃자란 도장지는 포함되지 않음(m)
2. 수관폭(W) : 수목의 최대 너비. 수고와 마찬가지로 도장지는 포함되지 않음(m)
3. 지하고(BH) : 수관을 구성하는 가지 중에서 맨 아래 가지로부터 지면까지의 수직거리
4. 흉고직경(B) : 지면에서 가슴높이에 있는 나무 줄기의 지름(cm)
5. 근원직경(R) : 지상부와 지하부가 마주치는 줄기의 지름(cm)
6. 줄기수(CA) : 관목의 경우에 해당하는 것으로 줄기의 개수를 규격에 포함하는 것

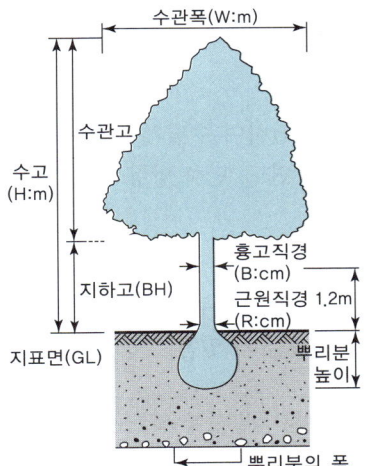

조경수목의 규격 표시법

8 설계도의 종류

1 평면도
위에서 아래를 수직으로 내려다 본 것으로 가정하고 작도
① 배치도
  ㉠ 시설물의 위치, 도면의 체계, 부지경계선
  ㉡ 지형, 방위, 식생 등 계획의 전반적인 사항을 알리기 위한 도면
② 식재평면도(수목배식도)
  ㉠ 조경 설계시 많이 사용하는 도면
  ㉡ 인출선을 이용하여 수량, 수종, 규격을 표시
③ 구조물 평면도
건물과 옥외시설물(벤치, 휴지통, 조명등)의 위치를 표시한 평면도

2 입면도
① 입면은 동서남북 4개의 방향이 있는데 대지 밖의 전면에서 바라보는 모습은 정면도, 좌우 양측은 좌측면도, 우측면도, 뒷면은 배면도
② 구조물의 정면에서 본 외적 형태를 보여주기 위한 것
③ 평면도에서 보이지 않던 높이 개념과 벽면에서 보여지는 것을 표현

3 단면도
① 건물 혹은 시설물을 수직으로 절단하여 수평 방향으로 본 것
② 장축 방향으로 절단한 것을 종단면도, 단축 방향으로 절단한 것을 횡단면도

4 상세도
① 평면도나 단면도 상에 나타나지 않는 세부사항을 표현한 도면
② 평면상세도와 단면상세도의 두 종류가 있음

구조물 상세도	• 재료의 치수, 색채, 공법 등을 기재
식재상세도	• 식재방법, 지주목 설치방법과 재료 등 세부사항 기재 • 평면도에 비해 확대된 축척 사용

5 투시도

① 설계안이 완공되었을 경우를 가정하여 설계내용을 실제 눈에 보이는 대로 절단한 면에서 먼 곳에 있는 것은 작게, 가까이 있는 것은 크고 깊이 있게 하나의 화면에 그리는 도면
② 유리창에 그린다는 생각을 가지고 원근법을 이용하여 그리기 때문에 입체적인 느낌을 줌
③ 조경도면에서는 1소점 투시도가 많이 사용

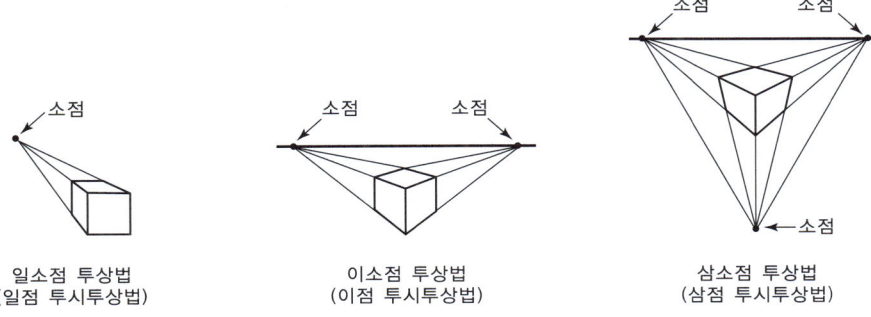

일소점 투상법 (일점 투시투상법)　　이소점 투상법 (이점 투시투상법)　　삼소점 투상법 (삼점 투시투상법)

6 스케치

① 눈높이나 눈보다 조금 높은 위치에서 보여지는 공간을 실제 보이는 대로 자연스럽게 표현한 그림
② 나타내고자 하는 의도의 윤곽선을 잡아 개략적으로 표현하고자 할 때, 즉 아이디어를 수집, 기록, 정착화하는 과정에 필요
③ 디자이너에게 순간적으로 떠오르는 불확실한 아이디어의 이미지를 고정, 정착화시켜 나가는 초기단계

7 조감도

① 새가 하늘 위에서 내려다 보는 것과 같은 시각에서 그린 그림
② 완성 후의 모습을 공중에서 비스듬히 내려다 본 모습 : 3소점 투시
③ 공간을 사실적으로 표현함으로써 공간 구성을 쉽게 알 수 있음

8 투상법

① 투상법의 종류

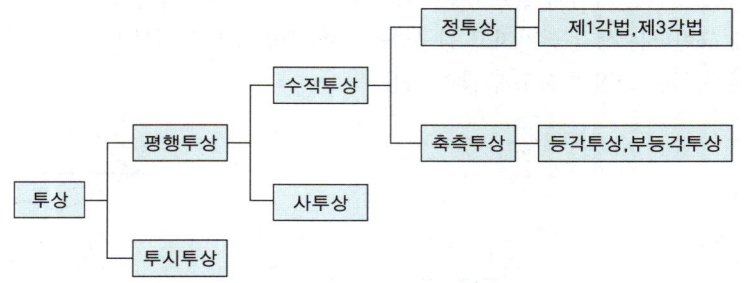

② 정투상법
  ㉠ 평행한 투시선으로 입체를 투상하는 방법
  ㉡ 제1각법과 제3각법이 있음

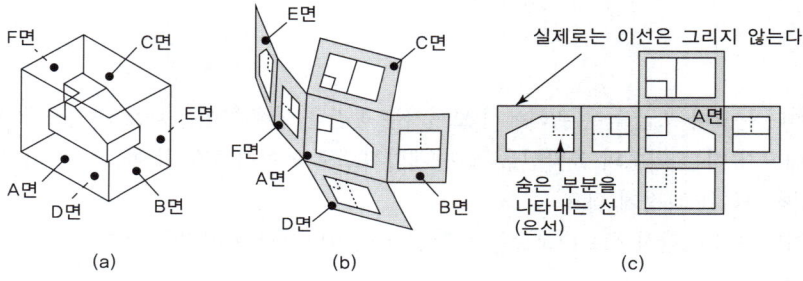

③ 등각투상법
  ㉠ 120°를 이루는 3개의 축을 기본으로 하고, 이 기본축 위에 물체의 높이, 너비, 안쪽 길이를 옮겨서 나타내는 투상법
  ㉡ 3개 축선의 길이는 같은 척도
  ㉢ 주로 구상도나 설명도를 그릴 때 사용
④ 부등각 투상법
  ㉠ 수평선과 2개의 축선이 이루는 각을 서로 다르게 그린 투상법
  ㉡ 2개의 축선은 같은 척도, 1개의 축선은 다른 척도
⑤ 사투상법
  ㉠ 물체를 투상면에 대하여 한쪽으로 경사지게 투상하여 입체적으로 나타낸 투상법
  ㉡ 하나의 그림으로 대상물의 한 면(정면)만을 중점적으로 엄밀하고 정확하게 표시

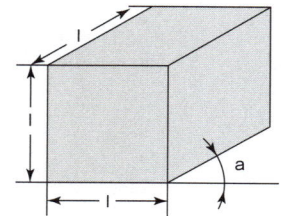

(a)카발리에 투상법
a : 임의각
시선과 투상면을 이루는 각도 : 45°

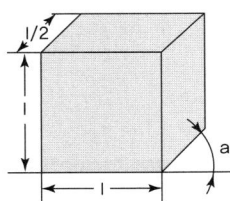

(b)캐비닛 투상법
a : 임의각 '
시선과 두상면을 이루는 각도 : 63°

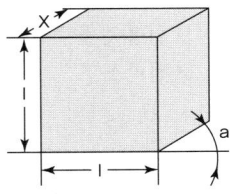

(b)일반 투상법
a : 임의각 '
시선과 두상면을 이루는 각도 : 임의각°

*KS 에서는 a를 45 ' 로 하고 있다.

PART 02 예상문제

01 제도를 하는 순서가 올바른 것은?

㉠ 축척을 정한다.
㉡ 도면의 윤곽을 정한다.
㉢ 도면의 위치를 정한다.
㉣ 제도를 한다.

① ㉠ - ㉡ - ㉢ - ㉣
② ㉡ - ㉢ - ㉠ - ㉣
③ ㉡ - ㉠ - ㉢ - ㉣
④ ㉢ - ㉡ - ㉠ - ㉣

02 축척 1/50 도면에서 도상에 가로 6cm, 세로 8cm 길이로 표시된 연못의 실제 면적은 얼마인가?

① 12㎡ ② 24㎡
③ 36㎡ ④ 48㎡

03 스케일 1/100 축척에서 1cm의 실제 거리는?

① 10cm ② 1m
③ 10m   ④ 100m

04 다음 중 단면도, 입면도, 투시도 등의 설계도면에서 물체의 상대적인 크기(기준)를 느끼기 위해서 그리는 대상이 아닌 것은?

① 수목   ② 사람
③ 자동차 ④ 연못

05 조경에서 제도 시 가장 많이 사용되는 제도용구로 부적당한 것은?

① 원형 템플릿 ② 삼각 축척자
③ 컴퍼스   ④ 나침반

06 조경설계에 있어서 수목을 표현할 때 가장 많이 사용하는 제도용구는?

① T자   ② 원형템플릿
③ 삼각축척(스케일) ④ 삼각자

07 제도용구로 사용되는 삼각자 한쌍(직각이등변삼각형과 직삼각형)으로 작도할 수 있는 각도는?

① 65°   ② 95°
③ 105° ④ 125°

08 제도 후 도면의 표제란에 기재하지 않아도 되는 것은?

① 도면명   ② 도면번호
③ 제도장소 ④ 축척

09 A2 도면의 크기 수치로 옳은 것은?

① 841×1189 ② 594×841
③ 420×594   ④ 210×297

정답 01 ① 02 ① 03 ② 04 ④ 05 ④ 06 ② 07 ③ 08 ③ 09 ③

10 다음 중 선의 모양에 따라 구분하는 선의 종류가 나머지와 다른 것은?

① 실선　　② 파선
③ 굵은선　④ 쇄선

11 제도에서 사용되는 물체의 중심선, 절단선, 경계선 등을 표시하는데 적합한 선은?

① 실선　　② 파선
③ 1점 쇄선　④ 2점 쇄선

12 가는 실선의 용도로 틀린 것은?

① 치수 보조선　② 인출선
③ 기준선　　　④ 중심선

13 다음 선의 종류와 선긋기의 내용이 잘못 짝지어진 것은?

① 가는 실선 – 수목 인출선
② 파선 – 보이지 않는 물체
③ 일점쇄선 – 지역 구분선
④ 이점쇄선 – 물체의 중심선

14 실선의 굵기에 따른 종류(굵은선, 중간선, 가는선)와 용도가 바르게 연결되어 있는 것은?

① 굵은선 – 도면의 윤곽선
② 중간선 – 치수선
③ 가는선 – 단면선
④ 가는선 – 파선

15 치수선 및 치수에 대한 기본적인 설명으로 부적합한 것은?

① 단위는 mm로 하고, 단위표시를 반드시 기입한다.
② 치수를 표시할 때에는 치수선과 치수보조선을 사용한다.
③ 치수선은 치수보조선에 직각이 되도록 긋는다.
④ 치수의 기입은 치수선에 따라 도면에 평행하게 기입한다.

16 인출선에 대한 설명으로 옳지 않은 것은?

① 수목명, 본수, 규격 등을 기입하기 위하여 주로 이용되는 선이다.
② 도면의 내용물 자체에 설명을 기입할 수 없을 때 사용하는 선이다.
③ 인출선의 긋는 방향과 기울기는 서로 다르게 하는 것이 효과적이다.
④ 인출선은 가는 실선을 사용하며, 한 도면 내에서는 그 굵기와 질은 동일하게 유지한다.

17 수목인출선의 내용이 $\frac{3-\text{소나무}}{H3.0 \times W2.5}$ 이다. 이에 대한 설명으로 잘못된 것은?

① 소나무를 3주 심는다는 뜻이다.
② H의 단위는 cm이다.
③ W는 수관폭을 의미한다.
④ 소나무의 높이는 300cm이다.

정답　10 ③　11 ③　12 ④　13 ④　14 ①　15 ①　16 ③　17 ②

18 도면에 수목을 표시하는 방법으로 잘못된 것은?

① 간단한 원으로 표현하는 방법도 있다.
② 덩굴성 식물의 경우에는 줄기와 잎을 자연스럽게 표현한다.
③ 활엽수의 경우에는 직선이나 톱날 형태를 사용하여 표현한다.
④ 윤곽선의 크기는 수목의 성숙시 퍼지는 수관의 크기를 나타낸다.

19 다음 설계 기호는 무엇을 표시한 것인가?

① 인조석다짐 ② 잡석다짐
③ 보도블럭포장 ④ 콘크리트포장

20 다음의 기호는 도면에서 무엇을 표현한 것인가?

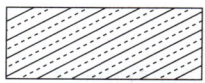

① 지표면 흙
② 석재단면
③ 목재단면
④ 콘크리트(무근)단면

21 다음 중 시설물 상세도의 표현 기호에 대한 설명이 틀린 것은?

① D : 지름 ② H : 높이
③ R : 넓이 ④ THK : 두께

22 철근을 D13으로 표현했을 때, D는 무엇을 의미하는가?

① 둥근 철근의 지름 ② 이형 철근의 지름
③ 둥근 철근의 길이 ④ 이형 철근의 길이

23 단면 상세도상에서 철근 D-16@300이라고 적혀 있을 때 @는 무엇을 나타내는가?

① 철근의 간격 ② 철근의 길이
③ 철근의 직경 ④ 철근의 개수

24 물체를 위에서 내려다 본 것으로 가정하고 수평면상에 투영하여 작도한 것은?

① 평면도 ② 상세도
③ 입면도 ④ 단면도

25 구조물의 외적 형태를 보여 주기 위한 다음 그림은 어떤 설계도인가?

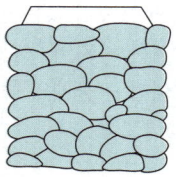

① 평면도 ② 투시도
③ 입면도 ④ 조감도

정답 18 ③ 19 ② 20 ② 21 ③ 22 ② 23 ① 24 ① 25 ③

26 시공 후 전체적인 모습을 알아보기 쉽도록 그린 다음과 같은 형태의 그림은?

① 평면도 ② 입면도
③ 조감도 ④ 상세도

27 설계도의 종류 중에서 입체적인 느낌이 나지 않는 도면은 무엇인가?

① 상세도 ② 투시도
③ 조감도 ④ 스케치도

28 설계안이 완공되었을 경우를 가정하여 설계 내용을 실제 눈에 보이는 대로 절단한 면에서 먼 곳에 있는 것은 작게, 가까이 있는 것은 크고 깊이가 있게 하나의 화면에 그리는 것은?

① 평면도 ② 조감도
③ 투시도 ④ 상세도

정답 26 ③ 27 ① 28 ③

06 Chapter 조경계획

1 조경계획과정

1 계획과 설계의 개념

① 계획(Planning programming)
  ㉠ 어떤 목표를 설정해서 이에 도달할 수 있는 행동과정을 마련하는 것
  ㉡ 장래 행위에 대한 구상을 하는 일이나 과정
② 설계(Design)
  ㉠ 계획을 바탕으로 한 세부사항의 실천방안을 구체적으로 작성하는 것
  ㉡ 제작 또는 시공을 목표로 아이디어를 도출해 내고 이를 구체적으로 발전시키는 것
  ㉢ 도면 또는 스케치의 형태로 표현하는 일

※ 계획과 설계의 비교
  계획과 설계는 일련의 과정으로 이루어져 있으며, 계획 안에는 설계가 포함되어 있고, 설계라는 것은 실질적으로 계획의 과정을 거쳐 실시하는 것(업무상 구분이 확실하지 않은 경우가 많음)

계획	설계
• 포괄적이고 지역적으로 광범위한 범위	• 주어진 대지를 대상으로 한 구체적 이용계획
• 필수적으로 조경설계 과정과 연결	• 평가결정과 설계도서 작성
• 문제의 도출(발견) : 분석적 접근	• 문제의 해결 : 종합적 접근
• 논리적이고 객관적으로 문제에 접근	• 주관적, 직관적이며 창의성과 예술성 강조
• 합리적 사고	• 창조적 구상
• 논리성과 능력은 교육에 의해 숙달이 가능	• 개인의 능력과 체험, 미적 감각에 의존
• 체계적인 일반론 존재	• 일반성 없고 여러 가지 방법 사용
• 지침서나 분석결과의 서술형 표현	• 도면, 그림, 스케치로 표현
• 수요, 가치의 평가를 양적으로 표현	• 양적으로 주어진 것을 질적으로 표현

※ 설계도서
  • 건축물의 건축 등에 관한 공사용 도면, 구조계산서, 시방서, 그 밖에 국토교통부령이 정하는 공사에 필요한 서류
  • 종류 : 설계도면, 계산서, 시방서, 수량산출서, 내역서

2 조경계획의 접근방법

① 리크리에이션 계획의 5가지 접근방법 : 골드(S. Gold)
　㉠ 여가시간에 행하는 레크리에이션 활동에 적합한 공간 및 시설에 관련시키는 계획

자원접근법	• 물리적 자원 혹은 자연 자원이 레크리에이션의 유형과 양을 결정
활동접근법	• 과거 레크리에이션 활동의 참가사례를 토대로 레크리에이션 기회를 결정
행태접근법	• 언제, 어디서, 누가 등 이용자의 구체적인 행동패턴에 맞추어 계획
경제접근법	• 지역사회의 경제적 기반이 예산규모에 따라 결정되는 방법
종합접근법	• 네 가지 접근법을 종합하여 긍정적인 측면만 취하는 방법

　㉡ 표출수요 : 기존 레크리에이션에 참여 또는 소비하고 있는 수요. 이를 통해 사람들의 선호도를 파악
　㉢ 잠재수요 : 표면화되어 있지 않지만 수요로 전환될 가능성이 있는 수요
　㉣ 유도수요 : 공급이 증대된 이후 수요가 증가
　㉤ 유효수요 : 실제로 살 수 있는 능력을 가진 수요

② 생태적 결정론(Ecological determinism) : 맥하그(I. McHarg)
　자연계는 생태계의 원리에 의해 구성되어 있으며, 따라서 생태계 질서가 인간환경의 물리적 형태를 지배한다는 이론

③ 토지이용계획으로서의 조경계획 : 러브조이(D. Lovejoy)
　토지의 가장 적절하고 효율적인 이용을 위한 계획으로 최적이용을 달성하는 방법론

2 조경설계 방법과 세부과정

1 조경설계 방법

① 설계공간의 발달

70년대 이전	• 3차원적 공간에서 4차원적 공간으로 전환하는 단계의 설계 • 시간의 흐름에 따른 공간의 경험 및 특성과 이미지를 반영
현대	• 시간의 의미가 추가된 5차원적 공간조성을 위한 설계 • 설계 공간 조성 시에 장소성과 의미성(향수성, 소속감의 공간) 및 한국적인 공간조성 필요

② 설계방법

직관적 방법 (암흑상자 디자인)	• 설계자의 직관적 디자인에 의해 문제를 해결하는 방법
합리적 방법 (유리상자 디자인)	• 분석 → 구상 → 평가과정을 거쳐 최종 결과물이 나오기까지의 과정을 보여 줄 수 있음

③ 시대별 설계방법론

제1세대 방법론 (1960년대)	• 공학적 이론과 체계적 설계과정 중시 • 분석적 파악과 선입관 배제
제2세대 방법론 (1970년대)	• 설계자가 이용자의 행태, 의식, 선호도 반영 • 공청회를 통한 시민의 여론 반영
제3세대 방법론 (1980년대)	• 포스트모더니즘(정보화시대, 다양화)의 영향 • 설계안의 예측과 반박 • 문제점 예측과 수정
제4세대 방법론 (1990년대)	• 순환적 과정으로 발달 • 이용 후 평가

2 계획 및 설계의 세부과정

목표설정 → 자료 수집, 분석 및 종합 → 기본계획 → 기본설계 → 실시설계

조경계획 및 설계 단계별 세부 내용

1 목표설정

1 목표설정의 전제
① 목표(목적)는 기술된 또는 숫자로 표현된 계획의 방향 및 내용
② 목표설정은 의뢰인과의 대화, 문헌조사, 현장 관찰 등을 통해 이루어짐
③ 목표는 미래지향적이며, 실현 가능한 것이어야 함
④ 장기목표를 이루기 위한 단계 계획은 현실성이 있어야 함

2 프로그램의 작성
① 목표와 프로그램 : 목표는 근본적이고 포괄적인 목적, 프로그램은 구체적이고 세분화된 의도, 즉 수단
② 프로그램의 내용
  ㉠ 의뢰인에게 주어지는 경우 : 구체화 및 체계화할 수 있는 능력 부족
  ㉡ 설계자가 직접 작성하는 경우 : 자료 수집과 과거 경험으로 체계적이고 세부적인 프로그램 작성이 가능
③ 프로그램 작성 시 유의 사항
  ㉠ 프로젝트의 목적과 설계의 유형에 따른 고유한 제약 및 한계성 고려
  ㉡ 대지의 특성과 여건, 법적요건, 시설물의 기능적 요건을 고려
  ㉢ 이용자의 사회적, 행태적 특성을 조사하여 반영
  ㉣ 시설물의 공간, 수용인원, 위치, 종류 및 관리를 파악
  ㉤ 위치와 상호관련성에 유의
  ㉥ 예산 변화에 대한 유연성, 필요성과 욕망들 간의 우선순위를 결정
④ 프로그램 개발 순서
  예비조사 및 분석 → 개략적 골격 제시 → 본격적 자료분석 → 종합 → 기본계획안 작성

2 자연환경분석

1 조사분석 과정

① 기본도의 준비와 답사
  ㉠ 지형도(1 : 50,000, 1 : 25,000, 1 : 5,000)와 항공사진, 지적도, 임야도, 도시계획도, 지질도 등 각종 도면 수집
  ㉡ 현지답사를 통하여 구역의 범위 확인, 대략적 지역의 윤곽, 시설물, 식물분포, 동선현황 등을 조사 후 개략적 사항 메모
  ㉢ 조사분석의 대상 : 지형, 지질, 토양, 기후, 생물, 수문, 경관 등
② 측량 : 조경 설계 시 가장 먼저 시작해야 하는 작업

등고선 측량	• 지형의 변화를 나타냄 • 제작된 지형도가 있을 경우 불필요
평면 측량	• 토지의 이용상태를 나타냄 : 시설물, 식물분포, 경관 등 • 계획구역과 각종 시설물, 토지이용 상황 등을 알기 위한 측량

2 지형 조사

거시적 파악 (지역적 분석)	• 계획 대상지와 주변 지역의 조사, 분석 • 계획의 단위 및 개략적 자연조건 파악
미시적 파악 (대상지의 분석)	• 지형의 미세한 변화를 조사, 분석 • 지형도와 항공사진으로 분석
고도분석	• 계획구역 내 지형의 고저를 한 눈에 보기 위한 것 • 등고선의 고도별로 선이나 색을 넣어서 표시
경사도분석	• 경사도에 따라 이용 형태가 구분되므로 중요함 • $G(경사도) = \dfrac{D}{L} \times 100(\%)$ 　$- D =$ 등고선의 간격(수직거리) 　$- L =$ 두 등고선에 직각인 거리(수평거리)

※ 경사도에 따른 토지분석

1% 이하	• 완만하나 배수가 불량
2 ~ 5%	• 평탄, 운동장(보통 2%), 넓고 평탄지가 필요할 경우
5 ~ 10%	• 약간 경사, 작은 대지의 활용 가능
15 ~ 25%	• 경사지 중 아주 좁은 대지로 쓸 수 있는 상한선
25% 이상	• 대개 사용이 불가능하며 침식으로 흙이 파괴됨
50% 이상	• 경관적 효과(수직적 요소)로서 가능한 분포

3 지형의 표시

① 음영법 : 빛이 지면에 비치는 형상에 따라 명암이 생기는 이치를 이용해 나타냄
② 등고선법 : 높낮이가 있는 지표상에서 같은 높이의 지점을 연결한 선으로 등간격으로 나타냄
③ 채색법 : 높이의 증가에 따라 색의 농도를 진하게 표시
④ 모형법 : 모형을 이용하여 나타냄

4 등고선의 종류와 성질

① 등고선
　　㉠ 지표의 같은 높이의 모든 점을 연결한 선
　　㉡ 등고선 위의 모든 점은 높이나 깊이가 동일
　　㉢ 1730년 네덜란드 크루키어스가 처음 사용
② 등고선의 종류

주곡선	각 지형의 높이를 표시하는데 기본이 되는 등고선
계곡선	쉽게 읽기 위하여 주곡선 5개마다 굵게 표시한 등고선
간곡선	주곡선 간격의 ½로 주곡선만으로 지모의 상태를 명시할 수 없는 곳에 파선으로 표시한 등고선
조곡선	간곡선 간격의 ½로 간곡선만으로 표시할 수 없는 곳을 가는 점선으로 표시한 등고선

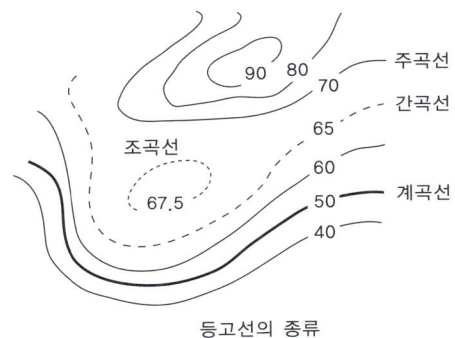

등고선의 종류

③ 등고선의 표기 및 간격(단위 : m)

등고선	기호	1 : 500	1 : 2,500	1 : 5,000	1 : 25,000	1 : 50,000
계곡선	굵은 실선	5	10	25	50	100
주곡선	가는 실선	1	2	5	10	20
간곡선	가는 파선	0.5	1	2.5	5	10
조곡선	가는 점선	0.25	0.5	1.25	2.5	5

④ 등고선의 성질
  ㉠ 등고선상의 모든 점의 높이는 같음
  ㉡ 등고선은 도면 안이든 바깥이든 반드시 폐합되며 도중에 소실되지 않음
  ㉢ 서로 다른 높이의 등고선은 절벽이나 동굴을 제외하고 교차하거나 폐합되지 않음
  ㉣ 등고선의 최종폐합은 산정상이나 가장 낮은 요(凹)지
  ㉤ 등고선은 등경사지에서는 등간격이며, 등경사 평면의 지표에서는 같은 간격의 평행선

5 지형도 읽기

① 능선과 계곡

능선	능선의 등고선은 일반적으로 U자 형태를 나타내는데, 방향은 높은 곳에서 낮은 곳으로 볼록하게 뻗어져 나간 형태
계곡	하천과 계곡의 등고선은 일반적으로 V자 형태를 나타내는데, 방향은 낮은 곳에서 높은 곳으로 볼록하게 파고 들어간 형태로 능선보다는 예각의 형태

② 급경사와 완경사

급경사	등고선의 간격이 가까울수록 급경사
완경사	등고선의 간격이 넓은 곳은 완경사이거나 평탄한 지역

③ 요사면, 철사면, 평사면

요사면(凹斜面)	산정부근(표고가 높은 곳)에서는 등고선 간격이 좁고 밀접하며, 산기슭 부근(표고가 낮은 곳)에서는 등고선 간격이 넓음
철사면(凸斜面)	산정 부근에서는 등고선 간격이 넓고, 산기슭 부근에서 등고선 간격이 좁음
평사면(平斜面)	전체적으로 동일한 간격을 가지는 등고선

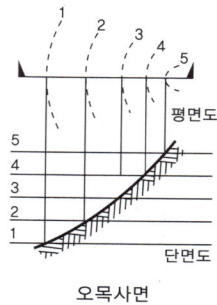
오목사면

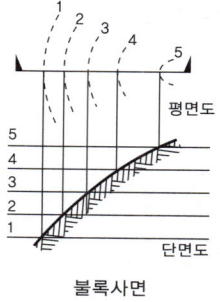
볼록사면

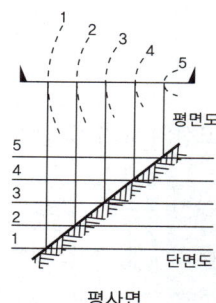
평사면

④ 고저도
  ㉠ 일정 높이마다 점진적으로 짙은색 또는 옅은색을 칠한 것
  ㉡ 한 계통의 색을 사용(회색, 갈색계), 높은 곳을 짙게 표시
⑤ 경사 분석도
  완, 급경사지의 분포를 쉽게 알아볼 수 있도록 경사도에 따라 점진적으로 색의 변화를 준 것

6 토양조사

① 토양의 단면

구분	상태
A0층(유기물층)	• A층 위의 유기물 집적층 • L층(낙엽층), F층(조부식층), H층(정부식층)으로 세분
A층(표층, 용탈층)	• 토양의 표면이 되는 부분 • 많은 성분이 씻겨 내려간 토층으로 식물의 썩은 부분이 모여 있어 검은색을 띰 • A1층(짙은 암색이고 유기물과 광물질이 섞인 층) • A2층(옅은 암색이고 용탈된 물질이 가장 심한 층)
B층(하층, 집적층)	• A층으로부터 용탈된 물질이 쌓인 층
C층(기층, 모재층)	• A층과 B층을 이루는 암석이 풍화된 그대로이거나 풍화 도중에 있는 모재층
D층(기암층, 모암층)	• C층 밑의 암석층

```
L ┐
F ├ 유기물층
H ┘
A1 ┐
A2 ┘ 용탈층
B ── 집적층
C ── 모재층
D ── 모암층
```

※ 일반 수목뿌리는 유기물과 용탈층에서 주로 발달(표토 복원)

② 토양의 구성
    ㉠ 무기물과 유기물의 고상(광물질 : 45%, 유기물 : 5%)
    ㉡ 토양 수분의 액상(25%)
    ㉢ 토양 공기의 기상(25%)
    ㉣ 50 : 25 : 25 비율로 구성된 토양이 보수, 보비력과 통기성이 좋아 식물생육에 이상적

③ 토성 : 토양 입자의 굵기와 함유 비율에 따라 구분

토양의 종류	사토	사양토	양토	식양토	식토
진 흙의 함량	12.5% 이하	12.5 ~ 25%	25 ~ 37.5%	37.5 ~ 50%	50% 이상
비고	모래흙	모래참흙	참흙	질참흙	질흙

④ pF(토양수분장력) : 임의의 수분함량의 토양에서 수분을 제거하는데 소요되는 단위면적당의 힘
    ㉠ 결합수(pF 7.0) : 토양의 고체분자를 구성하는 수분으로 100℃ 이상 가열해도 분리시킬 수 없어 식물이 이용할 수 없음
    ㉡ 흡습수(pF 4.5 ~ 7) : 100℃로 가열하면 분리시킬 수 있으며, 작물이 거의 이용하지 못함
    ㉢ 모세관수(pF 2.52 ~ 4.5) : 모관수라고도 부르며, 작물이 주로 이용하는 유효수분
    ㉣ 중력수(pF 0 ~ 2.52) : 자유수라고도 부르며, 중력에 의하여 토양층 아래로 내려가는 수분

7 기후조사

기후	• 일정한 지역에서 장기간에 걸쳐 나타나는 대기현상의 평균적인 상태
미기후	• 지형, 태양의 복사열, 공기유통 정도, 안개 및 서리의 피해유무 등 국부적인 장소에서 나타나는 기후가 주변 기후와 현저히 달리 나타나는 것
강수량	• 강우강도, 빈도 및 분포상태에 따라 같은 강우량이라도 지역 환경 및 식생에 미치는 영향에 차이 발생
일사량	• 태양으로부터 나오는 태양복사 에너지의 양
일조량	• 태양이 지구면에 비치는 햇볕의 양으로 태양이 비치는 시간 측정

※ 미기후 조사
세부적인 토지이용에 커다란 영향을 미치게 되는 미기후 자료는 지역적 기후 자료보다 얻기가 어려우며, 직접 현지에서 측정하거나 조사 또는 그 지방에 장기간 거주한 주민의 의견을 듣기도 함

※ 미기후 특성
1. 호수에서 바람이 불어오는 곳은 겨울에는 따뜻하고 여름에는 서늘
2. 야간에는 언덕보다 골짜기의 온도가 낮고, 습도는 높음
3. 야간에 바람은 산 위에서 계곡을 향해 붐
4. 계곡의 맨 아래쪽은 비교적 주택지로 적합하지 않음

8 수문조사

① 유역 : 한 지역의 물을 집중시키고 한 하계를 형성시키는 지역
② 집수구역 : 계획부지에 집중되는 유수의 범위(계획부지 면적과 같거나 넓게 구획)

※ 하천의 유형
1. 수지형 : 화강암 등으로 구성된 동질적 지질에 발달(우리나라 하천형태)
2. 방사형 : 화산 등의 작용에 의해 형성된 원추형 산에서 발달

9 식생조사

① 조사방법

전수조사	• 도시구역 내 빈약한 식물상을 이루는 곳 • 조사대상구역이 좁은 경우에 적용
표본조사	• 구역면적이 넓고 식물상이 자연 상태에서 군락을 이루는 곳에 적용

※ 식생천이의 진행
 • 1차 천이 : 신생토의 나지 → 초본류 → 관목 → 교목 → 성림
 • 2차 천이 : 파관군락지의 나지 → 초본류 → 관목 → 교목 → 성림

② 표본조사방법

쿼드라트법 (방형구법)	• 정방형(장방형, 원형도 사용)의 조사지역을 설정하여 식생을 조사 • 육상식물의 표본 추출에 가장 많이 이용 • 정확성을 높이기 위해 무작위(Random) 추출
띠대상법	• 두 줄 사이의 폭을 일정하게 하여 그 안에 나타나는 식생을 조사
접선법	• 군락 내에 일정한 길이의 선을 몇 개 긋고, 그 선에 접하는 식생을 조사
포인트법	• 쿼드라트의 넓이를 대단히 작게 한 것으로, 초원, 습원 등 높이가 낮은 군락에서만 사용 가능
간격법	• 두 식물 개체간의 거리 또는 임의의 점과 개체 사이의 거리를 측정

※ 쿼드라트의 최소넓이
1. 경지잡초군락 : 0.1 ~ 1m^2
2. 방목초원군락 : 5 ~ 10m^2
3. 산림군락 : 200 ~ 500m^2

10 기타

① 야생동물 조사 : 계획구역 내 모든 길들여지지 않은 동물로 동적, 시각적 즐거움을 주는 경관 요소이므로 단편적이 아닌 먹이그물 과정을 조사
② 생태계 조사

어코톤(ecotone) : 추이대	• 숲과 초원의 경계 부위와 같이 서로 다른 두 식물군락 사이에서 나타나는 식생의 전이지역
주연부효과 (edge effect)	• 주연부(edge) : 식물군집들이 만나는 인접지 또는 식물군집 내에서 천이과정이나 식생조건이 다른 집단이 만나는 장소 • 주연부효과 : 주연부에서 서로 다른 식물군집들이 만나게 되어 일반적 군집 내부보다 종 다양성과 밀도가 높아지는 현상
생태계 (ecosystem)	• 어떤 지역 안에 사는 생물군과 이것들을 제어하는 무기적 환경요인이 종합된 복합체계(무기환경 + 유기환경의 종합체)

3 인문환경분석

1 조사대상

인구	• 계획부지를 포함한 주변인구 조사 및 이용자수 분석을 위한 광범위 인구현황 조사(남녀, 연령, 학력, 직업, 취미 등)
토지이용	• 토지의 이용별 형태(전, 답, 대지, 임야 등) • 법률적 제한(국토이용관리법, 도시계획법, 삼림법, 농지법 등) 조사
교통	• 계획부지 내의 교통동선 체계조사 • 접근 교통수단 및 동선조사
시설물	• 각종 건축물 현황조사(종류, 형태, 구조, 수량 등) • 각종 구조물 현황조사(전력선, 수도, 상하수도, 교량 등)
역사적 유물	• 무형 : 각 지방의 전통 행사, 공예기술, 예능 • 유형 : 사적지, 미술, 문화재, 고정원, 각종 산업시설 등
인간행태 유형	• 실제 이용자를 대상으로 하거나 유사한 계층을 조사 • 단순관찰, 면담 등의 접촉관찰, 설문지조사 등

2 수용력

본질적 변화 없이 외부의 영향을 흡수할 수 있는 능력

생태적 수용력	• 생태계의 균형을 깨뜨리지 않는 범위 내에서의 수용력
사회적 수용력	• 인간이 활동하는데 필요한 육체적, 정신적 수용력
물리적 수용력	• 지형, 지질, 토양, 식생물 등에 따른 토지 등의 수용력
심리적 수용력	• 이용자의 만족도에 따라 결정되는 수용력

3 역사성 분석

① 지방사 조사 : 문화, 천연기념물, 지역의 상징성, 전설, 친근감, 깊이감 및 이미지를 줄 수 있는 것을 문헌을 통하여 조사하거나 주민과 면담을 통하여 조사
② 토지이용 조사(자연 환경 조사가 아닌 인간의 이용조사)
  ㉠ 토지이용 형태 : 인간과 자연의 상호작용 결과, 즉 인간활동이 자연에 남긴 흔적을 조사
  ㉡ 분석 내용 : 용도, 이용자 행위, 위치, 변화 추세, 타 용도와의 상충성 등을 분석

※ 토지이용계획도에 사용하는 색상(국제적 약속)
  1. 주거지 : 노란색   2. 농경지 : 갈색
  3. 상업 : 빨간색   4. 공원 : 녹색
  5. 녹지 : 녹색   6. 공업 : 보라색
  7. 업무 : 파란색   8. 학교 : 파란색
  9. 개발제한지역 : 연녹색

4 이용자 분석

① 이용자 중심적 접근
　이용자의 가치와 선호도를 조사
② 이용자 조사
　㉠ 대상선정 : 이용자 집단의 연령, 성별, 직업, 학력 등에 따라 선정
　㉡ 이질적 이용자 집단 : 공원, 광장 이용자
　㉢ 동질적 이용자 집단 : 가족, 공장 종업원, 학생 등
③ 이용자 태도 조사
　㉠ 일정 사물, 사건에 대한 호의적 또는 비호의적 느낌을 조사
　㉡ 이용자들이 계획대상 공간이나 장소에 갖고 있는 선호도나 만족도를 조사
④ 이용 행태 조사
　㉠ 행태도면 작성 : 공원, 놀이터, 공장 등의 설계 적용을 위해 현장을 관찰하여 행태를 조사
　㉡ 태도 및 행태 일치 이론 : 태도나 행동이 서로 다른 경우 둘 중 하나를 바꿔 행동을 일치시켜야 심리적 불안감이 사라진다는 이론

5 공간 이용 분석

① 공간유형 조사
　공간유형 조사는 물리적 공간 구성과 이용행태의 관계성 분석을 통한 영역성 확보가 가장 중요
② 환경심리 파악
　㉠ 환경심리학 : 인간의 행동과 환경의 상호작용을 밝히는 것을 목적으로 하는 학문으로 설계에 적용을 위해 연구의 필요성이 있음
　㉡ 대인거리에 따른 의사소통 유형(Hall)

거리	유지거리	관계 유형
친밀한 거리 (공격적 거리)	0 ~ 45cm	• 아기를 안아주는 가까운 사람 • 스포츠(레슬링, 씨름 등)
개인적 거리	45 ~ 120cm	• 친구 또는 아는 사람 간의 일상적 대화 유지거리
사회적 거리	120 ~ 360cm	• 업무상 대화에서 유지되는 거리
공적 거리	360cm 이상	• 연사, 배우 등 개인과 청중 사이의 거리

4 경관분석

1 경관의 구성요소

① 기본 요소와 피복 요소

기반 요소	• 경관의 본질적이고 구조적인 특성을 결정짓는 요소 • 오랜 세월에 걸쳐 서서히 이뤄져 쉽사리 바뀌지 않는 것(지형, 지세, 기후 등)
피복 요소	• 항상성이 없이 현시적 특성을 보이는 요소 • 비교적 짧은 시간에 형성되었다 사라지는 것(구름, 안개, 비, 노을, 네온, 사인 등)

② 자연 요소와 인공 요소

구분	고정된 것	변하는 것	움직이는 것
자연 요소	산, 바다, 들판, 강, 호수	무지개, 노을, 구름, 번개	새, 짐승, 곤충
인공 요소	건물, 댐, 도로, 항만	네온사인, 불빛, 전광판	자동차, 비행기, 배, 열차
인간	경관 구성 요소이자 창조자 역할		

③ 경관요소

점적요소 선적 요소 면적 요소	• 정자목, 외딴집, 조각, 음수대 • 도로, 하천, 가로수, 원로 • 초지, 전답, 호수, 운동장
수평적 요소 수직적 요소	• 저수지, 호수 등의 수면 • 전신주, 절벽, 독립수
닫힌 공간 열린 공간	• 계곡이나 수림으로 둘러싸여 위요된 공간 • 들판, 초지 등 위요감이 없는 공간
랜드마크	• 식별성이 높은 지형, 지물(산봉우리, 탑 등)
전망(View) 통경선(Vista)	• 일정 시점에서 볼 때 파노라믹하게 펼쳐진 경관 • 좌우로 시선이 제한되고 일정 지점으로 시선이 모아지는 경관
질감(Texture)	• 지표상태에 따라 영향을 받고 계절에 따라 변화
색상(Color)	• 계절에 따라 변화가 많고, 분위기 조성에 중요
주요경사	• 급격한 경사도 변화는 시각 구조상 중요 • 훼손 시 경관의 질 악화

2 경관의 유형

① 도시 이미지를 형성하는 5가지 물리적 요소 : 케빈 린치(K. Lynch)

구분	개념
통로(path)	연속성과 방향성 제시(길, 고속도로 등)
모서리(edge)	지역과 지역을 갈라놓거나 관찰자의 통행이 단절되는 부분(해안, 철도, 강, 숲 등)
지역(district)	인식가능한 독자적 특성을 지닌 영역(중심지, 상업지)
결절점(node)	도로의 접합점(광장, 로터리)
랜드마크(landmark)	눈에 뚜렷한 지형지물이나 지표물(남산, 63빌딩)

② 경관의 구조로 본 모형 : 립튼(Litton)

㉠ 기본적(거시적) 경관

전경관	• 시야를 가리지 않고 멀리 터져 보이는 경관 • 산봉우리나 바다에서의 조망(대평원, 수평선)
지형경관	• 인상적인 지형적 특징을 나타내는 경관 • 랜드마크가 되어 경관적 지배위치를 가진 것 • 기암 괴석, 높이 솟은 산봉우리 등
초점경관	• 관찰자의 시선이 한 곳으로 집중되는 경관 • 계곡 끝의 폭포 등(비스타)

㉡ 보조적(미시적) 경관

관개경관	• 상층이 우산처럼 덮여있어 위로는 폐쇄되고 옆으로 개방된 경관
위요경관	• 주변은 차폐되고 위로는 개방된 경관 • 분지, 숲속의 호수 등
세부경관	• 가까이 접근하여 형태, 색, 질감 등을 상세히 보며 감상할 수 있는 경관(인간적 척도에 가까운 경관)
일시경관	• 기상 등 변화에 따라 경관의 모습이 달라지는 경우 • 설경, 수면에 투영된 영상 등

㉢ 경관의 우세요소, 우세원칙, 변화요인

우세요소	• 경관을 구성하는 지배적 요소 • 선(line), 형태(form), 색채(color), 질감(texture)
우세원칙	• 경관의 우세요소를 더 미학적으로 부각시키고 주변의 다른 대상과 비교될 수 있는 것 • 대조, 연속성, 축, 집중, 쌍대성(균형), 조형
변화요인	• 일시경관, 세부경관처럼 경관을 변화시키는 요인 • 운동, 빛, 기후조건, 계절, 거리, 관찰위치, 규모, 시간

3 리모트센싱(remote sensing)에 의한 환경조사 : GIS 이용
① 대상물이나 현상에 직접 접하지 않고 식별, 분류, 판독, 분석, 진단
② 환경조건에 따라 물체가 다른 전자파를 반사, 방사하는 특성 이용
③ 특정 지역의 환경특성을 광역환경과 비교하면서 파악

※ 리모트센싱
   지리정보시스템(GIS)을 이용한 자료수집 및 분석에 사용되며, 항공기, 기구, 인공위성 등을 이용하여 탐사하는 것을 말함

5 기본계획

1 기본계획
① 기본계획은 기본구상에 의해 도출된 마스터플랜(master plan)
② 토지이용계획, 교통동선계획, 시설물배치계획, 식재계획, 하부구조계획, 집행계획 등 6개 부분별 계획으로 나누어짐
③ 기본계획을 수립하는데 가장 기초로 이용되는 도면은 현황도

2 기본구상 및 기본계획

기본구상	기본계획
• 계획 안에 물리적, 공간적 윤곽이 드러나기 시작 • 문제 해결을 위한 개념 도출 • 자료가 구체적, 공간적 형태화 • 버블다이어그램	• 전체 공간의 이용 윤곽이 확실하게 드러남 • 합리성을 바탕에 두고 몇 개의 안을 추출 • 대안 → 최종안 → 기본계획안 • 마스터플랜(master plan)

3 토지이용계획

기본계획 작성 시 가장 먼저 계획
- 토지를 설계의 목적 및 기본 구상에 적합하게 용도를 정하는 것

토지이용 분류	• 도시계획 : 도시지역, 관리지역, 농림지역, 자연환경보전지역 • 자연공원 : 공원자연보존지구, 공원자연환경지구, 공원마을지구, 공원문화유산지구
적지 분석	• 어느 장소가 가장 적합한지 분석
종합 배분	• 토지 이용의 분산이 없도록 각 공간의 수요 및 타 용도와의 기능적 관계를 고려하여 최종안 결정

4 교통동선계획

① 통행로 선정 : 보행동선과 차량동선이 만나는 주거지에서는 보행자가 우선이 되도록 선정
  ㉠ 교통동선계획 과정 : 통행량 발생분석 → 통행량 분배 → 통행로 선정
  ㉡ 차량동선 : 짧은 직선도로가 바람직
  ㉢ 보행동선 : 다소 우회하더라도 좋은 전망, 그늘진 도로 선정

※ 도로의 종류와 유형

원로	보행자 1인 폭(0.8 ~ 1.0m), 보행자 2인 폭(1.5 ~ 2.0m)
유보도	도시 내 중심부, 사업, 위락 등이 활발한 곳에 보행자가 확보할 수 있는 거리
산책로	최소 폭 1.2m, 80 ~ 200m마다 휴게공간 설치(쉘터와 벤치)
자전거도로	설계속도 10 ~ 30km/hr의 범위
보행자전용도로	보도와 차도의 분리를 목적으로 도보만을 위한 도로

② 교통동선체계
  ㉠ 교통동선계획은 통행수단인 자동차, 자전거, 보행동선 등의 연결과 분리가 적절하게 이루어지고 가능한 막힘이 없는 순환체계로 계획
  ㉡ 도로체계는 부지의 이용 상태, 기능에 따라 격자형이나 위계형으로 조성

격자형	균일분포 가짐, 도심지와 고밀도 토지 이용, 평지인 곳에 효율적
위계형	일정한 위계질서를 가짐, 주거단지, 공원, 유원지, 구릉지 등은 다양한 이용행위 간에 질서 부여

※ 몰(Mall)
  도시상업지구에 차량통행이 허용된 나무 그늘이 진 산책로로서 상업지구 내 쇼핑거리를 중심으로 전개되는 공중보도 및 산책로를 말하는데 조명, 휴지통, 벤치 등을 갖춘 휴식공간이 있고 보행자를 보호할 수 있는 범위에서 차량의 출입을 허용하는 보행자 위주의 도로

※ 쿨데삭(cul-de-sac)도로
  1. 막다른 길로 주거지역에 보행동선과 차량동선을 분리
  2. 연속된 녹지를 확보(주 간선도로는 순환체계)
  3. 레드번 도시계획에 도입

※ 레드번 도시계획
  1. 미국에서 하워드의 전원도시의 영향을 받아 교외에 개발된 주택지
  2. 슈퍼블럭설정, 차도와 보도의 분리
  3. 쿨데삭(Cul-de-Sac)으로 근린성 높임
  4. 학교, 쇼핑센터 등 주거지와 공원을 보도로 연결한 소규모의 전원도시 건설

5 시설물배치계획

① 시설물이란 주거용, 상업용, 오락용, 교육용 등에 관계되는 모든 건축물들 및 구조물과 벤치, 조각, 가로등 등의 옥외시설물을 포함
② 시설물은 행위의 종류, 기능, 이용패턴, 소요면적에 따라 평면 결정
③ 시설물의 형태, 재료, 색채 등은 주변 경관과 조화되도록 하되 랜드마크적 또는 기념적 성격을 지니는 상징물은 비인간적 척도를 사용
④ 시설물은 다음과 같이 배치
　㉠ 장방형의 건물은 등고선의 긴 장축에 맞게 배치
　㉡ 유사기능 구조물은 집단적 배치 혹은 집단시설지구를 설정
　㉢ 여러 시설물은 구조물 상호 관계에 의해 형성되는 외부공간에 유의

6 식재계획

① 수종 선택 : 계획 구역의 기후적 여건에서 수목의 생장이 가능한가의 여부를 검토하여 수종을 선택

생태적 선택	지역 기후 여건에 맞는 자생수종 선택
기능적 선택	풍치림, 방풍림, 사방림 등
공간적 선택	공간의 성격에 적합한 수종 선택

② 배식 : 공간의 기능과 분위기에 따라 자연형 배식 또는 정형식 배식 실시

자연형 배식	자연에 가까이 접하는 장소
정형식 배식	건물 주변, 기념성이 높은 장소

③ 녹지체계 : 교통동선 체계와 적절히 연결하고 녹지의 전체적 분포 및 패턴에 따라 식생의 보호 및 관리, 이용에 관한 계획을 수립

6 기본설계

1 기본설계의 과정
① 설계원칙의 추출 → ② 공간구성 다이어그램 → ③ 입체적 공간의 창조

2 설계원칙의 추출
설계의 방향, 요건, 부분별 장소현황, 인접시설 관계 등을 고려하여 3차원적 공간구성이 필요

3 공간구성 다이어그램
① 공간별 배치 및 공간 상호간의 관계를 보여 주는 것
② 부분적 장소의 공간을 배치하고 동선체계를 시각적으로 표현
③ 설계의도를 정리하면서 3차원적 공간 구성을 위한 전이단계

4 입체적 공간의 창조(설계도 작성)
입체적 공간의 창조는 평면구성과 입면구성 및 스케치를 통해 표현

평면구성	• 2차원의 평면에 표현
입면구성	• 공간의 수직적 변화를 표현 • 이용자의 높이 시선을 열어주거나 차단시키는 결정을 함
스케치	• 공간의 구성을 일반인이 쉽게 이해하도록 입체감 있게 표현 • 스케치 시 사람, 자동차, 수목 등 눈에 익숙한 크기의 물체를 함께 표현하여 공간의 규모를 쉽게 알 수 있도록 흥미로운 공간이 되게 함

7 실시설계

1 평면도와 단면도
① 상세도는 치수와 재료를 보다 명확히 기재하여 표현
② 상세도의 축척은 주로 1 : 10 ~ 1 : 50을 많이 사용

평면 상세도	• 도로, 시설물의 위치와 크기를 명확히 기록 • 사용된 축척을 알기 쉽게 표기 • 벤치, 휴지통 등의 시설물은 규격과 수량이 포함된 시설물 수량표를 표제란에 기입
단면 상세도	• 입체적 공간을 가장 잘 설명해 줄 수 있는 장소를 선택 • 단면을 자른 위치를 평면 상세도에 표시 • 자르는 방향에 따라 횡단면도와 종단면도

※ 실시설계
실제 시공이 가능하도록 평면 상세도와 시방서, 공사비 내역서 등의 설계도를 작성하는 것

2 배식설계
수목배식 평면도에 수목의 위치, 수종, 규격, 수량을 표시하고 수종목록표를 작성하여 기재

3 시설물 상세
① 가로장치물(안내판, 가로등, 벤치, 휴지통)과 간단구조물(안내소, 대피소, 화장실, 퍼걸러, 담장, 분수 등)의 상세도
② 동일 지역의 시설물은 동질적인 분위기와 통일성을 지니도록 함

4 시방서
① 시방서란
　㉠ 공사나 제품에 필요한 재료의 종류나 품질, 사용처, 시공 방법 등 설계 도면에 나타낼 수 없는 사항을 기록한 시공지침으로 도급계약서류의 일부
　㉡ 표준시방서와 전문시방서(특기시방서)가 있음
② 시방서 포함 내용
　㉠ 공사의 개요 및 적용 범위에 관한 사항
　㉡ 시공에 대한 보충 및 일반적 주의 사항
　㉢ 시공 방법의 정도, 완성 정도에 대한 사항
　㉣ 재료의 종류, 품질 및 사용에 대한 사항
　㉤ 재료 및 시공에 관한 검사 결과에 대한 사항
　㉥ 시공에 필요한 각종 설비에 대한 사항
　㉦ 시공 완성 후 뒤처리에 대한 사항
③ 적용 순위
　현장설명서 → 전문시방서 → 설계도면 → 표준시방서 → 물량내역서

5 시방서의 종류
① 표준시방서
　㉠ 시설물의 안전 및 공사 시행의 적정성과 품질확보 등을 위하여 시설물별로 정한 표준적인 시공기준을 기재
　㉡ 발주자나 설계 등 용역업자가 공사시방서를 작성하는 경우에 활용하기 위한 시공기준
　㉢ 공사의 명칭, 종류, 규모, 구조 등 시공상의 일반사항을 기재
　㉣ 도급자, 발주자, 시공기술자 등의 법적, 제약적, 행정적 요구사항 기록
　㉤ 조경공사 표준시방서는 국토교통부에서 발행
② 전문시방서(특기시방서)
　㉠ 시설물별 표준시방서를 기본으로 모든 공종을 대상으로 작성
　㉡ 특정한 공사의 시공 또는 공사시방서의 작성에 활용하기 위한 종합적인 시공기준을 기술

※ **전문시방서 기재 사항**
　1. 재료의 품질, 종류, 시공방법, 마감정도 등 특별한 지시사항 기록
　2. 표준시방서에 명기되지 않은 사항을 보충

3. 해당 공사만의 특별한 사항 및 전문적인 사항을 기재
4. 독특한 공법, 새로운 재료의 시공, 현장 사정에 맞는 특별한 배려 등 포함

6 적산과 표준품셈

① 적산 : 공사에 소요되는 재료량 및 품을 산출하는 것
② 견적 : 수량에 단가를 적용하여 비용을 산출하는 것
③ 품 : 공사를 하는 데 있어 인력, 기계 및 재료의 수량을 말하는 것
④ 일위대가 : 단일재료나 품으로 이루어지지 않은 공사량을 최소단위로 산정하여 금액을 산출한 것. 즉, 어떤 공사의 단위 수량에 대한 금액(단가)으로 품셈을 기초로 작성
⑤ 표준 품셈 : 정부 등 공공기관에서 시행하는 건설공사의 적정한 예정가격을 산정하기 위하여 정부에서 매년 표준품셈을 발간

7 수량계산

① 수량의 종류
  ㉠ 설계수량 : 실시설계 및 상세설계에 표시된 재료 및 치수에 의해 산출
  ㉡ 계획수량 : 설계도에 명시되어 있지 않으나 시공현장 조건에 따라 수립 시 소요되는 수량
  ㉢ 소요수량 : 설계수량과 계획수량의 산출량에 운반, 저장, 가공 및 시공과정에서 발생되는 손실량을 예측하여 부가한 할증 수량

  ※ 할증
  시방 및 도면에 의해 산출된 정미량에 재료의 운반 및 시공과정 등에 발생하는 손실량을 예측해 가산하여 부과하는 것

② 수량계산의 기준
  ㉠ 수량은 C. G. S(Centimeter – Gram – Second) 단위를 사용
  ㉡ 수량의 단위 및 소수위는 표준품셈의 단위 표준에 의함
  ㉢ 산출량은 mm 단위까지 사용
  ㉣ 수량의 계산은 지정 소수위 이하 1위까지 구하고, 끝수는 4사5입
  ㉤ 면적계산은 구적기(Planimeter)로 진행
  ㉥ 구적기 사용시 3회 이상 측정하여 평균값을 적용
  ㉦ 토사의 체적은 양단면평균법 사용

  ※ 구적기(Planimeter)
  곡선으로 둘러싸인 평면 도형의 면적을 계산하는 기계로 곡선을 따라 돌리면 눈금이 달린 롤러가 회전하여 면적을 나타냄

8 재료와 금액의 단위

① 재료의 단위
  ㉠ 공사면적 : m^2, 소수 1위까지 사용
  ㉡ 모래, 자갈, 모르타르, 콘크리트 : m^3, 소수 2위까지 사용
  ㉢ 목재 : m^3, 소수 3위까지 사용

② 금액의 단위

종목	단위	지위	비고
설계서의 총액	원	1,000	이하 버림(만원 이하일 때 100원까지)
설계서의 소계	원	1	미만 버림
설계서의 금액	원	1	미만 버림
일위대가표의 총계	원	1	미만 버림
일위대가표의 금액	원	0.1	미만 버림

9 재료의 할증

종목		할증률(%)	종목		할증률(%)
조경용 수목		10	경계블럭		3
잔디 및 초화류		10	호안블럭		5
목재	각재	5	원형철근		5
	판재	10	이형철근		3
합판	일반용 합판	3	벽돌	붉은 벽돌	3
	수장용 합판	5		시멘트벽돌	5
원석(마름돌용)		30	도료		2
석판재 붙임용재	정형돌	10	레미콘	무근 구조물	2
	부정형돌	30		철근, 철골	1
타일	도기, 자기	3	포장용 시멘트	정치식	2
	리노륨, 비닐	5		기타	3

10 공사비 산출

① 공사원가 구성체계

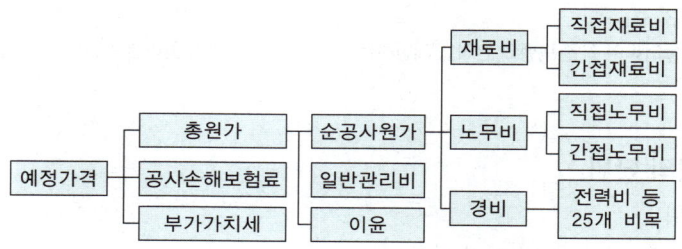

② 재료비

※ 재료비 = 직접재료비 + 간접재료비 - 작업설·부산물 등의 환급액

㉠ 직접재료비 : 공사 목적물의 실체를 형성하는 물품

㉡ 간접재료비 : 실체를 형성하지 않으나 공사에 보조적으로 소비되는 물품

㉢ 작업설·부산물 등 : 시공 중에 발생하는 부산물 등으로 환금성이 있는 것은 재료비로부터 공제

③ 노무비

※ 노무비 = 직접노무비 + 간접노무비

㉠ 직접노무비 : 직접작업에 종사하는 자의 노동력의 대가

㉡ 간접노무비 : 작업현장에서 보조 작업에 종사하는 자의 노동력의 대가

※ 간접노무비 = 직접노무비 × 간접노무비율

④ 경비

㉠ 공사의 시공을 위하여 소모되는 공사원가 중 재료비, 노무비를 제외한 원가

㉡ 전력비, 광열비, 운반비, 안전관리비, 보험료, 특허권 사용료, 기술료 등

⑤ 순공사원가

※ 순공사원가 = 재료비 + 노무비 + 경비

⑥ 일반관리비

※ 일반관리비 = 순공사원가 × 일반관리 비율(5 ~ 6% 정도)

㉠ 기업의 유지를 위한 관리활동 부분에서 발생하는 제비용

㉡ 제조원가에 속하지 않는 모든 영업비용 중 판매비 등을 제외한 비용

⑦ 이윤

※ 이윤 = (순공사원가 + 일반관리비 - 재료비) × 이윤율

이윤 : 영업 이익을 말하며 이윤율은 15%를 초과할 수 없음

⑧ 총공사원가

※ 총공사원가 = 순공사원가 + 일반관리비 + 이윤 + 세금

⑨ 공사손해보험료

※ 공사손해보험료 = 총공사원가 × 보험료율

⑩ 부가가치세

※ 부가가치세 = 총공사원가 × 10%

⑪ 예정가격(도급액)

※ 예정가격 = 총원가 + 공사손해보험료 + 부가가치세

PART 02 예상문제

01 맥하그(Ian McHarg)가 주장한 생태적 결정론의 설명으로 옳은 것은?

① 자연계는 생태계의 원리에 의해 구성되어 있으며, 따라서 생태적 질서가 인간환경의 물리적 형태를 지배한다는 이론이다.
② 생태계의 원리는 조경설계의 대안 결정을 지배해야 한다는 이론이다.
③ 인간환경은 생태계의 원리로 구성되어 있으며, 따라서 인간사회는 생태적 진화를 이루어 왔다는 이론이다.
④ 인간행태는 생태적 질서의 지배를 받는다는 이론이다.

02 다음 중 조경 계획의 수행과정의 단계가 옳은 것은?

① 목표설정 – 자료분석 및 종합 – 기본계획 – 실시설계 – 기본설계
② 자료분석 및 종합 – 목표설정 – 기본계획 – 기본설계 – 실시설계
③ 목표설정 – 자료분석 및 종합 – 기본계획 – 기본설계 – 실시설계
④ 목표설정 – 자료분석 및 종합 – 기본설계 – 기본계획 – 실시설계

03 자연 환경 분석 중 자연 형성 과정을 파악하기 위해서 실시하는 분석내용이 아닌 것은?

① 지형　　② 수문
③ 토지이용　④ 야생동물

04 다음 중 계획단계에서 자연환경 조사 사항과 관계가 먼 것은?

① 식생　　② 주변 교통량
③ 기상조건　④ 토양조사

05 지형도에서 등고선 간격(수직거리)이 20m이고, 등고선에 직각인 두 등고선의 평면거리(수평거리)가 100m인 경우 경사도(%)는?

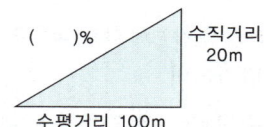

① 10%　　② 20%
③ 50%　　④ 80%

06 등고선에 관한 설명 중 틀린 것은?

① 등고선 상에 있는 모든 점들은 같은 높이로서 등고선은 같은 높이의 점들을 연결한다.
② 등고선은 급경사지에서는 간격이 좁고, 완경사지에서는 넓다.
③ 높이가 다른 등고선이라도 절벽, 동굴에서는 교차한다
④ 모든 등고선은 도면 안 또는 밖에서 만나지 않고, 도중에서 소실된다.

정답　01 ①　02 ③　03 ③　04 ②　05 ②　06 ④

07 지형도에서 U자(字) 모양으로 그 바닥이 낮은 높이의 등고선을 향하면 이것은 무엇을 의미하는가?

① 계곡　　② 능선
③ 현애　　④ 동굴

08 아래 그림에서 (A)점과 (B)점의 높이 차는 얼마인가?(단, 등고선 간격은 5m이다.)

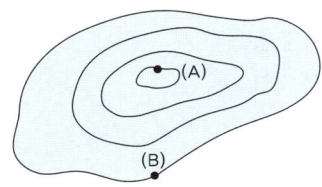

① 10m　　② 15m
③ 20m　　④ 25m

09 다음 그림은 무엇을 나타내는 도면인가?

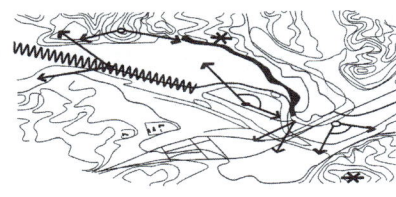

① 경사분석도　　② 식생분석도
③ 경관분석도　　④ 토지이용계획도

10 식물의 생육에 가장 알맞은 토양의 용적 비율(%)은? (단, 광물질 : 수분 : 공기 : 유기질의 순서로 나타낸다.)

① 50 : 20 : 20 : 10　　② 45 : 30 : 20 : 5
③ 40 : 30 : 20 : 15　　④ 40 : 30 : 20 : 10

11 토양 단면에 있어 낙엽과 그 분해 물질 등 대부분 유기물로 되어 있는 토양 고유층으로 L층, F층, H층으로 구성되어 있는 것은?

① 용탈층(A층)　　② 유기물층(Ao층)
③ 집적층(B층)　　④ 모재층(C층)

12 토양의 3상이 아닌 것은?

① 임상　　② 기상
③ 액상　　④ 고상

13 다음 토양층위 중 집적층에 해당되는 것은?

① A층　　② B층
③ C층　　④ D층

14 영구위조시의 토양의 수분 함량은 사토의 경우 몇 %인가?

① 2 ~ 4%　　② 10 ~ 15%
③ 20 ~ 25%　　④ 30 ~ 40%

15 토양의 무기질입자의 단위조성에 의한 토양의 분류를 토성이라고 한다. 다음 중 토성을 결정하는 요소가 아닌 것은?

① 자갈　　② 모래
③ 미사　　④ 점토

정답　07 ②　08 ②　09 ③　10 ②　11 ②　12 ①　13 ②　14 ①　15 ①

16 다음 미기후에 관한 설명 중 적합하지 않은 것은?

① 지형은 미기후의 주요 결정 요소가 된다.
② 그 지역 주민에 의해 지난 수년 동안의 자료를 얻을 수 있다.
③ 일반적으로 지역적인 기후 자료보다 미기후 자료를 얻기가 쉽다.
④ 미기후는 세부적인 토지이용에 커다란 영향을 미치게 된다.

17 자연환경조사 단계 중 미기후와 관련된 조사 항목으로 영향이 적은 것은?

① 지하수 유입 및 유동의 정도
② 태양 복사열을 받는 정도
③ 공기의 유통 정도
④ 안개 및 서리 피해 유무

18 도시기본구상도의 표시기준 중 공업용지는 무슨 색으로 표현되는가?

① 노란색 ② 파란색
③ 빨간색 ④ 보라색

19 홀(Hall)이 구분한 개인적 공간의 거리 및 기능에 대한 설명이 바르게 짝지어진 것은?

① 0.3 ~ 1.0m : 이성간의 교제
② 0.45 ~ 1.1m : 친한 친구와의 대화
③ 1.2 ~ 3.5m : 업무상의 대화 유지 거리
④ 2.4 ~ 4.2m : 배우와 청중 사이에 유지되는 거리

20 정원에서 미적요소 구성은 재료의 짝지움에서 나타나는데 도면상 선적인 요소에 해당되는 것은?

① 분수 ② 독립수
③ 원로 ④ 연못

21 다음 중 서울 시내의 남산에 위치한 남산타워는 도시를 구성하는 요소 중 어디에 속하는가?

① 도로 ② 랜드마크
③ 지역 ④ 가장자리

22 다음 중 인간적 척도(human scale)와 밀접한 관계를 갖기가 어려운 경관은?

① 관개 경관 ② 지형 경관
③ 세부 경관 ④ 위요 경관

23 조경분야에서 컴퓨터를 활용함에 있어서 설계 대상지의 특성을 분석하기 위해 자료수집 및 분석에 사용된 것으로 알맞은 것은?

① 워드프로세서(Word Processor)
② 캐드시스템(CAD System)
③ 이미지 프로세싱(Image Processing)
④ 지리정보시스템(GIS)

24 마스터플랜(master plan)에서 주로 이루어지는 설계 과정은?

① 기본계획 ② 기본설계
③ 실시설계 ④ 상세설계

정답 16 ③ 17 ① 18 ④ 19 ② 20 ③ 21 ② 22 ② 23 ④ 24 ①

25 토지이용계획 시 일반적인 진행 순서로 알맞게 구성된 것은?

① 적지분석 – 토지이용분류 – 종합배분
② 적지분석 – 종합배분 – 토지이용분류
③ 토지이용분류 – 종합배분 – 적지분석
④ 토지이용분류 – 적지분석 – 종합배분

26 공원 설계 시 보행자 2인이 나란히 통행 가능한 최소 원로폭은?

① 4 ~ 5m
② 3 ~ 4m
③ 1.5 ~ 2m
④ 0.3 ~ 1m

27 다음은 조경계획 과정을 나열한 것이다. 바른 순서로 된 것은?

① 기초조사 – 식재계획 – 동선계획 – 터가르기
② 기초조사 – 터가르기 – 동선계획 – 식재계획
③ 기초조사 – 동선계획 – 식재계획 – 터가르기
④ 기초조사 – 동선계획 – 터가르기 – 식재계획

28 조경 계획, 설계의 과정 중 [기본계획]단계에서 다루어져야 할 문제가 아닌 것은?

① 일정 토지를 계획함에 있어서 어떠한 용도로 이용할 것인가?
② 지역간 혹은 지역 내에 어떠한 동선 연결체계를 가질 것인가?
③ 하부구조시설들을 어디에 어떤 체계로 가설할 것인가?
④ 조사 분석된 자료들은 각각 어떤 상호관련성과 중요성을 지니는가?

29 설계자의 의도를 개략적인 형태로 나타낸 일종의 시각 언어로서 도면을 단순화시켜 상징적으로 표현한 그림을 의미하는 것은?

① 상세도
② 다이어그램
③ 조감도
④ 평면도

30 설계단계에 있어서 시방서 및 공사비 내역서 등을 포함하고 있는 설계는?

① 기본구상
② 기본계획
③ 기본설계
④ 실시설계

31 설계도면에 표시하기 어려운 사항 및 공사수행에 관련된 제반규정 및 요구사항 등을 구체적으로 글로 써서, 설계 내용의 전달을 명확히 하고 적정한 공사를 시행하기 위한 것은?

① 적산서
② 계약서
③ 현장설명서
④ 시방서

32 다음 공사의 순공사 원가를 구하면 얼마인가? (단, 재료비 4000원, 노무비 5000원, 총경비 1000원, 일반관리비 600원이다.)

① 6,000원
② 9,000원
③ 10,000원
④ 10,600원

정답 25 ④ 26 ③ 27 ② 28 ④ 29 ② 30 ④ 31 ④ 32 ③

08 Chapter 조경설계

1 식재기능별 적용 수종

1 공간조절식재

식재명칭	수종 요구 특성	적용 수종	중요도
경계식재	• 지엽이 치밀하고 전정에 강함 • 생장이 빠르고 유지관리 용이 • 가지가 말라 죽지 않는 상록수	• 잣나무, 서양측백, 화백, 스트로브잣나무, 명자나무, 광나무, 무궁화 등	★
유도식재	• 수관이 큰 캐노피형, 원뿔형 • 정돈된 수형, 치밀한 지엽	• 회화나무, 은행나무 등	★

2 경관조절식재

식재명칭	수종 요구 특성	적용 수종	중요도
지표식재	• 꽃, 열매, 단풍이 특징적 수종 • 상징적 의미가 있는 수종 • 높은 식별성	• 피나무, 계수나무, 주목, 구상나무 등	★★★
경관식재	• 아름다운 꽃, 열매, 단풍 • 수형단정하고 아름다운 수종	• 물푸레나무, 칠엽수, 모감주나무, 구상나무, 소나무 등	★★
차폐식재	• 지하고 낮고 지엽 치밀한 수종 • 전정에 강한 수종 • 유지관리가 용이한 수종 • 아래가지가 마르지 않는 상록수	• 주목, 잣나무, 서양측백, 화백, 사철나무, 호랑가시나무 등	★★★★

3 환경조절식재

식재명칭	수종 요구 특성	적용 수종	중요도
녹음식재	• 지하고 높은 낙엽활엽수 • 병충해에 강한 수종 • 기타 유해 요소가 없는 수종	• 회화나무, 느릅나무, 칠엽수 등	★★★★★
방풍, 방설식재	• 지엽 치밀하고 가지 견고 수종 • 지하고 낮은 심근성 교목 • 아래 가지 마르지 않는 상록수	• 느릅나무, 소나무, 독일가문비, 잣나무 등	★★
방음식재	• 낮은 지하고 • 잎이 수직방향으로 치밀 • 공해에 강한 수종(배기가스)	• 광나무, 식나무, 사철나무 등	★★★★
방화식재	• 잎이 두껍고 함수량 많은 수종 • 잎이 넓으면 밀생하는 수종 • 맹아력이 강한 수종	• 주목, 식나무, 호랑가시나무 등	★★
지피식재	• 키가 작고 밀생하게 피복 • 답압에 강하고 번식, 생장 양호 • 다년생 식물	• 조릿대, 맥문동 등	★★★★
임해매립지 식재	• 내염, 내조성이 강한 수종 • 척박토에서 잘 자라는 수종 • 토양 고정력이 있는 수종	• 모감주나무, 해송, 후박나무, 광나무, 사철나무 등	
침식지 및 사면식재	• 척박토, 건조에 강한 수종 • 맹아력 강하고 생장속도 빠름 • 토양 고정력이 있는 수종	• 붉나무, 맥문동, 인동덩굴 등	

2 식재기반조성 기준

1 일반 토심

구분	생존 토심	생육 토심	식재단나비
잔디 및 초본류	15cm	30cm	–
소관목	30cm	45cm	50 ~ 100cm
대관목	45cm	60cm1	
천근성교목	60cm	90cm	120cm 이상
심근성교목	90cm	150cm	

2 인공지반 토심

구분	자연토양 사용 시	인공토양 사용 시
잔디 및 초본류	15cm	10cm
소관목	30cm	20cm
대관목	45cm	30cm
교목	70cm	60cm

3 식재간격 및 밀도

① 식재간격은 성목이 되었을 때 수관의 나비를 확보하기 위해 필요
② 일반 교목은 6m 간격(가로수 6 ~ 8m)
③ 관목류 4주/㎡
④ 조릿대 10본/㎡
⑤ 맥문동 20 ~ 30본/㎡

4 식재간격의 사례

구분	식재간격(m)	비고
대교목	6	느티나무
중, 소교목	4.5	단풍나무
작고 성장이 느린 관목	0.45 ~ 0.6	회양목
크고 성장이 보통인 관목	1.0 ~ 1.2	철쭉
성장이 빠른 관목	1.5 ~ 1.8	나무수국
산울타리용 관목	0.25 ~ 0.75	쥐똥나무
지피,초화류	0.2 ~ 0.3	잔디

조경설계 기준

1 구조물 기준

1 구조물의 범위
① 조경구조물은 옥외에 설치되는 고정 및 반 고정 요소로서 외부 공간과 건물의 비례에 알맞은 크기이어야 함
② 옥외시설물의 종류
　㉠ 평면적인 것 : 화단, 연못, 잔디 등
　㉡ 수직적인 것 : 옥외계단, 경사로, 플랜터, 옹벽, 퍼걸러, 분수, 수목 등
③ 설계원칙
　㉠ 안전성과 상징성 요구 : 기능과 미를 고려
　㉡ 공간의 경관특성, 주변 환경과 조화되는 형태와 재료를 선택

2 설계요소
① 계단
　㉠ 2h+w=60 ~ 65cm(h : 발판 높이, w : 나비)가 적당
　㉡ 계단의 물매 : 30 ~ 35°
　㉢ 경사로의 경사가 18%를 넘어서면 계단을 설치
　㉣ 계단참 설치 : 1인용 90 ~ 110cm, 2인용 130cm 정도
　㉤ 건축물의 피난 방화 구조 등의 기준에 관한 규칙 제 15조 7항 : 옥외에 설치하는 계단의 경우 공동주택은 120cm 이상, 공동주택이 아닌 경우는 150cm 이상의 유효 폭을 가져야 함
　㉥ 건축법 제 15조 1항 : 높이가 3m를 넘는 계단에는 높이 3m 이내마다 너비 1.2m 이상의 계단참을 설치. 또한 너비가 3m를 넘는 계단에는 너비 3m 이내마다 난간을 설치
② 경사로(ramp, 램프)
　㉠ 경사로의 유효 폭은 1.2m 이상(부득이한 경우 0.9m까지 완화 가능)
　㉡ 경사로의 기울기는 1/12 이하(부득이한 경우 1/8까지 완화 가능)
　㉢ 바닥면으로부터 높이 0.75m 이내마다 수평면으로 된 참 설치
　㉣ 경사로의 시작과 끝, 굴절 부분 및 참에는 1.5m × 1.5m 이상 공간 확보(단, 경사로가 직선인 경우 폭은 유효폭과 동일하게 가능)
　㉤ 경사로 길이 1.8m 이상 또는 높이 0.15m 이상인 경우 손잡이 설치
　㉥ 바닥표면은 잘 미끄러지지 아니하는 재질로 평탄하게 마감

ⓢ 양 측면에는 5cm 이상의 추락방지턱 또는 측벽 설치 가능
ⓞ 벽면에 충격 완화용 매트, 지붕이나 차양 설치 가능
③ 연못
  ㉠ 연못의 면적은 정원 전체 면적의 1/9 이하가 적정한 규모로 힘의 균형을 이룰 수 있어야 함
  ㉡ 최소면적 1.5㎡ 이상

2 포장 기준

1 포장재료의 선정 조건
① 생산량이 많고 시공이 용이할 것
② 내구성 내마모성이 크고, 자연 배수가 용이할 것
③ 보행 시 미끄러짐이 없고, 외관 및 질감이 좋을 것
④ 휴식공간에는 질감이 거칠고 비교적 어두운 색을 사용
⑤ 주차장이나 차량이 통과하는 곳은 하중에 견디는 재료를 사용하면서 물매 2%를 고려

2 재료의 질감에 따른 구분

구분	소재	특징	장단점
부드러운 재료	조약돌, 흙, 잔디, 자갈, 마사토, 모래 등	장애인 부적당 느린 보행공간	• 이동속도 느려짐 • 시공비용 적음 • 유지관리비 과다
딱딱한 재료	아스팔트, 콘크리트, 타일, 벽돌, 블럭 등	보행인, 장애인, 자동차 모두 유용	• 빠른 이동 가능 • 시공비용 과다 • 유지관리비 적음

3 시설물 기준

1 휴게시설

① 퍼걸러
　　㉠ 인간척도와 사용재료, 주변경관 등 다른 시설과의 관계를 고려해 배치
　　㉡ 조경공간의 중심적 위치나 전망이 좋고 한적한 곳에 설치
　　㉢ 태양의 고도, 방위각 고려 : 지붕의 내민 길이 30cm 이상
　　㉣ 높이에 비해 길이가 길도록 설계
　　㉤ 높이는 220cm ~ 270cm를 기준으로 최대 300cm까지 가능

② 의자
　　㉠ 등의자는 긴 휴식, 평의자는 짧은 휴식이 필요한 곳에 설치
　　㉡ 길이 1인 45 ~ 47cm, 2인 120cm, 3인 180cm, 5인 320cm 정도
　　㉢ 앉음판의 높이는 35 ~ 46cm, 앉음판의 폭은 38 ~ 45cm
　　㉣ 앉음판에는 3 ~ 5° 경사, 등받이 각도는 95 ~ 105°
　　㉤ 기초에 고정할 경우 의자 다리가 20cm 이상 묻히도록 설치
　　㉥ 휴지통과의 이격거리는 90cm, 음수전과는 1.5m 이상 공간 확보

③ 야외탁자
　　㉠ 의자와 탁자의 기능을 효율적으로 사용할 수 있도록 함
　　㉡ 탁자의 높이는 64 ~ 80cm, 앉음판의 높이는 34 ~ 41cm
　　㉢ 이용자의 몸이 들어가기 쉽도록 제작

④ 평상
　　㉠ 평상마루의 형태는 사각형, 원형으로 나누어 설계
　　㉡ 높이는 34 ~ 41cm

※ 아치(Arch)
- 우리나라 정원에서 홍예문의 성격을 띤 구조물
- 양식의 중문으로 볼 수 있음
- 간단한 눈가림 구실
- 보통 가느다란 각목으로 만들어 장미 등 덩굴식물을 올려 장식

※ 트렐리스
- 좁고 얄팍한 목재를 엮어 1.5m 정도 높이가 되도록 만들어 놓은 격자형 시설물
- 덩굴식물을 지탱하기 위한 것

2 관리 및 편익시설

① 기본사항
　　㉠ 주변 환경과 조화되는 외관과 재료로 설계
　　㉡ 하나의 공간 또는 지역에 설치하는 시설은 종류별로 규격, 형태, 재료의 체계화 도모
　　㉢ 안전성, 기능성, 쾌적성, 조형성, 내구성, 유지관리 등을 충분히 배려
　　㉣ 습지, 급경사지, 바람에 노출된 곳, 지반 불량지역 등에는 배치 회피

② 휴지통
  ㉠ 보행동선의 결절점, 관리사무소, 상점 등의 이용량이 많은 지점에 배치
  ㉡ 배치간격은 벤치 2 ~ 4개소마다 혹은 도로 20 ~ 60m마다 1개소
  ㉢ 단위공간에 1개소 이상 배치, 통풍, 건조가 쉽고 내화성인 구조
  ㉣ 입식의 경우 70 ~ 100cm, 좌식의 경우 50 ~ 60cm 높이
  ㉤ 직경은 50 ~ 60cm가 되도록 함
③ 음수전
  ㉠ 그늘진 곳, 습한 곳, 바람의 영향을 받는 곳을 피하여 설치
  ㉡ 약 2% 정도의 경사를 주어 단시간 내에 완전배수가 가능하도록 함
  ㉢ 꼭지가 위로 향한 경우 65 ~ 80cm, 아래로 향한 경우 70 ~ 95cm를 기준으로 설치
④ 화장실
  ㉠ 이용자가 알기 쉽고 편리한 곳에 설치 : 적절히 차폐
  ㉡ 1인당 3.3㎡의 면적을 확보
  ㉢ 한 동의 크기는 30 ~ 40㎡
  ㉣ 여성용 변기 3개, 남성용 대변기 1개, 휠체어용 변기 1개, 소변기 3개 정도 설치
⑤ 관리사무소
  ㉠ 주 진입지점에 위치
  ㉡ 해당 공간과 조화를 이루는 상징물이 되도록 설계
  ㉢ 관리실, 화장실, 숙직실, 보일러실, 창고 등을 포함
⑥ 안전난간
  ㉠ 바닥에서부터 높이 110cm 이상, 폭 10cm 이상
  ㉡ 간살의 안목치수는 10cm 이하(위험성이 적은 곳은 15cm 이하)
⑦ 단주(bollard)
  ㉠ 보행인과 차량 교통의 분리를 위해 높이 30 ~ 70cm 정도로 설치
  ㉡ 배치 간격은 차도 경계부에서 2m 정도의 간격
  ㉢ 볼라드의 색은 식별성을 위해 바닥포장 재료와 대비색을 사용
⑧ 울타리
  ㉠ 경계표시, 출입통제, 침입방지, 공간이나 동선분리 등을 위해 설치
  ㉡ 단순한 경계표시 : 0.5m 이하
  ㉢ 소극적 출입통제 : 0.8 ~ 1.2m
  ㉣ 적극적 침입방지 : 1.8 ~ 2.1m

3 안내표지시설

① 보행이 시작되는 곳이나 주요 시설의 입구에 설치
② 통일성(재료, 형태, 색)과 식별성(그림문자, 심볼)을 높이고 주변에 관한 간단한 지도를 포함
③ 가시성이 좋은 색을 조합(ex : 검정과 노랑)하여 식별성에 중점
④ 인간 척도를 고려하여 위압감을 주지 않고 친밀감을 줄 수 있는 크기

※ **표지시설의 종류** : 안내표지시설, 유도표지시설, 해설표지시설, 종합안내표지시설, 도로표지시설

4 경관조명시설

① 설치 및 목적
  ㉠ 동선을 유도하고, 물체를 식별
  ㉡ 안전·보안 및 아름다운 분위기 연출과 경관미를 높이기 위하여 설치
② 설치장소
원로 주변 및 교차점 부근, 광장 주위, 출입구, 편익시설, 휴게시설 주변
③ 조명의 단위
  ㉠ 조명의 밝기를 나타내는 조도의 단위는 럭스(lux)를 사용
  ㉡ 정원, 공원은 0.5럭스 이상, 주요 원로나 시설물 주변은 2.0럭스 이상
④ 열효율과 수명
  ㉠ 열효율은 나트륨 등이 가장 높고 백열등이 가장 낮음
  ㉡ 수명 : 수은등 〉 형광등 〉 나트륨등 〉 할로겐등 〉 백열등
⑤ 연색성
  ㉠ 조명, 광원, 주변색 등이 물체의 색감에 영향을 미치는 현상
  ㉡ 동일한 물체의 색일지라도 광선(조명)에 따라 색이 달리 보이는 현상
  ㉢ 할로겐등 〉 백열등 〉 형광등 〉 수은등 〉 나트륨등
⑥ 옥외조명기법

상향조명	태양광과 반대로 비춰져 강조하거나 극적인 분위기 연출
산포조명	빛이 부드럽게 펼쳐지게 하여 달빛과 같은 느낌 연출
강조조명	특정한 물체를 집중 조명
실루엣조명	형태를 강조하기 위하여 물체의 뒤에 있는 배경 조명
그림자조명	실루엣 조명과 대조적 방식
투시조명	목표점을 제공하고 시선을 점차적으로 반대편으로 유도
보도조명	보행자를 위해 나지막한 높이로 부드러운 하향조명
벽조명	광고판이나 건축물의 표면질감 연출

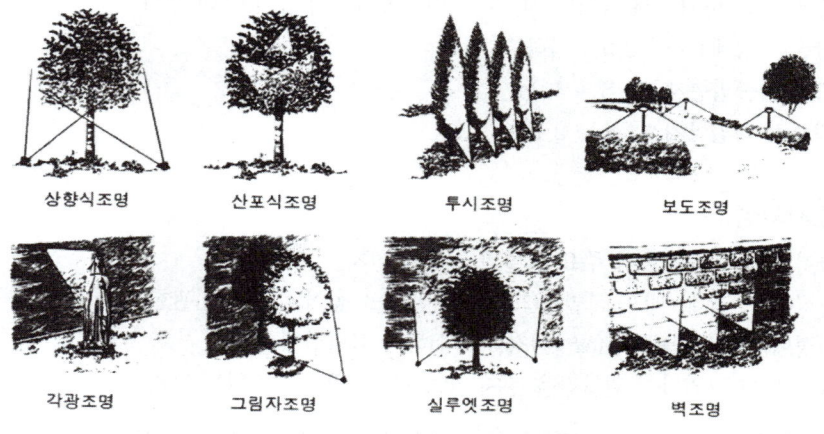

조명기법의 종류

⑦ 용도별 조명

보행등	• 밤에 이용하는 보행인의 안전을 위해 설치 • 3 ~ 4m 높이로 인접조사광과 2m 높이에서 겹치도록 배열 • 가로등의 높이는 6 ~ 9m
정원등	• 정원의 어귀, 구석 등 조명취약 부위에 배치 • 주요 점경물 주변 등에 배치 • 광원은 고압수은 형광등 이용, 등주높이는 2m 이하
수목등	• 수목을 직접 비추는 등 • 투광기는 나뭇가지나 주변의 포장, 녹지에 배치 • 수목의 생태를 고려해 생장에 악영향을 주지 않도록 배치
잔디등	• 하향식 조명으로 잔디밭의 경계를 따라 높이 1.0m 이하
공원등	• 공원의 진입부, 휴게공간, 운동공간, 관리사무소, 화장실 등의 건축물 주변에 배치(주요 장소 : 5 ~ 30lx, 기타장소 : 1 ~ 10lx)
수중등	• 규정된 용기와 최대수심을 넘지 않도록 사용
부착등	• 등기구가 구조물, 시설물 속에 묻히거나 부착된 형태

⑧ 광원의 특성비교

백열전구	• 수명이 짧고 효율이 낮으나 연색성 좋음 • 좁은 곳의 전반조명, 각종 투광조명, 강조조명
할로겐등	• 광색이 백색에 근접하여 연색성이 매우 좋음 • 강조조명, 쇼룸조명, 투광조명, 운동장, 광장, 주차장
형광등	• 백색에서 주광색까지 가능, 설치 및 유지비 저렴 • 옥내외 전반조명, 간접조명, 명시 위주 조명
수은등	• 연색성이 낮으나 수명이 가장 긴 고효율 광원 • 높은 천장의 조명, 투광조명, 도로조명
나트륨등	• 연색성은 매우 나쁘나 열효율이 높고 투시성이 뛰어남 • 설치비는 비싸나 유지관리비 저렴 • 도로조명, 터널조명, 산악도로조명, 교량조명, 안개지역조명
메탈할라이드등	• 식물재배용 전구로 화단조명에 가장 좋음 • 고효율이고 연색성이 우수

⑨ 종류에 따른 광색, 수명, 용도

종류	백열전구	할로겐전구	형광등	수은등	나트륨등
용량(W)	2 ~ 1,000	500 ~ 1,500	6 ~ 110	40 ~ 1,000	20 ~ 400
광색	적색	적색	백색	청백색	저압 : 등황색 고압 : 황백색
수명(h)	1,000 ~ 1,500	2,000 ~ 3,000	7,500	10,000	6,000
용도	좁은 장소, 강조조명	경기장, 광장 등 투광조명	옥내외 조명	천장 및 투광조명, 도로조명	도로 및 터널조명 안개지역 조명

5 운동시설 및 수경시설

① 운동시설
  ㉠ 야외 운동장은 장축을 남북방향으로 배치
  ㉡ 야구장은 눈부심 방지를 위하여 장축을 남북방향으로 배치
② 수경시설
  ㉠ 평면적 형태 : 연못, 도섭지 등
  ㉡ 입체적 형태 : 분수, 벽천, 폭포, 캐스케이드 등

6 주차시설

① 주차장의 종류

노상주차장	도로의 노면 또는 교통광장의 일정 구역에 설치된 주차장
노외주차장	도로의 노면 및 교통광장 이외의 장소에 설치된 주차장
부설주차장	건축물 등 주차수요를 유발하는 시설에 설치된 주차장

② 주차계획
  ㉠ 노상주차장의 경우 종단경사도가 4%를 초과하는 경우 설치금지
  ㉡ 노외주차장도 배수를 위한 표면경사 3 ~ 4% 정도가 적당
  ㉢ 주차면의 배치는 주차장이 좁거나 대형차량이 주차 대상일 경우 차도의 진행 방향에 평행 주차하는 방식을 채택
  ㉣ 각도주차는 직각주차와 사각주차로 구분하며 사각주차는 45°, 60° 등으로 배치
  ㉤ 주차장의 폭원 등은 주차장법의 규정에 따름

③ 주차형식 및 출입구 개수에 따른 차로의 넓이

주차형식	차로의 넓이(m)	
	출입구 2개 이상	출입구 1개
평행주차	3.3	5.0
직각주차	6.0	6.0
60도 대향주차	4.5	5.5
45도 대향주차	3.5	5.0

※ 주차요율
　주차의 형식 중 전체의 면적이 같을 경우 직각주차 형식이 가장 많이 배치

④ 주차단위 구획

구분	너비	길이
일반형	2.5m 이상	5.0m 이상
장애인 전용	3.3m 이상	5.0m 이상
평행주차	2.0m 이상	6.0m 이상

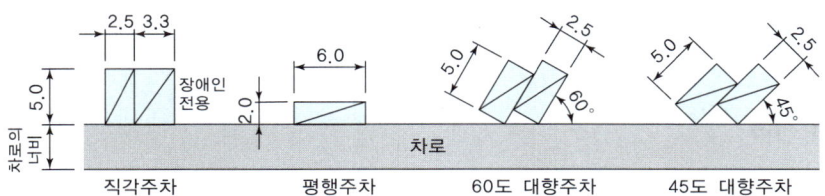

주차형식 및 크기(단위 : m)

Chapter 10 공간별 조경설계

1 주택정원

1 성격과 기능

자연의 공급	주택 내의 휴식과 정적인 여가활동 보장
프라이버시 확보	주거환경을 보호
외부생활공간 기능	주거생활이 원활하도록 일조
심미적 쾌감 기능	수목과 재료들의 미적 구성

2 설계 기준

① 가족의 구성 내용과 가족들의 정원에 대한 기호와 태도를 파악하고 그에 부합하도록 설계
② 면적 165㎡ 이상 660㎡ 미만 규모의 건축물을 지을 때 대지면적의 5% 이상을 조경하도록 규정

※ 대지 안의 조경(건축법) : 200㎡ 이상의 대지에 건축하는 경우

연면적	대지면적에 대한 조경면적 비율
1,000㎡ 미만	5%
1,000㎡ ~ 2,000㎡ 미만	10%
2,000㎡ 이상	15%

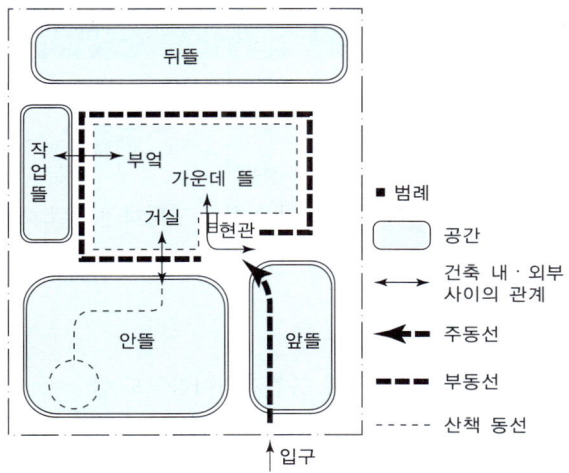

주택 정원의 공간 구성

3 설계지침

앞뜰 (전정)	• 대문에서 현관 사이의 공간으로 전이공간 • 주택의 첫인상을 좌우하는 진입공간 • 4계절의 변화를 느낄 수 있도록 조성 • 원로설치 : 1인 0.8m, 2인 1.5m 이상, 승용차 출입시 2.5m
안뜰 (주정)	• 응접실이나 거실 전면에 위치한 중심공간으로 휴식과 단란의 공간 • 내부의 주공간과 동선상 직접 연결되도록 설계 : 옥외 거실 공간 • 퍼걸러, 정자 등을 설치하고 녹음수 식재 • 낙엽수를 식재하고, 전정과의 경계부에 약간의 차폐식재
작업뜰 (작업정)	• 부엌과 장독대, 세탁장소, 창고 등에 면하여 접하는 곳 • 부엌마당(service area) : 일상생활에 필요한 작업 공간 • 장독대, 쓰레기통, 빨래건조장, 채소밭, 창고 등 설치 • 관목과 초화류 식재, 채광, 통풍, 배수에 유의, 콘크리트나 타일로 포장
뒤뜰 (후정)	• 우리나라 후원과 유사한 공간으로 조용한 분위기 조성 • 침실 등에서의 연결성은 살리되 최대한 프라이버시 확보 • 복잡한 식재패턴을 지양하고 부분적 차폐식재 도입 • 어린이 놀이터나 운동공간을 놓을 수도 있음

2 공동주택정원(주택단지)

1 성격과 기능
① 개인주택과 달리 공동으로 이용할 수 있는 정원
② 레크리에이션 기회 제공과 근린의식 형성의 역할을 담당하는 장소로서의 기능

2 설계기준
① 인동간격
  ㉠ 동일 대지 안에서 건물간의 간격으로 동간간격이라고도 함
  ㉡ 일조 및 채광, 통풍, 사생활 등을 감안해 매우 중요하게 취급
  ㉢ 동일 대지의 모든 세대가 동지 기준으로 9시 ~ 15시 사이 2시간 이상을 계속하여 일조를 확보할 수 있는 거리 이상
  ㉣ 인동간격의 결정 요소 : 전면 건물의 높이, 위도, 일조시간
② 단지 면적의 30%를 녹지로 확보(시도별 다름)

3 설계지침
① 단지의 외곽부에 차폐 및 완충식재
② 단지 내 혼란 방지를 위하여 특징적인 수목 식재
③ 건물 가까이에는 상록성 교목보다 낙엽수 식재
④ 단지 입구 부근에 상징성이 큰 대형 수목으로 지표 식재
⑤ 진입로를 따라 가로수를 열식하여 방향 유도
⑥ 어린이 놀이터, 공원, 휴게소는 이용이 편하고 안전한 곳에 배치
⑦ 보행동선은 보행자 우선 배치, 보도와 차도는 분리, 녹음 식재
⑧ 어린이 놀이터, 휴게소, 노인정 주변은 녹음 식재와 경관 식재
⑨ 지하구조물이 있을 경우 두께 0.9m 이상 토층 조성

3 공장정원

1 기능과 효과
① 지역사회와의 융합 : 지역환경에 공헌하고 지역주민들의 활용 배려
② 직장환경의 개선 : 종업원의 정서함양, 작업능률, 보건향상에 기여
③ 기업 이미지의 향상 및 홍보 : 자연에 대한 사회적 기업의 위상 제고
④ 재해로부터의 시설보호 : 화재나 폭발 등의 사고 시 주변으로의 확산방지 및 방풍, 방진 효과

2 공장식재수종
① 환경적응성이 강한 것
② 생장속도가 빠르고 잘 자라는 것
③ 관상, 실용가치가 높은 것
④ 이식 및 관리가 용이한 것
⑤ 대량으로 공급이 가능하고 구입비가 저렴한 것

3 부분별 식재

구분	내용
공장 주변부	• 주택지와 접하는 부분은 최소 30m 이상의 수림대 확보 • 공해방지, 완충의 기능을 위해 폭 50 ~ 100m의 수림대 필요
진입로, 사무실 주변	• 공장의 상징적인 공간으로 심벌이 될 수 있는 수종을 선정 • 수형이 바른 수목, 화목 등으로 밝은 분위기 연출 • 넓은 잔디밭 조성, 녹음수 식재로 친근감 부여
구내도로	• 집중적이며 다양한 식재수법 요구 • 녹음수의 선정이 중요하며 터널 경관 창출 가능 • 단조로움을 없애고 활기찬 분위기를 위해 화단 설치
운동장	• 녹음수를 식재로 차단, 완충의 효과와 경관 향상 고려
확장예정지	• 지피식재로 피복하거나 묘목이나 묘포장 조성
공장건물 주변	• 폭 5m 이상의 녹음, 차폐식재로 쾌적한 환경 조성

4 학교정원

1 학교조경의 역할
① 지적발달 등의 교육적 효과를 높일 수 있는 방향으로 조성
② 체험 중심의 환경 교육을 위한 장소로 활용
③ 환경 친화적 감수성 함양, 정서를 순화시키는 역할
④ 학교의 상징성과 이미지 제고
⑤ 도시공간 내에 생물 서식처 제공 : 생태연못, 실개천, 옥상조경
⑥ 교육시설로서의 역할 : 교재원, 실습원
⑦ 녹음 및 경관조성, 방풍, 방음, 방진, 방화 등의 기능
⑧ 지역사회의 중심지로서 교류의 장소 : 근린공원의 역할

2 부분별 식재
① 진입공간
  ㉠ 학교 교문 주변과 학교 내의 차량 및 보행자 동선 포함
  ㉡ 정문이 있는 곳은 상록대 교목류를 군식하여 중량감 부여
  ㉢ 학교의 얼굴에 해당되므로 상징적인 수목식재
  ㉣ 보행자 도로 주변에 낙엽수를 심어 아늑한 분위기와 그늘 제공
② 휴게공간
  ㉠ 교사 주변이나 운동장 주변에 위치
  ㉡ 휴식을 위한 벤치, 퍼걸러 설치, 녹음수 식재
③ 교사 주변 화단

앞뜰	• 학교의 이미지를 좌우하는 곳으로 밝고 무게 있는 경관 조성 • 건물의 규모, 형태 등을 검토하여 상호 보완적 관계 형성 • 잔디밭이나 화단, 분수, 조각물, 휴게 시설 등 설치 • 주차장이나 자전거 보관대는 차폐, 녹음식재
가운데뜰	• 건물에 위요된 공간으로 휴식시간에 많이 사용 • 대교목류보다는 화목류나 정형적 자수화단 설치 • 향기나는 식물이나 열매 맺는 수종으로 야생조류 유인 • 벤치, 퍼걸러 등을 설치하여 휴식공간 제공 • 인접된 건물의 화재방지를 위한 방화식재 고려
옆뜰	• 건물에 인접한 좁은 공간으로 녹음수, 휴게시설 설치
뒤뜰	• 건물의 북쪽인 경우 방풍을 위한 상록수 밀식 • 뒤뜰 면적이 좁은 경우 음지식물 학습원 설치 가능

④ 운동장
- ㉠ 운동공간, 놀이공간, 휴식공간의 기능에 맞게 식재
- ㉡ 교사동 사이에 5 ~ 10m의 녹지대 설치로 소음, 먼지 차단
- ㉢ 지피식물을 이용한 운동공간의 먼지 방지
- ㉣ 휴식공간에 녹음수식재 및 답압에 대한 보호조치
- ㉤ 운동장 주변의 스탠드는 햇빛을 등지고 관람할 수 있게 배치

⑤ 야외 실습지
교과 과정의 식물을 직접 보거나 접촉할 수 있는 기회 제공

⑥ 경계공간
- ㉠ 부지 외곽에 녹지를 조성하여 차폐 및 그늘 제공
- ㉡ 학교 주변에 필수적으로 설치, 폭은 최소 10m 이상
- ㉢ 수목만으로 기능을 다 할 수 없을 경우 조산

3 학교 식재수종

① 교과서에서 취급된 식물을 우선적으로 선정
② 학생들의 기호를 고려하여 선정
③ 향토식물 선정
④ 관상가치가 있는 식물 선정
⑤ 관리가 쉬운 수종
⑥ 야생동물의 먹이가 풍부한 식물
⑦ 주변 환경에 내성이 강한 식물
⑧ 생장속도가 빠른 수목을 우선적으로 선정
⑨ 학교를 상징할 수 있는 수종

※ 학교 조경의 수목 선정 기준
1. 생태적 특성
2. 경관적 특성
3. 교육적 특성

5 옥상정원

1 옥상녹화 및 벽면 녹화의 기능과 효과

도시계획 상의 기능과 효과	• 도시경관 향상 • 푸르름이 있는 새로운 공간 창출
생태적 기능과 효과	• 도시 외부 공간의 생태적 복원 • 생물 서식공간의 조성
물리환경 조건 개선 효과	• 공기정화 및 소음저감 효과 • 도시 열섬현상의 완화 • 오염물질 여과로 하천수질 개선
경제적 효과	• 건물의 내구성 향상 • 우수의 유출 억제로 도시홍수 예방 • 냉, 난방 에너지 절약 효과 • 선전, 집객, 이미지업 효과

2 옥상녹화 시스템

① 옥상녹화 시스템의 구성요소
㉠ 방수층
㉡ 방근층
㉢ 배수층
㉣ 토양 여과층
㉤ 육성 토양층
㉥ 식생층

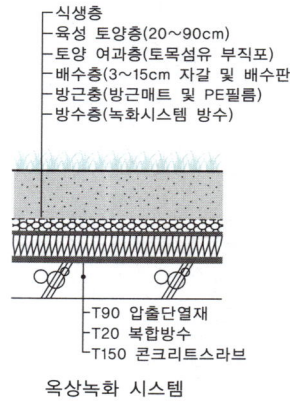
옥상녹화 시스템

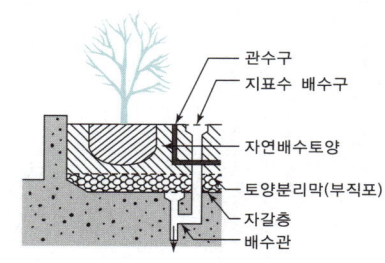
식재층의 배수

※ 토목섬유
　토양층과 배수층 사이의 토양 여과층의 재료로 세립토양이 유출되지 않고 투수기능을 가진 섬유재

② 옥상녹화 시스템의 분류

저관리, 경량형	• 식생 토심이 20cm 이하이며 주로 인공 경량토 사용 • 관수, 예초, 시비 등 녹화시스템의 유지관리 최소화 • 녹화공간의 이용을 하지 않는 경우 • 일반적으로 지피식물 위주의 식재에 적합 • 건축물의 구조적 제약이 있는 기존 건축물에 적합
관리, 중량형	• 식생 토심 20cm 이상으로 주로 60 ~ 90cm 정도 유지 • 녹화시스템 유지관리가 집약적 • 공간의 이용을 전제로 하는 경우 • 지피식물, 관목, 교목 등으로 다층 식재가능 • 건축물의 구조적 제약이 없는 곳에 적용
혼합형	• 식생 토심 30cm 내외 • 저 관리지향 : 관리, 중량형을 단순화시킨 것 • 지피식물과 키 작은 관목을 위주로 식재

3 옥상정원 계획 시 고려사항

지반의 구조 및 강도	하중의 위치와 구조골격의 관계, 토양의 무게, 수목의 무게 및 식재 후 풍하중등 고려
구조체의 방수 성능 및 배수계통	수목의 관수 및 뿌리의 성장, 토양의 화학적 반응, 급수를 위한 동력장치 고려
옥상의 특수한 기후조건	미기후 변화가 심하며, 수목의 선정, 부자재 선정 시 바람, 동결심도, 공기온도, 복사열 등 고려
프라이버시 확보	측면에 담장이나 차단식재, 위로부터의 보호를 위해 녹음수, 정자, 퍼걸러 등 설치

※ 하중
 1. 하중은 건물구조에 큰 영향을 미치며, 옥상조경 시공 시 가장 유의할 점
 2. 안전을 고려해 식재는 전체 면적의 1/3을 넘지 않도록 함
 3. 식재층의 경량화로 하중의 영향을 저감할 필요가 있음

4 인공지반의 생육환경

① 대지와 달리 인공구조물에 의해 격리된 불연속 공간
② 토양수분의 용량이 적어 관수 필요
③ 기후, 하부로부터의 열변화 등 토양온도의 변동이 큼
④ 잉여수의 배수가 촉진되어 양분의 유실속도 빠름
⑤ 시비 등 양분의 보충이 없으면 고사 가능
⑥ 전도 등 바람의 피해를 받기 쉬움

5 조경용 경량토

① 버미큘라이트, 펄라이트, 피트모스, 화산재 등을 식재토양에 혼합해 사용
② 혼합비율은 사양토에 부엽토나 두엄을 같이 섞은 경량재를 3 : 1 ~ 5 : 1의 비율로 섞어 배합토를 만들어 사용

6 식물선택 시 고려사항

① 구조물의 하중과 토양층의 깊이, 식물의 하중과 크기
② 식재위치와 수관상태, 바람과의 관계
③ 식재토양의 비옥도, 건조, 동결, 내한성과의 관계

7 옥상녹화에 적합한 수종

① 초화류 : 잔디, 아이비, 맥문동, 수호초, 돌단풍, 억새, 인동 등
② 목본류 : 회양목, 조팝나무, 말채나무, 산수국, 소나무 등

8 벽면녹화(부착조경)

흡착등반형 (등반부착형)	• 벽의 표면에 흡착형 덩굴식물을 이용하여 녹화 • 콘크리트, 벽돌 등 표면이 거친 다공질 재료에 적합
권만등반형 (등반감기형)	• 벽면에 기반재를 설치하고 덩굴을 감아올리는 방법 • 입면의 구조 및 재질에 관계없이 녹화 가능
하직형 (하수형)	• 벽면 옥상부에 덩굴을 늘어뜨려 녹화
콘테이너형	• 벽면에 덩굴식물을 식재한 콘테이너를 부착시켜 녹화

6 도시공원

1 공원과 녹지
공원과 녹지는 오픈스페이스로 여가를 즐길 수 있는 곳

공원	• 〈도시공원 및 녹지 등에 관한 법률〉에 의한 도시계획시설 • 일정한 경계를 갖는 비건폐상태의 땅, 녹지와 공원시설 등
녹지	• 좁은 뜻 : 도시계획 규정에 따라 설치되는 도시계획시설 • 넓은 뜻 : 공원뿐 아니라 하천, 산림, 농경지까지 포함한 오픈 스페이스 또는 녹지 공간으로 해석 • 공원녹지 : 쾌적한 도시환경을 조성하고 시민의 휴식과 정서 함양에 기여하는 공간 또는 시설

※ 오픈 스페이스
 거방지, 비건폐지, 위요공지, 공원, 녹지, 유원지, 운동장, 넓은 의미의 자연환경 등 시민들이 자유롭게 선택하고, 일상생활의 굴레에서 벗어나 스스로 재창조하며, 여가를 제대로 즐길 수 있는 곳을 말함

2 도시공원의 기능

자연의 공급	• 자연환경을 소재로 한 산책과 휴식 등의 장소 제공
레크리에이션	• 이용자 욕구에 의한 운동과 레크리에이션의 장소 제공
지역의 중심성	• 집회, 역사 등 사회환경의 요구에 대한 중심적 역할
완충효과	• 도시 개발 형태 조절과 도시기능 간의 완충 효과의 증가

3 녹지
기반시설인 공간시설로 정의된 녹지

완충녹지	• 대기오염, 소음, 진동, 악취 등의 공해와 사고나 자연재해 등의 재해를 방지하기 위하여 설치하는 녹지
경관녹지	• 도시의 자연적 환경을 보전하거나 이를 개선하고 이미 자연이 훼손된 지역을 복원, 개선함으로써 도시경관을 향상시키기 위하여 설치하는 녹지
연결녹지	• 도시 안의 공원, 하천, 산지 등을 유기적으로 연결하고 도시민에게 산책공간의 역할을 하는 등 여가, 휴식을 제공하는 선형의 녹지

※ 녹지의 역할
 1. 생태적 역할
 2. 경제적 역할
 3. 위락적 역할
 4. 쾌적성 향상

4 녹지의 분류

시가지	건폐지	건물이 위치해 있는 곳		
		건폐율 = $\frac{건축면적}{대지면적} \times 100$ 용적률 = $\frac{건축연면적}{대지면적} \times 100$		
	비건폐지	교통용지	1. 도로 용지 2. 항로, 하역 용지 3. 철도궤도 용지 4. 비행장 용지	
		오픈 스페이스	공적녹지	1. 공공녹지 2. 자연녹지 3. 공개녹지
			사적녹지	4. 공용녹지 5. 전용녹지

5 공원계획 기준

① 입지선정 : 접근성, 안전성, 쾌적성, 편익성, 시설 적지성 고려
② 면적(법제상 면적)
　㉠ 거주민 1인당 6㎡ 이상 : 하나의 도시지역 안에서의 도시공원 확보기준
　㉡ 거주민 1인당 3㎡ 이상 : 개발제한구역 및 녹지지역을 제외한 도시지역 안에서의 도시공원
　㉢ 공원시설 : 도로 또는 광장과 도시공원의 효용을 다하기 위한 시설

6 도시공원의 설치 및 규모, 공원시설 부지면적

공원구분			설치기준	유치거리	규모	공원시설 부지면적
생활권 공원		소공원	제한없음	제한없음	제한없음	20% 이하
		어린이공원	제한없음	250m 이하	1,500㎡ 이상	60% 이하
	근린 공원	근린생활권 근린공원	제한없음	500m 이하	10,000㎡ 이상	40% 이하
		도보권 근린공원	제한없음	1,000m 이하	30,000㎡ 이상	
		도시지역권 근린공원	@	제한없음	100,000㎡ 이상	
		광역권 근린공원	@	제한없음	1,000,000㎡ 이상	
주제 공원		역사공원	제한없음	제한없음	제한없음	제한없음
		문화공원	제한없음	제한없음	제한없음	제한없음
		수변공원	♤	제한없음	제한없음	40% 이하
		묘지공원	♡	제한없음	100,000㎡ 이상	20% 이상
		체육공원	♧	제한없음	10,000㎡ 이상	50% 이하
		도시농업공원	제한없음	제한없음	10,000㎡ 이상	40% 이하
국가도시공원			◇	제한없음	3,000,000㎡ 이상	–

@ : 해당 도시공원의 기능을 충분히 발휘할 수 있는 장소에 설치
♤ : 하천, 호수 등의 수변과 접하고 있어 친수공간을 조성할 수 있는 곳
♡ : 정숙한 장소로 장래 시가지화 전망이 없는 자연녹지지역
♧ : 해당 도시공원의 기능을 충분히 발휘할 수 있는 장소
◇ : 도시공원 중 국가가 지정하는 공원

※ 조례가 정하는 공원
특별시, 광역시 또는 도의 조례가 정하는 공원은 설치기준, 유치거리, 규모, 공원시설, 부지면적의 제한이 없음

7 소공원
① 도시지역의 자투리 땅 등 소규모 토지를 이용
② 유치거리와 면적 규모의 제한은 없음
③ 시설면적은 전체 공원면적의 20% 이하
④ 시설보다는 녹지 위주로 조성

8 어린이공원
① 성격과 기능
　㉠ 어린이의 보건 및 정서생활 향상에 기여
　㉡ 사회적 학습 터전의 조성 목적
　㉢ 연령에 따라 유아, 유년 및 소년공원
　㉣ 기능에 따라 모험놀이터, 교통공원 등
② 설계기준
　㉠ 완만한 장소의 주택구역 내 위치
　㉡ 모험 놀이터는 관리 감독상 정형적인 것이 좋음

설치기준	• 유치거리 250m 이하, 면적 1,500㎡ 이상
놀이면적	• 전 면적의 60% 이내 • 500세대 이상의 단지인 경우 화장실과 음수전 설치 • 식재지 면적은 30 ~ 40%

③ 설계지침

공간구성	• 동적 놀이공간 : 경사진 곳을 만들기 위해 낮은 동산 조성 • 놀이공간 : 햇빛이 잘 드는 곳에 잔디밭, 모래밭을 설치 • 휴게 및 감독공간 : 놀이공간과 인접한 곳, 잘 보이고 아늑한 곳
동선	• 가능한 직선을 피하고 완만한 곡선을 주로 사용 • 유모차나 자전거의 통행이 원활하도록 계단보다 경사지로 설계
식재	• 병충해에 강하고, 유지관리가 용이한 수종 • 나무모양, 열매, 꽃 등이 아름답고 냄새 및 가시가 없는 수종 • 보호자와 보행자의 관찰이 가능하도록 밀식은 피함 • 여름에 그늘을 만들 수 있는 낙엽성교목 식재
시설물	• 흥미, 변화, 특색이 있는 것. ex) 복합놀이시설 • 시설물의 연결성과 안전성을 고려해 짜임새 있게 배치 • 그네는 보행인과의 충돌 방지를 위해 대지 외곽에 배치 • 벽이나 울타리 설치, 미끄럼대는 북향이 바람직

9 근린공원

① 성격과 기능
   ㉠ 근린주구에 거주하는 모든 주민의 보건과 휴양 및 정서 생활의 향상에 기여하도록 설치
   ㉡ 성격에 따라 다음과 같이 분류
   - 근린 보통공원 : 소극적인 정적활동이나 휴식을 위한 공간
   - 근린 운동공원 : 적극적으로 운동하기 위한 공간
   - 기타 근린공원 : 동물원, 식물원 및 자연공원을 위해 지정되는 공원

※ 근린
1. 1926년 페리가 주장한 것으로 한 개의 초등학교를 유지할 수 있는 인구 약 5,000명 정도, 면적은 반경 400m 정도의 주거 단위
2. 일상생활에 필요한 모든 시설을 도보권 내에 두고, 차량 동선을 구역 내 끌어들이지 않았으며, 간선도로에 의해 경계가 형성되는 도시계획

※ 주구
1. 주민들이 일상생활에서 벌이는 여러 활동이 중첩되어 형성되는 생활권
2. 주구 중심 근린공원은 도보권 안에 거주하는 주민이 일상 이용하는 공원

② 설계기준

공원명	주이용자	유치거리/장소	면적	시설설치면적
근린공원	근린 거주자	500m 이하	10,000m² 이상	40% 이하
	도보권 안의 거주자	1km 이하	30,000m² 이상	

③ 설계지침
   ㉠ 공간구성

공간 구분	운동공간(동적)	완충공간	휴게공간(정적)
	오락, 운동 활동 경사 5%, 배수 양호	동적공간과 정적공간의 사이, 문화시설	피크닉, 자연탐승, 휴식, 구경

   ㉡ 동선 : 주동선, 보조동선, 관리동선을 분리하고, 접근로를 설치하여 외부에서 접근하기 용이하도록 함
   ㉢ 식재 : 기존의 식생을 최대로 보호하면서 향토수종을 식재

차폐식재	주택지, 화장실, 주차장 등
경관식재	주 진입로, 산책로 주변은 화목류를 식재하여 다양성 제공

10 도시자연공원

① 성격과 기능
   ㉠ 도시의 자연환경 및 경관을 보호하고 도시민에게 건전한 여가 휴식공간을 제공하기 위하여 도시지역 안에서 식생이 양호한 산지의 개발을 제한할 필요가 있는 경우 설정하는 〈국토의

계획 및 이용에 관한 법률〉에 의한 용도구역의 하나
- ⓒ 도시자연공원 구역에서는 건축물의 건축 및 용도변경, 공작물의 설치, 토지의 형질변경, 토석의 채취, 토지의 분할, 죽목의 벌채, 물건의 적치 또는 〈국토의 계획 및 이용에 관한 법률〉에 의한 도시계획사업을 시행할 수 없고 법률에 규정된 행위의 경우에 한해 특별시장, 광역시장, 시장 및 군수의 허가를 받아 시행할 수 있음
- ⓒ 도시자연공원 구역의 보호, 훼손된 도시자연의 회복, 도시자연공원 구역을 이용하는 자의 안전과 그 밖에 공익상 필요하다고 인정하는 경우에는 도시자연공원 구역 중 특정한 지역을 지정하여 일정한 기간 그 지역에 사람의 출입 또는 차량의 통행을 제한하거나 금지할 수도 있음

② 설계기준

구분	내용
설치기준	자연조건이 수려하고 역사적 의의가 있는 곳, 면적 100,000㎡ 이상
면적	시설지역의 면적이 계획대상 면적의 20% 이상을 넘지 않도록 함

11 묘지공원

① 성격과 기능
- ㉠ 묘지 이용자에게 휴식을 제공하기 위하여 일정한 구역의 묘지와 공원시설을 혼합하여 설치하는 공원으로 경건하며, 친근감 있는 장소로 조성
- ㉡ 국토를 효율적으로 이용하기 위하여 조성
- ㉢ 묘지공원의 형태에는 통상묘역, 납골묘역

② 설계기준
- ㉠ 정숙한 장소로서 장래 시가지화가 예상되지 않는 자연녹지
- ㉡ 교통이 편리한 곳에 100,000㎡ 이상의 규모로 설치
- ㉢ 확장할 여지가 있고 토지의 취득이 용이한 곳
- ㉣ 장제장 주변은 기능상 키가 큰 교목 식재 : 차폐, 완충
- ㉤ 산책로는 수림 사이로 자연스럽게 조성
- ㉥ 묘지공원의 이용자를 위한 놀이시설, 휴게시설 설치
- ㉦ 전망대 주변에는 큰 나무를 피하고, 적당한 크기의 화목류 식재

③ 설계지침

공간구성	보존지역(농경지, 임상), 묘역 조성지역, 서비스 시설지역(관리사무소, 휴게소)로 구분
동선	주 진입로, 분배도로, 연결도로, 소로 등으로 적절하게 구성
진입구	상징물, 안내판, 묘명, 수종 등을 고려하여 설치
식재	병충해에 강하고 수형이 좋은 교목을 식재
공원시설	놀이시설, 전망대, 화장실 등을 설치

12 공원의 녹지 계통 형식

구분	특징	대표도시
분산식	• 녹지대가 여기저기 분산배치	–
환상식	• 도시를 중심으로 환상 상태로 5 ~ 10km 조성 • 도시 방지 효과 큼	오스트리아 빈
방사식	• 도시를 중심으로 외부로 방사상 녹지 형성	독일 하노버 / 미국 인디아나폴리스
방사환상식	• 방사식 + 환상식 • 가장 이상적인 녹지 계통	독일 쾰른
위성식	• 대도시 인구를 분산하기 위해 녹지 조성 후 녹지대에 소시가지 배치	독일 프랑크부르트
평행식	• 띠 모양으로 일정한 간격으로 평행하게 녹지대를 조성	스페인 마드리드

13 공원 시설의 종류

조경시설	화단, 분수, 조각, 관상용 식수대, 잔디밭, 산울타리, 폭포 등
휴양시설	휴게소, 의자, 야유회장 및 야영장, 경로당, 노인복지회관 등
유희시설	그네, 미끄럼틀, 시소, 모험놀이장, 유원시설, 낚시터 등
운동시설	테니스장, 수영장, 궁도장, 실내사격장, 골프장(6홀 이하) 등
교양시설	식물원, 동물원, 수족관, 박물관, 야외음악당, 도서관, 온실, 야외극장, 미술관, 과학관기념비, 공연장, 전시장 등
편익시설	주차장, 매점, 화장실, 우체통, 공중전화실, 약국, 시계탑, 음수장 등
공원관리시설	관리사무소, 출입문, 울타리, 담장, 게시판, 조명시설, 쓰레기통 등
그 밖의 시설	납골시설, 장례식장, 화장장 및 묘지

7 자연공원

1 자연공원의 개념
① 자연풍경지를 보호하고, 적정한 이용을 도모하여 국민의 보건휴양 및 정서생활의 향상에 기여함을 목적으로 지정
② 법제상 자연공원

국립공원	우리나라의 자연생태계나 자연 및 경관을 대표할 만한 지역으로서 자연공원법에 의해 지정된 공원으로 환경부장관이 지정, 관리
도립공원	시, 도의 자연생태계나 경관을 대표할 만한 지역으로서 자연공원법에 의해 지정된 공원으로 시, 도지사가 지정 관리
군립공원	군의 자연생태계나 경관을 대표할 만한 지역으로서 자연공원법에 의해 지정된 공원으로 군수가 지정 관리
지질공원	지구과학적으로 중요하고 경관이 우수한 지역으로서 이를 보전하고 교육, 관광사업 등에 활용하기 위하여 환경부장관이 인증한 공원

2 자연공원의 발생
① 1865년 세계 최초 미국의 요세미티자연공원 지정(현재 국립공원 지정)
② 1872년 세계 최초 미국의 옐로스톤국립공원 지정
③ 1967년 공원법제정으로 우리나라 최초의 지리산 국립공원 지정
④ 1980년 공원법개정으로 자연공원법과 도시공원법으로 분리
⑤ 2023년 팔공산 국립공원 지정으로 23개 국립공원
⑥ 국제 생물권보존지역 : 설악산, 제주도, 신안 다도해, 광릉숲, 고창, 순천, 강원 생태평화, 연천 임진강, 완도(2021년 현재)

3 우리나라의 국립공원

No.	이름	No.	이름	No.	이름
1호	지리산	9호	가야산	17호	월악산
2호	경주	10호	덕유산	18호	소백산
3호	계룡산	11호	오대산	19호	변산반도
4호	한려해상	12호	주왕산	20호	월출산
5호	설악산	13호	태안해상	21호	무등산
6호	속리산	14호	다도해해상	22호	태백산
7호	한라산	15호	북한산	23호	팔공산
8호	내장산	16호	치악산		

4 자연공원의 지정 기준

구분	내용
자연생태계	자연생태계의 보존상태가 양호하거나 멸종위기 야생동식물, 천연기념물, 보호야생 동식물이 서식할 것
자연경관	자연경관의 보전상태가 양호하여 훼손 또는 오염이 적으며 경관이 수려할 것
문화경관	문화재 또는 역사적 유물이 있으며, 자연경관과 조화되어 보전의 가치가 있을 것

5 자연공원의 용도지구

구분	내용
공원자연보존지구	다음에 해당하는 곳으로 특별히 보호할 필요가 있는 지역 • 생물다양성이 특히 풍부한 곳 • 자연생태가 원시성을 지니고 있는 곳 • 특별히 보호할 가치가 높은 야생 동식물이 살고 있는 곳 • 경관이 특히 아름다운 곳
공원자연환경지구	공원자연보존지구의 완충공간으로 보전할 필요가 있는 지역
공원마을지구	마을이 형성된 지역으로서 주민생활을 유지하는데 필요한 지역
공원문화유산지구	문화재보호법에 따른 지정문화재를 보유한 사찰과 전통사찰의 보존 및 지원에 관한 법률에 따른 전통사찰의 경내지 중 문화재의 보전에 필요하거나 불사에 필요한 시설을 설치하고자 하는 지역

8 골프장

1 성격과 유형의 분류

① 아름다운 자연경관과 신선한 공기를 맛보며 쾌적한 환경에서 즐길 수 있는 운동공간으로 시민공원과 도시의 녹지체계의 일부로서의 역할을 담당하도록 조성
② 규모에 따른 분류

코스	규모
선수권코스(champion course)	골프시합이 가능한 코스, 종합연습장이 있음
정규코스(regular course)	대규모 경기는 곤란
실행코스(executive course)	6,000m 이하의 거리로 골프연습 코스

2 골프장의 설계기준

① 입지조건
  ㉠ 부지의 형상은 남북으로 긴 구형(장방형)이 적당
  ㉡ 고저차(10 ~ 20m), 경사(3 ~ 7%)가 완만한 지역
  ㉢ 주변 경관이 좋고 남사면이나 남동사면이 적당
  ㉣ 산림, 연못, 하천, 등의 자연지형을 많이 이용할 수 있는 곳
  ㉤ 잔디식재에 좋은 토양과 배수가 잘되고 지하수위가 깊은 곳
  ㉥ 배후 도시가 충분하고 교통이 편리한 곳(소요시간 1 ~ 1.5시간)
  ㉦ 부지 매입이나 공사비가 절약될 수 있는 곳
  ㉧ 골프코스를 흥미롭게 설계할 수 있는 곳
② 공간구성 : 클럽하우스를 중심으로 골프코스구역, 관리시설구역, 위락시설구역, 생산시설구역, 환경보존구역으로 구성
③ 구성 : 18홀(아웃[out] 9홀, 인[in] 9홀)로 구성
④ 토양 : 토질이 양호하고 관개용 용수가 풍부한 곳

3 설계지침

① 코스

쇼트홀	기준타수가 3타(par 3)인 홀로서 18홀 중 4개의 쇼트홀 배치
미들홀	기준타수가 4타(par 4)인 홀로서 18홀 중 10개의 미들홀 배치
롱홀	기준타수가 5타(par 5)인 홀로서 18홀 중 4개의 롱홀 배치

  ㉠ 표준적 골프코스는 18홀, 전장 6,300야드, 용지면적 700,000㎡ 정도
  ㉡ 숲이나 계곡, 연못 등의 장애물은 자연을 이용하거나 인공적 설치
  ㉢ 클럽하우스는 골프장을 방문하는 사람들이 맨 처음 방문하고, 마지막으로 거치는 장소로 이용자의 편의에 불편함이 없게 배치
  ㉣ 그늘집은 골프코스 사이의 휴게소로 간단한 휴식과 편의 제공

  ※ 야드(yard)
    영, 미 등의 인치 단위의 사용국에서 사용되는 길이의 기본 단위. 1yard = 0.9144m

② 홀의 구성
  ㉠ 티잉그라운드 : 줄여서 티(tee)라고도 하며, 각 홀의 출발지역으로 평탄한 지면을 조성(1 ~ 1.5% 경사), 첫 타를 티 샷으로 지칭(면적 400 ~ 500㎡ 정도)
  ㉡ 그린 : 홀의 종점지역으로 출발지역에서 보이는 곳에 설치, 홀에 볼을 굴려 넣기 위한 매트 상으로 홀에는 깃대 세움(600 ~ 900㎡ 정도, 2 ~ 5% 경사)
  ㉢ 페어웨이 : 티와 그린 사이, 50 ~ 60m 정도의 폭을 잡초 없이 잔디를 깎아 볼을 치기 쉬운 상태로 유지(2 ~ 10% 경사, 25% 이상 부적당)
  ㉣ 러프 : 페어웨이 주변 정지되지 않는 지대로 잡초, 저목, 수림 등으로 되어 있어 샷을 어렵게 하는 곳

ⓜ 벙커 : 페어웨이와 그린 주변에 설치하는 장애물로 움푹 파인 모래밭, 페어웨이의 벙커는 티에서 210 ~ 230m 지점에 설치
ⓑ 해저드 : 조경이나 난이도 조절을 위해 코스 내에 설치한 장애물로 벙커 및 연못, 도랑, 하천 등의 구역 (penalty areas : 2019년 개정)
ⓢ 에이프런 : 그린의 가장자리를 의미하며 페어웨이보다는 짧지만 그린보다는 길게 유지

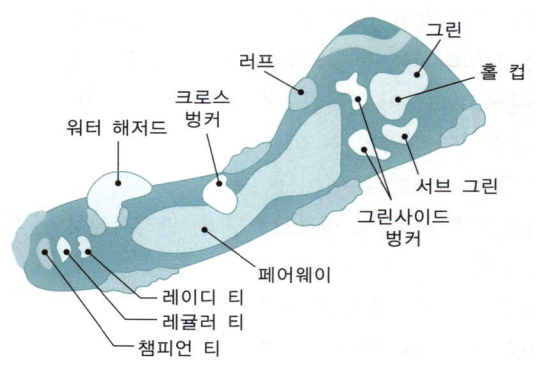

9 사적지조경

1 성격과 기능
① 사적지는 대부분 역사적 사실과 문화적 내용을 가지는 지역으로 시대성을 지니고 있음
② 문화재보호법에 의해 지정된 문화재가 많으므로 법령을 준수

2 설계기준
① 문화재보호법을 준수
② 시설물은 주변과 역사적 환경에 맞게 색채, 형태, 질감 등을 고려하여 선택
③ 경내 조경은 엄숙하고 전통적인 분위기를 내도록 조성하고, 기존 경관을 최대한 보존하면서 전통적 수종 식재

※ 전통적 조경수목

성상	수종
낙엽교목	느티, 은행, 모과, 감, 대추, 살구, 호두, 배롱, 뽕
낙엽관목	모란, 앵두, 무궁화, 석류
상록교목	전, 측백, 소, 주목, 동백
상록관목	천리향, 치자, 회양목, 사철
초화류	국화, 난, 작약, 옥잠화, 원추리, 패랭이 꽃, 연꽃
기타	대나무류, 으름덩굴, 머루

3 설계지침

① 진입부에는 향토수종을 식재하고 장승, 문주, 탑 등 상징적 시설 설치
② 묘담 내, 묘역 전면, 성의 외곽, 회랑이 있는 사찰 내부, 건물 가까이, 석탑 주위 등은 수목식재 금지구역으로 설정
③ 휴게소와 벤치는 사적과 조화되게 설치
④ 안내판은 문화재보호법의 규정에 따름
⑤ 경사지나 절개지는 장대석을 쌓고 1.5m 이상은 단을 쌓음
⑥ 계단은 화강암이나 넓적한 자연석을 이용하여 조성
⑦ 포장은 전돌이나 화강암 판석을 이용
⑧ 모든 시설물에 시멘트 노출 금지
⑨ 상록교목보다는 낙엽활엽수 식재
⑩ 궁궐이나 절의 건물터는 잔디식재

10 생태복원

1 공종의 정의

복원	교란 이전의 원생태계의 구조와 기능을 회복하는 것
복구	완벽한 복원이 아니라 원래의 자연생태계와 유사한 수준으로 회복하는 것
대체	원래의 생태계와는 다른 구조를 갖는 동등 이상의 생태계로 조성하는 것

① 실제 복원이나 복구수준으로 회복하는 것은 기술적으로 어려우므로 일반적으로 대체 생태계의 조성이 목표
② 생태계 복원에는 기반조성과 아울러 식생 도입도 포함
③ 천이
  ㉠ 어떤 장소에 존재하는 생물공동체가 시간의 경과에 따라 종조성이나 구조의 변화로 다른 생물공동체로 변화하는 시간적 변이과정을 말하며, 최종적으로 도달하게 되는 안정되고도 영속성 있는 상태를 '극성상(극상)'이라고 함
  ㉡ 2차 천이 : 재해나 인위적 작용(외부 교란 : 산불, 병충해, 홍수 벌목 등)에 의해 기존 식생 군락이 제거되거나 외부 교란이 일어난 곳에서 생겨나는 천이
  ㉢ 나지 → 초지 → 소관목 → 대관목 → 양수림 → 혼합림 → 음수림 순
④ 식생의 정의
  ㉠ 자연식생 : 인간에 의하여 영향을 받지 않고 자연 그대로 생육하고 있는 식생
  ㉡ 원식생 : 인간에 의한 영향을 받기 이전의 자연식생
  ㉢ 대상식생 : 자연식생과 대응되는 것으로, 인위적 간섭에 의해 이루어진 식물군락
  ㉣ 잠재자연식생 : 어떤 지역의 대상식생을 지속시키는 인위적 간섭이 완전히 정지되었을 때 당시의 그 입지를 지탱할 수 있다고 추정되는 자연식생

2 생태복원재료

① 재료선정의 기준
  ㉠ 자연향토 경관과 조화되고 미적효과가 높은 것
  ㉡ 복원대상지 주변 식생과 생태적, 경관적으로 조화될 수 있는 식물
  ㉢ 식생천이가 빠르게 이루어 극상을 감안한 잠재식생 선정
  ㉣ 인공재료 사용 시 생태복원을 전제로 생산된 재료 사용

② 수생식물재료

생활형	특징	식물명
습생식물	물가나 그 주변에 접한 습지보다 육지 쪽으로 서식	갈풀, 여뀌류, 고마리, 물억새, 갯버들, 버드나무 등
정수식물	물속 토양에 뿌리를 뻗고 수면 위까지 성장하는 식물	갈대, 부들, 애기부들, 달뿌리풀, 창포, 미나리 등
부엽식물	물속 토양에 뿌리를 뻗고 부유기구로 인해 수면에 잎이 떠 있는 식물	수련, 마름, 어리연꽃, 자라풀 등
침수식물	물속 토양에 뿌리를 뻗고 수면 아래 물속에서 성장하는 식물	물수세미, 물질경이, 검정말 등
부유식물	물속에 뿌리가 떠 있고 물속이나 수면에 식물체 전체가 떠 있는 식물	개구리밥, 생이가래 등

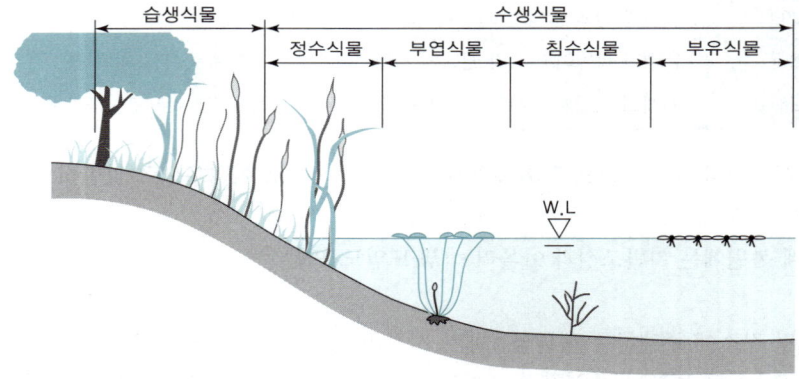

생태 연못 식물의 유형구분 모식도

③ 재료의 종류 및 특성
  ㉠ 섶단 : 버드나무, 갯버들 등 삽목, 천연 야자섬유에 갈대 등 식재
  ㉡ 윗가지 : 버드나무 가지를 발모양으로 엮어 사면 보호용으로 사용
  ㉢ 식생콘크리트(다공질콘크리트) : 생태계에 부합함으로써 환경 조화성과 쾌적성 확보
  ㉣ 야자섬유 두루마리 및 녹화마대 : 부식 후 토양 오염을 일으키지 않는 환경적 재료
  ㉤ 돌망태 : 철망에 돌을 채워 유속이 빠른 하안의 안정에 사용
  ㉥ 통나무 및 나무말뚝 : 호안의 안정화나 계단 등에 사용
  ㉦ 멀칭재료 : 황마로 짠 그물로서 차광률 35% 정도이며 녹화핀으로 고정
  ㉧ 식생섬(인공부도) : 식생을 도입할 수 있는 재료를 사용하여 물새와 어류의 서식환경 창출, 경관향상, 수질정화, 호안침식 방지 등의 기능

11 실내조경

1 성격과 기능
① 각종 유형의 실내공간에 생명력을 가진 각종 생물과 무생물을 소재로 공간의 성격에 알맞게 아름다운 공간을 창조하는 것
② 실내조경은 생명력을 지닌 녹색의 식물체를 통하여 인간의 심미적 욕구를 충족시킴
③ 실내조경의 기능

장식적 기능	실내공간을 아름답게 장식하여 이용자에게 즐거움을 줌
심리적 기능	녹색식물은 피로 회복의 속도를 빠르게 하고 긴장감을 완화시킴
건축적 기능	실내조경은 실내공간을 분할, 경계하여 동선을 유도하고 특성공간을 조성
환경적 기능	식물 잎의 증산작용은 건조하기 쉬운 실내공간의 공중습도를 높여 줌
정신치료기능	흥미로운 식물과의 건전한 여가생활은 정신적 스트레스를 완화시켜 줌
광장기능	호텔, 백화점 등 대형 공공건물의 실내조경 공간은 휴식, 만남, 공연의 장소가 됨

2 실내조경계획
① 동선계획
  ㉠ 물의 용도에 따라 이용자의 행태가 다르며, 건물 내부에서 활동이 이루어짐으로써 동선 체계는 건물의 구조와 밀접한 관련성을 고려하여 계획
  ㉡ 동선계획은 이용자의 행태와 규모를 분석하여, 주동선 및 보조동선을 구분하고 활동에 방해되지 않도록 계획
② 배치계획
  ㉠ 건물 내부의 제한된 공간 내에서 주변의 건축적 요소들과 조화를 이루도록 배치
  ㉡ 조사된 종합분석도나 기본구상도를 바탕으로 공간의 특수성을 잘 파악하여 위치와 면적을 결정
  ㉢ 동선을 고려하여 적절한 위치, 크기, 상대적 비율, 조망, 경계의 특성, 배치를 결정
③ 배식계획
  ㉠ 식물의 생리와 생태 및 형태에 관한 특성을 알고, 실내에 숲이 도입된 듯한 느낌이 들도록 계획
  ㉡ 실내환경 및 생육조건의 특성을 정확히 파악하여 식물을 도입
  ㉢ 수목의 배치 순서는 교목, 관목, 지피식물 순으로 분류하거나 상층목, 중층목, 하층목, 지피류로 배식

※ 실내식물의 구분

교목	• 교목은 중심목으로 전체의 윤곽을 결정 • 형태가 아름다운 수종 선택, 너무 높거나 낮지 않은 수종 선택 • 주요 수종 : 워싱턴야자, 아레카야자, 벤자민고무나무, 녹나무 등
관목	• 중간층 수목으로 수종이 다양하고, 거의 대부분 실내식물에 해당 • 다양한 색상과 무늬를 지닌 수종이 많아 액센트 식재의 소재로 사용 • 주요 수종 : 크로톤, 백량금, 포인세티아, 스파티필름 등
지피	• 지피를 덮어 녹화, 피복하는 역할 • 볼륨감있게 식재 • 주요 수종 : 송악, 자금우과, 스킨답서스, 고사리류 등

3 시공유형

정원형	실내조경 지반을 바닥면 아래에 조성한 다음 경계석만으로 구분하고 자연스럽게 녹지를 조성하는 방법
화단형	바닥면 위에 고정된 플랜터를 설치하거나 제작하여 조성된 조경공간에 식재하는 방법
화본형	화분에 식물을 식재하여 배치하는 것으로 가장 간단한 방법
계단형	벽면이나 계단의 경사로를 이용하여 단을 조성하는 등 입체적으로 녹지를 조성하는 방법
공중형	건축공간의 천정면을 이용하여 걸거나 늘어뜨리는 방법으로 면적이 좁아 바닥면 식재가 어려운 경우게 적합
혼합형	여러 가지 형태의 조성방법을 2 ~ 3가지 이상 혼합하여 식재하는 방법

4 시공방법

① 식재지역의 방수가 제대로 되었는지 물을 부어 확인한 후 물고임 현상이 없도록 배수구의 경사를 충분히 두어 바닥면을 정리
② 일반건물 내부 등에서 시공 시 안전성을 확인하고, 인공토양 조성 시 충분히 관수
③ 공사 착수 전 인공지반에 조성된 플랜트 박스의 내부 굴곡과 요철 상태를 정리하고, 이물질은 완전히 제거하여 배수구의 막힘은 사전에 방지
④ 자갈이나 배수판을 실내조경 면적 전체에 깔아 배수층을 형성
⑤ 배수판 위에는 입자가 배수판의 구멍을 막는 일이 없도록 투수시트(부직포)를 깜
⑥ 식재공간에 도시된 높이만큼 인공토양을 채우고 중심목, 교목, 관목, 지피류의 순서로 식재

12 도로조경

1 기능식재

시선유도식재	• 주행 중의 운전자가 도로의 선형변화를 미리 판단할 수 있도록 시선을 유도해 주는 식재 • 도로의 곡률반경이 700m 이하가 되는 작은 곡선부에는 반드시 조성
지표식재	• 운전자에게 장소적 위치를 알려주기 위하여 랜드마크를 형성시키는 식재
차광식재	• 마주 오는 차량이나 인접한 다른 도로로부터의 광선을 차단하기 위한 식재 • 식재간격은 수관지름의 5배 정도
명암순응식재	• 눈의 명암에 대한 순응시간을 고려하여 터널 등의 주변에 명암을 서서히 바꿀 수 있도록 하는 식재 • 터널 입구로부터 200 ~ 300m 구간의 노면과 중앙분리대에 상록교목 식재
진입방지식재	• 고속도로의 외부에서 내부로 들어오려는 사람이나 동물을 막기 위한 것
완충식재	• 도로의 외측에 심어 차선 밖으로 이탈한 차의 충격을 완화시키기 위한 것으로 운전자에게 안정감 부여

2 중앙분리대

① 자동차 배기가스에 잘 견디는 수종
② 지엽이 밀생하고 빨리 자라지 않는 수종
③ 맹아력이 강하고 하지가 밑까지 발생한 수종
④ 수종별 차광률
　㉠ 90% 이상 : 가이즈카 향나무, 졸가시나무, 향나무, 돈나무 등
　㉡ 70 ~ 90% : 다정큼나무, 광나무, 애기동백나무 등

3 가로수식재

① 가로수의 효과
　㉠ 미기후 조절과 가로의 매연과 분진의 흡착
　㉡ 자동차나 보행자의 시선을 유도하고 녹음을 제공
　㉢ 유독성가스를 흡수하여 대기를 정화하고 교통의 소음 감소
　㉣ 녹음과 녹지대를 통하여 가로에 자연성 부여 및 경관 개선
② 일반조건
　㉠ 수형, 잎의 모양, 색채 등이 아름다울 것
　㉡ 불량한 토양에서도 생육이 가능하며, 생장속도도 빠를 것
　㉢ 이식하기 쉽고 전정에 강하며 병충해, 공해에도 강할 것
　㉣ 지하고가 높고 보행인의 답압 및 염화칼슘 등에 강할 것
　㉤ 역사성, 향토성을 풍기며 도시민에게 친밀감을 줄 것
　㉥ 줄기가 곧고 가지가 고루 발달되어 어느 방향으로든지 나무별 특유의 수형을 갖출 것

Ⓐ 보통 수고 3.5m 이상, 흉고직경 4cm 이상(근원직경 8cm 이상)
　　Ⓑ 도시 중심가 및 특정 지역에서는 수고 4m 이상, 흉고직경 10cm, 지하고 2m 이상
　　Ⓒ 수관부와 지하고의 비율이 6 : 4의 균형을 유지할 것
　③ 식재기준
　　㉠ 가로수는 보도의 너비가 2.5m 이상 되어야 식재
　　㉡ 식재위치 좌우 1m 정도의 차단되지 않은 입지 상태를 가질 것
　　㉢ 2m 이상의 토심이 주어지는 동시에 자연 토양층과 연결될 것
　　㉣ 차도로부터 0.65m 이상, 건물로부터 5 ~ 7m 이격식재
　　㉤ 수간거리는 성목 시 수관이 서로 접촉하지 않을 정도의 6 ~ 10m
　　㉥ 특별한 경우를 제외하고는 한 가로변에 동일 수종 식재
　　㉦ 뿌리둘레에 3 ~ 5㎡ 정도의 비포장 구간 설정(수목보호 덮게설치)
　④ 가로수 식재간격
　　㉠ 생장이 빠른 교목은 8 ~ 10m 간격
　　㉡ 생장이 느린 교목은 6m 간격으로 배식
　⑤ 가로수에 적합한 수종
　　은행나무, 메타세콰이어, 느티나무, 양버즘나무, 백합나무, 가중나무, 칠엽수, 회화나무, 벚나무, 이팝나무 등

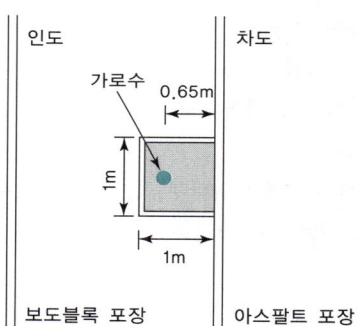

4 녹도

① 보행과 자전거 통행을 위주로 한 자연의 환경요소가 담겨진 도로
② 일상생활과 직접 결합된 통학, 통근, 산책, 장보기 등을 위한 도로
③ 녹도 전체의 너비는 적어도 10m 내외 소요
④ 보도와 자전거용 도로는 식수대로 분리
⑤ 방범 문제상 멀리 바라볼 수 있도록 하고 야간에는 조명이 고루 닿도록 배식

13 경사면(법면)식재

1 식생의 피복 효과
① 빗물이 흘러내리지 않고 그대로 증발해 강우량 감소 효과
② 빗방울에 대한 쿠션적 작용과 유수량 감소로 침식 방지
③ 줄기와 잎에 의해 흘러내리는 물의 속도 감소
④ 뿌리가 토양입자를 얽어매고 투수성을 향상시켜 표면 유수량 감소
⑤ 지표 온도의 완화와 동상 방지

※ 법면
　절토 또는 성토에 의해 이루어진 인위적인 사면을 법면이라 함

2 법면 피복용 초류의 조건
① 건조에 잘 견디고 척박지에서도 잘 자라는 것
② 싹틈이 빠르고 생장이 왕성하여 단시일에 피복이 가능한 것
③ 뿌리가 흙 입자를 잘 얽어 표층 토사의 이동을 막아 줄 수 있는 것
④ 1년초보다는 다년생 초본이 적합
⑤ 그 지역의 환경인자에 어울리는 강한 성질을 가진 종류
⑥ 종자의 입수가 수월하고 가격이 저렴할 것

※ 겁면 피복용 초류
　잔디, 위핑러브 글래스, 켄터키블루 글래스, 톨 페스큐 등

PART 02 예상문제

01 다음 중 원로를 계단으로 공사하여야 하는 지형상의 기울기는?

① 2%   ② 5%
③ 10%   ④ 18%

02 다음 조경 구조물 중 계단의 설계기준을 h(단높이)와 b(단너비)를 이용하여 바르게 나타낸 것은?

① h+b=60 ~ 65cm
② h+2b=60 ~ 65cm
③ 2h+b=60 ~ 65cm
④ 2h+2b=60 ~ 65cm

03 일반적으로 계단을 설계할 때 계단의 축상높이가 12cm일 때, 답면의 너비(cm)로 가장 적합한 것은?

① 20 ~ 25   ② 26 ~ 31
③ 31 ~ 36   ④ 36 ~ 41

04 주택단지 안의 건축물 또는 옥외에 설치하는 계단의 경우 공동으로 사용할 목적인 경우 최소 얼마 이상의 유효폭을 가져야 하는가?(단, 단높이는 18cm 이하, 단 너비는 26cm 이상으로 한다.)

① 100cm   ② 120cm
③ 140cm   ④ 160cm

05 신체장애자를 위한 경사로(RAMP)를 만들 때 가장 적당한 경사는?

① 8% 이하   ② 10% 이하
③ 12% 이하   ④ 15% 이하

06 자연식 연못 설계와 관련된 설명 중 (   )에 적합한 수치는?

일반적으로 연못의 설계 시 연못의 면적은 정원 전체 면적의 1/9 이하가 힘의 균형을 이룰 수 있는 적정한 규모이며, 최소 (   )㎡ 이상의 넓이가 바람직하다.

① 1.5   ② 5
③ 10   ④ 15

07 퍼걸러의 설치 장소로 적합하지 않은 것은?

① 건물에 붙여 만들어진 테라스 위
② 주택 정원의 가운데
③ 통경선의 끝부분
④ 주택 정원의 구석진 곳

08 등나무 등의 덩굴식물을 올려 가꾸기 위한 시렁과 비슷한 생김새를 가진 시설물로 여름철 그늘을 지어주기 위한 것은?

① 플랜터   ② 파고라
③ 볼라드   ④ 래더

정답 01 ④ 02 ③ 03 ④ 04 ② 05 ① 06 ① 07 ② 08 ②

09 조경설계기준상 휴게시설의 의자에 관한 설명으로 틀린 것은?

① 체류시간을 고려하여 설계하며, 긴 휴식에 이용되는 의자는 앉음판의 높이가 낮고 등받이를 길게 설계한다.
② 등받이 각도는 수평면을 기준으로 85 ~ 95°를 기준으로 한다.
③ 앉음판의 높이는 35 ~ 46cm를 기준으로 하되 어린이를 위한 의자는 낮게 할 수 있다.
④ 의자의 길이는 1인당 최소 45cm를 기준으로 하되, 팔걸이 부분의 폭은 제외한다.

10 거실이나 응접실 또는 식당 앞에 건물과 잇대어서 만드는 시설물은?

① 정자 ② 테라스
③ 모래터 ④ 트렐리스

11 다음과 같은 특징 설명에 가장 적합한 시설물은?

- 간단한 눈가림 구실을 한다.
- 서양식으로 꾸며진 중문으로 볼 수 있다.
- 보통 가는 철제파이프 또는 각목으로 만든다.
- 장미 등 덩굴식물을 올려서 장식한다.

① 퍼걸러 ② 아치
③ 트렐리스 ④ 펜스

12 좁고 얄팍한 목재를 엮어 1.5m 정도의 높이가 되도록 만들어 놓은 격자형의 시설물로서 덩굴식물을 지탱하기 위한 것은?

① 파고라 ② 아치
③ 트렐리스 ④ 정자

13 조경공간에서의 휴지통에 대한 설명 중 틀린 것은?

① 통풍이 좋고 건조하기 쉬운 구조로 한다.
② 내화성이 있는 구조로 한다.
③ 쓰레기를 수거하기 쉽도록 한다.
④ 지저분하므로 눈에 잘 띄지 않는 장소에 설치한다.

14 다음 중 음수대에 관한 설명으로 옳지 않은 것은?

① 표면재료는 청결성, 내구성, 보수성을 고려한다.
② 양지 바른 곳에 설치하고, 가급적 습한 곳은 피한다.
③ 유지관리상 배수는 수직 배수관을 많이 사용하는 것이 좋다.
④ 음수전의 높이는 성인, 어린이, 장애인 등 이용자의 신체특성을 고려하여 적정높이로 한다.

15 울타리는 종류나 쓰이는 목적에 따라 높이가 다른데 일반적으로 사람의 침입을 방지하기 위한 경우 높이는 어느 정도가 적당한가?

① 20 ~ 30cm ② 50 ~ 60cm
③ 80 ~ 100cm ④ 180 ~ 200cm

16 형광등 아래서 물건을 고를 때 외부로 나가면 어떤 색으로 보일까 망설이게 된다. 이처럼 조명광에 의하여 물체의 색을 결정하는 광원의 성질은?

① 직진성 ② 연색성
③ 발광성 ④ 색순응

정답 09 ② 10 ② 11 ② 12 ③ 13 ④ 14 ③ 15 ④ 16 ②

17 광질의 특성 때문에 안개지역 조명, 도로조명, 터널조명 등에 적합한 전등은?

① 할로겐등 ② 형광등
③ 수은등   ④ 나트륨등

18 설치비용은 비싸지만 열효율이 높고 투시성이 좋으며 관리비도 싸서 안개지역, 터널 등의 장소에 설치하기 적합한 조명등은?

① 할로겐등   ② 고압수은등
③ 저압나트륨등 ④ 형광등

19 가로 조명등의 종류별 특징에 관한 설명으로 틀린 것은?

① 강철 조명등은 내구성이 강하지만 부식이 잘 된다.
② 알루미늄 조명등은 부식에 약하지만 비용이 저렴한 편이다.
③ 콘크리트 조명등은 유지가 용이하고, 내구성이 강하지만 설치시 무게로 인해 장비가 요구된다.
④ 나무로 만든 조명등은 미관적으로 좋고 초기의 유지가 용이하다.

20 다음 중 전등의 평균수명이 가장 긴 것은?

① 백열전구 ② 할로겐등
③ 수은등   ④ 형광등

21 물 재료를 정적인 이용면으로 시설한 것은?

① 분수 ② 폭포
③ 벽천 ④ 풀

22 물에 대한 설명이 틀린 것은?

① 호수, 연못, 풀 등은 정적으로 이용된다.
② 분수, 폭포, 벽천, 계단폭포 등은 동적으로 이용된다.
③ 조경에서 물의 이용은 동, 서양 모두 즐겨 했다.
④ 벽천은 다른 수경에 비해 대규모 지역에 어울리는 방법이다.

23 노외주차장의 구조, 설비 기준으로 틀린 것은?(단, 주차장법 시행규칙을 적용한다.)

① 노외주차장의 출구와 입구에서 자동차의 회전을 쉽게 하기 위하여 필요한 경우에는 차로와 도로가 접하는 부분을 곡선형으로 하여야 한다.
② 노외주차장의 출구 부근의 구조는 해당 출구로부터 2m를 후퇴한 노외주차장의 차로의 중심선상 1.0m의 높이에서 도로의 중심선에 직각으로 향한 왼쪽, 오른쪽 각각 45도의 범위에서 해당 도로를 통행하는 자를 확인할 수 있도록 하여야 한다.
③ 노외주차장의 출입구 너비는 3.5m 이상으로 하여야 하며, 주차대수 규모가 50대 이상인 경우에는 출구와 입구를 분리하거나 너비 5.5m 이상의 출입구를 설치하여 소통이 원활하도록 하여야 한다.
④ 노외주차장에서 주차에 사용되는 부분의 높이는 주차 바닥면으로부터 2.1m 이상으로 하여야 한다.

24 주택정원의 세부공간 중 가장 공공성이 강한 성격을 갖는 공간은?

① 안뜰 ② 앞뜰
③ 뒤뜰 ④ 작업뜰

정답 17 ④ 18 ③ 19 ② 20 ③ 21 ④ 22 ④ 23 ② 24 ②

25 주택정원의 대문에서 현관에 이르는 공간으로 명쾌하고 가장 밝은 공간이 되도록 조성해야 하는 곳은?

① 앞뜰　　② 안뜰
③ 뒷뜰　　④ 가운데뜰

26 주택정원의 공간부분에 있어서 응접실이나 거실 전면에 위치한 뜰로 정원의 중심이 되는 곳이며, 면적이 넓고 양지 바른 곳에 위치하는 공간은?

① 앞뜰　　② 안뜰
③ 작업뜰　④ 뒤뜰

27 단독주택정원에서 일반적으로 장독대, 쓰레기통, 창고 등이 설치되는 공간은?

① 뒤뜰　　② 안뜰
③ 앞뜰　　④ 작업뜰

28 주택정원을 설계할 때 일반적으로 고려할 사항이 아닌 것은?

① 무엇보다도 안전 위주로 설계해야 한다.
② 시공과 관리하기가 쉽도록 설계해야 한다.
③ 특수하고 귀중한 재료만을 선정하여 설계해야 한다.
④ 재료는 구하기 쉬운 재료를 넣어 설계한다.

29 주택단지 정원의 설계에 관한 사항으로 알맞은 것은?

① 녹지율은 50% 이상이 바람직하다.
② 건물 가까이에 상록성 교목을 식재한다.
③ 단지의 외곽부에는 차폐 및 완충식재를 한다.
④ 공간의 효율을 높이기 위해 차도와 보도를 인접 및 교차시킨다.

30 다음 중 일반적인 학교정원의 공간별 설계방법으로 거리가 먼 것은?

① 앞뜰구역에는 잔디밭이나 화단, 분수, 조각물, 휴게 시설 등을 설치한다.
② 가운데 뜰 구역은 면적이 좁은 경우가 많으므로 상록성 교목류의 사용을 권장한다.
③ 뒤뜰 면적이 좁은 경우에는 음지식물 학습원을 만들 수 있다.
④ 운동장과 교실 건물 사이는 5~10m의 녹지대를 설치하여 소음과 먼지 등을 차단시킨다.

31 옥상정원에서 식물을 심을 자리는 전체 면적의 얼마를 넘지 않도록 하는 것이 좋은가?

① 1/2　　② 1/3
③ 1/4　　④ 1/5

32 인공지반 조성 시 토양유실 및 배수기능이 저하되지 않도록 배수층과 토층 사이에 여과와 분리를 위해 설치하는 것은?

① 자갈　　② 모래
③ 토목섬유　④ 합성수지 배수판

정답　25 ①　26 ②　27 ④　28 ③　29 ③　30 ②　31 ②　32 ③

33 옥상정원의 환경조건에 대한 설명으로 적합하지 않은 것은?

① 토양수분의 용량이 적다.
② 토양 온도의 변동 폭이 크다.
③ 양분의 유실속도가 늦다.
④ 바람의 피해를 받기 쉽다.

34 일반적으로 옥상 정원 설계 시 고려할 사항으로 관계가 적은 것은?

① 토양층 깊이   ② 방수 문제
③ 잘 자라는 수목 선정   ④ 하중 문제

35 다음 중 옥상정원의 설계기준으로 옳지 않은 것은?

① 식재 토양의 깊이는 옥상이라는 점을 고려하여 가능한 깊어야 한다.
② 열악한 생육환경에 견딜 수 있고, 경관구조와 기능적인 면에 만족할 수 있는 수종을 선택하여야 한다.
③ 건물구조에 영향을 미치는 하중문제를 우선 고려하여야 한다.
④ 바람, 한발, 강우 등 자연재해로부터의 안정성을 고려하여야 한다.

36 옥상정원 인공지반 상단의 식재 토양층 조성 시 경량재로 사용하기 가장 부적당한 것은?

① 버미큘라이트   ② 펄라이트
③ 피트   ④ 석회

37 오픈 스페이스에 해당되지 않는 것은?

① 건폐지   ② 공원묘지
③ 광장   ④ 학교운동장

38 도시 공원의 기능 설명으로 올바르지 않은 것은?

① 레크리에이션을 위한 자리를 제공해 준다.
② 그 지역의 중심적인 역할을 한다.
③ 도시환경에 자연을 제공해 준다.
④ 주변 부지의 생산적 가치를 높게 해준다.

39 도시공원 및 녹지 등에 관한 법규에 의한 어린이 공원의 설계기준으로 부적합한 것은?

① 유치거리 250m 이하
② 규모는 1,500㎡ 이상
③ 공원시설 부지면적은 60% 이하
④ 건물면적은 10% 이하

40 다음 도시공원 및 녹지 등에 관한 법률 시행규칙에서 공원 규모가 가장 작은 것은?

① 묘지공원   ② 체육공원
③ 광역권근린공원   ④ 어린이공원

41 어린이공원에 심을 경우 어린이에게 해를 가할 수 있기 때문에 식재하지 말아야 할 수종은?

① 느티나무   ② 음나무
③ 일본목련   ④ 모란

정답 33 ③ 34 ③ 35 ① 36 ④ 37 ① 38 ④ 39 ④ 40 ④ 41 ②

42 다음과 같은 조건을 갖춘 공원으로 적당한 것은?

- 한 초등학교 구역 1개소 설치
- 유치거리는 500m 이하
- 면적은 10,000㎡ 이상

① 어린이 공원　② 근린 공원
③ 체육 공원　④ 도시자연공원

43 묘지공원의 설계 지침으로 올바른 것은?

① 장제장 주변은 기능상 키가 작은 관목만 식재한다.
② 산책로는 이용하기 좋게 주로 직선화한다.
③ 묘지공원 내는 경건한 분위기를 위해 어린이 놀이터 등 휴게시설 설치를 일체 금지시킨다.
④ 전망대 주변에는 큰 나무를 피하고, 적당한 크기의 화목류를 배치한다.

44 녹지계통의 형태가 아닌 것은?

① 분산형(산재형)　② 환상형
③ 입체분리형　④ 방사형

45 조경시설물 중 관리 시설물로 분류되는 것은?

① 분수, 인공폭포　② 그네, 미끄럼틀
③ 축구장, 철봉　④ 조명시설, 표지판

46 도시공원 및 녹지 등에 관한 법률에서 규정한 편익시설로만 구성된 공원시설들은?

① 주차장, 매점　② 박물관, 휴게소
③ 야외음악당, 식물원　④ 그네, 미끄럼틀

47 도시공원 및 녹지 등에 관한 법률 시행규칙에 의해 도시공원의 효용을 다하기 위하여 설치하는 공원시설 중 편익시설로 분류되는 것은?

① 야유회장　② 자연체험장
③ 정글짐　④ 전망대

48 자연공원법상 자연공원이 아닌 것은?

① 국립공원　② 도립공원
③ 군립공원　④ 생태공원

49 자연공원을 조성하려 할 때 가장 중요하게 고려해야 할 요소는?

① 자연경관 요소　② 인공경관 요소
③ 미적 요소　④ 기능적 요소

50 우리나라 최초의 국립공원은?

① 설악산　② 한라산
③ 지리산　④ 내장산

정답　42 ②　43 ④　44 ③　45 ④　46 ①　47 ④　48 ④　49 ①　50 ③

51 골프장 설치장소로 적합하지 않은 곳은?

① 교통이 편리한 위치에 있는 곳
② 골프코스를 흥미롭게 설계할 수 있는 곳
③ 기후의 영향을 많이 받는 곳
④ 부지매입이나 공사비가 절약될 수 있는 곳

52 다음 골프와 관련된 용어 설명으로 옳지 않는 것은?

① 에이프런 칼라(apron collar) : 임시로 그린의 표면을 잔디가 아닌 모래로 마감한 그린을 말한다.
② 코스(course) : 골프장 내 플레이가 허용되는 모든 구역을 말한다.
③ 해저드(hazard) : 벙커 및 워터 해저드를 말한다.
④ 티샷(tee shot) : 티그라운드에서 제 1타를 치는 것을 말한다.

53 골프 코스 중 출발지점을 무엇이라 하는가?

① 티(Tee)   ② 그린(Green)
③ 페어웨이(Fair way)   ④ 러프(Rough)

54 다음 중 골프장에서 잔디와 그린이 있는 곳을 제외하고 모래나 연못 등과 같이 장애물을 설치한 것을 가리키는 것은?

① 페어웨이   ② 해저드
③ 벙커   ④ 러프

55 다음 골프 코스 중 티와 그린 사이에 짧게 깎은 페어웨이 및 러프 등에서 가장 이용이 많은 잔디로 적합한 것은?

① 들잔디   ② 벤트그라스
③ 버뮤다그라스   ④ 라이그라스

56 골프장 그린에 주로 식재되어 초장을 4 ~ 7mm로 짧게 깎아 관리하는 잔디는?

① 한국잔디   ② 버뮤다 그라스
③ 라이 그라스   ④ 벤트 그라스

57 다음 중 사적지 조경의 설계지침으로 옳지 않은 것은?

① 안내판은 사적지별로 개성있게 제작한다.
② 계단은 화강암이나 넓적한 자연석을 이용한다.
③ 모든 시설물에는 시멘트를 노출시키지 않는다.
④ 휴게소나 벤치는 사적지와 조화를 이루도록 한다.

58 사적지 조경의 식재계획 내용 중 적합하지 않은 것은?

① 민가의 안마당에는 교목류를 식재한다.
② 사찰 회랑 경내에는 나무를 심지 않는다.
③ 성곽 가까이에는 교목을 심지 않는다.
④ 궁이나 절의 건물터는 잔디를 식재한다.

59 생태복원을 목적으로 사용하는 재료로서 거리가 먼 것은?

① 식생매트   ② 잔디블럭
③ 녹화마대   ④ 식생자루

정답 51 ③ 52 ① 53 ① 54 ② 55 ① 56 ④ 57 ① 58 ① 59 ③

60 실내조경 식물의 선정기준이 아닌 것은?

① 낮은 광도에 견디는 식물
② 온도변화에 예민한 식물
③ 가스에 잘 견디는 식물
④ 내건성과 내습성이 강한 식물

61 고속도로의 시선 유도식재는?

① 위치를 알려준다.
② 침식을 방지한다.
③ 속력을 줄이게 한다.
④ 전방의 도로 형태를 알려준다.

62 도로 식재 중 사고방지 기능 식재에 속하지 않는 것은?

① 명암순응식재   ② 시선유도식재
③ 녹음식재   ④ 침입방지식재

63 고속도로 중앙분리대 식재에서 차광률이 가장 높은 나무는?

① 느티나무   ② 협죽도
③ 동백나무   ④ 향나무

64 다음 중 가로수를 심는 목적이라고 볼 수 없는 것은?

① 녹음을 제공한다.
② 도시환경을 개선한다.
③ 방음과 방화의 효과가 있다.
④ 시선을 유도한다.

65 가로수로서 갖추어야 할 조건을 기술한 것 중 옳지 않은 것은?

① 사철 푸른 상록수
② 각종 공해에 잘견디는 수종
③ 강한 바람에도 잘 견딜 수 있는 수종
④ 여름철 그늘을 만들고 병충해에 잘 견디는 수종

66 다음 중 가로수 식재를 설명한 것 중에서 옳지 않은 것은?

① 일반적으로 가로수 식재는 도로변에 교목을 줄지어 심는 것을 말한다.
② 가로수 식재 형식은 일정 간격으로 같은 크기의 같은 나무를 일렬 또는 이열로 식재한다.
③ 식재 간격은 나무의 종류나 식재목적, 식재지의 환경에 따라 다르나 일반적으로 4~10m로 하는데, 5m 간격으로 심는 경우가 많다.
④ 가로수는 보도의 나비가 2.5m 이상되어야 식재할 수 있으며, 건물로부터는 5.0m 이상 떨어져야 그 나무의 고유한 수형을 나타낼 수 있다.

67 가로수는 차도 가장자리에서 얼마 정도 떨어진 곳에 심는 것이 가장 좋은가?

① 10cm   ② 20~30cm
③ 40~50cm   ④ 60~70cm

68 다음 수종 중 가로수로 적당하지 않은 나무는?

① 은행나무   ② 무궁화
③ 느티나무   ④ 벗나무

| 정답 | 60 ② | 61 ④ | 62 ③ | 63 ④ | 64 ③ | 65 ① | 66 ③ | 67 ④ | 68 ② |

· MEMO

PART 03

조경재료

- Chapter 01 조경재료의 분류와 특성
- Chapter 02 조경수목의 분류
- Chapter 03 조경수목의 특성
- Chapter 04 조경수목과 환경
- Chapter 05 지피식물과 초화류
- Chapter 06 목재
- Chapter 07 석재
- Chapter 08 점토제품
- Chapter 09 시멘트 콘크리트 제품
- Chapter 10 합성수지
- Chapter 11 금속제품
- Chapter 12 기타재료(도장재료, 미장재료, 역청재료)

조경재료의 분류와 특성

1 조경재료의 분류

1 기능에 따른 분류
① 생물재료 : 수목, 지피식물, 초화류
② 무생물재료 : 석질재료, 목질재료, 물, 시멘트, 콘크리트제품, 점토제품, 플라스틱제품, 금속제품, 미장재료, 역청재료, 도장재료

2 특성에 따른 분류
① 자연 재료 : 식물재료, 목질재료, 석질재료, 물 등 자연에서 산출되는 재료를 말함
② 토목 건축 재료 : 부지조성, 원로, 유희시설, 휴게시설, 급·배수시설, 전기시설, 장식물 등 토목과 건축에 사용되는 재료

3 외관상 용도에 따른 분류
① 평면적 재료 : 잔디 등 지표면을 덮는 재료
② 입체적 재료 : 조경수목, 담장, 정원석, 퍼걸러, 조각상 등
③ 구획재료 : 땅을 가르거나 선의 효과를 내는 회양목, 경계석 등

2 조경재료의 특성

1 생물재료의 특성
① 자연성 : 계절적 변화 → 새싹, 개화, 결실, 단풍, 낙엽
② 연속성 : 생장과 번식을 계속하는 변화
③ 조화성 : 형태, 색채, 종류 등 다양하게 변화하며 조화
④ 비규격성(개성미) : 생물로서의 소재 특이성 지님

2 무생물재료의 특성
① 균일성 : 재질이 균일
② 불변성 : 변화가 거의 없음
③ 가공성 : 언제나 가공 가능

조경수목의 분류

1 식물재료 관련 용어

1 꽃의 구조
① 양성화 : 한 꽃에 암술, 수술이 모두 갖추어진 것
② 단성화 : 암술이나 수술 중 하나가 없는 것

2 자웅동주와 자웅이주

구분	특징
자웅동주 (암수 한 그루)	• 한 그루에서 암꽃, 수꽃이 함께 핌 • 밤나무, 자작나무, 무화과 등
자웅이주 (암수 딴 그루)	• 암꽃과 수꽃이 각자 다른 나무에서 핌 • 은행나무, 버드나무, 물푸레나무 등

2 번식방법

1 접목번식
① 접목번식의 장단점

장 점	단 점
• 동일형질 개체 다수 증식 • 씨가 없거나 삽목이 어려운 식물 증식 가능 • 개화, 결실 촉진 • 수세 조절 및 결과 향상 • 병충해 및 풍토해 저항성 증대	• 기술적으로 다소 어려움 • 일시에 대량생산 불가능 • 수명이 짧음 • 친화성이 있는 수종만 가능

② 접목의 종류

깎기접	안장접

쪼개접	혀접	합접

2 꺾꽂이(삽목)

① 종류는 엽삽, 경삽, 근삽 등
  ㉠ 엽삽 : 엽병을 포함하든지 또는 엽신만으로 삽목을 할 때 맥아를 붙이면 이것을 엽아삽(Leaf-bud cutting)이라고 함
  ㉡ 경삽 : 줄기를 삽수로 이용하는 삽목. 가지의 성숙 또는 경화 정도에 따라 녹지삽, 숙지삽, 경지삽으로 나눔
  ㉢ 근삽 : 뿌리를 잘라 보습 재료에 묻어 완전한 식물체로 키워내는 무성번식(뿌리꽂이)
② 실생묘에 비해 개화 결실이 빠름
③ 동일 형질의 개체를 일시에 다수 번식시킬 수 있는 장점
④ 수명이 짧아지거나 왜성화될 수 있는 단점
⑤ 봄에는 싹트기 전(3월경), 여름에는 생장이 일시 정지하는 장마철(6~7월), 가을에는 휴면에 들어가기 전(9~10월)에 실시
⑥ 20~30도의 온도와 포화 상태에 가까운 습도 조건이면 항상 가능

3 식물의 성상에 따른 분류

1 나무 고유의 모양으로 볼 때
① 교목
  ㉠ 뚜렷한 원줄기를 가짐(대개 4.5m 이상인 나무)
  ㉡ 꽃물푸레나무, 느티나무, 은단풍나무, 메타세콰이어, 소나무 등
② 관목
  ㉠ 뿌리 부근에서 여러 줄기가 나와 줄기와 가지 구별이 힘든 것(대개 4.5m 이하인 나무)
  ㉡ 둥근측백, 개나리, 명자나무, 박태기나무, 불두화 등

2 잎의 모양으로 볼 때
① 침엽수 : 겉씨식물, 나자식물
  ㉠ 일반적으로 잎이 좁음
  ㉡ 소나무, 전나무, 잣나무, 측백나무, 낙우송, 메타세콰이어 등
② 활엽수 : 속씨식물, 피자식물
  ㉠ 잎이 넓음
  ㉡ 사철나무, 동백나무, 느티나무, 능수버들, 회양목, 단풍나무 등

3 잎의 생태상으로 볼 때
① 상록수
  ㉠ 일년 내내 푸른 잎을 달고 있는 나무
  ㉡ 소나무, 백송, 섬잣나무, 가시나무, 사철나무, 회양목 등
② 낙엽수
  ㉠ 가을철 생리현상으로 잎이 모두 떨어지는 나무
  ㉡ 은행나무, 낙엽송, 칠엽수, 꽃물푸레나무, 층층나무, 산수유 등

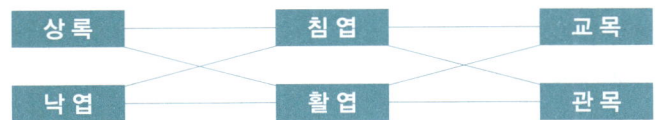

4 성상별 수종명의 예

구분	성상	수종
1	상록침엽교목	소나무, 전나무, 개잎갈나무, 잣나무, 측백나무 등
	상록침엽관목	개비자나무, 눈향나무, 눈주목 등
2	상록활엽교목	가시나무, 녹나무, 후박나무 등
	상록활엽관목	회양목, 피라칸타, 자금우 등
3	낙엽침엽교목	메타세콰이어, 낙우송, 낙엽송, 은행나무 등
	낙엽침엽관목	
4	낙엽활엽교목	느티나무, 단풍나무, 목련, 칠엽수 등
	낙엽활엽관목	개나리, 조팝나무, 쥐똥나무, 미선나무 등
5	덩굴식물	등나무, 칡, 담쟁이덩굴, 인동덩굴, 송악, 능소화, 멀꿀, 으름덩굴, 포도나무, 오미자 등

※ 미선나무
우리나라에서만 자라는 특산종으로 세계적으로 1속 1종, 물푸레나무과에 속하며 낙엽활엽관목으로 꽃은 흰색으로 개화. 열매모양은 둥근 부채를 닮음

4 관상면으로 본 분류

1 꽃을 감상하는 나무

① 봄 꽃
  ㉠ 낙엽활엽교목 : 목련, 왕벚나무, 이팝나무, 산사나무, 매화나무, 산수유 등
  ㉡ 낙엽활엽관목 : 진달래, 개나리, 생강나무, 풍년화, 박태기나무, 철쭉 등
② 여름 꽃
  ㉠ 낙엽활엽교목 : 자귀나무, 석류나무, 마가목, 산딸나무, 배롱나무 등
③ 가을 꽃
  ㉠ 낙엽활엽관목 : 무궁화, 부용 등
  ㉡ 상록활엽교목 : 금목서 등
  ㉢ 상록활엽관목 : 팔손이 등
④ 겨울 꽃
  ㉠ 상록활엽교목 : 동백나무 등

⑤ 꽃의 개화기로 본 조경수목 구별

개화기	아름다운 조경수목
2월	풍년화, 오리나무 등
3월	매화나무, 생강나무, 올벚나무, 개나리, 산수유, 동백나무 등
4월	자목련, 개나리, 겹벚나무, 꽃산딸나무, 꽃아그배나무, 목련, 백목련, 산벚나무, 아그배나무, 왕벚나무, 이팝나무, 갯버들, 명자나무, 미선나무, 박태기나무, 산수유, 산철쭉, 수수꽃다리, 조팝나무, 진달래, 호랑가시나무, 남천, 등나무, 으름덩굴 등
5월	때죽나무, 백합나무, 산딸나무, 오동나무, 일본목련, 쪽동백나무, 모란, 병꽃나무, 장미, 쥐똥나무, 돈나무, 인동덩굴 등
6월	모감주나무, 층층나무, 수국, 아왜나무, 태산목 등
7월	배롱나무, 자귀나무, 무궁화, 협죽도, 능소화 등
8월	배롱나무, 자귀나무, 무궁화, 싸리나무 등
9월	배롱나무, 부용, 싸리나무 등
10월	장미, 호랑가시나무 등
11월	호랑가시나무, 팔손이 등

⑥ 꽃의 색상에 의한 조경수목 구별

색상	아름다운 조경수목
흰색 계통	조팝나무, 미선나무, 백철쭉, 백목련, 산딸나무, 일본목련, 회화나무, 무궁화, 불두화, 팥배나무, 야광나무, 아그배나무, 아까시나무, 쥐똥나무, 배롱나무 등
노란색 계통	백합나무, 산수유, 매자나무, 모감주나무, 생강나무, 개나리, 황매화 등
붉은색 계통	모과나무, 배롱나무, 진달래, 박태기나무, 명자나무, 철쭉, 붉은병꽃나무, 해당화 등
보라색 계통	자목련, 수수꽃다리, 산철쭉, 무궁화, 등나무 등

2 열매를 관상하는 나무

① 열매의 결실에 의한 조경수목의 구별

결실기	아름다운 조경수목
봄	식나무, 멀구슬나무 등
여름	오미자, 살구나무, 자두나무 등
가을	마가목, 팥배나무, 탱자나무, 모과나무, 분꽃나무 등
겨울	쉬나무 등

② 열매의 색상에 의한 조경수목의 구별

색상	아름다운 조경수목
빨간색 계통	피라칸타, 화살나무, 사철나무, 낙상홍, 석류나무, 주목, 산딸나무, 팥배나무, 마가목, 산수유, 감나무, 감탕나무, 식나무, 노박덩굴, 생강나무(빨간-)검정) 등
노란색 계통	탱자나무, 모과나무, 살구나무, 은행나무, 회화나무, 명자나무, 상수리나무, 아그배나무, 매화나무, 멀구슬나무 등
검정색 계통	후박나무, 왕벚나무, 생강나무, 쥐똥나무, 팽나무, 팔손이, 음나무 등

3 단풍을 관상하는 나무

① 잎의 형태가 아름다운 조경수목 : 메타세콰이어, 피나무, 마가목, 물푸레나무, 일본목련, 식나무, 주목, 칠엽수, 팔손이, 단풍나무류, 이팝나무, 은행나무, 느티나무, 대왕송, 낙우송, 대나무류, 위성류, 화백, 사철나무 등
② 펼쳐지는 잎이 아름다운 조경수목 : 버드나무류, 단풍나무류, 일본잎갈나무, 위성류, 가시나무 등 신록의 아름다움이 짙게 배어있는 조경수목들
③ 단풍이 아름다운 조경수목
　㉠ 붉은색 계통의 조경수목 : 복자기, 붉나무, 옻나무, 단풍나무, 담쟁이덩굴, 마가목, 화살나무, 산딸나무, 매자나무, 참빗살나무, 감나무 등
　㉡ 노란색 또는 갈색 계통의 조경수목 : 은행나무, 고로쇠나무, 참느릅나무, 칠엽수, 때죽나무, 네군도단풍, 느티나무, 계수나무, 낙우송, 미루나무, 메타세콰이어, 백합나무, 갈참나무, 졸참나무, 배롱나무, 층층나무, 자작나무, 벽오동, 일본잎갈나무 등

4 수피를 관상하는 나무

① 흰색 계통의 조경수목 : 자작나무, 백송, 분비나무, 플라타너스류, 서어나무, 등나무, 동백나무 등
② 청록색 계통의 조경수목 : 식나무, 벽오동, 황매화 등
③ 갈색 계통의 조경수목 : 편백, 배롱나무, 철쭉류 등
④ 흑갈색 계통의 조경수목 : 해송, 가문비나무, 독일가문비, 히말라야시다 등
⑤ 적갈색 계통의 조경수목 : 소나무, 주목, 삼나무, 노각나무, 잣나무, 섬잣나무, 모과나무 등

※ 참고사항
　흰말채나무 : 붉은색 수피

5 이용상으로 본 분류

1 미화 장식용
① 단식 또는 군식
  ㉠ 공원 잔디밭, 건물 현관 옆 등 식재
  ㉡ 보다 아름답게 보이게 하는 구실
② 미화 장식용 수목의 분류
  ㉠ 상목류 : 소나무, 전나무, 독일가문비, 낙우송, 은행나무, 칠엽수, 피나무
  ㉡ 하목류 : 누운향나무, 반송, 회양목, 병꽃나무
  ㉢ 덩굴식물 : 담쟁이덩굴, 능소화, 인동덩굴, 송악, 등나무, 칡
  ㉣ 지피식물 : 잔디, 금잔디, 맥문동, 원추리, 비비추, 돌나물

2 산울타리 및 차폐식재
① 산울타리 : 도로, 옆집과의 경계 또는 담장 구실을 하는 나무
  ㉠ 수목을 열식해서 조성하는 담의 대용품
  ㉡ 경관의 배경적 구실
  ㉢ 정원 내의 구획으로 경계 가능
  ㉣ 어린나무를 30cm 간격으로 한 줄 또는 두 줄로 교호식재
  ㉤ 아래 가지가 말라 죽지 않도록 윗부분을 자주 다듬어 생장을 억제하여 아래 가지의 생장을 촉진
② 차폐식재 : 외관상 보기 흉한 곳이나 구조물 또는 공작물 따위를 은폐하거나 외부로부터 내부를 엿볼 수 없도록 시선이나 시계를 차단하는 식재
③ 산울타리 및 차폐용 조경수목의 특징
  ㉠ 공간을 분할하여 특정 영역을 형성
  ㉡ 분할된 공간을 아름답고 아늑한 곳으로 만듦
④ 산울타리 및 차폐용 조경수목의 조건
  ㉠ 맹아력이 강해야 함
  ㉡ 지엽이 치밀하고 아랫가지가 오래도록 말라 죽지 않는 성질
  ㉢ 아름다운 지엽
  ㉣ 건조와 공해에 대한 저항력이 있어야 함
  ㉤ 쉬운 보호와 관리
  ㉥ 상록수가 바람직
⑤ 산울타리 및 차폐용 수종
  ㉠ 양지 바른 곳에 적합한 수종 : 향나무, 가이즈까향나무, 가시나무류, 탱자나무, 화백, 편백, 삼나무, 측백나무, 쨍쨍나무, 덩굴장미, 명자나무, 무궁화, 개나리, 피라칸타, 보리수나무, 사철나무, 아왜나무 등
  ㉡ 일조 부족이 예상되는 곳에 적합한 수종 : 주목, 눈주목, 식나무, 붉가시나무, 광나무, 비자나무, 동백나무, 솔송나무, 감탕나무, 회양목 등

3 녹음용 식재

① 관련 지식
- ㉠ 녹음효과 : 잎에 의해 햇빛을 차단하는 효과
- ㉡ 잎 한 장에 투과하는 햇빛량은 전 광선량의 10 ~ 30% 정도

② 녹음용 조경수목의 조건
- ㉠ 녹음이 필요한 계절에 상당한 그늘을 형성
- ㉡ 겨울에는 낙엽
- ㉢ 사람의 머리가 닿지 않도록 높은 지하고 필요
- ㉣ 큰 수관폭
- ㉤ 잎이 밀생한 교목
- ㉥ 병충해의 피해가 적은 조경수목
- ㉦ 답압에 견디는 힘이 강해야 함
- ㉧ 나무에 가까이 접근해도 악취가 없음
- ㉨ 가시가 없는 수종이면 더욱 좋음

③ 녹음용 수목
느티나무, 버즘나무, 가중나무, 은행나무, 고로쇠나무, 물푸레나무, 벽오동, 피나무, 백합나무, 이팝나무, 칠엽수, 오동나무, 벚나무, 회화나무, 미루나무, 쪽동백, 녹나무, 층층나무, 팽나무, 멀구슬나무 등

4 방음용 식재

① 관련 지식
시가지, 도로변의 소음차단 및 감소를 위한 나무

② 적용 수종
- ㉠ 잎이 치밀한 상록 교목 : 지하고가 낮을 것
- ㉡ 자동차의 배기가스에 견디는 힘이 강할 것

③ 방음용 수목
구실잣밤나무, 녹나무, 태산목, 감탕나무, 아왜나무, 후피향나무, 참느릅나무, 플라타너스, 개나리, 히말라야시다 등

5 방풍용 식재

① 관련 지식
- ㉠ 풍압은 풍속의 제곱에 비례하여 풍속이 조금만 증가해도 풍압은 현저히 증가
- ㉡ 방풍의 효과가 미치는 범위 : 바람 위쪽에 6 ~ 10배, 바람 아래쪽에 25 ~ 30배 거리 / 가장 효과가 큰 것은 바람 아래쪽 수고의 3 ~ 5배 해당되는 지점으로 풍속의 65% 정도 감소
- ㉢ 수목의 내풍력은 수관 직경과 수관길이 및 풍심고에 좌우
- ㉣ 지하고율이 클수록 바람에 대한 저항은 증대
- ㉤ 방풍림의 구조 : 1.5 ~ 2.0m의 간격을 가진 정삼각형 식재로 5 ~ 7열로 심어 10 ~ 20m의 너비가 나오게 하고, 수림대의 길이는 수고의 12배 이상이어야 효과가 큼

② 방풍용 조경수목
   ㉠ 강한 풍압에 견딜 수 있어야 함
   ㉡ 심근성 수종, 지엽이 치밀한 수종
   ㉢ 파종에 의해 자라난 실생 수종
   ㉣ 잘 부러지지 않는 성질을 가진 수종
③ 수목의 내풍성 : 나무가 바람에 견디는 성질
   ㉠ 천근성 수종이 심근성 수종에 비해 바람에 쓰러지기 쉬움
   ㉡ 생장이 빠른 수종이 늦은 수종에 비해 줄기, 가지가 잘 부러짐
   ㉢ 내풍력이 큰 수종 : 소나무, 곰솔, 가시나무류, 향나무, 팽나무, 삼나무, 동백나무, 솔송나무, 녹나무, 대나무, 참나무류, 후박나무, 편백, 화백, 감탕나무, 사철나무
   ㉣ 내풍력이 작은 수종 : 미루나무, 아까시나무, 버드나무, 양버들 등

6 방화용 식재

① 관련 지식
   ㉠ 불꽃이 수목에 접근되면 잎에서 30 ~ 60초, 가지에서는 수 분 사이에 수증기가 왕성하게 방출
   ㉡ 잎의 방출 유효 수분은 함유 수분의 40 ~ 50%, 가지는 30 ~ 45%
   ㉢ 400㎡에 약 26 ~ 45톤의 수목이 있을 때는 목조 주택군에 화재가 발생하였다 하더라도 인위적인 소방력 없이도 연소 방지 효과
② 방화용 수목의 조건
   ㉠ 잎이 두껍고 함수량이 많은 수종
   ㉡ 넓은 잎을 가진 치밀한 수관 부위를 가져야 함
   ㉢ 상록수
   ㉣ 수관의 중심이 추녀보다 낮은 곳에 위치
③ 방화용 수목
   가시나무류, 녹나무, 동백나무, 아왜나무, 후박나무, 식나무, 사철나무, 사스레피나무, 굴거리나무, 후피향나무, 광나무, 금송 등

7 가로수용 식재

① 관련 지식
   ㉠ 자동차나 보행자의 시선을 유도하고 녹음을 제공
   ㉡ 방음, 방화, 도시 수식의 목적으로 심는 나무
② 적용 수종
   ㉠ 수형, 잎모양, 색깔이 좋은 낙엽 교목일 것
   ㉡ 다듬기에 강할 것
   ㉢ 병해충, 공해에 강할 것
   ㉣ 불량 토양에서도 생육이 강하고 내답압성이 있을 것
③ 가로수용 수종
   꽃물푸레나무, 플라타너스, 은행나무, 느티나무, 계수나무, 은단풍, 중국단풍, 칠엽수, 피나무, 참느릅나무, 층층나무, 벽오동 등

03 조경수목의 특성

1 수형의 분류

1 수간에 의한 수형

① 직간형 : 수목의 주간이 지표면에서 나무의 끝부분까지 똑바로 자란 상태의 수형
  ㉠ 단간 : 주간의 본 수가 하나인 직간형 수형
  ㉡ 쌍간 : 주간의 본 수가 두 개로 나란한 직간형 수형
  ㉢ 다간 : 주간의 본 수가 여러 개인 직간형 수형
② 곡간형 : 자연 상태에서 자연스럽게 주간이 곡선형이 되는 것으로 입지 조건에 따라 다름
  ㉠ 사간 : 유전적 혹은 비바람, 지형 등의 환경조건에 의해 비스듬히 기울어 자라는 곡간형 수형
  ㉡ 현애 : 벼랑에 심겨진 경우에 주간이 아래로 늘어진 곡간형 수형
③ 총상형(포기자람) : 조경수목의 밑둥치에서 여러 개의 줄기가 생기는 성질의 것을 모두 총칭하는 말. 보통 총생하는 줄기의 집단형태를 관상
  ㉠ 총간 : 수목의 밑둥치에서 5본 이상의 다간이 나올 경우 총간이라 함
  ㉡ 총립 : 총간의 경우, 수형이 작을 때가 있는데, 이때의 수형을 총립(관목류)

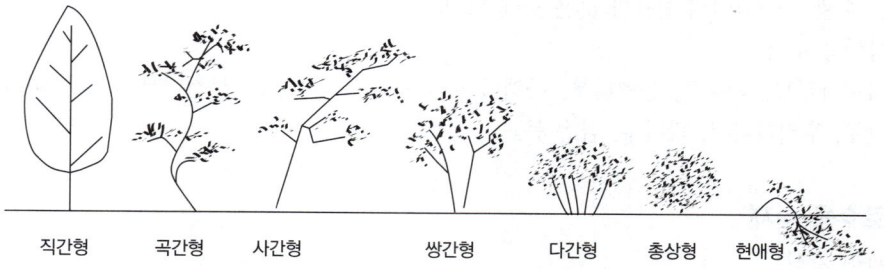

2 수관에 의한 수형

① 정형인 수관의 구분
  ㉠ 원주형 : 기둥 같은 긴 수관을 형성 / 무궁화, 비자나무, 양버들
  ㉡ 원통형 : 아래, 위의 수관폭이 같음 / 무궁화, 사철나무, 측백나무
  ㉢ 원추형 : 나무 끝부분이 뾰족한 긴 삼각형의 수관 / 가이즈까향나무, 낙엽송, 리기다소나무, 삼나무, 섬잣나무, 전나무
  ㉣ 우산형 : 수관의 모양이 우산 같이 생김 / 네군도단풍, 복숭아나무, 솔송나무, 왕벚나무, 편백, 화백

ⓜ 피라미드형 : 위, 아래의 수관선이 양쪽으로 들어가는 원추형 곡선 모양의 수관 / 독일가문비, 히말라야시다
ⓑ 원개형 : 지하고 낮고, 가지와 잎이 옆으로 확장된 수관의 모양 / 녹나무, 후피향나무, 회양목
ⓢ 타원형 : 수관의 모양이 타원처럼 둥근 형 / 동백나무, 박태기나무, 치자나무
ⓞ 난형 : 수관의 모양이 달걀모양인 것 / 가시나무, 꽃사과나무, 구실잣밤나무, 동백나무, 메밀잣밤나무
ⓩ 구형 : 수관이 공처럼 생긴 모양 / 반송, 수국
ⓧ 배형 : 수관의 윗부분이 평면 또는 곡선을 이루는 술잔 모양 / 계수나무, 느티나무

② 부정형인 수관의 구분
㉠ 횡지형 : 가지가 옆으로 확장된 수관 모양 / 단풍나무, 배롱나무, 석류나무, 자귀나무
㉡ 능수형 : 가지가 길게 아래로 늘어지는 수관 모양 / 능수버들, 닥총나무, 수양벚나무, 싸리나무, 황매화
㉢ 포복형 : 줄기가 지표를 따라 생육하는 수관의 모양 / 누운향나무
㉣ 피복형 : 수관 밑부분이 지표면 가까이 닿으며 생육하는 수관의 모양 / 눈주목, 진달래, 조릿대, 산철쭉
㉤ 만경형 : 다른 물체에 기대어 자라는 수관의 모양 / 능소화, 등나무, 으름덩굴, 인동덩굴, 줄사철

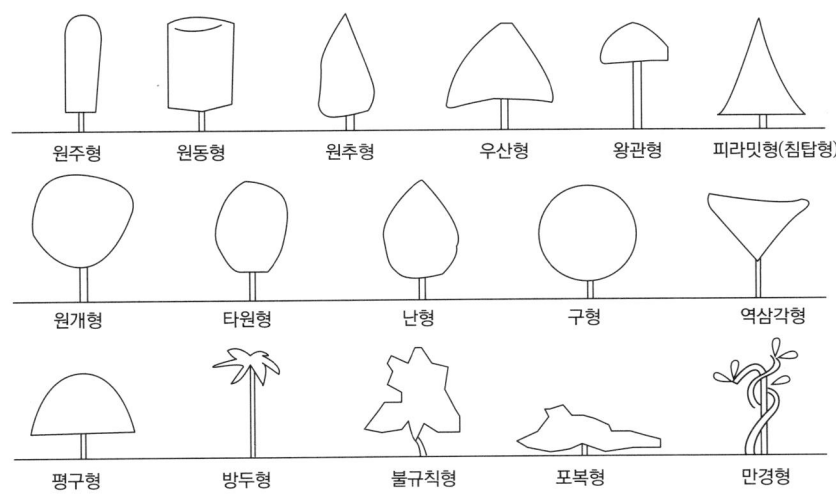

3 수지에 의한 수형

① 상향형 : 가지가 줄기에 거의 평행할 정도로 수직에 가깝도록 자라고 수형은 원주형. 입지형이라고도 함. 포플러, 박태기나무, 무궁화
② 경사형(사향형) : 가지가 줄기에서 예각으로 뻗음
③ 수평형 : 가지가 줄기에서 둔각으로 자라거나 지면에 수평으로 뻗음
④ 분산형 : 일정한 높이의 주간 이상에서 가지가 아주 무성하게 분산
⑤ 수하형(능수형) : 가지가 지표면의 수직에 가깝도록 밑으로 처짐

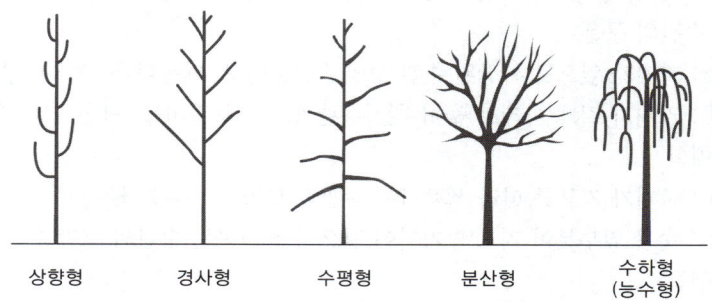

※ 뿌리 솟음
1. 줄기의 기부가 굵어지면서 뿌리가 지상으로 솟는 현상
2. 이유 : 줄기 스스로의 무게에 의한 쓰러짐을 막고, 뿌리의 생육에 필요한 산소 흡수를 위한 생리적 현상
3. 소나무, 해송, 느티나무, 낙우송

4 자연수형과 인공수형

① 자연수형 : 나무가 자란 그대로의 수형
  ㉠ 정형 : 침엽교목, 줄기 꼿꼿, 원추형, 우산형이 많음
  ㉡ 부정형 : 활엽교목, 줄기 여러 갈래, 원정형, 난형, 배상형, 원주형이 많음
② 인공수형 : 인위적으로 만든 수형
  ㉠ 정형수 : topiary, 원추형, 반구형, 인체, 동물, 새, 거북, 학
  ㉡ 유럽 : 주목, 회양목 등 맹아성 강한 나무
  ㉢ 우리나라 : 눈주목, 꽝꽝나무, 둥근 향나무, 철쭉류, 회양목

2 계절적 현상

수목의 새싹, 신록, 개화, 단풍, 낙엽, 결실

1 새싹과 신록
① 새싹 : 지난해 여름에 형성되어 봄에 기온이 올라감에 따라 싹이 트고 펴져 잎이 됨. 낙엽수가 상록수보다 빨리 싹틈
② 신록 : 어린잎 속에 들어있는 새로운 엽록의 색채
　㉠ 백색 : 은백양나무, 보리수나무
　㉡ 담홍색 : 녹나무, 배롱나무
　㉢ 적갈색 : 홍단풍, 산벚나무
　㉣ 등황색 : 가죽나무, 참죽나무, 단풍나무류
　㉤ 담록색 : 느티나무, 능수버들, 서어나무
　㉥ 황록색 : 감탕나무, 목서, 붓순나무
　㉦ 황색 : 황금편백

2 개화
나무가 성숙하는 결실을 위한 첫 단계
① 봄에 꽃이 피는 나무의 꽃눈
　㉠ 개화 전년도의 6 ~ 8월 사이에 분화
　㉡ 기온이 높고 건조한 여름철에는 꽃눈이 분화가 잘 됨
　㉢ 햇빛을 많이 받은 나무가 꽃을 잘 피움
② 초여름부터 가을에 걸쳐서 꽃이 피는 나무
　㉠ 당년에 자란 가지에 꽃 피는 수종
　㉡ 장미, 무궁화, 배롱나무, 나무수국, 능소화, 대추나무, 포도, 감나무, 등나무, 불두화, 싸리, 찔레나무 등

3 단풍
기온이 낮아져 잎 속에서 생리현상이 일어나 푸른 잎이 적색 또는 황갈색으로 변하는 현상
① 가을, 맑은 날이 계속되고 낮과 밤의 기온차가 심한 지역
② 홍색 계통 : 화살나무, 담쟁이덩굴, 단풍나무류, 감나무, 검양옻나무, 옻나무, 붉나무, 단풍철쭉, 마가목 등
③ 황색 계통 : 고로쇠나무, 은행나무, 느티나무, 백합나무, 갈참나무, 계수나무, 미루나무, 배롱나무, 층층나무, 자작나무, 칠엽수, 벽오동 등

4 낙엽

잎이 낡아서 동화작용이 쇠약해지거나 환경조건, 영양상태 등이 나빠지면 생김
① 낙엽수 : 봄에 잎이 나서 늦가을이면 낙엽
② 상록수 : 1년 이상 묵은 잎이 새 잎으로 인하여 낙엽(낙엽 기간은 낙엽수보다 오히려 김)
③ 반상록성(반낙엽성) : 가을이 되어도 잎의 일부만 떨어지는 나무, 쥐똥나무, 댕강나무, 백정화 등

5 결실

열매가 각기 고유의 색채를 띠게 되는 것
① 붉은 색채가 가장 많음 : 남천, 피라칸다, 자금우 등
② 10 ~ 11월에 걸쳐 결실하는 나무가 많음
③ 결실량이 지나칠 때 : 다음 해 부실, 꽃이 지면 적과 필요

※ 조류유치녹화
들새 유치를 위해 조성되는 수림(비자나무, 주목, 갈참나무, 뽕나무, 감탕나무, 들메나무, 산벚나무, 노박덩굴, 사철나무 등)

3 수세

1 생장속도

① 배식계획을 세우는데 절대 필요
② 생장속도가 빠른 수종 : 양수, 반면에 수형과 재질에 단점
 • 가중나무, 낙우송, 삼나무, 오동나무, 자귀나무, 배롱나무 등
③ 생장속도가 느린 수종 : 음수, 수형이 거의 일정하나 시간이 걸림
 • 주목, 비자나무 등

2 맹아성

① 가지나 줄기가 상해를 입으면, 그 부근에서 숨은 눈이 커져 싹이 나옴
② 맹아력이란 싹트는 힘으로써 맹아력이 강한 나무는 전정에 잘 견딤
③ 형상수, 산울타리 등
④ 맹아력이 강한 나무 : 사철나무, 탱자나무, 회양목, 미루나무, 능수버들, 플라타너스, 무궁화, 개나리, 쥐똥나무 등
⑤ 맹아력이 약한 나무 : 소나무, 해송, 잣나무, 자작나무, 벚나무, 살구나무, 칠엽수, 감나무 등

3 이식에 대한 적응성

① 이식 : 한 장소에 있는 나무를 다른 장소로 옮겨 심는 것을 이식이라고 하며, 뿌리의 재생력이 강한 나무일수록 이식이 잘됨
② 이식이 쉬운 나무 : 메타세콰이어, 측백나무, 꽝꽝나무, 사철나무, 쥐똥나무, 미루나무, 은행나무, 플라타너스, 명자나무 등

③ 이식이 어려운 나무 : 독일가문비, 백송, 소나무, 섬잣나무, 굴참나무, 떡갈나무, 백합나무, 자작나무, 칠엽수, 감나무 등

4 향기

꽃, 열매, 잎 따위에서 풍기는 향기, 후각의 매력화
① 꽃향기 : 매화나무(이른 봄), 서향(봄), 수수꽃다리(봄), 장미(5 ~ 10월), 일본목련(6월), 함박꽃나무(6월), 인동덩굴(7월), 금목서(10월)
② 열매향기 : 녹나무, 모과나무
③ 잎향기 : 침엽수 잎, 방향성 물질인 테르펜 방출 → 편백, 화백, 삼나무, 미국측백, 가문비나무, 노간주나무, 소나무

5 질감

수관의 외형이 시각적으로 주는 느낌
① 질감요소 : 꽃·잎의 생김새, 꽃과 잎의 착생 밀도, 열매
② 거친 것 : 큰 잎, 벽오동, 칠엽수, 태산목, 팔손이나무, 플라타너스 등
③ 고운 것 : 철쭉류, 삼나무, 편백, 화백, 소나무 등

※ 조경수목이 갖추어야 할 조건
　1. 수형이 아름답고 실용적이어야 할 것
　2. 이식이 쉽고 잘 자랄 것
　3. 불리한 환경에서의 적응성이 클 것
　4. 쉽게 다량으로 구할 수 있을 것
　5. 병충해에 강할 것
　6. 다듬기 작업에 견디는 성질이 좋을 것

4 조경수목의 규격 표시

1 필요성
① 배식설계 시 경관의 디자인 효과
② 시공 시 수목 구입, 인수의 편리와 점검이 쉬움

2 수고(H)
지표면에서 수관의 맨 위 끝부분까지의 수직높이. 도장지는 포함되지 않음(m)
① 소철이나 야자수는 잎은 높이에 포함되지 않고 순수한 줄기의 길이만 높이로 표시
② 퍼걸러, 아치 등에 사용되는 덩굴식물은 줄기의 길이만 높이로 표시

3 수관폭(W)
수목의 최대 너비. 도장지는 포함되지 않음(m)
① 녹음수의 경우 수관폭에 대한 기준은 매우 중요
② 둥근측백, 옥향, 꽝꽝나무, 회양목 등은 수관폭과 함께 얼마나 둥글게 재배하였는가가 중요
③ 덩굴식물도 지면을 덮거나 기게 하려 할 때, 줄기의 너비가 중요. 헤데라 등

4 지하고(BH)
수관을 구성하는 가지 중에서 맨 아래 가지로부터 지면까지의 수직거리
① 교목에서 수관이 클 경우 필요한 규격
② 녹음수에서 수형의 통일을 기하고자 할 때 필요
③ 가로수 식재 시 건축 한계선, 통행, 차도로부터 내다보기에 필요한 규격

5 흉고직경(B)
지면에서 가슴높이에 있는 나무 줄기의 지름(cm)
① 동양에서는 120cm, 서양에서는 130cm
② 중교목, 대교목의 줄기가 한 개이고 가지가 없을 때 흉고지름을 측정하기 편리

6 근원직경(R)
지상부와 지하부가 마주치는 줄기의 지름(cm)
① 교목에서 줄기가 가슴높이 전후에서 갈라졌거나 옆가지가 나 있을 경우에 사용되는 규격
② 소교목과 화목류는 근원직경을 표시하는 것이 편리

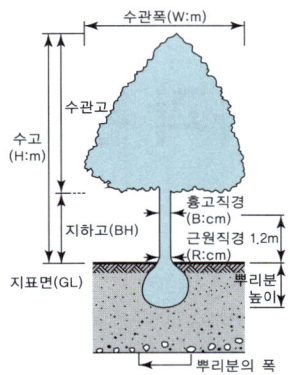

조경수목의 규격 표시법

7 줄기수(CA)

관목의 경우에 해당하는 것으로 줄기의 개수를 규격에 포함하는 것
① 관목의 경우 수고와 수관폭과 줄기 수를 함께 규격으로 표시
② 발육이 불충분한 허약한 가지는 포함시키지 않음

8 교목의 규격 표시

① 수고×수관 폭(H×W) : 일반 상록수
② 수고×흉고직경(H×B) : 가중나무, 계수나무, 메타세콰이어, 벽오동, 수양버들, 은단풍, 은행나무, 자작나무, 백합나무, 층층나무, 플라타너스, 현사시나무 등
③ 수고×근원직경(H×R) : 흉고직경 측정이 곤란한 수종, 소나무, 감나무, 꽃사과나무, 낙우송, 느티나무, 대추나무, 산수유, 자귀나무, 단풍나무 등 대부분의 교목

※ 소나무의 규격표시
H×W×R

9 관목의 규격 표시

① 수고×수관 폭 : 일반관목
② 수고×근원직경 : 노박덩굴, 능소화
③ 수고×수관길이 : 눈향나무(H × W × L)
④ 수고×가지의 수 : 개나리, 덩굴장미

10 기타

① 묘목 : 간장×근원직경×근장
② 만경목 : 수고×근원직경 : 등나무

04 Chapter 조경수목과 환경

1 기온

1 천연분포

온도 조건에 따라 삼림대 구분
① 난대림 : 녹나무, 동백나무, 가시나무, 돈나무, 감탕나무
② 온대림 남부 : 해송, 서어나무, 굴피나무, 팽나무, 산초나무, 대나무 등
③ 온대림 중부 : 졸참나무, 신갈나무, 때죽나무, 밤나무
④ 온대림 북부 : 박달나무, 피나무, 거제수, 사시나무, 시닥나무, 신갈나무 등
⑤ 한대림 : 잣나무, 전나무, 주목, 가문비, 분비나무, 이깔나무, 종비나무 등

2 식재분포

인위적 식재로 이루어져 분포가 넓음

※ 온량지수
    월 평균이 5도 이상인 달에 대하여 월평균 기온과 5도와의 차를 1년 동안 합한 값
    1. 열대림 : 180 이상
    2. 난대림 : 110 이상
    3. 온대림 : 55 ~ 110
    4. 냉대림 : 15 ~ 55
    5. 한대림 : 0 ~ 15

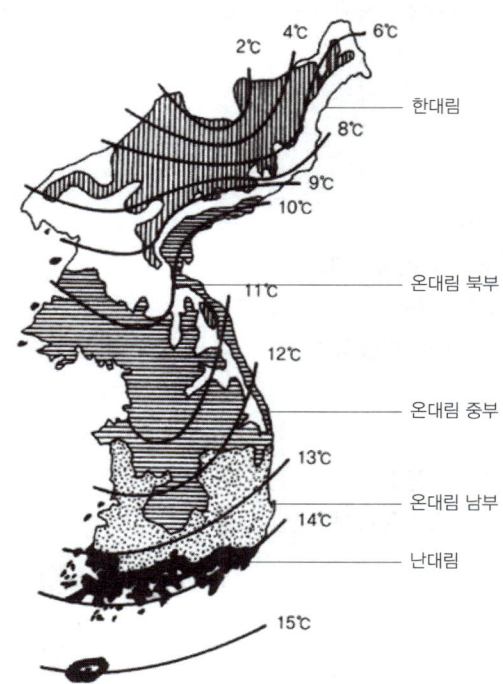

2 광선

1 음수
① 약한 광선에서도 비교적 좋은 생육
② 전 광선량의 50% 내외
③ 팔손이나무, 전나무, 비자나무, 주목, 가시나무, 식나무, 후박나무, 동백나무, 사철나무, 회양목, 독일가문비 등

2 양수
① 충분한 광선 밑에서 좋은 생육
② 건조하고 기온이 낮은 곳에는 대개 양성을 띰
③ 소나무, 해송, 낙엽송, 은행나무, 석류나무, 철쭉류, 느티나무, 무궁화, 백목련 등

3 중간수
중간 성질, 입지 조건의 변화에 따라 성질 변화

3 수분

1 식물생육과 수분
유기물과 땅속에 가는 흙이 수분 보유에 유리하여 식물의 생장을 이롭게 함
① 습지를 좋아하는 수종 : 낙우송, 주엽나무, 수국, 계수나무, 수양버들, 위성류, 오동나무 등
② 건조지에 견디는 수종 : 소나무, 향나무, 해송, 가중나무, 노간주나무, 사시나무, 자작나무 등
③ 습지 · 건조지에 견디는 수종 : 사철나무, 꽝꽝나무, 플라타너스, 보리수나무, 자귀나무, 명자나무, 박태기나무, 산당화 등

2 지하수위
① 갈대 : 20㎝ 이상, 오리나무 : 20 ~ 60㎝ 정도, 느티나무 : 100 ~ 300㎝, 잔디 : 60㎝ 이하(보통 100㎝ 이하)
② 지하수위 높은 곳 : 배수시설, 복토(mounding)한 후 식재

4 토양

1 토양 양분
① 척박지에 견디는 수종 : 소나무, 오리나무, 버드나무, 자작나무, 등나무, 아카시아, 보리수나무, 자귀나무, 다릅나무 등(콩과식물)
② 비옥지를 좋아하는 수종 : 주목, 측백나무, 철쭉, 회양목, 벽오동, 벚나무, 장미, 불두화, 부용, 모란 등

※ 비료목
1. 근류균을 가지고 있어 공기 중에 있는 질소를 끌어서 지력을 증진시킬 수 있는 수종
2. 다릅나무, 싸리나무, 보리수, 박태기, 등나무, 자귀나무, 아까시나무, 칡 등이 있으며, 콩과식물 대부분이 해당

2 토양 산도
① 산성 토양 : 칼륨, 칼슘, 마그네슘, 나트륨 등의 양분 유실
② 쑥, 바랭이, 쇠뜨기, 수영초, 질경이 자생 : 강한 산성 토양
③ 강산성에 견디는 수종 : 진달래, 소나무, 해송, 잣나무, 전나무, 상수리나무, 밤나무, 낙엽송, 편백 등
④ 약산성 또는 중성이어야 할 수종 : 가시나무, 녹나무, 떡갈나무, 느티나무, 백합나무, 피나무, 졸참나무 등
⑤ 알칼리성에 견디는 수종 : 낙우송, 회양목, 조팝나무, 개나리, 가래나무, 단풍나무, 물푸레나무, 서어나무, 비술나무 등

3 식재 지반의 조성
① 물리·화학적 성질의 개선 필요
② 인공 지반의 토심의 확보
③ 심근성수종 : 소나무, 전나무, 후박나무, 동백나무, 느티나무, 백합나무, 벽오동, 상수리나무, 은행나무, 모과나무 등
④ 천근성수종 : 독일가문비, 편백, 미루나무, 자작나무, 버드나무, 현사시나무, 매화나무, 황철나무 등

5 대기오염(공해)

1 대기오염물질
① 아황산가스(SO_2), 일산화탄소(CO), 질소산화물(NO_2), 탄화수소(HC), 황화수소(HS), 염소(Cl_2)
② 가장 큰 피해 : 아황산가스이며 분진과 옥시던트 및 산성비도 식물의 생육에 피해를 줌

2 피해 증상
① 잎 끝이나 엽맥 사이에 회백색 또는 갈색 반점으로 시작
② 광합성, 호흡·증산작용이 곤란해져 낙엽이 되어 다시 새싹이 나오므로 체내 영양이 크게 감소됨
③ 결과적으로 나무 끝이 말라죽기 시작, 수관이 한쪽으로 기울거나 기형으로 되어 수형이 망가짐

3 식물의 저항성
① 상록활엽수가 낙엽활엽수보다 강함
② 아황산가스에 강한 수종 : 편백, 화백, 향나무, 가이즈카향나무, 가시나무, 사철나무, 벽오동, 플라타너스, 능수버들, 쥐똥나무 등
③ 아황산가스에 약한 수종 : 독일가문비, 소나무, 삼나무, 전나무, 히말라야시다, 낙엽송, 느티나무, 자작나무, 감나무, 왕벚나무, 조팝나무, 단풍나무, 매화나무 등

6 염해

1 관련 지식
① 잎에 붙은 염분이 기공을 막아 호흡작용 방해
② 공중습도 높으면 염분이 엽육에 침투하여 세포의 원형질로부터 수분을 빼앗아 생리기능 저하
③ 염분의 한계농도 : 수목 0.05%, 잔디 0.1% 정도

2 내염성에 따른 수종
① 내염성이 큰 나무 : 해송, 비자나무, 눈향나무, 해당화, 사철나무, 동백나무, 유카, 회양목, 찔레나무 등
② 내염성이 작은 나무 : 독일가문비, 소나무, 낙엽송, 목련, 오리나무, 단풍나무, 일본목련, 개나리, 왕벚나무, 피나무, 양버들 등

지피식물과 초화류

1 지피식물

1 지피식물의 종류
① 지표면을 낮게 덮어 주는 키가 작은 식물(ground cover plants)
② 잔디류, 소관목류, 초본류, 덩굴성식물류, 고사리류, 선태류, 조릿대류로 나누어짐

2 지피식물의 조건
① 치밀한 지표 피복
② 키가 작고 다년생
③ 번식력과 생장이 빠를 것
④ 환경에 적응성이 강할 것
⑤ 병해충, 저항성이 강할 것
⑥ 내답압성
⑦ 식물적 특성을 고루 갖춰 부드럽고 관리가 용이할 것

3 지피식물의 효과
① 미적 효과 : 인공구조물도 자연스럽고 아름답게 함
② 운동 및 휴식 효과 : 표면의 탄력성, 감촉 좋음
③ 기온 조절 : 맨땅에 비해 온도 교차 작음
④ 동결 방지 : 지온의 저하를 완화, 서릿발 현상 방지
⑤ 토양유실 방지 : 빗방울이 직접 토양에 충격을 주지 않고 침식, 세굴 현상 방지
⑥ 강우로 인한 진땅 방지 : 축구장, 야구장, 골프장 등
⑦ 흙먼지 방지

2 주요 지피식물

1 한국 잔디
① 종류
- ㉠ 들잔디 : 가장 많이 이용, 산지 자생, 강건하고 답압에 잘 견딤
- ㉡ 금잔디 : 마닐라, 고려 잔디라 하고, 섬세, 유연, 변종이 많음. 내한성이 들잔디보다 약하나 빌로드보다 강함
- ㉢ 빌로드잔디 : 남해안 자생, 가장 작고 섬세하나, 내한성 약, 번식력 약함

② 특성
- ㉠ 난지형, 답압·공해·병충에 강하고, 유지관리 용이
- ㉡ 적지 : 양지 바른 곳, 전 광선의 70% 이상, 최소 하루 5시간 이상의 햇빛이 닿는 곳, 배수 잘 되는 사양토

③ 번식
- ㉠ 떼를 떠서 번식(일반적)
- ㉡ 종자 번식(수산화칼륨(KOH)) : 발아촉진, 20 ~ 25% 용액에 30 ~ 45분 침지 후 파종)

2 서양 잔디
① 종류
- ㉠ 난지형
  - 겨울에 잎이 말라죽는 하록형
  - 버뮤다 그래스, 위핑러브 그래스
- ㉡ 한지형
  - 사철 푸른 상록형
  - 벤트 그래스, 켄터키 블루 그래스, 페스큐 그래스, 라이 그래스

② 특성
- ㉠ 목초용의 초류를 잔디용으로 이용
- ㉡ 한국 잔디에 비해 자주 깎고 더위와 병에 약함
- ㉢ 관수와 비배 관리 손이 많이 감

③ 번식
- ㉠ 포기번식 : 버뮤다 그래스류인 티프턴 종류
- ㉡ 종자번식 : 대부분의 서양 잔디

3 그 밖의 지피식물
① 소관목류
- ㉠ 가지 다듬기에 잘 견디는 수종
- ㉡ 눈향나무, 눈주목, 둥근 향나무, 회양목, 상록성 철쭉 등

② 맥문동
  ㉠ 수관 아래의 지피 재료
  ㉡ 초여름의 연보라 꽃, 가을의 열매
③ 비비추
  ㉠ 정원, 공원의 반 그늘에 잘 자라고 바위 정원에 어울림
  ㉡ 7 ~ 8월 담홍색 꽃이 소박하고 아름다움
④ 꽃잔디
  ㉠ 건조에 강하며, 경사지 등의 지피식물로 사용
⑤ 고사리류
  ㉠ 지표면 장식, 암석과 조화로 수관 아래나 암석 주변 식재
  ㉡ 포기 전체에 운치, 실내장식용 분화로도 이용
⑥ 선태류
  ㉠ 운치있고 일본식 정원에서 지피식물로 이용
  ㉡ 약간의 햇빛 닿는 반음지, 공중습도 높은 곳
⑦ 조릿대
  ㉠ 대나무의 일종으로 높이는 1 ~ 2m 정도
  ㉡ 산중턱 아래 숲속에서 자생, 5년 만에 열매를 맺고 말라 죽음
⑧ 헤데라
  ㉠ 아이비, 양송악이라 함
  ㉡ 상록성 담쟁이로 그늘 주변에 잘 자라며 건물 주위에 식재

3 초화류

1 화단의 종류

① 평면화단
  ㉠ 화문화단 : 양탄자 무늬와 같다 하여 양탄자화단 또는 자수화단, 모전화단이라 함
  ㉡ 리본화단 : 통로, 산울타리, 담장, 건물 주변에 좁고 길게 만든 화단으로 대상화단이라고도 함
  ㉢ 포석화단 : 통로, 연못 주위에 돌을 깔고 돌 사이에 키 작은 초화류를 식재하여 돌과 조화시켜 관상하는 화단
② 입체화단
  ㉠ 기식화단
    • 잔디밭 중앙, 광장의 중앙, 축의 교차점
    • 중앙에는 키 큰 직립성의 초화를 심고 주변부로 갈수록 키 작은 종류를 심어 사방에서 관상할 수 있게 만든 화단
  ㉡ 경재화단
    • 도로, 건물, 산울타리, 담장을 배경으로 폭이 좁고 길게 만듦
    • 전면 한쪽에서만 관상 : 앞쪽은 키 작은 것, 뒤쪽은 키 큰 것을 배치하여 입체적으로 구성

ⓒ 노단화단
　　　• 테라스 화단
　　　• 경사지를 계단 모양으로 돌을 쌓고 축대 위에 초화를 심음
③ 특수화단
　　㉠ 침상화단
　　　• 지면에서 1m 정도 낮게 하여 기하학적인 땅가름
　　　• 초화 식재가 한 눈에 내려다 보임
　　ⓒ 수재화단
　　　• 물에서 자라는 수생식물을 연못에 가꾸어 관상
　　　• 수련, 꽃창포, 마름 등을 물고기와 함께 길러 관상

2 초화류의 분류

① 1, 2년생 분류
　　㉠ 봄 뿌림 : 맨드라미, 샐비어, 피튜니아, 메리골드, 나팔꽃, 코스모스, 과꽃, 봉숭아, 채송화, 분꽃, 백일홍 등
　　ⓒ 가을 뿌림 : 팬지, 금잔화, 금어초, 패랭이꽃, 안개초, 프리뮬러 등
② 다년생 초화 : 국화, 베고니아, 아스파라거스, 카네이션, 부용, 꽃창포, 제라늄, 플록스, 도라지꽃, 샤스타데이지 등

　　※ **피튜니아**
　　　여러해살이 다년생 초화지만 한국에서만 1년생으로 분류
　　　- 엄격히 말해 다년생이지만 대개 1년생으로 자람

　　※ **사피니아**
　　　일본개량 원예종(여러해살이)

③ 구근 초화
　　㉠ 봄심기 : 달리아, 칸나, 아마릴리스, 글라디올러스, 상사화, 투베로즈, 진저 등
　　ⓒ 가을심기 : 히아신스, 아네모네, 튤립, 수선화, 크로커스, 백합(나리), 아이리스 등
④ 수생 초류
수련, 연꽃, 붕어마름, 부평초, 창포류, 마름 등

3 화단용 초화의 조건

① 외모가 아름다워야 할 것
② 꽃이 많이 달린 것
③ 개화기간이 길어야 할 것
④ 꽃의 색채가 선명해야 할 것
⑤ 키가 되도록 작을 것
⑥ 건조와 병충해에 강할 것
⑦ 환경에 대한 적응력이 클 것

4 화단용 주요 초화류

① 봄 화단용
　㉠ 1, 2년생 초화 : 팬지, 금어초, 금잔화, 패랭이꽃, 안개초
　㉡ 다년생 초화 : 데이지, 베고니아
　㉢ 구근 초화 : 튤립, 수선화

② 여름, 가을 화단용
　㉠ 1, 2년생 초화 : 채송화, 봉숭아, 과꽃, 매리골드, 피튜니아, 샐비어, 코스모스, 맨드라미, 아게라튬, 색비름, 분꽃, 백일홍 등
　㉡ 다년생 초화 : 국화, 부용, 꽃창포
　㉢ 구근 초화 : 칸나, 달리아

③ 겨울 화단용 : 꽃양배추

PART 03 예상문제

01 다음 중 조경 재료를 분류할 때 생물 재료에 속하지 않는 것은?

① 수목 ② 지피식물
③ 초화류 ④ 목질재료

02 조경재료 중 무생물재료와 비교한 생물재료의 특성이 아닌 것은?

① 연속성 ② 불변성
③ 조화성 ④ 다양성

03 다음 중 식물재료의 특성으로 부적합한 것은?

① 생물로서, 생명활동을 하는 자연성을 지니고 있다.
② 불변성과 가공성을 지니고 있다.
③ 생장과 번식을 계속하는 연속성이 있다.
④ 계절적으로 다양하게 변화함으로서 주변과의 조화성을 가진다.

04 다음 조경재료 중에서 자연재료가 아닌 것은?

① 자연석 ② 지피식물
③ 초화류 ④ 식생매트

05 곧은 줄기가 있고, 줄기와 가지의 구별이 명확하며, 키가 큰 나무(보통 3 ~ 4m 정도)를 가리키는 것은?

① 교목 ② 관목
③ 만경목 ④ 지피식물

06 다음 중 교목으로만 짝지어진 것은?

① 동백나무, 화양목, 철쭉
② 전나무, 송악, 옥향
③ 녹나무, 잣나무, 소나무
④ 백목련, 명자나무, 마삭줄

07 다음 수종 중 관목에 해당하는 것은?

① 백목련 ② 위성류
③ 층층나무 ④ 매자나무

08 다음 중에서 관목끼리 짝지어진 것은?

① 주목, 느티나무, 단풍나무
② 진달래, 회양목, 꽝꽝나무
③ 등나무, 잣나무, 은행나무
④ 매실나무, 명자나무, 칠엽수

09 다음 중 수목의 형태상 분류가 다른 것은?

① 떡갈나무 ② 박태기나무
③ 회화나무 ④ 느티나무

정답 01 ④ 02 ② 03 ② 04 ④ 05 ① 06 ③ 07 ④ 08 ② 09 ②

10 다음 식물 중 활엽수가 아닌 것은?

① 은행나무　　② 구실잣밤나무
③ 가시나무　　④ 수수꽃다리

11 다음 수종 중 낙엽활엽수는?

① 가시나무　　② 박태기나무
③ 후박나무　　④ 동백나무

12 다음 중 상록수로만 짝지어진 것은?

① 철쭉, 주목, 모과나무, 장미
② 사철나무, 아왜나무, 회양목, 독일가문비나무
③ 섬잣나무, 리기다소나무, 동백나무, 낙엽송
④ 소나무, 배롱나무, 은행나무, 사철나무

13 다음 중 덩굴성 식물로 바른 것은?

① 서향　　　　② 송악
③ 병아리꽃나무　④ 피라칸다

14 덩굴성 식물이 아닌 것은?

① 미선나무　　② 멀꿀
③ 능소화　　　④ 오미자

15 다음 중 덩굴식물(vine)로만 구성되지 않은 것은?

① 담쟁이, 송악, 능소화, 인동덩굴
② 담쟁이, 칡, 개노박덩굴, 능소화
③ 등나무, 개노박덩굴, 멀꿀, 으름
④ 송악, 등나무, 능소화, 돈나무

16 잎의 모양과 착생 상태에 따른 조경 수목의 분류로 맞는 것은?

① 상록 침엽수 – 후박나무
② 낙엽 침엽수 – 잎갈나무
③ 상록 활엽수 – 독일가문비나무
④ 낙엽 활엽수 – 감탕나무

17 다음 중 봄철에 꽃을 가장 빨리 보려면 어떤 수종을 식재해야 하는가?

① 말발도리　　② 자귀나무
③ 매화나무　　④ 배롱나무

18 다음 중 봄에 개화하는 정원수가 아닌 것은?

① 백목련　　　② 매화나무
③ 무궁화　　　④ 수수꽃다리

19 다음 중 주택 정원에 식재하여 여름에 꽃을 감상할 수 있는 수종은?

① 식나무　　　② 능소화
③ 진달래　　　④ 수수꽃다리

20 다음 중 황색의 꽃을 갖는 수목은?

① 모감주나무　② 조팝나무
③ 박태기나무　④ 산철쭉

21 일반적으로 여름에 백색 계통의 꽃이 피는 수목은?

① 산사나무　　② 왕벚나무
③ 산수유　　　④ 산딸나무

정답　10 ①　11 ②　12 ②　13 ②　14 ①　15 ④　16 ②　17 ③　18 ③　19 ②　20 ①　21 ④

22 이른 봄에 꽃이 피는 수종끼리만 짝지어진 것은?

① 매화나무, 풍년화, 박태기나무
② 은목서, 산수유, 백합나무
③ 배롱나무, 무궁화, 동백나무
④ 자귀나무, 태산목, 목련

23 관상적인 측면에서 본 분류 중 열매를 감상하기 위한 수종으로 가장 적합한 것은?

① 은행나무　② 모과나무
③ 반송　　　④ 낙우송

24 수목과 열매의 색채가 맞게 연결된 것은?

① 화살나무 – 청색계통
② 산딸나무 – 황색계통
③ 붉나무 – 검정색계통
④ 사철나무 – 적색계통

25 다음 중 9월 중순 ~ 10월 중순에 성숙된 열매색이 흑색인 것은?

① 마가목　② 살구나무
③ 남천　　④ 생강나무

26 낙엽활엽소교목으로 양수이며 잎이 나오기 전 3월경 노란색으로 개화하고, 빨간 열매를 맺어 아름다운 수종은?

① 개나리　② 생강나무
③ 산수유　④ 풍년화

27 가을에 단풍이 노란색으로 물드는 수종은?

① 붉나무　　② 붉은고로쇠나무
③ 담쟁이덩굴　④ 화살나무

28 단풍의 색깔이 선명하게 드는 환경을 올바르게 설명한 것은?

① 바람이 세게 불고 햇빛을 적게 받을 때
② 날씨가 추워서 햇빛을 보지 못할 때
③ 가을의 맑은 날이 계속되고 밤, 낮의 기온 차가 클 때
④ 비가 자주 올 때

29 다음 중 붉은색의 단풍이 드는 수목들로만 구성된 것은?

① 낙우송, 느티나무, 백합나무
② 칠엽수, 참느릅나무, 졸참나무
③ 감나무, 화살나무, 붉나무
④ 잎갈나무, 메타세콰이어, 은행나무

30 다음 중 수종의 특성상 관상 부위가 주로 줄기인 것은?

① 자작나무　② 자귀나무
③ 수양버들　④ 위성류

31 나무줄기의 색채가 흰색계열이 아닌 수종은?

① 자작나무　② 모과나무
③ 분비나무　④ 서어나무

정답　22 ①　23 ②　24 ④　25 ④　26 ③　27 ②　28 ③　29 ③　30 ①　31 ②

32 산울타리를 조성할 때 맹아력이 가장 강한 수종은?

① 개나리　② 소나무
③ 이팝나무　④ 녹나무

33 다음 중 가시 산울타리용으로 사용하기 부적합한 수종은?

① 탱자나무　② 호랑가시나무
③ 가시나무　④ 찔레나무

34 다음 중 방음용 수목으로 사용하기 부적합한 것은?

① 은행나무　② 구실잣밤나무
③ 아왜나무　④ 녹나무

35 조경수목을 이용 목적으로 분류할 때 바르게 짝지어진 것은?

① 방풍용 – 회양목
② 방음용 – 아왜나무
③ 가로수용 – 무궁화
④ 산울타리용 – 은행나무

36 다음 중 줄기가 아래로 늘어지는 생김새의 수간을 가진 나무의 모양을 무엇이라 하는가?

① 쌍간　② 다간
③ 직간　④ 현애

37 수목과 관련된 설명 중 틀린 것은?

① 나무의 줄기가 2개는 쌍간, 갈래는 다간이라고 한다.
② 풍경식 정원에서 주로 정형수를 많이 쓴다.
③ 나무를 다듬어 짐승의 모양이나 어떤 사물의 모양을 만들어 내는 것을 "토피어리"라 한다.
④ 염해는 주로 잎의 표면에 붙은 염분이 원형질 분리 현상을 일으킨다.

38 다음 중 양수에 속하는 수종은?

① 향나무　② 독일가문비나무
③ 주목　④ 아왜나무

39 다음 수종 중 양수에 속하는 것은?

① 가중나무　② 주목
③ 팔손이나무　④ 녹나무

40 다음 중 이식에 대한 적응성이 강하여 이식이 쉬운 수종으로만 짝지어진 것은?

① 소나무, 태산목　② 주목, 섬잣나무
③ 사철나무, 쥐똥나무　④ 백합나무, 감나무

41 정원 내 식재하였을 때 10월경에 향기가 가장 많이 느껴지는 수종은?

① 식나무　② 피라칸사스
③ 금목서　④ 담쟁이덩굴

정답　32 ①　33 ③　34 ①　35 ②　36 ④　37 ②　38 ①　39 ①　40 ③　41 ③

42 질감(texture)이 가장 부드럽게 느껴지는 수목은?

① 태산목　　② 칠엽수
③ 회양목　　④ 팔손이나무

43 다음 중 난대림의 대표 수종인 것은?

① 녹나무　　② 주목
③ 전나무　　④ 분비나무

44 다음 중 척박지에서도 잘 자라는 수종은?

① 팽나무　　② 가시나무
③ 졸참나무　　④ 피나무

45 다음 중 비료목(肥料)에 해당되는 식물이 아닌 것은?

① 다릅나무　　② 곰솔
③ 싸리나무　　④ 보리수나무

46 토양 산도 pH 4.0 ~ 4.7에서 왕성한 생장을 보이는 수종은?

① 낙엽송　　② 단풍나무
③ 백합나무　　④ 개오동나무

47 다음 중 심근성 수종이 아닌 것은?

① 후박나무　　② 백합나무
③ 자작나무　　④ 전나무

48 다음 중 대기오염에 강한 수목은?

① 은행나무　　② 단풍나무
③ 백합나무　　④ 개오동나무

49 다음 중 아황산가스에 강한 수종으로만 짝지어진 것은?

① 소나무, 전나무
② 히말라야시다, 느티나무
③ 삼나무, 편백나무
④ 사철나무, 은행나무

50 다음 중 일반적으로 대기오염 물질인 아황산가스에 대한 저항성이 강한 수종은?

① 전나무　　② 산벚나무
③ 편백　　④ 소나무

51 다음 중 내염성에 약한 수종은?

① 아왜나무　　② 곰솔
③ 일본목련　　④ 모감주나무

52 다음 중 1속에서 잎이 5개 나오는 수종은?

① 백송　　② 잣나무
③ 리기다소나무　　④ 소나무

53 다음 중 단풍나무류에 속하는 수종은?

① 신나무　　② 낙상홍
③ 계수나무　　④ 화살나무

정답　42 ③　43 ①　44 ③　45 ②　46 ①　47 ③　48 ①　49 ④　50 ③　51 ③　52 ②　53 ①

54 다음 설명에 적합한 수목은?

- 감탕나무과 식물이다.
- 자웅이주이다.
- 상록활엽소교목으로 열매가 적색이다.
- 잎은 호생으로 타원상의 육각형이며 가장자리에 바늘 같은 각점(角點)이 있다.
- 열매는 구형으로서 지름 8 ~ 10mm이며, 적색으로 익는다.

① 감탕나무 ② 낙상홍
③ 먼나무 ④ 호랑가시나무

55 목련과(Magnoliaceae) 중 상록성 수종에 해당하는 것은?

① 태산목 ② 함박꽃나무
③ 자목련 ④ 일본목련

56 다음 그림과 같은 형태를 보이는 수목은?

① 일본목련 ② 복자기
③ 팔손이 ④ 물푸레나무

57 형상수로 많이 이용되고, 가을에 열매가 붉게 되며, 내음성이 강하고, 비옥지에서 잘 자라는 특성을 지닌 정원수는?

① 주목 ② 쥐똥나무
③ 화살나무 ④ 산수유

58 다음에서 설명하고 있는 수종으로 적합한 것은?

- 꽃은 지난해에 형성되었다가 3월에 잎보다 먼저 총상 꽃차례로 달린다.
- 물푸레나무과로 원산지는 한국이며, 세계적으로 1속1종 뿐이다.
- 열매의 모양이 둥근부채를 닮았다.

① 미선나무 ② 조록나무
③ 비파나무 ④ 명자나무

59 흰말채나무의 특징 설명으로 틀린 것은?

① 잎은 대생하며 타원형 또는 난상타원형이고, 표면에 작은 털이 있으며 뒷면은 흰색의 특징을 갖는다.
② 수피가 여름에는 녹색이나 가을, 겨울철의 붉은 줄기가 아름답다.
③ 노란색의 열매가 특징적이다.
④ 층층나무과로 낙엽활엽관목이다.

60 다음 설명으로 가장 적합한 잔디는?

- 한지형 잔디로 잎 표면에 도드라진 줄이 있다.
- 질감이 거칠기는 하나 고온과 건조에 가장 강하다.
- 척박한 토양에서도 잘 견디기 때문에 비탈면의 녹화에 적합하다.
- 주형(株型)으로 분얼로만 퍼져 자주 깎아 주지 않으면 잔디밭으로의 기능을 상실한다.

① 들잔디
② 켄터키 블루그래스
③ 버뮤다그래스
④ 톨 훼스큐

정답 54 ④ 55 ① 56 ② 57 ① 58 ① 59 ③ 60 ④

61 한지형 잔디에 속하지 않는 것은?

① 크리핑벤트그라스
② 이탈리안라이그라스
③ 켄터키블루그라스
④ 버뮤다그라스

62 여름에는 연보라 꽃과 초록의 잎을, 가을에는 검은 열매를 감상하기 위한 백합과 지피식물은?

① 맥문동 ② 만병초
③ 영산홍 ④ 칡

63 건물이나 담장 앞 또는 원로에 따라 길게 만들어지는 화단은?

① 카펫화단 ② 침상화단
③ 모듬화단 ④ 경재화단

64 다음 화단의 형식 중 평면화단으로 적당한 것은?

① 기식화단 ② 경재화단
③ 화문화단 ④ 노단화단

65 화단을 조성하는 장소의 환경조건과 구성하는 재료 등에 따라 구분할 때 "경재화단"에 대한 설명으로 바른 것은?

① 화단의 어느 방향에서나 관상이 가능하도록 중앙부위는 높게, 가장자리는 낮게 조성한다.
② 양쪽 방향에서 관상할 수 있으며 키가 작고 잎이나 꽃이 화려하고 아름다운 것을 심어 준다.
③ 전면에서만 감상되기 때문에 화단 앞쪽은 키가 작은 것을, 뒤쪽으로 갈수록 큰 초화류를 심는다.
④ 가장 규모가 크고 아름다운 화단으로 광장이나 잔디밭 등에 조성되며 화려하고 복잡한 문양 등으로 펼쳐진다.

66 관상하기 편리하도록 땅을 1 ~ 2m 깊이로 파 내려가 평평한 바닥을 조성하고, 그 바닥에 화단을 조성한 것은?

① 기식화단 ② 모듬화단
③ 양탄자화단 ④ 침상화단

67 화단용 초화류의 조건에 해당되지 않는 것은?

① 가급적 키가 커야 한다.
② 개화기간이 길어야 한다.
③ 가지가 많이 갈라져 꽃이 많이 달려야 한다.
④ 환경에 대한 적응성이 강해야 한다.

68 봄에 가장 일찍 꽃을 볼 수 있는 초화는?

① 팬지   ② 백일홍
③ 칸나   ④ 메리골드

정답 61 ④ 62 ① 63 ④ 64 ③ 65 ③ 66 ④ 67 ① 68 ①

69 봄 화단용에 쓰이는 식물이 아닌 것은?
① 팬지 ② 데이지
③ 금잔화 ④ 샐비어

70 봄 화단에 알맞은 알뿌리 화초는?
① 리아트리스 ② 수선화
③ 샐비어 ④ 데이지

71 구근초화로서 봄심기를 하는 초화는?
① 맨드라미 ② 봉선화
③ 달리아 ④ 메리골드

72 일반적으로 봄 화단용 꽃으로만 짝지어진 것은?
① 맨드라미, 국화 ② 데이지, 금잔화
③ 샐비어, 색비름 ④ 칸나, 메리골드

73 여름에 꽃피는 알뿌리 화초인 것은?
① 수선화 ② 백합
③ 히아신스 ④ 글라디올러스

74 겨울철 화단용으로 가장 알맞은 식물은?
① 샐비어 ② 꽃양배추
③ 팬지 ④ 피튜니아

정답 69 ④ 70 ② 71 ③ 72 ② 73 ④ 74 ②

목재

※ 재료의 성질과 관련된 용어
1. 강도 : 재료에 하중이 걸린 경우, 재료가 파괴되기까지의 변형 저항 성질
2. 강성 : 물체가 외력을 받아도 모양이나 부피가 변하지 않는 단단한 성질
3. 전성 : 압축력이 가해질 때 재료가 파괴되지 않고 펴지는 성질
4. 취성 : 외력에 의하여 영구 변형을 하지 않고 파괴되는 성질, 인성과 반대
5. 인성 : 잡아당기는 힘에 견디는 성질
6. 연성 : 탄성 한계를 넘어서 파괴되지 않고 늘어나는 성질
7. 크리프 : 물체에 외력이 작용할 때 시간이 지나면서 변형이 증대해 가는 현상
8. 릴렉세이션 : 시간이 지나면서 응력이 감소되는 현상

※ 연성이 가장 큰 것은 금으로 1g으로 3.6km까지 늘릴 수 있음

1 목재의 용도와 장단점

1 조경에서 목재의 용도
① 안내시설물 : 게시판, 표지판
② 유희시설물 : 그네, 시소, 조합 및 모험놀이터
③ 휴게시설물 : 의자, 탁자, 퍼걸러
④ 경계시설물 : 문, 울타리, 담장

2 목재의 장단점

목재의 장점	목재의 단점
• 색깔, 무늬 등 외관이 아름다움 • 재질이 부드럽고 촉감이 좋음 • 무게가 가벼워서 다루기가 좋음 • 무게에 비해 강도가 큼 • 가공이 쉽고 열전도율이 낮음	• 부패성이 큼 • 함수율에 따라 변형 • 부위에 따라 재질이 불균질 • 불에 타기 쉬움 • 구부러지고 옹이가 있음

2 목재의 특징

1 침엽수와 활엽수
① 침엽수 : 가볍고 목질이 연하며 탄력 있고 질김. 건축이나 토목 시설의 구조재(Soft wood)
② 활엽수 : 무늬가 아름답고 단단하며 재질이 치밀. 가구제작과 실내 장식을 위한 건축 내장용 (Hard wood)
③ 예외 : 향나무와 낙엽송은 침엽수지만 Hard wood, 포플러와 오동나무는 활엽수지만 Soft wood
④ 목질의 성분 : 셀룰로오스(60%)와 리그닌이 주
⑤ 목재의 단위 : 목재는 말구지름(상단부)을 치, 통나무의 길이를 자로 측정하여 재적을 재로 나타냄(1치 : 3.03cm, 1자 : 30.3cm, 1㎥ = 약 300재)

2 목재의 구조
수심, 목질부, 수피부, 부름켜
① 춘재 : 봄, 여름에 자란 세포, 빛깔이 엷고 재질이 연함
② 추재 : 가을, 겨울에 자란 세포, 빛깔이 짙고 재질이 치밀
③ 나이테
  ㉠ 수심을 중심으로 춘재와 추재가 동심원으로 나타나는 것
  ㉡ 목재 강도의 기준이 되고 생장 연수를 나타냄
④ 부름켜 : 식물의 물관부(목재)와 체관부(인피) 사이에 있는 분열 세포층으로 형성층
⑤ 심재 : 목재의 수심 가까이에 있는 적갈색 부분, 단단하며 강도와 내구성이 큼
⑥ 변재 : 목재 표면 위치, 수액의 이동과 양분의 저장, 무르고 강도나 내구성이 심재보다 작음

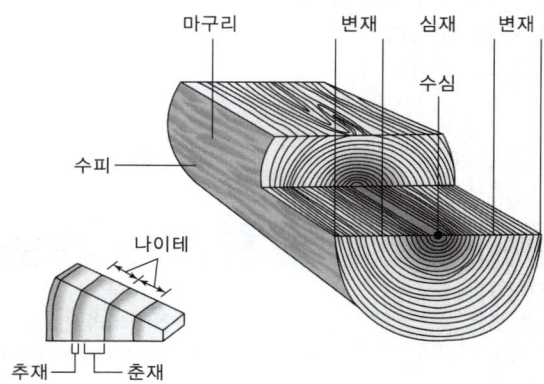

목재의 단면도

3 목재의 성질

1 비중
목재의 비중은 함수율에 따라 목재의 무게를 측정한 것으로 비중이 클수록 강도가 큼. 즉, 조직이 치밀할수록, 나이테의 폭이 좁을수록 비중이 크며, 변재보다 심재가, 춘재보다는 추재가 비중이 더 큼
① 생목비중 : 벌채 직후 생재의 비중
② 기건비중 : 공기 중 습도와 평형이 되게 건조된 기건재의 비중, 단순히 비중이라 하면 기건비중
③ 절대건조비중 : 100 ~ 105℃의 온도에서 수분을 완전 제거시킨 전건재의 비중

2 함수율
목재의 부피에서 물의 양을 백분율로 계산한 것으로 목재 함수율에 따라 전건재, 기건재로 구분
① 섬유포화점 : 목재의 유리수와 흡착수가 증발되는 경계점으로 함수율은 30% 정도
② 대기 중 습도와 균형 상태 : 함수율 15% 정도 → 기건재
③ 완전 건조 상태 : 함수율 0%로 → 전건재
④ 팽창, 수축 및 변형 : 건조 → 수축, 습윤 → 팽창

3 공극률

$$공극률 = \left(1 - \frac{전건비중}{진비중}\right) \times 100$$

※ 참고사항
 1. 자유수(유리수) : 목재 세포의 빈 틈에 있는 수분
 2. 결합수(흡착수) : 목재 세포벽과 결합되어 있는 수분

4 목재의 건조와 방부

1 건조의 목적
함수율 15%(기건함수율)가 되게
① 갈라짐, 뒤틀림 방지
② 변색, 부패 방지
③ 탄성, 강도 높임
④ 가공, 접착, 칠이 잘됨
⑤ 단열과 전기절연 효과가 높아짐

2 목재의 건조법
① 자연건조법 : 자연건조법은 특별한 장치를 필요로 하지 않으며, 경비가 적게 들고 많은 목재를 일시에 건조시킬 수 있는 이점. 반면에 건조 시간이 길며, 넓은 장소가 필요하고, 변색, 부패 등의 손상을 입기 쉬운 단점
  ㉠ 공기건조법 : 목재를 자연 기상 조건에 의해 건조하는 것으로, 통풍이 잘되는 음지에 쌓아 건조시키는 방법. 목재는 남향으로 놓으며, 직접 지면에 닿지 않게 40 ~ 50cm 정도의 기초를 하여 바람의 방향과 직각이 되도록 엇갈리게 쌓음. 목재의 양쪽 끝 마구리 면이 갈라지지 않도록 페인트나 창호지를 도포. 일반적으로 3cm 정도의 판재인 경우 침엽수는 2 ~ 6개월, 활엽수는 6 ~ 12개월, 원목은 1 ~ 3년 정도가 소요. 2 ~ 3개월마다 다시 뒤집어 쌓아주고, 잘 건조된 실내에서 2주 정도 두었다가 사용
  ㉡ 침수(침지)법 : 3 ~ 4주 물에 담갔다가 2 ~ 3주 공기 중에 건조시키는 과정을 반복. 운반과정 중 수중에서 건조시키는 방법으로 나무의 세포 내에 있던 수액과 수지 등이 씻겨 나감. 이 과정을 거치면 나무의 뒤틀림이나 할렬(섬유방향으로 모재가 갈라지는 현상)이 적어질 뿐 아니라 방충·방부 효과
    • 수침법 : 물속에 저장하여 수액 제거
    • 자비법 : 목재를 물에 넣고 끓여서 수액 제거
② 인공건조법 : 건조실 내에서 열원을 사용하여 건조시키는 방법. 단기간에 건조 가능한 장점
  ㉠ 열기법 : 가열공기를 이용한 건조실에서 건조하는 방법
  ㉡ 증기법 : 고온, 다습한 공기를 주입하여 서서히 건조시키는 방법
  ㉢ 찌는법 : 건조시간 단축. 크기에 제한을 받고 강도가 약해지며 광택이 줄어듦
  ㉣ 훈연법 : 배기가스 및 연소가스를 건조실에 주입하여 건조시키는 방법으로 목재의 변형이 없는 것이 장점이지만, 외관상 검어지는 현상이 발생할 수 있는 단점
  ㉤ 고주파 건조법 : 목재에 고주파를 투사하여 내부에 열을 발생시켜 건조하는 것으로 가장 빠르게 건조시킬 수 있는 방법

3 방부

① 목재의 부식 요인
  ㉠ 부패 : 균류의 균사에서 분비되는 각종 효소에 의해 화학적 변화, 변색의 곰팡이
  ㉡ 풍화 : 기온이 변하거나 비바람, 표면에서 점차 내부로 진행, 목질부가 분해되고 가루상태
  ㉢ 충해 : 흰개미, 하늘소, 왕바구미, 가루나무 좀 등이 연한 춘재부를 침식, 표면만 남기고 내부가 텅비게 됨

② 방부제의 요구조건
  ㉠ 목재에 침투가 용이하고 악취나 변색이 없을 것
  ㉡ 금속이나 동물, 인체에 피해가 없을 것
  ㉢ 방부 처리 후 표면에 페인트 칠 등 마감처리가 가능할 것
  ㉣ 강도의 저하나 가공성 저하가 없을 것
  ㉤ 중량 증가, 인화성, 흡수성 증가가 없을 것

③ 방부제의 분류

수용성 방부제	물에 용해해서 사용
유성 방부제	원액의 상태에서 사용하는 유상의 방부제
유용성 방부제	경유, 등유 및 유기용제를 용매로 하여 사용
유화성 방부제	유성, 유용성 방부제를 유화제로 유화한 후 물로 희석해서 사용

※ CCA, PCP 방부제
  방부력이 우수하여 많이 사용되었으나, 비소의 독성과 PCP의 내분비계 장애유발로 제조 및 사용이 금지됨

※ 크레오소트유(Creosote oil)
  나무나 화석연료 등을 이용하여 만든 유액으로 비휘발성이며 유용성. 방부력이 우수하고 가격이 저렴하나 암갈색으로 강한 냄새가 나며, 마감재 처리가 어려워 침목, 전신주, 말뚝 등 주로 산업용에 사용(주입법 사용)

※ 목재의 용도
  1. 침엽수 : 구조재
  2. 활엽수 : 치장재, 가구재

※ 사용부위별 구분
  1. 구조재 : 강도가 크고, 직대재를 얻을 수 있어야 함
  2. 수장재 : 나무결이 좋고, 무늬가 곱고, 뒤틀림이 적어야 함
  3. 가구재 : 수장재보다 흠이 없는 곧은 결의 기건재를 사용

④ 방부제의 종류

사용 환경 등급	사용 환경 조건	사용 가능 방부제
H1	• 건재해충 피해환경 • 실내사용 목재	• BB, AAC • IPBC, IPBCP
H2	• 결로 예상 환경 • 저온환경 • 습한 곳의 사용목재	• ACQ, CCFZ, ACC, CCB • CUAZ, CuHDO, MCQ • NCU, NCN
H3	• 자주 습한 환경 • 흰개미피해 환경 • 야외사용 목재	• ACQ, CCFZ, ACC, CCB • CUAZ, CuHDO, MCQ • NCU, NCN
H4	• 토양 또는 담수와 접하는 환경 • 흰개미 피해 환경 • 흙, 물과 접하는 목재	• ACQ, CCFZ, ACC, CCB • CUAZ, CuHDO, MCQ • A
H5	• 바닷물과 접하는 환경 • 해양에 사용하는 목재	• A

⑤ 방부처리법

구분	내용
표면탄화법	목재의 표면 3 ~ 4mm 정도를 태워 수분을 제거하는 방법
도포법	건조재의 표면에 방부제를 바르는 방법
확산법	생재 및 목재의 젖은 표면에 높은 농도의 방부액을 바르거나 침지한 후 일정 시간 적치 후 건조시키는 방법
침지법	방부제 용액에 목재를 담가서 처리하는 방법
가압 주입법	건조된 목재를 밀폐된 용기 속에 목재를 넣고 감압과 가압을 조합하여 목재에 약액을 주입하는 방법(로우리법, 베델법, 루핑법)
생리적 주입법	벌목 전 나무뿌리에 약액을 주입하여 수간에 이행시키는 방법

5 목재의 종류

1 원목
① 통나무 : 말구지름에 따라 구분
  ㉠ 대경목 : 지름이 30㎝ 이상인 것
  ㉡ 중경목 : 지름이 14 ~ 30㎝인 것
  ㉢ 소경목 : 지름이 14㎝ 미만인 것
② 조각재 : 4면을 따낸 원목으로 최소 단면에 따라 구분
  ㉠ 대조각재, 중조각재, 소조각재
  ㉡ 최소 단면의 크기는 통나무와 같음

2 제재목
① 각재류 : 폭이 두께의 3배 미만인 제재목
  ㉠ 소각재 : 두께 6㎝ 미만, 폭이 두께의 3배 미만인 제재품
  ㉡ 각재 : 두께와 폭이 모두 6㎝ 이상인 제재품
② 판재류 : 두께가 7.5㎝ 미만이고 폭이 두께의 4배 이상인 것
  ㉠ 후판재 : 두께가 3㎝ 이상인 것
  ㉡ 판재 : 두께가 3㎝ 미만이고, 폭이 12㎝ 이상인 것
  ㉢ 소폭판재 : 두께가 3㎝ 미만이고, 폭이 12㎝ 미만인 것

3 가공재
① 합판의 특징
  ㉠ 나뭇결이 아름다움
  ㉡ 수축, 팽창의 변형이 없음
  ㉢ 고른 강도 유지
  ㉣ 넓은 판을 이용 가능
  ㉤ 내구성과 내습성이 큼

  ※ 플라이우드
  홀수장의 단판을 서로 이웃하는 단판의 섬유방향이 직각이 되도록 서로 겹친판. 속칭 베니어 또는 베니어 판이라 불리고 3장이 최저이고 5, 7장 등 홀수로 붙임

② 합판의 제조방법
  ㉠ 로타리 베니어 : 원목을 회전하여 넓은 대팻날로 두루마리 휴지처럼 연속으로 벗기는 방식으로 목재의 이용효율이 높고, 가장 널리 사용하는 방식
  ㉡ 슬라이스 베니어 : 상,하로 이동하면서 얇게 절단하는 방식
  ㉢ 쏘드 베니어 : 띠톱으로 얇게 쪼개어 단면을 만드는 방식
③ 합판의 종류 : 내수합판, 테고합판, 미송합판, 코아합판

4 대나무

① 일본식 정원이나 실내 조경재료로 많이 쓰임 : 왕대, 맹종죽, 섬대, 해장죽, 솜대 등
② 대나무의 성질 : 외측 부분이 내측보다 우수
③ 벌채 연령 : 왕대, 맹종죽, 솜대가 4 ~ 5년, 해장죽, 오죽 등의 작은 대나무 2년 정도, 시기는 늦가을에서 초겨울 사이가 알맞음
④ 대나무의 건조 : 대기 건조법 시 10 ~ 20일, 통제는 4 ~ 6개월
⑤ 신이대, 조릿대 등 작은 대나무는 성장한 이후에도 죽피가 남아 있음

5 섬유재

① 볏짚, 새끼줄, 밧줄 등이 조경에 사용되고 있음
② 새끼줄 10타래 : 1속

6 목재시설의 제작과 설치

1 순서

목재구입 → 용도별 절단 → 박피, 깎기 → 1차 가공(구멍뚫기, 따내기, 모다듬기 등) → 건조 → 방부처리 → 양생

2 목재의 접합

이음	목재를 길이로서 길게 잇는 방법	
	턱이음	두 부재의 연결부에 서로 반대되는 턱을 만들어 잇는 방법
	장부이음	한쪽에는 장부를 만들고 한쪽에는 장부구멍을 만들어 서로 끼워 밀착하게 결구하는 방법

3 목재의 맞춤

맞춤 (짜임)	목재에 각(경사, 직각)을 지어 맞추는 방법	
	턱끼움	턱이음과 유사하여 한 부재에는 홈을 파고, 끼임 부재에는 턱을 깎아 접합하는 기법
	턱맞춤	연결되는 2개의 부재에 모두 턱을 만들어 서로 직각되거나 경사지게 물리는 방법
	기둥머리 짜임	기둥머리에는 축을 만들어 도리나 창방, 보머리 또는 보방향 첨차를 짜임하는 기둥머리 결구에 사용되는 맞춤법

4 쪽매
목재를 섬유방향과 평행으로 넓게 옆으로 대는 법

5 접착제
① 천연접착제 : 아교풀, 부레풀, 카세인, 밥풀
② 합성수지계 접착제 : 초산비닐, 페놀수지, 요소수지, 멜라민수지

※ 접착제의 내수성 비교
실리콘 > 에폭시 > 페놀 > 멜라민 > 요소 > 아교

※ 접착력 비교
에폭시 > 멜라민 > 페놀

※ 페놀수지
내수성이 풍부하고, 내구성이나 탄성도 있어 신뢰할 수 있으나, 10℃ 이하에서는 거의 경화하지 않음

※ 애폭시계 접착제
액체 상태나 용융 상태의 수지에 경화제를 넣어 사용하며, 내산성과 내알칼리성이 모두 우수하여 콘크리트, 항공기, 기계 부품 등의 접착제에 많이 사용

6 철물
① 큰 힘을 받거나 약한 부분 보강
② 못, 나사못, 볼트, 꺾쇠, 띠쇠, 듀벨 등

07 석재

1 석재의 특징

1 석재의 조경적 이용
① 가공석 : 서양식 정원, 포장, 계단, 화단, 계단폭포, 조각물
② 자연석 : 동양식 정원, 경관용, 축석용, 장식용의 돌놓기와 돌쌓기

2 장점
① 외관이 매우 아름다움
② 내구성과 강도가 큼
③ 가공성이 있으며, 변형되지 않음

3 단점
① 무거워서 다루기 불편
② 가공의 어려움
③ 비싼 가격

4 석재의 조직

절리	자연 생성 과정에서 일정 방향으로 금이 가는 것
석리	조암광물의 집합 상태에 따라 생기는 돌결
층리	암석 구성물질의 층상 배열상태
석목	절리 외에 암석이 가장 쪼개지기 쉬운 면

2 석재의 분류

1 화성암
① 지구 내부에 녹아 있는 마그마가 냉각하여 굳어진 것
② 대체로 큰 덩어리, 대형 석재 채취에 좋음
③ 화강암, 안산암, 현무암, 섬록암 등

2 퇴적암
① 암석의 분쇄물 등이 물속에 침전되어 지열과 지압으로 다시 굳어진 것(수성암)
② 대체적으로 층을 이루어 형성
③ 사암, 점판암, 응회암, 석회암, 혈암 등

3 변성암
① 화성암, 퇴적암이 지각변동, 지열에 의해 화학적·물리적으로 성질이 변한 것
② 대리석, 사문암, 트래버틴, 편마암, 결정편암 등

4 성인에 따른 석재의 분류

분류	석재	용도	장점 및 특징
화성암	화강암	조적재, 기초 석재, 건축 내외장재, 구조재	• 한국 돌의 70%를 차지 • 흰색 또는 담회색 • 경도, 강도, 내마모성, 색채, 광택 우수 • 내화성 낮으나 압축강도가 가장 큼 • 큰 재료 획득 가능
	안산암	구조재(판석), 장식재	• 경도, 강도, 내구성, 내화성도 있음 • 색조가 불규칙, 절리에 의해 가공 용이 • 큰돌을 얻기에는 곤란
	현무암	문기둥, 석등, 포장재, 건축재	• 회색 또는 검은색 • 세립이고 치밀하여 단단, 다공질도 있음 • 절리가 있어 갈라지는 것이 많음
퇴적암	사암	외벽재, 경량구조재, 내장재	• 모래가 퇴적, 교착되어 생성 • 내화력 큼
	점판암	판석, 숫돌, 비석, 외벽, 바닥, 지붕 재료	• 점토가 퇴적, 응고되어 생성 • 재질 치밀, 흡수성 작고 강함 • 색상(흑색)이 좋고 외관 미려
	응회암	기초석재, 석축재, 실내 장식재	• 다공질로 경도, 강도, 내구성 부족 • 화산재가 퇴적, 응고되어 생성. 내화력이 큼
	석회암	도로포장, 석회원료	• 유기질, 무기질이 용해, 침전되어 퇴적 응고 • 주성분은 탄산석회($CaCO_3$)로 백색, 회색 암석
변성암	대리석	실내 장식재, 조각재	• 석회암이 변질된 것으로 강도 큼 • 산과 열에 약해 실내 사용
	사문암	내장 마감용	• 감람석, 섬록암 등의 심성암이 변질 • 암녹색 바탕에 흑백색의 무늬
	트래버틴	실내 장식재(외부용 불가)	• 대리석 일종 • 다공질로 무늬와 요철부가 입체감 지님

5 강도와 비중에 따른 석재의 분류

분류	압축강도(kg/cm²)	흡수율(%)	겉보기비중(g/cm³)	석재종류
경석	500 이상	5 이하	2.5 ~ 2.7	화강암, 안산암, 대리석
준경석	100 ~ 500	5 ~ 15	2.0 ~ 2.5	경질사암, 경질회암
연석	100 이하	15 이상	2.0 이하	연질응회암, 염질사암

6 사용 용도에 따른 석재의 분류

마감용	외장용	화강암, 안산암, 점판암
	내장용	대리석, 사문암
구조용		화강암, 안산암, 사암

※ 석재의 인장강도
  압축강도의 1/10 ~ 1/30

※ 압축강도 순서
  화강암 > 대리석 > 안산암 > 사암
  - 화강석이 제일 단단함

※ 내화도 순서
  콘크리트 > 석회암, 대리석 > 유리 > 화강암
  - 콘크리트 내화도가 제일 높고, 화강석이 제일 낮음

3 석재의 가공

1 석재가공기구

석재의 가공 기구

2 석재가공순서

공정	작업내용	사용 망치
혹두기	쇠망치(쇠메)로 석재의 큰 돌출 부분만 대강 떼어내는 정도의 거친 면을 마무리하는 작업	메망치
정다듬	혹두기한 면을 정으로 비교적 고르고 곱게 다듬는 것으로 거친 정도에 따라 거친다듬, 중다듬, 고운다듬으로 구분	정
도두락다듬	정다듬한 표면을 도드락 망치를 이용하여 1~3회 정도로 곱게 다듬는 작업	도드락 망치
잔다듬	외날망치나 양날망치로 정다듬한 면을 일정 방향이나 평행선으로 다듬어 평탄하게 마무리하는 작업	외날망치, 날망치
물갈기	연마기나 숫돌로 매끈하게 갈아내는 방법으로 화강암, 대리석 등을 최종적으로 마무리할 때 이용	-

3 규격재

① 각석 : 폭이 두께의 3배 미만이고 폭보다 길이가 긴 직육면체의 석재
② 판석 : 두께가 15㎝ 미만이고 폭이 두께의 3배 이상인 판 모양의 석재
③ 마름돌 : 지정된 규격 따라 직육면체가 되도록 각 면을 다듬은 석재
④ 견칫돌 : 앞면 정사각형 또는 직사각형, 1개의 무게 70~100kg으로 옹벽쌓기에서 메쌓기 또는 찰쌓기용으로 사용
⑤ 깬돌 : 견칫돌에 준한 재두방추형, 견칫돌보다 치수가 불규칙하고 일반적으로 뒷면이 없는 돌

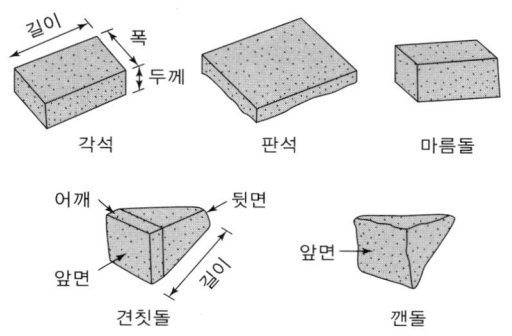

규격재의 여러 가지 모양

※ 참고 자료 : 공사용 석재의 분류(표준품셈)

- 모암 : 석산에 자연상태로 있는 암
- 원석 : 모암에서 1차 파쇄된 암석
- 다듬돌 : 각석 또는 주석과 같이 일정한 규격으로 다듬어진 것으로 건축이나 포장 등에 쓰이는 돌
- 막다듬돌 : 다듬돌을 만들기 위하여 다듬돌의 규격치수의 가공에 필요한 여분의 치수를 가진 돌
- 견칫돌 : 형상은 재두각추체에 가깝고 전면은 거의 평면을 이루며 대략 정사각형으로서 뒷길이, 접촉면의 폭, 뒷면 등이 규격화된 돌
- 깬돌 : 견칫돌에 준한 재두방추형으로서 견칫돌보다 치수가 불규칙하고 일반적으로 뒷면이 없는 돌
- 깬잡석 : 모암에서 일차 폭파한 원석을 깬돌로서 깬돌보다도 형상이 고르지 못한 돌
- 사석 : 막깬돌 중에서 유수에 견딜 수 있는 중량을 가진 큰 돌
- 잡석 : 크기가 지름 10 ~ 30cm 정도의 것이 크고 적은 알로 고루고루 섞여져 있으며 형상이 고르지 못한 깬 돌
- 전석 : 1개의 크기가 $0.5m^3$ 이상이 되는 석괴
- 야면석(野面石) : 천연석으로 표면을 가공하지 않은 것으로서 운반이 가능하고 공사용으로 사용될 수 있는 비교적 큰 괴석
- 호박돌 : 호박형의 천연석, 가공하지 않은 지름 18cm 이상 크기의 돌
- 조약돌 : 가공하지 않은 천연석, 지름 10 ~ 20cm 정도의 계란형의 돌
- 부순돌 : 잡석을 지름 0.5 ~ 10cm 정도의 자갈 크기로 작게 깬돌
- 굵은 자갈 : 가공하지 않은 천연석, 지름 7.5 ~ 20cm 정도의 돌
- 자갈 : 천연석으로서 큰 자갈보다 알이 적고 지름 0.5 ~ 7.5cm 정도의 둥근 돌
- 굵은 모래 : 천연산으로서 지름 0.25 ~ 2mm 정도의 알맹이의 돌
- 잔모래 : 천연산으로서 지름 0.05 ~ 0.25mm 정도의 알맹이의 돌
- 돌가루 : 돌을 부수어 가루로 만든 것

4 자연석

1 자연석의 모양
① 입석 : 세워 쓰는 돌, 어디서나 관상할 수 있는 돌
② 횡석 : 눕혀 쓰는 돌, 안정감
③ 평석 : 윗부분이 평평한 돌, 앞부분에 배석
④ 환석 : 둥근 생김새의 돌
⑤ 각석 : 각이 진 돌로 3각 및 4각 등 이용
⑥ 사석 : 비스듬히 세워서 이용되는 돌, 해안절벽 표현
⑦ 와석 : 소가 누운 형태, 횡석보다 안정감
⑧ 괴석 : 태호석, 제주도의 현무암 등

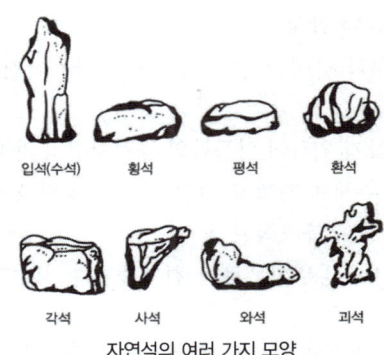

자연석의 여러 가지 모양

2 자연석의 종류
① 산석 : 모가 나고 이끼나 뜰녹이 생김, 화강암, 안산암, 현무암(제주도, 철원)
② 강석 : 모가 없는 돌, 돌의 색이 밝고 물을 이용한 조경에 사용하며 어두운 부분을 밝게 하기 위해 이용
③ 해석 : 모가 없고 연질부 깎여 괴석 모양

3 자연석의 특징
① 돌의 크기 : 대비, 조화, 비례, 균형을 맞추어 사용
② 돌의 색채 : 청색계, 적색계, 흑색계
③ 돌의 광택 : 윤기, 깊이 있고 차분한 느낌 주는 것 사용
④ 돌의 이끼 바탕 : 자연미
⑤ 돌의 조면 : 풍화, 침식되어 표면이 거칠어진 상태
⑥ 돌의 뜰녹 : 조면이 고색(古色)을 띤 것, 관상 가치 높음
⑦ 돌의 모양 : 여러 개의 돌 쌓을 때 선택 중요

점토제품

※ 점토
  화성암이 풍화작용을 받아 생긴 광물질 성분. 모암의 종류 및 분해, 변성과정에 따라 여러 가지 성분의 점토가 됨. 습윤 시에는 가소성을 건조시에는 강성을 나타내며, 고온에 구우면 경화. 점토의 비중은 2.5 ~ 2.6이고 주성분은 규산(50 ~ 70%)과 알루미나(15 ~ 36%)이며, 그 밖에 산화철, 산화칼슘, 산화마그네슘 등이 함유

※ 가소성
  어떤 고체에 잠시 변형되거나 탄성을 일으키는 힘보다는 크고, 파손되거나 깨뜨리는 힘보다는 작은 중간 정도의 힘을 가했을 때 그 형태가 영구히 변해버리는 성질

※ 점토제품의 소성공정
  예비처리 → 원료조합 → 반죽 → 숙성 → 성형 → 시유 → 소성벽돌

1 벽돌

정교하면서 따뜻한 느낌을 주는 재료로서 담장 및 화단의 경계석, 원로의 포장, 테라스 바닥 및 퍼걸러와 같은 시설물의 축조용으로 사용

1 벽돌의 종류

붉은벽돌	완전 연소되어 적색을 띤 벽돌
검정벽돌	불완전 연소되어 회흑색을 띤 벽돌
시멘트벽돌	시멘트와 모래로 만든 벽돌
특수벽돌	내화벽돌, 오지벽돌, 이형벽돌, 포장벽돌, 경량벽돌

2 벽돌의 규격

구분		길이	너비	두께
표준형	치수(mm)	190	90	57
기존형	치수(mm)	210	100	60
허용오차(mm)		±3	±3	±4

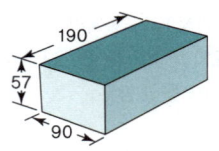

표준형 벽돌

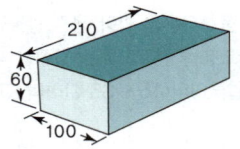

기존형 벽돌

2 도관과 토관

1 도관과 토관의 정리
① 도관 : 양질의 점토 이용, 유약을 발라 굽고 흡수성이 없어 배수관, 상하수관, 전선 및 케이블관 등에 쓰임
② 토관 : 저급 점토, 그대로 구움, 표면이 거칠고 투수율이 크므로 연기나 공기 등의 환기관으로 사용

2 곧은관
① 플랜지관 : 접합 부분에 플랜지가 있는 칼집 모양 관
② 도장집관 : 접합 부분에 플랜지가 없는 모양의 관

3 이형관
① 굽은관 : 30°, 45°, 90°의 3종류
② 가지관 : 본체에 가지, 가지관의 각도 60°, 90° 2종류

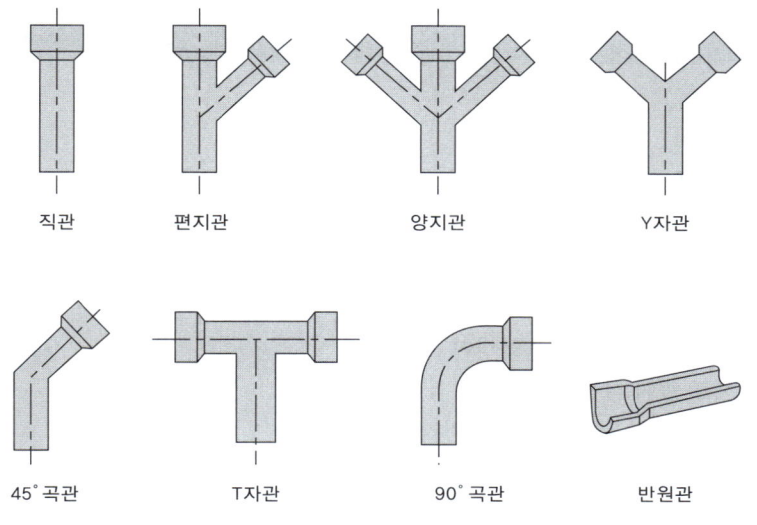

토관의 종류

③ 도자기 제품

1 도자기 제품의 특징
① 돌을 빻아 빚은 것을 1,300℃로 구워 물을 빨아들이지 않음
② 마찰, 충격에 견디는 힘이 강함
③ 도기와 자기로 구분

2 도기
① 1,100℃ ~ 1,200℃에서 소성을 하여 기계적 강도가 크지 않고 때리면 둔탁한 소리
② 세면기, 변기 등

3 자기
① 점토, 석영, 장석, 도석 등을 원료로 하여 적당한 비율로 배합
② 1,300℃ 이상의 높은 온도로 가열하여 유리화될 때까지 충분히 구워 굳힌 제품
③ 때리면 맑은 소리
④ 커피잔, 밥그릇 등

4 타일

1 제조
① 양질의 점토에 장석, 규석, 석회석 등의 가루를 배합하여 성형
② 유약을 입혀 건조한 다음 1,100℃ ~ 1,400℃ 정도에서 소성한 제품

2 타일의 특징
① 타일은 내수성, 내마멸성, 방화성이 우수
② 질감 및 색조 등이 다양
③ 청결감이 있으며, 흡수성이 적고, 휨과 충격에 강함

※ 오지벽돌, 기와
도자기의 일종으로 시유하여 구워 흡수성이 낮은 특성을 갖고 있으며, 벽돌, 기와 뿐만 아니라 토관에 시유한 오지관도 사용

3 타일의 호칭에 의한 분류
① 내장타일과 외장타일
  ㉠ 내장타일 : 건물 내부에 사용하는 타일로 성분은 점토, 고령토, 석회석 등. 흡수율이 높고 동해에 약하나 타일 표면이 아름답고 청결
  ㉡ 외장타일 : 건물 외부에 사용되는 타일로 내장타일보다 강하고 흡수율이 낮음
② 바닥타일 : 내외부의 바닥에 사용하며, 바닥에 사용하는 것이므로 두께가 두껍고, 미끄럼 방지를 위해 유약을 사용하지 않는 타일
③ 모자이크타일 : 평타일 표면 넓이가 9㎠ 이하인 타일로 강도가 낮음. 바닥에 사용되며 시공이 용이
④ 테라코타 : 이탈리아어로 '구운 흙' 이라는 뜻의 점토제품으로 형틀로 찍어내어 소성한 속이 빈 대형의 점토제품

5 점토제품 정리

구분	내용
보통벽돌	• 저급한 점토에 모래나 석회를 섞어 소성한 제품 • 벽돌의 등급에 따라 치장용, 내력벽, 칸막이벽에 사용 • 표준형 190×90×57mm, 재래형 210×100×60mm
포장벽돌	• 보통벽돌보다 양질의 재료를 사용하여 소성한 것 • 차량과 보행의 작용에 저항할 수 있는 경도와 탄성 필요 • 풍화에 대한 내구성과 흡수율이 작을 것
타일	• 점토를 성형한 후 유약을 발라 1,100 ~ 1,400℃ 정도로 소성 • 내수성, 방화성, 내마멸성 우수
도자기	• 돌을 빻아 빚은 것을 1,300℃ 정도의 온도로 구워낸 것 • 물을 빨아들이지 않고, 마찰이나 충격에 견딤 • 변기, 도관, 외장 타일 등에 사용
토관	• 저급한 점토로 성형한 후 유약을 바르지 않고 그대로 구운 것 • 투수율이 커 연기, 공기의 환기통 사용
도관	• 양질의 점토로 성형한 후 유약을 관의 내외에 발라 구운 것 • 흡수성과 투수성이 거의 없음 • 배수관, 상하수도관, 전선 및 케이블관 등에 사용
테라코타	• 이탈리아어로 '구운 흙'이라는 뜻 • 형틀로 찍어내어 소성한 속이 빈 대형의 점토제품

시멘트 콘크리트 제품

1 시멘트의 성질

비중	3.05 ~ 3.18 : 보통 3.15
단위용적중량	1,200 ~ 2,000kg/m³ : 보통 1,500kg/m³
분말도	시멘트 입자의 고운 정도(2,800 ~ 3,000cm³/g)
수화작용	시멘트에 물을 첨가하면 시멘트 풀이 되고 시간이 흐르면 유동성을 잃고 굳어지는 일련의 화학반응 : 수화열이 발생
응결	수화작용에 의해 굳어지는 상태를 지칭 : 대개 1시간 후 시작되어 10시간 이내로 상태 완료
경화	응결 후 시멘트가 구체의 조직이 치밀해지고 강도가 커지는 상태로 시간의 경과에 따라 강도가 증대되는 현상

※ 수화열
   시멘트 응결과 경화 전반에 관계하는 것을 수화반응이라 하고, 그 과정에서 발생하는 열이 수화열

※ 수화반응식
   $CaO + H_2O \rightarrow Ca(OH)_2 + 열(120cal/g)$

2 시멘트의 저장

1 시멘트 저장 방법
① 지표에서 30cm 이상 띄우고 방습처리
② 13포 이상 쌓지 않으며, 장기 저장 시 7포 이내
③ 출입문에 환기창을 두지 않음
④ 3개월 이상 저장하지 않음
⑤ 습기를 받거나 풍화가 의심되면 반드시 테스트 후 사용
⑥ 선입선출
⑦ 보관 시 1m²당 30 ~ 35포대 정도

2 시멘트의 저장 창고 면적

$A = 0.4 \times \dfrac{N}{n}$(m²)

A : 창고면적(m²)
N : 저장 포대수
n : 쌓기 단수(최고 13포대)

3 풍화
저장 중에 공기 속의 습기 및 CO_2를 흡수하면, 수립(水粒) 생성물과 반응해 비중이 감소하며 강열감량이 증가하고 강도의 발현성이 저하하는 현상

3 시멘트의 종류

포틀랜드 시멘트	보통 포틀랜드 시멘트	• 비중 : 3.15, 단위용적중량 : 1,500kg/m³ • 일반적인 보통의 공사에 사용
	조강 포틀랜드 시멘트	• 수화발열량 및 조기강도 큼 • 긴급공사, 한중공사, 수중공사 사용
	중용열 포틀랜드 시멘트	• 수화발열량이 적어 수축, 균열 발생 적음 • 조기 강도는 낮으나 장기강도가 크며, 내침식성, 내구성 양호 • 방사선 차단용 콘크리트, 댐공사, 매스콘크리트에 적당
	백색 포틀랜드 시멘트	• 시멘트 원료 중 철분을 0.5% 이내로 한 것 • 내구성, 내마모성 우수, 타일 줄눈, 치장줄눈 등에 사용
혼합 시멘트	고로시멘트	• 비중이 낮고(2.9) 응결시간이 길며 조기강도 부족 • 해수, 하수, 지하수, 광천 등에 저항성이 크고 건조수축 적음 • 매스콘크리트, 바닷물, 황산염 및 열의 작용을 받는 콘크리트
	실리카시멘트 (포졸란시멘트)	• 조기강도는 작고 장기강도가 큼 • 시공연도가 좋아지고 블리딩, 재료분리 현상이 적어짐 • 수화열이 적고 내화학성과 수밀성이 큼 • 매스콘크리트, 수중콘크리트에 사용
	플라이애쉬 시멘트	• 조기강도와 수화열이 낮음 • 건조 수축이 일반시멘트에 비해 적음 • 화학저항성이 강하고 수밀성이 우수
특수 시멘트	알루미나 시멘트	• One day 시멘트, 조기강도가 큼 • 24시간에 보통 포틀랜드시멘트의 28일 강도 발현 • 수축이 적고 내수, 내화, 내화학성이 큼 • 동절기 공사, 해수 및 긴급공사에 사용
	팽창(무수축) 시멘트	• 건조수축에 의한 균열 방지 목적 • 수축률은 보통시멘트의 20 ~ 30% 정도

※ 시멘트의 수화열 비교

알루미나, 조강 > 보통 > 고로 > 중용열, 포졸란

※ 시멘트의 조기강도 비교

알루미나 > 조강 > 보통 > 고로 > 중용열 > 포졸란

※ 시멘트의 강열감량

시료에 열을 가하면 휘발성 물질, 수분, 가스 등이 배출되어 무게가 감소하는 현상
1. 시멘트 중에 함유된 물과 이산화탄소의 양
2. 클링커와 혼합하는 석고의 결정 수량과 거의 같음
3. 시멘트에 약 1,000도의 강한 열을 가했을 때의 시멘트 감량
4. 풍화되거나 혼합물의 존재 시 강열감량은 높아짐

4 콘크리트의 구성

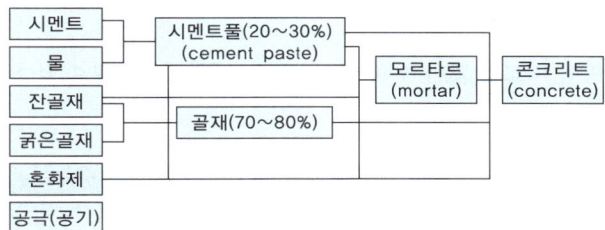

5 콘크리트의 장단점

장점	단점
• 압축강도가 큼 • 내화, 내수, 내구적 • 철과의 접착이 잘 되고 부식 방지력이 큼 • 형태를 만들기 쉽고 비교적 가격이 저렴 • 구조물의 시공이 용이하고 유지관리 용이	• 인장강도 약함(압축강도 1/10) • 자중이 커 응용범위 제한 • 수축에 의한 균열이 발생 • 재시공 등 변경, 보수 곤란

6 혼화재와 혼화제

1 혼화재
혼화재료 중 사용량이 비교적 많아 부피가 콘크리트 배합계산에 관계되며 콘크리트 성질을 개량하기 위해 사용

구분	내용
슬래그 (slag)	• 용광로에서 선철을 제조할 때 생기는 찌꺼기를 냉각시켜 분말화 • 내해수성과 내화학성이 강함 • 수화열이 낮고 균열이 적음 • 장기강도 증진
플라이애쉬 (fly ash)	• 화력발전소의 미분탄연소 시 나오는 미립분 • 조기강도와 수화열이 낮음. 장기강도가 커짐(매스 콘크리트용) • 수밀성이 커지면서 단위수량을 줄임, 워커빌리티 좋아짐 • 건조 수축이 일반시멘트에 비해 적음 • 화학저항성이 강하고 수밀성이 우수
포졸란 (pozzolan)	• 규석, 규산물질로 실리카시멘트에 혼합된 천연 및 인공인 것을 총칭 • 콘크리트의 수밀성, 내구성, 강도 등을 높이고, 수화열을 저하 • 경화속도가 느려지면서 장기 강도가 증가 • 건조 수축이 큰 것이 단점

2 혼화제
사용량이 적고 배합계산에서 용적을 무시하는 소량의 재료로 AE제, 급결제, 지연제, 방수제 등

표면활성제	AE제 (공기연행제)	• 독립기포를 형성. 콘크리트 유동성을 양호하게 하고 재료의 분리를 막음 • 단위 물량을 적게 하고 동결 및 융해에 대한 저항성이 커짐 • 압축강도와 철근과의 부착력이 감소하는 단점
	분산제 (감수제)	• 내약품성이 커짐 • 수밀성이 향상되고 투수성이 감소 • 시멘트량과 단위 수량을 줄일 수 있음 • 시멘트 입자를 분산시켜 워커빌리티를 좋게 함 • 물과 접촉하는 면이 증가 : 수화작용이 촉진되고 강도가 높아짐
급결제 (응결경화촉진제)		• 물속 공사, 겨울철 공사 등에 필요한 조기강도 발생 촉진 • 내구성 저하 우려 있음 • 염화칼슘, 염화마그네슘, 규산나트륨, 식염 등
지연제		• 수화작용을 지연시켜 응결시간을 길게 함 • 고온 시공, 장시간 시공, 운반 시간이 길 때 사용 • 구연산, 글루코산, 당류
방수제		• 수밀성 증대를 목적으로 방수제 사용
기포제		• 발포제를 사용하여 경량화, 단열화, 내구성 향상

7 보차도용 콘크리트 제품

경계블럭	• 길이 1m 단위로 생산되며 A형, B형, C형의 3종류
보도블럭	• 무근콘크리트를 사용하여 만든 블록으로 규격은 300mm×300mm×60mm의 정방형과 장방형, 6각형 등
측구형블럭	• 배수를 위해 길의 가장자리에 설치하는 측구로 L형 측구, U형 측구 등
소형고압블럭 (ILP)	• 최근 보도용으로 많이 사용

8 쌓기용 콘크리트 제품

시멘트 벽돌	• 치장쌓기가 아닌 내벽쌓기용으로 사용
속 빈 시멘트 블록	• 건물의 벽, 담, 바닥포장 등에 사용
콘크리트 인조목 (의목)	• 콘크리트를 사용하여 나무와 같은 느낌이 나도록 만든 제품으로 퍼걸러, 벤치, 휴지통 등에 사용

합성수지

1 합성수지의 정의와 장단점

1 합성수지의 정의
① 석탄, 석유, 천연가스 등을 원료로 화학반응에 의해 고분자화한 물질
② 플라스틱 성형품을 만드는 원료

2 합성수지의 장단점

장점	단점
• 자유로운 성형 • 강도와 탄력성이 큼 • 착색이 자유롭고 광택이 좋음 • 내산성과 내알칼리성이 큼 • 투광성 및 접착성이 있음 • 전기와 열에 대한 절연성	• 열전도율이 높고 불에 타기 쉬움 • 내열성, 내후성, 내광성이 부족 • 변색이 잘됨 • 저온 및 자외선에 약함 • 표면의 경도가 낮음 • 정전기 발생량이 큼

2 합성수지의 종류

구분	특징	종류
열경화성수지	• 열과 압력을 가하여 가공 : 축합반응 • 한 번 경화되면 열을 가해도 소성이 되지 않음	페놀, 요소, 멜라민, 폴리에스테르, 알키드, 에폭시, 실리콘, 우레탄, 푸란 등
열가소성 수지	• 가열하거나 용제에 녹여 가공 : 중합반응 • 경화된 후 다시 열을 가하면 소성을 가짐 • 수장재로 이용	염화비닐(PVC), 아크릴, 초산비닐, 폴리에틸렌, 폴리스틸렌, 폴리아미드 등

※ 유리섬유강화 플라스틱(FRP, Fiberglass Reinforced Plastic)
약한 플라스틱에 강화제를 넣어 만든 제품으로 벤치, 화단장식재, 인공폭포, 인공암, 정원석 등에 사용

❸ 수지별 특성

종류	특징
실리콘수지	• 내수성, 내열성이 우수 • 내연성, 전기적 절연성이 있고 유리섬유판, 텍스, 피혁류 등 모든 접착이 가능 • 500℃ 이상 견디는 수지 • 용도는 방수제, 도료, 접착제로 사용
에폭시수지	• 액체 상태나 용융 상태의 수지에 경화제를 넣어 사용 • 내산성, 내알칼리성 등이 우수하여 콘크리트 접착 등에 사용 • 접착 효과가 매우 우수하여 방수와 포장재로도 이용
멜라민수지	• 내수성이 크고 열탕에서 침식되지 않음 • 무색투명하고 착색이 자유로우며 내수성, 내약품성, 내용제성이 뛰어남 • 알키드수지로 변성하여 도료, 내수베니어 합판의 접착제에 이용
페놀수지	• 강도, 전기절연성, 내산성, 내수성이 모두 양호, 내알칼리성 약함 • 내수합판, 접착제 용도로 사용하며 베이클라이트를 만듦
폴리에스테르수지	• 전기 절연성, 내열성, 내약품성이 좋음 • 창틀, 덕트, 파이프, 도료, 욕조, 접착제 등에 사용
폴리우레탄수지	• 내약품성이 있으며 내열성이 우수 • 보온보냉재, 접착제, 내수피막, 도료 등에 사용
폴리에틸렌수지	• 상온에서 유백색의 탄성이 있는 열가소성 수지 • 얇은 시트, 벽체 발포온판 및 건축용 성형품으로 이용
아크릴수지	• 투명도가 높으므로 유기유리라는 명칭 • 착색이 자유로워 채광판, 도어판, 칸막이판 등에 이용
염화비닐수지	• 바닥용타일, 시트, 조인트재료, 접착제, 도료 등이 주용도이며 파이프, 튜브, 물받이통 등의 제품에 가장 많이 사용되는 열가소성 수지 • 강도, 전기전열성, 내약품성이 양호하고 가소재에 의하여 유연고무와 같은 품질이 되며 고온, 저온에 약함
폴리아미드수지	• 강인하고 잘 미끄러지며 내마모성이 큼 • 나일론수지라고도 함
프탈산수지	• 프탈산과 글리세린으로 만든 수지로서 연한 노랑색을 띰 • 지방유를 섞어 유성니스로 씀

금속제품

1 금속재료의 구분과 특성

1 금속재료의 구분
① 철금속 : 아치, 잔디 보호책, 식수대, 조합놀이대, 그네, 시소, 미끄럼틀, 철봉 등의 시설물
② 비철금속 : 환경조성, 유희, 수경, 가로 장치물 등의 시설공사에 재료로 사용

2 금속재료의 특성
① 장점 : 인장강도가 큼, 종류 다양, 강도에 비해 가벼움, 균일성, 불연재, 공급이 용이
② 단점 : 가열하면 역학적 성질이 저하, 부식(내산성, 내알칼리성 작음), 차가운 느낌

2 강의 종류와 성질

1 강의 종류

순철	탄소량 0.03% 이하 : 800 ~ 1,000℃ 내외에서 가단성(可鍛性)이 크고 연질
탄소강	탄소량 0.03 ~ 1.7% : 가단성, 주조성, 담금질 효과가 있음
주철	탄소량 1.7% 이상 : 주조성이 좋고 경질이며 취성(脆性)이 큼
특수강 (합금강)	탄소강에 합금용 원소를 첨가하여 성질을 개선시킨 것 : 니켈강, 니켈크롬강(스테인리스강) 등

2 강의 열처리

풀림	연화 조직의 정정과 내부응력을 제거하기 위해 적당한 온도로 가열(800 ~ 1,000℃) 후 노(爐)의 내부에서 서서히 냉각
불림	주조, 단조 또는 압연 등에 의해 조립화된 결정을 미세화된 균질의 조직을 만들기 위해 가열(906℃ 이상) 후 공기 중에서 냉각
담금질	강의 강도나 경도를 증가시키기 위해 가열(800 ~ 900℃) 후 재료를 갑자기 물이나 기름 속에 넣어 냉각
뜨임	담금질한 강은 취성이 크므로 인성을 증가시키기 위해 재가열(721℃ 이하) 후 공기 중에서 냉각

3 강의 성질

강도	하중이나 외력에 저항하여 파괴되지 않는 정도
경도	굳기의 정도로 전단력, 마모 등에 대한 저항성
탄성	외력을 받아 변형을 일으킨 뒤 외력을 제거하면 원형으로 돌아가는 성질
인성	충격에 대한 저항성으로 높은 응력에 견디고 동시에 큰 변형이 되는 성질
연성	탄성 한계 이상의 힘을 받아도 파괴되지 않고 늘어나는 성질
취성	외력을 받았을 때 작은 변형에도 파괴되는 성질
전성	금속을 가늘고 넓게 판상으로 소성변형시키는 성질

3 금속제품

1 철금속

① 형강 : 특수한 단면으로 압연한 강재
  ㉠ 평강, 등변 L형강, 부등변 L형강, T형강, ㄷ형강, Z형강
  ㉡ 구조용, 공사용 재료
② 강봉
  ㉠ 원형 및 이형 단면의 강봉 : 철근콘크리트의 강재
  ㉡ 각형 단면의 강재 : 철문, 철장 등 철재 세공물
③ 강판
  ㉠ 강편을 롤러에 넣어 압연한 것
  ㉡ 후판 : 판 두께 3㎜ 이상, 구조용, 기계 제품용
  ㉢ 박판 : 3㎜ 이하, 철제 거푸집, 지붕재
  ㉣ 함석 : 박판에 아연 도금한 것
  ㉤ 양철 : 박판에 주석 도금한 것
④ 철선
  ㉠ 연강의 강선을 아연 도금한 것, 보통 철사
  ㉡ 철망, 가설재, 못 등의 원재로 사용하고, 철근콘크리트, 거푸집 잡아매기 및 철근을 묶는데 사용
⑤ 와이어 로프
  ㉠ 지름 0.26 ~ 5.0㎜인 가는 철선을 몇 개 꼬아서 기본 로프를 만듦
  ㉡ 기본 로프를 다시 여러 개 꼬아 만든 것
  ㉢ 케이블, 공사용 와이어 로프 등이 있음

2 비철금속

① 알루미늄
  ㉠ 원광석인 보크사이드에서 순 알루미나를 추출하여 전기분해하여 만든 은백색의 금속
  ㉡ 전성, 연성이 높고 산과 알칼리에 약함
  ㉢ 열의 전도율이 높고 열팽창률이 큼
  ㉣ 경량구조제, 피복재, 설비, 가구제
  ㉤ 두랄루민 : 알루미늄 합금의 일종, 내식성와 내구성 좋음

② 구리
  ㉠ 황동(놋쇠) : 구리와 아연의 합금
  ㉡ 청동 : 구리와 주석의 합금
  ㉢ 내식성이 강하고 외관에 아름다워 외부 장식재로 사용

③ 티타늄
  ㉠ 비중이 약 4.5로 무게 대비 강도가 금속 중 최대
  ㉡ 내해수성, 내화학성, 내식성, 고온저항성 최대

④ 납
  ㉠ 염산, 황산 등 강산에 강하나 알칼리에 약함
  ㉡ 관, 방수용, X선실

3 금속제품의 부식

① 온도가 높을수록 녹의 양은 증가함
② 습도가 높을수록 부식속도가 빨라짐
③ 도장이나 수선시기는 여름보다 겨울이 좋음
④ 자외선에 노출되면 부식이 빨라짐

Chapter 12. 기타재료(도장재료, 미장재료, 역청재료)

1 도장재료

1 도장의 역할

① 물체의 표면 보호
② 외관이나 형태의 변화감
③ 풍우, 부후, 노화방지
④ 생물의 부착방지 및 살균
⑤ 빛이나 음파의 반사, 흡수
⑥ 방수성, 미관 증진

2 도장재료의 구분

종류		도료성분	특징
페인트	유성페인트	안료+건성유+건조제+희석제	• 내후성, 내마모성이 크고 알칼리에 약함 • 목재, 금속, 콘크리트면
	수성페인트	안료+교착제+물	• 내알칼리성, 비내수성, 무광택 • 모르타르, 회반죽면
	에나멜 페인트	안료+유성바니시	• 내수성, 내후성, 내약품성 좋음 • 내외부 목부와 금속면
	에멀전 페인트	수성페인트+유화제+합성수지	• 수성페인트의 일종, 내수성, 내구성이 좋음 • 내외부, 목재, 섬유판에 사용
바니시	유성바니시	유용성 수지+건성유+건조제	• 비내후성, 건조 느림 • 목재용, 내부용
	휘발성 바니시	수지류+휘발성용제	• 내구성, 내수성 우수, 건조속도 빠름 • 목재 가구용
래커	투명래커	수지+휘발성용제+소화섬유소	• 투명하며 건조가 빨라 뿜칠(spray)로 시공 • 비내수성, 내부에 사용
	에나멜래커	투명래커+안료	• 내수성, 내후성, 내마모성 좋음 • 도막이 견고하여 외장용
방청도료	광명단	광명단+보일드유	• 비중이 크고 저장이 곤란 • 가장 많이 사용
	징크로 메이트	크롬산아연+알키드수지	• 녹막이 효과가 좋음 • 알루미늄판, 아연철판 초벌용 적합
	방청 산화철도료	산화철+아연분말+오일스테인	• 내구성이 좋음 • 마무리칠에 좋음
합성수지도료		실리콘, 에폭시, 요소, 페놀, 아크릴, 폴리에스테르, 비닐	• 내산, 내알칼리성이고 건조 빠름 • 투광성이 좋고, 콘크리트, 회반죽면에 사용

2 미장재료

1 미장재료의 구분

① 시멘트 모르타르
  ㉠ 시멘트와 모래를 적당한 비율로 갠 것을 말하며 접착, 미장재료로 사용
  ㉡ 시멘트 벽돌담, 플라워박스의 마무리
  ㉢ 모르타르 배합비 및 용도

배합비	용도
1 : 2	미장용 정벌바르기
1 : 3	미장용 정벌, 재벌바르기
1 : 4	미장용 초벌바르기

② 회반죽
  ㉠ 소석회에 모래, 해초풀 등을 물에 섞어 이긴 것
  ㉡ 흔히 소석회 반죽이라고도 함
  ㉢ 흰색의 매끄러운 표면

③ 벽토
  ㉠ 자연적인 분위기 살림
  ㉡ 진흙에 고운 모래, 짚여물, 착색 안료와 물을 혼합하여 반죽
  ㉢ 목조 외벽에 바름
  ㉣ 고유 토담집 흙벽, 울타리, 담에 사용 : 전통성 강조

④ 해초풀
  ㉠ 미역 등의 해초를 끓여 만든 풀물로서 부착이 잘되고 균열을 방지

⑤ 여물
  ㉠ 균열을 방지하기 위한 섬유질 물질
  ㉡ 종이여물, 삼여물 등

⑥ 수염
  ㉠ 목조 졸대 바탕에 붙여 미장재가 떨어지는 것을 방지하기 위해 삼실끈, 종려털 등을 사용

2 미장재료의 특성

기경성	• 공기 중의 탄산가스와 반응하여 경화 • 경화시간이 길고 균열발생이 큼		
	벽토	진흙+모래+짚여물+물	
	소석회	소석회+모래+여물+해초풀+물	
	돌로마이트플라스터	마그네시아석회+모래+여물+물	
수경성	• 물과 반응하여 경화 • 경화시간이 짧고 균열 발생이 작음		
	모르타르	시멘트+모래+물	
	석고 플라스터	소석고+석회반죽+모래+여물+물	
	무수석고(경고석) 플라스터	무수석고+모래+여물+물	

3 역청재료

① 역청 : 천연 탄화수소, 인조 탄화수소 또는 이들의 비금속 유도체나 그의 혼합물로서 이황화탄소(CS_2)에 녹는 물질
② 기체 → 메탄가스, 액체 → 가솔린, 케로신, 고체 → 피치, 파라핀
③ 종류 : 천연아스팔트, 석유아스팔트, 타르 등
④ 도로의 포장용 재료, 방수용 재료, 호안재료, 토질 안정재료, 주입재료, 도포재료, 줄눈재료 등

PART 03 예상문제

01 다음 중 건축과 관련된 재료의 강도에 영향을 주는 요인이 아닌 것은?

① 온도와 습도　② 하중속도
③ 하중시간　④ 재료의 색

02 일반적인 목재의 특성 중 장점으로 옳은 것은?

① 충격의 흡수성이 크고, 건조에 의한 변형이 크다.
② 충격, 진동에 대한 저항성이 작다.
③ 열전도율이 낮다.
④ 가연성이며 인화점이 낮다.

03 목재의 장점이라 할 수 있는 것은?

① 부패성이 크다.
② 부위에 따라 재질이 고르지 못하나 불에는 강하다.
③ 가공하기 쉽고 열전도율이 낮다.
④ 함수율에 따라 변형되기 쉽다.

04 목재의 특징 중 단점에 해당하는 것은?

① 가연성이므로 불에 타기 쉽다.
② 가볍고 운반이 용이하다.
③ 무게에 비해 강도가 높다.
④ 가공성과 시공성이 용이하다.

05 다음 목재 중 무른나무(soft wood)에 속하는 것은?

① 참나무　② 향나무
③ 미루나무　④ 박달나무

06 목재의 구조에 대한 설명으로 틀린 것은?

① 춘재와 추재의 두 부분을 합친 것을 나이테라 한다.
② 목재의 수심 가까이에 위치하고 있는 진한 색 부분을 변재라 한다.
③ 생장이 느린 수목이나 추운 지방에서 자란 수목은 나이테가 좁고 치밀하다.
④ 춘재는 빛깔이 엷고 재질이 연하다.

07 일반적으로 제재된 목재의 기건상태는 함수율이 몇 %일 때 인가?

① 5%　② 15%
③ 30%　④ 50%.

08 목재 건조 시 건조 시간은 단축되나 목재의 크기에 제한을 받고, 강도가 다소 약해지며 광택도 줄어드는 건조방법은?

① 증기법　② 훈연 건조법
③ 찌는법　④ 공기 가열 건조법

정답　01 ④　02 ③　03 ③　04 ①　05 ③　06 ②　07 ②　08 ③

09 목재를 건조하는 목적에 관한 설명으로 거리가 먼 것은?

① 가공하기 쉽게 하기 위하여
② 변색, 부패 방지하기 위하여
③ 탄성과 강도를 낮추기 위하여
④ 접착이나 칠이 잘되게 하기 위하여

10 다음 중 목재의 건조에 관한 설명으로 틀린 것은?

① 동일한 자연건조 시 두께 3cm의 침엽수는 약 2~6개월 정도 걸리고, 활엽수는 그보다 짧게 걸린다.
② 건조기간은 자연건조 시는 인공건조에 비해 길고, 수종에 따라 차이가 있다.
③ 인공건조 방법에는 열기법, 자비법, 증기법, 전기법, 진공법, 건조제법 등이 있다.
④ 구조용재는 기건상태, 즉 함수율 15% 이하로 하는 것이 좋다.

11 목재 방부를 위한 약액주입법 중 가압주입법에 속하지 않는 것은?

① 로우리법   ② 리그린법
③ 베델법   ④ 루핑법

12 목재의 두께가 7.5cm 미만에 폭이 두께의 4배 이상인 제재목은?

① 판재   ② 각재
③ 원목   ④ 합판

13 합판(合板)에 관한 설명으로 틀린 것은?

① 특수합판은 사용목적에 따라 여러 종류가 있으나 형식적으로는 보통합판과 다르지 않다.
② 보통합판은 얇은 판을 2, 4, 6매 등의 짝수로 교차하도록 접착제로 접합한 것이다.
③ 합판은 함수율 변화에 의한 신축변형이 적고, 방향성이 없다.
④ 합판의 단판 제법에는 로터리베니어, 소드베니어, 슬라이스드베니어 등이 있다.

14 일반적인 합판의 특징이 아닌 것은?

① 내화성을 크게 높일 수 있다.
② 함수율 변화에 의한 수축, 팽창의 변형이 적다.
③ 균일한 크기로 제작이 가능하다.
④ 균일한 강도를 얻을 수 있다.

15 다음 중 화성암이 아닌 것은?

① 대리석   ② 화강암
③ 안산암   ④ 섬록암

16 다음 중 수성암(퇴적암) 계통의 석재가 아닌 것은?

① 점판암   ② 사암
③ 석회암   ④ 안산암

17 조경용으로 사용되는 다음 석재 중 압축강도가 가장 큰 것은?

① 화강암   ② 응회암
③ 안산암   ④ 사문암

정답 09 ③ 10 ① 11 ② 12 ① 13 ② 14 ① 15 ① 16 ④ 17 ①

18 석재의 비중에 대한 설명으로 틀린 것은?

① 비중이 클수록 압축 강도가 크다.
② 비중이 클수록 조직이 치밀하다.
③ 비중이 클수록 흡수율이 크다.
④ 석재의 비중은 일반적으로 2.0 ~ 2.7이다.

19 다음 중 내화성이 가장 약한 암석은?

① 화강암　　② 안산암
③ 사암　　　④ 응회암

20 화강석의 크기가 20cm×20cm×100cm일 때 중량은? (단, 화강석의 비중은 평균 2.60 이다.)

① 약 50kg　　② 약 100kg
③ 약 150kg　　④ 약 200kg

21 석재의 가공 방법 중 혹두기한 면을 다시 비교적 고르고 곱게 다듬는 혹두기 작업 바로 다음의 후속 작업은?

① 물갈기　　② 잔다듬
③ 정다듬　　④ 도드락다듬

22 석재의 가공 방법 순서로 적합한 것은?

① 혹두기 – 잔다듬 – 정다듬 – 도드락다듬 – 물갈기
② 혹두기 – 정다듬 – 잔다듬 – 도드락다듬 – 물갈기
③ 혹두기 – 정다듬 – 도드락다듬 – 잔다듬 – 물갈기
④ 혹두기 – 잔다듬 – 도드락다듬 – 정다듬 – 물갈기

23 석재 중에서 가장 고급품으로 주로 미관을 요구하는 돌쌓기 등에 쓰이는 것은?

① 마름돌　　② 견치돌
③ 깬돌　　　④ 호박돌

24 다음 여러 가지 규격재 모양 중 마름돌에 해당하는 것은?

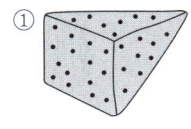 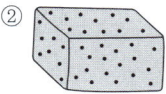
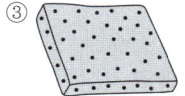 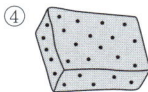

25 다음 정원석의 모양 중 입석은?

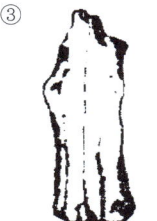 

정답　18 ③　19 ①　20 ②　21 ③　22 ③　23 ①　24 ②　25 ③

26 자연석을 모양으로 지칭할 때 사석에 해당되는 것은?

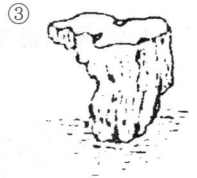 

27 석재를 조성하고 있는 광물의 조직에 따라 생기는 눈의 모양을 가리키며, 돌결이라는 의미로 사용되기도 하고, 조암광물 중에서 가장 많이 함유된 광물의 결정벽면과 일치하므로 화강암에서는 장석의 분리면에 해당되는 것은?

① 층리 ② 편리
③ 석목 ④ 석리

28 표준형 벽돌의 크기는? (단, 단위는 mm)

① 210×100×60 ② 200×90×60
③ 190×90×57 ④ 190×90×60

29 타일을 용도에 따라 분류한 것이 아닌 것은?

① 콘크리트 판 ② 내장 타일
③ 모자이크 타일 ④ 외장 타일

30 다음 중 제품의 제작과정이 다른 것은?

① 시멘트벽돌 ② 붉은벽돌
③ 점토벽돌 ④ 내화벽돌

31 조경재료 중 점토 제품이 아닌 것은?

① 적벽돌 ② 타일
③ 소형고압블록 ④ 오지토관

32 시멘트의 저장에 관한 설명으로 옳은 것은?

① 20포대 이상 포개 쌓는다.
② 유해가스배출을 위해 통풍이 잘되는 곳에 보관한다.
③ 벽이나 땅바닥에서 30cm 이상 떨어진 마루 위에 쌓는다.
④ 덩어리가 생기기 시작한 시멘트를 우선 사용한다.

33 시멘트의 저장법으로 틀린 것은?

① 13포대 이상 쌓지 않는다.
② 방습 창고에 통풍이 되지 않도록 보관한다.
③ 땅바닥에서 10cm 이상 떨어진 마루에서 쌓는다.
④ 3개월 이상 저장하지 않는다.

34 가설 공사 중 시멘트 창고 필요면적 산출 시에 최대로 쌓을 수 있는 시멘트 포대 기준은?

① 9포대 ② 11포대
③ 13포대 ④ 15포대

정답 26 ③ 27 ④ 28 ③ 29 ① 30 ① 31 ③ 32 ③ 33 ③ 34 ③

35 시멘트 중 간단한 구조물에 가장 많이 사용되는 것은?

① 중용열포틀랜드시멘트
② 보통포틀랜드시멘트
③ 조강포틀랜드시멘트
④ 고로시멘트

36 가격이 싸므로 가장 일반적으로 널리 사용되는 시멘트는?

① 보통 포틀랜드시멘트
② 중용열 포틀랜드시멘트
③ 조강 포틀랜드시멘트
④ 플라이애시시멘트

37 용광로에서 선철을 제조할 때 나온 광석찌꺼기를 석고와 함께 시멘트에 섞은 것으로서 수화열이 낮고, 내구성이 높으며, 화학적 저항성이 큰 한편, 투수가 적은 특징을 갖는 것은?

① 조강 포틀랜드시멘트
② 중용열 포틀랜드시멘트
③ 고로시멘트
④ 실리카시멘트

38 다음 설명에 적합한 시멘트는?

- 장기 강도는 보통시멘트를 능가한다.
- 건조 수축도 보통 포틀랜드 시멘트에 비해 적다.
- 수화열이 보통 포틀랜드보다 적어 매스콘크리트용에 적합하다.
- 모르타르 및 콘크리트 등의 화학 저항성이 강하고 수밀성이 우수하다.

① 알루미나 시멘트
② 내황산염 포틀랜드 시멘트
③ 플라이애시 시멘트
④ 조강포틀랜드 시멘트

39 알루민산 석회를 주광물로 한 시멘트로 조기 강도(24시간에 보통포틀랜드 시멘트의 28일 강도)가 아주 크므로 긴급공사 등에 많이 사용되며, 해안공사, 동절기 공사에 적합한 시멘트의 종류는?

① 알루미나시멘트
② 백색포틀랜드시멘트
③ 팽창시멘트
④ 중용열포틀랜드시멘트

40 다음과 같은 특징을 갖는 시멘트는?

- 산, 염류, 해수 등의 화학적 작용에 대한 저항성이 크고, 내화성이 우수하다.
- 조기강도가 크다(재령 1일에 보통포틀랜드 시멘트의 재령 28일 강도와 비슷함).
- 한중 콘크리트에 적합하다.

① 포졸란 시멘트
② 플라이 애쉬 시멘트
③ 알루미나 시멘트
④ 실리카 시멘트

정답 35 ② 36 ① 37 ③ 38 ③ 39 ① 40 ③

41 콘크리트의 혼화재료 중 혼화재에 해당하는 것은?

① AE제(공기연행제) ② 분산제(감수제)
③ 응결촉진제 ④ 고로슬래그

42 혼화제 중 계면활성 작용에 의해 콘크리트의 워키빌리티, 동결 융해에 대한 저항성 등을 개선시키는 것이 아닌 것은?

① 팽창제 ② 고성능감수제
③ AE제 ④ 감수제

43 운반 거리가 먼 레미콘이나 무더운 여름철 콘크리트의 시공에 사용하는 혼화제는?

① 경화촉진제 ② 감수제
③ 방수제 ④ 지연제

44 시멘트와 물만을 혼합한 것을 가리키는 것은?

① 포틀랜드시멘트 ② 모르타르
③ 콘크리트 ④ 시멘트 페이스트

45 다음 중 일반적인 콘크리트의 특징이 아닌 것은?

① 모양을 임의로 만들 수 있다.
② 임의대로 강도를 얻을 수 있다.
③ 내화, 내구성이 강한 구조물을 만들 수 있다.
④ 경화 시 수축균열이 발생하지 않는다.

46 보차도용 콘크리트 제품 중 일정한 크기의 골재와 시멘트를 배합하여 높은 압력과 열로 처리한 보도블록은?

① 축구용블록 ② 보도블록
③ 소형고압블록 ④ 경계블록

47 콘크리트의 골재, 석축의 메움(채움)돌 등으로 주로 사용되는 것은?

① 자갈 ② 호박돌
③ 잡석 ④ 견치석

48 플라스틱 제품의 일반적 특성으로 틀린 것은?

① 내알칼리성이 크다.
② 내산성이 크다.
③ 접착력이 작고 내열성이 크다.
④ 가벼우며 경도와 탄력성이 크다.

49 일반적인 플라스틱 제품의 특성으로 옳은 것은?

① 내열성이 크고 내후성, 내광성이 좋다.
② 불에 타지 않으며 부식이 된다.
③ 마모가 적고 탄력성이 크므로 바닥재료 등에 적합하다.
④ 흡수성이 크고 투수성이 부족하여 방수제로는 부적합하다.

정답 41 ④ 42 ① 43 ④ 44 ④ 45 ④ 46 ③ 47 ① 48 ③ 49 ③

50 다음 중 인공폭포, 인공바위 등의 조경시설에 쓰이는 일반적인 재료로 가장 적당한 것은?

① 합성수지 ② 비닐
③ FRP ④ PVC

51 다음 설명에 해당하는 합성수지의 종류는?

- 특히 내수성, 내열성이 우수하다.
- 내연성, 전기적 절연성이 있고 유리 섬유판, 텍스, 피혁류 등 모든 접착이 가능하다.
- 방수제로도 사용한다.
- 500℃ 이상 견디는 수지다.
- 용도는 방수제, 도료, 접착제로 사용된다.

① 멜라민수지 ② 푸란수지
③ 에폭시수지 ④ 실리콘수지

52 다음 접착제로 사용되는 수지 중 접착력이 제일 우수한 것은?

① 페놀수지 ② 에폭시수지
③ 요소수지 ④ 멜라닌수지

53 열가소성 수지의 일반적인 설명으로 부적합한 것은?

① 수장재로 이용된다.
② 냉각하면 그 형태가 붕괴되지 않고 고체로 된다.
③ 축합반응을 하여 고분자로 된 것이다.
④ 열에 의해 연화된다.

54 복잡한 형상의 제작 시 품질도 좋고 작업이 용이하며, 내식성이 뛰어나다. 탄소 함유량이 약 1.7 ~ 6.6%, 용융점은 1,100 ~ 1,200℃로서 선철에 고철을 섞어서 용광로에서 재용해하여 탄소 성분을 조절하여 제조하는 것은?

① 동합금 ② 주철
③ 중철 ④ 강철

55 철재의 일반 성질 중 재료가 파괴되기까지 높은 응력에 잘 견딜 수 있고, 동시에 큰 변형이 되는 성질은?

① 탄성 ② 강도
③ 인성 ④ 내구성

56 재료의 굵기, 절단, 마모 등에 대한 저항성을 나타내는 용어는?

① 강도(强度) ② 경도(硬度)
③ 전성(展性) ④ 취성(脆性)

57 원광석인 보크사이트에서 추출한 물질을 전기분해해서 만드는 금속은?

① 알루미늄 ② 니켈
③ 구리 ④ 비소

58 다음 조경시설물 중 비철금속을 주로 사용해야 하는 것은?

① 그네 ② 철봉
③ 수경장치물 ④ 잔디보호책

정답 50 ③ 51 ④ 52 ② 53 ③ 54 ② 55 ③ 56 ② 57 ① 58 ③

59 바탕재료의 부식을 방지하고 아름다움을 증대시키기 위한 목적으로 사용하는 도막형성 도료는?

① 바니시
② 피치
③ 벽토
④ 회반죽

60 도료의 성분에 의한 분류로 틀린 것은?

① 생칠 : 칠나무에서 채취한 그대로의 것
② 수성페인트 : 합성수지 + 용제 + 안료
③ 합성수지도료(용제형) : 합성수지 + 용제 + 안료
④ 유성바니시 : 수지 + 건성유 + 희석제

61 수성페인트칠의 공정에 관한 순서가 바르게 된 것은?

㉠ 바탕 만들기 ㉡ 퍼티 먹임
㉢ 초벌 칠하기 ㉣ 재벌 칠하기
㉤ 정벌 칠하기 ㉥ 연마 작업

① ㉠-㉡-㉢-㉤-㉥-㉣
② ㉠-㉢-㉡-㉤-㉥-㉣
③ ㉠-㉡-㉢-㉥-㉣-㉤
④ ㉠-㉢-㉡-㉥-㉣-㉤

62 미장재료에 속하는 것은?

① 페인트
② 니스
③ 회반죽
④ 래커

63 다음 미장재료 중 가장 자연적인 분위기를 살릴 수 있고, 우리나라 고유의 전통성을 강조시키기에 가장 좋은 것은?

① 시멘트모르타르
② 테라조
③ 벽토
④ 페인트

64 외벽을 아름답게 나타내는데 사용하는 미장재료는?

① 타르
② 벽토
③ 니스
④ 래커

정답 59 ① 60 ② 61 ④ 62 ③ 63 ③ 64 ②

PART 04

조경시공

- Chapter 01 조경시공의 기초
- Chapter 02 토공
- Chapter 03 콘크리트공사
- Chapter 04 석공사 및 벽돌쌓기
- Chapter 05 기초공사 및 포장공사
- Chapter 06 수경공사 및 관배수공사
- Chapter 07 시설물공사
- Chapter 08 식재 및 잔디공사

Craftsman Landscape Architecture

01 조경시공의 기초

1 조경시공의 특성

1 조경시공의 개념
① 설계된 조경공간 및 시설의 조성을 통해 경관을 창조하는 것
② 설계도면과 시방서, 해당 법규, 계약 조건을 바탕으로 공사
③ 인간의 이용에 적합한 기능과 구조적 아름다움의 구현 달성

2 조경공사의 특징

공종의 다양성	공사 규모에 비해 공종이 다양
공종의 소규모성	공사 규모가 대부분 소규모
지역성	물리적 특성에 따른 환경의 제약
장소의 분산성	공사구역이 분산된 경우가 많음
규격과 표준화의 곤란	자연에서 얻어지는 조경식물

3 공사관련 용어
① 건설업 : 건설공사를 수행하는 업
② 건설공사 : 토목, 건축, 산업설비, 조경, 환경시설공사 등을 말함
③ 건설업자 : 법 또는 법률에 의하여 면허를 받거나 등록을 하고 건설업을 하는 자
④ 시공주(발주자) : 공사의 시공을 의뢰하는 주문자, 발주자
⑤ 시공자 :
  ㉠ 시공주와 계약을 체결하여 공사를 완성하고 그 대가를 받는 자
  ㉡ 직영공사 : 시공주 자체가 시공자
  ㉢ 도급공사 : 시공주와 도급계약을 체결하여 공사를 위임 받는 자 또는 회사가 시공자(도급자라 함)
⑥ 도급 :
  ㉠ 건설공사를 완성할 것을 약정하고 상대방이 대가를 지급할 것을 약정하는 계약
  ㉡ 하도급 : 도급받은 공사의 전부 또는 일부를 다시 도급하는 것

⑦ 수급인
  ㉠ 발주자로부터 건설공사를 도급받은 건설업자
  ㉡ 하수급인 : 수급인으로부터 건설공사를 하도급 받은 자
⑧ 감독관 : 재료 및 공작물의 검사, 시험업무에 종사할 것을 발주자가 도급자에게 통보한 자로 대리인과 보조자도 포함. 공사 현장을 지휘, 감독함
⑨ 현장대리인(현장소장) : 공사업자를 대리하여 현장에 상주하는 책임시공 기술자. 감독관의 지시에 따라 공사완성을 추진

4 감리제도와 감리자

① 감리제도 : 건설공사가 이루어 질 때, 그 공사가 설계대로 이루어지는지 확인하는 것
② 감리자 : 품질관리, 안전관리 등에 대한 기술지도도 해야 하며 공사가 발주자의 위탁에 따라 그리고 관계 법령에 위반되지 않게 이루어지도록 하는 책임을 지고 있음. 발주자를 대신해 공사를 감독

종류	특성
설계감리	계획, 조사, 설계가 품질관리와 안전을 확보하여 실행될 수 있도록 관리하는 것
검측감리	설계도서 및 관계서류를 법령의 내용에 따라 시공되었는지 여부를 확인하는 것
시공감리	품질관리, 시공관리, 안전관리 등에 대한 기술지도와 검측감리를 하는 것
책임감리	발주청으로부터 감독 권한의 대행을 하는 것으로 전면 책임감리와 부분 책임감리

2 공사 방식 및 공사비 정산

1 공사의 시행방법

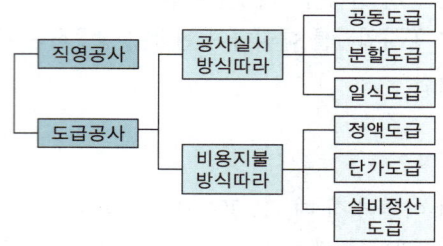

① 직영공사 : 발주자(시공주)가 직접 재료를 구입하고 인력을 수배하여 자신의 감독 하에 시공하는 방법

장 점	단 점
• 도급공사에 비해 확실한 공사 가능 • 발주, 계약 등의 절차 간단 • 임기응변 처리가 용이 • 관리능력이 있으면 시공비 절감	• 관리능력이 없으면 공사비 증대 우려 • 재료의 낭비와 잉여 • 시공시기 차질 우려 • 공사기간의 연장 우려

② 일식도급(총도급) : 공사 전체를 한 도급자에게 맡겨 시공업무 일체를 도급자의 책임 하에 시행하는 방식

장 점	단 점
• 계약 및 감독의 업무가 단순 • 공사비가 확정되고 공사관리 용이 • 가설재의 중복이 없으므로 공사비 절감	• 발주자 의도의 미흡한 반영 우려 • 하도급 관행으로 부실공사 야기 우려

③ 분할 도급 : 공사의 내용을 세분하여 각각의 도급자(전문업자)에게 분할하여 도급을 주는 방식

장 점	단 점
• 전문업자의 시공으로 우량공사 기대 • 업자간 경쟁으로 공사비 절감 기대 • 발주자와의 소통이 원활	• 분할된 관계로 상호교섭 등의 복잡 • 감독상의 업무량 증대 • 관리 부실 시 비용 증가

④ 공동도급(Joint Venture) : 대규모공사에 기술, 시설, 자본, 능력을 갖춘 회사들이 모여 공동출자회사를 만들어 그 회사로 하여금 공사의 주체가 되게 계약을 하는 형태

장 점	단 점
• 공사 이행의 확실성 확보 • 기술능력 보완 및 경험의 확충 • 자본력과 신용도 증대 • 공사도급 경쟁의 완화 수단 • 위험부담 분산	• 이해 충돌과 책임회피 우려 • 사무관리, 현장관리 복잡 • 관리방식 차이에 의한 능률 저하 • 하자책임 불분명 • 단일회사 도급보다 경비 증대

⑤ 턴키도급(Turn-key contract) : 일괄수주방식

도급자가 공사의 계획, 금융, 토지확보, 설계, 시공, 기계 및 기구 설치, 시운전, 조업지도, 유지관리까지 모든 것을 포괄하는 도급방식으로, 발주자가 요구하는 완전한 시설물을 인계하는 방식

장 점	단 점
• 책임시공으로 책임한계 명확 • 공기단축, 공사비 절감 기대 • 설계와 시공의 유기적 의사소통 • 공법의 연구개발, 기술개발 촉진	• 발주자의 의도가 반영되기 어려움 • 큰 회사 유리, 중소기업 육성 저해 • 최저가 낙찰일 경우 공사품질 저하 • 입찰 시 비용 과다 소모

2 시공자 선정 방법

① 일반경쟁입찰(공개경쟁입찰) : 일정한 자격을 갖춘 불특정 공사수주 희망자를 입찰에 참가시켜 가장 유리한 조건을 제시한 자를 낙찰자로 선정하는 방식

장 점	단 점
• 경쟁으로 인한 공사비 절감 • 공평한 기회 제공 • 담합의 위험성 낮음	• 공사비 저하로 부실공사 우려 • 입찰에 따른 비용 증대 • 부적격자 선별 곤란

② 지명경쟁입찰 : 자금력과 신용 등에서 적합하다고 인정되는 소수를 선정하여 입찰에 참여시키는 방식

③ 제한경쟁입찰 : 계약의 목적, 성질 등에 따라 참가의 자격을 제한

장 점	단 점
• 부적격자 배제로 양질의 공사 기대 • 시공상의 신뢰성 제고	• 불공정 담합의 우려 • 공사비의 상승 우려

④ 특명입찰(수의계약) : 발주자가 필요하다고 판단되는 사업이나 기술, 시공방법의 특수성, 시간적 제한성 등이 있을 때 단일업자를 선정하는 방식

장 점	단 점
• 공사의 기밀유지 가능 • 우량공사 기대 • 신속한 계약 가능	• 공사비 증대 우려 • 자료의 비공개로 불순함 내재 가능

※ 수의계약을 하는 특별한 경우
  1. 일반 경쟁계약이 불리하다고 인정되는 경우
  2. 계약의 목적 및 성질이 경쟁에 적합하지 아니한 경우
  3. 경매, 입찰이 성립되지 아니한 경우
  4. 계약 목적의 가격이 소액인 경우

※ 입찰계약 순서
  입찰공고 → 현장설명 → 입찰 → 개찰 → 낙찰 → 계약

※ 계약의 체결
  낙찰자가 계약일 이내에 계약보증금을 납부하고 계약을 체결. 계약서류는 2통을 작성하여 각각 서명 날인하여 1통씩 보관

3 공사비 정산방법

① 정액도급계약 : 총 공사비를 결정 후 추가 공사비 없이 정액 한도 내에서 공사비를 지급하는 방법
② 단가도급계약 : 재료, 노임 등의 단가를 확정하고 공사 완료 후에 실시 수량을 결정하여 결정된 단가에 의해 공사비를 정산하는 방법
③ 실비정산도급계약 : 공사의 실비를 기업주와 도급자가 확인, 정산하고, 시공자는 미리 정한 보수율에 따라 도급자에게 그 보수액을 지급하는 방식

장 점	단 점
• 보수가 보장되어 양심적 시공 가능 • 기업주의 업자 신뢰	• 공사비 절감 노력 부족 • 공사기일 연체 우려

4 공사의 일반적인 순서

① 조경공사의 일반적인 순서
  계획 → 설계 → 시공의 과정
② 시공의 진행 순서
  도로정비 → 지반조성 → 지하매설물 설치 → 시설물 공사 → 식재 공사
③ 일반적인 수목식재순서
  뿌리돌림 → 굴취 → 운반 → 가식 → 식혈 → 식재 → 관수 → 지주목

3 조경시공계획

1 시공계획의 종류
① 사전조사 : 계약서, 설계도면, 시방서 등 설계서의 검토와 지형, 지질, 토지이용현황, 식생, 미기후, 교통, 전기 및 재료의 수급과 노동력 등 현장 조건
② 현장원 파견 : 총 책임자인 현장소장 및 필요 인원 파견. 공사의 내용, 규모, 시공 방법 등에 따라 인원을 조직하고, 적정 인원 파견
③ 노무계획 : 직종별, 기능별, 시기별로 구분하여 수립. 되도록 고정된 인력이 장기간 작업할 수 있도록 하여 공정에 차질이 없도록 조치
④ 자재계획 : 재료의 조달이 지연되지 않도록 하며, 설계도서와 시방서의 규격에 적합해야 함. 식물재료는 비규격성이므로 정확한 품질관리 필요함
⑤ 기계사용계획 : 대형목 이식 등 대규모 공사에 투입계획 수립. 조경 현장에서 단기간 사용이 대부분이므로 필요 공종을 함께 실시

2 시공계획 순서

사전 조사	계약 조건 및 현장 조건
시공계획	시공순서 및 시공법 기본방침 결정
일정계획	기계선정, 인원배치, 작업시간, 1일 작업량 결정, 공정의 작업순서
가설계획	공사용 시설의 설계 및 배치계획
공정표 작성	공정계획에 의한 노무, 기계, 재료 등 고려
조달계획	공정계획에 의한 노무, 기계, 재료의 사용 및 운반계획
관리계획	현장 관리 조직 구성, 실행예산 작성, 자금수지, 안전 등의 계획

3 시공계획 기본사항
① 과거의 시공 경험 고려, 신기술 채택 의지
② 시공에 적합한 계획
③ 시공기술 수준 및 대안 검토
④ 필요시 전문기관의 기술지도 수용

4 일정계획
① 결정된 공기 내에 효율적인 공사진행을 유도하기 위한 수단
② 일정계획의 적부가 공사의 진도나 성과를 좌우

$$\text{가능일수} \geq \text{소요일수} = \frac{\text{공사량}}{\text{하루평균 작업량}}$$

※ 가능일수 : 공사기간에서 휴일 불가능 일수를 뺀 기간

4 조경시공관리(공정관리)

1 공정관리의 4단계(Deming's Cycle)

계획 → 실시 → 검토 → 조치의 반복진행으로 효율적 관리

계획(Plan)	공정계획에 의한 실시방법 및 관리의 사용계획
실시(Do)	공사의 진행, 감독, 작업의 교육 및 실시
검토(Check)	작업의 검토, 실적자료와 계획자료의 비교 및 검토
조치(Action)	실시방법 및 계획 수정, 재발 방지 및 시정 조치

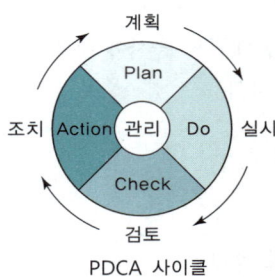

PDCA 사이클

2 시공관리의 4대 목표

공정관리	가능한 공사기간 단축
원가관리	가능한 싸게 경제성 확보
품질관리	보다 좋은 품질 유도
안전관리	보다 안전한 시공

5 공정계획(공정표)

1 횡선식 공정표(Bar Chart)

① 막대그래프로 나타내는 공정표
② 세로축에 공사종목, 가로축에 소요시간을 막대로 표시
③ 단순한 공사나 시급한 공사에 사용

장 점	단 점
• 각 공정 및 전체 공정이 일목요연 • 각 작업의 시작과 종료 명확 • 공정표가 단순하여 초보자도 이해 용이	• 관리의 중심(주공정) 파악 곤란 • 작업의 수가 많을 경우 상호관계의 파악 곤란 • 작업 상황의 변동 시 탄력성이 없음 • 한 작업이 다른 작업 및 프로젝트에 미치는 영향 파악 불가능

④ 횡선식 공정표의 작성 예

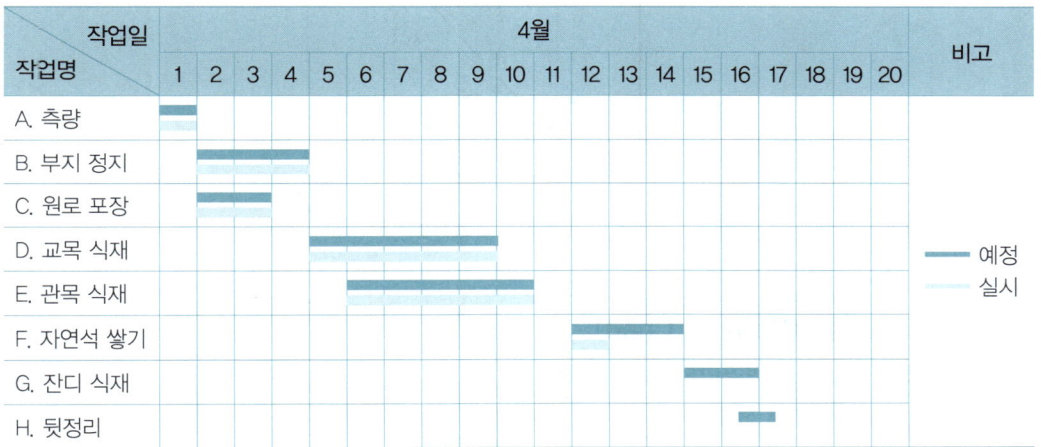

⑤ 횡선식 공정표의 작성순서
  ㉠ 전체의 부분 공사를 세로로 열거
  ㉡ 공사 기간을 가로축에 열거
  ㉢ 부분 공사의 필요시간 계획
  ㉣ 공사 시간 내 끝낼 수 있도록 부분 공사의 소요 시간을 도표 위에 맞추어 배치

2 사선식(기성고) 공정표

① 작업의 관련성은 나타낼 수 없는 기성고표시
② 예정공정과 실시공정(기성고) 대비로 공정의 파악 용이
③ 공정의 파악이 쉬워 문제에 대한 조속한 대처 가능
④ 가로축은 공기, 세로축은 공정을 나타내어 공사의 진행상태(기성고)를 수량적으로 표시

장 점	단 점
• 전체 공정 파악 용이 • 예정과 실시의 차이 파악 용이 • 시공속도의 파악 용이	• 세부 진척 사항 파악 불가능 • 개개의 작업 조정 불가능 • 주공정표로 사용하기 곤란 : 보조적 사용

⑤ 사선식 공정표의 작성 예

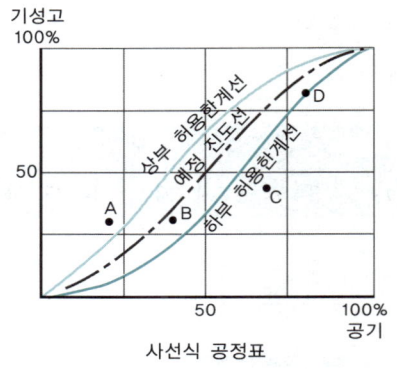

사선식 공정표

3 네트워크 공정표(Network Chart)

① 화살선과 원으로 조립된 망상도로 표현
② 도해적으로 공사의 전체 및 부분 파악 용이
③ 시간(시작, 종료, 여유)을 정량적으로 파악
④ 대형공사, 복합적 관리가 필요한 공사 등에 사용

장 점	단 점
• 작업의 선후관계 명확 • 주공정 및 여유 공정의 파악 • 일정에 탄력적 대응 가능 • 공사일정 및 자원배당에 의한 문제점 예측 가능 • 공사의 전체 및 부분 파악이 용이 • 부분 조정 시 전체에 미치는 영향 파악 용이	• 작성이 어려워 상당한 시간이 소비 • 작성과 검사에 특별한 기능 필요 • 수정작업도 상당한 시간 필요

⑤ 네트워크 공정표(Network Chart) 구성요소

용어	영어	기호	내용
프로젝트	Project		네트워크에 표현하는 대상 공사
작업	Activity	→	프로젝트를 구성하는 작업 단위
더미	Dummy		가상적 작업 : 시간이나 작업량 없음
결합점	Event, Node	○	작업과 작업을 결합하는 점 및 개시, 종료점
주공정선	Critical Path	CP	시작점에서 종료점에 이르는 가장 긴 패스

⑥ 네트워크 공정표(Network Chart) 작성 예

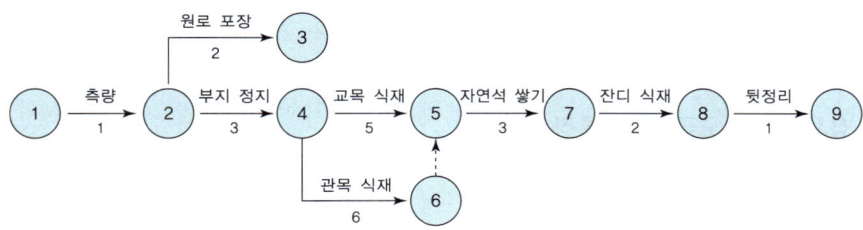

PART 04 예상문제

01 도급받은 건설공사의 전부 또는 일부를 도급하기 위하여 수급인이 제 3자와 체결하는 계약을 무엇이라 하는가?

① 하도급   ② 도급
③ 발주   ④ 재하도급

02 공사의 실시방식 중 도급방식의 특징으로 옳은 것은?

① 발주자의 업무가 번잡하다.
② 도급자에게는 경쟁 입찰을 시켜 비교적 경제적일 수 있다.
③ 공사의 설계변경 업무가 단순하다.
④ 발주자는 임기응변의 조치를 취하기 쉽다.

03 건설업자가 대상 계획의 기업·금융·토지조달·설계·시공·기계기구설치·시운전 및 조업지도까지 주문자가 필요로 하는 모든 것을 조달하여 주문자에게 인도하는 도급계약방식은?

① 제한경쟁입찰
② 턴키(Turn-key)입찰
③ 수의계약
④ 지명경쟁입찰

04 도급공사는 공사실시 방식에 따른 분류와 공사비 지불방식에 따른 분류로 구분할 수 있다. 다음 중 공사 실시 방식에 따른 분류에 해당하는 것은?

① 정액도급
② 실비청산보수가산도급
③ 단가도급
④ 분할도급

05 단독도급과 비교하여 공동도급(joint venture) 방식의 특징으로 거리가 먼 것은?

① 둘 이상의 업자가 공동으로 도급함으로서 자금 부담이 경감된다.
② 대규모 공사를 단독으로 도급하는 것보다 적자 등의 위험 부담이 분담된다.
③ 공동도급에 구성된 상호간의 이해충돌이 없고 현장관리가 용이하다.
④ 각 구성원이 공사에 대하여 연대책임을 지므로 단독도급에 비해 발주자는 더 큰 안정성을 기대할 수 있다.

06 다음 중 유자격자는 모두 참여할 수 있으며, 균등한 기회를 제공하고, 공사비 등을 절감할 수 있으나 부적격자에게 낙찰될 우려가 있는 입찰방식은?

① 수의계약   ② 지명경쟁입찰
③ 일반경쟁입찰   ④ 특명입찰

정답 01 ① 02 ② 03 ② 04 ④ 05 ③ 06 ③

07 다음 공사의 작업 중 마지막으로 행하는 것은?

① 식재공사
② 급·배수 및 호안공
③ 터닦기
④ 콘크리트공사

08 다음 중 조경공사의 일반적인 순서를 바르게 나타낸 것은?

① 부지지반조성 → 지하매설물설치 → 수목식재 → 조경시설물설치
② 부지지반조성 → 수목식재 → 지하매설물설치 → 조경시설물설치
③ 부지지반조성 → 지하매설물설치 → 조경시설물설치 → 수목식재
④ 부지지반조성 → 조경시설물설치 → 지하매설물설치 → 수목식재

09 조경시공의 일정계획을 수립할 때 사용되는 1일 평균 시공량 산정식으로 옳은 것은?

① 공사량 / (소요작업일수×1/3)
② 공사량 / (작업가능일수×1/4)
③ 공사량 / 작업가능일수
④ 공사량 / 계약기간

10 체계적인 품질관리를 추진하기 위한 데밍(Deming's Cycle)의 관리로 가장 적합한 것은?

① 계획 – 조치 – 검토 – 추진
② 계획 – 추진 – 검토 – 조치
③ 계획 – 추진 – 조치 – 검토
④ 계획 – 검토 – 추진 – 조치

11 다음 중 시공관리 내용이 아닌 것은?

① 원가관리   ② 품질관리
③ 공정관리   ④ 하자관리

12 시공계획의 4대 목표를 구성하는 요소가 아닌 것은?

① 원가   ② 안전
③ 관리   ④ 공정

13 시공관리의 주요 계획 목표라고 볼 수 없는 것은?

① 우수한 품질   ② 공사기간의 단축
③ 우수한 시각미   ④ 경제적 시공

14 작성이 간단하며 공사 진행 결과나 전체 공정 중 현재 작업의 상황을 명확히 알 수 있어 공사 규모가 작은 경우에 많이 사용되고, 시급한 공사도 많이 적용되는 공정표의 표시 방법은?

① 대수도표   ② 네트워크 방식
③ 곡선그래프   ④ 막대그래프

15 계약된 기간 내에 모든 공사를 가장 합리적이고 경제적으로 마칠 수 있도록 공사의 우선순위를 정하고 단위 공사에 대한 일정을 계획하는 것은?

① 현장인원 편성   ② 공정계획
③ 자재계획   ④ 노무계획

정답 07 ① 08 ③ 09 ③ 10 ② 11 ④ 12 ③ 13 ③ 14 ④ 15 ②

16 횡선식 공정표와 비교한 네트워크(NET WORK) 공정표의 설명으로 가장 거리가 먼 것은?

① 문제점의 사전 예측이 용이하다.
② 일정의 변화를 탄력적으로 대처할 수 있다.
③ 간단한 공사 및 시급한 공사, 개략적인 공정에 사용된다.
④ 공사 통제 기능이 좋다.

17 네트워크 공정표의 특성에 관한 설명으로 틀린 것은?

① 공정표가 단순하여 경험이 적은 사람도 이용하기 쉽다.
② 네트워크 기법의 표시상의 제약으로 작업의 세분화 정도에는 한계가 있다.
③ 개개의 작업이 도시되어 있어 프로젝트 전체 및 부분 파악이 용이하다.
④ 작업순서 관계가 명확하여 공사 담당자 간의 정보교환이 원활하다.

18 조경에서 이상적인 시공을 설명한 것 중 가장 알맞은 것은?

① 설계도면과는 무관하게 임의로 적합한 시공을 하는데 있다.
② 경제적인 것은 관계없이 보기 좋게 하면 된다.
③ 설계에 의해서 정해진 방침에 따라 경제적, 능률적으로 목적을 달성하는데 있다.
④ 재료를 최고급으로 써서라도 목적을 달성하는데 있다.

정답 16 ③ 17 ① 18 ③

Chapter 02 토공

1 토공일반

1 토공 기본 용어

① 시공기면(F.L, Formation Level) : 시공 지반의 계획고로 구조물 바닥이나 공사가 끝났을 때의 지면 또는 마무리면
② 정지 : 공사 구역 내의 흙을 시공 기준면(F.L)으로 맞추기 위해 절, 성토하는 작업
③ 흙깎기(절토) : 시공기면을 기준으로 흙을 파내거나 깎아 내는 일
　㉠ 절취 : 기초를 다지기 위해 지표면의 흙을 20cm 정도 걷어내는 일
　㉡ 터파기 : 절취 이상의 절토작업
　㉢ 준설 : 수중의 토사나 암반을 굴착하는 작업
④ 흙쌓기(성토) : 일정 구역 내 기준면까지 흙을 쌓는 일
　㉠ 마운딩 : 경관의 변화, 방음, 방풍 등의 목적으로 동산을 만드는 일
　㉡ 축제 : 철도나 도로에 흙을 쌓는 일
⑤ 취토와 사토
　㉠ 취토 : 필요한 흙을 파내는 일
　㉡ 사토 : 필요 없는 흙을 버리는 일
⑥ 다짐 : 성토한 흙이 흘러내리지 않도록 단단히 다지는 일. 전압은 흙이나 포장재료를 롤러로 굳게 다짐하는 일
⑦ 비탈면(법면) : 절토와 성토 작업의 결과로 생성된 경사면
⑧ 비탈구배(경사 Slope) : 비탈면의 수직거리 1m에 대한 수평거리의 비

2 시공 기준면(F.L) 결정

① 토공량을 최소로 하고 절, 성토량이 균형이 되게 할 것
② 절, 성토량을 유용할 경우 토취장 및 토사장은 가까운 곳에 둘 것
③ 절, 성토 시 흙의 팽창성과 다짐에 의한 압축성을 고려할 것
④ 성토에 의한 기초의 침하를 고려할 것
⑤ 비탈면 등의 흙의 안정을 고려할 것

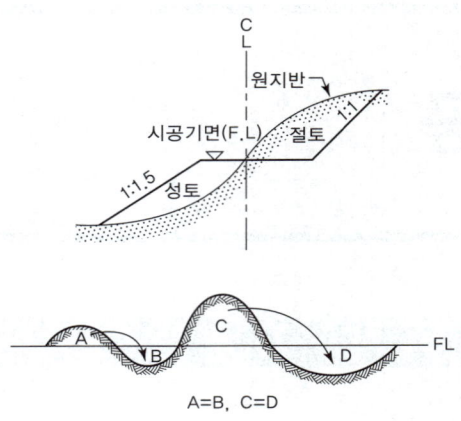

A=B, C=D

3 토량 변화와 더돋기

① 자연상태에서 흙을 파내면 공극이 발생하여 토량이 증가
② 흙을 다짐하면 공극이 감소하여 토량이 감소
③ 부피의 증가는 모래의 경우 15%, 보통 흙 20 ~ 30%, 암석 50 ~ 80%
④ 토량변화율은 토질별로 다르며 L값, C값으로 표시

$$L값 = \frac{흐트러진\ 상태의\ 토량(㎥)}{자연상태의\ 토량(㎥)},\ C값 = \frac{다져진\ 상태의\ 토량(㎥)}{자연상태의\ 토량(㎥)}$$

⑤ 일반적으로 모래질흙의 경우 L = 1.20 ~ 1.30
⑥ C = 0.85 ~ 0.90
⑦ 체적환산 계수(f)

현재 상태 \ 바꾸려는 상태	자연 상태(1)	흐트러진 상태(L)	다져진 상태(C)
자연 상태(1)	$\frac{1}{1}=1$	$\frac{L}{1}=L$	$\frac{C}{1}=C$
흐트러진 상태(L)	$\frac{1}{L}$	$\frac{L}{L}=1$	$\frac{C}{L}$
다져진 상태(C)	$\frac{1}{C}$	$\frac{L}{C}$	$\frac{C}{C}=1$

⑧ 더돋기(여성토)
　㉠ 성토 작업 시 압축 및 침하에 의한 줄어듦을 방지하고 계획 높이를 유지하고자 실시
　㉡ 토질, 성토 높이, 시공 방법 등에 따라 다르지만 대개 높이의 10% 정도이거나 그 이하
　㉢ 다짐을 실시하며 성토 시 더돋기 작업하지 않음

⑨ 체적(토량) 산출을 위한 단면법

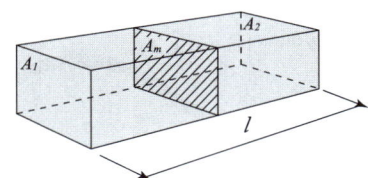

㉠ 중앙단면법 : $V = A_m \times l$ (V : 체적, A_m : 중앙단면적, l : 양단면 사이의 거리)

㉡ 양단면평균법 : $V = \dfrac{1}{2}(A_1 + A_2) \times l$ (A_1, A_2 : 양단면적)

㉢ 각주공식 : $V = \dfrac{1}{6}(A_1 + 4A_m + A_2) \times l$

⑩ 체적(토량) 산출을 위한 점고법

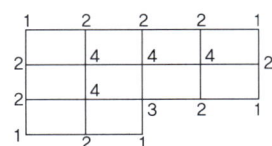 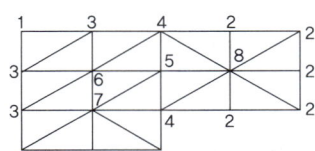

㉠ 구형분할(사각분할) : $\dfrac{A}{4}(\Sigma h_1 + 2\Sigma h_2 + 3\Sigma h_3 + 4\Sigma h_4)$

 (h : 점고의 높이, A : 사각형의 넓이)

㉡ 삼각분할 : $\dfrac{A}{3}(\Sigma h_1 + 2\Sigma h_2 + 3\Sigma h_3 + 4\Sigma h_4 + 5\Sigma h_5 + 6\Sigma h_6 + 7\Sigma h_7 + 8\Sigma h_8)$

 (h : 점고의 높이, A : 삼각형의 넓이)

4 안식각과 비탈경사

① 안식각(∅) : 흙을 쌓아 올린 뒤, 시간의 경과에 따라 자연붕괴가 일어나 안정된 사면을 이루게 될 때 사면과 수평면과의 각도

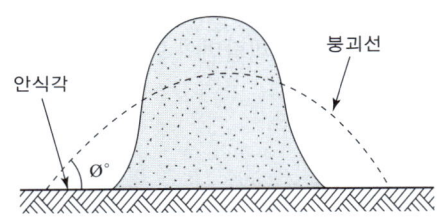

※ 보통 흙의 안식각 : 30 ~ 35°

② 비탈면 경사
  ㉠ 비탈면의 수직고 1에 대한 수평거리 n의 비율
  ㉡ 보통 1 : n의 물매로 나타냄
  ㉢ 보통 토질의 성토 경사는 1 : 1.5, 절토 경사는 1 : 1을 기준

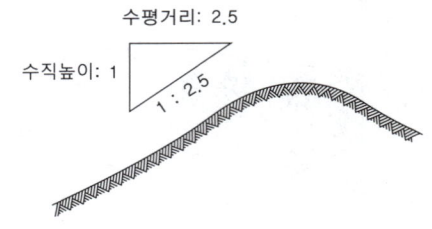

③ 비탈면 경사 표시법
　㉠ 1 : n의 표시법 (수직높이 10m, 수평거리 15m = 1 : 1.5)
　㉡ % 표시법(10/15 × 100 ≒ 66.67%)
　㉢ ° 표시법(tanθ = tan 10/15 ≒ 34°)
　㉣ 경사면을 1 : n 으로 나타내는 방식은 독일식으로 우리나라에서도 주로 이 방식을 사용
　㉤ 미국에서는 이와 반대로 n : 1로 나타내는 경우도 있음

※ 1 : 1 = 100% = 45°

2 흙깎기와 흙쌓기

1 정지작업
① 시공도면에 근거하여 계획된 등고선과 표고대로 부지를 고르는 일
② 공사부지 전체를 일정한 모양으로 만드는 작업
③ 식재 수목에 필요한 식재기반 조성
④ 구조물이나 시설물을 설치하기 위하여 가장 먼저 시행하는 공사

2 흙깎기(切土)
① 일반사항
　㉠ 작업량에 따라 굴착기나 인력(소규모)으로 시공
　㉡ 절토는 안식각보다 약간 작게 하여 비탈면의 안정 유지
　㉢ 보통 토질에서 절토 비탈
② 절토(굴착) 방법

도로 및 수로 굴착	벤치 컷(benchcut) 공법이라 하고, 그림과 같이 1-2-3-4-5의 순서로 계단상으로 굴착. 한 단의 높이는 1 ~ 2m가 적당
중력이용 절토	3m 정도의 높이에 적당하나 사고의 위험이 있으므로 주의
평지의 절토	수평 절토는 불도저 작업, 수직 절토는 셔블계 굴착기로 1-2-3 순서로 작업
경사지 절토	높은 곳부터 굴착하면 굴착부에 물이 고여 작업이 곤란할 수도 있으므로 낮은 부분부터 1-2 순서로 작업

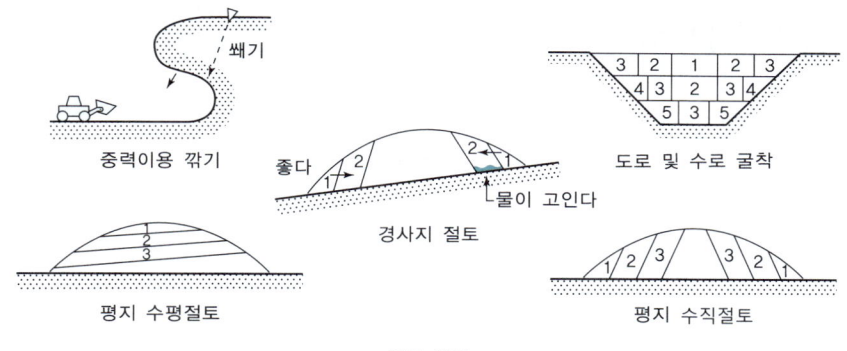

절토 방법

③ 표토활용
　㉠ 식재공사가 있을 경우 표토를 따로 보관하였다가 식재 시 사용
　㉡ 식물 생육에 좋은 표토를 지표면 30 ~ 50cm 정도 깊이로 채취
　㉢ 표토의 풍화토, 유기물로 인한 지반 토사의 미끄러짐 방지에도 유리

3 흙쌓기(盛土)

① 일반사항
　㉠ 성토에 사용되는 흙은 입도가 좋아 다짐과 안정이 잘될 것
　㉡ 성토에 사용되는 흙에 이물질 등이 혼합되지 않도록 유의
　㉢ 성토 시 30 ~ 60cm마다 다짐 실시 : 다짐이 심하면 배수 곤란
　㉣ 성토 후 침하에 대비하여 계획 성토고의 10% 더돋기 실시
　㉤ 일반적인 흙쌓기 경사는 1 : 1.5 정도
　㉥ 경사지 흙쌓기에서는 층따기를 하여 비탈 사면의 안정을 기하여야 하며, 배수에 유의하여 토양 침식이 발생하지 않도록 주의

　※ 층따기
　　경사진 기존의 원지반 또는 성토면의 표층 부분을 없애고 계단상으로 절토하여 흙의 안정을 도모하는 것으로 기존 성토면이나 원지반과의 접합을 좋게 함

② 비탈면 경사의 표준

구 분	절토경사	구분	성토경사
경 암	1 : 0.3 ~ 0.8	입도 분포 좋은 모래	1 : 1.5 ~ 1.8
연 암	1 : 0.5 ~ 1.2	입도 분포 좋은 자갈 섞인 흙	1 : 1.8 ~ 2.0
토사지역	1 : 0.8 ~ 1.5	입도 분포 나쁜 모래	1 : 1.8 ~ 2.0

3 비탈면 조성과 보호

1 비탈면의 조성
① 자연 비탈면
  ㉠ 물이나 중력에 의해 침식되어 만들어진 비탈면
② 인공 비탈면
  ㉠ 흙의 함수비, 점착력, 내부마찰각, 단위중량 등을 고려
  ㉡ 절토 및 성토의 경사는 안식각보다 완만하게 하면 안정도 커짐
  ㉢ 함수비가 작을수록 안식각이 커져서 경제적으로 유리
  ㉣ 비탈면의 안정은 성토재료, 공법, 비탈경사 등에 따라 차이
  ㉤ 비탈경사 표기는 1 : 2, 1 : 3 등의 비율이나 %로 표시
  ㉥ 비탈어깨와 비탈밑은 예각을 피해 라운딩처리
  ㉦ 주변 자연 지형의 곡선과 잘 조화되게 조성

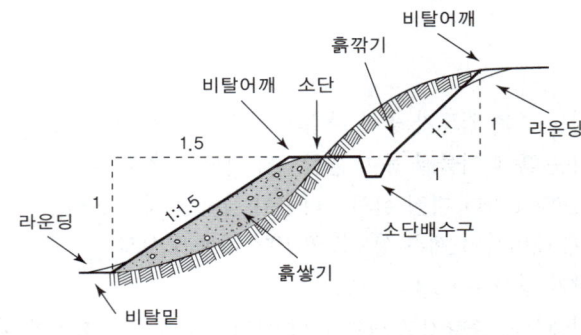

비탈면의 구성요소 및 라운딩 처리

2 비탈면보호공법
① 식물에 의한 보호 공법

떼심기 공법	비탈면에 떼를 심어 녹화하는 공법, 떼단쌓기 공법, 떼붙이기 공법 등. 떼붙이기는 1 : 1보다 완만한 경사지에 시행하며, 떼꽂이를 사용
종자 뿜어 붙이기 공법	종자, 비료, 화이버를 섞어서 분사하여 파종하는 방법. 급경사지나 짧은 시간에 피복을 요하는 절토 및 성토 사면에 적용하는 공법
비탈면 식수 공법	수목의 유묘 또는 성묘를 식재하여 비탈면 녹화. 초기효과보다 영속적인 효과 기대. 상단부는 칡 등으로 하향식재, 하단부는 등나무나 담쟁이 등으로 상향식재. 식재를 위해 최초 30cm의 식혈과 객토 필요.
식생반 및 식생자루 공법	식생반(vegetation block)이나 식생자루(vegetation sacks)를 이용. 식생반이나 식생자루에서 발아하는 식생은 비료에 의존할 수밖에 없으므로 양토를 사용

② 구축물에 의한 보호 공법

벽돌쌓기 공법	벽돌쌓기 공법은 수직 압력에는 강하지만 땅 밀림과 같은 횡압력에는 약함
콘크리트 블럭쌓기 공법	콘크리트 블록을 쌓아 비탈면보호. 블록은 많은 형태와 종류가 있으므로 적절한 형태 사용. 비탈면 경사가 1 : 0.5 이상은 급경사면에 사용
콘크리트 격자틀 공법	장방형 콘크리트 틀 블록을 격자상으로 조립 후 그 교차점에 콘크리트 말뚝이나 철침을 박아 고정. 틀 안쪽에 조약돌, 콘크리트 등을 채우거나, 잔디나 맥문동을 식재하기도 함

3 옹벽

① 옹벽의 종류

중력식 옹벽	• 옹벽의 자중으로 토압에 저항(무근콘크리트) 높이는 4m 정도까지의(일반적으로 3m 내외) 비교적 낮은 경우에 유리
컨틸레버 옹벽	• 기초저판 위에 흙의 무게를 보강(T형, L형) • 높이 6m까지(일반적으로 5m 내외) 사용 가능. 중력식보다 경제적
부축식 옹벽	• T형 옹벽에 일정 간격으로 부벽을 설치 • 높이 6m 이상에 사용 가능

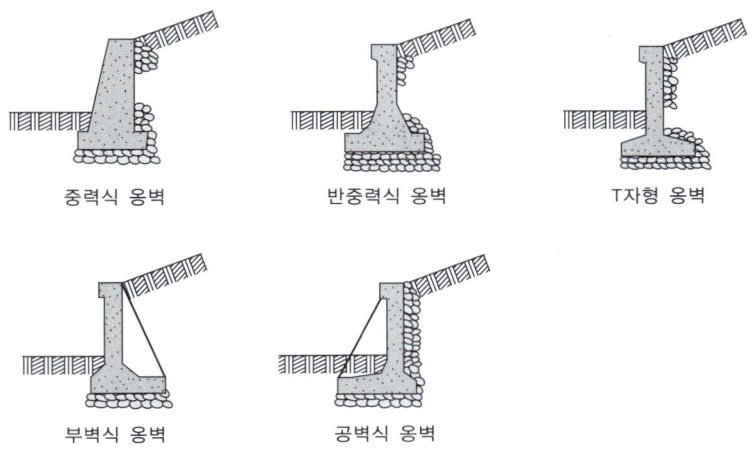

중력식 옹벽   반중력식 옹벽   T자형 옹벽

부벽식 옹벽   공벽식 옹벽

② 옹벽의 안정
   ㉠ 활동, 전도, 침하에 대한 안정성 검토
   ㉡ 옹벽 상부로의 강우침투 차단과 하부로의 배수 고려
   ㉢ 벽면 2 ~ 3㎡ 마다 직경 5 ~ 10cm 배수공 설치

4 토공용 기계

① 벌개제근
- ㉠ 불도저 : 캐터필러(무한궤도)를 돌려서, 고르지 않은 곳을 앞쪽에 달려 있는 쟁기(plough)로 지면을 깎아 요철(凹凸)의 평탄화 작업. 그 밖에 나무를 쓰러뜨리거나, 뿌리를 뽑거나 눈을 치우는 등의 작업에도 사용
- ㉡ 레이크도저 : 트랙터 앞에 레이크 모양의 작업기를 부착한 기계로서 발근작업 등에 많이 사용

  ※ 벌개제근
  성토에 이용될 흙의 굴착에 앞서서 나무 뿌리나 지표의 유기질 토를 제거하는 작업

② 굴착
- ㉠ 파워셔블 : 굳은 점토나 경질의 흙을 굴착하는 작업. 기계가 놓인 지면보다 높은 곳을 굴착할 때 사용
- ㉡ 백호우(Back hoe) : 드래그셔블이라고도 하며 360도 회전 가능. 기계가 놓은 지면보다 낮은 곳을 굴착할 때 사용
- ㉢ 클램셸 : 구조물의 기초, 우물통, 내부 굴착 등 좁은 장소에 깊은 굴착을 할 수 있는 기계
- ㉣ 드래그라인 : 기계가 서 있는 곳보다 낮은 곳의 연약 지반이나 수중 굴착에 사용
- ㉤ 불도저

③ 적재
- ㉠ 로더 : 연약지반의 흙을 깎아싣거나 모아놓은 흙, 골재 등의 적재
- ㉡ 파워셔블, 클램셸, 백호우(Back hoe)

④ 운반
- ㉠ 크레인 : 무거운 물건을 수직으로 들어 올려 운반하는 기계
- ㉡ 트럭크레인 : 적재함이 있는 트럭에 크레인을 설치한 장비
- ㉢ 덤프트럭 : 흙의 장거리 운반에 사용되며, 적재용량은 8 ~ 15ton
- ㉣ 지게차 : 무거운 자재나 기계를 들어올려 실어주거나 소형자재 운반에 사용
- ㉤ 체인블럭 : 도르레, 톱니바퀴, 쇠사슬 등을 조합시켜 무거운 물건을 달아 올리는 기계로 돌쌓기에 많이 사용
- ㉥ 불도저, 로더

⑤ 도랑파기
- ㉠ 트렌처 : 여러 개의 굴착용 버킷을 부착하고, 이동하면서 도랑을 파는 기계
- ㉡ 백호우

⑥ 정지기계
- ㉠ 모터 그레이더 : 운동장 같은 넓은 대지나 노면을 광활하게 고르거나 필요한 흙쌓기 높이를 조절하는데 사용되는 기계

⑦ 다짐기계
- ㉠ 컴팩터 : 기계의 몸체가 충격을 주어서 평판을 다지는 기계. 벽돌 포장 시 정지용으로 사용
- ㉡ 진동롤러 : 롤러에 진동기로 진동을 하면서 다지는 기계
- ㉢ 램머 : 가솔린기관의 폭발력을 이용하여 지면을 타격하고 또 그 반력으로 기계 자체를 위로 튕겨 올렸다가 낙하 시의 충격으로 지면을 다지는 기계

5 측량

① **평판 측량** : 평판을 삼각대 위에 올려놓고 도지(도면)을 붙이고, 시준기(엘레데이드)를 사용하여 목표물의 방향, 거리, 높이자를 관측하여 현장에서 직접 위치를 측량하는 법

㉠ 평판의 설치

수평 맞추기	다리를 조절하여 수평이 되도록 하는 것(정준)
중심 맞추기	평판상의 점과 측량점을 일치시키는 것(구심)
방향 맞추기	평판을 일정한 방향으로 고정시키는 것(표정) : 오차에 가장 큰 영향을 줌

㉡ 평판의 3대 요소 : 정준(정치), 구심(치심), 표정(정위)

㉢ 측량방법

방사법	측량지역에 장애물이 없는 좁은 지역에 적합
전진법	측량지역에 장애물이 있어 평판을 옮겨 가면서 거리와 방향 측정
교회법	기지점이나 미지점에서 2개 이상의 방향선을 그어 그 교차점으로 미지점의 위치를 도상에서 결정하는 법(전방교회법, 후방교회법, 측방교회법 등) : 거리를 재지 않고 위치 측량

㉣ 평판의 구성요소 : 평판, 시준기(엘리데이드), 삼각대, 구심기, 측침, 자침, 줄자, 다림추

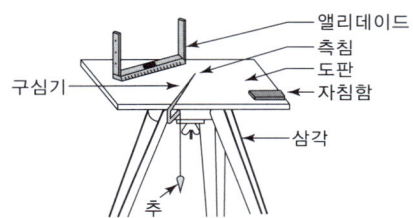

② **수준(레벨)측량** : 지표면 상에 있는 점들의 고저차를 관측하는 것

㉠ 수준 측량 용어
- 레벨 : 수준 측량에서 수평면을 시준할 때 쓰는 광학기기
- 표척 : 수준 측량에서 높이를 재는 자
- 야장 : 측량값을 기록하는 수첩
- 측량핀 : 테이프의 길이마다 그 측점을 땅 위에 표시하기 위하여 사용되는 핀
- 폴(pole) : 일정한 지점이 멀리서도 잘 보이도록 곧은 장대에 빨간색과 흰색을 교대로 칠하여 만든 기구
- 측점(station ; S) : 표척을 세워 시준하는 점. 수준측량에서는 다른 측량방법과 달리 기계를 임의점에 세우며 측점에 세우지 않음
- 후시(back sight ; B.S) : 기지점(높이를 아는 점)에 세운 표척의 눈금
- 전시(fore sight ; F.S) : 표고를 구하려는 점에 세운 표척의 눈금
- 기계고(instrument height ; I.H) : 기계를 수평으로 설치했을 때 기준면으로부터 망원경의 시준선까지의 높이

- 지반고(ground height ; G.H) : 기준면에서 그 측점까지의 연직거리
- 이기점(전환점 turning point ; T.P) : 전후의 측량을 연결하기 위하여 전시와 후시를 함께 취하는 점. 다른 측점에 영향을 주므로 정확히 관측
- 중간점(intermediate point ; I.P) : 전시만 관측하는 점. 다른 측점에 영향을 주지 않음
- 표고 : 수준기준면으로부터 관측점까지 중력방향을 따라 관측한 연직거리
- 고저차 : 두 점 간의 표고차

ⓒ 수준측량 방법
- 지반고차(△H) = 후시(a) − 전시(b)
  ∴ △H가 (+)값이면 전시방향이 높고, (−)값이면 전시방향이 낮음
- 기계고 = 기지점 지반고(G.H) + 후시(B.S)
- 미지점 지반고 = 기계고(I.H) − 전시(F.S)

③ 삼각측량
ⓐ 삼각측량의 원리 : 한 변을 정확하게 관측하고 삼각점 A, B, C를 잇는 그 밖의 변의 길이는 삼각형 내각을 관측하여 삼각법으로 결정

sin 법칙 : $\dfrac{a}{\sin\theta_1} = \dfrac{b}{\sin\theta_2} = \dfrac{c}{\sin\theta_3}$

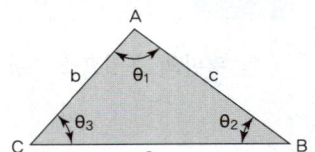

ⓑ 삼각형 세 변의 길이로 넓이 구하기(헤론의 공식)

$S = \sqrt{s(s-a)(s-b)(s-c)}, \ s = \dfrac{a+b+c}{2}$

여기서, S : 삼각형의 면적 a, b, c : 세 변의 길이

ⓒ 삼각형 두 변의 길이와 그 사이각으로 넓이 구하기

$S = \dfrac{a \times b \times \sin\theta}{2}$

여기서, S : 삼각형의 면적 a, b : 두 변의 길이, θ : 사이각

④ 사진측량 : 영상을 이용하여 피사체를 정량적(위치, 형상), 정성적(특성)으로 해석하는 측량 방법

장 점	단 점
• 정확도 균일, 동적 대상 측량 가능 • 분업화에 의한 능률성 • 축척변경 용이 • 축척이 작을수록, 넓을수록 용이	• 시설비용 과대 • 작은 지역의 측정에 부적합 • 피사대상에 대한 식별 난해 • 기상 조건 및 태양고도에 영향 받음

⑤ GPS 측량

GPS의 최소 위성수 : 4개

※ GPS 수신기는 적어도 4개의 위성을 관측하여 거리를 측정하여 위치를 계산하는데, 이는 4개의 미지수(좌표 ; Ux, Uy, Uz 및 시계오차 CB)를 해결하는데 4개의 관측치가 필요하기 때문

PART 04 예상문제

01 조경공사에서 작은 언덕을 조성하는 흙쌓기 용어는?

① 사토　　② 절토
③ 마운딩　④ 정지

02 자연상태의 토량 1000㎥을 굴착하면, 그 흐트러진 상태의 토양은 얼마가 되는가?(단, 토량변화율을 L=1.25, C=0.9라고 가정한다.)

① 900㎥　　② 1,000㎥
③ 1,125㎥　④ 1,250㎥

03 토공사에서 흐트러진 상태의 토양 변환율이 1.1일 때 터파기량이 10㎥, 되메우기량이 7㎥이라면 잔토처리량은?

① 3㎥　　② 3.3㎥
③ 7㎥　　④ 17㎥

04 흐트러진 상태의 토량이 120㎥, 자연 상태의 토량이 100㎥, 다져진 상태의 토량이 80㎥일 경우 자연 상태의 흙이 흐트러진 상태로 변할 때의 토량의 변화율(L) 값은?

① 0.6　② 0.8
③ 1.0　④ 1.2

05 1㎥ 토량에 대한 운반 품셈을 1일당 0.2인으로 할 때 2인의 인부가 100㎥ 흙을 운반하려면 얼마가 필요한가?

① 5일　　② 10일
③ 40일　④ 50일

06 흙 쌓기 시에는 일정 높이마다 다짐을 실시하며 성토해 나가야 하는데, 그렇지 않을 경우에는 나중에 압축과 침하에 의해 계획 높이보다 줄어들게 된다. 그러한 것을 방지하고자 하는 행위를 무엇이라 하는가?

① 정지(Grading)
② 취토(borrow-pit)
③ 흙쌓기(filling)
④ 더돋기(extra banking)

07 터 닦기할 때 성토시(흙쌓기) 침하에 대비하여 계획된 높이보다 몇 %정도 더돋기를 하는가?

① 3~5%　　② 10~15%
③ 20~25%　④ 30~35%

08 자연 상태의 흙을 파내면 공극으로 인하여 그 부피가 늘어나게 되는데 가장 크게 부피가 늘어나는 것은?

① 모래　② 진흙
③ 보통흙　④ 암석

정답　01 ③　02 ④　03 ②　04 ④　05 ②　06 ④　07 ②　08 ④

09 흙깎기(切土) 공사에 대한 설명으로 옳은 것은?

① 보통 토질에서는 흙깎기 비탈면 경사를 1 : 0.5 정도로 한다.
② 식재공사가 포함된 경우의 흙깎기에서는 지표면 표토를 보존하여 식물생육에 유용하도록 한다.
③ 작업물량이 기준보다 작은 경우 인력보다는 장비를 동원하여 시공하는 것이 경제적이다.
④ 흙깎기를 할 때는 안식각보다 약간 크게 하여 비탈면의 안정을 유지한다.

10 파낸 흙을 쌓아올렸을 때 중요한 "안식각"에 관한 설명으로 부적합한 것은?

① 토질이 건조했을 때 안식각이 큰 것부터의 순서는 '점토 〉 보통흙 〉 모래 〉 자갈'의 순이다.
② 흙을 높게 쌓아올렸을 때 잠시 동안은 모아 둔 그대로 형태가 유지되는 것은 흙의 점착력 때문이다.
③ 높이 쌓아놓은 뒤 시간이 지나면서 허물어져 내리고 안정된 비탈면을 형성했을 때 수평면에 대하여 비탈면이 이루는 각을 안식각이라 한다.
④ 흙깎기 또는 흙쌓기의 안정된 비탈을 위해서는 그 토질의 안식각보다 작은 경사를 가지게 하는 것이 중요하다.

11 다음 중 보통 흙의 안식각은 얼마 정도인가?

① 20 ~ 25° ② 25 ~ 30°
③ 30 ~ 35° ④ 35 ~ 40°

12 다음 흙의 성질 중 점토와 사질토의 비교 설명으로 틀린 것은?

① 투수계수는 사질토가 점토보다 크다.
② 압밀속도는 사질토가 점토보다 빠르다.
③ 내부마찰각은 점토가 사질토보다 크다.
④ 동결피해는 점토가 사질토보다 크다.

13 토공작업 시 지반면보다 낮은 면의 굴착에 사용하는 기계로 깊이 6m 정도의 굴착에 적당하며, 백호우(back hoe)라고도 불리는 기계는?

① 클램 쉘   ② 드랙 라인
③ 파워 쇼   ④ 드랙 쇼벨

14 조경 공사용 기계인 백호우(back hoe)에 대한 설명 중 틀린 것은?

① 굳은 지반이라도 굴착할 수 있다.
② 기계가 놓인 지면보다 높은 곳을 굴착하는 데 유리하다.
③ 이용 분류상 굴착용 기계다.
④ 버킷(bucket)을 밑으로 내려 앞쪽으로 긁어 올려 흙을 깎는다.

정답 09 ② 10 ① 11 ③ 12 ③ 13 ④ 14 ②

15 기계가 서 있는 위치보다 낮은 곳의 굴착에 용이하며, 넓은 면적을 팔 수 있으나 파는 힘은 그리 강력하지 못하고, 연질지만 굴착, 모래채취, 수중흙 파올리기에 주로 이용하는 토공사 장비의 종류는?

① 백호우 ② 파워셔블
③ 불도저 ④ 드래그라인

16 다음 중 건설 기계의 용도 분류상 굴착용으로 사용하기에 부적합한 것은?

① 클램셸 ② 파워쇼벨
③ 드래그라인 ④ 스크레이퍼

17 토공사용 기계에 대한 설명으로 부적당한 것은?

① 불도저는 일반적으로 60cm 이하의 배토작업에 사용한다.
② 드래그라인은 기계위치보다 낮은 연질 지반의 굴착에 유리하다.
③ 파워셔블은 기계가 위치한 면보다 낮은 곳의 흙파기에 쓰인다.
④ 클램셸은 좁은 곳의 수직터파기에 쓰인다.

18 다음 중 건설장비 분류상 운반 기계가 아닌 것은?

① 덤프트럭 ② 모터 그레이더
③ 크레인 ④ 지게차

19 다음 중 정원석 쌓기 및 수목을 들어 올리는 데 가장 적합한 기구나 기계는?

① 불도저 ② 텐덤 로울러
③ 체인 블록 ④ 덤프트럭

20 조경공사에 사용되는 장비 중 운반용 기계에 해당되지 않는 것은?

① 덤프트럭 ② 크레인
③ 백호우 ④ 지게차

21 다음 평판 측량 방법과 관계가 없는 것은?

① 방사법 ② 전진법
③ 좌표법 ④ 교회법

22 삼각형의 세변의 길이가 각각 5m, 4m, 5m라고 하면 면적은 약 얼마인가?

① 약 8.2m² ② 약 9.2m²
③ 약 10.2m² ④ 약 11.2m²

정답 15 ④ 16 ④ 17 ③ 18 ② 19 ③ 20 ③ 21 ③ 22 ②

03 콘크리트공사

1 개요

1 혼합에 따른 명칭
① 시멘트풀(시멘트 페이스트) : 시멘트 + 물
② 모르타르 : 시멘트 + 모래(잔골재) + 물
③ 콘크리트 : 시멘트 + 모래(잔골재) + 자갈(굵은골재) + 물
- 혼화재를 첨가하기도 함

2 콘크리트 장.단점

장 점	단 점
• 압축강도가 큼 • 내화, 내수, 내구적 • 재료획득 및 운반이 용이 • 철과의 접촉이 잘되고 부식 방지력이 큼 • 형태를 만들기 쉽고 비교적 가격이 저렴 • 구조물 시공이 용이하고 유지관리가 용이	• 인장강도, 휨강도 적음 : 보강을 위해 철근 사용 • 자중이 커 응용범위 제한 • 수축에 의한 균열 발생 • 재시공 등 변경, 보수가 곤란 • 품질유지 및 시공관리 어려움

2 콘크리트 구성재료

1 골재의 구분
① 잔골재 : KS A 5101(표준체)에 규정되어 있는 10mm 체를 모두 통과. No. 4체를 90 ~ 100% 통과하는 골재(일반적으로 모래를 뜻함)
② 굵은골재 : No.4 체에 거의 남고 0 ~ 10% 통과하는 골재(일반적으로 자갈을 뜻함)

2 골재의 조건
① 깨끗하고 유해물의 유해량을 포함하지 않아야 함
② 물리적, 화학적으로 안정되고 내구성이 커야 함
③ 강하고 견고하며 내마모성이 커야 함
④ 모양이 입방체 및 구형에 가깝고 부착이 좋은 표면조직을 가져야 함

⑤ 입도가 좋고 소요의 중량을 가져야 함
⑥ 내구적인 콘크리트를 만들기 위한 적합한 성질을 가져야 함

3 골재의 입도
① 크고 작은 골재가 적절하게 섞여 있는 비율
② 입도가 나쁘거나 모르타르 양이 많아지면 포장이 무르게 되고 결과적으로 파상 요철이 발생
③ 입도 시험을 위한 골재는 4분법이나 시료 분취기에 의하여 필요한 양을 채취
④ 입도곡선이란 골재의 체가름시험 결과를 곡선으로 표시한 것이며, 입도곡선이 표준입도곡선 내에 들어가야 함

※ 파상요철
　도로 연장방향에 규칙적으로 생기는 파장이 비교적 짧은 물결모양의 요철 : 코루게이션(Corrugation)이라고 함

4 골재의 실적률과 공극률 : 실적률과 공극률은 서로 상반된 관계
① 실적률 = $\dfrac{골재의\ 단위용적중량}{골재의\ 비중} \times 100(\%)$
② 공극률 = $(1 - \dfrac{골재의\ 단위용적중량}{골재의\ 비중}) \times 100(\%) = 100 - 실적률$

5 수분 함수량에 따른 구분
① 절대건조상태 : 골재 외부와 내부 공극에 포함되어 있는 물이 전부 제거된 상태
② 기건상태 : 골재의 수분 함유량이 대기 중 습도와 평행을 이룬 상태
③ 표면건조 내부포화상태 : 골재의 표면수는 없고, 골재의 내부에 빈틈이 없도록 물로 차 있는 상태
④ 습윤상태 : 골재의 내부가 완전히 수분으로 채워져 있고 표면에도 여분의 물을 포함하고 있는 상태
⑤ 관련용어
　㉠ 함수량 : 습윤상태의 물의 전량 A − D
　㉡ 흡수량 : 표면건조 내부포화 상태의 수량 B − D
　㉢ 표면수량 : 골재의 표면에만 있는 수량 A − B
　㉣ 기건수량 : 공기 중 건조 상태의 수량 C − D
　㉤ 유효흡수량 : 흡수량과 기건수량의 차 B − C

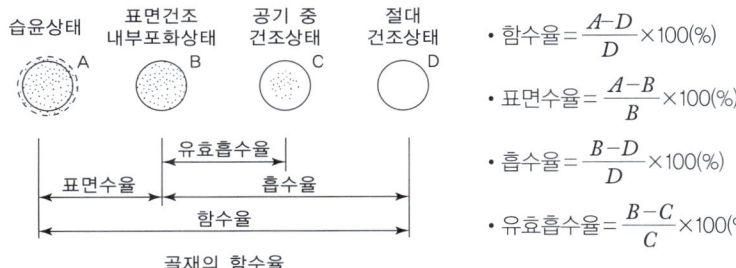

- 함수율 = $\dfrac{A-D}{D} \times 100(\%)$
- 표면수율 = $\dfrac{A-B}{B} \times 100(\%)$
- 흡수율 = $\dfrac{B-D}{D} \times 100(\%)$
- 유효흡수율 = $\dfrac{B-C}{C} \times 100(\%)$

골재의 함수율

※ 물
  1. 물은 시멘트와 수화작용을 하므로 강도와 내구력에 영향을 줌
  2. 수돗물이나 오염되지 않은 하천이나 호수의 물 사용

※ 콘크리트의 요구 성능
  1. 소요강도(압축강도)
  2. 균질성
  3. 밀실성(수밀성)
  4. 내구성
  5. 내화성
  6. 시공 용이성
  7. 균열 성장성
  8. 경제성

3 콘크리트의 특성

1 콘크리트 특성과 관련된 용어
① 반죽질기(consistency) : 수량의 변화에 따른 콘크리트의 유동성 정도, 반죽질기 정도, 시공연도에 영향을 줌
② 시공연도(workability)
  ㉠ 콘크리트를 칠 때 적당한 유동성과 점성이 있어 시공 부분이 잘 채워지고 분리를 일으키지 않는 정도. 작업난이도라고도 함
  ㉡ 재료의 분리에 저항하는 정도를 나타내는 용어
③ 성형성(plasticity) : 거푸집으로 쉽게 성형할 수 있으며, 풀기가 있어 거푸집 제거 시 허물어지거나 재료의 분리가 없는 성질
④ 마감성(finishability)
  ㉠ 콘크리트 표면을 마무리할 때의 난이도 정도를 나타내는 말
  ㉡ 워커빌리티와 반드시 일치하지는 않음
  ㉢ 굵은 골재의 최대 치수, 잔골재율, 잔골재의 입도, 반죽질기 등에 의해 난이도가 변함

2 시공연도(workability)에 영향을 주는 요소
① 단위수량이 많으면 재료분리, 블리딩 증가
② 단위 시멘트량이 많으면(부배합) 빈배합보다 시공연도 향상
③ 시멘트의 분말도가 클수록 시공연도 향상
④ 둥근 골재(강자갈)가 입도가 좋아 시공연도 향상
⑤ 적당한 공기량은 시공연도 향상
⑥ 비빔시간이 길어지면 시공연도 저하
⑦ 온도가 높으면 시공연도 저하

3 재료분리 원인과 대책

① 단위수량 및 W/C 과다 → W/C를 작게
② 골재의 입도, 입형부적당 → 양호한 재료 배합
③ 골재의 비중차이(중량, 경량골재) → 혼화재 및 혼화제 사용
④ 시멘트 페이스트 및 물의 분리 → 수밀성 높은 거푸집 사용과 충분한 다짐

4 블리딩과 레이턴스

① 블리딩(bleeding) : 아직 굳지 않은 시멘트풀, 모르타르 및 콘크리트에 있어서 물이 윗면에 솟아 오르는 현상으로 재료분리의 일종
② 레이턴스(laitance) : 블리딩에 의해 콘크리트 표면에서 침전하고 발라 붙어 표피를 형성한 것

※ 콘크리트 강도에 영향을 주는 요인
 1. 재료 : 시멘트, 골재, 물, 혼화재료
 2. 배합 : W/C비, 슬럼프 값
 3. 시공 : 타설, 운반, 양생 등

5 슬럼프 시험

① 반죽의 질기를 측정하여 시공연도(workability) 측정
② 밑지름 20cm, 윗지름 10cm, 높이 30cm의 몰드 속에 콘크리트를 3회에 걸쳐 나누어 넣고, 각각 25회씩 다진 다음 몰드를 들어 올렸을 때 30cm 높이의 콘크리트가 가라앉은 높이를 잼
③ 슬럼프값이 높다는 것은 반죽이 질다는 것을 의미

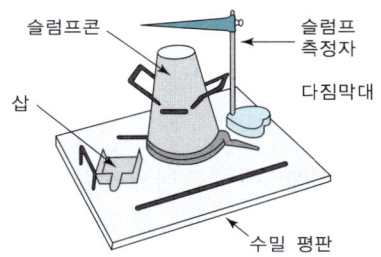

※ 슬럼프 시험 기구
 수밀평판, 슬럼프콘, 다짐막대, 측정기구(자)

④ 슬럼프 표준값

종류		슬럼프값(mm)
철근 콘크리트	일반적인 경우	80 ~ 150
	단면이 큰 경우	60 ~ 120
무근 콘크리트	일반적인 경우	50 ~ 150
	단면이 큰 경우	50 ~ 100

4 배합

1 배합의 표시법

① 무게배합(중량배합)
  ㉠ 콘크리트 1㎥에 소요되는 재료의 양을 중량(kg)으로 표시한 배합
  ㉡ 예를 들면, 시멘트 387kg : 모래660kg : 자갈 1,040kg으로 표시
② 절대용적배합 : 콘크리트 1㎥에 소요되는 재료의 양을 절대용적(L)으로 표시한 배합
③ 표준개량 용적배합 : 콘크리트 1㎥에 소요되는 재료의 양을 표준계량용적(㎥)으로 표시한 배합
  (시멘트 1,500kg = 1㎥)
④ 현장계량 용적배합
  ㉠ 콘크리트 1㎥에 소요되는 재료의 양을 시멘트는 포대수로, 골재는 현장계량에 의한 용적(㎥)으로 표시한 배합
  ㉡ 예를 들어, 1 : 2 : 4, 1 : 3 : 6 등으로 표시
⑤ 부배합(rich mix) : 표준 배합보다 단위시멘트 양이 많은 것
⑥ 빈배합(poor mix) : 표준 배합보다 단위시멘트 양이 적은 것

※ 콘크리트의 배합
  콘크리트의 배합은 소요의 강도, 내구성, 수밀성, 균열, 저항성, 철근 또는 강재를 보호하는 성능 및 작업에 적합한 워커빌리티를 갖는 범위 내에서 단위 수량이 될 수 있는대로 적게 되도록 해야 함.

2 배합설계 순서

설계기준 강도 → 배합 강도 → 시멘트 강도 → 물/시멘트비 → 슬럼프치 결정 → 굵은골재 최대치수 → 잔골재율 → 단위수량 → 시방배합 → 현장배합

3 물/시멘트비 : W/C비

① 물과 시멘트의 중량백분율로 시멘트에 대한 물의 중량 표시
② 강도와 내구성, 수밀성, 건조수축, 재료 분리, 블리딩 등의 영향인자
③ 일반적으로 물/시멘트비는 40 ~ 70% 정도로 사용

※ W/C비가 클 때의 문제점
  강도 저하(내부공극 증가), 부착력 저하, 재료분리 증가, 블리딩과 레이턴스 증가, 내구성과 내마모성, 수밀성 저하, 건조수축 및 균열발생 증가, 크리프현상(경화된 콘크리트에 지속 하중이 작용할 때 생기는 변형) 증가, 동결융해 저항성 저하, 이상 응결, 지연, 시공연도 저하 등의 현상이 생길 수 있음

4 잔골재율

① 잔골재량과 전골재량의 절대용적 비율
② 잔골재율이 커지면 단위수량과 단위시멘트량 증가
③ 잔골재율은 소요 워커빌리티를 얻을 수 있는 범위 내에서 가능한 작게

※ 잔골재율 = $\dfrac{\text{잔골재의 절대용적}}{\text{전체골재의 절대용적}} \times 100(\%)$

5 공기량

① AE제, AE 감수제를 사용하여 연행공기를 만들어 계면활성 작용으로 시공연도를 좋게 하고 내구성을 증가시킴
② 공기량은 일반적으로 4 ~ 7% 함유 : 자연적 공기량은 1 ~ 2%
③ 공기량 1% 증가 시 강도 4 ~ 6% 감소

※ 연행공기
　콘크리트 속에 있는 작은 공기 거품을 고르게 하기 위해 AE제를 첨가할 때 콘크리트 속에 생기는 미세한 독립 기포의 공기.

※ 계면활성
　다른 성질을 가진 상이 서로 닿아 있을 때, 녹아 있는 물질이 그 경계면에 모여 표면장력을 크게 떨어뜨리는 성질

6 콘크리트의 종류

① 레미콘
　㉠ ready mixed concrete를 말하며, 콘크리트 제조 설비를 갖춘 전문공장에서 배합하여 운반 차량으로 현장까지 공급하는 굳지 않는 콘크리트
　㉡ 양질의 콘크리트 기대, 운반 시간에 따른 지연제의 필요성
② AE콘크리트
　㉠ AE제를 사용하여 콘크리트 속에 미세한 공기를 섞어 성질을 개선한 콘크리트
　㉡ 내구성과 워커빌리티 개선, 단위수량 및 수화열 감소, 재료분리 현상 감소
③ 한중 콘크리트
　㉠ 하루 평균 기온이 4℃ 이하로 동결의 위험이 있는 기간에 시공하는 콘크리트
　㉡ 초기에 보온 양생 실시
　㉢ W/C비 60% 이하, 공기연행제(AE제, AE감수제) 사용
④ 서중콘크리트
　㉠ 평균 25℃, 최고 30℃ 넘을 때 타설하는 콘크리트
　㉡ 초기 강도 발현은 빠른 반면 장기 강도가 저하
　㉢ 콜드 조인트가 발생하기 쉬움
　㉣ 동일 슬럼프를 얻기 위한 단위 수량이 많아짐
　㉤ 슬럼프 저하 등 워커빌리티에 변화가 생기기 쉬움
　㉥ 재료의 온도를 낮추고 AE제, AE감수제, 지연제 등 사용
⑤ 경량콘크리트
　㉠ 천연, 인공경량골재를 일부 혹은 전부를 사용
　㉡ 단위용적중량이 1.4 ~ 2.0 ton/m³의 범위에 속하는 콘크리트
　㉢ 단열 성능 효과
⑥ 매스콘크리트
　㉠ 부재단면의 최소 치수가 80cm 이상
　㉡ 수화열에 의한 콘크리트 내부의 최고온도와 외기온도의 차가 25℃ 이상으로 예상되는 콘크리트
　㉢ 균열 발생 우려, 저열 시멘트 사용, 슬럼프값 낮게 사용

⑦ 프리팩트 콘크리트
　㉠ 미리 골재를 거푸집 안에 채움
　㉡ 특수 탄화제를 섞은 모르타르를 주입하여 골재의 빈틈을 메워 만든 콘크리트
⑧ 수밀 콘크리트
　㉠ 콘크리트 자체 밀도가 높고 내구적, 방수적
　㉡ 수밀성을 특별히 요하는 부위에 사용하는 콘크리트
　㉢ AE제, AE 감수제, 포졸란 등을 사용, 공기량 4% 이하, W/C비 55% 이하
⑨ 진공 콘크리트
　㉠ 콘크리트를 타설한 직후 진공매트를 사용하여 수분과 공기를 제거
　㉡ 대기의 압력으로 다짐으로써 초기강도를 크게 한 콘크리트
⑩ 식생 콘크리트
　콘크리트 자체나 구조물에 부.착생물, 암초성생물, 생태적 약자, 식물 및 미생물 등이 서식할 수 있는 공간을 제공하는 콘크리트

5 치기와 양생

1 콘크리트의 비빔
① 기계비빔이 원칙 : 소량은 손비빔 가능
② 재료투입은 동시투입이 좋으나 실제 '모래 → 시멘트 → 물 → 자갈'의 순서로 투입
③ 비빔시간은 최소 1분 이상 : 수밀콘크리트는 3분 이상

2 운반
① 현장 내 소운반은 버킷, 손수레류 사용
② 장거리 운반은 레미콘을 사용하고 응결지연제(석고) 사용

※ 콘크리트 공사 작업 순서
　재료계량 → 비비기 → 운반 → 치기 → 다지기 → 겉 마무리 → 양생

3 부어 넣기(치기)
① 콘크리트를 거푸집 안에 넣는 것을 의미함
② 콘크리트 칠 때의 유의사항
　㉠ 재료의 분리를 일으키지 않을 것
　㉡ 비빔장소에서 먼 곳에서 가까운 곳으로 옮겨가며 부어 넣기
　㉢ 계획된 구획 내에서는 일체가 되도록 연속하여 부어 넣기
　㉣ 한 구획 내에서는 콘크리트 표면이 수평이 되도록 치기
　㉤ 한 곳에서만 부어 넣으며 다른 부분으로 흘려 보내기 금지
　㉥ 될 수 있는 한 콘크리트 혼합 후 단기간에 부어 넣을 것
　㉦ 낮은 곳에서 높은 곳의 순서로 부어 넣을 것

※ 비빔에서 부어 넣기 까지의 시간
- 외기온도 25℃ 초과 : 1.5시간 이내
- 외기온도 25℃ 이하 : 2시간 이내

4 다지기 : 진동기 사용

① 진동다지기를 할 때에는 내부진동기를 하층의 콘크리트 속으로 0.1m 정도 찔러 넣음
② 내부진동기는 연직으로 찔러 넣으며, 그 간격은 진동이 유효하다고 인정되는 범위의 지름 이하로서 일정한 간격으로 사용. 삽입 간격은 일반적으로 0.5m 이하
③ 1개소당 진동 시간은 다짐할 때 시멘트 페이스트가 표면 상부로 약간 부상하기까지 실시
④ 내부진동기는 콘크리트로부터 천천히 빼내어 구멍이 남지 않도록 함
⑤ 내부진동기는 콘크리트를 횡방향으로 이동시킬 목적으로 사용하지 않아야 함
⑥ 거푸집판에 접하는 콘크리트는 되도록 평탄한 표면이 얻어지도록 타설하고 다짐
⑦ 콘크리트 다지기에는 내부진동기 사용을 원칙으로 하나 얇은 벽 등 내부진동기의 사용이 곤란한 경우 거푸집 진동기 사용
⑧ 굳기 시작한 콘크리트에는 사용 금지

※ 다짐의 목적
1. 공극을 제거하여 밀실하게 충진
2. 소요강도, 내구성, 수밀성 증대
3. 철근의 부착강도 증대 및 부식방지

5 시공이음

① 시공이음의 일반 사항
  ㉠ 시공이음은 될 수 있는 대로 전단력이 작은 곳에 위치
  ㉡ 부재의 압축력이 작용하는 방향과 직각 배치
  ㉢ 부득이 전단력이 큰 위치에 할 경우 강재로 적절히 보강
  ㉣ 시공이음부는 하자 요인이 될 수 있으므로 각별히 주의

  ※ 전단력
  부재를 수직으로 절단하려는 힘

  ※ 시공이음부
  쇠솔이나 쪼아내기, 고압 분사로 레이턴스를 제거하거나 청소하고, 습윤상태로 처리한 후 시멘트풀 등을 도포한 후 이어치기를 실시

② 각종 줄눈

콜드조인트 (cold joint)	시공과정 중 휴식시간 등으로 응결하기 시작한 콘크리트에 새로운 콘크리트를 이어 칠 때 일체화가 저해되어 생기는 줄눈으로 계획하지 않은 불량 줄눈 : 강도 저하, 우수, 균열, 부착력 저하 등이 발생
시공줄눈 (construction joint)	타설능력, 작업 상황을 고려하여 미리 계획한 줄눈으로, 콘크리트를 한 번에 계속하여 부어 나가지 못할 곳에 위치
신축줄눈 (expansion joint)	구조물의 온도변화에 의한 수축팽창, 부동침하 등으로 발생할 수 있는 곳을 예상하여 응력을 해제하거나 변형흡수를 목적으로 설치
조절줄눈 (contraction joint)	바닥, 벽 등의 수축에 의한 표면균열이 생기는 것을 줄눈에서 발생하도록 유도하는 줄눈(수축줄눈) = control joint

6 양생

① 정의 : 콘크리트 타설 후 일정기간 동안 온도, 충격, 오손, 파손 등 유해한 영향을 받지 않도록 보호, 관리하여 응결 및 경화가 진행되도록 하는 것
② 양생의 기본요건
　㉠ 성형된 콘크리트에 충분한 수분공급(보통 5일 이상 습윤양생)
　㉡ 적절한 온도 유지(5℃ 이상)와 급격한 건조방지
　㉢ 성형된 콘크리트에 하중 및 충격 금지

　※ 콘크리트와 온도
　　콘크리트의 응결 및 경화는 4℃ 이하가 되면 더욱 완만해지며 -3℃에서 완전 동결되어 더 이상 경화되지 않음

③ 양생방법

습윤 양생	모르타르나 콘크리트 등을 수중 보양 또는 살수 보양
증기 양생	고온의 수증기로 양생 : 한중 콘크리트에 유리, 거푸집 조기 탈형, 조기 강도 증진
전기 양생	콘크리트 중에 저압 교류를 통하여 전기 저항열을 이용
피막 양생	콘크리트 표면에 피막 형성용 액체를 뿌려 수분 증발을 방지하여 양생
고압증기 양생	Autoclave에서 양생하며 24시간에 28일 강도 발휘

④ 습윤양생 보호기간

15℃ 이상	보통 7일(조강 4일)
10℃ 이상	보통 7일(조강 4일)
5℃ 이상	보통 9일(조강 5일)

※ 콘크리트 중성화
굳어서 딱딱해진 콘크리트가 공기 중의 탄산가스와 작용하여 알칼리성을 잃고 중성으로 되는 현상

$$Ca(OH)_2 + CO_2 \rightarrow CaCO_3 + H_2O$$

1. 물/시멘트비가 높으면 중성화 속도 빠름
2. 습도가 낮을수록 중성화 속도 빠름
3. 경량골재 사용 시 골재 자체의 투수성이 크므로 중성화 속도 빠름
4. 온도가 높을수록 중성화 속도 빠름
5. 산성비를 맞으면 중성화 속도 빠름
6. 단기 재령일수록 중성화 속도 빠름
7. 혼합시멘트(슬래그, 실리카, 플라이애쉬)는 보통포틀랜드 시멘트보다 중성화 속도 빠름

7 거푸집

① 거푸집의 용도
  ㉠ 콘크리트의 형상을 만드는 틀 : 목재, 철재
  ㉡ 콘크리트 형상과 치수 유지
  ㉢ 콘크리트 경화에 필요한 수분과 시멘트풀 누출 방지
  ㉣ 양생을 위한 외기 영향 방지

② 거푸집의 조건
  ㉠ 조립의 밀실성, 외력과 측압에 대한 안정성
  ㉡ 충분한 강성과 치수의 정확성
  ㉢ 조립 해체의 간편성, 이동용이, 반복사용 가능

   ※ 측압
     수평방향으로 생기는 압력

③ 거푸집 재료 및 부소재
  ㉠ 거푸집 널 : 콘크리트에 직접 닿는 판상부분
  ㉡ 띠장, 장선, 멍에 : 거푸집 널 지지
  ㉢ 받침기둥(동바리) : 거푸집의 형상 및 위치를 확보하기 위한 지주
  ㉣ 연결대 : 동바리 간을 연결하여 횡력에 저항
  ㉤ 격리제(separator) : 거푸집 상호 간의 간격을 유지하고 측벽 두께를 유지하기 위한 것
  ㉥ 긴장제(form tie) : 거푸집이 벌어지거나 오그라드는 것을 방지하기 위한 것
  ㉦ 간격제(spacer) : 철근과 거푸집의 간격을 유지하기 위한 것
  ㉧ 박리제 : 거푸집을 쉽게 제거하기 위해 바르는 도포제. 동식물유, 중유, 폐유, 파라핀유, 합성수지 등을 사용

④ 거푸집에 미치는 콘크리트 측압
  ㉠ 경화 속도가 빠를수록 측압이 작음
  ㉡ 시공 연도가 좋을수록 측압은 큼
  ㉢ 붓기 속도가 빠를수록 측압이 큼
  ㉣ 수평 부재가 수직 부재보다 측압이 작음

    ⓜ 슬럼프가 클 때 측압이 큼
    ⓗ 타설높이가 높을 경우 측압이 큼
    ⓢ 대기 습도가 높을 경우 측압이 큼
    ⓞ 온도가 낮은 경우 측압이 큼
    ⓩ 진동기 사용 시 측압이 큼
  ⑤ 거푸집 존치 기간
    ㉠ 확대기초, 보 옆, 기둥, 벽 등의 측면은 2 ~ 5일 존치
    ㉡ 슬래브 및 보의 밑면, 아치 내면은 설계기준 강도에 도달할 때까지
  ⑥ 거푸집 존치 기간에 영향을 주는 4요소
    ㉠ 부재의 종류
    ㉡ 콘크리트의 압축강도
    ㉢ 시멘트의 종류
    ㉣ 평균기온

6 기타

1 철근의 종류

원형 철근	• 단면이 원형인 것으로 Ø로 표시 : Ø6 ~ 600
이형 철근	• 원형 철근의 표면에 두 줄의 돌기와 마디가 있음 • D로 표시 : D10 ~ D38 • 보통 원형 철근보다 40% 이상 부착력 증가
용접 철망	• 무근 콘크리트의 보강용으로 이용하며 철근은 아님 • 와이어 메쉬

2 콘크리트 제품

경계블럭, 보도블럭, 시멘트벽돌, 콘크리트관, 인조목, 호안블럭, 식생블록, 투수블럭, 다공성 생태블럭, 노출 콘크리트

 ※ **철근의 가공**
  직경 25mm 이하 철근은 상온에서 가공하고 직경 28mm (D29) 이상은 가열하여 가공

석공사 및 벽돌쌓기

1 석공사

1 석재 사용 시 주의 사항
① 균일 제품 사용을 위해 산출량을 조사 : 공급량 확보
② 압력 방향에 직각으로 쌓기 : 예각은 피함
③ 취급상 1㎥ 이하로 가공하여 사용 : 1㎥ 이상 석재는 높은 곳 사용금지
④ 내화가 요구되는 곳에는 강도보다 내화성 고려
⑤ 쌓기를 할 때 상하 2층의 세로 줄눈이 연속되지 않도록 설치
⑥ 1일 쌓기 켜수는 돌높이 50cm 내외의 것일 때는 하루 2켜(1.2m) 이내
⑦ 모르타르나 콘크리트 채움은 1켜마다 하고 2켜 이내로 채울 것

2 돌쌓기와 돌놓기 공사 용어

비탈물매	돌쌓기 벽면의 비탈 기울기
뒷채움	돌쌓기 벽면의 뒷면을 채우는 일
갓돌	돌쌓기 벽의 가장 위에 실리는 돌
줄눈	돌과 돌 사이의 이음눈으로 수평 줄눈을 가로 줄눈, 수직 줄눈을 세로 줄눈이라고 함
귓돌	돌쌓기 벽의 모서리각에 사용되는 돌(모서리돌)
목도	두 사람 이상이 짝이 되어 무거운 물건이나 돌덩이를 얽어맨 밧줄에 막대기를 꿰어 어깨에 메고 나르는 일

※ 목도채
수목이나 자연석 등을 목도할 때 짐을 걸어서 어깨에 매는 굵은 막대기로 길이는 1.5m 정도이고 중앙의 굵기는 6 ~ 7cm, 양 끝의 굵기는 4 ~ 5cm. 목도줄은 지름 2 ~ 3cm 굵기의 밧줄이 6m 정도 소요되며, 보조용 밧줄은 2 ~ 3m 정도 필요

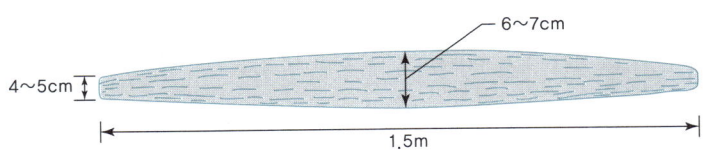

3 채움재 사용유무에 따른 돌쌓기

① 찰쌓기
- ㉠ 돌을 쌓아 올릴 때 뒤채움을 콘크리트로 하고, 줄눈은 모르타르를 사용하여 쌓는 방법으로 특별한 명시가 없으면 찰쌓기가 원칙
- ㉡ 전면 기울기 1 : 02. 이상을 표준으로 1일 쌓기 높이는 1.2m(최대 1.5m 이내)로 하고, 이어쌓기 부분은 계단형으로 마감
- ㉢ 시공에 앞서 돌에 붙어있는 이물질 제거
- ㉣ 쌓기는 뒷고임돌로 고정하고 콘크리트를 채워가며 쌓기
- ㉤ 줄눈은 견칫돌의 경우 10mm 이하, 막깬돌의 경우 25mm 이하
- ㉥ 뒷면의 배수를 위해 3m³마다 지름 50mm 정도의 배수구를 콘크리트 뒷면까지 설치(대나무, PVC 파이프)
- ㉦ 돌쌓기의 밑돌은 될수록 큰 돌 사용

② 메쌓기
- ㉠ 접합부를 다듬고 뒷틈 사이에 고임돌(조약돌)을 고인 후 모르타르 없이 골재(잡석, 자갈)로 뒤채움하는 방식
- ㉡ 전면 기울기 1 : 0.3 이상을 표준으로 1일 쌓기 높이는 1.0m 미만
- ㉢ 줄눈은 10mm 이내로 하며, 해머 등으로 다듬어 접합

4 줄눈 모양에 따른 분류

골쌓기	줄눈을 파상 또는 골을 지어가며 쌓는 방법으로 파손 부분이 전체에 영향을 미치지 않아 축대나 하천공사의 견치석 쌓기에 많이 사용됨
켜쌓기 (바른층쌓기)	돌의 쌓은 면 높이를 수형으로 놓아 다로 줄눈이 수평선이 되게 쌓는 방법. 골쌓기보다 구조가 약해 높이 쌓기는 곤란하나 시각적으로 아름다워 많이 사용됨
막쌓기 (허튼층쌓기)	줄눈이 불규칙하게 형성되며, 수평, 수직으로 막힌 줄눈

5 재료에 의한 돌쌓기의 종류

막돌쌓기	막 생긴 돌을 사용하여 불규칙하게 쌓는 방법
마름돌쌓기	다듬은 돌을 사용하여 돌의 모서리나 면을 일정하게 쌓는 법
자연석 무너짐쌓기	경사면을 따라 자연석을 놓아서 무너져 내려 안정된 모습의 자연스러운 경관을 조성
호박돌쌓기	지름 20cm 정도의 장타원형 자연석으로 쌓는 것
사괴석쌓기	사괴석으로 바른층 쌓기를 하며, 내민 줄눈을 사용하여 전통 담장 축조
장대석쌓기	긴 사각 주상석의 가공석으로 바른층 쌓기 시행

6 자연석 무너짐 쌓기

① 상단부는 다소 기복을 주어 자연스러움을 보완, 강조
② 쌓기 높이는 1.3m가 적당, 그 이상은 안정성 검토
③ 석재면을 경사지게 하거나 약간씩 뒤로 들여서 쌓기
④ 기초 부분은 터파기한 후 잘 다지거나 콘크리트 기초
⑤ 기초가 될 밑돌은 약간 큰 돌을 땅속 ⅓ 정도 깊이(20 ~ 30cm)로 묻음
⑥ 기초석을 놓고 크고 작은 돌이 잘 어울리도록 중간석과 상석 배치
⑦ 안전을 고려하여 상부의 돌은 하부보다 작은 돌을 사용
⑧ 돌이 서로 맞닿는 면은 잘 맞물리는 돌을 골라서 사용
⑨ 뒷부분에는 굄돌과 뒤채움돌을 써서 구조적으로 안정되도록 조치
⑩ 돌과 돌 사이의 빈 공간에 양질의 흙을 채우고 돌틈 식재

※ 돌틈 식재
  자연석 쌓기의 단조로움과 돌틈의 공간을 메우기 위해 관목류, 지피류, 화훼류 및 이끼류를 식재하며, 돌틈에 식재된 식물이 생육할 수 있도록 양질의 토양을 조성. 수분을 충분히 공급

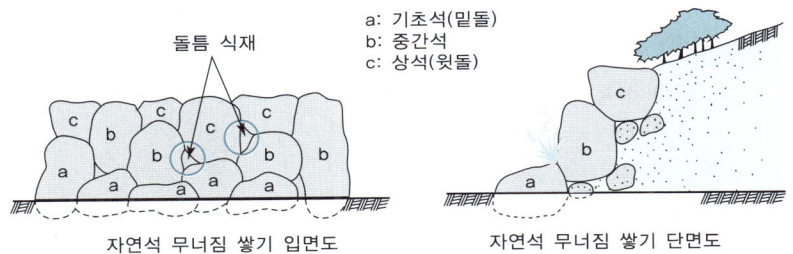

자연석 무너짐 쌓기 입면도 / 자연석 무너짐 쌓기 단면도

7 호박돌 쌓기

① 깨진 부분이 없고 표면이 깨끗하며 크기가 비슷한 것 선택
② 찰쌓기를 기본으로 이를 맞추어 튀어나오거나 들어가지 않도록 시공
③ 규칙적인 모양을 갖도록 쌓는 것이 보기도 좋고 안정성이 좋음
④ 돌은 서로 어긋나게 놓아 십자(+) 줄눈이 생기지 않도록 육법 쌓기

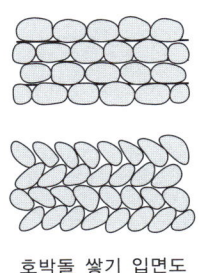
호박돌 쌓기 입면도

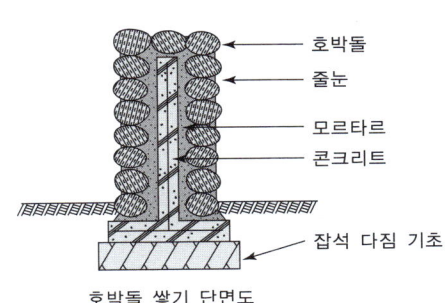
호박돌 쌓기 단면도

8 경관석 놓기

① 중심석(주석)과 보조석(부석)으로 주변 환경과 조화를 이루도록 설치
② 3석을 조합하는 경우에는 삼재미의 원리를 적용하여 배치
③ 돌을 놓을 때는 경관석 높이의 1/3 이상 깊이로 매립
④ 경관석 주위에는 회양목, 철쭉 등의 관목이나 초화류 식재
⑤ 일반적인 수량은 3, 5, 7 등의 홀수로 만들며 돌과 돌 사이의 크기를 고려하여 배치

※ 삼재미
　동양의 우주원리인 하늘과 땅과 인간의 3형태로, 이것을 적용시켜 천, 지, 인의 자연스러운 비례로 석조에 적용하거나 수목의 조형, 수목의 배치 등 여러 형태에 적용하고 있음

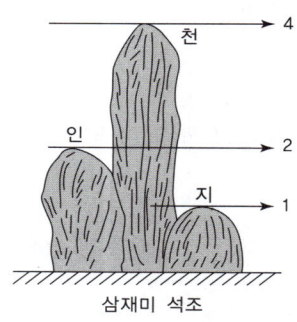
삼재미 석조

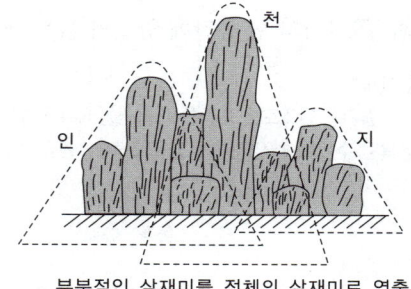
부분적인 삼재미를 전체의 삼재미로 연출

삼재미 석조법

9 디딤돌(징검돌) 놓기

① 보행에 적합하도록 지면 또는 수면과 수평배치
② 디딤돌은 10 ~ 20cm 두께의 것으로 지면보다 3 ~ 6cm 높게 배치
③ 징검돌은 높이가 30cm 이상의 것으로 수면보다 15cm 높게 배치
④ 배치간격은 성인의 보폭으로 35 ~ 40cm 정도
⑤ 돌의 장축이 진행 방향에 직각이 되도록 배치
⑥ 2연석, 3연석, 2-3연석, 3-4연석 놓기가 기본
⑦ 징검돌은 상, 하면이 평평하고 지름 또는 한 면의 길이가 30 ~ 60cm 크기의 강석 사용
⑧ 디딤돌은 납작하면서 가운데가 약간 두툼한 것 사용
⑨ 시작점과 끝점, 갈라지는 곳은 50cm 정도의 큰 돌 배치
⑩ 고임돌이나 콘크리트 타설 후 설치

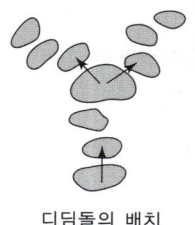
디딤돌의 배치

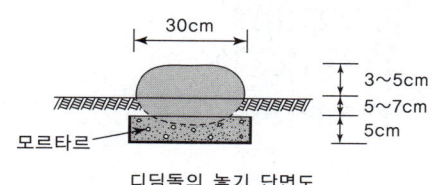
디딤돌의 놓기 단면도

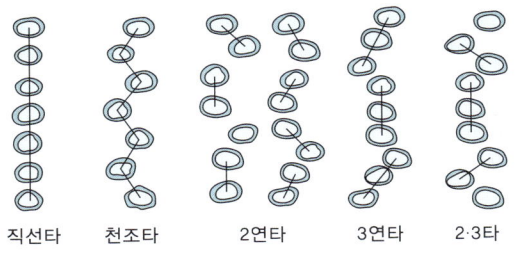

디딤돌의 배석법

10 돌쌓는 방법

① 즐눈두께는 9 ~ 12mm 정도가 적당
② 통줄눈이 되지 않도록 시공
③ 므르타르 배합비는 1 : 2 ~ 1 : 3, 중요한 곳은 1 : 1
④ 하루 쌓는 높이는 1.2m 이하
⑤ 경사도가 1 : 1보다 완만한 경우는 돌 붙임, 경사도가 1 : 1보다 급한 경우를 돌쌓기
⑥ 쌓아 올리고자 하는 높이가 높을 때는 군데군데 물빠짐 구멍을 뚫음

11 석재판 붙이기 시공법

구분	습식공법	건식공법	GPC 공법
정의	• 몰탈을 고르고 그 위에 시멘트 물을 뿌려 판석을 붙임	• 벽에 앙카로 고정하고 석재에 에폭시로 앵글을 부착하여 볼트로 연결	• 석재 뒷면에 고정철물을 고정시킨 후 콘크리트를 타설 양생한 패널을 붙이는 공법
장점	• 시공 용이 • 공사비 저렴	• 공기 단축가능 • 백화현상 없음	• 재료 손실이 적음
단점	• 백화현상	• 부자재비 많이 소요	• 소규모공사 부적합

※ 백화현상
　시멘트 콘크리트 구조물 내에 존재하는 가용성 성분(수산화칼슘, 알카리황산염 등)들이 물에 용해되어 구조물의 표면으로 운반된 후, 물이 증발되어 가용성(알카리황산염) 혹은 난용성염(탄산칼슘)의 형태로 석출되는 현상

2 벽돌쌓기 공사

1 벽돌의 종류 및 규격

① 벽돌의 종류

붉은벽돌	완전 연소되어 적색을 띤 벽돌
검정벽돌	불완전 연소되어 회흑색을 띤 벽돌
시멘트벽돌	시멘트와 모래로 만든 벽돌
특수벽돌	내화벽돌, 오지벽돌, 이형벽돌, 포장용벽돌, 경량벽돌

② 벽돌의 규격
  ㉠ 표준형 벽돌 : 190mm × 90mm × 57mm
  ㉡ 기존형(일반형) 벽돌 : 210mm × 100mm × 60mm

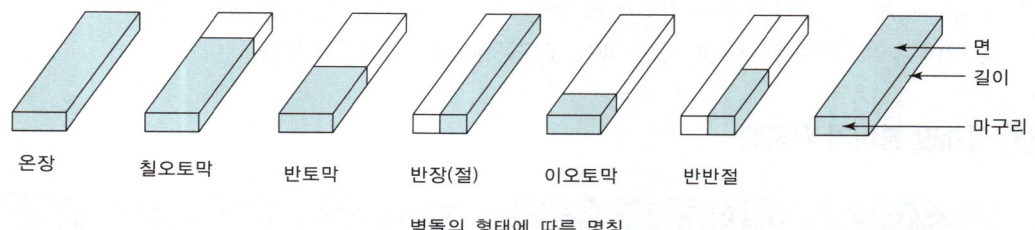

벽돌의 형태에 따른 명칭

2 줄눈

① 줄눈 : 벽돌쌓기에서 생기는 가로, 세로 부분의 이음줄
② 줄눈의 종류

통줄눈	가로, 세로의 이음 줄눈이(+) 형태로 나타나는 줄눈. 통줄눈은 하중을 받으면 하중이 분산되지 않아 쉽게 붕괴될 수 있음
막힌줄눈	일직선으로 이어지지 않고 서로 어긋나는 줄눈. 하중이 골고루 분포되어 구조적으로 안정
치장줄눈	줄눈을 여러 형태로 아름답게 하여 미관상 보기 좋게 만든 줄눈

3 벽돌쌓기 두께

① 벽돌을 쌓는 두께는 반장쌓기(0.5B), 한장쌓기(1.0B), 한장반쌓기(1.5B), 두장쌓기(2.0B) 등으로 표시
② 표준형 벽돌(190 × 90 × 57)을 쓰고 줄눈을 10mm로 한 경우 한 장 반의 두께는 190 + 90 + 10 = 290mm

반장쌓기(0.5B)　　한장쌓기(1.0B)　　한장반쌓기(1.5B)　　두장쌓기(2.0B)

(m²당)

구분	0.5B	1.0B	1.5B	2.0B
표준형(190×90×57)벽돌	75매	149매	224매	298매
일반형(210×100×60)벽돌	65매	130매	195매	260매

4 기본쌓기 방법

① 길이쌓기 : 벽돌의 길이 부분이 바깥쪽으로 보이게 쌓는 방법으로, 길이로 놓으면 두께가 반장쌓기(0.5B)가 되므로 치장쌓기에 많이 쓰임
② 마구리쌓기 : 벽돌의 마구리가 보이게 쌓는 방법으로 끝부분에 반절벽돌이 들어감. 두께는 1.0B
③ 길이 세워쌓기 : 길이를 세워 쌓는 방법
④ 옆 세워쌓기 : 마구리를 세워 쌓는 방법

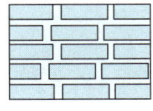  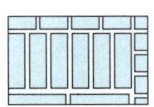 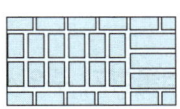

　길이쌓기　　　　마구리쌓기　　　길이 세워쌓기　　　옆 세워쌓기

5 쌓기 방법에 의한 분류

영국식 쌓기	• 길이쌓기 켜와 마구리쌓기 켜를 반복하여 쌓는 방법 • 가장 견고함. 모서리 이오토막 사용
네덜란드식 쌓기	• 쌓는 방법은 영국식과 동일하나 모서리 칠오토막 사용 • 우리나라에서 가장 많이 사용. 쉽고 일반적
프랑스식 쌓기	• 각 켜마다 길이쌓기와 마구리쌓기 병행 • 외관이 아름다워 치장용으로 사용. 견고성 떨어짐
미국식 쌓기	• 표면 5켜는 길이쌓기, 한 켜는 마구리 쌓기 • 속도는 빠르나 강도는 약함

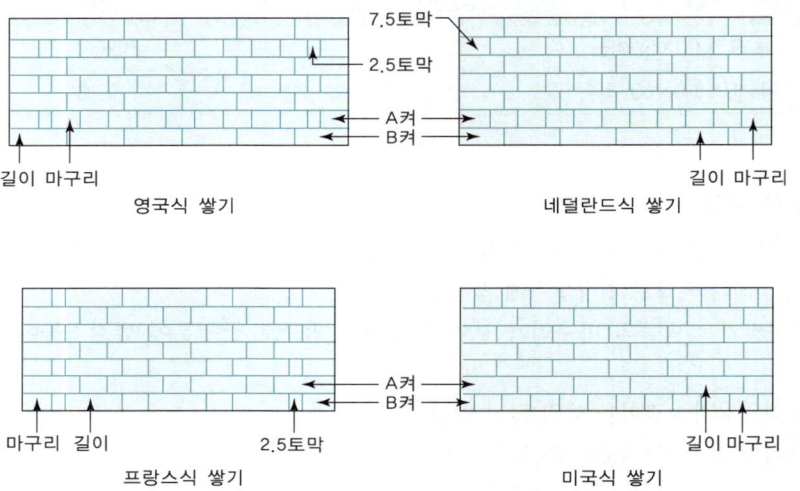

6 벽돌쌓기 주의사항

① 벽돌에 부착된 불순물 제거
② 검사에 합격한 벽돌은 미리 물을 흡수시킨 후 시공(백화현상 방지)
③ 특별히 정한 바가 없는 한 세로줄눈의 통줄눈 금지
④ 모르타르는 건비빔 후, 사용할 때 물을 부어 사용
⑤ 모르타르는 벽돌강도 이상의 것 사용
⑥ 굳기 시작한 모르타르는 사용금지
⑦ 모르타르 배합비는 1 : 2 ~ 1 : 3, 중요한 곳의 치장줄눈 1 : 1
⑧ 줄눈의 폭은 10mm가 표준
⑨ 모래는 입자가 굵은 것을 사용하여 부배합 실시
⑩ 1일 쌓기 높이는 표준 1.2m, 최대 1.5m 이하(12시간 경과 후 작업)
⑪ 가급적 전체적으로 균일한 높이로 쌓아 올라 갈 것
⑫ 이어쌓기 부분은 계단형으로 연결
⑬ 쌓기가 끝나는 대로 충격, 진동, 압력을 가하지 않고 보양

7 벽돌의 균열 원인

계획, 설계상의 문제	시공상의 결함
• 기초의 부등침하 • 건물의 평면, 입면의 불균형 • 불균형 하중, 큰 집중 하중, 횡력 및 충격 • 벽체의 길이, 높이, 두께에 대한 강도 부족 • 개구부 크기의 불합리 및 배치 불균형	• 벽돌 및 모르타르의 강도 부족 • 온도 및 흡습에 의한 재료의 신축 • 이질재 접합부의 불완전 시공 • 콘크리트보 및 모르타르 다짐 부족 • 미장재의 신축 및 들뜨기

PART 04 예상문제

01 콘크리트의 구성재료 중 품질이 우수한 골재의 설명으로 틀린 것은?

① 소요의 내화성과 내구성을 가진 것이 좋다.
② 골재에는 흙, 기름, 푸석돌 등이 없어야 좋다.
③ 납작하고 길쭉한 모양을 가지는 골재가 강도를 높이는데 좋다.
④ 단단하고 둥근 모양을 가지는 골재가 좋다.

02 주로 수량의 다소에 따라서 반죽이 되고 진 정도를 나타내는 굳지 않은 콘크리트의 성질은?

① workbility(워커빌리티)
② plasticity(성형성)
③ consistency(반죽질기)
④ finishability(피니셔빌리티)

03 반죽질기의 정도에 따라 작업의 쉽고 어려운 정도, 재료의 분리에 저항하는 정도를 나타내는 콘크리트 성질에 관련된 용어는?

① 성형성(plasticity)
② 마감성(finishability)
③ 시공성(workbility)
④ 레이턴스(laitance)

04 굳지 않은 콘크리트의 성질을 표시하는 용어 중 거푸집 등의 형상에 순응하여 채우기 쉽고, 분리가 일어나지 않는 성질을 가리키는 것은?

① 워커빌리티(workability)
② 컨시스턴시(consistency)
③ 플라스티서티(Plasticity)
④ 펌퍼빌리티(pumpability)

05 굵은 골재의 최대치수, 잔골재율, 잔골재의 입도, 반죽질기 등에 따르는 마무리하기 쉬운 정도를 말하는 굳지 않은 콘크리트의 성질은?

① Workability ② Plasticity
③ Consistency ④ Finishability

06 콘크리트 타설 시 시공성을 측정하는 가장 일반적인 것은?

① 슬럼프 시험 ② 압축강도 시험
③ 휨강도 시험 ④ 인장강도 시험

07 슬럼프 시험(slump test)으로 측정할 수 있는 것은?

① 수밀성 ② 강도
③ 반죽질기 ④ 배합비율

정답 01 ③ 02 ③ 03 ③ 04 ③ 05 ④ 06 ① 07 ③

08 콘크리트 공사 시의 슬럼프 시험은 무엇을 확정하기 위한 것인가?

① 반죽질기　② 피니셔빌리티
③ 성형성　④ 블리딩

09 콘크리트의 배합 방법 중에 1 : 2 : 4, 1 : 3 : 6 과 같은 형태의 배합 방법으로 가장 적합한 것은?

① 용적배합　② 중량배합
③ 복식배합　④ 표준계량배합

10 한중(寒中) 콘크리트는 기온이 얼마일 때 사용하는가?

① −1℃ 이하　② 4℃ 이하
③ 25℃ 이하　④ 30℃ 이하

11 다음에 설명하고 있는 콘크리트의 종류는?

- 슬럼프 저하 등 워커빌리티의 변화가 생기기 쉽다.
- 동일 슬럼프를 얻기 위한 단위수량이 많아진다.
- 콜드조인트가 발생하기 쉽다.
- 초기강도 발현은 빠른 반면에 장기강도가 저하될 수 있다.

① 매스콘크리트　② 경량콘크리트
③ 한중콘크리트　④ 서중콘크리트

12 미리 골재를 거푸집 안에 채우고 특수 혼화제를 섞은 모르타르를 펌프로 주입하여 골재의 빈틈을 메워 콘크리트를 만드는 형식은?

① 한중콘크리트
② 프리스트레스트콘크리트
③ 서중콘크리트
④ 프리팩트콘크리트

13 일반 콘크리트는 타설 뒤 몇 주일 정도 지나야 콘크리트가 지니게 될 강도의 80% 정도에 해당되는가?

① 1주일　② 2주일
③ 3주일　④ 4주일

14 콘크리트 부어 넣기의 방법이 옳은 것은?

① 비빔장소에서 먼 곳으로부터 가까운 곳으로 옮겨가며 붓는다.
② 계획된 작업구역 내에서 연속적인 붓기를 하면 안 된다.
③ 한 구역 내에서는 콘크리트 표면이 경사지게 붓는다.
④ 재료가 분리된 경우에는 물을 부어 다시 비벼 쓴다.

15 콘크리트 공사 중 콘크리트 표면에 곰보가 생기거나 콘크리트 내부에 공극이 발생되지 않도록 하는 작업은?

① 콘크리트 다지기　② 콘크리트 비비기
③ 콘크리트 붓기　④ 콘크리트 양생

정답　08 ①　09 ①　10 ②　11 ④　12 ④　13 ④　14 ①　15 ①

16 콘크리트 공사의 시공과정 중 휴식시간 등으로 응결하기 시작한 콘크리트에 새로운 콘크리트를 이어 칠 때 일체화가 저해되어 발생하는 줄눈의 형태는?

① 익스팬션 조인트(expansion joint)
② 콘트럭션 조인트(contraction joint)
③ 콜드 조인트(cold joint)
④ 콘트롤 조인트(control joint)

17 다음 중 거푸집을 빨리 제거하고 단시일에 소요강도를 내기 위하여 고온, 증기로 보양하는 것으로 한중콘크리트에도 유리한 보양법은?

① 습윤보양　② 증기보양
③ 전기보양　④ 피막보양

18 콘크리트 거푸집공사에서 격리재(Separater)를 사용하는 목적으로 적합한 것은?

① 거푸집이 벌어지지 않게 하기 위하여
② 거푸집 상호간의 간격을 정확히 유지하기 위하여
③ 철근의 간격을 정확하게 유지하기 위하여
④ 거푸집 조립을 쉽게 하기 위하여

19 콘크리트가 굳은 후 거푸집 판을 콘크리트 면에서 잘 떨어지게 하기 위해 거푸집 판에 칠하는 것은?

① 박리제　② 동바리
③ 프라이머　④ 쉘락

20 콘크리트의 측압은 콘크리트 타설 전에 검토해야 할 매우 중요한 시공요인이다. 다음 중 콘크리트 측압에 영향을 미치는 요인에 대한 설명으로 틀린 것은?

① 콘크리트의 슬럼프가 커질수록 측압은 커지게 된다.
② 콘크리트의 온도가 높을수록 측압은 커지게 된다.
③ 콘크리트의 타설 높이가 높으면 측압은 커지게 된다.
④ 콘크리트의 타설 속도가 빠르면 측압은 커지게 된다.

21 거푸집에 미치는 콘크리트의 측압에 관한 설명으로 틀린 것은?

① 수평부재가 수직부재보다 측압이 작다.
② 경화속도가 빠를수록 측압이 크다.
③ 시공연도가 좋을수록 측압은 크다.
④ 붓기 속도가 빠를수록 측압이 크다.

22 조경시공에서 콘크리트 포장을 할 때, 와이어매쉬(wire mesh)는 콘크리트 하면에서 어느 정도의 위치에 설치하는가?

① 콘크리트 두께의 1/4 위치
② 콘크리트 두께의 1/3 위치
③ 콘크리트 두께의 1/2 위치
④ 콘크리트의 밑바닥

23 돌쌓기의 종류 가운데 돌만을 맞대어 쌓고 뒷채움은 잡석, 자갈 등으로 하는 방식은?

① 찰쌓기　② 메쌓기
③ 골쌓기　④ 켜쌓기

정답　16 ③　17 ②　18 ②　19 ①　20 ②　21 ②　22 ②　23 ②

24 돌쌓기의 종류 중 찰쌓기에 대한 설명으로 옳은 것은?

① 돌만을 맞대어 쌓고 잡석, 자갈 등으로 뒤채움을 하는 방법이다.
② 뒤채움에 콘크리트를 사용하고, 줄눈에 모르타르를 사용하여 쌓는다.
③ 마름돌을 사용하여 돌 한켜의 가로 줄눈이 수평적 직선이 되도록 쌓는다.
④ 막돌, 깬 돌, 깬 잡석을 사용하여 줄눈을 파상 또는 골을 지어 가며 쌓는 방법이다.

25 크고 작은 돌을 자연 그대로의 상태가 되도록 쌓아 올리는 방법은?

① 견치석 쌓기
② 호박돌 쌓기
③ 평석 쌓기
④ 자연석 무너짐 쌓기

26 자연석 무너짐 쌓기 방법의 설명으로 거리가 먼 것은?

① 돌과 돌이 맞물리는 곳에는 작은 돌을 끼워 넣지 않는다.
② 기초가 될 밑돌은 약간 큰 돌을 사용해서 땅속에 20 ~ 30cm 정도 깊이로 묻는다.
③ 제일 윗부분에 놓는 돌은 돌의 윗부분이 모두 고저차가 크게 나도록 놓는다.
④ 돌을 쌓고 난 후 돌과 돌 사이의 틈에는 키가 작은 관목을 식재한다.

27 자연석 무너짐 쌓기에 대한 설명으로 부적합한 것은?

① 돌과 돌이 맞물리는 곳에는 작은 돌을 끼워 넣지 않도록 한다.
② 크고 작은 돌이 서로 삼재미가 있도록 좌우로 놓아 나간다.
③ 돌을 쌓은 단면의 중간이 볼록하게 나오는 것이 좋다.
④ 제일 윗부분에 놓이는 돌은 돌의 윗부분이 수평이 되도록 놓는다.

28 자연석 공사 시 돌과 돌 사이에 넣어 붙여 심는 것으로 적합하지 않은 수종은?

① 회양목
② 철쭉
③ 맥문동
④ 향나무

29 다음 중 호박돌 쌓기의 방법 설명으로 부적합한 것은?

① 표면이 깨끗한 돌을 사용한다.
② 크기가 비슷한 것이 좋다.
③ 불규칙하게 쌓는 것이 좋다.
④ 기초공사 후 찰쌓기로 시공한다.

30 다음 그림과 같은 돌 쌓기에 가장 적합한 재료는?

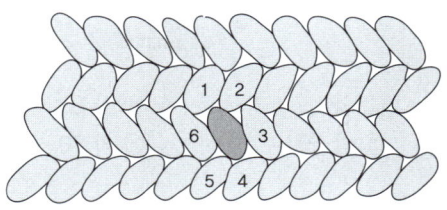

① 호박돌
② 마름돌
③ 잡석
④ 견치석

31 경관석 놓기의 내용으로 틀린 것은?

① 경관석은 모양, 색채, 질감 등이 아름다워야 한다.
② 여러 개 짝을 지어 배석할 때는 대개 짝수로 구성하여 균형을 유지하도록 배치한다.
③ 조경공간에서 시선이 집중되는 곳에 경관석을 배치한다.
④ 경관석은 충분한 크기와 중량감이 있어야 한다.

32 다음 중 경관석 놓기에 대한 설명으로 틀린 것은?

① 가장 중심이 되는 자리에 가장 크고 기품이 있는 경관석을 중심석으로 배치한다.
② 경관석 놓기는 시각적으로 중요한 곳이나 추상적인 경관을 연출하기 위하여 이용된다.
③ 경관석 놓기는 2,4,6,8과 같이 짝수로 무리지어 놓는 것이 자연스럽다.
④ 전체적으로 볼 때 힘의 방향이 분산되지 않아야 한다.

33 디딤돌을 놓을 때 돌의 중심으로부터 다음 돌의 중심까지 거리로 적합한 것은? (단, 성인이 천천히 걸을 때를 기준으로 함)

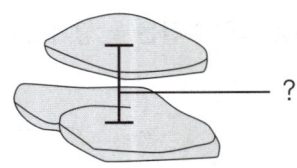

① 약 15 ~ 30cm ② 약 35 ~ 50cm
③ 약 50 ~ 70cm ④ 약 70 ~ 80cm

34 디딤돌로 사용하는 돌 중에서 보행 중 군데군데 잠시 멈추어 설 수 있도록 설치하는 돌의 크기(지름)로 가장 적당한 것은? (단, 성인 기준으로 한다.)

① 10 ~ 15cm ② 20 ~ 25cm
③ 30 ~ 35cm ④ 50 ~ 55cm

35 디딤돌 놓기의 방법 설명으로 틀린 것은?

① 디딤돌 시작하는 곳, 끝나는 곳, 갈라지는 곳에는 다른 것에 비해 큰 디딤돌을 놓는다.
② 디딤돌의 긴지름은 보행자 진행 방향과 수직을 이루어야 한다.
③ 디딤돌의 간격은 보폭을 고려하여야 한다.
④ 디딤돌 놓기는 직선 위주로 놓는다.

36 성인이 이용할 정원의 디딤돌 놓기 방법으로 틀린 것은?

① 디딤돌 및 징검돌의 장축은 진행방향에 직각이 되도록 배치한다.
② 납작하면서도 가운데가 약간 두둑하여 빗물이 고이지 않는 것이 좋다.
③ 디딤돌의 간격은 느린 보행 폭을 기준하여 35 ~ 50cm 정도가 좋다.
④ 디딤돌은 가급적 사각형에 가까운 것이 자연미가 있어 좋다.

정답 31 ② 32 ③ 33 ② 34 ④ 35 ④ 36 ④

37 디딤돌(징검돌) 놓기에 대한 설명으로 옳지 못한 것은?

① 정원에서 디딤돌의 크기가 30 ~ 40cm인 경우에는 디딤돌의 상면이 지표면보다 3cm 정도 높게 배치한다.
② 디딤돌 놓는 방향은 걸어가는 방향으로 디딤돌의 넓은 방향이 되도록 하고 지면보다 낮게 한다.
③ 공원에서 징검돌의 상단은 수면보다 15cm 정도 높게 배치하고, 한 면의 길이가 30 ~ 60cm 정도로 되게 한다.
④ 디딤돌로 사용되는 자연석은 윗면이 편평한 것으로 석질이 단단하여 쉽게 마멸되지 않아야 한다.

38 일반적으로 돌쌓기 시공 상 유의할 점으로 틀린 것은?

① 돌끼리 접촉이 좋도록 하고, 굄돌을 사용하여 안정되게 놓는다.
② 밑돌은 가장 큰 돌을, 아래부위에 쌓을수록 비교적 큰 돌을 쌓아 안전도를 높인다.
③ 모르타르 배합비는 보통 1 : 2 ~ 1 : 3으로 한다.
④ 줄눈두께는 9 ~ 12mm로 통줄눈이 되게 한다.

39 석축 공사의 설명으로 부적합한 것은?

① 자연석 쌓기의 이음매는 돌과 돌 사이에 모르타르를 굳혀 가면서 쌓는다.
② 견치석 쌓기에서는 터파기를 하고 잡석과 콘크리트를 사용하여 연속기초를 만든다.
③ 석축의 높이가 높을 때에는 군데군데 물뺌 구멍을 뚫어 놓는다.
④ 호박돌 쌓기는 규칙적인 모양으로 쌓는 것이 보기에 자연스럽다.

40 다음 중 석재의 비중을 구하는 식은? (단, A : 공시체의 건조무게(g), B : 공시체의 침수 후 표면 건조포화 상태의 공시체의 무게(g), C : 공시체의 수중무게(g))

① A/B+C
② A/B−C
③ C/A−B
④ B/A+C

41 견치석 쌓기를 설명한 것 중 틀린 것은?

① 경사도가 1 : 1보다 완만한 경우를 돌붙임이라 하고 경사도가 1 : 1보다 급한 경우를 돌쌓기라 한다.
② 쌓아 올리고자 하는 높이가 높을 때는 이음매가 수평선을 그리도록 쌓아 올린다.
③ 쌓아 올리고자 하는 높이가 높을 때는 군데군데 물 빠짐 구멍을 뚫어 놓는다.
④ 지반이 약한 곳에 석축을 쌓아 올려야 할 때는 잡석이나 콘크리트로 튼튼한 기초를 만들어 놓은 후 하나씩 주위 깊게 쌓아 올린다.

42 벽돌의 크기는 190mm×90mm×57mm이다. 벽돌줄눈의 두께를 10mm로 할 때, 표준형 시멘트 벽돌벽 1.5B의 두께로 가장 적합한 것은?

① 170mm
② 270mm
③ 290mm
④ 330mm

43 표준형 벽돌을 사용하여 줄눈 10cm로 시공할 때 2.0B벽돌벽의 두께는? (단, 공간 쌓기는 아니다.)

① 210cm
② 390cm
③ 320cm
④ 430cm

정답 37 ② 38 ④ 39 ① 40 ② 41 ② 42 ③ 43 ②

44 길이 100m, 높이 4m의 벽을 1.0B 두께로 쌓기 할 때 소요되는 벽돌의 양은? (단, 벽돌은 표준형(190*90*57)이고, 할증은 무시하며 줄눈나비는 10mm를 기준으로 한다.)

① 약 30,000장 ② 약 48,800장
③ 약 52,000장 ④ 약 59,600장

45 조적공사 중 중간에 공간을 두고 앞뒤에 면이 보이게 옆 세워 놓고 다음은 마구리 1장을 옆 세워 가로 걸쳐대어 쌓는 방법은?

① 공간벽 쌓기 ② 옆세워 쌓기
③ 장식 쌓기 ④ 세워 쌓기

46 길이쌓기 켜와 마구리쌓기 켜가 번갈아 반복되게 쌓는 방법으로 모서리나 벽이 끝나는 곳에는 반절이나 2.5 토막이 쓰이는 벽돌쌓기 방법은?

① 영국식 쌓기 ② 프랑스식 쌓기
③ 영롱 쌓기 ④ 미국식 쌓기

47 치장벽돌을 사용하여 벽체의 앞면 5 ~ 6켜까지는 길이쌓기로 하고, 그 위 한켜는 마구리쌓기로 하여 본 벽돌벽에 물려 쌓는 벽돌쌓기 방식은?

① 영식 쌓기 ② 화란식 쌓기
③ 불식 쌓기 ④ 미식 쌓기

48 다음 그림과 같이 쌓는 벽돌 쌓기의 방법은?

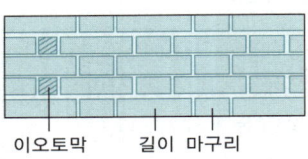

① 미국식 쌓기 ② 영국식 쌓기
③ 영롱 쌓기 ④ 프랑스식 쌓기

49 벽돌쌓기 시공에서 벽돌 벽을 하루에 쌓을 수 있는 최대 높이는 몇 m 이하인가?

① 1.0m ② 1.2m
③ 1.5m ④ 2.0m

50 벽돌쌓기 시공에 대한 주의사항으로 틀린 것은?

① 굳기 시작한 모르타르는 사용하지 않는다.
② 붉은 벽돌은 쌓기 전에 충분한 물 축임을 실시한다.
③ 1일 쌓기 높이는 1.2m를 표준으로 하고, 최대 1.5m 이하로 한다.
④ 벽돌벽은 가급적 담장의 중앙부분을 높게 하고 끝부분을 낮게 한다.

정답 44 ④ 45 ② 46 ① 47 ④ 48 ④ 49 ③ 50 ④

기초공사 및 포장공사

1 기초공사

1 용어
① 기초 : 상부 구조물의 무게를 지반에 안전하게 전달하기 위하여 만드는 구조물
② 지정 : 기초를 보강하거나 지반의 지지력을 증가시키는 부분
　㉠ 잡석지정, 자갈지정, 말뚝지정 등이 있음
　㉡ 가장 많이 사용하는 방법은 잡석지정

※ 잡석지정
　구조물의 기초 밑에 지름 10 ~ 30cm 정도의 크고 작은 돌을 깔고 다진 것

2 기초의 종류

독립기초	• 각 기둥을 한 개씩 받치는 기초 • 지반의 지지력이 비교적 강한 경우에 사용
복합기초	• 2개 이상의 기둥을 합쳐 1개의 기초로 받치는 경우 • 기둥 간격이 좁을 경우에 적합
연속기초	• 담장의 기초와 같이 길게 띠 모양으로 받치는 기초 • 줄기초라고도 함
온통기초	• 구조물 바닥을 전면적으로 2개의 기초로 받치는 것(전면기초) • 지반의 지지력이 약할 때 사용

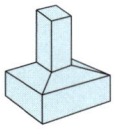 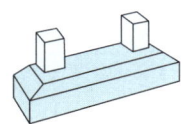  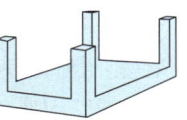

독립기초　　　복합기초　　　연속기초　　　온통기초

※ 기초공사의 분류

기초공사	직접기초 (얕은기초)	확대기초	독립기초, 복합기초, 연속기초
		전면기초	온통기초
	깊은기초	말뚝기초	나무말뚝기초, 콘크리트말뚝기초, 강재말뚝기초
		케이슨기초	우물통기초, 공기케이슨기초

※ 케이슨 공법
수중이나 연약지반에 큰 구조물을 세울 경우 철근콘크리트 등으로 통 또는 상자(케이슨, caisson) 상의 구조물을 만들어 땅속에 묻어 기초로 하는 공법

※ 우물통기초
케이슨 공법을 이용하여 양질인 지지층에 설치하는 것으로, 근입(根入) 깊이가 폭에 비하여 크고 깊은 강제 기초

2 포장공사

1 포장재료의 선정
① 안전, 기능, 미관 등 공간의 용도를 고려하여 선택
② 시공비 및 관리비를 생각해서 선택
③ 내구성이 있으면 배수가 잘되는 재료 선택
④ 보행 시 미끄럼이 적은 것(마찰력이 있는 것)을 선택
⑤ 재료의 질감과 외관이 좋은 것을 선택
⑥ 변화가 적으며 태양광선의 반사가 적은 것을 선택

구분	포장재료의 종류
인공재료	아스팔트 콘크리트 포장, 시멘트 콘크리트 포장, 투수콘크리트 포장, 벽돌 포장, 콘크리트블럭 포장, 타일 포장
자연재료	자연석, 판석, 호박돌, 조약돌, 마사토, 통나무

2 원로 포장의 일반적인 사항
① 안전하고 기능적으로 이용할 수 있도록 포장
② 단순, 명쾌할 것
③ 포장재료 선택 시 공간의 용도 고려
④ 용도가 다른 원로는 분리시키고 재료를 달리 할 것
⑤ 원로의 폭은 1인용 0.8 ~ 1.0m, 2인용은 1.5m ~ 2.0m 정도는 유지
⑥ 보도, 차도 겸용 : 최소한 1차선(3m)의 폭은 유지

3 원로포장

1 보도블럭포장

① 보도블럭의 특징 : 재료의 종류가 다양하고 시공과 보수가 용이하며 공사비가 저렴, 반면 줄눈이 모래로 채워져 있어 결합력이 약하다는 단점

② 프장 방법
㉠ 말뚝(철근)을 박아 각 포장재료의 높이를 표시
㉡ 포장 구역의 지반을 다지고, 모래를 3 ~ 5cm 정도 깔며 마감되는 자리에 경계블럭 설치
㉢ 포장 구역의 물매를 잡아 기준실 설치(2% 정도)
㉣ 고른 모래층을 밟지 않도록 기준실에 맞춰 보도블럭 깔기
㉤ 경계블럭 상단면과 보도블럭 표면 높이 일치시킴
㉥ 포장에 문양을 맞춰가며 깔기
㉦ 요철이 생기지 않게 모래를 조절
㉧ 다짐 후, 보도블럭 위 모래를 깔고 비로 쓸어 줄눈에 모래 채움

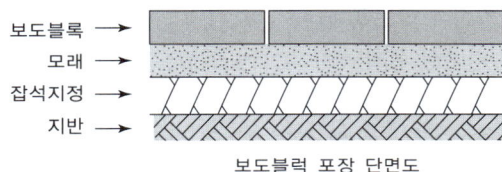

보도블럭 포장 단면도

③ 소형고압블럭(ILP : Interlocking Paver)
㉠ 일반 보도블럭의 단점인 결합력과 강도를 보완
㉡ 내구성과 강도가 높음
㉢ 시공이 편리하고, 경제성이 높음
㉣ 종류가 많고 색상이 다양
㉤ 보도와 차도를 분리하거나 주차장의 색을 구분할 때 효과적
㉥ 고강도 조립블럭이라고도 함

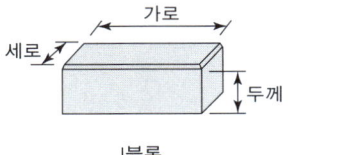
I블록

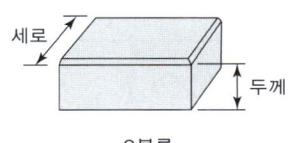
O블록

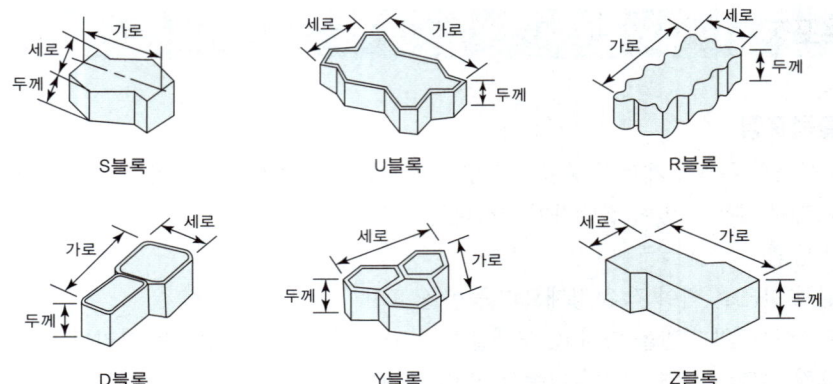

2 경계블럭

① 경계블럭의 재료는 콘크리트와 화강석이 주로 사용
② 경계블럭의 설치
　㉠ 포장구역을 측량하고 말뚝을 박아 기준실로 경계블럭의 위치 표시
　㉡ 도면상의 선형과 깊이에 맞도록 터파기 후 다짐
　㉢ 상단 높이에 맞춰 기준실 설치
　㉣ 거푸집 설치 후 기초 콘크리트를 치고 상단면 고름
　㉤ 모르타르를 이용하여 기준실에 맞게 경계블럭 설치
　㉥ 마무리면의 평탄성을 확인
　㉦ 경계블럭의 줄눈에 모르타르 채우고 굳으면 거푸집 제거
　㉧ 흙으로 뒤채움 후 마무리

3 벽돌 포장

① 벽돌 포장의 특성 : 시멘트 벽돌이나 붉은 벽돌을 주로 사용

장점	구워서 만든 소성벽돌 포장은 감촉이 좋고, 질감과 색상이 따뜻하여 친근감을 주며 반사가 적음
단점	마멸과 동결 및 융해에 대한 저항성이 약하고, 탈색이 쉬우며 압축강도가 약하고 벽돌 사이의 결합력이 작음

② 벽돌 포장의 방법
　㉠ 벽돌의 면, 길이, 마구리 등 밟는 면에 따라 다양한 디자인 가능
　㉡ 일반적으로 평깔기와 모로세워깔기
③ 벽돌 포장의 시공 순서
　㉠ 포장 구역을 측량하고, 말뚝을 박아 각 포장재료의 높이를 표시
　㉡ 터파기 : 필요한 깊이로 파고 단단히 다짐
　㉢ 모래깔기 : 3~5cm 두께로 고르게 깔고 다짐
　㉣ 블록놓기 및 물매잡기 : 물매를 고려하여 기준실을 설치하고 무늬대로 벽돌을 깐 후 고정

ⓓ 모래덮기 및 뒷정리 : 포장이 끝나면 포장면에 모래를 뿌려 평평하게 하고, 주변을 깨끗하게 청소

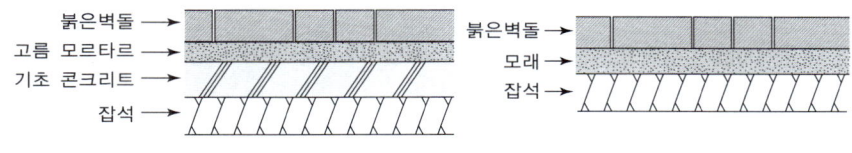

벽돌 포장 단면도(평깔기)

※ **점토벽돌**
1. 점토벽돌은 점토, 혈암 등을 주원료로 하여 성형, 건조, 소성시켜 만든 벽돌로 4 ~ 7%의 철분을 함유한 일반점토를 산화 소성 방식에 의해 생산한 미장 벽돌과 표면에 유약을 바르고 소성한 유약 벽돌로 구분
2. 벽돌 포장 공법은 밀도가 높은 점토벽돌을 사용하기 때문에 구조적으로 견고할 뿐 아니라, 다른 포장 재료에 비해 색채와 질감 및 포장 패턴이 매우 우수하며, 유지관리비가 저렴

4 판석 포장

① 판석의 종류 및 특성 : 판석은 주로 화강암이나 점판암(청회색 또는 흑색)을 얇은 판 모양의 규칙적인 모양(직사각형 또는 정사각형)이나 자연스러운 모양(이형판석)으로 가공한 것

장점	주로 보행동선에 사용되며, 시각적 효과가 우수
단점	불투수성 재료를 사용하여 포장면의 유출량이 많아짐

② 판석 포장의 시공 순서
    ㉠ 포장 구역을 측량 후, 말뚝으로 포장재료의 높이를 표시
    ㉡ 필요한 깊이로 파고 원지반을 다진 후, 잡석을 넣고 단단히 다짐
    ㉢ 가장자리는 화강암 경계석을 설치하고, 1 : 3 : 6의 기초 콘크리트
    ㉣ 물매를 고려하여 기준실 설치
    ㉤ 시멘트와 모래를 1 : 3의 비율로 반죽해 판석 밑에 채우면서 넣음
    ㉥ 큰 것을 먼저 넣고, 사이사이에 작은 것을 놓음
    ㉦ 가급적 십(+)자줄눈을 피하고, Y자 줄눈 사용
    ㉧ 판석을 깔고 고무망치로 두드려 모르타르가 골고루 채워지도록 함
    ㉨ 줄눈 1 ~ 2cm로 하고, 깊이는 판석면과 같거나 1cm 이내
    ㉩ 판석 위에 묻은 모르타르를 굳기 전에 닦아 냄
    ㉪ 양생재료를 덮고 최소한 3일간 물을 뿌려주며 충분히 양생

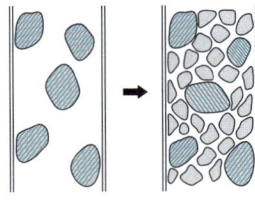

판석 포장 순서

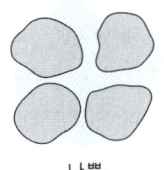

나쁨
판석 포장 줄눈

5 콘크리트 포장

① 콘크리트 포장의 특성 : 원로, 광장, 자전거 도로 등에 사용되며, 보조기층을 튼튼히 하여 부동침하를 막아야 함
  ㉠ 두께를 10cm 이상으로 하며, 철근이나 와이어메쉬를 넣어 보강
  ㉡ 포장 콘크리트는 W/C비를 50% 이내
  ㉢ 골재의 최대 치수는 40mm 이하
  ㉣ 콘크리트 치기는 4℃ 이하일 때와 30℃ 이상일 때, 우천 시는 피함
  ㉤ 온도 변화에 따른 수축, 팽창에 의한 파손 방지를 위해 신축줄눈과 수축줄눈 설치
  ㉥ 30분 이상 작업이 지연될 경우는 시공줄눈 설치
  ㉦ 시공줄눈은 가능한 신축줄눈

장점	내구성 및 내마모성이 좋음
단점	파손된 곳의 보수가 어렵고 보행감이 좋지 않음

② 콘크리트 포장의 시공순서
  ㉠ 포장구역을 측량하고, 말뚝을 박아 각 포장재료의 높이 표시
  ㉡ 필요한 깊이로 파고 원지반을 다진 후 잡석을 넣고 단단히 다짐
  ㉢ 포장구역에 거푸집 설치
  ㉣ 신축줄눈 판을 모르타르로 고정하며 6m 간격으로 설치
  ㉤ 콘크리트 두께의 1/3 정도 되는 곳에 와이어메쉬 설치
  ㉥ 콘크리트는 30분 이내 작업완료
  ㉦ 다짐작업, 거친면 마무리
  ㉧ 양생재료로 덮고, 5일 이상 물을 뿌려주며 양생

※ 와이어메쉬(용접철망)
  금속재인 연강 철선을 정방향 또는 장방향으로 겹쳐서 전기 용접한 것으로 블록 또는 포장공사 시 균열 방지를 위해 사용

6 투수콘 포장

① 투수콘 포장의 특성
  ㉠ 투수콘 포장은 아스팔트 유제에 다공질 재료를 혼합하여 표면수의 통과를 가능하게 한 포장
  ㉡ 보행 감각이 좋고 미끄러짐과 눈부심을 방지하며, 강우 시에 물이 땅으로 스며들어 보행에 불편함이 없음
  ㉢ 식물생육과 토양미생물 보호가 가능
  ㉣ 보도나 광장 또는 자전거 도로에 사용하며 하중을 받지 않는 차도나 주차장에 사용

② 투수콘 포장의 시공순서
  ㉠ 지반을 다지고 모래로 필터층을 만듦
  ㉡ 지름 40mm 이하의 부순 돌로 기층을 조성
  ㉢ 조성된 기층에 혼화재료를 깔고 다짐

7 석재타일 포장

① 석재타일 포장의 특성
  ㉠ 타일 포장은 강조 지역, 청결 유지 지역에 적합
  ㉡ 타일 포장은 미끄러우므로 옥외 포장용은 요철이 있는 것을 사용하는 것이 좋음

  ※ 인조 석재 타일
  1. 견고하고 흡수성이 작아 외부 공간에 많이 쓰임
  2. 화강석의 질감을 재현한 자기질로 표면이 약간 거칠고 광택이 있으며, 질감과 색채가 자연스러움
  3. 내마멸성과 내구성이 좋아 차도에도 사용

② 석재타일 포장의 시공 순서
  ㉠ 포장구역을 측량하고, 말뚝을 박아 각 포장재료의 높이를 표시
  ㉡ 필요한 깊이로 파고 원지반을 다진 후, 잡석을 넣고 단단히 다짐
  ㉢ 포장구역에 거푸집을 설치하고, 1 : 3 : 6의 기초 콘크리트를 두께 10cm 정도로 침
  ㉣ 석재타일을 붙이기 전에 바닥면을 청소하고, 고름 모르타르를 습윤상태가 되도록 유지
  ㉤ 고름 모르타르는 1 : 3, 붙임 모르타르는 1 : 2 정도로 반죽하여 타일을 눌러 붙임
  ㉥ 타일을 붙이고, 최소 3 ~ 10시간 경과 후 줄눈파기를 하여 깨끗이 청소
  ㉦ 24시간 경과 후 줄눈바탕에 물을 뿌려주고, 줄눈용 시멘트로 치장줄눈을 넣음
  ㉧ 노출면을 양생재료로 덮고, 최소 3일간 보호 양생

8 아스팔트 포장

① 아스팔트 포장의 특성
  ㉠ 아스팔트 또는 타르에 의해 고결된 쇄석 등의 공재로 포장된 것
  ㉡ 지반조건이나 예상 하중을 고려하여 보조기층 설치
  ㉢ 콘크리트에 비해 가격 저렴
  ㉣ 시공성이 용이하여 건설속도가 빠르고 평탄성이 좋음
  ㉤ 투수성 아스팔트는 투수성이 있게 공극률 9 ~ 12% 기준으로 설정
  ㉥ 차량동선 및 주차장 등에 사용

② 아스팔트 침입도
  ㉠ 아스팔트의 굳기 정도를 나타내는 것
  ㉡ 보통 25℃의 온도에서 100g의 하중을 가한 바늘이 5초간 들어간 깊이
  ㉢ 깊이 들어간 것이 무른 아스팔트

06 Chapter 수경공사 및 관배수공사

1 수경공사

1 물의 수자(양태)별 특성
① 평정수 : 용기에 담겨진 물로 호안의 마감 형태에 따라 분류
② 유수 : 흐르는 물로 수로 바닥에 경사 존재
③ 낙수 : 수로 높이가 갑자기 떨어지는 지점에서 발생
④ 분수 : 물을 분사하여 형성

※ 물의 이용
- 정적 이용 : 호수, 연못, 풀 등
- 동적 이용 : 분수, 폭포, 벽천, 계단폭포 등

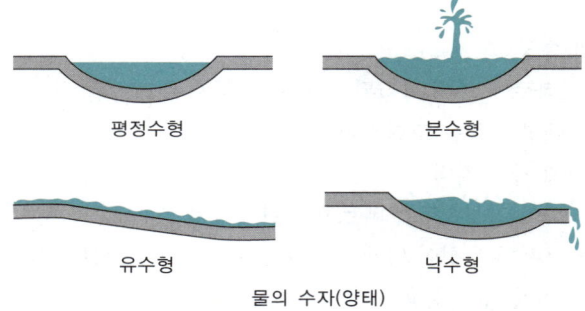

물의 수자(양태)

2 연못
연못의 주요 공사는 방수, 호안, 급·배수공사 등이며 방수공사는 연못 공사에서 가장 중요
① 방수공사
  ㉠ 수밀콘크리트로 방수 처리
  ㉡ 점토(질흙다짐)로 다짐
  ㉢ 바닥에 비닐을 깔고 그 위에 점토, 석회, 시멘트를 7 : 2 : 1로 혼합
② 호안공사 : 호수의 기슭인 호안의 경관미를 살릴 수 있도록 수면 위로 노출시켜 시각적인 아름다움을 표현
  ㉠ 자연형 연못 : 진흙다짐, 자연석 쌓기, 자갈깔기, 인조목 말뚝박기 등
  ㉡ 마름돌, 벽돌, 타일, 페인트 등

③ 급·배수공사
   ㉠ 누수방지를 위해서는 방수 모르타르를 정밀하게 처리
   ㉡ 급수구의 위치는 표면 수면보다 높게
   ㉢ 항상 일정한 수위를 유지하기 위해 설치하는 월류구(일류구, overflow)는 급수구보다 낮게 하여 수면과 같은 위치에 잉여수가 빠지도록 설치
   ㉣ 배수(퇴수)구는 연못 바닥의 경사를 따라 가장 낮은 곳에 설치
   ㉤ 순환펌프나 정수시설을 설치하는 기계실은 지하에 설치해 노출되지 않도록 하고, 노출되는 경우 주변 관목을 이용하여 차폐

   ※ 자연식 연못 설치
   일반적으로 연못의 면적은 정원 전체 면적의 1/9 이하가 힘의 균형을 이룰 수 있는 적정한 규모이며, 최소 1.5㎡ 이상의 넓이가 바람직함. 연못의 수면은 지표에서 6 ~ 10cm 정도 낮게 조성하고, 수심은 약 60cm 정도가 적당

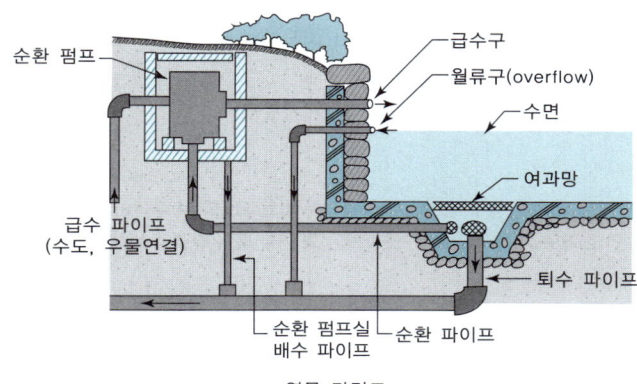

연못 단면도

3 분수

① 일반사항
   ㉠ 일반적인 수조의 너비는 분수 높이의 2배
   ㉡ 바람의 영향을 크게 받는 지역은 분수 높이의 4배
   ㉢ 주변에 분출 높이의 3배 이상의 공간 확보
   ㉣ 형태는 단일관, 분사식, 폭기식, 모양 네 가지로 분류
   ㉤ 분수는 어떤 형태이든 기본적으로 물탱크 필요

   ※ 분수 수조의 깊이
   대체적으로 35 ~ 60cm를 적정 깊이로 보며, 깊이가 35cm보다 얕으면 수면 아래에 수중등을 설치하기가 어려우며 수중등은 수면과 5cm 이상 떨어져 설치

② 단일관 분수
   ㉠ 한 개의 노즐로 물을 뿜어내는 단순한 형태
   ㉡ 명확하고 힘찬 물줄기를 만드나 단위 시간에 많은 수량을 요구
   ㉢ 조명효과가 크지 않음

③ 분사식 분수
　㉠ 여러 개의 작은 구멍을 가진 노즐을 통해 가늘게 뿜어내는 살수식 분수
　㉡ 안개처럼 뿜어내는 형태도 있음
④ 폭기식 분수
　㉠ 노즐에 한 개의 구멍이 있으나 지름이 커서 물이 교란되는 형태의 분수
　㉡ 공기와 물이 섞여 시각적 효과가 큼
⑤ 모양 분수
　㉠ 직선형의 가는 노즐을 통해 얇은 수막을 형성하여 분출하는 분수
　㉡ 나팔꽃형, 부채형, 버섯형, 민들레형 등이 있음

4 벽천

① 못을 여러 개 배치할 경우 위의 못을 작게, 아래의 못을 크게 설계
② 벽천의 경우 낙하 높이와 저수조의 너비의 비는 3 : 2 정도가 적당
③ 분수와 마찬가지로 물탱크와 펌프 필요
④ 벽체, 토수구, 수반으로 구성

※ 연못 및 벽천 배치
건물의 남쪽면에 연못을 배치할 경우 수면에서 반사되는 빛을 고려하여 수목이나 파고라, 등나무 시렁으로 그늘을 만들어 주고, 건물의 투영 효과도 잘 살리도록 함. 또한 벽천의 경우 다른 수경에 비해 소규모 지역에 어울리는 방법임

2 관수공사

1 관수시설
식물의 생장에 가장 적합한 수분이 유지될 수 있도록 알맞은 양의 물을 공급하는 시설

2 관수의 효과
① 토양 중의 양분을 흡수하여 신진대사를 원활하게 함
② 증산작용으로 인한 잎의 온도 상승을 막고 식물체 온도를 유지함
③ 토양의 건조를 막고 생육환경을 형성하여 나무의 생장을 촉진

관수방법		효율
수동식 관수법	지표 관수법	20 ~ 40%
자동식 관수법	살수식 관수법	80%
	점적식 관수법	90%

3 지표 관수법
① 물도랑이나 웅덩이를 이용하여 관수하는 방법
② 시공 현장에서 호스를 연결해서 관수하는 것도 포함
③ 간단한 방법이나 균일한 관수가 어려움
④ 물의 낭비가 많아 이용 효율이 낮음(20 ~ 40%)

4 살수식 관수법
① 살수식의 특징
  ㉠ 자동식 방법으로 고정된 기계장치(살수기 sprinkler) 사용
  ㉡ 일정 수량의 압력수를 살수하여 강우와 같은 효과 의도
  ㉢ 균일한 관수 및 용수의 효율이 높아 물 절약
  ㉣ 살수할 때에 농약과 거름 동시 살포 가능
  ㉤ 균일한 관수로 표토의 유실 방지 및 세척 효과
  ㉥ 설치비가 많이 드나 노동력 절감 및 경관 향상
② 살수기의 종류
  ㉠ 고정식 살수기 : 회전장치가 없으며, 낮은 수압으로 작동하나 반지름이 6m 미만 정도의 소규모 지역에 사용 가능하며, 살수 각도가 45°, 60°, 90°, 360°로 정해져 있음
  ㉡ 회전식 살수기 : 수압에 의해 회전장치가 돌면서 살수하며, 회전 각도는 360°까지 임의로 조절 가능
  ㉢ 팝업(pop-up) 살수기 : 지하부에 있는 회전 장치가 수압에 의해 지상부로 10cm 상승하여 작동하고 물 공급이 중단되면 다시 원위치로 돌아가는 살수기로서 평소 시각적으로 양호
③ 스프링클러 헤드 배치간격
  • 헤드 간격은 각 헤드의 관수지역이 반드시 겹치도록 설계

정방형 설치	삼각형 설치
바람이 없을 때 지름의 60%	바람이 없을 때 지름의 65%
통상적인 바람에서 지름의 50%	통상적인 바람에서 지름의 55%
원래의 간격이 S이고 측면 라인 사이의 간격이 L일 때, L=S	원래의 간격이 S이고 측면 라인 사이의 간격이 L일 때, L=0.866S

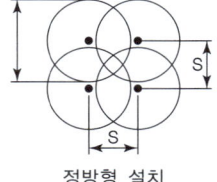
정방형 설치

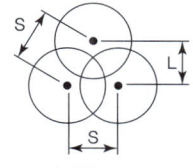
삼각형 설치

D: 살수기 직경
S: 헤드간격(열간격)
L: 헤드열 사이간격
정삼각형 배치
cos30°=0.0866

스프링클러 헤드의 배치간격

5 점적식 관수법
① 수목의 뿌리 부분이나 지표 또는 지하에 점적기를 통해 관수
② 물방울을 조금씩 떨어뜨리는 기기로 저압의 상태에서 통산 0.5kg/㎠의 관수
③ 가장 효율적인 관수방법으로 가장 좁은 녹지지역 및 화초류에 사용

3 배수공사

1 일반사항
① 배수는 지표수 또는 지하수를 수로를 통해 유출시키는 것
② 배수의 목적
  ㉠ 불필요하게 남는 물을 제거하여 인간과 식물의 생활환경 개선
  ㉡ 토양의 유실을 방지하여 지표면 보호
③ 지표수를 배출하는 것을 표면 배수
④ 지하수를 배출하는 것을 지하 배수
⑤ 배수시설을 설치하는 것을 배수공사

2 표면배수(겉도랑, 명거)
① 도로, 보도, 광장, 운동장, 잔디밭, 기타 포장지역 등의 배수가 쉽도록 일정 기울기 유지
② 표면 유수가 계획된 집수시설에 흘러 가도록 설계
③ 녹지 식재면은 일반적으로 1/20 ~ 1/30 정도의 배수 기울기로 설계
④ 표면배수의 과정
  ㉠ 경사로 인한 지표수가 배수구 또는 측구로 유입
  ㉡ 배수구는 겉도랑(명거 : 明渠)으로 설치하고 측구는 보통 L형, U형, 포물선형 등으로 설치
  ㉢ L형과 U형은 주로 콘크리트 제품을 사용
  ㉣ 포물선형은 잔디, 호박돌, 자갈 등을 사용
  ㉤ 배수유입구는 흘러 들어오는 빗물을 받아 불순물을 가라앉히고 빗물만 지하의 배수관으로 유입시키기 위해 지상부에 설치하는 것으로 빗물받이, 집수받이, 맨홀 등이 있음
⑤ 배수유입구 종류

빗물받이	흐르는 빗물을 낙하시켜 지하 배수관으로 유입시키는 시설로 보통 20 ~ 30m마다 설치
집수받이	겉도랑에서 흐르는 빗물을 받아 지하 배수관으로 유입시키는 시설로 깊이는 60cm 이상으로 하고 바닥으로부터 15cm 정도에서 지하 배수관과 연결
맨홀	사람이 들어가서 청소할 수 있는 큰 집수받이로 집수 이외에 통풍 및 환기의 기능도 가지고 있음. 보통 원통형이며, 지름은 90 ~ 180cm 정도

3 지하층 배수(속도랑, 암거)

① 지표면에서의 침투수나 지하수 높이를 낮추는 역할
② 사질토이거나 배수가 좋은 경우에는 지하층 배수 불필요
③ 맹암거와 유공관 암거 등이 있음
④ 유공관 내부로 토양수가 쉽게 들어오되 토사는 어렵게 설계
⑤ 보통 주선은 150 ~ 300mm, 지선은 100 ~ 150mm 관경 사용

※ 오수관거의 관경
하수도시설 기준에 따라 오수관거의 최소관경은 200mm를 표준으로 함

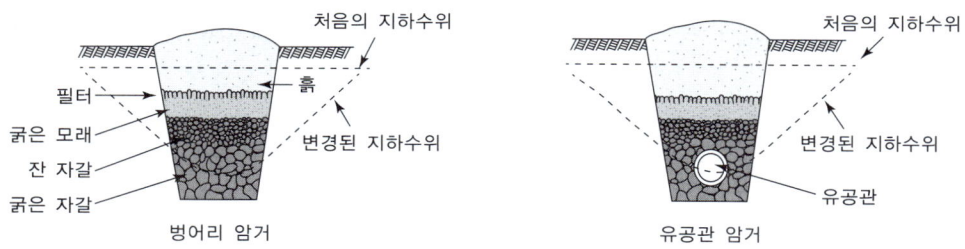

4 암거 배수망의 배치

① 어골형
  ㉠ 주선(간선, 주관)을 중앙에 비치하고 지선(지관)을 비스듬하게 설치
  ㉡ 경기장, 골프장, 광장 같은 평탄 지역에 적합
  ㉢ 지관은 길이 최장 30m 이하, 4 ~ 5m 간격 설치
② 빗살형(절치형, 평행형)
  ㉠ 지선을 주선의 직각방향으로 일정한 간격을 두어 평행하게 배치
  ㉡ 주선과 지선의 직각 접속으로 물의 흐름이 좋지 않아 유속이 저하
  ㉢ 평탄한 지역의 균일한 배수에 사용
  ㉣ 어골형과 혼합사용 가능
③ 선형(부챗살형)
  ㉠ 주선이나 지선의 구분 없이 1개의 지점으로 집중되게 설치
  ㉡ 지형적으로 침하된 곳이나 경사진 소규모 지역에 사용
  ㉢ 집수면적이 줄어 효율성 저감
④ 차단형
  ㉠ 경사면 위나 자체 유수를 막기 위해 사용
  ㉡ 경사면 바로 위쪽에 배수구 설치하여 유수를 막는 방법
⑤ 자연형(자유형)
  ㉠ 지형의 기복이 심한 소규모 공간에 사용
  ㉡ 전체보다 국부적인 곳의 배수를 위해 사용
  ㉢ 공간의 형태에 따라 부정형으로 배치

ⓔ 주선은 길고 지선은 짧게, 주선은 지형과 일치시키는 것이 좋음

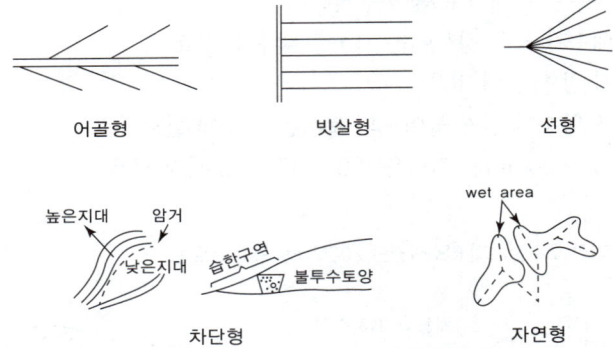

5 배수계통

직각식	배수관거를 하천에 직각으로 연결하여 배출 : 수질오염의 우려
차집식	우천 시 하천으로 방류하고 맑은 날 차집거를 통해 하수처리장으로 보내 처리
선형식	지형이 한 방향으로 집중되어 경사를 이루거나 하수처리 관계상 한정된 장소로 집중시켜야 할 때의 방식
방사식	지역이 광대하여 한 곳으로 모으기 곤란할 때 방사형 구획으로 수분하여 집수해 별도로 처리 : 처리장이 많아 부담
평행식	지형의 고저차가 심한 경우 고지구와 저지구로 구분하여 배관하는 방식
집중식	사방에서 한 지점을 향해 집중적으로 흐르게 해 처리하는 방식 : 주로 저지대의 배수

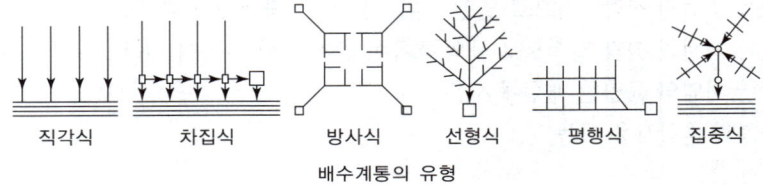

배수계통의 유형

07 시설물공사

1 조경시설물의 이해

1 조경시설물의 정의
옥외 공간에 설치되는 모든 시설물

2 조경시설물의 시공
① 인체의 구조 및 이용 형태, 안전성을 고려하여 배치기준을 결정
② 보안과 쾌적을 제공해야 하며, 기능적이면서 아름답게 시공
③ 경관의 구성요소로서 독특한 분위기를 창출하도록 시공
④ 평의자, 퍼걸러, 휴지통, 조합놀이시설, 각종 체력 단련 운동시설, 볼라드, 조명기구 등의 경우에 기초 부위는 현장에서 직접 제작하고, 해당 시설 구성품은 공장에서 생산되는 제품을 구입하여 설치하는 경우가 많음

3 조경시설물의 종류와 유형

종류	유형
휴게시설	벤치, 야외탁자, 퍼걸러, 평상, 정자 등
편익시설	음수대, 화분대, 시계탑, 매점, 주차장, 전망대, 공중전화부스 등
유희시설	시소, 정글짐, 사다리, 그네, 조합놀이대 등(놀이시설)
휴양시설	야영장 등
조경시설	잔디밭 등
교양시설	도서관 등
조명시설	조명등, 정원등, 가로등, 경관조명시설 등
수경시설	연못, 벽천, 분수, 폭포, 캐스케이드, 도섭지 등
운동시설	철봉, 평행봉, 기타 체력단련시설 등
관리시설	관리소, 화장실 등

2 놀이시설 및 운동시설

어린이들의 신체적, 정신적 발달과 협동정신, 창조정신 및 모험심을 길러주어야 하나 설치 시 가장 먼저 고려해야 될 사항은 안전성

1 그네
① 구조
  ㉠ 높이는 2.3m ~ 2.6m, 길이 3.0m ~ 3.5m, 폭 4.5m ~ 5.0m가 적당
  ㉡ 지주는 땅속에 콘크리트 기초를 두껍게 하여 단단히 고정
  ㉢ 콘크리트 기초는 지표에 노출되지 않도록 하고, 지주의 각도는 90 ~ 110°
  ㉣ 발판이 닿는 바닥은 발의 마찰로 패여 빗물이 고이기 때문에 잡석 등으로 속도랑을 하여 배수에 유의
  ㉤ 패인 자리는 모래를 깔아줌
② 재료
  ㉠ 그네의 줄은 철재 쇠사슬, 지주나 보는 철재 파이프(지름 50mm 이상)
③ 설치
  ㉠ 놀이터의 중앙부, 사람의 통행이 많은 곳, 집단적 놀이가 이루어지는 곳을 피해 부지의 외곽에 남북방향으로 설치
  ㉡ 안전사고 예방을 위해 그네의 앞뒤에 그넷줄 길이의 1.5m 이상 떨어진 곳의 접근을 막는 인지책을 60cm 정도의 높이로 설치

2 미끄럼틀
① 배치
  ㉠ 미끄럼판은 잘 미끄러지도록 직선(커브는 흥미를 유발)으로 하고 방향은 북향으로 배치
  ㉡ 미끄럼판과 지면의 각도는 30 ~ 35°, 폭은 40cm 정도로 하며 요철이 없는 것을 사용
  ㉢ 사다리(계단)의 경사도는 70° 내외로 설치하고, 계단 발판의 폭은 50cm 이상, 높이는 15 ~ 20cm 정도로 설치
  ㉣ 미끄럼판의 높이가 1.2m 이상인 경우에는 미끄럼판과 살계판 사이의 균형 유지를 위한 안전 손잡이를 설치하되 높이 15cm 기준으로 함
② 재료
  ㉠ 미끄럼틀은 철재와 플라스틱 재료가 많이 사용
③ 설치
  ㉠ 이용의 동선에 방해되지 않고, 다른 시설에 장애물이 되지 않게 적당한 거리를 두고 배치
  ㉡ 미끄럼면이 목재일 때 내리막 방향으로 결을 맞추고, 스테인리스일 경우 아르곤가스 용접
  ㉢ 하강지점으로부터 130cm 정도의 활동공간을 확보

3 모래터
① 하루 5 ~ 6시간 햇볕이 닿는 밝고 깨끗한 자리에 배치
② 둘레는 지표보다 15 ~ 20cm 높게, 모래 깊이는 30cm 이상
③ 밑바닥은 배수공을 설치하거나 잡석을 묻어 빗물이 빠지게 함

4 조합(복합) 놀이시설
① 창조성과 즐거움을 주며 연속적인 놀이가 되도록 설치
② 동시에 수십 명의 어린이가 함께 놀면서 발생하는 경쟁심 및 다양한 놀이 욕구를 충족시킬 수 있어야 함
③ 형태는 조형적 아름다움이 있어야 하며, 상상력과 호기심, 협동심을 키워주어야 함
④ 보통 규격이 다른 2 ~ 3개의 미끄럼대와 흔들다리, 고정다리, 사다리, 줄타기 등을 조합하여 설치

5 운동시설
① 배치
 ㉠ 일정 공간에 체계적으로 배치하여 모든 연령층이 구별 없이 이용
 ㉡ 턱걸이, 팔굽혀펴기, 다리올리기 등 다양한 기구 설치
② 조건
 ㉠ 운동공간은 운동 및 활동에 적합한 4 ~ 10% 경사
 ㉡ 공원에 배치할 때는 각종 시설이 풍부한 녹지에 배치하는 것이 바람직하며 전체 면적 중 운동시설이 차지하는 비율은 50% 이하
 ㉢ 야외 운동공간의 장축은 남북방향으로 설치

3 휴게 및 편익시설

1 벤치
① 설치목적
 ㉠ 벤치는 적절한 휴식 제공과 관찰, 담화, 사색, 기다림, 관상, 독서 및 식사 등의 목적으로 설치
 ㉡ 벤치 자체가 정원 점경물로서 아름다운 경관을 이루는 중요한 요소
 ㉢ 편안하게 느끼도록 설치하고, 주변 경관과의 조화 및 내구성과 안정성 고려
② 재료
 ㉠ 이용객이 장시간 이용하므로 더러움을 타지 않는 재료 사용
 ㉡ 목재, 철재, 콘크리트, 석재, 인조목, 플라스틱 등의 재료가 주로 사용
③ 구조
 ㉠ 형태에 따라 등벤치와 등받이가 없는 평벤치로 구분
 ㉡ 등벤치 : 긴 휴식이 필요한 곳, 평벤치 : 짧은 휴식이 필요한 곳

ⓒ 앉음판의 높이는 35 ~ 40cm, 너비는 40cm 정도가 적당
ⓔ 앉음판과 등받이의 각도(가벼운 휴식용 : 105°, 일반 휴식용 : 110°)
ⓜ 등받이판은 허리부분을 지지하고, 등, 허리를 넓게 받쳐 줄 수 있어야 함
ⓗ 벤치의 다리는 콘크리트나 철재를 사용하는 것이 좋으며, 땅과 접촉하는 부분은 썩기 쉬우므로 방부처리하거나 스테인리스강으로 처리
ⓢ 기초는 벤치 다리에서 최저 20cm 이상 묻히도록 함

④ 설치장소
ⓐ 습한 곳이나 급경사지, 바람받이, 지반이 불량한 곳은 피해서 설치
ⓑ 보안상 안전하고, 이용객의 동선에 지장을 주지 않는 장소에 설치
ⓒ 녹음수와 퍼걸러 아래쪽에 휴지통이나 재떨이 등과 함께 설치

⑤ 벤치의 종류

목재 벤치	장점	촉감 좋음, 먼지 제거 쉬움, 겨울철 온도변화 적음, 보수 쉬움
	단점	쉽게 파손될 우려
콘크리트 벤치	장점	견고하여 관리 쉬움, 자유로운 모양 가능
	단점	건조 느림, 비 온 뒤 물고임, 냉각이 심해 겨울철 이용 부적합
철재 벤치	장점	견고하여 안정감 있음
	단점	부식 우려(앉음면 나무나 플라스틱 사용)
플라스틱 벤치	장점	퇴색되지 않고 윤기가 있음, 자유로운 디자인 가능
	단점	여름철 뜨거워 짐, 쉽게 파손되고 보수가 어려움

2 퍼걸러

① 설치 목적
ⓐ 휴식을 위해 그늘을 제공하는 것으로 천장면은 등나무 등으로 덮어 광선을 차단

② 재료
ⓐ 콘크리트, 석재, 목재, 철재, 인조목 등을 사용
ⓑ 기둥은 벽돌쌓기나 마름돌쌓기 또는 콘크리트 위에 판석, 타일 등으로 마감

③ 퍼걸러의 구조
ⓐ 일반적인 높이는 2.2 ~ 2.7m
ⓑ 기둥 사이의 거리는 1.8 ~ 2.7m, 기둥에서 바깥으로 나가는 도리의 길이는 60cm 이상, 보의 간격은 40 ~ 60cm 정도
ⓒ 도리의 위치에서 바깥쪽으로 나가는 보의 길이를 30cm 이상으로 해야 안정감이 있고 보기 좋음

④ 설치장소
ⓐ 조경공간의 시설물 중에서 중심적 역할을 할 수 있는 곳과 조경 공간 내에서 조망이 좋고 한적한 곳에 설치

3 야외탁자

① 의자와 탁자의 기능을 효율적으로 수행할 수 있도록 함
② 이용자의 몸이 쉽게 들어가 이용에 불편함이 없도록 함
③ 차분한 느낌이 드는 자리가 적합하나 동선과의 관계를 고려해 배치
④ 탁자판은 목재가 좋으나 방부처리가 필요

4 휴지통(편익)

① 배치
  ㉠ 사람이 많이 모이는 입구 부근이나 휴식 장소에 설치
  ㉡ 대형의 휴지통을 적게 설치하는 것보다 소형의 휴지통을 많이 설치
② 재료
  ㉠ 견고하고 내구성이 있는 재료를 사용
  ㉡ 녹방지를 위해 바닥 배수를 위한 물빠짐 고려
③ 설치
  ㉠ 벤치 2 ~ 4개소마다 또는 20 ~ 60m마다 1개씩 설치
  ㉡ 휴지통의 높이는 60 ~ 80cm, 직경은 50 ~ 60cm 정도

5 음수전

① 움결한 곳, 그늘진 곳을 피하여 양지바른 곳에 설치
② 위생과 내구력이 있으며, 청소가 수월하고 보수가 가능한 재료를 사용
③ 사용 후 물이 신속하게 처리되도록 설치
④ 받침 접시는 2% 경사를 유지하여 단시간 내에 완전 배수

4 관리시설

1 화장실

① 배치 : 이용하기 쉬운 곳에 청결하고 위생적이며, 유지관리가 쉽고 구조와 경관이 어울리도록 배치
② 설치 : 소요 면적은 1인당 3.3㎡ 정도로 하고, 세면대는 겨울철 동파에 대한 대비가 필요

2 관리소

① 주진입 지점에 위치
② 식별성이 높도록 배치

5 기타시설

1 경계시설
대문, 울타리, 담장, 볼라드와 인지책 등 경계 표시와 출입 조정을 위하여 설치되는 시설물
① 대문
　㉠ 출입구를 명확히 표시하여 사람의 출입을 제한하는 기능을 가지며, 장식적 구획물로 사용
② 울타리
　㉠ 경계표시, 위험방지, 통행제한, 장식 및 유도의 목적으로 설치
　㉡ 지반을 조사한 후에 기초공사에 대한 사항을 설계에 반영
　㉢ 도로변이나 공원에는 공간이 차단되지 않는 투시형 울타리 설치
③ 볼라드
　㉠ 보행인과 차량 교통의 분리를 위해 도로변에 설치하는 시설물로 이동식 볼라드, 형광 볼라드, 보행등 겸용 볼라드 등 종류가 다양
　㉡ 보도와 차도를 분리할 경우 차도 너비 2m, 높이 30 ~ 70cm로 설치
　㉢ 바닥 포장재료와 대비되는 밝은색을 사용하며, 형광 처리하여 야간에도 발견이 쉽게 만듦
④ 트렐리스
　㉠ 격자 울타리라는 뜻으로 격자 모양으로 뚫려 있거나 투명한 벽면
　㉡ 덩굴 식물을 걸어 벽면을 꾸미기도 하고 화분이나 정원용품을 걸기도 함
　㉢ 얇은 목재 및 금속 등을 엮어 1.5m 높이의 격자 모양으로 설치
　㉣ 간단한 눈가림 구실을 하며, 정원을 넓어 보이게 하는 효과

2 계단
① 계단의 설치기준
　㉠ 일반적으로 경사가 18%를 넘을 경우 계단을 설치하며, 계단의 경사도는 30 ~ 35°가 적당
　㉡ 계단 중간에 방향을 바꾸거나 휴식 등의 목적으로 설치하는 공간을 계단참이라 하며, 10 ~ 12계단 올라간 곳에 계단 2 ~ 3개의 폭으로 설치

　　※ 계단과 경사로
　　　계단은 한 지점에서 높이 차이가 있는 다른 지점으로 이동할 때 적용하는 시설이며, 경사로(RAMP)는 자전거, 유모차 등의 이용을 위해 계단 옆에 같이 설치하는 구조물. 신체장애인을 위한 경사로를 만들기에 가장 적당한 경사는 8% 이하

② 재료

정형식 계단	콘크리트, 정형의 마름돌, 타일, 벽돌 등을 사용
자연식 계단	각종 석재나 목재(통나무) 등의 자연재료 사용

③ 계단의 설치
    ㉠ 균형감각이 유지되도록 수평면으로 하되, 미끄럽지 않도록 설치
    ㉡ 한 발 밟기가 원칙이나 완경사지일 경우 경사도에 맞추어 한 발 밟기와 2 ~ 3보 밟기를 되풀이 하는 것도 좋음
    ㉢ 계단의 발판 높이를 h, 너비를 w라 할 경우 2h + w = 60 ~ 65cm 정도가 되도록 설치
    ㉣ 계단 보행의 안전성과 토양의 유실 방지를 위해 측벽이나 난간을 설치

3 안내시설

① 설치목적
    ㉠ 공원, 주택단지, 보행공간 등 옥외 공간에서 보행자나 방문객에게 주요 시설물이나 주요 목표지점까지의 정보 전달을 목적으로 설치
② 배치
    ㉠ 보행의 교차점과 주요 시설의 입구에 사람의 눈높이와 같거나 약간 높은 130 ~ 160cm 정도의 높이로 설치
③ 형태
    ㉠ 단순해야 하며, 내용 설명은 누구나 쉽게 이해할 수 있는 문장
    ㉡ 식별성을 높이기 위해 상징과 그림문자를 사용
④ 색상
    ㉠ 황색 바탕에 검정 글씨, 백색 바탕에 청색 글씨, 적색 바탕에 백색 글씨 등 가시성이 높은 색 조합 사용

PART 04 예상문제

01 조경의 구조물에는 직접기초를 사용하는데, 담장의 기초와 같이 길게 띠 모양으로 받치고 있는 기초를 가리키는 것은?

① 독립기초 ② 복합기초
③ 연속기초 ④ 전면기초

02 시설물의 기초부위에서 발생하는 토공량의 관계식으로 옳은 것은?

① 잔토처리 토량 = 기초 구조부 체적 - 터파기 체적
② 잔토처리 토량 = 되메우기 체적 - 터파기 체적
③ 되메우기 토량 = 터파기 체적 - 기초 구조부 체적
④ 되메우기 토량 = 기초 구조부 체적 - 터파기 체적

03 보도블록 설치 시 충격이나 하중을 흡수하는 역할을 하는 기초공사는?

① 잡석다짐
② 자갈다짐
③ 모래다짐
④ 밑창콘크리트 치기

04 다음 보도블록 포장공사의 단면 그림 중 블록 아랫부분은 무엇으로 채우는 것이 좋은가?

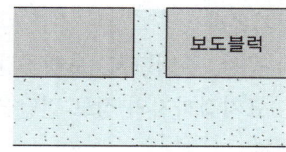

① 모래   ② 자갈
③ 콘크리트 ④ 잡석

05 보도에 콘크리트 블록을 포장하려고 하는데 면적이 10㎡일 때 소요되는 블록의 장수는? (단, 보도용 콘크리트 규격은 25cm×25cm×6cm, 줄눈 두께는 3mm, 모래깔기는 3cm로 하되, 줄눈두께와 할증은 계산 시 고려하지 않는다.)

① 100장   ② 110장
③ 130장   ④ 160장

06 소형 고압 블록 시공 시 하중, 강도 등을 고려하여 보도용으로 설치되는 블록의 두께로 가장 적합한 것은?

① 2cm   ② 4cm
③ 6cm   ④ 8cm

정답 01 ③ 02 ③ 03 ③ 04 ① 05 ④ 06 ③

07 다음 중 소형 고압 블록포장의 시공방법이 아닌 것은?

① 보도의 가장자리는 보통 경계석을 설치하여 형태를 규정짓는다.
② 기존 지반을 잘 다진 후 모래를 3 ~ 5cm 정도 깔고 보도블럭을 포장한다.
③ 일반적으로 원로의 종단 기울기가 5% 이상인 구간의 포장은 미끄럼 방지를 위하여 거친면으로 마감한다.
④ 보도블록의 최종 높이는 경계석의 높이보다 약간 높게 설치한다.

08 적벽돌 포장에 관한 설명으로 틀린 것은?

① 질감이 좋고 특유한 자연미가 있어 친근감을 준다.
② 마멸되기 쉽고 강도가 약하다.
③ 다양한 포장패턴을 연출할 수 있다.
④ 평깔기는 모로 세워깔기에 비해 더 많은 벽돌수량이 필요하다.

09 조경공사에서 바닥포장인 판석시공에 관한 설명으로 틀린 것은?

① 기층은 잡석다짐 후 콘크리트로 조성한다.
② 가장자리에 놓을 판석은 선에 맞춰 절단하여 사용한다.
③ 판석은 점판암이나 화강석을 잘라서 사용한다.
④ Y형의 줄눈은 불규칙하므로 통일성 있게 +자형의 줄눈이 되도록 한다.

10 내구성과 내마멸성이 좋으나, 일단 파손된 곳은 부수가 어려우므로 시공 때 각별히 주의가 필요하다. 다음 그림과 같은 원로 포장 방법은?

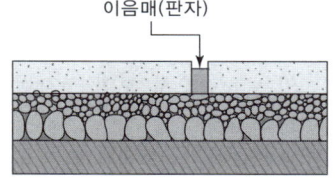

① 벽돌포장　② 마사토 포장
③ 판석포장　④ 콘크리트 포장

11 진흙 굳히기 공법은 주로 어느 조경공사에서 사용되는가?

① 원로공사　② 암거공사
③ 연못공사　④ 옹벽공사

12 연못의 급배수에 대한 설명으로 부적합한 것은?

① 항상 일정한 수위를 유지하기 위한 시설을 토수구라 한다.
② 배수공은 연못 바닥의 가장 깊은 곳에 설치한다.
③ 순환펌프 시설이나 정수 시설을 설치 시 차폐식재를 하여 가려 준다.
④ 급배수에 필요한 파이프의 굵기는 강우량과 급수량을 고려해야 한다.

정답　07 ④　08 ④　09 ④　10 ④　11 ③　12 ①

13 분수에 관하여 바르게 설명한 것은?

① 단일구경 노즐은 조명효과가 크다.
② 살수식 노즐은 명확하고 힘찬 물줄기를 만드는 장점이 있다.
③ 공기흡인식 제트 노즐은 공기와 물이 섞여 있는 모습으로 보여 시각적 효과가 매우 크다.
④ 분수는 순환펌프가 필요하지 않다.

14 벽천을 구성하고 있는 요소의 명칭이라고 할 수 없는 것은?

① 벽체　　　② 토수구
③ 수반　　　④ 낙수받이

15 살수기 설계 시 배치 간격은 바람이 없을 때를 기준으로 살수 작동 지름의 어느 정도가 가장 적합한가?

① 55~60%　　② 60~65%
③ 70~75%　　④ 80~85%

16 다음 중 일반적으로 빗물받이는 배수관 몇 m 마다 1개씩 설치하는 것이 이상적인가?

① 5m　　　② 20m
③ 40m　　　④ 100m

17 다음 측구들 중 산책로나 보도에서 자연경관과 가장 잘 어울리는 것은?

① 콘크리트 측구
② U형 측구
③ 호박돌 측구
④ L형 측구

18 암거배수의 설명으로 가장 적합한 것은?

① 지하수를 이용하기 위한 시설
② 돌이나 관을 땅에 수직으로 뚫어 기둥을 설치하는 시설
③ 강우 시 표면에 떨어지는 물을 처리하기 위한 배수시설
④ 땅속으로 돌이나 관을 묻어 배수시키는 시설

19 아래 그림은 지하배수를 위한 유공관 설치에 관한 그림이다. 각 부분에 들어가는 재료로 틀린 것은?

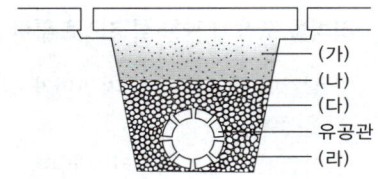

① (가) → 흙　　② (나) → 필터
③ (다) → 잔자갈　　④ (라) → 호박돌

20 중앙에 큰 맹암거를 중심으로 하여 작은 맹암거를 좌우에 어긋나게 설치하는 방법으로 평탄한 지역에 가장 적합한 형태로 설치되고 있는 맹암거 배치 형태는?

① 어골형　　② 빗살형
③ 부채살형　　④ 자유형

정답   13 ③　14 ④　15 ②　16 ②　17 ③　18 ④　19 ④　20 ①

21 지하층 배수에 이용되는 암거의 배치 방법 중 어골형의 형태는?

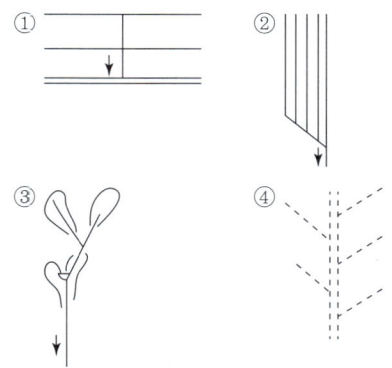

22 다음 중 정구장과 같이 좁고 긴 형태의 전지역을 균일하게 배수하려는 암거 방법은?

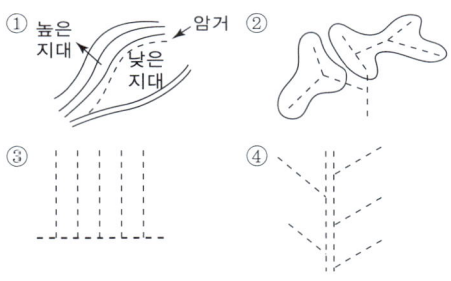

23 옥외조경공사 지역의 배수관 설치에 관한 설명으로 잘못된 것은?

① 관에 소켓이 있을 때는 소켓이 관의 상류쪽으로 향하도록 한다.
② 관의 이음부는 관 종류에 따른 적합한 방법으로 시공하며, 이음부의 관 내부는 매끄럽게 마감한다.
③ 경사는 관의 지름이 작은 것일수록 급하게 한다.
④ 배수관의 깊이는 동결심도 바로 위쪽에 설치한다.

24 다음 중 어린이 놀이터 시설 설치 시 가장 먼저 고려되어야 할 것은?

① 안전성 ② 쾌적함
③ 미적인 사항 ④ 시설물간의 조화

25 다음 중 콘크리트 소재의 미끄럼대를 시공할 경우 일반적으로 지표면과 미끄럼판의 활강부분이 수평면과 이루는 각도로 가장 적합한 것은?

① 70° ② 55°
③ 35° ④ 15°

26 어린이를 위한 모래터의 깊이는 어느 정도가 가장 알맞은가?

① 5 ~ 10cm ② 10 ~ 20cm
③ 20 ~ 30cm ④ 30cm 이상

27 모래밭 조성에 관한 설명이다. 옳지 않은 것은?

① 하루에 4 ~ 5시간의 햇볕이 쬐고 통풍이 잘되는 곳에 설치한다.
② 모래밭은 가능한 휴게시설에서 멀리 배치한다.
③ 모래밭의 깊이는 놀이의 안전을 고려하여 30cm 이상으로 한다.
④ 가장자리는 방부처리한 목재를 사용하여 지표보다 높게 모래막이 시설을 해준다.

정답 21 ④ 22 ③ 23 ④ 24 ① 25 ③ 26 ④ 27 ②

28 등나무 등의 덩굴식물을 올려 가꾸기 위한 시렁과 비슷한 생김새를 가진 시설물로 여름철 그늘을 지어 주기 위한 것은?

① 플랜터(planter)
② 파고라(pergola)
③ 볼라드(bollard)
④ 래더(ladder)

29 파고라 설치와 관련한 설명으로 부적합한 것은?

① 높이에 비해 넓이가 약간 넓게 축조한다.
② 불결하고 외진 곳을 피하여 배치한다.
③ 파고라는 그늘을 만들기 위한 목적이다.
④ 보행동선과의 마찰을 피한다.

30 보행인과 차량교통의 분리를 목적으로 설치하는 시설물은?

① 트렐리스(trellis)   ② 벽천
③ 볼라드(bollard)   ④ 램프

31 계단공사에서 발판 높이를 20cm로 했을 때 발판 폭으로 가장 알맞은 것은?

① 10 ~ 15cm   ② 20 ~ 25cm
③ 30 ~ 35cm   ④ 40 ~ 45cm

정답 28 ② 29 ④ 30 ③ 31 ②

식재 및 잔디공사

1 식재공사

1 이식시기별 분류

① 춘식
  ㉠ 봄에 발아하기 전에 이식
  ㉡ 대체로 해토 직후부터 3월 초 ~ 3월 중순까지가 적기
  ㉢ 내한성이 약한 수종에 적합
  ㉣ 생장 여부를 단시일 내에 판단가능
  ㉤ 낙엽수 : 해토 직후 ~ 4월 초, 상록수 : 4월 상·중순, 장마기

  ※ 이식시기
  수목의 활착이 어려운 7 ~ 8월의 하절기나 12 ~ 2월의 동절기를 피하는 것이 원칙이며, 부적기의 이식은 보호 등 특별한 조치가 요구됨

② 추식
  ㉠ 잎이 떨어진 휴면기간에 이루어짐
  ㉡ 생육상태가 소모되지 않는 축척 상태이므로 수목에 안전
  ㉢ 낙엽을 완료한 시기에 이식
  ㉣ 보통 10월 하순 ~ 11월까지가 적합
  ㉤ 일반적으로 낙엽활엽수 이식에 적용
  ㉥ 시간적 여유가 있어 이른 봄의 이식보다 발아 신속
  ㉦ 이식 성공의 판단 여부는 춘식보다 긴 기간이 필요
  ㉧ 동결, 상해 등의 피해 및 뿌리의 부패 우려

③ 중간식
  ㉠ 늦봄부터 초가을 전까지의 식재
  ㉡ 고온다습의 조건을 필요로 하는 수종
  ㉢ 주로 5 ~ 7월 상록활엽수에 적용

2 성상별 분류

① 낙엽수의 이식 시기

　㉠ 가을이식 : 10 ~ 11월(낙엽이 진 휴면기)에 이식
　㉡ 봄이식 : 해토 직후부터 4월 상순(이른 봄 눈 트기 전)
　㉢ 내한성이 약하고 눈이 늦게 움직이는 수종은 4월 중순이 안정적
　㉣ 봄에 눈이 일찍 움직이는 수종은 전 해 11 ~ 12월, 3월 중순이 안정적

　※ 활엽수의 이식시기
　　1. 3월 중순 : 단풍나무, 모과나무, 버드나무, 명자나무, 매화나무 등
　　2. 3월 하순 ~ 4월 초 : 은행나무, 낙우송, 메타세콰이어 등
　　3. 4월 중순 : 배롱나무, 석류나무, 능소화, 백목련, 자목련 등
　　4. 9월 하순 : 모란 등, 10월 상순 : 벚나무 등
　　5. 11월 ~ 12월 : 매화나무, 명자나무, 분설화(조팝) 등
　　6. 한겨울 가능 : 덩굴장미

　※ 이식 시 주의 사항
　　1. 포장에서 자주 옮긴 나무, 뿌리 돌림된 나무, 세근이 많은 나무 등은 잎을 모두 제거하여 증산을 억제 시키면 초여름에도 이식 가능
　　2. 큰 나무를 이식할 때는 증산 억제, 상처 및 병충해 방지 등을 위해 줄기에 새끼를 감고 진흙을 발라 이식

　※ 증산억제제
　　1. 식물체의 증산 작용을 억제하기 위하여 식물체에 살포하는 물질
　　2. 그린나, OED그린 등

② 상록활엽수의 이식 시기

　㉠ 눈이 움직이는 것이 약간 느리며 추위에 대한 저항력이 약함
　㉡ 3월 상순 ~ 4월 중순, 6 ~ 7월 장마철(기온이 오르고 공중습도 높을 때)
　㉢ 추위에 강한 수종은 4월이나 9 ~ 10월이 적당
　㉣ 추위에 약한 수종은 5 ~ 6월 부터 8 ~ 9월이 안전

　※ 장마기 이식
　　1. 장마기는 신초의 최대 생장기로 세포 분열이 왕성하며 경엽과 내용물이 굳어지는 시기
　　2. 고온의 피해를 입지 않도록 관리상 주의
　　3. 착근 시까지 토양 건조를 막기 위해 자주 관수를 실시
　　4. 더위, 건조에 견디도록 나무 밑에 짚이나 깎은 풀을 덮음

③ 침엽수의 이식시기

　㉠ 해토 직후 ~ 4월 중순이 적기
　㉡ 9월 하순 ~ 11월 상순까지도 이식 가능
　㉢ 소나무류와 전나무류는 새싹이 움직이기 시작하는 3 ~ 4월이 통상적인 이식 적기이며, 새싹이 길게 생장하면 착근이 곤란
　㉣ 주목, 향나무류는 연중 이식이 가능
　㉤ 8 ~ 9월에 이식할 경우에는 뿌리에 흙이 밀착되게 하여 이식

3 부적기 식재의 양생 및 보호조치

하절기 식재 (5~9월)	낙엽활엽수	잎의 2/3 이상을 훑어버리고 가지도 반 정도 전정한 후 충분한 관수 및 멀칭. 뿌리 분을 크게 하여 이식
	상록활엽수	증산억제제(위조방지제)를 5~6배 희석해 수목 전체에 분무
동절기 식재 (12월~2월)		• 수간과 수관 전체를 새끼로 동여매거나 짚으로 싸 동해 방지 • 근부 주위에 복토나 멀칭을 두껍게 하여 표토의 동결 방지 • 필요시 방풍막이나 서리 제거장치 설치

4 굴취

① 굴취의 일반적인 사항
 ㉠ 나무를 옮겨심기 위해 땅으로부터 파내는 작업
 ㉡ 대부분의 묘목은 봄에 굴취
 ㉢ 낙엽수는 생장이 끝나고 낙엽이 완료된 후인 11~12월에 굴취
 ㉣ 관목은 넓게 교목은 깊게 굴취
 ㉤ 잔뿌리가 많고, 이식이 용이한 수종은 경비 절감을 위해 다소 작은 분
 ㉥ 부정근과 맹아력, 발근력이 왕성한 수종은 수액 이동 전에 분뜨지 않고 약간의 흙을 붙여 이식

 ※ 부정근
 뿌리 이외의 부분즉, 줄기에서 2차적으로 발생하는 뿌리

잔뿌리 많고 이식이 용이한 수종	개비자나무, 불두화, 회양목, 사철나무, 목수국, 철쭉, 쥐똥나무
부정근과 맹아력이 왕성한 수종	수양버들, 은수원사시, 플라타너스, 은행나무, 개나리, 단풍나무, 참느릅나무

② 나근굴취법(맨뿌리 캐내기)
 ㉠ 뿌리를 절단한 후 기존 흙을 붙이지 않고 맨뿌리로 캐내는 방법
 ㉡ 포장에서 자주 옮기고, 쉽게 활착되며 흙이 떨어져 나갈 염려가 적은 나무에 적용
 ㉢ 잔뿌리 형성이 많이 된 낙엽수, 작은 나무, 묘목 등의 굴취에 적용
 ㉣ 거적, 짚, 수태, 비닐 등으로 뿌리의 건조를 막음

③ 뿌리감기 굴취법
 ㉠ 뿌리를 절단 후, 짚과 새끼 등으로 뿌리감기를 해 뿌리분을 만드는 법
 ㉡ 교목, 상록수, 이식력이 약한 나무, 희귀한 나무, 부적기 이식에 사용
 ㉢ 분의 크기는 근원직경의 4~6배가 적당
 ㉣ 이식력, 발근력이 약한 수종은 분을 더 크게 만듦
 ㉤ 일반적으로 상록활엽수 > 침엽수 > 낙엽활엽수 순으로 크게 만듦

※ 뿌리분

　뿌리와 흙이 서로 밀착하여 한 덩어리가 되도록 한 것으로 이식 시 활착률을 높이기 위해서는 흙을 많이 붙이는 것이 좋으나 너무 커서 운반할 때 뿌리분이 깨지면 오히려 활착률이 떨어지므로 적당한 크기를 고려

④ 뿌리분의 지름을 구하는 공식

　　$A = 24 + (N - 3) \times d$

　여기서, N : 근원직경(cm), d : 상수 4 (낙엽수를 털어서 올릴 때는 5)

⑤ 뿌리분의 종류

접시분	• 천근성수종에 적용 • 버드나무, 메타세콰이어, 낙우송, 일본잎갈나무, 편백, 미루나무, 사시나무, 황철나무
보통분	• 일반수종에 적용 • 단풍나무, 벚나무, 향나무, 버즘나무, 측백, 산수유, 감나무
조개분	• 심근성수종에 적용 • 소나무, 비자나무, 전나무, 느티나무, 백합나무, 은행나무, 녹나무, 후박나무

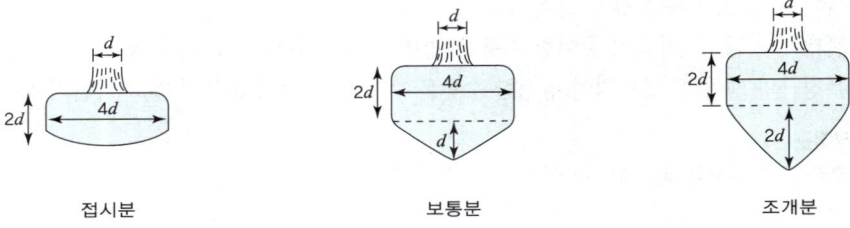

접시분　　　　　　　　보통분　　　　　　　　조개분

⑥ 뿌리분을 일반적으로 크게 뜨는 경우

　㉠ 이식이 어려운 수종

　㉡ 세근의 발달이 느린 수종

　㉢ 희귀종이나 고가의 수목

　㉣ 산에서 채집한 수목

　㉤ 부적기에 이식하는 수목

　㉥ 이식할 장소의 환경이 열악한 경우

⑦ 굴취방법

　㉠ 고사지, 쇠약지, 밀생한 가지 등을 전정하고 아래 가지는 묶음

　㉡ 잡초 및 오물 제거, 분의 크기를 표시한 다음 수직으로 파내려 감

　㉢ 굴취 폭은 분 크기보다 30cm 정도 더 넓게 팜

　㉣ 3cm 이상 굵은 뿌리는 톱으로 자르고, 3cm 이하의 가는 뿌리는 전정가위로 절단

⑧ 분감기

　㉠ 뿌리분 깊이만큼 파낸 다음 실시하지만 모래나 흐트러지기 쉬운 토양에서는 뿌리분 주위를 ½ 정도 파내려 갔을 때부터 시작하고 나머지 흙을 파고 다시 분감기를 함

　㉡ 뿌리분의 허리감기를 먼저 하고, 위아래감기를 실시

허리감기	• 뿌리분의 ½ 정도 파내려 갔을 때 뿌리분의 측면을 감기 작업 • 최근에는 허리감기 대신 녹화마대나 녹화테이프를 측면에 대고 끈으로 감기도 함
위아래감기	• 작은 분은 8방위로 감고, 큰 분은 삼각 또는 사각으로 뜨면서 감기작업 • 석줄 감기 또는 넉줄감기를 하며, 수목이 쓰러지지 않도록 주의가 필요

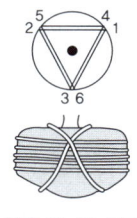
석줄 한 번 감기

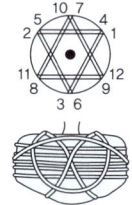
석줄 두 번 감기

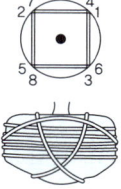
넉줄 한 번 감기

⑨ 특수 굴취법
  ㉠ 추적굴취법(더듬어 파기)
    • 흙을 파헤친 다음 뿌리의 끝부분을 추적해 가며 캐내는 방법
      등나무, 담쟁이덩굴, 밀감나무, 모란 등에 사용
  ㉡ 상취법
    • 뿌리분에 새끼를 감는 대신 상자를 이용하여 굴취
  ㉢ 동토법
    • 나무 주위에 도랑을 파고 밑부분을 파서 분 모양을 만듦
    • 2주 정도 동결시킨 후 이식
    • 겨울철 동결심도가 깊은 지방에서 완전 휴면기에 낙엽수를 대상
    • 12월경 영하 12℃ 정도에 실시
    • 미국 북부, 일본 홋카이도, 만주 등에서 응용되는 굴취법
    • 사질토로 토립을 보유할 수 없는 경우나 쓰레기 매립장 이식 시 사용

⑩ 수목의 중량
  $W = W_1$(지상부중량) $+ W_2$(지하부중량)

구분	계산식	
지상부중량	$W_1 = f \times \pi \times (\frac{d}{2})^2 \times H \times \omega_1 (1+P)$	• f : 수간형상 계수(0.5) • d : 흉고직경(m)(근원직경×0.8) • H : 수고(m) • ω_1 : 수간의 단위 체적 중량 • P : 지엽의 다소에 따른 할증률(입목 : 0.3, 고립목 : 1.0)

지하부중량	$W_2 = V \times K$	• V : 뿌리분의 형태에 따른 체적(m³)
		  - 접시분 $V = \pi r^3$
		  - 보통분 $V = \pi r^3 + \pi r^3 ≒ 3.66 r^3$
		  - 조개분 $V = \pi r^3 + \pi r^3 ≒ 4.18 r^3$
		• K : 뿌리분의 단위당 중량(kg/m³)

※ 수간의 단위체적 중량

수 종	단위중량(kg/m³)
가시나무류, 감탕나무, 상수리나무, 소귀나무, 졸참나무, 호랑가시나무, 회양목 등	1,340 이상
느티나무, 말발도리, 목련, 사스레피나무, 쪽동백, 참느릅나무 등	1,300 ~ 1,340
굴거리나무, 단풍나무, 산벚나무, 은행나무, 일본잎갈나무, 향나무, 곰솔 등	1,250 ~ 1,300
모밀잣밤나무, 벽오동, 소나무, 칠엽수, 편백, 양버즘나무 등	1,210 ~ 1,250
가문비나무, 녹나무, 삼나무, 일본목련 등	1,170 ~ 1,210
굴피나무, 화백 등	1,170 이하
기타	1,200

※ 수목 지하부 토양의 중량

토양조건		단위중량(kg/m³)
점질토	보통	1,500 ~ 1,700
	자갈 등이 섞인 것	1,600 ~ 1,800
	자갈 등이 섞이고 수분이 많은 것	1,900 ~ 2,100
사질토		1,700 ~ 1,900
점토	건조	1,200 ~ 1,700
	다습	1,700 ~ 1,800
모래		1,800 ~ 1,900

5 수목의 운반

① 운반방법
　㉠ 조건에 따라 인력운반(목도, 리어카), 기계운반(크레인차, 트럭) 선택
　㉡ 상, 하차는 인력이나 대형목의 경우 체인블럭, 크레인 등의 중기 사용

② 운반 시 주의 사항
　㉠ 운반 전 뿌리의 절단면을 매끄럽게 마감
　㉡ 뿌리의 절단면이 클 경우 콜타르 등을 발라 건조 방지
　㉢ 세근이 절단되지 않도록 하고 충격 금지
　㉣ 뿌리분의 보토 철저, 이중적재 금지
　㉤ 충격과 수피손상 방지용 새끼, 가마니, 짚 등의 완충재 사용
　㉥ 가지는 간단하게 가지치기를 하거나 간편하게 결박
　㉦ 수목이나 뿌리분을 젖은 거적이나 시트로 덮어 수분 증발 방지
　㉧ 적재 방향은 뿌리분은 차의 앞쪽, 수관부는 차의 뒤쪽

③ 소운반 거리
　㉠ 소운반 거리는 20m 이내의 거리를 말하며, 20m를 초과할 경우 초과분에 대하여 별도로 계상
　㉡ 경사면 운반 거리는 수직고 1m를 수평거리 6m로 봄

6 가식

① 가식장소
  ㉠ 양토나 사질양토로 바람이 없고 약간 습한 곳
  ㉡ 수목의 반출이 용이한 곳
  ㉢ 가급적 그늘진 곳
  ㉣ 방풍이 잘 되는 곳
  ㉤ 배수가 잘 되는 곳
  ㉥ 식재지에서 가까운 곳
  ㉦ 주변 위험으로부터 안전한 곳
  ※ 식재 예정지에 도착한 수목은 가능한 빨리 식재하는 것이 좋으나, 당일 식재가 불가능할 경우 적합한 장소에 가식해 두었다가 후에 정식 실시

② 가식 수목의 관리
  ㉠ 가식 수목 간에는 원활한 통풍을 위하여 충분한 식재 간격 확보
  ㉡ 가식장에는 관수 등 가식기간 중의 관리를 위한 작업 통로 설치
  ㉢ 가식 수목의 뿌리분은 충분히 복토하여 공기 중에 노출되지 않게 조치
  ㉣ 가식 후에는 뿌리분 주변의 공기가 완전히 방출되도록 충분히 관수
  ㉤ 연결형 지주 등을 설치하여 큰 수목이 바람에 흔들리지 않도록 조치

③ 묘목의 가식
  ㉠ 묘목을 굴취하였을 때는 즉시 선묘하여 가식하거나 포장
  ㉡ 검사포장을 한 후에는 하루 이내에 운반하여 산지에 가식
  ㉢ 산지에 가식 시 조림지의 최근 거리에서 실시
  ㉣ 봄에 굴취된 묘목은 동해가 발생하기 쉬우므로 배수가 좋은 남향의 사양토나 식양토에 가식
  ㉤ 가을에 굴취된 묘목은 건조한 바람과 직사광선을 막는 동북향의 서늘한 곳에 가식
  ㉥ 가식 시 뿌리부분을 부채살 모양으로 열가식 실시

7 식재

① 식재 지반의 조성
  ㉠ 자연지반과 인공지반 : 식재 지반에는 자연지반과 인공 지반이 있음. 식재 지반이 수목의 생육에 부적합할 경우에는 객토나 토양 개선 등을 통하여 수목의 생육 토심 확보
  ㉡ 비탈면 식재
   • 교목 1 : 3, 관목 1 : 2, 잔디 및 초화류 1 : 1보다 완만하게 함
   • 비탈면 잔디를 기계로 깎으려면 1 : 3보다 완만한 것이 좋음

② 수목의 식재 순서
  배식 → 식혈→ 흙 채우기 → 수목 앉히기 → 심기 → 물집 만들기→ 관수 및 멀칭→ 지주목 세우기

③ 배식
  ㉠ 공정표 및 시공도면, 시방서를 검토
  ㉡ 수목 및 양생제 반입 여부 재확인

ⓒ 식재 지역을 사전 조사하여 시공 가능 여부 재확인
　　ⓓ 수목의 배식, 규격, 지하 매설물을 고려하여 식재 위치를 결정
④ 식혈(植穴, 식재구덩이)
　　㉠ 뿌리분의 크기보다 1.5 ~ 3배의 크기로 식재구덩이를 파냄
　　㉡ 깊이는 뿌리분의 깊이와 거의 같게(밑거름을 고려해 약간 깊게)
　　㉢ 유기질이 많은 표토는 따로 모아 두었다가 사용
⑤ 수목 앉히기
　　㉠ 잘게 부순 양질의 토양을 넣고 잘 정돈
　　㉡ 한 번 앉힌 수목의 이동 금지
　　㉢ 원 생육지의 방향과 깊이를 최대한 맞추어 앉히기
　　㉣ 작업 전 정지, 전정이나 뿌리분의 충해 방제 작업

　　※ 방향이 틀렸을 때 바로 잡는 요령
　　　살며시 들어 움직여야 바닥의 비료와 닿지 않음
　　(뿌리가 비료와 닿으면 뿌리의 절단면이 썩을 수 있음)

⑥ 심기

표토사용	• 식재 대상지역의 표토를 확보하여 식재에 활용
객토	• 식재구덩이에 넣는 흙으로 비옥한 토양의 사질양토 사용 • 경우에 따라 모래나 토양개량제를 섞어서 사용
물죔(수식)	• 뿌리분의 1/2 ~ 2/3 정도로 흙을 덮고 몇 차례 관수 • 진흙처럼 만들어 뿌리 사이에 흙이 잘 밀착되도록 함 • 일반 낙엽수나 상록활엽수 등 대부분의 수목
흙죔(토식)	• 물 사용 시 분이 깨질 우려가 있거나 물 사용이 어려운 경우 • 물을 사용하지 않고 흙을 다져가며 심는 방법 • 겨울철 식재 및 소나무, 곰솔, 전나무, 소철 등에 적합

※ 죽쑤기
　수목을 앉힌 후 흙을 2/3 정도 메운 다음 물을 충분히 주고 나무막대기나 삽으로 쑤셔 기포를 제거하고, 나머지 흙을 덮어주는 작업

8 식재 후 조치

① 물집 만들기
　　㉠ 흙죔이나 물죔 모두 근원직경 5 ~ 6배의 원형 물받이 설치
　　㉡ 흙으로 높이 10 ~ 20cm의 턱을 만들어 사용
② 멀칭
　　㉠ 뿌리분 주위를 분쇄목, 짚, 바크, 대패밥 등으로 덮어주는 작업
　　㉡ 자연상태에서 분해 가능한 자연 친화적 재료를 우선적으로 선정
　　㉢ 여름에는 수분 증발 억제, 겨울에는 보온효과로 뿌리 보호
　　㉣ 잡초 발생을 줄이고 근원부를 답압으로부터 보호
　　㉤ 비료의 분해를 느리게 하고, 표토의 지온을 높여 뿌리의 발육 촉진

③ 가지솎기(전정)
  ㉠ 식재과정에서 손상된 가지나 잎의 정리
  ㉡ 지상부와 지하부의 균형 유지를 위해 정지 및 전정
④ 수피감기(수간감기)
  ㉠ 하절기의 껍질데기 및 동절기의 동해 등에 의한 수간의 피해 방지
  ㉡ 수분증산 억제
  ㉢ 병충해 침입방지

※ 수간감기의 목적
비교적 수피가 매끄럽고 얇은 느티나무, 단풍나무, 벚나무, 배롱나무, 목련류 등의 수목이나 수피가 갈라져 관수나 멀칭만으로 힘든 소나무 등의 증산 억제에 적용. 소나무 등의 침엽수의 경우 새끼를 감고 진흙을 발라주는 것은 증발방지 외 해충의 침입 방지 목적도 있음.

⑤ 수목보호판 설치
  ㉠ 토양경화 방지나 우수유입 확보 등 토양환경을 양호한 상태로 유지
  ㉡ 보행공간 확대 등의 목적을 위해 설치
  ㉢ 근경이나 장래의 생장 등을 고려하여 여유있는 크기 결정
⑥ 시비
  ㉠ 시비량은 현장의 토양조건을 분석하여 시비
  ㉡ 수분증산 억제제와 영양제 공급 : 그늘도 제공
  ㉢ 토양조사가 없는 경우에는 식재 후 유기질 비료를 1 ~ 2 kg/㎡ 시비하며, 유기질 비료 이외에 복합비료로 질소, 인, 칼륨을 각각 6g/㎡씩 추가
⑦ 약제 살포
  ㉠ 수분 증산 억제제와 영양제를 뿌려줌
  ㉡ 상태가 나쁜 수목은 차광시설과 수간주사로 영양제를 공급

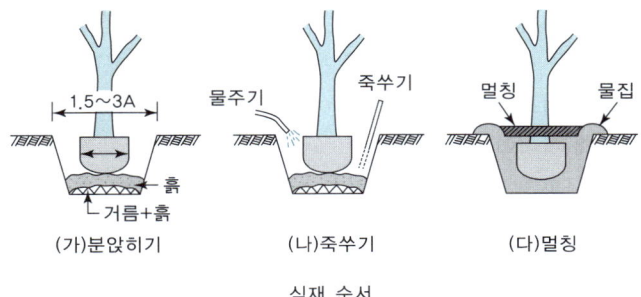

식재 순서

9 뿌리돌림

① 뿌리돌림의 목적
  ㉠ 새로운 잔뿌리 발생을 촉진시키고, 이식 후의 활착 도모
  ㉡ 부적기 이식 시 또는 건전한 수목의 육성 및 개화, 결실 촉진
  ㉢ 노목, 쇠약한 수목의 수세 회복

② 뿌리돌림의 시기
　㉠ 이식하기 6개월에서 1년 전에 실시
　㉡ 조경 기준상 이식하기 전 1 ~ 2년으로 규정되어 있음
　㉢ 3 ~ 7월까지, 9월 가능, 해토 직후부터 4월 상순까지(낙엽수 적기)
　㉣ 노쇠목, 노목, 대형목 등 이식이 어려운 수종은 2 ~ 3년에 걸쳐 시행
　㉤ 가을 뿌리돌림도 상처가 잘 아물면 봄에 활착이 잘 됨

　※ **뿌리돌림이 불필요한 수종**
　　1. 수목의 지름이 10cm 이하의 수목
　　2. 대나무류, 소철, 종려나무, 야자나무류 등은 뿌리돌림을 하지 않음

③ 뿌리 돌림분의 크기
　㉠ 이식할 때의 뿌리분의 크기보다 약간 작게 결정
　㉡ 일반적인 분의 크기는 근원직경의 3 ~ 5배로 보통 4배 적용
　㉢ 깊이는 측근의 밀도가 현저하게 줄어드는 부분까지 실시

④ 뿌리돌림의 방법
　㉠ 구굴식 : 나무 주위를 도랑의 형태로 파내려 간 뒤 노출되는 뿌리를 절단 후 흙으로 덮어주는 방법
　㉡ 단근식 : 표토를 약간 긁어내어 뿌리가 노출되면 삽이나 톱 등을 땅속에 삽입하여 곁뿌리를 잘라내는 방법으로 비교적 작은 나무에 실시
　㉢ 수목의 이식력을 고려하여 일시 또는 2 ~ 4등분하여 연차적으로 실시

⑤ 뿌리돌림의 순서
　㉠ 분의 크기를 고려하여 수직으로 굴삭작업
　㉡ 가는 뿌리는 분의 바깥쪽에서 잘라줌
　㉢ 수목의 지지를 위해 3 ~ 4방향의 굵은 뿌리를 남겨 둠
　㉣ 남겨둔 굵은 뿌리는 잔뿌리 발생을 촉진하기 위해 환상박피 작업 실시
　㉤ 절단, 박피 후 분을 새끼줄로 강하게 감은 다음 분의 밑부분 절단
　㉥ 흙 되메우기는 토식으로 하며, 물주입은 절대 금지
　㉦ 지주목을 설치해 지지력을 높임
　㉧ 뿌리와 가지의 균형(T/R율)을 위해 정지, 전정 실시

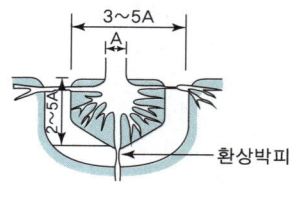

뿌리돌림 단면도

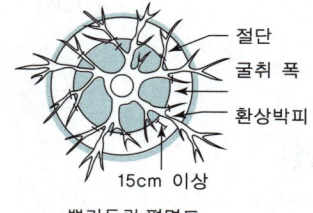

뿌리돌림 평면도

※ **T/R율** : 지상부(줄기, 가지)와 지하부(뿌리)의 비율을 말하며 대부분의 값은 1
※ **발근촉진제** : 루톤, 홀맥스콘

10 지주목 세우기

① 지주목 설치
  ㉠ 수목의 활착을 위하여 2m 이상의 교목에 요동 및 전도 방지 위해 설치
  ㉡ 지주목의 설치 형태는 수목의 규격과 위치 및 방법에 따라 결정
  ㉢ 가장 많이 사용하는 것은 삼발이지주과 사각지주
  ㉣ 삼발이지주는 안정되고 설치가 쉬우나 통행인이 많은 곳은 설치 불가
  ㉤ 통행인이 많은 곳은 삼각 또는 사각지주 설치

② 지주목 설치 시 고려사항
  ㉠ 주풍향, 지형 및 지반의 관계를 고려해 견고하고 아름답게 설치
  ㉡ 목재의 경우 내구성이 강한 것이나 방부 처리한 것을 사용
  ㉢ 수목 접촉 부위는 마대나 고무, 새끼, 마닐라로프 등의 재료로 손상 방지
  ㉣ 지주의 아랫부분을 30cm 정도 묻어 바람에 흔들림 방지

③ 지주의 종류와 특징
  ㉠ 단각지주
    • 묘목이나 1.2m 미만의 수목에 적용
    • 1개의 말뚝을 수간에 겹쳐서 박고 수간 고정
  ㉡ 이각지주
    • 1.2 ~ 2.5m의 수목에 적용
    • 'ㄷ' 자형으로 만들어 가로재에 수간 고정
    • 삼각지주나 사각지주의 사용이 곤란한 장소에 적합
  ㉢ 삼각지주
    • 포장지역에 식재하는 수고 1.2 ~ 5.5m의 수목에 적용
    • 수간 지지부를 삼각형 형태로 만들고 가로목과 중간목 배치
    • 미관상 필요한 곳에 설치
  ㉣ 사각지주
    • 삼각지주와 같은 형태나 지주의 추가비용이 요구
    • 수간 지지부를 사각형 형태로 만들고 가로목과 중간목 배치
    • 미관상 필요한 곳에 설치
  ㉤ 삼발이지주
    • 수고 2m 이상의 나무에 적용
    • 안정성이 높고 지주와 지표면의 각도는 45 ~ 75°
    • 사람의 통행이 많지 않고 경관상 주요 지점이 아닌 곳
    • 계형지주(울타리식 지주)
    • 수고 1.2 ~ 4.5m 정도의 같은 종류 수목의 군식에 사용
    • 수목끼리 서로 연결하여 사용
    • 지주목을 군데군데 박고 대나무, 통나무, 철선 등을 수평으로 연결
  ㉥ 당김줄형지주
    • 거목이나 경관적 가치가 특히 요구되는 곳에 설치

- 턴버클과 와이어 등을 이용해 설치
- 60° 정도의 경사각으로 세 방향으로 당겨서 지하에 고정하는 방법
ⓐ 매몰형지주
- 경관상 매우 중요한 곳이나 지주목이 통행을 방해하는 곳에 적용
- 땅속에서 뿌리분을 고정시키는 방법

11 이식 후 수목의 고사와 조경수목의 하자

① 이식 후 수목이 고사하는 이유
  ㉠ 이식 후 충분히 관수하지 않았을 경우
  ㉡ 이식 적기가 아닌 경우
  ㉢ 너무 깊이 심었을 때와 뿌리를 너무 많이 절단한 경우
  ㉣ 이식 전후의 입지 조건이 전혀 다를 경우
  ㉤ 노쇠목이나 병약목을 이식한 경우
  ㉥ 뿌리돌림이 필요한 수목을 그냥 이식한 경우
  ㉦ 뿌리 사이에 공간이 있어 바람이 들어가거나 햇빛에 말랐을 경우
  ㉧ 바람이나 동물에 의해 요동이 있을 경우
  ㉨ 지하에 각종 오염물이 있거나 지상에 공해가 심한 경우
  ㉩ 지엽의 증산량이 뿌리의 흡수량보다 많을 때와 과다 시비한 경우
  ㉪ 배수가 불량하고 지하수위가 높은 토양일 경우
② 조경수목의 하자
  ㉠ 조경공사 표준시방서의 기준상 수목은 수관부 가지의 약 2/3 이상이 고사하는 경우에 고사목으로 판정
  ㉡ 지피 및 초본류는 해당 공사의 목적에 부합되는가를 기준으로 감독자의 육안검사 결과에 따라 고사여부 판정

12 관목의 식재

① 열식 또는 군식할 위치를 새끼줄이나 소석회 등으로 표시

열식	• 차폐, 시선유도, 경계부식재, 둘러싸인 공간 등을 목적으로 식재 • 수관을 붙이거나 일정한 간격을 두고 열을 지어 식재 • 같은 수종과 비슷한 규격을 사용
군식	• 형태나 규모 제약 없이 기능과 아름다움 고려해 모아심기 • 다른 수종과 섞어 식재하기도 하고 다양한 규격 사용하기도 함 • 초점 강조를 위해 관목을 군식하기도 함

② 식재간격이 넓으면 하나씩 구덩이를 파서 식재
③ 식재간격이 좁은 열식은 도랑을 파고, 넓은 열식은 전면을 파 엎음
④ 줄을 맞추어 열식 시 기준 실에 맞추어 식재
⑤ 대면적의 군식은 중앙부에서 바깥쪽을 향해 식재해 나감

⑥ 2열 이상 식재할 경우 지그재그로 엇갈리게 식재
⑦ 맨뿌리를 식재할 때는 뿌리를 정리(자르기, 솎기)하여 식재
⑧ 뿌리 숱이 많은 경우 뿌리 사이에 흙이 충분히 채워지도록 함
⑨ 윗가지를 가지런히 전정하며, 열식의 경우에는 앞면도 다듬어 줌

2 잔디공사

1 잔디 지반 조성

① 표면 및 심토층 배수를 고려하여 습지가 생기지 않도록 유의
② 일반 잔디면은 표면 배수를 고려하여 2% 이상의 기울기 유지
③ 운동용 잔디면은 2% 이내의 배수면 유지 : 심토층 배수 고려
④ 돌이나 나무뿌리 등 장애물 제거 후 균일하게 표면 준비
⑤ 표면 준비로 제거되지 않는 잡초는 발아 전 제초제 등으로 제거
⑥ 사질양토로 pH 5.5 이상

2 종자번식

잔디의 녹화 속도는 느리지만, 대규모의 잔디밭을 고르게 조성하는데 효과적

① 종자의 발아 조건

잔디종류	난지형 잔디	한지형 잔디
발아적온	25 ~ 35℃	15 ~ 25℃
파종시기	5 ~ 6월	9 ~ 10월
토양조건	• 배수가 양호하고 비옥한 사질 토양이 적합 • 대부분의 잔디는 pH 6.0 ~ pH 7.0이 적합	

※ 난지형 잔디는 발아율이 낮아 영양번식을 주로 하며, 한지형 잔디는 발아율이 좋아 종자번식이 대부분을 차지함.

② 잔디의 파종 순서
　㉠ 경운 → 시비 → 정지 → 파종 → 복토(레이킹) → 전압 → 멀칭 → 관수

③ 파종 시행
　㉠ 종자를 반씩 나누어 반은 세로, 반은 가로 파종
　㉡ 특별한 경우가 아니면 복토는 하지 않으며, 종자의 50% 이상이 지표면 3mm 이내에 존재하도록 레이킹 실시
　㉢ 전압 : 레이킹 후 롤러로 전압하거나 발로 밟아 종자를 토양에 밀착
　㉣ 멀칭 : 비닐(한국잔디)이나 짚(서양잔디)으로 피복하여 습기 보존 및 종자 유실 방지

　※ 파종 전 처리
　　우리나라 들잔디의 경우 종피가 단단하여 발아가 잘 되지 않으므로 수산화칼륨(KOH) 20 ~ 25% 용액에 30 ~ 45분간 담가두었다가 물에 씻어낸 후 파종 실시

④ 종자뿜어붙이기
  ㉠ 종자분사 파종공법이라고도 하며, 단시간에 많은 면적 시공
  ㉡ 잔디식재가 불가능한 급경사면이나 암반이 많은 절개면 등을 녹화하기 위한 목적으로 시공
  ㉢ 하이드로시더(hydroseeder)나 모르타르건(mortar gun) 등의 기구를 이용하여 접착제(토양안정), 녹화기반제(배양토, 비료, 화이버, 펄프류, 종자), 색소(살포지와 미살포지 구분 및 시각적 위장), 물을 섞어 뿜어 붙이면 생육공간 및 지지기반 역할을 함

3 영양번식

잔디에 가로경이 있어서 떼를 형성하는 잔디 등에 적용하는 번식방법

① 번식 적기
  ㉠ 영양번식은 이식 후 관리만 잘하면 언제나 가능

한지형 잔디	9 ~ 10월과 3 ~ 4월
난지형 잔디(한국 잔디류)	4 ~ 6월 뗏장 피복 적기

② 번식방법
  ㉠ 뗏장 : 잔디의 포복경 및 뿌리가 자라는 잔디 토양층을 일정한 두께와 크기로 떼어낸 것
  ㉡ 뗏장심기 : 뗏장을 붙이는 방법으로 뗏장 사이의 간격에 따라 소요량과 조성 속도가 차이남. 줄눈은 어긋나게 심는 것이 좋음. 조성기간은 평떼를 제외하고 2 ~ 3년 소요
  ㉢ 풀어심기 : 잔디의 포복경(기는 줄기) 및 지하경을 땅에 묻어주는 것으로 파종에 의한 피복이 어려운 초종에 적용. 조성 기간은 2 ~ 3년 소요

구분		내용
풀어심기		포복경에 붙은 흙을 털어내어 산파하거나 5 ~ 10cm 정도의 간격을 띄어 식재
뗏장심기	평떼심기	식재대상지에 전면적으로 빈틈없이 붙이는 방법
	이음매심기	뗏장 사이에 일정한 간격을 두고 이어 붙이는 방법
	어긋나게심기	뗏장을 어긋나게 배치하여 붙이는 방법
	줄떼심기	뗏장을 10 ~ 30cm 간격으로 줄을 지어 붙이는 방법
롤잔디 붙이기		뗏장이 길어 롤상태로 운송되는 잔디

③ 잔디의 규격 및 식재기준

구분	규격(cm)	식재기준
평떼	30×30×3	1m²당 약 11장
	25×25×3	1m²당 16장
	20×20×3	1m²당 25장
	18×18×3	1m²당 약 30장
줄떼	10×30×3	1/2 줄떼 : 10cm 간격, 1/3 줄떼 : 20cm 간격

④ 잔디식재 시 주의사항
  ㉠ 바닥을 고른 후 뗏장을 깔고 모래나 양질의 흙을 덮기
  ㉡ 뗏장의 이음새와 가장자리 부분에 흙을 충분히 채울 것
  ㉢ 뗏밥도 뿌리고 무게 110 ~ 130kg의 롤러나 인력 다지기
  ㉣ 경사면 시공 시 경사면의 아래쪽에서 위쪽으로 붙여 나가며 뗏장 1매당 2개의 떼꽂이로 고정
⑤ 증자번식과 영양번식의 비교

장단점	종자번식	영양번식
장점	• 비용 저렴 • 균일, 치밀한 잔디 조성 가능 • 작업이 편리	• 짧은 시일내 잔디 조성 가능 • 공사시기 제한 거의 없음 • 조성공사가 매우 안정 • 경사지 공사 가능
단점	• 완성에 60 ~ 100일 정도 소요 • 정해진 시기에만 파종 가능 • 경사지 파종이 곤란	• 비용 고가 • 공사 기간이 비교적 오래 걸림

4 관수

① 새로 파종 및 식재한 잔디의 관수는 수적을 작게, 수압도 약하게 하여 관수
② 관수량과 관수 빈도는 온도와 일조 등 기후 조건에 따라 크게 좌우됨
③ 관수 시간은 오후 6시 이후 : 토양의 흡수가 원활하고 수분 유실 저하
④ 관수량은 1㎡당 6L 정도로 포지가 충분히 젖도록 관수

※ 수적 : 작은 물의 덩이

3 초화류 식재

1 초화류의 품질
① 새 잎이 많고 뿌리 발달이 충실하며 병충해의 피해가 없어야 함
② 이식이 잘 되고, 개화기간이 길어야 함
③ 토양, 대기, 환경 및 가뭄에 강한 것이 좋음

2 운반 및 보관
① 햇볕에 노출되지 않도록 천막 등을 덮어서 운반
② 공기가 잘 통하게 하고 너무 쌓아서 내부열이 발생하지 않도록 운반
③ 포트(pot)제품이 아닌 경우 분흙이 떨어지지 않도록 주의

3 식재시기
① 연중 식재가 가능하나 7 ~ 8월의 하절기와 12 ~ 2월의 동절기 피함
② 알뿌리의 경우 이른 봄부터 5월 이내 또는 11 ~ 2월 휴면기

4 식재방법
① 바람이 없고 흐린 날 꽃이 피기 시작하는 묘 식재
② 큰 면적의 화단은 중앙부터 변두리로 식재
③ 식재한 화초에 그늘이 지도록 태양을 등지고 심어나감
④ 흙이 밟혀 굳어지지 않도록 널빤지를 놓고 식재
⑤ 만개되었을 때를 생각하여 적당한 간격으로 식재

5 화단조성
① 화단을 설치하는 곳은 햇빛이 잘 들고 통풍이 잘될 것
② 토양은 배수가 잘되는 비옥한 사질양토가 적당
③ 토양이 불량할 경우 개량하거나 알맞은 토양으로 객토
④ 1년생 초화류가 화단 조성에 가장 많이 쓰임
⑤ 1년 중 꽃을 계속 보기 위해서는 3 ~ 5회 정도 모종을 교체
⑥ 칸나는 개화 전에 잎을 감상, 서리가 내릴 때까지 장기간 꽃이 개화
⑦ 화단 조성은 종자파종보다 꽃 모종을 갈아 심는 방법을 많이 이용
⑧ 꽃모종 식재 시 초종별 특성을 맞추어 식재간격을 조정

※ 구근(알뿌리)류와 숙근(여러해살이)류
　꽃이 탐스러우나 1년생에 비해 종묘비가 많이 들고 개화기까지 화단 점유기간이 긴 것이 단점

PART 04 예상문제

01 조경수목 중 일반적인 상록활엽수의 이식적기는?

① 이른봄과 장마철
② 여름과 휴면기인 겨울
③ 초겨울과 생장기인 늦은 봄
④ 늦은 봄과 꽃이 진 시기

02 다음 중 낙엽활엽수를 옮겨 심는데 가장 적당한 시기는?

① 증산이 활발한 생육기
② 증산량이 가장 적은 휴면기
③ 꽃이 피는 개화기
④ 장마기를 지난 생육 정지기

03 뿌리분의 크기는 일반적으로 근원 지름의 몇 배 정도가 적합한가?

① 2 ~ 3배　　② 4 ~ 6배
③ 7 ~ 8배　　④ 9 ~ 10배

04 근원직경이 10cm인 수목의 뿌리분을 뜨고자 할 때 뿌리분의 직경으로 적당한 크기는?

① 20cm　　② 40cm
③ 80cm　　④ 120cm

05 상록수를 옮겨심기 위하여 나무를 캐 올릴 때 뿌리분의 지름으로 가장 적합한 것은?

① 근원직경의 1/2배　　② 근원직경의 1배
③ 근원직경의 3배　　　④ 근원직경의 4배

06 뿌리분의 직경을 정할 때 그 계산식이 바른 것은?(단, A : 뿌리분의 직경, N : 근원직경, d : 상수)

① $A=24+(N-3)\times d$　　② $A=22+(N+3)\times d$
③ $A=26+(N-3)\times d$　　④ $A=20+(N+3)\times d$

07 느티나무의 수고가 4m, 흉고 지름이 6cm, 근원 지름이 10cm인 뿌리분의 지름 크기는 대략 얼마로 하는 것이 좋은가?(단, $A=24+(N-3)\times d$, d : 상수, 〈상록수 : 4, 낙엽수 : 5〉)

① 29cm　　② 39cm
③ 59cm　　④ 99cm

08 다음 중 뿌리분의 형태별 종류에 해당하지 않는 것은?

① 보통분　　② 사각분
③ 접시분　　④ 조개분

정답　01 ①　02 ②　03 ②　04 ②　05 ④　06 ①　07 ③　08 ②

09 뿌리분의 생김새 중 보통분은?(단, d : 뿌리 근원지름)

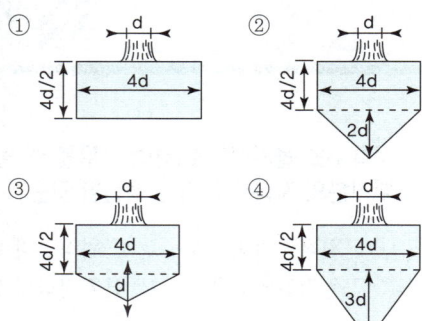

10 수목의 이식 시 조개분으로 분뜨기했을 때 분의 깊이는 근원직경의 몇 배 정도로 하는 것이 적당한가?

① 2배　　② 3배
③ 4배　　④ 6배

11 다음 중 보통분으로 뿌리분을 뜨고자 할 때 A 부분의 적당한 크기는?

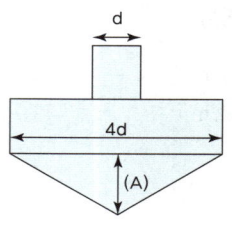

① 1/4d　　② d
③ 2d　　④ 1/2d

12 다음 중 뿌리분의 형태를 조개분으로 굴취하는 수종으로만 나열된 것은?

① 소나무, 느티나무
② 버드나무, 가문비나무
③ 눈주목, 편백
④ 사철나무, 사시나무

13 다음 새끼로 뿌리분을 감는 방법을 나타낸 그림 중 석줄 두 번걸기를 표현한 것은?

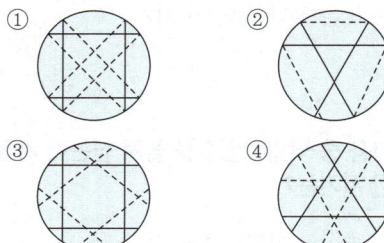

14 그림과 같은 뿌리분 새끼감기의 방법은?

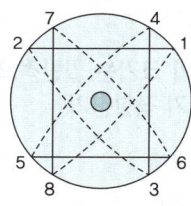

① 4줄 한 번 걸기　　② 4줄 두 번 걸기
③ 4줄 세 번 걸기　　④ 3줄 두 번 걸기

정답　09 ③　10 ③　11 ②　12 ①　13 ④　14 ①

15 수목의 굴취 방법에 대한 설명으로 틀린 것은?

① 옮겨 심을 나무는 그 나무의 뿌리가 퍼져 있는 위치의 흙을 붙여 뿌리분을 만드는 방법과 뿌리만 캐내는 방법이 있다.
② 일반적으로 크기가 큰 수종, 상록수, 이식이 어려운 수종, 희귀한 수종 등은 뿌리분을 크게 만들어 옮긴다.
③ 일반적으로 뿌리분의 크기는 근원 반지름의 4 ~ 6배를 기준으로 하며, 보통분의 깊이는 근원 반지름의 3배이다.
④ 뿌리분의 모양은 심근성 수종은 조개분 모양, 천근성 수종은 접시분 모양, 일반적인 수종은 보통분으로 한다.

16 수목의 총중량은 지상부와 지하부의 합으로 계산할 수 있는데, 그중 지하부분(뿌리분)의 무게를 계산하는 식은 W=V×K이다. 이 중 V가 지하부(뿌리분)의 체적일 때 K는 무엇을 의미하는가?

① 뿌리분의 단위체적 중량
② 뿌리분의 형상 계수
③ 뿌리분의 지름
④ 뿌리분의 높이

17 큰 나무이거나 장거리로 운반할 나무를 수송 시 고려할 사항으로 거리가 먼 것은?

① 운반할 나무는 줄기에 새끼줄이나 적적으로 감싸주어 운반 도중 물리적인 상처로부터 보호한다.
② 밖으로 넓게 퍼진 가지는 가지런히 여미어 새끼줄로 묶어 줌으로써 운반도중의 손상을 막는다.
③ 장거리 운반이나 큰 나무인 경우에는 뿌리분을 거적으로 다시 감싸주고 새끼줄 또는 고무줄로 묶어준다.
④ 나무를 싣는 방향은 반드시 뿌리분이 트럭 뒤쪽으로 오게 하여 실어야 내릴 때 편하다.

18 대형 수목을 굴취 또는 운반할 때 사용되는 장비가 아닌 것은?

① 체인블록   ② 크레인
③ 백호우   ④ 드래그라인

19 굴취해 온 나무를 가식할 장소로 적합하지 않은 곳은?

① 식재지에서 가까운 곳
② 배수가 잘 되는 곳
③ 햇빛이 드는 양지 바른 곳
④ 그늘이 많이 지는 곳

정답 15 ③ 16 ① 17 ④ 18 ④ 19 ③

20 이식할 수목의 가식장소와 그 방법의 설명으로 틀린 것은?

① 공사의 지장이 없는 곳에 감독관의 지시에 따라 가식 장소를 정한다.
② 그늘지고 점토질 성분이 풍부한 토양을 선택한다.
③ 나무가 쓰러지지 않도록 세우고 뿌리분에 흙을 덮는다.
④ 필요한 경우 관수시설 및 수목 보양시설을 갖춘다.

21 비탈면에 교목을 식재할 때 비탈면의 기울기는 어느 정도 완만하여야 하는가?

① 1 : 1   ② 1 : 1.5
③ 1 : 2   ④ 1 : 3

22 수목을 굴취한 이후 옮겨심기 순서로 가장 적합한 것은?

① 구덩이파기 → 수목넣기 → 2/3 정도 흙 채우기 → 물 부어 막대 다지기 → 나머지 흙 채우기
② 구덩이 파기 → 수목넣기 → 물붓기 → 2/3 정도 흙 채우기 → 다지기 → 나머지 흙 채우기
③ 구덩이 파기 → 2/3 정도 흙 채우기 → 수목넣기 → 물부어 막대기 다지기 → 나머지 흙 채우기
④ 구덩이 파기 → 물 붓기 → 수목넣기 → 나머지 흙 채우기

23 일반적으로 식재할 구덩이 파기를 할 때 뿌리분 크기의 몇 배 이상으로 구덩이를 파고 해로운 물질을 제거해얘 하는가?

① 1.5배   ② 2.5배
③ 3.5배   ④ 4.5배

24 다음 중 바람에 대한 이식 수목의 보호조치로 효과가 없는 것은?

① 큰 가지치기   ② 지주세우기
③ 수피감기   ④ 방풍막 치기

25 다음 중 식재할 경우 수간감기를 하는 이유 중 틀린 것은?

① 수간으로부터 수분 증산 억제
② 잡초발생 방지
③ 병충해 방지
④ 상해 방지

26 다음 중 줄기의 수피가 얇아 옮겨 심은 직후 줄기감기를 반드시 하여야 되는 수종은?

① 배롱나무   ② 소나무
③ 향나무   ④ 은행나무

정답 20 ② 21 ④ 22 ① 23 ① 24 ③ 25 ② 26 ①

27 소나무 이식 후 줄기에 새끼를 감고 진흙을 바르는 주된 이유는?

① 건조로 말라 죽는 것을 막기 위하여
② 줄기가 햇빛에 타는 것을 막기 위하여
③ 추위에 얼어 죽는 것을 막기 위하여
④ 소나무 좀의 피해를 예방하기 위하여

28 다음 중 녹화마대로 수피의 줄기를 감아주는 이유와 거리가 먼 것은?

① 월동벌레의 구제
② 수피의 수분 방출 효과
③ 냉해의 방지
④ 경제적인 약제의 살포

29 이식한 나무가 활착이 잘 되도록 조치하는 방법 중 옳지 않은 것은?

① 현장 조사를 충분히 하여 이식계획을 철저히 세운다.
② 나무의 식재방향과 깊이는 최대한 이식 전의 상태로 한다.
③ 유기질, 무기질 거름을 충분히 넣고 식재한다.
④ 주풍향, 지형 등을 고려하여 안정되게 지주목을 설치한다.

30 다음 중 수목의 식재 후 관리사항으로 필요 없는 것은?

① 전정　　② 뿌리돌림
③ 가지치기　④ 지주세우기

31 나무를 옮겨 심었을 때 잘려진 뿌리로부터 새 뿌리가 나오게 하여 활착이 잘되게 하는데 중요한 것은?

① 호르몬과 온도
② C/N율과 토양의 온도
③ 온도와 지주목의 종류
④ 잎으로부터의 증산과 뿌리의 흡수

32 뿌리돌림의 필요성을 설명한 것으로 거리가 먼 것은?

① 이식적기가 아닌 때 이식할 수 있도록 하기 위해
② 크고 중요한 나무를 이식하려 할 때
③ 개화결실을 촉진시킬 필요가 없을 때
④ 건전한 나무로 육성할 필요가 있을 때

33 수목을 옮겨심기 전 일반적으로 뿌리돌림을 실시하는 시기는?

① 6개월 ~ 1년 전　② 3개월 ~ 6개월
③ 1년 ~ 2년　　　④ 2년 ~ 3년

34 조경수목 중 낙엽수류의 일반적인 뿌리돌림 시기로 가장 알맞은 것은?

① 3월 중순 ~ 4월 상순
② 5월 상순 ~ 7월 상순
③ 7월 하순 ~ 8월 하순
④ 8월 상순 ~ 9월 상

정답 27 ④　28 ②　29 ③　30 ②　31 ④　32 ③　33 ①　34 ①

35 일반적으로 수목을 뿌리돌림할 때, 분의 크기는 근원지름의 몇 배 정도가 적당한가?

① 2배 ② 4배
③ 8배 ④ 12배

36 뿌리돌림의 방법으로 옳은 것은?

① 노목은 피해를 줄이기 위해 한 번에 뿌리돌림 작업을 끝내는 것이 좋다.
② 뿌리돌림을 하는 분은 이식할 당시의 뿌리분보다 약간 크게 한다.
③ 낙엽수의 경우 생장이 끝난 가을에 뿌리돌림을 하는 것이 좋다.
④ 뿌리돌림 시 남겨 둘 곧은 뿌리는 15 ~ 20cm의 폭으로 환상박피한다.

37 다음 중 큰 나무의 뿌리돌림에 대한 설명으로 거리가 먼 것은?

① 굵은 뿌리를 3 ~ 4개 정도 남겨둔다.
② 굵은 뿌리 절단 시 톱으로 깨끗하게 절단한다.
③ 뿌리돌림을 한 후에 새끼로 뿌리분을 감아두면 뿌리의 부패를 촉진하여 좋지 않다.
④ 뿌리돌림을 하기 전 수목이 흔들리지 않도록 지주목을 설치하여 작업하는 방법도 좋다.

38 지주목 설치 요령 중 적합하지 않은 것은?

① 지주목을 묶어야 할 나무 줄기 부위는 타이어튜브나 마대 혹은 새끼 등의 완충재를 감는다.
② 지주목의 아래는 뾰족하게 깎아서 땅속으로 30 ~ 50cm 정도의 깊이로 박는다.
③ 지상부의 지주는 페인트 칠을 하는 것이 좋다.
④ 통행인이 많은 곳은 삼발이형, 적은 곳은 사각지주와 삼각지주가 많이 설치된다.

39 많은 나무를 모아 심었거나 줄지어 심었을 때 적합한 지주 설치법은?

① 단각지주 ② 이각지주
③ 삼각지주 ④ 연결형 지주

40 지주세우기에서 일반적으로 대형의 나무에 적용하며, 경관적 가치가 요구되는 곳에 설치하는 지주 형태는?

① 이각형 ② 삼발이형
③ 삼각 및 사각지주 ④ 당김줄형

41 수목식재 후 지주목 설치 시에 필요한 완충재료로서 작업능률이 뛰어나고 내구성이 뛰어난 환경 친화적인 재료이며, 상열을 막기 위해 사용하는 것은?

① 새끼 ② 고무판
③ 보온덮개 ④ 녹화테이프

정답 35 ② 36 ④ 37 ③ 38 ④ 39 ④ 40 ④ 41 ④

42 잔디밭 조성 시 뗏장심기와 비교한 종자파종 방법의 이점이 아닌 것은?

① 비용이 적게 든다.
② 작업이 비교적 쉽다.
③ 균일하고 치밀한 잔디를 얻을 수 있다.
④ 잔디밭 조성에 짧은 시일이 걸린다.

43 우리나라 들잔디의 종자처리 방법으로 적합한 것은?

① KOH 20 ~ 25% 용액에 10 ~ 25분간 처리 후 파종한다.
② KOH 20 ~ 25% 용액에 20 ~ 30분간 처리 후 파종한다.
③ KOH 20 ~ 25% 용액에 30 ~ 35분간 처리 후 파종한다.
④ KOH 20 ~ 25% 용액에 1시간 처리 후 파종한다.

44 다음 중 파종잔디 조성에 관한 설명으로 잘못된 것은?

① 1ha당 잔디종자의 약 50 ~ 150kg 정도 파종한다.
② 파종시기는 난지형 잔디는 5 ~ 6월 초순경, 한지형 잔디는 9 ~ 10월 또는 3 ~ 5월 경을 적기로 한다.
③ 종방향, 횡방향으로 파종하고 충분히 복토한다.
④ 토양 수분 유지를 위해 폴리에틸렌필름이나 볏짚, 황마천, 차광막 등으로 덮어준다.

45 다음 [보기]의 잔디종자 파종작업들을 순서대로 바르게 나열한 것은?

㉠ 기비살포   ㉡ 정지작업
㉢ 파종   ㉣ 멀칭
㉤ 전압   ㉥ 복토
㉦ 경운

① ㉦ → ㉠ → ㉡ → ㉢ → ㉥ → ㉤ → ㉣
② ㉠ → ㉦ → ㉡ → ㉥ → ㉣ → ㉤ → ㉦
③ ㉡ → ㉢ → ㉤ → ㉥ → ㉠ → ㉣ → ㉦
④ ㉢ → ㉠ → ㉡ → ㉥ → ㉤ → ㉦ → ㉣

46 다음 중 초류종자 살포(종자 뿜어붙이기)와 관계 없는 것은?

① 종자   ② 피복제(화이버)
③ 비료   ④ 농약

47 다음 잔디에 뗏장을 입히는 방법 중 줄떼 붙이기 방법은?

정답 42 ④ 43 ③ 44 ③ 45 ① 46 ④ 47 ①

48 다음 중 화단의 꽃 심기 작업 설명으로 틀린 것은?

① 바람이 없고 흐린 날 심는다.
② 비교적 큰 면적의 화단은 중심부에서 바깥쪽으로 심어 나간다.
③ 식재한 화초에 그늘이 지도록 작업자는 태양을 등지고 심어 간다.
④ 묘를 심은 다음 발로 꼭 밟아준다.

49 화단에 초화류를 식재하는 방법으로 옳지 않은 것은?

① 식재할 곳에 1㎡당 퇴비 1 ~ 2kg, 복합비료 80 ~ 120g을 밑거름으로 뿌리고 20 ~ 30cm 깊이로 갈아 준다.
② 큰 면적의 화단은 바깥쪽부터 시작하여 중앙부위로 심어 나가는 것이 좋다.
③ 식재하는 줄이 바뀔 때마다 서로 어긋나게 심는 것이 보기에 좋고 생장에 유리하다.
④ 심기 한나절 전에 관수해 주면 캐낼 때 부리에 흙이 많이 붙어 활착에 좋다.

정답 48 ④ 49 ②

PART 05

조경관리

- Chapter 01 조경관리 일반
- Chapter 02 정지전정관리
- Chapter 03 거름주기
- Chapter 04 잡초방제
- Chapter 05 조경수목의 보호
- Chapter 06 병충해 방제
- Chapter 07 잔디관리
- Chapter 08 화단과 실내조경관리
- Chapter 09 조경시설물관리

조경관리 일반

1 조경관리의 뜻과 범위

1 조경관리의 뜻
① 조경관리 : 정원에서 공원에 이르기까지 조경공간의 모든 시설과 식물이 설계 의도에 따라 운영되고 이용자의 요구 기능을 항상 유지하면서 기능을 발휘할 수 있도록 관리하는 것
② 조경관리의 분야 : 유지관리, 운영관리, 이용관리

2 조경관리의 범위
① 작은 주택 정원부터 대규모 국립자연공원까지 조경공간에 형성되는 모든 조경 시설물과 자연물
② 개인 정원, 학교 정원, 자연 공원, 도시 공원, 공공건물, 학교, 공장
③ 조경의 설립목적과 기능에 맞게 관리해야 함

3 조경관리 과정
① 서비스 개시 → ② 기능의 유지, 확보 → ③ 개선 → ④ 개조

2 조경관리의 구분

유지관리	• 조경수목과 시설물의 목적한 기능과 서비스를 원활히 제공하기 위한 것 • 식재된 수목, 초화류, 잔디, 야생식물, 기반 시설물, 편익 및 유희시설물, 건축물
운영관리	• 유지관리에 의하여 얻어지는 구성요소에 대한 이용의 기회를 제공하는 방법적인 것 • 예산, 재무제도, 조직, 재산 등의 관리
이용관리	• 이용자 행태와 선호를 조사, 분석 • 프로그램 개발, 홍보 및 이용에 대한 기회를 증대 • 안전관리, 이용지도, 홍보, 행사 프로그램 주도, 주민참여 유도

3 유지관리

1 유지관리 체계
① 조경의 기능 유지 감소요인의 제거 : 자연공원의 불편 요인의 제거, 시가지의 안전성 저해 요인 제거, 도심지의 쾌적성 저해 요인 제거 등
② 조경시설물 기능의 증대 : 창조성, 다양성, 심미성, 쾌적성, 편리성, 경제성, 건전성, 보건성, 안전성 등의 기능이 증대되게끔 체계를 세움

2 유지관리 내용
① 정원 내의 길과 광장 등의 진입시설
② 정원수, 잔디, 화단
③ 휴게소, 의자, 퍼걸러 등의 휴양시설
④ 그네, 미끄럼대, 모래터 등의 놀이시설
⑤ 야구장, 테니스장, 수영장 등의 운동시설
⑥ 식물원, 동물원, 야외극장 등의 교양시설
⑦ 주차장, 화장실, 식수대 등의 편익시설
⑧ 문 울타리, 조명시설 등

3 유지관리의 특성
① 생명이 있는 나무, 잔디, 꽃 등의 식물을 주 대상으로 조경의 기능을 유지해야 하기 때문에 토목, 건축과 크게 다름
② 유지관리의 범위 : 정기적 순회 점검, 청소, 조경시설의 손질과 보수, 사회 경제 및 사회적 변화에 대한 조경의 개조 및 관리 등

4 조경관리 작업의 종류

정기 작업	청소, 점검, 수목의 전정, 시비, 병충해 방제, 월동관리, 페인트 칠 등
부정기 작업	죽은 나무의 제거 및 보식, 시설물의 보수, 토양개량, 세척 등
임시 작업	태풍, 홍수 등의 기상 재해로 인한 피해 복구

5 연간관리계획

① 계획 수립 시 필요한 조건
  ㉠ 환경조건 : 지형, 토양 성질, 기온, 일조시수, 강우량 등
  ㉡ 시설조건 : 시설의 종류, 목적, 형태, 규모 재질, 건축연수
  ㉢ 그 밖의 조건 : 경비, 제도, 시설 조건 등의 발견

② 관리의 시간적 계획
  ㉠ 장기계획 : 15 ~ 30년, 시설구조물 등
  ㉡ 단기계획 : 2 ~ 3년 간격, 페인트칠, 보수계획
  ㉢ 연간계획 : 식물관리(전정, 병충해 방제 등)

③ 연간작업계획
  ㉠ 작업종류의 선정 : 정기작업, 부정기작업, 임시작업
  ㉡ 작업계획의 수립 : 작업의 중요도에 따른 우선 순위, 용역 위탁의 결정
  ㉢ 작업시기의 선정 : 봄, 여름, 가을, 겨울 및 기상 자료 활용

④ 장기적 유지관리계획
  ㉠ 시설물, 나무 등 5 ~ 10년간의 장기계획 수립 필요함

⑤ 단기적 유지관리계획
  ㉠ 정기적 관찰, 점검, 청소와 연간계획을 실시하면서 생기는 변화에 대한 조치

⑥ 그 밖의 고려사항
  ㉠ 유지 보수 시에 이용자 수, 소음, 대체 시설 등에 대한 고려와 대책 필요

6 연간작업계획표

① 수목의 연간작업계획표

작업의 종류		횟수(회)	월별작업내용												소요자재	작업기구, 기계
			1	2	3	4	5	6	7	8	9	10	11	12		
보식		1			─	─									정원수, 물	
전정	토양다듬기	2					─	─	─	─					도포제, 끈	전정가위, 정리가위, 꽃가위, 전정 톱, 고지가위, 산울타리 전정기, 사다리
	가지 정리	1	─	─												
	순 자르기	1					─	─								
	가지 솎기	1	─	─	─	─	─	─	─	─	─	─				
	묵은잎따기	1		─	─											
	꽃, 열매따기	2				─	─			─						
거름주기		3	─	─			─					─	─		두엄, 비료	삽, 일륜차
병해충	약제 살포	수시			─	─	─	─	─	─					농약, 끈, 잠복용거적	분무기, 전정가위
	잠복소	2							─			─	─			
제 초		수시			─	─	─	─	─	─	─	─				호미
방한	줄기싸기	1	─	─	─								─	─	짚, 끈, 새끼말뚝, 끈	전정가위, 삽
	방풍막	1											─	─		
관 수		수시			─	─	─	─	─	─	─					스프링클러
수목의 보호	외과 수술	1					─	─	─						인공수지, 도포제, 소독약, 수간주입액, 영양제, 새끼, 삽	끌, 망치 수간주입기, 송곳, 톱, 분무기, 삽, 전정가위, 칼
	수간 주입	1					─	─	─							
	엽면 시비	수시					─	─	─							
	줄기 감기	1				─										
	뿌리 절단	1				─										
	멀 칭	1	─	─												
재해 대책		수시	─	─	─	─	─	─	─	─	─	─				
지주목 보수		2		─					─	─					말뚝, 끈	망치

② 잔디의 연간작업계획표

작업의 종류	횟수(회)	1	2	3	4	5	6	7	8	9	10	11	12	소요자재	작업기구, 기계
잔디 깎기	6					─	─	─	─	─	─				론모워, 레이크
제 초	수시			─	─	─	─	─	─	─	─			제초제	포크, 분무기
거름 주기	5~8			─	─	─	─	─	─	─	─			비료	리어카, 삽
뗏밥 주기	3			─			─			─					리어카, 삽
병충해 방제	수시				─	─	─	─	─	─	─			농약	분무기
관 수	수시				─	─	─	─	─	─	─				스프링클러
갱 신	1			─	─	─								떼	삽, 괭이, 롤러
브러싱	1			─											레이크
동기 작업	1			─											포크, 스파이크
재해 대책	수시	─	─	─	─	─	─	─	─	─	─	─	─		

③ 화단관리 연간작업계획표

작업의 종류	횟수(회)	1	2	3	4	5	6	7	8	9	10	11	12	소요자재	작업기구, 기계
화단 디자인	1	─	─											방안지	필기도구
모종기르기	연중	─	─	─	─	─	─	─	─	─	─	─	─	비닐하우스	경운기
화단 경운	5			─	─		─		─		─			토양소독제	삽, 괭이
밑거름주기	5			─	─		─		─		─			계분, 비료	리어카, 삽
모종 정식	연중			─	─	─	─	─	─	─	─	─	─	꽃묘	물, 모종삽
병충해 방제	수시				─	─	─	─	─	─	─			농약	분무기
관 수	수시				─	─	─	─	─	─	─				스프링클러
제 초	수시			─	─	─	─	─	─	─	─				호미
월동 대책	1											─		짚, 새끼	전정가위, 삽
재해 대책	수시	─	─	─	─	─	─	─	─	─	─	─	─		

④ 시설물 연간작업관리 계획표

구분		항목	월별작업내용												비고
			1	2	3	4	5	6	7	8	9	10	11	12	
정기적 관리작업	점검	순회 점검	─	─	─	─	─	─	─	─	─	─	─	─	경미한 수선 포함
		안전 점검					─	─		─					태풍 전
	계획, 수선	전면 도장		─	─	─									한랭지는 4월
		도로의 보수													봄 또는 가을
	청소	청소	─	─	─	─	─	─	─	─	─	─			매일 또는 정기적
		부분수선 교체				─	─								시설 또는 공정별
비정기적 관리작업	일반수선	개량, 신설				─	─								계획수립 실시
	재해대책	방제 공사							─		─	─			안전 점검 직후
		재해복구 공사								─		─			재해 직후
	하자대책	하자 조사	─	─	─	─	─	─	─	─	─	─			준공 1~2년 후
		하자 공사					─	─	─						하자 조사 후

7 관리 안전 대책

① 폭풍우에 의한 홍수 범람 : 배수시설 점검, 청소, 대체 작업 및 옹벽 등의 붕괴에 대비
② 전기시설이 파손될 경우 : 정기적 점검 및 우발적 사고 대비
③ 수도시설이 파손될 경우 : 급수관 점검
④ 강풍에 대한 대책 : 천근성수종, 잘 쪼개지는 나무의 조치와 기왓장, 간판 등의 날릴 위험 대비
⑤ 기타 : 응급 대책 및 복구 대책에 대한 조치

4 운영관리

1 직영방식

① 재빠른 대응이 필요한 업무
② 연속해서 행할 수 없는 업무
③ 진척 상황이 명확하지 않고, 검사하기 어려운 임무
④ 금액이 적고 간편한 업무
⑤ 일상적으로 행하는 유지관리 업무

장 점	단 점
• 관리 책임이나 책임 소재 명확 • 긴급한 대응 가능(즉시성) • 관리 실태의 정확한 파악 • 관리자의 취지가 확실히 발현 • 임기응변적 조치 가능(유연성) • 이용자에게 양질의 서비스 가능 • 관리효율의 향상에 노력	• 업무의 타성화 • 관리직원의 배치전환 곤란 • 인건비의 필요 이상 소요 • 인사 정체의 우려 • 관리비의 상승 우려 • 업무 자체의 복잡화

2 도급방식

① 장기에 걸쳐 단순작업을 행하는 업무
② 전문지식, 기능, 자격을 요하는 업무
③ 규모가 크고, 노력과 재료 등을 포함하는 업무
④ 관리 주체가 보유한 설비로는 불가능한 업무
⑤ 직영의 관리 인원으로는 부족한 업무

장 점	단 점
• 규모가 큰 시설 등의 효율적 관리 • 전문가의 합리적 이용 • 단순화된 관리 • 전문적인 양질의 서비스 • 장기적인 안정과 관리비용 절감	• 책임 소재나 권한의 범위 불명확 • 전문업자의 활용 가능성 불충분

5 이용관리

1 공원의 주민 참가 단계

① 비참가 → ② 형식적 참가 → ③ 시민권력의 단계

비참가 단계	조작, 치료
형식참가 단계	정보제공, 상담, 유화
시민권력의 단계	파트너십, 권한위양, 자치관리

※ 주민참가의 궁극적 목적은 주민의 정책에의 참가이며, 자주 관리라 할 수 있다.

2 사고의 종류

설계 하자에 의한 사고	• 시설의 구조 자체의 결함에 의한 것 • 시설설치의 미비에 의한 것 • 시설배치의 미비에 의한 것
관리 하자에 의한 사고	• 시설의 노후, 파손에 의한 것 • 위험장소에 대한 안전대책 미비에 의한 것 • 시설배치의 미비에 의한 것 • 위험물 방치에 의한 것
이용자의 부주의에 의한 사고	• 자신의 부주의, 부적정 이용에 의한 사고 • 유아, 아동의 감독, 보호 불충분에 의한 것 • 행사 주최자의 관리 불충분에 의한 것

3 안전대책

설계 하자에 대한 대책	• 구조, 재질상 안전에 대한 결함 시 철거 또는 개량조치 • 설치, 제작에 문제가 있을 때는 보강 조치
관리 하자에 대한 대책	계획적, 체계적으로 순시, 점검하고 이상이 발견될 경우 신속한 조치가 가능한 체계 확립 • 시설의 노후 파손에 대해서는 시설의 내구 년수 파악 • 부식, 마모 등에 대한 안전기준의 설정 • 시설의 점검 포인트 파악 • 위험장소의 여부 판단 및 감시원, 지도원의 적정 배치 • 위험을 수반하는 유희시설은 안내판, 방송에 의한 이용 지도
부주의에 대한 대책	• 빈번한 사고 발생 시 시설개량 및 안내판 이용 지도 • 정기적인 순시, 점검 • 이용 상황, 시설의 이용 방법 등 관찰 및 상세보고서 작성
자연재해에 의한 사고방지 대책	• 폭우에 의한 침수 및 강풍에 의한 사전 예방조치

정지전정관리

1 정지전정의 기초

1 정지전정의 효과
① 수관을 구성하는 주지와 부주지, 측지를 균형있게 발육
② 수관 내의 햇빛과 통기로 병충해 억제 및 가지의 발육 촉진
③ 화목이나 과수의 경우 충실한 개화와 결실 유도
④ 도장지나 허약지 등을 제거하여 건전한 생육 도모
⑤ 수목의 형태 및 크기의 조절로 정원, 건축물의 조화 도모
⑥ 수목의 기능적 목적인 차폐, 방화, 방풍, 방음 효과의 제고
⑦ 강한 바람에 가지가 손상되거나 쓰러지는 것 방지

2 전정의 유형
① 전정 : 나무의 관상, 개화결실, 생육조절 등 조경수의 건전한 발육을 위해 가지나 줄기의 일부를 잘라내는 정리작업
② 정지 : 수목의 수형을 영구히 유지 또는 보존하기 위하여 줄기나 가지의 생장을 조절하여 목적에 맞는 수형을 인위적으로 만들어가는 기초정리작업
③ 정자 : 나무 전체의 모양을 일정한 양식에 따라 다듬는 것

3 전정의 종류
① 약전정 : 수관 내의 통풍이나 일조 상태의 불량에 대비하여 밀생된 부분을 솎아내거나 도장지 등을 잘라내어 수형을 다듬음
② 강전정 : 굵은 가지 솎아내기 및 장애지 베어내기 등으로 수형을 다듬음
③ 봄, 여름, 가을은 생장기, 에너지 축적기, 생장 준비기로 강전정을 하면 수세가 약해지므로 피하고, 겨울은 수목의 휴면기간으로 강전정을 해도 무방하나 너무 심한 강전정은 주의
④ 생장이 완성한 유목은 강전정, 노목은 약전정을 하는 것이 좋음

2 정지전정의 분류

1 조형을 위한 전정
① 수목 본래의 특성 및 자연과의 조화미, 개성미 등을 이용
② 예술적 가치와 미적 효과 발휘
③ 수목의 각 부분의 균형 생장을 위한 도장지 등을 제거

2 생장을 조정하기(돕기) 위한 전정
① 병충해 입은 가지나 고사지, 손상지 등을 제거
② 묘목 육성 시 곁가지나 곁가지의 끝을 다듬어 키의 생장 촉진
③ 추위에 약한 수목의 주간을 잘라 주어 곁가지의 생육 강화

3 생장을 억제하기 위한 전정
① 수목의 일정한 형태 유지
  ㉠ 산울타리 다듬기, 소나무 새순 자르기, 상록활엽수의 잎사귀 따기 등
  ㉡ 침엽수와 상록활엽수의 정지, 전정 작업
② 필요 이상으로 자라지 않게 전정 : 작은 정원의 녹음수, 가로수 등
③ 맹아력이 강한 수종은 굵은 가지의 길이를 줄여 성장 억제

4 갱신을 위한 전정
① 맹아력이 강한 활엽수가 늙어 생기를 잃거나 개화 상태가 불량 수종
② 묵은 가지를 잘라 새로운 가지가 나오게 하기 위한 것

※ 맹아력 : 식물이 새로 싹이 트는 힘
  1. 맹아력이 강한 수종 : 느티나무, 양버즘나무, 배롱나무, 모과나무
  2. 맹아력이 약한 수종 : 소나무, 단풍나무, 낙우송, 왕벚나무

5 생리 조정을 위한 전정
① 대형목 이식 시 : 뿌리 절단 양만큼 줄기를 전정하여 수분량과 증산량과의 균형 유지
② 늙고 병든 나무의 수세 회복을 위한 새 가지로 갱신 유도할 때 실시하는 전정

6 개화, 결실을 촉진시키기 위한 전정
① 과수나 화목류의 개화 촉진 : 매화나무(개화 후 전정), 장미(수액 유동 전)
② 결실 : 감나무(개화 후 전정) : 해거리 방지
③ 개화와 결실 동시 촉진 : 개나리, 진달래 등(개화 후 전정), 배나무(3년 앞을 보고 전정), 사과나무(뿌리의 절단 및 환상 박피, 척박지 개량)

※ 목적에 따른 전정시기

구분	전정적기
수형 위주의 전정	3 ~ 4월 중순, 10 ~ 11월 말
개화 목적의 전정	개화 직후(꽃이 진 직후)
결실 목적의 전정	수액이 유동하기 전
수형 축소 및 왜화	이른 봄 수액이 유동하기 전

※ C/N율(탄질율)
식물체 내의 탄수화물(C)과 질소(N)의 비율로 가지의 생장, 꽃눈의 형성 및 열매에 영향. C/N율이 높으면 화성을 유도하고, C/N율이 낮으면 영양생장이 계속

※ 해거리현상
한 해를 걸러서 열매가 많이 열리는 현상. 한 해에 열매가 많이 열리면 나무가 약해져서 그 다음 해에는 열매가 거의 열리지 않음

※ 질소기아현상
C/N율이 높은(탄소의 비율이 높은) 유기물을 넣으면 미생물이 원래 토양에 있는 질소를 빼앗아 이용하여 질소가 부족해지는 현상

3 수형의 종류

1 자연수형

① 원통형 : 아래로부터 위까지 같은 너비의 수관폭으로 자라는 것으로 삼나무, 측백나무, 포플러 등
② 원뿔형(원추형) : 초단이 뾰족하고 전체가 길쭉하며 정연한 삼각형을 이룬 수형으로 침엽수에 많음. 전나무, 삼나무, 독일가문비, 낙엽송, 금송, 히말라야시다 등
③ 수양형 : 수양버드나무, 수양벚나무 등
④ 타원형 : 아랫가지나 아랫잎이 말라 올라가지 않는 성질을 가진 수종으로 녹나무, 동백나무, 느릅나무류, 치자나무, 박태기나무 등
⑤ 구형 : 관목성의 나무에서 찾아볼 수 있는 수관형으로 반송, 사쯔끼 철쭉, 수국 등
⑥ 술잔형 : 수관 상단부가 대체로 평면을 이루거나 큰 곡선을 그림, 느티나무, 계수나무 등
⑦ 부정형 : 일정한 형태가 정해지지 않은 자연 수형, 배롱나무, 단풍나무 등
⑧ 덩굴형 : 등나무, 덩굴장미, 위령선, 멀꿀

2 인공수형

① 토피어리 : 동물모양, 글자 등 일정한 형태를 갖도록 인위적으로 전정한 것
② 폴라드형 : 굵은 줄기를 사슴뿔 모양으로 잘라 새싹을 내는 수형, 맹아력이 큰 가로수에 적용함
③ 산옥형 : 크기가 불규칙하게 둥근 모양으로 깎아 모양을 내는 전정법, 향나무에 많이 이용함

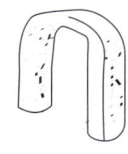

토피아리형

4 수목의 생장 및 전정원리

1 뿌리의 생장 시기

① 보통 3 ~ 4월에 시작하여 6 ~ 7월에 최고 생장
② 9월 상순에 두 번째로 최고의 뿌리 활동

2 지상부의 생장

1회 신장형	• 4 ~ 6월 새싹이 나와 자라다가 생장이 멈춘 후 양분의 축척이 일어나는 형태 • 소나무, 잣나무, 은행나무, 너도밤나무, 낙엽 과수류
2회 신장형	• 6 ~ 8월 또는 8 ~ 9월에 또 한 차례의 신장생장이 일어난 후 양분이 축척되는 형태 • 철쭉류, 사철나무, 쥐똥나무, 편백, 화백, 삼나무 등

3 수목의 개화 습성

당년생 가지에 개화	장미, 무궁화, 배롱나무, 능소화, 대추나무, 포도, 감나무
2년생 가지에 개화	매화류, 수수꽃다리, 개나리, 박태기나무, 벚나무, 수양버들, 목련, 진달래, 철쭉류, 복숭아, 생강나무, 산수유, 앵두나무, 살구나무
3년생 가지에 개화	사과나무, 배나무, 명자나무(산당화)
가지 끝에 꽃눈 부착	자목련, 치자나무, 철쭉류, 백당화
곁눈에 꽃눈 부착	명자나무, 목서류, 벚나무, 매화나무, 복숭아, 조팝나무
가지 끝과 곁눈에 꽃눈 부착	개나리, 동백, 모란, 수국, 무궁화, 싸리, 능소화

4 수목의 생장 습성

① 정아 우세의 법칙 : 가지 끝쪽의 눈이 우세하게 신장하는 나무 → 전정 시 자른 바로 밑의 눈에서 강한 새싹이 나옴(교목성 수목, 직립형 나무가 이에 해당)
② 밑가지 우세 및 선단지 열세의 법칙 : 정아 우세와는 반대로 밑 눈에서 강한 싹이 나옴 → 개장형나무, 늙은 나무
③ 수액 상승의 법칙과 수액 압력의 법칙
　㉠ 수액 상승의 법칙 : 가지가 수평이 되면 세력이 약해지고 위로 뻗치면서 우세하게 자람
　㉡ 수액 압력의 법칙 : 굵은 줄기에서 가는 줄기로 줄어들 때 도장지나 새가지가 쉽게 나옴
④ 지상부・지하부 조화의 법칙 : 지하부 흡수량과 지상부 증산량의 같은 비율 유지

※ 개장형 : 옆으로 넓혀지기 쉬운 성장 특성

5 수목의 전정시기

시기	수종	전정방법
봄전정 (4, 5월)	상록활엽수(감탕나무, 녹나무)	잎이 떨어지고 새잎이 날 때
	침엽수(소나무, 반송, 섬잣나무)	순지르기(5월 상순)
	봄 꽃나무(진달래, 철쭉, 목련 등)	꽃이 진 후 곧바로 전정
	여름 꽃나무(무궁화, 배롱나무, 장미)	눈이 움직이기 전에 이른 봄 전정
	산울타리(향나무류, 회양목, 사철나무)	5월 말
	과일나무(복숭아, 사과, 포도 등)	이른 봄 전정
여름전정 (6~8월)	낙엽활엽수(단풍나무류, 자작나무)	강전정은 피함, 수광, 통풍 개선
	일반수목	도장지, 포복지, 맹아지 제거
	덩굴성 등나무	너무 신장하면 꽃눈 분화, 광합성 곤란
가을전정 (9~11월)	낙엽활엽수 일부	가벼운 전정-강전정은 동해 우려
	상록활엽수 일부	남부지방에서 적기 - 강전정 피함
	침엽수 일부	묵은 잎 제거
	산울타리	2회 정도 전정
겨울전정 (12~3월)	일반수목	수형을 위한 강전정 - 굵은 가지 전정
	여름 꽃나무(무궁화, 배롱나무, 장미)	꽃눈 분화 이전 이른 봄에 완료
	낙엽수의 불필요한 가지	낙엽이 진 후 가지 식별 가능 - 전정 용이
	과수(복숭아, 사과, 포도)	이른 봄 전정

① 겨울 전정이 가장 중요한 이유
　㉠ 낙엽수의 경우 가지의 배치나 수형이 잘 나타남
　㉡ 휴면 중이라 전정의 영향을 거의 받지 않음
　㉢ 병해충 피해 가지 발견이 쉬움
　㉣ 작업이 쉬움
　㉤ 휴면 중에 부정아 발생이 없어 멋있는 수형을 오래 관상

② 겨울 전정 시 고려사항
  ㉠ 봄에 싹이 빨리 나오는 수종 : 전정을 빨리 끝냄 → 단풍
  ㉡ 봄에 싹이 늦게 나오는 수종 : 단풍보다 전정이 약간 늦어도 됨 → 배나무
  ㉢ 상록활엽수는 추위에 약하므로 강전정을 피함
  ㉣ 같은 수종일지라도 따뜻한 곳에 식재된 나무는 일찍 전정
  ㉤ 눈이 많은 곳은 눈 녹은 후에 전정
③ 전정을 하지 않는 수종

전정을 하지 않는 수종	침엽수 : 독일가문비, 금송, 히말라야시다, 나한백
	상록활엽수 : 동백나무, 치자나무, 굴거리나무, 녹나무, 태산목, 만병초, 팔손이, 다정큼나무, 월계수
	낙엽활엽수 : 느티나무, 벚나무, 팽나무, 회화나무, 참나무류, 푸조나무, 백목련, 백합나무, 수국, 떡갈나무, 해당화

※ 꽃나무는 화아분화기가 대부분 7 ~ 8월이므로 6월 중에 전정을 하여야만 이듬해 꽃이 핌

6 전정 횟수 및 전정 적기

① 전정 횟수
  ㉠ 침엽수 : 한 번
  ㉡ 상록수 중 맹아력이 큰 나무 : 3회(5 ~ 6월, 7 ~ 8월, 9 ~ 10월)
  ㉢ 상록수 중 맹아력이 보통인 나무 : 2회(5 ~ 6월, 9 ~ 10월)
  ㉣ 낙엽수 : 2회(12 ~ 3월, 7 ~ 8월)
② 수종별 전정 시기
  ㉠ 침엽수의 전정 적기 : 10 ~ 11월 또는 이른 봄
  ㉡ 상록수의 전정 적기 : 5 ~ 6월, 9 ~ 10월
  ㉢ 낙엽수의 전정 적기 : 11 ~ 3월, 7 ~ 8월
  ㉣ 꽃나무의 전정 적기 : 화아분화 1 ~ 2개월 전 또는 꽃이 진 직후
  ㉤ 산울타리 전정 적기 : 5 ~ 6월, 9월

7 전정 순서와 전정할 가지

① 전정 순서
  ㉠ 전체 수형 스케치
  ㉡ 위에서 아래로, 밖에서 안으로 전정
  ㉢ 굵은 가지 먼저 전정하고 가는 가지 순으로 전정
② 전정할 가지
  ㉠ 도장지 : 수형과 통풍에 방해를 줌
  ㉡ 안으로 향한 가지 : 통풍방해, 수형 나쁨
  ㉢ 고사지, 병충해 입은 가지
  ㉣ 아래로 향한 가지 : 수형을 나쁘게 함

ⓜ 줄기에 움돋은 가지 : 줄기 중간이나 땅에 접한 부위의 움돋은 가지
ⓗ 교차한 가지 : 주가 되는 굵은 가지와 서로 교차되는 가지
ⓢ 평행지 : 같은 장소에서 같은 방향으로 평행하게 난 가지
ⓞ 신초 : 맨 위에 신초는 하나만 남김

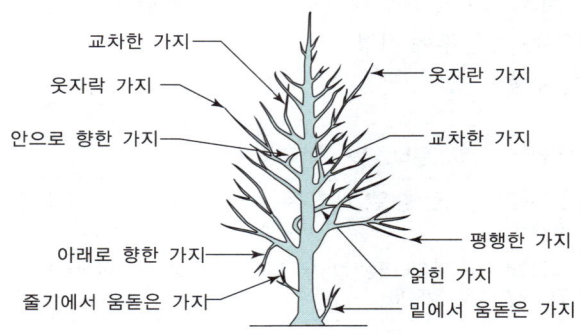

5 전정방법

1 전정도구 및 사용법

도구	기능과 특성
사다리	• 손이 닿지 않는 큰 나무의 윗부분의 전정을 위해 • 마대, 크레인을 이용하기도 함
톱	• 큰 가지 또는 썩거나 병충해를 입은 노목을 갱신하기 위해 제거할 때 • 대지용 : 길이(36~45cm), 날의 폭(6cm) • 소지용 : 길이(25~30cm), 날의 폭(4~5cm) • 고지톱 : 지름(2~10cm), 톱을 대나무에 묶어서 자름 • 엔진톱 : 썩거나 병충해를 입은 10cm 이상의 가지 → 엔진톱 이용
전지가위	• 조경수목, 분재전정, 지름 3cm 정도의 가지에는 길이가 18~20cm 정도가 편리 • 사용법 : 지름 1cm 이하인 가지는 전정가위 날 사이에 넣어 단번에 자름. 날을 비틀거나 비집어 흔들지 않기 • 1cm 이상(두꺼운 가지) : 날을 크게 벌려 받쳐주는 날 쪽으로 수직으로 돌리면서 자름. 앞으로 끌어 당기면서 자름
적심가위, 순치기가위	• 연하고 부드러운 가지나 끝순, 햇순, 수관 내의 가늘고 약한 가지를 자를 때 사용
적과가위, 적화가위	• 꽃눈, 열매를 솎을 때, 과일의 수확에 사용
고지가위	• 높은 곳의 가지나 열매를 채취하기 위해(갈고리 전정가위) 사용
긴 자루 전정가위	• 자르기 힘든 지름 3cm 이상의 굵은 가지를 자를 때
산울타리 전정가위	• 전장(50~100cm), 날의 길이(15~20cm)가 적당 • 수관을 둥글게 하려면 날의 방향을 하향으로 전정
동력식 전정기	• 엔진식, 전동식 2가지가 있음
혹가위 및 보조용 칼	• 자른 부위를 병충해와 썩음으로부터 방지하거나 상처 부위를 빨리 아물게 하기 위해 그 부분을 도려내어 접을 붙임

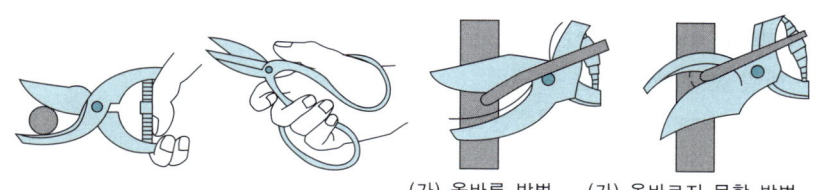

전정가위의 올바른 사용법

2 굵은 가지 자르기(10cm 이상)

① 일반적으로 침엽수와 낙엽수는 봄눈이 움직이기 전이 적당
② 단풍나무는 11월 ~ 12월 상순, 상록활엽수는 4월 상순 또는 중순이 적당
③ 강풍으로 인한 절손의 피해 시 바로 실시
④ 절단면이 넓을 경우 감염 및 부패를 막기 위해 방수 도료나 덮개 시공
⑤ 굵은 가지 절단 방법

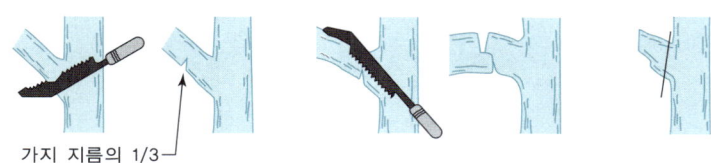

　㉠ 주간(줄기)에서 10 ~ 15cm 떨어진 곳의 아래 쪽을 가지 지름의 1/3 깊이까지 톱질
　㉡ 톱질한 곳에서 가지의 끝 쪽으로 떨어진 곳을 위에서 아래 방향으로 절단
　㉢ 남은 가지의 밑동을 톱으로 절단

3 지륭과 지피융기선

① 지륭
　㉠ 가지의 하중을 지탱하기 위하여 가지의 하단부에 생기는 불룩한 조직
　㉡ 화학적 보호층을 가지고 있어 나무의 방어체계를 구성하는 부분
　㉢ 목질부를 보호하기 위하여 화학적 보호층을 가지고 있기 때문에 전정 시 제거하지 않도록 주의
② 지피융기선
　㉠ 줄기와 가지의 분기점에 있는 주름상 모양의 융기된 부분
　㉡ 줄기조직과 가지조직을 갈라놓는 경계선

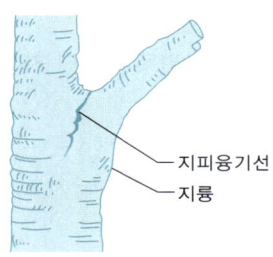

4 가지길이 줄이기(마디 위 자르기)
① 반드시 바깥 눈 위에서 자름
② 바깥 눈 7 ~ 10㎜ 위쪽 눈과 평행한 방향으로 비스듬히 자름
③ 눈과 너무 가까우면 눈이 말라 죽고, 너무 비스듬하면 증산량이 많아지며, 너무 많이 남겨두면 양분의 손실이 큼

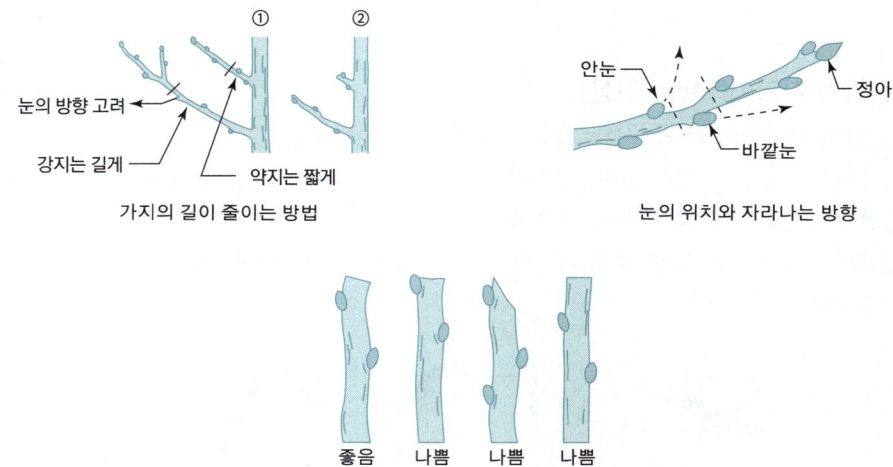

5 가지솎기
① 나뭇가지는 좌우 대칭으로 배치되도록 솎음
② 마주나기 가지의 각도는 70° 내외로 유지
③ 어긋나기 가지의 가지는 45° 정도 유지
④ 자른 자리는 작게 하고 남기는 가지는 수평이 되게 함

6 수관다듬기
① 산울타리나 둥근 향나무류의 잔가지와 좁은 잎 밀생한 나무의 수관을 긴 전정가위로 일률적으로 잘라버리는 방법
② 상록수는 봄 새싹이 자랐다 일시 멈추는 5 ~ 6월, 여름에 새싹이 생장한 이후의 9월경
③ 꽃 피는 나무는 꽃이 핀 후(진 후)

7 순지르기
① 소나무류, 화백, 주목 등의 잎 끝을 가위로 자르면 자른 자리가 붉게 말라 보기 흉하기 때문에 순지르기를 함
② 5월 하순경에 순지르기 실시
③ 소나무 순지르기 : 5 ~ 6월에 2 ~ 3개의 순을 남기고 중심 순을 포함한 나머지 순은 제거하며, 남길 순도 1/2 ~ 2/3 정도를 손으로 꺾어 버림

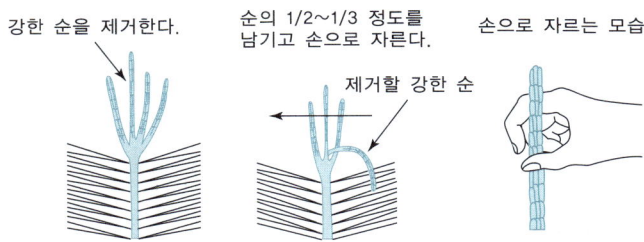

8 단근(전근)

① 뿌리의 일부를 잘라 뿌리와 지상부의 균형 유지 및 뿌리의 노화방지
② 보통 굵은 뿌리만 대상으로 하고 가는 뿌리는 남김
③ 이른 봄 눈이 움직이기 직전, 2 ~ 3년에 한 번 정도 실시

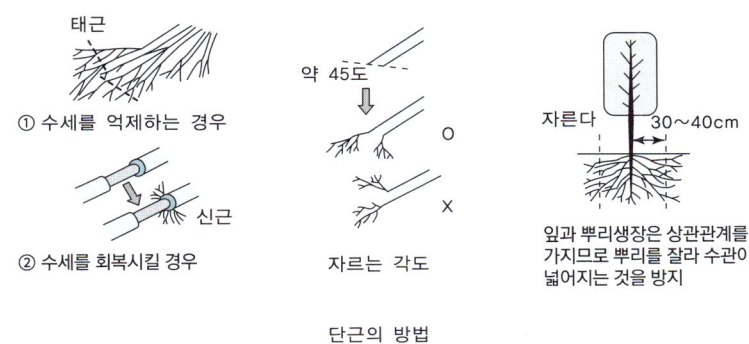

단근의 방법

9 아상

① 새가지나 꽃눈을 원하는 곳에 형성시키기 위하여 이른 봄에 실시
② 눈의 상단 아상 : 양분의 흐름이 멈춰 눈이 충실해져 꽃눈 형성
③ 눈의 하단 아상 : 위쪽으로 가는 양분을 막아 생장 억제

10 교목 및 가로수의 전정

① 공원에 식재한 교목과 가로수는 범위를 크게 잡아 전정하되 보행자와 차량 통행을 위해 성목이 되었을 경우 지하고가 2.5m 이상 되도록 함
② 수관높이와 지하고의 비율은 6 : 4 ~ 5 : 5 정도가 보기 좋음

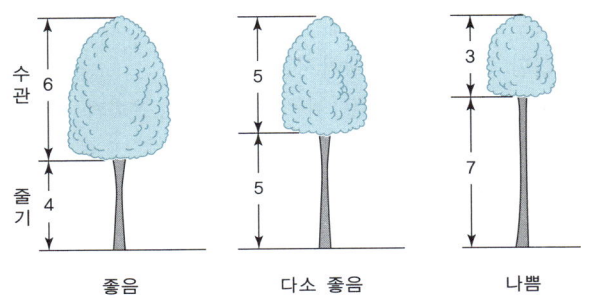

11 가지의 유인
① 가지의 방향과 각도를 교정하고자 할 때에는 굵은 철사나 끈으로 유인하거나, 대나무를 가지에 묶어 방향을 틀어줌
② 묶었던 가지에서 대나무를 풀어도 원위치로 돌아가지 않을 때까지 그대로 둠

12 주요 조경수목의 전정법
① 잔가지 전정 수종 : 메밀잣밤나무, 감탕나무
② 상록침엽수류 : 순지르기로 전정 → 잎과 눈이 연약한 5월 중·하순경 순지르기나 잎따기
③ 수형을 위한 전정
  ㉠ 어릴 때 실시
  ㉡ 가지의 방향 각도 유인
④ 꽃나무류
  ㉠ 전정에 의해 꽃이 잘 붙는 수종 : 매화나무, 협죽도, 개나리, 꽃복숭아
  ㉡ 전정을 거의 하지 않는 수종 : 벚나무, 꽃아그배나무
  ㉢ 방치 또는 혼잡 가지 전정 수종 : 치자나무, 철쭉류, 동백
  ㉣ 1년생 가지 개화형 : 꽃 진 후 다음 해 새싹 전까지 전정 → 배롱나무, 사계장미, 무궁화
  ㉤ 2년생 가지 개화형 : 개화 직후에 전정

13 산울타리 전정
① 식재 3년 후부터 제대로 된 전정 실시
② 맹아력을 고려하여 연 2~3회 실시
③ 높은 울타리는 옆부터 하고 위를 전정
④ 상부는 깊게 하부는 얕게 전정 : 정부우세성
⑤ 높이 1.5m 이상일 경우 윗부분이 좁은 사다리꼴 형태
⑥ 미완성 산울타리 다듬기
  ㉠ 식재 당년 : 자란 가지를 적당한 길이로 자름
  ㉡ 이듬해 : 곁가지를 약간 다듬어 주고, 생장점을 다듬어 새가지가 잘 나오도록 조치
  ㉢ 식재 후 3년부터는 정상적인 다듬기를 실시
⑦ 100cm 미만의 울타리 다듬기(회양목, 매자나무, 눈주목 등)
  ㉠ 높이와 넓이를 선정하고 줄을 띄움
  ㉡ 동력 전정기나 전정가위를 이용하여 윗면을 먼저 전정
  ㉢ 전정한 윗면에 맞추어 옆면을 나중에 전정
  ㉣ 지면 부분과 확실한 경계를 주고 맹아지를 제거
⑧ 100cm 이상의 울타리 다듬기(화살나무, 쥐똥나무, 개나리, 은화백, 향나무, 주목 등)
  ㉠ 높이와 넓이를 선정하고 줄을 띄움
  ㉡ 동력 전정기나 전정가위를 이용하여 옆면을 먼저 전정
  ㉢ 전정한 옆면에 맞추어 윗면을 나중에 전정
  ㉣ 지면 부분과 확실한 경계를 주고 맹아지를 제거

⑭ 모서리 부분은 필요에 따라 둥글게 또는 각이 지게 처리

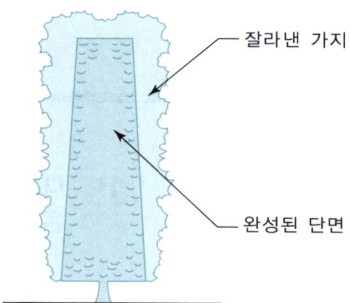

14 기타

① 소나무류는 묵은 잎을 뽑아 투광을 좋게 하면서 생장 억제(8월경)
② 해거리를 막기 위하여 꽃따기, 과일따기
③ 등나무 등 지상부 생장이 왕성하여 꽃이 안 필 때 : 가벼운 단근작업을 하면 화아분화가 촉진
④ 활엽수 잎따기 : 생장 억제를 위한 전정법의 하나

PART 05 예상문제

01 일반적인 조경관리에 해당되지 않는 것은?
① 운영관리 ② 유지관리
③ 이용관리 ④ 생산관리

02 조경 수목의 연간 관리작업 계획표를 작성하려고 한다. 작업 내용에 포함되는 것이 아닌 것은?
① 병해충 방제 ② 시비
③ 떳밥 주기 ④ 수관 손질

04 조경수목의 관리를 위한 작업 가운데 정기적으로 해주지 않아도 되는 것은?
① 전정 및 거름주기
② 병해충 방제
③ 잡초제거 및 관수
④ 토양개량 및 고사목 제거

04 관리업무의 수행 중 직영방식의 장점이 아닌 것은?
① 관리책임이나 책임소재가 명확하다.
② 긴급한 대응이 가능하다.
③ 이용자에게 양질의 서비스가 가능하다.
④ 전문가를 합리적으로 이용할 수 있다.

05 다음을 공원 행사의 개최 순서대로 나열한 것은?
㉠ 제작 ㉡ 실시
㉢ 기획 ㉣ 평가

① ㉠ - ㉡ - ㉢ - ㉣
② ㉢ - ㉠ - ㉡ - ㉣
③ ㉣ - ㉠ - ㉡ - ㉢
④ ㉠ - ㉣ - ㉢ - ㉡

06 다음 중 하자관리에 의한 사고에 해당되지 않는 것은?
① 시설의 구조자체의 결함에 의한 것
② 시설의 노후, 파손에 의한 것
③ 위험장소에 대한 안전대책 미비에 의한 것
④ 위험물 방치에 의한 것

07 정원수 전정의 목적에 합당하지 않는 것은?
① 지나치게 자라는 현상을 억제하여 나무의 자라는 힘을 고르게 한다.
② 움이 트는 것을 억제하여 나무를 속성으로 생김새를 만든다.
③ 강한 바람에 의해 나무가 쓰러지거나 손상되는 것을 막는다.
④ 채광, 통풍을 도움으로서 병, 벌레의 피해를 미연에 방지한다.

정답 01 ④ 02 ③ 03 ④ 04 ④ 05 ② 06 ① 07 ②

08 정원수를 이식할 때 가지와 잎을 적당히 잘라 주었다. 다음 목적 중 해당되는 것은?

① 생장 조장을 돕는 가지다듬기
② 생장을 억제하는 가지다듬기
③ 세력을 갱신하는 가지다듬기
④ 생리 조정을 위한 가지다듬기

09 수목의 전정에 관한 다음 사항 중 틀린 것은?

① 가로수의 밑가지는 2m 이상 되는 곳에서 나오도록 한다.
② 이식 후 활착을 위한 전정은 본래의 수형이 파괴되지 않도록 한다.
③ 춘계전정 시 진달래, 목련 등의 화목류는 개화가 끝난 후에 하는 것이 좋다.
④ 하계전정 시 수목의 생장이 왕성한 때이므로 강전정을 해도 나무가 상하지 않아서 좋다.

10 향나무, 주목 등을 일정한 모양으로 유지하기 위하여 전정을 하여 형태를 다듬었다. 이러한 작업은 어떤 목적을 위한 가지다듬기인가?

① 생장 조장을 돕는 가지다듬기
② 생장을 억제하는 가지다듬기
③ 세력을 갱신하는 가지다듬기
④ 생리조정을 위한 가지다듬기

11 장미의 한가지에 많은 봉우리가 있을 때 솎아 낸다든지, 열매를 따버리는 작업의 목적은?

① 생장 조장을 돕는 가지다듬기
② 세력을 갱신하는 가지다듬기
③ 착화 촉진을 위한 가지다듬기
④ 생장을 억제하는 가지다듬기

12 개화결실을 목적으로 실시하는 정지, 전정 방법 중 옳지 않은 것은?

① 약지(弱枝)는 길게, 강지(强枝)는 짧게 전정하여야 한다.
② 묵은 가지나 병충해 가지는 수액 유동 전에 전정한다.
③ 작은 가지나 내측으로 뻗은 가지는 제거한다.
④ 개화 결실을 촉진하기 위하여 가지를 유인하거나 단근작업을 실시한다

13 다음 중 조경수목의 화아분화와 관련이 깊은 것은?

① 질소와 탄소비율
② 탄소와 칼륨비율
③ 질소와 인산비율
④ 인산과 칼륨비율

14 곁눈 밑에 상처를 내어 놓으면 잎에서 만들어진 동화 물질이 축척되어 잎눈이 꽃눈으로 변하는 일이 많다. 어떤 이유 때문인가?

① C/N율이 낮아지므로
② C/N율이 높아지므로
③ T/R율이 낮아지므로
④ T/R율이 높아지므로

15 조경 수목 중 탄수화물의 생성이 풍부할 때 꽃이 잘 필 수 있는 조건에 맞는 탄소와 질소의 관계로 가장 적당한 것은?

① N〉C
② N=C
③ N〈C
④ N≧C

정답 08 ④ 09 ④ 10 ② 11 ③ 12 ① 13 ① 14 ② 15 ③

16 그 해 자란 가지에서 꽃눈이 분화하여 당년에 꽃이 피는 나무가 아닌 것은?

① 무궁화 ② 철쭉
③ 능소화 ④ 배롱나무

17 꽃이 피고 난 뒤 낙화할 무렵 바로 가지다듬기를 해야 좋은 수종은?

① 철쭉 ② 목련
③ 명자나무 ④ 사과나무

18 전정시기에 따른 전정요령 중 설명이 틀린 것은?

① 진달래, 목련 등 꽃나무는 꽃이 충실하게 되도록 개화 직전에 전정해야 한다.
② 하계전정 시는 통풍과 일조가 잘되게 하고, 도장지는 제거해야 한다.
③ 떡갈나무 묶은 잎이 떨어지고, 새잎이 나올 때가 전정의 적기이다.
④ 가을에 강전정을 하면 수세가 저하되어 역효과가 난다.

19 낙엽수의 휴면기 겨울 전정(12 ~ 3월)의 장점으로 틀린 것은?

① 병충해의 피해를 입은 가지의 발견이 쉽다.
② 가지의 배치나 수형이 잘 드러나므로 전정하기 쉽다.
③ 굵은 가지를 잘라내어도 전정의 영향을 거의 받지 않는다.
④ 막눈 발생을 유도하여 새가지가 나오기 전까지 수종 고유의 아름다운 수형을 감상할 수 있다.

20 겨울 전정의 설명으로 틀린 것은?

① 12 ~ 3월에 실시한다.
② 상록수는 동계에 강전정을 하는 것이 가장 좋다.
③ 제거 대상 가지를 발견하기 쉽고 작업도 용이하다.
④ 휴면 중이기 때문에 굵은 가지를 잘라내어도 전정의 영향을 거의 받지 않는다.

21 전정시기와 횟수에 관한 설명 중 올바르지 않은 것은?

① 침엽수는 10 ~ 11월경이나 2 ~ 3월에 한 번 실시한다.
② 상록활엽수는 5 ~ 6월과 9 ~ 10월경 두 번 실시한다.
③ 낙엽수는 일반적으로 11 ~ 3월 및 7 ~ 8월경에 각각 한 번 또는 두 번 전정한다.
④ 관목류는 일반적으로 계절이 변할 때마다 전정하는 것이 좋다.

22 다음 수목의 전정작업 요령에 관한 설명 중 틀린 것은?

① 전정작업은 하기 전 나무의 수형을 살펴 이루어질 가지의 배치를 염두에 둔다.
② 우선 나무의 정상부로부터 주지의 전정을 실시한다.
③ 주지의 전정은 주간에 대해서 사방으로 고르게 굵은 가지를 배치하는 동시에 상하로도 적당한 간격으로 자리잡도록 한다.
④ 상부는 가볍게, 하부는 강하게 한다.

정답 16 ② 17 ① 18 ① 19 ④ 20 ② 21 ④ 22 ④

23 전정 요령으로 옳지 못한 것은?

① 나무 전체를 충분히 관찰하여 수형을 결정한 후 수형이나 목적에 맞게 전정한다.
② 불필요한 도장지는 단 한 번에 제거해야 한다.
③ 수양버들처럼 아래로 늘어지는 나무는 위쪽의 눈을 남겨 둔다.
④ 특별한 경우를 제외하고는 줄기 끝에서 여러 개의 가지가 발생치 않도록 해야 한다.

24 전정 시 반드시 잘라버려야 할 가지가 아닌 것은?

① 웃자람가지(徒長枝)
② 교차한 가지
③ 주지
④ 말라 죽은 가지(枯死枝)

25 다음 그림은 다듬어야 할 가지들이다. 그중 얽힌 가지는?

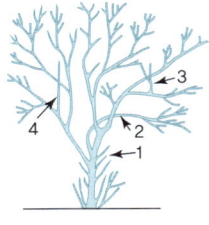

① 1
② 2
③ 3
④ 4

26 소나무류의 순따기에 알맞은 적기는?

① 1 ~ 2월
② 3 ~ 4월
③ 5 ~ 6월
④ 7 ~ 8월

27 전정도구 중 주로 연하고 부드러운 가지나 수관 내부의 가늘고 약한 가지를 자를 때와 꽃꽂이를 할 때 흔히 사용하는 것은?

① 대형전정가위
② 적심가위 또는 순치기가위
③ 적화, 적과가위
④ 조형 전정가위

28 다음 중 수목의 굵은 가지치기 요령 중 거리가 먼 것은?

① 잘라낼 부위는 가지의 밑동으로부터 10 ~ 15cm 부위를 위에서부터 밑까지 내리 자른다.
② 잘라낼 부위는 아래쪽에 가지 굵기의 1/3 정도 깊이까지 톱자국을 먼저 만들어 놓는다.
③ 톱을 돌려 아래쪽에 만들어 놓은 상처보다 약간 높은 곳을 위로부터 내리 자른다.
④ 톱으로 자른 거리의 거친 면은 손칼로 깨끗이 다듬는다.

29 굵은 가지를 전정하였을 때 전정 부위에 반드시 도포제를 발라주어야 하는 수종은?

① 잣나무
② 메타세콰이어
③ 소나무
④ 벚나무

30 바람의 피해로부터 보호하기 위해 굵은 가지치기를 실시하지 않아도 되는 수종으로 가장 적합한 것은?

① 독일가문비나무
② 수양버들
③ 자작나무
④ 느티나무

정답 23 ② 24 ③ 25 ② 26 ③ 27 ② 28 ① 29 ④ 30 ④

31 다음 중 전정을 할 때 큰 줄기나 가지자르기를 삼가야 하는 수종은?

① 벚나무　② 수양버들
③ 오동나무　④ 현사시나무

32 다음 전정 방법 중 굵은 가지를 처리하는 방법으로 가장 잘 표현된 것은?

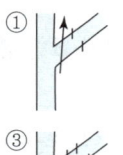 

33 다음 그림 중 마디 위 가지다듬기가 가장 잘 된 것은?

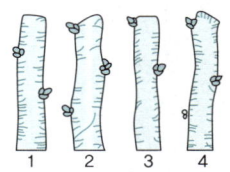

① 1　② 2
③ 3　④ 4

34 소나무류의 잎솎기는 어느 때 하는 것이 좋은가?

① 3월경　② 4월경
③ 6월경　④ 8월경

35 소나무의 순따기에 관한 설명 중 바르지 못한 것은?

① 해마다 5 ~ 6월경 새순이 6 ~ 9cm 자라난 무렵 실시한다.
② 손 끝으로 따주어야 하고, 가을까지 끝내면 된다.
③ 노목이나 약해보이는 나무는 다소 빨리 실시한다.
④ 순따기를 한 후에는 토양이 과습하지 않아야 한다.

36 소나무의 순자르기 방법이 틀린 것은?

① 수세가 좋거나 어린나무는 다소 빨리 실시하고 노목이나 약해 보이는 나무는 5 ~ 7일 늦게 한다.
② 손으로 순을 따 주는 것이 좋다.
③ 5 ~ 6월경에 새순이 5 ~ 10cm 길이로 자랐을 때 실시한다.
④ 자라는 힘이 지나치다고 생각될 때에는 1/3 ~ 1/2 정도 남겨두고 끝부분을 따 버린다.

37 산울타리의 다듬기 방법으로 옳은 것은?

① 전정횟수와 시기는 생장이 완만한 수종의 경우 1년에 5 ~ 6회 실시한다.
② 생장이 빠르고 맹아력이 강한 수종은 1년에 8 ~ 10회 실시한다.
③ 일반 수종은 장마 때와 가을 2회 정도 전정한다.
④ 화목류는 꽃이 피기 바로 전에 실시하고, 덩굴식물의 경우 여름에 전정한다.

정답　31 ①　32 ④　33 ④　34 ④　35 ②　36 ①　37 ③

03 Chapter 거름주기

1 비료와 환경조건

1 비료의 의의와 양분의 흡수
① 식물에 영양공급 또는 식물 재배를 돕기 위해 토양과 식물에 공급되는 물질을 비료라 함
② 식물체 양분 흡수는 뿌리 끝부분에서 약간 떨어진 뿌리털의 발생이 왕성한 부분으로 이온상태로 흡수됨
③ 양분 흡수는 토양의 통기성을 개선해 주는 것이 중요

2 양분 흡수에 미치는 외부 조건
① 온도 : 지온이 20 ~ 30℃가 좋다.
② 광선 : 증산작용, 뿌리 호흡과 대사작용에 관여
③ 수분 : 건조하면 팽압이 떨어지고, 기공이 좁아지고, 이산화탄소의 흡수량이 적어져 광합성 작용이 저하됨
④ 공기
　㉠ 공기 속의 이산화탄소 함량은 0.03%
　㉡ 토양 속의 산소공급과 이산화탄소의 제거작용을 함
　㉢ 토양 속의 산소증가는 뿌리의 호흡작용 왕성하게 함

3 토양
① 수목의 양호한 생육 조건
② 보수력 : 토양이 수분을 유지할 수 있는 능력
③ 양분함량 : 수목이 이용할 수 있는 양분의 정도
④ 배수성 : 침투한 물을 흘려보내는 성질이나 정도
⑤ 통기성 : 공기가 통할 수 있는 성질이나 정도

4 통기성 개선 및 수분
① 경운을 하거나 유기물, 토양개량제, 뿌리 보호판, 분쇄목 등 사용
② 토양이 지나치게 건조하거나 습하면 뿌리의 기능 저하

5 토양의 산도
① 뿌리의 양분 흡수에 크게 영향을 줌
② 수목은 pH 5.5 ~ 8.0 사이에서 잘 자라고 pH 6.0 ~ 6.5가 가장 이상적
③ 산성 토양을 좋아하는 침엽수류는 pH 5.0에서도 잘 성장

2 뿌리의 기능과 역할

1 뿌리의 기능
① 양분과 수분의 흡수
② 잎에서 만들어진 동화 양분의 저장
③ 수목 지탱

2 뿌리털의 기능과 의의
① 생장점 윗부분에 있는 뿌리의 세포가 신장을 정지한 후 성숙한 백색 부분의 표피세포가 돌기되어 형성
② 수명은 수 일 내지 수 주일로 짧으나 뿌리의 신장에 따라 계속 발생
③ 심근성 수종과 천근성 수종으로 크게 나눔

3 뿌리의 역할
① 양분을 가장 많이 흡수하는 부분 : 뿌리털
② 굵은 뿌리 : 몸 지탱, 양분 흡수율은 5% 이내

4 뿌리의 종류
① 저장근 : 양분을 저장하여 비대해진 뿌리
② 부착근 : 줄기에서 새근이 나와 다른 물체에 부착하는 뿌리
③ 기생근 : 다른 물체에 기생하기 위한 뿌리
④ 주근 : 식물체를 지지하는 기근

3 식물에 필요한 양분과 역할

1 식물에 필요한 원소(16가지)

① 필수 원소 중 탄소와 산소는 공기, 수소는 물, 그 밖의 원소는 토양성분 중에서 수급

10대 원소	C, H, O, N, P, K, Ca, Mg, S, Fe
다량 원소	C, H, O, N, P, K, Ca, Mg, S
미량 원소	Fe, Mn, B, Zn, Cu, Mo, Cl

② 비료의 3요소(4요소) : 질소(N), 인(P), 칼륨(K), 칼슘(Ca)

2 양분의 역할

질소	기능	광합성 작용의 촉진으로 잎이나 줄기 등 수목의 생장에 도움
	부족시	부족하면 생장 위축, 줄기가 가늘어지고, 눈과 잎의 축소, 황화
	과다시	도장하고 약해지며 성숙이 늦어짐. 병에 대한 저항력 감소
인산	기능	세포 분열 촉진, 꽃, 열매, 뿌리 발육에 관여
	부족시	꽃과 열매 작아짐, 조기 낙엽, 침엽수는 하부에서 상부로 고사
	과다시	성숙이 촉진되어 수확량 감소
칼륨	기능	꽃, 열매의 향기, 색깔 조절, 병해의 저항성과 내한성 증가
	부족시	황화현상, 잎이 말리고 눈이 적게 맺히고 고사
칼슘	기능	단백질 합성, 식물체 유기산 중화, 분열조직의 생장, 세포막 강건
	부족시	활엽수 : 잎의 백화 및 괴사, 침엽수 : 생장점 파괴로 끝부분 고사
황	기능	호흡 작용, 콩과식물의 근류 형성에 관여
	부족시	단백질 합성이 늦어짐, 침엽수는 잎의 끝부분이 황색이나 적색으로 변화, 질소 부족 현상과 동일
철	기능	산소 운반, 엽록소 생성 촉매 작용
	부족시	잎 조직에 황화현상(침엽수는 백화), 가지의 크기 감소, 조기낙엽, 낙과
망간	기능	단백질 합성, 산화환원 작용 지배
	부족시	잎의 황화, 녹색선 발생, 열매의 축소, 침엽수는 철 부족과 함께 출현
붕소	기능	꽃의 형성, 개화 및 과실 형성에 관여
	부족시	잎의 변색, 열매 괴사, 뿌리의 생장 저하, 침엽수 정아, 측아 고사

4 비료의 분류

1 함유 성분에 따른 비료의 종류

질소질비료	황산암모늄, 염화암모늄, 질산암모늄, 요소, 석회질소, 칠리초석
인산질비료	골분, 겨, 과인산석회, 용성인비, 용과린, 토마스인비, 소성인비, 인산질암모늄
칼륨질비료	염화칼륨, 황산칼륨, 초목회
석회질비료	생석회, 소석회, 석회석 분말
유기질비료	어박, 골분, 대두박, 계분
규산질비료	규산질비료, 규회석(규산석회)비료
미량원소비료	철, 망간, 동, 아연, 붕소, 몰리브덴
복합비료	• 화성비료 : 비료의 3요소 중 두 종류 이상이 화학적으로 결합된 비료 • 배합비료 : 무기질 질소비료, 무기질 인산비료, 무기질 칼륨비료 등을 배합한 것 • 화성비료와 무기질 및 유기질비료를 혼합한 것 • 성분표시(%)는 질소-인-칼륨의 비율로 표시(21-17-17은 질소 21%, 인 17%, 칼륨 17%가 들어 있다는 표시)

① 황산암모늄
  ㉠ 질소질비료인 황산암모늄은 산성 비료로서, 계속 시비하면 흙이 산성으로 변함
② 복합비료의 특징
  ㉠ 비료효과의 용출속도 및 완급조절
  ㉡ 시비의 횟수를 줄일 수 있어 소요 노력의 절감
  ㉢ 각 비료 성분의 결점 보완
  ㉣ 토양, 작물 및 기상조건 등에 적합하게 배합하여 비효 제고

2 비효의 속도에 따른 분류

구분	내용
속효성비료	황산암모늄, 염화칼륨 등과 같이 물에 넣으면 빨리 녹으며, 흙에 사용했을 때 수목이 빨리 흡수할 수 있는 비료로 대개의 화학비료
완효성비료	석회질소, 깻묵, 두엄과 같이 토양 중에 있는 미생물의 작용에 의해 서서히 분해되어 양분이 녹아 나오는 유기질 비료를 말하며, 화학비료도 있음
지효성비료	양분의 방출 정도가 늦어 서서히 공급되는 유기질비료

※ 유기질비료
1. 퇴비 : 우분, 돈분, 계분 등에 왕겨, 짚, 톱밥 등을 섞어 부숙시킨 것으로 대표적인 유기질비료
2. 유기질비료는 양질의 소재로 유해물, 기타 다른 물질이 혼입되지 않고, 충분한 건조 및 완전 부숙된것을 사용(최소 3개월〈여름기준〉 이상 발효)

5 시비 방법

1 기비와 추비

기비 (밑거름)	파종하기 전이나 이앙, 이식 전에 주는 비료로 작물이 자라는 초기에 양분을 흡수하도록 주는 비료 • 주로 지효성(또는 완효성) 유기질비료를 사용 • 늦가을 낙엽 후 10월 하순 ~ 11월 하순 땅이 얼기 전 또는 2월 하순 ~ 3월 하순의 잎이 피기 전 시비 • 연 1회를 기준으로 시비
추비 (덧거름)	수목의 생육 중 수세 회복을 위하여 추가로 주는 비료로 영양을 보충하는 시기에 주는 비료 • 주로 속효성 무기질(화학)비료를 사용 • 수목의 생장기인 4월 하순 ~ 6월 하순에 시비 : 7월 이전 완료 • 꽃눈의 분화 촉진을 위해 꽃눈이 생기기 직전에 사용 • 연 1회에서 수 회 식물의 상태에 따라 시비

2 수목의 양료요구도

높음 (비옥지)	활엽수	감나무, 느티나무, 단풍나무, 대추나무, 동백나무, 매실나무, 모과나무, 물푸레나무, 배롱나무, 양버즘나무, 벚나무, 오동나무, 이팝나무, 칠엽수, 백합나무, 피나무, 호두나무, 회화나무
	침엽수	금송, 낙우송, 독일가문비, 삼나무, 주목, 측백
중간	활엽수	가시나무류, 버드나무류, 자귀나무, 자작나무, 포플러
	침엽수	가문비나무, 미송, 솔송나무, 잣나무, 전나무
낮음 (내척박성)	활엽수	등나무, 보리수나무, 소귀나무, 싸리나무류, 아까시나무, 오리나무, 참나무류, 해당화
	침엽수	곰솔, 노간주나무, 대왕송, 방크스소나무, 소나무, 향나무

※ 일반적인 시비요구량 : 과수 > 속성수 > 활엽수 > 침엽수

3 표토 시비법
① 땅의 표면에 직접 비료를 주는 방법으로 시비 후 관수
② 작업이 비교적 신속하나 비료의 유실량 과다
③ 토양 내의 이동속도가 느린 양분은 부적당
④ 질소 시비에 적당하며 인과 칼륨은 부적당

4 토양 내 시비법
① 시비 목적으로 땅을 갈거나 구덩이를 파고, 주사식(관주)으로 비료 성분을 직접 토양 내부로 유입시키는 방법
② 비교적 용해하기 어려운 비료의 시비에 효과적

③ 토양 수분이 적당히 유지될 때 시비
④ 구덩이는 깊이 20 ~ 25cm, 폭 20 ~ 30cm 정도

방사상 시비	수목 밑동부터 밖으로 방사상 모양으로 땅을 파고 시비
윤상 시비	수관선을 기준으로 하여 환상으로 깊이 20 ~ 25cm, 너비 20 ~ 30cm 정도로 둥글게 파고 시비
전면 시비	토양 전면에 거름을 주고 경운하기, 관목 시비 시 전면적 살포
대상 시비	윤상 시비와 비슷하나 구덩이를 일정 간격을 띄어 실시(격윤상 시비)
천공 시비	수관선 안에 직경 3 ~ 4cm, 깊이 15cm의 구멍을 뚫고 시비
선상 시비	산울타리처럼 길게 식재된 수목을 따라 일정 간격을 두고 도랑처럼 길게 구덩이 파고 시비

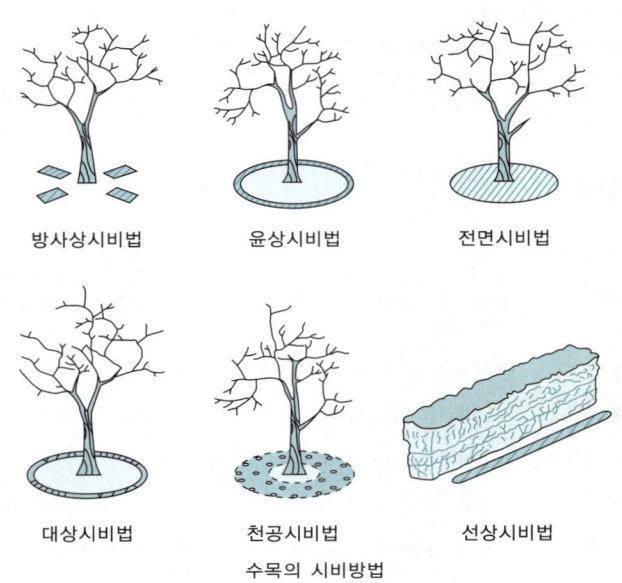

수목의 시비방법

※ 시비의 위치
일반적으로 성숙된 조경수목에 비료를 주는 부위는 수관 외주선의 지상 투영 부위의 20cm 내외가 가장 효과적이다.

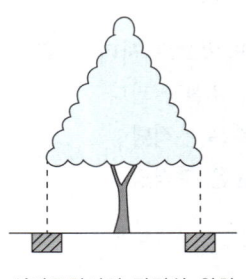

시비구덩이의 단면상 위치

6 수간주사

목적	쇠약한 나무, 이식한 큰 나무, 외과수술을 받은 나무, 병충해의 피해를 입은 나무 등의 수세를 회복시키거나 발근 촉진을 위하여 인위적으로 약제를 나무줄기에 주입
시기	수액의 이동이 왕성한 4~9월 사이 증산 작용이 왕성한 맑은 날에 실시(4~5월)
방법	• 수간 밑에서 5~10cm에 구멍을 뚫은 다음 반대편에 지상에서 10~15cm 높이에 구멍을 뚫음 • 구멍의 각도는 30° 내외, 깊이는 3~4cm, 지름은 5mm 내외 • 수간주입기를 180cm 정도 높이에 고정 • 구멍 속에 약제를 채워 공기를 뺀 다음 마개로 닫음

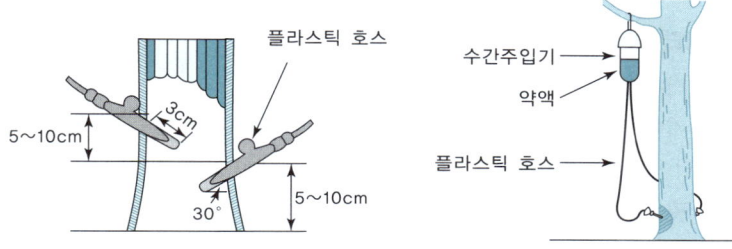

7 엽면시비 : 시비효과 가장 빠름

목적	약해, 동해, 공해 또는 인위적인 해에 의하여 나무의 세력이 약해졌을 때 잎에 양분을 공급하여 수세를 회복시키기 위해 실시
시기	맑은 날 오전에 실시
방법	대상 나무에 요소(0.5%)나 영양제를 적당한 농도로 희석하여 나무 전체가 충분히 젖도록 분무하여 살포

잡초방제

1 잡초의 정의

이용자가 원하지 않는 장소에 있는 원하지 않는 식물

1 잡초의 생리상태
① 환경에 대해 적응성이 큼
② 재생 및 번식력이 큼
③ 종자의 휴면성이 높고, 수명이 김(명아주 : 30년, 소루쟁이 : 70년)
④ 밀식 적응력 및 군생 능력이 큼
⑤ 종자의 다산성이 크고 발아에서 결실까지 일수가 짧음

2 잡초의 해
① 양분, 수분의 약탈
② 수온, 지온 저하
③ 광선의 투과 억제
④ 병해충의 발생 조장 및 월동 장소 제공
⑤ 정원의 미관 해침

2 잡초의 분류

1 년생에 따른 잡초의 분류
① 하계 1년생 잡초
　㉠ 특징 : 봄부터 여름까지 발아, 종자는 이듬해 봄까지 토양 속에서 휴면
　㉡ 종류 : 명아주, 강아지풀, 바랭이, 쇠비름
② 동계 1년생 잡초
　㉠ 특징 : 가을에 주로 발아, 늦봄 또는 초여름에 종자 맺음
　㉡ 종류 : 냉이, 망초, 속속이풀, 개미자리, 벼룩나물
③ 2년생 잡초
　㉠ 특징 : 2년 만에 죽음, 1년 때는 영양생장, 다음 해에 개화 결실
　㉡ 종류 : 야생당근, 엉겅퀴 속의 잡초
④ 여러해살이 잡초
　㉠ 특징 : 2년 이상 사는 잡초
　㉡ 종류 : 쑥, 쇠뜨기, 질경이, 띠, 메, 소루쟁이, 클로버

2 번식 방법 및 광 조건에 따른 잡초의 분류
① 번식 방법에 따른 분류

유성생식 (종자번식)	바랭이, 피, 쇠비름, 명아주, 뚝새풀, 냉이, 알방동사니 등 1년생 잡초
무성생식 (영양번식)	민들레, 질경이, 갈대, 쑥, 애기수영, 올방개, 가래, 왕포아풀, 올미, 너도방동사니 등 다년생 잡초

② 광 조건에 따른 잡초의 종류

광발아 잡초	메귀리, 바랭이, 왕바랭이, 강피, 향부자, 참방동사니, 개비름, 쇠비름, 소리쟁이, 서양민들레 등
암발아 잡초	냉이, 광대나물, 별꽃 등

3 잡초의 방제

1 방제의 방법
① 재배 기술적 방제 : 잔디 식재, 비닐 피복으로 잡초 발생 줄임
② 기계적 방제 : 물리적 힘으로 제거(베기, 뽑기, 태우기, 갈아 엎기)
③ 화학적 방제 : 제초제로 방제

2 제초제
① 제초제의 장점
    ㉠ 효과가 큼
    ㉡ 제초 효과가 지속
    ㉢ 노력과 경비가 절약
    ㉣ 사용 간편
② 제초제의 구비조건
    ㉠ 제초 효과가 클 것
    ㉡ 사용 간편, 가격 저렴
    ㉢ 조경식물에 해가 없을 것
    ㉣ 온도, 습도, 광선에 잘 적용
③ 약제가 잡초에 작용하는 기작에 따른 분류

접촉성 제초제	• 식물의 부위에 흡수되어 근접한 조직에만 이동되어 부분적으로 살초 • 지하부 제거에는 비효율적이나 약효가 신속 • 대부분의 비선택성 제초제에 해당
이행성 제초제	• 잎, 줄기, 뿌리를 통해 흡수되어 체내로 이동되어 식물 전체 고사 • 약효가 서서히 발현되는 대부분의 선택성 제초제
토양소독제	• 종자를 포함한 모든 번식 단위를 제거할 수 있는 약제 • 선택성 잡초방제가 어려운 경우 이용

④ 이용전략에 따른 분류

발아전처리 제초제	• 대부분의 일년생 화본과 잡초에 효과적 • 시마진, 론스타, 스톰프, 라쏘
경엽처리제	• 다년생 잡초를 포함하여 영양기관 전체를 제거할 때 사용 • 2,4-D, MCPP, 반벨, 밧사근란
비선택성 제초제	• 작물과 잡초를 구별하지 않고 비선택적으로 살초하는 약제이나 사용 시기에 따라 선택적 이용 가능 : 그라목손, 근사미

⑤ 제초제 사용 시 주의사항
　㉠ 적용대상 식물에만 사용
　㉡ 조경식물에 날리지 않도록 주의
　㉢ 눈, 비올 때 사용금지
　㉣ 토양 수분 과습 시 사용 회피
　㉤ 모래땅, 척박지에서 토양 약해 우려됨
　㉥ 살포 시 피부노출 방지

조경수목의 보호

1 저온의 해

1 구분

한해	한상(寒傷)	• 식물체 내에 결빙은 일어나지 않으나 한랭으로 인하여 생활기능이 장해를 받아서 죽음에 이르는 것
	동해(凍害)	• 식물체의 조직 내에 결빙이 일어나 조직이나 식물체 전체가 죽게 되는 것
	상렬(霜裂)	• 수액이 얼어 부피가 증가하여 수관의 외층이 냉각, 수축하여 수선 방향으로 갈라지는 현상 • 낙엽교목이 상록교목 보다 배수가 불량한 토양이 양호한 건조토양보다, 활동기의 수목이 유목이나 노목보다 잘 발생 • 사이잘크라프트지나 대마포를 감거나 흰색 페인트 도포
상해	만상(晩霜)	• 초봄에 식물의 발육이 시작된 후 갑작스럽게 기온이 하강하여 식물체에 해를 주게 되는 것
	조상(早霜)	• 가을 계절에 맞지 않는 추운 날씨의 서리에 의한 피해
	동상(冬霜)	• 겨울 동안 휴면상태에 생긴 피해

※ **만상의 피해 수종**
회양목, 말채나무, 피라칸타, 참나무류, 물푸레나무류

2 상렬

① 상렬 피해 부위 : 지상 0.5 ~ 1.0m의 수간
② 약한 수종 : 수피가 얇은 단풍나무, 배롱나무, 일본목련, 벚나무, 밤나무 등
  ㉠ 상종 : 상렬로 나무가 갈라지는 것을 반복하여 불룩해진 부분 → 병충해 피해를 받기 쉬움
  ㉡ 상렬 예방 : 남서쪽 수피가 햇볕에 직접 받지 않도록 함. 수간의 짚싸기 또는 석회수 칠하기
    (적기 : 9 ~ 10월)
  ㉢ 서릿발(상주) : 파종한 어린 나무에만 피해를 줌. 질흙에서 피해가 큼
  ㉣ 상륜 : 늦서리로 인해 1년에 나이테가 2개 생긴 것

3 저온의 방지
① 통풍이 잘되고 배수가 양호한 환경조성 : 오목한 지형 회피
② 낙엽이나 피트모스 등의 피복재 사용으로 보온(멀칭)
　㉠ 0℃가 되기 전에 충분한 관수로 겨우내 필요한 수분 공급
　㉡ 바람막이 설치 및 짚싸기, 방한 덮개 설치 : 풍향 고려
　㉢ 시들음 방지제를 잎에 살포하여 겨울의 갈색화 방지 및 저감

2 고온의 해(더위)

1 껍질데기(피소)
① 여름철 석양 볕에 줄기가 열을 받아 갈라짐
② 약한 수종의 특징 : 껍질이 얇은 수종, 큰(흉고직경 15 ~ 20㎝) 나무의 서쪽, 남서쪽 수간
③ 약한 수종 : 오동, 일본목련, 호두, 느티, 버즘, 가문비, 전, 벚, 배롱(목백일홍), 단풍나무
④ 예방 : 하목식재, 새끼감기, 석회수(백토제) 칠하기

2 한발 해(한해)
① 여름에 기온이 높아 수분 증발이 심해 수분 부족으로 말라 죽는 현상
② 약한 수종의 특징 : 습기 좋아하는 수종, 천근성수종, 남서쪽의 경사면, 표토가 얕은 토양
③ 약한 수종 : 오리, 버드, 미루, 들메나무
④ 예방 : 유기질비료 심층 시비, 지표면 피복, 나무 주변 김메기, 차광, 줄기감기, 물주기

3 물주기 방법
① 자주 주면 지표 가까이에 잔뿌리 무성해짐 : 이때 물주기를 중단하면 생육이 좋지 못함
② 물은 한 번에 충분히 주며 비가 내려 흙 속에 충분한 물이 저장될 때까지 계속 줌
③ 여름철에 주는 물은 아침 또는 저녁에 줌(한낮은 피함)
④ 기온과 비슷한 물을 줌

3 수목의 외과수술

1 목적 및 시기

목적	천연기념물, 보호수, 노거수 및 희귀목 등 고목들이 상처로 쇠약해지고 말라주는 것을 막기 위해 외과수술을 실시
시기	나무의 생장이 왕성한 4 ~ 5월에 실시
순서	부패부 제거 → 형성층 노출 → 살균, 살충처리 → (방수, 방부처리 → 동공 충전) → 매트처리 → 인공나무껍질 처리 → 수지처리 (※ 괄호 친 부분은 방부처리 → 동공충전 → 방수처리로 바뀌어 나오기도 한다.)

※ 수목의 외과수술 도구
  목공용 칼이나 접도, 쇠망치, 고무망치, 나무망치, 조각도를 형태별 크기로 제작하여 사용, 분무기, 엔진톱, 천공기 등을 이용

2 사용 제재

살균제	에틸알코올, 염화제2수은, 포르말린 등
살충제	파라티온, 스미치온, 이황화탄소, 메틸브로마이드, 에피홈 등
방부제	펜타글린, 구리, 중크롬산칼륨, 비소 등
방수제	인공수지
동공충전물	우레탄고무, 에폭시레진, 폴리우레탄 등의 인공수지
매트재료	에폭시수지, 페놀수지, 폴리에스테르수지, 실리콘수지 등
인공 나무껍질	코르크 분제를 염색하여 접착제와 혼합하여 성형
수지처리	목질부에 에폭시수지, 페놀수지, 실리콘수지를 바른 후 코르크 처리

4 뿌리의 보호

뿌리보호판	설치 가로수나 녹음수는 토양이 밟혀 뿌리의 호흡이 곤란해지게 되므로 뿌리 보호판을 설치
나무우물 (tree well)	성토에 의해 지면이 높아질 경우 나무줄기를 가운데 두고 일정한 넓이로 지면까지 돌담을 쌓아 원래의 지표 유지
돌옹벽쌓기	절토에 의해 뿌리 주변의 흙이 깎여 뿌리의 노출이 있을 경우 주위에 돌옹벽을 쌓아 뿌리의 노출 방지

5 관수

1 관수의 효과
① 수분은 원형질의 주성분을 이루며, 탄소동화 작용의 직접 재료
② 토양 중의 양분을 용해, 흡수하여 신진대사를 원활하게 함
③ 세포액의 팽압에 의한 체형을 유지
④ 수분 증산에 의해서 수목의 체온을 유지하는 역할
⑤ 지표와 공중의 습도가 높아져 증발량이 감소
⑥ 토양의 건조를 막고 수목의 생장을 촉진
⑦ 식물체 표면의 오염을 씻어내고 토양 중의 염류를 제거

※ 영구위조점
일시위조점을 넘어 토양의 수분이 계속 감소하면 습도로 포화된 공기 중에 놓아도 식물이 회복되지 못하는 한계의 수분량을 말하며, 이 점에 도달하기 전에 관수

2 관수방법
① 비가 많이 오지 않는 4 ~ 5월에 집중 관수 필요
② 땅속 깊이 스며들도록 집중 관수(10cm 정도)
③ 이식한 후에는 물집을 만들어 충분히 관수
④ 토양의 건조 시나 한발 시에는 이식한 수목에 계속하여 수분 유지
⑤ 강한 직사광선의 한 낮을 피해 아침, 저녁이 좋음
⑥ 관수는 지표면과 엽면 관수로 구분하여 실시

6 멀칭

1 멀칭의 효과
① 빗방울이나 관수 등의 충격 완화로 토양 침식 방지
② 토양의 수분손실 방지 및 수분 유지
③ 토양의 비옥도 증진 및 구조 개선
④ 토양의 염분농도 조절
⑤ 토양온도의 조절
⑥ 토양의 굳어짐 방지 및 지표면 개선효과
⑦ 잡초 및 병충해 발생 억제

2 멀칭방법
① 수피, 낙엽, 볏집, 콩깍지, 풀, 우드칩 등의 재료 사용
② 너무 세립한 재료나 너무 두껍게 덮지 말 것
③ 교목은 수관폭의 50%, 관목은 100%, 군식은 가장자리 수관폭 만큼 피복

PART 05 예상문제

01 거름을 주는 목적이 아닌 것은?
① 조경 수목을 아름답게 유지하도록 한다.
② 병해충에 대한 저항력을 증진시킨다.
③ 토양미생물 번식을 억제시킨다.
④ 열매의 성숙을 돕고, 꽃을 아름답게 한다.

02 식물생육에 특히 많이 흡수, 이용되는 거름의 3요소가 아닌 것은?
① N   ② P
③ Ca ④ K

03 신장 생장이 불량하여 줄기나 가지가 가늘고 작아지며, 묵은 잎이 황변하여 떨어질 때 결핍된 비료의 요소는?
① 질소   ② 인
③ 칼륨   ④ 칼슘

04 세포분열을 촉진하여 식물체의 각 기관들의 수를 증가, 특히 꽃과 열매를 많이 달리게 하고, 뿌리의 발육, 녹말 생산, 엽록소의 기능을 높이는데 관여하는 영양소는?
① N   ② P
③ K   ④ Ca

05 식물생육에 필요한 필수 원소 중 다량원소가 아닌 것은?
① Mg   ② H
③ Ca   ④ Fe

06 다음 중 식물체의 생리기능을 돕는 미량원소가 아닌 것은?
① Mn   ② Zn
③ Fe   ④ Mg

07 질소와 칼륨 비료의 효과로 부적합한 것은?
① N : 수목 생장 촉진
② K : 뿌리, 가지 생육 촉진
③ N : 개화 촉진
④ K : 각종 저항성 촉진

08 복합비료의 표시가 21-17-18일 때 설명으로 옳은 것은?
① 인산 21%, 칼륨 17%, 질소 18%
② 칼륨 21%, 인산 17%, 질소 18%
③ 질소 21%, 인산 17%, 칼륨 18%
④ 인산 21%, 질소 17%, 칼륨 18%

정답 01 ③ 02 ③ 03 ① 04 ② 05 ④ 06 ④ 07 ③ 08 ③

09 속효성 비료로 계속 주면 흙이 산성으로 변하는 비료는?

① 황산암모늄　② 요소
③ 황산칼륨　　④ 중과석

10 다음 중 질소질 속효성 비료로서 주로 덧거름으로 쓰이는 비료는?

① 황산암모늄　② 두엄
③ 생석회　　　④ 깻묵

11 다음 중 일반적으로 조경 수목에 밑거름을 시비하는 가장 적합한 시기는?

① 개화 전　　② 개화 후
③ 장마 직후　④ 낙엽진 후

12 정원수의 거름주기 설명으로 옳지 않은 것은?

① 속효성 거름은 7월 이후에 준다.
② 지효성의 유기질 비료는 밑거름으로 준다.
③ 질소질 비료와 같은 속효성 비료는 덧거름으로 준다.
④ 지효성 비료는 늦가을에서 이른 봄 사이에 준다.

13 거름을 줄 때 지켜야 할 점으로 잘못된 것은?

① 흙이 몹시 건조하면 맑은 물로 땅을 축이고 거름주기를 한다.
② 두엄, 퇴비 등으로 거름을 줄 때는 다소 덜 썩은 것을 선택하여 실시한다.
③ 속효성 거름주기는 7월 말 이내에 끝낸다.
④ 거름을 주고 난 다음에는 흙으로 덮어 정리작업을 실시한다.

14 일반적으로 수목에 거름을 주는 요령으로 맞는 것은?

① 밑거름은 늦가을부터 이른 봄 사이에 준다.
② 효력이 빠른 거름은 3월경 싹이 틀 때, 꽃이 졌을 때 그리고 열매 따기 전 여름에 준다.
③ 산울타리는 수관선 바깥쪽으로 방사상으로 땅을 파고 거름을 준다.
④ 유기질 비료는 속효성이므로 덧거름을 준다.

15 다음 중 방사형 시비 방법으로 적당한 것은?

① 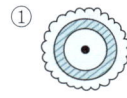　②
③ 　④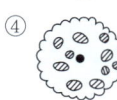

정답　09 ①　10 ①　11 ④　12 ①　13 ②　14 ①　15 ②

16 다음 중 수관 폭을 형성하는 가지 끝 아래의 수관선을 기준으로 환상으로 깊이 20~25cm, 너비 20~30cm 정도로 둥글게 파서 거름을 주는 방법은?

① 윤상거름주기　② 방사상거름주기
③ 천공거름주기　④ 전면거름주기

17 다음 그림 중 윤상거름주기를 할 때, 시비의 위치로 가장 적합한 곳은?

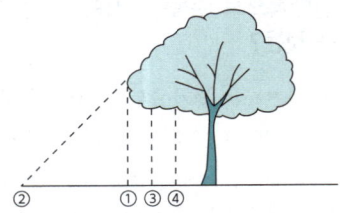

① 1　② 2
③ 3　④ 4

18 생울타리처럼 수목이 대상으로 군식되었을 때 거름주는 방법으로 적당한 것은?

① 전면거름주기　② 방사상거름주기
③ 천공거름주기　④ 선상거름주기

19 다음 중 조경수목에 거름을 줄 때의 방법과 설명으로 틀린 것은?

① 윤상거름주기 : 수관폭을 형성하는 가지 끝 아래의 수관선을 기준으로 환상으로 깊이 20~25cm, 너비 20~30cm로 둥글게 판다
② 방사상거름주기 : 파는 도랑의 깊이는 바깥쪽일수록 깊고 넓게 파야 하며, 선을 중심으로 하여 길이는 수관폭의 1/3 정도로 한다.
③ 선상거름주기 : 수관선상에 깊이 20cm 정도의 구멍을 군데군데 뚫고 거름을 주는 방법으로 액비를 비탈면에 줄 때 적용한다.
④ 전면거름주기 : 한 그루씩 거름을 줄 경우, 뿌리가 확장되어 있는 부분을 뿌리가 나오는 곳까지 전면으로 땅을 파고 주는 방법이다.

20 수목에 약액의 수간주입 방법 설명으로 틀린 것은?

① 약액의 수간 주입은 수액 이동이 활발한 5월초~9월말에 실시한다.
② 흐린 날에 실시해야 약액의 주입이 빠르다.
③ 영양액이 들어있는 수간 주입기를 사람 키 높이 되는 곳에 끈으로 매단다.
④ 약통 속에 약액이 다 없어지면, 수간 주입기를 걷어내고 도포제를 바른 다음, 코르크 마개로 주입구멍을 막아준다.

21 다음 중 수간주입 방법으로 옳지 않은 것은?

① 구멍 속의 이물질과 공기를 뺀 후 주입관을 넣는다.
② 중력식 수간주사는 가능한 한 지제부 가까이에 구멍을 뚫는다.
③ 구멍의 각도는 50 ~ 60도 가량 경사지게 세워서, 구멍지름 20mm 정도로 한다.
④ 뿌리가 제구실을 못하고 다른 시비방법이 없을 때, 빠른 수세 회복을 원할 때 사용한다.

22 주로 종자에 의하여 번식되는 잡초는?

① 올미　　② 가래
③ 피　　　④ 너도방동사니

23 계절적 휴면형 잡초 종자의 감응 조건으로 가장 적합한 것은?

① 온도　　② 일장
③ 습도　　④ 광도

24 작물 - 잡초 간의 경합에 있어서 임계경합기간(critical period competition)이란?

① 경합이 끝나는 시기
② 경합이 시작되는 시기
③ 작물이 경합에 가장 민감한 시기
④ 잡초가 경합에 가장 민감한 시기

25 추위에 의하여 나무의 줄기 또는 수피가 수선 방향으로 갈라지는 현상을 무엇이라고 하는가?

① 고사　　② 피소
③ 상렬　　④ 괴사

26 동해(凍害) 발생에 관한 설명 중 틀린 것은?

① 난지산 수종, 생육지에서 멀리 떨어져 이식된 수종일수록 동해에 약하다.
② 건조한 토양보다 과습한 토양에서 더 많이 발생한다.
③ 바람이 없고 맑게 갠 밤의 새벽에는 서리가 적어 피해가 드물다.
④ 침엽수류와 낙엽활엽수류는 상록활엽수보다 내동성이 크다.

27 상해의 피해와 관련된 설명으로 틀린 것은?

① 분지를 이루고 있는 오목한 지형에 상해가 심하다.
② 성목보다 유령목이 피해를 받기 쉽다.
③ 일차가 심한 남쪽 경사면보다 북쪽 경사면이 피해가 심하다.
④ 건조한 토양보다 과습한 토양에서 피해가 많다.

28 수피가 얇아서 겨울에 얼어 터지는 것을 방지하기 위한 새끼감기를 해 주는 것이 다른 수종들보다 좋은 수종들로만 짝지어진 것은?

① 단풍나무, 배롱나무
② 은행나무, 매화나무
③ 라일락, 층층나무
④ 꽃아그배나무, 산딸나무

정답　21 ③　22 ③　23 ②　24 ③　25 ③　26 ③　27 ③　28 ①

29 다음에서 설명하는 기상피해는?

어린 나무에서는 피해가 거의 생기지 않고 흉고직경 15 ~ 20cm 이상인 나무에서 피해가 많다. 피해 방향은 남쪽과 남서쪽에 위치하는 줄기부위이다. 특히 남서 방향의 1/2 부위가 가장 심하며 북측은 피해가 없다. 피해 범위는 지제부에서 지상 2m 높이 내외이다.

① 볕데기(皮燒)   ② 한해(寒害)
③ 풍해(風害)   ④ 설해(雪害)

30 다음 중 한발이 계속될 때 짚깔기나 물주기를 제일 먼저 해야 될 나무는?

① 소나무   ② 향나무
③ 가중나무 ④ 낙우송

31 수피가 얇은 나무에서 수피가 타는 것을 방지하기 위하여 실시해야 할 작업은?

① 수관주사 주입   ② 낙엽깔기
③ 줄기싸기   ④ 받침대 세우기

32 수목 줄기의 썩은 부분을 도려내고 구멍에 충진 수술을 하고자 할 때 가장 효과적인 시기는?

① 1 ~ 3월
② 4 ~ 6월
③ 10 ~ 12월
④ 아무 시기나 상관없다.

33 수목의 외과수술 방법이다. 작업순서를 바르게 나열한 것은?

㉠ 동공충전   ㉡ 부패부 제거
㉢ 살균, 살충처리 ㉣ 매트처리
㉤ 방부, 방수처리 ㉥ 인공나무 껍질 처리
㉦ 수지처리

① ㉠ → ㉡ → ㉢ → ㉣ → ㉤ → ㉦ → ㉥
② ㉢ → ㉥ → ㉦ → ㉣ → ㉠ → ㉤ → ㉡
③ ㉡ → ㉢ → ㉤ → ㉠ → ㉣ → ㉥ → ㉦
④ ㉥ → ㉡ → ㉣ → ㉢ → ㉤ → ㉦ → ㉠

34 관수의 효과가 아닌 것은?

① 토양 중의 양분을 용해하고 흡수하여 신진대사를 원활하게 한다.
② 증산작용으로 인한 잎의 온도 상승을 막고 식물체 온도를 유지한다.
③ 지표와 공중 습도가 높아져 증산량이 증대된다.
④ 토양의 건조를 막고 생육환경을 형성하여 나무의 생장을 촉진시킨다.

35 분쇄목인 우드칩(wood chip)을 멀칭재료로 사용할 때의 효과가 아닌 것은?

① 미관효과의 우수   ② 잡초억제 기능
③ 배수억제 기능   ④ 토양개량 효과

36 모과, 감나무, 배롱나무 등의 수목에 사용하는 월동 방법으로 적당한 것은?

① 흙묻기   ② 짚싸기
③ 연기 씌우기   ④ 시비 조절하기

정답 29 ① 30 ④ 31 ③ 32 ② 33 ③ 34 ③ 35 ③ 36 ②

병충해 방제

1 병해

1 병해용어
① 병원 : 수목에 병을 일으키는 원인이 되는 것으로 생물적인 것 이외의 화학물질이나 기상인자와 같은 무생물도 포함
② 병원체와 병원균 : 병원이 생물이거나 바이러스일 때는 병원체, 세균이나 진균일 때는 병원균
③ 감염 : 병원체가 그 내부에 정착하여 기생관계가 성립되는 과정
④ 잠복기 : 감염에서 병징이 나타나서 발병하기까지의 기간
⑤ 병징 : 병든 식물 자체의 조직변화에 유래하는 이상
⑥ 표징 : 병원체 자체가 식물체 상의 환부에 나타나 병의 발생을 알릴 때의 것
⑦ 기주식물 : 병원체가 침입하여 병드는 식물
⑧ 감수성 : 수목이 병에 걸리기 쉬운 성질
⑨ 병환 : 병원체가 새로운 기주식물에 감염하여 병을 일으키고, 병원체를 형성하는 일련의 과정

2 병원의 분류
① 생물성 원인 : 전염성병, 기생성병
  ㉠ 병원에 의하여 전염, 발병되는 병
  ㉡ 바이러스, 파이토플라즈마, 세균, 곰팡이, 선충 등에 의한 병

바이러스	포플러 모자이크병, 느릅나무 얼룩반점병, 오동나무 미친개 꼬리병
파이토플라스마	대추나무, 오동나무 빗자루병, 뽕나무 오갈병
세균(박테리아)	뿌리혹병, 복숭아 세균성 구멍병
진균(곰팡이)	벚나무 빗자루병, 잎마름병, 녹병, 그을음병, 흰가루병, 잎떨림병, 떡병, 갈색무늬병, 가지마름병 등 대부분의 수목병
선충	혹병, 침엽수류 시들음병, 소나무 재선충병

② 비생물성 원인 : 비생물성병, 비기생성병
  ㉠ 부적당한 토양조건과 기상조건에 의해 발병
  ㉡ 유해물질에 의한 병

※ **파이토플라스마(phytoplasma)**
세포벽이 없는 미생물로 인공배양이 되지 않고 곤충에 매개되는 특성이 있으며, 세균과 바이러스의 중간 형태를 가진 미생물로 마이코플라스마의 식물병원의 새로운 명칭. 오동나무 빗자루병은 담배장님노린재, 대추나무 빗자루병, 뽕나무 오갈병은 마름무늬매미충이 매개. 파이토플라즈마병은 옥시테트라사이클린(oxytetracycline) 같은 항생제나 술파제를 줄기에 주입하거나 매개충을 구제하고, 병든 식물을 제거하는 등의 방법으로 방제

3 수병의 발생

① 식물병의 발생(3대 요인)
　㉠ 기주식물의 감수성
　㉡ 병원체의 병원성(발병력)
　㉢ 환경조건
② 병원체의 월동

기주의 체내에서 월동	잣나무털녹병균, 오동나무 빗자루병균, 각종 식물성 바이러스
병환부나 죽은 기주체에서 월동	밤나무줄기마름병균, 오동나무 탄저병균, 낙엽송잎떨림병균, 가지마름병균
종자에 붙어 월동	오리나무 갈색무늬병균, 묘목의 입고병균
토양 중에서 월동	묘목의 입고병균, 근두암종병균, 자주빛 날개무늬병 균, 각종 토양서식 병균

③ 병원체의 전반 : 병원체가 여러 가지 방법으로 기주식물에 도달하는 것

바람에 의한 전반	잣나무털녹병균, 밤나무줄기마름병균, 흰가루병균
물에 의한 전반	근두암종병균, 묘목의 입고병균, 향나무 적성병균
곤충, 소동물에 의한 전반	오동나무, 대추나무 빗자루병균, 포플러 모자이크병균, 뽕나무 오갈병균, 소나무재선충
종자에 의한 전반	오리나무 갈색무늬병균, 호두나무 갈색부패병균
묘목에 의한 전반	잣나무털녹병균, 밤나무 근두암종병균
식물체의 영양번식기관에 의한 전반	오동나무, 대추나무 빗자루병균, 포플러, 아까시 모자이크병균
토양에 의한 전반	묘목의 입고병균, 근두암종병균
건전한 뿌리와 병든 뿌리가 접촉하여 전반	재질부후균
벌채 후 통나무와 재목 등에 병균이 잠재하여 전반	목재부후균, 밤나무줄기마름병균, 느릅나무 시들음병균

④ 병원체의 확인 : 로버트 코흐의 4원칙에 의하여 병의 발생이 미생물에 의한 것이라는 것을 증명

※ **코흐의 4원칙**
1. 그 미생물은 언제나 그 병의 병환부에 존재한다.
2. 미생물은 분리되어 배지 위에서 순수하게 배양되어야 한다.
3. 순수 배양한 미생물을 접종하여 동일한 병이 발생되어야 한다.
4. 발병된 피해 부위에서 접종에 사용되었던 미생물과 동일한 성질을 가진 미생물이 재분리 되어야 한다.

⑤ 주인(主因)과 유인(誘因)
  ㉠ 주인(主因) : 2개 이상의 원인이 복합되어 병이 발생 시 주된 원인을 주인이라고 함
  ㉡ 유인(誘因) : 2개 이상의 원인이 복합되어 병이 발생 시 2차적 원인(주인과 친화적 상관관계)으로 병을 유발하는 경우를 유인. 종인이라고도 함
⑥ 기주교대
  ㉠ 기주교대 : 이종 기생균이 생활사를 완성하기 위하여 기주식물을 바꾸는 것
  ㉡ 이종 기생균 : 식물의 병원균 중에서 그의 생활사를 완성하기 위하여 두 종의 서로 다른 식물을 기주식물로 하는 녹병균
  ㉢ 동종 기생균 : 생활사 모두를 동종의 기주식물에서 끝내는 녹병균
  ㉣ 중간기주식물 : 기주교대가 이루어지는 두 종의 기주식물 중에서 경제적 가치가 적은 것

병명	기주식물 (녹병포자, 녹포자세대)	중간기주식물 (여름포자, 겨울포자세대)
잣나무털녹병	잣나무	송이풀, 까치밥나무
소나무혹병	소나무	졸참나무, 신갈나무
소나무잎녹병	소나무	황벽나무, 참취, 잔대
잣나무잎녹병	잣나무	등골나무, 계요등
포플러녹병	낙엽송	포플러
전나무잎녹병	전나무	뱀고사리
배나무붉은별무늬병	배나무, 모과나무	향나무

4 병해와 방제법

병명	피해수종	병징	방제법
잎마름병	소나무, 곰솔, 잣나무, 주목, 측백나무 등	봄철에 침엽 윗부분에 띠모양의 황색 반점이 형성된 후 갈색으로 변하면서 반점이 합쳐짐	• 병든 묘목 발생 초기에 소각 • 5월 하순 ~ 8월까지 2주 간격으로 동제 살포
잣나무털녹병	잣나무	4월 중, 하순경 줄기에 흰색 또는 황백색의 주머니가 형성되고, 6월 하순 이후에는 수피 파열	잣나무 높이의 1/3까지 가지치기, 묘포에 8월 하순부터 구리제 2 ~ 3회 살포
흰가루병	참나무류, 밤나무, 포플러류, 장미, 단풍나무류, 배롱나무, 벚나무	• 치명적 병은 아니며, 통기불량, 일조부족, 질소과다 등으로 발병 • 잎과 새 가지에 흰가루가 생겨 위축 • 참나무류는 가을에 검은색 미립점이 형성	• 봄에 새눈이 나오기 전에 석회황합제 1 ~ 2회 살포, 여름에 만코지수화제, 지오판수화제, 베노밀수화제 등을 2주 간격으로 살포 • 병든 잎을 모아 묻거나 소각
향나무녹병	향나무, 노간주나무 등	4 ~ 5월 비가 오면 향나무 잎과 줄기에 적갈색의 돌기가 부풀어 오름	• 중간 기주인 배나무, 모과나무 적성병을 함께 구제 • 4 ~ 5월, 7월 만코지, 폴리옥신수화제를 10일 간격으로 살포
그을음병	배롱나무, 수수꽃다리, 대나무, 사철나무, 쥐똥나무 등	• 생육이 불량한 나무의 잎, 줄기에 그을음 부착 • 깍지벌레, 진딧물의 배설물에 의해 발생	• 7 ~ 8월 빠른 속도로 퍼짐, 흡즙성 해충 우선 제거, 통풍과 채광 관리 • 만코지, 지오판수화제 살포로 직접 방제
부란병	사과나무, 꽃아그배나무 등	나무껍질이 갈색으로 부풀어 오르고 쉽게 벗겨지며 알코올 냄새가 남	• 환부를 잘 드는 칼로 도려내고 70% 알코올 소독 후 도포제를 바름 • 낙엽 후 겨울철에 8-8식 보르도액 살포, 동해, 피소 주의
탄저병	오동나무, 호두나무, 감나무, 대추나무, 사철나무, 동백나무 등	5 ~ 6월경 잎맥, 잎자루, 어린 줄기에 담갈색 또는 회갈색의 둥근점무늬 형성	• 병든 잎 소각, 해충 구제, 비배관리 철저 • 6 ~ 9월 베노밀, 지오판수화제 4 ~ 5회 살포
빗자루병	전나무, 오동나무, 대추나무, 대나무, 쥐똥나무 등	• 균이 잎과 줄기에 침입하여 피해를 줌 • 연약한 가는 가지와 잎이 총생 • 잎은 소형으로 담황록색 • 대나무는 마디 수가 많고 바늘모양의 소엽 착생	• 발병 초기 옥시테트라사이클린 수간 주입 • 병든 부위 제거, 병든 가지 잘라 태우기 • 꽃이 진 후 보르도액이나 만코지수화제 2 ~ 3회 살포
갈색무늬병	포플러류, 오리나무, 아까시나무, 느티나무, 자작나무, 배롱나무, 참나무 등	• 7월 상순부터 늦가을에 잎에 갈색 무늬가 생기고, 병든 잎은 8월 중순에 조기낙엽 • 지면에서 가까운 잎에 발생	• 병든 잎 수시로 제거 • 발생 초기에 마네브, 베노밀수화제 2주 간격으로 살포
적성병	배나무, 모과나무, 명자나무, 산사나무 등	6 ~ 7월 잎과 열매에 노란색의 작은 반점이 많이 나타나서 갈색으로 커지며, 잎의 뒷면에 담갈색의 긴 털이 생김	• 중간 기주인 향나무 녹병을 함께 구제 • 4월 중순 ~ 6월 만코지, 폴리옥신수화제 10일 간격으로 살포

병명	피해수종	병징	방제법
떡병	철쭉, 진달래류	• 잎이 흰 떡과 같은 모양으로 변함 • 5월부터 잎과 꽃눈 비대	• 병든 부분을 제거하여 소각 • 발병 초기 동수화제 3 ~ 4회 살포
세균성 구멍병	벚나무, 살구나무, 자두나무 등	• 5 ~ 6월경 발생하여 8 ~ 9월에 피해 극심 • 잎에 원형의 갈색 점무늬가 형성된 후 병 환부가 탈락하여 구멍 형성	• 병든 잎을 모아 소각 • 잎 전개 시 4-4식 보르도액 살포, 개화 후 2회 정도 퍼메이트, 다이 센 M-45 살포

5 발생부위에 따른 병해

줄기	줄기마름병, 가지마름병, 암종
잎, 꽃, 과일	흰가루병, 탄저병, 회색곰팡이병, 적성병, 녹병, 균핵병, 갈색무늬병
나무전체	흰비단병, 시들음병, 세균성 연부병, 바이러스 모자이크병
뿌리	흰빛날개무늬병, 자주빛날개무늬병, 뿌리썩음병, 근두암종병

6 식물병의 방제법

피해지 잘라 태우고, 낙엽, 잡초 제거
① 내병충성 품종의 이용 : 정원에 병에 강한 수종으로 선택
② 건전한 비배관리에 의한 방제 : 토양, 수분, 광선, 통풍
③ 중간기주식물 제거
④ 윤작실시 : 연작의 피해가 증가하는 경우(침엽수 입고병, 오동나무 탄저병 등)

※ 현대의 세계 3대 수목병
 1. 잣나무 털녹병
 2. 느릅나무 시들음병
 3. 밤나무 줄기마름병

2 충해

1 가해 습성에 따른 분류

흡즙성해충	깍지벌레류, 응애류, 진딧물류, 방패벌레류
식엽성해충	노랑쐐기나방, 독나방, 버들재주나방, 솔나방, 어스렝이나방, 짚시나방, 참나무재주나방, 텐트나방, 흰불나방, 오리나무잎벌레, 잣나무넓적잎벌
천공성해충	미끈이하늘소, 박쥐나방, 버들바구미, 소나무좀, 측백하늘소
충영형성 해충	밤나무혹벌, 솔잎혹파리

2 흡즙성 해충

해충명	가해수목	특징 및 가해 상태	방제법
응애류	소나무, 벚나무, 전나무, 과수류, 꽃아그배나무	• 잎 뒷면에 숨어서 뾰족한 입으로 즙을 흡입, 노란색 반점이 생겨 황화현상 • 대부분의 활엽수, 침엽수에 피해	• 4월 중순경부터 살비제(테디온, 디코폴유제 등)를 잎 뒷면에 7~10일 간격으로 2~3회 살포 • 동일 농약에 대한 저항성이 커 연용 금지 • 토양 침투성 살충제를 주위의 흙 속에 주입 • 천적 : 무당벌레, 풀잠자리, 포식성 응애, 거미 등
깍지벌레류	소나무, 벚나무, 물푸레나무, 배롱나무, 감나무, 사철나무, 동백나무	• 잎이나 가지에 붙어 즙액을 빨아먹어 황변, 2차적으로 그을음병 유발 • 습기를 싫어함 • 대부분의 활엽수, 침엽수에 피해	• 휴면기인 12~4월 사이에 기계유제 25배액을 1주 간격으로 2~3회 살포 • 메치온(메티다티온) 40% 유제 1,000배액을 4월부터 1주 간격으로 2~3회 살포 • 토양 침투성 살충제 토양 주입 • 천적 : 무당벌레, 풀잠자리 등
진딧물류	벚나무, 장미, 무궁화, 아까시나무, 소나무, 포플러류 등	• 잎이나 가지에 붙어 즙을 빨아 먹어 황변, 그을음병 유발 • 피해 수목은 각종 바이러스병 유발	• 발생 초기(4월 하순~5월)에 마라톤 50%, 아세트수화제, 메타(메타시스톡스) 25% 유제 피리모 50% 수화제 1,000배액 살포 • 그 밖에 진딧물 농약과 토양 침투성 살충제 토양 주입 • 천적 : 무당벌레, 꽃등애류, 풀잠자리류, 기생봉 등

3 식엽성해충

해충명	가해수목	특징 및 가해 상태	방제법
솔나방	소나무류	월동 유충은 어린 소나무 잎을 먹고 심하면 고사, 성충은 7 ~ 8월 우화하여 새 솔잎에 산란하고 8 ~ 9월 부화 유충 발생	• 4월 중순 ~ 5월 중순, 8월 하순 ~ 9월 중순 사이에 주론수화제, 디프(디프록스) 50% 1,000배액을 살포 • 등화유살(성충), 병원성 세균인 슈리사이드 살포 • 천적 : 뻐꾸기, 꾀꼬리, 두견새 등
미국 흰불나방	양버즘나무, 벚나무, 포플러류, 오동나무, 아까시나무, 호두나무, 단풍나무 등	• 1년에 2 ~ 3회 발생 • 잎이나 가지에 거미줄을 치고 유충이 집단으로 식해, 어느 정도 크면 분산해서 가해	• 5 ~ 10월 유충 시기에 주론, 그로포디프(디프록스) 50% 1,000배액을 살포하거나 집단 유충을 채취하여 소각 • 8월 중순경 피해 나무 수간에 짚이나 거적을 감아 유인하여 소각 • 천적 : 긴등기생파리, 검정명주딱정벌레 등
회양목 명나방	회양목	• 1년에 2 ~ 3회 발생 • 발생 유충이 가지에 거미줄을 치고 잎을 가해, 6월에 심한 가해 후 8월에 다시 가해	• 가해 초기 메프, 갈탑수화제 2회 살포 • 세균을 이용한 Bt제 생물 농약도 유효함 • 천적 : 무당벌레, 풀잠자리, 거미, 조류 등

4 천공성해충

해충명	가해수목	특징 및 가해 상태	방제법
하늘소	측백, 편백, 화백, 향나무, 삼나무	유충이 줄기 부름켜 부위를 식해, 벌레똥을 밖으로 배출하지 않아 식별 곤란, 생육이 쇠약한 나무를 주로 가해	• 피해 가지는 10 ~ 12월 절단, 소각 • 봄에 성충이 수피에 산란할 때 메프(페니트로티온) 50% 유제 1,000배액 2 ~ 3회 살포 • 천적 : 좀벌류, 맵시벌류, 기생파리, 딱따구리 등의 조류
소나무좀	소나무류	• 유충이 쇠약한 나무나 벌채목에 구멍을 뚫어 가해 • 성충은 신초에 구멍을 뚫어 피해 심각	• 쇠약한 나무 조기 제거 • 좀 피해목 벌채, 소각 • 천적 : 좀벌류, 맵시벌류, 기생파리 등

5 충영성해충

해충명	가해수목	특징 및 가해 상태	방제법
솔잎 혹파리	울창한 소나무 숲, 곰솔	• 5월 하순부터 6월 상순이 우화 최성기 • 유충이 솔잎 기부에 들어가 벌레혹을 만들고 그 속에서 수액 및 즙액을 빨아 먹음 • 노목보다는 유목에 심하게 나타남	• 수간주사 : 포스파미돈 50% 액제를 흉고직경 1cm당 0.3ml 사용 • 토중처리 : 4 ~ 5월 테믹 15% 입제 120kg/ha 사용 • 수관살포 : 메프 50% 유제 1,000배액 사용 • 피해목 벌채 • 천적 : 솔잎 혹파리 먹좀벌, 혹파리살이 먹좀벌 등

※ 한국의 3대 해충 : 흰불나방, 솔나방, 소나무좀
※ 소나무의 3대 해충 : 솔나방, 소나무좀, 솔잎혹파리
※ 소나무 재선충(소나무 시들음병) : Bursaphelenchus xylophilus
  1. 병징 및 표징 : 매개충인 솔수염하늘소(북방수염하늘소)의 몸에 부착하여 기주식물에 침입. 침입 후 6일이면 잎이 밑으로 처지고 30일이 지나면 잎이 적변한다. 침입한 나무는 100% 죽음
  2. 방제법 : 고사목은 벌채 소각, 매개충 산란 방지, 이목 설치 후 소각, 5 ~ 7월에 메프유제 수간주사, 시판되고 있는 관주처리용 선충탄액제, 수간주사용 인덱스 유제

6 충해 방제법

생물학적 방제	곤충의 천적을 이용하는 방제법
화학적 방제	농약을 이용하는 방제법
기계적 방제	간단한 기계나 기구 또는 손으로 잡는 방제법 • 포살법 : 알, 성충, 유충 등을 손이나 기구를 이용하여 직접 잡는 방법 • 유인법 : 행동 습성을 이용하여 유인하는 방법. 식이 유살, 잠복처 유살, 번식처 유살, 등화 유살 등이 있다. • 차단법 : 이동성 곤충의 이동 경로를 차단하는 법
물리적 방제	고온, 습도, 방사선, 고주파 등 해충이 견디기 힘든 환경조건을 조성하는 방제법
임업적 방제	내병충성 품종, 비배관리, 가지 소각 등의 방제법(재배학적 방제)
종합적 방제	여러 가지 방제법을 이용해 종합적으로 대처

※ 잠복소 설치
  해충을 한 곳에 모아 포살하는 방법으로, 유충으로 월동하는 흰불나방의 방제법으로 이용되어 플라타너스, 포플러류에 9월 하순경에 설치하여 이용한다.

3 약제의 분류와 사용

1 살균제
병을 일으키는 곰팡이와 세균을 구제하기 위한 약제

보호 살균제	• 병원균이 식물체 내로 침입하는 것을 방지하기 위한 약제 • 예방이 목적이므로 병이 발생하기 전 식물체에 처리
직접 살균제	• 병원균의 발아와 침입방지, 침입한 병원균에도 작용 • 치료가 목적이므로 발병 후에도 방제 가능
기타 살균제	• 종자소독제 : 종자나 종묘에 감염된 병원균 방제 • 토양소독제 : 토양 중의 병원균 사멸 • 과실방부제 : 과실의 저장 중 부패 방지

2 살충제
해충을 방제할 목적으로 쓰이는 약제

소화중독제	식물의 잎에 농약을 살포하고 해충이 소화기관 내로 농약을 흡수하게 하여 독작용을 하는 약제
접촉독제	살포된 약제가 해충의 피부나 기문을 통하여 체내로 침투되어 독작용을 하는 약제
침투성 살충제	약제를 식물의 잎이나 뿌리에 처리하여 식물체 내로 흡수, 이동시키고, 식물 전체에 분포되도록 하여 흡즙성 해충에 독성을 나타내는 약제
유인제	해충을 일정한 장소로 유인하여 포살하는 약제

3 기타약제

살비제		곤충에는 살충력이 거의 없고 응애류에만 효력을 나타내는 약제
살선충제		선충을 구제하는 데 사용하는 약제
제초제		잡초를 제거하기 위한 약제
식물 생장 조정제		식물의 생장을 촉진, 억제하거나 개화, 착색 및 낙과방지 등 식물의 생육을 조정하기 위한 약제
보조제		농약 주제의 효력을 증진시키기 위하여 사용하는 약제
	전착제	농약을 병해충이나 식물 등에 잘 전착시키기 위한 것
	증량제	농약 주성분의 농도를 낮추기 위하여 사용하는 보조제
	용제	약제의 유효성분을 녹이는 데 사용하는 약제
	유화제	유제의 유화성을 높이는 데 사용하는 물질
	협력제	농약 유효성분의 효력을 증진시킬 목적으로 사용

4 농약의 형태에 따른 분류

구분	설명
유제	농약의 주제를 용제에 녹여 계면활성제를 유화제로 첨가하여 제제
수화제	• 물에 녹지 않는 원제를 증량제 및 계면활성제와 혼합하여 분쇄한 제제 • 물에 희석하면 입자가 수용성이고 수용성 증량제를 사용하여 제제
수용제	주제가 수용성이고 수용성 증량제를 사용하여 제제
액상수화제	• 주제가 고체로서 물이나 용제에 잘 녹지 않는 것을 액상의 형태로 제제 • 분쇄하지 않은 주제를 물에 분산시켜 현탁하여 제제
액제	주제가 수용성으로서 주제를 물에 녹여 제제
분제	주제를 증량제 등과 균일하게 혼합, 분쇄하여 제제
입제	주제에 증량제 등을 혼합하여 입상으로 만든 제제
정제	분제와 수화제 같이 제제한 농약을 알약처럼 만든 것
훈증제	농약의 주제를 용기에 충진하고, 열 때 기화하여 작용
기타	연무제, 도포제, 훈연제, 캡슐제, 입상수화제 등

5 약제의 용도구분 색깔

구분		포장지색	종류
살충제		초록색	해충을 방제하는 약제로 디프테렉스, 스미치온, DDVP 등
살비제		초록색	응애목에 속하는 해충을 방제하는 약제
살균제		분홍색	병원균을 방제하는 약제로 다이센 M-45, 보르도액, 석회황합제 등
제초제	선택성	노란색	필요 없는 잡초를 선택적으로 살초하는 약제
	비선택성	적색	수목과 잡초를 모두 살초하는 약제
생장조절제		청색	생장을 촉진하고 낙과를 방지하는 약제로 옥신, 지베렐린, 시토키닌, ABA, 에틸렌, 아토닉 등
보조제		흰색	농약이 해충의 몸이나 농작물의 표면에 잘 묻도록 하여 약효를 높여주는 약제

6 약제의 종류

① 살충제
　㉠ 페니트로티온수화제(메프치온) : 저독성 종합살충제(솔나방, 하늘소, 소나무좀, 혹파리, 뽈밀깍지벌레 등)
　㉡ 포스파미돈(포스팜) : 진딧물, 깍지벌레, 솔잎혹파리
　㉢ 트리클로르폰(디프록스, 디프테렉스, 디플루벤주론) : 나방 종류
　㉣ 디메톤에스메틸(메타시스톡스) : 진딧물, 굴굴나방
　㉤ 카바릴수화제(세빈) : 나방, 응애, 미국흰불나방 등
　㉥ 다이아지논 : 유기인계 살충제, 진딧물, 응애, 깍지벌레

- ⓢ 펜티온유제 : 나방, 선충, 노린재 등
- ⓤ 에마멕틴벤조에이트 : 나방, 재선충, 응애, 파리 등
- ⓥ 메티타티온(수프라사이드) : 종합살충제(제조 및 사용 금지)
- ⓦ 파라티온 : 살충력이 강함(제조 및 사용 금지)
- ⓧ 메틸브로마이드 : 독성이 강한 살충제, 살균 및 토양 훈증용으로도 사용(제조 및 사용 금지)

  ※ 트리아조포스유제(호스타치온) : 살충제, 살선충제, 살비제

② 살균제의 종류
- ㉠ 옥시테트라사이클린 : 대추나무 빗자루병(파이토 플라즈마)
- ㉡ 만코제브수화제(다이센 M-45) : 광범위 종합 보호살균제(흰가루병, 녹병, 그을음병)
- ㉢ 캡탄수화제(경농캡탄) : 탄저병, 노균병, 곰팡이병 등(종합살균제)
- ㉣ 지오판수화제 : 흰가루병, 그을음병, 탄저병
- ㉤ 베노밀수화제 : 흰가루병, 탄저병
- ㉥ 석회황합제 : 흰가루병, 녹병, 부란병, 균핵병 등
- ㉦ 폴리옥신디·티오파네이트메틸수화제(보람) : 종합살균제(흰가루병, 날개무늬병 등)
- ㉧ 헥사코나졸수화제 : 잔디녹병, 흰가루병, 적성병 등
- ㉨ 디니코나졸수화제(빈나리) : 녹병, 적성병 등
- ㉩ 트리아디메폰수화제(바리톤) : 녹병, 흰가루병, 붉은별무늬병
- ㉪ 테부코나졸 : 녹병, 탄저병 등

③ 제초제의 종류
- ㉠ 글리포세이트액제(근사미) : 비선택성제초제(이행성제초제)
- ㉡ 패러콰트디클로라이드액제(그라목손) : 비선택성제초제(접촉독제, 판매금지)
- ㉢ 시마진수화제 : 비선택성제초제(1년생 잡초방제)
- ㉣ 디캄바액제(반벨) : 선택성제초제
- ㉤ 알라클로르유제 : 선택성제초제
- ㉥ 2-4D : 광엽잡초제거

④ 살비제의 종류
- ㉠ 테트라디폰유제(테티온)
- ㉡ 페노티오카브유제(우수수)
- ㉢ 디코폴유제(켈탄, 켈센)

⑤ 생장조절제
- ㉠ 에테폰액제 : 열매의 착색 촉진, 숙기 촉진
- ㉡ 다이노자이드 : 신장억제, 낙과방지
- ㉢ 아토닉액제 : 생육촉진
- ㉣ 지베렐린산수용제 : 생장촉진, 무종자화

7 농약 소요량 계산

- 소요 농약량(ml, g) = $\dfrac{\text{단위면적당 소정살포액량(ml)}}{\text{희석배수}}$

- 소요 농약량(ml, g) = $\dfrac{\text{추천농도(\%)} \times \text{단위면적당 소정살포액량(ml)}}{\text{농약주성분농도(\%)} \times \text{비중}}$

- 희석할 물의 양(ml, g) = $\left(\dfrac{\text{농약주성분농도(\%)}}{\text{추천농도(\%)}} - 1\right) \times \text{소요농약량(ml)} \times \text{비중}$

※ 4-4식 보르도액 : 물 1L에 황산동 4g과 생석회 4g이 들어간 것

8 농약의 혼용

① 장단점

장 점	단 점
• 농약의 살포 횟수를 줄여 방제 비용 절감 • 동일 약제의 연용에 의한 내성 또는 저항성 억제 • 약제 간 상승 작용에 의한 약효 증진	• 약제에 따라 혼용 시 농약 성분의 분해에 의한 약효 저하 • 농작물의 약해 발생

② 농약 혼용 시 주의점
- ㉠ 혼용가부표를 반드시 확인할 것
- ㉡ 2종 혼용을 원칙으로 하고 다종 약제의 혼용 회피
- ㉢ 수화제와 다른 약제 혼용 시 '액제(수용제) – 수화제(액상수화제) – 유제' 순으로 혼합
- ㉣ 혼용 희석 시 침전물이 생긴 희석액은 사용 금지
- ㉤ 조제한 살포액은 오래 두지 말고 당일에 사용
- ㉥ 될 수 있는 대로 다른 약제와 혼용하지 않는 것이 바람직함

※ ppm(pert per million)

$\dfrac{1}{1,000,000}$을 말하고 1%는 10,000ppm

9 농약살포

① 살포방법

분무법	물에 희석하여 사용하는 약제를 분무기로 살포
분제살포법	약제 조제와 물이 필요하지 않으므로 작업이 간편
입제살포법	직접 뿌릴 수 있어 다른 약제에 비해 살포 간편
미스트법	원심송풍기에 의한 미립자 살포로 분무법에 비해 살포량 1/3 ~ 1/5 감소
연무법	약제의 주성분을 연기의 형태로 해서 사용
훈증법	밀폐된 곳에 약제를 가스화시켜 사용
관주법	땅속에 약액을 주입하는 법
토양처리법	약제를 토양의 표면이나 땅속에 살포
침지법	종자나 종묘를 희석액에 담가 소독
분의법	종자를 분제로 된 약제를 입혀 소독
도포법	절단, 상처 부위나 나무줄기에 약액 발라 병균 차단
도말법	종자 소독을 할 때 분제 또는 종자 처리제를 종자의 외피에다 골고루 묻혀서 살균하거나 살충하는 방법
나무주입	나무줄기에 구멍을 뚫고 약제 주입 : 수간주사

② 농약 살포 시 주의사항
  ㉠ 사용 농도 및 횟수 등 안전사용 기준에 따를 것
  ㉡ 농약의 개봉 시 신체에 내용물이 묻지 않도록 할 것
  ㉢ 제 4종 복합비료(영양제)와 농약을 섞어서 사용하지 말 것
  ㉣ 살포 시 안전장비(마스크, 보안경, 방제복, 보호장갑)를 착용할 것
  ㉤ 감기 등 신체 이상 시 살포하지 말 것
  ㉥ 날씨가 좋은 날 살포하고 이상기후 시 약해 발생주의
  ㉦ 한 낮을 피해 아침, 저녁 살포
  ㉧ 한 사람이 2시간 이상 하지 말 것
  ㉨ 바람을 등지고 살포하고, 작업 종료 후 깨끗하게 씻을 것
  ㉩ 대상 식물이 아닌 식물에 묻지 않도록 주의
  ㉪ 남은 액과 세척한 물이 하천에 유입되지 않도록 주의
  ㉫ 남은 농약을 다른 용기에 옮겨 보관하지 말 것
  ㉬ 남은 농약 보관 시, 밀봉하고 서늘한 장소에 보관

PART 05 예상문제

01 파이토플라즈마에 의한 주요 수목병에 해당되지 않는 것은?

① 오동나무빗자루병 ② 뽕나무오갈병
③ 대추나무빗자루병 ④ 소나무시들음병

02 다음 중 세균에 의한 수목병은?

① 밤나무 뿌리혹병
② 뽕나무 오갈병
③ 소나무 잎녹병
④ 포플러 모자이크병

03 식물병의 발병에 관여하는 3대 요인과 거리가 먼 것은?

① 일조부족
② 병원체의 밀도
③ 야생동물의 가해
④ 기주식물의 감수성

04 다음 중 병원체의 월동방법 중 토양에서 월동하는 병원균은?

① 자주빛날개무늬병균
② 소나무잎떨림병균
③ 밤나무줄기마름병균
④ 잣나무털녹병균

05 다음 중 오리나무 갈색무늬병균의 전반(轉般)에 대한 설명으로 옳은 것은?

① 곤충 및 소동물에 의해서 전반된다.
② 물에 의해서 전반된다.
③ 종자의 표면에 부착해서 전반된다.
④ 바람에 의해서 전반된다.

06 배나무 붉은별무늬병의 겨울포자 세대의 중간기주 식물은?

① 잣나무 ② 향나무
③ 배나무 ④ 느티나무

07 다음 중 소나무 혹병의 중간기주식물은?

① 송이풀 ② 배나무
③ 참나무류 ④ 향나무

08 일반적으로 빗자루병이 발생하기 쉬운 수종은?

① 향나무 ② 동백나무
③ 대추나무 ④ 장미

정답 01 ④ 02 ① 03 ③ 04 ① 05 ③ 06 ② 07 ③ 08 ③

09 다음에서 설명하고 있는 병은?

- 수목에 치명적인 병은 아니지만 발생하면 생육이 위축되고 외관을 나쁘게 한다.
- 장미, 단풍나무, 배롱나무, 벚나무 등에 많이 발생한다.
- 병든 낙엽을 모아 태우거나 땅속에 묻음으로써 전염원을 차단하는 것이 필수적이다.
- 통기불량, 일조부족, 질소과다 등이 발병요인이다.

① 흰가루병　　② 녹병
③ 빗자루병　　④ 그을음병

10 오동나무 탄저병에 대한 설명으로 옳은 것은?

① 주로 뿌리에 발생하여 뿌리를 썩게 한다.
② 주로 열매에 많이 발생한다.
③ 담자균이 균사상태로 줄기에서 월동한다.
④ 주로 묘목의 줄기와 잎에 발생한다.

11 수목에 피해를 주는 병해 가운데 나무 전체에 발생하는 것은?

① 흰비단병, 근두암종병
② 암종병, 가지마름병
③ 시듦병, 세균성 연부병
④ 붉은별무늬병, 갈색무늬병

12 오늘날 세계 3대 수목병에 속하지 않는 것은?

① 잣나무 털녹병
② 느릅나무 시들음병
③ 밤나무 줄기마름병
④ 소나무류 리지나뿌리썩음병

13 다음 조경 식물의 주요 해충 중 흡즙성 해충은?

① 깍지벌레　　② 독나방
③ 오리나무잎벌레　　④ 미끈이 하늘소

14 가해방법에 따른 분류 중 잎을 갉아먹는 해충은?

① 진딧물　　② 솔나방
③ 응애　　④ 밤나방

15 진딧물, 깍지벌레와 관계가 깊은 병은?

① 흰가루병　　② 빗자루병
③ 줄기마름병　　④ 그을음병

16 다음 중 소나무류를 가해하는 해충이 아닌 것은?

① 솔나방　　② 미국흰불나방
③ 소나무좀　　④ 솔잎혹파리

17 다음 중 잎이나 가지에 붙어 즙액을 빨아먹어 잎이 황색으로 변하게 되고 2차적으로 그을음병을 유발시키며, 감나무, 동백나무, 호랑가시나무, 사철나무, 치자나무 등에 공통적으로 발생하기 쉬운 충해는?

① 흰불나방　　② 측백나무 하늘소
③ 깍지벌레　　④ 진딧물

정답 09 ① 10 ④ 11 ③ 12 ④ 13 ① 14 ② 15 ④ 16 ② 17 ③

18 응애(mite)의 피해 및 구제법으로 틀린 것은?

① 살비제를 살포하여 구제한다.
② 같은 농약의 연용을 피하는 것이 좋다.
③ 발생지역에 4월 중순부터 1주일 간격으로 2 ~ 3회 정도 살포한다.
④ 침엽수에는 피해를 주지 않으므로 약제를 살포하지 않는다.

19 다음 중 흰불나방의 피해가 가장 많이 발생하는 수종은?

① 감나무 ② 사철나무
③ 플라타너스 ④ 측백나무

20 솔나방의 생태적 특성으로 옳지 않은 것은?

① 식엽성 해충으로 분류된다.
② 줄기에 약 400개의 알을 낳는다.
③ 1년에 1회로 성충은 7 ~ 8월에 발생한다.
④ 유충이 잎을 가해하며, 심하게 피해를 받으면 소나무가 고사하기도 한다.

21 다음 설명하는 해충은?

- 가해 수종으로는 향나무, 편백, 삼나무 등
- 똥을 줄기 밖으로 배출하지 않기 때문에 발견하기 어렵다.
- 기생성 천적인 좀벌류, 맵시벌류, 기생파리류로 생물학적 방제를 한다.

① 박쥐나방 ② 측백나무하늘소
③ 미끈이하늘소 ④ 장수하늘소

22 다음 중 소나무재선충의 전반(轉般)에 중요한 역할을 하는 곤충은?

① 북방수염하늘소 ② 노린재
③ 혹파리류 ④ 진딧물

23 솔수염 하늘소의 성충이 최대로 출현하는 최성기로 가장 적합한 것은?

① 3 ~ 4월 ② 4 ~ 5월
③ 6 ~ 7월 ④ 9 ~ 10월

24 참나무 시들음병에 대한 설명으로 옳지 않은 것은?

① 매개충은 광릉긴나무좀이다.
② 피해목은 초가을에 모든 잎이 낙엽된다.
③ 매개충의 암컷 등판에는 곰팡이를 넣는 균낭이 있다.
④ 월동한 성충은 5월경에 침입공을 빠져나와 새로운 나무를 가해한다.

25 솔잎혹파리에는 먹좀벌을 방사시키면 방제효과가 있다. 이러한 방제법에 해당하는 것은?

① 가꾸기에 의한 방제법
② 생물적 방제법
③ 물리적 방제법
④ 화학적 방제법

26 내충성이 강한 품종을 선택하는 것은 다음 중 어느 방제법에 속하는가?

① 물리적 방제법 ② 화학적 방제법
③ 생물적 방제법 ④ 재배학적 방제법

정답 18 ④ 19 ③ 20 ② 21 ② 22 ① 23 ③ 24 ② 25 ② 26 ④

27 해충의 방제 방법 분류상 '잠복소'를 설치하여 해충을 방제하는 방법은?

① 물리적 방제법
② 내병성 품종 이용법
③ 생물적 방제법
④ 화학적 방제법

28 잠복소를 설치하는 목적으로 가장 적당한 설명은 어느 것인가?

① 동해의 방지를 위해
② 월동 벌레를 유인하여 봄에 태우기 위해
③ 겨울의 가뭄피해를 막기 위해
④ 동해나 나무생육 조절을 위해

29 다음 중 살충제에 해당되는 것은?

① 아토닉액제
② 옥시테트라사이클린수화제
③ 시마진수화제
④ 포스파미돈액제

30 약제를 식물체의 뿌리, 줄기, 잎 등에 흡수시켜 깍지벌레와 같은 흡즙성 해충을 죽게 하는 살충제의 형태는?

① 기피제
② 유인제
③ 소화중독제
④ 침투성살충제

31 응애만을 죽이는 농약의 종류에 해당하는 것은?

① 살충제
② 살균제
③ 살비제
④ 살서제

32 병충해 방제를 목적으로 쓰이는 농약의 포장지 표기 형식 중 색깔이 분홍색을 나타내는 것은 어떤 종류의 농약을 가리키는가?

① 살충제
② 살균제
③ 제초제
④ 살비제

33 농약의 사용 시 확인할 방제 대상별 포장지의 색깔과 구분이 올바른 것은?

① 살균제 – 청색
② 제초제 – 분홍색
③ 살충제 – 초록색
④ 생장조절제 – 노란색

34 흰가루병을 방제하기 위하여 사용하는 약품으로 부적당한 것은?

① 티오파네이트메틸수화제(지오판엠)
② 결정석회황합제(유황합제)
③ 디비이디시(황산구리)유제(산요루)
④ 데메톤-에스-메틸유제(메타시스톡스)

35 다음 중 조경 수목의 병해와 방제 방법이 맞는 것은?

① 빗자루병 – 배수구 설치
② 검은점무늬병 – 만코제브수화제(다이센엠-45)
③ 잎녹병 – 페니트로티온수화제(메프치온)
④ 흰가루병 – 트리클로르폰수화제(디프록스)

정답 27 ① 28 ② 29 ④ 30 ④ 31 ③ 32 ② 33 ③ 34 ④ 35 ②

36 다음 중 루비깍지벌레의 구제에 가장 효과적인 농약은?

① 메타유제(메타시스톡스)
② 티디폰수화제(바리톤)
③ 디프수화제(디프록스)
④ 메치온유제(수프라사이드)

37 진딧물 구제에 적당한 약제가 아닌 것은?

① 메타유제(메타시스톡스)
② 디디브이피제(DDVP)
③ 포스팜제(다이메크론)
④ 만코지제(다이센M45)

38 다음 중 미국흰불나방 구제에 가장 효과가 좋은 것은?

① 메탈락실수화제(리도밀)
② 디코폴수화제(켈센)
③ 패러콰트디클로라이드액제(그라목손)
④ 트리클로르폰수화제(디프록스)

39 소나무에 많이 발생하는 솔나방 구제에 가장 효과적인 농약은?

① 만코지제(다이센)
② 캡탄수화제(오소싸이드)
③ 포리옥신수화제
④ 디프제(디프록스)

40 다음 중 생장조절제가 아닌 것은?

① 비에이액제(영일비에이)
② 도마도톤액제(정밀도마도톤)
③ 인돌비액제(도래미)
④ 파라코액제(그라목손)

41 관상용 열매의 착색을 촉진시키기 위하여 살포하는 농약은?

① 지베렐린수용제(지베렐린)
② 비나인수화제(비나인)
③ 말레이액제(액아단)
④ 에세폰액제(에스렐)

42 다음 중 잡초방제용 제초제가 아닌 것은?

① 메프수화제(스미치온)
② 씨마네수화제(씨마진)
③ 알아유제(라쏘)
④ 파라코액제(그라목손)

43 다음 중 제초제가 아닌 것은?

① 페니트로티온수화제
② 시마진수화제
③ 알라클로르유제
④ 패러콰트디클로라이드액제

44 잡초제거를 위한 제초제 중 잔디밭에 사용할 때 각별한 주의가 요구되는 것은?

① 선택성 제초제
② 비선택성 제초제
③ 접촉형 제초제
④ 호르몬형 제초제

45 잔디의 상토소독에 사용하는 약제는?

① 디캄바
② 에테폰
③ 메티다티온
④ 메틸브로마이드

정답 36 ④ 37 ④ 38 ④ 39 ④ 40 ④ 41 ④ 42 ① 43 ① 44 ② 45 ④

46 다수진 50%, 유제 100cc를 0.05%로 희석하려 할 때 필요한 물의 양은?

① 200 ~ 300배   ② 400 ~ 600배
③ 700 ~ 800배   ④ 900 ~ 1,000배

47 다수진 25% 유제 100cc를 0.05%로 희석하려 할 때 필요한 물의 양은?

① 5L   ② 25L
③ 50L   ④ 100L

48 비중 1.15인 이소푸로치오란 유제(50%) 100ml로 0.05% 살포액을 제조하는데 필요한 물의 양은?

① 104.9L   ② 110.5L
③ 114.9L   ④ 124.9L

49 Methidathion(메치온) 40% 유제를 1,000배액으로 희석해서 10a당 6말(20L/말)을 살포하여 해충을 방제하고자 할 때 유제의 소요량은 몇 ml 인가?

① 100   ② 120
③ 150   ④ 240

50 다음 중 농약의 혼용사용 시 장점이 아닌 것은?

① 약해 증가
② 독성 경감
③ 약효 상승
④ 약효지속기간 연장

51 조경수목에 사용되는 농약과 관련된 내용으로 부적합한 것은?

① 농약은 다른 용기에 옮겨 보관하지 않는다.
② 살포작업은 아침, 저녁 서늘한 때를 피하여 한 낮 뜨거운 때 작업한다.
③ 살포작업 중에는 음식을 먹거나 담배를 피우면 안된다.
④ 농약 살포작업은 한 사람이 2시간 이상 계속하지 않는다.

52 농약 취급 시 주의할 사항으로 부적합한 것은?

① 농약을 살포할 때는 방독면과 방호용 옷을 착용하여야 한다.
② 쓰고 남은 농약은 변질될 수 있으므로 즉시 주변에 버리거나 다른 용기에 담아둔다.
③ 피로하거나 건강이 나쁠 때는 작업하지 않는다.
④ 작업 중에 식사 또는 흡연을 금한다.

정답 46 ④ 47 ③ 48 ③ 49 ② 50 ① 51 ② 52 ②

잔디관리

1 잔디의 종류

1 한국 잔디
여름용 잔디, 키는 15cm 이하로 완전 포복형, 병충해 공해에 강함. 음지 생육 불가
① 들잔디 : 한국에서 가장 많이 식재되는 잔디. 잎이 넓고 거침. 생활력과 토양 응집력이 강함. 공원 운동장 및 비탈면에 적합
② 금잔디 : 대전 이남 지역에서 자생, 잎이 곱고 부드러움, 정원용, 내한성 약함
③ 빌로드잔디 : 남해안에서 자생, 매우 부드럽고 길이가 3cm 이하인 고운 잔디임. 남부의 정원용

2 서양 잔디
① 켄터키 블루 그래스 : 미국, 유럽의 정원과 공원 잔디로 가장 많이 쓰임. 3 ~ 12월간 푸른 상태 유지. 겨울형 잔디로 서늘하고 그늘진 곳에서 잘 자람
② 벤트그래스 : 가장 품질이 좋은 잔디. 골프장의 그린용. 겨울형 잔디. 3 ~ 12월간 푸름. 그늘 건조에는 약함. 자주 깎아 줄 것. 병해충에 약함
③ 페스큐그래스 : 겨울형 잔디로 내한성은 가장 강함. 분얼로 포기가 늘어남. 건조에 강함
④ 라이그래스 : 겨울형 잔디. 분얼형. 건조에 강함
⑤ 버뮤다그래스 : 여름형 잔디. 5 ~ 9월간 푸름. 대전 이남에서만 월동 가능, 불완전 포복형
⑥ 위핑러브그래스 : 여름형 잔디. 길이가 60 ~ 150cm로 도로변 비탈면 식재, 분얼형, 깎지 않아도 됨

3 잔디의 환경

온도	• 생육을 결정짓는 중요 요소 • 난지형은 중부 이북에서의 월동, 한지형은 여름에 하고 현상
일조	• 봄부터 가을 사이에는 일조 5시간 이상 되는 곳에서 잘 생육 • 한국 잔디와 버뮤다 그래스는 일조 부족 시 생육에 지장 • 켄터키 블루글래스, 톨 페스큐, 라이글래스 등은 내음성이 비교적 좋음
토양과 배수	• 토양은 대체로 양토로 산도 pH 5.5 ~ 7.0이 알맞음 • 적당한 기울기나 물이 고이지 않도록 배수 시설 설치

※ 하고현상
　고온다습한 기후 환경에서 병해충의 발생이 빈번하여 잔디가 말라죽는 현상

4 잔디의 관수

① 새벽이 관수에 좋은 시간이나 편의상 저녁 관수를 많이 시행
② 관수 후 10시간 이내에 잔디가 마를 수 있도록 관수시간 조절
③ 같은 양의 물이라도 빈도를 줄이고 심층 관수 : 토양 5cm 이상

※ 시린지(Syringe)
여름 고온 시 기후가 건조할 경우 잔디표면 근처에 소량의 물을 분무하여 온도를 낮추는 방법으로 증산량을 줄여주고 위조를 막아준다.

2 대취(thatch)층

잔디밭 조성 후 시간이 경과함에 따라 엽조직 등이 노화되면서 생성되는 일종의 유기물층

1 대취의 순기능

잔디밭에서 대취는 일반적으로 부정적으로 인식되고 있는 요인. 하지만 일반적으로 두께가 13mm 이하인 경우 쿠션 효과 등의 장점이 있음

구분	내용
잔디	일정한 수준까지 내답압성이 증가함
토양	토양구조가 훼손될 때 토양 고결화 정도를 감소시킴
환경	온도 변화 시 표면을 보호해서 스트레스로 인해 나타나는 피해를 경감시킴
잔디밭	완충능력이 있어 잔디밭의 쿠션효과를 제공

2 대취의 역기능

대취층이 과다하게 축적되면 잔디환경 적응력 저하, 방제효과 감소 및 스캘핑 현상 등의 단점이 나타남

구분	내용
잔디	여러 가지 환경 스트레스 및 병충해 발생이 증가함
농약	농약의 침투력이 약화돼서 방제효과가 감소함
잔디밭	잔디밭 표면이 쉽게 부풀어 스캘핑 현상과 부분적인 건조 피해가 나타남

※ 스캘핑(scalping)
한 번에 지나치게 잔디를 낮게 깎아서 잔디가 누렇게 보이는 현상. 일시적으로 잔디 생육이 억제되며 심하면 죽음

※ 매트
대취 밑에 썩은 잔디의 땅속 줄기와 같은 질긴 섬유 물질이 쌓여 있는 상태

3 잔디의 시비

1 잔디의 시비량
① 시비량은 잔디의 종류, 이용 정도, 관리 정도에 따라 결정
② 기비 : 퇴비 등의 유기질비료를 1 ~ 2kg/㎡를 기준으로 시비
③ 추비 : 화학비료를 질소 : 인 : 칼륨의 비율이 3 : 2 : 1 또는 2 : 1 : 1의 비율이 되도록 시비

2 시비시기
① 난지형 잔디 : 주로 봄, 여름
② 한지형 잔디 : 봄, 가을에 하되 후반부(9월 이후)의 비중을 높이고, 여름철 고온다습기의 병 발생 시 시비주의

3 시비방법
① 잔디밭의 거름은 잔디의 종류, 생육상태, 토양조건, 이용 정도, 깎기 및 관수 횟수 등에 따라 다르게 시비하되, 질소질비료는 1회 주는 양이 1㎡ 당 4g 이하
② 난지형 잔디는 봄과 여름에, 한지형 잔디는 봄과 가을에 시비
③ 비료는 1년에 2 ~ 8회 정도 시비하되, 골프장이나 경기장은 여러 번 나누어서 시비
④ 너무 건조하거나 습할 때는 발병의 위험이 있으므로 주의
⑤ 잔디밭 시비 시 주의 사항
   ㉠ 잔디면에 균일하게 뿌려지도록 함
   ㉡ 비가 온 후 이슬이 마르지 않은 상태에서는 시비하지 않음
   ㉢ 바람을 등지고 살포, 비료를 준 후 물을 충분히 뿌림
   ㉣ 1회에 너무 많은 양을 주지는 않음

성분	부족증상	종류
질소	• 생육이 부진하고 잎이 누렇게 변함 • 과잉하면 연약해짐	요소, 황산암모늄, 석회질소
인	• 잔디의 발아와 발근이 부진하고 생육부진 • 잎은 농록색으로 변하고 생장이 멈춤	과인산석회, 중과인산석회, 용성인비
칼륨	• 생육이 부진하고 잎이 누렇게 변함 • 잎에 변색 반점이 생김	염화칼륨, 황산칼륨

4 잔디 깎기

1 잔디 깎기의 효과
① 잡초 발생을 줄임
② 잔디의 밀도를 높임(분얼 촉진)
③ 평탄한 잔디밭을 만듦
④ 병해 방지

2 잔디 깎기 주의사항
① 처음에는 높게 깎아주고 형태를 보면서 서서히 높이를 낮출 것
② 잔디토양이 젖어 있을 때에는 될 수 있는 한 작업 회피
③ 빈도와 예고는 규칙적으로 시행 : 불규칙한 작업은 악영향 초래
④ 깎아낸 예지물(대치 thatch)은 잔디 사이에 들어가게 하거나 제거
⑤ 기계의 방향이 계획적, 규칙적이어야 깎은 면 미려

3 잔디 깎는 시기 및 주기
① 한국 잔디 등 난지형 잔디는 6 ~ 8월, 한지형 잔디는 5, 6월과 9, 10월에 실시
② 한 번에 초장의 1/3 이상 깎지 않으며, 초장이 3.5 ~ 7cm에 도달할 경우에 깎아주고, 깎는 높이는 2 ~ 5cm 정도를 기준으로 실시
③ 깎는 주기는 전체 높이의 30% 정도를 깎아서 원하는 높이 유지

4 시기 및 장소별 관리
① 여름형 잔디 : 여름철 고온기에 잘 자라므로 이때 자주 깎아줌
② 겨울형 잔디 : 봄, 가을, 서늘할 때 잘 자라므로 이때 자주 깎아줌
③ 가정용 정원 : 적어도 5, 6, 7, 9월은 월 1회, 8월은 월 2회로 총 6회 깎아줌
④ 공원용 정원 : 5월 1회, 6월 2회, 7월 2 ~ 3회, 8월 3 ~ 4회, 9월 2회, 10월 1회 총 11 ~ 13회

5 잔디 깎는 횟수와 깎은 후의 길이

잔디종류		깎는 높이(mm)	횟수
일반가정용 잔디		30 ~ 40	월 1 ~ 2회
공원용 잔디		20 ~ 30	월 1 ~ 2회
축구장 잔디		10 ~ 20	월 2 ~ 3회
골프장	그린	4.5 ~ 7	매일
	티그라운드	10 ~ 15	주 2 ~ 3회
	에이프런	15 ~ 18	주 2 ~ 3회
	페어웨이	18 ~ 25	주 1 ~ 2회
	러프	40 ~ 50	주 2 ~ 4회

5 잔디 깎는 기계

1 날의 회전방식에 따라
① 릴(reel)형 기계 : 고정날과 회전날이 마주쳐 깎는 것 - 잔디가 깨끗이 잘려짐
② 회전(rotary)형 기계 : 날이 고속으로 회전하며 잔디 잎을 쳐서 잘라내는 방식

2 예취기의 종류
① 핸드 모어 : 인력으로 작동하며, 150m^2 미만의 잔디밭 관리용
② 로터리 모어 : 150m^2 이상 면적, 골프장의 러프, 학교, 공원용, 깎인 면이 거침
③ 갱 모어 : 15,000m^2 이상의 골프장, 운동장, 경기장용, 트랙터에 달아 사용
④ 그린 모어 : 골프장의 그린, 테니스 코트장 관리용, 0.5mm 단위로 깎는 높이 조절 가능함

6 잔디의 환경과 잡초

1 환경

온도	한지형 잔디와 난지형 잔디로 구분
일조	하루 일조 시간이 5시간 이상 되는 곳에서 좋은 생육
토양	사양토로서 토양 산도는 pH 5.5 ~ 7.0이 적당
토양수분	25% 정도가 알맞으며, 관수는 새벽이 가장 좋고 저녁 관수도 무방

2 잔디의 생육 온도별 구분

구분	생태적 구분	잔디 종류	생육 적온	생육 정지온도
한국 잔디	난지형 잔디	들잔디, 금잔디, 빌로드잔디	20 ~ 35℃	10℃ 이하
서양 잔디	난지형 잔디	버뮤다 그라스	20 ~ 35℃	10℃ 이하
	한지형 잔디	켄터키 블루그라스, 밴트그라스, 페스큐그라스, 라이그라스	13 ~ 20℃	1 ~ 7℃

3 잔디밭의 잡초

① 잔디밭에 많이 발생하는 잡초는 바랭이, 매듭풀, 강아지풀, 클로버 등이며, 그중 가장 문제가 되는 잡초는 클로버
② 클로버는 인력 제초로 포복경이 끊어지면 오히려 번식을 조장하게 되므로, 주변을 통째로 떠내거나 제초제로 방제하는 것이 효과적

7 잔디의 갱신

1 갱신작업
① 잔디의 갱신작업은 한지형은 초봄(3월), 초가을(9월), 한국 잔디는 보통 6월에 실시
② 대치의 축척으로 투수성 불량, 흡습성 증가, 통기성의 악화에 의한 병 발생 원인 제거
③ 지나친 답압에 의한 표층 토양 고결, 근계의 퇴화 및 양분 흡수능력 저하 방지
④ 고온 건조기, 병충해의 감염, 잡초 발생 왕성, 토양 건조 등이 있을 때 작업 금지

2 갱신의 종류

구분	특징	해당기계
통기작업 (코어링)	단단해진 토양에 지름 0.5 ~ 2cm 정도의 원통형 토양을 깊이 2 ~ 5cm로 제거하여, 구멍에 물과 양분을 채워 건강한 생육 도모	그린시어 버티파이어
버티컬모잉 (버티컷팅)	토양의 표면까지 주로 잔디만 잘라내는 작업	버티컬모어
슬라이싱	칼로 토양을 베어주는 작업으로 통기작업과 유사한 효과가 있으나 정도가 미약	레노베이어 론에어
스파이킹	끝이 뾰족한 못과 같은 장비로 토양에 구멍을 내는 작업 : 통기작업과 유사하나 효과는 낮음	스파이크 에어 스파이커
롤링	균일하게 표면을 정리하는 작업, 파종 후나 경기 중 떠오른 토양, 봄철에 들뜬 토양을 누르기 위해 시행	롤러

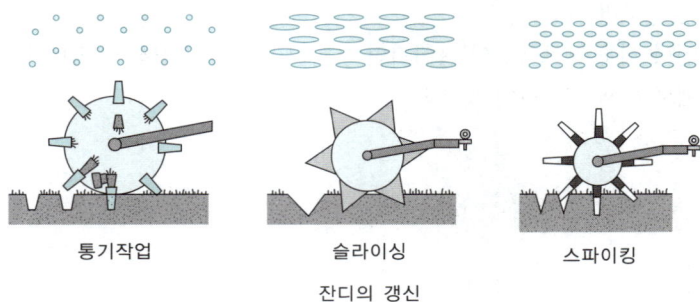

통기작업   슬라이싱   스파이킹

잔디의 갱신

3 갱신작업과 잔디밭의 피해

작업피해	갱신작업			
	코어링	버티컷팅	슬라이싱	스파이킹
잔디훼손	심함	중간	낮음	아주 낮음
건조피해	심함	중간	낮음	아주 낮음
잡초발생	심함	중간	낮음	없음

4 회복기간

구분	갱신작업			
	코어링	버티컷팅	슬라이싱	스파이킹
잔디피해	High	Medium	Medium	Low
회복기간	3~4주	2~3주	1~2주	<1주
갱신효과	High	Medium	Medium	Low
갱신주기	2~6개월	1~2개월	1~3주	1주
갱신깊이	7~20cm	5~15cm	7~10cm	2~3cm
실시시기	생육적기	생육적기	생육기	생육기

8 배토작업(뗏밥주기)

1 목적
땅속 줄기가 땅 위로 노출되는 것을 막아 표면이 고른 잔디밭을 만들기 위해 실시

2 배토의 효과
① 대취층의 분해속도 증가 및 동해의 감소 효과
② 토층을 고르게 해주고 기계작업을 용이하게 유도
③ 지하경과 토양의 분리방지 및 내한성 증대
④ 잔디 식생층의 증가로 답압에 의한 피해 감소
⑤ 노화 지하경과 새 지하경의 식생교체 가능
⑥ 상토불량 시 배토로 상토개량

3 조제와 시기

배토의 조제	• 배토는 원칙적으로 상토의 토양과 동일한 것을 사용 • 가는 모래2, 밭흙1, 유기물1(혹은 약간)을 섞어 사용 • 배토는 5mm 체로 쳐서 모두 통과한 것을 사용
배토 시기	• 한지형은 봄, 가을(5 ~ 6월, 9 ~ 10월) • 난지형은 늦봄, 초여름(6 ~ 8월)의 생육이 왕성한 시기

4 배토 방법

배토량	• 배토는 일시에 다량 사용하는 것보다 소량씩 자주 실시 • 뗏밥의 두께는 2 ~ 4mm 정도로 주며 2회차로 15일 후에 실시 • 봄철 한 번에 두껍게 줄 때는 5 ~ 10mm 정도로 시행 • 다량 사용 시 황화현상이나 병해 유발
배토의 소독	잡초종자 및 병균의 사멸을 위해 소독 – 가열, 증기, 화학약품 소독
배토의 시용	손이나 삽으로 살포, 건조 후 스틸매트 등을 끌어주어 배토가 잔디 사이로 들어가게 작업
관수	배토 후 관수는 즉시 할 필요가 없으며 비해(肥害)주의

9 잔디의 병충해 방제

1 병충해 방제 우선 법칙
① 잔디 생육에 적합한 조건 조성
② 토양개선, 관수, 배수 등의 완전한 설계
③ 건강한 잔디생육을 위한 표토층의 충분한 확보
④ 계속적인 환경 개선과 계획방제

2 잔디의 주요 병해

병명	발병시기	병징	방제약
녹병 (붉은 녹병)	5~6월 9~10월	• 한국 잔디의 대표적인 병으로 기온이 떨어지면 소멸 • 엽초에 동황색 반점이 나타남	다이센, 석회황합제
푸사륨 패치	이른 봄 전년도 질소질 비료 과용 시	• 한국 잔디에 많이 발생 • 30~50cm의 병반이 발생 • 새 눈이 안 나오고 죽음	수은제, 티람제, 캡탄제
브라운 패치	6~7월 9월 고온다습 시	• 서양 잔디에만 발생, 태치 축척이 문제 • 토양전염, 전파력이 매우 빠름 • 산성토양, 질소비료 과용 시 발생	수은제, 티람제, 카드뮴제
달러 스폿	6~7월	• 서양 잔디에만 발생, 잎과 줄기에 담황색 반점 • 병반점은 2~10cm 정도이고 동전 모양으로 발생	티람제, 페나리몰
황화현상	이른 봄 잔디의 새싹이 나올 때	• 금잔디에서 토양관리가 나쁠 때 많이 발생 • 지름 10~30cm 원형 반점	수은제, 땅 굳은 방지

※ 녹병(붉은 녹병)
1. 한국 잔디에서 가장 많이 나타나는 병으로 담자균류에 속하는 곰팡이로서 연 2회 발생
2. 5~6월경 17~22℃ 정도의 기온에서 그늘지고 습한 조건과 과도한 답압, 영양결핍 시 주로 발생
3. 여름에서 초가을에 잎이나 엽맥에 적갈색(등황색)의 불규칙한 반점이 생기고 적(황)갈색 가루가 입혀진 모습으로 출현
4. 미관을 많이 해치나 기온이 떨어지면 사라져 비교적 심각하지 않은 병으로 간주
5. 질소질비료 시비 및 낮은 예고를 피하고, 통풍 확보와 습한 환경 개선
6. 만코지, 지네브, 디니코나졸, 헥사코나졸수화제로 방제

3 가해 부위에 따른 분류

뿌리의 피해	바구미류, 왜콩풍뎅이류, 방아벌레류, 땅강아지류 등
잎과 줄기의 피해	명나방류, 멸강나방류, 거세미나방류 등의 애벌레
수액의 흡입 피해	진딧물류, 긴노린재류, 응애류
표토층구조 파괴 및 인체의 피해	벼룩, 모기, 벌, 개미, 조류 등

※ 풍뎅이 유충(grubs)
    풍뎅이 유충과 성충은 모두 한국 잔디에 큰 피해를 입히며 메프유제, 카보입제 등으로 방제한다.

4 잔디의 주요 충해

병명	발병시기	병징	방제약
황금충류	4~9월	• 한국 잔디에서 심하게 발생 • 풍뎅이와 비슷, 애벌레가 잔디 뿌리를 가해	페니트로티온유제, 아세페이트분제
도둑나방 (야도충)	5~6월 10~11월	• 애벌레가 밤에만 나와 식물체 가해	페니트로티온유제, 아세페이트분제
땅강아지		• 뿌리에 피해를 주며 초여름에 피해가 큼	드린제, 비소제
진딧물 응애류	4~5월 10~11월	• 잎과 줄기의 수액을 빨아먹음	드린제, 인제, 염소제

08 화단과 실내조경관리

1 화단관리

1 화단 조성
① 화단 조성에서 가장 많이 쓰이는 초화류는 1년생 초화류이며, 1년 중 계속 꽃을 감상하기 위해서는 3 ~ 5회 정도 모종을 갈아 심으며, 최소한 3회는 꽃 심기 실시
② 화단은 햇빛이 잘 들고, 통풍이 잘 되는 곳에 설치
③ 묘상의 면적은 화단 면적의 2 ~ 3배 정도 확보
④ 식재시기는 흐리고 바람이 없는 날, 맑은 날은 이른 아침에 식재
⑤ 중앙에서 가장자리로 심어 나가며, 정삼각형 심기(어긋나게 심기)로 되도록 많이 심음
⑥ 봄, 가을은 오후 3시 이후에 식재

2 꽃모종 심기
① 흐린 날 비 내리기 전이 좋으며, 한 낮보다 저녁에 식재
② 바람이 심하게 부는 날은 피함
③ 심기 2시간 전 모종에 물을 주어 모종을 뜰 때 뿌리가 상하지 않도록 주의
④ 화단의 중앙부부터 가장자리로 식재
⑤ 꽃의 포기가 닿을 정도로 식재하고, 화단의 중앙부보다 주변부를 밀식
⑥ 심는 구덩이는 꽃모종의 뿌리보다 크게 파고, 뿌리를 충분히 펼쳐서 흙을 덮은 후에 손으로 가볍게 눌러 주고 충분히 관수

3 식재 후의 관리

거름주기	• 개화기간이 긴 초화는 덧거름을 주어 꽃의 색깔이 변하지 않도록 함 • 비교적 오랫동안 관상할 꽃은 깻묵이 주성분인 물거름을 잎이나 꽃에 닿지 않도록 주고 흙을 살짝 덮음
물주기	• 모종을 심은 직후 뿌리와 흙이 잘 결합되도록 물을 충분히 주며, 뿌리가 활착할 때까지 약 2주간은 매일 관수 • 대기와 같은 온도의 물을 잎과 꽃에 닿지 않도록 뿌리 턱에 줌 • 여름에는 아침(9 ~ 10시), 저녁(4 ~ 5시)으로 2회, 봄, 가을에는 아침 일찍 관수하고 겨울에는 이른 아침을 피하여 10 ~ 11시경에 관수
병충해 방제	• 꽃의 종류가 다양한 만큼 병충해도 많음 • 꽃이 병충해에 의해서 피해를 입으면 관상 가치가 떨어지므로 철저히 관리

2 실내 조경관리

1 실내환경의 특수성
① 실내 식물은 보상점과 광포화점이 낮은 음지 식물이나 관엽류가 알맞음
② 보상점 : 식물이 살아가는 최저 광도
③ 광포화점 : 최고 광합성을 나타내는 빛의 세기
④ 실내 식물은 광도가 1,600럭스 이하이면 인공조명이 필요함
⑤ 관엽식물은 조명 재배 시 16시간 조명에 8시간은 암기를 시키는 것이 좋음

2 실내 식물의 이용 방법
① 테라리움 : 투명한 유리그릇에 내음성이 작은 관상식물을 심어 실내 소온실을 꾸며 관상
② 벽걸이 화분 : 현애성 식물을 매달아 놓는 방법
③ 접시 원예(Dish garden) : 접시 등에 식물 및 장식물을 놓아 소정원을 꾸미는 방법
④ 분재 : 화분에 대자연의 수목류나 경관을 축소하여 꾸미는 방법

3 실내 환경의 적응성
① 강한 광선 하의 식물을 실내로 옮기면 7 ~ 10일부터 낙엽이 짐
② 그 후 새잎이 나오는데 잎이 얇아지고 잎 면적은 넓어짐
③ 엽록소가 적어져 연녹색을 띠므로 음지 조건에서 길렀던 식물을 쓰는 것이 좋음

09 Chapter 조경시설물관리

1 시설물 유지관리

1 유지관리의 목표와 기준
① 조경공간과 조경시설을 항상 깨끗하고 정돈된 상태로 유지
② 경관미가 있는 공간과 시설의 조성, 유지
③ 공간과 시설을 안전한 환경조성에 기여할 수 있도록 관리
④ 유지관리를 통하여 즐거운 휴게, 오락 기회 제공
⑤ 관리주체와 이용자 간의 유대관계 형성

2 유지관리의 요소

시간 절약	유지관리의 공사나 작업은 최단 시일에 시행
인력의 절약	인력의 과다 배치나 부족 배치로 인한 낭비와 부실작업의 예방과 기술 보유자의 적절한 배치
장비의 효율적 이용	장비의 사용과 작업 수행에 맞는 장비의 이용
재료의 경제성	양질의 저렴한 재료를 적기에 공급
의사소통	요청자와 담당자 사이의 원활한 소통

3 재료별 유지관리 방법

목재	• 접합 부분, 갈라진 부분, 파손된 부분, 부패된 부분, 절단된 부분 • 부분 보수나 전면 교체, 도색 및 방부 처리
철재	• 용접 등의 접합 부분, 충격에 의해 비틀리거나 파손된 부분, 부식된 부분 • 용접 및 도색 또는 교체, 볼트나 너트의 조임, 회전축의 그리스 주입
석재	• 파손된 부분, 깨져 나간 부분 • 7℃ 이상의 상온에서 에폭시계나 아크릴계 접착제 사용 및 교체
콘크리트재	• 파손된 부분, 갈라진 부분, 금이 간 부분, 침하된 부분, 마감 부분 처리 상태 • 도장은 3년에 1회 실시, 파손부 동일배합의 콘크리트 사용, 3주 건조 후 도색
합성수지재	• 갈라진 부분, 파손된 부분, 변형된 부분, 퇴색된 부분 • 접착제 사용 및 교체, 합성수지 페인트 도색

4 기반시설관리

포장관리	• 아스팔트 포장 : 균열, 국부적 침하, 표면 연화, 박리 • 콘크리트 포장 : 균열, 융기, 단차, 바퀴자국, 박리, 침하 • 패칭, 덧씌우기, 교체 등 시행
배수관리	• 표면배수 시설 : 이물질의 정기적 제거 • 지하배수 시설 : 시설의 설치 날짜, 위차, 구조 등의 도면으로 기능 향상 확인 • 청소, 지반 다짐, 교체
비탈면관리	• 성토 비탈면 : 성토 시기, 구조, 토질형상, 주위의 유수상태, 기초지반 및 환경상태 파악 • 절토 비탈면 : 형상, 용수 상태, 집수범위, 보호공의 상태 파악 • 보호공의 노후, 변형, 파괴, 배수 기능 확인 철저, 보호공 보수 및 교체
옹벽	• 지반 침하, 지지력 저하, 진동, 기초강도 부족, 하중 증가, 설계, 재료, 시공 불량 • 부분적 보수(그라우팅, PC앵커) 및 재설치
원로, 광장	• 벽돌, 보도블럭, 타일 포장일 경우 여분의 재료 확보 • 차량의 통행을 막기 위한 볼라드 설치 • 원로 파손 시 기반재와 동일한 흙을 채운 후 모래를 깔고 보수
건축물	• 미관 유지, 경관과의 조화, 화장실 청결 및 동파

5 일반 시설물관리

유희 시설	• 주 1회 이상 모든 시설물 점검 • 용접 및 움직임이 많은 부분 중심적 점검, 보수 • 해안 및 대지오염이 많은 지역은 방청 처리 : 가급적 스테인리스 사용 • 바닥 모래는 충분히 건조된 굵은 모래 사용 : 배수 철저
휴게 시설	• 청결 유지 및 파손 점검, 파고라 등의 식물 보호 조치
운동 시설	• 점토 포장 : 소금을 뿌린 후 롤러로 전압 • 앙투카 포장 : 건조하지 않도록 물을 뿌려 롤러로 전압 • 부속 시설의 겨울철 동파, 경기 전 조명시설 점검
수경 시설	• 물이 더러워지기 전 일정한 간격을 두고 교체 • 여과기를 설치하여 이물질 제거 • 급수구와 배수구의 막힘, 누수, 수중 식물 및 어류 수시 확인 • 겨울철 동파를 막기 위해 물을 완전히 빼고 이물질 청소
편익 시설	• 휴지통 : 자주 청소, 여러 곳에 설치 • 음수대 : 배수 확인 철저, 정기적 청소, 겨울철 게이트밸브 잠그고 배수
조명 시설	• 정기 점검 및 수시 점검, 나뭇가지 접촉 확인 및 닦아주기 • 철재 등주의 부식 방지, 해안가나 공해가 많은 곳의 도장 주기 단축 • 수목의 생육 및 에너지 절약을 위해 조명시간 관리 • 인근 주민의 피해방지를 위한 대책 확보

※ 점토포장
점토와 사질토를 2 : 3으로 섞어 포장하며, 다른 포장에 비하여 연약하므로 정기적인 보수가 필요하다.

※ 앙투카포장
불에 구운 적벽돌을 모래처럼 잘게 분쇄한 다음 흙과 함께 섞어 물로 다져서 만든 적갈색 다공질 인공포장으로 너무 건조하면 붉은 가루가 날려 사용자의 건강에 해롭다.

※ 경계시설
울타리, 담장, 볼라드 등과 같이 경계표시를 하기 위한 문 등의 시설이 해당된다. 기능과 외관에 신경을 쓰고, 시설물들의 기초 부분을 주기적으로 점검하여 붕괴에 대비한다.

2 시설물 보수 사이클과 내용 연수

시설의 종류	구조	내용 연수	계획보수	보수 사이클	정기점검보수	보수의 목표
원로, 곧장	아스팔트 포장	15년			균열	전 면적의 5 ~ 10% 균열 함몰이 생길 때(3 ~ 5년), 전반적으로 노화가 보일 때(10년)
	평판포장	15년			평판 고쳐놓기, 평판 교체	전 면적의 10% 이상 이탈이 생길 때(3 ~ 5년) 파손장소가 특히 눈에 띌 때(5년)
	모래 자갈포장	10년	노면수정	반년 ~ 1년	배수 정비	배수가 불량할 때 진흙 청소(2 ~ 3년)
			자갈보충	1년		
분수		15년	전기, 기계의 조정점검	1년	펌프, 밸브 등 교체 절연성의 점검을 행함	수중펌프 내용 연수(5 ~ 10년) 펌프의 마모에 따라서 연못, 계류의 순환펌프에도 적용
			물교체, 청소 낙엽제거	반년 ~ 1년		
			파이프류 도장	3 ~ 4년		
퍼걸러	철재	20년	도장	3 ~ 4년	서까래 보수	서까래의 부식도에 따라서 목재 5 ~ 10년, 철재 10 ~ 15년, 갈대밭 2 ~ 3년
	목재	10년	도장	3 ~ 4년	서까래 보수	상동
벤치	목재	7년	도장	2 ~ 3년	좌판 보수	전체의 10% 이상 파손, 부식이 생길 때(5 ~ 7년)
	플라스틱	7년			좌판 보수	전체의 10% 이상 파손, 부식이 생길 때(3 ~ 5년)
					볼트 너트 조이기	정기점검 시 처리
	콘크리트	20년	도장	3 ~ 4년	파손장소 보수	파손장소가 눈에 띌 때(5년)
그네	철재	15년	도장	2 ~ 3년	좌판 교체	부식도에 따라서 조속히(3 ~ 5년)
					볼트 조이기, 기름치기	정기점검 때 처리
					쇠사슬, 고리마포 교체	마모도에 따라서 조속히(5 ~ 7년) 쇠사슬, 고리마포 교체
미그럼틀	콘크리트, 철재	15년	도장	2 ~ 3년	미끄럼판 보수	마모도에 따라서(5 ~ 7년)
모래사장	콘크리트	20년	모래보충	1년	모래 경운	모래 보충 시 적당히
			연석도장	2 ~ 3년	배수 정비	
정글짐	철재	15년	도장	2 ~ 3년	볼트 너트 조이기	정기 점검 시 처리(철봉, 등반봉등 금속제 놀이기구에도 적용)
시소		10년	도장	2 ~ 3년	베어링 보수, 좌판 보수	삐걱삐걱 소리가 난다(베어링 마모) : 3 ~ 4년 부식도에 따라서(특히 손잡이가 떨어지기 쉬움)

시설의 종류	구조	내용 연수	계획보수	보수 사이클	정기점검보수	보수의 목표
목재 놀이기구		10년	도장	2~3년	볼트 너트 조이기	정기점검 때 처리
					부품교체	마모도 부식도에 따라서
					적요	도장은 방부제 도포를 포함
야구장		20년	그라운드면 고르기	1년	Back net 교체	파손 상황에 따라서(5년)
			잔디 손질	1년	모래보충	모래의 소모도에 따라서(1~2년)
			조명시설보수·점검정비	1년	조명등의 교체	
테니스 코트	전천후코트	10년			코트 보수	균열, 파손 상황에 따라서(3~5년)
					네트교체	네트의 파손도에 따라서(2~3년)
					바깥울타리 보수	파손 상황에 따라서(2~3년)
	클레이코트	10년		1년	네트교체 바깥 울타리 보수	네트의 파손도에 따라서(2~3년) 파손 상황에 따라서(2~3년)
시계탑		15년	분해점검	1~3년	유리 등 파손장소 보수	파손 상황에 따라서(1~2년)
			도장	2~3년	적요	임시보수의 경우가 많음
			시간조정	반년~1년		
화장실	목조	15년	도장	2~3년	문보수	파손 상황에 따라서(1년)
					배관보수	파손 상황에 따라서(1년)
					탱크 청소	정기 점검 시 처리(1년)
					적요	도장은 방부제 도포를 포함. 문, 배관류는 임시보수가 많음
	철근콘크리트조	20년	도장	3~4년	문보수	파손 상황에 따라서(1년)
					배관보수	파손상황에 따라서(1년)
					변기류 보수	파손 상황에 따라서(1년)
					적요	문, 배관은 임시보수가 많음
담장등	파이프제울타리	15년	도장	2~3년	파손장소 보수	파손 상황에 따라서(1~3년)
	철사 울타리	10년	도장	3~4년	파손장소 보수	파손 상황에 따라서(1~2년)
	로프 울타리	5년			로프교체	파손, 부식 상황에 따라서(2~3년)
					파손장소 보수	파손, 부식 상황에 따라서(1~2년)
					기둥교체	파손, 부식 상황에 따라서(3~5년)
안내판	철재	10년	안내글씨 교체	3~4년	파손장소 보수	파손 상황에 따라서
	목재	7년	안내글씨 교체	2~3년	파손장소 보수	파손 상황에 따라서
가로등		15년	전주도장	3~4년	전등교체	끊어진 것, 조도가 낮아진 것
			전등청소	1~3년	부속기구교체 (안정기, 자동점멸기 등)	절연저하, 기능저하 안정기(5~10년) 자동점멸기(5~10년) 전선류(15~20년) 분전반(15~20년)

PART 05 예상문제

01 잔디밭 관리에 대한 설명으로 옳은 것은?

① 1년에 2 ~ 3회만 깍아준다.
② 겨울철에 뗏밥을 준다.
③ 여름철 물주기는 한낮에 한다.
④ 질소질비료의 과용은 붉은 녹병을 유발한다.

02 잔디밭의 관수시간으로 가장 적당한 것은?

① 오후 2시 경에 실시하는 것이 좋다.
② 정오 경에 실시하는 것이 좋다.
③ 오후 6시 이후 저녁이나 일출 전에 한다.
④ 아무 때나 잔디가 타면 관수한다.

03 잔디의 거름주기 방법으로 적당하지 않은 것은?

① 질소질 거름은 1회 주는 양이 1㎡당 10g 이상이어야 한다.
② 난지형 잔디는 하절기에 한지형 잔디는 봄과 가을에 집중해서 준다.
③ 화학비료인 경우 년간 3 ~ 8회 정도로 나누어 거름주기한다.
④ 가능하면 제초작업 후 비오기 전에 실시한다.

04 골프장 잔디의 거름주기 요령으로 옳지 않은 것은?

① 한국잔디의 경우에는 보통 5 ~ 8월에 집중적인 시비를 실시한다.
② 시비 시기는 잔디에 따라 다르지만 대체적으로 생육량이 늘어가기 시작할 때, 즉 생육이 앞으로 예상 때 비료를 주는 것이 원칙이다.
③ 일반적으로 관리가 잘 된 기존 골프장의 경우 질소, 인산, 칼륨의 비율을 5 : 2 : 1 정도로 하여 시비할 것을 권장하고 있다.
④ 비배관리 시 다른 모든 요소가 충분히 있어도 한 요소가 부족하면 식물생육은 부족한 원소에 지배를 받는다.

05 잔디의 잡초 방제를 위한 방법으로 부적합한 것은?

① 파종 전 갈아엎기
② 잔디깎기
③ 손으로 뽑기
④ 비선택성 제초제의 사용

06 잔디깎기의 목적으로 옳지 않은 것은?

① 잡초방제 ② 이용 편리 도모
③ 병충해 방지 ④ 잔디의 분얼억제

정답 01 ④ 02 ③ 03 ① 04 ③ 05 ④ 06 ④

07 잔디깎기의 설명이 잘못된 것은?

① 잘려진 잎은 한곳에 모아서 버린다.
② 가뭄이 계속될 때 짧게 깎아준다.
③ 일정한 주기로 깎아준다.
④ 일반적으로 난지형 잔디는 고온기에 잘 자라므로 여름에 자주 깎아주어야 한다.

08 일반적인 주택정원의 잔디깎는 높이로 가장 적합한 것은?

① 1 ~ 5mm
② 5 ~ 15mm
③ 15 ~ 25mm
④ 25 ~ 40mm

09 다음 중 잔디밭의 넓이가 165㎡(약 50평) 이상으로 잔디의 품질이 아주 좋지 않아도 되는 골프장의 러프지역, 공원의 수목지역 등에 많이 사용하는 잔디 깎는 기계는?

① 핸드모우어
② 그린모우어
③ 로타리모우어
④ 갱모우어

10 잔디의 뗏밥넣기에 관한 설명 중 가장 옳지 못한 것은?

① 뗏밥은 가는 모래2, 밭흙1, 유기물 약간을 섞어 사용한다.
② 뗏밥은 일반적으로 가열하여 사용하며, 증기소독, 화학약품 소독을 하기도 한다.
③ 뗏밥은 한지형 잔디의 경우 봄, 가을에 주고 난지형 잔디의 경우 생육이 왕성한 6-8월에 주는 것이 좋다.
④ 뗏밥의 두께는 15mm 정도로 주고, 다시 줄 때에는 일주일이 지난 후 주어야 좋다.

11 난지형 잔디밭에 뗏밥을 넣어주는 적기는?

① 3 ~ 4월
② 6 ~ 8월
③ 9 ~ 10월
④ 11 ~ 1월

12 잔디 뗏밥주기가 적당하지 않은 것은?

① 흙은 5mm체로 쳐서 사용한다.
② 난지형 잔디의 경우는 생육이 왕성한 6 ~ 8월에 준다.
③ 잔디 포지 전면을 골고루 뿌리고 레이크로 긁어 준다.
④ 일시에 많이 주는 것이 효과적이다.

13 병해충의 화학적 방제 내용으로 옳지 못한 것은?

① 병해충을 일찍 발견해야 한다.
② 되도록이면 발생 후에 약을 뿌려준다.
③ 발생하는 과정이나 습성을 미리 알아두어야 한다.
④ 약해에 주의해야 한다.

14 한국 잔디류에 가장 많이 생기는 병해는?

① 브라운패치
② 녹병
③ 핑크패치
④ 달러스폿

정답 07 ② 08 ④ 09 ③ 10 ④ 11 ② 12 ④ 13 ② 14 ②

15 다음 설명과 관련이 있는 잔디의 병은?

- 17 ~ 22℃ 정도의 기온에서 습윤 시 또는 질소질 비료 부족 시 잘 발생
- 담자균류 곰팡이로서 년 2회 발생하며, 디나코나졸수화제로 방제

① 흰가루병　② 그을음병
③ 잎마름병　④ 녹병

16 우리나라 들잔디에 가장 많이 발생하는 병으로 엽맥에 불규칙한 적갈색 반점이 보이기 시작할 때, 즉 5 ~ 6월, 9월 중순 ~ 10월 하순에 발견할 수 있는 것은?

① 붉은 녹병　② 푸사리움패치
③ 브라운패치　④ 스노우몰드

17 다음 중 잔디에 가장 많이 발생하는 병과 그에 따른 방제법이 맞는 것은?

① 녹병 : 헥사코나졸수화제(5%) 살포
② 엽진병 : 다이아지논유제 살포
③ 흰가루병 : 디코폴수화제(5%) 살포
④ 근부병 : 디아아지논분제 살포

18 한국 잔디의 해충으로 가장 큰 피해를 주는 것은?

① 풍뎅이유충　② 거세미나방
③ 땅강아지　④ 선충

19 시설물의 관리를 위한 방법으로 적당치 못한 것은?

① 콘크리트 포장의 갈라진 부분은 파손된 재료 및 이물질을 완전히 제거한 후 조치한다.
② 배수시설은 정기적인 점검을 실시하고 배수구의 잡물을 제거한다.
③ 벽돌 및 자연석 등의 원로포장의 파손시는 모래를 당초 기본 높이만큼만 더 깔고 보수한다.
④ 유희시설물의 점검은 용접부분 및 움직임이 많은 부분을 철저히 조사한다.

20 다음 각종 재료의 관리에 대한 설명으로 틀린 것은?

① 목재가 갈라진 경우에는 내부를 퍼티로 채우고 샌드페이퍼로 문질러 준 후 페인트로 마무리 칠한다.
② 철재에 녹이 슨 부분은 녹을 제거한 후 2회에 걸쳐 광명단 도료를 칠한다.
③ 콘크리트의 균열이 생긴 곳은 유성페인트를 칠한다.
④ 철재 시설의 회전부분에 마찰음이 나지 않도록 그리스를 주입한다.

정답　15 ④　16 ①　17 ①　18 ①　19 ③　20 ③

· MEMO

PART 06

조경기능사 기출문제

2012 제1회 과년도기출문제

01 조경 양식을 형태적으로 분류했을 때 성격이 다른 것은?

① 중정식
② 회유임천식
③ 평면기하학식
④ 노단식

해설
- 정형식 정원 : 중정식, 노단식, 평면기하학식
- 자연식 정원 : 전원풍경식, 회유임천식, 고산수식

02 조감도는 소점이 몇 개인가?

① 1개
② 2개
③ 3개
④ 4개

해설
투시도는 소점의 개수에 따라 1소점 투시도, 2소점 투시도, 3소점 투시도
- 조감도 : 완성 후의 모습을 공중에서 비스듬히 내려다 본 모습 (3소점 투시)

03 다음 중 도시공원 및 녹지 등에 관한 법률 시행규칙에서 공원 규모가 가장 작은 것은?

① 묘지공원
② 어린이공원
③ 광역권근린공원
④ 체육공원

해설
- 묘지공원 : 100,000㎡ 이상
- 어린이공원 : 1,500㎡ 이상
- 광역권근린공원 : 1,000,000㎡ 이상
- 체육공원 : 10,000㎡ 이상

04 주차장법 시행규칙상 주차장의 주차단위구획 기준은? (단, 평행주차형식 외의 장애인전용 방식이다.)

① 2.0m 이상×4.5m 이상
② 2.3m 이상×4.5m 이상
③ 3.0m 이상×5.0m 이상
④ 3.3m 이상×5.0m 이상

해설
장애인 전용 주차장의 규격
3.3m 이상×5.0m 이상

05 보행에 지장을 주어 보행 속도를 억제하고자 하는 포장 재료는?

① 아스팔트
② 콘크리트
③ 블록
④ 조약돌

해설
- 부드러운 재료 : 조약돌, 자갈, 흙, 잔디, 모래 등
- 딱딱한 재료 : 아스팔트, 콘크리트, 벽돌, 타일, 블록 등

정답 01 ② 02 ③ 03 ② 04 ④ 05 ④

06 옴스테드와 캘버트 보가 제시한 그린 스워드 안의 내용이 아닌 것은?

① 넓고 쾌적한 마차 드라이브 코스
② 차음과 차폐를 위한 주변 식재
③ 평면적 동선체계
④ 동적놀이를 위한 운동장

> **해설**
>
> **그린스워드 안**
> - 입체적 동선 체계, 차음, 차폐를 위한 외주부식재
> - 아름다운 자연의 view 및 vista 조성
> - 드라이브 코스(건강, 위락, 운동)
> - 산책, 대담, 만남 등을 위한 정형적인 몰과 대로
> - 넓고 쾌적한 마차 드라이브 코스,
> - 산책로, 동적놀이를 위한 경기장
> - 잔디밭(퍼레이드 코스), 화단과 수목원(교육 효과), 넓은 호수(보트타기와 스케이팅)

07 다음 중 가장 가볍게 느껴지는 색은?

① 파랑   ② 노랑
③ 초록   ④ 연두

> **해설**
>
> 노란색은 명도가 높아 가볍게 느껴짐

08 다음 정원시설 중 우리나라 전통조경시설이 아닌 것은?

① 취병(생울타리)   ② 화계
③ 벽천   ④ 석지

> **해설**
>
> **벽천**
> 서양에서 발달

09 고려시대 궁궐정원을 맡아보던 관서는?

① 원야   ② 장원서
③ 상림원   ④ 내원서

> **해설**
>
> - 고구려 : 궁원(유리왕)
> - 고려 : 내원서(충렬왕)
> - 조선 : 상림원(태조), 산택사(태종), 장원서(세조), 원유사(광해군)

10 조선시대 후원양식에 대한 설명 중 틀린 것은?

① 각 계단에는 향나무를 주로 한 나무를 다듬어 장식하였다.
② 중엽 이후 풍수지리설의 영향을 받아 후원양식이 생겼다.
③ 건물 뒤에 자리 잡은 언덕배기를 계단 모양으로 다듬어 만들었다.
④ 경복궁 교태전 후원인 아미산, 창덕궁 낙선재의 후원 등이 그 예이다.

> **해설**
>
> 후원의 각 계단은 화목류 식재

정답 06 ③ 07 ② 08 ③ 09 ④ 10 ①

11 사대부나 양반 계급에 속했던 사람이 자연 속에 묻혀 야인으로서의 생활을 즐기던 별서 정원이 아닌 것은?

① 다산초당
② 부용동정원
③ 소쇄원
④ 방화수류정

해설
- 다산초당(정약용, 전남 강진)
- 부용동정원(윤선도, 전남 완도)
- 소쇄원(양산보, 전남 담양)
- 방화수류정(경기 수원화성)

12 고대 그리스에서 아고라(agora)는 무엇인가?

① 유원지
② 농경지
③ 광장
④ 성지

해설
그리스의 광장 : 아고라

13 영국 정형식 정원의 특징 중 매듭화단이란 무엇인가?

① 가늘고 긴 형태로 한쪽 방향에서만 관상할 수 있는 화단
② 수목을 전정하여 정형적 모양으로 만든 미로
③ 카펫을 깔아 놓은 듯 화려하고 복잡한 문양이 펼쳐진 화단
④ 낮게 깎은 회양목 등으로 화단을 기하학적 문양으로 구획한 화단

해설
매듭화단
튜더왕조에서 유행, 회양목으로 화단을 기하학적 문양으로 구획

14 19세기 유럽에서 정형식 정원의 의장을 탈피하고 자연 그대로의 경관을 표현하고자 한 조경 수법은?

① 노단식
② 자연풍경식
③ 실용주의식
④ 회교식

해설
자연풍경식
18세기 영국에서 시작되어 점차 유럽으로 확대됨

15 사적인 정원 중심에서 공적인 대중 공원의 성격을 띤 시대는?

① 20세기 전반 미국
② 19세기 전반 영국
③ 17세기 전반 프랑스
④ 14세기 후반 에스파니아

해설
19세기 영국은 귀족 정원에 대한 흥미는 감소하고 공원에 대한 수요가 높아져 버큰헤드 공원 등이 조성됨

16 수준측량과 관련이 없는 것은?

① 야장
② 앨리데이드
③ 레벨
④ 표척

해설
- 야장 : 측량값을 기록하는 수첩
- 앨리데이드 : 평판 위에서 측선의 방향을 측정하는 장치
- 레벨 : 수준 측량에서 수평면을 시준할 때 쓰는 광학기기
- 표척 : 수준 측량에서 높이를 재는 자

정답 11 ④ 12 ③ 13 ④ 14 ② 15 ② 16 ②

17 근대 독일 구성식 조경에서 발달한 조경시설물의 하나로 실용과 미관을 겸비한 시설은?

① 분수　　② 캐스케이드
③ 연못　　④ 벽천

해설

벽천
비교적 좁은 공간에 설치되는 수경시설

18 다음 중 열경화성수지 도료로 내수성이 크고 열탕에서도 침식되지 않으며, 무색투명하고 착색이 자유로우며 아주 굳고 내수성, 내약품성, 내용제성이 뛰어나며, 알키드수지로 변성하여 도료, 내수 베니어 합판의 접착제 등에 이용되는 것은?

① 멜라민수지 도료
② 프탈산수지 도료
③ 석탄산수지 도료
④ 염화비닐수지 도료

해설

멜라민수지
- 내수성이 크고 열탕에서 침식되지 않음
- 무색투명하고 착색이 자유로우며 내수성, 내약품성, 내용제성이 뛰어남
- 알키드수지로 변성하여 도료, 내수 베니어 합판의 접착제에 이용

19 유리의 주성분이 아닌 것은?

① 규산　　② 수산화칼슘
③ 석회　　④ 소다

해설

- 규산 : 유리의 가장 일반적인 원료
- 소다 : 혼합물의 녹는점을 낮추어 쉽게 녹여 유리 가공
- 석회 : 유리의 안정성과 내구성 향상

20 조경 시설물 중 유리섬유강화플라스틱(FRP)으로 만들기 가장 부적합한 것은?

① 화분대　　② 수족관의 수조
③ 수목 보호판　　④ 인공암

해설

유리섬유강화 플라스틱(FRP, Fiberglass Reinforced Plastic)
약한 플라스틱에 강화제를 넣어 만든 제품으로 벤치, 화단장식재, 인공폭포, 인공암, 정원석 등에 사용

21 스프레이 건(spray gun)을 쓰는 것이 적합한 도료는?

① 에나멜　　② 유성페인트
③ 수성페인트　　④ 래커

해설

래커
투명하며 건조가 빨라 뿜칠(spray)로 시공

22 블리딩 현상에 따라 콘크리트 표면에 떠올라 표면의 물이 증발함에 따라 콘크리트 표면에 남는 가볍고 미세한 물질로서 시공 시 작업이음을 형성하는 것에 대한 용어로서 맞는 것은?

① Laitance　　② Plasticity
③ Workability　　④ consistency

해설

레이턴스(laitance)
블리딩에 의해 콘크리트 표면에서 침전하고 발라 붙어 표피를 형성한 것

정답 17 ④　18 ①　19 ②　20 ②　21 ④　22 ①

23 용광로에서 선철을 제조할 때 나온 광석 찌꺼기를 석고와 함께 시멘트에 섞은 것으로서 수화열이 낮고, 내구성이 높으며, 화학적 저항성이 큰 한편, 투수가 적은 특징을 갖는 것은?

① 알루미나시멘트
② 조강 포틀랜드시멘트
③ 실리카시멘트
④ 고로시멘트

해설

슬래그
용광로에서 선철을 제조할 때 생기는 찌꺼기를 냉각시켜 분말화, 수화열이 낮고 균열이 적음

24 목재 방부제에 요구되는 성질로 부적합한 것은?

① 목재의 인화성, 흡수성에 증가가 없을 것
② 목재의 강도가 커지고 중량이 증가될 것
③ 목재에 침투가 잘되고 방부성이 큰 것
④ 목재에 접촉되는 금속이나 인체에 피해가 없을 것

해설

방부제의 요구조건
- 목재에 침투가 용이하고 악취나 변색이 없을 것
- 금속이나 동물, 인체에 피해가 없을 것
- 방부 처리 후 표면에 페인트 칠 등 마감처리가 가능할 것
- 강도의 저하나 가공성 저하가 없을 것
- 중량 증가, 인화성, 흡수성 증가가 없을 것

25 다음 골재의 입도(粒度)에 대한 설명 중 옳지 않은 것은?

① 입도란 크고 작은 골재알(粒)이 혼합되어 있는 정도를 말하며 체가름 시험에 의하여 구할 수 있다.
② 입도가 좋은 골재를 사용한 콘크리트는 공극이 커지기 때문에 강도가 저하한다.
③ 입도시험을 위한 골재는 4분법(四分法)이나 시료분취기에 의하여 필요한 양을 채취한다.
④ 입도곡선이란 골재의 체가름 시험결과를 곡선으로 표시한 것이며 입도곡선이 표준입도곡선 내에 들어가야 한다.

해설

골재의 입도
- 크고 작은 골재가 적절하게 섞여 있는 비율
- 입도가 나쁘거나 모르타르 양이 많아지면 포장이 무르게 되고 결과적으로 파상 요철이 발생
- 입도 시험을 위한 골재는 4분법이나 시료 분취기에 의하여 필요한 양을 채취
- 입도곡선이란 골재의 체가름시험 결과를 곡선으로 표시한 것이며, 입도곡선이 표준입도곡선 내에 들어가야 함

26 다음 중 거푸집에 미치는 콘크리트의 측압 설명으로 틀린 것은?

① 붓기속도가 빠를수록 측압이 크다.
② 수평부재가 수직부재보다 측압이 작다.
③ 경화속도가 빠를수록 측압이 크다.
④ 시공연도가 좋을수록 측압은 크다.

해설

경화속도가 빠를수록 측압이 작음

정답 23 ④ 24 ② 25 ② 26 ③

27 단위용적중량이 1.65t/㎥이고 굵은 골재 비중이 2.65일 때 이 골재의 실적률(A)과 공극률(B)은 각각 얼마인가?

① A : 62.3%, B : 37.7%
② A : 69.7%, B : 30.3%
③ A : 66.7%, B : 33.3%
④ A : 71.4%, B : 28.6%

해설

실적률 = $\dfrac{골재의\ 단위용적중량}{골재의\ 비중} \times 100(\%)$

→ $\dfrac{1.65}{2.65} \times 100 = 62.3\%$

공극률 = 100 − 실적률 = 37.3%

28 다음 중 수목을 기하학적인 모양으로 수관을 다듬어 만든 수형을 가리키는 용어는?

① 정형수   ② 형상수
③ 경관수   ④ 녹음수

해설

형상수(topiary)
맹아력이 강한 수종을 일정한 모양으로 전정하여 다듬은 것

29 다음 중 상록용으로 사용할 수 없는 식물은?

① 마삭줄   ② 블로화
③ 골고사리 ④ 남천

해설

블로화(아게라텀)
멕시코 엉겅퀴라고 불리기도 함. 국화과의 1년생 초화류

30 다음 수목 중 봄철에 꽃을 가장 빨리 보려면 어떤 수종을 식재해야 하는가?

① 말발도리 ② 자귀나무
③ 매실나무 ④ 금목서

해설

- 말발도리 : 5~6월 개화
- 자귀나무 : 6~7월 개화
- 매실나무 : 3~4월 개화
- 금목서 : 9~10월 개화

31 다음 수목 중 일반적으로 생장속도가 가장 느린 것은?

① 네군도단풍 ② 층층나무
③ 개나리   ④ 비자나무

해설

생장속도가 느린 수종
음수, 수형이 거의 일정하나 시간이 걸림
- 주목, 비자나무 등

32 다음 수종들 중 단풍이 붉은색이 아닌 것은?

① 신나무   ② 복자기
③ 화살나무   ④ 고로쇠나무

해설

고로쇠 나무 : 노란색 단풍

정답 27 ① 28 ② 29 ② 30 ③ 31 ④ 32 ④

33 다음 중 비옥지를 가장 좋아하는 수종은?

① 소나무 ② 아까시나무
③ 사방오리나무 ④ 주목

:::해설
- 척박지에 견디는 수종 : 소나무, 오리나무, 버드나무, 자작나무, 등나무, 아카시아, 보리수나무, 자귀나무, 다릅나무 등
- 비옥지를 좋아하는 수종 : 주목, 측백나무, 철쭉, 회양목, 벽오동, 벚나무, 장미, 불두화, 부용, 모란 등
:::

34 다음 중 홍초과에 해당하며, 잎은 넓은 타원형이며 길이 30~40cm로서 양끝이 좁고 밑부분이 엽초로 되어 원줄기를 감싸며 측맥이 평행하고, 삭과는 둥글고 잔돌기가 있으며, 뿌리는 고구마 같은 굵은 근경이 있는 식물명은?

① 히아신스 ② 튤립
③ 수선화 ④ 칸나

:::해설
- 히아신스 : 백합과
- 튤립 : 백합과
- 수선화 : 수선화과
- 칸나 : 홍초과
:::

35 다음 중 가로수를 심는 목적이라고 볼 수 없는 것은?

① 시선을 유도한다.
② 방음과 방화의 효과가 있다.
③ 녹음을 제공한다.
④ 도시환경을 개선한다.

:::해설
가로수의 효과
- 미기후 조절과 가로의 매연과 분진의 흡착
- 자동차나 보행자의 시선을 유도하고 녹음을 제공
- 유독성가스를 흡수하여 대기를 정화하고 교통의 소음 감소
- 녹음과 녹지대를 통하여 가로에 자연성 부여 및 경관 개선
:::

36 조경설계 과정에서 가장 먼저 이루어져야 하는 것은?

① 평면도 작성 ② 내역서 작성
③ 구상개념도 작성 ④ 실시설계도 작성

:::해설
구상개념도 → 평면도 → 실시설계도 → 내역서 순
:::

37 다음 중 공사 현장의 공사 및 기술관리, 기타 공사업무 시행에 관한 모든 사항을 처리하여야 할 사람은?

① 공사 발주자 ② 공사 현장대리인
③ 공사 현장감독관 ④ 공사 현장감리원

:::해설
현장대리인(현장소장)
공사업자를 대리하여 현장에 상주하는 책임시공 기술자
:::

정답 33 ④ 34 ④ 35 ② 36 ③ 37 ②

38 직영공사의 특징 설명으로 옳지 않은 것은?

① 시급한 준공을 필요로 할 때
② 공사내용이 단순하고 시공 과정이 용이할 때
③ 일반도급으로 단가를 정하기 곤란한 특수한 공사가 필요할 때
④ 풍부하고 저렴한 노동력, 재료의 보유 또는 구입 편의가 있을 때

해설

직영공사는 발주, 계약 등의 절차가 간단하고 임기응변 처리가 용이하며 도급공사에 비해 확실한 공사가 가능하다는 장점이 있지만, 공사 기간이 연장되어 시공 시기에 차질이 발생할 우려가 있다.

39 항공사진측량의 장점 중 틀린 것은?

① 동적인 대상물의 측량이 가능하다.
② 좁은 지역 측량에서 50% 정도의 경비가 절약된다.
③ 분업화에 의한 작업 능률성이 높다.
④ 축척 변경이 용이하다.

해설

항공사진측량은 동적인 대상물의 측량이 가능하고 축척변경이 용이하며 접근이 어려운 지역의 측량이 가능하다는 장점이 있지만, 좁은 지역 측량에서는 비용이 과다하게 소요된다.

40 거실이나 응접실 또는 식당 앞에 건물과 잇대어서 만드는 시설물은?

① 모래터   ② 트렐리스
③ 정자   ④ 테라스

해설

테라스
실내에서 직접 밖으로 나갈 수 있도록 방의 바깥쪽으로 만든 난간

41 조경 시설물 중 관리 시설물로 분류되는 것은?

① 축구장, 철봉   ② 조명시설, 표지판
③ 분수, 인공폭포   ④ 그네, 미끄럼틀

해설

• 축구장, 철봉 : 운동시설
• 분수, 인공폭포 : 수경시설
• 그네, 미끄럼틀 : 놀이시설

42 다음 보도블록 포장공사의 단면 그림 중 블록 아랫부분은 무엇으로 채우는 것이 좋은가?

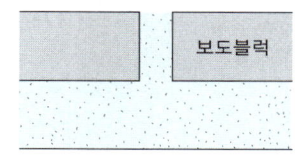

① 모래   ② 자갈
③ 콘크리트   ④ 잡석

해설

보도블록
하부에 완충재인 모래 포설

43 벽돌쌓기에서 사용되는 모르타르의 배합비 중 가장 부적합한 것은?

① 1 : 1   ② 1 : 2
③ 1 : 3   ④ 1 : 4

해설

모르타르 배합비는 1 : 2 ~ 1 : 3 중요한 곳의 치장줄눈 1 : 1

정답 38 ① 39 ② 40 ④ 41 ② 42 ① 43 ④

44 원로의 디딤돌 놓기에 관한 설명으로 틀린 것은?

① 디딤돌은 주로 화강암을 넓적하고 둥글게 기계로 깎아 다듬어 놓은 돌만을 이용한다.
② 디딤돌은 보행을 위하여 공원이나 정원에서 잔디밭, 자갈 위에 설치하는 것이다.
③ 징검돌은 상·하면이 평평하고 지름 또한 한 면의 길이가 30 ~ 60cm, 높이가 30cm 이상인 크기의 강석을 주로 사용한다.
④ 디딤돌의 배치간격 및 형식 등은 설계도면에 따르되 윗면은 수평으로 놓고 지면과의 높이는 5cm 내외로 한다.

해설

디딤돌은 크고 작은 것을 섞어서 사용하는 것이 자연성이 있어 좋음

45 자연석(조경석) 쌓기의 설명으로 옳지 않은 것은?

① 크고 작은 자연석을 이용하여 잘 배치하고, 견고하게 쌓는다.
② 사용되는 돌의 선택은 인공적으로 다듬은 것으로 가급적 벌어짐이 없이 연결될 수 있도록 배치한다.
③ 자연석으로 서로 어울리게 배치하고 자연석 틈 사이에 관목류를 이용하여 채운다.
④ 맨 밑에는 큰 돌을 기초석으로 배치하고, 보기 좋은 면이 앞면으로 오게 한다.

해설

자연석 쌓기에 사용하는 돌은 강석이나 산석처럼 자연스러운 형태의 돌을 사용

46 벽돌쌓기 시공에 대한 주의사항으로 틀린 것은?

① 굳기 시작한 모르타르는 사용하지 않는다.
② 붉은 벽돌은 쌓기 전에 충분한 물 축임을 실시한다.
③ 1일 쌓기 높이는 1.2m를 표준으로 하고, 최대 1.5m 이하로 한다.
④ 벽돌벽은 가급적 담장의 중앙부분을 높게 하고 끝부분을 낮게 한다.

해설

벽돌쌓기 시 가장자리를 낮게 하지 않음

47 지역이 광대해서 하수를 한 개소로 모으기가 곤란할 때 배수지역을 수개 또는 그 이상으로 구분해서 배관하는 배수 방식은?

① 직각식   ② 차집식
③ 방사식   ④ 선형식

해설

방사식
지역이 광대하여 한 곳으로 모으기 곤란할 때 방사형 구획으로 수분하여 집수해 별도로 처리·처리장이 많아 부담

48 다음 배수관 중 가장 경사를 급하게 설치해야 하는 것은?

① ∅100mm   ② ∅200mm
③ ∅300mm   ④ ∅400mm

해설

배수관의 지름이 작을수록 경사도는 급하게 설치

정답 44 ① 45 ② 46 ④ 47 ③ 48 ①

49 경사가 있는 보도교의 경우 종단 기울기가 얼마를 넘지 않도록 하며, 미끄럼을 방지하기 위해 바닥을 거칠게 표면처리하여야 하는가?

① 3°　　　　② 5°
③ 8°　　　　④ 15°

해설
- 높이가 2m 이상인 보도교는 난간 설치
- 무지개 형상의 곡선형 보도교는 종단구배가 8%를 넘지 않도록 하며, 미끄럼을 방지하기 위한 거친 표면 처리

50 비탈면의 기울기는 관목 식재 시 어느 정도 경사보다 완만하게 식재하여야 하는가?

① 1 : 0.3보다 완만하게
② 1 : 1 보다 완만하게
③ 1 : 2 보다 완만하게
④ 1 : 3 보다 완만하게

해설

비탈면 식재
- 교목 1 : 3
- 관목 1 : 2
- 잔디 및 초화류 1 : 1보다 완만하게 함

51 퍼걸러(pergola) 설치 장소로 적합하지 않은 것은?

① 주택 정원의 가운데
② 건물에 붙여 만들어진 테라스 위
③ 통경선의 끝부분
④ 주택 정원의 구석진 곳

해설
퍼걸러는 정원의 중앙을 피해 한적한 곳에 설치

52 다음 중 일반적인 토양의 상태에 따른 뿌리 발달의 특징 설명으로 옳지 않은 것은?

① 척박지에서는 뿌리의 갈라짐이 적고 길게 뻗어 나간다.
② 건조한 토양에서는 뿌리가 짧고 좁게 퍼진다.
③ 비옥한 토양에서는 뿌리목 가까이에서 많은 뿌리가 갈라져 나가고 길게 뻗지 않는다.
④ 습한 토양에서는 호흡을 위하여 땅 표면 가까운 곳에 뿌리가 퍼진다.

해설
건조한 토양에서는 뿌리가 길게 뻗어 나감

53 실내조경 식물의 선정 기준이 아닌 것은?

① 가스에 잘 견디는 식물
② 낮은 광도에 견디는 식물
③ 내건성과 내습성이 강한 식물
④ 온도 변화에 예민한 식물

해설
온도 변화에 잘 견디는 식물로 선정

54 다음 수목 중 식재 시 근원직경에 의한 품셈을 적용할 수 있는 것은?

① 아왜나무　　② 꽃사과나무
③ 은행나무　　④ 왕벚나무

해설
- 아왜나무 : 수고에 의한 품
- 꽃사과 : 근원직경에 의한 품
- 은행나무 : 흉고직경에 의한 품
- 왕벚나무 : 흉고직경에 의한 품

정답　49 ③　50 ③　51 ①　52 ②　53 ④　54 ②

55 조경수 전정의 방법이 옳지 않은 것은?

① 전체적인 수형의 구성을 미리 정한다.
② 충분한 햇빛을 받을 수 있도록 가지를 배치한다.
③ 병해충 피해를 받은 가지는 제거한다.
④ 아래에서 위로 올라가면서 전정한다.

해설
위 → 아래로 전정

56 다음 중 전정을 할 때 큰 줄기나 가지자르기를 삼가야 하는 수종은?

① 오동나무　② 현사시나무
③ 벚나무　　④ 수양버들

해설
벚나무
상처로 부후균이 침입하므로 큰가지 전정을 삼가고, 큰가지 전정 시 도포제를 바름.

57 나무를 옮겨 심었을 때 잘려진 뿌리로부터 새 뿌리가 나오게 하여 활착이 잘되게 하는데 가장 중요한 것은?

① 온도와 지주목의 종류
② 잎으로부터의 증산과 뿌리의 흡수
③ C/N율과 토양의 온도
④ 호르몬과 온도

해설
이식 시 활착이 잘 되기 위한 조건 : T/R율 조절

58 오늘날 세계 3대 수목병에 속하지 않는 것은?

① 잣나무 털녹병
② 소나무류 리지나뿌리썩음병
③ 느릅나무 시들음병
④ 밤나무 줄기마름병

해설
오늘날 세계 3대 수목병
잣나무 털녹병, 느릅나무 시들음병, 밤나무 줄기마름병

59 다음 중 농약의 혼용사용 시 장점이 아닌 것은?

① 약효 상승
② 약효지속기간 연장
③ 약해 증가
④ 독성 경감

해설
약해 증가는 농약 혼용의 단점

60 솔수염하늘소의 성충이 최대로 출연하는 최성기로 가장 적합한 것은?

① 3 ~ 4월　② 4 ~ 5월
③ 6 ~ 7월　④ 9 ~ 10월

해설
솔수염하늘소
소나무 재선충의 매개충으로 5 ~ 7월 발생한다.

정답　55 ④　56 ③　57 ②　58 ②　59 ③　60 ③

2012 제 2 회 과년도기출문제

01 조경의 직무는 조경설계기술자, 조경시공기술자, 조경관리기술자로 크게 분류할 수 있다. 그중 조경설계기술자의 직무내용에 해당하는 것은?

① 병해충방제 ② 조경묘목생산
③ 식재공사   ④ 시공감리

해설
조경설계기술자의 직무내용
도면제도, 전산응용설계(CAD), 기본계획 수립, 디자인, 스케치, 물량산출 및 시방서, 시공감리

02 (   )안에 들어갈 디자인 요소는?

형태, 색채와 더불어 (   )은(는) 디자인의 필수 요소로서 물체의 조성 성질을 말하며, 이는 우리의 감각을 통해 형태에 대한 지식을 제공한다.

① 입체   ② 공간
③ 질감   ④ 광선

해설
질감
물체의 외형을 보거나 만졌을 때 느껴지는 거칠고 고운 감각으로 디자인의 필수 요소

03 실선의 굵기에 따른 종류(가는선, 중간선, 굵은선)와 용도가 바르게 연결되어 있는 것은?

① 가는선 – 단면선
② 가는선 – 파선
③ 중간선 – 치수선
④ 굵은선 – 도면의 윤곽선

해설
- 단면선 : 1점 쇄선
- 숨은선 : 파선
- 치수선 : 가는 실선

04 주축선 양쪽에 짙은 수림을 만들어 주축선이 두드러지게 하는 비스타(vista)수법을 가장 많이 이용한 정원은?

① 영국정원   ② 프랑스정원
③ 이탈리아정원 ④ 독일정원

해설
비스타를 가장 많이 사용한 곳은 프랑스 정원

정답 01 ④ 02 ③ 03 ④ 04 ②

05 다음 중 설치기준의 제한은 없으며, 유치거리 500m 이하, 공원면적 10,000㎡ 이상으로 할 수 있으며, 주로 인근에 거주하는 자의 이용에 제공할 목적으로 설치 도시공원의 종류는?

① 도보권근린공원
② 묘지공원
③ 어린이공원
④ 근린생활권근린공원

해설

근린생활권근린공원
유치거리 500m 이하, 규모 10,000㎡ 이상

06 경관구성의 미적 원리를 통일성과 다양성으로 구분할 때, 다음 중 다양성에 해당하는 것은?

① 조화   ② 균형
③ 강조   ④ 대비

해설

다양성을 달성하기 위한 수법
비례, 율동, 대비

07 먼셀의 색상환에서 BG는 무슨 색인가?

① 연두색   ② 남색
③ 청록색   ④ 보라색

해설

먼셀의 색상환에서 BG는 청록색

08 오방색 중 황(黃)의 오행과 방위가 바르게 짝 지어진 것은?

① 금(金) – 서쪽   ② 목(木) – 동쪽
③ 토(土) – 중앙   ④ 수(水) – 북쪽

해설

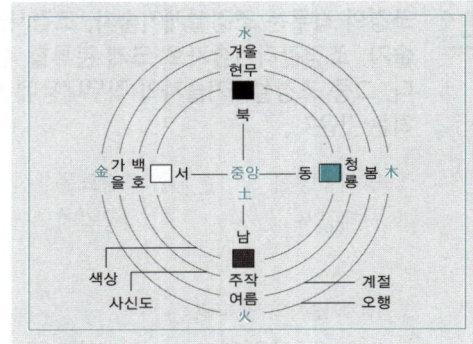

09 다음 중 별서의 개념과 거리가 먼 것은?

① 별장의 성격을 갖기 위한 것
② 수목을 가꾸기 위한 것
③ 은둔생활을 하기 위한 것
④ 효도하기 위한 것

해설

별서의 종류
• 별장(別莊) : 경제적 여유, 제2의 주택
• 별서(別墅) : 자연 속에서의 은둔 목적, 소박한 주거
• 별업(別業) : 관리목적, 제2의 주거

정답 05 ④ 06 ④ 07 ③ 08 ③ 09 ②

10 정형식 배식 방법에 대한 설명으로 옳지 않은 것은?

① 교호식재 – 서로 마주보게 배치하는 식재
② 대식 – 시선축의 좌우에 같은 형태, 같은 종류의 나무를 대칭 식재
③ 열식 – 같은 형태와 종류의 나무를 일정한 간격으로 직선상에 식재
④ 단식 – 생김새가 우수하고, 중량감을 갖춘 정형수를 단독으로 식재

> 해설
> **교호식재**
> 두 줄의 열식을 서로 어긋나게 배치하여 식재하는 방법

11 "응접실이나 거실 쪽에 면하며, 주택정원의 중심이 되고, 가족의 구성단위나 취향에 따라 계획한다"와 같은 목적의 뜰은 주택정원의 어디에 해당하는가?

① 안뜰 ② 앞뜰
③ 뒤뜰 ④ 작업뜰

> 해설
> **안뜰**
> 응접실이나 거실 전면에 위치한 중심공간으로 휴식과 단란의 공간

12 우리나라에서 처음 조경의 필요성을 느끼게 된 가장 큰 이유는?

① 급속한 자동차의 증가로 인한 대기오염을 줄이기 위해
② 공장폐수로 인한 수질오염을 해결하기 위해
③ 인구증가로 인해 놀이, 휴게시설의 부족 해결을 위해
④ 고속도로, 댐 등 각종 경제개발에 따른 국토의 자연훼손의 해결을 위해

> 해설
> 우리나라는 1970년대 초반부터 조경이라는 용어 사용하기 시작
> • 경제개발 → 자연훼손 심각 → 환경 보호 및 경관관리의 필요성 인식

13 중국 청나라 때의 유적이 아닌 것은?

① 이화원 ② 졸정원
③ 자금성 금원 ④ 원명원 이궁

> 해설
> **졸정원**
> 중국 4대 명원으로 명시대 유적

14 영국인 Brown의 지도하에 덕수궁 석조전 앞뜰에 조성된 정원 양식과 관계되는 것은?

① 보르비콩트 정원 ② 센트럴파크
③ 분구원 ④ 빌라 메디치

> 해설
> **덕수궁 석조전 앞 침상원**
> 우리나라 최초의 유럽식 정원으로 분수와 연못을 중심으로 한 프랑스식 정원

정답 10 ① 11 ① 12 ④ 13 ② 14 ①

15 메소포타미아의 대표적인 정원은?

① 마야사원
② 바빌론의 공중정원
③ 베르사이유 궁전
④ 타지마할 사원

해설

공중정원
신바빌로니아의 네부카드네자르 2세가 만든 정원(세계 7대 불가사의)

16 혼화재의 설명 중 옳은 것은?

① 종류로는 포졸란, AE제 등이 있다.
② 혼화재료는 그 사용량이 비교적 많아서 그 자체의 부피가 콘크리트의 배합계산에 관계된다.
③ 종류로는 슬래그, 감수제 등이 있다.
④ 혼화재는 혼화제와 같은 것이다.

해설

- 혼화재 : 사용량이 비교적 많아 부피가 콘크리트 배합계산에 관계되며 콘크리트 성질을 개량하기 위해 사용
- 혼화제 : 사용량이 적고 배합계산에서 용적을 무시하는 소량의 재료로 AE제, 급결제, 지연제, 방수제 등

17 좋은 콘크리트를 만들려면 좋은 품질의 골재를 사용해야 하는데, 좋은 골재에 관한 설명으로 옳지 않은 것은?

① 납작하거나 길지 않고 구형이 가까울 것
② 골재의 표면이 깨끗하고 유해 물질이 없을 것
③ 굳은 시멘트 페이스트보다 약한 석질일 것
④ 굵고 잔 것이 골고루 섞여 있을 것

해설

콘크리트에 사용하는 골재의 강도는 시멘트 페이스트보다 강해야 함

18 시멘트 액체 방수제의 종류가 아닌 것은?

① 비소계
② 규산소다계
③ 염화칼슘계
④ 지방산계

해설

액체 방수제
- 무기질계 : 염화칼슘계, 규산소다계, 규산(실리카)질 분말계
- 유기질계 : 파라핀계, 지방산계, 고분자 에멀전계

19 다음 중 화성암 계통의 석재인 것은?

① 화강암
② 점판암
③ 대리석
④ 사문암

해설

- 점판암 : 퇴적암
- 대리석 : 변성암
- 사문암 : 변성암

20 석재의 분류방법 중 가장 보편적으로 사용되는 방법은?

① 성인에 의한 방법
② 산출상태에 의한 방법
③ 조직구조에 의한 방법
④ 화학성분에 의한 방법

해설

석재 분류방법 중 가장 보편적인 방법은 성인(형성요인)에 의한 분류

정답 15 ② 16 ② 17 ③ 18 ① 19 ① 20 ①

21 목재의 방부처리 방법 중 일반적으로 가장 효과가 우수한 것은?

① 가압 주입법 ② 도포법
③ 생리적 주입법 ④ 침지법

해설

가압 주입법
건조된 목재를 밀폐된 용기 속에 목재를 넣고 감압과 가압을 조합하여 목재에 약액을 주입하는 방법
• 가장 효과적인 방법

22 다음 중 압축강도(kgf/cm²)가 가장 큰 목재는?

① 오동나무 ② 밤나무
③ 삼나무 ④ 낙엽송

해설

압축강도
• 오동나무 : 340kgf/cm²
• 밤나무 : 390kgf/cm²
• 삼나무 : 374kgf/cm²
• 낙엽송 : 532kgf/cm²

23 다음 중 인공지반을 만들려고 할 때 사용되는 경량토로 부적합한 것은?

① 버미큘라이트 ② 모래
③ 펄라이트 ④ 부엽토

해설

인공지반에 사용하는 경량토
버미큘라이트, 펄라이트, 피트모스, 화산재 등

24 기건상태에서 목재 표준함수율은 어느 정도인가?

① 5% ② 15%
③ 25% ④ 35%

해설

목재의 기건함수율 : 약 15%

25 쾌적한 가로환경과 환경보전, 교통제어, 녹음과 계절성, 시선유도 등으로 활용하고 있는 가로수로 적합하지 않은 수종은?

① 이팝나무 ② 은행나무
③ 메타세콰이어 ④ 능소화

해설

가로수의 조건
지하고가 높은 낙엽활엽교목(능소화 : 만경목)

26 생태복원을 목적으로 사용하는 재료로서 거리가 먼 것은?

① 식생매트 ② 잔디블록
③ 녹화마대 ④ 식생자루

해설

녹화마대
천연 식물 섬유제인 굵고 거친 삼실로 짠 커다란 자루. 통기성, 흡수성, 보온성, 부식성이 우수

정답 21 ① 22 ④ 23 ② 24 ② 25 ④ 26 ③

27 조경 수목의 규격에 관한 설명으로 옳은 것은? (단, 괄호안의 영문은 기호를 의미한다)

① 수고(W) : 지표면으로부터 수관의 하단부까지의 수직 높이
② 지하고(BH) : 지표면에서 수관이 맨 아랫가지까지의 수직 높이
③ 흉고직경(R) : 지표면 줄기의 굵기
④ 근원직경(B) : 가슴 높이 정도의 줄기의 지름

해설
- 수고(H) : 지표면으로부터 수관의 상부까지의 수직 높이
- 지하고(BH) : 지표면에서 수관이 맨 아랫가지까지의 수직 높이
- 흉고직경(B) : 가슴 높이 정도의 줄기의 지름
- 근원직경(R) : 지표면 줄기의 지름

28 줄기의 색이 아름다워 관상가치를 가진 대표적인 수종의 연결로 옳지 않은 것은?

① 갈색계의 수목 : 편백
② 적갈색계의 수목 : 소나무
③ 흑갈색계의 수목 : 벽오동
④ 백색계의 수목 : 자작나무

해설
벽오동의 수피 색은 녹색

29 홍색(紅色) 열매를 맺지 않는 수종은?

① 산수유
② 쥐똥나무
③ 주목
④ 사철나무

해설
쥐똥나무 열매 : 검은색

30 형상수로 이용할 수 있는 수종은?

① 주목
② 명자나무
③ 단풍나무
④ 소나무

해설
형상수 이용 수종
맹아력이 강해 다듬기 작업에 잘 견디는 수종 : 주목 등

31 다음 조경 수목 중 음수인 것은?

① 향나무
② 느티나무
③ 비자나무
④ 소나무

해설
음수
- 약한 광선에서도 비교적 좋은 생육, 전 광선량의 50% 내외
- 팔손이나무, 전나무, 비자나무, 주목, 가시나무, 식나무, 후박나무, 동백나무, 사철나무, 회양목 등

32 활엽수이지만 잎의 형태가 침엽수와 같아서 조경적으로 침엽수로 이용하는 것은?

① 은행나무
② 산딸나무
③ 위성류
④ 이나무

해설
- 활엽수이지만 잎의 형태가 침엽수와 같아서 조경적으로 침엽수로 이용하는 수종 : 위성류
- 침엽수이지만 잎의 형태가 활엽수와 같아서 조경적으로 활엽수로 이용하는 수종 : 은행나무

정답 27 ② 28 ③ 29 ② 30 ① 31 ③ 32 ③

33 수종에 따라 또는 같은 수종이라도 개체의 성질에 따라 삽수의 발근에 차이가 있는데, 일반적으로 삽목 시 발근이 잘되지 않는 수종은?

① 오리나무　② 무궁화
③ 개나리　　④ 꽝꽝나무

해설
오리나무
삽목 시 발근이 잘 되지 않음

34 다음 중 낙엽활엽교목으로 부채꼴형 수형이며, 야합수(夜合樹)라 불리기도 하며, 여름에 피는 꽃은 분홍색으로 화려하며, 천근성 수종으로 이식에 어려움이 있는 수종은?

① 서향　　② 치자나무
③ 은목서　④ 자귀나무

해설
자귀나무
개화시기〈 6 ~ 7월(연분홍색)〉, 밤에 잎이 접히면서 합쳐져 야합수, 합환수로도 불림

35 산울타리에 적합하지 않은 식물 재료는?

① 무궁화　② 느릅나무
③ 측백나무　④ 꽝꽝나무

해설
산울타리 수종
지엽이 치밀하고 아랫가지가 말라 죽지 않는 상록수(느릅나무 : 낙엽활엽교목)

36 다음 [보기]에서 입찰의 순서로 옳은 것은?

① 현장설명→ 개찰 → 입찰공고 → 입찰 → 낙찰 → 계약
② 입찰공고 → 입찰 → 낙찰 → 계약 → 현장설명→ 개찰
③ 입찰공고 → 현장설명 → 입찰 → 개찰 → 낙찰 → 계약
④ 입찰공고 → 입찰 → 개찰 → 낙찰 → 계약 → 현장설명

해설
입찰계약 순서
입찰공고 → 현장설명 → 입찰 → 개찰 → 낙찰 → 계약

37 공사의 실시방식 중 공동 도급의 특징이 아닌 것은?

① 여러 회사의 참여로 위험이 분산된다.
② 이해 충돌이 없고, 임기응변 처리가 가능하다.
③ 공사이행의 확실성이 보장된다.
④ 공사의 하자책임이 불분명하다.

해설
공동도급(Joint Venture)
대규모공사에 기술, 시설, 자본, 능력을 갖춘 회사들이 모여 공동출자회사를 만들어 그 회사로 하여금 공사의 주체가 되게 계약을 하는 형태

장점	• 공사 이행의 확실성 확보 • 기술능력 보완 및 경험의 확충 • 자본력과 신용도 증대 • 공사도급 경쟁의 완화 수단 • 위험부담 분산
단점	• 이해 충돌과 책임회피 우려 • 사무관리, 현장관리 복잡 • 관리방식 차이에 의한 능률 저하 • 하자책임 불분명 • 단일회사 도급보다 경비 증대

정답　33 ①　34 ④　35 ②　36 ③　37 ②

38 공사원가에 의한 공사비 구성 중 안전관리비에 해당되는 것은?

① 간접재료비　② 간접노무비
③ 경비　　　　④ 일반관리비

해설

경비
- 공사의 시공을 위하여 소모되는 공사원가 중 재료비, 노무비를 제외한 원가
- 전력비, 광열비, 운반비, 안전관리비, 보험료, 특허권 사용료, 기술료 등

39 공원 행사의 개최 순서대로 나열한 것은?

① 기획 → 제작 → 실시 → 평가
② 평가 → 제작 → 실시 → 기획
③ 제작 → 평가 → 기획 → 실시
④ 제작 → 실시 → 기획 → 평가

해설

공원 행사의 개최 순서
기획 → 제작 → 실시 → 평가

40 지형도에서 U자 모양으로 그 바닥이 낮은 높이의 등고선을 향하면 이것은 무엇을 의미하는가?

① 계곡　　② 능선
③ 현애　　④ 동구

해설

능선
능선의 등고선은 일반적으로 U자 형태를 나타내는데, 방향은 높은 곳에 낮은 곳으로 볼록하게 뻗어져 나간 형태

41 크롬산아연을 안료로 하고, 알키드수지를 전색료로 한 것으로서 알루미늄 녹막이 초벌칠에 적당한 도료는?

① 광명단　　　② 파커라이징
③ 그라파이트　④ 징크로메이트

해설

징크로메이트	크롬산아연 +알키드수지	• 녹막이 효과가 좋음 • 알루미늄판, 아연철판 초벌용 적합

42 어린이 놀이 시설물 설치에 대한 설명으로 옳지 않은 것은?

① 미끄럼대의 미끄럼판의 각도는 일반적으로 30 ~ 40도 정도의 범위로 한다.
② 모래터는 하루 4 ~ 5시간의 햇볕이 쬐고 통풍이 잘되는 곳에 위치한다.
③ 시소는 출입구에 가까운 곳, 휴게소 근처에 배치하도록 한다.
④ 그네는 통행이 많은 곳을 피하여 동서방향으로 설치한다.

해설

그네
놀이터의 중앙부, 사람의 통행이 많은 곳, 집단적 놀이가 이루어지는 곳을 피해 부지의 외곽에 남북방향으로 설치

정답　38 ③　39 ①　40 ②　41 ④　42 ④

43 토공 작업 시 지반면보다 낮은 면의 굴착에 사용하는 기계로 깊이 6m 정도의 굴착에 적당하며, 백호우라고도 불리는 기계는?

① 파워 쇼벨   ② 드랙 쇼벨
③ 클램 쉘   ④ 드랙 라인

해설

백호우(Back hoe)
드래그셔블이라고도 하며 360도 회전 가능. 기계가 놓은 지면보다 낮은 곳을 굴착할 때 사용

44 콘크리트를 혼합한 다음 운반해서 다져 넣을 때까지 시공성의 좋고 나쁨을 나타내는 성질, 즉 콘크리트의 시공성을 나타내는 것은?

① 슬럼프시험   ② 워커빌리티
③ 물·시멘트비   ④ 양생

해설

시공연도(workability)
콘크리트를 칠 때 적당한 유동성과 점성이 있어 시공 부분이 잘 채워지고 분리를 일으키지 않는 정도. 작업 난이도라고도 함

45 흙깎기(切土) 공사에 대한 설명으로 옳은 것은?

① 보통 토질에서는 흙깎기 비탈면 경사를 1 : 0.5 정도로 한다.
② 식재공사가 포함된 경우의 흙깎기에서는 지표면 표토를 보존하여 식물생육에 유용하도록 한다.
③ 작업물량이 기준보다 작은 경우 인력보다는 장비를 동원하여 시공하는 것이 경제적이다.
④ 흙깎기를 할 때는 안식각보다 약간 크게 하여 비탈면의 안정을 유지한다.

해설

• 보통 토질에서 절토 비탈면 경사는 1 : 1 정도로 시공
• 작업 물량이 작을 경우 인력 작업이 경제적
• 절토 시 안식각보다 작게 하여 비탈면의 안정 유지

46 배수공사 중 지하층 배수와 관련된 설명으로 옳지 않은 것은?

① 속도랑의 깊이는 심근성보다 천근성 수종을 식재할 때 더 깊게 한다.
② 큰 공원에서는 자연 지형에 따라 배치하는 자연형 배수방법이 많이 이용된다.
③ 암거배수의 배치형태는 어골형, 평행형, 빗살형, 부채살형, 자유형 등이 있다.
④ 지하층 배수는 속도랑을 설치해 줌으로써 가능하다.

해설

속도랑(암거) 설치 시 천근성 수종보다 심근성 수종 식재 시 더 깊이 묻어줌

정답 43 ② 44 ② 45 ② 46 ①

47 다음 중 교목의 식재 공사 공정으로 옳은 것은?

① 수목방향 정하기 → 구덩이 파기 → 물 죽쑤기 → 묻기 → 지주세우기 → 물집 만들기
② 구덩이 파기 → 물 죽쑤기 → 묻기 → 지주세우기 → 수목방향 정하기 → 물집 만들기
③ 구덩이 파기 → 수목방향 정하기 → 묻기 → 물 죽쑤기 → 지주세우기 → 물집 만들기
④ 수목방향 정하기 → 구덩이 파기 → 묻기 → 지주세우기 → 물 죽쑤기 → 물집 만들기

해설

교목의 식재 순서
구덩이 파기 → 수목방향 정하기 → 묻기 → 물 죽쑤기 → 지주세우기 → 물집 만들기

48 생울타리처럼 수목이 대상으로 군식되었을 때 거름 주는 방법으로 적당한 것은?

① 전면 거름주기   ② 방사상 거름주기
③ 천공 거름주기   ④ 선상 거름주기

해설

선상 시비
산울타리처럼 길게 식재된 수목을 따라 일정 간격을 두고 도랑처럼 길게 구덩이 파고 시비

49 다음 중 학교 조경의 수목 선정 기준에 부적합한 것은?

① 생태적 특성   ② 경관적 특성
③ 교육적 특성   ④ 조형적 특성

해설

학교 조경의 수목 선정 기준
생태적 특성, 경관적 특성, 교육적 특성

50 다음 중 수목의 굵은 가지치기 방법으로 옳지 않은 것은?

① 톱으로 자른 자리의 거친 면은 손칼로 깨끗이 다듬는다.
② 잘라낼 부위는 아래쪽에 가지 굵기의 1/3 정도 깊이까지 톱자국을 먼저 만들어 놓는다.
③ 톱을 돌려 아래쪽에 만들어 놓은 상처보다 약간 높은 곳을 위에서부터 내리 자른다.
④ 잘라낼 부위는 먼저 가지의 밑동으로부터 10 ~ 15cm 부위를 위에서부터 아래까지 내리 자른다.

해설

- 주간(줄기)에서 10 ~ 15cm 떨어진 곳의 아래 쪽을 가지 지름의 1/3 깊이까지 톱질
- 톱질한 곳에서 가지의 끝 쪽으로 떨어진 곳을 위에서 아래 방향으로 절단
- 남은 가지의 밑동을 톱으로 절단

51 겨울 전정의 설명으로 틀린 것은?

① 제거 대상가지를 발견하기 쉽고 작업도 용이하다
② 휴면 중이기 때문에 굵은 가지를 잘라내어도 전정의 영향을 거의 받지 않는다.
③ 상록수는 동계에 강전정하는 것이 가장 좋다.
④ 12 ~ 3월에 실시한다.

해설

상록수는 추위에 약하므로 겨울 전정 시 강전정을 피함

정답 47 ③ 48 ④ 49 ④ 50 ④ 51 ③

52 다음 중 뿌리분의 형태별 종류에 해당하지 않는 것은?

① 보통분 ② 사각분
③ 접시분 ④ 조개분

해설

뿌리분의 형태
접시분, 보통분, 조개분

53 다음 중 수간주입 방법으로 옳지 않은 것은?

① 구멍의 각도는 50 ~ 60도 가량 경사지게 세워서, 구멍지름 20mm 정도로 한다.
② 뿌리가 제구실을 못하고 다른 시비방법이 없을 때 빠른 수세회복을 원할 때 사용한다.
③ 구멍 속의 이물질과 공기를 뺀 후 주입관을 넣는다.
④ 중력식 수간주사는 가능한 한 지제부 가까이에 구멍을 뚫는다.

해설

수간주사 구멍의 각도는 30° 내외, 깊이는 3 ~ 4cm, 지름은 5mm 내외

54 정원수의 거름주기 설명으로 옳지 않은 것은?

① 지효성의 유기질비료는 밑거름으로 준다.
② 지효성 비료는 늦가을에서 이른 봄 사이에 준다.
③ 속효성 거름은 7월 이후에 준다.
④ 질소질 비료와 같은 속효성 비료는 덧거름으로 준다.

해설

속효성 거름은 수목의 생장기인 4월 하순 ~ 6월 하순에 시비 : 7월 이전 완료

55 질소기아 현상에 대한 설명으로 옳지 않은 것은?

① 미생물과 고등식물 간에 질소경쟁이 일어난다.
② 미생물 상호간의 질소경쟁이 일어난다.
③ 토양으로부터 질소의 유실이 촉진된다.
④ 탄질률이 높은 유기물이 토양에 가해질 경우 발생한다.

해설

질소기아 현상
C/N율이 높은(탄소의 비율이 높은) 유기물을 넣으면 미생물이 원래 토양에 있는 질소를 빼앗아 이용하여 질소가 부족해지는 현상

56 다음 중 세균에 의한 수목병은?

① 소나무 잎녹병
② 뽕나무 오갈병
③ 밤나무 뿌리혹병
④ 포플러 모자이크병

해설

- 소나무 잎녹병 : 진균
- 뽕나무 오갈병 : 파이토 플라스마
- 포플러 모자이크병 : 바이러스

정답 52 ② 53 ① 54 ③ 55 ③ 56 ③

57 참나무 시들음병에 대한 설명으로 옳지 않은 것은?

① 매개충의 암컷 등판에는 곰팡이를 넣는 균낭이 있다.
② 매개충은 광릉긴나무좀이다.
③ 피해목은 초가을에 모든 잎이 낙엽된다.
④ 월동한 성충은 5월경에 침입공을 빠져나와 새로운 나무를 가해한다.

:해설:

참나무 시들음병
- 매개충인 광릉긴나무좀 성충이 5월 상순부터 나타나서 참나무류로 침입
- 피해목은 7월 하순부터 빨갛게 시들면서 말라 죽기 시작, 겨울에 잎이 떨어지지 않고 붙어 있음
- 고사목의 줄기와 굵은 가지에 매개충의 침입공이 다수 발견되며, 주변에는 목재 배설물이 많이 분비

58 다음 중 유충은 적색, 분홍색, 검은색이며, 끈끈한 분비물을 분비하며, 식물의 어린잎이나 새가지, 꽃봉오리에 붙어 수액을 빨아먹어 생육을 억제하며, 점착성 분비물을 배설하여 그을음병을 발생시키는 해충은 무엇인가?

① 진딧물   ② 깍지벌레
③ 응애   ④ 솜벌레

:해설:

진딧물
유충은 적색, 분홍색, 검은색이며, 흡즙하여 가해하고 점착성 분비물을 배설하여 2차적으로 그을음병 유발

59 한국 잔디의 해충으로 가장 큰 피해를 주는 것은?

① 선충   ② 거세미나방
③ 땅강아지   ④ 풍뎅이 유충

:해설:

한국 잔디에 가장 큰 피해를 주는 해충 : 풍뎅이 유충

60 잔디의 상토소독에 사용하는 약제는?

① 메티다티온   ② 메틸브로마이드
③ 디캄바   ④ 에테폰

:해설:

- 메티타티온 : 살충제
- 메틸브로마이드 : 살충제(살균, 토양 훈증)
- 디캄바 : 제초제
- 에테폰 : 생장조절제

정답 57 ③ 58 ① 59 ④ 60 ②

2012 제4회 과년도기출문제

01 조경 제도 용품 중 곡선자라고 하여 각종 반지름의 원호를 그릴 때 사용하기 가장 적합한 재료는?

① 삼각자　　② T자
③ 원호자　　④ 운형자

해설
원호자
각종 반지름의 원호를 그릴 때 사용

02 다음 중 조화(Harmony)의 설명으로 적합한 것은?

① 서로 다른 것끼리 모여 서로를 강조시켜 주는 것
② 축선을 중심으로 하여 양쪽의 비중을 똑같이 만드는 것
③ 각 요소들이 강약, 장단의 주기성이나 규칙성을 가지면서 전체적으로 연속적인 운동감을 가지는 것
④ 모양이나 색깔 등이 비슷비슷하면서도 실은 똑같지 않은 것끼리 균형을 유지하는 것

해설
조화(Harmony)
색채나 형태가 유사한 시각적 요소들이 서로 잘 어울리는 것

03 다음 중 색의 3속성에 관한 설명으로 옳은 것은?

① 그레이 스케일(gray scale)은 채도의 기준 척도로 사용된다.
② 감각에 따라 식별되는 색의 종명을 채도라고 한다.
③ 두 색상 중에서 빛의 반사율이 높은 쪽이 밝은 색이다.
④ 색의 포화상태, 즉 강약을 말하는 것은 명도이다.

해설
• 그레이 스케일(gray scale)은 명도의 기준 척도
• 감각에 따라 식별되는 색의 종명은 색상
• 색의 포화상태, 즉 강약을 말하는 것은 채도

04 주변 지역의 경관과 비교할 때 지배적이며, 특징을 가지고 있어 지표적인 역할을 하는 것을 무엇이라고 하는가?

① nodes　　② landmarks
③ vista　　④ districts

해설
랜드마크(landmarks)
식별성이 높은 지형, 지물(산봉우리, 탑 등)

정답　01 ③　02 ④　03 ③　04 ②

05 단독 주택정원에서 일반적으로 장독대, 쓰레기통, 창고 등이 설치되는 공간은?

① 앞뜰　② 작업뜰
③ 뒤뜰　④ 안뜰

해설

작업뜰
장독대, 쓰레기통, 빨래건조장, 채소밭, 창고 등 설치

06 노외주차장의 구조·설비기준으로 틀린 것은? (단, 주차장법 시행규칙을 적용한다.)

① 노외주차장에서 주차에 사용되는 부분의 높이는 주차바닥면으로부터 2.1m 이상으로 하여야 한다.
② 노외주차장의 출입구 너비를 3.5m 이상으로 하여야 하며, 주차대수 규모가 50대 이상인 경우에는 출구와 입구를 분리하거나 너비 5.5m 이상의 출입구를 설치하여 소통이 원활하도록 하여야 한다.
③ 노외주차장의 출구와 입구에서 자동차의 회전을 쉽게 하기 위하여 필요한 경우에는 차로와 도로가 접하는 부분을 곡선형으로 하여야 한다.
④ 노외주차장의 출구 부근의 구조는 해당 출구로부터 2m를 후퇴한 노외주차장의 차로의 중심선상 1.0m의 높이에서 도로의 중심선에 직각으로 향한 왼쪽·오른쪽 각각 45도의 범위에서 해당 도로를 통행하는 자를 확인할 수 있도록 하여야 한다.

해설

노외주차장의 출구 부근의 구조는 해당 출구로부터 2m를 후퇴한 노외주차장 차로의 중심선상 1.4m의 높이에서 도로의 중심선에 직각으로 향한 왼쪽·오른쪽 각각 60도의 범위에서 해당 도로를 통행하는 자를 확인할 수 있도록 하여야 한다(주차장법 시행규칙 제6조〈노외주차장의 구조·설비기준〉).

07 다음 중 식물재료의 특성으로 부적합한 것은?

① 생장과 번식을 계속하는 연속성이 있다.
② 생물로서, 생명 활동을 하는 자연성을 지니고 있다.
③ 불변성과 가공성을 지니고 있다.
④ 계절적으로 다양하게 변화함으로써 주변과의 조화성을 가진다.

해설

식물재료의 특성
자연성, 연속성, 조화성, 비규격성

08 정형식 정원에 해당하지 않는 양식은?

① 회유임천식　② 중정식
③ 평면기하학식　④ 노단식

해설

정형식 정원 양식
중정식, 노단식, 평면기하학식

09 화단의 초화류를 엷은 색에서 점점 짙은 색으로 배열할 때 가장 강하게 느껴지는 조화미는?

① 점층미　② 균형미
③ 통일미　④ 대비미

해설

점층미
형태나 선, 색깔, 음향 등이 점차적으로 증가하거나 감소하는 것

정답　05 ②　06 ④　07 ③　08 ①　09 ①

10 우리나라 후원양식의 정원수법이 형성되는데 영향을 미친 것이 아닌 것은?

① 불교의 영향　② 음양오행설
③ 유교의 영향　④ 풍수지리설

해설

후원양식 발달에 영향을 준 요소
풍수지리설, 음양오행사상, 유교사상

11 우리나라 고유의 공원을 대표할만한 문화재적 가치를 지닌 정원은?

① 경복궁의 후원　② 덕수궁의 후원
③ 창경궁의 후원　④ 창덕궁의 후원

해설

창덕궁 후원
우리나라 고유의 정원을 대표하며, 세계문화유산에 등재되어 있음

12 조선시대 정자의 평면유형은 유실형(중심형, 편심형, 분리형, 배면형)과 무실형으로 구분할 수 있는데 다음 중 유형이 다른 하나는?

① 광풍각　② 임대정
③ 거연정　④ 세연정

해설

- 광풍각, 임대정, 세연정 : 중심형
- 거연정 : 배면형

13 조선시대 경승지에 세운 누각들 중 경기도 수원에 위치한 것은?

① 연광정　② 사허정
③ 방화수류정　④ 영호정

해설

방화수류정
경기도 수원 화성에 위치

14 다음 중 사절우(四節友)에 해당되지 않는 것은?

① 소나무　② 난초
③ 국화　④ 대나무

해설

사절우
매화, 소나무, 국화, 대나무

15 센트럴 파크(Central park)에 대한 설명 중 틀린 것은?

① 19세기 중엽 미국 뉴욕에 조성되었다.
② 르코르뷔지에(Le corbusier)가 설계하였다.
③ 면적은 약 334헥타르의 장방형 슈퍼블록으로 구성되었다.
④ 모든 시민을 위한 근대적이고 본격적인 공원이다.

해설

뉴욕 센트럴파크의 설계자 : 옴스테드

정답　10 ①　11 ④　12 ③　13 ③　14 ②　15 ②

16 다음 중 음수대에 관한 설명으로 옳지 않은 것은?

① 양지 바른 곳에 설치하고, 가급적 습한 곳은 피한다.
② 표면재료는 청결성, 내구성, 보수성을 고려한다.
③ 음수전의 높이는 성인, 어린이, 장애인 등 이용자의 신체 특성을 고려하여 적정 높이로 한다.
④ 유지관리상 배수는 수직 배수관을 많이 사용하는 것이 좋다.

> **해설**
> 음수전
> • 그늘진 곳, 습한 곳, 바람의 영향을 받는 곳을 피하여 설치
> • 약 2% 정도의 경사를 주어 단시간 내에 완전 배수가 가능하도록 함
> • 꼭지가 위로 향한 경우 65~80cm, 아래로 향한 경우 70~95cm를 기준으로 설치

17 담금질을 한 강에 인성을 주기 위하여 변태점 이하의 적당한 온도에서 가열한 다음 냉각시키는 조작을 의미하는 것은?

① 불림   ② 뜨임질
③ 풀림   ④ 사출

> **해설**
> 뜨임
> 담금질한 강은 취성이 크므로 인성을 증가시키기 위해 재가열(721℃ 이하) 후 공기 중에서 냉각

18 미장재료 중 혼화재료가 아닌 것은?

① 방청제   ② 착색제
③ 방수제   ④ 방동제

> **해설**
> 방청제
> 금속의 표면에 칠하여 녹을 방지하는 약품을 통틀어 이르는 말

19 벽돌쌓기 방법 중 가장 견고하고 튼튼한 것은?

① 미국식 쌓기   ② 영국식 쌓기
③ 네덜란드식 쌓기 ④ 프랑스식 쌓기

> **해설**
> 영국식 쌓기
> • 길이쌓기 켜와 마구리쌓기 켜를 반복하여 쌓는 방법
> • 가장 견고함. 모서리 이오토막 사용

20 보통포틀랜드 시멘트와 비교했을 때 고로(高爐) 시멘트의 일반적 특성에 해당하지 않는 것은?

① 수화열이 적어 매스 콘크리트에 적합하다.
② 해수(海水)에 대한 저항성이 크다.
③ 초기강도가 크다.
④ 내열성이 크고 수밀성이 양호하다.

> **해설**
> 고로 시멘트(슬래그시멘트)
> • 비중이 낮고(2.9) 응결시간이 길며 조기강도 부족
> • 해수, 하수, 지하수, 광천 등에 저항성이 크고 건조수축 적음
> • 매스 콘크리트, 바닷물, 황산염 및 열의 작용을 받는 콘크리트

정답 16 ④ 17 ② 18 ① 19 ② 20 ③

21 콘크리트에 사용되는 골재에 대한 설명으로 옳지 않은 것은?

① 잔 것과 굵은 것이 적당히 혼합된 것이 좋다.
② 불순물이 묻어 있지 않아야 한다.
③ 형태는 매끈하고 평평, 세장한 것이 좋다.
④ 유해물질이 없어야 한다.

해설

골재의 형태
입방체 및 구형에 가깝고 부착이 좋은 표면조직을 가져야 함

22 콘크리트의 흡수성, 투수성을 감소시키기 위해 사용하는 방수용 혼화제의 종류(무기질계, 유기질계)가 아닌 것은?

① 염화칼슘   ② 고급지방산
③ 실리카질 분말   ④ 탄산소다

해설

억체 방수제
• 무기질계 : 염화칼슘계, 규산소다계, 규산(실리카)질 분말계
• 유기질계 : 파라핀계, 지방산계, 고분자 에멀전계

23 인공폭포나 인공동굴의 재료로 가장 일반적으로 많이 쓰이는 경량소재는?

① 복합 플라스틱 구조재(FRP)
② 레드우드(Red wood)
③ 스테인레스 강철(Staninless steel)
④ 폴리에틸렌(Polyethylene)

해설

유리섬유강화 플라스틱(FRP, Fiberglass Reinforced Plastic)
약한 플라스틱에 강화제를 넣어 만든 제품으로 벤치, 화단장식재, 인공폭포, 인공암, 정원석 등에 사용

24 투명도가 높으므로 유기유리라는 명칭이 있고 착색이 자유로워 채광판, 도어판, 칸막이판 등에 이용되는 것은?

① 알키드수지   ② 폴리에스테르수지
③ 아크릴수지   ④ 멜라민수지

해설

아크릴수지
• 투명도가 높으므로 유기유리라는 명칭
• 착색이 자유로워 채광판, 도어 판, 칸막이 판 등에 이용

25 석재를 형상에 따라 구분할 때 견치돌에 대한 설명으로 옳은 것은?

① 폭이 두께의 3배 미만으로 육면체 모양을 가진 돌
② 치수가 불규칙하고 일반적으로 뒷면이 없는 돌
③ 두께가 15cm 미만이고, 폭이 두께의 3배 이상인 육면체 모양의 돌
④ 전면은 정사각형에 가깝고, 뒷길이, 접촉면, 뒷면 등의 규격화된 돌

해설

견치돌
형상은 재두각추체에 가깝고 전면은 거의 평면을 이루며 대략 정사각형으로서 뒷길이, 접촉면의 폭, 뒷면 등이 규격화된 돌

정답 21 ③ 22 ④ 23 ① 24 ③ 25 ④

26 점토에 대한 설명으로 옳지 않은 것은?

① 화학성분에 따라 내화성, 소성 시 비틀림 정도, 색채의 변화 등의 차이로 인해 용도에 맞게 선택된다.
② 가소성은 점토입자가 미세할수록 좋고, 미세부분은 콜로이드로서의 특성을 가지고 있다.
③ 습윤 상태에서는 가소성을 가지고 고온으로 구우면 경화되지만 다시 습윤 상태로 만들면 가소성을 갖는다.
④ 암석이 오랜 기간에 걸쳐 풍화 또는 분해되어 생긴 세립자 물질이다.

> 해설
> 소성한 점토는 습윤상태가 되어도 가소성이 없음

27 목재의 강도에 대한 설명 중 거리가 먼 것은?

① 목재는 외력이 섬유방향으로 작용할 때 가장 강하다.
② 휨강도는 전단강도보다 크다.
③ 비중이 크면 목재의 강도는 증가하게 된다.
④ 섬유포화점에서 전건상태에 가까워짐에 따라 강도는 작아진다.

> 해설
> 목재의 강도는 함수량이 적어질수록 커짐

28 줄기의 색채가 백색 계열에 속하는 수종은?

① 노각나무   ② 해송
③ 모과나무   ④ 자작나무

> 해설
> 흰색 계통의 수피
> 자작나무, 백송, 분비나무, 플라타너스류, 서어나무, 등나무, 동백나무 등

29 다음 합판의 제조 방법 중 목재의 이용효율이 높고, 가장 널리 사용되는 것은?

① 쏘드 베니어(sawed veneer)
② 로타리 베니어(rotary veneer)
③ 슬라이스 베니어(sliced veneer)
④ 플라이우드(plywood)

> 해설
> 로타리 베니어
> 원목을 회전하여 넓은 대팻날로 두루마리 휴지처럼 연속으로 벗기는 방식으로 목재의 이용효율이 높고 가장 널리 사용하는 방식

30 차폐식재로 사용하기 부적합한 수종은?

① 계수나무   ② 서양측백
③ 호랑가시   ④ 쥐똥나무

> 해설
> 차폐식재 수종
> 맹아력이 강하고 지엽이 치밀하며 아래 가지가 말라 죽지 않는 상록수

31 심근성 수종에 해당하지 않는 것은?

① 은행나무   ② 현사시나무
③ 섬잣나무   ④ 태산목

> 해설
> • 심근성 수종 : 소나무, 전나무, 후박나무, 느티나무, 백합나무, 벽오동, , 은행나무, 모과나무 등
> • 천근성 수종 : 독일가문비, 편백, 미루나무, 자작나무, 버드나무, 현사시나무, 매화나무 등

정답 26 ③ 27 ④ 28 ④ 29 ② 30 ① 31 ②

32 정원수는 개화 생리에 따라 당년에 자란 가지에 꽃 피는 수종, 2년생 가지에 꽃 피는 수종, 3년생 가지에 꽃 피는 수종으로 구분한다. 다음 중 2년생 가지에 꽃 피는 수종은?

① 살구나무　　② 명자나무
③ 장미　　　　④ 무궁화

해설

- 살구나무 : 2년생 개화
- 명자나무 : 3년생 개화
- 장미, 무궁화 : 1년생 개화

33 가을에 그윽한 향기를 가진 등황색 꽃이 피는 수종은?

① 팔손이나무　② 생강나무
③ 금목서　　　④ 남천

해설

꽃향기
- 매화나무(이른 봄)
- 서향(봄)
- 수수꽃다리(봄)
- 장미(5 ~ 10월)
- 일본목련(6월)
- 함박꽃나무(6월)
- 인동덩굴(7월)
- 금목서(10월)

34 흰말채나무의 설명으로 옳지 않은 것은?

① 층층나무과로 낙엽활엽관목이다.
② 수피가 여름에는 녹색이나 가을, 겨울철의 붉은 줄기가 아름답다.
③ 노란색의 열매가 특징적이다.
④ 잎은 대생하며 타원형 또는 난상타원형이고, 표면에 작은 털, 뒷면은 흰색의 특징을 갖는다.

해설

흰말채나무의 꽃과 열매의 색상은 흰색

35 우리나라 들잔디(zoysia japonica)의 특징으로 옳지 않은 것은?

① 번식은 지하경(地下莖)에 의한 영양번식을 위주로 한다.
② 척박한 토양에서 잘 자란다.
③ 더위 및 건조에 약한 편이다.
④ 여름에는 무성하지만 겨울에는 잎이 말라 죽어 푸른빛을 잃는다.

해설

한국 잔디는 서양 잔디에 비해 더위와 건조에 강한 편

36 일반적인 조경관리에 해당되지 않는 것은?

① 이용관리　　② 생산관리
③ 운영관리　　④ 유지관리

해설

조경관리의 분야
유지관리, 운영관리, 이용관리

37 우리나라의 조선시대 전통정원을 꾸미고자 할 때 다음 중 연못시공으로 적합한 호안공은?

① 편책 호안공　　② 마름돌 호안공
③ 자연석 호안공　④ 사괴석 호안공

해설

조선시대 전통정원의 연못 시공은 사괴석을 사용

정답 32 ① 33 ③ 34 ③ 35 ③ 36 ② 37 ④

38 하수도시설기준에 따라 오수관거의 최소관경은 몇 mm를 표준으로 하는가?

① 100mm ② 150mm
③ 200mm ④ 250mm

해설

오수관거의 관경
하수도시설 기준에 따라 오수관거의 최소관경은 200mm를 표준으로 함

39 삼각형의 세변의 길이가 각각 5m, 4m, 5m라고 하면 면적은 약 얼마인가?

① 약 8.2m² ② 약 9.2m²
③ 약 10.2m² ④ 약 11.2m²

해설

삼각형 세 변의 길이로 넓이 구하기(헤론의 공식)
$S=\sqrt{s(s-a)(s-b)(s-c)},\ s=\dfrac{a+b+c}{2}$
여기서, S : 삼각형의 면적
a, b, c : 세 변의 길이
$s=\dfrac{5+5+4}{2}$
$S=\sqrt{7(7-5)(7-4)(7-5)}=\sqrt{84}$
$\sqrt{84}≒9.2m^2$

40 다음 중 무거운 돌을 놓거나, 큰 나무를 옮길 때 신속하게 운반과 적재를 동시에 할 수 있어 편리한 장비는?

① 트럭크레인 ② 모터그레이더
③ 체인블록 ④ 콤바인

해설

트럭크레인
적재함이 있는 트럭에 크레인을 설치한 장비

41 중앙에 큰 암거를 설치하고 좌우에 작은 암거를 연결시키는 형태로, 경기장과 같이 전 지역의 배수가 균일하게 요구되는 곳에 주로 이용되는 형태는?

① 자연형 ② 차단법
③ 어골형 ④ 즐치형

해설

어골형
• 주선(간선, 주관)을 중앙에 비치하고 지선(지관)을 비스듬하게 설치
• 경기장, 골프장, 광장 같은 평탄지역에 적합

42 한 켜는 마구리쌓기, 다음 켜는 길이쌓기로 하고 길이 켜의 모서리와 벽 끝에 칠오토막을 사용하는 벽돌 쌓기 방법은?

① 프랑스식 쌓기 ② 미국식 쌓기
③ 네덜란드식 쌓기 ④ 영국식 쌓기

해설

네덜란드식 쌓기
• 길이쌓기 켜와 마구리쌓기 켜를 반복하여 쌓으며 모서리 칠오토막 사용
• 우리나라에서 가장 많이 사용. 쉽고 일반적

43 표면건조 내부 포수상태의 골재에 포함하고 있는 흡수량의 절대 건조상태의 골재 중량에 대한 백분율은 다음 중 무엇을 기초로 하는가?

① 골재의 흡수율 ② 골재의 함수율
③ 골재의 표면수율 ④ 골재의 조립률

해설

골재의 흡수율 = $\dfrac{\text{표면건조내부포화상태} - \text{절대건조상태}}{\text{절대건조상태}} \times 100(\%)$

정답 38 ③ 39 ② 40 ① 41 ③ 42 ③ 43 ①

44 돌쌓기 시공상 유의해야 할 사항으로 옳지 않은 것은?

① 석재는 충분하게 수분을 흡수시켜서 사용해야 한다.
② 하루에 1 ~ 1.2m 이하로 찰쌓기를 하는 것이 좋다.
③ 서로 이웃하는 상하층의 세로줄눈을 연속하게 된다.
④ 돌쌓기 시 뒤채움을 잘하여야 한다.

해설

쌓기를 할 때 상하 2층의 세로 줄눈이 연속되지 않도록 설치

45 조경설계기준에서 인공지반에 식재된 식물과 생육에 필요한 최소 식재토심으로 옳은 것은? (단, 배수구배는 1.5~2%, 자연토양을 사용)

① 잔디 : 15cm
② 초본류 : 20cm
③ 소관목 : 40cm
④ 대관목 : 60cm

해설

인공지반 토심

구분	자연토양 사용시	인공토양 사용시
잔디 및 초본류	15cm	10cm
소관목	30cm	20cm
대관목	45cm	30cm
교목	70cm	60cm

46 관상하기에 편리하도록 땅을 1~2m 깊이로 파내려 가 평평한 바닥을 조성하고, 그 바닥에 화단을 조성한 것은?

① 기식화단
② 모둠화단
③ 양탄자화단
④ 침상화단

해설

침상화단
- 지면에서 1m 정도 낮게 하여 기하학적인 땅가름
- 초화 식재가 한 눈에 내려가 보임

47 곁눈 밑에 상처를 내어 놓으면 잎에서 만들어진 동화물질이 축적되어 잎눈이 꽃눈으로 변하는 일이 많다. 어떤 이유 때문인가?

① T/R율이 낮아지므로
② C/N율이 낮아지므로
③ T/R율이 높아지므로
④ C/N율이 높아지므로

해설

C/N율(탄질율)
식물체 내의 탄수화물(C)과 질소(N)의 비율로 가지의 생장, 꽃눈의 형성 및 열매에 영향. C/N율이 높으면 화성을 유도하고, C/N율이 낮으면 영양생장이 계속

48 상록수를 옮겨심기 위하여 나무를 캐 올릴 때 뿌리분의 지름으로 적합한 것은?

① 근원직경의 1/2배
② 근원직경의 1배
③ 근원직경의 3배
④ 근원직경의 4배

해설

뿌리분의 지름 : 근원직경의 4배

정답 44 ③ 45 ① 46 ④ 47 ④ 48 ④

49 다음 중 줄기의 수피가 얇아 옮겨 심은 직후 줄기감기를 반드시 하여야 되는 수종은?

① 배롱나무 ② 소나무
③ 향나무   ④ 은행나무

해설

*수간감기의 목적
비교적 수피가 매끄럽고 얇은 느티나무, 단풍나무, 벚나무, 배롱나무, 목련류 등의 수목이나 수피가 갈라져 관수나 멀칭만으로 힘든 소나무 등의 증산 억제에 적용

50 다음 중 한발이 계속될 때 짚 깔기나 물주기를 제일 먼저 해야 될 나무는?

① 소나무   ② 향나무
③ 가중나무 ④ 낙우송

해설

낙우송
호습성 수종으로 건조 시 관수 필요

51 내충성이 강한 품종을 선택하는 것은 다음 중 어느 방제법에 속하는가?

① 화학적 방제법 ② 재배학적 방제법
③ 생물적 방제법 ④ 물리적 방제법

해설

임업적 방제
내병충성 품종, 비배관리, 가지 소각 등의 방제법(재배학적 방제)

52 다음 중 정원수의 덧거름으로 가장 적합한 것은?

① 두엄   ② 생석회
③ 요소   ④ 쌀겨

해설

덧거름(추비)
일반적으로 화학비료를 많이 사용

53 상해(霜害)의 피해와 관련된 설명으로 틀린 것은?

① 성목보다 유령목에 피해를 받기 쉽다.
② 일차(日差)가 심한 남쪽 경사면보다 북쪽 경사면이 피해가 심하다.
③ 분지를 이루고 있는 오목한 지형에 상해가 심하다.
④ 건조한 토양보다 과습한 토양에서 피해가 많다.

해설

상해는 일교차가 심한 남쪽 경사면에서 많이 발생

54 작물 - 잡초 간의 경합에 있어서 임계 경합기간(critical period of competition)이란?

① 작물이 경합에 가장 민감한 시기
② 잡초가 경합에 가장 민감한 시기
③ 경합이 끝나는 시기
④ 경합이 시작되는 시

해설

임계 경합기간
작물과 잡초 간의 경합에 있어 작물이 경합에 가장 민감한 시기를 말함

정답 49 ① 50 ④ 51 ② 52 ③ 53 ② 54 ①

55 주로 종자에 의하여 번식되는 잡초는?

① 피
② 너도방동사니
③ 올미
④ 가래

해설

유성생식(종자번식)
바랭이, 피, 쇠비름, 명아주, 뚝새풀, 냉이, 알방동사니 등 1년생 잡초

56 비중이 1.15인 이소푸로치오란 유제(50%) 100ml로 0.05% 살포액을 제조하는데 필요한 물의 양은?

① 104.9L
② 110.5L
③ 114.9L
④ 124.9L

해설

희석할 물의 양(ml, g)
$= \left(\dfrac{\text{농약주성분농도(\%)}}{\text{추천농도(\%)}} \cdot 1\right) \times \text{소요농약량(ml)} \times \text{비중}$

$\to \left(\dfrac{50}{0.05} \cdot 1\right) \times 100 \times 1.15 = 14{,}885\,ml \fallingdotseq 114.9L$

57 다음 중 농약의 보조제가 아닌 것은?

① 증량제
② 협력제
③ 유인제
④ 유화제

해설

유인제
해충을 일정한 장소로 유인하여 포살하는 약제(살충제의 종류)

58 다음 해충 중 성충의 피해가 문제되는 것은?

① 뽕나무하늘소
② 밤나무순혹벌
③ 솔나방
④ 소나무좀

해설

- 뽕나무하늘소 : 유충이 기주식물의 줄기와 가지 속으로 구멍을 뚫고 들어가 피해가 큼
- 밤나무순혹벌 : 유충이 벌레혹을 만들어 피해. 성충의 수명은 4일 정도
- 솔나방 : 유충이 솔잎을 식해
- 소나무좀 : 유충이 쇠약한 나무나 벌채목에 구멍을 뚫어 가해, 성충은 신초에 구멍을 뚫어 피해

59 솔나방의 생태적 특성으로 옳지 않은 것은?

① 1년에 1회로 성충은 7~8월에 발생한다.
② 식엽성 해충으로 분류된다.
③ 줄기에 약 400개의 알을 낳는다.
④ 유충이 잎을 가해하며, 심하게 피해를 받으면 소나무가 고사하기도 한다.

해설

솔나방은 잎에 약 500개의 알을 낳음

60 잔디밭의 관수시간으로 가장 적당한 것은?

① 오후 2시 경에 실시하는 것이 좋다.
② 정오경에 실시하는 것이 좋다.
③ 오후 6시 이후 저녁이나 일출 전에 한다.
④ 아무 때나 잔디가 타면 관수한다.

해설

잔디의 관수
- 새벽이 관수에 좋은 시간이나 편의상 저녁 관수를 많이 시행
- 관수 후 10시간 이내에 잔디가 마를 수 있도록 관수 시간 조절
- 같은 양의 물이라도 빈도를 줄이고 심층 관수 : 토양 5cm 이상

정답 55 ① 56 ③ 57 ③ 58 ④ 59 ③ 60 ③

2012 제5회 과년도기출문제

01 다음 중 순공사원가에 해당되지 않는 것은?
① 이윤　　② 재료비
③ 노무비　　④ 경비

해설
순공사원가=재료비+노무비+경비

02 "용적률 = (A) / 대지면적" 식의 'A'에 해당하는 것은?
① 건축연면적　　② 건축면적
③ 1호당면적　　④ 평균층수

해설
- 건폐율 = $\dfrac{건축면적}{대지면적} \times 100$
- 용적율 = $\dfrac{건축연면적}{대지면적} \times 100$

03 조경계획을 위한 경사분석을 할 때 등고선 간격 5m, 등고선에 직각인 두 등고선의 평면거리 20m로 조사 항목이 주어질 때 해당 지역의 경사도는 몇 %인가?
① 4%　　② 10%
③ 25%　　④ 40%

해설
경사도 = $\dfrac{수직거리}{수평거리} \times 100$
→ $\dfrac{5}{20} \times 100 = 25\%$

04 주택단지 안의 건축물 또는 옥외에 설치하는 계단의 경우 공동으로 사용할 목적인 경우 최소 얼마 이상의 유효폭을 가져야 하는가? (단, 단 높이는 18cm 이하, 단 너비는 26cm 이상으로 한다.)
① 100cm　　② 120cm
③ 140cm　　④ 160cm

해설
건축물의 피난 방화 구조 등의 기준에 관한 규칙 제15조 7항
옥외에 설치하는 계단의 경우 공동주택은 120cm 이상, 공동주택이 아닌 경우는 150cm 이상의 유효 폭을 가져야 함

05 주택정원의 세부공간 중 가장 공공성이 강한 성격을 갖는 공간은?
① 작업뜰　　② 안뜰
③ 앞뜰　　④ 뒤뜰

해설
앞뜰
대문에서 현관 사이의 공간, 주택의 첫인상을 좌우하는 진입공간으로 공공성이 강함

정답　01 ①　02 ①　03 ③　04 ②　05 ③

06 다음 중 1858년에 조경가(Landscape architect)라는 말을 처음으로 사용하기 시작한 사람이나 단체는?

① 르 노트르(Le Notre)
② 미국조경가협회(ASLA)
③ 세계조경가협회(IFLA)
④ 옴스테드(F.L.Olmsted)

해설

옴스테드
뉴욕의 센트럴파크 설계, 정원사 대신 조경가(Landscape architect)라는 용어를 처음 사용

07 다음 중 위요경관에 속하는 것은?

① 숲속의 호수　② 계곡 끝의 폭포
③ 넓은 초원　　④ 노출된 바위

해설

위요경관
낮고 평탄한 중심공간에 주위를 둘러싸는 수직적 요소

08 다음 중 성목의 수간 질감이 가장 거칠고, 줄기는 아래로 처지며, 수피가 회갈색으로 갈라져 벗겨지는 것은?

① 벽오동　　② 주목
③ 개잎갈나무　④ 배롱나무

해설

개잎갈나무
수피가 회갈색으로 벗겨지고 줄기가 아래로 처짐

09 우리나라의 정원 양식이 한국적 색채가 짙게 발달한 시기는?

① 고조선시대　② 삼국시대
③ 고려시대　　④ 조선시대

해설

조선시대
풍수지리설의 영향으로 후원과 화계 등이 발달하였으며, 한국적 색채가 짙어져 정원 양식이 확립된 시대

10 우리나라에서 세계문화유산으로 등록되지 않은 곳은?

① 경주역사유적지구　② 고인돌 유적
③ 독립문　　　　　　④ 수원화성

해설

우리나라 세계문화유산
불국사 석굴암, 해인사 장경판, 종묘, 창덕궁, 수원화성, 경주역사유적, 고창 강화 고인돌, 조선 왕릉, 하회마을과 양동마을, 남한산성, 백제 역사지구

11 자연 경관을 인공으로 축경화(縮景化)하여 산을 쌓고, 연못, 계류, 수림을 조성한 정원은?

① 중정식　　② 전원 풍경식
③ 고산수식　④ 회유 임천식

해설

회유임천식 정원
• 숲과 깊은 굴곡의 수변을 이용
• 연못과 호수를 중심으로 정원을 조성하였으며 다리를 가설
• 정원을 돌아다니면서(회유) 관상할 수 있도록 조성

정답 06 ④　07 ①　08 ③　09 ④　10 ③　11 ④

12 다음 중 중국정원의 특징에 해당하는 것은?

① 침전조정원　② 직선미
③ 정형식　　　④ 태호석

해설

중국 정원의 특징
대비, 석가산, 사의주의 풍경식

13 다음 중 이탈리아 정원의 가장 큰 특징은?

① 노단건축식　② 평면기하학식
③ 자연풍경식　④ 중정식

해설

노단건축식 : 이탈리아

14 스페인의 코르도바를 중심으로 한 지역에서 발달한 정원 양식은?

① atrium　　② peristylium
③ patio　　　④ court

해설

- atrium : 로마의 1중정
- peristylium : 로마의 2중정
- court : 그리스의 중정

15 일본정원에서 가장 중점을 두고 있는 것은?

① 조화　② 대비
③ 대칭　④ 반복

해설

일본정원의 특징
자연의 축경화, 세부적 기교 발달, 조화 중시

16 콘크리트용 골재의 흡수량과 비중을 측정하는 주된 목적은?

① 혼화재료의 사용 여부를 결정하기 위하여
② 콘크리트의 배합설계에 고려하기 위하여
③ 공사의 적합여부를 판단하기 위하여
④ 혼합수에 미치는 영향을 미리 알기 위하여

해설

콘크리트 골재의 흡수량과 비중 측정 이유
콘크리트 배합 설계에 고려하기 위해

17 다음 중 콘크리트 타설 시 염화칼슘의 사용 목적은?

① 고온증기 양생
② 황산염에 대한 저항성 증대
③ 콘크리트의 조기 강도
④ 콘크리트의 장기 강도

해설

응결경화촉진제
- 조기강도 발생 촉진, 내구성 저하 우려 있음
- 염화칼슘, 염화마그네슘, 규산나트륨, 식염 등

18 콘크리트용 혼화재료로 사용되는 플라이애시에 대한 설명 중 틀린 것은?

① 플라이애시의 비중은 보통포틀랜드 시멘트보다 작다.
② 포졸란 반응에 의해서 중성화 속도가 저감된다.
③ 플라이애시는 이산화규소(SiO_2)의 함유율이 가장 많은 비결정질 재료이다.
④ 입자가 구형이고 표면조직이 매끄러워 단위수량을 감소시킨다.

해설

혼합시멘트(슬래그, 실리카, 플라이애쉬)는 보통포틀랜드 시멘트보다 중성화 속도 빠름

정답　12 ④　13 ①　14 ③　15 ①　16 ②　17 ③　18 ②

19 다음 그림과 같은 콘크리트 제품의 명칭으로 가장 적합한 것은?

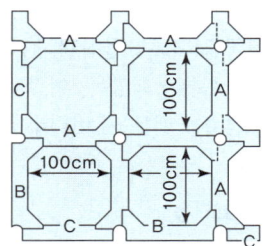

① 기본블록 ② 견치블록
③ 격자블록 ④ 힘줄블록

해설

콘크리트 격자틀 공법
장방형 콘크리트 틀 블록을 격자상으로 조립 후 그 교차점에 콘크리트 말뚝이나 철침을 박아 고정. 틀 안쪽에 조약돌, 콘크리트 등을 채우거나, 잔디나 맥문동을 소재하기도 함

20 다음 중 보도 포장재료로서 부적당한 것은?

① 외관 및 질감이 좋을 것
② 자연 배수가 용이할 것
③ 내구성이 있을 것
④ 보행 시 마찰력이 전혀 없을 것

해설

포장재료의 선정
• 안전, 기능, 미관 등 공간의 용도를 고려하여 선택
• 시공비 및 관리비를 생각해서 선택
• 내구성이 있으면 배수가 잘되는 재료 선택
• 보행 시 미끄러짐이 적은 것(마찰력이 있는 것)을 선택
• 재료의 질감과 외관이 좋은 것을 선택
• 변화가 적으며 태양광선의 반사가 적은 것을 선택

21 철근을 D13으로 표현했을 때, D는 무엇을 의미 하는가?

① 둥근 철근의 길이   ② 이형 철근의 길이
③ 둥근 철근의 지름   ④ 이형 철근의 지름

해설

• 원형 철근 : 단면이 원형인 것으로 Ø로 표시
• 이형 철근 : 원형 철근의 표면에 두 줄의 돌기와 마디가 있음. D로 표시

22 다음 중 건축과 관련된 재료의 강도에 영향을 주는 요인으로 거리가 먼 것은?

① 재료의 색   ② 온도와 습도
③ 하중시간   ④ 하중속도

해설

재료의 색은 강도에 영향을 주지 않음

23 자연석 중 눕혀서 사용하는 돌로, 불안감을 주는 돌을 받쳐서 안정감을 갖게 하는 돌의 모양은?

① 횡석   ② 환석
③ 평석   ④ 입석

해설

횡석
눕혀 쓰는 돌, 안정감

정답 19 ③ 20 ④ 21 ④ 22 ① 23 ①

24 일반적인 목재의 특성 중 장점에 해당되는 것은?

① 충격의 흡수성이 크고, 건조에 의한 변형이 크다.
② 충격, 진동에 대한 저항성이 작다.
③ 열전도율이 낮다.
④ 가연성이며 인화점이 낮다.

해설

목재의 장단점

장점	• 색깔, 무늬 등 외관이 아름다움 • 재질이 부드럽고 촉감이 좋음 • 무게가 가벼워서 다루기가 좋음 • 무게에 비해 강도가 큼 • 가공이 쉽고 열전도율이 낮음
단점	• 부패성이 큼 • 함수율에 따라 변형 • 부위에 따라 재질이 불균질 • 불에 타기 쉬움 • 구부러지고 옹이가 있음

25 목재의 건조 방법은 자연건조법과 인공건조법으로 구분될 수 있다. 다음 중 인공건조법이 아닌 것은?

① 훈연 건조법   ② 고주파 건조법
③ 증기법   ④ 침수법

해설
• 자연건조법 : 공기건조법, 침수법
• 인공건조법 : 공기가열건조법(열기법), 증기법, 찌는법, 훈연법, 고주파 건조법

26 식물의 분류와 해당 식물들의 연결이 옳지 않은 것은?

① 덩굴성 식물류 : 송악, 칡, 등나무
② 한국 잔디류 : 들잔디, 금잔디, 비로드잔디
③ 소관목류 : 회양목, 이팝나무, 원추리
④ 초본류 : 맥문동, 비비추, 원추리

해설
• 이팝나무 : 교목
• 원추리 : 초본

27 학명은 "Betula schmidtii Regel"이고, Schmidt birch 또는 단목(檀木)이라 불리기도 하며, 곧추 자라나 불규칙하며, 수피는 흑색이고, 5월에 개화하고 암수 한그루이며, 수형은 원추형, 뿌리는 심근성, 잎의 질감이 섬세하여 녹음수로 사용 가능한 수종은?

① 오리나무   ② 박달나무
③ 소사나무   ④ 녹나무

해설

박달나무
자작나무과 수종으로 단목이라 불리우며, 5월에 개화

28 1년 내내 푸른 잎을 달고 있으며, 잎이 바늘처럼 뾰족한 나무를 가리키는 명칭은?

① 상록활엽수   ② 상록침엽수
③ 낙엽활엽수   ④ 낙엽침엽수

해설

상록침엽수
1년 내내 푸른 잎을 달고 있으며(상록), 잎이 바늘처럼 뾰족한 나무(침엽)

정답 24 ③ 25 ④ 26 ③ 27 ② 28 ②

29 덩굴로 자라면서 여름(7~8월경)에 아름다운 주황색 꽃이 피는 수종은?

① 등나무 ② 홍가시나무
③ 능소화 ④ 남천

> **해설**
> 능소화
> 덩굴식물, 7~8월 주황색 꽃

30 가로수로서 갖추어야 할 조건을 기술한 것 중 옳지 않은 것은?

① 강한 바람에도 잘 견딜 수 있는 수종
② 여름철 그늘을 만들고 병해충에 잘 견디는 수종
③ 사철 푸른 상록수
④ 각종 공해에 잘 견디는 수종

> **해설**
> 가로수의 조건
> 지하고가 높은 낙엽활엽교목

31 수목을 관상적인 측면에서 본 분류 중 열매를 감상하기 위한 수종에 해당되는 것은?

① 은행나무 ② 모과나무
③ 반송 ④ 낙우송

> **해설**
> 모과나무
> 열매, 수피 감상

32 산울타리용 수종으로 부적합한 것은?

① 개나리 ② 칠엽수
③ 꽝꽝나무 ④ 명자나무

> **해설**
> 산울타리 수종
> 지엽이 치밀하고 아랫가지가 말라 죽지 않는 상록수
> (칠엽수 : 낙엽활엽교목)

33 줄기의 색이 아름다워 관상가치가 있는 수목들 중 줄기의 색계열과 그 연결이 옳지 않은 것은?

① 청록색계의 수목 : 식나무 (Aucuba japonica)
② 갈색계의 수목 : 편백 (Chamaecyparis obtusa)
③ 적갈색계의 수목 : 서어나무 (Carpinus laxiflora)
④ 백색계의 수목 : 백송(Pinus bungeana)

> **해설**
> 서어나무
> 백색계의 수목

34 형상수(Topiary)를 만들기에 알맞은 수종은?

① 느티나무 ② 주목
③ 단풍나무 ④ 송악

> **해설**
> 형상수 이용 수종
> 맹아력이 강해 다듬기 작업에 잘 견디는 수종 : 주목 등

정답 29 ③ 30 ③ 31 ② 32 ② 33 ③ 34 ②

35 두 종류 이상의 제초제를 혼합하여 얻은 효과가 단독으로 처리한 반응을 각각 합한 것보다 높을 때의 효과는?

① 독립효과(Independent effect)
② 부가효과(additive effect)
③ 상승효과(Synergistic effect)
④ 길항효과(Antagonistic effect)

:해설:

상승효과
여러 요인이 함께 작용하여 하나씩 작용할 때보다 더 큰 효과를 내는 것을 의미

36 조경설계기준상 휴게시설의 의자에 관한 설명으로 틀린 것은?

① 의자의 길이는 1인당 최소 45cm를 기준으로 하되, 팔걸이부분의 폭은 제외한다.
② 체류시간을 고려하여 설계하며, 긴 휴식에 이용되는 의자는 앉음판의 높이가 낮고 등받이를 길게 설계한다.
③ 등받이 각도는 수평면을 기준으로 85 ~ 95°를 기준으로 한다.
④ 앉음판의 높이는 34 ~ 46cm를 기준으로 하되 어린이를 위한 의자는 낮게 할 수 있다.

:해설:

의자의 등받이 각도는 수평면을 기준으로 95 ~ 105°를 기준으로 함

37 기본계획 수립 시 도면으로 표현되는 작업이 아닌 것은?

① 식재계획 ② 시설물 배치계획
③ 집행계획 ④ 동선계획

:해설:

기본계획 수립 시 식재계획, 시설물 배치계획, 동선계획 등은 도면으로 표현되지만 집행계획은 도면에 표현되지 않음

38 마스터플랜(Master plan)이란?

① 수목 배식도이다.
② 실시설계이다.
③ 기본계획이다.
④ 공사용 상세도이다.

:해설:

기본계획
- 전체 공간의 이용 윤곽이 확실하게 드러남
- 합리성을 바탕에 두고 몇 개의 안을 추출
- 대안 → 최종안 → 기본계획안
- 마스터플랜(master plan)

39 공사 일정 관리를 위한 횡선식 공정표와 비교한 네트워크(NET WORK) 공정표의 설명으로 옳지 않은 것은?

① 일정의 변화를 탄력적으로 대처할 수 있다.
② 간단한 공사 및 시급한 공사, 개략적인 공정에 사용된다.
③ 공사 통제 기능이 좋다.
④ 문제점의 사전 예측이 용이하다.

:해설:

간단한 공사 및 시급한 공사, 개략적인 공정에 사용되는 공정표는 횡선식 공정표

정답 35 ③ 36 ③ 37 ③ 38 ③ 39 ②

40 다음 중 관리하자에 의한 사고에 해당되지 않는 것은?

① 시설의 노후, 파손에 의한 것
② 시설의 구조 자체의 결함에 의한 것
③ 위험장소에 대한 안전대책 미비에 의한 것
④ 위험물 방치에 의한 것

해설

시설의 구조 자체의 결함에 의한 것
설계 하자에 의한 사고

41 AE콘크리트의 성질 및 특징 설명으로 틀린 것은?

① 콘크리트 경화에 따른 발열이 커진다.
② 수밀성이 향상된다.
③ 일반적으로 빈배합의 콘크리트일수록 공기연행에 의한 워커빌리티의 개선효과가 크다.
④ 입형이나 입도가 불량한 골재를 사용할 경우에 공기연행의 효과가 크다.

해설

AE콘크리트
- AE제를 사용하여 콘크리트 속에 미세한 공기를 섞어 성질을 개선한 콘크리트
- 내구성과 워커빌리티 개선, 단위수량 및 수화열 감소, 재료분리 현상 감소

42 다음 콘크리트와 관련된 설명 중 옳은 것은?

① 콘크리트는 원칙적으로 공기연행제를 사용하지 않는다.
② 콘크리트의 굵은 골재 최대 치수는 20mm이다.
③ 물-결합재비는 원칙적으로 60% 이하이어야 한다.
④ 강도는 일반적으로 표준양생을 실시한 콘크리트 공시체의 재령 30일일 때 시험값을 기준으로 한다.

해설

- 공기연행제 사용 시 유동성과 워커빌리티 개선
- 굵은 골재의 크기는 25 ~ 40mm
- 콘크리트 강도 기준일은 재령 28일

43 건물과 정원을 연결시키는 역할을 하는 시설은?

① 테라스 ② 트렐리스
③ 퍼걸러 ④ 아치

해설

테라스
실내에서 직접 밖으로 나갈 수 있도록 방의 바깥쪽으로 만든 난간

정답 40 ② 41 ① 42 ③ 43 ①

44 거푸집에 쉽게 다져 넣을 수 있고 거푸집을 제거하면 천천히 형상이 변화하지만 재료가 분리되거나 허물어지지 않는 굳지 않은 콘크리트의 성질은?

① finishability ② workability
③ consistency ④ plasticity

: 해설 :

성형성(plasticity)
거푸집으로 쉽게 성형할 수 있으며, 풀기가 있어 거푸집 제거 시 허물어지거나 재료의 분리가 없는 성질

45 원로의 시공계획 시 일반적인 사항을 설명한 것 중 틀린 것은?

① 원칙적으로 보도와 차도를 겸할 수 없도록 하고, 최소한 분리시키도록 한다.
② 보행자 2인이 나란히 통행 가능한 원로폭은 1.5 ~ 2.0m이다.
③ 원로는 단순 명쾌하게 설계, 시공이 되어야 한다.
④ 보행자 한사람 통행이 가능한 원로폭은 0.8 ~ 1.0m이다.

: 해설 :

보도, 차도 겸용
최소한 1차선(3m)의 폭은 유지

46 시설물의 기초부위에서 발생하는 토공량의 관계식으로 옳은 것은?

① 잔토처리 토량 = 기초 구조부 체적 − 터파기 체적
② 잔토처리 토량 = 되메우기 체적 − 터파기 체적
③ 되메우기 토량 = 터파기 체적 − 기초 구조부 체적
④ 되메우기 토량 = 기초 구조부 체적 − 터파기 체적

: 해설 :

• 잔토처리 토량 = 터파기 체적 - 되메우기 토량
• 되메우기 토량 = 터파기 체적 - 기초 구조부 체적

47 흙을 이용하여 2m 높이로 마운딩하려 할 때, 더돋기를 고려해 실제 쌓아야 하는 높이로 가장 적합한 것은?

① 2m ② 2m 20cm
③ 3m ④ 3m 30cm

: 해설 :

*더돋기(여성토)
토질, 성토 높이, 시공 방법 등에 따라 다르지만 대개 높이의 10% 정도

정답 44 ④ 45 ① 46 ③ 47 ②

48 창살울타리(Trellis)는 설치 목적에 따라 높이 차이가 결정되는데 그 목적이 적극적 침입방지의 기능일 경우 최소 얼마 이상으로 하여야 하는가?

① 50cm ② 1m
③ 1.5m ④ 2.5m

해설

울타리
- 경계표시, 출입통제, 침입방지, 공간이나 동선분리 등을 위해 설치
- 단순한 경계표시 : 0.5m 이하, 소극적 출입통제 : 0.8 ~ 1.2m, 적극적 침입방지 : 1.8 ~ 2.1m

49 가로수는 키 큰나무(교목)의 경우 식재 간격을 몇 m 이상으로 할 수 있는가? (단, 도로의 위치와 주위 여건, 식재수종의 수관폭과 생장속도, 가로수로 인한 피해 등을 고려하여 식재 간격을 조정할 수 있다.)

① 6m   ② 8m
③ 10m ④ 12m

해설

가로수 식재간격
- 생장이 빠른 교목은 8 ~ 10m 간격
- 생장이 느린 교목은 6m 간격으로 배식

50 다음 중 전정의 목적 설명으로 옳지 않은 것은?

① 미관에 중점을 두고 한다.
② 실용적인 면에 중점을 두고 한다.
③ 생리적인 면에 중점을 두고 한다.
④ 희귀한 수종의 번식에 중점을 두고 한다.

해설

정지전정의 분류

조형을 위한 전정, 생장을 조정하기(돕기) 위한 전정, 생장을 억제하기 위한 전정, 갱신을 위한 전정, 생리 조정을 위한 전정, 개화, 결실을 촉진시키기 위한 전정

51 나무의 특성에 따라 조화미, 균형미, 주위 환경과의 미적 적응 등을 고려하여 나무 모양을 위주로 한 전정을 실시하는데, 그 설명으로 옳은 것은?

① 상록수의 전정은 6월 ~ 9월이 좋다.
② 조경수목의 대부분에 적용되는 것은 아니다.
③ 전정 시기는 3월 중순 ~ 6월 중순, 10월 말 ~ 12월 중순이 이상적이다.
④ 일반적으로 전정작업 순서는 위에서 아래로 수형의 균형을 잃은 정도로 강한 가지, 얽힌 가지, 난잡한 가지를 제거한다.

해설

*수종별 전정 시기
- 침엽수의 전정 적기 : 10 ~ 11월 또는 이른 봄
- 상록수의 전정 적기 : 5 ~ 6월, 9 ~ 10월
- 낙엽수의 전정 적기 : 11 ~ 3월, 7 ~ 8월
- 꽃나무의 전정 적기 : 화아분화 1 ~ 2개월 전 또는 꽃이 진 직후
- 산울타리 전정 적기 : 5 ~ 6월, 9월

정답 48 ③ 49 ② 50 ④ 51 ④

52 꽃이 피고 난 뒤 낙화할 무렵 바로 가지다듬기를 해야 하는 좋은 수종은?

① 사과나무 ② 철쭉
③ 명자나무 ④ 목련

> 해설
> 철쭉은 2년생 가지 개화형으로 꽃이 진 직후 전정하는 것이 좋음

53 화단에 초화류를 식재하는 방법으로 옳지 않은 것은?

① 식재하는 줄이 바뀔 때마다 서로 어긋나게 심는 것이 보기에 좋고 생장에 유리하다.
② 식재할 곳에 1㎡당 퇴비 1 ~ 2kg, 복합비료 80 ~ 120g을 밑거름으로 뿌리고 20 ~ 30cm 깊이로 갈아 준다.
③ 큰 면적의 화단은 바깥쪽부터 시작하여 중앙부위로 심어 나가는 것이 좋다.
④ 심기 한나절 전에 관수해 주면 캐낼 때 뿌리에 흙이 많이 붙어 활착에 좋다.

> 해설
> 큰 면적의 화단은 중앙부터 시작하여 바깥쪽으로 심어 나가는 것이 좋음

54 관수의 효과가 아닌 것은?

① 지표와 공중의 습도가 높아져 증산량이 증대된다.
② 토양 중의 양분을 용해하고 흡수하여 신진대사를 원활하게 한다.
③ 증산작용으로 인한 잎의 온도 상승을 막고 식물체 온도를 유지한다.
④ 토양의 건조를 막고 생육 환경을 형성하여 나무의 생장을 촉진시킨다.

> 해설
> 관수의 효과
> 지표와 공중의 습도가 높아져 증발량이 감소

55 일반적으로 빗자루병이 발생하기 쉬운 수종은?

① 향나무 ② 대추나무
③ 동백나무 ④ 장미

> 해설
> 빗자루병이 발생하는 수종
> 대추나무, 오동나무, 벚나무 등

56 Methidathion(메치온) 40% 유제를 1,000배액으로 희석해서 10a당 6말(20L/말)을 살포하여 해충을 방제하고자 할 때 유제의 소요량은 몇 mL인가?

① 100 ② 120
③ 150 ④ 240

> 해설
> 소요 농약량(ml, g) = $\dfrac{\text{단위면적당 소정살포액량(ml)}}{\text{희석배수}}$
> → $\dfrac{120,000}{1,000}$ = 120ml

정답 52 ② 53 ③ 54 ① 55 ② 56 ②

57 가해 수종으로는 향나무, 편백, 삼나무 등이 있고, 똥을 줄기 밖으로 배출하지 않기 때문에 발견하기 어렵고, 기생성 천적인 좀벌류, 맵시벌류, 기생파리류로 생물학적 방제를 하는 해충은?

① 장수하늘소
② 미끈이하늘소
③ 측백나무하늘소
④ 박쥐나방

해설

측백나무하늘소
유충이 줄기 부름켜 부위를 식해, 벌레 똥을 밖으로 배출하지 않아 식별 곤란, 생육이 쇠약한 나무를 주로 가해

58 소량의 소수성 용매에 원제를 용해하고 유화제를 사용하여 물에 유화시킨 액을 의미하는 것은?

① 용액
② 유탁액
③ 수용액
④ 현탁액

해설

- 용액 : 서로 다른 물질이 균등하게 섞인 혼합물
- 유탁액 : 유화제에 물이 섞여 결화가 일어나기 전 수분허용 상태
- 수용액 : 물을 용매로 하는 용액
- 현탁액 : 고체입자(직경 약 $0.1\mu m$ 이상)가 분산되어 있는 액

59 다음의 잔디종자 파종작업들을 순서대로 바르게 나열한 것은?

① 정지작업 → 파종 → 전압 → 복토 → 기비살포 → 멀칭 → 경운
② 기비살포 → 파종 → 정지작업 → 복토 → 멀칭 → 전압 → 경운
③ 파종 → 기비살포 → 정지작업 → 복토 → 전압 → 경운 → 멀칭
④ 경운 → 기비살포 → 정지작업 → 파종 → 복토 → 전압 → 멀칭

해설

잔디 종자파종 순서
경운 → 기비살포 → 정지작업 → 파종 → 복토 → 전압 → 멀칭

60 다음 뗏장을 입히는 방법 중 줄붙이기 방법에 해당하는 것은?

해설

뗏장 심기	평떼심기	식재대상지에 전면적으로 빈틈없이 붙이는 방법
	이음매심기	뗏장 사이에 일정한 간격을 두고 이어 붙이는 방법
	어긋나게심기	뗏장을 어긋나게 배치하여 붙이는 방법
	줄떼심기	뗏장을 10 ~ 30cm 간격으로 줄을 지어 붙이는 방법

정답 57 ③ 58 ② 59 ④ 60 ①

2013 제1회 과년도기출문제

01 다음 중 조경에 관한 설명으로 옳지 않은 것은?

① 우리의 생활환경을 정비하고 미화하는 일이다.
② 국토 전체 경관의 보존, 정비를 과학적이고 조형적으로 다루는 기술이다.
③ 주택의 정원만 꾸미는 것을 말한다.
④ 경관을 보존, 정비하는 종합과학이다.

해설
넓은 의미의 조경
광범위한 옥외 공간을 대상

02 조경의 대상을 기능별로 분류해볼 때 자연공원에 포함되는 것은?

① 경관녹지   ② 군립공원
③ 휴양지   ④ 묘지공원

해설
자연공원
국립공원, 도립공원, 군립공원, 지질공원

03 디자인 요소를 같은 양, 같은 간격으로 일정하게 되풀이하여 움직임과 율동감을 느끼게 하는 것으로 리듬의 유형 중 가장 기본적인 것은?

① 점층   ② 반복
③ 방사   ④ 강조

해설
반복미
같은 모양의 재료를 거리 간격을 두고 반복해서 배열하는 수법

04 도시공원 및 녹지 등에 관한 법률에 의한 어린이공원의 기준에 관한 설명으로 옳은 것은?

① 공원구역 경계로부터 500미터 이내에 거주하는 주민 250명 이상의 요청 시 어린이공원 조성계획의 정비를 요청할 수 있다.
② 공원시설 부지면적은 전체 면적의 60% 이하로 한다.
③ 1개소 면적은 1,200㎡ 이상으로 한다.
④ 유치거리는 500미터 이하로 제한한다.

해설
어린이공원
• 유치거리 250m 이하, 면적 1,500㎡ 이상
• 놀이 면적은 전 면적의 60% 이내

정답 01 ③ 02 ② 03 ② 04 ②

05 계단의 설계 시 고려해야 할 기준으로 옳지 않는 것은?

① 계단의 높이가 5m 이상이 될 때에만 중간에 계단참을 설치한다.
② 진행 방향에 따라 중간에 1인용일 때 단 너비 90~110cm 정도의 계단참을 설치한다.
③ 계단의 경사는 최대 30~35°가 넘지 않도록 해야 한다.
④ 단 높이를 h, 단 너비를 b로 할 때 2h+b=60~65cm가 적당하다.

해설

건축법 제15조 1항
높이가 3m를 넘는 계단에는 높이 3m 이내마다 너비 1.2m 이상의 계단참을 설치. 또한 너비가 3m를 넘는 계단에는 너비 3m 이내마다 난간을 설치

06 다음 중 몰(mall)에 대한 설명으로 옳지 않는 것은?

① 원래의 뜻은 나무 그늘이 있는 산책길이란 뜻이다.
② 도시환경을 개선하는 방법이다.
③ 차량은 전혀 들어갈 수 없게 만들어진다.
④ 보행자 위주의 도로이다.

해설

몰(mall)
도시상업지구에 차량통행이 허용된 나무 그늘이 진 산책로로서 상업지구 내 쇼핑거리를 중심으로 전개되는 공중보도 및 산책로를 말하는데 조명, 휴지통, 벤치 등을 갖춘 휴식공간이 있고 보행자를 보호할 수 있는 범위에서 차량의 출입을 허용하는 보행자 위주의 도로

07 공공의 조경이 크게 부각되기 시작한 때는?

① 고대   ② 군주시대
③ 중세   ④ 근세

해설

18세기 영국에서 귀족 등의 정원에 대한 흥미가 감소하고 공원에 대한 관심이 높아지기 시작

08 다음 중 경복궁 교태전 후원과 관계없는 것은?

① 화계가 있다.
② 상량정이 있다.
③ 아미산이라 칭한다.
④ 굴뚝은 육각형 4개가 있다.

해설

상량정
창덕궁 낙선재 후원에 있는 정자

09 통일신라 문무왕 14년에 중국의 무산 12봉을 본 딴 산을 만들고 화초를 심었던 정원은?

① 소쇄원   ② 향원지
③ 비원   ④ 안압지

해설

임해전 지원(안압지, 월지)
• 삼국사기 : 문무왕 674년
• 연못, 산 조성 : 화초, 진귀한 새, 짐승 기름
• 면적 : 40,000m² 연못 15,650m²

정답 05 ① 06 ③ 07 ④ 08 ② 09 ④

10 다음 중 조선시대 중엽 이후에 정원 양식에 가장 큰 영향을 미친 사상은?

① 임천회유설　② 신선설
③ 자연복귀설　④ 음양오행설

> 해설
> 조선시대 중기 이후
> 풍수지리설의 영향으로 후원식, 화계식이 발달하고, 음양오행사상의 영향으로 연못의 형태가 방지원도로 발달

11 다음 중 중국 4대 명원(四大 名園)에 포함되지 않는 것은?

① 졸정원　② 창랑정
③ 작원　④ 사자림

> 해설
> 중국의 4대 명원
> 졸정원, 사자림, 창랑정, 유원

12 프랑스의 르노트르가 유학하여 조경을 공부한 나라는?

① 이탈리아　② 영국
③ 미국　④ 스페인

> 해설
> 앙드레 르노트르
> 이탈리아에서 수학 뒤 귀국하여 보르비콩트 등을 만듦

13 다음 중 일본에서 가장 먼저 발달한 정원 양식은?

① 다정식　② 고산수식
③ 회유임천식　④ 축경식

> 해설
> 시대별 일본 조경양식
> 임천식 → 회유임천식 → 축산고산수식 → 평정고산수식 → 다정양식 → 원주파 임천식 → 축경식

14 골프장에서 우리나라 들잔디를 사용하기가 가장 어려운 지역은?

① 티　② 그린
③ 페어웨이　④ 러프

> 해설
> 그린 : 벤트그라스

15 우리나라의 산림대별 특징 수종 중 식물의 분류학상 한대림에 해당되는 것은?

① 아왜나무　② 구실잣밤나무
③ 붉가시나무　④ 잎갈나무

> 해설
> 한대림
> 잣나무, 전나무, 주목, 가문비, 분비나무, 이깔나무, 종비나무 등

정답　10 ④　11 ③　12 ①　13 ③　14 ②　15 ④

16 정적인 상태의 수경경관을 도입하고자 할 때 바른 것은?

① 하천 ② 계단 폭포
③ 호수 ④ 분수

해설

물의 이용
- 정적 이용 : 호수, 연못, 풀 등
- 동적 이용 : 분수, 폭포, 벽천, 계단폭포 등

17 강(鋼)과 비교한 알루미늄의 특징에 대한 내용 중 옳지 않는 것은?

① 강도가 작다.
② 비중이 작다.
③ 열팽창률이 작다.
④ 전기 전도율이 높다.

해설

알루미늄
- 원광석인 보크사이드에서 순 알루미나를 추출하여 전기 분해하여 만든 은백색의 금속
- 전성, 연성이 높고 산과 알칼리에 약함
- 열의 전도율이 높고 열팽창률이 큼

18 구조재료의 용도상 필요한 물리 화학적 성질을 강화시키고 미관을 증진시킬 목적으로 재료의 표면에 피막을 형성시키는 액체 재료를 무엇이라 하는가?

① 도료 ② 착색
③ 강도 ④ 방수

해설

도료
금속과 같은 소재의 표면에 보호와 미장을 위해서 도포하는 재료

19 다음 중 석탄을 235~315℃에서 고온 건조하여 얻은 타르 제품으로서 독성이 적고 자극적인 냄새가 있는 유성 목재 방부제는?

① 콜타르
② 크레오소트유
③ 플루오르화 나트륨
④ 펜타클로르페놀(PCP)

해설

- 콜타르 : 900~1,200℃에서 석탄을 건류할 때 얻어지는 검은색의 끈적끈적한 액체
- 크레오소트유 : 나무나 화석 연료 등 식물에서 유래된 물질의 열분해와 다양한 타르의 증류 과정을 거쳐 만들어진 탄소질 화학물질, 보통 보존제나 방부제에 사용
- 플루오르화 나트륨 : 플루오르와 나트륨이 결합한 화합물. 분석 시약, 부식 방지제, 도자기의 유약으로 사용
- 펜타클로로페놀(PCP) : 유기염소계 살충제로 원래 목재의 방부제로 사용되었으나 살충력이 강해 농약으로 사용

20 점토, 석영, 장석, 도석 등을 원료로 하여 적당한 비율로 배합한 다음 높은 온도로 가열하여 유리화될 때까지 충분히 구워 굳힌 제품으로서, 대개 흰색 유리질로서 반투명하여 흡수성이 없고 기계적 강도가 크며, 때리면 맑은 소리를 내는 것은?

① 토기 ② 자기
③ 도기 ④ 석기

해설

자기
- 점토, 석영, 장석, 도석 등을 원료로 하여 적당한 비율로 배합
- 1,300℃ 이상의 높은 온도로 가열하여 유리화될 때까지 충분히 구워 굳힌 제품
- 때리면 맑은 소리

정답 16 ③ 17 ③ 18 ① 19 ② 20 ②

21 다음 중 열경화성 수지의 종류와 특징 설명이 옳지 않은 것은?

① 우레탄수지 : 투광성이 크고 내후성이 양호하며 착색이 자유롭다.
② 실리콘수지 : 열절연성이 크고 내약품성, 내후성이 좋으며 전기적 성능이 우수하다.
③ 페놀수지 : 강도, 전기절연성, 내산성, 내수성 모두 양호하나 내알칼리성이 약하다.
④ 멜라민수지 : 요소수지와 같으나 경도가 크고 내수성은 약하다.

> **해설**
> - 우레탄수지 : 폴리우레탄이라고 하며 통상 반투명으로 투광성이 크지 않음
> - 멜라민수지 : 내수성이 크고 열탕에서 침식되지 않음

22 콘크리트용 혼화재로 실리카흄(Silicafume)을 사용한 경우 효과에 대한 설명으로 잘못된 것은?

① 알칼리 골재반응의 억제 효과가 있다.
② 내화학 약품성이 향상된다.
③ 단위수량과 건조수축이 감소된다.
④ 콘크리트의 재료분리 저항성, 수밀성이 향상된다.

> **해설**
> **실리카흄**
> 실리콘 등의 규소 합금 제조 시 발생하는 폐가스를 집진하여 얻어진 부산물의 일종
> - 단위수량 감소를 위하여 고성능 감수제 사용
> - 수화 초기 발열량 감소, 블리딩 감소

23 다음 석재 중 일반적으로 내구연한이 가장 짧은 것은?

① 화강석   ② 석회암
③ 대리석   ④ 석영암

> **해설**
> **내구연한**
> - 석회암 : 40년
> - 대리석 : 60 ~ 100년
> - 화강석, 석영암 : 75 ~ 200년

24 두께 15cm 미만이며, 폭이 두께의 3배 이상인 판 모양의 석재를 무엇이라고 하는가?

① 각석   ② 판석
③ 마름돌   ④ 견치돌

> **해설**
> **규격재**
> - 각석 : 폭이 두께의 3배 미만이고 폭보다 길이가 긴 직육면체의 석재
> - 판석 : 두께가 15cm 미만이고 폭이 두께의 3배 이상인 판 모양의 석재
> - 마름돌 : 지정된 규격에 따라 직육면체가 되도록 각 면을 다듬은 석재
> - 견칫돌 : 앞면 정사각형 또는 직사각형, 1개의 무게 70 ~ 100kg으로 옹벽쌓기에서 메쌓기 또는 찰쌓기 용으로 사용

정답 21 ①, ④ 22 ③ 23 ② 24 ②

25 다음 목재 접착제 중 내수성이 큰 순서대로 바르게 나열된 것은?

① 아 교 > 페놀수지 > 요소수지
② 페놀수지 > 요소수지 > 아 교
③ 요소수지 > 아 교 > 페놀수지
④ 페놀수지 > 아 교 > 요소수지

해설

접착제의 내수성 비교

실리콘 > 에폭시 > 페놀 > 멜라민 > 요소 > 아교

26 목재가 통상 대기의 온도, 습도와 평형된 수분을 함유한 상태의 함수율은?

① 약 7%   ② 약 15%
③ 약 20%   ④ 약 30%

해설

목재의 기건함수율 : 15%

27 다음 중 목재 내 할렬(Checks)은 어느 때 발생하는가?

① 함수율이 높은 목재를 서서히 건조할 때
② 건조 응력이 목재의 횡인장강도보다 클 때
③ 목재의 부분별 수축이 다를 때
④ 건조 초기에 상대습도가 높을 때

해설

할렬

목재가 섬유방향으로 갈라지는 것으로 건조 응력이라고도 함. 할렬은 건조 응력이 목재의 횡인장강도보다 클 때 발생

28 수목의 규격을 "H×W"로 표시하는 수종으로만 짝지어진 것은?

① 소나무, 느티나무   ② 회양목, 잔디
③ 주목, 철쭉   ④ 백합나무, 향나무

해설

- 소나무(H×W, H×R, H×W×R)
- 느티나무(H×R)
- 회양목, 주목, 철쭉, 향나무(H×W)
- 백합나무(H×B)

29 목재의 심재와 변재에 관한 설명으로 옳지 않은 것은?

① 심재의 색깔은 짙으며 변재의 색깔은 비교적 엷다.
② 심재는 변재보다 단단하여 강도가 크고 신축 등 변형이 적다.
③ 변재는 심재 외측과 수피 내측 사이에 있는 생활세포의 집합이다.
④ 심재는 수액의 통로이며 양분의 저장소이다.

해설

심재

수심 가까이에 위치하고 있는 부분, 세포들은 거의 죽어 광물질만 고착되어 있음. 수액이동의 통로는 변재

정답 25 ② 26 ② 27 ② 28 ③ 29 ④

30 다음 중 낙우송의 설명으로 옳지 않은 것은?

① 열매는 둥근 달걀 모양으로 길이 2~3cm 지름 1.8~3.0cm의 암갈색이다.
② 종자는 삼각형의 각모에 광택이 있으며 날개가 있다.
③ 잎은 5~10cm 길이로 마주나는 대생이다.
④ 소엽은 편평한 새의 깃 모양으로서 가을에 단풍이 든다.

:해설:
- 낙우송 : 호생
- 메타세콰이어 : 대생

31 여름철에 강한 햇빛을 차단하기 위해 식재되는 수종을 가리키는 것은?

① 녹음수   ② 방풍수
③ 차폐수   ④ 방음수

:해설:
녹음수
햇빛을 차단하여 그늘을 만들기 위한 식재

32 건물 주위에 식재 시 양수와 음수의 조합으로 되어 있는 수종들은?

① 눈주목, 팔손이나무
② 자작나무, 개비자나무
③ 사철나무, 전나무
④ 일본잎갈나무, 향나무

:해설:
- 양수 : 자작나무, 일본잎갈나무, 향나무
- 음수 : 눈주목, 팔손이나무, 개비자나무, 사철나무, 전나무

33 다음 중 조경수의 이식에 대한 적응이 가장 쉬운 수종은?

① 섬잣나무   ② 벽오동
③ 가시나무   ④ 전나무

:해설:
이식에 대한 적응성
- 이식이 쉬운 나무 : 메타세콰이어, 측백나무, 꽝꽝나무, 사철나무, 쥐똥나무, 미루나무, 은행나무, 플라타너스, 명자나무 등
- 이식이 어려운 나무 : 독일가문비, 백송, 소나무, 굴참나무, 떡갈나무, 백합나무, 자작나무, 칠엽수, 감나무 등

34 겨울철 화단용으로 알맞은 식물은?

① 샐비어   ② 꽃양배추
③ 팬지   ④ 피튜니아

:해설:
겨울화단용 초화류 : 꽃양배추

35 다음 조경용 소재 및 시설물 중에서 평면적 재료에 가장 적합한 것은?

① 퍼걸러   ② 분수
③ 잔디   ④ 조경수목

:해설:
옥외시설물의 종류
- 평면적인 것 : 화단, 연못, 잔디 등
- 수직적인 것 : 옥외계단, 경사로, 플랜터, 옹벽, 퍼걸러, 분수, 수목

정답 30 ③ 31 ① 32 ② 33 ② 34 ② 35 ③

36 설계도서에 포함되지 않는 것은?

① 설계도면
② 현장사진
③ 물량내역서
④ 공사시방서

해설

설계도서
건축물의 건축 등에 관한 공사용 도면, 구조계산서, 시방서, 그 밖에 국토교통부령이 정하는 공사에 필요한 서류
• 종류 : 설계도면, 계산서, 시방서, 수량산출서, 내역서

37 조경설계 기준상 공동으로 사용되는 계단의 경우 높이가 3m를 넘는 계단에는 3m 이내마다 당해 계단의 유효폭 이상의 폭으로 너비 얼마 이상의 참을 두어야 하는가?

① 70cm
② 80cm
③ 100cm
④ 120cm

해설

건축물의 피난 방화 구조 등의 기준에 관한 규칙 제15조 7항
옥외에 설치하는 계단의 경우 공동주택은 120cm 이상, 공동주택이 아닌 경우는 150cm 이상의 유효 폭을 가져야 함

38 평판측량에서 평판을 정치하는데 생기는 오차 중 측량 결과에 가장 큰 영향을 줌으로써 특히 주의해야 할 것은?

① 중심 맞추기 오차
② 수평 맞추기 오차
③ 앨리데이드의 수준기에 따른 오차
④ 방향 맞추기 오차

해설

평판측량에서 측량결과에 가장 큰 영향을 주는 오차는 방향맞추기(표정)

39 경석(景石)의 배석(配石)에 대한 설명으로 옳은 것은?

① 자연석보다 다소 가공하여 형태를 만들어 쓰도록 한다.
② 원칙적으로 정원 내에 눈에 뜨이지 않는 곳에 두는 것이 좋다.
③ 차경(借景)의 정원에 쓰면 유효하다.
④ 입석(立石)인 때에는 역삼각형으로 놓는 것이 좋다.

해설

경관석 배석 시 자연 형태의 돌을 사용하고, 경관을 감상하기 좋은 곳에 배치함. 입석은 세워 사용하는 돌로서 긴 모양의 돌을 사용

40 시멘트의 각종 시험과 연결이 옳은 것은?

① 분말도시험 – 루사델리 비중병
② 비중시험 – 길모아 장치
③ 안정성시험 – 오토클레이브
④ 응결시험 – 블레인법

해설

• 분말도시험(블레인법, 표준체법 등)
• 비중시험(루사델리 비중병)
• 안정성시험(오토클레이브)
• 응결시간시험(비카장치, 길모아장치)

정답 36 ② 37 ④ 38 ④ 39 ③ 40 ③

41 다음 시멘트의 종류 중 혼합 시멘트가 아닌 것은?

① 알루미나 시멘트
② 플라이 애시 시멘트
③ 고로 슬래그 시멘트
④ 포틀랜드 포졸란 시멘트

해설
알루미나 시멘트 : 특수 시멘트

42 골재알의 모양을 판정하는 척도인 실적률(%)을 구하는 식으로 옳은 것은?

① 100−조립률(%)
② 조립률(%)−100
③ 공극률(%)−100
④ 100−공극률(%)

해설
공극률 + 실적률 = 100%, 실적률 = 100 - 공극률

43 표준형 벽돌을 사용하여 1.5B로 시공한 담장의 총 두께는? (단, 줄눈의 두께는 10mm이다)

① 210mm
② 270mm
③ 290mm
④ 330mm

해설
표준형 벽돌
• 0.5B : 90mm
• 1.0B : 190mm
• 1.5B : 290mm
• 2.0B : 390mm

44 건물이나 담장 앞 또는 원로에 따라 길게 만들어지는 화단은?

① 카펫화단
② 침상화단
③ 모듬화단
④ 경재화단

해설
경재화단
• 도로, 건물, 산울타리, 담장을 배경으로 폭이 좁고 길게 만듦
• 전면 한쪽에서만 관상 : 앞쪽은 키 작은 것, 뒤쪽은 키 큰 것을 배치하여 입체적으로 구성

45 토양의 입경조성에 의한 토양의 분류를 무엇이라고 하는가?

① 토양반응
② 토양분류
③ 토성
④ 토양통

해설
토성
토양 입자의 굵기와 함유 비율에 따라 구분

46 다음 중 흙쌓기에서 비탈면의 안정 효과를 가장 크게 얻을 수 있는 경사는?

① 1 : 0.3
② 1 : 0.5
③ 1 : 0.8
④ 1 : 1.5

해설
보통 토질의 성토 경사는 1 : 1.5, 절토 경사는 1 : 1을 기준

정답 41 ① 42 ④ 43 ③ 44 ④ 45 ③ 46 ④

47 지하층의 배수를 위한 시스템 중 넓고 평탄한 지역에 주로 사용되는 것은?

① 자연형　　　　② 차단법
③ 어골형, 평행형　④ 즐치형, 선형

해설 :

- 어골형
  - 주선(간선, 주관)을 중앙에 비치하고 지선(지관)을 비스듬하게 설치
  - 경기장, 골프장, 광장 같은 평탄지역에 적합
  - 지관은 길이 최장 30m 이하, 4～5m 간격 설치
- 빗살형(절치형, 평행형)
  - 지선을 주선의 직각방향으로 일정한 간격을 두어 평행하게 배치
  - 주선과 지선의 직각 접속으로 물의 흐름이 좋지 않아 유속이 저하
  - 평탄한 지역의 균일한 배수에 사용
  - 어골형과 혼합사용 가능

48 조형(造形)을 목적으로 한 전정을 가장 잘 설명한 것은?

① 도장지를 제거하고 결과지를 조정한다.
② 나무 원형의 특징을 살려 다듬는다.
③ 밀생한 가지를 솎아준다.
④ 고사지 또는 병지를 제거한다.

해설 :

조형 목적 전정
수목 본래의 특성 및 자연과의 조화미, 개성미 등을 이용

49 생 울타리를 전지·전정하려고 한다. 태양의 광선을 골고루 받게 하여 생 울타리 밑가지 생육을 건전하게 하려면 생 울타리의 단면 모양은 어떻게 하는 것이 가장 적합한가?

① 팔각형　　② 원형
③ 삼각형　　④ 사각형

해설 :

생울타리 전정
햇빛을 잘 받도록 단면을 삼각형으로 다듬어줌

50 다음 가지 다듬기 중 생리조정을 위한 가지다듬기는?

① 이식한 정원수의 가지를 알맞게 잘라냈다.
② 병해충 피해를 입은 가지를 잘라내었다.
③ 향나무를 일정한 모양으로 깎아 다듬었다.
④ 늙은 가지를 젊은 가지로 갱신하였다.

해설 :

생리 조정을 위한 전정
- 대형목 이식 시 : 뿌리 절단 양만큼 줄기를 전정하여 수분량과 증산량과의 균형 유지
- 늙고 병든 나무의 수세 회복을 위한 새 가지로 갱신 유도할 때 실시하는 전정

51 소나무류의 순따기에 알맞은 적기는?

① 1월～2월　　② 3월～4월
③ 5월～6월　　④ 7월～8월

해설 :

소나무 순지르기
5～6월에 2～3개의 순을 남기고 중심 순을 포함한 나머지 순은 제거하며, 남길 순도 1/2～2/3 정도를 손으로 꺾어 버림

정답　47 ③　48 ②　49 ③　50 ①　51 ③

52 비료의 3요소가 아닌 것은?

① 칼슘(Ca)   ② 칼륨(K)
③ 인산(P)   ④ 질소(N)

해설

비료의 3요소
질소(N), 인산(P), 칼륨(K)

53 수간에 약액 주입 시 구멍 뚫는 각도로 가장 적절한 것은?

① 수평   ② 0°~10°
③ 20°~30°   ④ 50°~60°

해설

수간주사 구멍의 각도는 30° 내외, 깊이는 3~4cm, 지름은 5mm 내외

54 다음 중 식엽성(食葉性) 해충이 아닌 것은?

① 복숭아명나방   ② 미국흰불나방
③ 솔나방   ④ 텐트나방

해설

복숭아명나방
과실을 식해

55 다음 중 파이토플라스마에 의한 수목병은?

① 밤나무 뿌리혹병   ② 낙엽송 끝마름병
③ 뽕나무 오갈병   ④ 잣나무 털녹병

해설

- 밤나무 뿌리혹병 : 세균에 의한 병
- 낙엽송 끝마름병
- 잣나무 털녹병 : 진균에 의한 병

56 다음 중 일년생 광엽 잡초로 논 잡초로 많이 발생할 경우는 기계수확이 곤란하고 줄기 기부가 비스듬히 땅을 기며 뿌리가 내리는 잡초는?

① 가막사리   ② 사마귀풀
③ 메꽃   ④ 한련초

해설

사마귀풀
전국 각지에 분포하며 물가나 습지에서 자람. 한해살이 풀로서 종자번식을 함

57 다음 제초제 중 잡초와 작물 모두를 살멸시키는 비선택성 제초제는?

① 디캄바액제   ② 글리포세이트액제
③ 팬티온유제   ④ 에테폰액제

해설

- 디캄바액제(선택성 제초제)
- 펜티온유제(살충제)
- 에테폰액제(생장조절제)

정답 52 ① 53 ③ 54 ① 55 ③ 56 ② 57 ②

58 잔디밭을 조성하려 할 때 뗏장붙이는 방법으로 틀린 것은?

① 뗏장붙이는 방법에는 전면 붙이기, 어긋나게 붙이기, 줄 붙이기 등이 있다.
② 경사면에는 평떼 전면 붙이기를 시행한다.
③ 줄 붙이기나 어긋나게 붙이기는 뗏장을 절약하는 방법이지만 아름다운 잔디밭이 완성되기까지에는 긴 시간이 소요된다.
④ 뗏장 붙이기 전에 미리 땅을 갈고 정지(整地)하여 밑거름을 넣는 것이 좋다.

: 해설 :
경사면 잔디 시공 시 줄떼 시공 후 떼꽂이를 함

59 다음 중 들잔디의 관리 설명으로 옳지 않은 것은?

① 해충은 황금충류가 가장 큰 피해를 준다.
② 들잔디의 깎기 높이는 2~3cm로 한다.
③ 뗏밥은 초겨울 또는 해동이 되는 이른 봄에 준다.
④ 병은 녹병의 발생이 많다.

: 해설 :
잔디의 뗏밥주는 시기 : 잔디의 생장기

60 다져진 잔디밭에 공기 유통이 잘되도록 구멍을 뚫는 기계는?

① 론 모우어(lawn mower)
② 론 스파이크(lawn spike)
③ 레이크(rake)
④ 소드 바운드(sod bound)

: 해설 :
• 론 모우어 : 잔디깎는 기계
• 소드 바운드 : 썩지 않은 뿌리가 겹쳐 스펀지 같은 층을 이루고 있는 것

정답 58 ② 59 ③ 60 ②

제 2 회 과년도기출문제 (2013)

01 조경식재 설계도를 작성할 때 수목명, 규격, 본수 등을 기입하기 위한 인출선 사용의 유의사항으로 올바르지 않은 것은?

① 인출선의 수평부분은 기입사항의 길이와 맞춘다.
② 인출선의 방향과 기울기는 자유롭게 표기하는 것이다.
③ 가는 실선을 명료하게 긋는다.
④ 인출선 간의 교차나 치수선의 교차를 피한다.

해설
인출선의 방향과 기울기는 통일하는 것이 좋음

02 도시공원 및 녹지 등에 관한 법률 시행규칙상 도시의 소공원 공원시설 부지면적 기준은?

① 100분의 20 이하   ② 100분의 30 이하
③ 100분의 40 이하   ④ 100분의 60 이하

해설
도시 소공원의 공원시설 부지 면적은 20% 이하

03 다음 중 물체가 있는 것으로 가상되는 부분을 표시하는 선의 종류는?

① 1점 쇄선   ② 2점 쇄선
③ 실선   ④ 파선

해설
- 1점 쇄선 : 중심선, 전단선, 경계선
- 2점 쇄선 : 가상선, 1점 쇄선과 구분
- 파선 : 숨은선

04 미적인 형 그 자체로는 균형을 이루지 못하지만 시각적인 힘의 통합에 의해 균형을 이룬 것처럼 느끼게 하여 동적인 감각과 변화 있는 개성적 감정을 불러 일으키며, 세련미와 성숙미 그리고 율동감과 유연성을 주는 미의 원리는?

① 집중   ② 비례
③ 비대칭   ④ 대비

해설
비대칭 균형
- 모양과 크기가 서로 다른 물체가 시각축 양쪽에서 균형을 이룸
- 자연식 정원에서 균형 잡을 때 사용

정답 01 ② 02 ① 03 ② 04 ③

05 다음 중 온도감이 따뜻하게 느껴지는 색은?

① 주황색　　② 남색
③ 보라색　　④ 초록색

해설
- 따뜻한 계열 색상(빨강, 주황, 노랑)
- 차가운 계열 색상(파랑, 초록)

06 빠른 보행을 필요로 하는 곳에 포장 재료로 부적합한 곳은?

① 콘크리트　　② 조약돌
③ 소형고압블럭　　④ 아스팔트

해설

구분	소재	특징	장단점
부드러운 재료	조약돌, 흙, 잔디, 자갈, 마사토, 모래 등	장애인 부적당 느린 보행공간	• 이동속도 느려짐 • 시공비용 적음 • 유지관리비 과다
꽉딱한 재료	아스팔트, 콘크리트, 타일, 벽돌, 블럭 등	보행인, 장애인, 자동차 모두 유용	• 빠른 이동 가능 • 시공비용 과다 • 유지관리비 적음

07 작은 색 견본을 보고 색을 선택한 다음 아파트 외벽에 칠했더니 명도와 채도가 높아져 보였다. 이러한 현상을 무엇이라고 하는가?

① 면적대비　　② 보색대비
③ 색상대비　　④ 한난대비

해설

면적대비
- 색이 차지하는 면적의 크고 작음, 많고 적음에 따라 색의 명도와 채도가 다르게 보이는 현상
- 면적이 큰 색은 명도와 채도가 높아져 실제보다 좀 더 밝고 맑게 보이며, 면적이 작은 색은 명도와 채도가 낮아져 실제보다 어둡고 탁하게 보임

08 다음 중 정원에서의 눈가림 수법에 대한 설명으로 틀린 것은?

① 눈가림은 변화와 거리감을 강조하는 수법이다.
② 이 수법은 원래 동양적인 수법이다.
③ 정원이 한층 더 깊이가 있어 보이게 하는 수법이다.
④ 좁은 정원에서는 눈가림 수법을 쓰지 않는 것이 정원을 더 넓게 보이게 한다.

해설
좁은 정원에 눈가림 수법을 사용 시 정원이 한층 더 넓어 보이는 효과가 있음

09 (　) 안에 들어갈 적절한 공간적 표현은?

서오능 시민 휴식공원 기본계획에는 왕릉의 보존과 단체이용객에 대한 개방이라는 상충되는 문제를 해결하기 위하여 (　)을(를) 설정함으로써 왕릉과 공간을 분리시켰다.

① 완충녹지　　② 휴게공간
③ 진입광장　　④ 동적공간

해설

녹지
기반시설인 공간시설로 정의된 녹지

완충녹지	대기오염, 소음, 진동, 악취 등의 공해와 사고나 자연재해 등의 재해를 방지하기 위하여 설치하는 녹지
경관녹지	도시의 자연적 환경을 보전하거나 이를 개선하고 이미 자연이 훼손된 지역을 복원, 개선함으로써 도시경관을 향상시키기 위하여 설치하는 녹지
연결녹지	도시 안의 공원, 하천, 산지 등을 유기적으로 연결하고 도시민에게 산책공간의 역할을 하는 등 여가, 휴식을 제공하는 선형의 녹지

정답　05 ①　06 ②　07 ①　08 ④　09 ①

10 다음 중 창덕궁 후원 내 옥류천 일원에 위치하고 있는 궁궐 내 유일의 초정은?

① 부용정　　② 청의정
③ 관람정　　④ 애련정

해설
옥류천역 내 청의정
궁궐 내 유일한 초정

11 다음 중 "피서산장, 이화원, 원명원"은 중국의 어느 시대 정원인가?

① 진　　② 당
③ 명　　④ 청

해설
청시대의 이궁
이화원, 승덕피서산장, 원명원 등

12 오방색 중 오행으로는 목(木)에 해당하며, 동방(東方)의 색으로 양기가 가장 강한 곳이다. 계절로는 만물이 생성하는 봄의 색이고 오륜은 인(仁)을 암시하는 색은?

① 백(白)　　② 적(赤)
③ 황(黃)　　④ 청(靑)

해설
오방색
동(東) - 청(靑) - 청룡 - 봄 - 목(木)

13 그리스 시대 공공건물과 주랑으로 둘러싸인 열린 공간으로 다목적 열린 공간으로 무덤의 전실을 가리키기도 했던 곳은?

① 테라스　　② 커넬
③ 포룸　　　④ 빌라

해설
- 테라스(옥내와 옥외의 전이공간)
- 거넬(수로)
- 포룸(광장)
- 빌라(별장)

14 '사자(死者)의 정원'이라는 묘지정원을 조성한 고대 정원은?

① 이집트 정원　　② 바빌로니아 정원
③ 페르시아 정원　　④ 그리스 정원

해설
이집트 묘지정원 : 사자의 정원 또는 영원
- 이집트인들의 내세관에 기인하여 내세의 이상향을 추구
- 시누헤 이야기, 죽은 자를 위로하기 위한 무덤 앞 소정원
- 대표적인 묘지정원은 테베에 있는 레크미라 무덤 벽화

15 다음 중 본격적인 프랑스식 정원으로서 루이 14세 당시의 니콜라스 푸케와 관련 있는 정원은?

① 퐁텐블로(Fontainebleau)
② 보르 뷔 콩트(Vaux-le-Vicomte)
③ 베르사유(Versailles)공원
④ 생클루(Saint-Cloud)

해설
보르 뷔 콩트
니콜라스 푸케 소유, 르 노트르의 출세작, 루이 14세를 자극해 베르사유 궁원을 설계하는 계기가 됨

정답　10 ②　11 ④　12 ④　13 ③　14 ①　15 ②

16 재료의 역학적 성질 중 "탄성"에 관한 설명으로 옳은 것은?

① 재료가 하중을 받아 파괴될 때까지 높은 응력에 견디며 큰 변형을 나타내는 성질
② 물체에 외력을 가한 후 외력을 제거하면 원래의 모양과 크기로 돌아가는 성질
③ 물체에 외력을 가한 후 외력을 제거시켰을 때 영구변형이 남는 성질
④ 재료가 작은 변형에도 쉽게 파괴하는 성질

:해설:

탄성
오력을 받아 변형을 일으킨 뒤 외력을 제거하면 원형으로 돌아가는 성질

17 비철금속재료의 특성에 관한 설명 중 옳지 않은 것은?

① 아연은 산 및 알칼리에 강하나 공기 중 및 수중에서는 내식성이 작다.
② 동은 상온의 건조공기 중에서 변화하지 않으나 습기가 있으면 광택을 소실하고 녹청색으로 된다.
③ 납은 비중이 크고 연질이며 전성, 연성이 풍부하다.
④ 알루미늄은 비중이 비교적 작고 연질이며 강도도 낮다.

:해설:

다연은 내식성이 높음

18 합성수지 중에서 파이프, 튜브, 물받이통 등의 제품에 가장 많이 사용되는 열가소성수지는?

① 멜라민수지 ② 페놀수지
③ 염화비닐수지 ④ 폴리에스테르수지

:해설:

염화비닐수지
파이프, 튜브, 물받이통 등의 제품에 가장 많이 사용되는 열가소성 수지
• 멜라민수지, 페놀수지, 폴리에스테르수지는 열경화성 수지

19 방부력이 우수하고 내습성도 있으며 값도 싸지만, 냄새가 좋지 않아서 실내에 사용할 수 없고, 미관을 고려하지 않은 외부에 사용하는 방부제는?

① 크레오소트 ② 물유리
③ 광명단 ④ 황암모니아

:해설:

***크레오소트유(Creosote oil)**
방부력이 우수하고 가격이 저렴하나 암갈색으로 강한 냄새가 나며, 마감재 처리가 어려워 침목, 전신주, 말뚝 등 주로 산업용에 사용

정답 16 ② 17 ① 18 ③ 19 ①

20 강을 적당한 온도(800 ~ 1000℃)로 가열하여 소정의 시간까지 유지한 후에 로(爐) 내부에서 천천히 냉각시키는 열 처리법은?

① 불림(normalizing)
② 뜨임질(tempering)
③ 풀림(annealing)
④ 담금질(quenching)

해설

풀림
연화 조직의 정정과 내부응력을 제거하기 위해 적당한 온도로 가열(800 ~ 1,000℃) 후 로(爐)의 내부에서 서서히 냉각

21 다음 재료 중 기건상태에서 열전도율이 가장 작은 것은?

① 콘크리트
② 알루미늄
③ 유리
④ 석고보드

해설

- 콘크리트(1.4W/m · K)
- 알루미늄(204W/m · K)
- 유리(1.05W/m · K)
- 석고보드(0.43W/m · K)

22 투명도가 높으므로 유기유리라는 명칭이 있으며, 착색이 자유롭고 내충격 강도가 크고, 평판, 골판 등의 각종 형태의 성형품으로 만들어 채광판, 도어판, 칸막이벽 등에 쓰이는 합성수지는?

① 아크릴수지
② 요소수지
③ 에폭시수지
④ 폴리스티렌수지

해설

아크릴수지
- 투명도가 높으므로 유기유리라는 명칭
- 착색이 자유로워 채광판, 도어 판, 칸막이 판 등에 이용

23 다음 석재 중 조직이 균질하고 내구성 및 강도가 큰 편이며, 외관이 아름다운 장점이 있는 반면 내화성이 작아 고열을 받는 곳에는 적합하지 않은 것은?

① 응회암
② 화강암
③ 편마암
④ 안산암

해설

화강암
- 경도, 강도, 내마모성, 색채, 광택 우수
- 내화성 낮으나 압축강도가 가장 큼

24 암석 재료의 가공 방법 중 쇠망치로 석재 표면의 큰 돌출 부분만 대강 떼어내는 정도의 거친 면을 마무리하는 작업을 무엇이라 하는가?

① 도드락다듬
② 혹두기
③ 잔다듬
④ 물갈기

해설

혹두기
쇠망치로 석재의 큰 돌출 부분만 대강 떼어내는 정도의 거친 면을 마무리하는 작업

25 흙에 시멘트와 다목적 토양개량제를 섞어 기층과 표층을 겸하는 간이포장 재료는?

① 칼라 세라믹
② 카프
③ 우레탄
④ 콘크리트

해설

카프공법
기존의 아스팔트 및 콘크리트 포장에 필요한 모래, 자갈 등을 사용하지 않고 새로운 토양경화제를 이용하여 시멘트와 현장의 토양 등을 혼합하여 만든 기술

정답 20 ③ 21 ④ 22 ① 23 ② 24 ② 25 ②

26 양질의 포졸란(pozzolan)을 사용한 콘크리트의 성질로 옳지 않은 것은?

① 워커빌리티 및 피니셔빌리티가 좋다.
② 강도의 증진이 빠르고 단기강도가 크다.
③ 수밀성이 크고 발열량이 적다.
④ 화학적 저항성이 크다.

해설
포졸란 사용 시 조기강도는 작아짐

27 목구조의 보강철물로서 사용되지 않는 것은?

① 나사못   ② 듀벨
③ 고장력볼트 ④ 꺾쇠

해설
고장력볼트
철골구조물(형강)의 연결철물로 사용

28 다음 중 형상수로 많이 이용되고, 가을에 열매가 붉게 되며, 내음성이 강하며, 비옥지에서 잘 자라는 특성을 가진 정원수는?

① 화살나무   ② 쥐똥나무
③ 주목   ④ 산수유

해설
주목
맹아력이 강해 형상수로 많이 이용되고, 열매가 붉은색. 비옥지를 좋아함

29 정원의 한 구석에 녹음용수로 쓰기 위해서 단독으로 식재하려 할 때 적합한 수종은?

① 칠엽수   ② 박태기나무
③ 홍단풍   ④ 꽝꽝나무

해설
녹음수
지하고가 높은 낙엽활엽교목

30 다음 중 난대림의 대표 수종인 것은?

① 녹나무   ② 주목
③ 전나무   ④ 분비나무

해설
난대림
녹나무, 동백나무, 가시나무, 돈나무, 감탕나무

31 여름에 꽃피는 알뿌리 화초인 것은?

① 수선화   ② 백합
③ 히아신스   ④ 글라디올러스

해설
• 수선화(봄)
• 백합(봄)
• 히아신스(봄)

32 수확한 목재를 주로 가해하는 대표적 해충은?

① 풍뎅이   ② 흰불나방
③ 흰개미   ④ 매미

해설
흰개미
수확한 목재를 가해하는 대표적인 해충

정답 26 ② 27 ③ 28 ③ 29 ① 30 ① 31 ④ 32 ③

33 나무줄기의 색채가 흰색계열이 아닌 수종은?

① 자작나무   ② 모과나무
③ 분비나무   ④ 서어나무

해설

수피 색상 흰색 계통
자작나무, 백송, 분비나무, 플라타너스류, 서어나무, 등나무, 동백나무 등

34 물의 이용 방법 중 동적인 것은?

① 연못   ② 호수
③ 캐스케이드   ④ 풀

해설

- 정적 이용 : 연못, 호수, 풀 등
- 동적 이용 : 분수, 폭포, 벽천, 계류, 캐스케이드 등

35 토양수분과 조경 수목과의 관계 중 습지를 좋아하는 수종은?

① 신갈나무   ② 소나무
③ 주엽나무   ④ 노간주나무

해설

습지를 좋아하는 수종
낙우송, 주엽나무, 수국, 계수나무, 수양버들, 위성류, 오동나무 등

36 다음 중 계곡선에 대한 설명 중 맞는 것은?

① 간곡선 간격의 1/2 거리의 가는 점선으로 그어진 것이다.
② 주곡선 간격의 1/2 거리의 가는 파선으로 그어진 것이다.
③ 주곡선의 다섯줄마다 굵은 선으로 그어진 것이다
④ 1/5,000의 지형도 축척에서 등고선은 10m 간격으로 나타난다.

해설

주곡선	각 지형의 높이를 표시하는데 기본이 되는 등고선
계곡선	쉽게 읽기 위하여 주곡선 5개마다 굵게 표시한 등고선
간곡선	주곡선 간격의 ½로 주곡선만으로 지모의 상태를 명시할 수 없는 곳에 파선으로 표시한 등고선
조곡선	간곡선 간격의 ½로 간곡선만으로 표시할 수 없는 곳을 가는 점선으로 표시한 등고선

37 다음 중 주요 기능의 공정에서 옥외 레크리에이션의 관리체계와 거리가 먼 것은?

① 이용자관리   ② 공정관리
③ 서비스관리   ④ 자원관리

해설

공정관리
공사진행 일정관리

정답 33 ② 34 ③ 35 ③ 36 ③ 37 ②

38 표준품셈에서 포함된 것으로 규정된 소운반 거리는 몇[m] 이내를 말하는가?

① 10m ② 20m
③ 30m ④ 50m

해설

소운반 거리
- 소운반 거리는 20m 이내의 거리를 말하며, 20m를 초과할 경우 초과분에 대하여 별도로 계상
- 경사면 운반 거리는 수직고 1m를 수평거리 6m로 봄

39 토양의 3상이 아닌 것은?

① 임상 ② 기상
③ 액상 ④ 고상

해설

토양의 3상
고상, 기상, 액상

40 다음 토양층위 중 집적층에 해당되는 것은?

① A층 ② B층
③ C층 ④ D층

해설

B층(하층, 집적층)
A층으로부터 용탈된 물질이 쌓인 층

41 토양의 물리성과 화학성을 개선하기 위한 유기질 토양 개량제는 어떤 것인가?

① 펄라이트 ② 피트모스
③ 버미큘라이트 ④ 제올라이트

해설

- 펄라이트 : 진주암 또는 흑요석을 분쇄, 소성해서 만듦. 수분을 빨리 배출
- 피트모스 : 수생, 습생 식물이 퇴적된 토양. 세계적으로 상토의 유기물 자재로 가장 많이 사용
- 버미큘라이트 : 질석을 약 1,000℃로 구운 것으로 배합토의 재료. 통기성과 보수성이 우수

42 암거는 지하수위가 높은 곳, 배수 불량 지반에 설치한다. 암거의 종류 중 중앙에 큰 암거를 설치하고, 좌우에 작은 암거를 연결시키는 형태로 넓이에 관계없이 경기장이나 어린이 놀이터와 같은 소규모의 평탄한 지역에 설치할 수 있는 것은?

① 빗살형 ② 어골형
③ 부채살형 ④ 자연형

해설

어골형
- 주선(간선, 주관)을 중앙에 비치하고 지선(지관)을 비스듬하게 설치
- 경기장, 골프장, 광장 같은 평탄지역에 적합
- 지관은 길이 최장 30m 이하, 4 ~ 5m 간격 설치

정답 38 ② 39 ① 40 ② 41 ② 42 ②

43 콘크리트 슬럼프값 측정순서로 옳은 것은?

① 시료채취 → 콘에 채우기 → 다지기 → 상단 고르기 → 콘 벗기기 → 슬럼프값 측정
② 시료채취 → 콘에 채우기 → 콘 벗기기 → 상단 고르기 → 다지기 → 슬럼프값 측정
③ 시료채취 → 다지기 → 콘에 채우기 → 상단 고르기 → 콘 벗기기 → 슬럼프값 측정
④ 다지기 → 시료채취 → 콘에 채우기 → 상단 고르기 → 콘 벗기기 → 슬럼프값 측정

해설

슬럼프값 측정 순서
시료채취 → 콘에 채우기 → 다지기 → 상단 고르기 → 콘 벗기기 → 슬럼프값 측정

44 콘크리트를 친 후 응결과 경화가 완전히 이루어지도록 보호하는 것을 가리키는 용어는?

① 파종　　② 양생
③ 다지기　④ 타설

해설

양생
콘크리트 타설 후 일정 기간 동안 온도, 충격, 오손, 파손 등 유해한 영향을 받지 않도록 보호, 관리하여 응결 및 경화가 진행되도록 하는 것

45 다음 그림과 같은 땅깎기 공사 단면의 절토 면적은?

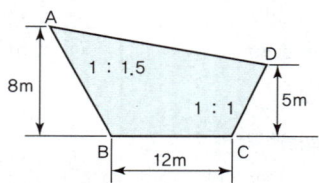

① 60㎡　　② 96㎡
③ 112㎡　④ 128㎡

해설

주어진 부분의 넓이 : 전체 넓이 - (A+B+C)

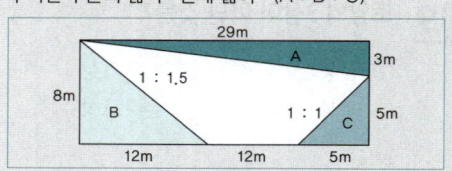

전체 넓이 : 29×8 = 232㎡
A : 29×3÷2 = 43.5㎡
B : 12×8÷2 = 48㎡
C : 5×5÷2 = 12.5㎡
주어진 부분의 넓이 : 232 - (43.5+48+12.5) = 128㎡

46 정원석을 쌓을 면적이 60㎡, 정원석의 평균 뒷길이 50cm, 공극률이 40%라고 할 때 실제적인 자연석의 체적은 얼마인가?

① 12㎥　　② 16㎥
③ 18㎥　　④ 20㎥

해설

자연석 쌓기 체적 : 60㎡×0.5m = 30㎥
실적률 = 100 - 공극률 : 60% → 30㎥×0.6 = 18㎥

정답　43 ①　44 ②　45 ④　46 ③

47 벽돌수량 산출방법 중 면적산출 시 표준형 벽돌로 시공 시 1㎡를 0.5B의 두께로 쌓으면 소요되는 벽돌량은? (단, 줄눈은 10mm로 한다)

① 65매
② 130매
③ 75매
④ 149매

해설

구분	0.5B	1.0B	1.5B	2.0B
표준형(190×90×57) 벽돌	75매	149매	224매	298매
일반형(210×100×60) 벽돌	65매	130매	195매	260매

48 벽면에 벽돌 길이만 나타나게 쌓는 방법은?

① 네덜란드식 쌓기
② 길이 쌓기
③ 옆세워 쌓기
④ 마구리 쌓기

해설

길이 쌓기
벽돌의 길이 부분이 바깥쪽으로 보이게 쌓는 방법으로, 길이로 놓으면 두께가 반장쌓기(0.5B)가 되므로 치장쌓기에 많이 쓰임

49 임해매립지 식재기반에서의 조경시공 시 고려하여야 할 사항으로 거리가 먼 것은?

① 염분 제거
② 발생가스 및 악취 제거
③ 지하수위 조절
④ 배수관부설

해설

임해매립지 식재지반 조성 시 주의 사항은 지하수위의 조정, 염분 제거, 배수관 부설 등

50 수목의 가슴 높이 지름을 나타내는 기호는?

① F
② SD
③ B
④ W

해설

흉고직경(B)
지면에서 가슴 높이에 있는 나무 줄기의 지름(cm)

51 심근성 수목을 굴취할 때 뿌리분의 형태는?

① 접시분
② 사각형분
③ 조개분
④ 보통분

해설

뿌리분의 종류

접시분	• 천근성수종에 적용 • 버드나무, 메타세쿼이어, 낙우송, 일본잎갈나무, 편백, 미루나무, 사시나무, 황철나무
보통분	• 일반수종에 적용 • 단풍나무, 벚나무, 향나무, 버즘나무, 측백, 산수유, 감나무
조개분	• 심근성수종에 적용 • 소나무, 비자나무, 전나무, 느티나무, 백합나무, 은행나무, 녹나무, 후박나무

52 이른 봄 늦게 오는 서리로 인한 수목의 피해를 나타내는 것은?

① 조상(早霜)
② 만상(晩霜)
③ 동상(冬霜)
④ 한상(寒傷)

해설

상해	만상(晩霜)	• 초봄에 식물의 발육이 시작된 후 갑작스럽게 기온이 하강하여 식물체에 해를 주게 되는 것
	조상(早霜)	• 가을 계절에 맞지 않는 추운 날씨의 서리에 의한 피해
	동상(冬霜)	• 겨울 동안 휴면상태에 생긴 피해

정답 47 ③ 48 ② 49 ② 50 ③ 51 ③ 52 ②

53 다음 수목의 외과 수술용 재료 중 동공 충전물의 재료로 부적합한 것은?

① 에폭시 수지
② 불포화 폴리에스테르 수지
③ 우레탄 고무
④ 콜타르

해설

콜타르
석탄 건류 시 나오는 부산물(목재의 방부제로 사용)

54 눈이 트기 전 가지의 여러 곳에 자리 잡은 눈 가운데 필요로 하지 않은 눈을 따버리는 작업을 무엇이라 하는가?

① 열매따기   ② 눈따기
③ 순자르기   ④ 가지치기

해설

눈따기
눈이 트기 전 가지의 여러 곳에 자리 잡은 눈 가운데 필요로 하지 않은 눈을 따버리는 작업

55 생울타리처럼 수목이 대상으로 군식되었을 때 거름 주는 방법으로 적당한 것은?

① 선상거름주기   ② 방사상 거름주기
③ 전면거름주기   ④ 천공거름주기

해설

선상시비법
산울타리처럼 길게 식재된 수목을 따라 일정 간격을 두고 도랑처럼 길게 구덩이를 파고 시비

56 수목에 영양공급 시 그 효과가 가장 빨리 나타나는 것은?

① 엽면시비   ② 유기물시비
③ 토양천공시비   ④ 수간주사

해설

엽면시비 : 시비효과 가장 빠름

목적	약해, 동해, 공해 또는 인위적인 해에 의하여 나무의 세력이 약해졌을 때 잎에 양분을 공급하여 수세를 회복시키기 위해 실시
시기	맑은 날 오전에 실시
방법	대상 나무에 요소(0.5%)나 영양제를 적당한 농도로 희석하여 나무 전체가 충분히 젖도록 분무하여 살포

57 솔잎혹파리에 대한 설명 중 틀린 것은?

① 유충으로 땅속에서 월동한다.
② 우리나라에서는 1929년에 처음 발견되었다.
③ 유충은 솔잎을 밑부에서부터 갉아 먹는다.
④ 1년에 1회 발생한다.

해설

솔잎혹파리
- 5월 하순부터 6월 상순이 우화 최성기
- 유충이 솔잎 기부에 들어가 벌레혹을 만들고 그 속에서 수액 및 즙액을 빨아 먹음
- 노목보다는 유목에 심하게 나타남

58 농약 살포작업을 위해 물 100L를 가지고 1,000배 액을 만들 경우 얼마의 약량이 필요한가?

① 50mL ② 100mL
③ 150mL ④ 200mL

해설

소요 농약량(ml, g) = $\dfrac{\text{단위면적당 소정살포액량(ml)}}{\text{희석배수}}$

→ $\dfrac{100,000}{1,000}$ = 100ml

59 잔디밭에 많이 발생하는 잡초인 클로버(토끼풀)를 제초하는데 가장 효율적인 것은?

① 디코폴수화제 ② 디캄바액제
③ 베노밀수화제 ④ 캡탄수화제

해설

- 디코폴수화제(살비제)
- 베노밀수화제(살균제)
- 캡탄수화제(살균제)

60 다음 복합비료 중 주성분 함량이 가장 많은 비료는?

① 0-40-10 ② 11-21-11
③ 18-18-18 ④ 21-21-17

해설

성분표시(%)는 질소-인-칼륨의 비율로 표시(21-17-17은 질소 21%, 인 17%, 칼륨 17%가 들어 있다는 표시)

정답 58 ② 59 ② 60 ④

2013 제4회 과년도기출문제

01 훌륭한 조경가가 되기 위한 자질에 대한 설명 중 틀린 것은?

① 토양, 지질, 지형, 수문(水文) 등 자연과학적 지식이 요구된다.
② 인류학, 지리학, 사회학, 환경심리학 등에 관한 인문과학적 지식도 요구된다.
③ 건축이나 토목 등에 관련된 공학적인 지식도 요구된다.
④ 합리적인 사고보다는 감성적 판단이 더욱 필요하다.

해설
조경가는 감성적 판단보다 합리적 사고를 지녀야 함

02 조경 양식을 형태(정형식, 자연식, 절충식) 중심으로 분류할 때, 자연식 조경 양식에 해당하는 것은?

① 강한 축을 중심으로 좌우 대칭형으로 구성된다.
② 한 공간 내에서 실용성과 자연성을 동시에 강조하였다.
③ 주변을 돌 수 있는 산책로를 만들어서 다양한 경관을 즐길 수 있다.
④ 서아시아와 프랑스에서 발달된 양식이다.

해설
자연식 정원
• 자연적이며 형태를 중시 : 주로 동아시아에서 발달 (한, 중, 일)
• 자연 풍경의 지형, 지물을 그대로 이용 : 자연의 모방, 축소
• 자연의 질서를 인위적으로 복원하고자 노력
• 18세기 이후 영국에서도 발달
• 전원풍경식, 회유임천식, 고산수식

03 도시공원 및 녹지 등에 관한 법률에서 정하고 있는 녹지가 아닌 것은?

① 완충녹지   ② 경관녹지
③ 연결녹지   ④ 시설녹지

해설

녹지	
기반시설인 공간시설로 정의된 녹지	
완충녹지	대기오염, 소음, 진동, 악취 등의 공해와 사고나 자연재해 등의 재해를 방지하기 위하여 설치하는 녹지
경관녹지	도시의 자연적 환경을 보전하거나 이를 개선하고 이미 자연이 훼손된 지역을 복원, 개선함으로써 도시경관을 향상시키기 위하여 설치하는 녹지
연결녹지	도시 안의 공원, 하천, 산지 등을 유기적으로 연결하고 도시민에게 산책공간의 역할을 하는 등 여가, 휴식을 제공하는 선형의 녹지

04 다음 중 어린이 공원의 설계 시 공간구성 설명으로 옳은 것은?

① 동적인 놀이 공간에는 아늑하고 햇빛이 잘 드는 곳에 잔디밭, 모래밭을 배치하여 준다.
② 정적인 놀이공간에는 각종 놀이시설과 운동시설을 배치하여 준다.
③ 감독 및 휴게를 위한 공간은 놀이공간이 잘 보이는 곳으로 아늑한 곳에 배치한다.
④ 공원 외곽은 보행자나 근처 주민이 들여다 볼 수 없도록 밀식한다.

해설
어린이 공원 공간 구성
• 동적 놀이 공간 : 경사진 곳을 만들기 위해 낮은 동산 조성
• 놀이공간 : 햇빛이 잘 드는 곳에 잔디밭, 모래밭을 설치
• 휴게 및 감독 공간 : 놀이공간과 인접한 곳, 잘 보이고 아늑한 곳

정답 01 ④ 02 ③ 03 ④ 04 ③

05 휴게공간의 입지 조건으로 적합하지 않은 것은?

① 보행동선이 합쳐지는 곳
② 기존 녹음수가 조성된 곳
③ 경관이 양호한 곳
④ 시야에 잘 띄지 않는 곳

해설

휴게공간 입지조건
사람들의 접근과 이용이 용이하도록 조성

06 조경 양식 중 노단식 정원 양식을 발전시키게 한 자연적인 요인은?

① 지형
② 기후
③ 식물
④ 토질

해설

지형
- 지형은 기후와 함께 정원 형태에 가장 큰 영향을 끼침
- 산악지형과 평탄지형으로 구분
- 이탈리아는 경사지로 이루어진 지형을 이용한 노단식 정원 양식
- 평탄지인 프랑스는 평면기하학식 정원 양식 발달

07 주위가 건물로 둘러싸여 있어 식물의 생육을 위한 채광, 통풍, 배수 등에 주의해야 할 곳은?

① 중정(中庭)
② 원로(園路)
③ 주정(主庭)
④ 후정(後庭)

해설

중정
건물로 둘러쌓인 정원

08 도면상에서 식물재료의 표기 방법으로 바르지 않은 것은?

① 수목에 인출선을 사용하여 수종명, 규격, 관목, 교목을 구분하여 표시하고 총수량을 함께 기입한다.
② 덩굴성 식물의 규격은 길이로 표시한다.
③ 같은 수종은 인출선을 연결하여 표시하도록 한다.
④ 수종에 따라 규격은 H×W, H×B, H×R 등의 표기방식이 다르다.

해설

수목의 인출선
수량, 수종명, 수목의 규격을 기입

09 다음 중 눈높이나 눈보다 조금 높은 위치에서 보여지는 공간을 실제 보이는 대로 자연스럽게 표현한 그림으로 나타내고자 하는 의도의 윤곽을 잡아 개략적으로 표현하고자 할 때, 즉 아이디어를 수집, 기록, 정착화하는 과정에 필요하며, 디자이너에게 순간적으로 떠오르는 불확실한 아이디어의 이미지를 고정, 정착화시켜 나가는 초기 단계에 해당하는 그림은?

① 입면도
② 조감도
③ 투시도
④ 스케치

해설

스케치
- 눈높이나 눈보다 조금 높은 위치에서 보여지는 공간을 실제 보이는 대로 자연스럽게 표현한 그림
- 나타내고자 하는 의도의 윤곽선을 잡아 개략적으로 표현하고자 할 때, 즉 아이디어를 수집, 기록, 정착화하는 과정에 필요
- 디자이너에게 순간적으로 떠오르는 불확실한 아이디어의 이미지를 고정, 정착화시켜 나가는 초기 단계

정답 05 ④ 06 ① 07 ① 08 ① 09 ④

10 수고 3m인 감나무 3주의 식재 공사에서 조경공 0.25인, 보통 인부 0.20인의 식재노무비 일위 대가는 얼마인가? (단, 조경공 40,000/일, 보통 인부 30,000/일)

① 6,000원　　② 10,000원
③ 16,000원　　④ 48,000원

> 해설
> (0.25×40,000)+(0.20×30,000)=16,000원

11 줄기나 가지가 꺾이거나 다치면 그 부근에 있던 숨은 눈이 자라 싹이 나오는 것을 무엇이라 하는가?

① 생장성　　② 휴면성
③ 맹아력　　④ 성장력

> 해설
> 맹아력
> 식물이 새로 싹이 트는 힘

12 다음 중 이탈리아의 정원 양식에 해당하는 것은?

① 평면기하학식　　② 노단건축식
③ 자연풍경식　　④ 풍경식

> 해설
> 이탈리아 : 노단건축식

13 조선시대 전기 조경 관련 대표 저술서이며, 정원식물의 특성과 번식법, 괴석의 배치법, 꽃을 화분에 심는 법, 최화법(催花法), 꽃이 꺼리는 것, 꽃을 취하는 법과 기르는 법, 화분 놓는 법과 관리법 등의 내용이 수록되어 있는 것은?

① 동사강목　　② 양화소록
③ 택리지　　④ 작정기

> 해설
> 강희안의 양화소록
> 조경식물에 관한 최초의 문헌

14 다음 중 왕과 왕비만이 즐길 수 있는 사적인 정원이 아닌 곳은?

① 덕수궁 석조전 전정
② 창덕궁 낙선재의 후원
③ 경복궁의 아미산
④ 덕수궁 준명당의 후원

> 해설
> 덕수궁
> • 석조전(최초 서양식 건물), 영국인 하딩 설계
> • 침상원(최초 유럽식 정원, 분수와 연못을 중심으로 한 프랑스식 정원)

15 일본의 다정(茶庭)이 나타내는 아름다움의 미는?

① 통일미　　② 대비미
③ 단순미　　④ 조화미

> 해설
> 일본정원 : 조화를 중시

정답 10 ③　11 ③　12 ②　13 ②　14 ①　15 ④

16 다음 중 특히 내수성, 내열성이 우수하며, 내연성, 전기적 절연성이 있고 유리 섬유판, 텍스, 피혁류 등 모든 접착이 가능하고, 방수제로도 사용하고 500℃ 이상 견디는 유일한 수지이며, 주로 방수제, 도료, 접착제 용도로 쓰이는 합성수지는?

① 페놀수지   ② 에폭시수지
③ 실리콘수지   ④ 폴리에스테르수지

해설

실리콘수지
- 내수성, 내열성이 우수
- 내연성, 전기적 절연성이 있고 유리섬유판, 텍스, 피혁류 등 모든 접착이 가능
- 500℃ 이상 견디는 수지, 용도는 방수제, 도료, 접착제로 사용

17 다음 중 유리의 제성질에 대한 일반적인 설명으로 옳지 않은 것은?

① 약한 산에는 침식되지 않지만 염산, 황산, 질산 등에는 서서히 침식된다.
② 광선에 대한 성질은 유리의 성분, 두께, 표면의 평활도 등에 따라 다르다.
③ 열전도율 및 열팽창률이 작다.
④ 굴절률은 2.1 ~ 2.9 정도이고, 납을 함유하면 낮아진다.

해설

유리의 굴절률은 1.45 ~ 1.96 납 함유 시 굴절률은 커지고, 철 함유 시 굴절률은 작아짐

18 플라스틱 제품의 특성이 아닌 것은?

① 내열성이 약하여 열가소성수지는 60℃ 이상에서 연화된다.
② 비교적 산과 알칼리에 견디는 힘이 콘크리트나 철 등에 비해 우수하다.
③ 접착이 자유롭고 가공성이 크다.
④ 열팽창계수가 적어 저온에서도 파손이 안된다.

해설

합성수지(플라스틱)의 장단점	
장점	• 자유로운 성형 • 강도와 탄력성이 큼 • 착색이 자유롭고 광택이 좋음 • 내산성과 내알칼리성이 큼 • 투광성 및 접착성이 있음 • 전기와 열에 대한 절연성
단점	• 열전도율이 높고 불에 타기 쉬움 • 내열성, 내후성, 내광성이 부족 • 변색이 잘됨 • 저온 및 자외선에 약함 • 표면의 경도가 낮음 • 정전기 발생량이 큼

19 다음 중 인공토양을 만들기 위한 경량재가 아닌 것은?

① 펄라이트(perlite)
② 버미큘라이트(vermiculite)
③ 부엽토
④ 화산재

해설

조경용 경량
버미큘라이트, 펄라이트, 피트모스, 화산재 등을 식재토양에 혼합해 사용

정답 16 ③ 17 ④ 18 ④ 19 ③

20 92 ~ 96%의 철을 함유하고 나머지는 크롬, 규소, 망간, 유황, 인 등으로 구성되어 있으며 창호철물, 자물쇠, 맨홀 뚜껑 등의 재료로 사용되는 것은?

① 주철　　　② 강철
③ 선철　　　④ 순철

해설

주철
탄소량 1.7% 이상 : 주조성이 좋고 경질이며 취성(脆性)이 큼

21 다음 중 야외용 조경 시설물 재료로서 내구성이 낮은 재료는?

① 나왕재　　　② 미송
③ 플라스틱재　④ 콘크리트재

해설

나왕
인도, 인도네시아, 필리핀 등지에 걸쳐 널리 분포하는 용뇌향과 상록교목의 총칭

22 일정한 응력을 가할 때, 변형이 시간과 더불어 증대하는 현상을 의미하는 것은?

① 취성　　　② 크리프
③ 릴랙세이션　④ 탄성

해설

크리프
물체에 외력이 작용할 때 시간이 지나면서 변형이 증대해 가는 현상

23 콘크리트 공사 중 거푸집 상호간의 간격을 일정하게 유지시키기 위한 것은?

① 스페이서(spacer)
② 세퍼레이터(seperator)
③ 캠버(camber)
④ 긴장기(form tie)

해설

• 격리제(separator) : 거푸집 상호 간의 간격을 유지하고 측벽 두께를 유지하기 위한 것
• 긴장제(form tie) : 거푸집이 벌어지거나 오그라드는 것을 방지하기 위한 것
• 간격제(spacer) : 철근과 거푸집의 간격을 유지하기 위한 것

24 콘크리트의 단위중량 계산, 배합설계 및 시멘트의 품질 판정에 주로 이용되는 시멘트의 성질은?

① 비중　　　② 압축강도
③ 분말도　　④ 응결시간

해설

시멘트의 비중은 불순물이 혼입되거나 저장 중 풍화하면 그 수치가 낮아지고 콘크리트 강도도 낮아짐. 시멘트의 불순물 혼입 정도, 풍화 정도를 확인하고 콘크리트의 강도를 확보하기 위해 비중시험을 실시

25 콘크리트의 균열발생 방지법으로 옳지 않은 것은?

① 콘크리트의 온도상승을 작게 한다.
② 물시멘트비를 작게 한다.
③ 단위 시멘트량을 증가시킨다.
④ 발열량이 적은 시멘트와 혼화제를 사용한다.

해설

콘크리트의 균열 발생을 방지하려면 단위 시멘트 양을 줄여야 함

정답　20 ①　21 ①　22 ②　23 ②　24 ①　25 ③

26 형상은 재두각추체에 가깝고 전면은 거의 평면을 이루며 대략 정사각형으로서 뒷길이, 접촉면의 폭, 뒷면 등이 규격화된 돌로, 접촉면의 폭은 전면 1변의 길이의 1/10 이상이라야 하고, 접촉면의 길이는 1변의 평균 길이의 1/2 이상인 석재는?

① 각석   ② 사고석
③ 견치석 ④ 판석

해설
견치돌
형상은 재두각추체에 가깝고 전면은 거의 평면을 이루며 대략 정사각형으로서 뒷길이, 접촉면의 폭, 뒷면 등이 규격화된 돌

27 정원에 사용되는 자연석의 특징과 선택에 관한 내용 중 옳지 않은 것은?

① 경도가 높은 돌은 기품과 운치가 있는 것이 많고 무게가 있어 보여 가치가 높다.
② 정원석으로 사용되는 자연석은 산이나 개천에 흩어져 있는 돌을 그대로 운반하여 이용한 것이다.
③ 돌에는 색채가 있어서 생명력을 느낄 수 있고 검은색과 흰색은 예로부터 귀하게 여겨지고 있다.
④ 부지 내 타물체와의 대비, 비례, 균형을 고려하여 크기가 적당한 것을 사용한다.

해설
자연석은 뜰녹이 있는 것이 관상가치가 높음

28 다음 중 트래버틴(travertin)은 어떤 암석의 일종인가?

① 대리석   ② 응회암
③ 화강암   ④ 안산암

해설
트래버틴
대리석 일종, 다공질로 무늬와 요철부가 입체감 지님

29 목재의 방부법 중 그 방법이 나머지 셋과 다른 하나는?

① 방청법   ② 침지법
③ 분무법   ④ 도포법

해설
방청법
철근의 부식을 지연시키는 방법

30 다음 중 산울타리 수종이 갖추어야 할 조건으로 틀린 것은?

① 전정에 강할 것
② 아랫가지가 오래갈 것
③ 지엽이 치밀할 것
④ 주로 교목활엽수일 것

해설
산울타리 수종
• 맹아력이 강해야 함
• 지엽이 치밀하고 아랫가지가 오래도록 말라 죽지 않는 성질
• 아름다운 지엽
• 건조와 공해에 대한 저항력이 있어야 함
• 쉬운 보호와 관리
• 상록수가 바람직

정답 26 ③ 27 ③ 28 ① 29 ① 30 ④

31 학교조경에 도입되는 수목을 선정할 때 조경 수목의 생태적 특성 설명으로 옳은 것은?

① 구입하기 쉽고 병충해가 적고 관리하기가 쉬운 수목을 선정
② 교과서에서 나오는 수목이 선정되도록 하며 학생들과 교직원들이 선호하는 수목을 선정
③ 학교 이미지 개선에 도움이 되며, 계절의 변화를 느낄 수 있도록 수목을 선정
④ 학교가 위치한 지역의 기후, 토양 등의 환경에 조건이 맞도록 수목을 선정

해설

학교 조경의 수목 선정 기준
생태적 특성, 경관적 특성, 교육적 특성
• 생태적 특성 : 향토식물 선정, 야생동물의 먹이가 풍부한 식물, 주변 환경에 내성이 강한 식물, 생장속도가 빠른 수목을 우선적으로 선정

32 다음 중 어린가지의 색은 녹색 또는 적갈색으로 엽흔이 발달하고 있으며, 수피에서는 냄새가 나며 약간 골이 파여 있고, 단풍나무 중 복엽이면서 가장 노란색 단풍이 들며, 내조성, 속성수로서 조기녹화에 적당하며 녹음수로 이용가치가 높으며 폭이 없는 가로에 가로수로 심는 수종은?

① 단풍나무　　② 고로쇠나무
③ 복장나무　　④ 네군도단풍

해설

네군도단풍
어린가지의 색은 녹색 또는 적갈색으로 엽흔이 발달하고 있으며, 수피에서는 냄새가 나며 약간 골이 파여 있고, 단풍나무 중 복엽이면서 가장 노란색 단풍이 들며, 내조성, 속성수로서 조기녹화에 적당하며 녹음수로 이용가치가 높음

33 여름에 꽃을 피우는 수종이 아닌 것은?

① 능소화　　② 조팝나무
③ 석류나무　④ 배롱나무

해설

조팝나무
4~5월 흰색으로 개화

34 여름부터 가을까지 꽃을 감상할 수 있는 알뿌리 화초는?

① 색비름　　② 금잔화
③ 칸나　　　④ 수선화

해설

• 색비름(8~9월, 1년생)
• 금잔화(봄, 1년생)
• 수선화(봄, 구근식물)

35 다음 수종 중 상록활엽수가 아닌 것은?

① 굴거리나무　② 후박나무
③ 메타세콰이어　④ 동백나무

해설

메타세콰이어 : 낙엽침엽교목

정답　31 ④　32 ④　33 ②　34 ③　35 ③

36 설계도면에서 선의 용도에 따라 구분할 때 "실선"의 용도에 해당되지 않는 것은?

① 치수를 기입하기 위해 사용한다.
② 지시 또는 기호 등을 나타내기 위해 사용한다.
③ 물체가 있을 것으로 가상되는 부분을 표시한다.
④ 대상물의 보이는 부분을 표시한다.

:해설:
가상선 : 2점 쇄선

37 평판측량에서 도면상에 없는 미지점에 평판을 세워 그 점(미지점)의 위치를 결정하는 측량방법은?

① 측방교선법
② 복전진법
③ 원형교선법
④ 후방교선법

:해설:
후방교선법
미지점에 기계를 설치하고 기지점을 시준하여 미지점의 위치를 결정하는 방법

38 다음 중 건설장비 분류상 "배토정지용 기계"에 해당되는 것은?

① 모터그레이더
② 드래그라인
③ 램머
④ 파워쇼벨

:해설:
- 모터그레이더 : 정지기계
- 드래그라인 : 굴착기계
- 램머 : 다짐기계
- 파워셔블 : 굴착기계

39 모래밭(모래터) 조성에 관한 설명으로 부적합한 것은?

① 적어도 하루에 4 ~ 5시간의 햇볕이 쬐고 통풍이 잘되는 곳에 설치한다.
② 모래밭의 깊이는 놀이의 안전을 고려하여 30cm 이상으로 한다.
③ 가장자리는 방부 처리한 목재 또는 각종 소재를 사용하여 지표보다 높게 모래막이 시설을 해준다.
④ 모래밭은 가급적 휴게시설에서 멀리 배치한다.

:해설:
모래밭은 관리, 감독을 위해 휴게시설에 가깝게 배치

40 수중에 있는 골재를 채취했을 때 무게가 1,000g, 표면건조 내부포화 상태의 무게가 900g, 대기건조 상태의 무게가 860g, 완전건조 상태의 무게가 850g일 때 함수율값은?

① 4.65%
② 5.88%
③ 11.11%
④ 17.65%

:해설:
$$함수율 = \frac{습윤상태 - 절대건조상태}{절대건조상태} \times 100(\%)$$
$$\rightarrow \frac{1,000 - 850}{850} \times 100 = 17.65\%$$

정답 36 ③ 37 ④ 38 ① 39 ④ 40 ④

41 경관석 놓기의 설명으로 옳은 것은?

① 일반적으로 3, 5, 7 등 홀수로 배치한다.
② 경관석은 항상 단독으로만 배치한다.
③ 같은 크기의 경관석으로 조합하면 통일감이 있어 자연스럽다.
④ 경관석의 배치는 돌 사이의 거리나 크기 등을 조정, 배치하여 힘이 분산되도록 한다.

: 해설:

경관석 놓기
- 중심석(주석)과 보조석(부석)으로 주면 환경과 조화를 이루도록 설치
- 3석을 조합하는 경우에는 삼재미의 원리를 적용하여 배치
- 돌을 놓을 때는 경관석 높이의 1/3 이상 깊이로 매립
- 경관석 주위에는 회양목, 철쭉 등의 관목이나 초화류 식재
- 일반적인 수량은 3, 5, 7 등의 홀수로 만들며 돌과 돌 사이의 크기를 고려하여 배치

42 벽돌쌓기법에서 한 켜는 마구리쌓기, 다음 켜는 길이쌓기로 하고 모서리 벽끝에 이오토막을 사용하는 벽돌쌓기 방법인 것은?

① 미국식쌓기　② 영국식쌓기
③ 프랑스식쌓기　④ 마구리쌓기

: 해설:

영국식쌓기
- 길이쌓기 켜와 마구리쌓기 켜를 반복하여 쌓는 방법
- 가장 견고함. 모서리 이오토막 사용

43 공원 내에 설치된 목재벤치 좌판(座板)의 도장보수는 보통 얼마 주기로 실시하는 것이 좋은가?

① 계절이 바뀔 때　② 6개월
③ 매년　④ 2 ~ 3년

: 해설:

시설물 보수 사이클과 내용 연수

시설의 종류	구조	내용 연수	계획 보수	보수 사이클	정기점검 보수	보수의 목표
벤치	목재	7년	도장	2 ~ 3년	좌판 보수	전체의 10% 이상 파손, 부식이 생길 때 (5 ~ 7년)
	플라스틱	7년			좌판 보수	전체의 10% 이상 파손, 부식이 생길 때 (3 ~ 5년)
					볼트 너트 조이기	정기점검시 처리
	콘크리트	20년	도장	3 ~ 4년	파손장소 보수	파손장소가 눈에 띄일 때(5년)

44 다음 중 침상화단(Sunken garden)에 관한 설명으로 적합한 것은?

① 양탄자를 내려다보듯이 꾸민 화단
② 경계부분을 따라서 1열로 꾸민 화단
③ 관상하기 편리하도록 지면을 1 ~ 2m 정도 파내려가 꾸민 화단
④ 중앙부를 낮게 하기 위하여 키 작은 꽃을 중앙에 심어 꾸민 화단

: 해설:

침상화단
- 지면에서 1m 정도 낮게 하여 기하학적인 땅가름
- 초화 식재가 한 눈에 내려다 보임

45 염해지 토양의 가장 뚜렷한 특징을 설명한 것은?

① 치환성 석회의 함량이 높다.
② 활성철의 함량이 높다.
③ 마그네슘, 나트륨 함량이 높다.
④ 유기물의 함량이 높다.

해설

염해지 토양
염분을 많이 함유해 마그네슘, 나트륨의 함량이 높음

46 수목의 식재 시 해당 수목의 규격을 수고와 근원직경으로 표시하는 것은? (단, 건설공사 표준품셈을 적용한다.)

① 현사시나무   ② 목련
③ 자작나무   ④ 은행나무

해설

현사시나무, 자작나무, 은행나무(H×B), 목련(H×R)

47 다음 중 정형적 배식유형은?

① 부등변 삼각형 식재   ② 임의식재
③ 군식   ④ 교호식재

해설

- 정형식 배식 : 단식, 대식, 열식, 교호식재, 군식
- 자연식 배식 : 부등변 삼각형 식재, 임의식재, 군식(무리심기), 배경식재

48 조경수를 이용한 가로막이 시설의 기능이 아닌 것은?

① 시선차단
② 보행자의 움직임 규제
③ 악취방지
④ 광선방지

해설

가로막이는 악취를 제거할 수 없음

49 다음 중 접붙이기 번식을 하는 목적으로 거리가 먼 것은?

① 씨뿌림으로는 품종이 지니고 있는 고유의 특징을 계승시킬 수 없는 수목의 증식에 이용된다.
② 바탕나무의 특성보다 우수한 품종을 개발하기 위해 이용된다.
③ 가지가 쇠약해지거나 말라 죽은 경우 이것을 보태주거나 또는 힘을 회복시키기 위해서 이용된다.
④ 종자가 없고 꺾꽂이로도 뿌리 내리지 못하는 수목의 증식에 이용된다.

해설

접붙이기는 바탕나무의 특성을 살리기 위해 실시함

정답 45 ③ 46 ② 47 ④ 48 ③ 49 ②

50 다음 중 큰 나무의 뿌리돌림에 대한 설명으로 거리가 먼 것은?

① 뿌리돌림을 한 후에 새끼로 뿌리분을 감아 두면 뿌리의 부패를 촉진하여 좋지 않다.
② 굵은 뿌리를 3 ~ 4개 정도 남겨둔다.
③ 뿌리돌림을 하기 전 수목이 흔들리지 않도록 지주목을 설치하여 작업하는 방법도 좋다.
④ 굵은 뿌리 절단 시는 톱으로 깨끗이 절단한다.

해설

새끼로 뿌리분을 감아두면 바로 옮겨 심기가 가능

51 양분결핍 현상이 생육 초기에 일어나기 쉬우며, 새잎에 황화 현상이 나타나고 엽맥 사이가 비단무늬 모양으로 되는 결핍 원소는?

① Cu　　　② Mn
③ Zn　　　④ Fe

해설

철	기능	산소 운반, 엽록소 생성 촉매작용
	부족시	잎 조직에 황화현상(침엽수는 백화), 가지의 크기 감소, 조기낙엽, 낙과

52 다음 중 교목류의 높은 가지를 전정하거나 열매를 채취할 때 주로 사용할 수 있는 가위는?

① 갈고리 전정가위　　② 조형 전정가위
③ 순치기가위　　　　④ 대형 전정가위

해설

고지가위
높은 곳의 가지나 열매를 채취하기 위해(갈고리 전정가위) 사용

53 다음 중 수목의 전정 시 제거해야 하는 가지가 아닌 것은?

① 밑에서 움돋는 가지
② 아래를 향해 자란 하향지
③ 교차한 교차지
④ 위를 향해 자라는 가지

해설

• 전정할 가지 : 도장지, 내향지, 고사지, 병충해 가지, 하향지, 움돋은 가지, 교차지, 평행지
• 위로 향해 자라는 가지는 자르지 않음

54 소나무의 순지르기, 활엽수의 잎 따기 등에 해당하는 전정법은?

① 생리를 조절하는 전정
② 생장을 돕기 위한 전정
③ 생장을 억제하기 위한 전정
④ 세력을 갱신하는 전정

해설

생장을 억제하기 위한 전정
수목의 일정한 형태 유지
• 산울타리 다듬기, 소나무 새순 자르기, 상록활엽수의 잎사귀 따기 등

55 배롱나무, 장미 등과 같은 내한성이 약한 나무의 지상부를 보호하기 위하여 사용되는 가장 적합한 월동 조치법은?

① 새끼감기　　② 짚싸기
③ 연기씌우기　④ 흙묻기

해설

짚싸기
배롱나무, 장미 등과 같은 내한성이 약한 나무의 지상부를 보호하기 위하여 사용

정답 50 ① 51 ④ 52 ① 53 ④ 54 ③ 55 ②

56 사철나무 탄저병에 관한 설명으로 틀린 것은?

① 상습발생지에서는 병든 잎을 모아 태우거나 땅속에 묻고, 6월경부터 살균제를 3~4회 살포한다.
② 관리가 부실한 나무에서 많이 발생하므로 거름주기와 가지치기 등의 관리를 철저히 하면 문제가 없다.
③ 흔히 그을음병과 같이 발생하는 경향이 있으며 병징도 혼동될 때가 있다.
④ 잎에 크고 작은 점무늬가 생기고 차츰 움푹 들어가면서 진전되므로 지저분한 느낌을 준다.

해설
- 탄저병 : 감나무, 매화나무 등에서 발생. 각각 종류가 다른 탄저균의 기생으로 발생
- 그을음병 : 흡즙성 해충의 배설물에 의해 발생

57 다음 중 미국흰불나방 구제에 가장 효과가 좋은 것은?

① 카바릴수화제(세빈)
② 디니코나졸수화제(빈나리)
③ 디캄바액제(반벨)
④ 시마진수화제(씨마진)

해설
- 디니코나졸수화제(생장조절제)
- 디캄바액제(제초제)
- 시마진수화제(제초제)

58 다음 중 밭에 많이 발행하여 우생하는 잡초는?

① 올미
② 바랭이
③ 가래
④ 너도방동사니

해설
- 바랭이 : 한해살이 풀로 밭, 밭둑 등에서 흔히 자람
- 올미, 가래, 너도방동사니(습지에서 잘 자람)

59 난지형 잔디에 뗏밥을 주는 가장 적합한 시기는?

① 3~4월
② 5~7월
③ 9~10월
④ 11~1월

해설

| 배토시기 | • 한지형은 봄, 가을(5~6월, 9~10월)
• 난지형은 늦봄, 초여름(6~8월)의 생육이 왕성한 시기 |

60 우리나라 조선 정원에서 사용되었던 홍예문의 성격을 띤 구조물이라 할 수 있는 것은?

① 트렐리스
② 정자
③ 아치
④ 테라스

해설

홍예문
윗부분을 무지개형으로 둥글게 만든 문으로 서양의 아치와 비슷한 구조

정답 56 ③ 57 ① 58 ② 59 ② 60 ③

2013 제 5 회 과년도기출문제

01 다음 중 넓은 잔디밭을 이용한 전원적이며 목가적인 정원 양식은 무엇인가?

① 다정식 ② 회유임천식
③ 고산수식 ④ 전원풍경식

해설

전원풍경식 정원
- 동아시아, 유럽의 18세기 영국에서 발달
- 넓은 잔디밭을 이용하여 전원적이며 목가적인 자연 풍경 관상
- 영국에서 발달 후 독일의 풍경식정원으로 발달

02 주축선을 따라 설치된 원로의 양쪽에 짙은 수림을 조성하여 시선을 주축선으로 집중시키는 수법을 무엇이라 하는가?

① 테라스(terrace) ② 파티오(patio)
③ 비스타(vista) ④ 퍼골러(pergola)

해설

비스타(Vista)
좌우 시선이 숲 등에 의해 제한되고 정면의 한 점으로 선이 보이도록 구성, 주축선이 두드러지게 하는 경관 구성 수법

03 물체의 절단한 위치 및 경계를 표시하는 선은?

① 실선 ② 파선
③ 1점 쇄선 ④ 2점 쇄선

해설

1점 쇄선
중심선, 경계선, 절단선

04 다음 중 점층(漸層)에 관한 설명으로 적합한 것은?

① 조경재료의 형태나 색깔, 음향 등의 점진적 증가
② 대소, 장단, 명암, 강약
③ 일정한 간격을 두고 흘러오는 소리, 다변화되는 색채
④ 중심축을 두고 좌우 대칭

해설

점층
형태나 선, 색깔, 음향 등이 점차적으로 증가하거나 감소하는 것

정답 01 ④ 02 ③ 03 ③ 04 ①

05 안정감과 포근함 등과 같은 정적인 느낌을 받을 수 있는 경관은?

① 파노라마 경관 ② 위요경관
③ 초점 경관 ④ 지형 경관

해설

위요경관
- 수목 등 주위 경관 요소들에 의해 울타리처럼 자연스럽게 둘러싸여 있는 경관
- 시선을 끌 수 있는 낮고 평탄한 중심 공간
- 중심공간에 주위를 둘러싸는 수직적 요소
- 정적인 느낌, 아늑함(휴식공간)

06 황금비는 단변이 1일 때 장변은 얼마인가?

① 1.681 ② 1.618
③ 1.186 ④ 1.861

해설

황금분할(1 : 1.618)

07 골프장에 사용되는 잔디 중 난지형 잔디는?

① 들잔디 ② 벤트그래스
③ 캔터키블루그래스 ④ 라이그래스

해설

- 난지형 잔디 : 한국 잔디, 버뮤다 그래스
- 한지형 잔디 : 벤트그래스, 켄터키블루그래스, 페스큐그래스, 라이 그래스

08 미기후에 관련된 조사항목으로 적당하지 않은 것은?

① 대기오염정도
② 태양복사열
③ 안개 및 서리
④ 지역온도 및 전국온도

해설

미기후
지형, 태양의 복사열, 공기유통 정도, 안개 및 서리의 피해유무 등 국부적인 장소에서 나타나는 기후가 주변 기후와 현저히 달리 나타나는 것

09 다음 정원의 개념을 잘 나타내는 중정은?

- 무어 양식의 극치라고 일컬어지는 알함브라(Alhambra)궁의 여러 개 정(Patio) 중 하나이다.
- 4개의 수로에 의해 4분 되는 파라다이스 정원이다.
- 가장 화려한 정원으로서 물의 존귀성이 드러난다.

① 사자의 중정 ② 창격자의 중정
③ 연못의 중정 ④ 다라하의 중정

해설

사자의 중정
- 바닥 : 자갈, 지붕 : 색채타일
- 가장 화려한 정원, 주랑식 중정
- 검은 대리석으로 된 수반(12마리 사자가 받치고 있음)과 네 개의 수로 연결 : 물의 존귀성

정답 05 ② 06 ② 07 ① 08 ④ 09 ①

10 우리나라 고려시대 궁궐 정원을 맡아보던 곳은?

① 내원서　　② 상림원
③ 장원서　　④ 원야

해설

조경관리부서(궁궐 정원 담당 관서)
- 고구려 : 궁원(유리왕)
- 고려 : 내원서(충렬왕)
- 조선 : 상림원(태조), 산택사(태종), 장원서(세조), 원유사(광해군)

11 우리나라에서 한국적 색채가 농후한 정원 양식이 확립되었다고 할 수 있는 때는?

① 통일신라　　② 고려전기
③ 고려후기　　④ 조선시대

해설

조선시대 정원의 특징
한국적 색채가 짙어짐, 정원기법 확립(후원)

12 이탈리아 정원 양식의 특성과 관계가 먼 것은?

① 테라스 정원
② 노단식 정원
③ 평면기하학식 정원
④ 축선상에 여러 개의 분수 설치

해설

평면기하학식 : 프랑스 정원 양식

13 버킹검의 「스토우 가든」을 설계하고, 담장 대신 정원 부지의 경계선에 도랑을 파서 외부로부터의 침입을 막은 ha-ha 수법을 실현하게 한 사람은?

① 켄트　　② 브릿지맨
③ 와이즈맨　　④ 챔버

해설

브릿지맨(Bridgeman)
스토우가든 설계(버킹검), 스토우가든에 하하 개념 도입

14 다음 설명 중 중국 정원의 특징이 아닌 것은?

① 차경수법을 도입하였다.
② 태호석을 이용한 석가산 수법이 유행하였다.
③ 사의주의보다는 상징적 축조가 주를 이루는 사실주의에 입각하여 조경이 구성되었다.
④ 자연경관이 수려한 곳에 인위적으로 암석과 수목을 배치하였다.

해설

중국 정원의 특징
- 대비에 중점(자연미와 인공미) : 이화원(곤명호/불향각)
- 석가산(태호석 : 괴석)
- 사의주의, 회화풍경식, 자연풍경식
- 자연경관이 수려한 곳에 임의적으로 암석과 수목 배치(심산유곡 느낌)
- 직선 + 곡선의 사용
- 하나의 정원에 부분적으로 여러 비율을 혼합하여 사용
- 차경수법 도입

정답　10 ①　11 ④　12 ③　13 ②　14 ③

15 19세기 미국에서 식민지시대의 사유지 중심의 정원에서 공공적인 성격을 지닌 조경으로 전환되는 전기를 마련한 것은?

① 센트럴 파크
② 프랭클린 파크
③ 비큰히드 파크
④ 프로스펙트 파크

해설

센트럴 파크(Central Park)
- 영국 최초 공공 공원인 버큰헤드의 영향을 받은 최초의 도시 공원
- 의의 : 도시 공원의 효시, 재정적 성공, 국립공원 운동 계기 • 옐로스톤공원(최초 국립공원, 1872)

16 재료가 탄성한계 이상의 힘을 받아도 파괴되지 않고 가늘고 길게 늘어나는 성질은?

① 취성(脆性)
② 인성(靭性)
③ 연성(延性)
④ 전성(展性)

해설

연성
탄성 한계를 넘어서 파괴되지 않고 늘어나는 성질

17 해사 중 염분이 허용한도를 넘을 때 철근콘크리트의 조치방안으로 옳지 않은 것은?

① 아연도금 철근을 사용한다.
② 방청제를 사용하여 철근의 부식을 방지한다.
③ 살수 또는 침수법을 통하여 염분을 제거한다.
④ 단위시멘트량이 적은 빈배합으로 하여 염분과의 반응성을 줄인다.

해설

시멘트 빈배합 시 부식이 촉진됨

18 시멘트의 응결에 대한 설명으로 옳지 않은 것은?

① 시멘트와 물이 화학 반응을 일으키는 작용이다.
② 수화에 의하여 유동성과 점성을 상실하고 고화하는 현상이다.
③ 시멘트 겔이 서로 응집하여 시멘트입자가 치밀하게 채워지는 단계로서 경화하여 강도를 발휘하기 직전의 상태이다.
④ 저장 중 공기에 노출되어 공기 중의 습기 및 탄산가스를 흡수하여 가벼운 수화반응을 일으켜 탄산화하여 고화되는 현상이다.

해설

저장 중 공기에 노출되어 공기 중의 습기 및 탄산가스를 흡수하여 가벼운 수화반응을 일으켜 탄산화하여 고화되는 현상 : 풍화

19 합성수지에 관한 설명 중 잘못된 것은?

① 기밀성, 접착성이 크다.
② 비중에 비하여 강도가 크다.
③ 착색이 자유롭고 가공성이 크므로 장식적 마감재에 적합하다.
④ 내마모성이 보통 시멘트콘크리트에 비교하면 극히 적어 바닥 재료로는 적합하지 않다.

해설

합성수지 중 에폭시 등 열경화성 수지는 포장재료로 적합

정답 15 ① 16 ③ 17 ④ 18 ④ 19 ④

20 우리나라에서 식물의 천연분포를 결정짓는 주된 요인은?

① 광선 ② 온도
③ 바람 ④ 토양

해설

식물의 천연분포

온도 조건에 따라 삼림대 구분
- 난대림 : 녹나무, 동백나무, 가시나무, 돈나무, 감탕나무
- 온대림 남부 : 해송, 서어나무, 굴피나무, 팽나무, 산초나무, 대나무 등
- 온대림 중부 : 졸참나무, 신갈나무, 때죽나무, 밤나무
- 온대림 북부 : 박달나무, 피나무, 거제수, 사시나무, 시닥나무, 신갈나무 등
- 한대림 : 잣나무, 전나무, 주목, 가문비, 분비나무, 이깔나무, 종비나무 등

21 다음 중 공기 중에 환원력이 커서 산화가 쉽고, 이온화 경향이 가장 큰 금속은?

① Pb ② Fe
③ Al ④ Cu

해설

이온화경향

K > Ca > Na > Mg > Al > Zn > Fe > Ni > Sn > Pb > (H) > Cu > Hg > Ag > Pt > Au

22 점토제품 제조를 위한 소성(燒成) 공정순서로 맞는 것은?

① 예비처리 – 원료조합 – 반죽 – 숙성 – 성형 – 시유(施釉) – 소성
② 원료조합 – 반죽 – 숙성 – 예비처리 – 소성 – 성형 – 시유
③ 반죽 – 숙성 – 성형 – 원료조합 – 시유 – 소성 – 예비처리
④ 예비처리 – 반죽 – 원료조합 – 숙성 – 시유 – 성형 – 소성

해설

점토제품의 소성공정

예비처리 → 원료조합 → 반죽 → 숙성 → 성형 → 시유 → 소성

23 다음 중 훼손지 비탈면의 초류종자 살포(종비토뿜어붙이기)와 관계없는 것은?

① 종자 ② 생육기반재
③ 지효성비료 ④ 농약

해설

종자뿜어붙이기

기구를 이용하여 접착제(토양안정), 녹화기반재(배양토, 비료, 화이버, 펄프류, 종자), 색소(살포지와 미살포지 구분 및 시각적 위장), 물을 섞어 뿜어 붙임

정답 20 ② 21 ③ 22 ① 23 ④

24 돌을 뜰 때 앞면, 뒷면, 길이 접촉부 등의 치수를 지정해서 깨낸 돌을 무엇이라 하는가?

① 견치돌 ② 호박돌
③ 사괴석 ④ 평석

:해설:

견치돌
형상은 재두각추체에 가깝고 전면은 거의 평면을 이루며 대략 정사각형으로서 뒷길이, 접촉면의 폭, 뒷면 등이 규격화된 돌

25 화강암(granite)에 대한 설명 중 옳지 않은 것은?

① 내마모성이 우수하다.
② 구조재로 사용이 가능하다.
③ 내화도가 높아 가열 시 균열이 적다.
④ 절리의 거리가 비교적 커서 큰 판재를 생산할 수 있다.

:해설:

석재	용도	장점 및 특징
화강암	조적재, 기초 석재, 건축 내외장재, 구조재	• 한국 돌의 70%를 차지 • 흰색 또는 담회색 • 경도, 강도, 내마모성, 색채, 광택 우수 • 내화성 낮으나 압축강도가 가장 큼 • 큰 재료 획득 가능

26 인조목의 특징이 아닌 것은?

① 제작 시 숙련공이 다루지 않으면 조잡한 제품을 생산하게 된다.
② 목재의 질감은 표출되지만 목재에서 느끼는 촉감을 맛볼 수 없다.
③ 안료를 잘못 배합하면 표면에서 분말이 나오게 되어 시각적으로 좋지 않고 이용에도 문제가 생긴다.
④ 마모가 심하여 파손되는 경우가 많다.

:해설:

인조목
콘크리트로 만든 나무모양으로 마모가 적음

27 목재의 구조에는 춘재와 추재가 있는데 추재(秋材)를 바르게 설명한 것은?

① 세포는 막이 얇고 크다.
② 빛깔이 엷고 재질이 연하다.
③ 빛깔이 짙고 재질이 치밀하다.
④ 춘재보다 자람의 폭이 넓다.

:해설:

추재
가을, 겨울에 자란 세포, 빛깔이 짙고 재질이 치밀

정답 24 ① 25 ③ 26 ④ 27 ③

28 수목의 여러 가지 이용 중 단풍의 아름다움을 관상하려 할 때 적합하지 않은 수종은?

① 신나무　　② 칠엽수
③ 화살나무　④ 팥배나무

해설
팥배나무
열매를 관상하는 수종

29 호랑가시나무(감탕나무과)와 목서(물푸레나무과)의 특징 비교 중 옳지 않은 것은?

① 호랑가시나무의 잎은 마주나며 얇고 윤택이 없다.
② 목서의 꽃은 백색으로 9 ~ 10월에 개화한다.
③ 호랑가시나무의 열매는 0.8 ~ 1.0cm로 9 ~ 10월에 적색으로 익는다.
④ 목서의 열매는 타원형으로 이듬해 10월경에 암자색으로 익는다.

해설
호랑가시나무
잎은 호생이며 윤택이 있고 각점이 있음

30 다음 중 조경수목의 생장 속도가 빠른 수종은?

① 둥근향나무　② 감나무
③ 모과나무　　④ 삼나무

해설
생장속도가 빠른 수종
가중나무, 낙우송, 삼나무, 오동나무, 자귀나무, 배롱나무 등

31 다음 중 방풍용수의 조건으로 옳지 않은 것은?

① 양질의 토양으로 주기적으로 이식한 천근성 수목
② 일반적으로 견디는 힘이 큰 낙엽활엽수보다 상록활엽수
③ 파종에 의해 자란 자생수종으로 직근(直根)을 가진 것
④ 대표적으로 소나무, 가시나무, 느티나무 등

해설
방풍용 조경수목
• 강한 풍압에 견딜 수 있어야 함
• 심근성 수종, 지엽이 치밀한 수종
• 파종에 의해 자라난 실생 수종
• 잘 부러지지 않는 성질을 가진 수종

32 감탕나무과(Aquifoliaceae)에 해당하지 않는 것은?

① 호랑가시나무　② 먼나무
③ 꽝꽝나무　　　④ 소태나무

해설
• 호랑가시나무, 먼나무, 꽝꽝나무(감탕나무과)
• 소태나무(소태나무과)

정답　28 ④　29 ①　30 ④　31 ①　32 ④

33 다음 설명에 적합한 수목은?

- 감탕나무과 식물이다.
- 자웅이주이다.
- 상록활엽소교목으로 열매가 적색이다.
- 잎은 호생으로 타원상의 육각형이며 가장자리에 바늘 같은 각점(角點)이 있다.
- 열매는 구형으로서 지름 8 ~ 10mm이며, 적색으로 익는다.

① 감탕나무 ② 낙상홍
③ 먼나무   ④ 호랑가시나무

해설

호랑가시나무
- 감탕나무과, 자웅이주
- 상록활엽수 교목으로 열매가 적색
- 잎은 호생으로 타원상의 육각형이며 가장자리에 바늘 같은 각점
- 열매는 구형으로서 지름 8 ~ 10mm이며, 적색

34 다음 중 황색의 꽃을 갖는 수목은?

① 모감주나무 ② 조팝나무
③ 박태기나무 ④ 산철쭉

해설

- 조팝나무(흰색)
- 박태기나무(보라색)
- 산철쭉(분홍색)

35 일반적으로 봄 화단용 꽃으로만 짝지어진 것은?

① 맨드라미, 국화   ② 데이지, 금잔화
③ 샐비어, 색비름   ④ 칸나, 메리골드

해설

- 데이지, 금잔화(봄 화단)
- 맨드라미, 국화, 샐비어, 색비름, 칸나, 메리골드(가을 화단)

36 측량에서 활용되는 정지된 평균해수면을 육지까지 연장하여 지구 전체를 둘러쌌다고 사상한 곡면?

① 타원체면   ② 지오이드면
③ 물리적 지표면 ④ 회전타원체면

해설

- 지오이드면 : 지구 전체를 정지한 바다로 덮었다고 생각한 경우에 해면이 그리는 곡면. 지구의 중력이 내부 밀도의 불균일로 인해 일정하지 않기 때문에 단순한 형으로는 되지 않음
- 물리적 지표면 : 육지, 해양 등 자연 그대로의 지표면 상태. 형상이 복잡하여 수학적 계산의 기준으로는 곤란. 측량작업은 지표면상에서 이루어짐
- 회전타원체면 : 타원이 주축의 둘레를 회전했을 때 생기는 입체형상

37 조경현장에서 사고가 발생하였다고 할 때 응급조치를 잘못 취한 것은?

① 기계의 작동이나 전원을 단절시켜 사고의 진행을 막는다.
② 현장에 관중이 모이거나 흥분이 고조되지 않도록 하여야 한다.
③ 사고 현장은 사고 조사가 끝날 때까지 그대로 보존하여 두어야 한다.
④ 상해자가 발생시는 관계 조사관이 현장을 확인 보존 후 이후 전문의의 치료를 받게 한다.

해설

상해자 발생 시 사고자를 먼저 구호하고, 관계자에게 보고 및 통보를 함

정답 33 ④ 34 ① 35 ② 36 ② 37 ④

38 조경시설물의 관리원칙으로 옳지 않은 것은?

① 여름철 그늘이 필요한 곳에 차광시설이나 녹음수를 식재한다.
② 노인, 주부 등이 오랜 시간 머무는 곳은 가급적 석재를 사용한다.
③ 바닥에 물이 고이는 곳은 배수시설을 하고 다시 포장한다.
④ 이용자의 사용빈도가 높은 것은 충분히 조이거나 용접한다.

해설
노인, 주부 등이 오랜 시간 머무는 곳은 완충 작용을 위해 목재를 사용

39 다음 그림과 같은 비탈면 보호공의 공종은?

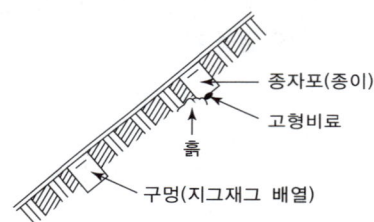

① 식생구멍공 ② 식생자루공
③ 식생매트공 ④ 줄떼심기공

해설
식생구멍공
• 수목의 유묘나 성묘를 식재해 비탈면을 녹화하는 공법
• 초기 효과보다 영속적인 효과를 위한 공법
• 식재를 위해 최초 30cm 정도의 식혈과 객토가 필요

40 벽 뒤로부터의 토압에 의한 붕괴를 막기 위한 공사는?

① 옹벽쌓기 ② 기슭막이
③ 견치석쌓기 ④ 호안공

해설

옹벽의 종류	
중력식 옹벽	• 옹벽의 자중으로 토압에 저항(무근콘크리트) • 높이는 4m 정도까지 비교적 낮은 경우에 유리
컨틸레버 옹벽	• 기초저판 위에 흙의 무게를 보강(T형, L형) • 높이 6m까지 사용 가능, 중력식보다 경제적
부축식 옹벽	• T형 옹벽에 일정 간격으로 부벽을 설치 • 높이 6m 이상에 사용 가능

41 콘크리트의 재료분리 현상을 줄이기 위한 방법으로 옳지 않은 것은?

① 플라이애시를 적당량 사용한다.
② 세장한 골재보다는 둥근골재를 사용한다.
③ 중량골재와 경량골재 등 비중차가 큰 골재를 사용한다.
④ AE제나 AE감수제 등을 사용하여 사용수량을 감소시킨다.

해설
비중의 차이가 큰 골재를 사용 시 무거운 골재끼리 모일 수 있음

정답 38 ② 39 ① 40 ① 41 ③

42. 콘크리트의 크리프(creep)현상에 관한 설명으로 옳지 않은 것은?

① 부재의 건조 정도가 높을수록 크리프는 증가한다.
② 양생, 보양이 나쁠수록 크리프는 증가한다.
③ 온도가 높을수록 크리프는 증가한다.
④ 단위수량이 적을수록 크리프는 증가한다.

해설

크리프
둘체에 외력이 작용할 때 시간이 지나면서 변형이 증대해 가는 현상
• 단위수량이 많을수록 크리프는 증가

43. 각 재료의 할증률로 맞는 것은?

① 이형철근 : 5%
② 강판 : 12%
③ 경계블록(벽돌) : 5%
④ 조경용수목 : 10%

해설

이형철근(3%), 강판(10%), 경계블럭(3%)

44. 다음 중 호박돌 쌓기에 이용되는 쌓기법으로 가장 적합한 것은?

① +자 줄눈 쌓기
② 줄눈 어긋나게 쌓기
③ 평석 쌓기
④ 이음매 경사지게 쌓기

해설

호박돌은 줄눈 어긋나게 쌓기를 실시해 +자형 줄눈이 생기지 않게 함

45. 흙은 같은 양이라 하더라도 자연상태(N)와 흐트러진 상태(S), 인공적으로 다져진 상태(H)에 따라 각각 그 부피가 달라진다. 자연상태의 흙의 부피(N)를 1.0으로 할 경우 부피가 큰 순서로 적당한 것은?

① H 〉 N 〉 S
② N 〉 H 〉 S
③ S 〉 N 〉 H
④ S 〉 H 〉 N

해설

토양 변화
흐트러진 상태(S) 〉 자연상태(N) 〉 다져진 상태(H)

46. 벽면적 4.8m² 크기에 1.5B 두께로 붉은벽돌을 쌓고자 할 때 벽돌의 소요매수는? (단, 줄눈의 두께는 10mm이고, 할증률을 고려한다.)

① 925매
② 963매
③ 1109매
④ 1245매

해설

구분	0.5B	1.0B	1.5B	2.0B
표준형(190×90×57) 벽돌	75매	149매	224매	298매
일반형(210×100×60) 벽돌	65매	130매	195매	260매

→ 4.8 × 224 × 1.03(붉은벽돌 할증률 3%)
 = 1,107.456 장

47. 마운딩(mounding)의 기능으로 옳지 않은 것은?

① 유효토심 확보
② 자연스러운 경관 연출
③ 공간연결의 역할
④ 배수방향 조절

해설

마운딩 작업의 목적
유효토심 확보, 자연스러운 경관의 연출, 배수방향 조절

정답 42 ④ 43 ④ 44 ② 45 ③ 46 ③ 47 ③

48 과습지역 토양의 물리적 관리 방법이 아닌 것은?

① 암거배수 시설설치
② 명거배수 시설설치
③ 토양치환
④ 석회시용

> **해설**
> 석회는 산성토양을 중화하기 위해 사용

49 다음 중 토양수분의 형태적 분류와 설명이 옳지 않은 것은?

① 결합수(結合水) – 토양 중의 화합물의 한 성분
② 흡습수(吸濕水) – 흡착되어 있어서 식물이 이용하지 못하는 수분
③ 모관수(毛管水) – 식물이 이용할 수 있는 수분의 대부분
④ 중력수(重力水) – 중력에 내려가지 않고 표면장력에 의하여 토양입자에 붙어있는 수분

> **해설**
> **중력수**
> 자유수라고도 부르며, 중력에 의하여 토양층 아래로 내려가는 수분

50 단풍나무를 식재 적기가 아닌 여름에 옮겨 심을 때 실시해야 하는 작업은?

① 뿌리분을 크게 하고, 잎을 모조리 따내고 식재
② 뿌리분을 적게 하고, 가지를 잘라낸 후 식재
③ 굵은 뿌리는 자르고, 가지를 솎아내고 식재
④ 잔뿌리 및 굵은 뿌리를 적당히 자르고 식재

> **해설**
> **여름 이식**
> 잎의 2/3 이상을 훑어버리고 가지도 반 정도 전정한 후 충분한 관수 및 멀칭. 뿌리분을 크게 하여 이식

51 개화를 촉진하는 정원수관리에 관한 설명으로 옳지 않은 것은?

① 햇빛을 충분히 받도록 해준다.
② 물을 되도록 적게 주어 꽃눈이 많이 생기도록 한다.
③ 깻묵, 닭똥, 요소, 두엄 등을 15일 간격으로 시비한다.
④ 너무 많은 꽃봉오리는 솎아낸다.

> **해설**
> 유기질 비료는 밑거름으로 사용. 개화를 촉진하려면 인질비료를 시비하여야 함

정답 48 ④ 49 ④ 50 ① 51 ③

52 소나무류는 생장조절 및 수형을 바로잡기 위하여 순따기를 실시하는데 대략 어느 시기에 실시하는가?

① 3 ~ 4월 ② 5 ~ 6월
③ 9 ~ 10월 ④ 11 ~ 12월

해설

소나무 순지르기
5 ~ 6월에 2 ~ 3개의 순을 남기고 중심 순을 포함한 나머지 순은 제거하며, 남길 순도 1/2 ~ 2/3 정도를 손으로 꺾어 버림

53 일반적으로 근원직경이 10cm인 수목의 뿌리분을 뜨고자 할 때 뿌리분의 직경으로 적당한 크기는?

① 20cm ② 40cm
③ 80cm ④ 120cm

해설

일반적인 뿌리분의 크기 : 근원직경의 4배

54 다음 중 일반적으로 전정 시 제거해야 하는 가지가 아닌 것은?

① 도장한 가지 ② 바퀴살 가지
③ 얽힌 가지 ④ 주지(主枝)

해설

전정할 가지
도장지, 내향지, 고사지, 병충해 가지, 하향지, 움돋은 가지, 교차지, 평행지
• 바퀴살가지 : 원줄기나 원가지의 거의 같은 위치에서 세 개 이상 나온 가지(제거)

55 수목의 전정작업 요령에 관한 설명으로 옳지 않은 것은?

① 상부는 가볍게, 하부는 강하게 한다.
② 우선 나무의 정상부로부터 주지의 전정을 실시한다.
③ 전정작업을 하기 전 나무의 수형을 살펴 이루어질 가지의 배치를 염두에 둔다.
④ 주지의 전정은 주간에 대해서 사방으로 고르게 굵은가지를 배치하는 동시에 상하(上下)로도 적당한 간격으로 자리잡도록 한다.

해설

전정 방법
상부는 강하게, 하부는 가볍게

56 꺾꽂이(삽목)번식과 관련된 설명으로 옳지 않은 것은?

① 실생묘에 비해 개화결실이 빠르다.
② 봄철에는 새싹이 나오고 난 직후에 실시한다.
③ 왜성화할 수도 있다.
④ 20 ~ 30℃의 온도와 포화상태에 가까운 습도조건이면 항상 가능하다.

해설

삽목시기
• 봄에는 싹트기 전(3월경), 여름에는 생장이 일시 정지하는 장마철(6 ~ 7월), 가을에는 휴면에 들어가기 전(9 ~ 10월)에 실시
• 20 ~ 30도의 온도와 포화 상태에 가까운 습도 조건이면 항상 가능

정답 52 ② 53 ② 54 ④ 55 ① 56 ②

57 수목의 키를 낮추려면 다음 중 어떠한 방법으로 전정하는 것이 가장 좋은가?

① 수액이 유동하기 전에 약전정을 한다.
② 수액이 유동한 후에 약전정을 한다.
③ 수액이 유동하기 전에 강전정을 한다.
④ 수액이 유동한 후에 강전정을 한다.

해설

키를 낮추기 위한 전정
수액이 유동하기 전에 강전정 실시

58 잎응애(spider mite)에 관한 설명으로 옳지 않은 것은?

① 무당벌레, 풀잠자리, 거미 등의 천적이 있다.
② 절지동물로서 거미강에 속한다.
③ 5월부터 세심히 관찰하여 약충이 발견되면, 다이아지논 입제 등 살충제를 살포한다.
④ 육안으로 보이지 않기 때문에 응애 피해를 다른 병으로 잘못 진단하는 경우가 자주 있다.

해설

응애는 살비제 살포로 구제

59 흡즙성 해충의 분비물로 인하여 발생하는 병은?

① 흰가루병   ② 혹병
③ 그을음병   ④ 점무늬병

해설

그을음병
진딧물, 깍지벌레 등의 흡즙성 해충의 분비물로 인해 2차적으로 발생

60 잔디의 잎에 갈색 병반이 동그랗게 생기고, 특히 6~9월경에 벤트그라스에 주로 나타나는 병해는?

① 녹병   ② 브라운패치
③ 황화병   ④ 설부병

해설

브라운패치(6~7월, 9월, 고온다습 시 발생)
• 서양 잔디에만 발생, 태치축척이 문제
• 토양전염, 전파력이 매우 빠름
• 산성토양, 질소비료 과용 시 발생

정답 57 ③ 58 ③ 59 ③ 60 ②

2014 제1회 과년도기출문제

01 토양의 단면 중 낙엽이 대부분 분해되지 않고 원형 그대로 쌓여 있는 층은?

① L층　② F층
③ H층　④ C층

해설

A0층
L층(낙엽층), F층(조부식층), H층(정부식층)

02 다음 중 색의 대비에 관한 설명이 틀린 것은?

① 보색인 색을 인접시키면 본래의 색보다 채도가 낮아져 탁해 보인다.
② 명도단계를 연속시켜 나열하면 각각 인접한 색끼리 두드러져 보인다.
③ 명도가 다른 두 색을 인접시키면 명도가 낮은 색은 더욱 어두워 보인다.
④ 채도가 다른 두 색을 인접시키면 채도가 높은 색은 더욱 선명해 보인다.

해설

보색대비
어떤 색을 보색과 대비시키면 본래의 색보다 채도가 서로 높아지고 선명해지면서 서로 상대방의 색을 강하게 드러나 보이게 함

03 조경 프로젝트의 수행단계 중 주로 공학적인 지식을 바탕으로 다른 분야와는 달리 생물을 다룬다는 특수한 기술이 필요한 단계로 가장 적합한 것은?

① 조경계획　② 조경설계
③ 조경관리　④ 조경시공

해설

시공
공학적 지식이 필요하며 생물을 다룬다는 점에서 특수한 기술이 요구됨

04 다음 중 일반적으로 옥상정원 설계 시 일반조경 설계보다 중요하게 고려할 항목으로 관련이 적은 것은?

① 토양층 깊이　② 방수 문제
③ 지주목의 종류　④ 하중 문제

해설

옥상정원 계획 시 고려사항
하중(토양층의 깊이), 방수 및 배수, 옥상의 특수한 기후

정답　01 ①　02 ①　03 ④　04 ③

05 로마의 조경에 대한 설명으로 알맞은 것은?

① 집의 첫 번째 중정(Atrium)은 5점형 식재를 하였다.
② 주택정원은 그리스와 달리 외향적인 구성이었다.
③ 집의 두 번째 중정(Peristylium)은 가족을 위한 사적 공간이다.
④ 겨울 기후가 온화하고 여름이 해안기후로 시원하여 노단형의 별장(Villa)이 발달하였다.

해설

고대 로마의 주택정원
- 내향적 구성
- 중정의 구성 : 2개의 중정과 1개의 후정

공간구성	아트리움	페리스틸리움	지스터스
	제1중정	제2중정(주정)	후정
	무열주(無列柱)중정	주랑(柱廊)식 중정	
목적	공적장소 (손님접대)	사적공간 (가족공간)	
특징	• 천장(채광) • 임플루비움설치 • 바닥은 돌로 포장 • 화분장식	• 포장하지 않음 (식재) • 정형적 식재 • 분수, 조각 배치	• 5점형식재 • 관목 군식 • 중앙수로를 중심으로 원로와 화단 배치

06 앙드레 르 노트르(Andre Le notre)가 유명하게 된 것은 어떤 정원을 만든 후 부터인가?

① 베르사이유(Versailles)
② 센트럴 파크(Central Prak)
③ 토스카나장(Villa Toscana)
④ 알함브라(Alhambra)

해설

앙드레 르 노트르의 대표작
보르비꽁트, 베르사이유 궁원

07 경관 구성의 기법 중 한 그루의 나무를 다른 나무와 연결시키지 않고 독립하여 심는 경우를 말하며, 멀리서도 눈에 잘 띄기 때문에 랜드 마크의 역할도 하는 수목 배치 기법은?

① 점식
② 열식
③ 군식
④ 부등변 삼각형 식재

해설

단식(점식)
- 한 그루의 나무를 다른 나무와 연결시키지 않고 독립 식재
- 수형이 좋은 대형목은 시각적 초점, 랜드마크 역할

08 계획 구역 내에 거주하고 있는 사람과 이용자를 이해하는데 목적이 있는 분석 방법은?

① 자연환경분석
② 인문환경분석
③ 시각환경분석
④ 청각환경분석

해설

인문환경분석
계획 구역 내에 거주하고 있는 사람과 이용자를 조사

09 다음 중 일본정원과 관련이 적은 것은?

① 축소 지향적
② 인공적 기교
③ 통경선의 강조
④ 추상적 구성

해설

통경선(Vista)
프랑스 정원에서 사용됨

정답 05 ③ 06 ① 07 ① 08 ② 09 ③

10 도시공원 및 녹지 등에 관한 법률에서 어린이 공원의 설계기준으로 틀린 것은?

① 유치거리는 250m 이하, 1개소의 면적은 1,500㎡ 이상의 규모로 한다.
② 휴양시설 중 경로당을 설치하여 어린이와의 유대감을 형성할 수 있다.
③ 유희시설에 설치되는 시설물에는 정글짐, 미끄럼틀, 시소 등이 있다.
④ 공원 시설 부지면적은 전체 면적의 60% 이하로 하여야 한다.

해설
어린이 공원은 놀이 시설을 설치. 노인정은 휴양시설

11 수목을 표시할 때 주로 사용되는 제도 용구는?

① 삼각자　　② 템플릿
③ 삼각축척　　④ 곡선자

해설
템플릿
도형을 뚫어 놓아 기호나 시설물을 그릴 때 사용(수목 표시에 사용)

12 귤준망의 [작정기]에 수록된 내용이 아닌 것은?

① 서원조 정원 건축과의 관계
② 원지를 만드는 법
③ 지형의 취급방법
④ 입석의 의장법

해설
작정기(作庭記)
- 일본 최초의 조원지침서
- 일본 정원 축조에 관한 가장 오래된 비전서
- 침전조건물에 어울리는 조원법 서술
- 귤준강의 저서
- 내용 : 돌을 세울 때 마음가짐과 방법, 못과 섬의 형태, 폭포 만드는 법

13 식재설계에서의 인출선과 선의 종류가 동일한 것은?

① 단면선　　② 숨은선
③ 경계선　　④ 치수선

해설
인출선
가는선, 가는선의 용도(치수선, 치수보조선, 지시선, 해칭선)

정답　10 ②　11 ②　12 ①　13 ④

14 다음 중 이탈리아 정원의 장식과 관련된 설명으로 거리가 먼 것은?

① 기둥 복도, 열주, 퍼골라, 조각상, 장식분이 된다.
② 계단 폭포, 물무대, 정원극장, 동굴 등이 장식된다.
③ 바닥은 포장되며 곳곳에 광장이 마련되어 화단으로 장식된다.
④ 원예적으로 개량된 관목성의 꽃나무나 알뿌리 식물 등이 다량으로 식재된다.

해설
원예적으로 개량된 관목성의 꽃나무나 알뿌리 식물 등이 다량으로 식재한 곳은 네덜란드

15 시공 후 전체적인 모습을 알아보기 쉽도록 그린 그림과 같은 형태의 도면은?

① 평면도 ② 입면도
③ 조감도 ④ 상세도

해설
조감도
• 새가 하늘 위에서 내려다 보는 것과 같은 시각에서 그린 그림
• 완성 후의 모습을 공중에서 비스듬히 내려다 본 모습 : 3소점 투시
• 공간을 사실적으로 표현함으로써 공간 구성을 쉽게 알 수 있음

16 주철강의 특성 중 틀린 것은?

① 선철이 주재료이다.
② 내식성이 뛰어나다.
③ 탄소 함유량은 1.7 ~ 6.6%이다.
④ 단단하여 복잡한 형태의 주조가 어렵다.

해설
*주철
• 탄소량 1.7% 이상
• 주조성이 좋고 경질이며 취성(脆性)이 큼

17 섬유포화점은 목재 중에 있는 수분이 어떤 상태로 존재하고 있는 것을 말하는가?

① 결합수만이 포함되어 있을 때
② 자유수만이 포함되어 있을 때
③ 유리수만이 포화되어 있을 때
④ 자유수와 결합수가 포화되어 있을 때

해설
섬유포화점
목재의 유리수와 흡착수가 증발되는 경계점으로 함수율은 30% 정도

18 다음 중 옥상정원을 만들 때 배합하는 경량재로 사용하기 어려운 것은?

① 사질 양토 ② 버미큘라이트
③ 펄라이트   ④ 피트

해설
옥상정원 사용 경량토
버미큘라이트, 펄라이트, 피트모스, 화산재 등

정답 14 ④ 15 ③ 16 ④ 17 ① 18 ①

19 골재의 함수상태에 대한 설명 중 옳지 않은 것은?

① 절대건조 상태는 105±5℃ 정도의 온도에서 24시간 이상 골재를 건조시켜 표면 및 골재알 내부의 빈틈에 포함되어 있는 물이 제거된 상태이다.
② 공기 중 건조 상태는 실내에 방치한 경우 골재입자의 표면과 내부의 일부가 건조된 상태이다.
③ 표면건조포화 상태는 골재입자의 표면에 물은 없으나 내부의 빈틈에 물이 꽉 차 있는 상태이다.
④ 습윤 상태는 골재입자의 표면에 물이 부착되어 있으나 골재입자 내부에는 물이 없는 상태이다.

해설
수분 함수량에 따른 구분
- 절대건조 상태 : 골재 외부와 내부 공극에 포함되어 있는 물이 전부 제거된 상태
- 기건상태 : 골재의 수분 함유량이 대기 중 습도와 평행을 이룬 상태
- 표면건조 내부포화상태 : 골재의 표면수는 없고, 골재의 내부에 빈틈이 없도록 물로 차 있는 상태
- 습윤상태 : 골재의 내부가 완전히 수분으로 채워져 있고 표면에도 여분의 물을 포함하고 있는 상태

20 다음 중 자작나무과(科)의 물오리나무 잎으로 가장 적합한 것은?

① 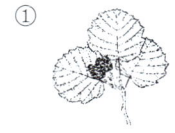   ②
③    ④

해설
물오리나무
생장 속도가 빠르며, 습지나 척박지에서도 잘 자람. 녹음수, 고속도로변, 공원 등에 식재

21 실리카질 물질(SiO_2)을 주성분으로 하여 그 자체는 수경성(hydraulicity)이 없으나 시멘트의 수화에 의해 생기는 수산화칼슘 [$Ca(OH)_2$]과 상온에서 서서히 반응하여 불용성의 화합물을 만드는 광물질 미분말의 재료는?

① 실리카흄   ② 고로슬래그
③ 플라이애시   ④ 포졸란

해설
포졸란
- 규석, 규산물질로 실리카 시멘트에 혼합된 천연 및 인공인 것을 총칭
- 콘크리트의 수밀성, 내구성, 강도 등을 높이고, 수화열을 저하
- 경화속도가 느려지면서 장기 강도가 증가
- 건조 수축이 큰 것이 단점

22 다음 중 물푸레나무과에 해당되지 않는 것은?

① 미선나무   ② 광나무
③ 이팝나무   ④ 식나무

해설
식나무 : 식나무과

정답 19 ④ 20 ① 21 ④ 22 ④

23 석재의 가공 방법 중 혹두기 작업의 바로 다음 후속작업으로 작업면을 비교적 고르고 곱게 처리할 수 있는 작업은?

① 물갈기 ② 잔다듬
③ 정다듬 ④ 도드락다듬

해설

정다듬
혹두기한 면을 정으로 비교적 고르고 곱게 다듬는 것으로 거친 정도에 따라 거친다듬, 중다듬, 고운다듬으로 구분

24 조경 수목 중 아황산가스에 대해 강한 수종은?

① 양버즘나무 ② 삼나무
③ 전나무   ④ 단풍나무

해설

아황산가스에 강한 수종
편백, 화백, 가이즈카향나무, 가시나무, 사철나무, 벽오동, 플라타너스, 능수버들, 쥐똥나무 등

25 수목은 생육조건에 따라 양수와 음수로 구분하는데, 다음 중 성격이 다른 하나는?

① 무궁화   ② 박태기나무
③ 독일가문비나무 ④ 산수유

해설

• 무궁화, 박태기나무, 산수유(양수)
• 독일가문비(음수)

26 다음 중 고광나무(Philadelphus schrenkii)의 꽃 색깔은?

① 적색 ② 황색
③ 백색 ④ 자주색

해설

고광나무 꽃의 색상 : 흰색

27 화성암의 심성암에 속하며 흰색 또는 담회색인 석재는?

① 화강암 ② 안산암
③ 점판암 ④ 대리석

해설

화강암 : 화성암
• 한국 돌의 70%를 차지
• 흰색 또는 담회색
• 경도, 강도, 내마모성, 색채, 광택 우수
• 내화성 낮으나 압축강도가 가장 큼
• 큰 재료 획득 가능

정답 23 ③ 24 ① 25 ③ 26 ③ 27 ①

28 대취란 지표면과 잔디(녹색식물체) 사이에 형성되는 것으로 이미 죽었거나 살아있는 뿌리, 줄기 그리고 가지 등이 서로 섞여 있는 유기층을 말한다. 다음 중 대취의 특징으로 옳지 않은 것은?

① 한겨울에 스캘핑이 생기게 한다.
② 대취층에 병원균이나 해충이 기거하면서 피해를 준다.
③ 탄력성이 있어서 그 위에서 운동할 때 안전성을 제공한다.
④ 소수성인 대취의 성질로 인하여 토양으로 수분이 전달되지 않아서 국부적으로 마른 지역을 형성하며 그 위에 잔디가 말라 죽게 한다.

> 해설
>
> 스캘핑(scalping)
> 한 번에 지나치게 잔디를 낮게 깎아서 잔디가 누렇게 보이는 현상. 일시적으로 잔디 생육이 억제되며 심하면 죽음

29 다음 중 가을에 꽃향기를 풍기는 수종은?

① 매화나무　② 수수꽃다리
③ 모과나무　④ 목서류

> 해설
>
> 꽃향기
> • 매화나무(이른 봄)
> • 서향(봄)
> • 수수꽃다리(봄)
> • 장미(5～10월)
> • 일본목련(6월)
> • 함박꽃나무(6월)
> • 인동덩굴(7월)
> • 금목서(10월)

30 다음 중 정원 수목으로 적합하지 않은 것은?

① 잎이 아름다운 것
② 값이 비싸고 희귀한 것
③ 이식과 재배가 쉬운 것
④ 꽃과 열매가 아름다운 것

> 해설
>
> 조경수목이 갖추어야 할 조건
> • 수형이 아름답고 실용적이어야 할 것
> • 이식이 쉽고 잘 자랄 것
> • 불리한 환경에서의 적응성이 클 것
> • 쉽게 다량으로 구할 수 있을 것
> • 병충해에 강할 것
> • 다듬기 작업에 견디는 성질이 좋을 것

31 다음 중 난지형 잔디에 해당되는 것은?

① 레드톱　② 버뮤다그라스
③ 켄터키 블루그라스　④ 톨 훼스큐

> 해설
>
> | 서양 잔디 | 난지형 잔디 | 버뮤다 그라스 |
> |---|---|---|
> | | 한지형 잔디 | 켄터키 블루그라스, 밴트그라스, 페스큐그라스, 라이그라스 |

32 겨울 화단에 식재하여 활용하기 적합한 식물은?

① 팬지　② 메리골드
③ 달리아　④ 꽃양배추

> 해설
>
> 겨울 화단용 : 꽃양배추

정답 28 ① 29 ④ 30 ② 31 ② 32 ④

33 다음 노박덩굴(Celastraneae)과 식물 중 상록계열에 해당하는 것은?

① 노박덩굴　② 화살나무
③ 참빗살나무　④ 사철나무

해설
- 노박덩굴(낙엽, 만경목)
- 화살나무(낙엽, 관목)
- 참빗살나무(낙엽, 관목)

34 다음 도료 중 건조가 가장 빠른 것은?

① 오일페인트　② 바니쉬
③ 래커　④ 레이크

해설
래커
- 투명하며 건조가 빨라 뿜칠(spray)로 시공
- 비내수성, 내부에 사용

35 지력이 낮은 척박지에서 지력을 높이기 위한 수단으로 식재 가능한 콩과(科) 수종은?

① 소나무　② 녹나무
③ 갈참나무　④ 자귀나무

해설
- 소나무(소나무과)
- 녹나무(녹나무과)
- 갈참나무(참나무과)

36 지형을 표시하는데 가장 기본이 되는 등고선의 종류는?

① 조곡선　② 주곡선
③ 간곡선　④ 계곡선

해설

등고선의 종류	
주곡선	각 지형의 높이를 표시하는데 기본이 되는 등고선
계곡선	쉽게 읽기 위하여 주곡선 5개마다 굵게 표시한 등고선
간곡선	주곡선 간격의 ½로 주곡선만으로 지모의 상태를 명시할 수 없는 곳에 파선으로 표시한 등고선
조곡선	간곡선 간격의 ½로 간곡선만으로 표시할 수 없는 곳을 가는 점선으로 표시한 등고선

37 다음 중 소나무의 순자르기 방법으로 거리가 먼 것은?

① 수세가 좋거나 어린나무는 다소 빨리 실시하고, 노목이나 약해 보이는 나무는 5 ~ 7일 늦게 한다.
② 손으로 순을 따 주는 것이 좋다.
③ 5 ~ 6월경에 새순이 5 ~ 10cm 자랐을 때 실시한다.
④ 자라는 힘이 지나치다고 생각될 때에는 1/3 ~ 1/2 정도 남겨두고 끝 부분을 따 버린다.

해설
수세가 좋거나 어린나무는 5 ~ 7일 정도 늦게 실시하고, 노목이나 약해보이는 나무는 다소 빨리 실시함

정답　33 ④　34 ③　35 ④　36 ②　37 ①

38 시멘트의 응결을 빠르게 하기 위하여 사용하는 혼화제는?

① 지연제 ② 발포제
③ 급결제 ④ 기포제

해설

급결제(응결경화촉진제)
- 물속 공사, 겨울철 공사 등에 필요한 조기강도 발생 촉진
- 내구성 저하 우려 있음
- 염화칼슘, 염화마그네슘, 규산나트륨, 식염 등

39 난지형 한국 잔디의 발아적온으로 맞는 것은?

① 15 ~ 20℃ ② 20 ~ 23℃
③ 25 ~ 30℃ ④ 30 ~ 33℃

해설

잔디종류	난지형 잔디	한지형 잔디
발아적온	25 ~ 35℃	15 ~ 25℃
파종시기	5 ~ 6월	9 ~ 10월

40 용적 배합비 1 : 2 : 4 콘크리트 1㎥ 제작에 모래가 0.45㎥ 필요하다. 자갈은 몇 ㎥ 필요한가?

① 0.45㎥ ② 0.5㎥
③ 0.90㎥ ④ 0.15㎥

해설

용적배합비 1 : 2 : 4 시멘트 : 1, 모래 : 2, 자갈 : 4
→ 2 : 4 = 0.45 : x → 2x = 1.8 → x = 0.9

41 축적이 1/5,000인 지도상에서 구한 수평 면적이 5㎠라면 지상에서의 실제 면적은 얼마인가?

① 1,250㎡ ② 12,500㎡
③ 2,500㎡ ④ 25,000㎡

해설

$(\frac{1}{m})^2 = \frac{도상면적}{실제면적}$ → $(\frac{1}{5,000})^2 = \frac{0.005}{x}$
→ $x = 5,000^2 \times 0.005$ → $x = 12,500$

42 다음 중 잡초의 특성으로 옳지 않은 것은?

① 재생 능력이 강하고 번식 능력이 크다.
② 종자의 휴면성이 강하고 수명이 길다.
③ 생육 환경에 대하여 적응성이 작다.
④ 땅을 가리지 않고 흡비력이 강하다.

해설

잡초의 생리상태
- 환경에 대해 적응성이 큼
- 재생 및 번식력이 큼
- 종자의 휴면성이 높고, 수명이 김(명아주 : 30년, 소루쟁이 : 70년).
- 밀식 적응력 및 군생 능력이 큼
- 종자의 다산성이 크고 발아에서 결실까지 일수가 짧음

정답 38 ③ 39 ④ 40 ③ 41 ② 42 ③

43 겨울철에 제설을 위하여 사용되는 해빙염(deicing salt)에 관한 설명으로 옳지 않은 것은?

① 염화칼슘이나 염화나트륨이 주로 사용된다.
② 장기적으로는 수목의 쇠락(decline)으로 이어진다.
③ 흔히 수목의 잎에는 괴사성 반점(점무늬)이 나타난다.
④ 일반적으로 상록수가 낙엽수보다 더 큰 피해를 입는다.

해설

해빙염(제설제)
- 염화나트륨(NaCl), 염화칼슘($CaCl_2$), 칼슘마그네슘아세테이트(CMA)
- 염화칼슘($CaCl_2$)과 칼슘마그네슘아세테이트(CMA)는 낮은 농도에서는 수목에 크게 피해를 입히지 않지만 가격이 다소 비싸 일반적으로 염화나트륨(NaCl)을 가장 많이 사용
- 괴사성 반점은 바이러스에 의한 병

44 소나무류의 잎솎기는 어느 때 하는 것이 가장 좋은가?

① 12월경 ② 2월경
③ 5월경   ④ 8월경

해설

소나무류는 묵은 잎을 뽑아 투광을 좋게 하면서 생장 억제(8월경)

45 다음 중 천적 등 방제대상이 아닌 곤충류에 피해를 주기 쉬운 농약은?

① 훈증제   ② 전착제
③ 침투성 살충제 ④ 지속성 접촉제

해설

지속성 접촉제
식물에 지속적으로 남아 다른 곤충에 피해를 줌

46 토양수분 중 식물이 이용하는 형태로 가장 알맞은 것은?

① 결합수   ② 자유수
③ 중력수   ④ 모세관수

해설

토양수분
- 결합수 : 토양의 고체분자를 구성하는 수분으로 100℃ 이상 가열해도 분리시킬 수 없어 식물이 이용할 수 없음
- 흡습수 : 100℃로 가열하면 분리시킬 수 있으며, 작물이 거의 이용하지 못함
- 모세관수 : 모관수라고도 부르며, 작물이 주로 이용하는 유효수분
- 중력수 : 자유수라고도 부르며, 중력에 의하여 토양층 아래로 내려가는 수분

정답 43 ③ 44 ④ 45 ④ 46 ④

47 다음 ( )에 알맞은 것은?

공사 목적물을 완성하기까지 필요로 하는 여러 가지 작업의 순서와 단계를 ( )(이)라고 한다. 가장 효과적으로 공사 목적물을 만들 수 있으며 시간을 단축시키고 비용을 절감할 수 있는 방법을 정할 수 있다.

① 공종
② 검토
③ 시공
④ 공정

해설

공정
공사 목적물을 완성하기까지 필요로 하는 여러 가지 작업의 순서와 단계

48 다음 선의 종류와 선긋기의 내용이 잘못 짝지어진 것은?

① 파선 : 단면
② 가는 실선 : 수목인출선
③ 1점 쇄선 : 경계선
④ 2점 쇄선 : 중심선

해설

2점 쇄선
가상선, 1점 쇄선과 구분

49 전정도구 중 주로 연하고 부드러운 가지나 수관 내부의 가늘고 약한 가지를 자를 때와 꽃꽂이를 할 때 흔히 사용하는 것은?

① 대형전정가위
② 적심가위 또는 순치기가위
③ 적화, 적과가위
④ 조형 전정가위

해설

적심가위, 순치기가위
연하고 부드러운 가지나 끝순, 햇순, 수관 내의 가늘고 약한 가지를 자를 때 사용

50 콘크리트용 골재로서 요구되는 성질로 틀린 것은?

① 단단하고 치밀할 것
② 필요한 무게를 가질 것
③ 알의 모양은 둥글거나 입방체에 가까울 것
④ 골재의 낱알 크기가 균등하게 분포할 것

해설

골재는 공극을 줄이기 위해 잔골재(모래)와 굵은골재(자갈)가 골고루 섞인 것이 좋음

51 임목(林木) 생장에 좋은 토양구조는?

① 판상구조(platy)
② 괴상구조(blocky)
③ 입상구조(granular)
④ 견과상구조(nutty)

해설

임목의 생장에 가장 좋은 구조 : 입상구조

52 다음 중 방위각 150°를 방위로 표시하면 어느 것인가?

① N 30°E
② S 30°E
③ S 30°W
④ N 30°W

해설

방위각은 진북을 기준으로 하여 시계방향의 각 북쪽은 0°, 동쪽은 90°, 남쪽은 180°, 서쪽은 270°

정답 47 ④ 48 ④ 49 ② 50 ④ 51 ③ 52 ②

53 이식한 수목의 줄기와 가지에 새끼로 수피감기하는 이유로 거리가 먼 것은?

① 경관을 향상시킨다.
② 수피로부터 수분 증산을 억제한다.
③ 병해충의 침입을 막아준다.
④ 강한 태양광선으로부터 피해를 막아 준다.

해설

수피감기(수간감기)
- 하절기의 껍질데기 및 동절기의 동해 등에 의한 수간의 피해 방지
- 수분증산 억제
- 병충해 침입방지

54 다음 중 비탈면을 보호하는 방법으로 짧은 시간과 급경사 지역에 사용하는 시공방법은?

① 자연석 쌓기법
② 콘크리트 격자틀공법
③ 떼심기법
④ 종자뿜어 붙이기법

해설

종자뿜어 붙이기
- 종자분사 파종공법이라고도 하며, 단시간에 많은 면적 시공
- 잔디식재가 불가능한 급경사면이나 암반이 많은 절개면 등을 녹화하기 위한 목적으로 시공

55 농약을 유효 주성분의 조성에 따라 분류한 것은?

① 입제   ② 훈증제
③ 유기인계 ④ 식물생장 조정제

해설

- 입제, 훈증제 : 형태에 따른 분류
- 식물생장 조정제 : 사용 용도에 따른 분류

56 소나무류 가해 해충이 아닌 것은?

① 알락하늘소   ② 솔잎혹파리
③ 솔수염하늘소 ④ 솔나방

해설

알락하늘소
버드나무류, 뽕나무류, 플라타너스, 아까시나무 등에 피해

57 고속도로의 시선유도 식재는 주로 어떤 목적을 갖고 있는가?

① 위치를 알려준다.
② 침식을 방지한다.
③ 속력을 줄이게 한다.
④ 전방의 도로 형태를 알려준다.

해설

시선유도 식재
- 주행 중의 운전자가 도로의 선형변화를 미리 판단할 수 있도록 시선을 유도해 주는 식재
- 도로의 곡률반경이 700m 이하가 되는 작은 곡선부에는 반드시 조성

정답 53 ① 54 ④ 55 ③ 56 ① 57 ④

58 다음 중 여성토의 정의로 알맞은 것은?

① 가라앉을 것을 예측하여 흙을 계획 높이보다 더 쌓는 것
② 중앙분리대에서 흙을 볼록하게 쌓아 올리는 것
③ 옹벽 앞에 계단처럼 콘크리트를 쳐서 옹벽을 보강하는 것
④ 잔디밭에서 잔디에 주기적으로 뿌려 뿌리가 노출되지 않도록 준비하는 토양

해설

더돋기(여성토)
- 성토 작업 시 압축 및 침하에 의한 줄어듦을 방지하고 계획 높이를 유지하고자 실시
- 토질, 성토 높이, 시공 방법 등에 따라 다르지만 대개 높이의 10% 정도이거나 그 이하
- 다짐을 실시하며 성토 시 더돋기 작업하지 않음

59 다음 중 등고선의 성질에 관한 설명으로 옳지 않은 것은?

① 등고선상에 있는 모든 점은 높이가 다르다.
② 등경사지는 등고선 간격이 같다.
③ 급경사지는 등고선의 간격이 좁고, 완경사지는 등고선 간격이 넓다.
④ 등고선은 도면의 안이나 밖에서 폐합되며 도중에 없어지지 않는다.

해설

등고선의 성질
- 등고선상의 모든 점의 높이는 같음
- 등고선은 도면 안이든 바깥이든 반드시 폐합되며 도중에 소실되지 않음
- 서로 다른 높이의 등고선은 절벽이나 동굴을 제외하고 교차하거나 폐합되지 않음
- 등고선의 최종 폐합은 산정상이나 가장 낮은 요(凹)지
- 등고선은 등경사지에서는 등간격이며, 등경사 평면의 지표에서는 같은 간격의 평행선

60 토양침식에 대한 설명으로 옳지 않은 것은?

① 토양의 침식량은 유거수량이 많을수록 적어진다.
② 토양유실량은 강우량보다 최대 강우강도와 관계가 있다.
③ 경사도가 크면 유속이 빨라져 무거운 입자도 침식된다.
④ 식물의 생장은 투수성을 좋게 하여 토양 유실량을 감소시킨다.

해설

토양침식은 유거수량(지표면을 따라 흐르는 물의 양)이 많을수록 증가

정답 58 ① 59 ① 60 ①

2014 제2회 과년도기출문제

01 다음 중 묘원의 정원에 해당하는 것은?

① 보르비꽁트 ② 공중정원
③ 타지마할   ④ 알함브라

해설
타지마할
샤자한 왕이 왕비를 추념하기 위해 만든 영묘

02 다음 중 위요된 경관(enclosed landscape)의 특징 설명으로 옳은 것은?

① 시선의 주의력을 끌 수 있어 소규모의 지형도 경관으로서 의의를 갖게 해준다.
② 보는 사람으로 하여금 위압감을 느끼게 하며 경관의 지표가 된다.
③ 확 트인 느낌을 주어 안정감을 준다.
④ 주의력이 없으면 등한시하기 쉬운 것이다.

해설
위요경관
- 수목 등 주위 경관 요소들에 의해 울타리처럼 자연스럽게 둘러싸여 있는 경관
- 시선을 끌 수 있는 낮고 평탄한 중심공간
- 중심공간에 주위를 둘러싸는 수직적 요소
- 정적인 느낌, 아늑함(휴식공간)

03 실물을 도면에 나타낼 때의 비율을 무엇이라 하는가?

① 범례   ② 표제란
③ 평면도 ④ 축척

해설
축척
실물에 대한 도면에서의 줄인 비율

04 고려시대 조경수법은 대비를 중요시 하는 양상을 보인다. 어느 시대의 수법을 받아들였는가?

① 신라시대 수법   ② 일본 임천식 수법
③ 중국 당시대 수법   ④ 중국 송시대 수법

해설
고려시대 정원의 특징
강한 대비, 호화, 사치스러운 양식(중국 송나라의 영향)

정답 01 ③ 02 ① 03 ④ 04 ④

05 그림과 같이 AOB 직각을 3등분할 때 다음 중 선의 길이가 같지 않은 것은?

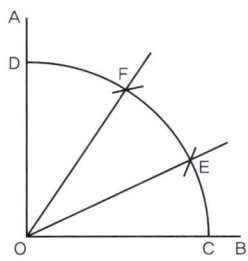

① CF ② EF
③ OD ④ OC

해설
OD = OC 원의 반지름, CF에 선을 그으면 OCF는 정삼각형이 됨. 따라서, OD = OC = CF

06 "인간의 눈은 원추세포를 통해 (A)을(를) 지각하고, 간상세포를 통해 (B)을(를) 지각한다." A, B에 적합한 용어는?

① A : 색채, B : 명암
② A : 밝기, B : 채도
③ A : 명암, B : 색채
④ A : 밝기, B : 색조

해설
- 원추세포(Cone cell) : 색상을 감지하는 세포
- 간상세포(Rod cell) : 빛의 밝기(명암)을 구분하는 세포

07 ( )에 들어갈 각각의 용어는?

면적이 커지면 명도와 채도가 (㉠)지고, 큰 면적의 색을 고를 때의 견본색은 원하는 색보다 (㉡)색을 골라야 한다.

① ㉠ 높아, ㉡ 밝고 선명한
② ㉠ 높아, ㉡ 어둡고 탁한
③ ㉠ 낮아, ㉡ 밝고 선명한
④ ㉠ 낮아, ㉡ 어둡고 탁한

해설
면적대비
- 색이 차지하는 면적의 크고 작음, 많고 적음에 따라 색의 명도와 채도가 다르게 보이는 현상
- 면적이 큰 색은 명도와 채도가 높아져 실제보다 좀 더 밝고 맑게 보이며, 면적이 작은 색은 명도와 채도가 낮아져 실제보다 어둡고 탁하게 보임

08 주로 장독대, 쓰레기통, 빨래건조대 등을 설치하는 주택정원의 적합 공간은?

① 안뜰   ② 앞뜰
③ 작업뜰 ④ 뒤뜰

해설
*작업뜰
장독대, 쓰레기통, 빨래건조장, 채소밭, 창고 등 설치

09 1857년 미국 뉴욕에 중앙공원(Central park)을 설계한 사람은?

① 하워드   ② 르코르뷔지에
③ 옴스테드 ④ 브라운

해설
옴스테드
뉴욕의 센트럴파크 설계

정답 05 ② 06 ① 07 ② 08 ③ 09 ③

10 그림과 같은 축도기호가 나타내고 있는 것으로 옳은 것은?

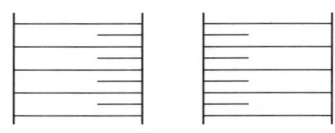

① 등고선　② 성토
③ 절토　　④ 과수원

해설

성토(흙쌓기) 축도 기호

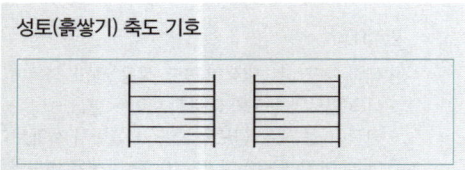

11 어떤 두 색이 맞붙어 있을 때 그 경계 언저리에 대비가 더 강하게 일어나는 현상은?

① 연변대비　② 면적대비
③ 보색대비　④ 한난대비

해설

연변대비

어떤 어두운 두 색이 맞붙어 있을 때 그 경계 언저리에는 그곳에서 멀리 떨어져 있는 부분보다 색상, 명도, 채도대비의 현상이 더 강하게 일어나는 현상

12 넓은 의미로의 조경을 가장 잘 설명한 것은?

① 기술자를 정원사라 부른다.
② 궁전 또는 대규모 저택을 중심으로 한다.
③ 식재를 중심으로 한 정원을 만드는 일에 중점을 둔다.
④ 정원을 포함한 광범위한 옥외공간 건설에 적극 참여한다.

해설

- 좁은 의미의 조경 : 정원을 비롯한 집 주변 옥외공간을 대상
- 넓은 의미의 조경 : 광범위한 옥외 공간을 대상

13 먼셀 표색계의 10색상환에서 서로 마주보고 있는 색상의 짝이 잘못 연결된 것은?

① 빨강(R) – 청록(BG)
② 노랑(Y) – 남색(PR)
③ 초록(G) – 자주(RP)
④ 주황(YR) – 보라(P)

해설

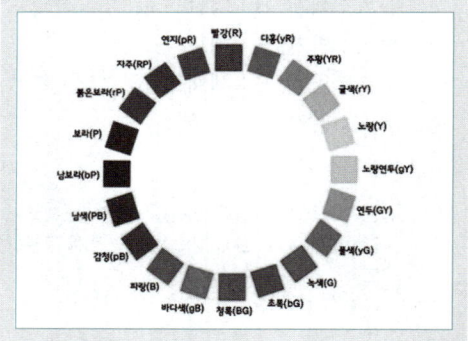

정답　10 ②　11 ①　12 ④　13 ④

14 조경미의 원리 중 대비가 불러오는 심리적 자극으로 거리가 먼 것은?

① 반대 ② 대립
③ 변화 ④ 안정

해설

대비
- 상이한 질감, 형태 또는 색채를 서로 대조시킴으로써 변화를 주는 것
- 반대, 대립, 변화를 느낄 수 있음

15 다음의 입체도에서 화살표 방향을 정면으로 할 때 평면도를 바르게 표현한 것은?

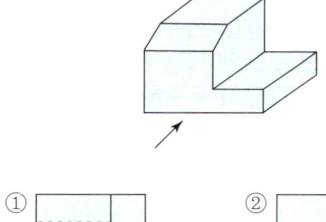

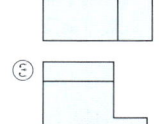 

해설

평면도
위에서 아래를 수직으로 내려다 본 것으로 가정하고 작도

16 가로수가 갖추어야 할 조건이 아닌 것은?

① 공해에 강한 수목
② 답압에 강한 수목
③ 지하고가 낮은 수목
④ 이식에 잘 적응하는 수목

해설

가로수의 일반조건
- 수형, 잎의 모양, 색채 등이 아름다울 것
- 불량한 토양에서도 생육이 가능하며, 생장속도도 빠를 것
- 이식하기 쉽고 전정에 강하며 병충해, 공해에도 강할 것
- 지하고가 높고 보행인의 답압 및 염화칼슘 등에 강할 것
- 역사성, 향토성을 풍기며 도시민에게 친밀감을 줄 것

17 플라스틱의 장점에 해당하지 않는 것은?

① 가공이 우수하다.
② 경량 및 착색이 용이하다.
③ 내수 및 내식성이 강하다.
④ 전기 절연성이 없다.

해설

장점	• 자유로운 성형 • 강도와 탄력성이 큼 • 착색이 자유롭고 광택이 좋음 • 내산성과 내알칼리성이 큼 • 투광성 및 접착성이 있음 • 전기와 열에 대한 절연성
단점	• 열전도율이 높고 불에 타기 쉬움 • 내열성, 내후성, 내광성이 부족 • 변색이 잘됨 • 저온 및 자외선에 약함 • 표면의 경도가 낮음 • 정전기 발생량이 큼

정답 14 ④ 15 ② 16 ③ 17 ④

18 열경화성 수지의 설명으로 틀린 것은?

① 축합반응을 하여 고분자로 된 것이다.
② 다시 가열하는 것이 불가능하다.
③ 성형품은 용제에 녹지 않는다.
④ 불소수지와 폴리에틸렌수지 등으로 수장재로 이용된다.

: 해설 :

구분		종류
열경화성 수지	• 열과 압력을 가하여 가공 : 축합반응 • 한 번 경화되면 열을 가해도 소성이 되지 않음	페놀, 요소, 멜라민, 폴리에스테르, 알키드, 에폭시, 실리콘, 우레탄, 푸란 등
열가소성 수지	• 가열하거나 용제에 녹여 가공 : 중합반응 • 경화된 후 다시 열을 가하면 소성을 가짐 • 수장재로 이용	염화비닐(PVC), 아크릴, 초산비닐, 폴리에틸렌, 폴리스틸렌, 폴리아미드 등

19 시멘트의 종류 중 혼합 시멘트에 속하는 것은?

① 팽창 시멘트
② 알루미나 시멘트
③ 고로슬래그 시멘트
④ 조강포틀랜드 시멘트

: 해설 :

혼합시멘트
고로(슬래그) 시멘트, 플라이애쉬 시멘트, 포졸란(실리카) 시멘트

20 이팝나무와 조팝나무에 대한 설명으로 옳지 않은 것은?

① 이팝나무의 열매는 타원형의 핵과이다.
② 환경이 같다면 이팝나무가 조팝나무보다 꽃이 먼저 핀다.
③ 과명은 이팝나무는 물푸레나뭇과(科)이고, 조팝나무는 장미과(科)이다
④ 성상은 이팝나무는 낙엽활엽교목이고, 조팝나무는 낙엽활엽관목이다.

: 해설 :

• 조팝나무 개화 : 4월
• 이팝나무 개화 : 5∼6월

21 목재의 방부재(preservate)는 유성, 수용성, 유용성으로 크게 나눌 수 있다. 유용성으로 방부력이 대단히 우수하고 열이나 약제에도 안정적이며 거의 무색제품으로 사용되는 약제는?

① Pcp
② 염화아연
③ 황산구리
④ 크레오소트

: 해설 :

• PCP : 원래 목재 방부제였으나 독성이 매우 강해 사용 금지됨
• 염화아연 : 수용성 목재 방부제
• 황산구리 : 투명결정(건조제로 사용)
• 클레오소트 : 색이 짙어지는 단점이 있음

정답 18 ④ 19 ③ 20 ② 21 ①

22 다음 중 콘크리트의 워커빌리티 증진에 도움이 되지 않는 것은?

① AE제 ② 감수제
③ 포졸란 ④ 응결경화 촉진제

해설

응결경화 촉진제
빨리 굳게 하기 위해 사용

23 다음 중 목재의 장점이 아닌 것은?

① 가격이 비교적 저렴하다.
② 온도에 대한 팽창, 수축이 비교적 작다.
③ 생산량이 많으며 입수가 용이하다.
④ 크기에 제한을 받는다.

해설

목재의 장점
- 색깔, 무늬 등 외관이 아름다움
- 재질이 부드럽고 촉감이 좋음
- 무게가 가벼워서 다루기가 좋음
- 무게에 비해 강도가 큼
- 가공이 쉽고 열전도율이 낮음

24 다음 중 산성토양에서 잘 견디는 수종은?

① 해송 ② 단풍나무
③ 물푸레나무 ④ 조팝나무

해설

강산성에 견디는 수종
진달래, 소나무, 해송, 잣나무, 전나무, 상수리나무, 밤나무, 낙엽송, 편백 등

25 잔디밭을 조성함으로써 발생되는 기능과 효과가 아닌 것은?

① 아름다운 지표면 구성
② 쾌적한 휴식 공간 제공
③ 흙이 바람에 날리는 것 방지
④ 빗방울에 의한 토양 유실 촉진

해설

지피식물의 효과
- 미적 효과 : 인공구조물도 자연스럽고 아름답게 함
- 운동 및 휴식 효과 : 표면의 탄력성, 감촉 좋음
- 기온 조절 : 맨땅에 비해 온도 교차 작음
- 동결 방지 : 지온의 저하를 완화, 서릿발 현상 방지
- 토양유실 방지 : 빗방울이 직접 토양에 충격을 주지 않고 침식, 세굴 현상 방지
- 강우로 인한 진땅 방지 : 축구장, 야구장, 골프장 등
- 흙먼지 방지

26 목재의 열기 건조에 대한 설명으로 틀린 것은?

① 낮은 함수율까지 건조할 수 있다.
② 자본의 회전기간을 단축시킬 수 있다.
③ 기후와 장소 등의 제약 없이 건조할 수 있다.
④ 작업이 비교적 간단하며, 특수한 기술을 요구하지 않는다.

해설

목재의 열기 건조법은 복잡하고 전문성을 요함

정답 22 ④ 23 ④ 24 ① 25 ④ 26 ④

27 단위용적중량이 1700kgf/㎥, 비중이 2.6인 골재의 공극률은 약 얼마인가?

① 34.6% ② 52.94%
③ 3.42% ④ 5.53%

| 해설 |

실적률 : $\frac{1.7}{2.6} \times 100 = 65.4\%$

공극률 = 100 - 실적률 → 100 · 65.4 = 34.6%

28 산수유(Cornus officinalis)에 대한 설명으로 옳지 않은 것은?

① 우리나라 자생수종이다.
② 열매는 핵과로 타원형이며 길이는 1.5 ~ 2.0cm
③ 잎은 대생, 장타원형, 길이는 4 ~ 10cm, 뒷면에 갈색털이 있다.
④ 잎보다 먼저 피는 황색의 꽃이 아름답고 가을에 붉게 익는 열매는 식용과 관상용으로 이용 가능하다.

| 해설 |

정답 없음.
산수유의 원산지는 중국이며 우리나라 자생 수종

29 재료가 외력을 받았을 때 작은 변형만 나타내도 파괴되는 현상을 무엇이라 하는가?

① 강성(剛性) ② 인성(靭性)
③ 전성(展性) ④ 취성(脆性)

| 해설 |

취성
외력에 의하여 영구 변형을 하지 않고 파괴되는 성질, 인성과 반대

30 다음 중 백목련에 대한 설명으로 옳지 않은 것은?

① 낙엽활엽교목으로 수형은 평정형이다.
② 열매는 황색으로 여름에 익는다.
③ 향기가 있고 꽃은 백색이다.
④ 잎이 나기 전에 꽃이 핀다.

| 해설 |

백목련의 열매는 8 ~ 9월에 갈색

31 석재의 형성원인에 따른 분류 중 퇴적암에 속하지 않는 것은?

① 사암 ② 점판암
③ 응회암 ④ 안산암

| 해설 |

안산암 : 화성암

32 세라믹 포장의 특성이 아닌 것은?

① 융점이 높다.
② 상온에서의 변화가 적다.
③ 압축에 강하다.
④ 경도가 낮다.

| 해설 |

세라믹
금속이나 플라스틱에 비하여 녹이 슬지 않고 불에 타지 않으며 손상되지 않는 특징을 지님

정답 27 ① 28 정답없음 29 ④ 30 ② 31 ④ 32 ④

33 "한지형 잔디로 불완전 포복형이지만, 포복력이 강한 포복경을 지표면으로 강하게 뻗는다. 잎의 폭이 2 ~ 3mm로 질감이 매우 곱고 품질이 좋아서 골프장 그린에 많이 이용하며, 짧은 예취에 견디는 힘이 가장 강하나, 병충해에 가장 약하여 방제에 힘써야 한다." 설명에 해당되는 잔디는?

① 버뮤다그래스　　② 켄터키블루그래스
③ 벤트그래스　　　④ 라이그래스

해설

벤트그래스
가장 품질이 좋은 잔디, 골프장의 그린용, 겨울형 잔디, 3 ~ 12월간 푸름, 그늘 건조에는 약함, 자주 깎아 줄 것, 병해충에 약함

34 다음 중 벌개미취의 꽃 색으로 적합한 것은?

① 황색　　　　　② 연자주색
③ 검정색　　　　④ 황녹색

해설

벌개미취 꽃
꽃은 6-10월에 피고 지름 4-5cm로서 연한 자주색이며 가지 끝과 원줄기 끝에 달림

35 수목 뿌리의 역할이 아닌 것은?

① 저장근 : 양분을 저장하여 비대해진 뿌리
② 부착근 : 줄기에서 새근이 나와 다른 물체에 부착하는 뿌리
③ 기생근 : 다른 물체에 기생하기 위한 뿌리
④ 호흡근 : 식물체를 지지하는 기근

해설

뿌리의 종류
- 저장근 : 양분을 저장하여 비대해진 뿌리
- 부착근 : 줄기에서 새근이 나와 다른 물체에 부착하는 뿌리
- 기생근 : 다른 물체에 기생하기 위한 뿌리
- 주근 : 식물체를 지지하는 기근

36 생물분류학적으로 거미강에 속하며 덥고, 건조한 환경을 좋아하고 뾰족한 입으로 즙을 빨아먹는 해충은?

① 진딧물　　　　② 나무좀
③ 응애　　　　　④ 가루이

해설

응애
- 거미강 진드기목 응애과에 속한 동물의 총칭
- 대다수의 응애들이 식물 줄기나 잎에 침을 꽂아 세포액을 빨아먹어 식물의 생육을 방해

정답 33 ③　34 ②　35 ④　36 ③

37 ( )에 들어갈 가장 접합한 것은?

노목의 세력회복을 위한 뿌리자르기의 시기와 방법에서 뿌리자르기의 가장 좋은 시기는 (㉠)이며, 뿌리자르기 방법은 나무의 근원 지름의 (㉡)배 되는 길이로 원을 그려 그 위치에서 (㉢)의 깊이로 파내려 가며, 뿌리 자르는 각도는 (㉣)가 적합하다.

① ㉠ 월동 전, ㉡ 5~6, ㉢ 45~50cm, ㉣ 위에서 30°
② ㉠ 땅이 풀린 직후부터 4월 상순, ㉡ 1~2 ㉢ 10~20cm, ㉣ 위에서 45°
③ ㉠ 월동 전, ㉡ 1~2, ㉢ 직각 또는 아래쪽으로 30°, ㉣ 직각 또는 아래쪽으로 30°
④ ㉠ 땅이 풀린 직후부터 4월 상순, ㉡ 5~6 ㉢ 45~50cm, ㉣ 직각 또는 아래쪽으로 45°

> **해설**
> 노목의 세력회복을 위한 뿌리자르기의 시기와 방법에서 뿌리자르기의 가장 좋은 시기는 땅이 풀린 직후부터 4월 상순이며, 뿌리자르기 방법은 나무의 근원 지름의 5~6배 되는 길이로 원을 그려 그 위치에서 45~50cm의 깊이로 파내려가며, 뿌리 자르는 각도는 직각 또는 아래쪽으로 45°가 적합

38 수량에 의해 변화하는 콘크리트 유동성의 정도, 혼화물의 묽기 정도를 나타내며 콘크리트의 변형 능력을 총칭하는 것은?

① 반죽질기 ② 워커빌리티
③ 압송성   ④ 다짐성

> **해설**
> 반죽질기(consistency)
> 수량의 변화에 따른 콘크리트의 유동성 정도, 반죽질기 정도. 시공연도에 영향을 줌

39 우리나라에서 발생하는 주요 소나무류에 잎녹병을 발생시키는 병원균의 기주로 맞지 않는 것은?

① 소나무   ② 해송
③ 스트로브잣나무 ④ 송이풀

> **해설**
> 송이풀
> 잣나무 털녹병의 중간기주 식물

40 다음 중 한 가지에 많은 봉우리가 생긴 경우 솎아 낸다든지, 열매를 따버리는 등의 작업을 하는 목적으로 적당한 것은?

① 생장조장을 돕는 가지다듬기
② 세력을 갱신하는 가지다듬기
③ 착화 및 착과 촉진을 위한 가지다듬기
④ 생장을 억제하는 가지다듬기

> **해설**
> 개화 결실 목적의 전정
> 한 가지에 많은 봉우리가 생긴 경우 솎아 낸다든지, 열매를 따버리는 등의 작업

정답 37 ④ 38 ① 39 ④ 40 ③

41 조경수목의 단근작업에 대한 설명으로 틀린 것은?

① 뿌리 기능이 쇠약해진 나무의 세력을 회복하기 위한 작업이다.
② 잔뿌리의 발달을 촉진시키고, 뿌리의 노화를 방지한다.
③ 굵은 뿌리는 모두 잘라야 아랫가지의 발육이 좋아진다.
④ 땅이 풀린 직후부터 4월 상순까지가 가장 좋은 작업 시기다.

해설

굵은 뿌리를 모두 자르면 지지기능에 문제가 발생하므로 남겨두고 환상박피

42 실내조경 식물의 잎이나 줄기에 백색 점무늬가 생기고 점차 퍼져서 흰 곰팡이 모양이 되는 원인으로 옳은 것은?

① 탄저병　　② 무름병
③ 흰가루병　④ 모자이크병

해설

흰가루병
- 치명적 병은 아니며, 통기불량, 일조부족, 질소과다 등으로 발병
- 잎과 새 가지에 흰가루가 생겨 위축
- 참나무류는 가을에 검은색 미립점이 형성

43 표준품셈에서 조경용 초화류 및 잔디의 할증률은 몇 %인가?

① 1　　② 3
③ 5　　④ 10

해설

잔디 및 초화류의 할증률 : 10%

44 다음 중 이식하기 어려운 수종이 아닌 것은?

① 소나무　　② 자작나무
③ 섬잣나무　④ 은행나무

해설

이식이 어려운 나무

독일가문비, 백송, 소나무, 섬잣나무, 굴참나무, 떡갈나무, 백합나무, 자작나무, 칠엽수, 감나무 등

45 잔디의 뗏밥 넣기에 관한 설명으로 부적합한 것은?

① 뗏밥은 가는 모래 2, 밭흙 1, 유기물 약간을 섞어 사용한다.
② 뗏밥에 이용하는 흙은 일반적으로 열처리 하거나 증기 소독 등 소독을 하기도 한다.
③ 뗏밥은 한지형 잔디의 경우 봄, 가을에 주고 난지형 잔디의 경우 생육이 왕성한 6 ~ 8월에 주는 것이 좋다.
④ 뗏밥의 두께는 30mm 정도로 주고, 다시 줄 때에는 일주일이 지난 후에 잎이 덮일 때까지 주어야 좋다.

해설

뗏밥주기
- 배토는 일시에 다량 사용하는 것보다 소량씩 자주 실시
- 뗏밥의 두께는 2 ~ 4mm 정도로 주며 2회차로 15일 후에 실시
- 봄철 한 번에 두껍게 줄 때는 5 ~ 10mm 정도로 시행

정답　41 ③　42 ③　43 ④　44 ④　45 ④

46 조경관리에서 주민참가의 단계는 시민 권력의 단계, 형식참가의 단계, 비참가의 단계 등으로 구분되는데 그중 시민권력의 단계에 해당되지 않는 것은?

① 자치관리(citizen control)
② 유화(placation)
③ 권한 위양(delegated power)
④ 파트너십(partnership)

:해설:
공원의 주민 참가 단계

비참가 단계	조작, 치료
형식참가 단계	정보제공, 상담, 유화
시민권력의 단계	파트너십, 권한위양, 자치관리

47 다음 중 조경수목의 꽃눈분화, 결실 등과 관련이 깊은 것은?

① 질소와 탄소비율   ② 탄소와 칼륨비율
③ 질소와 인산비율   ④ 인산과 칼륨비율

:해설:
C/N율(탄질률)
식물체 내의 탄수화물(C)과 질소(N)의 비율로 가지의 생장, 꽃눈의 형성 및 열매에 영향. C/N율이 높으면 화성을 유도하고, C/N율이 낮으면 영양생장이 계속.

48 평판을 정치(세우기)하는데 오차에 가장 큰 영향을 주는 항목은?

① 수평맞추기(정준)   ② 중심맞추기(구심)
③ 방향맞추기(표정)   ④ 모두 같다.

:해설:
평판을 정치(세우기)하는데 오차에 가장 큰 영향을 주는 항목 : 방향맞추기(표정)

49 다음 설계도면의 종류에 대한 설명으로 옳지 않은 것은?

① 입면도는 구조물의 외형을 보여주는 것이다.
② 평면도는 물체를 위에서 수직방향으로 내려다 본 것을 그린 것이다.
③ 단면도는 구조물의 내부나 내부공간의 구성을 보여주기 위한 것이다.
④ 조감도는 관찰자의 눈높이에서 본 것을 가정하여 그린 것이다.

:해설:
조감도
새가 하늘 위에서 내려다 보는 것과 같은 시각에서 그린 그림

50 다음 잔디의 종류 중 한국 잔디(korean lawngrass or Zoysiagrass)의 특징 설명으로 옳지 않은 것은?

① 우리나라의 자생종이다.
② 난지형 잔디에 속한다.
③ 뗏장에 의해서만 번식 가능하다.
④ 손상 시 회복속도가 느리고 겨울 동안 황색상태로 남아있는 단점이 있다.

:해설:
한국 잔디가 주로 뗏장에 의한 번식을 하지만 종자번식도 가능함.

51 농약살포가 어려운 지역과 솔잎혹파리 방제에 사용되는 농약 사용법은?

① 도포법   ② 수간주사법
③ 입제살포법   ④ 관주법

:해설:
솔잎혹파리 방제
포스파미돈 50% 액제를 흉고직경 1cm당 0.3ml 사용(수간주사)

정답 46 ② 47 ① 48 ③ 49 ④ 50 ③ 51 ②

52 다음 중 차폐식재에 적용 가능한 수종의 특징으로 옳지 않은 것은?

① 지하고가 낮고 지엽이 치밀한 수종
② 전정에 강하고 유지 관리가 용이한 수종
③ 아랫 가지가 말라죽지 않는 상록수
④ 높은 식별성 및 상징적 의미가 있는 수종

> **해설**
> 차폐식재 수종요구 특성
> • 지하고 낮고 지엽 치밀한 수종
> • 전정에 강한 수종
> • 유지관리가 용이한 수종
> • 아래가지가 마르지 않는 상록수

53 900㎡의 잔디광장을 평떼로 조성하려고 할 때 필요한 잔디량은 약 얼마인가?

① 약 1,000매 ② 약 5,000매
③ 약 10,000매 ④ 약 20,000매

> **해설**
> 30×30×3 규격 잔디(1㎡당 약 11장) 900×11 = 약 9,900장

54 한 가지 약제를 연용하여 살포 시 방제효과가 떨어지는 대표적인 해충은?

① 깍지벌레 ② 진딧물
③ 잎벌 ④ 응애

> **해설**
> 응애류
> 동일 농약에 대한 저항성이 커 연용 금지

55 중앙에 큰 맹암거를 중심으로 작은 맹암거를 좌우에 어긋나게 설치하는 방법으로 경기장 같은 평탄한 지형에 적합하며, 전 지역의 배수가 균일하게 요구되는 지역에 설치하며, 주관을 경사지에 배치하고 양측에 설치하는 특징을 갖는 암거배치 방법은?

① 빗살형 ② 부채살형
③ 어골형 ④ 자연형

> **해설**
> 어골형
> • 주선(간선, 주관)을 중앙에 비치하고 지선(지관)을 비스듬하게 설치
> • 경기장, 골프장, 광장 같은 평탄지역에 적합
> • 지관은 길이 최장 30m 이하, 4~5m 간격 설치

56 다음 중 메쌓기에 대한 설명으로 부적합한 것은?

① 모르타르를 사용하지 않고 쌓는다.
② 뒷채움에는 자갈을 사용한다.
③ 쌓는 높이의 제한을 받는다.
④ 2제곱미터마다 지름 9cm 정도의 배수공을 설치한다.

> **해설**
> 메쌓기
> • 접합부를 다듬고 뒷틈 사이에 고임돌(조약돌)을 고인 후 모르타르 없이 골재(잡석, 자갈)로 뒤채움하는 방식
> • 전면 기울기 1 : 0.3 이상을 표준으로 1일 쌓기 높이는 1.0m 미만
> • 줄눈은 10mm 이내로 하며, 해머 등으로 다듬어 접합
> ※ 찰쌓기 시 배수를 위해 3㎥ 마다 지름 50mm 정도의 배수구 설치

정답 52 ④ 53 ③ 54 ④ 55 ③ 56 ④

57 시설물 관리를 위한 페인트칠하기의 방법으로 거리가 먼 것은?

① 목재의 바탕칠을 할 때에는 별도의 작업 없이 불순물을 제거한 후 바로 수성페인트를 칠한다.
② 철재의 바탕칠을 할 때에는 별도의 작업 없이 불순물을 제거한 후 바로 수성페인트를 칠한다.
③ 목재의 갈라진 구멍, 홈, 틈은 퍼티로 땜질하여 24시간 후 초벌칠을 한다.
④ 콘크리트, 모르타르면의 틈은 석고로 땜질하고 유성 또는 수성페인트를 칠한다.

> **해설**
> 철재의 바탕칠을 할 때는 광명단을 두 번 칠한 후 유성 페인트를 칠함

58 옹벽 중 캔틸레버(Cantilever)를 이용하여 재료를 절약한 것으로 자체 무게와 뒤채움한 토사의 무게를 지지하여 안전도를 높인 옹벽으로 주로 5m 내외의 높지 않은 곳에 설치하는 것은?

① 중력식 옹벽 ② 반중력식 옹벽
③ 부벽식 옹벽 ④ L자형 옹벽

> **해설**
> 컨틸레버 옹벽
> • 기초저판 위에 흙의 무게를 보강(T형, L형)
> • 높이 6m까지(일반적으로 5m 내외) 사용 가능, 중력식보다 경제적

59 형상수(topiary)를 만들 때 유의 사항이 아닌 것은?

① 망설임 없이 강전정을 통해 한 번에 수형을 만든다.
② 형상수를 만들 수 있는 대상 수종은 맹아력이 좋은 것을 선택한다.
③ 전정 시기는 상처를 아물게 하는 유합조직이 잘 생기는 3월 중에 실시한다.
④ 수형을 잡는 방법은 통대나무에 가지를 고정시켜 유인하는 방법, 규준틀을 만들어 가지를 유인하는 방법, 가지에 전정만을 하는 방법 등이 있다.

> **해설**
> 형상수를 만들 때 여러 번 전정을 통해 서서히 모양을 만들어 감

60 다음 중 루비깍지벌레의 구제에 가장 효과적인 농약은?

① 페니트로티온 수화제
② 다이아지논분제
③ 포스파미돈액제
④ 옥시테트라사이클린 수화제

> **해설**
> • 페니트로티온 수화제(메프치온) : 저독성 종합살충제 (솔나방, 하늘소, 소나무좀, 혹파리, 뽈밀깍지벌레 등)
> • 다이아지논 : 유기인계 살충제, 진딧물, 응애, 깍지벌레
> • 포스파미돈(포스팜) : 진딧물, 깍지벌레, 솔잎혹파리
> • 옥시테트라사이클린 : 대추나무 빗자루병(파이토 플라즈마)

정답 57 ② 58 ④ 59 ① 60 ③

2014 제4회 과년도기출문제

01 창경궁에 있는 통명전 지당의 설명으로 틀린 것은?

① 장방형으로 장대석으로 쌓은 석지이다.
② 무지개형 곡선 형태의 석교가 있다.
③ 괴석 2개와 앙련(仰蓮) 받침대석이 있다.
④ 물은 직선의 석구를 통해 지당에 유입된다.

해설

통명전 지당
- 장대석으로 쌓은 장방형의 석지
- 직선의 석구를 통해 지당으로 물 유입
- 괴석 2개와 앙련의 받침대석
- 중앙에 석교(무지개형 아님, 직선에 가까운 석교)

02 위험을 알리는 표시에 가장 적합한 배색은?

① 흰색-노랑   ② 노랑-검정
③ 빨강-파랑   ④ 파랑-검정

해설

가시성이 좋은 색 조합 (노랑 - 검정)

03 물체의 앞이나 뒤에 화면을 놓은 것으로 생각하고, 시점에서 물체를 본 시선과 그 화면이 만나는 각 점을 연결하여 물체를 그리는 투상법은?

① 사투상법   ② 투시도법
③ 정투상법   ④ 표고투상법

해설

투시도
- 설계안이 완공되었을 경우를 가정하여 설계내용을 실제 눈에 보이는 대로 절단한 면에서 먼 곳에 있는 것은 작게, 가까이 있는 것은 크고 깊이 있게 하나의 화면에 그리는 도면
- 유리창에 그린다는 생각을 가지고 원근법을 이용하여 그리기 때문에 입체적인 느낌을 줌

04 다음 조경의 효과로 부적합한 것은?

① 공기의 정화   ② 대기오염의 감소
③ 소음 차단   ④ 수질오염의 증가

해설

조경의 효과

공기의 정화, 대기오염의 감소, 소음차단, 바람의 조절, 습도 조절 등이 있음. 수질오염의 증가는 조경의 효과로 보기 어려움

정답 01 ② 02 ② 03 ② 04 ④

05 이탈리아 조경 양식에 대한 설명으로 틀린 것은?

① 별장이 구릉지에 위치하는 경우가 많아 정원의 주류는 노단식
② 노단과 노단은 계단과 경사로에 의해 연결
③ 축선을 강조하기 위해 원로의 교점이나 원점에 분수 등을 설치
④ 대표적인 정원으로는 베르사유 궁원

해설
베르사유 궁원은 프랑스의 대표적인 작품

06 스페인 정원의 특징과 관계가 먼 것은?

① 건물로서 완전히 둘러싸인 가운데 뜰 형태의 정원
② 정원의 중심부는 분수가 설치된 작은 연못 설치
③ 웅대한 스케일의 파티오 구조의 정원
④ 난대, 열대수목이나 꽃나무를 화분에 심어 중요한 자리에 배치

해설
파티오는 중정이므로 웅대한 스케일을 가지고 있지 않음

07 다음 중 9세기 무렵에 일본 정원에 나타난 조경양식은?

① 평정고산수식   ② 침전조양식
③ 다정양식   ④ 회유임천양식

해설
침전조 정원 양식
침전 건물 앞에 정원을 배치하는 수법으로 헤이안 시대 때 사용

08 수도원 정원에서 원로의 교차점인 중정 중앙에 큰 나무 한 그루를 심는 것을 뜻하는 것은?

① 파라다이소(Paradiso)
② 바(Bagh)
③ 트렐리스(Trellis)
④ 페리스탈리움(Peristylium)

해설
파라다이소(Paradiso)
수도원 정원 원로 교차점에 수목식재, 수반 등 설치

09 이격비의 〈낙양원명기〉에서 원(園)을 가르키는 일반적인 호칭으로 사용되지 않은 것은?

① 원지   ② 원정
③ 별서   ④ 택원

해설
별서
자연 속에서의 은둔 목적으로 만들어진 소박한 주거, 원과는 관련이 없음

10 짐을 운반하여야 한다. 다음 중 같은 크기의 짐을 어느 색으로 포장했을 때 가장 덜 무겁게 느껴지는가?

① 다갈색   ② 크림색
③ 군청색   ④ 쥐색

해설
명도가 높은색은 가볍게 보임

정답 05 ④ 06 ③ 07 ② 08 ① 09 ③ 10 ②

11 수집한 자료들을 종합한 후에 이를 바탕으로 개략적인 계획안을 결정하는 단계는?

① 목표설정　② 기본구상
③ 기본설계　④ 실시설계

> **해설**
> **기본구상**
> - 계획 안에 물리적, 공간적 윤곽이 드러나기 시작
> - 문제 해결을 위한 개념 도출
> - 자료가 구체적, 공간적 형태화
> - 버블다이어그램

12 도면 작업에서 원의 반지름을 표시할 때 숫자 앞에 사용하는 기호는?

① ∅　② D
③ R　④ △

> **해설**
> 반지름 표시 기호 : R

13 '물체의 실체 치수'에 대한 '도면에 표시한 대상물'의 비를 의미하는 용어는?

① 척도　② 도면
③ 표제란　④ 연각선

> **해설**
> **척도**
> "대상물의 실제 치수"에 대한 "도면에 표시한 대상물"의 비로써 도면의 치수를 실제의 치수로 나눈 값

14 조선시대 궁궐의 침전 후정에서 볼 수 있는 대표적인 것은?

① 자수 화단(花壇)
② 비폭(飛瀑)
③ 경사지를 이용해서 만든 계단식 노단
④ 정자수

> **해설**
> **조선시대 정원**
> 풍수지리설의 영향을 받아 화계식 후원이 발달

15 조선시대 선비들이 즐겨 심고 가꾸었던 사절우(四節友)에 해당하는 식물이 아닌 것은?

① 난초　② 대나무
③ 국화　④ 매화나무

> **해설**
> **사절우**
> 매화, 소나무, 국화, 대나무

16 목재를 연결하여 움직임이나 변형 등을 방지하고 거푸집의 변형을 방지하는 철물로 사용하기 부적합한 것은?

① 볼트, 너트　② 못
③ 꺽쇠　④ 리벳

> **해설**
> **리벳**
> 금속공작에서 공작물을 영구 이음하는 머리가 달린 핀이나 볼트

정답 11 ②　12 ③　13 ①　14 ③　15 ①　16 ④

17 다음 중 플라스틱 제품의 특징으로 옳은 것은?

① 불에 강하다.
② 비교적 저온에서 가공성이 나쁘다.
③ 흡수성이 크고, 투수성이 불량하다.
④ 내후성 및 내광성이 부족하다.

: 해설 :

장점	• 자유로운 성형 • 강도와 탄력성이 큼 • 착색이 자유롭고 광택이 좋음 • 내산성과 내알칼리성이 큼 • 투광성 및 접착성이 있음 • 전기와 열에 대한 절연성
단점	• 열전도율이 높고 불에 타기 쉬움 • 내열성, 내후, 내광성이 부족 • 변색이 잘됨 • 저온 및 자외선에 약함 • 표면의 경도가 낮음 • 정전기 발생량이 큼

18 다음 중 녹나무과(科)로 봄에 가장 먼저 개화하는 수종은?

① 치자나무　② 호랑가시나무
③ 생강나무　④ 무궁화

: 해설 :
- 치자나무(꼭두서니과, 6~7월)
- 호랑가시나무(감탕나무과, 4~5월)
- 무궁화(아욱과, 7~10월)

19 콘크리트용 혼화재료로 사용되는 고로슬래그 미분말에 대한 설명 중 틀린 것은?

① 고로슬래그 미분말을 사용한 콘크리트는 보통콘크리트보다 콘크리트 내부의 세공성이 작아져 수밀성이 향상된다.
② 고로슬래그 미분말은 플라이애시나 실리카흄에 비해 포틀랜드시멘트와의 비중차가 작아 혼화재로 사용할 경우 혼합 및 분산성이 우수하다.
③ 고로슬래그 미분말을 혼화재로 사용한 콘크리트는 염화물이온 침투를 억제하여 철근부식 억제효과가 있다.
④ 고로슬래그 미분말의 혼합률을 시멘트 중량에 대하여 70% 혼합한 경우 중성화 속도가 보통콘크리트의 2배 정도 감소된다.

: 해설 :
고로슬래그를 혼합한 시멘트는 중성화 속도 빨라짐

20 조경용 포장재료는 보행자가 안전하고, 쾌적하게 보행할 수 있는 재료가 선정되어야 한다. 다음 선정기준 중 옳지 않은 것은?

① 내구성이 있고, 시공·관리비가 저렴한 재료
② 재료의 질감·색채가 아름다운 것
③ 재료의 표면 청소가 간단하고, 건조가 빠른 재료
④ 재료의 표면이 태양광선의 반사가 많고, 보행 시 자연스런 매끄러운 소재

: 해설 :

포장재료의 선정
- 안전, 기능, 미관 등 공간의 용도를 고려하여 선택
- 시공비 및 관리비를 생각해서 선택
- 내구성이 있으면 배수가 잘되는 재료 선택
- 보행 시 미끄럼이 적은 것(마찰력이 있는 것)을 선택
- 재료의 질감과 외관이 좋은 것을 선택
- 변화가 적으며 태양광선의 반사가 적은 것을 선택

정답　17 ④　18 ③　19 ④　20 ④

21 콘크리트의 응결, 경화 조절의 목적으로 사용되는 혼화제에 대한 설명 중 틀린 것은?

① 콘크리트용 응결, 경화 조절제는 시멘트의 응결·경화속도를 촉진시키거나 지연시킬 목적으로 사용되는 혼화제이다.
② 촉진제는 그라우트에 의한 지수공법 및 뿜어붙이기 콘크리트에 사용된다.
③ 지연제는 조기 경화현상을 보이는 서중콘크리트나 수송거리가 먼 레디믹스트 콘크리트에 사용된다.
④ 급결제를 사용한 콘크리트의 초기강도 증진은 매우 크나 장기강도는 일반적으로 떨어진다.

해설
급결제(응결경화촉진제)
물속 공사, 겨울철 공사 등에 필요한 조기강도 발생 촉진

22 다음 중 합판에 관한 설명으로 틀린 것은?

① 합판을 베니어판이라 한다. 베니어란 원래 목재를 얇게 한 것을 말하며, 이것을 단판이라고도 한다.
② 슬라이스 베니어(sliced veneer)는 끌로서 각목을 얇게 절단한 것으로 아름다운 결을 장식용으로 이용하기에 좋은 특징이 있다.
③ 합판의 종류에는 섬유판, 조각판, 적층판 및 강화적층재 등이 있다.
④ 합판의 특징은 동일한 원재로부터 많은 정목판과 나무결 무늬판이 제조되며, 팽창 수축 등에 의한 결점이 없고 방향에 따른 강도차이가 없다.

해설
합판의 종류
너수합판, 테고합판, 미송합판, 코아합판

23 다음 중 조경수목의 계절적 현상 설명으로 옳지 않은 것은?

① 싹틈 : 눈은 일반적으로 지난해 여름에 형성되어 겨울을 나고, 봄에 기온이 올라감에 따라 싹이 튼다.
② 개화 : 능소화, 무궁화, 배롱나무 등의 개화는 그 전년에 자란 가지에서 꽃눈이 분화하여 그 해에 개화한다.
③ 결실 : 결실량이 지나치게 많을 때에는 다음 해의 개화, 결실이 부실해지므로 꽃이 진 후 열매를 적당히 솎아준다.
④ 단풍 : 기온이 낮아짐에 따라 잎 속에서 생리적인 현상이 일어나 푸른 잎이 다홍색, 황색 또는 갈색으로 변하는 현상이다.

해설
당년생 가지에 개화
장미, 무궁화, 배롱나무, 능소화, 대추나무, 포도, 감나무

24 외력을 받아 변형을 일으킬 때 이에 저항하는 성질로서 외력에 대해 변형을 적게 일으키는 재료는 (㉠)가(이) 큰 재료이다. 이것은 탄성계수와 관계가 있으나 (㉡)와(과)는 직접적인 관계가 없다. 괄호 안에 들어갈 용어로 맞게 연결된 것은?

① ㉠ 강도(strength), ㉡ 강성(stiffness)
② ㉠ 강성(stiffness), ㉡ 강도(strength)
③ ㉠ 인성(toughness), ㉡ 강성(stiffness)
④ ㉠ 인성(toughness), ㉡ 강도(strength)

해설
- 강도 : 재료에 하중이 걸린 경우, 재료가 파괴되기까지의 변형 저항 성질
- 강성 : 물체가 외력을 받아도 모양이나 부피가 변하지 않는 단단한 성질

정답 21 ② 22 ③ 23 ② 24 ②

25 교목으로 꽃이 화려하며, 전정을 싫어하고 대기오염에 약하며, 토질을 가리는 결점이 있으며, 매우 다방면으로 이용되며, 열식 또는 군식으로 많이 식재되는 수종은?

① 왕벚나무 ② 수양버들
③ 전나무   ④ 벽오동

> **해설**
> 왕벚나무
> 4월에 연한 분홍색 계통의 꽃이 화려하며, 전정과 대기오염에 약함

26 자동차 배기가스에 강한 수목만으로 짝지어진 것은?

① 화백, 향나무
② 삼나무, 금목서
③ 자귀나무, 수수꽃다리
④ 산수국, 자목련

> **해설**
> 아황산가스에 강한 수종
> 편백, 화백, 향나무, 가이즈카향나무, 가시나무, 사철나무, 벽오동, 플라타너스, 능수버들, 쥐똥나무 등

27 한국의 전통조경 소재 중 하나로 자연의 모습이나 형상석으로 궁궐 후원 점경물로 석분에 꽃을 심듯이 꽂거나 화계 등에 많이 도입되었던 경관석은?

① 각석   ② 괴석
③ 비석   ④ 수수분

> **해설**
> 괴석
> 괴산한 모양으로 생긴 돌로 태호석, 제주도의 현무암 등

28 장미과 식물이 아닌 것은?

① 피라칸다   ② 해당화
③ 아까시나무 ④ 왕벚나무

> **해설**
> 아까시나무 : 콩과 식물

29 크기가 지름 20 ~ 30cm 정도의 것이 크고 작은 알로 고루 섞여 있으며 형상이 고르지 못한 큰돌이라 설명하기도 하며, 큰 돌을 깨서 만드는 경우도 있어 주로 기초용으로 사용하는 석재의 분류명은?

① 산석   ② 야면석
③ 잡석   ④ 판석

> **해설**
> 잡석
> 크기가 지름 10 ~ 30cm 정도의 것이 크고 적은 알로 고루고루 섞여 있으며 형상이 고르지 못한 깬 돌

30 골재의 표면수는 없고, 골재 내부에 빈틈이 없도록 물로 차 있는 상태는?

① 절대건조상태
② 기건상태
③ 습윤상태
④ 표면건조 포화상태

> **해설**
> 수분 함수량에 따른 구분
> • 절대건조상태 : 골재 외부와 내부 공극에 포함되어 있는 물이 전부 제거된 상태
> • 기건상태 : 골재의 수분 함유량이 대기 중 습도와 평행을 이룬 상태
> • 표면건조 내부포화상태 : 골재의 표면수는 없고, 골재의 내부에 빈틈이 없도록 물로 차 있는 상태
> • 습윤상태 : 골재의 내부가 완전히 수분으로 채워져 있고 표면에도 여분의 물을 포함하고 있는 상태

정답 25 ① 26 ① 27 ② 28 ③ 29 ③ 30 ④

31 질량 113kg의 목재를 절대건조시켜서 100kg으로 되었다면 전건량기준 함수율은?

① 0.13% ② 0.30%
③ 3.00% ④ 13.00%

해설

$$함수율 = \frac{습윤상태 - 절대건조상태}{절대건조상태} \times 100(\%)$$

$$\rightarrow \frac{113-100}{100} \times 100 = 13\%$$

32 다음 재료 중 연성(延性 : Ductility)이 가장 큰 것은?

① 금 ② 철
③ 납 ④ 구리

해설

연성이 가장 큰 것은 금으로 1g으로 3.6km까지 늘릴 수 있음

33 다음 중 곰솔(해송)에 대한 설명으로 옳지 않은 것은?

① 동아(冬芽)는 붉은색이다.
② 수피는 흑갈색이다.
③ 해안지역의 평지에 많이 분포한다.
④ 줄기는 한해에 가지를 내는 층이 하나여서 나무의 나이를 짐작할 수 있다.

해설

곰솔의 동아는 흰색, 소나무의 동아는 붉은색

34 열경화성수지 중 강도가 우수하며, 베이클라이트를 만들고, 내산성, 전기 절연성, 내약품성, 내수성이 좋고, 내알칼리성이 약한 결점이 있으며, 내수합판 접착제 용도로 사용되는 것은?

① 요소계 수지 ② 메타아크릴 수지
③ 염화비닐계 수지 ④ 페놀계 수지

해설

페놀수지
- 강도, 전기절연성, 내산성, 내수성이 모두 양호, 내알칼리성 약함
- 내수합판, 접착제 용도로 사용하며 베이클라이트를 만듦

35 다음 중 은행나무의 설명으로 틀린 것은?

① 분류상 낙엽활엽수이다.
② 나무껍질은 회백색, 아래로 깊이 갈라진다.
③ 양수로 적윤지 토양에 생육이 적당하다.
④ 암수딴그루이고 5월초에 잎과 꽃이 함께 개화한다.

해설

은행나무는 분류상 낙엽침엽교목

36 기초 토공사비 산출을 위한 공정이 아닌 것은?

① 터파기 ② 되메우기
③ 정원석 놓기 ④ 잔토처리

해설

토량산출
터파기량, 되메우기량, 잔토 처리량(정원석 놓기 : 석공사)

정답 31 ④ 32 ① 33 ① 34 ④ 35 ① 36 ③

37 식물이 필요로 하는 양분요소 중 미량원소로 옳은 것은?

① O ② K
③ Fe ④ S

해설

다량 원소	C, H, O, N, P, K, Ca, Mg, S
미량 원소	Fe, Mn, B, Zn, Cu, Mo, Cl

38 수목식재 시 수목을 구덩이에 앉히고 난 후 흙을 넣는데 수식(물죔)과 토식(흙죔)이 있다. 다음 중 토식을 실시하기에 적합하지 않은 수종은?

① 목련 ② 전나무
③ 서향 ④ 해송

해설

흙죔(토식)
겨울철 식재 및 소나무, 곰솔, 전나무, 소철 등에 적합

39 뿌리분의 크기를 구하는 식으로 가장 적합한 것은? (단, N은 근원직경, n은 흉고직경, d는 상수이다)

① $24+(N-3) \times d$ ② $24+(N+3) \div d$
③ $24-(n-3)+d$ ④ $24-(n-3)-d$

해설

뿌리분의 지름을 구하는 공식
$A = 24 + (N-3) \times d$

40 토량의 변화에서 체적비(변화율)는 L과 C로 나타낸다. 다음 설명 중 옳지 않은 것은?

① L값은 경암보다 모래가 더 크다.
② C는 다져진 상태의 토량과 자연상태의 토량의 비율이다.
③ 성토, 절토 및 사토량의 산정은 자연상태의 양을 기준으로 한다.
④ L은 흐트러진 상태의 토량과 자연상태의 토량의 비율이다.

해설

부피의 증가(L값)는 모래의 경우 15%, 보통 흙 20~30%, 암석 50~80%

41 다음 중 시방서에 포함되어야 할 내용으로 부적합한 것은?

① 재료의 종류 및 품질
② 시공방법의 정도
③ 재료 및 시공에 대한 검사
④ 계약서를 포함한 계약 내역서

해설

시방서 포함 내용
• 공사의 개요 및 적용 범위에 관한 사항
• 시공에 대한 보충 및 일반적 주의 사항
• 시공 방법의 정도, 완성 정도에 대한 사항
• 재료의 종류, 품질 및 사용에 대한 사항
• 재료 및 시공에 관한 검사 결과에 대한 사항
• 시공에 필요한 각종 설비에 대한 사항
• 시공 완성 후 뒤처리에 대한 사항

정답 37 ③ 38 ① 39 ① 40 ① 41 ④

42 진딧물이나 깍지벌레의 분비물에 곰팡이가 감염되어 발생하는 병은?

① 흰가루병 ② 녹병
③ 잿빛곰팡이병 ④ 그을음병

:해설:

그을음병
- 생육이 불량한 나무의 잎, 줄기에 그을음 부착
- 깍지벌레, 진딧물의 배설물에 의해 발생

43 다음 중 재료의 할증률이 다른 것은?

① 목재(각재) ② 시멘트벽돌
③ 원형철근 ④ 합판(일반용)

:해설:

- 목재(각재), 시멘트벽돌, 원형철근 : 5%
- 합판(일반용) : 3%

44 다음 중 평판측량에 사용되는 기구가 아닌 것은?

① 평판 ② 삼각대
③ 레벨 ④ 앨리데이드

:해설:

레벨
수준 측량에서 수평면을 시준할 때 쓰는 광학기기

45 '느티나무 10주에 600,000원, 조경공 1인과 보통공 2인이 하루에 식재한다'라고 가정할 때 느티나무 1주를 식재할 때 소용되는 비용은? (단, 조경공 노임은 60,000원/일, 보통공 노임은 40,000원/일이다)

① 68,000원 ② 70,000원
③ 72,000원 ④ 74,000원

:해설:

- 느티나무 10주 식재비용
  600,000 + {(60,000 × 1) + (40,000 × 2)}
  = 740,000원
- 1주 식재 비용 : 740,000 ÷ 10 = 74,000원

46 소형고압블록 포장의 시공방법에 대한 설명으로 옳은 것은?

① 차도용은 보도용에 비해 얇은 두께 6cm의 블록을 사용한다.
② 지반이 약하거나 이용도가 높은 곳은 지반 위에 잡석으로만 보강한다.
③ 블록깔기가 끝나면 반드시 진동기를 사용해 바닥을 고르게 마감한다.
④ 블록의 최종 높이는 경계석보다 조금 높아야 한다.

:해설:

소형고압블럭(ILP : Interlocking Paver)
- 보도용 : 6cm, 보차겸용 : 8cm
- 지반 보강방법은 다양함(잡석지정, 말뚝지정, 강봉 등)
- 블럭의 최종 높이는 경계석과 같게 맞춤

정답 42 ④ 43 ④ 44 ③ 45 ④ 46 ③

47 저온의 해를 받은 수목의 관리방법으로 적당하지 않은 것은?

① 멀칭
② 바람막이 설치
③ 강전정과 과다한 시비
④ will-pruf(시들음 방지제) 살포

해설

낙엽이나 피트모스 등의 피복재 사용으로 보온(멀칭)
- 0℃가 되기 전에 충분한 관수로 겨우내 필요한 수분 공급
- 바람막이 설치 및 짚싸기, 방한 덮개 설치 : 풍향 고려
- 시들음 방지제를 잎에 살포하여 겨울의 갈색화 방지 및 저감

48 공정관리기법 중 횡선식 공정표(bar chart)의 장점에 해당하는 것은?

① 신뢰도가 높으며 전자계산기의 이용이 가능하다.
② 각 공정별의 착수 및 종료일이 명시되어 있어 판단이 용이하다
③ 바나나 모양의 곡선으로 작성하기 쉽다.
④ 상호관계가 명확하며, 주 공정선의 일에는 현장인원의 중점배치가 가능하다.

해설

횡선식 공정표는 각 공정별의 착수 및 종료일이 명시되어 있어 판단이 용이

49 콘크리트 혼화제 중 내구성 및 워커빌리티(workability)를 향상시키는 것은?

① 감수제   ② 경화촉진제
③ 지연제   ④ 방수제

해설

분산제(감수제)
시멘트 입자를 분산시켜 워커빌리티를 좋게 함

50 콘크리트 1㎥에 소요되는 재료의 양을 L로 계량하여 1 : 2 : 4 또는 1 : 3 : 6 등의 배합 비율로 표시하는 배합을 무엇이라 하는가?

① 표준계량 배합   ② 용적 배합
③ 중량 배합   ④ 시험중량 배합

해설

현장계량 용적 배합
- 콘크리트 1㎥에 소요되는 재료의 양을 시멘트는 포대로, 골재는 현장계량에 의한 용적(㎥)으로 표시한 배합
- 예를 들어, 1 : 2 : 4, 1 : 3 : 6 등으로 표시

51 철재 시설물의 손상부분을 점검하는 항목으로 부적합한 것은?

① 용접 등의 접합 부분
② 충격에 비틀린 곳
③ 부식된 곳
④ 침하된 곳

해설

침하된 곳
포장시설 점검항목

정답 47 ③ 48 ② 49 ① 50 ② 51 ④

52 더운 여름 오후에 햇빛이 강하면 수간의 남서쪽 수피가 열에 의해서 피해(터지거나 갈라짐)을 받을 수 있는 현상을 무엇이라 하는가?

① 피소   ② 상렬
③ 조상   ④ 만상

해설

껍질데기(피소)
- 여름철 석양볕에 줄기가 열을 받아 갈라짐
- 약한 수종의 특징 : 껍질이 얇은 수종, 큰(흉고직경 15~20cm) 나무의 서쪽, 남서쪽 수간

53 제초제 1,000ppm은 몇 %인가?

① 0.01%   ② 0.1%
③ 1%   ④ 10%

해설

ppm(pert per million)

$\dfrac{1}{1,000,000}$ 을 말하고 1%는 10,000ppm

54 농약의 사용목적에 따른 분류 중 응애류에만 효과가 있는 것은?

① 살충제   ② 살균제
③ 살비제   ④ 살초제

해설

살비제
곤충에는 살충력이 거의 없고 응애류에만 효력을 나타내는 약제

55 수목 외과수술의 시공 순서로 옳은 것은?

㉠ 동공 가장자리의 형성층 노출
㉡ 부패부 제거
㉢ 표면경화처리
㉣ 동공충진
㉤ 방수처리
㉥ 인공수피 처리
㉦ 소독 및 방부처리

① ㉠ - ㉥ - ㉡ - ㉢ - ㉣ - ㉤ - ㉦
② ㉡ - ㉦ - ㉠ - ㉥ - ㉤ - ㉢ - ㉣
③ ㉠ - ㉡ - ㉢ - ㉣ - ㉤ - ㉥ - ㉦
④ ㉡ - ㉠ - ㉦ - ㉣ - ㉤ - ㉢ - ㉥

해설

부패부 제거 → 형성층 노출 → 살균, 살충처리 → (방부처리 → 동공충전 → 방수처리) → 매트처리 → 인공 나무껍질 처리 → 수지처리

56 식물의 아래 잎에서 황화현상이 일어나고 심하면 잎 전면에 나타나며, 잎이 작지만 잎수가 감소하며 초본류의 초장이 작아지고 조기 낙엽이 비료 결핍의 원인이라면 어느 비료 요소와 관련된 설명인가?

① P   ② N
③ Mg   ④ K

해설

질소	기능	광합성 작용의 촉진으로 잎이나 줄기 등 수목의 생장에 도움
	부족시	부족하면 생장 위축, 줄기가 가늘어지고, 눈과 잎의 축소, 황화
	과다시	도장하고 약해지며 성숙이 늦어짐

정답 52 ① 53 ② 54 ③ 55 ④ 56 ②

57 조경공사의 시공자 선정방법 중 일반 공개경쟁입찰 방식에 관한 설명으로 옳은 것은?

① 예정가격을 비공개로 하고 견적서를 제출하여 경쟁 입찰에 단독으로 참가하는 방식
② 계약의 목적, 성질 등에 따라 참가자의 자격을 제한하는 방식
③ 신문, 게시 등의 방법을 통하여 다수의 희망자가 경쟁에 참가하여 가장 유리한 조건을 제시한 자를 선정하는 방식
④ 공사 설계서와 시공도서를 작성하여 입찰서와 함께 제출하여 입찰하는 방식

해설

일반경쟁입찰(공개경쟁입찰)
- 일정한 자격을 갖춘 불특정 공사수주 희망자를 입찰에 참가시켜 가장 유리한 조건을 제시한 자를 낙찰자로 선정하는 방식

58 해충의 방제방법 중 기계적 방제에 해당되지 않는 것은?

① 포살법 ② 진동법
③ 경운법 ④ 온도처리법

해설

물리적 방제
고온, 습도, 방사선, 고주파 등 해충이 견디기 힘든 환경조건을 조성하는 방제법

59 조경식재 공사에서 뿌리돌림의 목적으로 부적합한 것은?

① 뿌리분을 크게 만들려고
② 이식 후 활착을 돕기 위해
③ 잔뿌리의 신생과 신장 도모
④ 뿌리 일부를 절단 또는 각피하여 잔뿌리 발생 촉진

해설

뿌리돌림의 목적
- 새로운 잔뿌리 발생을 촉진시키고, 이식 후의 활착 도모
- 부적기 이식 시 또는 건전한 수목의 육성 및 개화, 결실 촉진
- 노목, 쇠약한 수목의 수세 회복

60 2개 이상의 기둥을 합쳐서 1개의 기초로 받치는 것은?

① 줄기초 ② 독립기초
③ 복합기초 ④ 연속기초

해설

| 복합기초 | • 2개 이상의 기둥을 합쳐 1개의 기초로 받치는 경우
• 기둥 간격이 좁을 경우에 적합 |

정답 57 ③ 58 ④ 59 ① 60 ③

2014 제 5 회 과년도기출문제

01 다음 중 직선과 관련된 설명으로 옳은 것은?

① 절도가 없어 보인다.
② 직선 가운데에 중개물(中介物)이 있으면 없는 때보다도 짧게 보인다.
③ 베르사이유 궁원은 직선이 지나치게 강해서 압박감이 발생한다.
④ 표현 의도가 분산되어 보인다.

> **해설**
> 베르사이유 궁원 직선과 방사선상의 비스타를 사용해 정원을 한층 더 넓게 보이게 하고 남성적이며 강한 느낌을 줌

02 채도대비에 의해 주황색 글씨를 보다 선명하게 보이도록 하려면 바탕색으로 어떤 색이 가장 적합한가?

① 빨간색   ② 노란색
③ 파란색   ④ 회색

> **해설**
> 두채색과 유채색을 대비시키면 채도차가 보다 강조되어 선명하게 보임

03 중국식 정원의 설명으로 거리가 먼 것은?

① 대비에 중점을 두고 있으며, 이것이 중국 정원의 특색을 이루고 있다.
② 사실주의보다는 상징적 축조가 주를 이루는 사의주의에 입각하였다.
③ 다정(茶庭)이 정원구성 요소에서 중요하게 작용하였다.
④ 차경수법을 도입하였다.

> **해설**
> **중국정원의 특징**
> - 대비에 중점(자연미와 인공미) : 이화원(곤명호/불향각)
> - 석가산(태호석 : 괴석)
> - 사의주의, 회화풍경식, 자연풍경식
> - 자연경관이 수려한 곳에 임의적으로 암석과 수목 배치(심산유곡 느낌)
> - 직선 + 곡선의 사용
> - 하나의 정원에 부분적으로 여러 비율을 혼합하여 사용
> - 차경수법 도입

04 영국의 풍경식 정원은 자연과의 비율이 어떤 비율로 조성되었는가?

① 1 : 1   ② 1 : 5
③ 2 : 1   ④ 1 : 100

> **해설**
> **영국정원**
> 사실주의 자연풍경식 1 : 1

정답 01 ③   02 ④   03 ③   04 ①

05 구조용 재료의 단면 도시기호 중 강(鋼)을 나타낸 것으로 적합한 것은?

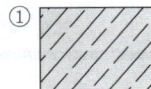 

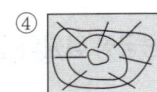

해설
① 석재
② 자갈
④ 목재

06 낮에 태양광 아래에서 본 물체의 색이 밤에 실내 형광등 아래에서 보니 달라보였다. 이러한 현상을 무엇이라 하는가?

① 메타메리즘 ② 메타볼리즘
③ 프리즘 ④ 착시

해설
조건등색(메타메리즘)
두 가지 다른 색이 특정 광원에서 하나의 색으로 보이는 현상
예) 형광등 아래서는 같은 색으로 보이나 태양광에서는 다른 색으로 보이는 현상

07 실제 길이 3m는 축척 1/30 도면에서 얼마로 나타나는가?

① 1cm ② 10cm
③ 3cm ④ 30cm

해설
$1 : 30 = x : 3 \rightarrow 30x = 3 \rightarrow x = 0.1m \rightarrow 10cm$

08 컴퓨터를 사용하여 조경제도 작업을 할 때의 작업 특징과 거리가 먼 것은?

① 도덕성 ② 정확성
③ 응용성 ④ 신속성

해설
Auto CAD에 의한 설계시 시간과 노력이 절감되고, 설계안의 비교와 수정이 편리함. 또한 정확한 설계가 가능함

09 다음 중 단순미(單純美)와 관련이 없는 것은?

① 독립수
② 형상수(topiary)
③ 잔디밭
④ 자연석 무너짐 쌓기

해설
단순미
• 개체가 특징이 있는 것으로 균형과 조화 속에 단순한 자태
• 잔디밭, 일제림, 독립수

10 고려시대 궁궐의 정원을 맡아 관리하던 해당 부서는?

① 내원서 ② 상림원
③ 장원서 ④ 동산바치

해설
조경관리부서(궁궐 정원 담당 관서)
• 고구려 : 궁원(유리왕)
• 고려 : 내원서(충렬왕)
• 조선 : 상림원(태조), 산택사(태종), 장원서(세조), 원유사(광해군)

정답 05 ③ 06 ① 07 ② 08 ① 09 ④ 10 ①

11 다음 중 색의 잔상(殘像, after image)과 관련된 설명으로 틀린 것은?

① 주어진 자극이 제거된 후에도 원래의 자극과 색, 밝기가 반대인 상이 보인다.
② 주위 색의 영향을 받아 주위 색에 근접하게 변화하는 것이다.
③ 주어진 자극이 제거된 후에도 원래의 자극과 색, 밝기가 같은 상이 보인다.
④ 잔상은 원래 자극의 세기, 관찰시간과 크기에 비례한다.

> **해설**
>
> **색의 잔상**
> 빛의 자극이 사라진 뒤 시각작용에 잠시 남아 영향을 줌
> • 주위 색에 영향을 받아 주위 색에 근접하게 변화하는 것 : 동화현상

12 다음 중 경주 월지(안압지;雁鴨池)에 있는 섬의 모양으로 적당한 것은?

① 사각형　　② 육각형
③ 한반도형　④ 거북이형

> **해설**
>
> 월지의 섬 모양은 거북이 형

13 다음 중 '사자의 중정(Court of Lion)'은 어느 곳에 속해 있는가?

① 알카자르　② 헤네랄리페
③ 알함브라　④ 타지마할

> **해설**
>
> *알함브라 궁전
> 알베르카 중정, 사자의 중정, 다라하 중정, 창격자의 중정

14 도시공원의 설치 및 규모의 기준상 어린이공원의 최대 유치거리는?

① 100m　　② 250m
③ 500m　　④ 1,000m

> **해설**
>
> **어린이 공원**
> • 유치거리 250m 이하, 면적 1,500m² 이상
> • 놀이 면적은 전 면적의 60% 이내

15 다음 중 관용색명 중 색상의 속성이 다른 것은?

① 풀색　　② 라벤더색
③ 솔잎색　④ 이끼색

> **해설**
>
> • 풀색, 솔잎색, 이끼색 : 녹색 계통
> • 라벤더색 : 보라색 계통

16 다음 중 가시가 없는 수종은?

① 음나무　② 산초나무
③ 금목서　④ 찔레꽃

> **해설**
>
> 금목서 : 가시없음

17 다음 중 시멘트의 응결시간에 영향이 적은 것은?

① 온도　　② 수량(水量)
③ 분말도　④ 골재의 입도

> **해설**
>
> *골재의 입도
> 강도와 워커빌리티에 영향

정답 11 ② 12 ④ 13 ③ 14 ② 15 ② 16 ③ 17 ④

18 조경에 이용될 수 있는 상록활엽관목류의 수목으로만 짝지어진 것은?

① 황매화, 후피향나무
② 광나무, 꽝꽝나무
③ 백당나무, 병꽃나무
④ 아왜나무, 가시나무

:해설:
- 상록활엽교목 : 후피향나무, 아왜나무, 가시나무
- 낙엽활엽관목 : 백당나무, 병꽃나무, 황매화

19 다음 중 양수에 해당하는 낙엽관목 수종은?

① 녹나무　　② 무궁화
③ 독일가문비　④ 주목

:해설:
- 녹나무 : 상록활엽교목
- 독일가문비, 주목 : 상록침엽교목

20 소가 누워있는 것과 같은 돌로, 횡석보다 안정감을 주는 자연석의 형태는?

① 와석　　② 평석
③ 입석　　④ 환석

:해설:
와석
소가 누운 형태, 횡석보다 안정감

21 구상나무(Abies koreana Wilson)와 관련된 설명으로 틀린 것은?

① 열매는 구과로 원통형이며 길이 4 ~ 7cm, 지름 2 ~ 3cm의 자갈색이다.
② 측백나무과(科)에 해당한다.
③ 원추형의 상록침엽교목이다.
④ 한국이 원산지이다.

:해설:
구상나무
소나무과 전나무속의 상록침엽교목

22 자연토양을 사용한 인공지반에 식재된 대관목의 생육에 필요한 최소 식재토심은? (단, 배수구배는 1.5 ~ 2.0%이다)

① 15cm　　② 30cm
③ 45cm　　④ 70cm

:해설:
인공지반 토심

구분	자연토양 사용시	인공토양 사용시
잔디 및 초본류	15cm	10cm
소관목	30cm	20cm
대관목	45cm	30cm
교목	70cm	60cm

23 건설재료용으로 사용되는 목재를 건조시키는 목적 및 건조방법에 관한 설명 중 틀린 것은?

① 균류에 의한 부식 및 벌레의 피해를 예방한다.
② 자연건조법에 해당하는 공기건조법은 실외에 목재를 쌓아두고 기건상태가 될 때까지 건조시키는 방법이다.
③ 중량경감 및 강도, 내구성을 증진시킨다.
④ 밀폐된 실내에 가열한 공기를 보내서 건조를 촉진시키는 방법은 인공건조법 중에서 증기건조법이다.

:해설:
공기가열건조법(열기법)
가열공기를 이용한 건조실에서 건조하는 방법

정답　18 ②　19 ②　20 ①　21 ②　22 ③　23 ④

24 주로 감람석, 섬록암 등의 심성암이 변질된 것으로 암녹색 바탕에 흑백색의 아름다운 무늬가 있으며, 경질이나 풍화성이 있어 외장재보다는 내장 마감용 석재로 이용되는 것은?

① 사문암
② 안산암
③ 점판암
④ 화강암

해설

사문암	• 감람석, 섬록암 등의 심성암이 변질 • 암녹색 바탕에 흑백색의 무늬

25 다음 인동과(科) 수종에 대한 설명으로 맞는 것은?

① 백당나무는 열매가 적색이다.
② 분꽃나무는 꽃향기가 없다.
③ 아왜나무는 상록활엽관목이다.
④ 인동덩굴의 열매는 둥글고 6~8월에 붉게 성숙한다.

해설

• 분꽃은 자홍색의 통꽃으로 향기를 가지고 있음
• 아왜나무는 상록활엽교목
• 인동덩굴의 열매는 검게 성숙

26 콘크리트 내구성에 영향을 주는 화학반응식 "Ca(OH)₂ + CO₂ → CaCO₃ + H₂O↑"의 현상은?

① 알칼리 골재반응
② 동결융해현상
③ 콘크리트 중성화
④ 콘크리트 염해

해설

콘크리트 중성화
굳어서 딱딱해진 콘크리트가 공기 중의 탄산가스와 작용하여 알칼리성을 잃고 중성으로 되는 현상

$$Ca(OH)_2 + CO_2 \rightarrow CaCO_3 + H_2O$$

27 다음 중 목재의 방화제(防火劑)로 사용될 수 없는 것은?

① 황산암모늄
② 염화암모늄
③ 제2인산암모늄
④ 질산암모늄

해설

질산암모늄
비료로 사용되기도 하며, 폭발의 위험성이 있음

28 다음 중 멜루스(Malus)속에 해당되는 식물은?

① 아그배나무
② 복사나무
③ 팥배나무
④ 쉬땅나무

해설

사과나무속(Malus)
• 복사나무 : 장미과 벚나무속
• 팥배나무 : 장미과 마가목속
• 쉬땅나무 : 장미과 쉬땅나무속

29 콘크리트의 표준배합 비가 1 : 3 : 6일 때 이 배합비의 순서에 맞는 각각의 재료를 바르게 나열한 것은?

① 자갈 : 시멘트 : 모래
② 모래 : 자갈 : 시멘트
③ 자갈 : 모래 : 시멘트
④ 시멘트 : 모래 : 자갈

해설

배합비 → 시멘트 : 모래 : 자갈 순

정답 24 ① 25 ① 26 ③ 27 ④ 28 ① 29 ④

30 콘크리트 다지기에 대한 설명으로 틀린 것은?

① 진동다지기를 할 때에는 내부진동기를 하층의 콘크리트 속으로 작업이 용이하도록 사선으로 0.5m 정도 찔러 넣는다.
② 콘크리트 다지기에는 내부진동기의 사용을 원칙으로 하나, 얇은 벽 등 내부진동기의 사용이 곤란한 장소에서는 거푸집 진동기를 사용해도 좋다.
③ 내부진동기의 1개소당 진동시간은 다짐할 때 시멘트 페이스트가 표면 상부로 약간 부상하기까지 한다.
④ 거푸집판에 접하는 콘크리트는 되도록 평탄한 표면이 얻어지도록 타설하고 다져야 한다.

해설

다지기 : 진동기 사용
- 진동다지기를 할 때에는 내부진동기를 하층의 콘크리트 속으로 0.1m 정도 찔러 넣음
- 내부진동기는 연직으로 찔러 넣으며, 그 간격은 진동이 유효하다고 인정되는 범위의 지름 이하로서 일정한 간격으로 사용. 삽입 간격은 일반적으로 0.5m 이하
- 1개소당 진동 시간은 다짐할 때 시멘트 페이스트가 표면 상부로 약간 부상하기까지 실시
- 내부진동기는 콘크리트로부터 천천히 빼내어 구멍이 남지 않도록 함
- 내부진동기는 콘크리트를 횡방향으로 이동시킬 목적으로 사용하지 않아야 함
- 거푸집판에 접하는 콘크리트는 되도록 평탄한 표면이 얻어지도록 타설하고 다짐
- 콘크리트 다지기에는 내부진동기 사용을 원칙으로 하나 얇은 벽 등 내부진동기의 사용이 곤란한 경우 거푸집 진동기 사용
- 굳기 시작한 콘크리트에는 사용 금지

31 다음 중 조경공간의 포장용으로 주로 쓰이는 가공석은?

① 강석(하천석)   ② 견치돌(간지석)
③ 판석   ④ 각석

해설

구분	포장재료의 종류
인공재료	아스팔트 콘크리트 포장, 시멘트 콘크리트 포장, 투수콘크리트 포장, 벽돌 포장, 콘크리트 블록 포장, 타일 포장
자연재료	자연석, 판석, 호박돌, 조약돌, 마사토, 통나무

32 다음 조경식물 중 생장 속도가 가장 느린 것은?

① 배롱나무   ② 쉬나무
③ 눈주목   ④ 층층나무

해설

생장속도가 느린 수종
음수, 수형이 거의 일정하나 시간이 걸림
- 주목, 비자나무 등

33 다음 중 목재에 유성페인트 칠을 할 때 관련이 없는 재료는?

① 건조제   ② 건성유
③ 방청제   ④ 희석제

해설

방청제
금속의 부식방지

정답 30 ① 31 ③ 32 ③ 33 ③

34 종류로는 수용형, 용제형, 분말형 등이 있으며 목재, 금속, 플라스틱 및 이들 이종재(異種材) 간의 접착에 사용되는 합성수지 접착제는?

① 페놀수지 접착제
② 폴리에스테르수지 접착제
③ 카세인 접착제
④ 요소수지 접착제

해설

페놀수지
목재, 금속, 플라스틱의 접착제로 사용

35 마로니에와 칠엽수에 대한 설명으로 옳지 않은 것은?

① 마로니에와 칠엽수는 원산지가 같다.
② 마로니에와 칠엽수 모두 열매 속에는 밤톨 같은 씨가 들어 있다.
③ 마로니에는 칠엽수와는 달리 열매 표면에 가시가 있다.
④ 마로니에와 칠엽수의 잎은 장상복엽이다.

해설

마·로니에의 원산지
유럽, 칠엽수의 원산지 : 일본

36 다음 중 조경시공에 활용되는 석재의 특징으로 부적합한 것은?

① 색조와 광택이 있어 외관이 미려·장중하다.
② 내수성·내구성·내화학성이 풍부하다.
③ 내화성이 뛰어나고 압축강도가 크다.
④ 천연물이기 때문에 재료가 균일하고 갈라지는 방향성이 없다.

해설

석재의 조직

절리	자연 생성 과정에서 일정 방향으로 금이 가는 것
석리	조암광물의 집합 상태에 따라 생기는 돌결
층리	암석 구성물질의 층상 배열상태
석목	절리 외에 암석이 가장 쪼개지기 쉬운 면

37 수간과 줄기 표면의 상처에 침투성 약액을 발라 조직 내로 약효성분이 흡수되게 하는 농약 사용법은?

① 도포법   ② 관주법
③ 도말법   ④ 분무법

해설

약액의 살포방법

분무법	물에 희석하여 사용하는 약제를 분무기로 살포
관주법	땅속에 약액을 주입하는 법
도포법	절단, 상처 부위나 나무줄기에 약액을 발라 병균 차단
도말법	종자 소독을 할 때 분제 또는 종자 처리제를 종자의 외피에다 골고루 묻혀서 살균하거나 살충하는 방법

정답 34 ① 35 ① 36 ④ 37 ①

38 디딤돌 놓기 공사에 대한 설명으로 틀린 것은?

① 시작과 끝 부분, 갈라지는 부분은 50cm 정도의 돌을 사용한다.
② 넓적하고 평평한 자연석, 판석, 통나무 등이 활용된다.
③ 정원의 잔디, 나지 위에 놓아 보행자의 편의를 돕는다.
④ 같은 크기의 돌을 직선으로 배치하여 기능성을 강조한다.

: 해설 :
자연스러움을 더하기 위해 엇갈리게 배치

39 우리나라에서 1929년 서울의 비원(秘苑)과 전남 목포지방에서 처음 발견된 해충으로 솔잎 기부에 충영을 형성하고 그 안에서 흡즙해 소나무에 피해를 주는 해충은?

① 솔잎벌 ② 솔잎혹파리
③ 솔나방 ④ 솔껍질깍지벌레

: 해설 :
솔잎혹파리
- 5월 하순부터 6월 상순이 우화 최성기
- 유충이 솔잎 기부에 들어가 벌레혹을 만들고 그 속에서 수액 및 즙액을 빨아 먹음
- 노목보다는 유목에 심하게 나타남

40 다음 중 지피식물 선택 조건으로 부적합한 것은?

① 병충해에 강하며 관리가 용이하여야 한다.
② 치밀하게 피복되는 것이 좋다.
③ 키가 낮고 다년생이며 부드러워야 한다.
④ 특수 환경에 잘 적응하며 희소성이 있어야 한다.

: 해설 :
지피식물의 조건
- 치밀한 지표 피복
- 키가 작고 다년생
- 번식력과 생장이 빠를 것
- 환경에 적응성이 강할 것
- 병해충, 저항성이 강할 것
- 내답압성
- 식물적 특성을 고루 갖춰 부드럽고 관리가 용이할 것

41 토양수분 중 식물이 생육에 주로 이용하는 유효수분은?

① 결합수 ② 흡습수
③ 모세관수 ④ 중력수

: 해설 :
***토양수분**
- 결합수 : 토양의 고체분자를 구성하는 수분으로 100℃ 이상 가열해도 분리시킬 수 없어 식물이 이용할 수 없음
- 흡습수 : 100℃로 가열하면 분리시킬 수 있으며, 작물이 거의 이용하지 못함
- 모세관수 : 모관수라고도 부르며, 작물이 주로 이용하는 유효수분
- 중력수 : 자유수라고도 부르며, 중력에 의하여 토양층 아래로 내려가는 수분

정답 38 ④ 39 ② 40 ④ 41 ③

42 개화, 결실을 목적으로 실시하는 정지·전정의 방법으로 틀린 것은?

① 약지는 길게, 강지는 짧게 전정하여야 한다.
② 묵은 가지나 병충해 가지는 수액유동 후에 전정한다.
③ 개화결실을 촉진하기 위하여 가지를 유인하거나 단근작업을 실시한다.
④ 작은 가지나 내측으로 뻗은 가지는 제거한다.

해설
- 약지는 짧게, 강지는 길게 전정
- 묵은 가지 수액이 유동하기 전에 전정

43 다음 중 흙깎기의 순서 중 가장 먼저 실시하는 곳은?

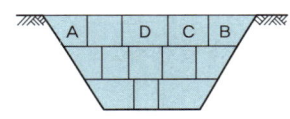

① A ② B
③ C ④ D

해설

도로 및 수로 굴착

44 다음 방제 대상별 농약 포장지 색깔이 옳은 것은?

① 살균제 – 초록색
② 살충제 – 노란색
③ 제초제 – 분홍색
④ 생장 조절제 – 청색

해설

약제의 용도 구분 색깔
- 살충제, 살비제(초록색)
- 살균제(분홍색)
- 선택성 제초제(노란색)
- 비선택성 제초제(적색)
- 생장조절제(청색)
- 보조제(흰색)

45 비료의 3요소에 해당하지 않는 것은?

① N ② K
③ P ④ Mg

해설

비료의 3요소(4요소)
질소(N), 인(P), 칼륨(K), 칼슘(Ca)

46 과다 사용 시 병에 대한 저항력을 감소시키므로 특히 토양의 비배관리에 주의해야 하는 무기성분은?

① 질소 ② 규산
③ 칼륨 ④ 인산

해설

질소	기능	광합성 작용의 촉진으로 잎이나 줄기 등 수목의 생장에 도움
	부족시	부족하면 생장 위축, 줄기가 가늘어지고, 눈과 잎의 축소, 황화
	과다시	도장하고 약해지며 성숙이 늦어짐

정답 42 ①, ② 43 ④ 44 ④ 45 ④ 46 ①

47 합성수지 놀이시설물의 관리 요령으로 적합한 것은?

① 정기적인 보수와 도료 등을 칠해 주어야 한다.
② 자체가 무거워 균열 발생 전에 보수한다.
③ 회전하는 축에는 정기적으로 그리스를 주입한다.
④ 겨울철 저온기 때 충격에 의한 파손을 주의한다.

> 해설
> ① 철재, 목재 관리
> ② 콘크리트
> ③ 철재

48 가지가 굵어 이미 찢어진 경우에 도복 등의 위험을 방지하고자 하는 방법으로 알맞은 것은?

① 지주설치
② 쇠조임(당김줄설치)
③ 외과수술
④ 가지치기

> 해설
> 쇠조임
> 가지나 수간의 약한 부분을 쇠막대기·쇠사슬·철사줄 등으로 수간·가지 등을 서로 연결하거나 다른 지주목에 연결하여 기상 악화나 다른 물리적인 환경 변화 등의 요인으로 수목의 쓰러짐·부러짐·갈라짐·휘어짐 등을 사전에 예방하기 위한 작업

49 도시공원의 식물 관리비 계산 시 산출근거와 관련이 없는 것은?

① 작업률
② 식물의 품종
③ 식물의 수량
④ 작업횟수

> 해설
> 식물관리비
> = 식물의 수량 × 작업률 × 작업횟수 × 작업단가

50 참나무 시들음병에 관한 설명으로 틀린 것은?

① 곰팡이가 도관을 막아 수분과 양분을 차단한다.
② 솔수염하늘소가 매개충이다.
③ 피해목은 벌채 및 훈증처리한다.
④ 우리나라에서는 2004년 경기도 성남시에서 처음 발견되었다.

> 해설
> 참나무시들음병의 매개충 : 광릉긴나무좀

51 수목의 뿌리분 굴취와 관련된 설명으로 틀린 것은?

① 수목 주위를 파내려가는 방향은 지면과 직각이 되도록 한다.
② 분의 주위를 1/2 정도 파내려갔을 무렵부터 뿌리감기를 시작한다.
③ 분의 크기는 뿌리목 줄기 지름의 3 ~ 4배를 기준으로 한다.
④ 분 감기 전 직근을 잘라야 용이하게 작업할 수 있다.

> 해설
> 위아래 감기 시행 후 직근을 제거

52 안전관리 사고의 유형은 설치, 관리, 이용자·보호자·주최자 등의 부주의, 자연재해 등에 의한 사고로 분류된다. 다음 중 관리하자에 의한 사고의 종류에 해당하지 않는 것은?

① 위험장소에 대한 안전대책 미비에 의한 것
② 시설의 노후 및 파손에 의한 것
③ 시설의 구조 자체의 결함에 의한 것
④ 위험물 방치에 의한 것

해설

시설의 구조 자체의 결함에 의한 사고는 설계 하자에 의한 사고

53 다음 중 토양 통기성에 대한 설명으로 틀린 것은?

① 기체는 농도가 낮은 곳에서 높은 곳으로 확산작용에 의해 이동한다.
② 건조한 토양에서는 이산화탄소와 산소의 이동이나 교환이 쉽다.
③ 토양 속에는 대기와 마찬가지로 질소, 산소, 이산화탄소 등의 기체가 존재한다.
④ 토양생물의 호흡과 분해로 인해 토양 공기 중에는 대기에 비하여 산소가 적고 이산화탄소가 많다.

해설

기체는 농도가 높은 곳에서 낮은 곳으로 확산

54 이종 기생균이 그 생활사를 완성하기 위하여 기주를 바꾸는 것을 무엇이라고 하는가?

① 기주교대   ② 중간기주
③ 이종기생   ④ 공생교환

해설

*기주교대
이종 기생균이 생활사를 완성하기 위하여 기주식물을 바꾸는 것

55 다음 그림과 같은 삼각형의 면적은?

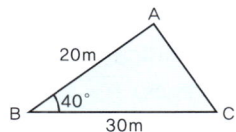

① 115㎡   ② 193㎡
③ 230㎡   ④ 386㎡

해설

삼각형 두 변의 길이와 그 사이각으로 넓이 구하기

$$s = \frac{a \times b \times \sin\theta}{2}$$

여기서, S : 삼각형의 면적
　　　　a, b : 두 변의 길이
　　　　θ : 사이각

→ $\sin 40 = 0.6427$ $S = \frac{20 \times 30 \times 0.6427}{2} = 192.8362$

정답 52 ③ 53 ① 54 ① 55 ②

56 인공 식재 기반 조성에 대한 설명으로 틀린 것은?

① 식재층과 배수층 사이는 부직포를 깐다.
② 건축물 위의 인공식재 기반은 방수처리한다.
③ 심근성 교목의 생존 최소 깊이는 40cm로 한다.
④ 토양, 방수 및 배수시설 등에 유의한다.

> 해설
> 인공지반에서 교목의 생존 최소 깊이는 60cm

57 다음 중 콘크리트의 파손 유형이 아닌 것은?

① 단차(faulting) ② 융기(blow-up)
③ 균열(crack)   ④ 양생(curing)

> 해설
> 양생
> 콘크리트 타설 후 일정 기간 동안 온도, 충격, 오손, 파손 등 유해한 영향을 받지 않도록 보호, 관리하여 응결 및 경화가 진행되도록 하는 것

58 다음 그림은 수목의 번식방법 중 어떠한 접목법에 해당하는가?

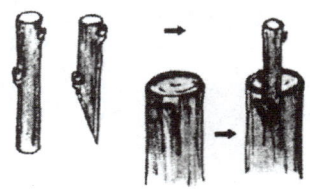

① 쪼개접   ② 깎기접
③ 안장접   ④ 박피접

> 해설
> 박피접
> 접수를 절접에서 모양으로 마련한 다음 박피가 쉽게 되는 초봄에 한줄 또는 두줄로 칼자국을 낸후 박피된 부분에 접수를 넣어 접목하는 방법

59 목재를 방부제 속에 일정 기간 담가두는 방법으로 크레오소트(creosote)를 많이 사용하는 방부법은?

① 직접유살법   ② 표면탄화법
③ 상압주입법   ④ 약제도포법

> 해설
> 크레오소트유 : 주입법을 사용함

60 적심(摘心;candle pinching)에 대한 설명으로 틀린 것은?

① 수관이 치밀하게 되도록 교정하는 작업이다.
② 참나무과(科) 수종에서 주로 실시한다.
③ 촛대처럼 자란 새순을 가위로 잘라주거나 손끝으로 끊어준다.
④ 고정생장하는 수목에 실시한다.

> 해설
> 순지르기(적심)
> • 소나무류, 화백, 주목 등의 잎 끝을 가로로 자르면 자른 자리가 붉게 말라 보기 흉하기 때문에 순지르기를 함
> • 5월 하순경에 순지르기 실시
> • 소나무 순지르기 : 5~6월에 2~3개의 순을 남기고 중심 순을 포함한 나머지 순은 제거하며, 남길 순도 1/2~2/3 정도를 손으로 꺾어버림

정답 56 ③ 57 ④ 58 ④ 59 ③ 60 ②

2015 제 1 회 과년도기출문제

01 다음 중 19세기 서양의 조경에 대한 설명으로 틀린 것은?

① 1899년 미국 조경가협회(ASLA)가 창립되었다.
② 19세기 말 조경은 토목공학기술에 영향을 받았다.
③ 19세기 말 조경은 전위적인 예술에 영향을 받았다.
④ 19세기 초에 도시문제와 환경문제에 관한 법률이 제정되었다.

해설
19세기 중반 도시 공원 조성 조례를 제정하여 센트럴파크를 조성(1858년)

02 다음 이슬람 정원 중 『알함브라 궁전』에 없는 것은?

① 알베르카 중정　② 사자의 중정
③ 사이프러스의 중정　④ 헤네랄리페 중정

해설
*알함브라 궁전
알베르카 중정, 사자의 중정, 다라하 중정, 창격자의 중정

03 브라운파의 정원을 비판하였으며 큐가든에 중국식 건물, 탑을 도입한 사람은?

① Richard Steele
② Joseph Addison
③ Alexander Pope
④ William Chambers

해설
챔버(Chambers)
• 큐가든 설계(중국식 건물과 탑) : 중국 정원 소개(동양정원론)
• 브라운의 자연풍경식 비판

04 고대 그리스에서 청년들이 체육 훈련을 하는 자리로 만들어졌던 것은?

① 페리스틸리움　② 지스터스
③ 짐나지움　④ 보스코

해설
짐나지움
청소년들의 체육 훈련장소, 대중적인 정원으로 발달

정답　01 ④　02 ④　03 ④　04 ③

05 조경계획 과정에서 자연환경 분석의 요인이 아닌 것은?

① 기후　　② 지형
③ 식물　　④ 역사성

해설:
자연환경 분석의 대상
지형, 지질, 토양, 기후, 생물, 수문, 경관 등

06 제도에서 사용되는 물체의 중심선, 절단선, 경계선 등을 표시하는데 가장 적합한 선은?

① 실선　　② 파선
③ 1점 쇄선　　④ 2점 쇄선

해설:
1점 쇄선
중심선, 절단선, 경계선

07 조선시대 중엽 이후 풍수설에 따라 주택조경에서 새로이 중요한 부분으로 강조된 것은?

① 앞뜰(前庭)　　② 가운데뜰(中庭)
③ 뒤뜰(後庭)　　④ 안뜰(主庭)

해설:
조선시대 정원의 특징
- 한국적 색채가 짙어짐, 정원기법 확립(후원)
- 풍수지리설의 영향 : 후원식, 화계식

08 다음 중 정신 집중으로 요구하는 사무공간에 어울리는 색은?

① 빨강　　② 노랑
③ 난색　　④ 한색

해설:
- 따뜻한 색(전진, 정열, 온화)
- 차가운 색(후퇴, 지적, 냉정, 상쾌)

09 조경계획 및 설계에 있어서 몇 가지의 대안을 만들어 각 대안의 장·단점을 비교한 후에 최종안으로 결정하는 단계는?

① 기본구상　　② 기본계획
③ 기본설계　　④ 실시설계

해설:
기본계획
- 전체 공간의 이용 윤곽이 확실하게 드러남
- 합리성을 바탕에 두고 몇 개의 안을 추출
- 대안 → 최종안 → 기본계획안
- 마스터플랜(master plan)

10 다음 중 스페인의 파티오(patio)에서 가장 중요한 구성 요소는?

① 물　　② 원색의 꽃
③ 색채타일　　④ 짙은 녹음

해설:
파티오의 구성요소
물, 색채타일, 분수 → 가장 중요한 요소 : 물

정답　05 ④　06 ③　07 ③　08 ④　09 ②　10 ①

11 보르 뷔 콩트(Vaux-le-Vicomte) 정원과 가장 관련 있는 양식은?

① 노단식
② 평면기하학식
③ 절충식
④ 자연풍경식

해설

프랑스정원(평면기하학식)
대표작품(보르 뷔 콩트, 베르사유 궁원)

12 다음 중 『면적대비』의 특징 설명으로 틀린 것은?

① 면적의 크기에 따라 명도와 채도가 다르게 보인다.
② 면적의 크고 작음에 따라 색이 다르게 보이는 현상이다.
③ 면적이 작은 색은 실제보다 명도와 채도가 낮아져 보인다.
④ 동일한 색이라도 면적이 커지면 어둡고 칙칙해 보인다.

해설

면적대비
- 색이 차지하는 면적의 크고 작음, 많고 적음에 따라 색의 명도와 채도가 다르게 보이는 현상
- 면적이 큰 색은 명도와 채도가 높아져 실제보다 좀 더 밝고 맑게 보이며, 면적이 작은 색은 명도와 채도가 낮아져 실제보다 어둡고 탁하게 보임

13 정토사상과 신선사상을 바탕으로 불교 선사상의 직접적 영향을 받아 극도의 상징성(자연석이나 모래 등으로 산수자연을 상징)으로 조성된 14 ~ 15세기 일본의 정원 양식은?

① 중정식 정원
② 고산수식 정원
③ 전원풍경식 정원
④ 다정식 정원

해설

고산수식 정원
- 선사상의 영향으로 고도의 상징성과 추상성 구성
- 축소 지향적인 일본의 민족성
- 고도의 세련미 요구(대덕사 대선원, 용안사 방장정원)
- 물 대신 모래나 돌을 사용해서 바다 계류를 표현
- 상록활엽수를 사용하다가 후에는 식물 사용하지 않음

14 다음 중 추위에 견디는 힘과 짧은 예취에 견디는 힘이 강하며, 골프장의 그린을 조성하기에 가장 적합한 잔디의 종류는?

① 들잔디
② 벤트그래스
③ 버뮤다그래스
④ 라이그래스

해설

벤트그래스
골프장의 그린용, 겨울형 잔디, 3 ~ 12월간 푸름, 자주 깎아 줄 것, 병해충에 약함

정답 11 ② 12 ④ 13 ② 14 ②

15 조경설계 기준상의 조경시설로서 음수대의 배치, 구조 및 규격에 대한 설명이 틀린 것은?

① 설치 위치는 가능하면 포장지역보다는 녹지에 배치하여 자연스럽게 지반면보다 낮게 설치한다.
② 관광지·공원 등에는 설계대상 공간의 성격과 이용특성 등을 고려하여 필요한 곳에 음수대를 배치한다.
③ 지수전과 제수밸브 등 필요 시설을 적정 위치에 제 기능을 충족시키도록 설계한다.
④ 겨울철의 동파를 막기 위한 보온용 설비와 퇴수용 설비를 반영한다.

> 해설
> 음수대
> 녹지에 접한 포장지역에 설치

16 다음 중 아스팔트의 일반적인 특성 설명으로 옳지 않은 것은?

① 비교적 경제적이다.
② 점성과 감온성을 가지고 있다.
③ 물에 용해되고 투수성이 좋아 포장재로 적합하지 않다.
④ 점착성이 크고 부착성이 좋기 때문에 결합재료, 접착재료로 사용한다.

> 해설
> 아스팔트 포장의 특성
> • 아스팔트 또는 타르에 의해 고결된 쇄석 등의 공재로 포장된 것
> • 지반조건이나 예상 하중을 고려하여 보조기층 설치
> • 콘크리트에 비해 가격 저렴
> • 시공성이 용이하여 건설속도가 빠르고 평탄성이 좋음
> • 투수성 아스팔트는 투수성이 있게 공극률 9 ~ 12% 기준으로 설정
> • 차량동선 및 주차장 등에 사용

17 타일의 동해를 방지하기 위한 방법으로 옳지 않은 것은?

① 붙임용 모르타르의 배합비를 좋게 한다.
② 타일은 소성온도가 높은 것을 사용한다.
③ 줄눈 누름을 충분히 하여 빗물의 침투를 방지한다.
④ 타일은 흡수성이 높은 것일수록 잘 밀착되므로 방지효과가 있다.

> 해설
> 흡수성이 높을수록 동파가 잘되므로 주의

18 회양목의 설명으로 틀린 것은?

① 낙엽활엽관목이다.
② 잎은 두껍고 타원형이다.
③ 3 ~ 4월경에 꽃이 연한 황색으로 핀다.
④ 열매는 삭과로 달걀형이며, 털이 없으며 갈색으로 9 ~ 10월경에 성숙한다.

> 해설
> 회양목
> 회양목과 회양목속의 상록활엽관목

19 다음 중 아황산가스에 견디는 힘이 가장 약한 수종은?

① 삼나무   ② 편백
③ 플라타너스 ④ 사철나무

> 해설
> 아황산가스에 약한 수종
> 독일가문비, 소나무, 삼나무, 전나무, 히말라야시다, 낙엽송, 느티나무, 자작나무, 감나무, 왕벚나무, 조팝나무, 단풍나무, 매화나무 등

정답 15 ① 16 ③ 17 ④ 18 ① 19 ①

20 다음 중 조경수목의 생장 속도가 느린 것은?

① 모과나무 ② 메타세콰이어
③ 백합나무 ④ 개나리

해설

모과나무
장미과 명자나무속 낙엽활엽교목으로 양수

21 목재가공 작업 과정 중 소지조정, 눈막이(눈메꿈), 샌딩실러 등은 무엇을 하기 위한 것인가?

① 도장 ② 연마
③ 접착 ④ 오버레이

해설

목재가공 작업 중 소지조정, 눈막이, 샌딩실러 등은 도장을 위한 작업
- 소지조정 : 도료의 부착성 등을 양호하게 하기 위하여 도장에 적합한 상태로 만드는 것
- 샌딩실러 : 밑칠한 도막 위에 도장하는 도료

22 다음 중 미선나무에 대한 설명으로 옳은 것은?

① 열매는 부채 모양이다.
② 꽃색은 노란색으로 향기가 있다.
③ 상록활엽교목으로 산야에서 흔히 볼 수 있다.
④ 원산지는 중국이며 세계적으로 여러 종이 존재한다.

해설

미선나무
우리나라에서만 자라는 특산종으로 세계적으로 1속 1종, 물푸레나무과에 속하며 낙엽활엽관목으로 꽃은 흰색으로 개화. 열매모양은 둥근 부채를 닮음(잎은 대생)

23 조경 재료는 식물재료와 인공재료로 구분된다. 다음 중 식물재료의 특징으로 옳지 않은 것은?

① 생장과 번식을 계속하는 연속성이 있다.
② 생물로서 생명 활동을 하는 자연성을 지니고 있다.
③ 계절적으로 다양하게 변화함으로써 주변과의 조화성을 가진다.
④ 기후변화와 더불어 생태계에 영향을 주지 못한다.

해설

생물재료의 특성
- 자연성 : 계절적 변화 → 새싹, 개화, 결실, 단풍, 낙엽
- 연속성 : 생장과 번식을 계속하는 변화
- 조화성 : 형태, 색채, 종류 등 다양하게 변화하며 조화
- 비규격성(개성미) : 생물로서의 소재 특이성 지님

24 친환경적 생태하천에 호안을 복구하고자 할 때 생물의 종다양성과 자연성 향상을 위해 이용되는 소재로 부적합한 것은?

① 섶단 ② 소형고압블럭
③ 돌망태 ④ 야자롤

해설

생태복원재료의 종류와 특성
- 섶단 : 버드나무, 갯버들 등 삽목, 천연 야자섬유에 갈대 등 식재
- 야자섬유 두루마리 및 녹화마대 : 부식 후 토양 오염을 일으키지 않는 환경적 재료
- 돌망태 : 철망에 돌을 채워 유속이 빠른 하안의 안정에 사용

정답 20 ① 21 ① 22 ① 23 ④ 24 ②

25 토피어리(topiary)란?

① 분수의 일종
② 형상수(形狀樹)
③ 조각된 정원석
④ 휴게용 그늘막

해설

토피어리
동물모양, 글자 등 일정한 형태를 갖도록 인위적으로 전정한 것(형상수)

26 시멘트의 성질 및 특성에 대한 설명으로 틀린 것은?

① 분말도는 일반적으로 비표면적으로 표시한다.
② 강도시험은 시멘트 페이스트 강도시험으로 측정한다.
③ 응결이란 시멘트 풀이 유동성과 점성을 상실하고 고화하는 현상을 말한다.
④ 풍화란 시멘트가 공기 중의 수분 및 이산화탄소와 반응하여 가벼운 수화반응을 일으키는 것을 말한다.

해설

시멘트의 강도시험은 모르타르를 이용함

27 100cm×100cm×5cm 크기의 화강석 판석의 중량은? (단, 화강석의 비중 기준은 2.56 ton/㎥이다.)

① 128kg
② 12.8kg
③ 195kg
④ 19.5kg

해설

- 판석의 체적 : 1×1×0.05 = 0.05㎥
- 판석의 중량 : 0.05×2.56(비중) = 0.128ton

28 가죽나무(가중나무)와 물푸레나무에 대한 설명으로 옳은 것은?

① 가중나무와 물푸레나무 모두 물푸레나무과(科)이다.
② 잎 특성은 가중나무는 복엽이고 물푸레나무는 단엽이다.
③ 열매 특성은 가중나무와 물푸레나무 모두 날개 모양의 시과이다.
④ 꽃 특성은 가중나무와 물푸레나무 모두 한 꽃에 암술과 수술이 함께 있는 양성화이다.

해설

① 가중나무(소태나무과)
② 물푸레나무(복엽)
④ 가중나무 물푸레나무 모두 자웅이주

29 암석은 그 성인(成因)에 따라 대별되는데 편마암, 대리석 등은 어느 암으로 분류되는가?

① 수성암
② 화성암
③ 변성암
④ 석회질암

해설

변성암
- 화성암, 퇴적암이 지각변동, 지열에 의해 화학적·물리적으로 성질이 변한 것
- 대리석, 사문암, 트래버틴, 편마암, 결정편암 등

정답 25 ② 26 ② 27 ① 28 ③ 29 ③

30 소철과 은행나무의 공통점으로 옳은 것은?

① 속씨식물
② 자웅이주
③ 낙엽침엽교목
④ 우리나라 자생식물

해설

- 소철(겉씨식물, 자웅이주, 상록침엽관목, 원산지 : 중국동남부, 아열대)
- 은행나무(겉씨식물, 자웅이주, 낙엽침엽교목, 원산지 : 중국)

31 가연성 도료의 보관 및 장소에 대한 설명 중 틀린 것은?

① 직사광선을 피하고 환기를 억제한다.
② 소방 및 위험물 취급 관련 규정에 따른다.
③ 건물 내 일부에 수용할 때에는 방화구조적인 방을 선택한다.
④ 주위 건물에서 격리된 독립된 건물에 보관하는 것이 좋다.

해설

가연성 도료 보관 시 전용 창고에 보관하며 환기가 잘 되도록 보관해야 함

32 화성암은 산성암, 중성암, 염기성암으로 분류가 되는데, 이때 분류 기준이 되는 것은?

① 규산의 함유량
② 석영의 함유량
③ 장석의 함유량
④ 각섬석의 함유량

해설

화성암 분류 시 규산 함유량(52% 이하 : 염기성, 66% 이상 : 산성)

33 다음 수목들은 어떤 산림대에 해당되는가?

잣나무, 전나무, 주목, 가문비나무, 분비나무, 잎갈나무, 종비나무

① 난대림
② 온대 중부림
③ 온대 북부림
④ 한대림

해설

한대림

잣나무, 전나무, 주목, 가문비, 분비나무, 이깔나무, 종비나무 등

34 백색계통의 꽃을 감상할 수 있는 수종은?

① 개나리
② 이팝나무
③ 산수유
④ 맥문동

해설

- 개나리(황색)
- 산수유(황색)
- 맥문동(보라색)

35 목재 방부제로서의 크레오소트 유(creosote 油)에 관한 설명으로 틀린 것은?

① 휘발성이다.
② 살균력이 강하다.
③ 페인트 도장이 곤란하다.
④ 물에 용해되지 않는다.

해설

크레오소트유(Creosote oil)

나무나 화석연료 등을 이용하여 만든 유액으로 비휘발성이며 유용성. 방부력이 우수하고 가격이 저렴하나 암갈색으로 강한 냄새가 나며, 마감재 처리가 어려워 침목, 전신주, 말뚝 등 주로 산업용에 사용

정답 30 ② 31 ① 32 ① 33 ④ 34 ② 35 ①

36 다음 중 순공사원가에 속하지 않는 것은?

① 재료비 ② 경비
③ 노무비 ④ 일반관리비

:해설:
순공사원가
재료비, 노무비, 경비

37 시공관리의 3대 목적이 아닌 것은?

① 원가관리 ② 노무관리
③ 공정관리 ④ 품질관리

:해설:
시공관리의 4대 목표
공정관리, 원가관리, 품질관리, 안전관리

38 다음 중 굵은 가지 절단 시 제거하지 말아야 하는 부위는?

① 목질부 ② 지피융기선
③ 지륭   ④ 피목

:해설:
지륭
- 가지의 하중을 지탱하기 위하여 가지의 하단부에 생기는 불룩한 조직
- 화학적 보호층을 가지고 있어 나무의 방어체계를 구성하는 부분
- 목질부를 보호하기 위하여 화학적 보호층을 가지고 있기 때문에 전정 시 제거하지 않도록 주의

39 다음 중 L형 측구의 팽창줄눈 설치 시 지수판의 간격은?

① 20m 이내 ② 25m 이내
③ 30m 이내 ④ 35m 이내

:해설:
팽창줄눈 설치 시 지수판의 간격은 20m 이내

40 농약은 라벨과 뚜껑의 색으로 구분하여 표기하고 있는데, 다음 중 연결이 바른 것은?

① 제초제 – 노란색
② 살균제 – 녹색
③ 살충제 – 파란색
④ 생장조절제 – 흰색

:해설:
- 살충제, 살비제(초록색)
- 살균제(분홍색)
- 선택성 제초제(노란색)
- 비선택성 제초제(적색)
- 생장조절제(청색)
- 보조제(흰색)

41 다음 중 토사붕괴의 예방대책으로 틀린 것은?

① 지하수위를 높인다.
② 적절한 경사면의 기울기를 계획한다.
③ 활동할 가능성이 있는 토석은 제거하여야 한다.
④ 말뚝(강관, H형강, 철근 콘크리트)을 타입하여 지반을 강화시킨다.

:해설:
토사 붕괴를 막기 위해서는 지하수위를 낮추어야 함

정답 36 ④ 37 ② 38 ③ 39 ① 40 ① 41 ①

42 근원직경이 18cm 나무의 뿌리분을 만들려고 한다. 다음 식을 이용하여 소나무 뿌리분의 지름을 계산하면 얼마인가? (단, 공식 24+(N-3)×d, d는 상록수 4, 활엽수 5이다.)

① 80cm ② 82cm
③ 84cm ④ 86cm

해설
24+(18-3)×4=84cm

43 다음 그림과 같이 수준측량을 하여 각 측점의 높이를 측정하였다. 절토량 및 성토량이 균형을 이루는 계획고는?

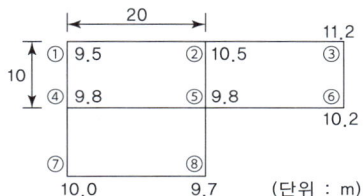

① 9.59m ② 9.95m
③ 10.05m ④ 10.50m

해설

$$\frac{A}{4}(\Sigma h_1 + 2\Sigma h_2 + 3\Sigma h_3 + 4\Sigma h_4)$$

$\Sigma h_1 = 9.5 + 11.2 + 10.2 + 10.0 + 9.7 = 50.6$
$2\Sigma h_2 = 2 \times (10.5 + 9.8) = 40.6$
$3\Sigma h_3 = 3 \times 9.8 = 29.4$
$\frac{200}{4} \times (50.6 + 40.6 + 29.4) = 6,030 m^3$

토량을 전체면적으로 나누면 6,030 ÷ 600 = 10.05m

44 일반적인 공사 수량 산출 방법으로 적합한 것은?

① 중복이 되지 않게 세분화한다.
② 수직방향에서 수평방향으로 한다.
③ 외부에서 내부로 한다.
④ 작은 곳에서 큰 곳으로 한다.

해설
중복이 되지 않게 세분화하여 공사수량을 산출

45 목재 시설물에 대한 특징 및 관리 등의 설명으로 틀린 것은?

① 감촉이 좋고 외관이 아름답다.
② 철재보다 부패하기 쉽고 잘 갈라진다.
③ 정기적인 보수와 칠을 해주어야 한다.
④ 저온 때 충격에 의한 파손이 우려된다.

해설
저온에서 충격에 의한 파손을 주의할 시설물은 플라스틱 시설물

46 병의 발생에 필요한 3가지 요인을 정량화하여 삼각형의 각 변으로 표시하고 이들 상호관계에 의한 삼각형의 면적을 발병량으로 나타내는 것을 병삼각형이라 한다. 여기에 포함되지 않는 것은?

① 병원체 ② 환경
③ 기주 ④ 저항성

해설
식물병의 발생(3대 요인)
기주식물의 감수성, 병원체의 병원성(발병력), 환경조건

정답 42 ③ 43 ③ 44 ① 45 ④ 46 ④

47 살비제(acaricide)란 어떤 약제를 말하는가?

① 선충을 방제하기 위하여 사용하는 약제
② 나방류를 방제하기 위하여 사용하는 약제
③ 응애류를 방제하기 위하여 사용하는 약제
④ 병균이 식물체에 침투하는 것을 방지하는 약제

해설

살비제
곤충에는 살충력이 거의 없고 응애류에만 효력을 나타내는 약제

48 식물의 주요한 표징 중 병원체의 영양기관에 의한 것이 아닌 것은?

① 균사 ② 균핵
③ 포자 ④ 자좌

해설

포자
식물이 무성 생식을 하기 위해 형성하는 세포

49 한국 잔디류에 가장 많이 발생하는 병은?

① 녹병 ② 탄저병
③ 설부병 ④ 브라운 패치

해설

녹병
- 한국 잔디의 대표적인 병으로 기온이 떨어지면 소멸
- 엽초에 동황색반점이 나타남

50 20L들이 분무기 한통에 1,000배액의 농약 용액을 만들고자 할 때 필요한 농약의 약량은?

① 10㎖ ② 20㎖
③ 30㎖ ④ 50㎖

해설

$$\text{소요 농약량(ml, g)} = \frac{\text{단위면적당 소정살포액량(ml)}}{\text{희석배수}}$$

$$\rightarrow \frac{20,000}{1,000} = 20ml$$

51 일반적인 식물의 양료 요구도(비옥도)가 높은 것부터 차례로 나열된 것은?

① 활엽수 > 유실수 > 소나무류 > 침엽수
② 유실수 > 침엽수 > 활엽수 > 소나무류
③ 유실수 > 활엽수 > 침엽수 > 소나무류
④ 소나무류 > 침엽수 > 유실수 > 활엽수

해설

일반적인 시비요구량
과수 > 속성수 > 활엽수 > 침엽수

52 석재판[板石] 붙이기 시공법이 아닌 것은?

① 습식공법 ② 건식공법
③ FRP공법 ④ GPC공법

해설

석재판 붙이기 시공법 종류
습식공법, 건식공법, GPC공법

정답 47 ③ 48 ③ 49 ① 50 ② 51 ③ 52 ③

53 수목의 필수원소 중 다량원소에 해당하지 않는 것은?

① H
② K
③ Cl
④ C

해설

식물에 필요한 다량원소
C, H, O, N, P, K, Ca, Mg, S

54 우리나라에서 발생하는 수목의 녹병 중 기주교대를 하지 않는 것은?

① 소나무 잎녹병
② 후박나무 녹병
③ 버드나무 잎녹병
④ 오리나무 잎녹병

해설

후박나무 녹병
제주도를 비롯한 남부지방에 흔히 발병함. 동종기생균

55 축척 1/1,200의 도면을 1/600로 변경하고자 할 때 도면의 증가 면적은?

① 2배
② 3배
③ 4배
④ 6배

해설

$(\frac{1}{축척})^2 = \frac{도상면적(㎡)}{실제면적(㎡)}$
거리가 2배 증가시 면적은 4배 증가

56 다음 중 생울타리 수종으로 적합한 것은?

① 쥐똥나무
② 이팝나무
③ 은행나무
④ 굴거리나무

해설

산울타리 적합 수종 : 쥐똥나무

57 시비시기와 관련된 설명 중 틀린 것은?

① 온대지방에서는 수종에 관계없이 가장 왕성한 생장을 하는 시기가 봄이며, 이 시기에 맞게 비료를 주는 것이 가장 바람직하다.
② 시비효과가 봄에 나타나게 하려면 겨울눈이 트기 4 ~ 6주 전인 늦은 겨울이나 이른 봄에 토양에 시비한다.
③ 질소비료를 제외한 다른 대량원소는 연중 필요할 때 시비하면 되고, 미량원소를 토양에 시비할 때에는 가을에 실시한다.
④ 우리나라의 경우 고정생장을 하는 소나무, 전나무, 가문비나무 등은 9 ~ 10월보다는 2월에 시비가 적절하다

해설

고정생장 수종의 시비시기
9 ~ 10월이 적정

58 조경관리 방식 중 직영방식의 장점에 해당하지 않는 것은?

① 긴급한 대응이 가능하다.
② 관리실태를 정확히 파악할 수 있다.
③ 애착심을 가지므로 관리효율의 향상을 꾀한다.
④ 규모가 큰 시설 등의 관리를 효율적으로 할 수 있다.

해설

규모가 큰 시설 등의 관리를 효율적인 것은 도급방식

정답 53 ③ 54 ② 55 ③ 56 ① 57 ④ 58 ④

59 소나무좀의 생활사를 기술한 것 중 옳은 것은?

① 유충은 2회 탈피하며 유충기간은 약 20일이다.
② 1년에 1 ~ 3회 발생하며 암컷은 불완전변태를 한다.
③ 부화약충은 잎, 줄기에 붙어 즙액을 빨아먹는다.
④ 부화한 애벌레가 쇠약목에 침입하여 갱도를 만든다.

해설:

소나무좀
- 암컷은 완전변태, 수컷은 불완전변태
- 약충, 성충은 구멍을 뚫어 갱도를 만듦
- 애벌레는 잎과 줄기를 식해

60 소나무류의 순자르기에 대한 설명으로 옳은 것은?

① 10 ~ 12월에 실시한다.
② 남길 순도 1/3 ~ 1/2 정도로 자른다.
③ 새순이 15cm 이상 길이로 자랐을 때에 실시한다.
④ 나무의 세력이 약하거나 크게 기르고자 할 때는 순자르기를 강하게 실시한다.

해설:

순지르기
- 소나무류, 화백, 주목 등의 잎 끝을 가위로 자르면 자른 자리가 붉게 말라 보기 흉하기 때문에 순지르기를 함
- 5월 하순경에 순지르기 실시
- 소나무 순지르기 : 5 ~ 6월에 2 ~ 3개의 순을 남기고 중심 순을 포함한 나머지 순은 제거하며, 남길 순도 1/2 ~ 2/3 정도로 손으로 꺾어 버림

정답 59 ① 60 ②

2015 제2회 과년도기출문제

01 다음 중 주택정원의 작업뜰에 위치할 수 있는 시설물로 부적합한 것은?

① 장독대 ② 빨래 건조장
③ 파고라 ④ 채소밭

해설

작업뜰
장독대, 쓰레기통, 빨래건조장, 채소밭, 창고 등 설치

02 상점의 간판에 세 가지의 조명을 동시에 비추어 백색광을 만들려고 한다. 이때 필요한 3가지 기본 색광은?

① 노랑(Y), 초록(G), 파랑(B)
② 빨강(R), 노랑(Y), 파랑(B)
③ 빨강(R), 노랑(Y), 초록(G)
④ 빨강(R), 초록(G), 파랑(B)

해설

가법혼색
- 색광의 3원색인 Red, Green, Blue를 섞어 가법혼합 색을 만드는 것
- 3원색을 동일한 비율로 혼합 시 백색광

03 물체를 투상면에 대하여 한쪽으로 경사지게 투상하여 입체적으로 나타낸 것으로 다음 그림과 같은 것은?

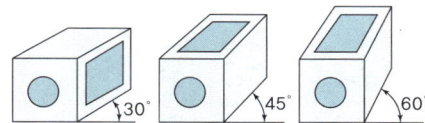

① 사투상도 ② 투시투상도
③ 등각투상도 ④ 부등각투상도

해설

사투상법
- 물체를 투상면에 대하여 한쪽으로 경사지게 투상하여 입체적으로 나타낸 투상법
- 하나의 그림으로 대상물의 한 면(정면)만을 중점적으로 엄밀하고 정확하게 표시

04 사적지 유형 중 "제사, 신앙에 관한 유적"에 해당하는 것은?

① 도요지 ② 성곽
③ 고궁   ④ 사당

해설

- 도요지 : 도자기를 구운 가마터
- 성곽 : 성 내 구조물을 지키기 위해 쌓은 벽
- 고궁 : 옛 궁궐
- 사당 : 조상의 신주를 모시고 제사를 지내는 곳

정답 01 ③ 02 ④ 03 ① 04 ④

05 우리나라 조경의 특징으로 적합한 설명은?

① 경관의 조화를 중요시하면서도 경관의 대비에 중점
② 급격한 지형변화를 이용하여 돌, 나무 등의 섬세한 사용을 통한 정신세계의 상징화
③ 풍수지리설에 영향을 받으며, 계절의 변화를 느낄 수 있음
④ 바닥포장과 괴석을 주로 사용하여 계속적인 변화와 시각적 흥미를 제공

해설

우리나라 조경
풍수지리설에 영향을 받으며, 낙엽활엽수의 식재로 계절 변화를 느낄수 있음

06 다음 중 통경선(Vista)의 설명으로 가장 적합한 것은?

① 주로 자연식 정원에서 많이 쓰인다.
② 정원에 변화를 많이 주기 위한 수법이다.
③ 정원에서 바라볼 수 있는 정원 밖의 풍경이 중요한 구실을 한다.
④ 시점(視點)으로부터 부지의 끝부분까지 시선을 집중하도록 한 것이다.

해설

통경선(Vista)
좌우로 시선이 제한되고 일정 지점으로 시선이 모아지는 경관

07 도시공원 및 녹지 등에 관한 법률 시행규칙에 의한 도시공원의 구분에 해당되지 않는 것은?

① 역사공원 ② 체육공원
③ 도시농업공원 ④ 국립공원

해설

국립공원 : 자연공원

08 중세 클로이스터 가든에 나타나는 사분원(四分園)의 기원이 된 회교 정원 양식은?

① 차하르 바그 ② 페리스타일 가든
③ 아라베스크 ④ 행잉 가든

해설

이란
사각형태의 소정원 : 원로 또는 수로로 나누어진 사분원
• 차하르 바그(chahar bagh)

09 다음은 어떤 색에 대한 설명인가?

신비로움, 환상, 성스러움 등을 상징하며 여성스러움을 강조하는 역할을 하기도 하지만 비애감과 고독감을 느끼게 하기도 한다.

① 빨강 ② 주황
③ 파랑 ④ 보라

해설

보라색
• 보라의 상징성은 종교적으로 성자의 참회를 의미
• 고독, 우아함, 화려함, 추함의 다양한 느낌, 신앙심과 예술적인 영감
• 붉은 색이 많이 있는 보라는 화려함과 여성적인 느낌

정답 05 ③ 06 ④ 07 ④ 08 ① 09 ④

10 다음 그림의 가로 장치물 중 볼라드로 가장 적합한 것은?

① 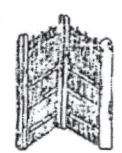   ②

③ ④

해설
① 트렐리스
② 석탑
④ 퍼걸러

11 다음 중 ( ) 안에 들어갈 각각의 내용으로 옳은 것은?

인간이 볼 수 있는 ( )의 파장은 약 ( ) nm이다.

① 적외선, 560 ~ 960
② 가시광선, 560 ~ 960
③ 가시광선, 380 ~ 780
④ 적외선, 380 ~ 780

해설
인간은 모든 반사광을 지각할 수 없고, 가시광선(약 380nm ~ 780nm)만 지각이 가능

12 회색의 시멘트 블록들 가운데에 놓인 붉은 벽돌은 실제의 색보다 더 선명해 보인다. 이러한 현상을 무엇이라고 하는가?

① 색상대비   ② 명도대비
③ 채도대비   ④ 보색대비

해설

채도대비
• 다른 두 색의 영향으로 인해 서로 가지고 있는 본래의 채도에 변화가 일어나는 현상
• 옆에 있는 색의 채도가 높으면 해당 색은 채도가 낮아 보이고, 반대로 옆에 있는 색의 채도가 낮으면 해당 색의 채도가 높아 보인다는 것

13 정원의 구성 요소 중 점적인 요소로 구별되는 것은?

① 원로   ② 생울타리
③ 냇물   ④ 휴지통

해설

*선적인 요소
원로, 냇물, 생울타리

14 다음 중 ( ) 안에 해당하지 않는 것은?

우리나라 전통조경 공간인 연못에는 ( ), ( ), ( )의 삼신산을 상징하는 세 섬을 꾸며 신선사상을 표현했다.

① 영주   ② 방지
③ 봉래   ④ 방장

해설

신선사상의 삼신선도
봉래, 방장, 영주

정답 10 ③ 11 ③ 12 ③ 13 ④ 14 ②

15 다음 중 교통 표지판의 색상을 결정할 때 가장 중요하게 고려하여야 할 것은?

① 심미성　　② 명시성
③ 경제성　　④ 양질성

> **해설**
> 시인성
> 주위 색과 차이가 뚜렷해서 눈에 쉽게 띄는 현상으로 색의 명시성이라고도 함

16 다음 지피식물의 기능과 효과에 관한 설명 중 옳지 않은 것은?

① 토양유실의 방지
② 녹음 및 그늘 제공
③ 운동 및 휴식공간 제공
④ 경관의 분위기를 자연스럽게 유도

> **해설**
> 지피식물의 효과
> • 미적 효과 : 인공구조물도 자연스럽고 아름답게 함
> • 운동 및 휴식 효과 : 표면의 탄력성, 감촉 좋음
> • 기온 조절 : 맨땅에 비해 온도 교차 작음
> • 동결 방지 : 지온의 저하를 완화, 서릿발 현상 방지
> • 토양유실 방지 : 빗방울이 직접 토양에 충격을 주지 않고 침식, 세굴 현상 방지
> • 강우로 인한 진땅 방지 : 축구장, 야구장, 골프장 등
> • 흙먼지 방지

17 어떤 목재의 함수율이 50%일 때 목재중량이 3,000g이라면 전건중량은 얼마인가?

① 1,000g　　② 2,000g
③ 4,000g　　④ 5,000g

> **해설**
> $$함수율 = \frac{습윤상태 - 완전건조상태}{완전건조상태} \times 100(\%)$$
> $$50\% = \frac{3,000 - 완전건조상태}{완전건조상태} \rightarrow 2,000g$$

18 다음 시멘트의 성분 중 화합물상에서 발열량이 가장 많은 성분은?

① C_3A　　② C_3S
③ C_4AF　　④ C_2S

> **해설**
> 포틀랜드 시멘트는 주로 C_3S, C_2S, C_3A, C_4AF로 구성되어 있음
>
> | 성분 | C_3S | C_2S | C_3A | C_4AF |
> |---|---|---|---|---|
> | 수화열(3일) | 58 | 12 | 212 | 69 |

19 다음 중 환경적 문제를 해결하기 위하여 친환경적 재료로 개발한 것은?

① 시멘트　　② 절연재
③ 잔디블록　　④ 유리블록

> **해설**
> 잔디블럭
> 블록에 공간을 두어 잔디를 식재할 수 있도록 만들어진 블록

정답　15 ②　16 ②　17 ②　18 ①　19 ③

20 소나무 꽃 특성에 대한 설명으로 옳은 것은?

① 단성화, 자웅동주 ② 단성화, 자웅이주
③ 양성화, 자웅동주 ④ 양성화, 자웅이주

해설

소나무

단성화, 자웅동주

21 다음 중 비료목(肥料.)에 해당되는 식물이 아닌 것은?

① 다릅나무 ② 곰솔
③ 싸리나무 ④ 보리수나무

해설

비료목
- 근류균을 가지고 있어 공기 중에 있는 질소를 끌어서 지력을 증진시킬 수 있는 수종
- 다릅나무, 싸리나무, 보리수, 박태기, 등나무, 자귀나무, 아까시나무, 칡 등이 있으며, 콩과식물 대부분이 해당

22 암석에서 떼어낸 석재를 가공할 때 잔다듬기용으로 사용하는 도드락 망치는?

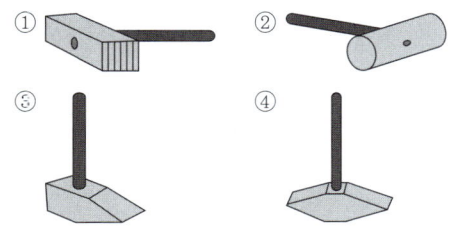

해설

① 도드락망치
② 메망치
③ 외날망치
④ 날망치

23 다음 중 가로수로 식재하며, 주로 봄에 꽃을 감상할 목적으로 식재하는 수종은?

① 팽나무 ② 마가목
③ 협죽도 ④ 벚나무

해설

벚나무

낙엽활엽교목으로 봄에 꽃을 관상하기 위한 수종. 가로수로 사용

24 다음 중 강음수에 해당되는 식물종은?

① 팔손이 ② 두릅나무
③ 회나무 ④ 노간주나무

해설

음수

팔손이나무, 전나무, 비자나무, 주목, 가시나무, 식나무, 후박나무, 동백나무, 사철나무, 회양목, 독일가문비 등

25 석재의 분류는 화성암, 퇴적암, 변성암으로 분류할 수 있다. 다음 중 퇴적암에 해당되지 않는 것은?

① 사암 ② 혈암
③ 석회암 ④ 안산암

해설

안산암 : 화성암

정답 20 ① 21 ② 22 ① 23 ④ 24 ① 25 ④

26 콘크리트의 연행공기량과 관련된 설명으로 틀린 것은?

① 사용 시멘트의 비표면적이 작으면 연행공기량은 증가한다.
② 콘크리트의 온도가 높으면 공기량은 감소한다.
③ 단위 잔골재량이 많으면, 연행공기량은 감소한다.
④ 플라이애시를 혼화재로 사용할 경우 미연소 탄소 함유량이 많으면 연행공기량이 감소한다.

해설
연행공기는 골재 주위에 작용하기 때문에 골재의 양이 많을수록 연행공기량은 증가

27 금속을 활용한 제품으로서 철 금속 제품에 해당하지 않는 것은?

① 철근, 강판　② 형강, 강관
③ 볼트, 너트　④ 도관, 가도관

해설
도관 : 점토제품

28 『피라칸다』와 『해당화』의 공통점으로 옳지 않은 것은?

① 과명은 장미과이다.
② 열매가 붉은 색으로 성숙한다.
③ 성상은 상록활엽관목이다.
④ 줄기나 가지에 가시가 있다.

해설
• 피라칸다 : 상록활엽관목
• 해당화 : 낙엽활엽관목

29 낙엽활엽소교목으로 양수이며 잎이 나오기 전 3월경 노란색으로 개화하고, 빨간 열매를 맺어 아름다운 수종은?

① 개나리　② 생강나무
③ 산수유　④ 풍년화

해설
산수유
낙엽활엽교목으로 봄에 노란색으로 개화, 가을에 붉은 열매

30 다음 중 목재의 함수율이 크고 작음에 영향이 큰 강도는?

① 인장강도　② 휨강도
③ 전단강도　④ 압축강도

해설
인장강도, 휨강도, 전단강도, 압축강도 모두 목재의 함수율에 영향을 받지만 가장 큰 영향을 받는 것은 압축강도

31 다음 중 수목의 형태상 분류가 다른 것은?

① 떡갈나무　② 박태기나무
③ 회화나무　④ 느티나무

해설
• 떡갈나무, 회화나무, 느티남 : 낙엽활엽교목
• 박태기나무 : 낙엽활엽관목

정답　26 ③　27 ④　28 ③　29 ③　30 ④　31 ②

32 목련과(Magnoliaceae) 중 상록성 수종에 해당하는 것은?

① 태산목　　② 함박꽃나무
③ 자목련　　④ 일본목련

해설:

태산목
목련과 목련속의 상록활엽교목

33 압력 탱크 속에서 고압으로 방부제를 주입시키는 방법으로 목재의 방부처리 방법 중 가장 효과적인 것은?

① 표면탄화법　　② 침지법
③ 가압주입법　　④ 도포법

해설:

가압주입법
건조된 목재를 밀폐된 용기 속에 목재를 넣고 감압과 가압을 조합하여 목재에 약액을 주입하는 방법

34 다음 석재의 역학적 성질 설명 중 옳지 않은 것은?

① 공극률이 가장 큰 것은 대리석이다.
② 현무암의 탄성계수는 후크(Hooke)의 법칙을 따른다.
③ 석재의 강도는 압축강도가 특히 크며, 인장강도는 매우 작다.
④ 석재 중 풍화에 가장 큰 저항성을 가지는 것은 화강암이다.

해설:

공극률이 큰 암석 : 현무암 계통

35 통기성, 흡수성, 보온성, 부식성이 우수하여 줄기감기용, 수목 굴취 시 뿌리감기용, 겨울철 수목보호를 위해 사용되는 마(麻) 소재의 친환경적 조경자재는?

① 녹화마대　　② 볏짚
③ 새끼줄　　　④ 우드칩

해설:

녹화마대
천연 식물 섬유제인 마 소재로 만든 자재. 통기성, 흡수성, 보온성, 부식성이 우수

36 다음 중 조경석 가로쌓기 작업이 설계도면 및 공사시방서에 명시가 없을 경우 높이가 메쌓기는 몇 m 이하로 하여야 하는가?

① 1.5　　② 1.8
③ 2.0　　④ 2.5

해설:

비탈면 쌓기 공사에서 높이 1.5m 이하 쌓기는 메쌓기로 하고 1.5m 이상은 찰쌓기로 시행

37 조경공사용 기계의 종류와 용도(굴삭, 배토정지, 상차, 운반, 다짐)의 연결이 옳지 않은 것은?

① 굴삭용 – 무한궤도식 로더
② 운반용 – 덤프트럭
③ 다짐용 – 탬퍼
④ 배토정지용 – 모터그레이더

해설:

무한궤도식 로더 : 적재기계

정답　32 ①　33 ③　34 ①　35 ①　36 ①　37 ①

38 물 200L를 가지고 제초제 1,000배액을 만들 경우 필요한 약량은 몇 mL인가?

① 10
② 100
③ 200
④ 500

해설

소요 농약량(ml, g) = $\frac{단위면적당 \ 소정살포액량(ml)}{희석배수}$

→ $\frac{200,000}{1,000}$ = 200ml

39 다음 [보기]의 뿌리돌림 설명 중 ( )에 가장 적합한 숫자는?

[보기]
• 뿌리돌림은 이식하기 (㉠)년 전에 실시하되 최소 (㉡)개월 전 초봄이나 늦가을에 실시한다.
• 노목이나 보호수와 같이 중요한 나무는 (㉢)회 나누어 연차적으로 실시한다.

① ㉠ 1 ~ 2, ㉡ 1,2 ㉢ 2 ~ 4
② ㉠ 1 ~ 2, ㉡ 6, ㉢ 2 ~ 4
③ ㉠ 3 ~ 4, ㉡ 12, ㉢ 1 ~ 2
④ ㉠ 3 ~ 4, ㉡ 24, ㉢ 1 ~ 2

해설

뿌리돌림의 시기
• 이식하기 6개월에서 1년 전에 실시
• 조경 기준상 이식하기 전 1 ~ 2년으로 규정되어 있음
• 3 ~ 7월까지, 9월 가능, 해토 직후부터 4월 상순까지
• 노쇠목, 노목, 대형목 등은 이식이 어려운 수종은 2 ~ 3년

40 건설공사의 감리 구분에 해당하지 않는 것은?

① 설계감리
② 시공감리
③ 입찰감리
④ 책임감리

해설

감리의 구분
설계감리, 검측감리, 시공감리, 책임감리

41 동일한 규격의 수목을 연속적으로 모아 심었거나 줄지어 심었을 때 적합한 지주 설치법은?

① 단각지주
② 이각지주
③ 삼각지주
④ 연결형지주

해설

연계형지주(울타리식지주)
• 수고 1.2 ~ 4.5m 정도의 같은 종류 수목의 군식에 사용
• 수목끼리 서로 연결하여 사용
• 지주목을 군데군데 박고 대나무, 통나무, 철선 등을 수평으로 연결

정답 38 ③ 39 ② 40 ③ 41 ④

42 측량 시에 사용하는 측정기구와 설명이 틀린 것은?

① 야장 : 측량한 결과를 기입하는 수첩
② 측량 핀 : 테이프의 길이마다 그 측점을 땅 위에 표시하기 위하여 사용되는 핀
③ 폴(pole) : 일정한 지점이 멀리서도 잘 보이도록 곧은 장대에 빨간색과 흰색을 교대로 칠하여 만든 기구
④ 보수계(pedometer) : 어느 지점이나 범위를 표시하기 위하여 땅에 꽂아 두는 나무 표지

해설

보수계(pedometer)
걸음수(보수) 측정 기구

43 관리업무 수행 중 도급방식의 대상으로 옳은 것은?

① 긴급한 대응이 필요한 업무
② 금액이 적고 간편한 업무
③ 연속해서 행할 수 없는 업무
④ 규모가 크고, 노력, 재료 등을 포함하는 업무

해설

도급방식
- 장기에 걸쳐 단순작업을 행하는 업무
- 전문지식, 기능, 자격을 요하는 업무
- 규모가 크고, 노력과 재료 등을 포함하는 업무
- 관리주체가 보유한 설비로는 불가능한 업무
- 직영의 관리 인원으로는 부족한 업무

44 다음 중 유충과 성충이 동시에 나뭇잎에 피해를 주는 해충이 아닌 것은?

① 느티나무벼룩바구미
② 버들꼬마잎벌레
③ 주둥무늬차색풍뎅이
④ 큰이십팔점박이무당벌레

해설

주둥무늬차색풍뎅이
- 기주식물(사과나무 · 배나무 · 감나무 · 포도나무 · 밤나무 · 참나무 · 호두나무 · 대추나무 · 오리나무 · 버드나무 등)
- 유충은 부식질이나 잡초의 뿌리를 가해, 성충이 기주 식물의 잎을 엽맥만 남기고 식해

45 다음 [보기]의 식물들이 모두 사용되는 정원 식재 작업에서 가장 먼저 식재를 진행해야 할 수종은?

[보기]
소나무, 수수꽃다리, 영산홍, 잔디

① 잔디   ② 영산홍
③ 수수꽃다리   ④ 소나무

해설

식재순서
교목 → 관목 → 지피 및 초화류

46 다음 중 생리적 산성비료는?

① 요소   ② 용성인비
③ 석회질소   ④ 황산암모늄

해설

황산암모늄
질소질비료인 황산암모늄은 산성 비료로서, 계속 시비하면 흙이 산성으로 변함

정답 42 ④ 43 ④ 44 ③ 45 ④ 46 ④

47 40%(비중=1)의 어떤 유제가 있다. 이 유제를 1,000배로 희석하여 10a당 9L를 살포하고자 할 때, 유제의 소요량은 몇 mL인가?

① 7　　　　② 8
③ 9　　　　④ 10

해설

소요 농약량(ml, g) = $\dfrac{\text{단위면적당 소정살포액량(ml)}}{\text{희석배수}}$

→ $\dfrac{9,000}{1,000} = 9\,ml$

48 서중 콘크리트는 1일 평균기온이 얼마를 초과하는 것이 예상되는 경우에 시공하여야 하는가?

① 25℃　　　② 20℃
③ 15℃　　　④ 10℃

해설

*서중 콘크리트
평균 25℃, 최고 30℃ 넘을 때 타설하는 콘크리트

49 흡즙성 해충으로 버즘나무, 철쭉류, 배나무 등에서 많은 피해를 주는 해충은?

① 오리나무잎벌레　　② 솔노랑잎벌
③ 방패벌레　　　　　④ 도토리거위벌레

해설

- 오리나무잎벌레(식엽성)
- 솔노랑잎벌(식엽성)
- 도토리거위벌레(열매에 구멍)

50 골프코스에서 홀(hole)의 출발지점을 무엇이라 하는가?

① 그린　　　② 티
③ 러프　　　④ 페어웨이

해설

티잉그라운드
줄여서 티(tee)라고도 하며, 각 홀의 출발지역

51 농약 혼용 시 주의하여야 할 사항으로 틀린 것은?

① 혼용 시 침전물이 생기면 사용하지 않아야 한다.
② 가능한 한 고농도로 살포하여 인건비를 절약한다.
③ 농약의 혼용은 반드시 농약 혼용가부표를 참고한다.
④ 농약을 혼용하여 조제한 약제는 될 수 있으면 즉시 살포하여야 한다.

해설

농약 혼용 시 주의점
- 혼용가부표를 반드시 확인할 것
- 2종 혼용을 원칙으로 하고 다종 약제의 혼용 회피
- 수화제와 다른 약제 혼용 시 '액제(수용제) - 수화제(액상수화제) - 유제' 순으로 혼합
- 혼용 희석 시 침전물이 생긴 희석액은 사용 금지
- 조제한 살포액은 오래 두지 말고 당일에 사용
- 될 수 있는 대로 다른 약제와 혼용하지 않는 것이 바람직함

정답　47 ③　48 ①　49 ③　50 ②　51 ②

52 목적에 알맞은 수형으로 만들기 위해 나무의 일부분을 잘라주는 관리방법을 무엇이라 하는가?

① 관수 ② 멀칭
③ 시비 ④ 전정

해설
전정
목적에 알맞은 수형으로 만들기 위해 나무의 일부분을 잘라주는 작업

53 다음 중 지형을 표시하는데 가장 기본이 되는 등고선은?

① 간곡선 ② 주곡선
③ 조곡선 ④ 계곡선

해설
등고선의 종류

주곡선	각 지형의 높이를 표시하는데 기본이 되는 등고선
계곡선	쉽게 읽기 위하여 주곡선 5개마다 굵게 표시한 등고선
간곡선	주곡선 간격의 ½로 주곡선만으로 지모의 상태를 명시할 수 없는 곳에 파선으로 표시한 등고선
조곡선	간곡선 간격의 ½로 간곡선만으로 표시할 수 없는 곳을 가는 점선으로 표시한 등고선

54 경관에 변화를 주거나 방음, 방풍 등을 위한 목적으로 작은 동산을 만드는 공사의 종류는?

① 부지정지 공사 ② 흙깎기 공사
③ 멀칭 공사 ④ 마운딩 공사

해설
마운딩
경관의 변화, 방음, 방풍 등의 목적으로 동산을 만드는 일

55 잣나무 털녹병의 중간 기주에 해당하는 것은?

① 등골나무 ② 향나무
③ 오리나무 ④ 까치밥나무

해설

병명	기주식물	중간기주식물
잣나무 털녹병	잣나무	송이풀, 까치밥나무

56 수준측량의 용어 설명 중 높이를 알고 있는 기지점에 세운 표척 눈금의 읽은 값을 무엇이라 하는가?

① 후시 ② 전시
③ 전환점 ④ 중간점

해설
후시(back sight ; B.S)
기지점(높이를 아는 점)에 세운 표척의 눈금

57 석재가공 방법 중 화강암 표면을 기계로 켠 자국을 없애주고 자연스러운 느낌을 주므로 가장 널리 쓰이는 마감방법은?

① 버너마감 ② 잔다듬
③ 정다듬 ④ 도드락다듬

해설
버너마감
고열의 불꽃을 이용하여 돌 따위의 표면을 가공하는 방식의 마감

정답 52 ④ 53 ② 54 ④ 55 ④ 56 ① 57 ①

58 공원의 주민참가 3단계 발전과정으로 옳은 것은?

① 비참가 → 시민권력의 단계 → 형식적 참가
② 형식적 참가 → 비참가 → 시민권력의 단계
③ 비참가 → 형식적 참가 → 시민권력의 단계
④ 시민권력의 단계 → 비참가 → 형식적 참가

해설

공원의 주민 참가 단계
비참가 → 형식적 참가 → 시민권력의 단계

59 자연석(경관석) 놓기에 대한 설명으로 틀린 것은?

① 경관석의 크기와 외형을 고려한다.
② 경관석 배치의 기본형은 부등변삼각형이다.
③ 경관석의 구성은 2, 4, 8 등 짝수로 조합한다.
④ 돌 사이의 거리나 크기를 조정하여 배치한다.

해설

경관석의 구성은 3, 5, 7 등의 홀수로 구성

60 농약의 물리적 성질 중 살포하여 부착한 약제가 이슬이나 빗물에 씻겨 내리지 않고 식물체 표면에 묻어있는 성질을 무엇이라 하는가?

① 고착성(tenacity)
② 부착성(adhesiveness)
③ 침투성(penetrating)
④ 현수성(suspensibility)

해설

- 고착성 : 부착한 약제가 이슬이나 빗물에 씻겨 내리지 않고 식물체 표면에 묻어있는 성질
- 부착성 : 서로 다른 재료 간에 부착하려는 성질
- 침투성 : 물이 침입하거나 흡수되는 성질
- 현수성 : 약제의 작은 알맹이가 약액 중에 골고루 퍼져 있게 하는 성질

정답 58 ③ 59 ③ 60 ①

2015 제4회 과년도기출문제

01 다음 중 색의 삼속성이 아닌 것은?

① 색상　② 명도
③ 채도　④ 대비

해설

*색의 3속성
색상, 명도, 채도

02 다음 중 기본계획에 해당되지 않는 것은?

① 땅가름　② 주요시설배치
③ 식재계획　④ 실시설계

해설

실시설계
실제 시공이 가능하도록 평면상세도와 시방서, 공사비 내역서 등의 설계도를 작성하는 것

03 다음 중 서원 조경에 대한 설명으로 틀린 것은?

① 도산서당의 정우당, 남계서원의 지당에 연꽃이 식재된 것은 주렴계의 애련설의 영향이다.
② 서원의 진입공간에는 홍살문이 세워지고, 하마비와 하마석이 놓여진다.
③ 서원에 식재되는 수목들은 관상을 목적으로 식재되었다.
④ 서원에 식재되는 대표적인 수목은 은행나무로 행단과 관련이 있다.

해설

서원조경
- 강학공간은 정숙한 분위기를 강조하기 위해 장식하지 않음
- 후면에 화계를 조성해 학자수인 느티나무, 은행나무, 향나무, 회화나무 식재
- 연못(방지)은 수심 양성을 도모하기 위해 조성

04 일본의 정원 양식 중 다음 설명에 해당하는 것은?

- 15세기 후반에 바다의 경치를 나타내기 위해 사용하였다.
- 정원소재로 왕모래와 몇 개의 바위만으로 정원을 꾸미고, 식물은 일체 쓰지 않았다.

① 다정양식　② 축산고산수양식
③ 평정고산수양식　④ 침전조정원 양식

해설

평정고산수 수법(15C 후반)
- 축산고산수에서 더 나아가 초감각적 無의 경지 표현
- 식물을 사용 않고 왕모래와 몇 개의 바위만 사용
- 대표 : 용안사 방장정원

정답　01 ④　02 ④　03 ③　04 ③

05 다음 중 쌍탑형 가람배치를 가지고 있는 사찰은?

① 경주 분황사 ② 부여 정림사
③ 경주 감은사 ④ 익산 미륵사

해설:

쌍탑식 가람배치
- 신라의 전형적인 사찰 배치 방법. 불전 앞에 두 기의 탑이 동서로 나란히 배치
- 불국사, 감은사, 사천왕사, 원원사 등

06 다음 중 프랑스 베르사유 궁원의 수경시설과 관련이 없는 것은?

① 아폴로 분수 ② 물극장
③ 라토나 분수 ④ 양어장

해설:

양어장(Peschiera)
이탈리아 정원의 정적 수경요소

07 다음 설계 도면의 종류 중 2차원의 평면을 나타내지 않는 것은?

① 평면도 ② 단면도
③ 상세도 ④ 투시도

해설:

투시도
- 설계안이 완공되었을 경우를 가정하여 설계내용을 실제 눈에 보이는 대로 절단한 면에서 먼 곳에 있는 것은 작게, 가까이 있는 것은 크고 깊이 있게 하나의 화면에 그리는 도면
- 유리창에 그린다는 생각을 가지고 원근법을 이용하여 그리기 때문에 입체적인 느낌을 줌

08 중국 옹정제가 제위 전 하사받은 별장으로 영국에 중국식 정원을 조성하게 된 계기가 된 곳은?

① 원명원 ② 기창원
③ 이화원 ④ 외팔묘

해설:

원명원
강희제 때 축조하여 건륭제 때 확장(1709년 강희제가 아들 윤진에게 준 별장이었으나 윤진이 옹정제로 즉위한 후 1725년 황궁의 정원으로 조성)

09 자유, 우아, 섬세, 간접적, 여성적인 느낌을 갖는 선은?

① 직선 ② 절선
③ 곡선 ④ 점선

해설:

- 곡선 : 부드러움, 우아함, 여성적, 섬세
- 직선 : 굳건, 단순, 남성적, 일정한 방향 제시(두 점 사이를 가장 짧게 연결한 선)
- 지그재그선 : 유동적이고 활동적, 호기심, 흥분, 여러 방향 제시

10 다음 중 휴게시설물로 분류할 수 없는 것은?

① 퍼걸러(그늘시렁) ② 평상
③ 도섭지(발물놀이터) ④ 야외탁자

해설:

도섭지(발물놀이터) : 놀이시설

정답 05 ③ 06 ④ 07 ④ 08 ① 09 ③ 10 ③

11 파란색 조명에 빨간색 조명과 초록색 조명을 동시에 켰더니 하얀색으로 보였다. 이처럼 빛에 의한 색채의 혼합 원리는?

① 가법혼색　　② 병치혼색
③ 회전혼색　　④ 감법혼색

해설

가법혼색
- 색광의 3원색인 Red, Green, Blue를 섞어 가법혼합 색을 만드는 것
- 3원색을 동일한 비율로 혼합 시 백색광

12 이집트 하(下)대의 상징 식물로 여겨졌으며, 연못에 식재되었고, 식물의 꽃은 즐거움과 승리를 의미하여 신과 사자에게 바쳐졌다. 이 집트 건축의 주두(柱頭) 장식에도 사용되었던 이 식물은?

① 자스민　　② 무화과
③ 파피루스　　④ 아네모네

해설

파피루스
수생식물로서 이집트 연못에 많이 식재

13 조경분야의 기능별 대상 구분 중 위락관광시설로 적합한 것은?

① 오피스빌딩정원　　② 어린이공원
③ 골프장　　④ 군립공원

해설

기능별 대상지에 따른 구분
- 위락, 관광시설 : 유원지, 휴양지, 골프장, 자연휴양림, 해수욕장, 마리나

14 벽돌로 만들어진 건축물에 태양광선이 비추어지는 부분과 그늘진 부분에서 나타나는 배색은?

① 톤 인 톤 배색　　② 톤 온 톤 배색
③ 까마이외 배색　　④ 트리콜로르 배색

해설

- 톤 인 톤 배색 : 유사색상의 배색과 같고 색조는 동일하게 하는 배색
- 톤 온 톤 배색 : 색상은 같게, 명도는 차이를 크게 하는 배색
- 까마이외 배색 : 동일한 색상, 명도, 채도 내에서 약간의 차이를 이용한 배색방법
- 트리콜로르 배색 : 세 가지 색을 이용하여 긴장감을 주기 위한 배색

15 골프장에서 티와 그린 사이의 공간으로 잔디를 짧게 깎는 지역은?

① 해저드　　② 페어웨이
③ 홀 커터　　④ 벙커

해설

페어웨이
티와 그린 사이, 50 ~ 60m 정도의 폭을 잡초 없이 잔디를 깎아 볼을 치기 쉬운 상태로 유지

정답　11 ①　12 ③　13 ③　14 ②　15 ②

16 골재의 함수상태에 관한 설명 중 틀린 것은?

① 골재를 110℃ 정도의 온도에서 24시간 이상 건조시킨 상태를 절대건조 상태 또는 노건조 상태(oven dry condition)라 한다.
② 골재를 실내에 방치할 경우, 골재입자의 표면과 내부의 일부가 건조된 상태를 공기 중 건조상태라 한다.
③ 골재입자의 표면에 물은 없으나 내부의 공극에는 물이 꽉 차 있는 상태를 표면건조 포화상태라 한다.
④ 절대건조 상태에서 표면건조 상태가 될 때까지 흡수되는 수량을 표면수량(surface moisture)이라 한다.

해설

*표면수량
골재의 표면에만 있는 수량, 흡수량 : 표면건조 내부포화 상태의 수량

17 다음 중 가로수용으로 가장 적합한 수종은?

① 회화나무　② 돈나무
③ 호랑가시나무　④ 명자나무

해설

가로수에 적합한 수종
은행나무, 메타세콰이어, 느티나무, 양버즘나무, 백합나무, 가중나무, 칠엽수, 회화나무, 벚나무, 이팝나무 등

18 진비중이 1.5, 전건비중이 0.54인 목재의 공극률은?

① 66%　② 64%
③ 62%　④ 60%

해설

$$공극률 = \frac{진비중 - 전건비중}{진비중} \times 100$$
$$\rightarrow \frac{1.5 - 0.54}{1.5} \times 100 = 64\%$$

19 나무의 높이나 나무고유의 모양에 따른 분류가 아닌 것은?

① 교목
② 활엽수
③ 상록수
④ 덩굴성 수목(만경목)

해설

잎의 생태에 따른 분류
상록수, 낙엽수

20 다음 중 산울타리 수종으로 적합하지 않은 것은?

① 편백　② 무궁화
③ 단풍나무　④ 쥐똥나무

해설

산울타리 및 차폐용 조경수목의 조건
• 맹아력이 강해야 함
• 지엽이 치밀하고 아랫가지가 오래도록 말라 죽지 않는 성질
• 상록수가 바람직

정답　16 ④　17 ①　18 ②　19 ③　20 ③

21 다음 중 모감주나무(Koelreuteria paniculata Laxmann)에 대한 설명으로 맞는 것은?

① 뿌리는 천근성으로 내공해성이 약하다.
② 열매는 삭과로 3개의 황색종자가 들어있다.
③ 잎은 호생하고 기수 1회 우상복엽이다.
④ 남부지역에서만 식재가능하고 성상은 상록 활엽교목이다.

해설

모감주나무
- 낙엽활엽교목으로 심근성이며 내공해성이 강함
- 꽃은 황색, 열매는 삭과로 꽈리 같으며 3개의 종자가 들어있는데 둥글고 검은색
- 잎은 호생이며 기수 1회 우상복엽
- 분포지역은 일본, 우리나라의 황해도 및 강원도 이남

22 복수초(Adonis amurensis Regel & Radde)에 대한 설명으로 틀린 것은?

① 여러해살이풀이다.
② 꽃색은 황색이다.
③ 실생개체의 경우 1년 후 개화한다.
④ 우리나라에는 1속 1종이 난다.

해설

복수초
- 숙근성 여러해살이풀로 4월 초순에 황색 꽃이 핌
- 종자에서 발아하여 개화하기까지 5~6년이 소요
- 우리나라에는 1속 1종이 나며, 일본에서는 120여 품종이 개발되어 관상되고 있음

23 다음 중 지피(地被)용으로 사용하기 가장 적합한 식물은?

① 맥문동　　② 등나무
③ 으름덩굴　　④ 멀꿀

해설

- 맥문동(지피식물)
- 등나무, 으름덩굴, 멀꿀(덩굴식물)

24 다음 중 열가소성 수지에 해당되는 것은?

① 페놀수지　　② 멜라민수지
③ 폴리에틸렌수지　　④ 요소수지

해설

열경화성 수지
페놀수지, 멜라민수지, 요소수지

25 다음 중 약한 나무를 보호하기 위하여 줄기를 싸주거나 지표면을 덮어주는데 사용되기에 가장 적합한 것은?

① 볏짚　　② 새끼줄
③ 밧줄　　④ 바크(bark)

해설

- 볏짚 : 줄기싸기 및 지표 피복
- 새끼줄 : 줄기싸기 및 뿌리분감기
- 밧줄 : 수목의 운반 시
- 바크 : 멀칭

정답 21 ③ 22 ③ 23 ① 24 ③ 25 ①

26 목질 재료의 단점에 해당되는 것은?

① 함수율에 따라 변형이 잘 된다.
② 무게가 가벼워서 다루기 쉽다.
③ 재질이 부드럽고 촉감이 좋다.
④ 비중이 적은데 비해 압축, 인장강도가 높다.

> 해설
>
> 목재의 단점
> 부패성이 큼, 함수율에 따라 변형, 부위에 따라 재질이 불균질, 불에 타기 쉬움, 구부러지고 옹이가 있음

27 다음 중 열매가 붉은색으로만 짝지어진 것은?

① 쥐똥나무, 팥배나무
② 주목, 칠엽수
③ 피라칸다, 낙상홍
④ 매실나무, 무화과나무

> 해설
>
> - 쥐똥나무(검은색)
> - 팥배나무(붉은색)
> - 주목(붉은색)
> - 칠엽수(갈색)
> - 피라칸다(붉은색)
> - 낙상홍(붉은색)
> - 매실나무(황색)
> - 무화과나무(암자색 또는 황록색)

28 다음 중 지피식물의 특성에 해당되지 않는 것은?

① 지표면을 치밀하게 피복해야 함
② 키가 높고, 일년생이며 거칠어야 함
③ 환경조건에 대한 적응성이 넓어야 함
④ 번식력이 왕성하고 생장이 비교적 빨라야 함

> 해설
>
> 지피식물의 조건
> - 치밀한 지표 피복, 키가 작고 다년생, 번식력과 생장이 빠를 것, 환경에 적응성이 강할 것, 병해충, 저항성이 강할 것, 내답압성, 식물적 특성을 고루 갖춰 부드럽고 관리가 용이할 것

29 다음 [보기]의 설명에 해당하는 수종은?

> [보기]
> - "설송(雪松)"이라 불리기도 한다.
> - 천근성 수종으로 바람에 약하며, 수관폭이 넓고 속성수로 크게 자라기 때문에 적지 선정이 중요하다.
> - 줄기는 아래로 처지며, 수피는 회갈색으로 얇게 갈라져 벗겨진다.
> - 잎은 짧은 가지에 30개가 총생, 3~4cm로 끝이 뾰족하며, 바늘처럼 찌른다.

① 잣나무　　　　② 솔송나무
③ 개잎갈나무　　④ 구상나무

> 해설
>
> 개잎갈나무(히말라야시다, 설송)
> - 천근성 수종으로 바람에 약하며, 수관폭이 넓고 속성수
> - 가지가 수평으로 퍼지며 일년생 가지에 털이 있고 밑으로 처지며 나무껍질은 회갈색이고 얇은 조각으로 벗겨짐
> - 잎은 침엽으로 길이 3~4cm로서 짙은 녹색이며 끝이 뾰족하고 단면은 삼각형이며 1개씩 달리지만 짧은 가지에서는 짧은 가지에는 30개가 모여 남

정답　26 ①　27 ③　28 ②　29 ③

30 다음 중 목재 접착 시 압착의 방법이 아닌 것은?

① 도포법   ② 냉압법
③ 열압법   ④ 냉압 후 열압법

해설

도포법
목재의 방부처리법

31 목재가 함유하는 수분을 존재 상태에 따라 구분한 것 중 맞는 것은?

① 모관수 및 흡착수   ② 결합수 및 화학수
③ 결합수 및 응집수   ④ 결합수 및 자유수

해설

- 자유수(유리수) : 목재 세포의 빈 틈에 있는 수분
- 결합수(흡착수) : 목재 세포벽과 결합되어 있는 수분

32 다음 설명의 (　) 안에 가장 적합한 것은?

조경공사표준 시방서의 기준상 수목은 수관부 가지의 약 (　) 이상이 고사하는 경우에 고사목으로 판정하고, 지피·초본류는 해당 공사의 목적에 부합되는가를 기준으로 감독자의 육안검사 결과에 따라 고사 여부를 판정한다.

① 1/2   ② 1/3
③ 2/3   ④ 3/4

해설

*조경수목의 하자
- 조경공사 표준시방서의 기준상 수목은 수관부 가지의 약 2/3 이상이 고사하는 경우에 고사목으로 판정
- 지피 및 초본류는 해당 공사의 목적에 부합되는가를 기준으로 감독자의 육안검사 결과에 따라 고사여부 판정

33 벤치 좌면 재료 가운데 이용자가 4계절 가장 편하게 사용 할 수 있는 재료는?

① 플라스틱   ② 목재
③ 석재   ④ 철재

해설

목재 좌판은 온도의 변화가 적어 4계절 이용 가능

34 다음 중 한지형(寒地形) 잔디에 속하지 않는 것은?

① 벤트그래스   ② 버뮤다그래스
③ 라이그래스   ④ 켄터키블루그래스

해설

버뮤다 그래스 : 서양진디(난지형)

35 다음 중 화성암에 해당하는 것은?

① 화강암   ② 응회암
③ 편마암   ④ 대리석

해설

- 화강암(화성암)
- 응회암(퇴적암)
- 편마암, 대리석(변성암)

36 다음 중 시설물의 사용연수로 가장 부적합한 것은?

① 철재 시소 : 10년
② 목재 벤치 : 7년
③ 철재 파고라 : 40년
④ 원로의 모래자갈 포장 : 10년

해설

철재 퍼걸러 내용 연수 : 20년

정답 30 ① 31 ④ 32 ③ 33 ② 34 ② 35 ① 36 ③

37 다음 중 금속재의 부식 환경에 대한 설명이 아닌 것은?

① 온도가 높을수록 녹의 양은 증가한다.
② 습도가 높을수록 부식속도가 빨리 진행된다.
③ 도장이나 수선 시기는 여름보다 겨울이 좋다.
④ 내륙이나 전원지역보다 자외선이 많은 일반 도심지가 부식속도가 느리게 진행된다.

해설

금속제품의 부식
- 온도가 높을수록 녹의 양은 증가함
- 습도가 높을수록 부식속도가 빨라짐
- 도장이나 수선시기는 여름보다 겨울이 좋음
- 자외선에 노출되면 부식이 빨라짐

38 다음 중 같은 밀도(密度)에서 토양공극의 크기(size)가 가장 큰 것은?

① 식토 ② 사토
③ 점토 ④ 식양토

해설

사토 > 식양토 > 식토 > 점토

39 다음 중 경사도에 관한 설명으로 틀린 것은?

① 45° 경사는 1 : 1이다.
② 25% 경사는 1 : 4이다.
③ 1 : 2는 수평거리 1, 수직거리 2를 나타낸다.
④ 경사면은 토양의 안식각을 고려하여 안전한 경사면을 조성한다.

해설

1 : 2는 수직거리 1, 수평거리 2를 나타냄

40 표준시방서의 기재 사항으로 맞는 것은?

① 공사량 ② 입찰방법
③ 계약절차 ④ 사용재료 종류

해설

표준시방서
- 공사의 명칭, 종류, 규모, 구조 등 시공상의 일반사항을 기재
- 도급자, 발주자, 시공기술자 등의 법적, 제약적, 행정적 요구사항 기록

41 다음과 같은 피해 특징을 보이는 대기오염 물질은?

- 침엽수는 물에 젖은 듯한 모양, 적갈색으로 변색
- 활엽수 잎의 끝부분과 엽맥 사이 조직의 괴사, 물에 젖은 듯한 모양(엽육조직 피해)

① 오존 ② 아황산가스
③ PAN ④ 중금속

해설

아황산가스의 피해증상
- 잎 끝이나 엽맥 사이에 회백색 또는 갈색 반점으로 시작
- 광합성, 호흡·증산작용이 곤란해져 낙엽이 되어 다시 새싹이 나오므로 체내 영양이 크게 감소됨
- 결과적으로 나무 끝이 말라죽기 시작, 수관이 한쪽으로 기울거나 기형으로 되어 수형이 망가짐

정답 37 ④ 38 ② 39 ③ 40 ④ 41 ②

42. 표준품셈에서 수목을 인력시공 식재 후 지주목을 세우지 않을 경우 인력품의 몇 %를 감하는가?

① 5% ② 10%
③ 15% ④ 20%

해설

표준품셈에서 수목을 인력시공 식재 후 지주목을 세우지 않을 시 인력품의 10%를 감함. 기계시공 시에는 20%를 감함

43. 다음 중 멀칭의 기대 효과가 아닌 것은?

① 표토의 유실을 방지
② 토양의 입단화를 촉진
③ 잡초의 발생을 최소화
④ 유익한 토양미생물의 생장을 억제

해설

멀칭의 효과
- 빗방울이나 관수 등의 충격 완화로 토양 침식 방지
- 토양의 수분손실 방지 및 수분 유지
- 토양의 비옥도 증진 및 구조개선
- 토양의 염분농도 조절
- 토양온도의 조절
- 토양의 굳어짐 방지 및 지표면 개선효과
- 잡초 및 병충해 발생 억제

44. 습기가 많은 물가나 습원에서 생육하는 식물을 수생식물이라 한다. 다음 중 이에 해당하지 않는 것은?

① 부처손, 구절초 ② 갈대, 물억새
③ 부들, 생이가래 ④ 고랭이, 미나리

해설

- 부처손 : 여러해살이 풀로 산지의 바위 위나 나무 위에 자람
- 구절초 : 여러해살이 풀로 높은 지대의 능선 부위에서 군락을 형성하여 자라지만 들에서도 흔히 자람

45. 다음 중 등고선의 성질에 대한 설명으로 맞는 것은?

① 지표의 경사가 급할수록 등고선 간격이 넓어진다.
② 같은 등고선 위의 모든 점은 높이가 서로 다르다.
③ 등고선은 지표의 최대 경사선의 방향과 직교하지 않는다.
④ 높이가 다른 두 등고선은 동굴이나 절벽의 지형이 아닌 곳에서는 교차하지 않는다.

해설

등고선의 성질
- 등고선상의 모든 점의 높이는 같음
- 등고선은 도면 안이든 바깥이든 반드시 폐합되며 도중에 소실되지 않음
- 서로 다른 높이의 등고선은 절벽이나 동굴을 제외하고 교차하거나 폐합하지 않음
- 등고선의 최종폐합은 산정상이나 가장 낮은 요(凹)지
- 등고선은 등경사지에서는 등간격이며, 등경사 평면의 지표에서는 같은 간격의 평행선

46. 인공지반에 식재된 식물과 생육에 필요한 식재최소토심으로 적합한 것은? (단, 배수구배는 1.5 ~ 2.0%, 인공토양 사용시로 한다.)

① 잔디, 초본류 : 15cm
② 소관목 : 20cm
③ 대관목 : 45cm
④ 심근성 교목 : 90cm

해설

인공지반 토심

구분	자연토양 사용시	인공토양 사용시
잔디 및 초본류	15cm	10cm
소관목	30cm	20cm
대관목	45cm	30cm
교목	70cm	60cm

정답 42 ② 43 ④ 44 ① 45 ④ 46 ②

47 가로 2m×세로 50m의 공간에 H0.4×W0.5 규격의 영산홍으로 생울타리를 만들려고 하면 사용되는 수목의 수량은 약 얼마인가?

① 50주
② 100주
③ 200주
④ 400주

해설

생울타리 면적 : 2×50 = 100m²
1주의 식재면적 : 0.5×0.5 = 0.25m²
→ $\frac{100}{0.25}$ = 400주

48 식물명에 대한 『코흐의 원칙』의 설명으로 틀린 것은?

① 병든 생물체에 병원체로 의심되는 특정 미생물이 존재해야 한다.
② 그 미생물은 기주생물로부터 분리되고 배지에서 순수배양되어야 한다.
③ 순수배양한 미생물을 동일 기주에 접종하였을 때 동일한 병이 발생되어야 한다.
④ 병든 생물체로부터 접종할 때 사용하였던 미생물과 동일한 특성의 미생물이 재분리되지만 배양은 되지 않아야 한다.

해설

코흐의 4원칙
- 그 미생물은 언제나 그 병의 병환부에 존재한다.
- 미생물은 분리되어 배지 위에서 순수하게 배양되어야 한다.
- 순수 배양한 미생물을 접종하여 동일한 병이 발생되어야 한다.
- 발병된 피해 부위에서 접종에 사용되었던 미생물과 동일한 성질을 가진 미생물이 재분리되어야 한다.

49 다음 중 철쭉류와 같은 화관목의 전정시기로 가장 적합한 것은?

① 개화 1주 전
② 개화 2주 전
③ 개화가 끝난 직후
④ 휴면기

해설

봄 꽃나무(진달래, 철쭉, 목련 등)의 전정시기
꽃이 진 후 곧바로 전정

50 미국흰불나방에 대한 설명으로 틀린 것은?

① 성충으로 월동한다.
② 1화기보다 2화기에 피해가 심하다.
③ 성충의 활동시기에 피해지역 또는 그 주변에 유아등이나 흡입포충기를 설치하여 유인 포살한다.
④ 알 기간에 알 덩어리가 붙어 있는 잎을 채취하여 소각하며, 잎을 가해하고 있는 군서 유충을 소살한다.

해설

미국흰불나방의 월동
번데기로 월동

정답 47 ④ 48 ④ 49 ③ 50 ①

51 다음 중 제초제 사용의 주의사항으로 틀린 것은?

① 비나 눈이 올 때는 사용하지 않는다.
② 될 수 있는 대로 다른 농약과 섞어서 사용한다.
③ 적용 대상에 표시되지 않은 식물에는 사용하지 않는다.
④ 살포할 때는 보안경과 마스크를 착용하며, 피부가 노출되지 않도록 한다.

해설

제초제 사용 시 주의사항
- 적용대상 식물에만 사용
- 조경식물에 날리지 않도록 주의
- 눈, 비 올 때 사용금지
- 토양 수분 과습 시 사용 회피
- 모래땅, 척박지에서 토양 약해 우려됨
- 살포 시 피부노출 방지

52 다음 중 시멘트와 그 특성이 바르게 연결된 것은?

① 조강포틀랜드시멘트 : 조기강도를 요하는 긴급공사에 적합하다.
② 백색포틀랜드시멘트 : 시멘트 생산량의 90% 이상을 점하고 있다.
③ 고로슬래그시멘트 : 건조수축이 크며, 보통시멘트보다 수밀성이 우수하다.
④ 실리카시멘트 : 화학적 저항성이 크고 발열량이 적다.

해설

- 백색포틀랜드시멘트 : 내구성, 내마모성 우수, 타일줄눈, 치장줄눈 등에 사용
- 고로슬래그시멘트 : 건조수축이 작으며, 보통시멘트보다 수밀성이 우수하다.
- 플라이애시시멘트 : 화학적 저항성이 크고 발열량이 적다.

53 일반적인 토양의 표토에 대한 설명으로 부적합한 것은?

① 우수(雨水)의 배수능력이 없다.
② 토양오염의 정화가 진행된다.
③ 토양미생물이나 식물의 뿌리 등이 활발히 활동하고 있다.
④ 오랜 기간의 자연작용에 따라 만들어진 중요한 자산이다.

해설

일반적인 토양은 공극이 있기 때문에 우수가 공극으로 배수됨

54 잔디재배 관리방법 중 칼로 토양을 베어주는 작업으로, 잔디의 포복경 및 지하경도 잘라주는 효과가 있으며 레노베이어, 론에어 등의 장비가 사용되는 작업은?

① 스파이킹　　② 롤링
③ 버티컬 모잉　④ 슬라이싱

해설

슬라이싱
칼로 토양을 베어주는 작업으로 통기작업과 유사한 효과가 있으나 정도가 미약

55 벽돌(190×90×57)을 이용하여 경계부의 담장을 쌓으려고 한다. 시공면적 10㎡에 1.5B 두께로 시공할 때 약 몇 장의 벽돌이 필요한가? (단, 줄눈은 10mm이고, 할증률은 무시한다.)

① 약 750장　　② 약 1,490장
③ 약 2,240장　④ 약 2,980장

해설

구분	0.5B	1.0B	1.5B	2.0B
표준형(190×90×57) 벽돌	75매	149매	224매	298매

10 × 224 = 2,240장

정답　51 ②　52 ①　53 ①　54 ④　55 ③

56 평판측량의 3요소가 아닌 것은?

① 수평 맞추기[정준]
② 중심 맞추기[구심]
③ 방향 맞추기[표정]
④ 수직 맞추기[수준]

해설

평판의 3대 요소
정준(정치), 구심(치심), 표정(정위)

57 페니트로티온 45% 유제 원액 100cc를 0.05%로 희석 살포액을 만들려고 할 때 필요한 물의 양은 얼마인가? (단, 유제의 비중은 1.0이다.)

① 69,900cc   ② 79,900cc
③ 89,900cc   ④ 99,900cc

해설

희석할 물의 양(ml, g)
$= (\frac{\text{농약주성분농도}(\%)}{\text{추천농도}(\%)} - 1) \times \text{소요농약량(ml)} \times \text{비중}$
$\rightarrow (\frac{45}{0.05} - 1) \times 100 \times 1 = 89,900$

58 대추나무에 발생하는 전신병으로 마름무늬매미충에 의해 전염되는 병은?

① 갈반병   ② 잎마름병
③ 혹병   ④ 빗자루병

해설

파이토플라즈마(phytoplasma)
• 세포벽이 없는 미생물로 인공배양이 되지 않고 곤충에 매개되는 특성이 있으며, 세균과 바이러스의 중간 형태를 가진 미생물로 마이코플라즈마의 식물병원의 새로운 명칭. 오동나무 빗자루병은 담배장님노린재, 대추나무 빗자루병, 뽕나무 오갈병은 마름무늬매미충이 매개. 파이토플라즈마병은 옥시테트라사이클린(oxtetracycline) 같은 항생제나 술파제를 줄기에 주입하거나 매개충을 구제하고, 병든 식물을 제거하는 등의 방법으로 방제

59 다음 복합비료 중 주성분 함량이 가장 많은 비료는?

① 21 - 21 - 17   ② 11 - 21 - 11
③ 18 - 18 - 18   ④ 0 - 40 - 10

해설

복합비료의 성분표시(%)는 질소-인-칼륨의 비율로 표시(21-17-17은 질소 21%, 인 17%, 칼륨 17%가 들어 있다는 표시)

60 해충의 방제방법 중 기계적 방제방법에 해당하지 않는 것은?

① 경운법   ② 유살법
③ 소살법   ④ 방사선이용법

해설

방사선 이용법 - 물리적 방제법

2015 제 5 회 과년도기출문제

01 다음 [보기]에서 설명하는 것은?

[보기]
- 유사한 것들이 반복되면서 자연적인 순서와 질서를 갖게 되는 것
- 특정한 형이 점차 커지거나 반대로 서서히 작아지는 형식이 되는 것

① 점이(漸移) ② 운율(韻律)
③ 추이(推移) ④ 비례(比例)

해설
- 점이 : 점차적으로 바뀌어 감
- 점층 : 작고 낮고 약한 것으로부터 차차 크고 높고 강한 것으로 끌어올려 표현함

02 다음 중 전라남도 담양지역의 정자원림이 아닌 것은?

① 소쇄원 원림 ② 명옥헌 원림
③ 식영정 원림 ④ 임대정 원림

해설

임대정 원림
전라남도 화순군 사평면에 위치

03 화단 50m의 길이에 1열로 생울타리(H1.2×W0.4)를 만들려면 해당 규격의 수목이 최소한 얼마나 필요한가?

① 42주 ② 125주
③ 200주 ④ 600주

해설
50m÷0.4m=125주

04 다음에 제시된 색 중 같은 면적에 적용했을 경우 가장 좁아 보이는 색은?

① 옅은 하늘색 ② 선명한 분홍색
③ 밝은 노란 회색 ④ 진한 파랑

해설
- 팽창색 : 명도와 채도가 높은색
- 수축색 : 명도와 채도가 낮은색

05 도면의 작도 방법으로 옳지 않은 것은?

① 도면은 될 수 있는 한 간단히 하고, 중복을 피한다.
② 도면은 그 길이 방향을 위아래 방향으로 놓은 위치를 정위치로 한다.
③ 사용 척도는 대상물의 크기, 도형의 복잡성 등을 고려, 그림이 명료성을 갖도록 선정한다.
④ 표제란을 보는 방향은 통상적으로 도면의 방향과 일치하도록 하는 것이 좋다.

해설
도면은 그 길이 방향을 좌우 방향으로 놓은 위치를 정위치로 함

정답 01 ① 02 ④ 03 ② 04 ④ 05 ②

06 중국 조경의 시대별 연결이 옳은 것은?

① 명 – 이화원 ② 진 – 화림원
③ 송 – 만세산 ④ 명 – 태액지

해설
- 이화원(청)
- 화림원(위, 오)
- 태액지(한)

07 다음 중 배치도에 표시하지 않아도 되는 사항은?

① 축척 ② 건물의 위치
③ 대지 경계선 ④ 수목 줄기의 형태

해설
배치도
방위, 부지경계선, 지형, 시설물의 위치, 식재위치 등을 표시하는 도면

08 다음 중 식별성이 높은 지형이나 시설을 지칭하는 것은?

① 비스타(vista)
② 캐스케이드(cascade)
③ 랜드마크(landmark)
④ 슈퍼그래픽(super graphic)

해설
랜드마크(landmark)
식별성이 높은 지형, 지물(산봉우리, 탑 등)

09 이탈리아 바로크 정원 양식의 특징이라 볼 수 없는 것은?

① 미원(maze) ② 토피아리
③ 다양한 물의 기교 ④ 타일포장

해설
타일포장 : 스페인정원

10 다음 [보기]의 설명은 어느 시대의 정원에 관한 것인가?

[보기]
- 석가산과 원정, 화원 등이 특징이다.
- 대표적 유적으로 동지(東池), 만월대, 수창궁원, 청평사 문수원 정원 등이 있다.
- 휴식·조망을 위한 정자를 설치하기 시작하였다.
- 송나라의 영향으로 화려한 관상 위주의 이국적 정원을 만들었다.

① 조선 ② 백제
③ 고려 ④ 통일신라

해설
고려시대 정원의 특징
- 강한 대비, 호화, 사치스러운 양식 : 중국 송나라의 영향(가장 화려)
- 관상 위주의 정원 조성
- 석가산을 후원이나 별당에 배치
- 정자가 정원 시설의 일부가 됨(휴식, 조망)

정답 06 ③ 07 ④ 08 ③ 09 ④ 10 ③

11 해가 지면서 주위가 어둑해질 무렵 낮에 화사하게 보이던 빨간 꽃이 거무스름해져 보이고, 청록색 물체가 밝게 보인다. 이러한 원리를 무엇이라고 하는가?

① 명순응 ② 면적 효과
③ 색의 항상성 ④ 푸르키니에 현상

해설

푸르키니에 현상
암 순응될 때 파랑과 빨강의 명도 차이가 생기는 현상으로 어두운 곳에서는 빨강보다 파랑이 밝게 보이는 현상

12 다음 중 어린이들의 물놀이를 위해서 만든 얕은 물 놀이터는?

① 도섭지 ② 포석지
③ 폭포지 ④ 천수지

해설

도섭지(발물놀이터)
30cm 이내의 깊이로 물놀이를 즐길 수 있는 곳

13 먼셀 표색계의 색채 표기법으로 옳은 것은?

① 2040-Y70R ② 5R 4/14
③ 2 : R-4.5-9s ④ 221c

해설

먼셀 표색계
- 먼셀의 표색계는 H(색상), V(명도), C(채도) 기호를 사용하여 HV/C순으로 표기
- 빨강 순색의 경우 "5R 4/14"로 적고 읽는 방법은 "5R 4의 14"로 읽음

14 조선시대 창덕궁의 후원(비원, 秘苑)을 가리키던 용어로 거리가 먼 것은?

① 북원(北園) ② 후원(後苑)
③ 금원(禁苑) ④ 유원(留園)

해설

창덕궁 후원의 이름
금원, 비원, 북원

15 서양의 대표적인 조경양식이 바르게 연결된 것은?

① 이탈리아 – 평면기하학식
② 영국 – 자연풍경식
③ 프랑스 – 노단건축식
④ 독일 – 중정식

해설

- 이탈리아(노단건축식)
- 영국(자연풍경식)
- 프랑스(평면기하학식)
- 독일(풍경식)

정답 11 ④ 12 ① 13 ② 14 ④ 15 ②

16 방사(防砂) 방진(防塵)용 수목의 대표적인 특징 설명으로 적합한 것은?

① 잎이 두껍고 함수량이 많으며 넓은 잎을 가진 치밀한 상록수여야 한다.
② 지엽이 밀생한 상록수이며 맹아력이 강하고 관리가 용이한 수목이어야 한다.
③ 사람의 머리가 닿지 않을 정도의 지하고를 유지하고 겨울에는 낙엽되는 수목이어야 한다.
④ 빠른 생장력과 뿌리뻗음이 깊고, 지상부가 무성하면서 지엽이 바람에 상하지 않는 수목이어야 한다

:해설:
방사, 방진용 수목
빠른 생장력과 뿌리뻗음이 깊고, 지상부가 무성하면서 지엽이 바람에 상하지 않는 수목

17 목재의 역학적 성질에 대한 설명으로 틀린 것은?

① 옹이로 인하여 인장강도는 감소한다.
② 비중이 증가하면 탄성은 감소한다.
③ 섬유포화점 이하에서는 함수율이 감소하면 강도가 증대된다.
④ 일반적으로 응력의 방향이 섬유방향에 평행한 경우 강도(전단강도 제외)가 최대가 된다.

:해설:
비중 증가 시 외력에 대한 저항성과 탄성계수는 커짐

18 다음 그림과 같은 형태를 보이는 수목은?

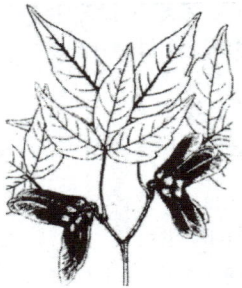

① 일본목련　② 복자기
③ 팔손이　④ 물푸레나무

:해설:
복자기나무
단풍나무과 단풍나무속의 낙엽활엽교목. 잎은 대생이고 3출엽. 꽃은 5월에 개화하고 열매는 9~10월에 성숙

19 다음 그림은 어떤 돌쌓기 방법인가?

① 층지어쌓기
② 허튼층쌓기
③ 귀갑무늬쌓기
④ 마름돌 바른층쌓기

:해설:
막쌓기(허튼층쌓기)
줄눈이 불규칙하게 형성되며, 수평, 수직으로 막힌 줄눈

정답　16 ④　17 ②　18 ②　19 ②

20 다음 그림은 벽돌을 토막 또는 잘라서 시공에 사용할 때 벽돌의 형상이다. 다음 중 반토막 벽돌에 해당하는 것은?

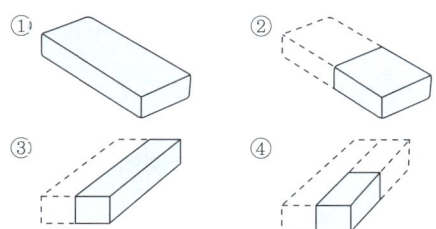

해설
① 온장
③ 반장(반절)
④ 반반절

21 목재의 치수 표시방법으로 맞지 않는 것은?

① 제재 치수 ② 제재 정치수
③ 중간 치수 ④ 마무리 치수

해설
- 제재 치수 : 목재를 원목에서 제재하여 건조 및 대패 가공이 되지 않은 목재의 치수
- 제재 정치수 : 제재하여 나온 목재 자체의 정미치수
- 마무리 치수 : 제재목을 치수에 맞추어 깎고 다듬어 대패질로 마무리한 치수

22 다음 중 주택 정원에 식재하여 여름에 꽃을 감상할 수 있는 수종은?

① 식나무 ② 능소화
③ 진달래 ④ 수수꽃다리

해설
- 식나무(3~4월, 보라색)
- 능소화(7~8월, 주황색)
- 진달래(3~4월, 분홍색)
- 수수꽃다리(4~5월, 보라색)

23 다음 중 9월 중순 ~ 10월 중순에 성숙된 열매색이 흑색인 것은?

① 마가목 ② 살구나무
③ 남천   ④ 생강나무

해설
- 마가목, 남천(붉은색)
- 살구나무(노란색)
- 생강나무(붉은색 → 검은색)

24 시멘트의 저장과 관련된 설명 중 ( ) 안에 해당하지 않는 것은?

- 시멘트는 ( )적인 구조로 된 사일로 또는 창고에 품종별로 구분하여 저장하여야 한다.
- 저장 중에 약간이라도 굳은 시멘트는 공사에 사용하지 않아야 한다. ( )개월 이상 장기간 저장한 시멘트는 사용하기에 앞서 재시험을 실시하여 그 품질을 확인한다.
- 포대시멘트를 쌓아서 저장하면 그 질량으로 인해 하부의 시멘트가 고결할 염려가 있으므로 시멘트를 쌓아올리는 높이는 ( ) 포대 이하로 하는 것이 바람직하다.
- 시멘트의 온도는 일반적으로 ( )정도 이하를 사용하는 것이 좋다.

① 방습 ② 6
③ 13   ④ 50℃

해설

시멘트 저장 방법
- 지표에서 30cm 이상 띄우고 방습처리
- 13포 이상 쌓지 않으며, 장기 저장 시 7포 이내
- 출입문에 환기창을 두지 않음
- 3개월 이상 저장하지 않음
- 습기를 받거나 풍화가 의심되면 반드시 테스트 후 사용

정답 20 ② 21 ③ 22 ② 23 ④ 24 ②

25 구조용 경량콘크리트에 사용되는 경량골재는 크게 인공, 천연 및 부산경량골재로 구분할 수 있다. 다음 중 인공경량골재에 해당되지 않는 것은?

① 화산재 ② 팽창혈암
③ 팽창점토 ④ 소성플라이애쉬

해설

화산재
화산분출물 중 크기가 4mm 이하의 미세한 알갱이로 천연경량골재

26 다음 중 시멘트가 풍화작용과 탄산화 작용을 받은 정도를 나타내는 척도로 고온으로 가열하여 시멘트 중량의 감소율을 나타내는 것은?

① 경화 ② 위응결
③ 강열감량 ④ 수화반응

해설

시멘트의 강열감량
시료에 열을 가하면 휘발성 물질, 수분, 가스 등이 배출되어 무게가 감소하는 현상

27 재료가 외력을 받았을 때 작은 변형만 나타내도 파괴되는 현상을 무엇이라 하는가?

① 취성 ② 강성
③ 인성 ④ 전성

해설

취성
외력에 의하여 영구변형을 하지 않고 파괴되는 성질

28 안료를 가하지 않아 목재의 무늬를 아름답게 낼 수 있는 것은?

① 유성페인트 ② 에나멜페인트
③ 클리어래커 ④ 수성페인트

해설

클리어래커
안료가 들어가 있지 않은 투명래커

29 다음의 설명에 해당하는 장비는?

- 2개의 눈금자가 있는데 왼쪽 눈금은 수평거리가 20m, 오른쪽 눈금은 15m일 때 사용한다.
- 측정방법은 우선 나뭇가지의 거리를 측정하고 시공을 통하여 수목의 선단부와 측고기의 눈금이 일치하는 값을 읽는다. 이때 왼쪽 눈금은 수평거리에 대한 %값으로 계산하고, 오른쪽 눈금은 각도값으로 계산하여 수고를 측정한다.
- 수고측정뿐만 아니라 지형경사도 측정에도 사용된다.

① 윤척 ② 측고봉
③ 하고측고기 ④ 순또측고기

해설

순또측고기
부식과 충격에 강한 가벼운 금속합금으로 되어 있는 수고 측정기구

정답 25 ① 26 ③ 27 ① 28 ③ 29 ④

30 조경에 활용되는 석질재료의 특성으로 옳은 것은?

① 열전도율이 높다.　② 가격이 싸다.
③ 가공하기 쉽다.　④ 내구성이 크다.

> **해설**
> - 장점 : 외관이 매우 아름다움, 내구성과 강도가 크고, 가공성이 있으며, 변형되지 않음
> - 단점 : 무거워서 다루기 불편, 가공의 어려움, 비싼 가격

31 용기에 채운 골재절대용적의 그 용기 용적에 대한 백분율로 단위질량을 밀도로 나눈 값의 백분율이 의미하는 것은?

① 골재의 실적률
② 골재의 입도
③ 골재의 조립률
④ 골재의 유효흡수율

> **해설**
> **실적률**
> 용기를 골재로 채운 경우, 용기의 용적에 대한 골재의 절대 용적을 백분율(%)로 표시한 값

32 다음 [보기]의 조건을 활용한 골재의 공극률 계산식은?

[보기]
- D : 진비중
- W : 겉보기 단위용적중량
- W_1 : 110℃로 건조하여 냉각시킨 중량
- W_2 : 수중에서 충분히 흡수된 대로 수중에서 측정한 것
- W_3 : 흡수된 시험편의 외부를 잘 닦아내고 측정한 것

① $\dfrac{W_1}{W_3 - W_2}$　　② $\dfrac{W_3 - W_1}{W_1} \times 100$

③ $(1 - \dfrac{D}{W_2 - W_1}) \times 100$　　④ $(1 - \dfrac{W}{D}) \times 100$

> **해설**
> 공극률 = $(1 - \dfrac{골재의\ 단위용적중량}{골재의\ 비중}) \times 100$ (%)
> → 100 - 실적률

33 유동화제에 의한 유동화 콘크리트의 슬럼프 증가량의 표준 값으로 적당한 것은?

① 2 ~ 5cm　　② 5 ~ 8cm
③ 8 ~ 11cm　　④ 11 ~ 14cm

> **해설**
> **유동화 콘크리트**
> 콘크리트의 품질 개선과 시공성의 개선을 목적으로 미리 비빈 콘크리트에 유동화제를 첨가하여 일정한 시간 동안만 유동성을 높게 한 콘크리트 슬럼프의 증가량은 10cm 이하를 원칙으로 하며 5 ~ 8cm가 표준

정답　30 ④　31 ①　32 ④　33 ②

34 겨울철에도 노지에서 월동할 수 있는 상록 다년생 식물은?

① 옥잠화　　② 샐비어
③ 꽃잔디　　④ 맥문동

> 해설
>
> 맥문동
> 상록성 다년생 지피식물

35 다른 지방에서 자생하는 식물을 도입한 것을 무엇이라고 하는가?

① 재배식물　　② 귀화식물
③ 외국식물　　④ 외래식물

> 해설
>
> 외래식물
> 외국에서 유래된 식물로 재배하여 이용하기 위하여 도입한 도입식물(導入植物, imported plant)과 자연상태에 적응하여 생육하는 귀화식물(歸化植物, naturalized plant)이 있음

36 수목을 이식할 때 고려사항으로 부적합한 것은?

① 지상부의 지엽을 전정해 준다.
② 뿌리분의 손상이 없도록 주의하여 이식한다.
③ 굵은 뿌리의 자른 부위는 방부처리하여 부패를 방지한다.
④ 운반이 용이하게 뿌리분은 기준보다 가능한 한 작게 하여 무게를 줄인다.

> 해설
>
> 뿌리분 크기 기준에 맞추어 뿌리분을 만듦

37 콘크리트 시공연도와 직접적인 관계가 없는 것은?

① 물 – 시멘트비　　② 재료의 분리
③ 골재의 조립도　　④ 물의 정도 함유량

> 해설
>
> 시공연도(workability)에 영향을 주는 요소
> • 단위수량이 많으면 재료분리, 블리딩 증가
> • 단위 시멘트량이 많으면(부배합) 빈배합보다 시공연도 향상
> • 시멘트의 분말도가 클수록 시공연도 향상
> • 둥근 골재(강자갈)가 입도가 좋아 시공연도 향상
> • 적당한 공기량은 시공연도 향상
> • 비빔시간이 길어지면 시공연도 저하
> • 온도가 높으면 시공연도 저하

38 다음 중 과일나무가 늙어서 꽃 맺음이 나빠지는 경우에 실시하는 전정은 어느 것인가?

① 생리를 조절하는 전정
② 생장을 돕기 위한 전정
③ 생장을 억제하는 전정
④ 세력을 갱신하는 전정

> 해설
>
> 갱신을 위한 전정
> • 맹아력이 강한 활엽수가 늙어 생기를 잃거나 개화 상태가 불량수종
> • 묵은 가지를 잘라 새로운 가지가 나오게 하기 위한 것

정답　34 ④　35 ④　36 ④　37 ②　38 ④

39 콘크리트 배합의 종류로 틀린 것은?

① 시방배합 ② 현장배합
③ 시공배합 ④ 질량배합

::해설

콘크리트 배합의 종류
시방배합, 현장배합, 중량배합, 용적배합

40 소나무 순지르기에 대한 설명으로 틀린 것은?

① 매년 5 ~ 6월경에 실시한다.
② 중심 순만 남기고 모두 자른다.
③ 새순이 5 ~ 10cm의 길이로 자랐을 때 실시한다.
④ 남기는 순도 힘이 지나칠 경우 1/2 ~ 1/3 정도로 자른다.

::해설

순지르기
5 ~ 6월에 2 ~ 3개의 순을 남기고 중심 순을 포함한 나머지 순은 제거하며, 남길 순도 1/2 ~ 2/3 정도를 손으로 꺾어 버림

41 코흐의 4원칙에 대한 설명 중 잘못된 것은?

① 미생물은 반드시 환부에 존재해야 한다.
② 미생물은 분리되어 배지상에서 순수 배양되어야 한다.
③ 순수 배양한 미생물은 접종하여 동일한 병이 발생되어야 한다.
④ 발병한 피해부에서 접종에 사용한 미생물과 동일한 성질을 가진 미생물이 반드시 재분리될 필요는 없다.

::해설

코흐의 4원칙
1. 그 미생물은 언제나 그 병의 병환부에 존재한다.
2. 미생물은 분리되어 배지 위에서 순수하게 배양되어야 한다.
3. 순수 배양한 미생물을 접종하여 동일한 병이 발생되어야 한다.
4. 발병된 피해 부위에서 접종에 사용되었던 미생물과 동일한 성질을 가진 미생물이 재분리되어야 한다.

42 토양에 따른 경도와 식물생육의 관계를 나타낼 때 나지화가 시작되는 값(kgf/㎠)은? (단, 지표면의 경도는 Yamanaka 경도계로 측정한 것으로 한다.)

① 9.4 이상 ② 5.8 이상
③ 13.0 이상 ④ 3.6 이상

::해설

토양 경도(kgf/㎠)
• 0.8 이하 : 빗물에 의한 침식
• 1.5 ~ 3.0 : 잔디 생장 적합
• 3.6 이하 : 수목 생육 적합
• 5.8 이상 : 나지화 시작
• 9.4 이상 : 수목 생장 안됨
• 14.0 이상 : 잔디가 자랄 수 없음
• 28.0 이상 : 뿌리가 뻗을 수 없음

정답 39 ③ 40 ② 41 ④ 42 ②

43 파이토플라스마에 의한 수목병이 아닌 것은?

① 벚나무 빗자루병
② 붉나무 빗자루병
③ 오동나무 빗자루병
④ 대추나무 빗자루병

> **해설**
>
> 벚나무 빗자루병
> 진균에 의한 병

44 대목을 대립종자의 유경이나 유근을 사용하여 접목하는 방법으로 접목한 뒤에는 관계습도를 높게 유지하며, 정식 후 근두암종병의 발병률이 높은 단점을 갖는 접목법은?

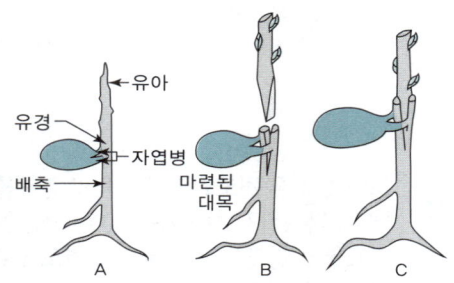

① 아접법
② 유대접
③ 호접법
④ 교접법

> **해설**
>
> - 아접법 : 눈을 채취하여 대목에 접합, 결속하는 접목법. 눈접
> - 호접법 : 호접은 접수로 하는 가지를 모수에 붙여 둔 채 행하는 접목. 맞접
> - 교접 : 상처부위를 건너서 회초리와 같은 가지로 접목해서 활력을 회복, 유지시키는 접목법

45 공사의 설계 및 시공을 의뢰하는 사람을 뜻하는 용어는?

① 설계자 ② 시공자
③ 발주자 ④ 감독자

> **해설**
>
> 시공주(발주자)
> 공사의 시공을 의뢰하는 주문자, 발주자

46 어른과 어린이 겸용 벤치 설치 시 앉음면(좌면, 坐面)의 적당한 높이는?

① 25～30cm ② 35～40cm
③ 45～50cm ④ 55～60cm

> **해설**
>
> 벤치
> 앉음판의 높이는 35～40cm, 너비는 40cm 정도가 적당

47 건설재료의 할증률이 틀린 것은?

① 붉은 벽돌 : 3%
② 이형철근 : 5%
③ 조경용 수목 : 10%
④ 석재판 붙임용재(정형돌) : 10%

> **해설**
>
> 이형 철근 할증률 : 3%

정답 43 ① 44 ② 45 ③ 46 ② 47 ②

48 식재작업의 준비단계에 포함되지 않는 것은?

① 수목 및 양생제 반입 여부를 재확인한다.
② 공정표 및 시공도면, 시방서 등을 검토한다.
③ 빠른 식재를 위한 식재지역의 사전조사는 생략한다.
④ 수목의 배식, 규격, 지하 매설물 등을 고려하여 식재 위치를 결정한다.

해설

배식작업 시 식재지역을 사전 조사하여 시공 가능 여부 재확인

49 콘크리트 포장에 관한 설명 중 옳지 않은 것은?

① 보조 기층을 튼튼히 해서 부동침하를 막아야 한다.
② 두께는 10cm 이상으로 하고, 철근이나 용접철망을 넣어 보강한다.
③ 물·시멘트의 비율은 60% 이내, 슬럼프의 최대값은 5cm 이상으로 한다.
④ 온도변화에 따른 수축·팽창에 의한 파손 방지를 위해 신축줄눈과 수축줄눈을 설치한다.

해설

콘크리트 포장
- 두께를 10cm 이상으로 하며, 철근이나 와이어메쉬를 넣어 보강
- 포장 콘크리트는 W/C비를 50% 이내
- 골재의 최대 치수는 40mm 이하
- 콘크리트 치기는 4℃ 이하일 때와 30℃ 이상일 때, 우천 시는 피함
- 온도 변화에 따른 수축, 팽창에 의한 파손 방지를 위해 신축줄눈과 수축줄눈 설치
- 30분 이상 작업이 지연될 경우는 시공줄눈 설치
- 시공줄눈은 가능한 신축줄눈

50 현대적인 공사관리에 관한 설명 중 가장 적합한 것은?

① 품질과 공기는 정비례한다.
② 공기를 서두르면 원가가 싸게 된다.
③ 경제속도에 맞는 품질이 확보되어야 한다.
④ 원가가 싸게 되도록 하는 것이 공사관리의 목적이다.

해설

시공관리의 4대 목표
공정관리, 원가관리, 품질관리, 안전관리

51 다음 중 관리해야 할 수경 시설물에 해당되지 않는 것은?

① 폭포 ② 분수
③ 연못 ④ 덱(deck)

해설

덱(deck) : 목재 시설물

52 아황산가스에 민감하지 않은 수종은?

① 소나무 ② 겹벚나무
③ 단풍나무 ④ 화백

해설

아황산가스에 강한 수종
편백, 화백, 향나무, 가이즈카향나무, 가시나무, 사철나무, 벽오동, 플라타너스, 능수버들, 쥐똥나무

정답 48 ③ 49 ③ 50 ③ 51 ④ 52 ④

53 다음 입찰계약 순서 중 옳은 것은?

① 입찰공고 → 낙찰 → 계약 → 개찰 → 입찰 → 현장설명
② 입찰공고 → 현장설명 → 입찰 → 계약 → 낙찰 → 개찰
③ 입찰공고 → 현장설명 → 입찰 → 개찰 → 낙찰 → 계약
④ 입찰공고 → 계약 → 낙찰 → 개찰 → 입찰 → 현장설명

해설

입찰계약 순서
입찰공고 → 현장설명 → 입찰 → 개찰 → 낙찰 → 계약

54 조경 목재시설물의 유지관리를 위한 대책 중 적절하지 않은 것은?

① 통풍을 좋게 한다.
② 빗물 등의 고임을 방지한다.
③ 건조되기 쉬운 간단한 구조로 한다.
④ 적당한 20 ~ 40℃ 온도와 80% 이상의 습도를 유지시킨다.

해설

부패균은 20 ~ 30℃ 기온에서 가장 왕성하게 활동

55 토양 및 수목에 양분을 처리하는 방법의 특징 설명이 틀린 것은?

① 액비관주는 양분흡수가 빠르다.
② 수간주입은 나무에 손상이 생긴다.
③ 엽면시비는 뿌리 발육 불량 지역에 효과적이다.
④ 천공시비는 비료 과다투입에 따른 염류장해발생 가능성이 없다.

해설

천공시비
수관선 안에 직경 3 ~ 4cm, 깊이 15cm의 구멍을 뚫고 시비하는 방법으로 과다 사용 시 염류장해가 발생할 수 있음

56 비탈면의 녹화와 조경에 사용되는 식물의 요건으로 부적합한 것은?

① 적응력이 큰 식물
② 생장이 빠른 식물
③ 시비 요구도가 큰 식물
④ 파종과 식재시기의 폭이 넓은 식물

해설

비탈면 녹화 식물은 토양 고정력이 있고 척박한 토양에서 잘 자라는 식물

정답 53 ③ 54 ④ 55 ④ 56 ③

57 다음 중 원가계산에 의한 공사비의 구성에서 『경비』에 해당하지 않는 항목은?

① 안전관리비　② 운반비
③ 가설비　　　④ 노무비

해설

경비
- 공사의 시공을 위하여 소모되는 공사원가 중 재료비, 노무비를 제외한 원가
- 전력비, 광열비, 운반비, 안전관리비, 보험료, 특허권 사용료, 기술료 등

58 잔디깎기의 목적으로 옳지 않은 것은?

① 잡초 방제　　② 이용 편리 도모
③ 병충해 방지　④ 잔디의 분얼억제

해설

잔디깎기의 효과
잡초 발생을 줄임, 잔디의 밀도를 높임(분얼 촉진), 평탄한 잔디밭을 만듦, 병해 방지

59 다음 중 측량의 3대 요소가 아닌 것은?

① 각측량　　② 거리측량
③ 세부측량　④ 고저측량

해설

측량
길이, 높이, 각도를 측정함

60 경사도(勾配, slope)가 15%인 도로면상의 경사거리 135m에 대한 수평거리는?

① 130.0m　② 132.0m
③ 133.5m　④ 136.5m

해설

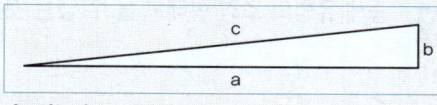

$a^2 + b^2 = c^2$, 경사도가 15%이므로
$\frac{b}{a} = 0.15 \rightarrow b = 0.15a$
$a^2 + (0.15a)^2 = c^2$
$a^2 + 0.0225a^2 = c^2 \rightarrow c = 135m$
$1.0225a^2 = 135^2$ (18225)
$a^2 = \frac{18225}{1.0225}$
$a^2 = 17823.96$
$a ≒ 133.5$

정답　57 ④　58 ④　59 ③　60 ③

2016 제1회 과년도기출문제

01 중세 유럽의 조경 형태로 볼 수 없는 것은?

① 과수원 ② 약초원
③ 공중정원 ④ 회랑식 정원

해설:
공중정원
서아시아의 신바빌로니아

02 일본 고산수식 정원의 요소와 상징적인 의미가 바르게 연결된 것은?

① 나무 – 폭포 ② 연못 – 바다
③ 왕모래 – 물 ④ 바위 – 산봉우리

해설:
- 축산고산수식 : 나무(산봉우리), 바위(폭포), 왕모래(냇물)
- 평정고산수식 : 바위(섬), 왕모래(바다)

03 다음 중 중국정원의 양식에 가장 많은 영향을 끼친 사상은?

① 선사상 ② 신선사상
③ 풍수지리사상 ④ 음양오행사상

해설:
중국정원에 가장 많은 영향을 끼친 사상은 신선사상

04 다음 중 서양식 전각과 서양식 정원이 조성되어 있는 우리나라 궁궐은?

① 경복궁 ② 창덕궁
③ 덕수궁 ④ 경희궁

해설:
덕수궁
- 석조전(최초 서양식 건물), 영국인 하딩 설계
- 침상원(최초 유럽식 정원, 분수와 연못을 중심으로 한 프랑스식 정원)

05 고대 로마의 대표적인 별장이 아닌 것은?

① 빌라 투스카나
② 빌라 감베라이아
③ 빌라 라우렌티
④ 빌라 아드리아누스

해설:
고대 로마 3대 빌라
토스카나장, 라우렌티장, 아드리아누스장

06 미국 식민지 개척을 통한 유럽 각국의 다양한 사유지 중심의 정원 양식이 공공적인 성격으로 전환되는 계기에 영향을 끼친 것은?

① 스토우 정원 ② 보르비콩트 정원
③ 스투어헤드 정원 ④ 버컨헤드 공원

해설:
버큰헤드 공원(1843)
- 조셉 팩스턴 설계
- 역사상 최초 시민의 힘으로 조성한 공원 → 미국 센트럴파크 설계에 영향

정답 01 ③ 02 ③ 03 ② 04 ③ 05 ② 06 ④

07 프랑스 평면기하학식 정원을 확립하는데 가장 큰 기여를 한 사람은?

① 르 노트르 ② 메이너
③ 브리지맨 ④ 비니올라

해설

프랑스 정원

앙드레 르 노트르의 활약

08 형태와 선이 자유로우며, 자연재료를 사용하여 자연을 모방하거나 축소하여 자연에 가까운 형태로 표현한 정원 양식은?

① 건축식 ② 풍경식
③ 정형식 ④ 규칙식

해설

전원풍경식 정원
- 동아시아, 유럽의 18세기 영국에서 발달
- 넓은 잔디밭을 이용하여 전원적이며 목가적인 자연풍경 관상
- 영국에서 발달 후, 독일의 풍경식정원으로 발달

09 다음 후원 양식에 대한 설명 중 틀린 것은?

① 한국의 독특한 정원 양식 중 하나이다.
② 괴석이나 세심석 또는 장식을 겸한 굴뚝을 세워 장식하였다.
③ 건물 뒤 경사지를 계단모양으로 만들어 장대석을 앉혀 평지를 만들었다.
④ 경주 동궁과 월지, 교태전 후원의 아미산원, 남원시 광한루 등에서 찾아볼 수 있다.

해설

- 경주 동궁과 월지 : 신라시대의 별궁
- 남원시 광한루 : 조선시대의 누각

10 현대 도시환경에서 조경 분야의 역할과 관계가 먼 것은?

① 자연환경의 보호유지
② 자연 훼손지역의 복구
③ 기존 대도시의 광역화 유도
④ 토지의 경제적이고 기능적인 이용 계획

해설

도시 내에 공원 녹지를 도입함으로써 대도시의 광역화를 완화시킴

11 다음 설명의 (   ) 안에 들어갈 시설물은?

시설지역 내부의 포장지역에도 (   )을/를 이용하여 낙엽성 교목을 식재하면 여름에도 그늘을 만들 수 있다.

① 볼라드(bollard)
② 휀스(fence)
③ 벤치(bench)
④ 수목 보호대(grating)

해설

- 볼라드(보차분리시설)
- 펜스(울타리)
- 벤치(의자, 휴게시설)

정답 07 ① 08 ② 09 ④ 10 ③ 11 ④

12 기존의 레크리에이션 기회에 참여 또는 소비하고 있는 수요(需要)를 무엇이라 하는가?

① 표출수요 ② 잠재수요
③ 유효수요 ④ 유도수요

> **해설**
> - 표출수요 : 기존 레크리에이션에 참여, 소비하고 있는 수요. 이를 통해 사람들의 선호도를 파악
> - 잠재수요 : 표면화되어 있지 않지만 수요로 전환될 가능성이 있는 수요
> - 유도수요 : 공급이 증대된 이후 수요가 증가
> - 유효수요 : 실제로 살 수 있는 능력을 가진 수요

13 주택정원의 시설구분 중 휴게시설에 해당되는 것은?

① 벽천, 폭포 ② 미끄럼틀, 조각물
③ 정원등, 잔디등 ④ 퍼걸러, 야외탁자

> **해설**
> - 벽천, 폭포(수경시설)
> - 미끄럼틀(놀이시설)
> - 조각물(경관시설)
> - 정원등, 잔디등(조명시설)

14 조경계획·설계에서 기초적인 자료의 수집과 정리 및 여러 가지 조건의 분석과 통합을 실시하는 단계를 무엇이라 하는가?

① 목표 설정 ② 현황분석 및 종합
③ 기본 계획 ④ 실시 설계

> **해설**
> **자료수집 분석 및 종합**
> 기초적인 자료의 수집과 정리 및 여러 가지 조건의 분석과 통합을 실시하는 단계

15 다음 『채도대비』에 관한 설명 중 틀린 것은?

① 무채색끼리는 채도 대비가 일어나지 않는다.
② 채도대비는 명도대비와 같은 방식으로 일어난다.
③ 고채도의 색은 무채색과 함께 배색하면 더 선명해 보인다.
④ 중간색을 그 색과 색상은 동일하고 명도가 밝은 색과 함께 사용하면 훨씬 선명해 보인다.

> **해설**
> **채도대비**
> - 다른 두 색의 영향으로 인해 서로 가지고 있는 본래의 채도에 변화가 일어나는 현상
> - 옆에 있는 색의 채도가 높으면 해당 색은 채도가 낮아 보이고, 반대로 옆에 있는 색의 채도가 낮으면 해당 색의 채도가 높아 보인다는 것

16 좌우로 시선이 제한되어 일정한 지점으로 시선이 모이도록 구성하는 경관 요소는?

① 전망 ② 통경선(Vista)
③ 랜드마크 ④ 질감

> **해설**
> **통경선(Vista)**
> 좌우로 시선이 제한되고 일정 지점으로 시선이 모아지는 경관

정답 12 ① 13 ④ 14 ② 15 ④ 16 ②

17 조경 시공 재료의 기호 중 벽돌에 해당하는 것은?

①    ②

③    ④

> 해설
>
> ① 타일 테라코타
> ③ 원지반
> ④ 금속

18 다음 중 곡선의 느낌으로 부적합한 것은?

① 온건하다   ② 부드럽다
③ 모호하다   ④ 단호하다

> 해설
>
> • 곡선 : 부드러움 우아함, 여성적, 섬세
> • 직선 : 단호함

19 모든 설계에서 가장 기본적인 도면은?

① 입면도   ② 단면도
③ 평면도   ④ 상세도

> 해설
>
> *평면도
> 위에서 아래를 수직으로 내려다 본 것으로 가정하고 작도

20 조경 실시설계 단계 중 용어의 설명이 틀린 것은?

① 시공에 관하여 도면에 표시하기 어려운 사항을 글로 작성한 것을 시방서라고 한다.
② 공사비를 체계적으로 정확한 근거에 의하여 산출한 서류를 내역서라고 한다.
③ 일반관리비는 단위 작업당 소요인원을 구하여 일당 또는 월급여로 곱하여 얻어진다.
④ 공사에 소요되는 자재의 수량, 품 또는 기계 사용량 등을 산출하여 공사에 소요되는 비용을 계산한 것을 적산이라고 한다.

> 해설
>
> 일반관리비=순공사원가×일반관리 비율(5~6% 정도)
> • 기업의 유지를 위한 관리활동 부분에서 발생하는 제 비용
> • 제조원가에 속하지 않는 모든 영업비용 중 판매비 등을 제외한 비용

21 석재의 성인(成因)에 의한 분류 중 변성암에 해당되는 것은?

① 대리석   ② 섬록암
③ 현무암   ④ 화강암

> 해설
>
> **변성암**
> 대리석, 사문암, 트래버틴 등

정답 17 ② 18 ④ 19 ③ 20 ③ 21 ①

22 레미콘 규격이 25 - 210 - 12로 표시되어 있다면 ⓐ - ⓑ - ⓒ 순서대로 의미가 맞는 것은?

① ⓐ 슬럼프, ⓑ 골재최대치수
　ⓒ 시멘트의 양
② ⓐ 물·시멘트비, ⓑ 압축강도
　ⓒ 골재 최대치수
③ ⓐ 골재 최대치수, ⓑ 압축강도
　ⓒ 슬럼프
④ ⓐ 물·시멘트비, ⓑ 시멘트의 양
　ⓒ 골재 최대치수

해설

레미콘의 규격
- 골재 최대치수 - 압축강도 - 슬럼프값 순으로 표시함
- 25-210-12로 표시가 된다면
　- 골재 최대치수 : 25mm
　- 압축강도 : 210kgf/㎠
　- 슬럼프값 : 12cm라는 뜻이 됨

23 다음 설명에 적합한 열가소성수지는?

- 강도, 전기전열성. 내약품성이 양호하고 가소재에 의하여 유연고무와 같은 품질이 되며 고온, 저온에 약하다.
- 바닥용타일, 시트, 조인트재료, 파이프, 접착제, 도료 등이 주용도이다.

① 페놀수지　　② 염화비닐수지
③ 멜라민수지　④ 에폭시수지

해설

페놀수지, 멜라민수지, 에폭시수지(열경화성수지), 염화비닐수지
- 바닥용타일, 시트, 조인트재료, 접착제, 도료 등이 주용도이며 파이프, 튜브, 물받이통 등의 제품에 가장 많이 사용되는 열가소성수지
- 강도, 전기전열성, 내약품성이 양호하고 가소재에 의하여 유연고무와 같은 품질이 되며 고온, 저온에 약함

24 인공 폭포, 수목 보호판을 만드는데 가장 많이 이용되는 제품은?

① 유리블록 제품
② 식생호안 블록
③ 콘크리트격자 블록
④ 유리섬유강화 플라스틱

해설

유리섬유강화 플라스틱(FRP, Fiberglass Reinforced Plastic)

약한 플라스틱에 강화제를 넣어 만든 제품으로 벤치, 화단장식재, 인공폭포, 인공암, 정원석 등에 사용

25 알루미나 시멘트의 최대 특징으로 옳은 것은?

① 값이 싸다.
② 조기강도가 크다.
③ 원료가 풍부하다.
④ 타 시멘트와 혼합이 용이하다.

해설

알루미나 시멘트
- one day 시멘트, 조기강도가 큼
- 24시간에 보통 포틀랜드 시멘트의 28일 강도 발현
- 수축이 적고 내수, 내화, 내화학성이 큼
- 동절기 공사, 해수 및 긴급공사에 사용

정답　22 ③　23 ②　24 ④　25 ②

26 다음 중 목재의 장점에 해당하지 않는 것은?

① 가볍다.
② 무늬가 아름답다.
③ 열전도율이 낮다.
④ 습기를 흡수하면 변형이 잘 된다.

> **해설**
>
> **목재의 장점**
> • 색깔, 무늬 등 외관이 아름다움
> • 재질이 부드럽고 촉감이 좋음
> • 무게가 가벼워서 다루기가 좋음
> • 무게에 비해 강도가 큼
> • 가공이 쉽고 열전도율이 낮음

27 다음 금속 재료에 대한 설명으로 틀린 것은?

① 저탄소강은 탄소함유량이 0.3% 이하이다.
② 강판, 형강, 봉강 등은 압역식 제조법에 의해 제조된다.
③ 구리에 아연 40%를 첨가하여 제조한 합금을 청동이라고 한다.
④ 강의 제조방법에는 평로법, 전로법, 전기로법, 도가니법 등이 있다.

> **해설**
>
> **황동(놋쇠)**
> 구리와 아연의 합금

28 다음 조경시설 소재 중 도로 절·성토면의 녹화공사, 해안매립 및 호안공사, 하천제방 및 급류 부위의 법면보호공사 등에 사용되는 코코넛 열매를 원료로 한 천연섬유 재료는?

① 코이어 메시   ② 우드칩
③ 테라소브   ④ 그린블록

> **해설**
>
> **코이어 메시**
> 야자나무 열매의 섬유질을 이용한 천연 재료로 절·성토면의 녹화공사, 해안매립 및 호안공사, 하천제방 및 급류 부위의 법면보호공사 등에 사용

29 견치석에 관한 설명 중 옳지 않은 것은?

① 형상은 재두각추체(裁頭角錐體)에 가깝다.
② 접촉면의 길이는 앞면 4변의 제일 짧은 길이의 3배 이상이어야 한다.
③ 접촉면의 폭은 전면 1변의 길이의 1/10 이상이어야 한다.
④ 견치석은 흙막이용 석축이나 비탈면의 돌붙임에 쓰인다.

> **해설**
>
> **견치돌**
> 형상은 재두각추체에 가깝고 전면은 거의 평면을 이루며 대략 정사각형으로서 뒷길이, 접촉면의 폭, 뒷면 등이 규격화된 돌 → 뒷길이는 앞면 길이의 1.5배 이상

정답 26 ④ 27 ③ 28 ① 29 ②

30 무근콘크리트와 비교한 철근콘크리트의 특성으로 옳은 것은?

① 공사기간이 짧다.
② 유지관리비가 적게 소요된다.
③ 철근 사용의 주목적은 압축강도 보완이다.
④ 가설공사인 거푸집 공사가 필요 없고 시공이 간단하다.

해설

철근콘크리트
콘크리트 안에 철근을 넣어 콘크리트의 단점인 부족한 인장강도(잡아당기는 힘에 버티는 강도)를 보완한 복합자재

31 『Syringa oblata var.dilatata』는 어떤 식물인가?

① 라일락   ② 목서
③ 수수꽃다리   ④ 쥐똥나무

해설

- 라일락(Syringa vulgaris)
- 목서(Osmanthus fragrans var. aurantiacus)
- 쥐똥나무(Ligustrum obtusifolium Siebold & Zucc.)

32 다음 중 수관의 형태가 "원추형"인 수종은?

① 전나무   ② 실편백
③ 녹나무   ④ 산수유

해설

원뿔형(원추형)
초단이 뾰족하고 전체가 길쭉하며 정연한 삼각형을 이룬 수형으로 침엽수에 많다. 전나무, 삼나무, 독일가문비, 낙엽송, 금송, 히말라야시다 등

33 다음 중 인동덩굴(Lonicera japonica Thunb.)에 대한 설명으로 옳지 않은 것은?

① 반상록 활엽 덩굴성
② 원산지는 한국, 중국, 일본
③ 꽃은 1~2개씩 옆액에 달리며 포는 난형으로 길이는 1~2cm
④ 줄기가 왼쪽으로 감아 올라가며, 소지는 회색으로 가시가 있고 속이 빔

해설

인동덩굴
줄기가 오른쪽으로 감아 올라가며, 소지는 적갈색으로 가시가 있고 속이 빔

34 서향(Daphne odora Thunb.)에 대한 설명으로 맞지 않는 것은?

① 꽃은 청색계열이다.
② 성상은 상록활엽관목이다.
③ 뿌리는 천근성이고 내염성이 강하다.
④ 잎은 어긋나기하며 타원형이고, 가장자리가 밋밋하다.

해설

서향의 꽃 : 분홍색 계통

35 팥배나무(Sorbus alnifolia K.Koch)의 설명으로 틀린 것은?

① 꽃은 노란색이다.
② 생장속도는 비교적 빠르다.
③ 열매는 조류 유인식물로 좋다.
④ 잎의 가장자리에 이중거치가 있다.

해설

팥배나무의 꽃 : 흰색 계통

정답   30 ②   31 ③   32 ①   33 ④   34 ①   35 ①

36 골담초(Caragana sinica Rehder)에 대한 설명으로 틀린 것은?

① 콩과(科) 식물이다.
② 꽃은 5월에 피고 단생한다.
③ 생장이 느리고 덩이뿌리로 위로 자란다.
④ 비옥한 사질양토에서 잘 자라고 토박지에서도 잘 자란다.

:해설:

골담초 : 생장이 빠른 수종

37 다음 중 조경수의 이식에 대한 적응이 가장 어려운 수종은?

① 편백
② 미루나무
③ 수양버들
④ 일본잎갈나무

:해설:

이식이 어려운 나무
독일가문비, 백송, 소나무, 섬잣나무, 굴참나무, 떡갈나무, 백합나무, 자작나무, 칠엽수, 감나무 등

38 방풍림(wind shelter) 조성에 알맞은 수종은?

① 팽나무, 녹나무, 느티나무
② 곰솔, 대나무류, 자작나무
③ 신갈나무, 졸참나무, 향나무
④ 박달나무, 가문비나무, 아까시나무

:해설:

내풍력이 큰 수종
풍압에 견딜 수 있는 심근성 수종(소나무, 곰솔, 가시나무류, 향나무, 팽나무, 삼나무, 후박나무, 동백나무, 솔송나무, 녹나무, 대나무, 참나무, 후박나무, 편백, 화백, 감탕나무, 사철나무)

39 조경 수목은 식재지의 위치나 환경조건 등에 따라 적절히 선정하여야 한다. 다음 중 수목의 구비조건으로 거리가 먼 것은?

① 병충해에 대한 저항성이 강해야 한다.
② 다듬기 작업 등 유지관리가 용이해야 한다.
③ 이식이 용이하며, 이식 후에도 잘 자라야 한다.
④ 번식이 힘들고 다량으로 구입이 어려워야 희소성 때문에 가치가 있다.

:해설:

조경수목의 구비 조건
대량으로 번식이 가능하고 쉽게 구할 수 있어야 함

40 미선나무(Abeliophyllum distichum Nakai)의 설명으로 틀린 것은?

① 1속 1종
② 낙엽활엽관목
③ 잎은 어긋나기
④ 물푸레나무과(科)

:해설:

미선나무
우리나라에서만 자라는 특산종으로 세계적으로 1속 1종, 물푸레나무과에 속하며 낙엽활엽관목으로 꽃은 흰색으로 개화. 열매모양은 둥근 부채를 닮음(잎은 대생)

정답 36 ③ 37 ④ 38 ① 39 ④ 40 ③

41 농약제제의 분류 중 분제(粉劑, dusts)에 대한 설명으로 틀린 것은?

① 잔효성이 유제에 비해 짧다.
② 작물에 대한 고착성이 우수하다.
③ 유효성분 농도가 1 ~ 5% 정도인 것이 많다.
④ 유효성분을 고체증량제와 소량의 보조제를 혼합 분쇄한 미분말을 말한다.

해설

*분제
주제를 증량제 등과 균일하게 혼합, 분쇄하여 제제
- 잔효성이 유제에 비해 짧음
- 작물에 대한 고착성은 유제나 수화제에 비해 떨어짐
- 유효성분의 농도는 1 ~ 5% 정도

42 다음 중 철쭉, 개나리 등 화목류의 전정시기로 가장 알맞은 것은?

① 가을 낙엽 후 실시한다.
② 꽃이 진 후에 실시한다.
③ 이른 봄 해동 후 바로 실시한다.
④ 시기와 상관없이 실시할 수 있다.

해설

*봄 꽃나무(진달래, 철쭉, 목련 등)
꽃이 진 후 곧바로 전정

43 양버즘나무(플라타너스)에 발생된 흰불나방을 구제하고자 할 때 가장 효과가 좋은 약제는?

① 디플루벤주론수화제
② 결정석회황합제
③ 포스파미돈액제
④ 티오파네이트메틸수화제

해설

- 석회황합제(살균제) : 흰가루병, 녹병, 부란병, 균핵병 등
- 포스파미돈(살충제) : 진딧물, 깍지벌레, 솔잎혹파리
- 티오파네이트메틸수화제(보람) : 종합살균제(흰가루병, 날개무늬병 등)

44 조경수목에 공급하는 속효성 비료에 대한 설명으로 틀린 것은?

① 대부분의 화학비료가 해당된다.
② 늦가을에서 이른 봄 사이에 준다.
③ 시비 후 5 ~ 7일 정도면 바로 비효가 나타난다.
④ 강우가 많은 지역과 잦은 시기에는 유실정도가 빠르다.

해설

*추비
- 주로 속효성 무기질(화학) 비료를 사용
- 수목의 생장기인 4월 하순 ~ 6월 하순에 시비 : 7월 이전 완료
- 꽃눈의 분화 촉진을 위해 꽃눈이 생기기 직전에 사용
- 연 1회에서 수 회 식물의 상태에 따라 시비

정답 41 ② 42 ② 43 ① 44 ②

45 잔디공사 중 떼심기 작업의 주의사항이 아닌 것은?

① 떳장의 이음새에는 흙을 충분히 채워준다.
② 관수를 충분히 하여 흙과 밀착되도록 한다.
③ 경사면의 시공은 위쪽에서 아래쪽으로 작업한다.
④ 떳장을 붙인 다음에 롤러 등의 장비로 전압을 실시한다.

해설

*잔디식재 시 주의사항
• 경사면 시공 시 경사면의 아래쪽에서 위쪽으로 붙여 나가며 떳장 1매당 2개의 떼꽂이로 고정

46 다음 설명에 해당하는 것은?

• 나무의 가지에 기생하면 그 부위가 국소적으로 이상비대한다.
• 기생 당한 부위의 윗부분은 위축되면서 말라 죽는다.
• 참나무류에 가장 큰 피해를 주며, 팽나무, 물오리나무, 자작나무, 밤나무 등의 활엽수에도 많이 기생한다.

① 새삼   ② 선충
③ 겨우살이   ④ 바이러스

해설

*겨우살이
• 기생성 상록수로서 껍질은 황록색
• 참나무, 팽나무, 물오리나무, 밤나무 및 자작나무에 기생
• 여름에는 반그늘에서 자라고, 겨울에는 광선을 많이 받음
• 노지에서 월동하고 16 ~ 30℃에서 잘 자라며 환경 내성은 보통

47 천적을 이용해 해충을 방제하는 방법은?

① 생물적 방제   ② 화학적 방제
③ 물리적 방제   ④ 임업적 방제

해설

*생물학적 방제
곤충의 천적을 이용하는 방제법

48 곰팡이가 식물에 침입하는 방법은 직접 침입, 자연개구로 침입, 상처 침입으로 구분할 수 있다. 다음 중 직접침입이 아닌 것은?

① 피목침입
② 흡기로 침입
③ 세포간 균사로 침입
④ 흡기를 가진 세포간 균사로 침입

해설

*피목침입
자연개구로 침입하는 방법

49 비탈면의 잔디를 기계로 깎으려면 비탈면의 경사가 어느 정도보다 완만하여야 하는가?

① 1 : 1보다 완만해야 한다.
② 1 : 2보다 완만해야 한다.
③ 1 : 3보다 완만해야 한다.
④ 경사에 상관없다.

해설

*비탈면 식재
• 교목 1 : 3, 관목 1 : 2, 잔디 및 초화류 1 : 1보다 완만하게 함
• 비탈면 잔디를 기계로 깎으려면 1 : 3보다 완만한 것이 좋음

정답 45 ③ 46 ③ 47 ① 48 ① 49 ③

50 수목 식재 후 물집을 만드는데, 물집의 크기로 가장 적당한 것은?

① 근원지름(직경)의 1배
② 근원지름(직경)의 2배
③ 근원지름(직경)의 3 ~ 4배
④ 근원지름(직경)의 5 ~ 6배

해설

*물집만들기
- 흙침이나 물침 모두 근원직경 5 ~ 6배의 원형 물받이 설치
- 흙으로 높이 10 ~ 20cm의 턱을 만들어 사용

51 토공사에서 터파기할 양이 100㎥, 되메우기 양이 70㎥일 때 실질적인 잔토처리량(㎥)은? (단, L = 1.1, C = 0.8이다.)

① 24   ② 30
③ 33   ④ 39

해설

(100-70) × 1.1 = 33㎥

52 다음 설명의 ( )안에 적합한 것은?

( )란 지질 지표면을 이루는 흙으로, 유기물과 토양 미생물이 풍부한 유기물층과 용탈층 등을 포함한 표층 토양을 말한다.

① 표토   ② 조류(algae)
③ 풍적토 ④ 충적토

해설

*표토
지표면을 이루는 흙으로, 유기물과 토양 미생물이 풍부한 유기물층과 용탈층 등을 포함한 표층 토양

53 조경시설물 유지관리 연간 작업계획에 포함되지 않는 작업 내용은?

① 수선, 교체   ② 개량, 신설
③ 복구, 방제   ④ 제초, 전정

해설

*제초, 전정
수목의 연간 작업계획

54 건설공사 표준품셈에서 사용되는 기본(표준형) 벽돌의 표준 치수(mm)로 옳은 것은?

① 180 × 80 × 57   ② 190 × 90 × 57
③ 210 × 90 × 60   ④ 210 × 100 × 60

해설

*표준형벽돌
190 × 90 × 57mm

55 다음 설명에 해당하는 공법은?

- 면상의 매트에 종자를 붙여 비탈면에 포설, 부착하여 일시적인 조기녹화를 도모하도록 시공한다.
- 비탈면을 평평하게 끝손질한 후 떼꽂이 등을 꽂아주어 떠오르거나 바람에 날리지 않도록 밀착한다.
- 비탈면 상부 0.2m 이상을 흙으로 덮고 단부(端部)를 흙속에 묻어 넣어 비탈면 어깨로부터 물의 침투를 방지한다.
- 긴 매트류로 시공할 때에는 비탈면의 위에서 아래로 길게 세로로 깔고 흙쌓기 비탈면을 다지고 붙일 때에는 수평으로 깔며 양단을 0.05m 이상 중첩한다.

① 식생대공   ② 식생자루공
③ 식생매트공   ④ 종자분사파종공

정답 50 ④ 51 ③ 52 ① 53 ④ 54 ② 55 ③

> 해설
>
> *식생매트공
> 종자와 비료를 풀로 부착시킨 섬유망이나 짚 등으로 비탈면을 피복하는 공법

> 해설
>
> *약측정법
> 간단하게 거리를 측정하는 방법목측, 보측, 시각법 등이 있음

56 수준측량에서 표고(標高 : elevation)라 함은 일반적으로 어느 면(面)으로부터 연직거리를 말하는가?

① 해면(海面)   ② 기준면(基準面)
③ 수평면(水平面)   ④ 지평면(地平面)

> 해설
>
> *표고
> 수준기준면으로부터 관측점까지 중력방향을 따라 관측한 연직거리

57 다음 중 콘크리트의 공사에 있어서 거푸집에 작용하는 콘크리트 측압의 증가 요인이 아닌 것은?

① 타설 속도가 빠를수록
② 슬럼프가 클수록
③ 다짐이 많을수록
④ 빈배합일 경우

> 해설
>
> 부배합 시 강도는 커지고 시공연도 좋아짐. 시공연도가 좋을 때 측압은 커짐

58 다음 중 현장 답사 등과 같은 높은 정확도를 요하지 않는 경우에 간단히 거리를 측정하는 약측정 방법에 해당하지 않는 것은?

① 목측   ② 보측
③ 시각법   ④ 줄자측정

59 다음 [보기]가 설명하는 특징의 건설장비는?

[보기]
- 기동성이 뛰어나고, 대형목의 이식과 자연석의 운반, 놓기, 쌓기 등에 가장 많이 사용된다.
- 기계가 서 있는 지반보다 낮은 곳의 굴착에 좋다.
- 파는 힘이 강력하고 비교적 경질지반도 적용한다.
- Drag Shovel이라고도 한다.

① 로더(Loader)
② 백호우(Back Hoe)
③ 불도저(Bulldozer)
④ 덤프트럭(Dump Truck)

> 해설
>
> *백호우(Back hoe)
> 드래그 셔블이라고도 하며, 360도 회전 가능. 기계가 놓은 지면보다 낮은 곳을 굴착할 때 사용

60 토양환경을 개선하기 위해 유공관을 지면과 수직으로 뿌리 주변에 세워 토양내 공기를 공급하여 뿌리호흡을 유도하는데, 유공관의 깊이는 수종, 규격, 식재지역의 토양 상태에 따라 다르게 할 수 있으나, 평균 깊이는 몇 미터 이내로 하는 것이 바람직한가?

① 1m   ② 1.5m
③ 2m   ④ 3m

> 해설
>
> 수목 이식 후 관수를 위한 유공관은 1m 이내의 깊이

정답 56 ② 57 ④ 58 ④ 59 ② 60 ①

2016 제2회 과년도기출문제

01 형태는 직선 또는 규칙적인 곡선에 의해 구성되고 축을 형성하며 연못이나 화단 등의 각 부분에도 대칭형이 되는 조경 양식은?

① 자연식   ② 풍경식
③ 정형식   ④ 절충식

해설

*정형식 정원
- 인공적이며 질서를 중시 : 서아시아 유럽지역을 중심으로 발달
- 강력한 축을 사용하여 정형적인 공간 구성 : 대칭미
- 인간의 힘에 의해 자연을 조절, 통제 : 의도적 질서
- 직선과 규칙적 곡선을 사용한 기하학적인 설계
- 중정식, 노단식, 평면 기하학식

02 다음 중 정원에 사용되었던 하하(Ha-ha) 기법을 잘 설명한 것은?

① 정원과 외부 사이 수로를 파 경계하는 기법
② 정원과 외부 사이 언덕으로 경계하는 기법
③ 정원과 외부 사이 교목으로 경계하는 기법
④ 정원과 외부 사이 산울타리를 설치하여 경계하는 기법

해설

*Ha-Ha Wall
담 설치 시 능선을 피하고 도랑이나 계곡 속에 설치하여 조망 시 물리적 경계 없이 전원을 볼 수 있게 한 것

03 다음 고서에서 조경식물에 대한 기록이 다루어지지 않은 것은?

① 고려사   ② 악학궤범
③ 양화소록   ④ 동국이상국집

해설

*악학궤범
조선시대의 의궤와 악보를 정리하여 편찬한 악서

04 스페인 정원에 관한 설명으로 틀린 것은?

① 규모가 웅장하다.
② 기하학적인 터 가르기를 한다.
③ 바닥에는 색채타일을 이용하였다.
④ 안달루시아(Andalusia) 지방에서 발달했다.

해설

*스페인 정원
건물에 의해 둘러 쌓인 중정식 정원

정답 01 ③ 02 ① 03 ② 04 ①

05 다음 중 고산수수법의 설명으로 알맞은 것은?

① 가난함이나 부족함 속에서도 아름다움을 찾아내어 검소하고 한적한 삶을 표현
② 이끼 낀 정원석에서 고담하고 단아함을 느낄 수 있도록 표현
③ 정원의 못을 복잡하게 표현하기 위해 호안을 곡절시켜 심(心)자와 같은 형태의 못을 조성
④ 물이 있어야 할 곳에 물을 사용하지 않고 돌과 모래를 사용해 물을 상징적으로 표현

해설

*고산수식 정원
- 물을 전혀 사용하지 않음
- 불교의 영향을 받은 극도의 추상적 구성

06 경복궁 내 자경전의 꽃담 벽화문양에 표현되지 않은 식물은?

① 매화   ② 석류
③ 산수유 ④ 국화

해설

*십장생 굴뚝
십장생(해, 산, 구름, 바위, 소나무, 거북, 사슴, 학, 불로초, 물)과 포도, 연꽃, 대나무, 매화, 복숭아, 모란, 석류, 국화, 대나무, 꽃과 나비 문양 등

07 우리나라 부유층의 민가정원에서 유교의 영향으로 부녀자들을 위해 특별히 조성된 부분은?

① 전정   ② 중정
③ 후정   ④ 주정

해설

*조선시대 정원의 특징
- 한국적 색채가 짙어짐, 정원기법 확립(후원)
- 풍수지리설의 영향 : 후원식, 화계식

08 다음 중 고대 이집트의 대표적인 정원수는?

- 강한 직사광선으로 인하여 녹음수로 많이 사용
- 신성시하여 사자(死者)를 이 나무 그늘 아래 쉬게 하는 풍습이 있었음

① 파피루스 ② 버드나무
③ 장미   ④ 시카모어

해설

*고대 이집트 주택정원
- 내부에 수목 열식 : 관개의 편의성
- 침상지, 원로에 관목이나 화훼류 심어 배치
- 식물 : 시커모어, 대추야자, 파피루스, 연꽃, 석류, 무화과, 포도

09 다음 중 독일의 풍경식 정원과 관계가 깊은 것은?

① 한정된 공간에서 다양한 변화를 추구
② 동양의 사의주의 자연풍경식을 수용
③ 외국에서 도입한 원예식물의 수용
④ 식물생태학, 식물지리학 등의 과학이론의 적용

해설

*독일 정원의 특징
- 과학적 지식 이용한 자연 경관의 재생 목적
- 그 지방의 향토 수종 배식하여 자연스러운 경관 형성
- 실용적 정원의 발달(분구원)

정답 05 ④ 06 ③ 07 ③ 08 ④ 09 ④

10 다음 중 사적인 정원이 공적인 공원으로 역할 전환의 계기가 된 사례는?

① 에스테장   ② 베르사이유궁
③ 켄싱턴 가든   ④ 센트럴 파크

해설

*센트럴 파크(Central Park)
- 영국 최초 공공 공원인 버큰헤드의 영향을 받은 최초의 도시 공원
- 의의 : 도시 공원의 효시, 재정적 성공, 국립공원 운동 계기

11 주택정원거실 앞쪽에 위치한 뜰로 옥외생활을 즐길 수 있는 공간은?

① 안뜰   ② 앞뜰
③ 뒤뜰   ④ 작업뜰

해설

*안뜰
- 응접실이나 거실 전면에 위치한 중심공간으로 휴식과 단란의 공간
- 내부의 주공간과 동선상 직접 연결되도록 설계 : 옥외 거실 공간

12 조경계획 및 설계과정에 있어서 각 공간의 규모, 사용재료, 마감방법을 제시해 주는 단계는?

① 기본구상   ② 기본계획
③ 기본설계   ④ 실시설계

해설

*기본설계
대상물의 공간과 형태, 시각적 특징기능, 효율성, 재료 등을 구체화

13 도시 내부와 외부의 관련이 매우 좋으며 재난 시 시민들의 빠른 대피에 칸 효과를 발휘하는 녹지 형태는?

① 분산식   ② 방사식
③ 환상식   ④ 평행식

해설

*방사식
도시를 중심으로 외부로 방사상 녹지 형성

14 다음 [보기]의 행위 시 도시공원 및 녹지 등에 관한 법률상의 벌칙 기준은?

[보기]
- 위반하여 도시공원에 입장하는 사람으로부터 입장료를 징수한 자
- 허가를 받지 아니하거나 허가받은 내용을 위반하여 도시공원 또는 녹지에서 시설·건축물 또는 공작물을 설치한 자

① 2년 이하의 징역 또는 3천만 원 이하의 벌금
② 1년 이하의 징역 또는 1천만 원 이하의 벌금
③ 1년 이하의 징역 또는 500만 원 이하의 벌금
④ 1년 이하의 징역 또는 3천만 원 이하의 벌금

해설

도시공원 및 녹지 등에 관한 법률 제 53조 4항 위배 시 1년 이하의 징역 또는 1천만 원 이하의 벌금

정답 10 ④ 11 ① 12 ③ 13 ② 14 ②

15 표제란에 대한 설명으로 옳은 것은?

① 도면명은 표제란에 기입하지 않는다.
② 도면 제작에 필요한 지침을 기록한다.
③ 도면번호, 도면명, 작성자명, 작성일자 등에 관한 사항을 기입한다.
④ 용지의 긴 쪽 길이를 가로 방향으로 설정할 때 표제란은 왼쪽 아래 구석에 위치한다.

해설

*표제란
- 위치 : 도면 하단부에 좌우로 길게, 우측에 상하로 길게, 우측 하단부
- 기관정보(발주, 설계, 감리기관 등), 개정 관리정보(도면의 갱신 이력), 프로젝트 정보(개괄적 항목), 도면정보(설계 및 관련 책임자, 도면명, 축척, 작성일자, 방위, 축척 등), 도면 번호 등을 기입
- 동일한 설계도면은 도면의 크기, 윤곽선의 설정, 표제란의 위치를 동일하게 설정

16 먼셀 색체계의 기본색인 5가지 주요 색상으로 바르게 짝지어진 것은?

① 빨강, 노랑, 초록, 파랑, 주황
② 빨강, 노랑, 초록, 파랑, 보라
③ 빨강, 노랑, 초록, 파랑, 청록
④ 빨강, 노랑, 초록, 남색, 주황

해설

*먼셀의 색상환
- 미국의 화가 먼셀이 고안한 체계로 3원색설에 근거하여 분류
- 색상이 순서대로 둥글게 원을 이루어 배열된 것, 색상의 표시는 색깔명의 머릿글자 기호로 구성
- R, Y, G, B, P의 다섯가지 색을 기본 5색으로 정함

17 건설재료의 골재의 단면표시 중 잡석을 나타낸 것은?

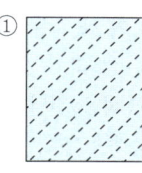 ① 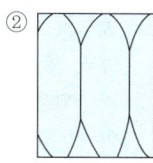 ②

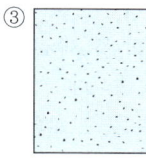 ③ 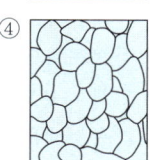 ④

해설

② 잡석
③ 모래
④ 자갈

18 대형건물의 외벽도색을 위한 색채계획을 할 때 사용하는 컬러샘플(color sample)은 실제의 색보다 명도나 채도를 낮추어서 사용하는 것이 좋다. 이는 색채의 어떤 현상 때문인가?

① 착시효과 ② 동화현상
③ 대비효과 ④ 면적효과

해설

*면적대비
- 색이 차지하는 면적의 크고 작음, 많고 적음에 따라 색의 명도와 채도가 다르게 보이는 현상
- 면적이 큰 색은 명도와 채도가 높아져 실제보다 좀 더 밝고 맑게 보이며, 면적이 작은 색은 명도와 채도가 낮아져 실제보다 어둡고 탁하게 보임

정답 15 ③ 16 ② 17 ② 18 ④

19 색채와 자연환경에 대한 설명으로 옳지 않은 것은?

① 풍토색은 기후와 토지의 색, 즉 지역의 태양빛, 흙의 색 등을 의미한다.
② 지역색은 그 지역의 특성을 전달하는 색채와 그 지역의 역사, 풍속, 지형, 기후 등의 지방색과 합쳐 표현된다.
③ 지역색은 환경색채계획 등 새로운 분야에서 사용되기 시작한 용어이다.
④ 풍토색은 지역의 건축물, 도로환경, 옥외 광고물 등의 특징을 갖고 있다.

해설

- 지역색
  - 자연환경에 친숙하게 어울리고 지역주민이 선호하는 색채
  - 그 지역의 특성을 전달하는 색채와 그 지역의 역사, 풍속, 지형, 기후 등의 지방색과 합쳐서 표현
  - 특정 나라와 지역의 특색있는 색
- 풍토색
  - 기후와 토지의 색, 지역의 태양 빛, 흙의 색 등을 의미
  - 자연환경과 인간의 생활이 어울려 지방의 풍토를 두드러지게 하는 특징 색
  - 더운 지방에 사는 사람들은 난색 선호 경향
  - 추운 지방에 사는 사람들은 한색 선호 경향

20 오른손잡이의 선긋기 연습에서 고려해야 할 사항이 아닌 것은?

① 수평선 긋기 방향은 왼쪽에서 오른쪽으로 긋는다.
② 수직선 긋기 방향은 위쪽에서 아래쪽으로 내려 긋는다.
③ 선은 처음부터 끝나는 부분까지 일정한 힘으로 한 번에 긋는다.
④ 선의 연결과 교차부분이 정확하게 되도록 한다.

해설

선긋기의 방향은 왼쪽 → 오른쪽, 아래쪽 → 위쪽

21 다음 중 방부 또는 방충을 목적으로 하는 방법으로 부적합한 것은?

① 표면탄화법   ② 약제도포법
③ 상압주입법   ④ 마모저항법

해설

*마모저항(내마모성)
마모에 대한 재료의 저항성

22 조경공사의 돌쌓기용 암석을 운반하기에 적합한 재료는?

① 철근   ② 쇠파이프
③ 철망   ④ 와이어로프

해설

*와이어로프
- 지름 0.26 ~ 5.0㎜인 가는 철선을 몇 개 꼬아서 기본로프를 만듦
- 기본로프를 다시 여러 개 꼬아 만든 것
- 케이블, 공사용 와이어로프 등이 있음

23 다음 [보기]가 설명하는 건설용 재료는?

[보기]
- 갈라진 목재 틈을 메우는 정형 실링재이다.
- 단성복원력이 적거나 거의 없다.
- 일정 압력을 받는 새시의 접합부 쿠션 겸 실링재로 사용되었다.

① 프라이머   ② 코킹
③ 퍼티   ④ 석고

해설

- 프라이머 : 도료를 여러 번 칠하여 도막층을 만들 때 일반적으로 내식성과 부착성을 증가시키기 위하여 맨 처음 밑바탕에 칠하는 도료.
- 코킹 : 리벳의 머리나 금속판의 이음새를 두들겨서 틈을 메우는 일

정답 19 ④ 20 ② 21 ④ 22 ④ 23 ③

24 쇠망치 및 날메로 요철을 대강 따내고, 거친 면을 그대로 두어 부풀린 느낌으로 마무리하는 것으로 중량감, 자연미를 주는 석재가공법은?

① 혹두기 ② 정다듬
③ 도드락다듬 ④ 잔다듬

해설

*혹두기
쇠망치(쇠메)로 석재의 큰 돌출 부분만 대강 떼어내는 정도의 거친 면을 마무리하는 작업

25 건설용 재료의 특징 설명으로 틀린 것은?

① 미장재료 – 구조재의 부족한 요소를 감추고 외벽을 아름답게 나타내 주는 것
② 플라스틱 – 합성수지에 가소제, 채움제, 안정제, 착색제 등을 넣어서 성형한 고분자 물질
③ 역청재료 – 최근에 환경 조형물이나 안내판 등에 널리 이용되고, 입체적인 벽면구성이나 특수지역의 바닥 포장재로 사용
④ 도장재료 – 구조재의 내식성, 방부성, 내마멸성, 방수성, 방습성 및 강도 등이 높아지고 광택 등 미관을 높여 주는 효과를 얻음

해설

*역청재료
- 역청: 천연 탄화수소, 인조 탄화수소 또는 이들의 비금속 유도체나 그의 혼합물로서 이황화탄소(CS_2)에 녹는 물질
- 기체 → 메탄가스, 액체 → 가솔린, 케로신, 고체 → 피치, 파라핀
- 종류: 천연아스팔트, 석유아스팔트, 타르 등
- 도로의 포장용 재료, 방수용 재료, 호안재료, 토질 안정재료, 주입재료, 도포재료, 줄눈재료 등

26 내부 진동기를 사용하여 콘크리트 다지기를 실시할 때 내부 진동기를 찔러 넣는 간격은 얼마 이하를 표준으로 하는 것이 좋은가?

① 30cm ② 50cm
③ 80cm ④ 100cm

해설

*내부진동기
깊이 0.1m 정도, 간격 0.5m 이하

27 굵은 골재의 절대 건조 상태의 질량이 1,000g, 표면건조포화 상태의 질량이 1,100g, 수중 질량이 650g일 때 흡수율은 몇 %인가?

① 10.0% ② 28.6%
③ 31.4% ④ 35.0%

해설

$$함수율 = \frac{표면건조\ 내부포화상태 - 절대건조상태}{절대건조상태} \times 100(\%)$$

$$\rightarrow \frac{1,100 - 1,000}{1,000} \times 100 = 10\%$$

정답 24 ① 25 ③ 26 ② 27 ①

28 시멘트의 강열감량(ignition loss)에 대한 설명으로 틀린 것은?

① 시멘트 중에 함유된 H_2O와 CO_2의 양이다.
② 클링커와 혼합하는 석고의 결정수량과 거의 같은 양이다.
③ 시멘트에 약 1000℃의 강한 열을 가했을 때의 시멘트 감량이다.
④ 시멘트가 풍화하면 강열감량이 적어지므로 풍화의 정도를 파악하는데 사용된다

해설

*시멘트의 강열감량
시료에 열을 가하면 휘발성 물질, 수분, 가스 등이 배출되어 무게가 감소하는 현상
- 시멘트 중에 함유된 물과 이산화탄소의 양
- 클링커와 혼합하는 석고의 결정 수량과 거의 같음
- 시멘트에 약 1000도의 강한 열을 가했을 때의 시멘트 감량
- 풍화되거나 혼합물의 존재 시 감열감량은 높아짐

29 아스팔트의 물리적 성질과 관련된 설명으로 옳지 않은 것은?

① 아스팔트의 연성을 나타내는 수치를 신도라 한다.
② 침입도는 아스팔트의 콘시스턴시를 임의 관입저항으로 평가하는 방법이다.
③ 아스팔트에는 명확한 융점이 있으며, 온도가 상승하는데 따라 연화하여 액상이 된다.
④ 아스팔트는 온도에 따른 콘시스턴시의 변화가 매우 크며, 이 변화의 정도를 감온성이라 한다.

해설

*아스팔트
명확한 융점이 없음

30 새끼(볏짚제품)의 용도 설명으로 부적합한 것은?

① 더위에 약한 수목을 보호하기 위해서 줄기에 감는다.
② 옮겨 심는 수목의 뿌리분이 상하지 않도록 감아준다.
③ 강한 햇볕에 줄기가 타는 것을 방지하기 위하여 감아준다.
④ 천공성 해충의 침입을 방지하기 위하여 감아준다.

해설

*새끼(볏집)
추위에 약한 수목의 방한 대책 강구를 위해 사용

31 무너짐 쌓기를 한 후 돌과 돌 사이에 식재하는 식물 재료로 가장 적합한 것은?

① 장미
② 회양목
③ 화살나무
④ 꽝꽝나무

해설

*돌틈식재
자연석 쌓기의 단조로움과 돌틈의 공간을 메우기 위해 관목류, 지피류, 화훼류 및 이끼류를 식재하며, 돌틈에 식재된 식물이 생육할 수 있도록 양질의 토양을 조성. 수분을 충분히 공급

32 다음 중 아황산가스에 강한 수종이 아닌 것은?

① 고로쇠나무
② 가시나무
③ 백합나무
④ 칠엽수

해설

*아황산가스에 강한 수종
편백, 화백, 향나무, 가이즈카향나무, 가시나무, 사철나무, 벽오동, 플라타너스, 능수버들, 쥐똥나무 등

정답 28 ④ 29 ③ 30 ① 31 ② 32 ①

33 단풍나무과(科)에 해당하지 않는 수종은?

① 고로쇠나무　② 복자기
③ 소사나무　　④ 신나무

해설

소사나무 : 자작나무과

34 다음 중 양수에 해당하는 수종은?

① 일본잎갈나무　② 조록싸리
③ 식나무　　　　④ 사철나무

해설

*양수
- 충분한 광선 밑에서 좋은 생육
- 건조하고 기온이 낮은 곳에는 대개 양성을 띰
- 소나무, 해송, 낙엽송, 은행나무, 석류나무, 철쭉류, 느티나무, 무궁화, 백목련 등

35 다음 중 내염성이 가장 큰 수종은?

① 사철나무　② 목련
③ 낙엽송　　④ 일본목련

해설

*내염성이 큰 수종
허송, 비자나무, 눈향나무, 해당화, 사철나무, 동백나무, 유카, 회양목, 찔레나무 등

36 형상수(topiary)를 만들기에 가장 적합한 수종은?

① 주목　　② 단풍나무
③ 개벚나무　④ 전나무

해설

*형상수(topiary)
맹아력이 강하고 다듬기에 잘 견디는 수종

37 화단에 심겨지는 초화류가 갖추어야 할 조건으로 부적합한 것은?

① 가지수는 적고 큰 꽃이 피어야 한다.
② 바람, 건조 및 병·해충에 강해야 한다.
③ 꽃의 색채가 선명하고, 개화기간이 길어야 한다.
④ 성질이 강건하고 재배와 이식이 비교적 용이해야 한다.

해설

*화단용 초화의 조건
- 외모가 아름다워야 할 것
- 꽃이 많이 달린 것
- 개화기간이 길어야 할 것
- 꽃의 색체가 선명해야 할 것
- 키가 되도록 작을 것
- 건조와 병충해에 강할 것
- 환경에 대한 적응력이 클 것

38 수종과 그 줄기색(樹皮)의 연결이 틀린 것은?

① 벽오동은 녹색 계통이다.
② 곰솔은 흑갈색 계통이다.
③ 소나무는 적갈색 계통이다.
④ 흰말채나무는 흰색 계통이다.

해설

*흰말채나무
수피의 색상은 붉은색

정답 33 ③　34 ①　35 ①　36 ①　37 ①　38 ④

39 귀룽나무(Prunus padus L.)에 대한 특성으로 맞지 않는 것은?

① 원산지는 한국, 일본이다.
② 꽃과 열매는 백색계열이다.
③ Rosaceae과(科) 식물로 분류된다.
④ 생장속도가 빠르고 내공해성이 강하다.

해설

*귀룽나무 열매
적색으로 달렸다 8월 이후 검은색으로 성숙

40 능소화(Campsis grandifolia K.Schum.)의 설명으로 틀린 것은?

① 낙엽활엽덩굴성이다.
② 잎은 어긋나며 뒷면에 털이 있다.
③ 나팔모양의 꽃은 주홍색으로 화려하다.
④ 동양적인 정원이나 사찰 등의 관상용으로 좋다.

해설

*능소화
잎은 기수우상복엽으로 대생으로 달림

41 봄에 향나무의 잎과 줄기에 갈색의 돌기가 형성되고 비가 오면 한천모양이나 젤리모양으로 부풀어 오르는 병은?

① 향나무 가지마름병
② 향나무 그을음병
③ 향나무 붉은별무늬병
④ 향나무 녹병

해설

*향나무녹병
4~5월 비가 오면 향나무 잎과 줄기에 적갈색의 돌기가 부풀어 오름

42 잔디의 병해 중 녹병의 방제약으로 옳은 것은?

① 만코제브(수)
② 테부코나졸(유)
③ 에마멕틴벤조에이트(유)
④ 글루포시네이트암모늄(액)

해설

- 만코제브수화제(다이센 M-45) : 광범위 종합 보호살균제
- 에마멕틴벤조에이트 : 나방, 재선충, 응애, 파리 등(살충제)
- 글리포세이트액제(근사미) : 비선택성제초제(이행성제초제)

43 25% A유제 100mL를 0.05%의 살포액으로 만드는데 소요되는 물의 양(L)으로 가장 가까운 것은? (단, 비중은 1.0 이다.)

① 5   ② 25
③ 50 ④ 100

해설

희석할 물의 양(ml, g)
$= (\frac{농약주성분농도(\%)}{추천농도(\%)} - 1) \times 소요농약량(ml) \times 비중$

$\rightarrow (\frac{25}{0.05} - 1) \times 100 \times 1.0 = 49,900ml$

정답 39 ② 40 ② 41 ④ 42 ② 43 ③

44 해충의 체(體) 표면에 직접 살포하거나 살포된 물체에 해충이 접촉되어 약제가 체내에 침입하여 독(毒) 작용을 일으키는 약제는?

① 유인제
② 접촉살충제
③ 소화중독제
④ 화학불임제

해설

소화중독제	식물의 잎에 농약을 살포하고 해충이 소화기관 내로 농약을 흡수하게 하여 독작용을 하는 약제
접촉독제	살포된 약제가 해충의 피부나 기문을 통하여 체내로 침투되어 독작용을 하는 약제
침투성 살충제	약제를 식물의 잎이나 뿌리에 처리하여 식물체 내로 흡수, 이동시키고, 식물 전체에 분포되도록 하여 흡즙성 해충에 독성을 나타내는 약제
유인제	해충을 일정한 장소로 유인하여 포살하는 약제

45 도시공원 녹지 중 수림지 관리에서 그 필요성이 가장 떨어지는 것은?

① 시비(施肥)
② 하예(下刈)
③ 제벌(除伐)
④ 병충해 방제

해설

- 하예(풀베기)
- 제벌(필요없는 나무나 가지를 베어냄)

46 다음 설명에 해당하는 파종 공법은?

- 종자, 비료, 파이버(fiber), 침식방지제 등 물과 교반하여 펌프로 살포 녹화한다.
- 비탈 기울기가 급하고 토양조건이 열악한 급경사지에 기계와 기구를 사용해서 종자를 파종한다.
- 한랭도가 적고 토양 조건이 어느 정도 양호한 비탈면에 한하여 적용한다.

① 식생매트공
② 볏짚거적덮기공
③ 종자분사파종공
④ 지하경뿜어붙이기공

해설

*종자뿜어붙이기
종자, 비료, 화이버를 섞어서 분사하여 파종하는 방법. 급경사지나 짧은 시간에 피복을 요하는 절토 및 성토 사면에 적용하는 공법

47 장미 검은무늬병은 주로 식물체 어느 부위에 발생하는가?

① 꽃
② 잎
③ 뿌리
④ 식물 전체

해설

*장미 검은무늬병
잎, 잎자루, 줄기 등에 발생. 잎에 자갈색의 작은 얼룩반점이 생기다 병반이 커지고 흑갈색으로 변함. 자르거나 모아서 소각

48 진딧물의 방제를 위하여 보호하여야 하는 천적으로 볼 수 없는 것은?

① 무당벌레류
② 꽃등애류
③ 솔잎벌류
④ 풀잠자리류

해설

*진딧물의 천적
무당벌레, 꽃등애류, 풀잠자리류, 기생봉 등

정답 44 ② 45 ① 46 ③ 47 ② 48 ③

49 수목의 이식 전 세근을 발달시키기 위해 실시하는 작업을 무엇이라 하는가?

① 가식　　② 뿌리돌림
③ 뿌리분 포장　　④ 뿌리외과수술

해설

*뿌리돌림의 목적
- 새로운 잔뿌리 발생을 촉진시키고, 이식 후의 활착 도모
- 부적기 이식 시 또는 건전한 수목의 육성 및 개화, 결실 촉진
- 노목, 쇠약한 수목의 수세 회복

50 수목을 장거리 운반할 때 주의해야 할 사항이 아닌 것은?

① 병충해 방제　　② 수피 손상 방지
③ 분 깨짐 방지　　④ 바람 피해 방지

해설

*운반 시 주의 사항
- 운반 전 뿌리의 절단면을 매끄럽게 마감
- 뿌리의 절단면이 클 경우 콜타르 등을 발라 건조 방지
- 세근이 절단되지 않도록 하고 충격 금지
- 뿌리분의 보토 철저, 이중적재 금지
- 충격과 수피손상 방지용 새끼, 가마니, 짚 등의 완충재 사용
- 가지는 간단하게 가지치기를 하거나 간편하게 결박
- 수목이나 뿌리분을 젖은 거적이나 시트로 덮어 수분 증발 방지
- 적재 방향은 뿌리분은 차의 앞쪽, 수관부는 차의 뒤쪽

51 인간이나 기계가 공사 목적물을 만들기 위하여 단위물량당 소요로 하는 노력과 품질을 수량으로 표현한 것을 무엇이라 하는가?

① 할증　　② 품셈
③ 견적　　④ 내역

해설

*품셈
공사 목적물을 만들기 위하여 단위물량당 소요로 하는 노력과 품질을 수량으로 표현한 것

52 내구성과 내마멸성이 좋아 일단 파손된 곳은 보수가 어려우므로 시공 때 각별한 주의가 필요하다. 다음과 같은 원로 포장 방법은?

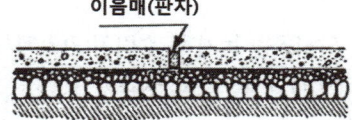

① 마사토 포장　　② 콘크리트 포장
③ 판석 포장　　④ 벽돌 포장

해설

*시멘트 콘크리트 포장
5~7m마다 줄눈을 설치, 온도변화 등에 따른 파손을 방지

정답　49 ②　50 ①　51 ②　52 ②

53 철근의 피복두께를 유지하는 목적으로 틀린 것은?

① 철근량 절감
② 내구성능 유지
③ 내화성능 유지
④ 소요의 구조내력 확보

해설

*철근 피복두께의 확보 목적
- 내화성능 유지
- 콘크리트와의 부착력 증대
- 콘크리트 타설 시 유동성 확보(굵은 골재의 유동성 유지)
- 철근의 방청 및 내구성능 유지

54 다음 중 건설공사의 마지막으로 행하는 작업은?

① 터닦기
② 식재공사
③ 콘크리트공사
④ 급·배수 및 호안공

해설

*시공의 진행 순서
도로정비 → 지반조성 → 지하매설물 설치 → 시설물 공사 → 식재 공사

55 경사진 지형에서 흙이 무너지는 것을 방지하기 위하여 토양의 안식각을 유지하며 크고 작은 돌을 자연스러운 상태가 되도록 쌓아 올리는 방법은?

① 평석 쌓기
② 견치석 쌓기
③ 디딤돌 쌓기
④ 자연석 무너짐 쌓기

해설

*자연석 무너짐 쌓기
경사면을 따라 자연석을 놓아서 무너져 내려 안정된 모습의 자연스러운 경관을 조성

56 작업현장에서 작업물의 운반작업 시 주의사항으로 옳지 않은 것은?

① 어깨높이보다 높은 위치에서 하물을 들고 운반하여서는 안 된다.
② 운반시의 시선은 진행방향으로 향하고 뒷걸음 운반을 하여서는 안 된다.
③ 무거운 물건을 운반할 때 무게 중심이 높은 하물은 인력으로 운반하지 않는다.
④ 단독으로 긴 물건을 어깨에 메고 운반할 때에는 뒤쪽을 위로 올린 상태로 운반한다.

해설

무거운 물건 운반 시 무게의 중심을 뒤쪽으로 하고 메고 운반

정답 53 ① 54 ② 55 ④ 56 ④

57 예불기(예취기) 작업 시 작업자 상호 간의 최소 안전거리는 몇 m 이상이 적합한가?

① 4m ② 6m
③ 8m ④ 10m

해설

*예불기 안전거리
톱날의 사각지점(12시 ~ 3시)의 사용을 금하고 다른 작업자와의 안전거리를 최소 10m 이상 확보

58 옹벽 자체의 자중으로 토압에 저항하는 옹벽의 종류는?

① L형 옹벽 ② 역T형 옹벽
③ 중력식 옹벽 ④ 반중력식 옹벽

해설

*중력식 옹벽
- 옹벽의 자중으로 토압에 저항(무근콘크리트)
- 높이는 4m 정도까지의(일반적으로 3m 내외) 비교적 낮은 경우에 유리

59 지형도상에서 2점간의 수평거리가 200m이고, 높이차가 5m라 하면 경사도는 얼마인가?

① 2.5% ② 5.0%
③ 10.0% ④ 50.0%

해설

경사도 = $\dfrac{수직거리}{수평거리} \times 100 \rightarrow \dfrac{5}{200} \times 100 = 2.5\%$

60 옥상녹화 방수 소재에 요구되는 성능 중 거리가 먼 것은?

① 식물의 뿌리에 견디는 내근성
② 시비, 방제 등에 견디는 내약품성
③ 박테리아에 의한 부식에 견디는 성능
④ 색상이 미려하고 미관상 보기 좋은 것

해설

*오상녹화 방수 소재
식물의 뿌리에 견디는 내근성, 시비, 방제 등에 견디는 내약품성, 박테리아에 의한 부식에 견디는 성능 등을 갖추어야 함

정답 57 ④ 58 ③ 59 ① 60 ④

2016 제4회 과년도기출문제

01 조선시대 궁궐이나 상류주택 정원에서 가장 독특하게 발달한 공간은?

① 전정 ② 후정
③ 주정 ④ 중정

해설

*조선시대 정원의 특징
- 한국적 색채가 짙어짐, 정원기법 확립(후원)
- 풍수지리설의 영향 : 후원식, 화계식

02 영국 튜터왕조에서 유행했던 화단으로 낮게 깎은 회양목 등으로 화단을 여러 가지 기하학적 문양으로 구획짓는 것은?

① 기식화단 ② 매듭화단
③ 카펫화단 ④ 경재화단

해설

*매듭화단(Knot)
튜더왕조에서 유행, 회양목으로 화단을 기하학적 문양으로 구획

03 중정(patio)식 정원의 가장 대표적인 특징은?

① 토피어리 ② 색채타일
③ 동물 조각품 ④ 수렵장

해설

*파티오의 구성요소
물, 색채타일, 분수(내향적 정원)

04 16세기 무굴제국의 인도정원과 가장 관련이 깊은 것은?

① 타지마할 ② 퐁텐블로
③ 클로이스터 ④ 알함브라 궁원

해설

*타지마할(tajmahal)
- 샤자한 왕이 왕비를 추념하기 위해 만든 영묘
- 대칭적 구조와 균형 잡힌 단순한 의장
- 중심의 대분천지는 반영미의 절정

05 이탈리아의 노단 건축식 정원, 프랑스의 평면 기하학식 정원 등은 자연 환경 요인 중 어떤 요인의 영향을 가장 크게 받아 발생한 것인가?

① 기후 ② 지형
③ 식물 ④ 토지

해설

*지형
- 지형은 기후와 함께 정원 형태에 가장 큰 영향을 끼침
- 산악지형과 평탄지형으로 구분
- 이탈리아는 경사지로 이루어진 지형을 이용해 노단식 정원 양식

정답 01 ② 02 ② 03 ② 04 ① 05 ②

06 중국 청나라 시대 대표적인 정원이 아닌 것은?

① 원명원 이궁   ② 이화원 이궁
③ 졸정원   ④ 승덕피서산장

> **해설**
> 졸정원 : 명시대

07 정원요소로 징검돌, 물통, 세수통, 석등 등의 배치를 중시하던 일본의 정원 양식은?

① 다정원   ② 침전조 정원
③ 축산고산수 정원 ④ 평정고산수 정원

> **해설**
> *다정의 구조물
> 징검돌, 자갈, 쓰구바이(물통), 세수통, 석등, 이끼 낀 원로

08 다음 중 창경궁(昌慶宮)과 관련이 있는 건물은?

① 만춘전   ② 낙선재
③ 함화당   ④ 사정전

> **해설**
> *만춘전, 함화당, 사정전
> 경복궁에 위치

09 메소포타미아의 대표적인 정원은?

① 베다사원   ② 베르사이유 궁전
③ 바빌론의 공중정원 ④ 타지마할 사원

> **해설**
> *서아시아의 정원 유적
> 지구라트, 수렵원, 공중정원 등

10 경관요소 중 높은 지각 강도(A)와 낮은 지각 강도(B)의 연결이 옳지 않은 것은?

① A : 수평선, B : 사선
② A : 따뜻한 색채, B : 차가운 색채
③ A : 동적인 상태, B : 고정된 상태
④ A : 거친 질감, B : 섬세하고 부드러운 질감

> **해설**
> *지각 강도
> 사선 > 수평선, 난색 > 한색, 동적인 상태 > 정적인 상태, 거친 질감 > 부드러운 질감

11 국토교통부장관이 규정에 의하여 공원녹지기본계획을 수립 시 종합적으로 고려해야 하는 사항으로 거리가 먼 것은?

① 장래 이용자의 특성 등 여건의 변화에 탄력적으로 대응할 수 있도록 할 것
② 공원녹지의 보전·확충·관리·이용을 위한 장기발전 방향을 제시하여 도시민들의 쾌적한 삶의 기반이 형성되도록 할 것
③ 광역도시계획, 도시·군기본계획 등 상위계획의 내용과 부합되어야 하고 도시·군기본계획의 부문별 계획과 조화되도록 할 것
④ 체계적·독립적으로 자연환경의 유지·관리와 여가활동의 장은 분리 형성하여 인간으로부터 자연의 피해를 최소화할 수 있도록 최소한의 제한적 연결망을 구축할 수 있도록 할 것

> **해설**
> 공원녹지 기본계획을 수립 시 체계적, 지속적으로 자연환경을 유지, 관리하여 여가활동의 장이 형성되고 인간과 자연이 공생할 수 있는 연결망을 구축할 수 있도록 고려해야 한다.

정답 06 ③ 07 ① 08 ② 09 ③ 10 ① 11 ④

12 다음 중 좁은 의미의 조경 또는 조원으로 적합한 설명은?

① 복잡 다양한 근대에 이르러 적용되었다.
② 기술자를 조경가라 부르기 시작하였다.
③ 정원을 포함한 광범위한 옥외공간 전반이 주대상이다.
④ 식재를 중심으로 한 전통적인 조경기술로 정원을 만드는 일만을 말한다.

: 해설 :
- 좁은 의미의 조경 : 정원을 비롯한 집 주변 옥외공간을 대상
- 넓은 의미의 조경 : 광범위한 옥외 공간을 대상

13 수목 또는 경사면 등의 주위 경관 요소들에 의하여 자연스럽게 둘러싸여 있는 경관을 무엇이라 하는가?

① 파노라마 경관   ② 지형경관
③ 위요경관   ④ 관개경관

: 해설 :
*위요경관
- 수목 등 주위 경관 요소들에 의해 울타리처럼 자연스럽게 둘러싸여 있는 경관
- 시선을 끌 수 있는 낮고 평탄한 중심공간
- 중심공간에 주위를 둘러싸는 수직적 요소

14 조경양식에 대한 설명으로 틀린 것은?

① 조경양식에는 정형식, 자연식, 절충식 등이 있다.
② 정형식 조경은 영국에서 처음 시작된 양식으로 비스타 축을 이용한 중앙 광로가 있다.
③ 자연식 조경은 동아시아에서 발달한 양식이며 자연 상태 그대로를 정원으로 조성한다.
④ 절충식 조경은 한 장소에 정형식과 자연식을 동시에 지니고 있는 조경양식이다.

: 해설 :
*정형식 정원
- 인공적이며 질서를 중시 : 서아시아, 유럽지역을 중심으로 발달
- 강력한 축을 사용하여 정형적인 공간 구성 : 대칭미
- 인간의 힘에 의해 자연을 조절, 통제 : 의도적 질서
- 직선과 규칙적 곡선을 사용한 기하학적인 설계

15 도시기본구상도의 표시기준 중 노란색은 어느 용지를 나타내는 것인가?

① 주거용지   ② 관리용지
③ 보존용지   ④ 상업용지

: 해설 :
*토지이용계획도에 사용하는 색상(국제적 약속)
주거지(노란색)

정답 12 ④ 13 ③ 14 ② 15 ①

16 다음 그림과 같은 정투상도(제3각법)의 입체로 맞는 것은?

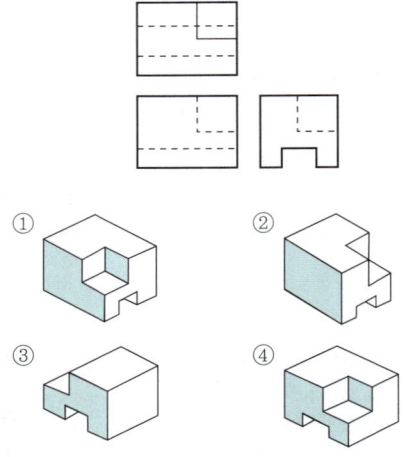

:해설:

*제3각법
물체를 3각 내에 두고 투상하는 방식으로 투상면의 뒤쪽에 물체를 놓음

17 가법혼색에 관한 설명으로 틀린 것은?

① 2차색은 1차색에 비하여 명도가 높아진다.
② 빨강 광원에 녹색 광원을 흰 스크린에 비추면 노란색이 된다.
③ 가법혼색의 삼원색을 동시에 비추면 검정이 된다.
④ 파랑에 녹색 광원을 비추면 시안(cyan)이 된다.

:해설:

*가법혼색
• 색광의 3원색인 Red, Green, Blue를 섞어 가법혼합 색을 만드는 것
• 빛의 강도와 양을 어떻게 조절 하느냐에 따라 다양한 색을 얻음
• 3원색을 동일한 비율로 혼합 시 백색광

18 다음 중 직선의 느낌으로 부적합한 것은?

① 여성적이다.   ② 굳건하다.
③ 딱딱하다.   ④ 긴장감이 있다.

:해설:

*직선
굳건, 단순, 남성적, 일정한 방향 제시(두 점 사이를 가장 짧게 연결한 선)

19 건설재료 단면의 경계표시 기호 중 지반면(흙)을 나타낸 것은?

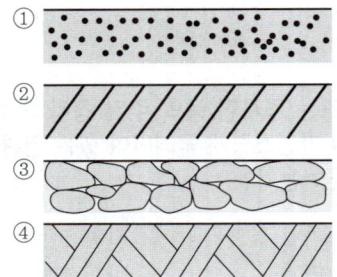

:해설:

① 모래
② 벽돌
③ 자연석

정답 16 ② 17 ③ 18 ① 19 ④

20 [보기]의 (　) 안에 적합한 쥐똥나무 등을 이용한 생울타리용 관목의 식재간격은?

[보기]
조경설계기준 상의 생울타리용 관목의 식재간격은 (　)m, 2 ~ 3줄을 표준으로 하되, 수목 종류와 식재장소에 따라 식재간격이나 줄 숫자를 적정하게 조정해서 시행해야 한다.

① 0.14 ~ 0.20　　② 0.25 ~ 0.75
③ 0.8 ~ 1.2　　　④ 1.2 ~ 1.5

해설:

구분	식재간격(m)	비고
산울타리용 관목	0.25 ~ 0.75	쥐똥나무

21 일반적인 합성수지(plastics)의 장점으로 틀린 것은?

① 열전도율이 높다.
② 성형가공이 쉽다.
③ 마모가 적고 탄력성이 크다.
④ 우수한 가공성으로 성형이 쉽다.

해설:

*플라스틱의 장점
- 자유로운 성형
- 강도와 탄력성이 큼
- 착색이 자유롭고 광택이 좋음
- 내산성과 내알칼리성이 큼
- 투광성 및 접착성이 있음
- 전기와 열에 대한 절연성

22 [보기]에 해당하는 도장공사의 재료는?

[보기]
- 초화면(硝化綿)과 같은 용제에 용해시킨 섬유계 유도체를 주성분으로 하고 여기에 합성수지, 가소제와 안료를 첨가한 도료이다.
- 건조가 빠르고 도막이 견고하며 광택이 좋고 연마가 용이하며, 불점착성·내마멸성·내수성·내유성·내후성 등이 강한 고급 도료이다.
- 결점으로는 도막이 얇고 부착력이 약하다.

① 유성페인트　　② 수성페인트
③ 래커　　　　　④ 니스

해설:

종류		도료성분	특징
래커	투명래커	수지+휘발성용제+소화섬유소	• 투명하며 건조가 빨라 뿜칠(spray)로 시공 • 비내수성, 내부에 사용
	에나멜래커	투명래커+안료	• 내수성, 내후성, 내마모성 좋음 • 도막이 견고하여 외장용

23 변성암의 종류에 해당하는 것은?

① 사문암　　② 섬록암
③ 안산암　　④ 화강암

해설:

*변성암
- 화성암, 퇴적암이 지각변동, 지열에 의해 화학적·물리적으로 성질이 변한 것
- 대리석, 사문암, 트래버틴, 편마암, 결정편암 등

정답　20 ②　21 ①　22 ③　23 ①

24 일반적으로 목재의 비중과 관련이 있으며, 목재성분 중 수분을 공기 중에서 제거한 상태의 비중을 말하는 것은?

① 생목비중
② 기건비중
③ 함수비중
④ 절대 건조비중

해설

*기건비중
공기 중 습도와 평형이 되게 건조된 기건재의 비중, 단순히 비중이라 하면 기건비중

25 조경에서 사용되는 건설재료 중 콘크리트의 특징으로 옳은 것은?

① 압축강도가 크다.
② 인장강도와 휨강도가 크다.
③ 자체 무게가 적어 모양변경이 쉽다.
④ 시공과정에서 품질의 양부를 조사하기 쉽다.

해설

*콘크리트
자중이 커 응용범위가 제한됨

26 시멘트의 제조 시 응결시간을 조절하기 위해 첨가하는 것은?

① 광재
② 점토
③ 석고
④ 철분

해설

*석고
응결지연효과

27 타일붙임재료의 설명으로 틀린 것은?

① 접착력과 내구성이 강하고 경제적이며 작업성이 있어야 한다.
② 종류는 무기질 시멘트 모르타르와 유기질 고무계 또는 에폭시계 등이 있다.
③ 경량으로 투수율과 흡수율이 크고, 형상·색조의 자유로움 등이 우수하나 내화성이 약하다.
④ 접착력이 일정 기준 이상 확보되어야만 타일의 탈락현상과 동해에 의한 내구성의 저하를 방지할 수 있다.

해설

*타일 붙임재료
투수율과 흡수율이 작음

28 미장 공사 시 미장 재료로 활용될 수 없는 것은?

① 견치석
② 석회
③ 점토
④ 시멘트

해설

*견치석
석공사(쌓기)에 사용

정답 24 ② 25 ① 26 ③ 27 ③ 28 ①

29 알루미늄의 일반적인 성질로 틀린 것은?

① 열의 전도율이 높다.
② 비중은 약 2.7 정도이다.
③ 전성과 연성이 풍부하다.
④ 산과 알칼리에 특히 강하다.

해설

*알루미늄
- 원광석인 보크사이트에서 순 알루미나를 추출하여 전기분해하여 만든 은백색의 금속
- 전성, 연성이 높고 산과 알칼리에 약함
- 열의 전도율이 높고 열팽창률이 큼

30 콘크리트 혼화제의 역할 및 연결이 옳지 않은 것은?

① 단위수량, 단위시멘트량의 감소 : AE감수제
② 작업성능이나 동결융해 저항성능의 향상 : AE제
③ 강력한 감수효과와 강도의 대폭 증가 : 고성능감수제
④ 염화물에 의한 강재의 부식을 억제 : 기포제

해설

*기포제
밀폐포제를 사용하여 경량화, 단열화, 내구성 향상

31 공원식재 시공 시 식재할 지피식물의 조건으로 거리가 먼 것은?

① 관리가 용이하고 병충해에 잘 견뎌야 한다.
② 번식력이 왕성하고 생장이 비교적 빨라야 한다.
③ 성질이 강하고 환경조건에 대한 적응성이 넓어야 한다.
④ 토양까지의 강수 전달을 위해 지표면을 듬성듬성 피복하여야 한다.

해설

*지피식물
지표면을 치밀하게 피복하는 수종

32 줄기가 아래로 늘어지는 생김새의 수간을 가진 나무의 모양을 무엇이라 하는가?

① 쌍간   ② 다간
③ 직간   ④ 현애

해설

*현애
벼랑에 심겨진 경우에 주간이 아래로 늘어진 곡간형 수형

33 다음 중 광선(光線)과의 관계상 음수(陰樹)로 분류하기 가장 적합한 것은?

① 박달나무   ② 눈주목
③ 감나무   ④ 배롱나무

해설

*음수
팔손이나무, 전나무, 비자나무, 주목, 가시나무, 식나무, 후박나무, 동백나무, 사철나무, 회양목, 독일가문비 등

34 가죽나무가 해당되는 과(科)는?

① 운향과 ② 멀구슬나무과
③ 소태나무과 ④ 콩과

해설

*가죽나무
가중나무속 > 소태나무과

35 고로쇠나무와 복자기에 대한 설명으로 옳지 않은 것은?

① 복자기의 잎은 복엽이다.
② 두 수종은 모두 열매는 시과이다.
③ 두 수종은 모두 단풍색이 붉은색이다.
④ 두 수종은 모두 과명이 단풍나무과이다.

해설

- 복자기 나무의 단풍 색상 : 붉은색
- 고로쇠나무의 단풍 색상 : 노란색

36 수피에 아름다운 얼룩무늬가 관상 요소인 수종이 아닌 것은?

① 노각나무 ② 모과나무
③ 배롱나무 ④ 자귀나무

해설

자귀나무 수피 : 회갈색

37 열매를 관상목적으로 하는 조경 수목 중 열매색이 적색(홍색) 계열이 아닌 것은? (단, 열매색의 분류 : 황색, 적색, 흑색)

① 주목 ② 화살나무
③ 산딸나무 ④ 굴거리나무

해설

굴거리나무 열매 : 흑색 계통

38 흰말채나무의 특징 설명으로 틀린 것은?

① 노란색의 열매가 특징적이다.
② 층층나무과로 낙엽활엽관목이다.
③ 수피가 여름에는 녹색이나 가을, 겨울철의 붉은 줄기가 아름답다.
④ 잎은 대생하며 타원형 또는 난상타원형이고, 표면에 작은 털이 있으며 뒷면은 흰색의 특징을 갖는다.

해설

흰말채나무 열매 : 흰색 계통

39 수목식재에 가장 적합한 토양의 구성비는? (단, 구성은 토양 : 수분 : 공기의 순서임)

① 50% : 25% : 25%
② 50% : 10% : 40%
③ 40% : 40% : 20%
④ 30% : 40% : 30%

해설

*수목식재에 적합한 토양 구성비
- 무기물과 유기물의 고상(광물질 : 45%, 유기물 : 5%)
- 토양 수분의 액상(25%)
- 토양 공기의 기상(25%)
- 50 : 25 : 25 비율로 구성된 토양이 보수, 보비력과 통기성이 좋아 식물생육에 이상적

정답 34 ③ 35 ③ 36 ④ 37 ④ 38 ① 39 ①

40 차량 통행이 많은 지역의 가로수로 부적합한 것은?

① 은행나무　② 층층나무
③ 양버즘나무　④ 단풍나무

해설

*단풍나무
아황산가스에 약한 수종

41 지주목 설치에 대한 설명으로 틀린 것은?

① 수피와 지주가 닿은 부분은 보호조치를 취한다.
② 지주목을 설치할 때에는 풍향과 지형 등을 고려한다.
③ 대형목이나 경관상 중요한 곳에는 당김줄형을 설치한다.
④ 지주는 뿌리 속에 박아 넣어 견고히 고정되도록 한다.

해설

*지주목 설치 시 고려사항
- 주풍향, 지형 및 지반의 관계를 고려해 견고하고 아름답게 설치
- 목재의 경우 내구성이 강한 것이나 방부 처리한 것을 사용
- 수목 접촉 부위는 마대나 고무, 새끼, 마닐라로프 등의 재료로 손상 방지
- 지주의 아랫부분을 30cm 정도 묻어 바람에 흔들림 방지

42 조경공사의 유형 중 환경생태복원 녹화공사에 속하지 않는 것은?

① 분수공사
② 비탈면녹화공사
③ 옥상 및 벽체녹화공사
④ 자연하천 및 저수지공사

해설

분수공사 : 수경공사

43 수목의 가식 장소로 적합한 곳은?

① 배수가 잘 되는 곳
② 차량출입이 어려운 한적한 곳
③ 햇빛이 잘 안들고 점질 토양인 곳
④ 거센 바람이 불거나 흙 입자가 날려 잎을 덮어 보온이 가능한 곳

해설

*가식장소
- 양토나 사질양토로 바람이 없고 약간 습한 곳
- 수목의 반출이 용이한 곳
- 가급적 그늘진 곳
- 방풍이 잘 되는 곳
- 배수가 잘되는 곳
- 식재지에서 가까운 곳
- 주변 위험으로부터 안전한 곳

정답　40 ④　41 ④　42 ①　43 ①

44 수목의 잎 조직 중 가스교환을 주로 하는 곳은?

① 책상조직 ② 엽록체
③ 표피 ④ 기공

해설

*기공
식물 표피 조직의 일부가 외부 대기와 연결된 작은 구멍으로 식물체 내부와 외부 사이에 기체 교환이 일어나는 곳

45 곤충이 빛에 반응하여 일정한 방향으로 이동하려는 행동습성은?

① 주광성(phototaxis)
② 주촉성(thigmotaxis)
③ 주화성(chemotaxis)
④ 주지성(geotaxis)

해설

- 주광성 : 빛의 자극에 반응하여 무의식적으로 움직이는 성질
- 주촉성 : 생물의 고형물에 대한 주성(走性). 고체형에 접촉하려고 하는 성질
- 주화성 : 화학물질의 농도차가 자극을 받아 나타나는 주성
- 주지성 : 중력(重力)이 자극이 되어 일어나는 주성

46 대추나무 빗자루병에 대한 설명으로 틀린 것은?

① 마름무늬매미충에 의하여 매개 전염된다.
② 각종 상처, 기공 등의 자연개구를 통하여 침입한다.
③ 잔가지와 황록색의 아주 작은 잎이 밀생하고, 꽃봉오리가 잎으로 변화된다.
④ 전염된 나무는 옥시테트라사이클린 항생제를 수간주입한다.

해설

*대추나무 빗자루병
흡즙 시 타액선을 타고 침입

47 멀칭재료는 유기질, 광물질 및 합성재료로 분류할 수 있다. 유기질 멀칭재료에 해당하지 않는 것은?

① 볏짚 ② 마사
③ 우드 칩 ④ 톱밥

해설

마사토 : 토양(무기성분)

48 1차 전염원이 아닌 것은?

① 균핵 ② 분생포자
③ 난포자 ④ 균사속

해설

*1차 전염원
월동하거나 월하하면서 휴면상태로 존재하여 봄이나 가을에 첫 감염을 일으키는 전염원(균핵, 난포자, 자낭포자, 균사)

정답 44 ④ 45 ① 46 ② 47 ② 48 ②

49 살충제에 해당되는 것은?

① 베노밀 수화제
② 페니트로티온 유제
③ 글리포세이트암모늄 액제
④ 아시벤졸라-에스-메틸·만코제브 수화제

해설
- 베노밀 수화제(살균제)
- 글리포세이트암모늄 액제(제초제)
- 아시벤졸라-에스-메틸·만코제브 수화제(살균제)

50 여름용(남방계) 잔디라고 불리며, 따뜻하고 건조하거나 습윤한 지대에서 주로 재배되는데 하루 평균기온이 10℃ 이상이 되는 4월 초순부터 생육이 시작되어 6~8월의 25~35℃ 사이에서 가장 생육이 왕성한 것은?

① 켄터키블루그라스
② 버뮤다그라스
③ 라이그라스
④ 벤트그라스

해설
- 켄터기블루그래스, 라이그래스, 벤트그래스 : 한지형
- 버뮤다그래스 : 난지형

51 다음 설명에 적합한 조경 공사용 기계는?

- 운동장이나 광장과 같이 넓은 대지나 노면을 판판하게 고르거나 필요한 흙쌓기 높이를 조절하는데 사용
- 길이 2~3m, 나비 30~50cm의 배토판으로 지면을 긁어 가면서 작업
- 배토판은 상하좌우로 조절할 수 있으며, 각도를 자유롭게 조절할 수 있기 때문에 지면을 고르는 작업 이외에 언덕 깎기, 눈치기, 도랑파기 작업 등도 가능

① 모터 그레이더
② 차륜식 로더
③ 트럭 크레인
④ 진동 컴팩터

해설

*모터 그레이더
운동장 같은 넓은 대지나 노면을 광활하게 고르거나 필요한 흙쌓기 높이를 조절하는데 사용되는 기계

52 콘크리트용 혼화재료에 관한 설명으로 옳지 않은 것은?

① 포졸란은 시공연도를 좋게 하고 블리딩과 재료분리 현상을 저감시킨다.
② 플라이애쉬와 실리카흄은 고강도 콘크리트 제조용으로 많이 사용된다.
③ 알루미늄 분말과 아연 분말은 방동제로 많이 사용되는 혼화제이다.
④ 염화칼슘과 규산소다 등은 응결과 경화를 촉진하는 혼화제로 사용된다.

해설

방동제
콘크리트나 모르타르 등의 동해를 방지하기 위한 혼합물질(염화칼슘, 소금 등)

정답 49 ② 50 ② 51 ① 52 ③

53 콘크리트의 시공단계 순서가 바르게 연결된 것은?

① 운반 → 제조 → 부어넣기 → 다짐 → 표면마무리 → 양생
② 운반 → 제조 → 부어넣기 → 양생 → 표면마무리 → 다짐
③ 제조 → 운반 → 부어넣기 → 다짐 → 양생 → 표면마무리
④ 제조 → 운반 → 부어넣기 → 다짐 → 표면마무리 → 양생

해설
*콘크리트 공사 작업 순서
재료계량 → 비비기 → 운반 → 치기 → 다지기 → 겉 마무리 → 양생

54 다음 중 경관석 놓기에 관한 설명으로 부적합한 것은?

① 돌과 돌 사이는 움직이지 않도록 시멘트로 굳힌다.
② 돌 주위에는 회양목, 철쭉 등을 돌에 가까이 붙여 식재한다.
③ 시선이 집중하기 쉬운 곳, 시선을 유도해야 할 곳에 앉혀 놓는다.
④ 3, 5, 7 등의 홀수로 만들며, 돌 사이의 거리나 크기 등을 조정배치한다.

해설
돌과 돌 사이의 공간은 흙으로 채워 줌

55 축척 1/500 도면의 단위면적이 10㎡인 것을 이용하여, 축척 1/1000 도면의 단위면적으로 환산하면 얼마인가?

① 20㎡   ② 40㎡
③ 80㎡   ④ 120㎡

해설

$$\left(\frac{1}{축척}\right)^2 = \frac{도상면적(㎡)}{실제면적(㎡)}$$

거리가 2배 증가 시 면적은 4배 증가

56 토공사(정지) 작업 시 일정한 장소에 흙을 쌓아 일정한 높이를 만드는 일을 무엇이라 하는가?

① 객토   ② 절토
③ 성토   ④ 경토

해설
*흙쌓기(성토)
일정 구역 내 기준면까지 흙을 쌓는 일

57 옥상녹화용 방수층 및 방근층 시공 시 "바탕체의 거동에 의한 방수층의 파손" 요인에 대한 해결방법으로 부적합한 것은?

① 거동 흡수 절연층의 구성
② 방수층 위에 플라스틱계 배수판 설치
③ 합성고분자계, 금속계 또는 복합계 재료 사용
④ 콘크리트 등 바탕체가 온도 및 진동에 의한 거동 시 방수층 파손이 없을 것

해설
*방수층 위에 플라스틱계 배수판 설치
배수를 위한 방법

정답 53 ④ 54 ① 55 ② 56 ③ 57 ②

58 지표면이 높은 곳의 꼭대기 점을 연결한 선으로, 빗물이 이것을 경계로 좌우로 흐르게 되는 선을 무엇이라 하는가?

① 능선　　　　② 계곡선
③ 경사 변환점　　④ 방향 변환점

해설

*능선
능선의 등고선은 일반적으로 U자 형태를 나타내는데, 방향은 높은 곳에서 낮은 곳으로 볼록하게 뻗어져 나간 형태

59 수변의 디딤돌(징검돌) 놓기에 대한 설명으로 틀린 것은?

① 보행에 적합하도록 지면과 수평으로 배치한다.
② 징검돌의 상단은 수면보다 15cm 정도 높게 배치한다.
③ 디딤돌 및 징검돌의 장축은 진행방향에 직각이 되도록 배치한다.
④ 물 순환 및 생태적 환경을 조성하기 위하여 투수지역에서는 가벼운 디딤돌을 주로 활용한다.

해설

물 순환 및 생태적 환경을 조성하기 위하여 투수지역에서는 무거운 디딤돌을 주로 활용

60 수경시설(연못)의 유지관리에 관한 내용으로 옳지 않은 것은?

① 겨울철에는 물을 2/3 정도만 채워둔다.
② 녹이 잘 스며드는 부분은 녹막이 칠을 수시로 해준다.
③ 수중식물 및 어류의 상태를 수시로 점검한다.
④ 물이 새는 곳이 있는지의 여부를 수시로 점검하여 조치한다.

해설

겨울철은 동파 방지를 위해 물을 완전히 제거

정답　58 ①　59 ④　60 ①

· MEMO

PART 07

최신 CBT 기출복원 문제

제 1 회
최신 CBT 기출복원 문제

01 조경을 프로젝트의 대상지별로 구분할 때 문화재 주변 공간에 해당되지 않는 곳은?

① 궁궐　　② 사찰
③ 유원지　　④ 왕릉

해설
*문화재 주변 공간
전통민가, 궁궐, 왕릉, 사찰, 고분, 사적지

02 고려시대 조경 수법은 대비를 중요시 하는 양상을 보인다. 어느 시대의 수법을 받아들였는가?

① 신라시대 수법　　② 일본 임천식 수법
③ 중국 당시대 수법　　④ 중국 송시대 수법

해설
*고려시대
강한 대비, 호화, 사치스러운 양식〈중국 송나라의 영향(가장 화려)〉

03 조선시대 전기 조경 관련 대표 저술서이며, 정원식물의 특성과 번식법, 괴석의 배치법, 꽃을 화분에 심는 법, 최화법, 꽃이 꺼리는 것, 꽃을 취하는 법과 기르는 법, 화분 놓는 법과 관리법 등의 내용이 수록되어 있는 것은?

① 양화소록　　② 작정기
③ 동사강목　　④ 택리지

해설
*강희안의 양화소록
조경식물에 관한 최초의 문헌

04 다음 중 중국 4대 명원에 포함되지 않는 것은?

① 작원　　② 사자림
③ 졸정원　　④ 창랑정

해설
*소주 지방의 4대 명원
졸정원(명), 사자림(원), 창랑정(북송), 유원(명)

05 일본의 정원 양식 중 다음 설명에 해당하는 것은?

- 15세기 후반에 바다의 경치를 나타내기 위해 사용하였다.
- 정원소재로 왕모래와 몇 개의 바위만으로 정원을 꾸미고, 식물은 일체 쓰지 않았다.

① 다정양식　　② 축산고산수양식
③ 평정고산수양식　　④ 침전조정원양식

해설
*평정고산수 수법(15C 후반)
- 축산고산수에서 더 나아가 초감각적 無의 경지 표현
- 식물을 사용하지 않고 왕모래와 몇 개의 바위만 사용
- 대표 : 용안사 방장정원

06 일본 정원에서 중점을 두고 있는 것은?

① 대비　　② 조화
③ 반복　　④ 대칭

해설
일본 정원의 특징

정답　01 ③　02 ④　03 ①　04 ①　05 ③　06 ②

07 서양의 각 시대별 조경양식에 관한 설명 중 옳은 것은?

① 서아시아의 조경은 수렵원 및 공중정원이 특징적이다.
② 이집트는 상업 및 집회를 위한 공공정원이 유행하였다.
③ 고대 그리스에는 포룸과 같은 옥외공간이 형성되었다.
④ 고대 로마의 주택정원에는 지스터스라는 가족을 위한 사적인 공간을 조성하였다.

해설
- 상업 및 집회를 위한 공공정원이 유행 : 그리스
- 포룸과 같은 옥외공간이 형성 : 로마
- 고대 로마의 주택정원 중 가족을 위한 사적인 공간 : 페리스틸리움

08 이탈리아 르네상스 시대의 조경 작품이 아닌 것은?

① 빌라 토스카나(Valla Toscana)
② 빌라 란셀로티(Valla Lancelotti)
③ 빌라 메디치(Valla Medici)
④ 빌라 랑테(Valla Lante)

해설
*로마시대의 대표적 빌라
- 라우렌티장(Villa Laurentine)
- 터스카나장(Villa Tuscana)
- 아드리아누스장(Villa Adrianus)

09 영국의 풍경식 정원가가 아닌 사람은?

① 스테판 스위처   ② 조셉 에디슨
③ 윌리엄 켄트   ④ 윌리엄 챔버

해설
*영국의 조경가
- 스윗처 : 최초의 풍경식 조경가
- 브릿지맨 : 스토우가든, 하하
- 켄트 : 자연은 직선을 싫어한다. 근대조경의 아버지
- 브라운 : 많은 영국 정원 수정
- 랩턴 : 레드북
- 챔버 : 큐가든(중국정원 소개)

10 일반적인 동선의 성격과 기능을 설명한 것으로 부적합한 것은?

① 동선은 다양한 공간 내에서 사람 또는 사람의 이동경로를 연결하게 해 주는 기능을 갖는다.
② 동선은 가급적 단순하고 명쾌해야 한다.
③ 성격이 다른 동선은 혼합하여도 무방하다.
④ 이용도가 높은 동선의 길이는 짧게 해야 한다.

해설
성격이 다른 동선은 분리

정답 07 ① 08 ① 09 ② 10 ③

11 다음 [보기]와 같은 특징 설명에 적합한 시설물은?

- 간단한 눈가림 구실을 한다.
- 서양식으로 꾸며진 중문으로 볼 수 있다.
- 보통 가는 철제 파이프 또는 각목으로 만든다.
- 장미 등 덩굴식물을 올려 장식한다.

① 퍼걸러　② 아치
③ 트렐리스　④ 펜스

해설

*아치(Arch)
- 우리나라 정원에서 홍예문의 성격을 띤 구조물
- 양식의 중문으로 볼 수 있음
- 간단한 눈가림 구실
- 보통 가느다란 각목으로 만들어 장미 등 덩굴식물을 올려 장식

12 골프장의 각 코스를 설계할 때 어느 방향으로 길게 배치하는 것이 가장 이상적인가?

① 동서방향　② 남북방향
③ 동남방향　④ 북서방향

해설

*골프장의 입지조건
부지의 형상은 남북으로 긴 구형(장방형)이 적당

13 다음 중 인간적 척도(human scale)와 밀접한 관계를 갖기가 어려운 경관은?

① 관개경관　② 지형경관
③ 세부경관　④ 위요경관

해설

*인간적 척도(human scale)
편안함과 친근함을 주는 경관으로 위요경관, 관개경관, 세부경관

14 관찰자 시선의 중심선을 기준으로 형태감이나 색채감에서 양쪽의 크기나 무게가 안정감을 줄 때 나타나는 아름다움은?

① 대비미　② 강조미
③ 균형미　④ 반복미

해설

*균형
한쪽으로 치우침 없이 전체적으로 균등하게 분배된 구성을 말하며 균형의 가장 간단한 형태는 대칭

15 도시공원 및 녹지 등에 관한 법규에 의한 어린이공원의 설계 기준으로 부적합한 것은?

① 유치거리는 250m 이하
② 규모는 1,500㎡ 이상
③ 공원 시설 부지 면적은 60% 이하
④ 건물 면적은 10% 이하

해설

공원구분	설치기준	유치거리	규모
어린이공원	제한없음	250m 이하	1,500㎡ 이상

16 토양 단면에 있어 낙엽과 그 분해 물질 등 대부분 유기물로 되어 있는 토양 고유의 층으로 L층, F층, H층으로 구성되어 있는 것은?

① 용탈층(A층)　② 유기물층(Ao층)
③ 집적층(B층)　④ 모재층(C층)

해설

*A0층(유기물층)
- A층 위의 유기물 집적층
- L층(낙엽층), F층(조부식층), H층(정부식층)으로 세분

정답　11 ②　12 ②　13 ②　14 ③　15 ④　16 ②

17 차경에 대한 설명 중 적당하지 않은 것은?

① 멀리 바라보이는 자연 풍경을 경관구성 재료의 일부분으로 이용하는 수법이다.
② 전망이 좋은 곳에서 쉽게 적용시킬 수 있는 수법이다.
③ 축을 강조하는 정원 양식에서 특히 많이 사용된다.
④ 차경을 이용할 때 정원은 깊이가 있게 된다.

해설

*차경
멀리 보이는 자연 풍경인 산이나 바다, 섬, 산림 등을 경관의 구성재료의 일부로 이용하는 방법

18 다음 설명의 (   )에 들어갈 각각의 용어는?

• 면적이 커지면 명도와 채도가 (㉠)
• 큰 면적의 색을 고를 때의 견본색은 내가 원하는 색보다 (㉡)색을 골라야 한다.

① ㉠ 높아진다,   ㉡ 밝고 선명한
② ㉠ 높아진다,   ㉡ 어둡고 탁한
③ ㉠ 낮아진다,   ㉡ 밝고 선명한
④ ㉠ 낮아진다,   ㉡ 어둡고 탁한

해설

*면적대비
• 색이 차지하는 면적의 크고 작음, 많고 적음에 따라 색의 명도와 채도가 다르게 보이는 현상
• 면적이 큰 색은 명도와 채도가 높아져 실제보다 좀 더 밝고 맑게 보이며, 면적이 작은 색은 명도와 채도가 낮아져 실제보다 어둡고 탁하게 보임

19 먼셀표색계의 10색상환에서 서로 마주보고 있는 색상의 짝이 잘못 연결된 것은?

① 빨강(R) – 청록(BG)
② 노랑(Y) – 남색(PB)
③ 초록(G) – 자주(RP)
④ 주황(YR) – 보라(P)

해설

주황(YR)-파랑(B)

20 다음 선의 종류와 선긋기의 내용이 잘못 짝지어진 것은?

① 가는 실선 : 수목 인출선
② 파선 : 단면선
③ 1점 쇄선 : 경계선
④ 2점 쇄선 : 가상선

해설

파선 : 숨은선

21 정원에서 흔히 볼 수 있고 줄기가 아름다우며 여름에 꽃이 개화하여 100여일 간다고 해서 백일홍이라 불리는 수종은?

① 백합나무   ② 불두화
③ 배롱나무   ④ 이팝나무

해설

*배롱나무
부처꽃과, 배롱나무속, 낙엽활엽교목, 7~9월에 분홍색으로 개화하며 흰꽃이 피는 배롱나무도 있음

정답 17 ③ 18 ② 19 ④ 20 ② 21 ③

22 상록수의 주요한 기능으로 부적합한 것은?

① 시각적으로 불필요한 곳을 가려준다.
② 겨울철에는 바람막이로 유용하다.
③ 신록과 단풍으로 계절감을 준다.
④ 변화되지 않는 생김새를 유지한다.

해설
신록과 단풍에 의한 계절감 : 낙엽수

23 아왜나무의 식재 시 품의 산정은 어느 것을 기준으로 하는가?

① 수고에 의한 식재
② 흉고직경에 의한 식재
③ 근원직경에 의한 식재
④ 수관폭에 의한 식재

해설
*교목의 규격 표시
- 수고×수관 폭(H×W) : 일반 상록수
- 수고×흉고직경(H×B) : 가중나무, 계수나무, 메타세콰이어. 벽오동, 수양버들, 은단풍, 은행나무, 자작나무, 백합나무, 층층나무, 플라타너스, 현사시나무 등
- 수고×근원직경(H×R) : 흉고직경 측정이 곤란한 수종, 소나무, 감나무, 꽃사과나무, 낙우송, 느티나무, 대추나무, 산수유, 자귀나무, 단풍나무 등 대부분의 교목

24 다음 중 맹아력이 약한 수종은?

① 가시나무   ② 쥐똥나무
③ 벚나무   ④ 사철나무

해설
- 맹아력이 강한 나무 : 사철나무, 탱자나무, 회양목, 미루나무, 능수버들, 플라타너스, 무궁화, 개나리, 쥐똥나무 등
- 맹아력이 약한 나무 : 소나무, 해송, 잣나무, 자작나무, 벚나무, 살구나무, 칠엽수, 감나무 등

25 다음 중 일반적으로 살아있는 가지를 자를 경우 수종별 상처 부위의 부후 위험성이 가장 적은 수종은?

① 왕벚나무   ② 소나무
③ 목련   ④ 느릅나무

해설
*부후
세균 등의 작용으로 썩는 현상, 소나무는 송진으로 인해 부후의 위험성이 적음

26 봄에 씨뿌림하는 1년 초에 해당하지 않는 것은?

① 메리골드   ② 피튜니아
③ 채송화   ④ 샐비어

해설
*1, 2년생 분류
- 봄뿌림 : 맨드라미, 샐비어, (피튜니아), 메리골드, 나팔꽃, 코스모스, 과꽃, 봉숭아, 채송화, 분꽃, 백일홍 등
- 가을 뿌림 : 팬지, 금잔화, 금어초, 패랭이꽃, 안개초, 프리뮬러 등
※ 피튜니아 : 여러해살이 다년생 초화이지만 한국에서만 1년생으로 분류
- 엄격히 말해 다년생이지만 대개 1년생으로 자람

27 소철과 은행나무의 공통점으로 옳은 것은?

① 속씨식물
② 자웅이주
③ 낙엽침엽교목
④ 우리나라 자생식물

해설
- 은행나무 : 겉씨식물, 자웅이주, 낙엽침엽교목
- 소철 : 겉씨식물, 자웅이주, 상록침엽관목

정답 22 ③ 23 ① 24 ③ 25 ② 26 ② 27 ②

28 미선나무에 대한 설명으로 옳은 것은?

① 열매는 부채 모양이다.
② 꽃색은 노란색으로 향기가 있다.
③ 상록활엽교목으로 산야에서 흔히 볼 수 있다.
④ 원산지는 중국이며 세계적으로 여러 종이 존재한다.

해설

*미선나무
우리나라에서만 자라는 특산종으로 세계적으로 1속 1종, 물푸레나무과에 속하며 낙엽활엽관목으로 꽃은 흰색으로 개화. 열매모양은 둥근 부채를 닮음(잎은 대생)

29 서양 잔디의 특성 설명으로 부적합한 것은?

① 그늘에서도 비교적 잘 견딘다.
② 대부분 숙근성 다년초로 병충해에 강하다.
③ 일반적으로 씨뿌림으로 시공한다.
④ 상록성인 것도 있다.

해설

*서양 잔디의 특성
• 목초용의 초류를 잔디용으로 이용
• 한국 잔디에 비해 자주 깎고 더위와 병에 약함
• 관수와 비배 관리 손이 많이 감

30 목재의 두께가 7.5cm 미만에 폭이 두께의 4배 이상인 제제목은?

① 판재   ② 각재
③ 원목   ④ 합판

해설

*판재류
두께가 7.5cm 미만이고 폭이 두께의 4배 이상인 것

31 재료의 긁기, 절단, 마모 등에 대한 저항성을 나타내는 용어는?

① 경도   ② 강도
③ 전성   ④ 취성

해설

*경도
굳기의 정도로 전단력, 마모 등에 대한 저항성

32 가공은 용이하나 흡수성이 높고, 내수성이 크지만 강도가 높지 못해 건축용으로는 부적당하며 석축 등에 이용하는 석재는?

① 화강암   ② 현무암
③ 응회암   ④ 사문암

해설

*응회암
• 다공질로 경도, 강도, 내구성 부족
• 화산재가 퇴적, 응고되어 생성, 내화력이 큼

33 일반적인 금속재료의 장점이라고 볼 수 없는 것은?

① 여러 가지 하중에 대한 강도가 크다.
② 재질이 균일하고 불연재이다.
③ 각기 고유의 광택이 있다.
④ 가열에 강하고 질감이 따뜻하다.

해설

*금속재료의 특성
• 장점 : 인장강도가 큼. 종류 다양, 강도에 비해 가벼움, 균일성, 불연재, 공급이 용이
• 단점 : 가열하면 역학적 성질이 저하, 부식(내산성, 내알칼리성 작음), 차가운 느낌

정답 28 ① 29 ② 30 ① 31 ① 32 ③ 33 ④

34 플라스틱 제품 제작 시 첨가하는 재료가 아닌 것은?

① 가소제 ② 안정제
③ 충진제 ④ A.E제

> 해설
> *AE제(공기연행제)
> 콘크리트 혼화제로 사용

35 다음 [보기]가 설명하는 합성수지의 종류는?

- 특히 내수성, 내열성이 우수하다.
- 내연성, 전기적 절연성이 있고 유리섬유판, 텍스, 피혁류 등의 접착이 가능하다.
- 용도는 방수제, 도료, 접착제 등이다.
- 500℃ 이상 견디는 수지다.

① 실리콘 수지 ② 멜라민 수지
③ 푸란 수지 ④ 폴리에틸렌 수지

> 해설
> *실리콘 수지
> - 내수성, 내열성이 우수
> - 내연성, 전기적 절연성이 있고 유리섬유판, 텍스, 피혁류 등 모든 접착이 가능
> - 500℃ 이상 견디는 수지
> - 용도는 방수제, 도료, 접착제로 사용

36 보통포틀랜드 시멘트와 비교했을 때 고로시멘트의 일반적 특성에 해당되지 않는 것은?

① 초기 강도가 크다.
② 내열성이 크고 수밀성이 양호하다.
③ 해수에 대한 저항성이 크다.
④ 수화열이 적어 매스콘크리트에 적합하다.

> 해설
> *고로시멘트
> - 비중이 낮고(2.9) 응결시간이 길며 조기강도 부족
> - 해수, 하수, 지하수, 광천 등에 저항성이 크고 건조수축 적음
> - 매스콘크리트, 바닷물, 황산염 및 열의 작용을 받는 콘크리트

37 목재의 방부제는 유성, 수용성, 유용성으로 크게 나눌 수 있다. 유용성으로 방부력이 대단히 우수하고 열이나 약제에도 안정적이며 거의 무색제품으로 사용되는 약제는?

① PCP ② 염화아연
③ 황산구리 ④ 크레오소트

> 해설
> *펜타클로로페놀(PCP)
> 유기염소계 살충제로 원래 목재의 방부제로 사용되었으나 살충력이 강해 농약으로 사용

38 화성암의 심성암에 속하며 흰색 또는 담회색인 석재는?

① 화강암 ② 안산암
③ 점판암 ④ 대리석

> 해설
> *화강암
> - 한국 돌의 70%를 차지
> - 흰색 또는 담회색
> - 경도, 강도, 내마모성, 색채, 광택 우수
> - 내화성 낮으나 압축강도가 가장 큼

정답 34 ④ 35 ① 36 ① 37 ① 38 ①

39 수목의 이식 시 조개분으로 분뜨기했을 때 분의 깊이는 근원 직경의 몇 배 정도로 하는 것이 적당한가?

① 2배 ② 3배
③ 4배 ④ 6배

해설

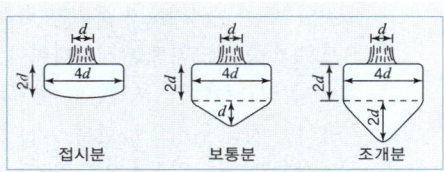

접시분 / 보통분 / 조개분

40 대규모 공원과 같이 완전한 배수가 요구되지 않는 지역에서 등고선을 고려하여 주관을 설치하고, 주관을 중심으로 양측에 지관을 지형에 따라 필요한 곳에 설치하는 방법은?

① 부채살형 ② 빗살형
③ 어골형   ④ 자유형

해설

*자연형(자유형)
- 지형의 기복이 심한 소규모 공간에 사용
- 전체보다 국부적인 곳의 배수를 위해 사용
- 공간의 형태에 따라 부정형으로 배치
- 주선은 길고 지선은 짧게, 주선은 지형과 일치시키는 것이 좋음

41 콘크리트의 균열방지를 위한 일반적인 방법으로 틀린 것은?

① 발열량이 적은 시멘트를 사용한다.
② 슬럼프값을 작게 한다.
③ 타설시 내, 외부 온도차를 줄인다.
④ 시멘트의 사용량을 줄이고 단위수량을 증가시킨다.

해설

*W/C비가 클 때의 문제점

강도 저하(내부공극 증가), 부착력 저하, 재료분리 증가, 블리딩과 레이턴스 증가, 내구성과 내마모성, 수밀성 저하, 건조수축 및 균열발생 증가, 크리프현상(경화된 콘크리트에 지속 하중이 작용할 때 생기는 변형) 증가, 동결융해 저항성 저하, 이상 응결, 지연, 시공연도 저하 등의 현상이 생길 수 있음

42 토양 개량제로 활용되지 못하는 것은?

① 홀맥스콘 ② 피트모스
③ 부엽토   ④ 펄라이트

해설

홀맥스콘 : 발근촉진제

43 굳지 않은 콘크리트의 성질을 표시하는 용어 중 거푸집 등의 형상에 순응하여 채우기 쉽고, 분리가 일어나지 않는 성질을 가리키는 것은?

① 워커빌리티(workability)
② 컨시스턴스(consistency)
③ 플라스티시티(plasticity)
④ 펌프빌리티(pumpability)

해설

*성형성(plasticity)

거푸집으로 쉽게 성형할 수 있으며, 풀기가 있어 거푸집 제거 시 허물어 지거나 재료의 분리가 없는 성질

정답 39 ③ 40 ④ 41 ④ 42 ① 43 ③

44 다음 중 미끄럼틀 활주판의 활강 각도는 얼마인가?

① 25° ② 30°
③ 35° ④ 40°

해설

미끄럼판과 지면의 각도는 30 ~ 35°, 폭은 40cm 정도로 하며 요철이 없는 것을 사용

45 벽면적 4.8㎡ 크기에 1.5B 두께로 붉은 벽돌을 쌓고자 할 때 벽돌의 소요 매수는?(단, 줄눈의 두께는 10mm이고, 할증률을 고려한다.)

① 925매 ② 963매
③ 1,109매 ④ 1,245매

해설

구분	0.5B	1.0B	1.5B	2.0B
표준형(190×90×57) 벽돌	75매	149매	224매	298매
일반형(210×100×60) 벽돌	65매	130매	195매	260매

→ 4.8 × 224 × 1.03(붉은벽돌 할증률 3%) = 1107.456장

46 다음 시멘트의 성분 중 화합물상에서 발열량의 가장 많은 성분은?

① C_3A ② C_3S
③ C_4AF ④ C_2S

해설

포틀랜드 시멘트는 주로 C_3S, C_2S, C_3A, C_4AF로 구성되어 있음

성분	C_3S	C_2S	C_3A	C_3A
수화열(3일)	58	12	212	69

47 한중 콘크리트의 양생에 관한 설명으로 옳지 않은 것은?

① 골재가 동결되어 있거나 골재에 빙설이 혼입되어 있는 정도의 골재는 그대로 사용할 수 있다.
② 하루의 평균기온이 4℃ 이하가 예상되는 조건일 때는 콘크리트가 동결할 염려가 있으므로 한중 콘크리트를 시공하여야 한다.
③ 한중 콘크리트에는 공기연행 콘크리트를 사용하는 것을 원칙으로 한다.
④ 물-결합재비는 원칙적으로 60% 이하로 하여야 한다.

해설

*한중 콘크리트
- 하루 평균 기온이 4℃ 이하로 동결의 위험이 있는 기간에 시공하는 콘크리트
- 초기에 보온 양생 실시
- W/C비 60% 이하, 공기연행제(AE제, AE감수제) 사용

48 다음 중 메쌓기에 대한 설명으로 부적합한 것은?

① 모르타르를 사용하지 않고 쌓는다.
② 뒷채움에는 자갈을 사용한다.
③ 쌓는 높이의 제한을 받는다.
④ 2㎡마다 지름 9cm 정도의 배수공을 설치한다.

해설

*메쌓기
- 접합부를 다듬고 뒷틈 사이에 고임돌(조약돌)을 고인 후 모르타르 없이 골재(잡석, 자갈)로 뒤채움하는 방식
- 전면 기울기 1 : 0.3 이상을 표준으로 1일 쌓기 높이는 1.0m 미만
- 줄눈은 10mm 이내로 하며, 해머 등으로 다듬어 접합
※ 찰쌓기 시 배수를 위해 3㎡마다 지름 50mm 정도의 배수구 설치

정답 44 ③ 45 ③ 46 ① 47 ① 48 ④

49 공정 관리기법 중 횡선식 공정표(Bar-chart)의 장점에 해당하는 것은?

① 신뢰도가 높으면 전자계산기의 이용이 가능하다.
② 각 공종별의 착수 및 종료일이 명시되어 있어 판단이 용이하다.
③ 바나나 모양의 곡선으로 작성하기 쉽다.
④ 상호관계가 명확하며, 주 공정선의 밑에는 현장인원의 중점배치가 가능하다.

해설

횡선식 공정표는 각 공정별 착수 및 종료일이 명시되어 있어 판단이 용이

50 심근성 수목을 굴취할 때 뿌리분의 형태는?

① 접시분
② 사각형분
③ 보통분
④ 조개분

해설

*뿌리분의 종류

접시분	• 천근성수종에 적용 • 버드나무, 메타세쿼이어, 낙우송, 일본잎갈나무, 편백, 미루나무, 사시나무, 황철나무
보통분	• 일반수종에 적용 • 단풍나무, 벚나무, 향나무, 버즘나무, 측백, 산수유, 감나무
조개분	• 심근성수종에 적용 • 소나무, 비자나무, 전나무, 느티나무, 백합나무, 은행나무, 녹나무, 후박나무

51 수목 해충의 잠복소를 설치하는 가장 적당한 시기는?

① 3월 하순경
② 5월 하순경
③ 7월 하순경
④ 9월 하순경

해설

*잠복소 설치

해충을 한 곳에 모아 포살하는 방법으로, 유충으로 월동하는 흰불나방의 방제법으로 이용되어 플라타너스, 포플러류에 9월 하순경에 설치하여 이용

52 대표적인 난지형 잔디로 내답압성이 크며 관리하기가 용이한 것은?

① 버뮤다 그래스
② 금잔디
③ 톨 페스큐
④ 라이 그래스

해설

• 난지형 잔디 : 한국 잔디, 버뮤다 그래스
• 한지형 잔디 : 벤트 그래스, 켄터키 블루 그래스, 페스큐 그래스, 라이 그래스

53 토피어리(형상수)를 만드는 방법 및 순서에 관한 설명으로 틀린 것은?

① 상처에 유합 조직이 생기기 쉬운 따뜻한 계절을 택하여 실시한다.
② 불필요하다고 판단되는 가지를 쳐버린 다음, 남은 가지를 적당한 방향으로 유인한다.
③ 강전정으로 형태를 단번에 만들지 말고, 연차적으로 원하는 수형을 만들어 간다.
④ 토피어리를 만드는 방법은 어떤 수종이든 규준틀을 만들어 가지를 유인하는 것이 가장 효과적이다.

해설

*형상수

가지를 유인하는 방법과 여러 번의 전정을 통하여 모양을 만드는 방법 등 수종의 특성에 따라 여러 가지 방법으로 만들어 줌

정답 49 ② 50 ④ 51 ④ 52 ① 53 ④

54 가는 가지 자르기 방법 설명으로 옳은 것은?

① 자를 가지의 바깥쪽 눈 바로 위를 비스듬히 자른다.
② 자를 가지의 바깥쪽 눈과 평행하게 멀리서 자른다.
③ 자를 가지의 안쪽 눈 바로 위를 비스듬히 자른다.
④ 자를 가지의 안쪽 눈과 평행한 방향으로 자른다.

해설

*가지길이 줄이기(마디 위 자르기)
- 반드시 바깥 눈 위에서 자름
- 바깥 눈 7~10mm 위쪽 눈과 평행한 방향으로 비스듬히 자름
- 눈과 너무 가까우면 눈이 말라 죽고, 너무 비스듬하면 증산량이 많아지며, 너무 많이 남겨두면 양분의 손실이 큼

55 응애만을 죽이는 농약의 종류에 해당하는 것은?

① 살충제　　② 살균제
③ 살비제　　④ 살서제

해설

*살비제
곤충에는 살충력이 거의 없고 응애류에만 효력을 나타내는 약제

56 다음 중 제초제가 아닌 것은?

① 페니트로티온 수화제
② 시마진 수화제
③ 알라클로르 유제
④ 패러쾃디클로라이드액제

해설

*페니트로티온 수화제(메프치온)
저독성 종합살충제(솔나방, 하늘소, 소나무좀, 혹파리, 뿔밀깍지벌레 등)

57 좁은 정원에 식재된 나무가 필요 이상으로 커지지 않도록 하기 위하여 녹음수를 전정하는 것은?

① 생장을 돕기 위한 전정
② 생장을 억제하는 전정
③ 생리조정을 위한 전정
④ 갱신을 위한 전정

해설

*생장을 억제하기 위한 전정
수목의 일정한 형태 유지
- 산울타리 다듬기, 소나무 새순 자르기, 상록활엽수의 잎사귀 따기 등

정답　54 ①　55 ③　56 ①　57 ②

58 개화, 결실을 목적으로 실시하는 정지, 전정의 방법으로 틀린 것은?

① 약지는 길게, 강지는 짧게 전정하여야 한다.
② 묵은 가지나 병충해 가지는 수액 유동 전에 전정한다.
③ 작은 가지나 내측으로 뻗은 가지는 제거한다.
④ 개화 결실을 촉진하기 위하여 가지를 유인하거나 단근작업을 실시한다.

해설

약지는 짧게, 강지는 길게 전정

59 봄에 향나무의 잎과 줄기에 갈색의 돌기가 형성되고 비가 오면 한천 모양이나 젤리 모양으로 부풀어 오르는 병은?

① 향나무 가지마름병
② 향나무 그을음병
③ 향나무 붉은별 무늬병
④ 향나무 녹병

해설

*향나무 녹병

4 ~ 5월 비가 오면 향나무 잎과 줄기에 적갈색의 돌기가 부풀어 오름

60 정원수는 개화 생리에 따라 당년에 자란 가지에 꽃피는 수종, 2년생 가지에 꽃피는 수종, 3년생 가지에 꽃피는 수종으로 구분한다. 다음 중 2년생 가지에 꽃피는 수종은?

① 장미　　② 무궁화
③ 살구나무　④ 명자나무

해설

- 살구나무 : 2년생 개화
- 명자나무 : 3년생 개화
- 장미, 무궁화 : 1년생 개화

정답 58 ① 59 ④ 60 ③

제2회 최신 CBT 기출복원 문제

01 조경가에 대한 설명으로 틀린 것은?

① 예술성을 지닌 실용적이고 기능적인 생활환경을 만든다.
② 정원사(Landscape gardener)라는 개념과 동일하다.
③ 미국의 옴스테드가 1858년 처음 사용하였다.
④ 건축가의 작업과 많은 유사성을 지니고 있으며 경관건축가라고도 한다.

해설
- 정원사 : 집 주위의 옥외공간을 대상으로 하는 좁은 의미에 조경을 만드는 일
- 조경가 : 광범위한 옥외공간을 대상으로 하는 넓은 의미에 조경

02 다음 중 경주 월지(안압지)에 있는 섬의 모양으로 적당한 것은?

① 육각형   ② 사각형
③ 한반도형   ④ 거북이형

해설
월지의 섬 모양은 거북이형

03 다음 중 왕과 왕비만이 즐길 수 있는 사적인 정원이 아닌 곳은?

① 경복궁의 아미산
② 창덕궁 낙선재의 후원
③ 덕수궁 석조전 전정
④ 덕수궁 준명당의 후원

해설

*덕수궁
- 석조전(최초 서양식 건물), 영국인 하딩 설계
- 침상원(최초 유럽식 정원, 분수와 연못을 중심으로 한 프랑스식 정원)

04 신라시대 안압지와 백제시대 궁남지의 공통된 종교 및 사상은 무엇인가?

① 유교사상   ② 풍수지리설
③ 신선사상   ④ 음양오행설

해설

*신선사상의 영향
중국, 일본, 한국정원의 신선사상은 불로장생하는 신선의 거처를 섬으로 조성(백제의 궁남지, 신라의 안압지 등)

정답   01 ②   02 ④   03 ③   04 ③

05 태호석과 같은 구멍 뚫린 괴석을 세우는 수법은 어느 나라에서 유래되었는가?

① 중국 ② 일본
③ 한국 ④ 영국

해설

*중국정원의 특징
- 대비에 중점(자연미와 인공미) : 이화원(곤명호/불향각)
- 석가산(태호석 : 괴석)
- 사의주의, 회화풍경식, 자연풍경식
- 자연경관이 수려한 곳에 임의적으로 암석과 수목 배치(심산유곡 느낌)
- 직선 + 곡선의 사용
- 하나의 정원에 부분적으로 여러 비율을 혼합하여 사용
- 차경수법 도입

06 정토사상과 신선사상을 바탕으로 불교 선사상의 직접적인 영향을 받아 극도의 상징성(자연석이나 모래 등으로 자연을 상징)으로 조성된 14~15세기 일본의 정원 양식은?

① 중정식 정원 ② 고산수식 정원
③ 전원풍경식 정원 ④ 다정식 정원

해설

*고산수식 정원
- 선사상의 영향으로 고도의 상징성과 추상성 구성
- 축소 지향적인 일본의 민족성
- 고도의 세련미 요구(대덕사 대선원, 용안사 방장정원)
- 물 대신 모래나 돌 사용해서 바다 계류를 표현
- 상록활엽수 사용하다가 후에는 식물 사용하지 않음

07 다음 중 고대 이집트 무덤인 사자의 정원에 설치되지 않았던 것은?

① 사각형의 연못 ② 수목의 열식
③ 키오스크 ④ 원형분수

해설

*이집트 묘지정원

사자의 정원 또는 영원
- 이집트인들의 내세관에 기인하여 내세의 이상향을 추구
- 시누헤 이야기, 죽은 자를 위로하기 위한 무덤 앞 소정원
- 대표적인 묘지정원은 테베에 있는 레크미라 무덤 벽화

08 서양에서 정원이 건축의 일부로 종속되던 시대에서 벗어나 건축물을 정원 양식의 일부로 다루려는 경향이 나타난 시대는?

① 중세 ② 르네상스
③ 고대 ④ 현대

해설

*르네상스시대 이탈리아 정원
건물 중심이 아닌 정원 중심

09 고대 로마시대의 별장이 아닌 것은?

① 빌라 라우렌티아나 ② 빌라 토스카나
③ 빌라 아드리아누스 ④ 빌라 감베라이아

해설

*고대 로마 3대 빌라
토스카나장, 라우렌티장, 아드리아누스장

정답 05 ① 06 ② 07 ④ 08 ② 09 ④

10 선의 방향에 따른 분류 중 수평선이 주는 느낌은?

① 권위감 ② 평화감
③ 남성감 ④ 운동감

해설:
*수평선
평화, 친근, 안락, 평등, 정숙(편안한 느낌)

11 감산혼합의 3원색에 해당하지 않는 것은?

① 시안(Cyan) ② 마젠타(Magenta)
③ 옐로(Yellow) ④ 블루(Blue)

해설:
*감법혼색
색료의 원재료인 Magenta, Cyan, Yellow를 섞는 것

12 운동시설 배치 계획 시 시설의 설치방향에 대한 고려를 가장 신경 쓰지 않아도 되는 것은?

① 골프장의 각 코스 ② 실외 야구장
③ 축구장 ④ 스쿼시장

해설:
*옥외 운동시설
장축은 남북방향(실내 운동시설은 방향 상관 없음)

13 1/100 축척의 설계도면에서 1cm는 실제 공사 현장에서는 얼마를 의미하는가?

① 1cm ② 1mm
③ 1m ④ 10m

해설:
1cm × 100 = 100cm → 1m

14 시방서의 기재사항이 아닌 것은?

① 재료의 종류 및 품질
② 건물의 인도시기
③ 재료에 필요한 시험
④ 시공방법의 정도 및 완성에 관한 사항

해설:
*시방서 포함 내용
• 공사의 개요 및 적용 범위에 관한 사항
• 시공에 대한 보충 및 일반적 주의 사항
• 시공 방법의 정도, 완성 정도에 대한 사항
• 재료의 종류, 품질 및 사용에 대한 사항
• 재료 및 시공에 관한 검사 결과에 대한 사항
• 시공에 필요한 각종 설비에 대한 사항
• 시공 완성 후 뒤처리에 대한 사항

15 도시공원 및 녹지 등에 관한 법률 시행규칙상 도시의 소공원 공원시설 부지면적 기준은?

① 100분의 20 이하 ② 100분의 30 이하
③ 100분의 40 이하 ④ 100분의 60 이하

해설:
도시 소공원의 공원시설 부지 면적은 20% 이하

정답 10 ② 11 ④ 12 ④ 13 ③ 14 ② 15 ①

16 조경설계기준상 휴게시설의 의자에 관한 설명으로 틀린 것은?

① 체류시간을 고려하여 설계하며, 긴 휴식에 이용되는 의자는 앉음판의 높이가 낮고 등받이를 길게 설계한다.
② 등받이의 각도는 수평면을 기준으로 85 ~ 95°를 기준으로 한다.
③ 앉음판의 높이는 34 ~ 46cm를 기준으로 하되 어린이를 위한 의자는 낮게 할 수 있다.
④ 의자의 길이는 1인당 최소 45cm를 하되 팔걸이 부분의 폭은 제외한다.

해설
의자의 등받이 각도는 수평면을 기준으로 95 ~ 105°를 기준으로 함

17 오방색 중 오행으로 목(木)에 해당하며 동방(東方)의 색으로 양기가 가장 강한 곳이며, 계절로는 만물이 생성하는 봄의 색이고 인(仁)을 암시하는 색은?

① 적(赤)   ② 청(靑)
③ 황(黃)   ④ 백(白)

해설

*오방색
동(東) - 청(靑) - 청룡 - 봄 - 목(木)

18 다음 중 등고선의 성질에 관한 설명으로 옳지 않은 것은?

① 등고선상에 있는 모든 점은 높이가 다르다.
② 등경사지는 등고선 간격이 같다.
③ 급경사지는 등고선 간격이 좁고, 완경사지는 등고선 간격이 넓다.
④ 등고선은 도면의 안이나 밖에서 폐합되며 도중에 없어지지 않는다.

해설

*등고선의 성질
• 등고선상의 모든 점의 높이는 같음
• 등고선은 도면 안이든 바깥이든 반드시 폐합되며 도중에 소실되지 않음
• 서로 다른 높이의 등고선은 절벽이나 동굴을 제외하고 교차하거나 폐합되지 않음
• 등고선의 최종폐합은 산정상이나 가장 낮은 요(凹)지
• 등고선은 등경사지에서는 등간격이며, 등경사 평면의 지표에서는 같은 간격의 평행선

19 다음 도면 용지 중 A$_2$ 용지의 규격은?

① 297×210   ② 420×297
③ 594×420   ④ 841×594

해설

A$_0$	A$_1$	A$_2$	A$_3$	A$_4$
1,189×841	841×594	594×420	420×297	297×210

정답   16 ②   17 ②   18 ①   19 ③

20 사고방지를 위한 식재 중에는 명암순응 식재가 있다. 다음 중 암순응에 대한 설명으로 적당한 것은?

① 밝은 곳에서 어두운 터널로 들어설 때 순응
② 어두운 터널에 있다가 밝은 곳으로 나올 때 순응
③ 날이 어두워지면서 적색이 눈에 잘 띠는 것에 대한 순응
④ 날이 어두워지면서 청색이 눈에 잘 띠는 것에 대한 순응

해설

*명암순응
밝은 곳에서 어두운 곳(암순응) 또는 이와 반대(명순응)의 상황에서 처음에는 잘 보이지 않다가 점차 보이게 되는 현상

21 생태공원 설계 시 야생동물이 생존하는데 있어 덜 신경을 써도 되는 사항은?

① 천적의 규모　② 먹이상태
③ 서식처　　　④ 물

해설

생태계의 균형을 이루기 위해 천적과의 공존이 필요

22 다음 중 무리지어 나는 철새, 설경 또는 수면에 투영된 영상 등에서 느껴지는 경관은?

① 초점경관　② 관개경관
③ 일시경관　④ 세부경관

해설

*일시경관
• 기상 등 변화에 따라 경관의 모습이 달라지는 경우
• 설경, 수면에 투영된 영상 등

23 장미과(科) 식물이 아닌 것은?

① 피라칸다　② 해당화
③ 아카시나무　④ 왕벚나무

해설

아까시나무 : 콩과 식물

24 1년 내내 푸른잎을 달고 있으며 잎이 바늘처럼 뽀족한 나무를 무엇이라 하는가?

① 상록활엽수　② 상록침엽수
③ 낙엽활엽수　④ 낙엽침엽수

해설

*상록침엽수
1년 내내 푸른 잎을 달고 있으며(상록), 잎이 바늘처럼 뽀족한 나무(침엽)

25 줄기가 옆으로 비스듬히 기울어진 수형을 무엇이라고 하는가?

① 사간　② 곡간
③ 직간　④ 다간

해설

*사간
유전적 혹은 비바람, 지형 등의 환경조건에 의해 비스듬히 기울어 자라는 곡간형 수형

26 음수에 해당하는 수종은?

① 팔손이나무　② 소나무
③ 무궁화　　　④ 일본잎갈나무

해설

*음수
팔손이나무, 전나무, 비자나무, 주목, 가시나무, 식나무, 후박나무, 동백나무, 사철나무, 회양목, 독일가문비 등

정답　20 ①　21 ①　22 ③　23 ③　24 ②　25 ①　26 ①

27 일반적인 목재의 특성 중 장점으로 옳은 것은?

① 충격, 진동에 대한 저항성이 작다.
② 가연성이며 인화점이 낮다.
③ 충격의 흡수성이 크고, 건조에 의한 변형이 크다.
④ 열전도율이 낮다.

해설

*목재의 장점
- 색깔, 무늬 등 외관이 아름다움
- 재질이 부드럽고 촉감이 좋음
- 무게가 가벼워서 다루기가 좋음
- 무게에 비해 강도가 큼
- 가공이 쉽고 열전도율이 낮음

28 다음 중 음수이며 또한 천근성인 수종에 해당되는 것은?

① 전나무
② 모과나무
③ 자작나무
④ 독일가문비나무

해설
- 전나무(음수, 심근성)
- 모과나무(양수, 심근성)
- 자작나무(양수, 천근성)

29 가로수가 갖추어야 할 조건이 아닌 것은?

① 공해에 강한 수목
② 답압에 강한 수목
③ 지하고가 낮은 수목
④ 이식에 잘 적응하는 수목

해설

*가로수의 조건
지하고가 높은 낙엽활엽교목

30 다음 중 낙우송의 설명으로 옳지 않은 것은?

① 잎은 5~10cm 길이로 마주나는 대생이다.
② 소엽은 편평한 새의 깃 모양으로서 가을에 단풍이 든다.
③ 열매는 둥근 달걀모양으로 길이 2~3cm, 지름이 1.8~3.0cm의 암갈색이다.
④ 종자는 삼각형의 각모에 광택이 있으며 날개가 있다.

해설

낙우송의 엽서 : 호생(어긋나기)

31 다음 설명에 적합한 수목은?

- 감탕나무과 식물이다.
- 상록활엽소 교목으로 열매가 적색이다.
- 잎은 호생으로 타원상의 6각형이며 가장자리에 바늘 같은 각점이 있다.
- 자웅이주이다.
- 열매는 구형으로서 지름 8~10mm이며, 적색으로 익는다.

① 감탕나무
② 낙상홍
③ 먼나무
④ 호랑가시나무

해설

*호랑가시나무
- 감탕나무과, 자웅이주
- 상록활엽수 교목으로 열매가 적색
- 잎은 호생으로 타원상의 육각형이며 가장자리에 바늘 같은 각점
- 열매는 구형으로서 지름 8~10mm이며, 적색

정답 27 ④ 28 ④ 29 ③ 30 ① 31 ④

32 알칼리에 강한 도료를 써야 하는 경우로서 적합한 것은?

① 목재의 도장　② 철재의 도장
③ 알루미늄 도장　④ 콘크리트의 도장

해설

*시멘트
주성분은 석회로 알칼리성을 띰

33 콘크리트 블록 제품의 특징으로 적합하지 않은 것은?

① 모양을 임의로 만들 수 있다.
② 유지관리비가 적게 든다.
③ 인장강도 및 휨강도가 큰 편이다.
④ 만드는 방법이 비교적 간단하다.

해설

*콘크리트
압축강도에 비해 인장강도와 휨강도가 약함. 보강을 위해 철근 사용

34 목재의 옹이와 관련된 설명 중 틀린 것은?

① 옹이는 목재의 강도를 감소시키는 가장 흔한 결점이다.
② 죽은 옹이는 산 옹이보다 일반적으로 기계적 성질에 미치는 영향이 적다.
③ 옹이가 있으면 인장강도는 증가한다.
④ 같은 크기의 옹이가 한 곳에 많이 모인 집중옹이가 고루 분포된 경우보다 강도 감소에 끼치는 영향이 더욱 크다.

해설

*옹이
목재의 강도를 저하시키는 요인

35 목재의 건조목적과 관련이 없는 것은?

① 부패방지
② 사용 후의 수축, 균열 방지
③ 강도증진
④ 무늬강조

해설

*목재의 건조 목적
함수율 15%(기건함수율)가 되게
• 갈라짐, 뒤틀림 방지
• 변색, 부패 방지
• 탄성, 강도 높임
• 가공, 접착, 칠이 잘됨
• 단열과 전기절연 효과가 높아짐

36 암석을 구성하고 있는 조암광물의 집합상태에 따라 생기는 눈 모양을 무엇이라 하는가?

① 절리　② 층리
③ 석목　④ 석리

해설

*석재의 조직

절리	자연 생성 과정에서 일정 방향으로 금이 가는 것
석리	조암광물의 집합 상태에 따라 생기는 돌결
층리	암석 구성물질의 층상 배열 상태
석목	절리 외에 암석이 가장 쪼개지기 쉬운 면

37 크롬산 아연을 안료로 하고, 알키드수지를 전색료로 한 것으로서 알루미늄 녹막이 초벌칠에 적당한 도료는?

① 광명단　② 파커라이징
③ 그라파이트　④ 징크로메이트

해설

징크로메이트	크롬산아연 +알키드수지	• 녹막이 효과가 좋음 • 알루미늄판, 아연철판 초벌용 적합

정답　32 ④　33 ③　34 ③　35 ④　36 ④　37 ④

38 92 ~ 96%의 철을 함유하고 나머지는 크롬, 규소, 망간, 유황, 인 등으로 구성되어 있으며 창호철물, 자물쇠, 맨홀 뚜껑 등의 재료로 사용되는 것은?

① 선철　　② 강철
③ 주철　　④ 순철

해설

*주철
탄소량 1.7% 이상 : 주조성이 좋고 경질이며 취성(脆性)이 큼

39 석축공사의 설명으로 부적합한 것은?

① 견치석 쌓기에서는 터파기를 하고 잡석과 콘크리트를 사용하여 연속기초를 만든다.
② 호박돌 쌓기는 규칙적인 모양으로 쌓는 것이 보기에 자연스럽다.
③ 자연석 쌓기의 이음매는 돌과 돌 사이에 모르타르로 굳혀 가면서 쌓는다.
④ 석축의 높이가 높을 때에는 군데 군데 물뺌 구멍을 뚫어 놓는다.

해설

자연석 쌓기 시 돌과 돌 사이는 흙을 채워 넣음

40 잔디밭에 물을 공급하는 관수에 대한 설명으로 틀린 것은?

① 식물에 물을 공급하는 방법은 지표관개법과 살수관개법으로 나눌 수 있다.
② 살수관개법은 설치비가 많이 들지만 관수 효과가 높다.
③ 수압에 의해 작동하는 회전식은 360°까지 임의조절이 가능하다.
④ 회전장치가 수압에 의해 지면보다 10cm 상승 또는 하강하는 팝업살수기는 평소 시각적으로 불량하다.

41 조경수목 중 낙엽수류의 일반적인 뿌리돌림 시기로 가장 알맞은 것은?

① 3월 중순 ~ 4월 상순
② 5월 상순 ~ 7월 상순
③ 7월 하순 ~ 8월 하순
④ 8월 상순 ~ 9월 상순

해설

*뿌리돌림의 시기
- 이식하기 6개월에서 1년 전에 실시
- 조경 기준상 이식하기 전 1 ~ 2년으로 규정되어 있음
- 3 ~ 7월까지, 9월 가능, 해토 직후부터 4월 상순까지 (낙엽수 적기)
- 노쇠목, 노목, 대형목 등은 이식이 어려운 수종은 2 ~ 3년에 걸쳐 시행
- 가을 뿌리돌림도 상처가 잘 아물면 봄에 활착이 잘 됨

42 다음 중 정구장과 같이 좁고 긴 형태의 전지역을 균일하게 배수하려는 암거방법은?

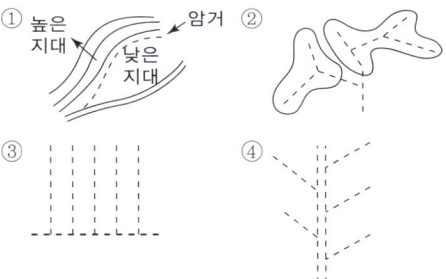

해설

*빗살형(절치형, 평행형)
- 지선을 주선의 직각방향으로 일정한 간격을 두어 평행하게 배치
- 주선과 지선의 직각 접속으로 물의 흐름이 좋지 않아 유속이 저하
- 평탄한 지역의 균일한 배수에 사용
- 어골형과 혼합사용 가능

정답　38 ③　39 ③　40 ④　41 ①　42 ③

43 일반적 크기가 20 ~ 30mm 정도이고, 최대 치수는 40mm이며, 콘크리트 혼합용으로 사용되는 돌 이름을 무엇이라 하는가?

① 산석
② 자갈
③ 모래
④ 잡석

해설

*굵은골재
No.4 체에 거의 남고 0 ~ 10% 통과하는 골재(일반적으로 자갈을 뜻함)

44 거푸집에 쉽게 다져 넣을 수 있고 거푸집을 제거하면 천천히 형상이 변화하지만 재료가 분리되거나 허물어지지 않는 굳지 않은 콘크리트의 성질은?

① Workability
② Plasticity
③ Consistency
④ Finishability

해설

*성형성(plasticity)
거푸집으로 쉽게 성형할 수 있으며, 풀기가 있어 거푸집 제거 시 허물어지거나 재료의 분리가 없는 성질

45 용적 배합비 1 : 2 : 4 콘크리트 1㎥ 제작에 모래가 0.45㎥가 필요하다. 자갈은 몇 ㎥ 필요한가?

① 0.45㎥
② 0.50㎥
③ 0.90㎥
④ 0.15㎥

해설

용적배합비 1 : 2 : 4 시멘트 : 1, 모래 : 2, 자갈 : 4
→ 2 : 4 = 0.45 : x → 2x = 1.8 → x

46 다음 중 여성토의 정의로 알맞은 것은?

① 가라앉을 것을 예측하여 흙을 계획높이보다 더 쌓는 것
② 중앙분리대에서 흙을 볼록하게 쌓아 올리는 것
③ 옹벽 앞에 계단처럼 콘크리트를 쳐서 옹벽을 보강하는 것
④ 잔디밭에서 잔디에 주기적으로 뿌려 뿌리가 노출되지 않도록 준비하는 토양

해설

*더돋기(여성토)
- 성토 작업시 압축 및 침하에 의한 줄어듦을 방지하고 계획 높이를 유지하고자 실시
- 토질, 성토 높이, 시공 방법 등에 따라 다르지만 대개 높이의 10% 정도이거나 그 이하
- 다짐을 실시하며 성토 시 더돋기 작업하지 않음

47 삼각형의 세 변의 길이가 각각 5m, 4m, 5m라고 하면 면적은 약 얼마인가?

① 약 8.2㎡
② 약 9.2㎡
③ 약 10.2㎡
④ 약 11.2㎡

해설

*삼각형 세 변의 길이로 넓이 구하기(헤론의 공식)
$S = \sqrt{s(s-a)(s-b)(s-c)}$, $s = \dfrac{a+b+c}{2}$
여기서, S : 삼각형의 면적
a, b, c : 세 변의 길이
$s = \dfrac{5+5+4}{2}$
$S = \sqrt{7(7-5)(7-4)(7-5)} = \sqrt{84}$
$\sqrt{84} ≒ 9.2㎡$

정답 43 ② 44 ② 45 ③ 46 ① 47 ②

48 다음 중 콘크리트의 공사에 있어서 거푸집에 작용하는 콘크리트 측압의 증가 요인이 아닌 것은?

① 타설 속도가 빠를수록
② 슬럼프가 클수록
③ 다짐이 많을수록
④ 빈배합일 경우

해설

부배합 시 강도는 커지고 시공연도 좋아짐. 시공연도가 좋을 때 측압은 커짐

49 "느티나무 10주에 600,000원, 조경공 1인과 보통공 2인이 하루에 식재한다." 라고 가정할 때 느티나무 1주를 식재할 때 소요되는 비용은? (단, 조경공 노임은 60,000원/일, 보통공 노임은 40,000원/일이다.)

① 68,000원
② 70,000원
③ 72,000원
④ 74,000원

해설

*느티나무 10주 식재비용
600,000 + {(60,000×1) + (40,000×2)} = 740,000원
• 1주 식재 비용 : 740,000÷10 = 74,000원

50 나무가 쇠약해지거나 말라 죽는 원인이라 할 수 없는 것은?

① 생리적 노쇠현상
② 양분의 결핍
③ 기상의 현상
④ 토양 미생물의 왕성한 활동

해설

토양 미생물이 왕성하게 활동하게 되면 토질이 향상되어 뿌리 생육이 좋아짐

51 추위에 의하여 나무의 줄기 또는 수피가 수선 방향으로 갈라지는 현상을 무엇이라 하는가?

① 고사
② 피소
③ 상렬
④ 괴사

해설

*상렬
• 수액이 얼어 부피가 증가하여 수관의 외층이 냉각, 수축하여 수선 방향으로 갈라지는 현상
• 낙엽교목이 상록교목보다, 배수가 불량한 토양이 양호한 건조토양보다, 활동기의 수목이 유목이나 노목보다 잘 발생
• 사이잘크라프트지나 대마포를 감거나 흰색 페인트 도포

52 다음 전정 방법 중 굵은 가지를 처리하는 방법으로 잘 표현된 것은?

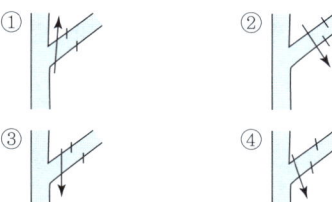

해설

*굵은가지 자르기
• 주간(줄기)에서 10 ~ 15cm 떨어진 곳의 아래 쪽을 가지 지름의 1/3 깊이까지 톱질
• 톱질한 곳에서 가지의 끝쪽으로 떨어진 곳을 위에서 아래 방향으로 절단
• 남은 가지의 밑동을 톱으로 절단

53 수피가 얇은 나무에서 햇빛에 의해 수피가 타는 것을 방지하기 위하여 실시해야 할 작업은?

① 수관주사주입　② 낙엽깔기
③ 줄기싸기　　　④ 받침대 세우기

> 해설
>
> *껍질데기(피소)
> - 여름철 석양 볕에 줄기가 열을 받아 갈라짐
> - 약한 수종의 특징 : 껍질이 얇은 수종, 큰(흉고직경 15~20cm) 나무의 서쪽, 남서쪽 수간
> - 약한 수종 : 오동, 일본목련, 호두, 느티, 버즘, 가문비, 전, 벚, 배롱(목백일홍), 단풍나무
> - 예방 : 하목식재, 새끼감기, 석회수(백토제) 칠하기

54 분쇄목인 우드칩(Wood chip)을 멀칭재료로 사용할 때의 효과가 아닌 것은?

① 미관효과 우수　② 잡초 억제기능
③ 배수억제 효과　④ 토양개량 효과

> 해설
>
> *멀칭의 효과
> - 빗방울이나 관수 등의 충격 완화로 토양 침식 방지
> - 토양의 수분손실 방지 및 수분 유지
> - 토양의 비옥도 증진 및 구조개선
> - 토양의 염분농도 조절
> - 토양온도의 조절
> - 토양의 굳어짐 방지 및 지표면 개선 효과
> - 잡초 및 병충해 발생 억제

55 소나무 혹병의 환부가 4~5월경에 터져서 나오는 포자는?

① 녹포자　　② 녹병포자
③ 여름포자　④ 겨울포자

> 해설
>
> *녹포자
> 녹균류의 생식포자

56 수목의 외과수술의 시공순서로 옳은 것은?

㉠ 동공가장자리의 형성층 노출
㉡ 부패부 제거
㉢ 표면 경화처리
㉣ 동공충진
㉤ 방수처리
㉥ 인공수피 처리
㉦ 소독 및 방부처리

① ㉠ - ㉥ - ㉡ - ㉢ - ㉣ - ㉤ - ㉦
② ㉡ - ㉦ - ㉠ - ㉥ - ㉣ - ㉢ - ㉤
③ ㉠ - ㉡ - ㉦ - ㉣ - ㉤ - ㉢ - ㉥
④ ㉡ - ㉠ - ㉦ - ㉤ - ㉣ - ㉢ - ㉥

> 해설
>
> 부패부 제거 → 형성층 노출 → 살균, 살충처리 → (방부처리 → 동공충전 → 방수처리) → 매트처리 → 인공 나무껍질 처리 → 수지처리

57 솔잎혹파리에 대한 설명 중 틀린 것은?

① 1년에 1회 발생한다.
② 유충으로 땅속에서 월동한다.
③ 우리나라에서는 1929년에 처음 발견되었다.
④ 유충은 솔잎을 밑부에서부터 갉아 먹는다.

> 해설
>
> *솔잎혹파리
> - 5월 하순부터 6월 상순이 우화 최성기
> - 유충이 솔잎 기부에 들어가 벌레혹을 만들고 그 속에서 수액 및 즙액을 빨아 먹음
> - 노목보다는 유목에 심하게 나타남

정답 53 ③　54 ③　55 ①　56 ④　57 ④

58 다음 중 수목의 전정 시 제거해야 하는 가지가 아닌 것은?

① 밑에서 움돋는 가지
② 아래를 향해 자란 하향지
③ 위를 향해 자라는 주지
④ 교차한 교차지

해설

- 전정할 가지 : 도장지, 내향지, 고사지, 병충해 가지, 하향지, 움돋은 가지, 교차지, 평행지
- 위로 향해 자라는 가지는 자르지 않음

59 곁눈 밑에 상처를 내어 놓으면 잎에서 만들어진 동화물질이 축척되어 잎눈이 꽃눈으로 변하는 일이 많다. 어떤 이유 때문인가?

① C/N율이 낮아지므로
② C/N율이 높아지므로
③ T/R율이 낮아지므로
④ T/R율이 높아지므로

해설

*C/N율(탄질률)
식물체 내의 탄수화물(C)과 질소(N)의 비율로 가지의 생장, 꽃눈의 형성 및 열매에 영향. C/N율이 높으면 화성을 유도하고, C/N율이 낮으면 영양생장이 계속

60 다음 [보기]의 설명으로 적합한 잔디는?

- 한지형 잔디로 잎 표면에 도드라진 줄이 있다.
- 질감이 거칠기는 하나 고온과 건조에 가장 강하다.
- 척박한 토양에서도 잘 견디기 때문에 비탈면의 녹화에 적합하다.
- 주형으로 분얼로만 퍼져 자주 깎아주지 않으면 잔디밭으로의 기능을 상실한다.

① 톨 훼스큐
② 켄터키 블루 글래스
③ 버뮤다 글래스
④ 들잔디

해설

*페스큐 그래스
- 한지형 잔디로 잎 표면에 도드라진 줄이 있음
- 질감이 거칠기는 하나 고온과 건조에 가장 강함
- 척박한 토양에서도 잘 견디기 때문에 비탈면의 녹화에 적합
- 주형으로 분얼로만 퍼져 자주 깎아주지 않으면 잔디밭으로의 기능을 상실

정답 58 ③ 59 ② 60 ①

제 3 회 최신 CBT 기출복원 문제

01 조경양식 발생요인 가운데 사회환경 요인이 아닌 것은?

① 민족성 ② 사상
③ 종교   ④ 기후

해설:
- 자연적 요인 : 기후, 지형, 토질, 암석, 식물 등
- 사회적 요인 : 사상과 종교, 역사성, 민족성, 정치, 경제, 건축, 예술, 과학 등

02 부귀나 영화를 등지고 자연과 벗하며 농경하고 살기 위해 세운 주거를 별서정원이라 한다. 우리나라의 현존하는 대표적인 것은?

① 윤선도의 부용동 원림
② 강릉의 선교장
③ 이덕유의 평천산장
④ 구례의 운조루

해설:
- 강릉의 선교장(민가정원)
- 이덕유의 평천산장(당시대의 민가정원)
- 구례의 운조루(주택정원)

03 고구려는 여러 번에 걸쳐 수도를 옮겼는데 주몽은 처음 졸본 지역에 정착하여 졸본성에 수도를 정하게 된다. 다음 중 졸본성에 있는 산성은?

① 남한산성 ② 대성산성
③ 강화산성 ④ 오녀산성

해설:

*오녀산성
오녀산성은 졸본으로 추정되는 곳. 중국 랴오닝 성(遼寧省) 환런 현(桓仁縣) 오녀산에 있으며, 높이 200m에 이르는 천연의 절벽을 그대로 이용하면서 산세가 비교적 완만한 동쪽과 남쪽에만 성벽을 쌓음. 산성의 남북 길이는 600여m, 동서 너비는 130 ~ 300여m이며, 성 안에 저수지와 망대, 병영터 등이 남아 있음

04 다음 중 석가산을 만들고자 할 때 적합한 돌은?

① 잡석   ② 괴석
③ 호박돌 ④ 자갈

해설:
석가산(태호석 : 괴석)

정답 01 ④ 02 ① 03 ④ 04 ②

05 백제 동성왕이 서기 500년에 궁안에 누를 짓고 원지를 파고 기이한 짐승을 기른 기록이 있는데, 이때의 누의 명칭은?

① 망해루 ② 임류각
③ 임해전 ④ 세연정

해설

*임류각(동성왕22년, 500) : 웅진궁(공주)
- 높은 누각(경관조망), 후원, 사냥이 주목적, 궁 동쪽에 조성
- 강의 수경과 산야의 경치를 즐긴 위락기능
- 삼국사기에 기록(전각, 임류각) : 희귀한 새, 짐승 사육한 연못

06 다음 중 조선시대 읍성(邑城)에 대한 설명으로 틀린 것은?

① 시원적(始原的) 도시 특성을 보이고 있다.
② 대략 면적은 99,000 ~ 165,300㎡이다.
③ 배후지나 주변 지역에 대한 군사적 방어 기능만을 담당한다.
④ 인구 규모는 300 ~ 500호에 인구 800 ~ 1,500명 정도이다.

해설

*읍성
- 고을의 주민을 보호하기 위하여 관부(官府, 관청)와 민거(民居, 시가지)를 둘러서 쌓은 성곽
- 군사적·행정적인 기능을 함께 부여

07 영국 튜터왕조에서 유행했던 화단으로 낮게 깎은 회양목 등으로 화단을 여러 가지 기하학적 문양으로 구획짓는 것은?

① 기식화단 ② 매듭화단
③ 카펫화단 ④ 경재화단

해설

*매듭화단(Knot)
튜더왕조에서 유행, 회양목으로 화단을 기하학적 문양으로 구획

08 수도원 정원에서 원로의 교차점인 중정 중앙에 큰나무 한 그루를 심는 것을 뜻하는 것은?

① 파라다이소(Paradiso)
② 바(Bagh)
③ 트렐리스(Trellis)
④ 페리스틸리움(Peristylium)

해설

*파라다이소(Paradiso)
수도원 정원 원로 교차점에 수목식재, 수반 등 설치

09 다음 국가 중 비스타(통경선) 수법을 즐겨 사용한 국가는?

① 프랑스 ② 영국
③ 네덜란드 ④ 미국

해설

*통경선(Vista)
좌우로 시선이 제한되고 일정 지점으로 시선이 모아지는 경관, 프랑스에서 사용

정답 05 ② 06 ③ 07 ② 08 ① 09 ①

10 사적지 조경 시 민가 뒤뜰에 식재하는 수종으로 어울리지 않는 것은?

① 버즘나무　② 감나무
③ 앵두나무　④ 대추나무

해설

*전통적 조경수목

성상	수종
낙엽교목	느티, 은행, 모과, 감, 대추, 살구, 호두, 배롱, 뽕
낙엽관목	모란, 앵두, 무궁화, 석류
상록교목	전, 측백, 소, 주목, 동백
상록관목	천리향, 치자, 회양목, 사철
초화류	국화, 난, 작약, 옥잠화, 원추리, 패랭이꽃, 연꽃
기타	대나무류, 으름덩굴, 머루

11 경관구성의 미적원리를 통일성과 다양성으로 구분할 때 다양성에 해당하는 것은?

① 조화　② 균형
③ 강조　④ 대비

해설

*다양성 달성 수법
비례, 율동, 대비

12 먼셀의 색상환에서 BG는 무슨 색인가?

① 연두　② 남색
③ 청록　④ 노랑

해설

먼셀의 색상환에서 BG는 청록색

13 다음 중 정형식 배식유형은?

① 부등변 삼각형 식재
② 임의 식재
③ 군식
④ 교호 식재

해설

- 정형식 배식 : 단식, 대식, 열식, 교호 식재, 군식
- 자연식 배식 : 부등변 삼각형 식재, 임의 식재, 군식(무리심기), 배경 식재

14 사람, 동물 또는 기계가 어떠한 일을 하는데 있어서 단위당 필요한 노력과 물질이 얼마가 되는지를 수량으로 작성해 놓은 것을 무엇이라 하는가?

① 투자　② 적산
③ 품셈　④ 견적

해설

*품셈
공사 목적물을 만들기 위하여 단위물량당 소요로 하는 노력과 품질을 수량으로 표현한 것

15 주변 지역의 경관과 비교할 때 지배적이며, 특징을 가지고 있어 지표적인 역할을 하는 것을 무엇이라 하는가?

① Vista　② Districts
③ Node　④ Landmarks

해설

*랜드마크(landmarks)
높은 지형, 지물(산봉우리, 탑 등)

정답　10 ①　11 ④　12 ③　13 ④　14 ③　15 ④

16 도시공원 및 녹지 등에 관한 법규상 도시공원 설치 및 규모의 기준에서 어린이 공원의 최소 규모는 얼마인가?

① 500㎡   ② 1,000㎡
③ 1,500㎡   ④ 2,000㎡

해설

*어린이 공원
- 유치거리 250m 이하, 면적 1,500㎡ 이상
- 놀이 면적은 전 면적의 60% 이내

17 각종 기구(T자, 삼각자, 스케일 등)를 사용하여 설계자의 의사를 선, 기호, 문장 등으로 용지에 표시하여 전달하는 것을 무엇이라 하는가?

① 모델링   ② 계획
③ 제도   ④ 제작

해설

*제도
제도용구를 사용하여 설계자의 의도나 구상을 선, 기호, 문장 등으로 제도용지에 표시하는 일

18 조경 시공 재료의 기호 중 벽돌에 해당하는 것은?

① 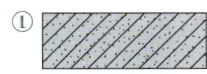   ②
③    ④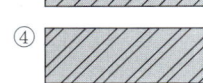

해설

① 타일 테라코타
③ 원지반
④ 금속

19 지형도에서 U자 모양으로 그 바닥이 낮은 높이의 등고선을 향하면 이것은 무엇을 의미하는가?

① 계곡   ② 능선
③ 현애   ④ 동굴

해설

*능선
능선의 등고선은 일반적으로 U자 형태를 나타내는데, 방향은 높은 곳에서 낮은 곳으로 볼록하게 뻗어져 나간 형태

20 다음 설명에 해당하는 도시공원의 종류는?

- 설치 기준의 제한은 없으며, 유치거리 500m 이하, 공원면적 10,000㎡ 이상으로 할 수 있다.
- 주로 인근에 거주하는 자의 이용에 제공할 목적으로 설치한다.

① 어린이공원
② 근린생활권 근린공원
③ 도보권근린공원
④ 묘지공원

해설

*근린생활권 근린공원
유치거리 500m 이하, 규모 10,000㎡ 이상

정답 16 ③ 17 ③ 18 ② 19 ② 20 ②

21 축척 1/5,000인 지도상에서 구한 수평 면적이 5㎠라면 지상에서의 실제 면적은 얼마인가?

① 1,250㎡ ② 12,500㎡
③ 2,500㎡ ④ 25,000㎡

:해설:

$(\frac{1}{m})^2 = \frac{도상면적}{실제면적} \rightarrow (\frac{1}{5,000})^2 = \frac{0.0005}{x}$
$\rightarrow x = 5,000^2 \times 0.0005 \rightarrow x = 12,500$

22 도시공원 및 녹지 등에 관한 법률 시행규칙상 도시공원 중 설치 규모가 가장 큰 곳은?

① 광역권 근린공원
② 체육공원
③ 묘지공원
④ 도시지역권 근린공원

:해설:

- 광역권 근린공원(1,000,000㎡ 이상)
- 체육공원 (10,000㎡ 이상)
- 묘지공원(100,000㎡ 이상)
- 도시지역권 근린공원(100,000㎡ 이상)

23 도시공원 및 녹지 등에 관한 법률에서 정한 어린이공원의 설계 기준으로 틀린 것은?

① 유치거리는 250m 이하, 1개소의 면적은 1500㎡ 이상의 규모로 한다.
② 휴양시설 중 경로당을 설치하여 어린이와의 유대감을 형성할 수 있다.
③ 유희시설에 설치되는 시설물에는 정글짐, 미끄럼틀, 시소 등이 있다.
④ 공원시설 부지 면적은 전체 면적의 60% 이하로 하여야 한다.

:해설:

어린이 공원은 놀이 시설을 설치. 노인정은 휴양시설

24 수목은 뿌리를 뻗는 상태에 따라 천근성과 심근성으로 분류한다. 천근성 수종으로만 짝지어진 것은?

① 자작나무, 미루나무 ② 젓나무, 백합나무
③ 느티나무, 은행나무 ④ 백목련, 가시나무

:해설:

- 심근성 수종 : 소나무, 전나무, 후박나무, 느티나무, 백합나무, 벽오동, 상수리나무, 은행나무, 모과나무 등
- 천근성 수종 : 독일가문비, 편백, 미루나무, 자작나무, 버드나무, 현사시나무, 매화나무 등

25 다음 중 건조지에 가장 잘 견디는 나무는?

① 낙우송 ② 능수버들
③ 오리나무 ④ 가중나무

:해설:

*건조지에 견디는 수종
소나무, 향나무, 해송, 가중나무, 노간주나무, 사시나무, 자작나무 등

26 수목종자의 저장 방법을 설명한 것으로 틀린 것은?

① 건조 저장은 종자를 30% 이내의 함수량이 되도록 건조시킨다.
② 보호 저장은 은행, 밤, 도토리 등을 모래와 혼합하여 실내나 창고에서 5℃로 유지한다.
③ 밀봉저장은 가문비나무, 삼나무, 편백나무 등의 종자를 유리병이나 데시케이터 등에 방습제와 함께 넣는다.
④ 노천 매장은 잣나무, 단풍나무, 느티나무 등의 종자를 모래와 1 : 2의 비율로 섞어 양지 쪽에 묻는다.

:해설:

건조 저장 시 함수량은 15% 이내

정답 21 ② 22 ① 23 ② 24 ① 25 ④ 26 ①

27 다음 중 일반적으로 봄에 가장 먼저 황색 계통의 꽃이 피는 수종은?

① 등나무 ② 산수유
③ 박태기나무 ④ 벚나무

해설:
- 등나무(보라색)
- 박태기나무(보라색)
- 벚나무(흰색)

28 화단을 조성하는 장소의 환경조건과 구성하는 재료 등에 따라 구분할 때 "경재화단"에 대한 설명으로 바른 것은?

① 화단의 어느 방향에서나 관상이 가능하도록 중앙부위는 높게, 가장자리는 낮게 조성한다.
② 양쪽 방향에서 관상할 수 있으며 키가 작고 잎이나 꽃이 화려하고 아름다운 것을 심어 준다.
③ 전면에서만 감상되기 때문에 화단 앞쪽은 키가 작은 것을, 뒤쪽으로 갈수록 큰 초화류를 심는다.
④ 가장 규모가 크고 아름다운 화단으로 광장이나 잔디밭 등에 조성되며 화려하고 복잡한 문양 등으로 펼쳐진다.

해설:
경재화단
- 도로, 건물, 산울타리, 담장을 배경으로 폭이 좁고 길게 만듦
- 전면 한쪽에서만 관상: 앞쪽은 키 작은 것, 뒤쪽은 키 큰 것을 배치하여 입체적으로 구성

29 침엽수로만 짝지어진 것이 아닌 것은?

① 향나무, 주목
② 낙우송, 잣나무
③ 가시나무, 구실잣밤나무
④ 편백, 낙엽송

해설:
가시나무, 구실잣밤나무(상록활엽교목)

30 관상하기 편리하도록 땅을 1 ~ 2m 깊이로 파 내려가 평평한 바닥을 조성하고, 그 바닥에 화단을 조성한 것은?

① 기식화단 ② 모듬화단
③ 양탄자화단 ④ 침상화단

해설:
*침상화단
- 지면에서 1m 정도 낮게 하여 기하학적인 땅가름
- 초화 식재가 한 눈에 내려가 보임

31 다음 중 아황산 가스에 약한 수종은?

① 낙엽송 ② 플라타너스
③ 벽오동 ④ 편백

해설:
*아황산가스에 약한 수종
독일가문비, 소나무, 삼나무, 전나무, 히말라야시다, 낙엽송, 느티나무, 자작나무, 감나무, 왕벚나무, 조팝나무, 단풍나무, 매화나무 등

정답 27 ② 28 ③ 29 ③ 30 ④ 31 ①

32 미장재료에 속하는 것은?

① 페인트　② 니스
③ 회반죽　④ 래커

해설

*회반죽
- 소석회에 모래, 해초풀 등을 물에 섞어 이긴 것
- 흔히 소석회 반죽이라고도 함
- 흰색의 매끄러운 표면

33 주목(taxus cuspidata S, et Z)에 관한 설명으로 부적합한 것은?

① 9월경 붉은 색의 열매가 열린다.
② 생장속도가 매우 빠르다.
③ 맹아력이 강하며, 음수나 양지에서 생육이 가능하다.
④ 큰 줄기가 적갈색으로 관상가치가 높다.

해설

*생장속도가 느린 수종
음수, 수형이 거의 일정하나 시간이 걸림
- 주목, 비자나무 등

34 조경용으로 벽돌, 도관, 타일, 기와 등을 만드는 재료로 적당한 것은?

① 금속　② 플라스틱
③ 점토　④ 시멘트

해설

*점토제품
벽돌, 타일, 도자기, 토관, 도관, 테라코타 등

35 시멘트가 경화하는 힘의 크기를 나타내며, 시멘트의 분말도, 화합물 조성 및 온도 등에 따라 결정되는 것은?

① 전성　② 소성
③ 인성　④ 강도

해설

- 전성 : 압축력이 가해질 때 재료가 파괴되지 않고 펴지는 성질
- 소성 : 물체에 외력을 가하면 변형하고 외력을 제거하여도 원래의 형상으로 되돌아가지 않는 성질
- 인성 : 잡아당기는 힘에 견디는 성질

36 다음 중 목재의 장점이 아닌 것은?

① 가격이 비교적 저렴하다.
② 온도에 대한 팽창, 수축이 비교적 작다.
③ 생산량이 많으며 입수가 용이하다.
④ 크기에 제한을 받는다.

해설

*목재의 장점
- 색깔, 무늬 등 외관이 아름다움
- 재질이 부드럽고 촉감이 좋음
- 무게가 가벼워서 다루기가 좋음
- 무게에 비해 강도가 큼
- 가공이 쉽고 열전도율이 낮음

정답 32 ③　33 ②　34 ③　35 ④　36 ④

37 다음에 설명하는 열경화성수지는?

- 강도가 우수하며 베이클라이트를 만든다.
- 내산성, 전기절연성, 내약품성, 내수성이 좋다.
- 내알칼리성이 약한 결점이 있다.
- 내수합판, 접착제 용도로 사용한다.

① 요소계 수지 ② 메타아크릴 수지
③ 염화비닐계 수지 ④ 페놀계 수지

해설

*페놀 수지
- 강도, 전기절연성, 내산성, 내수성이 모두 양호, 내알칼리성 약함
- 내수합판, 접착제 용도로 사용하며 베이클라이트를 만듦

38 석재의 가공 방법 중 혹두기 작업의 바로 다음 후속작업으로 작업면을 비교적 고르고 곱게 처리할 수 있는 작업은?

① 물갈기 ② 잔다듬
③ 정다듬 ④ 도드락다듬

해설

*정다듬
혹두기한 면을 정으로 비교적 고르고 곱게 다듬는 것으로 거친 정도에 따라 거친다듬, 중다듬, 고운다듬으로 구분

39 디딤돌로 이용할 돌의 두께로 적당한 것은?

① 1 ~ 5cm ② 10 ~ 20cm
③ 25 ~ 35cm ④ 35 ~ 45cm

해설

*디딤돌
디딤돌은 10 ~ 20cm 두께의 것으로 지면보다 3 ~ 6cm 높게 배치

40 터 닦기할 때 성토시(흙쌓기) 침하에 대비하여 계획된 높이보다 몇 % 정도 더돋기를 하는가?

① 3 ~ 5% ② 10 ~ 15%
③ 20 ~ 25% ④ 30 ~ 35%

해설

*더돋기(여성토)
토질, 성토 높이, 시공 방법 등에 따라 다르지만 대개 높이의 10% 정도

41 잔디 1매(30cm × 30cm)에 1본의 꼬치가 필요하다. 경사 면적이 45㎡인 곳에 잔디를 전면붙이기로 식재하려 한다면 이 경사지에 필요한 꼬치는 약 몇 개인가?(단, 가장 근사값을 정한다.)

① 46본 ② 333본
③ 450본 ④ 495본

해설

30cm×30cm 규격 잔디 1㎡ 당 11장
→ 45×11장 = 495장

42 시공관리의 주요 계획목표라고 볼 수 없는 것은?

① 우수한 품질 ② 공사기간의 단축
③ 우수한 시각미 ④ 경제적 시공

해설

*시공관리의 4대 목표
공정관리, 원가관리, 품질관리, 안전관리

정답 37 ④ 38 ③ 39 ② 40 ② 41 ④ 42 ③

43 연못의 급배수에 대한 설명으로 부적합한 것은?

① 배수공은 연못 바닥의 가장 깊은 곳에 설치한다.
② 항상 일정한 수위를 유지하기 위한 시설을 토수구라 한다.
③ 순환 펌프 시설이나 정수시설을 설치시 차폐식재를 하여 가려준다.
④ 급배수에 필요한 파이프의 굵기는 강우량과 급수량을 고려해야 한다.

해설

*월류구(일류구, overflow)
항상 일정한 수위를 유지하기 위해 설치하는 시설, 급수구보다 낮게 하여 수면과 같은 위치에 잉여수가 빠지도록 설치

44 진비중이 2.6이고, 가비중이 1.2인 토양의 공극률은 약 얼마인가?

① 34.2% ② 46.5%
③ 53.8% ④ 66.4%

해설

공극률 = $(1 - \dfrac{가비중}{진비중}) \times 100(\%)$
→ = $(1 - \dfrac{1.2}{2.6}) \times 100(\%) = 53.8(\%)$

45 체계적인 품질관리를 추진하기 위한 데밍(Deming's Cycle)의 관리로 적합한 것은?

① 계획(Plan) - 추진(Do) - 조치(Action) - 검토(Check)
② 계획(Plan) - 검토(Check) - 추진(Do) - 조치(Action)
③ 계획(Plan) - 조치(Action) - 검토(Check) - 추진(Do)
④ 계획(Plan) - 추진(Do) - 검토(Check) - 조치(Action)

해설

*공정관리의 4단계(Deming's Cycle)
'계획 → 실시 → 검토 → 조치'의 반복진행으로 관리

46 성토 4,500㎥를 축조하려 한다. 토취장의 토질은 점성토로 토량 변화율은 L = 1.20, C = 0.90이다. 자연 상태의 토량을 어느 정도 굴착하여야 하는가?

① 5,000㎥ ② 5,400㎥
③ 6,000㎥ ④ 4,860㎥

해설

*체적환산 계수(f)

현재 상태 \ 바꾸려는 상태	자연 상태(1)	흐트러진 상태(L)
자연 상태(1)	$\dfrac{1}{1}=1$	$\dfrac{L}{1}=1$
흐트러진 상태(L)	$\dfrac{1}{L}$	$\dfrac{L}{L}=1$
다져진 상태(C)	$\dfrac{1}{C}$	$\dfrac{L}{C}$

$4,500 \times \dfrac{1}{C}$ → $4,500 \times \dfrac{1}{0.9} = 5,000$

정답 43 ② 44 ③ 45 ④ 46 ①

47 다음 중 공사 현장의 공사 및 기술관리, 기타 공사업무 시행에 관한 모든 사항을 처리하여야 할 사람은?

① 공사 발주자　② 공사 현장 대리인
③ 공사 현장 감독관　④ 공사 현장 감리원

해설

*현장 대리인(현장소장)
공사업자를 대리하여 현장에 상주하는 책임시공 기술자

48 콘크리트의 응결, 경화 조절의 목적으로 사용되는 혼화제에 대한 설명 중 틀린 것은?

① 콘크리트 응결, 경화 조점제는 시멘트의 응결, 경화 속도를 촉진시키거나 지연시킬 목적으로 사용되는 혼화제이다.
② 촉진제는 그라우트에 의한 지수공법 및 뿜어붙이기 콘크리트에 사용된다.
③ 지연제는 조기 경화현상을 보이는 서중콘크리트나 수송거리가 먼 레디믹스트 콘크리트에 사용된다.
④ 급결제를 사용한 콘크리트의 조기 강도 증진은 매우 크나 장기 강도는 일반적으로 떨어진다.

해설

*급결제(응경경화촉진제)
돌속 공사, 겨울철 공사 등에 필요한 조기강도 발생 촉진

49 석재 중 직육면체가 되도록 각 면을 다듬은 가공석을 말하며 가장 정형화된 돌은?

① 사괴석　② 견칫돌
③ 마름돌　④ 호박돌

해설

*마름돌
지정된 규격에 따라 직육면체가 되도록 각 면을 다듬은 석재

50 다음 [보기]에서 설명하고 있는 병은?

- 수목에 치명적인 병은 아니지만 발생하면 생육이 위축되고 외관을 나쁘게 한다.
- 장미, 단풍나무, 배롱나무, 벚나무 등에 많이 발생한다.
- 병든 낙엽을 모아 태우거나 땅속에 묻음으로써 전염원을 차단하는 것이 필수적이다.
- 통기불량, 일조부족, 질소과다 등이 발병 원인이다.

① 흰가루병　② 녹병
③ 빗자루병　④ 그을음병

해설

*흰가루병
- 치명적 병은 아니며, 통기불량, 일조부족, 질소과다 등으로 발병
- 잎과 새 가지에 흰가루가 생겨 위축
- 참나무류는 가을에 검은색 미립점이 형성

정답　47 ②　48 ②　49 ③　50 ①

51 병, 해충의 화학적 방제 내용으로 틀린 것은?

① 병, 해충을 일찍 발견해야 방제효과가 크다.
② 될 수 있으면 발생 후에 약을 뿌려준다.
③ 병, 해충이 발생하는 과정이나 습성을 미리 알아두어야 한다.
④ 약해에 주의해야 한다.

해설

농약살포 시 되도록 병충해 발생 전에 뿌리도록 함

52 조경수목 중 탄수화물의 생성이 풍부할 때 꽃이 잘 필 수 있는 조건에 맞는 탄소와 질소의 관계로 적당한 것은?

① N > C   ② N = C
③ N < C   ④ N ≧ C

해설

*C/N율(탄질률)

식물체 내의 탄수화물(C)과 질소(N)의 비율로 가지의 생장, 꽃눈의 형성 및 열매에 영향. C/N율이 높으면 화성을 유도하고, C/N율이 낮으면 영양생장이 계속

53 세포분열을 촉진하여 식물체의 각 기관들의 수를 증가, 특히 꽃과 열매를 많이 달리게 하고, 뿌리의 발육, 녹말 생산, 엽록소의 기능을 높이는데 관여하는 영양소는?

① N   ② P
③ K   ④ Ca

해설

인산	기능	세포 분열 촉진, 꽃, 열매, 뿌리 발육에 관여
	부족시	꽃과 열매 작아짐, 조기 낙엽, 침엽수는 하부에서 상부로 고사
	과다시	성숙이 촉진되어 수확량 감소

54 다음 중 과일나무가 늙어서 꽃 맺음이 나빠지는 경우에 실시하는 전정은 어느 것인가?

① 생리를 조정하는 전정
② 생장을 돕기 위한 전정
③ 생장을 억제하는 전정
④ 세력을 갱신하는 전정

해설

*갱신을 위한 전정
- 맹아력이 강한 활엽수가 늙어 생기를 잃거나 개화 상태가 불량수종
- 묵은 가지를 잘라 새로운 가지가 나오게 하기 위한 것

55 다음 중 조경 수목의 병해와 방제 방법이 맞는 것은?

① 빗자루병 – 배수구 설치
② 검은점무늬병 – 만코제브 수화제
③ 잎녹병 – 페니트리티온 수화제
④ 흰가루병 – 트리클로르폰 수화제

해설

- 빗자루병 : 옥시테트라사이클린
- 잎녹병 : 만코제브 수화제(다이센 M-45)
- 흰가루병 : 지오판, 베노밀, 석회황합제 등

정답 51 ② 52 ③ 53 ② 54 ④ 55 ②

56 다음 그림 중 수목의 가지에서 마디 위 다듬기 요령으로 가장 좋은 것은?

①
②
③
④

: 해설 :

*가지길이 줄이기(마디 위 자르기)
- 반드시 바깥 눈 위에서 자름
- 바깥 눈 7~10mm 위쪽 눈과 평행한 방향으로 비스듬히 자름
- 눈과 너무 가까우면 눈이 말라 죽고, 너무 비스듬하견 증산량이 많아지며, 너무 많이 남겨두면 양분의 손실이 큼

57 수목의 키를 낮추려면 다음 중 어떠한 방법으로 전정하는 것이 좋은가?

① 수액이 유동하기 전에 약전정을 한다.
② 수액이 유동한 후에 강전정을 한다.
③ 수액이 유동하기 전에 강전정을 한다.
④ 수액이 유동한 후에 강전정을 한다.

: 해설 :

*키를 낮추기 위한 전정
수액이 유동하기 전에 강전정 실시

58 다음 중 굵은 가지 절단 시 제거하지 말아야 하는 부위는?

① 목질부   ② 지피융기선
③ 지륭   ④ 피목

: 해설 :

*지륭
- 가지의 하중을 지탱하기 위하여 가지의 하단부에 생기는 불룩한 조직
- 화학적 보호층을 가지고 있어 나무의 방어체계를 구성하는 부분
- 목질부를 보호하기 위하여 화학적 보호층을 가지고 있기 때문에 전정 시 제거하지 않도록 주의

59 Methidathion(메치온) 40% 유제를 1,000배 액으로 희석해서 10a당 6말(20L/말)을 살포하여 해충을 방제하고자 할 때 유제의 소요량은 몇 ml인가?

① 100ml   ② 120ml
③ 150ml   ④ 240ml

: 해설 :

$$\text{소요 농약량(ml, g)} = \frac{\text{단위면적당 소정살포액량(ml)}}{\text{희석배수}}$$

$$\rightarrow \frac{120{,}000}{1{,}000} = 120ml$$

60 질소와 칼륨 비료의 효과로 부적합한 것은?

① N : 수목 생장 촉진
② K : 뿌리, 가지 생육 촉진
③ N : 개화 촉진
④ K : 각종 저항성 촉진

: 해설 :

개화 및 결실에 관여하는 비료 : 인(P)

정답 56 ④ 57 ③ 58 ③ 59 ② 60 ③

제 4 회 최신 CBT 기출복원 문제

01 프로젝트의 수행단계 중 주로 자료의 수집, 분석 종합에 초점을 맞추는 단계는?

① 조경설계 ② 조경시공
③ 조경계획 ④ 조경관리

해설:

*계획
자료의 수집, 분석, 종합(나무, 토양, 기후 등 자연환경과 인구, 역사적 유물 등 인문환경 조사 및 자료 수집, 분석)

02 우리나라 고려시대의 최초의 정원이라 할 수 있는 것은?

① 장원서 ② 내원서
③ 상림원 ④ 동지

해설:

*동지(東池)
귀령각 지원, 왕과 신하의 위락공간, 활 쏘는 것 구경(공적) - 고려시대 궁궐정원
- 조경관리부서(궁궐 정원 담당 관서)
  - 고구려 : 궁원(유리왕)
  - 고려 : 내원서(충렬왕)
  - 조선 : 상림원(태조), 산택사(태종), 장원서(세조), 원유사(광해군)

03 다음 중 경복궁 교태전 후원과 관계없는 것은?

① 화계가 있다.
② 상량정이 있다.
③ 아미산이라 칭한다.
④ 굴뚝은 육각형 4개가 있다.

해설:

*상량정
창덕궁 낙선재 후원에 있는 정자

04 다음 중 별서 정원의 연결이 바르게 된 것은?

① 송시열 – 남간정사 ② 김조순 – 초간정
③ 윤선도 – 다산초당 ④ 정영방 – 옥호정

해설:

• 김조순(옥호정)
• 윤선도(부용동원림)
• 정영방(서석지원)

05 중국 조경의 시대별 연결이 옳은 것은?

① 명 – 이화원 ② 진 – 화림원
③ 송 – 만세산 ④ 명 – 태액지

해설:

• 이화원(청)
• 화림원(위, 오)
• 태액지(한)

정답 01 ③ 02 ④ 03 ② 04 ① 05 ③

06 다음 일본의 조경 양식별 대표작에 대한 설명으로 잘못된 것은?

① 평안시대 동삼조전은 침전조 양식이다.
② 겸창시대 서방사는 축경식 양식이다.
③ 실정시대 대선원, 용안사 정원은 고산수식 양식이다.
④ 강호시대 계리궁은 회유식 양식이다.

해설
겸창시대 서방서 정원은 몽창국사의 작품으로 회유임천식 정원

07 다음 정원 요소 중 인도 정원에 가장 큰 영향을 미친 것은?

① 노단
② 토피어리
③ 돌수반
④ 물

해설
*인도
둘이 가장 중요한 요소로 장식, 관개, 목욕과 종교적 행사에 이용

08 수도원 정원에서 2개의 직교하는 원로의 교차점을 가리키는 것은?

① 바그
② 페리스틸리움
③ 트렐리스
④ 파라다이소

해설
*파라다이소(Paradiso)
수도원 정원 원로 교차점에 수목식재, 수반 등 설치

09 르 노트르가 이탈리아에서 수학한 뒤 귀국하여 만든 최초의 평면기하학식 정원은?

① 보르비콩트
② 베르사이유 궁원
③ 루브르 궁
④ 몽소공

해설
*앙드레 르노트르
이탈리아에서 수학 뒤 귀국하여 보르비콩트 등을 만듦

10 다음 중 점층(漸層)에 관한 설명으로 적합한 것은?

① 조경 재료의 형태나 색깔, 음향 등의 점진적 증가
② 대소, 장단, 명암, 강약
③ 일정한 간격을 두고 흘러오는 소리, 다변화되는 색채
④ 중심축을 두고 좌우가 같음

해설
*점층
형태나 선, 색깔, 음향 등이 점차적으로 증가하거나 감소하는 것

11 파란색 조명에 빨간색 조명과 초록색 조명을 동시에 켰더니 하얀색으로 보였다. 이처럼 빛에 의한 색채의 혼합 원리는?

① 가법혼색
② 병치혼색
③ 회전혼색
④ 감법혼색

해설
*가법혼색
• 색광의 3원색인 Red, Green, Blue를 섞어 가법혼합색을 만드는 것
• 3원색을 동일한 비율로 혼합 시 백색광

정답 06 ② 07 ④ 08 ④ 09 ① 10 ① 11 ①

12 다음 중 주택 정원에 사용하는 정원수의 아름다움을 표현하는 미적 요소로 거리가 먼 것은?

① 색채미 ② 형태미
③ 내용미 ④ 조형미

해설:
조경미 = 내용미 + 형태미 + 표현미(색채미)

13 조경계획을 실시할 때 조사해야 할 자연환경 요소에 해당하지 않는 것은?

① 기상 ② 식생
③ 교통 ④ 경관

해설:
*자연환경분석 조사분석의 대상
지형, 지질, 토양, 기후, 생물, 수문, 경관 등

14 시방서의 설명으로 옳은 것은?

① 설계도면에 필요한 예산 계획서이다.
② 공사계약서이다.
③ 평면도, 입면도, 투시도 등을 볼 수 있도록 그려놓은 것이다.
④ 공사개요, 시공방법, 특수재료 및 공법에 관한 사항 등을 명기한 것이다.

해설:
*시방서
공사나 제품에 필요한 재료의 종류나 품질, 사용처, 시공 방법 등 설계 도면에 나타낼 수 없는 사항을 기록한 시공지침으로 도급계약서류의 일부

15 도시공원 및 녹지에 등에 관한 법률 시행규칙에 의해 도시공원의 효용을 다하기 위하여 설치하는 공원시설 중 편익시설로 분류되는 것은?

① 야유회장 ② 자연체험장
③ 정글짐 ④ 전망대

해설:
*편익시설
주차장, 매점, 화장실, 우체통, 공중전화실, 약국, 시계탑, 음수장 등

16 기본계획 수립 시 도면으로 표현되는 작업이 아닌 것은?

① 동선계획 ② 집행계획
③ 시설물배치계획 ④ 식재계획

해설:
기본계획 수립 시 식재계획, 시설물 배치계획, 동선계획 등은 도면으로 표현되지만 집행계획은 도면에 표현되지 않음

17 표준시방서의 기재 사항으로 맞는 것은?

① 공사량 ② 입찰방법
③ 계약절차 ④ 사용·재료 종류

해설:
*표준시방서
• 공사의 명칭, 종류, 규모, 구조 등 시공상의 일반사항을 기재
• 도급자, 발주자, 시공기술자 등의 법적, 제약적, 행정적 요구사항 기록

정답 12 ④ 13 ③ 14 ④ 15 ④ 16 ② 17 ④

18 다음 중 순공사원가에 속하지 않는 것은?

① 재료비 ② 경비
③ 노무비 ④ 일반관리비

해설

순공사원가 = 재료비 + 노무비 + 경비

19 다음 중 주택정원의 작업뜰에 위치할 수 있는 시설물로 부적합한 것은?

① 장독대 ② 빨래 건조장
③ 파고라 ④ 채소밭

해설

*작업뜰
장독대, 쓰레기통, 빨래건조장, 채소밭, 창고 등 설치

20 다음 식의 'A'에 해당하는 것은?

$$용적률 = \frac{A}{대지면적}$$

① 건축면적 ② 건축연면적
③ 1호당면적 ④ 평균층수

해설

- 건폐율 = $\frac{건축면적}{대지면적} \times 100$
- 용적률 = $\frac{건축연면적}{대지면적} \times 100$

21 미기후에 관련된 조사 항목으로 적당하지 않은 것은?

① 대기오염의 정도
② 태양복사열
③ 안개 및 서리
④ 지역온도 및 전국온도

해설

*미기후
지형, 태양의 복사열, 공기유통 정도, 안개 및 서리의 피해유무 등 국부적인 장소에서 나타나는 기후가 주변 기후와 현저히 달리 나타나는 것

22 퍼걸러 설치 장소로 적합하지 않은 것은?

① 건물에 붙여 만들어진 테라스 위
② 주택 정원의 가운데
③ 통경선의 끝부분
④ 주택 정원의 구석진 곳

해설

퍼걸러는 정원의 중앙을 피해 한적한 곳에 설치

23 다음 조명 시설 중 열 효율이 높아 터널, 안개 지역에 설치하기 적합한 등은?

① 나트륨등 ② 수은등
③ 할로겐등 ④ 백열등

해설

*나트륨등
- 연색성은 매우 나쁘나 열효율이 높고 투시성이 뛰어남
- 설치비는 비싸나 유지관리비 저렴
- 도로조명, 터널조명, 산악도로조명, 교량조명, 안개지역조명

정답 18 ④ 19 ③ 20 ② 21 ④ 22 ② 23 ①

24 조경 재료는 식물재료와 인공재료로 구분된다. 다음 중 식물재료의 특징으로 옳지 않은 것은?

① 생장과 번식을 계속하는 연속성이 있다.
② 생물로서 생명활동을 하는 자연성을 지니고 있다.
③ 계절적으로 다양하게 변화함으로써 주변과의 조화성을 가진다.
④ 기후변화와 더불어 생태계에 영향을 주지 못한다.

해설

*생물재료의 특성
- 자연성 : 계절적 변화 → 새싹, 개화, 결실, 단풍, 낙엽
- 연속성 : 생장과 번식을 계속하는 변화
- 조화성 : 형태, 색채, 종류 등 다양하게 변화하며 조화
- 비규격성(개성미) : 생물로서의 소재 특이성 지님

25 10월 경에 붉은 열매가 관상 대상이 되는 수종이 아닌 것은?

① 남천　　② 산수유
③ 왕벚나무　④ 화살나무

해설

*왕벚나무
6～7월 검은색으로 성숙

26 다음 중 옻나무와 관련된 설명 중 거리가 먼 것은?

① 열매는 핵과로 편 원형이며 연한 황색으로 10월에 익는다.
② 주로 숫나무가 암나무보다 옻액이 많이 생산된다.
③ 독립 생장한 나무가 밀집 생장한 나무보다 옻액이 많이 생산된다.
④ 표피가 울퉁불퉁한 나무가 부드러운 나무보다 옻액이 많이 생산된다.

해설

표피가 부드럽고 매끈한 나무가 옻액의 생산량이 많음

27 낙엽활엽소교목으로 양수이며 잎이 나오기 전 3월경 노란색으로 개화하고, 빨간 열매를 맺어 아름다운 수종은?

① 개나리　　② 생강나무
③ 산수유　　④ 풍년화

해설

*산수유
낙엽활엽교목으로 봄에 노란색으로 개화, 가을에 붉은 열매

정답　24 ④　25 ③　26 ④　27 ③

28 다음 중 양수로만 짝지어진 것은?

① 느티나무, 가죽나무 ② 주목, 버즘나무
③ 아왜나무, 소나무   ④ 식나무, 팔손이

해설

*양수
- 충분한 광선 밑에서 좋은 생육
- 건조하고 기온이 낮은 곳에는 대개 양성을 띰
- 소나무, 해송, 낙엽송, 은행나무, 석류나무, 철쭉류, 느티나무, 무궁화, 백목련 등

29 다음 중 내염성이 가장 약한 수종은?

① 아왜나무   ② 곰솔
③ 일본목련   ④ 모감주나무

해설

*내염성이 작은 나무
독일가문비, 소나무, 낙엽송, 목련, 오리나무, 단풍나무, 일본목련, 개나리, 왕벚나무, 피나무, 양버들 등

30 다음 수목 중 봄철에 꽃을 가장 빨리 보려면 어떤 수종을 식재해야 하는가?

① 말발도리   ② 자귀나무
③ 매실나무   ④ 금목서

해설
- 말발도리 : 5~6월 개화
- 자귀나무 : 6~7월 개화
- 매실나무 : 3~4월 개화
- 금목서 : 9~10월 개화

31 다음 [보기]의 설명에 해당하는 수종은?

- "설송(雪松)"이라 불리기도 한다.
- 천근성 수종으로 바람에 약하며, 수관폭이 넓고 속성수로 크게 자라기 때문에 적지 선정이 중요하다.
- 줄기는 아래로 처지며, 수피는 회갈색으로 얇게 갈라져 벗겨진다.
- 잎은 짧은 가지에 30개가 총생, 3~4cm로 끝이 뾰족하며, 바늘처럼 찌른다.

① 잣나무   ② 솔송나무
③ 개잎갈나무   ④ 구상나무

해설

*개잎갈나무(히말라야시다, 설송)
- 천근성 수종으로 바람에 약하며, 수관폭이 넓고 속성수
- 가지가 수평으로 퍼지며 일년생가지에 털이 있고 밑으로 처지며 나무껍질은 회갈색이고 얇은 조각으로 벗겨짐
- 잎은 침엽으로 길이 3~4cm로서 짙은 녹색이며 끝이 뾰족하고 단면은 삼각형이며, 1개씩 달리지만 짧은 가지에서는 짧은 가지에는 30개가 모여 남

32 다음 시설물 중 비철금속을 주로 사용해야 하는 것은?

① 철봉   ② 그네
③ 잔디 보호책 ④ 수경장치물

해설

수경장치물에 철금속을 사용 시 녹이 생김

정답 28 ① 29 ③ 30 ③ 31 ③ 32 ④

33 조경 소재 중 벽돌의 사용에 있어 가장 부적합한 것은?

① 원로의 포장   ② 담장의 기초
③ 테라스의 바닥   ④ 경계벽

해설
*담장의 기초
콘크리트로 만들어 줌

34 우리나라에서 사용되고 있는 점토벽돌은 기존형과 표준형으로 분류되는데, 그중 기존형 벽돌의 규격은?

① 200mm×90mm×50mm
② 210mm×100mm×60mm
③ 220mm×120mm×65mm
④ 190mm×90mm×57mm

해설
- 표준형 : 190×90×57mm
- 재래형 : 210×100×60mm

35 외벽을 아름답게 나타내는데 사용하는 미장재료는?

① 타르   ② 벽토
③ 니스   ④ 래커

해설
*미장재료
시멘트 모르타르, 회반죽, 벽토 등

36 목재의 건조 방법은 자연건조법과 인공건조법으로 구분될 수 있다. 다음 중 인공건조법이 아닌 것은?

① 증기법   ② 침수법
③ 훈연건조법   ④ 고주파 건조법

해설
- 자연건조법 : 공기건조법, 침수법
- 인공건조법 : 공기가열건조법(열기법), 증기법, 찌는법, 훈연법, 고주파 건조법

37 재료가 외력을 받았을 때 작은 변형만 나타내도 파괴되는 현상을 무엇이라 하는가?

① 강성   ② 인성
③ 전성   ④ 취성

해설
*취성
외력에 의하여 영구변형을 하지 않고 파괴되는 성질, 인성과 반대

38 화강암(granite)의 특징 설명으로 옳지 않은 것은?

① 조직이 균일하고 내구성 및 강도가 크다.
② 내화성이 우수하여 고열을 받는 곳에 적당하다.
③ 외관이 아름답기 때문에 장식재로 쓸 수 있다.
④ 자갈, 쇄석 등과 같은 콘크리트용 골재로 많이 사용된다.

해설

석재	화강암
용도	조적재, 기초 석재, 건축 내외장재, 구조재
장점 및 특징	• 한국 돌의 70%를 차지 • 흰색 또는 담회색 • 경도, 강도, 내마모성, 색채, 광택 우수 • 내화성 낮으나 압축강도가 가장 큼 • 큰 재료 획득 가능

정답 33 ② 34 ② 35 ② 36 ② 37 ④ 38 ②

39 콘크리트가 굳은 후 거푸집 판을 콘크리트 면에서 잘 떨어지게 하기 위해 거푸집 판에 칠하는 것은?

① 박리제
② 동바리
③ 프라이머
④ 쉘락

해설

*박리제
거푸집을 쉽게 제거하기 위해 바르는 도포제. 동식물유, 중유, 폐유, 파라핀유, 합성수지 등을 사용

40 디딤돌로 사용하는 돌 중에서 보행 중 군데군데 잠시 멈추어 설 수 있도록 설치하는 돌의 크기(지름)로 적당한 것은?

① 10 ~ 15cm
② 20 ~ 25cm
③ 30 ~ 35cm
④ 50 ~ 55cm

해설

*디딤돌 놓기
- 디딤돌은 10 ~ 20cm 두께의 것으로 지면보다 3 ~ 6cm 높게 배치
- 배치간격은 성인의 보폭으로 35 ~ 40cm 정도
- 시작점과 끝점, 갈라지는 곳은 50cm 정도의 큰 돌 배치

41 토공사에서 흐트러진 상태의 토양변환율이 1.1일 때 터파기량이 10㎥, 되메우기량이 7㎥이라면 잔토처리량은?

① 3㎥
② 3.3㎥
③ 7㎥
④ 17㎥

해설

(10-7) × 1.1 = 3.3㎥

42 콘크리트 공사에서 워커빌리티의 측정법으로 부적합한 것은?

① 표준관입시험
② 구관입시험
③ 다짐계수시험
④ 비비(Vee-Bee)시험

해설

*표준관입시험
지반의 지지력, 지층의 분포 상태 및 지질을 파악하기 위한 시험

43 다음 중 흙쌓기에서 비탈면의 안정효과를 가장 크게 얻을 수 있는 경사는?

① 1 : 0.3
② 1 : 0.5
③ 1 : 0.8
④ 1 : 1.5

해설

일반적인 흙쌓기 경사는 1 : 1.5 정도

44 가로 2m × 세로 50m의 공간에 H0.4 × W0.5 규격의 영산홍으로 생울타리를 만들려고 하면 사용되는 수목의 수량은 약 얼마인가?

① 50주
② 100주
③ 200주
④ 400주

해설

생울타리 면적 : 2 × 50 = 100㎡
1주의 식재면적 : 0.5 × 0.5 = 0.25㎡
→ $\frac{100}{0.25}$ = 400주

정답 39 ① 40 ④ 41 ② 42 ① 43 ④ 44 ④

45 다음 콘크리트와 관련된 설명 중 옳은 것은?

① 콘크리트의 굵은 골재 최대 치수는 20mm 이다.
② 물 – 결합재비는 원칙적으로 60% 이하이어야 한다.
③ 콘크리트는 원칙적으로 공기 연행제를 사용하지 않는다.
④ 강도는 일반적으로 표준양생을 실시한 콘크리트 공시체의 재령 30일일 때 시험값을 기준으로 한다.

해설
- 공기연행제 사용 시 유동성과 워커빌리티 개선
- 굵은 골재의 크기는 25~40mm
- 콘크리트 강도 기준일은 재령 28일

46 단위용적중량이 1,700kgf/㎥, 비중이 2.6인 골재의 공극률은 약 얼마인가?

① 34.6% ② 52.94%
③ 3.42% ④ 5.53%

해설
실적률 : $\frac{1.7}{2.6} \times 100 = 65.4\%$
공극률 = 100 - 실적률 → 100 - 65.4 = 34.6%

47 다음 중 ( ) 안에 알맞은 것은?

공사 목적물을 완성하기까지 필요로 하는 여러 가지 작업의 순서와 단계를 ( )(이)라고 한다. 가장 효과적으로 공사 목적물을 만들 수 있으며 시간을 단축시키고 비용을 절감할 수 있는 방법을 정할 수 있다.

① 공종 ② 검토
③ 시공 ④ 공정

해설
*공정
공사 목적물을 완성하기까지 필요로 하는 여러 가지 작업의 순서와 단계

48 다음 중 골재의 단위 용적 중의 실적 용적을 백분율로 나타낸 값으로 단위 질량을 밀도로 나눈 값의 백분율이 의미하는 것은 무엇인가?

① 공극률 ② 진비중
③ 실적률 ④ 가비중

해설
*실적률
용기를 골재로 채운 경우, 용기의 용적에 대한 골재의 절대 용적을 백분율(%)로 표시한 값

49 화단의 초화류를 식재하는 방법으로 옳지 않은 것은?

① 식재할 곳에 1㎡당 퇴비 1~2kg, 복합비료 80~120g을 밑거름으로 뿌리고 20~30cm 깊이로 갈아 준다.
② 큰 면적의 화단은 바깥쪽으로부터 시작하여 중앙 부위로 심어 나가는 것이 좋다.
③ 식재하는 줄이 바뀔 때마다 서로 어긋나게 심는 것이 보기에 좋고 생장에 유리하다.
④ 심기 한나절 전에 관수해 주면 캐낼 때 뿌리에 흙이 많이 붙어 활착에 좋다.

해설
큰 면적의 화단은 중앙부터 시작하여 바깥쪽으로 심어 나가는 것이 좋음

정답 45 ② 46 ① 47 ④ 48 ③ 49 ②

50 잡초제거를 위한 제초제 중 잔디밭에 사용할 때 각별한 주의가 요구되는 것은?

① 선택성 제초제 ② 비선택성 제초제
③ 접촉형 제초제 ④ 호르몬형 제초제

해설

*비선택성 제초제
작물과 잡초를 구별하지 않고 비선택적으로 살초하는 약제이나 사용 시기에 따라 선택적 이용 가능

51 다음 그림은 정원수의 거름주는 방법이다. 이 중 방사상 시비법에 해당하는 것은?

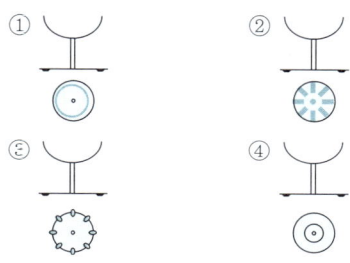

해설

*방사상 시비법
수목 밑동부터 밖으로 방사상 모양으로 땅을 파고 시비

52 다음 중 이식하기 어려운 수종이 아닌 것은?

① 소나무 ② 자작나무
③ 섬잣나무 ④ 은행나무

해설

*이식이 어려운 나무
독일가문비, 백송, 소나무, 섬잣나무, 굴참나무, 떡갈나무, 백합나무, 자작나무, 칠엽수, 감나무 등

53 낙엽수의 휴면기 겨울전정(12월 ~ 3월)의 장점으로 틀린 것은?

① 병충해의 피해를 입은 가지의 발견이 쉽다.
② 가지의 배치나 수형이 잘 드러나므로 전정하기 쉽다.
③ 굵은 가지를 잘라내어도 전정의 영향을 거의 받지 않는다.
④ 막눈 발생을 유도하여 새가지가 나오기 전까지 수종 고유의 아름다운 수형을 감상할 수 있다.

해설

*겨울 전정이 가장 중요한 이유
• 낙엽수의 경우 가지의 배치나 수형이 잘 나타남
• 휴면 중이라 전정의 영향을 거의 받지 않음
• 병해충 피해 가지 발견이 쉬움
• 작업이 쉬움
• 휴면 중에 부정아 발생이 없어 멋있는 수형을 오래 관상

54 대추나무에 발생하는 전신병으로 마름무늬매미충에 의해 전염되는 병은?

① 갈반병 ② 잎마름병
③ 흑병 ④ 빗자루병

해설

*파이토플라스마(phytoplasma)
세포벽이 없는 미생물로 인공배양이 되지 않고 곤충에 매개되는 특성이 있으며, 세균과 바이러스의 중간 형태를 가진 미생물로 마이코플라스마의 식물병원의 새로운 명칭. 오동나무 빗자루병은 담배장님노린재, 대추나무 빗자루병, 뽕나무 오갈병은 마름무늬매미충이 매개. 파이토플라스마병은 옥시테트라사이클린(oxtetracycline) 같은 항생제나 술파제를 줄기에 주입하거나 매개충을 구제하고, 병든 식물을 제거하는 등의 방법으로 방제

정답 50 ② 51 ② 52 ④ 53 ④ 54 ④

55 다음 중 조경수목의 꽃눈 분화, 결실 등과 관련이 깊은 것은?

① 질소와 탄소비율
② 탄소와 칼륨비율
③ 질소와 인산비율
④ 인산과 칼륨비율

:해설:

*C/N율(탄질률)
식물체 내의 탄수화물(C)과 질소(N)의 비율로 가지의 생장, 꽃눈의 형성 및 열매에 영향. C/N율이 높으면 화성을 유도하고, C/N율이 낮으면 영양생장이 계속.

56 다음과 같은 피해를 보이는 대기오염 물질은?

- 침엽수는 물에 젖은 듯한 모양, 적갈색으로 변색
- 활엽수 잎의 끝부분과 엽맥 사이 조직의 괴사, 물에 젖은 듯한 모양(엽육조직피해)

① 오존
② 아황산가스
③ PAN
④ 중금속

:해설:

*아황산가스의 피해증상
- 잎 끝이나 엽맥 사이에 회백색 또는 갈색 반점으로 시작
- 광합성, 호흡·증산작용이 곤란해져 낙엽이 되어 다시 새싹이 나오므로 체내 영양이 크게 감소됨
- 결과적으로 나무 끝이 말라죽기 시작, 수관이 한쪽으로 기울거나 기형으로 되어 수형이 망가짐

57 20L 분무기 한통에 1,000배 액의 농약 용액을 만들고자 할 때 필요한 농약의 약량은?

① 10ml
② 20ml
③ 30ml
④ 50ml

:해설:

소요 농약량(ml, g) = $\dfrac{단위면적당\ 소정살포액량(ml)}{희석배수}$

→ $\dfrac{20,000}{1,000}$ = 20ml

58 다음 중 루비깍지벌레의 구제에 가장 효과적인 농약은?

① 페니트로티온수화제
② 다이아지논분제
③ 포스파미돈액제
④ 옥시테트라사이클린수화제

:해설:

*페니트로티온수화제(메프치온)
저독성 종합살충제(솔나방, 하늘소, 소나무좀, 혹파리, 뿔밀깍지벌레 등)

59 수목의 흰가루병은 가을이 되면 병환부에 흰가루가 섞여서 미세한 흑색의 알맹이가 다수 형성되는데 다음 중 이것을 무엇이라 하는가?

① 균사(菌絲)
② 자낭구(子囊球)
③ 분생자병(分生子柄)
④ 분생포자(分生胞子)

:해설:

*자낭구
흰가루 병균 따위가 형성하는 완전히 폐쇄된 구형의 자낭과

60 다음 수목 병해 중 세균에 의한 병에 해당하는 것은?

① 뿌리혹병
② 흰가루병
③ 그을음병
④ 모잘록병

:해설:

- 흰가루병(진균)
- 그을음병(흡즙성 해충의 배설물)
- 모잘록병(진균)

정답 55 ① 56 ② 57 ② 58 ③ 59 ② 60 ①

제 5 회
최신 CBT 기출복원 문제

01 다음 중 ( ) 안에 해당하지 않는 것은?

> 우리나라 전통 조경 공간인 연못에는 ( ), ( ), ( )의 삼신산을 상징하는 세 섬을 꾸며 신선사상을 표현했다.

① 영주 ② 방지
③ 봉래 ④ 방장

해설
*신선사상의 삼신선도
봉래, 방장, 영주

02 창덕궁 후원의 정자 중 물에 뜬 것과 같은 부채꼴 모양으로 된 것은?

① 청의정 ② 부용정
③ 애련정 ④ 관람정

해설
*관람정역
- 자연 곡선지를 중심으로 한 원림(한반도)
- 상지 : 존덕정(6각 겹지붕 정자)
- 하지 : 관람정(부채꼴 모양)

03 조선시대 가장 흔하게 조성된 연못의 형태는?

① 둥근형 ② 네모난형
③ 자연형 ④ 복합형

해설
*조선시대 중기 이후
풍수지리설의 영향으로 후원식, 화계식이 발달하고, 음양오행사상의 영향으로 연못의 형태가 방지원도로 발달

04 다음 중 목련의 다른 이름은?

① 자미화 ② 산다화
③ 부거   ④ 목필화

해설
*식물의 옛 이름
- 무궁화 : 목근화(木槿花)
- 배롱나무 : 자미화(紫微花)
- 연 : 부거(赴擧)
- 목련 : 목필화(木筆花)
- 동백 : 산다화(山茶花)
- 모란 : 목단(牧丹)
- 살구 : 행목(杏木)

05 중국 한나라 태액지에 대한 설명으로 잘못된 것은?

① 태호석을 채취한 연못이었다.
② 조수와 용어조각을 배치하였다
③ 신선사상을 반영한 정원이다.
④ 연못 안에 삼신섬(봉래, 방장, 영주)을 축조하였다.

해설
*태액지원(太液池苑, 연못에 딸린 정원)
- 궁궐에서 가까운 궁원
- 연못 안에 삼신섬(봉래, 방장, 영주) 축조
- 신선사상, 조수鳥獸와 용어龍漁조각 배치(청동이나 대리석)

정답 01 ② 02 ④ 03 ② 04 ④ 05 ①

06 백제의 유민 노자공이 정원 축조수법을 일본에 전해 준 시기는?

① 4세기 초엽 ② 5세기 말엽
③ 6세기 중엽 ④ 7세기 초엽

해설

*백제인 노자공
수미산과 오교(612)

07 스페인 정원의 특징과 관계가 먼 것은?

① 건물로서 완전히 둘러싸인 가운데 뜰형태의 정원
② 정원의 중심부는 분수가 설치된 작은 연못 설치
③ 웅대한 스케일의 파티오 구조의 정원
④ 난대, 열대 수목이나 꽃나무를 화분에 심어 중요한 자리에 배치

해설

파티오는 중정이므로 웅대한 스케일을 가지고 있지 않음

08 르 노트르는 정원을 구성할 때 여러 가지 화단으로 화려하게 장식하였다. 그 가운데 회양목으로만 대칭형 무늬를 만드는 화단 명칭은?

① 대칭화단 ② 자수화단
③ 영국화단 ④ 구획화단

해설

*구획화단
회양목으로만 사용하여 무늬를 만든 화단으로 초지나 화훼류가 곁들여지지 않은 화단

09 버킹검의 [스토우가든]을 설계하고, 담장 대신 정원부지의 경계선에 도랑을 파서 외부로부터의 침입을 막은 Ha-Ha 수법을 실현하게 한 사람은?

① 켄트   ② 브릿지맨
③ 와이즈맨 ④ 챔버

해설

*브릿지맨(Bridgeman)
스토우가든 설계(버킹검), 스토우가든에 하하 개념 도입

10 회색의 시멘트 블록들 가운데에 놓인 붉은 벽돌은 실제의 색보다 더 선명해 보인다. 이러한 현상을 무엇이라고 하는가?

① 색상대비 ② 명도대비
③ 채도대비 ④ 보색대비

해설

*채도대비
• 다른 두 색의 영향으로 인해 서로 가지고 있는 본래의 채도에 변화가 일어나는 현상
• 옆에 있는 색의 채도가 높으면 해당 색은 채도가 낮아 보이고, 반대로 옆에 있는 색의 채도가 낮으면 해당 색의 채도가 높아 보인다는 것

정답 06 ④ 07 ③ 08 ④ 09 ② 10 ③

11 명암순응에 대한 설명으로 틀린 것은?

① 눈이 빛의 밝기에 순응해서 물체를 본다는 것을 명암순응이라 한다.
② 맑은 날 색을 본 것과 흐린 날 색을 본 것이 같이 느껴지는 것이 명순응이다.
③ 터널에 들어갈 때와 나갈 때의 밝기가 급격히 변하지 않도록 명암순응 식재를 한다.
④ 명순응에 비해 암순응은 장시간을 필요로 한다.

해설

*명암순응
밝은 곳에서 어두운 곳(암순응) 또는 이와 반대(명순응)의 상황에서 처음에는 잘 보이지 않다가 점차 보이게 되는 현상

12 다음 [보기]에서 설명하는 것은?

- 유사한 것들이 반복되면서 자연적인 순서와 질서를 갖게 되는 것
- 특정한 형이 점차 커지거나 반대로 서서히 작아지는 형식이 되는 것

① 점이(漸移)   ② 운율(韻律)
③ 추이(推移)   ④ 비례(比例)

해설

- 점이 : 점차적으로 바뀌어 감
- 점층 : 작고, 낮고, 약한 것으로부터 차차 크고, 높고, 강한 것으로 끌어올려 표현함

13 다음 중 색의 대비에 관한 설명이 틀린 것은?

① 보색인 색을 인접시키면 본래의 색보다 채도가 낮아져 탁해 보인다.
② 명도 단계를 연속시켜 나열하면 각각 인접한 색끼리 두드러져 보인다.
③ 명도가 다른 색을 인접시키면 명도가 낮은 색은 더욱 어두워 보인다.
④ 채도가 다른 두 색을 인접시키면 채도가 높은 색은 더욱 선명해 보인다.

해설

*보색대비
어떤 색을 보색과 대비시키면 본래의 색보다 채도가 서로 높아지고 선명해지면서 서로 상대방의 색을 강하게 드러나 보이게 함

14 선의 분류 중 모양에 따른 분류가 아닌 것은?

① 실선   ② 파선
③ 1점 쇄선 ④ 치수선

해설

*치수선
용도에 의한 명칭

15 인공지반 조성 시 토양유실 및 배수기능이 저하되지 않도록 배수층과 토양층 사이에 여과와 분리를 위해 설치하는 것은?

① 자갈   ② 모래
③ 토목섬유   ④ 합성수지 배수관

해설

*토목섬유
토양층과 배수층 사이의 토양 여과층의 재료로 세립토양이 유출되지 않고 투수기능을 가진 섬유재

정답 11 ② 12 ① 13 ① 14 ④ 15 ③

16 조감도의 소점은 몇 개인가?

① 1개 ② 2개
③ 3개 ④ 4개

해설

투시도는 소점의 개수에 따라 1소점 투시도, 2소점 투시도, 3소점 투시도
- 조감도 : 완성 후의 모습을 공중에서 비스듬히 내려다 본 모습 (3소점 투시)

17 조경 설계 과정에서 가장 먼저 이루어져야 할 것은?

① 구상 개념도 작성 ② 실시 설계도 작성
③ 평면도 작성 ④ 내역서 작성

해설

구상 개념도 → 평면도 → 실시 설계도 → 내역서 순

18 주차장법 시행규칙상 주차장의 주차구획 기준은?(단, 평행주차식 외의 장애인 전용 방식이다.)

① 2.0m 이상×4.5m 이상
② 3.0m 이상×5.0m 이상
③ 2.3m 이상×4.5m 이상
④ 3.3m 이상×5.0m 이상

해설

*장애인 전용 주차장의 규격
3.3m 이상×5.0m 이상

19 다음 중 인공토양을 만들기 위한 경량재가 아닌 것은?

① 부엽토 ② 화산재
③ 펄라이트 ④ 버미큘라이트

해설

*조경용 경량토
버미큘라이트, 펄라이트, 피트모스, 화산재 등을 식재토양에 혼합해 사용

20 다음 [보기]에서 (   )에 들어갈 적당한 공간 표현은?

서오능 시민 휴식공원 기본 계획에는 왕릉 보존과 단체 이용객에 대한 개방이라는 상충되는 문제를 해결하기 위하여 (   )을 (를) 설정함으로써 왕릉과 공간을 분리시켰다.

① 진입광장 ② 동적공간
③ 완충녹지 ④ 휴게공간

해설

*녹지
기반시설인 공간시설로 정의된 녹지

완충녹지	대기오염, 소음, 진동, 악취 등의 공해와 사고나 자연재해 등의 재해를 방지하기 위하여 설치하는 녹지
경관녹지	도시의 자연적 환경을 보전하거나 이를 개선하고 이미 자연이 훼손된 지역을 복원, 개선함으로써 도시경관을 향상시키기 위하여 설치하는 녹지
연결녹지	도시 안의 공원, 하천, 산지 등을 유기적으로 연결하고 도시민에게 산책공간의 역할을 하는 등 여가, 휴식을 제공하는 선형의 녹지

정답 16 ③ 17 ① 18 ④ 19 ① 20 ③

21 다음 [보기]가 갖는 색명을 무엇이라 하는가?

- 색을 물체의 이름에서 부분 또는 전체적으로 인용하거나 일반인이 공통적으로 가진 지식이나 경험에 근거한 어휘로 표현한다. 따라서 인종이나 생활지역, 문화 등과 밀접하게 관계된다.
- 이 색명의 대부분은 물체의 이름에서 유래되었기 때문에 '색'을 붙이는 것이 많다.

① 관용색명　　② 기본색명
③ 일반색명　　④ 계통색명

해설

*관용색명
예부터 전해오는 습관적 이름이나 지명, 장소, 동식물의 이름을 고유한 이름으로 붙여 사용하는 색명. 이해는 빠르지만 정확한 구별에는 어려움이 있음
- 가지색, 비둘기색, 진달래색 등

22 공원의 녹지계통 형식에서 가장 이상적인 녹지계통 형식은?

① 분산식　　② 환상식
③ 방사환상식　　④ 위성식

해설

*방사환상식
- 방사식 + 환상식
- 가장 이상적인 녹지 계통

23 노외 주차장의 주차방식 중 출입구가 1개일 때 차로의 너비가 가장 큰 것은?

① 평행주차　　② 45° 대향주차
③ 60° 대향주차　　④ 직각주차

해설

*주차형식 및 출입구 개수에 따른 차로의 넓이

주차형식	차로의 넓이(m)	
	출입구 2개 이상	출입구 1개
평행주차	3.3	5.0
직각주차	6.0	6.0
60도 대향주차	4.5	5.5
45도 대향주차	3.5	5.0

24 공간구성 다이어그램에서 이루어지는 내용으로 틀린 것은?

① 동선체계 표현
② 설계원칙 추출
③ 설계의도 정리
④ 공간별 배치 및 상호관계

해설

*공간구성 다이어그램
- 공간별 배치 및 공간 상호간의 관계를 보여 주는 것
- 부분적 장소의 공간을 배치하고 동선체계를 시각적으로 표현
- 설계의도를 정리하면서 3차원적 공간 구성을 위한 전이단계

정답 21 ① 22 ③ 23 ④ 24 ②

25 가을에 그윽한 향기를 가진 등황색 꽃이 피는 수종은?

① 금목서　　② 남천
③ 팔손이나무　④ 생강나무

:해설:

*꽃향기
- 매화나무(이른 봄)
- 서향(봄)
- 수수꽃다리(봄)
- 장미(5 ~ 10월)
- 일본목련(6월)
- 함박꽃나무(6월)
- 인동덩굴(7월)
- 금목서(10월)

26 다음 중 수목의 흉고 직경을 측정할 때 사용하는 기구는?

① 윤척　　　② 와이어제측고기
③ 덴드로메타　④ 경척

:해설:

*윤척
나무의 지름을 재는 기구

27 회양목의 설명으로 틀린 것은?

① 낙엽활엽관목이다.
② 잎은 두껍고 타원형이다.
③ 3 ~ 4월경에 꽃이 연한 황색으로 핀다.
④ 열매는 삭과로 달걀형이며, 털이 없으며 갈색으로 9 ~ 10월에 성숙한다.

:해설:

*회양목
회양목과 회양목속의 상록활엽관목

28 다음 중 열매가 붉은색으로 열리는 수종으로만 짝지어진 것은?

① 산수유, 때죽나무
② 산딸나무, 이팝나무
③ 낙상홍, 피라칸다
④ 화살나무, 흰말채나무

:해설:

- 산수유(붉은색)
- 때죽나무(회백색)
- 산딸나무(붉은색)
- 이팝나무(검정색)
- 화살나무(붉은색)
- 흰말채나무(흰색)

29 다음 중 낙우송과 메타세콰이어의 차이점으로 잘못된 것은?

① 엽은 편평한 새의 깃 모양으로서 가을에 단풍이 든다.
② 종자는 삼각형의 각모에 광택이 있으며 날개가 있다.
③ 열매는 둥근 달걀모양으로 길이 2 ~ 3cm, 지름 1.8 ~ 3cm의 암갈색이다.
④ 두 수종 모두 잎이 마주나는 대생이다.

:해설:

- 낙우송 : 호생
- 메타세콰이어 : 대생

정답　25 ①　26 ①　27 ①　28 ③　29 ④

30 조경 수목은 가을이 되면 다양한 색상의 단풍이 들게 된다. 다음 중 붉은 단풍이 드는 나무로 묶인 것은?

① 붉나무, 백합나무
② 감나무, 화살나무
③ 복자기, 붉은고로쇠나무
④ 칠엽수, 단풍나무

해설

*붉은색 계통의 조경수목
복자기, 붉나무, 옻나무, 단풍나무, 담쟁이덩굴, 마가목, 화살나무, 산딸나무, 매자나무, 참빗살나무, 감나무 등

31 조경재료 중 인조재료로 분류하기 어려운 것은?

① 우드칩 ② 태호석
③ 인조석 ④ 슬레이트

해설

*태호석
중국 태호지방에서 나는 돌. 자연석

32 다음 중 석가산을 만들고자 할 때 적합한 돌은?

① 잡석 ② 괴석
③ 호박돌 ④ 자갈

해설

석가산(태호석 : 괴석)

33 콘크리트 혼화제 중 내구성 및 워커빌리티를 향상시키는 것은?

① 감수제 ② 경화촉진제
③ 지연제 ④ 방수제

해설

*분산제(감수제)
시멘트 입자를 분산시켜 워커빌리티를 좋게 함

34 진비중이 1.5, 전건비중이 0.54인 목재의 공극률은?

① 66% ② 64%
③ 62% ④ 60%

해설

$$공극률 = \frac{진비중 - 전건비중}{진비중} \times 100$$

$$\rightarrow \frac{1.5 - 0.54}{1.5} \times 100 = 64\%$$

35 AE콘크리트의 성질 및 특징 설명으로 틀린 것은?

① 수밀성이 향상된다.
② 콘크리트 경화에 따른 발열이 커진다.
③ 입형이나 입도가 불량한 골재를 사용할 경우 공기 연행의 효과가 크다.
④ 일반적으로 빈배합의 콘크리트일수록 공기연행에 의한 워커빌리티의 개선효과가 크다.

해설

*AE콘크리트
- AE제를 사용하여 콘크리트 속에 미세한 공기를 섞어 성질을 개선한 콘크리트
- 내구성과 워커빌리티 개선, 단위수량 및 수화열 감소, 재료분리 현상 감소

정답 30 ② 31 ② 32 ② 33 ① 34 ② 35 ②

36 다음과 같은 특징을 갖는 시멘트는?

- 조기강도가 크다.(재령 1일에 보통포틀랜드 시멘트의 재령 28일 강도와 비슷함)
- 산, 염류, 해수 등의 화학적 작용에 대한 저항성이 크다.
- 내화성이 우수하다.
- 한중콘크리트에 적합하다.

① 알루미나시멘트 ② 실리카시멘트
③ 포졸란시멘트 ④ 플라이애쉬시멘트

해설

*알루미나시멘트
- One day 시멘트, 조기강도가 큼
- 24시간에 보통 포틀랜드시멘트의 28일 강도 발현
- 수축이 적고 내수, 내화, 내화학성이 큼
- 동절기 공사, 해수 및 긴급공사에 사용

37 시멘트 혼화제 중에서 염화칼슘을 넣는 이유는 무엇인가?

① 조기강도를 증가시키기 위하여
② 장기강도를 증가시키기 위하여
③ 내구성을 향상시키기 위하여
④ 콜드 조인트를 발생시키기 위하여

해설

*응결경화촉진제
- 조기강도 발생 촉진, 내구성 저하 우려 있음
- 염화칼슘, 염화마그네슘, 규산나트륨, 식염 등

38 다음 중 열경화성 수지의 종류와 특징 설명이 옳지 않은 것은?

① 페놀수지 : 강도, 전기 절연성, 내산성, 내수성 모두 양호하나 내알칼리성이 약하다.
② 멜라민수지 : 내수성이 크고 열탕에서 침식되지 않음.
③ 우레탄수지 : 투광성이 크고 내후성이 양호하며 착색이 자유롭다.
④ 실리콘수지 : 열절연성이 크고 내약품성, 내후성이 좋으며 전기적 성능이 우수하다.

해설

*우레탄수지
폴리우레탄이라고도 하며 통상 반투명으로 투광성이 크지 않음

39 평판측량에서 제도용지의 도상점과 땅위의 측점을 동일하게 맞추는 것은?

① 정준 ② 자침
③ 표정 ④ 구심

해설

*중심 맞추기
평판상의 점과 측량점을 일치시키는 것(구심)

정답 36 ① 37 ① 38 ③ 39 ④

40 잔디밭 조성 시 뗏장 심기와 비교한 종자파종 방법의 이점이 아닌 것은?

① 비용이 적게 든다.
② 작업이 비교적 쉽다.
③ 균일하고 치밀한 잔디를 얻을 수 있다.
④ 잔디밭 조성에 짧은 시일이 걸린다.

해설

*종자번식과 영양번식의 비교

장단점	종자번식	영양번식
장점	• 비용 저렴 • 균일, 치밀한 잔디 조성 가능 • 작업이 편리	• 짧은 시일내 잔디 조성 가능 • 공사시기 제한 거의 없음 • 조성공사가 매우 안정 • 경사지 공사 가능
단점	• 완성에 60 ~ 100일 정도 소요 • 정해진 시기에만 파종 가능 • 경사지 파종이 곤란	• 비용 고가 • 공사 기간이 비교적 오래 걸림

41 일반적으로 표면 배수 시 빗물받이는 몇 m마다 1개씩 설치하는 것이 효과적인가?

① 1 ~ 10m   ② 20 ~ 30m
③ 40 ~ 50m   ④ 60 ~ 70m

해설

*빗물받이

흐르는 빗물을 낙하시켜 지하 배수관으로 유입시키는 시설로 보통 20 ~ 30m마다 설치

42 돌가루와 아스팔트를 섞어 가열한 것을 식기 전에 다져놓은 자갈층 위에 고르게 깔아 롤러로 다져 끝맺음한 포장방법은?

① 소형고압블럭포장   ② 콘크리트포장
③ 아스팔트포장   ④ 마사토포장

해설

*아스팔트포장

아스팔트 또는 타르에 의해 고결된 쇄석 등의 공재로 포장된 것

43 다음 [보기]와 같은 특징을 갖는 암거배치 방법은?

• 중앙에 큰 맹암거를 중심으로 하여 작은 맹암거를 좌우에 어긋나게 설치하는 방법
• 경기장 같은 평탄한 지형에 적합하며, 전 지역의 배수가 균일하게 요구되는 지역에 설치
• 주관을 경사지에 배치하고 양측에 설치

① 빗살형   ② 부채살형
③ 어골형   ④ 자연형

해설

*어골형

• 주선(간선, 주관)을 중앙에 비치하고 지선(지관)을 비스듬하게 설치
• 경기장, 골프장, 광장 같은 평탄지역에 적합
• 지관은 길이 최장 30m 이하, 4 ~ 5m 간격 설치

정답 40 ④ 41 ② 42 ③ 43 ③

44 길이 쌓기 켜와 마구리 쌓기 켜가 번갈아 반복되게 쌓는 방법으로 모서리나 벽이 끝나는 곳에 반절이나 2.5토박이 쓰이는 벽돌쌓기 방법은?

① 영국식 쌓기 ② 프랑스식 쌓기
③ 영롱 쌓기 ④ 미국식 쌓기

:해설:

*영국식 쌓기
- 길이 쌓기 켜와 마구리 쌓기 켜를 반복하여 쌓는 방법
- 가장 견고함. 모서리 이오토막 사용

45 다음 중 훼손지 비탈면의 초류종자 살포(종비토뿜어붙이기)와 관계가 없는 것은?

① 종자 ② 생육기반제
③ 지효성비료 ④ 농약

:해설:

*종자뿜어붙이기
기구를 이용하여 접착제(토양안정), 녹화기반제(배양토, 비료, 화이버, 펄프류, 종자), 색소(살포지와 미살포지 구분 및 시각적 위장), 물을 섞어 뿜어 붙임

46 콘크리트 1㎥에 소요되는 재료의 양을 계량하여 1 : 2 : 4 또는 1 : 3 : 6 등의 배합비율로 표시하는 배합을 무엇이라 하는가?

① 표준계량 배합 ② 용적 배합
③ 중량 배합 ④ 시험중량 배합

:해설:

*현장계량 용적 배합
- 콘크리트 1㎥에 소요되는 재료의 양을 시멘트는 포대수로, 골재는 현장계량에 의한 용적(㎥)으로 표시한 배합
- 예를 들어, 1 : 2 : 4, 1 : 3 : 6 등으로 표시

47 우리나라의 조선시대 전통 정원을 꾸미고자 할 때 다음 중 연못 시공으로 적합한 호안공은?

① 자연석 호안공 ② 사괴석 호안공
③ 편책 호안공 ④ 마름돌 호안공

:해설:

조선시대 전통정원의 연못 시공은 사괴석을 사용

48 다음 중 교목의 식재 공사 공정으로 옳은 것은?

① 구덩이파기 → 물죽쑤기 → 묻기 → 지주세우기 → 수목방향 정하기 → 물집만들기
② 구덩이파기 → 수목방향 정하기 → 묻기 → 물죽쑤기 → 지주세우기 → 물집만들기
③ 수목방향 정하기 → 구덩이파기 → 물죽쑤기 → 묻기 → 지주세우기 → 물집만들기
④ 수목방향 정하기 → 구덩이파기 → 묻기 → 지주세우기 → 물죽쑤기 → 물집만들기

:해설:

*교목의 식재 순서
구덩이 파기 → 수목방향 정하기 → 묻기 → 물죽쑤기 → 지주세우기 → 물집만들기

정답 44 ① 45 ④ 46 ② 47 ② 48 ②

49 다음 중 석재의 비중 산출 방법이 바르게 된 것은?

① $\dfrac{건조무게}{표면건조포화상태 무게 - 수중무게}$

② $\dfrac{건조무게}{습윤상태 무게 - 수중무게}$

③ $\dfrac{수중무게}{표면건조포화상태 무게 - 수중무게}$

④ $\dfrac{수중무게}{습윤상태 무게 - 건조무게}$

해설

석재의 겉보기 비중 = $\dfrac{건조무게}{표면건조포화상태무게 - 수중무게}$

50 제초제 1,000ppm은 몇 %인가?

① 0.01% ② 0.1%
③ 1%   ④ 10%

해설

*ppm(pert per million)

$\dfrac{1}{1,000,000}$을 말하고 1%는 10,000ppm

51 잔디의 거름주기 방법으로 적당하지 않은 것은?

① 질소질 거름은 1회 주는 양이 10g 정도 주어야 한다.
② 난지형 잔디는 하절기에, 한지형 잔디는 봄과 가을에 집중해서 거름을 준다.
③ 한지형 잔디의 경우 고온에서의 시비는 피해를 촉발시킬 수 있으므로 가능하면 시비를 하지 않는 것이 원칙이다.
④ 가능하면 제초작업 후 비가 오기 직전에 실시하며 불가능한 시기에는 시비 후 관수한다.

해설

질소질비료는 1회 주는 양이 1m² 당 4g 이하

52 다음 설명과 관련이 있는 잔디의 병은?

• 17 ~ 22℃ 정도의 기온에서 습윤 시 잘 발생
• 질소질 비료의 성분이 부족한 지역에서 발생하기 쉬움
• 담자균류에 속하는 곰팡이로서 년 2회 발생
• 디니코나졸수화제를 살포하여 방제

① 흰가루병   ② 그을음병
③ 잎마름병   ④ 녹병

해설

*녹병(붉은녹병)
• 한국 잔디에서 가장 많이 나타나는 병으로 담자균류에 속하는 곰팡이로서 연 2회 발생
• 5 ~ 6월경 17 ~ 22℃ 정도의 기온에서 그늘지고 습한 조건과 과도한 답압, 영양결핍 시 주로 발생
• 여름에서 초가을에 잎이나 엽맥에 적갈색(등황색)의 불규칙한 반점이 생기고 적(황)갈색 가루가 입혀진 모습으로 출현
• 미관을 많이 해치나 기온이 떨어지면 사라져 비교적 심각하지 않은 병으로 간주
• 질소질비료시비 및 낮은 예고를 피하고, 통풍 확보와 습한 환경 개선
• 만코지, 지네브, 디니코나졸, 헥사코나졸수화제로 방제

정답 49 ① 50 ② 51 ① 52 ④

53 다음 중 수관 폭을 형성하는 가지 끝 아래의 수관선을 기준으로 환상으로 깊이 20 ~ 25cm, 나비 20 ~ 30cm 정도로 둥글게 파서 거름을 주는 방법은?

① 윤상거름주기   ② 방사상거름주기
③ 천공거름주기   ④ 전면거름주기

해설

*윤상시비
수관선을 기준으로 하여 환상으로 깊이 20 ~ 25cm, 너비 20 ~ 30cm 정도로 둥글게 파고 시비

54 다음 중 파이토플라즈마에 의한 수목병은?

① 뽕나무오갈병   ② 잣나무털녹병
③ 밤나무뿌리혹병   ④ 낙엽송끝마름병

해설

- 밤나무 뿌리혹병 : 세균에 의한 병
- 낙엽송 끝마름병, 잣나무 털녹병 : 진균에 의한 병

55 곤충이 빛에 반응하여 일정한 방향으로 이동하려는 행동습성은?

① 주광성(Phototaxis)
② 주촉성(Thigmotaxis)
③ 주화성(Chemotaxis)
④ 주지성(Geotaxis)

해설

- 주광성 : 빛의 자극에 반응하여 무의식적으로 움직이는 성질
- 주촉성 : 생물의 고형물에 대한 주성(走性). 고체형에 접촉하려고 하는 성질
- 주화성 : 화학물질의 농도차가 자극을 받아 나타나는 주성
- 주지성 : 중력(重力)이 자극이 되어 일어나는 주성

56 다음 중 아황산가스에 견디는 힘이 약한 수종은?

① 삼나무   ② 편백
③ 플라타너스   ④ 사철나무

해설

*아황산가스에 약한 수종
독일가문비, 소나무, 삼나무, 전나무, 히말라야시다, 낙엽송, 느티나무, 자작나무, 감나무, 왕벚나무, 조팝나무, 단풍나무, 매화나무 등

57 소나무류의 순지르기에 대한 설명으로 옳은 것은?

① 10 ~ 12월에 실시한다.
② 남길 순도 1/3 ~ 1/2 정도 자른다.
③ 새순이 15cm 이상 길이로 자랐을 때에 실시한다.
④ 나무의 세력이 약하거나 크게 기르고자 할 때는 순자르기를 강하게 실시한다

해설

*순지르기
- 소나무류, 화백, 주목 등의 잎 끝을 가위로 자르면 자른 자리가 붉게 말라 보기 흉하기 때문에 순지르기를 함
- 5월 하순경에 순지르기 실시
- 소나무 순지르기 : 5 ~ 6월에 2 ~ 3개의 순을 남기고 중심 순을 포함한 나머지 순은 제거하며, 남길 순도 1/2 ~ 2/3 정도를 손으로 꺾어버림

정답 53 ① 54 ① 55 ① 56 ① 57 ②

58 살비제(Acaricide)란 어떠한 약제를 말하는가?

① 선충을 방제하기 위하여 사용하는 약제
② 나방류를 방제하기 위하여 사용하는 약제
③ 응애류를 방지하기 위하여 사용하는 약제
④ 병균이 식물체에 침투하는 것을 방제하기 위하여 사용하는 약제

해설

*살비제
곤충에는 살충력이 거의 없고 응애류에만 효력을 나타내는 약제

59 소나무 재선충의 학명은 무엇인가?

① Bursaphelenchus xylophilus
② Monochamus alternatus
③ Thecodiplosis japonensis
④ Tomicus piniperda

해설

*소나무 재선충(소나무 시들음병) : Bursaphelenchus xylophilus
- 병징 및 표징 : 매개충인 솔수염하늘소(북방수염하늘소)의 몸에 부착하여 기주식물에 침입. 침입 후 6일이면 잎이 밑으로 처지고 30일이 지나면 잎이 적변한다. 침입한 나무는 100% 죽음
- 방제법 : 고사목은 벌채 소각, 매개충 산란방지, 이목 설치 후 소각, 5~7월에 메프유제 수간주사, 시판되고 있는 관주처리용 선충탄액제, 수간주사용 인덱스유제

60 대취(Thach)란 지표면과 잔디(녹색식물체) 사이에서 형성되는 것으로 이미 죽었거나 살아있는 뿌리, 줄기 그리고 가지 등이 서로 섞여 있는 유기층을 말한다. 다음 중 대취의 특징으로 옳지 않은 것은?

① 한겨울에 스캘핑이 생기게 한다.
② 대취층에 병원균이나 해충이 기거하면서 피해를 준다.
③ 탄력성이 있어서 그 위에서 운동할 때 안전성을 제공한다.
④ 소수성(Hydrophobic)인 대취의 성질로 인하여 토양으로 수분이 전달되지 않아서 국부적으로 마른 지역을 형성하여 그 위에 잔디가 말라 죽게 한다.

해설

*스캘핑(scalping)
한 번에 지나치게 잔디를 낮게 깎아서 잔디가 누렇게 보이는 현상. 일시적으로 잔디 생육이 억제되며 심하면 죽음

정답 58 ③ 59 ① 60 ①

제6회 최신 CBT 기출복원 문제

01 물가에 세워진 임해전, 봉래산을 본따서 축조한 연못, 삼신산을 암시하는 3개의 섬과 관련이 있는 것은?

① 궁남지　　② 안압지
③ 부용지　　④ 부용동정원

해설
*임해전 지원(안압지, 월지)
- 삼국사기 : 문무왕 674년
- 연못, 산 조성 : 화초, 진귀한 새, 짐승 기름
- 면적 : 40,000㎡, 연못 15,650㎡

02 조선시대 선비들이 즐겨 심고 가꾸었던 사절우에 해당하는 식물이 아닌 것은?

① 소나무　　② 대나무
③ 매화　　　④ 난초

해설
*사절우
매화, 소나무, 국화, 대나무

03 조선시대 교태전 후원인 아미산에는 6각형의 굴뚝 4개가 세워져 있다. 다음 중 굴뚝에 새겨진 문양이 아닌 것은?

① 불가사리　② 반송
③ 국화　　　④ 박쥐

해설
*굴뚝 문양
불가사리, 박쥐, 해태, 십장생, 사군자

04 중국 정원에 대한 설명 중 틀린 것은?

① 송시대에는 태호석에 의한 석가산을 축조하는 정원이 조성되었다.
② 한시대의 포(圃)는 금수를 기르는 곳을 말한다.
③ 졸정원, 유원, 사자림 등은 중국 소주 지방의 정원이다.
④ 피서산장은 청시대의 이궁에 속한다.

해설
- 원(園) : 과수
- 포(圃) : 채소
- 유(囿) : 금수, 왕의 놀이터, 후세의 이궁

05 일본의 정원 양식 중 정원수를 활용하지 않은 정원 양식은?

① 회유임천식　② 평정고산수식
③ 지천임천식　④ 다정식

해설
*평정고산수 수법(15C 후반)
- 축산고산수에서 더 나아가 초감각적 無의 경지 표현
- 식물을 사용 않고 왕모래와 몇 개의 바위만 사용
- 대표 : 용안사 방장정원

정답　01 ②　02 ④　03 ②　04 ②　05 ②

06 고대 여러 나라의 특징적인 정원을 적은 것으로 거리가 먼 것은?

① 바빌로니아 – 공중정원
② 이집트 – 신원
③ 그리스 – 아카데모스
④ 로마 – 클라우스트룸

해설

*수도원 정원
이탈리아(회랑식 중정 : Cloister garden)

07 무굴 인도 정원에서 가장 중요한 정원 소재는 무엇인가?

① 녹음수　② 색채타일
③ 화강암　④ 물

해설

*인도정원
물이 가장 중요한 요소로 장식, 관개, 목욕과 종교적 행사에 이용

08 이탈리아 노단 건축식 정원, 프랑스의 평면기하학식 정원 등은 자연환경 요인 중 어떤 요인의 영향을 가장 크게 받아 발생한 것인가?

① 기후　② 지형
③ 식물　④ 토지

해설

*지형
- 지형은 기후와 함께 정원 형태에 가장 큰 영향을 끼침
- 산악지형과 평탄지형으로 구분
- 이탈리아는 경사지로 이루어진 지형을 이용한 노단식 정원 양식

09 이스파한은 페르시아의 사막 지대에 위치한 오아시스 도시이다. 이 이스파한의 계획 요소가 아닌 것은?

① 차하르 바그　② 오벨리스크
③ 왕의 광장　④ 40 주궁

해설

*이스파한
- 왕의 광장 : 380m×140m의 거대한 옥외공간
- 40 주궁 : 규칙적인 화단과 감귤류 가로수
- 차하르 바그(chahar bagh) 거리

10 넓은 초원과 같이 시야가 가리지 않고 멀리 터져 보이는 경관을 무엇이라 하는가?

① 전경관　② 지형경관
③ 위요경관　④ 초점경관

해설

*파노라마(Panorama)경관(전경관)
- 시야의 제한을 받지 않고 멀리까지 트인 경관, 자연의 웅장함과 아름다움을 느낄 수 있음
- 높은 곳에서 사방을 전망, 조망도적 성격

11 먼셀의 표색계의 색채 표기법으로 옳은 것은?

① 2040-Y70R　② 5R 4/14
③ 2 : R-4, 5-9s　④ 221c

해설

*먼셀 표색계
- 먼셀의 표색계는 H(색상), V(명도), C(채도)기호를 사용하여 HV/C순으로 표기
- 빨강 순색의 경우 "5R 4/14"로 적고 읽는 방법은 "5R 4의 14"로 읽음

정답　06 ④　07 ④　08 ②　09 ②　10 ①　11 ②

12 조경 미(美) 이론 중 형태나 선, 색깔, 음향 등이 점차적으로 증가하는 아름다움을 무엇이라 하는가?

① 운율미　② 반복미
③ 단순미　④ 점층미

:해설:
*점층미
형태나 선, 색깔, 음향 등이 점차적으로 증가하는 것

13 칸나는 가을에 붉은색으로 꽃이 피게 된다. 다음 중 칸나 꽃의 색에 대한 설명으로 올바른 것은?

① 한색이면서 채도가 높은 색이다.
② 한색이면서 채도가 낮은 색이다.
③ 난색이면서 채도가 높은 색이다.
④ 난색이면서 채도가 낮은 색이다.

:해설:
*빨간색 순색
채도가 높고 난색

14 조경공사에서 수목 및 잔디의 할증률은 몇 %인가?

① 1%　② 5%
③ 10%　④ 20%

:해설:
수목 및 잔디의 할증률 : 10%

15 축척 1/50 도면에서 도상에 가로 6cm, 세로 8cm 길이로 표시된 연못의 실제 면적은?

① 12㎡　② 24㎡
③ 36㎡　④ 48㎡

:해설:
축척 1/50 6cm → 3m, 8cm → 4m 4×3 = 12㎡

16 주택 정원의 대문에서 현관에 이르는 공간으로 명쾌하고 가장 밝은 공간이 되도록 조성해야 하는 곳은?

① 앞뜰　② 안뜰
③ 뒷뜰　④ 가운데뜰

:해설:
*앞뜰
대문에서 현관 사이의 공간, 주택의 첫인상을 좌우하는 진입공간으로 공공성이 강함

17 공사 발주를 하거나 견적을 작성하는데 필요한 설계도서에 포함되지 않는 것은?

① 일반시방서　② 일위대가표
③ 수량산출서　④ 계약서

:해설:
*설계도서
건축물의 건축 등에 관한 공사용 도면, 구조계산서, 시방서, 그 밖에 국토교통부령이 정하는 공사에 필요한 서류
• 종류 : 설계도면, 계산서, 시방서, 수량산출서, 내역서

정답　12 ④　13 ③　14 ③　15 ①　16 ①　17 ④

18 다음은 야생 동물의 서식처와 관련된 인자들이다. 야생 동물의 서식처와 밀접한 관련이 있는 것은?

① 지형의 변화 ② 식생 분포
③ 토양분포   ④ 인공구조물 분포

해설

주연부효과(edge effect)
- 주연부(edge) : 식물군집들이 만나는 인접지 또는 식물군집 내에서 천이과정이나 식생조건이 다른 집단이 만나는 장소
- 주연부효과 : 주연부에서 서로 다른 식물군집들이 만나게 되어 일반적 군집 내부보다 종 다양성과 밀도가 높아지는 현상
- 식생분포가 중요함

19 다음 중 입체적인 느낌을 주는 도면에 해당하지 않는 것은?

① 투시도   ② 조감도
③ 스케치   ④ 다이어그램

해설

*공간구성 다이어그램
- 공간별 배치 및 공간 상호간의 관계를 보여 주는 것
- 부분적 장소의 공간을 배치하고 동선체계를 시각적으로 표현
- 설계의도를 정리하면서 3차원적 공간 구성을 위한 전이단계

20 KS규격 표시에서 석재는 어느 부분으로 분류가 되는가?

① KS A   ② KS D
③ KS F   ④ KS H

해설

- KS A(기본부문)
- KS D(금속부문)
- KS F(건설부문)
- KS H(식료부문)

21 다음 도시 공원의 녹지계통 형식에서 도시 내부와 외부의 관련이 매우 좋으며, 재난 시 시민들의 빠른 대피에 효과를 발휘하는 녹지 형태는?

① 분산식   ② 환상식
③ 방사식   ④ 평행

해설

*방사식
도시를 중심으로 외부로 방사상 녹지 형성

22 제도 용구 중 플래니미터의 사용 용도는?

① 자유곡선을 그을 때 사용하는 기구이다.
② 부정형 지역의 면적 측정 시 주로 사용되는 기구이다.
③ 각종 반지름의 원호를 그릴 때 사용하는 기구이다.
④ 수목을 표현할 때 사용하는 기구이다.

해설

*구적기(Planimeter)
곡선으로 둘러싸인 평면 도형의 면적을 계산하는 기계로 곡선을 따라 돌리면 눈금이 달린 롤러가 회전하여 면적을 나타냄

23 토양 유기물이 토양에 미치는 영향과 거리가 먼 것은?

① 토양의 물리적 성질 개선
② 토양 양분의 공급원
③ 토양 수분 장력 증대
④ 토양반응에 대한 완충작용

해설

*토양 수분장력
임의의 수분 함량의 토양에서 수분을 제거하는데 소요되는 단위면적당의 힘 - 토양 미생물과 관련 없음

정답 18 ② 19 ④ 20 ③ 21 ③ 22 ② 23 ③

24 다음 조경재료 중 식물재료와 인공재료의 특징에 대한 설명 중 잘못된 것은?

① 식물재료 : 연속성, 인공재료 : 가공성
② 식물재료 : 조화성, 인공재료 : 불변성
③ 식물재료 : 자연성, 인공재료 : 균일성
④ 식물재료 : 비규격성, 인공재료 : 특수성

해설
- 생물재료의 특성 : 자연성, 연속성, 조화성, 비규격성
- 무생물 재료의 특성 : 균일성, 불변성, 가공성

25 다음 [보기]의 설명에 해당하는 수종은?

- 어린가지의 색은 녹색 또는 적갈색으로 엽흔이 발달하고 있다.
- 수피에서 냄새가 나며 약간의 골이 파여 있다.
- 단풍나무 중 복엽이면서 가장 노란색 단풍이 든다.
- 내조성, 속성수로서 조기녹화에 적당하여 녹음수로 이용가치가 높으며 폭이 없는 가로에 가로수로 심는다.

① 복장나무 ② 네군도단풍
③ 단풍나무 ④ 고로쇠나무

해설
*네군도단풍
어린가지의 색은 녹색 또는 적갈색으로 엽흔이 발달하고 있으며, 수피에서는 냄새가 나며 약간 골이 파여 있고, 단풍나무 중 복엽이면서 가장 노란색 단풍이 들며, 내조성, 속성수로서 조기녹화에 적당하며 녹음수로 이용가치가 높음

26 백색계통의 꽃을 감상할 수 있는 수종은?

① 개나리 ② 이팝나무
③ 산수유 ④ 맥문동

해설
- 개나리(노란색)
- 산수유(노란색)
- 맥문동(보라색)

27 다음 영양 번식 중에서 접목이 잘되는 수종나열이 잘못된 것은?

① 참나무, 감나무
② 피라칸다, 복사나무
③ 모과나무, 반송
④ 사과나무, 포도나무

해설
참나무류의 수종들은 접목이 잘되지 않음

28 다음 [보기]가 설명하는 수종은?

- 자작나무과의 낙엽활엽교목이다.
- 학명은 "Betula schmidtii Regel"이다.
- Schmidt birch 또는 단목(檀木)이라 불리기도 한다.
- 5월에 개화하고 암수 한그루이며, 수형은 원추형, 뿌리는 심근성, 잎의 질감이 섬세하여 녹음수로 사용 가능하다.

① 오리나무 ② 박달나무
③ 소사나무 ④ 녹나무

해설
*박달나무
자작나무과 수종으로 단목이라 불리우며, 5월에 개화

정답 24 ④ 25 ② 26 ② 27 ① 28 ②

29 다음 중 자작나무과(科)의 물오리나무 잎으로 가장 적합한 것은?

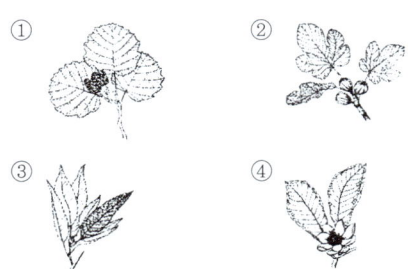

해설

*물오리나무
생장 속도가 빠르며, 습지나 척박지에서도 잘 자람. 녹음수, 고속도로변, 공원등에 식재

30 다음은 사철나무와 회양목을 비교한 설명이다. 잘못된 것은?

① 사철나무와 회양목은 모두 상록수이다.
② 사철나무는 노박덩굴과 회양목은 회양목과에 해당하는 수종이다.
③ 사철나무와 회양목 모두 흰색 꽃이 핀다.
④ 사철나무와 회양목은 전정과 공해에 강한 수종이다.

해설

- 사철나무(흰색꽃)
- 회양목(노란색꽃)

31 다음 중 변성암 계통의 석재인 것은?

① 대리석 ② 화강암
③ 화산암 ④ 이판암

해설

*변성암
- 화성암, 퇴적암이 지각변동, 지열에 의해 화학적·물리적으로 성질이 변한 것
- 대리석, 사문암, 트래버틴, 편마암, 결정편암 등

32 합성수지 중에서 파이프, 튜브, 물받이통 등의 제품에 가장 많이 사용되는 열가소성 수지는?

① 페놀 수지
② 멜라민 수지
③ 염화비닐 수지
④ 폴리에스테르 수지

해설

*염화비닐 수지
- 파이프, 튜브, 물받이통 등의 제품에 가장 많이 사용되는 열가소성 수지
- 멜라민 수지, 페놀 수지, 폴리에스테르 수지는 열경화성 수지

33 다음 중 긴결 철물에 해당하는 것이 아닌 것은?

① 볼트   ② 너트
③ 와이어로프 ④ 못

해설

*와이어로프
- 지름 0.26 ~ 5.0mm인 가는 철선을 몇 개 꼬아서 기본로프를 만듦
- 기본로프를 다시 여러 개 꼬아 만든 것
- 케이블, 공사용 와이어로프 등이 있음

정답 29 ① 30 ③ 31 ① 32 ③ 33 ③

34 다음 중 석탄을 235 ~ 315℃에서 고온 건조하여 얻은 타르 제품으로서 독성이 적고 자극적인 냄새가 있는 유성 목재 방부제는?

① 콜타르
② 크레오소트유
③ 플루오르화나트륨
④ 펜타클로르페놀(PCP)

:해설:
- 콜타르 : 900 ~ 1,200℃에서 석탄을 건류할 때 얻어지는 검은색의 끈적끈적한 액체
- 크레오소트유 : 나무나 화석연료 등 식물에서 유래된 물질의 열분해와 다양한 타르의 증류 과정을 거쳐 만들어진 탄소질 화학물질, 보통 보존제나 방부제에 사용
- 플루오르화나트륨 : 플루오르와 나트륨이 결합한 화합물. 분석 시약, 부식 방지제, 도자기의 유약으로 사용
- 펜타클로로페놀(PCP) : 유기염소계 살충제로 원래 목재의 방부제로 사용되었으나 살충력이 강해 농약으로 사용

35 다음 중 점토제품에 해당되지 않는 것은?

① 소형고압블럭   ② 도관
③ 토관   ④ 자기

:해설:
소형고압블럭 : 시멘트 콘크리트제품

36 목재의 가공 작업 중 소지 조정, 눈막이(눈메꿈), 샌딩실러 등은 무엇을 하기 위한 작업인가?

① 도장작업   ② 제재치수작업
③ 방부작업   ④ 절단작업

:해설:
목재 가공 작업 중 소지 조정, 눈막이, 샌딩실러 등은 도장을 위한 작업
- 소지 조정 : 도료의 부착성 등을 양호하게 하기 위하여 도장에 적합한 상태로 만드는 것
- 샌딩실러 : 밑칠한 도막 위에 도장하는 도료

37 데발 시험기(Deval abrasion tester)란 무엇인가?

① 석재의 휨강도 시험기
② 석재의 인장강도 시험기
③ 석재의 압축강도 시험기
④ 석재의 마모에 대한 저항성 측정시험기

:해설:
*데발 시험기
골재의 마모 시험을 하는 장치로서 한 번에 여러 종류의 시험을 동시에 할 수 있으며, 자동 정지 장치가 부착되어 있음

38 쇠망치 및 날메로 요철을 대강 따내고, 거친 면을 그대로 두어 부풀린 느낌으로 마무리하는 것으로 중량감, 자연미를 주는 석재가공법은?

① 혹두기   ② 정다듬
③ 도두락다듬   ④ 잔다듬

:해설:
*혹두기
쇠망치(쇠메)로 석재의 큰 돌출 부분만 대강 떼어내는 정도의 거친 면을 마무리하는 작업

정답 34 ② 35 ① 36 ① 37 ④ 38 ①

39 디딤돌 놓기의 방법 설명으로 틀린 것은?

① 디딤돌의 간격은 보폭을 고려하여야 한다.
② 디딤돌 놓기는 직선 위주로 놓는다.
③ 디딤돌이 시작하는 곳, 끝나는 곳, 갈라지는 곳에는 다른 것에 비해 큰 디딤돌을 놓는다.
④ 디딤돌의 긴지름은 보행자 진행 방향과 수직을 이루어야 한다.

해설

디딤돌은 자연성을 살리기 위해 어긋나게 배치함

40 새끼줄로 뿌리부분을 감는 방법 중 석줄 두 번 걸기를 표현한 것은??

① 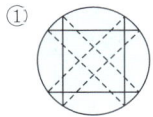 ②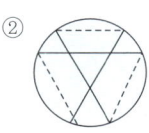

③  ④

해설

① 넉줄 한 번 감기
② 석줄 한 번 감기
③ 넉줄 두 번 감기

41 조경공사에 사용되는 장비 중 운반용 기계에 해당되지 않는 것은?

① 덤프트럭   ② 크레인
③ 백호우   ④ 지게차

해설

*백호우(Back hoe)

드래그셔블이라고도 하며 360도 회전 가능. 기계가 놓은 지면보다 낮은 곳을 굴착할 때 사용

42 조경식재공사에서 뿌리돌림의 목적으로 부적합한 것은?

① 뿌리분을 크게 만들려고
② 이식 후 활착을 돕기 위해
③ 잔뿌리의 신생과 신장 도모
④ 뿌리 일부를 절단 또는 각피하여 잔뿌리 발생 촉진

해설

*뿌리돌림의 목적
- 새로운 잔뿌리 발생을 촉진시키고, 이식 후의 활착 도모
- 부적기 이식 시 또는 건전한 수목의 육성 및 개화, 결실 촉진
- 노목, 쇠약한 수목의 수세 회복

43 콘크리트 단위중량 계산, 배합설계 및 시멘트 품질 판정에 주로 이용되는 시멘트의 성질은?

① 분말도   ② 응결시간
③ 비중   ④ 압축강도

해설

시멘트의 비중은 불순물이 혼입되거나 저장 중 풍화하면 그 수치가 낮아지고 콘크리트 강도도 낮아짐. 시멘트의 불순물 혼입 정도, 풍화 정도를 확인하고 콘크리트의 강도를 확보하기 위해 비중시험을 실시

정답 39 ② 40 ④ 41 ③ 42 ① 43 ③

44 다음 중 콘크리트 내구성에 영향을 주는 다음 화학 반응식의 현상은?

$$Ca(OH)_2 + CO_2 \rightarrow CaCO_3 + H_2O \uparrow$$

① 콘크리트 염해 ② 동결융해현상
③ 콘크리트 중성화 ④ 알칼리 골재반응

> **해설**
>
> *콘크리트 중성화
> 굳어서 딱딱해진 콘크리트가 공기 중의 탄산가스와 작용하여 알칼리성을 잃고 중성으로 되는 현상
>
> $$Ca(OH)_2 + CO_2 \rightarrow CaCO_3 + H_2O$$

45 시설물의 기초부위에서 발생하는 토공량의 관계식으로 옳은 것은?

① 잔토처리 토량 = 되메우기 체적 − 터파기 체적
② 되메우기 토량 = 터파기 체적 − 기초 구조부 체적
③ 되메우기 토량 = 기초 구조부 체적 − 터파기 체적
④ 잔토처리 토량 = 기초 구조부 체적 − 터파기 체적

> **해설**
>
> • 잔토처리토량 = 터파기 체적 − 되메우기 토량
> • 되메우기 토량 = 터파기 체적 − 기초 구조부 체적

46 조경시공의 일정계획을 수립할 때 사용되는 1일 평균 시공량 산정식으로 옳은 것은?

① $\dfrac{공사량}{계약기간}$

② $\dfrac{공사량}{작업가능일수}$

③ $\dfrac{공사량}{(작업가능일수 \times 1/4)}$

④ $\dfrac{공사량}{(소요작업일수 \times 1/3)}$

> **해설**
>
> *일정계획
> • 결정된 공기 내에 효율적인 공사진행을 유도하기 위한 수단
> • 일정계획의 적부가 공사의 진도나 성과를 좌우
>
> 가능일수 ≥ 소요일수 = $\dfrac{공사량}{하루평균작업량}$
>
> ※ 가능일수 : 공사기간에서 휴일 불가능 일수를 뺀 기간

47 운반공사에서 소운반 거리는 몇 m 이내의 거리를 말하는가?

① 10m ② 20m
③ 30m ④ 40m

> **해설**
>
> *소운반 거리
> • 소운반 거리는 20m 이내의 거리를 말하며, 20m를 초과할 경우 초과분에 대하여 별도로 계상
> • 경사면 운반 거리는 수직고 1m를 수평거리 6m로 봄

정답 44 ③ 45 ② 46 ② 47 ②

48 어느 지역에 잔디를 이용하여 녹화공사를 하기 위한 면적을 산출하려 한다. 측량 결과값이 다음과 같을 때 총 녹화면적은 얼마인가?

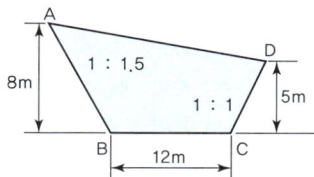

① 112㎡ ② 128㎡
③ 132㎡ ④ 136㎡

해설

주어진 부분의 넓이 : 전체 넓이 · (A + B + C)

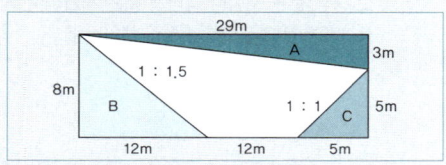

전체 넓이 : 29 × 8 = 232㎡
A : 29 × 3 ÷ 2 = 43.5㎡
B : 12 × 8 ÷ 2 = 48㎡
C : 5 × 5 ÷ 2 = 12.5㎡
주어진 부분의 넓이 : 232 · (43.5 + 48 + 12.5) = 128㎡

49 다음 배수관 중 경사를 가장 급하게 설치해야 하는 것은?

① Ø100mm ② Ø200mm
③ Ø300mm ④ Ø400mm

해설

배수관의 지름이 작을수록 경사도는 급하게 설치

50 다음 식물에 발생하는 병 중 어린 가지와 열매 등이 검게 그을리게 되는 병은?

① 흰가루병 ② 녹병
③ 그을음병 ④ 탄저병

해설

*그을음병
• 생육이 불량한 나무의 잎, 줄기에 그을음 부착
• 깍지벌레, 진딧물의 배설물에 의해 발생

51 한 가지 약제를 연용하여 살포 시 방제효과가 떨어지는 대표적인 해충은?

① 깍지벌레 ② 진딧물
③ 잎벌 ④ 응애

해설

*응애류
동일 농약에 대한 저항성이 커 연용 금지

52 다음 중 오리나무 갈색무늬병균의 전반에 대한 설명으로 옳은 것은?

① 곤충 및 소동물에 의해서 전반된다.
② 물에 의해서 전반된다.
③ 종자의 표면에 부착해서 전반된다.
④ 바람에 의해서 전반된다.

해설

*종자에 의한 전반
오리나무 갈색무늬병균, 호두나무 갈색부패병균

정답 48 ② 49 ① 50 ③ 51 ④ 52 ③

53 식물이 필요로 하는 양분요소 중 미량원소로 옳은 것은?

① O ② K
③ Fe ④ S

:해설:

다량원소	C, H, O, N, P, K, Ca, Mg, S
미량원소	Fe, Mn, B, Zn, Cu, Mo, Cl

54 다음에 설명하는 해충으로 가장 적합한 것은?

- 유충은 적색, 분홍색, 검은색이다.
- 끈끈한 분비물을 분비한다.
- 식물의 어린 잎이나 새가지, 꽃봉우리에 붙어 수액을 빨아먹어 생육을 억제한다.
- 점착성 분비물을 배설하여 그을음병을 발생시킨다.

① 응애 ② 송벌레
③ 진딧물 ④ 깍지벌레

:해설:

*진딧물
유충은 적색, 분홍색, 검은색이며, 흡즙하여 가해하고 점착성 분비물을 배설하여 2차적으로 그을음병 유발

55 적심(摘心 : Candle pinching)에 대한 설명으로 틀린 것은?

① 고정 생장하는 수목에 실시한다.
② 참나무과(科) 수종에서 주로 실시한다.
③ 수관이 치밀하게 되도록 교정하는 작업이다.
④ 촛대처럼 자란 새순을 가위로 잘라 주거나 손끝으로 끊어 준다.

:해설:

*순지르기(적심)
- 소나무류, 화백, 주목 등의 잎 끝을 가위로 자르면 자른 자리가 붉게 말라 보기 흉하기 때문에 순지르기를 함
- 5월 하순경에 순지르기 실시
- 소나무 순지르기 : 5~6월에 2~3개의 순을 남기고 중심 순을 포함한 나머지 순은 제거하며, 남길 순도 1/2~2/3 정도를 손으로 꺾어버림

56 농약 혼용 시 주의하여야 할 사항으로 틀린 것은?

① 혼용 시 침전물이 생기면 사용하지 않아야 한다.
② 가능한 고농도로 살포하여 인건비를 절약한다.
③ 농약의 혼용은 반드시 농약 혼용 가부표를 참고한다.
④ 농약을 혼용하여 조제한 약제는 가능하면 즉시 살포하여야 한다.

:해설:

*농약 혼용 시 주의점
- 혼용가부표를 반드시 확인할 것
- 2종 혼용을 원칙으로 하고 다종 약제의 혼용 회피
- 수화제와 다른 약제 혼용 시 '액제(수용제) - 수화제(액상수화제) - 유제' 순으로 혼합
- 혼용 희석 시 침전물이 생긴 희석액은 사용 금지
- 조제한 살포액은 오래 두지 말고 당일에 사용
- 될 수 있는 대로 다른 약제와 혼용하지 않는 것이 바람직함

정답 53 ③ 54 ③ 55 ② 56 ②

57 정원수의 거름주기 설명으로 옳지 않은 것은?

① 속효성 거름은 7월 이후에 준다.
② 지효성 유기질 비료는 밑거름으로 준다.
③ 질소질 비료와 같은 속효성 비료는 덧거름으로 준다.
④ 지효성 비료는 늦가을에서 이른 봄 사이에 준다.

> 해설
>
> 속효성 거름은 수목의 생장기인 4월 하순 ~ 6월 하순에 시비, 7월 이전 완료

58 파이토플라즈마에 의해 발생되는 수목의 병이 아닌 것은?

① 오동나무 빗자루병   ② 뽕나무 오갈병
③ 대추나무 빗자루병   ④ 벚나무 빗자루병

> 해설
>
> *벚나무 빗자루병
> 진균에 의한 병

59 조경관리에서 주민참가의 단계는 시민권력의 단계, 형식참가의 단계, 비참가의 단계 등으로 구분되는데, 그중 시민권력의 단계에 해당되지 않는 것은?

① 자치관리(Citizen control)
② 유화(Placation)
③ 권한위양(Delegated power)
④ 파트너십(Partnership)

> 해설
>
> *공원의 주민 참가단계
>
> | 비참가 단계 | 조작, 치료 |
> |---|---|
> | 형식참가 단계 | 정보제공, 상담, 유화 |
> | 시민권력의 단계 | 파트너십, 권한위양, 자치관리 |

60 경제적 가해 수준(economic injury level)이란?

① 해충에 의한 피해액이 방제비보다 큰 수준의 밀도
② 해충에 의한 피해액이 방제비보다 작은 밀도
③ 해충에 의한 피해액과 방제비가 같은 수준의 밀도
④ 해충에 의해 경제적으로 큰 가해를 주는 수준의 밀도

> 해설
>
> *경제적 가해수준(經濟的 加害水準 threshold damage level, economic injury level)
>
> 해충이 발생하여 경제적 손실을 일으키기 시작하는 발생수준., 즉 해충 발생수준이 방제비(防除費)와 같은 수준의 손실을 가져오는 밀도를 말함

정답   57 ①   58 ④   59 ②   60 ③

제 7 회 최신 CBT 기출복원 문제

01 다음 중 창덕궁 후원 내 옥류천 일원에 위치하고 있는 궁궐 내 유일한 초정은?

① 애련정　② 부용정
③ 관람정　④ 청의정

해설

*옥류천역 내 청의정
궁궐 내 유일한 초정

02 안동 하회마을의 형태를 산태극수태극(山太極水太極)의 형태하고 한다면 이와 같은 사상의 기본은 어디에서 연유한 것인가?

① 음양사상　② 오행사상
③ 풍수사상　④ 유교사상

해설

*산태극수태극(山太極水太極)
풍수지리에서 산줄기와 물이 휘둥그스름하게 굽이져 태극 모양을 이루는 형세

03 다음 중 바르게 연결한 것은?

① 경복궁 - 부용정　② 창덕궁 - 애련정
③ 경복궁 - 청의정　④ 창덕궁 - 경회루

해설

부용정(창덕궁), 청의정(창덕궁), 경회루(경복궁)

04 조선시대 민가 정원의 특성을 설명한 것 중 거리가 먼 것은?

① 뒤뜰에 화계를 만들어 꽃나무가 식재된다.
② 안뜰은 괴석, 세심석 등 점경물로 꾸며진다.
③ 풍수지리설의 영향으로 뒤뜰이 주정원으로 꾸며졌다.
④ 유교의 영향으로 남성과 여성을 위한 공간이 엄격히 구분되었다.

해설

조선시대 민가 정원은 안뜰과 앞뜰은 비워두고 뒤뜰을 주정원으로 꾸밈. 괴석, 세심석 등의 점경물은 뒤뜰에 쓰임

05 다음 중 일본에서 가장 먼저 발달한 정원 양식은?

① 고산수식　② 회유임천식
③ 다정　　　④ 축경식

해설

*시대별 일본 조경양식
임천식 → 회유임천식 → 축산고산수식 → 평정고산수식 → 다정양식 → 원주파 임천식 → 축경식

정답　01 ④　02 ③　03 ②　04 ②　05 ②

06 다음 일본 모모야마시대의 일본 정원과 거리가 먼 것은?

① 꽃을 장식하여 정원을 가꾸었다.
② 수목을 심어서 조화를 이루었다.
③ 왕모래를 이용하였다.
④ 정원을 돌 및 바위로 장식하였다.

해설

*고산수식
실정〈무로마치〉시대

07 16세기 정원의 실용적인 측면이 강조되어 독일에서 만들어진 정원의 형태는?

① 벨베데레원　② 분구원
③ 지구라트　　④ 약초원

해설

*독일 정원의 특징
- 과학적 지식을 이용한 자연 경관의 재생 목적
- 그 지방의 향토 수종을 배식하여 자연스러운 경관 형성
- 실용적 정원의 발달(분구원)

08 앙드레 르 노트르가 유명하게 된 것은 어떤 정원을 만든 후 부터인가?

① 베르사이유　② 센트럴파크
③ 토스카나장　④ 알함브라

해설

*앙드레 르 노트르의 대표작
브르비꽁트, 베르사이유 궁원

09 스페인 알함브라 궁원 4개의 파티오 중 '사자의 파티오'에 대한 설명으로 틀린 것은?

① 파티오의 중심에는 사이프러스 나무가 식재되어 있다.
② 왕의 사적인 정원이다
③ 14세기 마호메트 5세가 조성한 것으로 알려져 있다.
④ 가장 화려한 정원으로 주랑에 의해 둘러싸여 있다.

해설

*사자의 중정
- 바닥 : 자갈, 지붕 : 색채타일
- 가장 화려한 정원, 주랑식 중정
- 검은 대리석으로 된 수반(12마리 사자가 받치고 있음)과 네 개의 수로 연결 : 물의 존귀성

10 독도는 광활한 바다에 우뚝 솟은 바위섬이다. 독도의 전망대에서 바라보는 경관의 유형으로 가장 적합한 것은?

① 파노라마경관　② 지형경관
③ 위요경관　　　④ 초점경관

해설

*파노라마(Panorama)경관(전경관)
- 시야의 제한을 받지 않고 멀리까지 트인 경관, 자연의 웅장함과 아름다움을 느낄 수 있음
- 높은 곳에서 사방을 전망, 조망도적 성격

정답　06 ③　07 ②　08 ①　09 ①　10 ①

11 미적인 형 그 자체로는 균형을 이루지 못하지만 시각적인 힘의 통합에 의해 균형을 이룬 것처럼 느끼게 하여 동적인 감각과 변화있는 개성적 감정을 불러 일으키며, 세련미와 성숙미 그리고 운동감과 유연성을 주는 미적 원리는?

① 비례 ② 비대칭
③ 집중 ④ 대비

해설

*비대칭 균형
- 모양과 크기가 서로 다른 물체가 시각축 양쪽에서 균형을 이룸
- 자연식 정원에서 균형 잡을 때 사용

12 가법 혼색에 관한 설명으로 틀린 것은?

① 2차색은 1차색에 비하여 명도가 높아진다.
② 빨강 광원에 녹색 광원을 흰 스크린에 비추면 노란색이 된다.
③ 가법 혼색의 삼원색을 동시에 비추면 검정이 된다
④ 파랑광원에 녹색광원을 비추면 시안(Cyan)이 된다.

해설

*가법혼색
- 색광의 3원색인 Red, Green, Blue를 섞어 가법혼합색을 만드는 것
- 빛의 강도와 양을 어떻게 조절하느냐에 따라 다양한 색을 얻음
- 3원색을 동일한 비율로 혼합 시 백색광

13 대형 건물의 외벽 도색을 위한 색채 계획을 할 때 사용하는 컬러 샘플(Color sample)은 실제의 색보다 명도나 채도를 낮추어 사용하는 것이 좋다. 이는 색채의 어떤 현상 때문인가?

① 착시효과 ② 동화현상
③ 대비효과 ④ 면적효과

해설

*면적대비
- 색이 차지하는 면적의 크고 작음, 많고 적음에 따라 색의 명도와 채도가 다르게 보이는 현상
- 면적이 큰 색은 명도와 채도가 높아져 실제보다 좀 더 밝고 맑게 보이며, 면적이 작은 색은 명도와 채도가 낮아져 실제보다 어둡고 탁하게 보임

14 야외용 의자 제작 시 2인용을 기준으로 할 때 얼마 정도의 길이가 필요한가?(단, 여유 공간을 포함한다.)

① 60cm 정도 ② 120cm 정도
③ 180cm 정도 ④ 200cm 정도

해설

*의자
- 등의자는 긴 휴식, 평의자는 짧은 휴식이 필요한 곳에 설치
- 길이 1인 45~47cm, 2인 120cm, 3인 180cm, 5인 320cm 정도

15 수목을 표시할 때 주로 사용되는 제도 용구는?

① 삼각자 ② 템플릿
③ 삼각축척 ④ 곡선자

해설

*템플릿
도형을 뚫어 놓아 기호나 시설물을 그릴 때 사용(수목 표시에 사용)

정답 11 ② 12 ③ 13 ④ 14 ② 15 ②

16 조경 식재 설계도를 작성할 때 수목명, 규격, 본수 등을 기입하기 위한 인출선 사용의 유의사항으로 올바르지 않은 것은?

① 가는 선으로 명료하게 긋는다.
② 인출선의 수평부분은 기입사항의 길이와 맞춘다.
③ 인출선의 교차나 치수선과의 교차를 피한다.
④ 인출선의 방향과 기울기는 자유롭게 표기하는 것이 좋다.

해설
인출선의 방향과 기울기는 통일하는 것이 좋음

17 도시공원 중 면적이 100,000㎡ 이상이며, 장래의 시가지화가 예상되지 않는 곳에 설치되어야 하는 공원은?

① 소공원   ② 근린공원
③ 체육공원   ④ 묘지공원

해설
*묘지공원 설계기준
- 정숙한 장소로서 장래 시가지화가 예상되지 않는 자연녹지
- 교통이 편리한 곳에 100,000㎡ 이상의 규모로 설치
- 확장할 여지가 있고 토지의 취득이 용이한 곳

18 다음 조경 계획의 과정에서 자연환경 분석요인에 해당하는 것이 아닌 것은?

① 기후에 대한 조사 분석
② 지형에 대한 조사 분석
③ 식생에 대한 조사 분석
④ 토지 이용에 대한 조사 분석

해설
*토지 이용에 대한 조사 분석
인문환경 분석요인

19 정원 설계에서 연못의 최소 면적은 얼마인가?

① 1㎡   ② 1.5㎡
③ 2㎡   ④ 2.5㎡

해설
*자연식 연못 설치
일반적으로 연못의 면적은 정원 전체 면적의 1/9 이하가 힘의 균형을 이룰 수 있는 적정한 규모이며, 최소 1.5㎡ 이상의 넓이가 바람직함. 연못의 수면은 지표에서 6~10cm 정도 낮게 조성하고, 수심은 약 60cm 정도가 적당

20 물체의 절단면에서 가까운 곳은 크고 깊이가 있게, 먼 곳은 한곳에 모이게 그리는 도면은?

① 투시도   ② 스케치
③ 입면도   ④ 조감도

해설
*투시도
- 설계안이 완공되었을 경우를 가정하여 설계내용을 실제 눈에 보이는 대로 절단한 면에서 먼 곳에 있는 것은 작게, 가까이 있는 것은 크고 깊이 있게 하나의 화면에 그리는 도면
- 유리창에 그린다는 생각을 가지고 원근법을 이용하여 그리기 때문에 입체적인 느낌을 줌

정답 16 ④ 17 ④ 18 ④ 19 ② 20 ①

21 다음 중 미기후에 대한 설명 중 틀린 것은?

① 미기후 요소는 대기 요소와 동일하며 서리, 안개, 자외선 등의 양은 제외한다.
② 건축물은 미기후에 영향을 미친다.
③ 지형, 식생의 유무와 종류는 미기후의 변화 요소이다.
④ 현지에서 장기간 거주한 주민과 대화를 통해서도 파악할 수 있다.

해설

*미기후
지형, 태양의 복사열, 공기유통 정도, 안개 및 서리의 피해유무 등 국부적인 장소에서 나타나는 기후가 주변 기후와 현저히 달리 나타나는 것

22 도시 오픈 스페이스의 효용성에 해당하지 않는 것은?

① 도시 개발의 조절
② 도시 환경의 질 향상
③ 시민 생활의 질 향상
④ 개발 유보지의 조절

해설

*오픈 스페이스
개방지, 비건폐지, 위요공지, 공원, 녹지, 유원지, 운동장, 넓은 의미의 자연환경 등 시민들이 자유롭게 선택하고, 일상생활의 굴레에서 벗어나 스스로 재창조하며, 여가를 제대로 즐길 수 있는 곳을 말함

23 일위대가표의 계금이 1,234.56원이 산출되었다. 표준 품셈 상 금액의 단위 표준을 따르면 얼마로 하여야 하는가?

① 1,234원 ② 1,235원
③ 1,234.5원 ④ 1,234.6원

해설

*금액의 단위

종목	단위	지위	비고
설계서의 총액	원	1,000	이하 버림 (만원 이하일 때 100원까지)
설계서의 소계	원	1	미만 버림
설계서의 금액	원	1	미만 버림
일위대가표의 총계	원	1	미만 버림
일위대가표의 금액	원	0.1	미만 버림

24 흰말채나무의 설명으로 옳지 않은 것은?

① 층층나무과로 낙엽활엽관목이다.
② 노란색의 열매가 특징적이다.
③ 수피가 여름에는 녹색이나 가을, 겨울철의 붉은 줄기가 아름답다.
④ 잎은 대생하며 타원형 또는 난상타원형이고, 표면에 작은 털, 뒷면은 흰색의 특징을 갖는다.

해설

흰말채나무 열매 : 흰색 계통

정답 21 ① 22 ④ 23 ① 24 ②

25 방사(防砂), 방진(防塵)용 수목들의 대표적인 특징 설명으로 적합한 것은?

① 잎이 두껍고 함수량이 많으며 넓은 잎을 가진 치밀한 상록수여야 한다.
② 지엽이 밀생한 상록수이며 맹아력이 강하고 관리가 용이한 수목이어야 한다.
③ 사람의 머리가 닿지 않을 정도의 지하고를 유지하고 겨울에는 낙엽되는 수목이어야 한다.
④ 빠른 생장력과 뿌리 뻗음이 깊고, 지상부가 무성하면서 지엽이 바람에 상하지 않는 수목이어야 한다.

해설

*방사, 방진용 수목
빠른 생장력과 뿌리뻗음이 깊고, 지상부가 무성하면서 지엽이 바람에 상하지 않는 수목

26 여름에 꽃을 피우는 수종이 아닌 것은?

① 배롱나무   ② 석류나무
③ 조팝나무   ④ 능소화

해설

조팝나무 : 4~5월 흰색으로 개화

27 다음 조경 수목 중에서 열매 및 수피를 감상하는 나무에 해당하는 것은?

① 느티나무   ② 단풍나무
③ 모과나무   ④ 층층나무

해설

모과나무 : 열매, 수피 감상

28 조경 수목 중 복자기 나무와 고로쇠 나무의 공통점은 무엇인가?

① 단풍의 색이 붉은색이다.
② 잎이 3개씩 나오는 3출엽이다.
③ 단풍나무과 수종이다.
④ 내한성과 공해에 강하다.

해설

- 복자기나무 : 단풍나무과 수종으로 잎은 3출엽. 단풍은 붉은색
- 고로쇠나무 : 단풍나무과 수종으로 잎이 5개로 갈라짐. 단풍은 황색

29 대나무의 특징을 설명한 것으로 잘못된 것은?

① 화본과에 속하는 여러해살이 식물이다.
② 전 세계적으로 1,000여종이 있으며 우리나라에는 약 14종이 자생한다.
③ 대나무 중에서 맹종죽은 직경 20cm까지 자라며, 하루 1m 생장도 가능하다.
④ 형성층이 있어 부피 생장을 한다.

해설

*대나무
여름에 생장이 끝나고 나면 부피생장을 하지 않음

정답 25 ④ 26 ③ 27 ③ 28 ③ 29 ④

30 다음 [보기]가 설명하는 수종은 무엇인가?

> - 소나무과 수종으로 원산지는 울릉도이다.
> - 오엽송이라 불린다.
> - 수형은 어릴 때는 원추형이나 시간이 지나면서 자연형으로 변해간다.
> - 내염성이 있어 섬에서 생육은 가능하나 해풍에는 약한 것이 특징이다.

① 섬잣나무 ② 후박나무
③ 동백나무 ④ 스트로브잣나무

해설

*섬잣나무
소나무과 소나무속의 상록침엽교목으로 5엽 속생. 울릉도에 자생함

31 다음 중 성상에 따른 분류 중 연결이 잘못된 것은?

① 관목 : 조팝나무, 이팝나무, 쥐똥나무
② 교목 : 산사나무, 물푸레나무, 마가목
③ 상록활엽수 : 동백나무, 태산목, 녹나무
④ 낙엽활엽수 : 벚나무, 일본목련, 칠엽수

해설

이팝나무 : 교목

32 다음 중 공기 중에 환원력이 커서 산화가 쉽고 이온화 경향이 큰 금속은?

① Pb ② Fe
③ Al ④ Cu

해설

*이온화경향
K > Ca > Na > Mg > Al > Zn > Fe > Ni > Sn > Pb > (H) > Cu > Hg > Ag > Pt > Au

33 석재의 분류는 화성암, 퇴적암, 변성암으로 분류할 수 있다. 다음 중 퇴적암에 해당되지 않는 것은?

① 사암 ② 혈암
③ 석회암 ④ 안산암

해설

안산암 : 화성암

34 시멘트의 저장과 관련된 설명 중 ( ) 안에 해당하지 않는 것은?

> - 시멘트는 ( )적인 구조로 된 사일로 또는 창고에 품종별로 구분하여 저장하여야 한다.
> - 저장 중 약간이라도 굳은 시멘트는 공사에 사용하지 않아야 한다. ( )개월 이상 장기 저장한 시멘트는 사용하기에 앞서 재시험을 실시하여 품질을 확인한다.
> - 포대 시멘트를 쌓아서 저장하면 그 질량으로 인해 하부의 시멘트가 고결할 염려가 있으므로 시멘트를 쌓아 올리는 높이는 ( ) 포대 이하로 하는 것이 바람직하다.
> - 시멘트의 온도는 일반적으로 ( )정도 이하를 사용하는 것이 좋다.

① 방습 ② 6
③ 13 ④ 50℃

해설

*시멘트 저장 방법
- 지표에서 30cm 이상 띄우고 방습처리
- 13포 이상 쌓지 않으며, 장기 저장 시 7포 이내
- 출입문에 환기창을 두지 않음
- 3개월 이상 저장하지 않음
- 습기를 받거나 풍화가 의심되면 반드시 테스트 후 사용

정답 30 ① 31 ① 32 ③ 33 ④ 34 ②

35 다음 중 열가소성 수지에 해당되는 것은?

① 페놀 수지 ② 멜라민 수지
③ 요소 수지 ④ 폴리에틸렌 수지

해설

페놀 수지, 멜라민 수지, 요소 수지 : 열경화성 수지

36 다음 중 시멘트와 그 특성이 바르게 연결된 것은?

① 조강포틀랜드시멘트 : 조기강도를 요하는 긴급공사에 적합하다.
② 백색포틀랜드시멘트 : 시멘트 생산량의 90% 이상을 점하고 있다.
③ 고로슬래그시멘트 : 건조수축이 크며, 보통시멘트보다 수밀성이 우수하다.
④ 실리카시멘트 : 화학적 저항성이 작고 발열량이 적다.

해설

- 백색포틀랜드시멘트 : 내구성, 내마모성 우수, 타일 줄눈, 치장줄눈 등에 사용
- 고로슬래그시멘트 : 건조수축이 작으며, 보통시멘트보다 수밀성이 우수하다.
- 플라이애시시멘트 : 화학적 저항성이 크고 발열량이 적다.

37 다음 [보기]가 설명하는 합성수지의 종류는?

- 열경화성 수지이다.
- 액체 상태나 용융 상태의 수지에 경화제를 넣어 사용한다.
- 내산성, 내알칼리성 등이 우수하여 항공기, 콘크리트 접착 등에 사용한다.
- 접착 효과가 매우 우수하여 방수와 포장재로도 이용한다.

① 폴리에틸렌수지 ② 멜라민 수지
③ 푸란 수지 ④ 에폭시 수지

해설

*에폭시 수지
- 액체 상태나 용융 상태의 수지에 경화제를 넣어 사용
- 내산성, 내알칼리성 등이 우수하여 콘크리트 접착 등에 사용
- 접착 효과가 매우 우수하여 방수와 포장재로도 이용

38 강을 적당한 온도(800 ~ 1,000℃)로 가열하여 소정의 시간까지 유지한 후에 로(爐) 내부에서 천천히 냉각시키는 열처리법은?

① 풀림 ② 불림
③ 뜨임 ④ 담금질

해설

*풀림
연화 조직의 정정과 내부응력을 제거하기 위해 적당한 온도로 가열(800 ~ 1,000℃) 후 로(爐)의 내부에서 서서히 냉각

정답 35 ④ 36 ① 37 ④ 38 ①

39 다음 중 경사도에 관한 설명으로 틀린 것은?

① 45° 경사는 1 : 1 이다.
② 25% 경사는 1 : 4 이다.
③ 1 : 2는 수평거리 1, 수직거리 2를 나타낸다.
④ 경사면은 토양의 안식각을 고려하여 안전한 경사면을 조성한다.

해설
1 : 2는 수직거리 1, 수평거리 2를 나타냄

40 인력을 이용한 수목식재 공사에서 지주목을 세우지 않을 경우 품셈 적용에서 인력품의 몇 %를 감해야 하는가?

① 5% ② 10%
③ 15% ④ 20%

해설
표준품셈에서 수목을 인력시공 식재 후 지주목을 세우지 않을 시 인력품의 10%를 감함. 기계시공 시에는 20%를 감함

41 다음 중 기계가 서 있는 위치보다 높은 곳을 굴착할 때 사용되는 건설 장비는?

① 드래그서블 ② 드래그 라인
③ 파워셔블 ④ 모터 그레이더

해설
*파워셔블
굳은 점토나 경질의 흙을 굴착하는 작업. 기계가 놓인 지면보다 높은 곳을 굴착할 때 사용

42 다음 조경시공에서 1일 평균 시공량 산정 방법은?

① $\dfrac{공사량}{작업가능일수}$ ② $\dfrac{공사량}{총공사일수}$
③ $\dfrac{공사량}{하루작업량}$ ④ $\dfrac{공사량}{평균작업량}$

해설
*일정계획
• 결정된 공기 내에 효율적인 공사진행을 유도하기 위한 수단
• 일정계획의 적부가 공사의 진도나 성과를 좌우

가능일수 ≥ 소요일수 = $\dfrac{공사량}{하루평균작업량}$

※ 가능일수 : 공사기간에서 휴일 불가능 일수를 뺀 기간

43 가로 50m×높이 2m의 벽을 표준형 붉은 벽돌을 이용하여 1.5B 쌓기로 시공하려 한다. 소요되는 벽돌 수량은? (단, 할증률을 적용하여 수량을 산출한다.)

① 14,900장 ② 15,347장
③ 22,400장 ④ 23,072장

해설

구분	0.5B	1.0B	1.5B	2.0B
표준형(190×90×57) 벽돌	75매	149매	224매	298매
일반형(210×100×60) 벽돌	65매	130매	195매	260매

→ 100×224×1.03(붉은벽돌 할증률 3%) = 23,072장

정답 39 ③ 40 ② 41 ③ 42 ① 43 ④

44 자연석 100ton을 절개지에 쌓으려 한다. 다음 표를 참고할 때 노임은 얼마인가?

(ton당)

구분	조경공	보통인부
쌓기	2.5인	2.3인
놓기	2.0인	2.0인
1일 노임	30,000원	10,000원

① 2,500,000원
② 5,600,000원
③ 8,260,000원
④ 9,800,000원

해설

{(2.5×30,000)+(2.3×10,000)}×100ton
=9,800,000원

45 파낸 흙을 쌓아 올렸을 때 중요한 '안식각'에 관한 설명으로 부적합한 것은?

① 흙을 높게 쌓아올렸을 때 잠시 동안은 모아둔 그대로 형태가 유지되는 것은 흙의 점착력 때문이다.
② 높이 쌓아놓은 뒤 시간이 지나면서 허물어져 내리고 안정된 비탈면을 형성했을 때 수평면에 대하여 비탈면이 이루는 각을 안식각이라 한다.
③ 흙깎기 또는 흙쌓기의 안정된 비탈을 위해서는 그 토질의 안식각보다 작은 경사를 가지게 하는 것이 중요하다.
④ 토질이 건조했을 때 안식각이 큰 것부터의 순서는 점토 > 보통흙 > 모래 > 자갈의 순이다.

해설

토질이 건조했을 때 안식각이 큰 것부터의 순서는 자갈 > 모래 > 보통흙 > 점토의 순

46 사질토와 점질토의 차이를 설명한 것 중 잘못된 것은?

① 투수 계수는 사질토가 점토보다 크다.
② 압밀속도는 사질토가 점토보다 빠르다.
③ 동결 피해는 점토가 사질토보다 크다.
④ 내부 마찰각은 사질토가 점토보다 작다.

해설

*내부 마찰각
한 몸으로 된 흙덩어리 속의 흙과 흙 사이의 마찰각. 내부 마찰각은 다져진 흙일수록 크고, 순수한 찰흙에서 0°, 느슨한 모래에서 30 ~ 40°, 다져진 모래에서 40 ~ 45° 정도

47 다음 중 보통 흙의 안식각은 얼마 정도인가?

① 20 ~ 25°
② 25 ~ 30°
③ 30 ~ 35°
④ 35 ~ 40°

해설

보통 흙의 안식각 : 30 ~ 35°

48 표면건조 내부 포화 상태의 골재에 포함하고 있는 흡수량의 절대건조 상태의 골재 중량에 대한 백분율은 다음 중 무엇을 기초로 하는가?

① 골재의 함수율
② 골재의 흡수율
③ 골재의 표면구율
④ 골재의 조립률

해설

골재의 흡수율 = $\dfrac{\text{표면건조내부포화상태} - \text{절대건조상태}}{\text{절대건조상태}} \times 100(\%)$

정답 44 ④ 45 ④ 46 ④ 47 ③ 48 ②

49 공원 조성 시 성토 지역의 특징으로 부적합한 것은?

① 성토를 한 지역은 배수가 용이하고, 건조되기 쉬워 자주 관수를 해 줄 필요가 있다.
② 성토를 하는 곳은 점질토를 사용하는 것이 점성이 있어 무너지지 않고 습기가 많아 식물의 생육에 유리하다.
③ 지반이 수평인 경우에도 풍화된 표토를 제거하거나 계단 모양으로 기초면을 만든다.
④ 성토를 하는 곳은 침하를 고려하여 성토 높이의 약 10% 정도를 더 쌓아주어야 한다.

해설
점질토로 성토 시 강우에 붕괴될 위험이 있음

50 전정 시기와 방법에 관한 설명 중 옳지 않은 것은?

① 상록활엽수는 겨울 전정 시 강전정을 하여야 한다.
② 화목류의 봄전정은 꽃이 진 후에 하는 것이 좋다.
③ 여름전정은 수광과 통풍을 좋게 할 목적으로 행한다.
④ 상록 활엽수는 가을 전정이 적기이다

해설
상록수의 전정 적기 : 5 ~ 6월, 9 ~ 10월

51 일반적으로 빗자루병이 쉽게 발생하는 대표 수종이 아닌 것은?

① 대추나무　② 오동나무
③ 모과나무　④ 벚나무

해설
*빗자루병 피해수종
전나무, 오동나무, 대추나무, 대나무, 쥐똥나무, 벚나무 등

52 양버즘나무(플라타너스)에 발생된 흰불나방을 구제하고자 할 때 가장 효과가 좋은 약제는?

① 디플루벤주론수화제
② 결정석회황합제
③ 포스파미돈액제
④ 티오파네이트메틸수화제

해설
*트리클로르폰(디프록스, 디프테렉스, 디플루벤주론)
나방 종류

53 식물의 주요한 표징 중 병원체의 영양기관에 의한 것이 아닌 것은?

① 균사　② 균핵
③ 포자　④ 자좌

해설
*포자
식물이 무성 생식을 하기 위해 형성하는 세포

54 식물의 아래 잎에서 황화현상이 일어나고 심하면 잎 전면에 나타나며, 잎이 작지만 잎수가 감소하여 초본류의 초장이 작아지고 조기 낙엽이 비료 결핍의 원인이라면 어느 비료 요소와 관련된 설명인가?

① P　② N
③ Mg　④ K

해설

질소	기능	광합성 작용의 촉진으로 잎이나 줄기 등 수목의 생장에 도움
	부족시	부족하면 생장 위축, 줄기가 가늘어지고, 눈과 잎의 축소, 황화
	과다시	도장하고 약해지며 성숙이 늦어짐

정답　49 ②　50 ①　51 ③　52 ①　53 ③　54 ②

55 다음 중 한국 잔디에 많이 발생하는 충해는 무엇인가?

① 명나방유충
② 굼벵이(풍뎅이유충)
③ 사슴벌레
④ 진딧물

해설
*한국 잔디에 가장 큰 피해를 주는 해충
풍뎅이 유충

56 잔디깎기의 목적으로 옳지 않은 것은?

① 잡초방제
② 이용 편리 도모
③ 병충해 방지
④ 잔디의 분얼억제

해설
*잔디 깎기의 효과
잡초 발생을 줄임, 잔디의 밀도를 높임(분얼 촉진), 평탄한 잔디밭을 만듦, 병해 방지

57 다음 보기는 식물 생육에 필요한 비료 중 어느 비료에 대한 설명인가?

- 엽록소 생성 촉매 작용, 산소 운반 역할
- 결핍 증상은 생육 초기에 발생하여 엽맥 사이 또는 잎 조직에 황화현상 및 비단무늬 양이 생긴다.
- 활엽수는 잎과 가지의 크기가 작아지고 조기 낙엽 현상이 발생한다.

① 질소(N)
② 칼슘(Ca)
③ 철(Fe)
④ 황(S)

해설

철	기능	산소 운반, 엽록소 생성 촉매작용
	부족시	잎 조직에 황화현상(침엽수는 백화), 가지의 크기 감소, 조기낙엽, 낙과

58 비선택성 제초제에 관한 설명이다. 거리가 먼 것은?

① 구조물 주변 등 식생을 원하지 않는 곳에 적용하기 알맞다.
② 지나친 고온기와 저온기는 피하는 것이 좋다.
③ 여름철 잔디밭 제초용으로 주로 사용된다.
④ 묘포지 주변에서는 세심한 주의가 요구된다.

해설
*비선택성 제초제
작물과 잡초를 구별하지 않고 비선택적으로 살초하는 약제이나 사용 시기에 따라 선택적 이용 가능

59 페니트로티온 45% 유제 원액 100cc를 0.05% 희석해서 살포할 때 필요한 물의 양은?

① 69,900cc
② 79,900cc
③ 89,900cc
④ 99,900cc

해설

희석할 물의 양(ml, g)
$= \left(\dfrac{\text{농약주성분농도(\%)}}{\text{추천농도(\%)}} \cdot 1\right) \times \text{소요농약량(ml)} \times \text{비중}$

$\rightarrow \left(\dfrac{45}{0.05} \cdot 1\right) \times 100 \times 1 = 89,900$

60 다음 중 주로 바람에 의해 전반되는 병균이 아닌 것은?

① 향나무 적성병균
② 잣나무 털녹병균
③ 밤나무 줄기마름병균
④ 밤나무 흰가루병

해설
*병원체의 전반
병원체가 여러 가지 방법으로 기주식물에 도달하는 것

바람에 의한 전반	잣나무털녹병균, 밤나무줄기마름병균, 흰가루병균

정답 55 ② 56 ④ 57 ③ 58 ③ 59 ③ 60 ①

제 8 회
최신 CBT 기출복원 문제

01 경복궁의 경회루 원지의 형태는?

① 장방형　② 원지형
③ 반달형　④ 노단형

해설

*경회루 방지(태종 12년)
- 113m(남북)×112m(동서)
- 방지방도, 3개의 섬
- 가장 큰 섬에 경회루 건립, 나머지 두 섬 : 소나무 식재
- 사신 영접, 연회, 유락 목적(연꽃 감상, 자연 공간 조망, 뱃놀이)

02 다음 중 창덕궁 후원에 있는 것이 아닌 것은?

① 향원지　② 부용정
③ 주합루　④ 옥류천

해설

향원지 : 경복궁에 위치

03 서울 성북구에 위치한 성락원의 특징이 아닌 것은?

① 고종의 아들 의친왕이 살던 별궁의 정원이다.
② 공간구성은 전원(前苑), 내원(內苑), 후원(後苑) 등 3개의 공간으로 구성되어 있다.
③ 전원에는 용두가산과 쌍류동천, 내원에는 염벽지, 후원에는 송석이 있다.
④ 후원공간에는 300년 된 엄나무를 비롯하여 소나무, 느티나무 등이 숲을 이루고 있다.

해설

전원에 위치한 쌍류동천 주위와 용두가산에는 200~300년 되는 엄나무를 비롯하여 느티나무, 소나무, 참나무, 단풍나무, 다래나무 말채나무 등이 숲을 이루고 있음

04 중국 진나라 왕희지의 난정기 영향을 받은 것으로 신라시대 왕의 위락공간으로 곡수연을 즐겼다. 현재 남아 있지는 않으나 곡수연 옆에 있었던 정자의 이름은?

① 사륜정　② 옥호정
③ 세연정　④ 포석정

해설

*포석정 곡수거
- 왕희지의 난정고사를 본 딴 왕의 공간
- 연대 추측 불가
- 유상곡수연

정답 01 ①　02 ①　03 ④　04 ④

05 다음 일본 정원 양식 중 고산수식에 대한 설명으로 잘못된 것은?

① 실정(무로마찌)시대의 정원 양식이다.
② 모래, 바위 등을 이용한 추상적 정원이다.
③ 화려한 꽃으로 장식을 하였다.
④ 물을 전혀 사용하지 않은 정원이다.

해설

*고산수정원
- 선사상의 영향으로 고도의 상징성과 추상성 구성
- 축소 지향적인 일본의 민족성
- 고도의 세련미 요구(대덕사 대선원, 용안사 방장정원)
- 물 대신 모래나 돌을 사용해서 바다 계류를 표현
- 상록활엽수를 사용하다가 후에는 식물을 사용하지 않음

06 16세기 이탈리아의 대표적인 정원인 빌라 에스테의 특징 설명으로 바르지 못한 것은?

① 사이프러스의 열식   ② 자수화단
③ 미로   ④ 연못

해설

4개의 노단으로 구성, 물, 꽃, 수목이 풍부하게 사용
- 제1노단 : 분수와 공지, 화단
- 제2노단 : 감탕나무 총림, 용의 분수
- 제3노단 : 100개의 분수
- 제4노단 : 카지노(주건물)

07 주축선 양쪽에 짙은 수림을 만들어 주축선을 두드러지게 하는 비스타(Vista)수법을 가장 많이 이용한 정원은?

① 영국 정원   ② 독일 정원
③ 이탈리아 정원   ④ 프랑스 정원

해설

비스타를 가장 많이 사용한 곳은 프랑스 정원

08 영국의 풍경식 정원은 자연과의 비율이 어떤 비율로 조성되었는가?

① 1 : 1   ② 1 : 5
③ 2 : 1   ④ 1 : 100

해설

*영국 정원
사실주의 자연풍경식 1 : 1

09 16C 후반부터 17C말까지 이탈리아 르네상스 정원에서 나타나는 특징이라고 보기 어려운 것은?

① 정원과 주변 자연과의 조화
② 기능성보다는 심미성 위주의 정원 구조물
③ 개성적인 형태의 추구
④ 정원 부지 선택의 자유

해설

주변 자연환경과의 조화를 추구하는 자연식 정원의 특징

10 조경미(美) 이론에서 유사한 것들이 반복되면서 자연적인 순서와 질서를 갖게 되는 것을 말하며, 특정한 형이 점차 커지거나 반대로 서서히 작아지는 형식이 되는 것을 무엇이라 하는가?

① 점층   ② 운율
③ 점이   ④ 추이

해설

- 점이 : 점차적으로 바뀌어 감
- 점층 : 작고, 낮고, 약한 것으로부터 차차 크고, 높고, 강한 것으로 끌어올려 표현함

정답 05 ③ 06 ① 07 ④ 08 ① 09 ① 10 ③

11 동일한 녹색을 가지고 흰 종이 위에 가는 녹색선과 넓은 녹색면을 만들었다면 녹색선이 녹색면보다 더 어둡게 느껴지는데, 이러한 현상을 무엇이라고 하는가?

① 명도대비　② 면적대비
③ 색상대비　④ 연변대비

해설:

*면적대비
- 색이 차지하는 면적의 크고 작음, 많고 적음에 따라 색의 명도와 채도가 다르게 보이는 현상
- 면적이 큰 색은 명도와 채도가 높아져 실제보다 좀 더 밝고 맑게 보이며, 면적이 작은 색은 명도와 채도가 낮아져 실제보다 어둡고 탁하게 보임

12 덩굴식물이 시설물을 타고 올라가 정원적인 미를 살릴 수 있는 시설물이 아닌 것은?

① 퍼걸러　② 테라스
③ 아치　④ 트렐리스

해설:

*테라스
실내에서 직접 밖으로 나갈 수 있도록 방의 바깥쪽으로 만든 난간

13 수집된 자료를 종합한 후에 이를 바탕으로 개략적인 계획안을 결정하는 단계는?

① 목표설정　② 기본구상
③ 기본설계　④ 실시설계

해설:

*기본구상
- 계획안에 물리적, 공간적 윤곽이 드러나기 시작
- 문제 해결을 위한 개념 도출
- 자료가 구체적, 공간적 형태화
- 버블다이어그램

14 건설재료의 할증률이 틀린 것은?

① 붉은벽돌 : 3%
② 이형철근 : 5%
③ 조경용 수목 : 10%
④ 석재판붙임용재(정형돌) : 10%

해설:

이형철근 할증률 : 3%

15 조경계획 및 설계과정에 있어서 각 공간의 규모, 사용재료, 마감 방법을 제시해 주는 단계는?

① 기본구상　② 기본계획
③ 기본설계　④ 실시설계

해설:

*기본설계
대상물의 공간과 형태, 시각적 특징기능, 효율성, 재료 등을 구체화

16 다음 비탈면 경사 중 가장 경사가 완만한 것은?

① 1 : 1 경사　② 45° 경사
③ 100% 경사　④ 5할 경사

해설:

① 100%
② 100%
④ 50%

정답　11 ②　12 ②　13 ②　14 ②　15 ③　16 ④

17 다음 중 조경계획에 대한 설명으로 잘못된 것은?

① 조경계획은 전 과정을 통하여 문제의 발견에 관련하고, 설계는 문제의 해결에 관련한다.
② 계획이란 어떤 목표를 설정해서 이에 도달할 수 있는 행동과정을 마련하는 것이다.
③ 조경계획에 있어서는 창조적 구상이, 조경설계에 있어서는 합리적 사고가 더욱 요구된다.
④ 계획은 계획가의 독자적인 사업이 아니라 사용자와 사용주의 대화를 통해 이룩되는 양방향의 과정이다.

해설
- 계획 : 합리적 사고 중시
- 설계 : 창조적 구상이 필요

18 묘지공원의 설계지침으로 올바른 것은?

① 장제장 주변은 기능상 키가 작은 관목만을 식재한다.
② 산책로는 이용하기 좋게 주로 직선화한다.
③ 묘지공원 내는 경건한 분위기를 위해 어린이 놀이터 등 휴게시설 설치를 일체 금지시킨다.
④ 전망대 주변에는 큰 나무를 피하고, 적당한 크기의 화목류를 배치한다.

해설

*묘지공원 설계기준
- 정숙한 장소로서 장래 시가지화가 예상되지 않는 자연녹지
- 교통이 편리한 곳에 100,000㎡ 이상의 규모로 설치
- 확장할 여지가 있고 토지의 취득이 용이한 곳
- 장제장 주변은 기능상 키가 큰 교목 식재 : 차폐, 완충
- 산책로는 수림 사이로 자연스럽게 조성
- 묘지공원의 이용자를 위한 놀이시설, 휴게시설 설치
- 전망대 주변에는 큰 나무를 피하고, 적당한 크기의 화목류 설치

19 조경계획의 기본 과정 중 설계 발전 및 시행의 단계로서 기본계획에 해당하는 사항은?

① 시설물 설계도
② 공사계획 평면도
③ 토지이용 및 동선체계
④ 수량산출 및 일위대가

해설

*기본계획
- 기본계획은 기본구상에 의해 도출된 마스터플랜(master plan)
- 토지이용계획, 교통동선계획, 시설물배치계획, 식재계획, 하부구조 계획, 집행계획 등 6개 부분별 계획으로 나누어짐
- 기본계획을 수립하는데 가장 기초로 이용되는 도면은 현황도

20 고속도로의 시선유도 식재는 주로 어떤 목적을 갖고 있는가?

① 위치를 알려준다.
② 침식을 방지한다.
③ 속력을 줄이게 한다.
④ 전방의 도로 형태를 알려 준다.

해설

*시선유도 식재
- 주행 중의 운전자가 도로의 선형변화를 미리 판단할 수 있도록 시선을 유도해 주는 식재
- 도로의 곡률반경이 700m 이하가 되는 작은 곡선부에는 반드시 조성

정답 17 ③ 18 ④ 19 ③ 20 ④

21 다음 중 근린공원의 설명 중 잘못된 것은?

① 페리(Perry)가 근린주구 개념 설정에 따라 형성된 공원이다.
② 우리나라 도시공원법에 800m를 근린공원 이용권으로 삼고 있다.
③ 주민들이 일상 생활에서 행하는 여러 활동이 중첩되는 생활권에서 이용되는 공원으로 해석할 수 있다.
④ 도시공원의 기능을 발휘할 수 있도록 적합한 수준의 지형에 입지하는 것이 좋다.

해설
근린생활권 근린공원(유치거리 500m), 도보권 근린공원(유치거리 1,000m)

22 다음 중 오픈 스페이스에 해당되지 않는 것은?

① 건폐지　　② 공원묘지
③ 광장　　　④ 학교운동장

해설
*오픈 스페이스
개방지, 비건폐지, 위요공지, 공원, 녹지, 유원지, 운동장, 넓은 의미의 자연환경 등 시민들이 자유롭게 선택하고, 일상생활의 굴레에서 벗어나 스스로 재창조하며, 여가를 제대로 즐길 수 있는 곳을 말함

23 다음 중 물푸레나무과에 해당하지 않는 것은?

① 이팝나무　　② 미선나무
③ 개나리　　　④ 산수유

해설
산수유 : 층층나무과

24 다음 중 할증에 대한 설명으로 옳은 것은?

① 표준품셈에 수록된 조경용 수목의 할증률은 5%이다.
② 표준품셈에 수록된 할증률은 최소치이므로 그 이상을 활용한다.
③ 시공품 적용은 재료할증을 포함한 총재료량에 표준품셈을 적용하여 계산한다.
④ 재료 할증은 재료의 운반 및 시공과정 등에 발생하는 손실량을 예측하여 부과하는 것이다.

해설
*할증
시방 및 도면에 의해 산출된 정미량에 재료의 운반 및 시공과정 등에 발생하는 손실량을 예측해 가산하여 부과하는 것

25 조경 수목의 구비 조건 중 지엽이 치밀하고 맹아력이 강하며 아랫가지가 말라죽지 않아야 하는 수종에 해당하는 것은?

① 산울타리용 수종　　② 녹음용 수종
③ 방음용 수종　　　　④ 방풍용 수종

해설
*산울타리 및 차폐용 조경수목의 조건
• 맹아력이 강해야 함
• 지엽이 치밀하고 아랫가지가 오래도록 말라 죽지 않는 성질
• 상록수가 바람직

26 조경 수목의 근원직경을 측정하는 기구를 무엇이라 하는가?

① 덴시오미터　　② 플래니미터
③ 윤척　　　　　④ 순또측고기

해설
*윤척
나무의 지름을 재는 기구

정답 21 ②　22 ①　23 ④　24 ④　25 ①　26 ③

27 층층나무과에 해당하는 산딸나무와 층층나무를 구별하는 근거가 될 수 있는 것으로 가장 적당한 것은?

① 잎의 마주나기와 어긋나기
② 측맥의 수
③ 나무의 높이
④ 잎의 색깔과 열매의 모양

해설

- 산딸나무 : 대생
- 층층나무 : 호생

28 다음 중 생장속도가 가장 느린 수종은?

① 가중나무   ② 미루나무
③ 눈주목   ④ 플라타너스

해설

*생장속도가 느린 수종

음수, 수형이 거의 일정하나 시간이 걸림
- 주목, 비자나무 등

29 미선나무에 대한 설명으로 틀린 것은?

① 1속 1종   ② 낙엽활엽관목
③ 잎은 어긋나기   ④ 물푸레나무과(科)

해설

*미선나무

우리나라에서만 자라는 특산종으로 세계적으로 1속 1종, 물푸레나무과에 속하며 낙엽활엽관목으로 꽃은 흰색으로 개화. 열매모양은 둥근 부채를 닮음(잎은 대생)

30 다음 중 이식이 잘 안되는 수종은?

① 양버즘나무   ② 사철나무
③ 굴참나무   ④ 은행나무

해설

*이식에 대한 적응성

- 이식이 쉬운 나무 : 메타세콰이어, 측백나무, 꽝꽝나무, 사철나무, 쥐똥나무, 미루나무, 은행나무, 플라타너스, 명자나무 등
- 이식이 어려운 나무 : 독일가문비, 백송, 소나무, 굴참나무, 떡갈나무, 백합나무, 자작나무, 칠엽수, 감나무 등

31 다음에 주어진 수종 중에서 가로수로 사용하기 부적합한 수종은?

① 은행나무   ② 무궁화
③ 느티나무   ④ 벚나무

해설

*가로수에 적합한 수종

은행나무, 메타세콰이어, 느티나무, 양버즘나무, 백합나무, 가중나무, 칠엽수, 회화나무, 벚나무, 이팝나무 등

32 다음 중 시공 현장에서 사용되는 긴결(연결) 철물에 해당하는 것은?

① 못   ② 강판
③ 함석   ④ 형강

해설

*긴결(연결) 철물

못, 나사못, 볼트, 꺽쇠, 띠쇠, 듀벨 등

정답 27 ① 28 ③ 29 ③ 30 ③ 31 ② 32 ①

33 가연성 도료의 보관 및 장소에 대한 설명 중 틀린 것은?

① 직사광선을 피하고 환기를 억제한다.
② 소방 및 위험물 취급 관련 규정에 따른다.
③ 건물 내 일부에 수용할 때에는 방화구조적인 방을 선택한다.
④ 주위 건물에서 격리된 독립된 건물에 보관하는 것이 좋다.

해설
가연성 도료 보관 시 전용 창고에 보관하며 환기가 잘 되도록 보관해야 함

34 다음 보기가 설명하는 암석은 무엇인가?

화성암, 퇴적암 등이 화학적·물리적으로 성질이 변한 것으로 편마암, 대리석, 사문암 등이 있다.

① 응회암　　② 점판암
③ 변성암　　④ 석회암

해설
*변성암
• 화성암, 퇴적암이 지각변동, 지열에 의해 화학적·물리적으로 성질이 변한 것
• 대리석, 사문암, 트래버틴, 편마암, 결정편암 등

35 깨지거나 파괴하려는 힘에 대한 저항도를 말하는 성질을 무엇이라 하는가?

① 강성　　② 인성
③ 전성　　④ 취성

해설
*인성
충격에 대한 저항성으로 높은 응력에 견디고 동시에 큰 변형이 되는 성질

36 다음 식은 길이 6m 이상 통나무 재적 계산식이다. (　)안에 들어갈 단위는?

$$V = D^2(\quad) \times L(m)$$

① 재(才)　　② m^2
③ m^3　　④ cm

해설
통나무의 제적 계산식
$V = D^2(cm) \times L(m)$
(D : 말구지름, L : 길이)

37 다음 중 열경화성 수지로서 합판 등 도색에 사용되는 수지는?

① 요소수지　　② 폴리염화비닐수지
③ 멜라민수지　④ 폴리에틸렌수지

해설
*멜라민수지
• 내수성이 크고 열탕에서 침식되지 않음
• 무색투명하고 착색이 자유로우며 내수성, 내약품성, 내용제성이 뛰어남
• 알키드수지로 변성하여 도료, 내수 베니어 합판의 접착제에 이용

38 시멘트 쌓는 단수를 10으로 할 때, 200㎡의 창고에 저장할 수 있는 시멘트는 몇 포인가?

① 2,000포　　② 2,500포
③ 5,000포　　④ 7,500포

해설
*시멘트의 저장 창고 면적
$A = 0.4 \times \dfrac{N}{n}$
(A : 창고면적(㎡), N : 저장 포대수, n : 쌓기 단수(최고 13포대))
$200 = 0.4 \times \dfrac{N}{10} \rightarrow N = 5,000$

정답　33 ①　34 ③　35 ②　36 ④　37 ③　38 ③

39 수준측량의 용어 설명 중 높이를 알고 있는 기지점에 세운 표척눈금의 읽은 값을 무엇이라 하는가?

① 후시　　　　② 전시
③ 전환점　　　④ 중간점

[해설]

*후시(back sight ; B.S)
기지점(높이를 아는 점)에 세운 표척의 눈금

40 일정한 응력을 가할 때, 변형이 시간과 더불어 증대되는 현상을 의미하는 것은?

① 탄성　　　　② 취성
③ 크리프　　　④ 릴랙세이션

[해설]

*크리프
물체에 외력이 작용할 때 시간이 지나면서 변형이 증대하 가는 현상

41 비철금속 재료의 설명이 잘못된 것은?

① 납 : 비중이 크고 연질이다.
② 동 : 습기가 많으면 광택이 줄고 녹청색이 된다.
③ 아연 : 산 및 알칼리에 약하고 수중에서 내식성이 작다.
④ 알루미늄 : 전성과 연성, 전기 전도성이 뛰어나다.

[해설]

아연은 내식성이 높음

42 터파기량이 1,200㎥, 되메우기량이 720㎥일 때 잔토량은 얼마인가?(단, L값은 1.2, C값은 0.85)

① 480㎥　　　② 576㎥
③ 408㎥　　　④ 489.6㎥

[해설]

(1,200-720)×1.2=576㎥

43 콘크리트 강도의 고려 사항이 아닌 것은?

① 시멘트가 굳었을 때 강도보다 약한 석재를 선택한다.
② 콘크리트가 경화되는 과정에서 수화열을 적당히 낮춰 주어야 균열을 방지할 수 있다.
③ 가늘고 세장한 골재는 사용하지 않는다.
④ 콘크리트의 인장강도를 증진시키기 위해 철근을 배근하기도 한다.

[해설]

*골재
경화된 콘크리트보다 강도가 높아야 함

44 다음 [보기]가 설명하는 특징을 가진 건설 장비는?

- 기동성이 뛰어나고, 대형목의 이식과 자연석의 운반, 놓기, 쌓기 등에 가장 많이 사용된다.
- 기계가 서 있는 지반보다 낮은 곳의 굴착에 좋다.
- 파는 힘이 강력하고 비교적 경질 지반에 적용한다.
- Drag shovel이라고도 한다.

① 로더　　　　② 백호우
③ 불도저　　　④ 덤프트럭

[해설]

*백호우(Back hoe)
드래그 셔블이라고도 하며 360도 회전 가능. 기계가 놓은 지면보다 낮은 곳을 굴착할 때 사용

정답　39 ①　40 ③　41 ③　42 ②　43 ①　44 ②

45 골재의 함수상태에 관한 설명 중 틀린 것은?

① 골재를 110℃ 정도의 온도에서 24시간 이상 건조시킨 상태를 절대 건조상태 또는 노건조상태(oven dry condition)라 한다.
② 골재를 실내에 방치할 경우, 골재입자의 표면과 내부의 일부가 건조된 상태를 공기 중 건조상태라 한다.
③ 골재입자의 표면에 물은 없으나 내부의 공극에는 물이 꽉 차 있는 상태를 표면건조 포화상태라 한다.
④ 절대건조상태에서 표면건조상태가 될 때까지 흡수되는 수량을 표면수량이라 한다.

해설
*표면수량
골재의 표면에만 있는 수량, 흡수량 : 표면건조 내부포화상태의 수량

46 용적이 1㎥이고, 중량이 1,500kg 되는 시멘트는 몇 포대의 시멘트를 지칭하는가?

① 약 35포대   ② 약 37.5포대
③ 약 40포대   ④ 약 42.5포대

해설
시멘트 1포의 중량 : 40kg
• 1,500 ÷ 40 = 37.5

47 미리 골재를 거푸집 안에 채우고 특수 탄화제를 섞은 모르타르를 주입하여 골재의 빈틈을 메워 만드는 콘크리트는?

① 매스콘크리트
② 프리스트레스트콘크리트
③ 서중콘크리트
④ 프리팩트콘크리트

해설
*프리팩트콘크리트
• 미리 골재를 거푸집 안에 채움
• 특수 탄화제를 섞은 모르타르를 주입하여 골재의 빈틈을 메워 만든 콘크리트

48 하수도시설 기준에 따라 오수관거의 최소관경은 몇 mm를 표준으로 하는가?

① 100mm   ② 150mm
③ 200mm   ④ 250mm

해설
*오수관거의 관경
하수도시설 기준에 따라 오수관거의 최소관경은 200mm를 표준으로 함

49 조경공사용 기계의 종류와 용도(굴삭, 배토, 정지, 상차, 운반, 다짐)의 연결이 옳지 않은 것은?

① 굴삭용 – 무한궤도식 로더
② 운반용 – 덤프트럭
③ 다짐용 – 템퍼
④ 배토정지용 – 모터그레이더

해설
*무한궤도식 로더
적재기계

정답 45 ④ 46 ② 47 ④ 48 ③ 49 ①

50 다음 중 한발이 계속될 때 짚깔기나 물주기를 제일 먼저 해야 될 나무는?

① 소나무 ② 향나무
③ 가중나무 ④ 낙우송

해설

*낙우송
호습성 수종으로 건조 시 관수 필요

51 흰별무늬병과 관계가 없는 것은?

① 장마 이후부터 가을에 걸쳐 발병한다.
② 주요 표징은 5 ~ 6월부터 잎에 작은 갈색 반점이 생기는 것이다.
③ 주로 지면에서 멀리 떨어진 잎에서 발병한다.
④ 방제방법은 병든 잎을 소각하거나 디페노코나졸 입상수화제 2,000배 액을 3 ~ 4회 살포한다.

해설

*흰별무늬병
- 장마 끝 무렵부터 발생하기 시작하여 여름 ~ 초가을 병세가 두드러지게 나타남
- 5 ~ 6월 잎에 작은 갈색의 반점들이 다수 나타남
- 큰나무에서는 토양 부근의 어린 잎과 맹아지의 잎에서 잘 발생하는데 피해는 경미함
- 생육이 왕성한 나무는 거의 피해 없음. 병에 걸린 낙엽을 모아 태우거나 땅속에 묻음
- 피해가 심한 지역은 동제나 만코제브 수화제 살포

52 연중 유지관리계획에서 가장 먼저 시행하여야 하는 유지관리 항목은?

① 기비 ② 추비
③ 제초 ④ 월동준비

해설

- 기비(2월 하순 ~ 3월 하순)
- 추비(4월 하순 ~ 6월 하순)
- 제초(4월 ~ 10월)
- 월동준비(11월)

53 다음 중 곰팡이에 의한 수목병이 아닌 것은?

① 소나무 시들음병
② 잣나무 잎떨림병
③ 낙엽송 가지끝마름병
④ 잣나무 털녹병

해설

소나무 시들음병 : 선충

54 운영관리 방식에 있어 직영 방식의 장점이 아닌 것은?

① 관리 책임이나 책임소재가 명확하다.
② 인건비의 절약이 가능하다.
③ 관리 실태를 정확히 파악할 수 있다.
④ 이용자에게 양질의 서비스가 가능하다.

해설

*직영 방식의 장점
- 관리 책임이나 책임소재 명확
- 긴급한 대응 가능(즉시성)
- 관리실태의 정확한 파악
- 관리자의 취지가 확실히 발현
- 임기응변적 조치 가능(유연성)
- 이용자에게 양질의 서비스 가능
- 관리효율의 향상에 노력

정답 50 ④ 51 ③ 52 ① 53 ① 54 ②

55 다음 중 생리적 산성비료는?

① 황산암모늄 ② 용성인비
③ 석회질소 ④ 과인산석회

해설

*황산암모늄
질소질비료인 황산암모늄은 산성 비료로서, 계속 시비하면 흙이 산성으로 변함

56 다음 중 관리하자에 의한 사고로 볼 수 없는 항목은?

① 시설의 구조 자체의 결함에 의한 것
② 시설의 노후 및 파손에 의한 것
③ 위험 장소의 안전 대책 미비에 의한 것
④ 위험물 방치에 의한 것

해설

*시설의 구조 자체의 결함에 의한 것
설계 하자에 의한 사고

57 활엽수의 경우 질소 부족현상과 유사한 현상이 나타나며 잎의 폭이 좁아지고, 꽃의 크기가 작고 적게 맺히는 경우 결핍된 미량원소는?

① 붕소 ② 철
③ 아연 ④ 몰리브덴

해설

*몰리브덴 결핍 현상
잎과 꽃의 크기가 작아지고 적게 맺히는 등 질소 부족현상과 유사

58 다음 중 잎을 가해하는 대표적인 곤충과가 아닌 것은?

① 솔노랑잎벌과 ② 하늘소과
③ 총채벌레과 ④ 솔나방과

해설

하늘소 : 천공성 해충

59 다음 중 그해 자란 가지에서 꽃눈이 분화하여 그 해에 개화하는 수종들로 옳은 것은?

① 배롱나무, 무궁화
② 치자나무, 동백나무
③ 매화나무, 수국
④ 철쭉, 목련

해설

*당년생 가지 개화형
장미, 무궁화, 배롱나무, 능소화, 대추나무, 포도, 감나무

60 1차 전염원이 아닌 것은?

① 균핵 ② 분생포자
③ 난포자 ④ 균사속

해설

*1차 전염원
월동하거나 월하하면서 휴면상태로 존재하여 봄이나 가을에 첫 감염을 일으키는 전염원(균핵, 난포자, 자낭포자, 균사)

정답 55 ① 56 ① 57 ④ 58 ② 59 ① 60 ②

제 9 회 최신 CBT 기출복원 문제

01 우리나라의 연못 중 직선과 곡선을 혼용한 원지는 어느 곳인가?

① 창덕궁 애련지 ② 경복궁 경회루지
③ 경주의 안압지 ④ 창덕궁 부용지

해설

*임해전 지원(안압지, 월지)
- 북쪽 : 굴곡 있는 해안형, 동쪽 : 반도형
- 연못의 모양이 다양, 호안석, 바닷가 돌 사용 : 바다 경관 조성
- 바다로 표현한 정원, 직선 & 다양한 곡선

02 다음 중 배롱나무의 다른 이름을 무엇이라 하는가?

① 자미 ② 산다
③ 목단 ④ 부거

해설

*식물의 옛 이름
- 무궁화 : 목근화(木槿花)
- 배롱나무 : 자미화(紫微花)
- 연 : 부거(赴擧)
- 목련 : 목필화(木筆花)
- 동백 : 산다화(山茶花)
- 모란 : 목단(牧丹)
- 살구 : 행목(杏木)

03 조선시대 아미산에 대한 설명이다. 옳지 않은 것은?

① 계단식으로 다듬어 놓은 화계를 이용한 정원이다.
② 화목 사이로 괴석과 세심석이 놓여 있다.
③ 창덕궁 후원으로 사적인 성격의 공간이다.
④ 온돌의 굴뚝을 화계 위로 뽑아 점경물로 삼았다.

해설

*교태전 후원(아미산원) : 경복궁에 위치
- 교태전 : 왕비를 위한 사적인 공간
- 아미산 : 중국의 선산을 상징화한 이름
- 아미산원 : 평지 위에 인공적으로 축조된 4단의 화계(꽃계단) • 돌배, 말채, 쉬나무 등
- 풍수지리설의 영향
- 첨경물 : 석지, 굴뚝(불가사리, 박쥐, 해태, 십장생, 사군자), 괴석, 화계

04 조선시대 별서 정원 양식의 발생에 큰 영향을 미친 것은?

① 풍수지리설 ② 유교사상
③ 신선사상 ④ 불교사상

해설

*별서
은일사상에 영향을 받아 은둔의 목적으로 한적하게 따로 지은 집

정답 01 ③ 02 ① 03 ③ 04 ②

05 중국의 정원 형태 중 동양 최초로 서양식(프랑스) 정원의 성격을 지닌 정원은?

① 열하산장　　② 만수산이궁
③ 원명원이궁　④ 졸정원

해설

*원명원
- 강희제 때 축조하여 건륭제 때 확장(1709년 강희제가 아들 윤진에게 준 별장이었으나 윤진이 옹정제로 즉위한 후 1725년 황궁의 정원으로 조성)
- 북경에 위치
- 동양 최초의 서양식 정원
- 전정에 대분천을 중심으로 한 프랑스식 정원을 꾸밈
- 현존하지 않으며 선교사의 서간 속 기술로 추측

06 다음 중 일본 정원과 관련이 적은 것은?

① 축소 지향적　　② 인공적 기교
③ 통경선의 강조　④ 추상적 구성

해설

*통경선(Vista)
프랑스 정원에서 사용됨

07 고대 이집트 조경 양식에 큰 영향을 미친 사항은?

① 무더운 기온과 사막의 바람
② 태양신을 모시는 신전정원
③ 피라미드와 스핑크스
④ 나일강의 불규칙한 범람

해설

*이집트
- 지형 : 폐쇄적 지형, 사막기후(무덥고 건조)
- 수목 신성 시(이집트, 서부아시아)

08 고대 로마의 정원 배치는 3개의 중정으로 구성되어 있었다. 그중 사적인 기능을 가진 제2 중정에 속하는 곳은?

① 아트리움　　　② 지스터스
③ 페리스틸리움　④ 아고라

해설

*중정의 구성
2개의 중정과 1개의 후정

공간구성	아트리움	페리스틸리움	지스터스
	제1중정	제2중정(주정)	후정
	무열주(無列柱) 중정	주랑(柱廊)식 중정	
목적	공적장소 (손님접대)	사적공간 (가족공간)	
특징	• 천장(채광) • 임플루비움설치 • 바닥은 돌로 포장 • 화분장식	• 포장하지 않음 (식재) • 정형적 식재 • 분수, 조각 배치	• 5점형식재 • 관목 군식 • 중앙수로를 중심으로 원로와 화단 배치

09 공공의 조경이 크게 부각되기 시작한 때는?

① 고대　　② 중세
③ 근세　　④ 군주시대

해설

18세기 영국에서 귀족 등의 정원에 대한 흥미가 감소하고 공원에 대한 관심이 높아지기 시작

10 황금비는 단변이 1일 때 장변의 길이가 얼마인가?

① 1.681　　② 1.618
③ 1.186　　④ 1.861

해설

황금분할(1 : 1.618)

정답　05 ③　06 ③　07 ①　08 ③　09 ③　10 ②

11 관용색명에 대한 설명으로 잘못된 것은?

① 색에 이름을 붙여서 색을 표시하는 일종의 표색 방법을 말한다.
② 장미색, 귤색, 금색, 쥐색, 비둘기색 등이 예이다.
③ 동식물이나 광물, 장소, 지면과 관련 있는 고유명으로 된 것도 있다.
④ 전달을 빨리 하기 위해 형용사나 수식어를 붙여 사용하기도 한다.

해설

*관용색명
- 예부터 전해오는 습관적 이름이나 지명, 장소, 동식물의 이름을 고유한 이름으로 붙여 사용하는 색명. 이해는 빠르지만 정확한 구별에는 어려움이 있음
- 가지색, 비둘기색, 진달래색 등

12 근린생활권 근린공원의 유치거리는 얼마인가?

① 250m 이내 ② 500m 이내
③ 1,000m 이내 ④ 5,000m 이내

해설

*근린생활권 근린공원
유치거리 500m 이하, 규모 10,000㎡ 이상

13 다음 중 파선의 사용 용도를 옳게 설명하고 있는 것은?

① 도형의 중심점을 표시하는데 사용하는 선
② 대상물의 보이지 않는 부분의 모양을 표시하는데 사용하는 선
③ 중심이 이동한 중심궤적을 표시하는데 사용하는 선
④ 단면의 무게중심을 연결하는데 사용하는 선

해설

*파선
물체의 보이지 않는 부분 표시

14 다음 중 유희 시설에 속하는 것은?

① 벤치 ② 전망대
③ 정글짐 ④ 야영장

해설

| 유희시설 | 시소, 정글짐, 사다리, 그네, 조합놀이대 등 (놀이시설) |

15 다음 중 경관조절 식재의 항목으로 거리가 먼 것은?

① 지표식재 ② 경관식재
③ 차폐식재 ④ 녹음식재

해설

*경관조절식재
지표식재, 경관식재, 차폐식재 녹음식재(환경조절식재)

16 주택 정원에서 공공성을 띠는 공간은?

① 앞뜰 ② 안뜰
③ 작업뜰 ④ 뒤뜰

해설

*앞뜰
대문에서 현관 사이의 공간, 주택의 첫인상을 좌우하는 진입공간으로 공공성이 강함

정답 11 ④ 12 ② 13 ② 14 ③ 15 ④ 16 ①

17 건축법상 면적이 얼마 이상인 대지에 건축을 할 때 건축주는 지방자치단체의 조례가 정하는 기준에 따라 대지 안에 조경 및 기타조치를 하여야 하는가?

① 120㎡ ② 165㎡
③ 200㎡ ④ 255㎡

해설

*대지 안의 조경
200㎡ 이상의 대지에 건축하는 경우

연면적	대지면적에 대한 조경면적 비율
1,000㎡ 미만	5%
1,000㎡ ~ 2,000㎡ 미만	10%
2,000㎡ 이상	15%

18 조경공사 시행의 적정을 기하기 위한 표준을 명시하며, 공사에 관한 사항을 보편적으로 기술한 시방서는?

① 특기시방서 ② 표준시방서
③ 특별시방서 ④ 특수시방서

해설

*표준시방서
- 시설물의 안전 및 공사 시행의 적정성과 품질확보 등을 위하여 시설물별로 정한 표준적인 시공기준을 기재
- 발주자나 설계 등 용역업자가 공사시방서를 작성하는 경우에 활용하기 위한 시공기준
- 공사의 명칭, 종류, 규모, 구조 등 시공상의 일반사항을 기재
- 도급자, 발주자, 시공기술자 등의 법적, 제약적, 행정적 요구사항 기록
- 조경공사 표준시방서는 국토교통부에서 발행

19 비대칭의 효과를 설명한 것 중 틀린 것은?

① 좌우 대칭에 비해 복잡한 느낌을 준다.
② 물체의 색채, 무게, 질감 등으로 균형을 잡으므로 공간의 여백이 생길 경우가 있다.
③ 좌우 대칭에 비해 정돈성이 있으며, 동적인 느낌을 준다.
④ 주로 서양 정원에 비해 동양 정원에서 많이 사용한 대칭 수법이다.

해설

*비대칭 균형
- 모양과 크기가 서로 다른 물체가 시각축 양쪽에서 균형을 이룸
- 자연식 정원에서 균형 잡을 때 사용

20 다음 중 옥상정원 계획 시 반드시 고려해야 할 사항이라고 볼 수 없는 것은?

① 지하수위
② 지반의 구조 및 강도
③ 구조체의 방수 및 배수계통
④ 미기후의 변화

해설

지하수위 : 자연 지반에 식재 시 고려 사항

정답 17 ③ 18 ② 19 ③ 20 ①

21 다음 중 비오톱에 관한 설명 중 잘못된 것은?

① 도시(농촌) 비오톱 지도는 도시(농촌) 경관 생태 계획의 핵심적인 기초 자료이다.
② 도시 비오톱은 생물 서식공간을 의미하기도 한다.
③ 도시 비오톱은 도시민에게 중요한 휴양 및 자연 체험공간을 제공한다.
④ 벽면녹화 옥상정원 등은 소규모 비오톱 공간으로 볼 수 없다.

> 해설

*비오톱(Biotop)
Bio(생물)+tope(장소)의 합성어로 생물의 서식을 위한 최소한의 단위공간을 뜻함. 식물과 동물로 구성된 3차원의 서식공간으로 자연의 생태계가 기능을 하는 공간
Ex) 연못, 습지, 실개천

22 조경 계획 및 설계에서 피드백 과정을 옳게 설명한 것은?

① 계획에서는 피드백 과정이 필요하나, 설계에서는 필요하지 않다.
② 피드백은 계획 수행 과정상 전단계로 돌아가 작성된 안을 다시 한 번 검토해 보는 것을 말한다.
③ 피드백 과정 시에는 조경가만이 참여하고, 의뢰인은 참여하지 않는다.
④ 피드백은 자료의 분석 후 이들을 종합하는 과정에서 주로 사용되는 개념이다.

> 해설

*피드백(Feed back)
계획 수행 과정상 불만족스러운 결과를 얻었을 때, 전단계로 돌아가 작성된 안을 다시 한 번 검토, 수정하는 작업

23 다음 중 경사면 붕괴에 큰 영향을 미치는 수분은?

① 자유수   ② 흡습수
③ 결합수   ④ 모세관수

> 해설

*중력수(pF 0 ~ 2.52)
• 자유수라고도 부르며, 중력에 의하여 토양층 아래로 내려가는 수분
• 경사면 붕괴에 가장 크게 영향을 미침

24 대목을 대립 종자의 유경이나 유근을 사용하여 접목하는 방법으로 접목한 뒤에는 관계습도를 높게 유지하며, 정식 후 근두암종병의 발병률이 높은 단점을 갖는 접목법은?

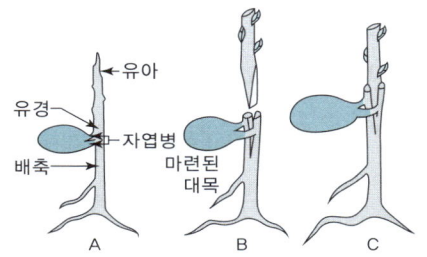

① 아접법   ② 유대접
③ 호접접   ④ 교접

> 해설

• 아접법 : 눈을 채취하여 대목에 접합, 결속하는 접목법. 눈접
• 호접법 : 호접은 접수로 하는 가지를 모수에 붙여 둔 채 행하는 접목. 맞접
• 교접 : 상처부위를 건너서 회초리와 같은 가지로 접목해서 활력을 회복, 유지시키는 접목법

정답 21 ④ 22 ② 23 ① 24 ②

25 다음 중 붉은색 단풍이 드는 수목들로 구성된 것은?

① 낙우송, 느티나무, 백합나무
② 칠엽수, 참느릅나무, 졸참나무
③ 이깔나무, 메타세콰이아, 은행나무
④ 감나무, 화살나무, 붉나무

해설

*단풍이 아름다운 조경수목
- 붉은색 계통의 조경수목 : 복자기, 붉나무, 옻나무, 단풍나무, 담쟁이덩굴, 마가목, 화살나무, 산딸나무, 매자나무, 참빗살나무, 감나무 등
- 노란색 또는 갈색 계통의 조경수목 : 은행나무, 고로쇠나무, 참느릅나무, 칠엽수, 때죽나무, 네군도단풍, 느티나무, 계수나무, 낙우송, 미루나무, 메타세콰이어, 백합나무, 갈참나무, 졸참나무, 배롱나무, 층층나무, 자작나무, 벽오동, 일본잎갈나무 등

26 다음 [보기]와 같은 특성을 지닌 정원수는?

- 형상수로 많이 이용되고, 가을에 열매가 붉게 된다.
- 내음성이 강하며, 비옥지에서 잘 자란다.

① 주목   ② 쥐똥나무
③ 화살나무   ④ 산수유

해설

*주목
맹아력이 강해 형상수로 많이 이용되고, 열매가 붉은색. 비옥지를 좋아함

27 도시 및 도로 주변 녹지에 수목을 식재하고자 할 때 적당하지 않은 수종은?

① 쥐똥나무   ② 벽오동나무
③ 향나무   ④ 전나무

해설

*도시 및 도로 주변 녹지
공해에 대한 저항성이 좋아야 함

28 조경에 이용될 수 있는 상록활엽관목류의 수목으로만 짝지어진 것은?

① 아왜나무, 가시나무
② 광나무, 꽝꽝나무
③ 백당나무, 병꽃나무
④ 황매화, 후피향나무

해설

- 상록활엽교목 : 후피향나무, 아왜나무, 가시나무
- 낙엽활엽관목 : 백당나무, 병꽃나무, 황매화

29 다음 중 장미과 수목이 아닌 것은?

① 피라칸다   ② 해당화
③ 아카시나무   ④ 왕벚나무

해설

아카시나무 : 콩과

정답 25 ④ 26 ① 27 ④ 28 ② 29 ③

30 다음 중 초여름에 연보라(자색) 꽃이 피며 가을에 검정 열매를 맺는 지피식물에 해당하는 것은?

① 맥문동　　② 비비추
③ 원추리　　④ 멀꿀

해설

*맥문동
- 수관 아래의 지피 재료
- 초여름의 연보라 꽃, 가을의 열매

31 다음 수종 중 잎보다 꽃이 먼저 피는 수종이 아닌 것은?

① 미선나무, 산수유
② 일본목련, 함박꽃나무
③ 개나리, 진달래
④ 박태기나무, 생강나무

해설

*일본목련, 함박꽃나무
꽃이 피기 전 잎이 먼저 나옴

32 강(鋼)과 비교한 알루미늄의 특징에 대한 내용 중 옳지 않은 것은?

① 강도가 작다.
② 비중이 작다.
③ 열팽창률이 작다.
④ 전기 전도율이 높다.

해설

*알루미늄
- 원광석인 보크사이드에서 순 알루미나를 추출하여 전기 분해하여 만든 은백색의 금속
- 전성, 연성이 높고 산과 알칼리에 약함
- 열의 전도율이 높고 열팽창률이 큼

33 다음 합성수지 중 열경화성 수지가 아닌 것은?

① 실리콘　　② 멜라민
③ 폴리염화비닐　　④ 페놀

해설

*염화비닐 수지
- 바닥용 타일, 시트, 조인트재료, 접착제, 도료 등이 주용도이며 파이프, 튜브, 물받이통 등의 제품에 가장 많이 사용되는 열가소성 수지
- 강도, 전기전열성, 내약품성이 양호하고 가소재에 의하여 유연고무와 같은 품질이 되며 고온, 저온에 약함

34 암석의 냉각 장소에 따른 분류에서 암석은 심성암, 반심성암, 화산암으로 분류된다. 다음 중 심성암에 해당하는 것이 아닌 것은?

① 화강암　　② 반려암
③ 섬록암　　④ 안산암

해설

*심성암
- 지하 깊은 곳에서 마그마가 천천히 식어 형성
- 화강암, 섬록암, 반려암, 감람암

35 일반적으로 목재의 비중과 관련이 있으며, 목재 성분 중 수분을 공기 중에서 제거한 상태의 비중을 말하는 것은?

① 생목비중　　② 기건비중
③ 함수비중　　④ 절대건조비중

해설

*기건비중
공기 중 습도와 평형이 되게 건조된 기건재의 비중, 단순히 비중이라 하면 기건비중

정답　30 ①　31 ②　32 ③　33 ③　34 ④　35 ②

36 콘크리트 종류별 설명이 잘못 설명된 것은?

① 서중 콘크리트 : 평균 25℃, 최고 30℃ 넘을 때 타설하는 콘크리트. 콜드조인트 발생 우려
② 한중 콘크리트 : 평균 4℃ 이하일 때 타설하는 콘크리트
③ 프리팩트 콘크리트 : PS콘크리트라고 하며 강선 등을 이용하여 미리 부재 내에 응력을 준 콘크리트
④ 매스 콘크리트 : 콘크리트 구조물의 크기가 커서 수화열을 검토해야 하는 콘크리트

해설

*프리팩트 콘크리트
• 미리 골재를 거푸집 안에 채움
• 특수 탄화제를 섞은 모르타르를 주입하여 골재의 빈틈을 메워 만든 콘크리트

37 시멘트의 주재료에 속하지 않는 것은?

① 화강암 ② 석회암
③ 질흙   ④ 광석찌꺼기

해설

*시멘트의 주성분
석회암, 질흙, 광석찌꺼기

38 건조 전 중량이 200g인 목재를 건조하였더니 40g이 줄었다. 함수율은 얼마인가?

① 20% ② 25%
③ 40% ④ 60%

해설

$$\frac{200-160}{160} \times 100 = 25\%$$

39 잔디밭 조성 시 전면 붙이기는 어느 공법에 해당하는가?

① 평떼 붙이기 공법
② 줄떼 붙이기 공법
③ 줄모아 붙이기 공법
④ 종자뿜어 붙이기 공법

해설

*평떼심기
식재대상지에 전면적으로 빈틈없이 붙이는 방법

40 다음 비탈면 보호를 위한 방법 중 식물 식재에 의한 보호 방법에 해당하지 않는 것은?

① 종자뿜어 붙이기 ② 격자틀공법
③ 식생자루공법   ④ 식생매트공법

해설

• 식물에 의한 보호 공법 : 떼심기 공법, 종자뿜어 붙이기 공법, 비탈면 식수공법, 식생반 및 식생자루 공법
• 구축물에 의한 보호 공법 : 벽돌쌓기 공법, 콘크리트 블록 쌓기 공법, 콘크리트 격자틀 공법

정답 36 ③ 37 ① 38 ② 39 ① 40 ②

41 측량 결과 다음과 같을 때 양단면 평균법을 이용하여 체적 산출 시 얼마인가?

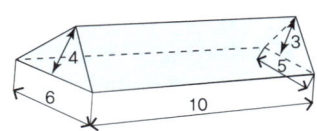

① 95.5m³ ② 97.5m³
③ 100.5m³ ④ 120.5m³

해설

*양단면 평균법

$V = \dfrac{1}{2}(A_1 + A_2) \times I$

(A_1, A_2 : 양단면적, I : 양단면 사이의 거리)

→ $V = \dfrac{1}{2}(12 + 7.5) \times 10 = 97.5㎡$

42 하수 배수 방식 중 지역이 광대해서 하수를 한 개소로 모으기 곤란할 때 배수지역을 수개 또는 그 이상으로 구분해서 배관하는 배수 방식은?

① 직각식 ② 차집식
③ 방사식 ④ 선형식

해설

*방사식

지역이 광대하여 한 곳으로 모으기 곤란할 때 방사형 그획으로 수분하여 집수해 별도로 처리·처리장이 많아 부담

43 공사의 실시 방식 중 공동도급의 특징이 아닌 것은?

① 공사 이행의 확실성이 보장된다.
② 여러 회사의 참여로 위험이 분산된다.
③ 이해 충돌이 없고, 임기응변 처리가 가능하다.
④ 공사의 하자 책임이 불분명하다.

해설

*공동도급(Joint Venture)

대규모공사에 기술, 시설, 자본, 능력을 갖춘 회사들이 모여 공동출자회사를 만들어 그 회사로 하여금 공사의 주체가 되게 계약을 하는 형태

장점	· 공사 이행의 확실성 확보 · 기술능력 보완 및 경험의 확충 · 자본력과 신용도 증대 · 공사도급 경쟁의 완화 수단 · 위험부담 분산
단점	· 이해 충돌과 책임회피 우려 · 사무관리, 현장관리 복잡 · 관리방식 차이에 의한 능률 저하 · 하자책임 불분명 · 단일회사 도급보다 경비 증대

44 시공관리의 3대 목적이 아닌 것은?

① 원가관리 ② 노무관리
③ 공정관리 ④ 품질관리

해설

*시공관리의 4대 목표

공정관리, 원가관리, 품질관리, 안전관리

정답 41 ② 42 ③ 43 ③ 44 ②

45 돌쌓기 시공에 관한 설명 중 틀린 것은?

① 찰쌓기의 경우 물구멍의 지름은 3 ~ 6cm의 파이프를 콘크리트 뒷면까지 설치한다.
② 메쌓기의 높이는 5m 이하로 쌓는 것이 좋다.
③ 찰쌓기에서 배수공을 2 ~ 3㎡마다 1개씩 설치한다.
④ 돌쌓기에 사용되는 호박돌은 20cm 정도의 것을 사용한다.

> **해설**
> 비탈면 쌓기 공사에서 높이 1.5m 이하 쌓기는 메쌓기로 하고 1.5m 이상은 찰쌓기로 시행

46 조경 적산의 수량 계산 시 품에 포함된 것으로 규정된 소운반 거리는 (A)m 이내의 거리를 말하며, 별도 계상되는 경사면의 소운반 거리는 수직높이 1m를 수평거리 (B)m의 비율로 본다. 여기에서 A와 B에 적합한 거리는?

① A = 20m, B = 6m
② A = 15m, B = 6m
③ A = 20m, B = 3m
④ A = 15m, B = 3m

> **해설**
> *소운반 거리
> • 소운반 거리는 20m 이내의 거리를 말하며, 20m를 초과할 경우 초과분에 대하여 별도로 계상
> • 경사면 운반 거리는 수직고 1m를 수평거리 6m로 봄

47 공사 일정 관리를 위한 횡선식 공정표와 비교한 네트워크 공정표의 설명으로 옳지 않은 것은?

① 공사 통제 기능이 좋다.
② 문제점의 사전 예측이 용이하다.
③ 일정의 변화를 탄력적으로 대처할 수 있다.
④ 간단한 공사 및 시급한 공사, 개략적인 공정에 사용된다.

> **해설**
> 간단한 공사 및 시급한 공사, 개략적인 공정에 사용되는 공정표는 횡선식 공정표

48 다음 수목 중 흉고직경 기준에 의한 품셈을 적용하여 굴취하는 수종은?

① 모과나무   ② 은단풍나무
③ 단풍나무   ④ 산수유

> **해설**
> *모과나무, 단풍나무, 산수유
> 근원직경에 의한 품

49 콘크리트 타설 작업 시 발생하는 블리딩 현상에 대해 잘 설명한 것은?

① 시멘트 입자의 비율이 높아 점성이 증가하므로 타설작업에 지장을 초래하는 현상
② 굳지 않은 상태에서 시멘트 입자의 점성에 의한 재료분리에 저항하는 성질
③ 시멘트의 화학적 작용으로 인한 골재의 혼합 및 타설 작업에 지장을 초래하는 현상
④ 굳지 않은 상태에서 골재 및 시멘트 입자의 침강으로 물과 입자가 분리하여 상승하는 현상

> **해설**
> *블리딩(bleeding)
> 아직 굳지 않은 시멘트풀, 모르타르 및 콘크리트에 있어서 물이 윗변에 솟아오르는 현상으로 재료분리의 일종

정답 45 ② 46 ① 47 ④ 48 ② 49 ④

50 해충의 방제방법 중 기계적인 방법에 해당하지 않는 것은?

① 경운법
② 유살법
③ 소살법
④ 방사선 이용법

해설
방사선 이용법 : 물리적 방제법

51 다음 해충 가운데 식엽성 해충이 아닌 것은?

① 미국흰불나방
② 오리나무잎벌레
③ 천막벌레나방
④ 밤나무혹벌

해설
밤나무혹벌 : 충영성 해충

52 식물병의 발생 부위는 크게 잎, 줄기, 뿌리이다. 다음 중 잎에 발생하는 병이 아닌 것은?

① 탄저병
② 흰가루병
③ 근두암종병
④ 그을음병

해설

줄기	줄기마름병, 가지마름병, 암종
잎, 꽃, 과일	흰가루병, 탄저병, 회색곰팡이병, 적성병, 녹병, 균핵병, 갈색무늬병
나무 전체	흰비단병, 시들음병, 세균성 연부병, 바이러스 모자이크병
뿌리	흰빛날개무늬병, 자주빛날개무늬병, 뿌리썩음병, 근두암종병

53 오동나무 빗자루병균 월동 방법으로 적당한 것은?

① 낙엽 및 풀잎에 붙어서 월동
② 토양 중에서 월동
③ 기주의 체내에 잠재해서 월동
④ 중간기주 식물에 옮겨서 월동

해설

기주의 체내에서 월동	잣나무털녹병균, 오동나무 빗자루병균, 각종 식물성 바이러스
병환부나 죽은 기주체에서 월동	밤나무줄기마름병균, 오동나무 탄저병균, 낙엽송잎떨림병균, 가지마름병균
종자에 붙어 월동	오리나무 갈색무늬병균, 묘목의 입고병균
토양 중에서 월동	묘목의 입고병균, 근두암종병균, 자주빛 날개무늬병균, 각종 토양서식 병균

54 다음 중 동해에 대한 설명으로 잘못된 것은?

① 식물체가 추위에 의해 세포막벽 표면에 결빙현상이 일어나 죽는 현상이다.
② 난지산 수종, 생육지에서 멀리 떨어져 이식된 수종일수록 동해에 약하다.
③ 침엽수류와 낙엽활엽수류는 상록활엽수류보다 내동성이 작다.
④ 바람이 없고 맑게 갠 밤의 새벽에는 서리가 많이 내린다.

해설
*상록활엽수
난지형수목(난대림)으로 추위에 약함

정답 50 ④ 51 ④ 52 ③ 53 ③ 54 ③

55 다음 중 자낭균에 의한 병이 아닌 것은?

① 벚나무의 빗자루병
② 밤나무의 흰가루병
③ 대추나무의 그을음병
④ 대추나무의 빗자루병

해설

*대추나무 빗자루병
파이토플라스마에 의한 병

56 잔디밭에서 재배적 잡초 방제법에 대한 설명으로 부적당한 것은?

① 잔디를 자주 깎아 준다.
② 통기작업으로 토양 조건을 개선한다.
③ 토양에 수분이 과잉되지 않도록 한다.
④ 잡초의 생육이 왕성할 시기에는 비료를 주지 않는다.

해설

*잔디밭 잡초의 재배학적 방제법
환경개선, 토양관리, 윤작, 잔디깎기 등

57 다음 화목류의 전정 방법 중 거리가 먼 것은?

① 철쭉, 목련, 동백나무 등은 낙화 직후에 전정하는 것이 좋다.
② 벚나무, 해당화 등은 거의 전정을 하지 않아도 잘 개화한다.
③ 석류나무, 배롱나무, 능소화 등은 5 ~ 6월에 전정함이 좋다.
④ 5 ~ 9월에 화아분화하는 화목류는 낙화 후에 곧 전정함이 좋다.

해설

*여름에 개화하는 수종
겨울전정 실시

58 진딧물 구제에 적당한 약제가 아닌 것은?

① 메타유제(메타시스톡스)
② 디디브이피제(DDVP)
③ 포스팜제(다이메크론)
④ 만코지제(다이센 M45)

해설

*만코제브수화제(다이센 M-45)
광범위 종합 보호살균제

59 회양목명나방의 생태에 관한 설명으로 틀린 것은?

① 경제적 피해 수종은 회양목에 국한된다.
② 유충이 실을 토하여 잎을 묶고, 그 속에서 가해한다.
③ 엽육을 갉아먹어 엽맥만 남으므로 앙상한 모습을 보인다.
④ 한해에 2번 발생한다.

해설

해충명	회양목병나방
가해수목	회양목
특징 및 가해 상태	• 1년에 2 ~ 3회 발생 • 발생 유충이 가지에 거미줄을 치고 잎을 가해, 6월에 심한 가해 후 8월에 다시 가해
방제법	• 가해 초기 메프, 갈탑수화제 2회 살포 • 세균을 이용한 Bt제 생물 농약도 유효함 • 천적 : 무당벌레, 풀잠자리, 거미, 조류 등

60 공원에 의자를 설치하고 준공하였을 때 시공상의 하자가 아닌 것은?

① 의자가 흔들린다.
② 목재 부위가 불에 타서 훼손되었다.
③ 의자가 기울어져 있다.
④ 옹이가 있어 목재가 부러졌다.

해설

② 관리상의 하자

정답 55 ④ 56 ④ 57 ③ 58 ④ 59 ③ 60 ②

제 10 회 최신 CBT 기출복원 문제

01 옛날 처사도(處士圖)를 근간으로 한 은일사상이 가장 성행하였던 시대는?

① 고구려시대　② 백제시대
③ 신라시대　　④ 조선시대

해설

*조선시대 정원의 특징
은일사상 성행(별서정원)

02 우리나라에서 최초의 유럽식 정원이 도입된 곳은?

① 덕수궁 석조전 앞 정원
② 파고다 공원
③ 장충단 공원
④ 구 중앙정부청사 주위 정원

해설

*덕수궁
- 석조전(최초 서양식 건물), 영국인 하딩 설계
- 침상원(최초 유럽식 정원, 분수와 연못을 중심으로 한 프랑스식 정원)

03 조선시대의 정원이 아닌 것은?

① 담양 소쇄원
② 예천 초간정
③ 춘천 청평사 정원
④ 보길도 부용정 정원

해설

춘천 청평사 정원 : 고려시대 정원

04 상류주택에 모란이 대규모로 심겨졌던 국가는?

① 발해　② 신라
③ 고구려　④ 백제

해설

*발해국지
고구려 유민 가운데 재력 있는 자들은 저택에 원지를 꾸미고 요양지방에 심어져 있던 모란을 가꾸었는데 그 수가 200 ~ 300주나 되었으며, 그 속에는 줄기가 수십 갈래로 갈라진 고목도 있었다고 기록되어 있음

05 정원 요소로 징검돌, 물통, 세수통, 석등 등의 배치를 중시하던 일본의 정원 양식은?

① 다정원　　　　② 침전조 정원
③ 축산고산수 정원　④ 평정고산수 정원

해설

*다정의 구조물
징검돌, 자갈, 쓰구바이(물통), 세수통, 석등, 이끼 낀 원로

06 일본 조경양식의 시대적 순서가 바르게 연결된 것은?

① 임천식 → 고산수식 → 다정식
② 임천식 → 고산수식 → 회유임천식
③ 회유임천식 → 다정식 → 고산수식
④ 다정식 → 회유임천식 → 축경식

해설

*시대별 일본 조경양식
임천식 → 회유임천식 → 축산고산수식 → 평정고산수식 → 다정양식 → 원주파 임천식 → 축경식

정답　01 ④　02 ①　03 ③　04 ①　05 ①　06 ①

07 고대 이집트 정원의 조경과 관련된 내용 중 옳지 않은 것은?

① 녹음수를 신성시 하였다.
② 수렵원이 발달한 것이 특징이다.
③ 원예가 발달하였다.
④ 관개 기술이 발달하였다.

해설

*수렵원(hunting garden) : 서아시아
- 길가메시 이야기 : 사냥터 경관을 전하는 최고의 문헌
- 인공호수 인공언덕 조성 : 정상에 신전, 소나무, 사이프러스 규칙적 식재(오늘날 공원의 시초)

08 다음 중 앙드레르 노트르 건축물이 아닌 것은?

① 보르비콩트   ② 베르사유궁
③ 생클루   ④ 벨베데레원

해설

*벨베데레원 : 브라망테
① 16세기 초 대표 정원
② 교황의 여름 거주지
③ 노단건축식 정원의 시초로 대칭과 축의 개념을 처음 사용

09 18세기 영국 험프리 랩턴(Humphrey Repton)에 의해 완성된 정원 수법으로 가장 적합한 것은?

① 노단건축식   ② 평면기하학식
③ 사의주의 풍경식 ④ 사실주의 풍경식

해설

*랩턴(Repton)
- 사실주의 자연풍경식 정원의 완성
- 자연미를 추구하는 동시에 실용적, 인공적인 특징을 조화
- 레드북(Red book) : 개조 전후의 모습을 스케치로 비교하여 설명

10 색을 표시하는 체계를 표색계라 한다. 이 중 색을 3속성(색상, 명도, 채도)에 의해 질서 있게 표시하는 현색계에 해당하지 않는 것은?

① 먼셀   ② NCS
③ DIN   ④ CIS

해설

*대표적인 현색계
먼셀 표색계, 오스발트 표색계, 한국산업규격(KS), NCS(스웨덴 국가 표준색 체계), DIN(독일 공업 규격), PCCS 등

11 다음 설명의 ( ) 안에 적합한 것은?

색의 맑고 탁함, 색의 순수한 정도 혹은 색의 강약을 나타내는 성질이다. 진한 색과 연한 색, 흐린색과 맑은색 등은 모두 ( )의 높고 낮음을 가리키는 용어이다.

① 채도   ② 색상
③ 명도   ④ 조도

해설

*채도(Chroma)
- 색의 맑고 깨끗한 정도, 채도는 C로 표시
- 유채색에만 있으며, 한 색상에서 채도가 가장 높은 색은 원색(vivid)
- 가장 탁한 단계를 1, 가장 맑은 단계를 14, 14단계로 나눔
- 원색에 무채색이 혼합되면 색의 순도가 떨어져 채도가 낮아짐

정답 07 ② 08 ④ 09 ④ 10 ④ 11 ①

12 인공 지반에서 자연 토양에 잔디 식재 시 생육에 필요한 식재토심은 얼마 이상인가?

① 15cm ② 30cm
③ 45cm ④ 60cm

해설

*인공 지반 토심

구분	자연토양 사용시	인공토양 사용시
잔디 및 초본류	15cm	10cm
소관목	30cm	20cm
대관목	45cm	30cm
교목	70cm	60cm

13 인문환경 분석에 속하는 것은?

① 대기환경분석 ② 토양환경분석
③ 식생환경분석 ④ 이용자분석

해설

*인문환경분석
계획 구역 내에 거주하고 있는 사람과 이용자를 조사

14 다음 중 정투상도에 나타나는 그림의 명칭이 아닌 것은?

① 단면도 ② 입면도
③ 평면도 ④ 정면도

해설

*단면도
- 건물 혹은 시설물을 수직으로 절단하여 수평 방향으로 본 것
- 장축 방향으로 절단한 것을 종단면도, 단축 방향으로 절단한 것을 횡단면도

15 울타리는 설치 목적에 따라 높이 차이가 결정되는데, 그 목적이 적극적 침입방지의 기능일 경우 최소 얼마 이상으로 하여야 하는가?

① 2.5m ② 1.5m
③ 1m ④ 50cm

해설

*울타리
- 경계표시, 출입통제, 침입방지, 공간이나 동선분리 등을 위해 설치
- 단순한 경계표시 : 0.5m 이하, 소극적 출입통제 : 0.8~1.2m, 적극적 침입방지 : 1.8~2.1m

16 거의 평탄지로 인식되며 활동하기 쉽고 배수 상태는 양호한 포장구배는?

① 1% 이하 ② 2~5%
③ 5~10% ④ 11~15%

해설

*경사도에 따른 토지분석

1% 이하	완만하나 배수가 불량
2~5%	평탄, 운동장(보통 2%), 넓고 평탄지가 필요할 경우
5~10%	약간 경사, 작은 대지의 활용 가능
15~25%	경사지 중 아주 좁은 대지로 쓸 수 있는 상한선
25% 이상	대개 사용이 불가능하며 침식으로 흙이 파괴됨
50% 이상	경관적 효과(수직적 요소)로서 가능한 분포

정답 12 ① 13 ④ 14 ① 15 ② 16 ②

17 주거 단지 계획에서 쿨데삭(Cul-de-sac) 도로 이용의 장점을 잘 설명하고 있는 것은?

① 단지 내 보행 동선을 가장 짧게 할 수 있다.
② 차량 동선을 가장 짧게 할 수 있다.
③ 차량의 접근성을 높일 수 있다.
④ 차량으로 인한 위험이 없는 녹지를 단지 내에 확보할 수 있다.

| 해설 |

*쿨데삭(cul-de-sac)도로
- 막다른 길로 주거지역에 보행동선과 차량동선을 분리
- 연속된 녹지를 확보(주 간선도로는 순환체계)
- 레드번 도시계획에 도입

18 S.Gold의 레크리에이션 접근법에서 과거 레크리에이션 활동의 참가 사례를 토대로 레크리에이션 기회를 결정하는 방법은?

① 자원접근법 ② 활동접근법
③ 행태접근법 ④ 경제접근법

| 해설 |

*레크리에이션 계획의 5가지 접근방법 : 골드(S. Gold)
여가시간에 행하는 레크리에이션 활동에 적합한 공간 및 시설에 관련시키는 계획

자원접근법	물리적 자원 혹은 자연 자원이 레크리에이션의 유형과 양을 결정
활동접근법	과거 레크리에이션 활동의 참가사례를 토대로 레크리에이션 기회를 결정
행태접근법	언제, 어디서, 누가 등 이용자의 구체적인 행동패턴에 맞추어 계획
경제접근법	지역사회의 경제적 기반이 예산규모에 따라 결정되는 방법
종합접근법	네 가지 접근법을 종합하여 긍정적인 측면만 취하는 방법

19 골프장 설계와 관련된 설명 중 부적합한 것은?

① 남 – 북으로 긴 장방형의 부지가 적합하다.
② 평지 지형이 적합하다.
③ 산림, 연못, 하천 등의 자연 지형을 되도록 이용할 수 있는 곳이 적합하다.
④ 정방형보다는 구형에 가까운 용지가 적합하다.

| 해설 |

*골프장의 입지조건
- 부지의 형상은 남북으로 긴 구형(장방형)이 적당
- 고저차(10 ~ 20m), 경사(3 ~ 7%)가 완만한 지역
- 주변 경관이 좋고 남사면이나 남동사면이 적당
- 산림, 연못, 하천, 등의 자연지형을 많이 이용할 수 있는 곳
- 잔디식재에 좋은 토양과 배수가 잘되고 지하수위가 깊은 곳
- 배후 도시가 충분하고 교통이 편리한 곳(소요시간 1 ~ 1.5시간)
- 부지 매입이나 공사비가 절약될 수 있는 곳
- 골프코스를 흥미롭게 설계할 수 있는 곳

20 설계자의 의도를 개략적인 형태로 나타낸 일종의 시각언어로서 도면을 단순화시켜 상징적으로 표현한 그림을 의미하는 것은?

① 상세도 ② 다이어그램
③ 조감도 ④ 평면도

| 해설 |

*공간구성 다이어그램
- 공간별 배치 및 공간 상호간의 관계를 보여 주는 것
- 부분적 장소의 공간을 배치하고 동선체계를 시각적으로 표현
- 설계의도를 정리하면서 3차원적 공간 구성을 위한 전이단계

정답 17 ④ 18 ② 19 ② 20 ②

21 입면도에 대한 설명으로 잘못된 것은?

① 어느 한 방향으로부터 수평 투영한 도면이다.
② 어느 한 방향으로부터 수직 투영한 도면이다.
③ 지상부의 생김새나 고저 관계를 알아보는데 편리하다.
④ 측면도, 정면도, 배면도 등이 이에 해당한다.

해설

*입면도
- 입면은 동서남북 4개의 방향이 있는데 대지 밖의 전면에서 바라보는 모습은 정면도, 좌우 양측은 좌측면도, 우측면도, 뒷면은 배면도
- 구조물의 정면에서 본 외적 형태를 보여주기 위한 것
- 평면도에서 보이지 않던 높이 개념과 벽면에서 보여지는 것을 표현

22 성격이 다른 두 지역간의 충돌을 예방하기 위하여 수목을 식재하여 숲을 조성하게 되는데 이런 식재 또는 도로 외측에 수목을 심어서 운전자에게 안정감을 주게 하는 식재수법을 무엇이라 하는가?

① 위요식재   ② 유도식재
③ 지표식재   ④ 완충식재

해설

*완충식재
- 용도가 다른 두 지역을 구분하기 위하여 시행하는 식재
- 도로의 외측에 심어 차선 밖으로 이탈한 차의 충격을 완화시키기 위한 것

23 식생에 미치는 환경요인 중에서 식생분포를 결정하는데 영향을 미치는 요인은?

① 기후요인   ② 지형요인
③ 생물요인   ④ 인위적 요인

해설

식생분포를 결정하는데 가장 큰 영향을 주는 요인 : 기후

24 다음 노박덩굴과 수종 중에서 상록수에 해당하는 수종은?

① 화살나무   ② 노박덩굴
③ 참빗살나무 ④ 사철나무

해설

- 노박덩굴(낙엽, 만경목)
- 화살나무(낙엽, 관목)
- 참빗살나무(낙엽, 관목)

25 다음 중 수피의 색이 흰색에 해당하는 수종이 아닌 것은?

① 서어나무   ② 모과나무
③ 분비나무   ④ 자작나무

해설

*흰색 계통의 수피
자작나무, 백송, 분비나무, 플라타너스류, 서어나무, 등나무, 동백나무 등

정답 21 ① 22 ④ 23 ① 24 ④ 25 ②

26 다음 접목 중 안장접에 해당하는 그림은?

①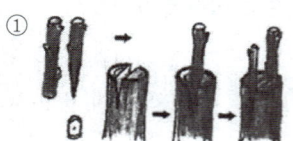

②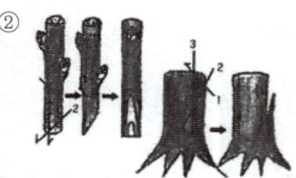

③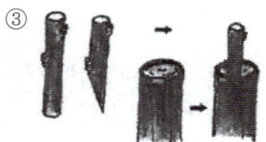

④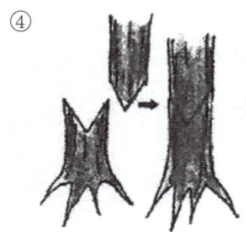

해설

*안장접
대목과 접지의 한쪽을 길마 모양으로 깎아내고 한데 맞추어 동여매는 접붙이기
① 쪼개접
② 깎기접
③ 박피접

27 다음 중 자동차의 배기가스에 강한 수목은?

① 쥐똥나무 ② 단풍나무
③ 삼나무   ④ 전나무

해설

*아황산가스에 강한 수종
편백, 화백, 향나무, 가이즈카향나무, 가시나무, 사철나무, 벽오동, 플라타너스, 능수버들, 쥐똥나무 등

28 화단에 심겨지는 초화류가 갖추어야 할 조건으로 부적합한 것은?

① 가지수는 적고 큰 꽃이 피어야 한다.
② 바람, 건조 및 병·해충에 강해야 한다.
③ 꽃의 색채가 선명하고, 개화기간이 길어야 한다.
④ 성질이 강건하고 재배와 이식이 비교적 용이해야 한다.

해설

*화단용 초화의 조건
- 외모가 아름다워야 할 것
- 꽃이 많이 달린 것
- 개화기간이 길어야 할 것
- 꽃의 색체가 선명해야 할 것
- 키가 되도록 작을 것
- 건조와 병충해에 강할 것
- 환경에 대한 적응력이 클 것

정답 26 ④ 27 ① 28 ①

29 이팝나무와 조팝나무에 대한 설명으로 옳지 않은 것은?

① 이팝나무 열매는 타원형의 핵과이다.
② 환경이 같다면 이팝나무가 조팝나무보다 꽃이 먼저 핀다.
③ 과명은 이팝나무는 물푸레나무과이고, 조팝나무는 장미과이다.
④ 성상은 이팝나무는 낙엽활엽교목이고, 조팝나무는 낙엽활엽관목이다.

해설

- 조팝나무 개화 : 4월
- 이팝나무 개화 : 5 ~ 6월

30 목련과(Magnolia) 수종 중에서 잎이 상록인 수종은?

① 함박꽃나무 ② 태산목
③ 일본목련   ④ 자목련

해설

*태산목
목련과 목련속의 상록활엽교

31 목재의 강도에 관한 설명 중 거리가 먼 것은?

① 휨강도는 전단 강도보다 크다.
② 비중이 크면 목재의 강도는 증가하게 된다.
③ 목재는 외력이 섬유방향으로 작용할 때 가장 강하다.
④ 섬유포화점에서 전건상태에 가까워짐에 따라 강도는 작아진다.

해설

목재의 강도는 함수량이 적어질수록 커짐

32 자연형 연못을 만들 때 호안공에 사용되는 돌 중 적합하지 않은 돌은?

① 견치석   ② 자연석
③ 호박돌   ④ 사괴석

해설

*견치석
앞면 정사각형 또는 직사각형, 1개의 무게 70 ~ 100kg으로 옹벽쌓기에서 메쌓기 또는 찰쌓기용으로 사용

33 주철강의 성질이 아닌 것은?

① 탄소 함유량이 1.7 ~ 6.6%이다.
② 단단하여 복잡한 형태의 주조가 힘들다.
③ 주성분은 선철이다.
④ 내식성이 강하다.

해설

*주철
탄소량 1.7% 이상 : 주조성이 좋고 경질이며 취성(脆性)이 큼

34 다음 중 접착력이 우수하여 콘크리트 등의 접착에 사용되는 것은?

① 에폭시 수지   ② 페놀 수지
③ 멜라민 수지   ④ 염화비닐 수지

해설

*에폭시 수지
- 액체 상태나 용융 상태의 수지에 경화제를 넣어 사용
- 내산성, 내알칼리성 등이 우수하여 콘크리트 접착 등에 사용
- 접착 효과가 매우 우수하여 방수와 포장재로도 이용

정답 29 ② 30 ② 31 ④ 32 ① 33 ② 34 ①

35 통기성, 흡수성, 보온성, 부식성이 우수하여 줄기 감기용, 수목 굴취 시 뿌리감기용, 겨울철 수목보호를 위해 사용되는 마(麻) 소재의 친환경적 조경자재는?

① 녹화마대   ② 볏집
③ 새끼줄   ④ 우드칩

해설

*녹화마대
천연 식물 섬유제인 마 소재로 만든 자재. 통기성, 흡수성, 보온성, 부식성이 우수

36 목재 접착에 이용되는 접착제로서 내수, 내구적인 측면에서 품질이 우수한 것은?

① 아교   ② 비닐계수지
③ 페놀계수지 ④ 요소계수지

해설

*접착제의 내수성 비교
실리콘 > 에폭시 > 페놀 > 멜라민 > 요소 > 아교

37 콘크리트 단위중량 계산, 배합설계 및 시멘트의 품질 판정에 주로 이용되는 시멘트의 성질은?

① 분말도   ② 응결시간
③ 비중   ④ 압축강도

해설

시멘트의 비중은 불순물이 혼입되거나 저장 중 풍화하면 그 수치가 낮아지고 콘크리트 강도도 낮아짐. 시멘트의 불순물 혼입 정도, 풍화 정도를 확인하고 콘크리트의 강도를 확보하기 위해 비중시험을 실시

38 건축 석재 중 석영, 장석 및 운모로 이루어져 있으며 통상적으로 강도가 크고, 내구성이 커서 벽체 기둥 등에 다양하게 사용되는 석재는?

① 화강암   ② 응회암
③ 석회암   ④ 점판암

해설

석재	화강암
용도	조적재, 기초 석재, 건축 내외장재, 구조재
장점 및 특징	• 한국 돌의 70%를 차지 • 흰색 또는 담회색 • 경도, 강도, 내마모성, 색채, 광택 우수 • 내화성 낮으나 압축강도가 가장 큼 • 큰 재료 획득 가능

39 콘크리트의 연행공기량과 관련된 설명으로 틀린 것은?

① 사용 시멘트의 비표면적이 작으면 연행 공기량은 증가한다.
② 콘크리트의 온도가 높으면 공기량은 감소한다.
③ 단위 골재량이 많으면, 연행 공기량은 감소한다.
④ 플라이애시를 혼화재로 사용할 경우 미연소 탄소 함유량이 많으면 연행공기량이 감소한다.

해설

연행공기는 골재 주위에 작용하기 때문에 골재의 양이 많을수록 연행공기량은 증가

정답 35 ① 36 ③ 37 ③ 38 ① 39 ③

40 일반적인 성인의 보폭으로 디딤돌 놓기에서 좋은 보행감을 느낄 수 있는 디딤돌 중심과 중심까지의 거리는 얼마가 적당한가?

① 20cm 정도 ② 30cm 정도
③ 40cm 정도 ④ 50cm 정도

해설

*디딤돌 놓기
- 디딤돌은 10~20cm 두께의 것으로 지면보다 3~6cm 높게 배치
- 배치간격은 성인의 보폭으로 35~40cm 정도
- 시작점과 끝점, 갈라지는 곳은 50cm 정도의 큰 돌 배치

41 다음 그림과 같이 등고선 간격이 10m인 지형도에서 플래니미터로 각 등고선에 둘러싸인 면적을 산출한 결과 다음과 같다. 이 지형의 총 토량을 등고선법을 이용하여 산출하면 토량은?(단, 소수점 이하는 버린다.)

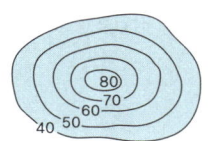

40m = 7,800m²
50m = 3,400m²
60m = 1,200m²
70m = 560m²
80m = 100m²

① 87,133m³ ② 89,472m³
③ 93,152m³ ④ 95,875m³

해설

등고선에 의한 토량 계산(단면의 개수가 홀수일 경우)

$V = \frac{h}{3}\{A_1 + 4(A_2+A_4+A_{n-1}) + 2(A_3+A_5+A_{n-2}) + A_n\}$

→ $\frac{10}{3}\{100 + 4(560+3,400) + 2(1,200) + 7,800\}$

= 87,133

42 다음 중 하천 정화 방법으로 바람직하지 않은 것은?

① 자연 정화법
② 수질 정화식물식재
③ 파라소
④ EM 흙공

해설

파라소 : 육성용 인공토

43 식재 성과의 효과적 구현을 위한 고려사항으로 거리가 먼 것은?

① 이용자의 요구 조건과 입지 조건이 합당한 우량 소재 선정
② 식재지 토성의 적절한 준비
③ 공기에 맞추어 신속한 식재 실시
④ 정기적인 사후관리 철저

해설

기후 및 온도 여건 등의 환경을 우선적으로 고려

44 종자, 비료, 흙을 혼합하여 망에 넣고 비탈면의 수평으로 판 골 속에 넣어 붙이는 공법으로 유실이 적으며, 유연성이 있기 때문에 지반에 밀착하기 쉬운 것은?

① 식생띠 공 ② 식생판 공
③ 식생자루 공 ④ 식생구멍 공

해설

*식생자루 공
사면녹화를 위해 특수하게 만든 자루. 종자, 비료, 유기질, 흙 등을 혼합하여 조제한 재료를 특수한 소재로 제조한 자루에 채워 넣고 비탈면에 일정한 간격으로 파 놓은 수평구에 파묻음

정답 40 ③ 41 ① 42 ③ 43 ③ 44 ③

45 아스팔트의 양부를 판정하는 기준이 되는 것을 무엇이라 하는가?

① 융기
② 침입도
③ 균열
④ 인장강도

해설

*아스팔트 침입도
- 아스팔트의 굳기 정도를 나타내는 것
- 보통 25℃의 온도에서 100g의 하중을 가한 바늘이 5초간 들어간 깊이
- 깊이 들어간 것이 무른 아스팔트

46 체인블록의 주 용도라 볼 수 없는 것은?

① 무거운 돌을 지면에 자리잡아 놓을 때
② 무거운 수목을 싣거나 내릴 때
③ 무거운 물체를 가까운 거리에 운반할 때
④ 무거운 돌을 높이 쌓을 때

해설

*체인블럭
도르레, 톱니바퀴, 쇠사슬 등을 조합시켜 무거운 물건을 달아 올리는 기계로 돌쌓기에 많이 사용

47 다음 중 시멘트의 응결이 느린 경우는?

① W/C비가 많을수록
② 온도가 높고, 습도가 낮을수록
③ C_3A 성분이 많을수록
④ 시멘트의 분말도가 큰 경우

해설

W/C비가 클 때 응결은 지연됨

48 다음 중 사고석 담장의 줄눈 중 가장 일반적이고 많이 사용하는 줄눈은?

① 내민줄눈
② 평줄눈
③ 오목줄눈
④ 민줄눈

해설

*사고석쌓기
사고석으로 바른층 쌓기를 하며, 내민줄눈을 사용하여 전통 담장 축조

49 네트워크 공정표 중 더미(dummy)에 대한 설명으로 맞는 것은?

① 선행작업을 표시한다.
② 작업일수는 1일이다.
③ 가장 긴 경로를 나타낸다.
④ 선행과 후속의 관계만 나타낸다.

해설

*더미(dummy)
가상적 작업 : 시간이나 작업량은 없고, 선행과 후속의 관계만 나타냄

50 잎응애(Spider mite)에 관한 설명으로 옳지 않은 것은?

① 절지동물로서 거미강에 속한다.
② 무당벌레, 풀잠자리, 거미 등의 천적이 있다.
③ 5월부터 세심히 관찰하여 약충이 발견되면, 다이아지논입제 등 살충제를 살포한다.
④ 육안으로 보이지 않기 때문에 피해를 다른 병으로 잘못 진단하는 경우가 자주 있다.

해설

응애는 살비제 살포로 구제

정답 45 ② 46 ③ 47 ① 48 ① 49 ④ 50 ③

51 다음 해충 중 연결이 맞는 것은?

① 천공성 해충 – 하늘소
② 흡즙성 해충 – 미국흰불나방
③ 식엽성 해충 – 진딧물
④ 충영성 해충 – 천막벌레나방

> 해설
>
> - 미국흰불나방(식엽성)
> - 진딧물(흡즙성)
> - 천막벌레나방(식엽성)

52 병원체의 전반 방법 중 곤충 및 소동물에 의한 것은?

① 대추나무 빗자루병 ② 밤나무 흰가루병
③ 향나무 녹병 ④ 교목의 입고병

> 해설
>
> *곤충, 소동물에 의한 전반
>
> 오동나무, 대추나무 빗자루병균, 포플러 모자이크병균, 뽕나무 오갈병균, 소나무재선충

53 전년도의 가지에도 꽃이 피는 라일락의 아름다운 개화 상태를 감상하기 위한 가장 적절한 전정 시기는?

① 봄철 꽃이 진 바로 직후
② 지엽이 무성한 여름철
③ 낙엽이 진 직후의 가을철
④ 겨울철 휴면기

> 해설
>
> *봄 꽃 나무의 전정시기
>
> 꽃이 진 후 곧바로 전정

54 다음 중 잔디밭의 잡초가 아닌 것은?

① 클로버 ② 바랭이
③ 부들 ④ 매듭풀

> 해설
>
> *부들
>
> 물가나 연못, 늪지에 주로 서식하는 외떡잎식물

55 향나무 녹병에 관한 설명 중 틀린 것은?

① 배나무, 모과나무, 꽃사과 등에는 발생하지 않는다.
② 4 ~ 5월경 비가 자주 오면 겨울 포자는 노란색의 모양으로 불어난다.
③ 향나무 잎이나 가지 사이의 분기점에 갈색의 균체가 형성된다.
④ 녹포자 비산 시기인 7월 초순경에 만코지 수화제를 살포한다.

> 해설
>
> | 병명 | 향나무 녹병 |
> |---|---|
> | 피해수종 | 향나무, 노간주나무 등 |
> | 병징 | 4 ~ 5월 비가 오면 향나무 잎과 줄기에 적갈색의 돌기가 부풀어 오름 |
> | 방제법 | • 중간 기주인 배나무, 모과나무 적성병을 함께 구제
• 4 ~ 5월, 7월 만코지, 폴리옥신수화제를 10일 간격으로 살포 |

정답 51 ① 52 ① 53 ① 54 ③ 55 ①

56 다음 중 잔디에 뗏밥을 주는 작업을 무엇이라 하는가?

① 통기작업 ② 배토작업
③ 슬라이싱 ④ 버티컬모잉

해설

*뗏밥주기
• 배토는 일시에 다량 사용하는 것보다 소량씩 자주 실시
• 뗏밥의 두께는 2~4mm 정도로 주며 2회차로 15일 후에 실시
• 봄철 한 번에 두껍게 줄 때는 5~10mm 정도로 시행

57 시비방법 적용에 대한 설명이 잘못된 것은?

① 전면시비 : 작은 나무들이 가깝게 식재된 경우
② 방사상시비 : 교목이 넓은 간격으로 식재된 경우
③ 윤상시비 : 경계선의 산울타리
④ 천공시비 : 뿌리가 많은 관목의 집단

해설

*선상시비법
산울타리처럼 길게 식재된 수목을 따라 일정 간격을 두고 도랑처럼 길게 구덩이 파고 시비

58 제초제 살포 시 제초제에 의한 제초 효과가 가장 높은 경우는?

① 우기 시 ② 건조한 토양
③ 사질토의 토양 ④ 고온인 경우

해설

고온일수록 제초 효과는 높아짐

59 다음 중 병원체의 월동 방법 중 기주의 체내에 잠재하여 월동하는 병원균은?

① 잣나무털녹병균
② 오리나무갈색무늬병균
③ 묘목의 모잘록병균
④ 밤나무의 뿌리혹병균

해설

기주의 체내에서 월동	잣나무털녹병균, 오동나무 빗자루병균, 각종 식물성 바이러스
병환부나 죽은 기주체에서 월동	밤나무줄기마름병균, 오동나무 탄저병균, 낙엽송잎떨림병균, 가지마름병균
종자에 붙어 월동	오리나무 갈색무늬병균, 묘목의 입고병균
토양 중에서 월동	묘목의 입고병균, 근두암종병균, 자주빛 날개무늬병균, 각종 토양서식병균

60 시설물 보수 사이클과 연수의 연결이 잘못된 것은?

	조경공	내용연수	보수 사이클
①	파고라(목재)	10년	3~4년
②	벤치(목재)	7년	5~6년
③	그네(철재)	15년	2~3년
④	안내판(철재)	10년	3~4년

해설

*벤치(목재)
내용연수(7년), 보수 사이클(2~3년)

정답 56 ② 57 ③ 58 ④ 59 ① 60 ②

제 11 회
최신 CBT 기출복원 문제

01 조선시대 중엽 이후 풍수지리설에 의해 강조된 공간은?

① 안뜰
② 중정
③ 앞뜰
④ 후원

해설

조선시대 정원의 특징
- 한국적 색채가 짙어짐, 정원기법 확립(후원)
- 풍수지리설의 영향 : 후원식, 화계식

02 탑골공원은 사적 제354호로 지정되어 있으며 우리나라 최초의 대중적 성격의 공원이다. 탑골공원의 설계자는?

① 옴스테드
② 브라운
③ 브릿지맨
④ 켄트

해설

다고다공원(탑골공원, 1897)
- 영국인 브라운이 설계
- 대중을 위한 최초공원

03 통일신라의 동궁과 월지 관련 문헌으로 거리가 먼 것은?

① 양화소록
② 동국여지승람
③ 동경잡기
④ 삼국사기

해설

강희안의 양화소록
조경식물에 관한 최초의 문헌

04 원명원 이궁, 만수산 이궁이 조성된 시기로 바른 것은?

① 청시대
② 명시대
③ 송시대
④ 진시대

해설

청시대의 이궁
이화원, 승덕피서산장, 원명원 등

05 다음 중 일본 정원 서적인 작정기에 대한 설명이 잘못된 것은?

① 일본에서 정원 축조에 관한 가장 오래된 저서이다.
② 겸창시대 귤준망이 엮은 저서이다.
③ 회유식 정원 구성 기법에 정교하게 저술하였다.
④ 정원을 구성하는데 자연을 존중하고 자연에 순응하는 깊은 관찰을 강조하였다.

해설

작정기(作庭記) : 평안(헤이안)시대
- 일본 최초의 조원지침서
- 일본 정원 축조에 관한 가장 오래된 비전서
- 침전조건물에 어울리는 조원법 서술
- 귤준강의 저서
- 내용 : 돌을 세울 때 마음가짐과 방법, 못과 섬의 형태, 폭포 만드는 법

정답 01 ④ 02 ② 03 ① 04 ① 05 ②

06 조경양식 중 이슬람 양식의 스페인 정원이 속하는 것은?

① 평면 기하학식　② 노단식
③ 중정식　　　　④ 전원풍경식

해설

스페인 정원
건물에 의해 둘러쌓인 중정식 정원

07 다음 광장에 대한 설명 중 잘못된 것은?

① 사람들의 소통 장소이다.
② 그리스에는 포룸이라는 광장이 있고 로마에는 아고라가 있다.
③ 도로의 접합점 등에 조성된다.
④ 영역별로 구분할 때 광장은 기타시설로 분류된다.

해설

- 그리스의 광장 : 아고라
- 로마의 광장 : 포룸

08 아도니스원에 대한 설명으로 옳지 않은 것은?

① 포트가든의 발달에 기여하였다.
② 일종의 옥상정원이다
③ 고대 이집트의 사자의 정원이다.
④ 부인들에 의해 가꾸어진 정원으로 초화류로 장식되었다.

해설

아도니스원
- 지붕에 아도니스 동상을 세우고 주위를 화분으로 장식
- 화분에 밀, 보리, 상추 등을 분이나 포트에 심어 부인들에 의해 가꾸어짐
- 아도니스 상 주위 장식
- 후에 포트가든 또는 옥상 정원으로 발달

09 용의 분수와 100개의 분수로 유명한 별장은?

① 랑테장　　② 메디치장
③ 에스테장　④ 마다마장

해설

*빌라 에스테(티볼리) : 리고리오
- 전형적인 이탈리아 정원의 대표작
- 평탄한 노단 중앙의 중심 축선이 상부에 있고 이 축선상에 분수가 설치
- 4개의 노단으로 구성, 물, 꽃, 수목이 풍부하게 사용
- 제1노단 : 분수와 공지, 화단
- 제2노단 : 감탕나무 총림, 용의 분수
- 제3노단 : 100개의 분수
- 제4노단 : 카지노(주건물)

10 조건등색, 다른 두 색이 같은 조건 아래서 같은 색으로 보이는 현상은?

① 메타메리즘　② 동화효과
③ 톤온톤　　　④ 색의 잔상

해설

*조건등색(메타메리즘)
두 가지 다른 색이 특정 광원에서 하나의 색으로 보이는 현상
예) 형광등 아래서는 같은 색으로 보이나 태양광에서는 다른 색으로 보이는 현상

정답　06 ③　07 ②　08 ③　09 ③　10 ①

11 경관에 있어 동적 감정을 줄 수 있는 요소가 아닌 것은?

① 고여있는 연못의 설치
② 물이 흐르는 율동감이 있는 수로의 설치
③ 물의 낙차를 이용하여 소리의 효과를 겸한 물의 활용
④ 바람에 의하여 흔들리는 나무의 소리

해설

동적 감정
경관의 움직임과 소리 등이 크거나 역동적인 형태

12 한국 산업규격 KS 규격표시에서 토목은 어느 부분으로 분류되는가?

① KS A　　② KS D
③ KS R　　④ KS F

해설

- KS A(기본부문)
- KS D(금속부문)
- KS F(건설부문)
- KS H(식료부문)
- KS R(수송기계부문)

13 실선의 굵기에 따른 종류(굵은선, 중간선, 가는선)와 용도가 바르게 연결되어 있는 것은?

① 굵은선 - 도면의 윤곽선
② 중간선 - 치수선
③ 가는선 - 단면선
④ 가는선 - 파선

해설

- 단면선 : 1점 쇄선
- 숨은선 : 파선
- 치수선 : 가는 실선

14 시방서에 관한 설명 중 틀린 것은?

① 시방서는 건설 공사의 입찰, 견적, 공사 시공에 꼭 필요한 서류이다.
② 표준 시방서는 설계 의도를 명확하게 표현하기 위한 것으로 설계도에서 표시할 수 없는 재료와 공법을 기술한다.
③ 특기 시방서란 특정한 공사에서 유의해야 하는 시방서를 말한다.
④ 공사 시방서란 시설물별 표준시방서를 기본으로 모든 공정을 대상으로 하여 특별한 시공 또는 전문 시방서의 작성에 활용하기 위한 종합적인 시공 기준이다.

해설

*전문 시방서(특기 시방서)
- 시설물별 표준 시방서를 기본으로 모든 공종을 대상으로 작성
- 특정한 공사의 시공 또는 공사 시방서의 작성에 활용하기 위한 종합적인 시공기준을 기술

15 다음 중 설계도에 관한 설명으로 틀린 것은?

① 설계도는 설계의 과정에 따라 기본설계도와 실시설계도로 구분된다.
② 기본설계는 기본계획이라 부르기도 하고, 실시설계는 기본설계라 부르기도 한다.
③ 설계도는 배치도, 평면도, 입면도, 단면도 등으로 구성된다.
④ 설계도를 그려서 표현하는 작업을 제도라고 한다.

해설

*계획 및 설계의 세부과정
목표설정 → 자료 수집, 분석 및 종합 → 기본계획 → 기본설계 → 실시설계

정답　11 ①　12 ④　13 ①　14 ④　15 ②

16 골프장 홀의 구성 중 벙커, 연못 등 장애지역은?

① 해저드 ② 러프
③ 에이프런 ④ 페어웨이

: 해설 :

*해저드
조경이나 난이도 조절을 위해 코스 내에 설치한 장애물로 벙커 및 연못, 도랑, 하천 등의 구역

17 다음 중 2차 천이 지역이 아닌 것은?

① 버려진 농경지 ② 벌목한 산림
③ 새로 생긴 연못 ④ 모래 언덕

: 해설 :

*2차 천이
재해나 인위적 작용(외부교란 : 산불, 병충해, 홍수 벌목 등)에 의해 기존 식생 군락이 제거되거나 외부 교란이 일어난 곳에서 생겨나는 천이

18 1 : 1,000의 축척인 지형도에서 5㎠의 실제 면적은 몇 ㎡인가?

① 5㎡ ② 50㎡
③ 500㎡ ④ 5,000㎡

: 해설 :

$(\frac{1}{m})^2 = \frac{도상면적}{실제면적} \rightarrow (\frac{1}{1,000})^2 = \frac{0.0005}{x}$
$\rightarrow x = 1,000^2 \times 0.0005 \rightarrow x = 500$

19 다음 중 식물의 건축학적 이용은?

① 음향조절 ② 공간의 분할
③ 온도조절 ④ 반사조절

: 해설 :

*실내조경의 기능

장식적 기능	실내공간을 아름답게 장식하여 이용자에게 즐거움을 줌
심리적 기능	녹색식물은 피로 회복의 속도를 빠르게 하고 긴장감을 완화시킴
건축적 기능	실내조경은 실내공간을 분할, 경계하여 동선을 유도하고 특성 공간을 조성
환경적 기능	식물 잎의 증산작용은 건조하기 쉬운 실내공간의 공중습도를 높여 줌
정신치료기능	흥미로운 식물과의 건전한 여가생활은 정신적 스트레스를 완화시켜 줌
광장기능	호텔 백화점 등 대형 공공건물의 실내조경 공간은 휴식 만남, 공연의 장소가 됨

20 다음 수종 중 이용자의 시야를 방해하지 않으면서 공간을 분할하거나 한정짓는데 이용할 수 있는 식물 재료는?

① 대교목류 ② 소교목류
③ 관목류 ④ 지피류

: 해설 :

이용자의 눈높이 보다 낮아야 시야를 방해하지 않음 : 관목류가 적합

정답 16 ① 17 ④ 18 ③ 19 ② 20 ③

21 조경 기본 계획 작성 시 자료분석 종합 후 대안 설정 기준으로서 일반적으로 가장 먼저 고려해야 할 사항은 무엇인가?

① 식재계획
② 토지이용계획
③ 공급처리 시설계획
④ 구조물계획

해설

*토지이용계획
기본계획 작성 시 가장 먼저 계획
  • 토지를 설계의 목적 및 기본 구상에 적합하게 용도를 정하는 것

22 자연공원에서 조류를 유치하기 위한 수목으로 적당하지 않은 것은?

① 주목
② 뽕나무
③ 오동나무
④ 감탕나무

해설

*조류유치녹화
들새 유치를 위해 조성되는 수림(비자나무, 주목, 갈참나무, 뽕나무, 감탕나무, 들메나무, 산벚나무, 노박덩굴, 사철나무 등)

23 다음 중 일반적인 수목의 생육에 적합한 토양은?

① 사토나 사양토
② 사양토나 양토
③ 식토나 식양토
④ 식토나 사양토

해설

*일반적인 식물생육에 적합한 토양
식양토, 양토, 사양토

24 다음 중 한지형 잔디에 해당하는 것이 아닌 것은?

① 켄터키 블루 그라스
② 벤트 그라스
③ 톨 훼스큐
④ 버뮤다 그라스

해설

*버뮤다 그라스
서양잔디(난지형)

25 능소화의 설명으로 틀린 것은?

① 낙엽활엽덩굴성이다.
② 잎은 어긋나며 뒷면에 털이 있다.
③ 나팔모양의 꽃은 주홍색으로 화려하다.
④ 동양적인 정원이나 사찰 등의 관상용으로 좋다.

해설

*능소화
잎은 기수우상복엽으로 대생으로 달림

26 다음 중 노각나무에 대한 설명 중 잘못된 설명은?

① 상록활엽 관목 수종이다.
② 물푸레나무목 차나무과 수종이다.
③ 꽃은 7월에 백색으로 피며 관상가치가 높다.
④ 얼룩무늬 수피가 관상가치가 높다.

해설

*노각나무
  • 차나무과 노각나무속의 낙엽활엽교목
  • 꽃은 암수한꽃으로서 6월 말 ~ 8월 초에 핌
  • 수피는 나무껍질이 벗겨져 흑황색 얼룩무늬가 있음

정답 21 ② 22 ③ 23 ② 24 ④ 25 ② 26 ①

27 다음 중 9월 중순 ~ 10월 중순에 성숙된 열매색이 흑색인 것은?

① 마가목 ② 살구나무
③ 생강나무 ④ 남천

해설

마가목, 남천(붉은색), 살구나무(노란색), 생강나무(붉은색 → 검은색)

28 다음 수종들 중 단풍이 붉은색이 아닌 것은?

① 신나무 ② 복자기
③ 화살나무 ④ 고로쇠나무

해설

고로쇠 나무 : 노란색 단풍

29 다음 중 자동차 배기가스에 특히 약한 수종으로 짝지어진 것은?

① 편백, 은행나무
② 히말라야시다, 왕벚나무
③ 사철나무, 태산목
④ 플라타너스, 피나무

해설

*아황산가스에 약한 수종
독일가문비, 소나무, 삼나무, 전나무, 히말라야시다, 낙엽송, 느티나무, 자작나무, 감나무, 왕벚나무, 조팝나무, 단풍나무, 매화나무 등

30 다음 중 단풍나무류(Acer)에 속하지 않는 것은?

① 붉나무 ② 고로쇠나무
③ 복자기나무 ④ 신나무

해설

붉나무 : 옻나무과

31 다음 중 고광나무(Philadelphus schrenkii)의 꽃 색깔은?

① 적색 ② 백색
③ 황색 ④ 자주색

해설

고광나무 꽃의 색상 : 흰색

32 화성암의 설명으로 잘못된 것은?

① 지구 내부의 마그마가 굳어 형성된다.
② 대체로 큰덩어리를 가지고 있으며 대형 석재 채취에 유리하다.
③ 냉각 장소에 따라 심성암과 화산암으로 나뉜다.
④ 종류에는 화강암, 안산암, 응회암, 사암 등이 있다.

해설

응회암, 사암 : 퇴적암

33 유리의 주성분이 아닌 것은?

① 소다 ② 수산화칼슘
③ 석회 ④ 규산

해설

• 규산 : 유리의 가장 일반적인 원료
• 소다 : 혼합물의 녹는점을 낮추어 쉽게 녹여 유리 가공
• 석회 : 유리의 안정성과 내구성 향상

34 다음 중 변성암에 해당하는 것은?

① 사문암 ② 섬록암
③ 안산암 ④ 화강암

해설

화강암, 안산암, 섬록암 : 화성암

정답 27 ③ 28 ④ 29 ② 30 ① 31 ② 32 ④ 33 ② 34 ①

35 다음 중 방화제(防化劑)로 사용될 수 없는 것은?

① 염화암모늄　② 황산암모늄
③ 제2인산암모늄　④ 질산암모늄

해설

*질산암모늄
비료로 사용되기도 하며, 폭발의 위험성이 있음

36 조경 재료 중 소석회에 모래, 해초풀(교착력 증진) 등을 물에 섞어 이긴 것을 무엇이라 하는가?

① 벽토　② 시멘트 풀
③ 회반죽　④ 시멘트페이스트

해설

*회반죽
- 소석회에 모래, 해초풀 등을 물에 섞어 이긴 것
- 흔히 소석회 반죽이라고도 함
- 흰색의 매끄러운 표면

37 다음 시멘트의 종류 중 혼합시멘트가 아닌 것은?

① 알루미나 시멘트
② 플라이애시 시멘트
③ 고로슬래그 시멘트
④ 포졸란 시멘트

해설

알루미나 시멘트 : 특수 시멘트

38 목재의 방부제 처리 방법 중 약품을 활용한 방부 처리법이 아닌 것은?

① 표면 탄화법　② 도포법
③ 침지법　④ 상압주입법

해설

*표면 탄화법
목재의 표면 3~4mm 정도를 태워 수분을 제거하는 방법

39 30㎡ 면적에 자연석 쌓기를 하려 한다. 자연석의 평균 뒷길이 40cm, 자연석 단위 중량 2,600kg/㎥, 공극률 30%, 공사비는 200,000원/ton이라고 할 때 총공사비는 얼마인가?

① 436,800원　② 4,368,000원
③ 187,200원　④ 1,872,000원

해설

- 자연석 쌓기 체적 : 30㎡×0.4m=12㎥
- 자연석의 무게 : 12㎥×0.7×2.6=21.84 ton
- 공사비 : 21.84×200,000=4,368,000

40 흙은 같은 양이라 하더라도 자연 상태(N)와 흐트러진 상태(S), 인공적으로 다져진 상태(H)에 따라 각각 그 부피가 달라진다. 자연 상태의 흙의 부피(N)를 1.0으로 할 경우 부피가 큰 순서로 적당한 것은?

① H > N > S　② N > H > S
③ S > N > H　④ S > H > N

해설

*토양 변화
흐트러진 상태(S) > 자연 상태(N) > 다져진 상태(H)

정답　35 ④　36 ③　37 ①　38 ①　39 ②　40 ③

41 다음 중 보도에 블록을 포장할 때 충격을 완화시켜 주는 것은?

① 잡석　　② 자갈
③ 모래　　④ 콘크리트

해설

*보도블럭
하부에 완충재인 모래 포설

42 다음 중 금속재료의 열처리 과정에 해당하는 용어가 아닌 것은?

① 불림　　② 풀림
③ 단조　　④ 담금질

해설

*강의 열처리

풀림	연화 조직의 정정과 내부응력을 제거하기 위해 적당한 온도로 가열(800 ~ 1,000℃) 후 노(爐)의 내부에서 서서히 냉각
불림	주조, 단조 또는 압연 등에 의해 조립화된 결정을 미세화된 균질의 조직을 만들기 위해 가열(906℃ 이상) 후 공기 중에서 냉각
담금질	강의 강도나 경도를 증가시키기 위해 가열(800 ~ 900℃) 후 재료를 갑자기 물이나 기름 속에 넣어 냉각
뜨임	담금질한 강은 취성이 크므로 인성을 증가시키기 위해 재가열(721℃ 이하) 후 공기 중에서 냉각

43 다음 중 호박돌 쌓기에 이용되는 쌓기법으로 적합한 것은?

① +자 줄눈 쌓기
② 줄눈 어긋나게 쌓기
③ 이음매 경사지게 쌓기
④ 평석쌓기

해설

호박돌은 줄눈 어긋나게 쌓기를 실시해 +자형 줄눈이 생기지 않게 함

44 토공과 관련된 설명으로 틀린 것은?

① 흙을 버리는 장소를 토취장이라고 한다.
② 수중의 밑바닥에 쌓인 모래나 암석의 굴착을 준설이라고 한다.
③ 제방을 쌓는 것을 축제라 한다.
④ 비탈끝이라고도 하며, 비탈의 하단 끝부분을 '비탈기슭'이라고 한다.

해설

흙을 버리는 장소 : 사토장

45 평판 측량에서 도로나 시가지, 삼림지대와 같이 한 측점에서 많은 측점이 시준이 되지 않을때나, 장애물이 있어서 시준이 곤란할 때 좁은 지역의 측량에 주로 이용되는 방법은?

① 전진법　　② 후방교회법
③ 전방교회법　　④ 방사법

해설

*측량방법

방사법	측량지역에 장애물이 없는 좁은 지역에 적합
전진법	측량지역에 장애물이 있어 평판을 옮겨 가면서 거리와 방향 측정
교회법	기지점이나 미지점에서 2개 이상의 방향선을 그어 그 교차점으로 미지점의 위치를 도상에서 결정하는 법(전방교회법, 후방교회법, 측방교회법 등) : 거리를 재지 않고 위치 측량

정답 41 ③　42 ③　43 ②　44 ①　45 ①

46 살수기 설치 시 살수기의 열과 열 사이의 간격을 기준으로 최대 간격을 살수 직경의 어느 정도로 제한하는가?

① 20 ~ 25%   ② 40 ~ 45%
③ 60 ~ 65%   ④ 80 ~ 85%

해설

*스프링클러 헤드 배치간격
• 헤드 간격은 각 헤드의 관수지역이 반드시 겹치도록 설계

정방형 설치	삼각형 설치
바람이 없을 때 지름의 60%	바람이 없을 때 지름의 65%
통상적인 바람에서 지름의 50%	통상적인 바람에서 지름의 55%

47 다음 관수 방법 중 잘못된 것은?

① 지표 관개법(surface irrigation) : 곳곳에 균일 관수가 가능한 것이 장점이다.
② 살수 관개법(sprinkler irrigation) : 자연 강우 효과를 내는 방법이다.
③ 팝업(pop-up) 살수기 : 시각적으로 양호하다.
④ 점적식(낙수식) 관개법 : 각 수목에 뿌리 부분이나 지정된 지역의 지표에 관개하는 방법이다.

해설

*지표 관수법
• 물도랑이나 웅덩이를 이용하여 관수하는 방법
• 시공 현장에서 호스를 연결해서 관수하는 것도 포함
• 간단한 방법이나 균일한 관수가 어려움
• 물의 낭비가 많아 이용 효율이 낮음(20 ~ 40%)

48 굵은 골재의 절대건조상태의 질량이 1,000g, 표면건조포화상태의 질량이 1,100g, 수중질량이 650g일 때 흡수율은 몇 %인가?

① 10.0%   ② 28.6%
③ 31.4%   ④ 35.0%

해설

$$흡수율 = \frac{표면건조 내부포화상태 - 절대건조상태}{절대건조상태} \times 100(\%)$$

$$\rightarrow \frac{1,100 - 1,000}{1,100} \times 100 = 10\%$$

49 토공사에서 토량산출 시 가장 정확하게 토양 체적을 산출할 수 있는 계산 공식은?

① 양단면평균법   ② 중앙단면법
③ 각주공식   ④ 삼각법

해설

*가장 정확한 토량계산
각주공식

50 조경 관리 업무를 수행함에 있어 도급방식의 단점은?

① 인사정체가 발생되기 쉽다.
② 인건비가 필요 이상으로 소요된다.
③ 업무가 타성화된다.
④ 업무의 책임소재가 불명확하게 된다.

해설

*도급방식

장점	• 규모가 큰 시설 등의 효율적 관리 • 전문가의 합리적 이용 • 단순화된 관리 • 전문적인 양질의 서비스 • 장기적인 안정과 관리비용 절감
단점	• 책임소재나 권한의 범위 불명확 • 전문업자의 활용 가능성 불충분

정답 46 ③　47 ①　48 ①　49 ③　50 ④

51 잡초와 작물에 함께 작용하는 비선택성 제초제는?

① 글리포세이트액제　② 반벨
③ 파란들　　　　　　④ 2-4D

해설

글리포세이트액제(근사미)

비선택성 제초제(이행성 제초제)

52 정지, 전정의 방법 중 틀린 것은?

① 수목의 주지(主枝)는 하나로 자라게 한다.
② 같은 방향과 각도로 자라난 평행지는 남겨둔다.
③ 역지(逆枝)는 제거한다.
④ 무성하게 자란 가지는 제거한다.

해설

전정할 가지

도장지, 내향지, 고사지, 병충해 가지, 하향지, 움돋은 가지, 교차지, 평행지

53 다음 중 수목 관리 시 토양 내 시비법이 아닌 것은?

① 윤상시비법　② 전면시비법
③ 대상시비법　④ 엽면시비법

해설

엽면시비 : 시비효과 가장 빠름

목적	약해, 동해, 공해 또는 인위적인 해에 의하여 나무의 세력이 약해졌을 때 잎에 양분을 공급하여 수세를 회복시키기 위해 실시
시기	맑은 날 오전에 실시
방법	대상 나무에 요소(0.5%)나 영양제를 적당한 농도로 희석하여 나무 전체가 충분히 젖도록 분무하여 살포

54 일반적으로 연간 유지관리계획에 포함시키는 것은?

① 공원 지역 내의 순찰계획
② 건물의 갱신계획
③ 수목의 전정, 잔디관리계획
④ 건물 도색계획

해설

관리의 시간적 계획

• 장기계획 : 15~30년, 시설 구조물 등
• 단기계획 : 2~3년 간격, 페인트칠, 보수계획
• 연간계획 : 식물 관리(전정, 병충해 방제 등)

55 시비에 대한 설명 중 적당하지 않은 것은?

① 추비는 일반적인 수종에는 눈이 움직일 무렵, 화목의 경우에는 개화 직후에 준다.
② 비료는 수관선에 따라 20cm 내외의 홈을 파서 주는 것이 효과적이다.
③ 화목류는 7~8월경 인산질 비료를 많이 주어야 화아 형성을 촉진한다.
④ 지효성의 유기질 비료는 덧거름으로, 황산암모늄과 같은 속효성 비료는 밑거름으로 준다.

해설

지효성인 유기질 비료는 밑거름으로, 황산암모늄 같은 속효성 비료는 덧거름으로 줌

정답　51 ①　52 ②　53 ④　54 ③　55 ④

56 초봄에 식물의 발육이 시작된 후 0℃ 이하로 갑작스럽게 기온이 내려감으로써 식물체에 해를 주는 것은?

① 조상　　　② 만상
③ 피소　　　④ 동상

해설

상해	만상 (晚霜)	• 초봄에 식물의 발육이 시작된 후 갑작스럽게 기온이 하강하여 식물체에 해를 주게 되는 것
	조상 (早霜)	• 가을 계절에 맞지 않는 추운 날씨의 서리에 의한 피해
	동상 (冬霜)	• 겨울 동안 휴면상태에 생긴 피해

57 잣나무 털녹병의 중간기주식물에 해당하는 것은?

① 등골나무　　　② 향나무
③ 오리나무　　　④ 까치밥나무

해설

병명	기주식물	중간기주식물
잣나무털녹병	잣나무	송이풀, 까치밥나무

58 묘포지의 토양 소독을 실시하기에 적합한 약품은 어느 것인가?

① 클로로피크린　　　② PCP
③ 보르도액　　　④ 황산동

해설

클로로피크린
피크린산에 염소를 작용시켜 얻는 무색 또는 희미한 노란색의 휘발성 액체. 독가스, 토양의 살균 살충제, 염료 등의 원료로 사용

59 다음 중 통기 효과를 기대하기 어려운 잔디 관리 방법은?

① 버티컷팅　　　② 슬라이싱
③ 롤링　　　④ 스파이킹

해설

롤링
균일하게 표면을 정리하는 작업, 파종 후나 경기 중 떠오른 토양, 봄철에 들뜬 토양을 누르기 위해 시행

60 농약의 물리적 성질 중 살포하여 부착한 약제가 이슬이나 빗물에 씻겨 내리지 않고 식물체 표면에 묻어있는 성질을 무엇이라 하는가?

① 고착성　　　② 부착성
③ 침투성　　　④ 현수성

해설

- 고착성 : 부착한 약제가 이슬이나 빗물에 씻겨 내리지 않고 식물체 표면에 묻어있는 성질
- 부착성 : 서로 다른 재료 간에 부착하려는 성질
- 침투성 : 물이 침입하거나 흡수되는 성질
- 현수성 : 약제의 작은 알맹이가 약액 중에 골고루 퍼져 있게 하는 성질

정답 56 ② 57 ④ 58 ① 59 ③ 60 ①

- MEMO

저자약력

임채희
[현] 서울시 북부기술교육원 조경관리과 교수

곽상훈
[현] 서울시 북부기술교육원 조경관리과 교수

조경기능사 필기

초판 인쇄 | 2024년 1월 20일
초판 발행 | 2024년 1월 30일
개정1판 발행 | 2025년 1월 10일

저　자 | 임채희 · 곽상훈
발행인 | 조규백
발행처 | 도서출판 구민사 (07293) 서울특별시 영등포구 문래북로 116, 604호(문래동3가, 트리플렉스)
전화 | (02) 701-7421　　**팩스** | (02) 3273-9642　　**홈페이지** | www.kuhminsa.co.kr
신고번호 | 제 2012-000055호 (1980년 2월4일)
ISBN | 979-11-6875-436-2 (13500)

값 28,000원

※ 낙장 및 파본은 구입하신 서점에서 바꿔드립니다.
※ 본서를 허락없이 부분 또는 전부를 무단복제, 게재행위는 저작권법에 저촉됩니다.